[제2판]

응용역학

applied mechanics

應用力學

이희목 저

도서출판
구미서관

초판 머리말

Preface

건설공학부분의 기술이 날로 발달함에 따라 역학에 대한 중요성이 더욱 강조된다. 전자계산기의 발달로 구조계산이 기계화되므로 엔지니어들은 역학의 기본원리를 차차 잊어가고 있는 경향이 있다. 그러나 응용역학의 기본을 습득, 이해하지 못하면 여러 면에서 응용을 전혀 할 수 없고 기계에 따르는 수밖에 없다. 그러므로 필자는 역학의 기초적인 이론과 다양한 응용을 거쳐서 빠르고 정확한 이해로 습득할 수 있게 본서를 저술하였으며, 이 응용역학은 토목뿐만 아니라, 건축, 기계 등 공학에 가장 초석이 되는 교과목이라 할 수 있다.

이 책은 필자가 대학에서 응용역학 교과목을 15여년 간 강의, 지도하면서 가장 기초부터 고차원적인 부분까지를 수학, 물리학에 근거를 두어 유도, 정리하였으며 가능한 풍부한 예제로서 이해를 돕도록 노력하였다.

이 책은 대학, 전문대학의 교재 또는 실무종사자들의 참고도서로 적합하리라 생각하며 특히 각종 기사 및 산업기사를 준비하는 공학도 및 각종시험을 준비하는 응시자에게 좋은 학습서가 될 것으로 기대한다.

끝으로 이 책에서 본의 아니게 표현방법 및 미숙한 점이 있으리라 생각되며 독자 여러분의 넓은 이해를 바라며 선배, 동학 여러분들의 지도편달을 부탁드린다. 또 이 책이 출판되기까지 많은 조언을 아끼지 않은 수학과 조인구 교수님께 감사드리며 출판을 맡아주신 구미서관 임해진 사장님과 임직원 여러분의 노고에 감사의 뜻을 표한다.

저자

applied mechanics

제2판 머리말

Preface

건설공학부분의 기술이 날로 발달함에 따라 역학에 대한 중요성이 더욱 강조된다. 각종 프로그램의 개발로 구조계산이 기계화되므로 엔지니어들은 역학의 기본원리를 차차 잊어가고 있는 경향이 있다. 그러나 응용역학의 기본을 습득, 이해하지 못하면 여러 면에서 응용을 전혀 할 수 없고 기계에 따르는 수밖에 없다. 그러므로 필자는 역학의 기초적인 이론과 다양한 응용을 거쳐서 빠르고 정확한 이해로 습득할 수 있게 본서를 저술하였으며, 이 응용역학은 토목뿐만 아니라, 건축, 기계 등 공학에 가장 초석이 되는 교과목이라 할 수 있다.

이 책은 필자가 대학에서 응용역학 교과목을 40여 년간 강의, 지도하면서 가장 기초부터 고차적인 부분까지를 수학, 물리학에 근거를 두어 유도, 정리하였으며 가능한 풍부한 예제로서 이해를 돕도록 노력하였다.

이 책은 대학의 교재 또는 실무종사자들의 참고도서로 적합하리라 생각하며 특히 각종 기사 및 기술사를 준비하는 공학도 및 각종 시험을 준비하는 응시자에게 좋은 학습서가 될 것으로 기대한다.

끝으로 이 책에서 본의 아니게 표현방법 및 미숙한 점이 있으리라 생각되며 독자 여러분의 넓은 이해를 바라며 선배, 동학 여러분들의 지도편달을 부탁드린다. 또 이 책이 출판되기까지 많은 조언을 아끼지 않은 수학과 조인구 교수님께 감사드리며 출판을 맡아주신 구미서관 임해진 사장님과 임직원 여러분의 노고에 감사의 뜻을 표한다.

2017년

어느 날 연구실에서

저자 이희목

차 례

Contents

Chapter 05

단순보 / 163

Chapter 06

캔틸레버 / 259

Chapter 07

내민보 / 287

차 례

Contents

Chapter 08

겔버보 / 327

Chapter 09

라멘 / 363

Chapter 10-1

아치 / 447

Chapter 10-2

케이블 / 467

Chapter 11 응력과 변형률 / 477

Chapter 12 보의 응력 / 559

Chapter 13 트러스 / 607

차례

Contents

Chapter 14 기둥 / 663

Chapter 15 부정정구조 / 709

CHAPTER 1

역학일반

1.1 서(introduction)

물체가 힘을 받으면 그 물체는 운동을 하거나 변형을 한다. 이 변형과 힘 사이에 성립되는 여러 가지 법칙들을 수학과 물리에 기초를 두고 체계화한 학문을 역학(mechanics)이라 하며 다음과 같이 대별된다.

(1) 응용역학(應用力學, applied mechanics)

물체에 작용하는 외력(external force)과 이것에 의하여 일어나는 내력 (internal force), 변형(deformation) 및 변형도(strain) 등을 연구하는 학문으로 역학의 가장 광범위한 분야이다.

(2) 구조역학(構造力學, strength of structures)

정역학(statics)의 일반원리를 응용하여 각종구조물(교량, 건물, 댐, 수조, 터널, 탑 … 등)에 발생하는 내력과 변형을 연구하는 응용역학의 한 분야

(3) 재료역학(材料力學, strength of materials, mechanics of materials)

외력을 물체에서 발생하는 내력(stress, strain)을 다루는 응용역학의 한 분야

(4) 열역학(熱力學, theromo dynamics)

물질이 열에 의하여 형태가 변화할 때 일어나는 상호관계를 연구하는 학문

(5) 유체역학(流體力學, fluid mechanics)

유체(외부에서 열이나 압력을 가하지 않은 본래 상태에서 액체와 기체)의 운동(fluid dynamics)이나 정지(fluid statics)에 대하여 연구하는 학문

(6) 동역학(動力學, dynamics, kinemotics)

물체가 운동을 하고 있을 때 물체의 운동만 다루는 분야를 운동학(kinetics)이라 하고 운동과 운동의 원인인 힘의 관계를 연구하는 학문을 동역학이라 한다.

(7) 기구학(機構學, mechanism)

힘의 영향을 생각하지 않고 물체소요간의 운동만을 다루는 학문

(8) 강체역학(剛體力學, mechanics of rigid bodies)

물체의 크기를 무시하여 하나의 점으로 취급하는 역학을 **질점역학**(mechanics of particles)이라 하고, 물체가 공간을 확보(질점사이의 거리가 일정)하고 있을 때 다루는 역학을 강체역학이라 한다.

이 역학은 모든 공학(토목, 건축, 기계, 전자, 통신, 전기, 금속, 화공, 항공, 조선, 섬유, 자동차 등)에 가장 기본적으로 다루어야 할 기초학문이다.

1.2 단위(dimension, unit)

(1) 힘의 단위

① CGS단위(절대단위계)

길이(cm), 질량(mass, 가속도에 대한 힘의 비)(gr), 시간(s)을 기본 단위로 하는 것을 CGS단위라 하며 힘의 단위는 질량 1(gr)의 물체가 1cm/sec^{2}의 가속도에 거슬러 받치는 힘을 1다인(dyne)이라 한다.

$F = m \cdot \alpha$ 에서

$$1\text{dyne} = 1\text{gr} \cdot \text{cm/sec}^2$$

길이(m), 질량(kg), 시간(s)을 기본단위로 하는 것을 MKS단위라 한다.

② 중력단위계, 공학단위

절대단위계와 마찬가지로 길이(m), 질량(kg), 시간(s)을 기본단위로 하여 힘을 표시하는 단위로서 질량 1(kg)의 물체가 지구의 **중력가속도**[1)](9.8m/sec^2)에 거슬러 받치는 힘을 1중량 kg, 1kg 중, 1kgf 등으로 표시한다.

$$1\text{kg중} = 1\text{kg} \cdot 9.8\text{m/sec}^2 = 9.8\text{kg} \cdot \text{m/sec}^2 = 9.8 \times 10^5\text{dyne}$$

③ 국제단위계(SI 단위, International system of units)

단위계의 다양화로부터 혼란을 막기 위하여 국제도량형 총회에서 채용 권고한 단위로서 길이, 질량, 시간은 MKS 단위와 동일하게 쓰며 힘의 단위를 N (Newton)으로 나타낸다. 1뉴톤(1N)은 질량 1kg의 물체가 1m/sec^{2}의 가속도에 거슬러 받치는 힘을 말한다.

---

1) **중력가속도(gravitational acceleration)** : 물체와 지구와의 상호작용으로 중해. 물체가 얻는 가속도로서 질량의 대소에 관계없이 표준값 g=9.80665m/sec^{2}으로 정해 놓았다. g는 미소하나마 위치에 따라 다르다.
북극 : g=9.8324m/sec^2, 적도 : g=9.7805m/sec^2, 동경 : g=9.7981m/sec^2, 파리 : g=9.80665m/sec^2

$$1\text{N} = 1\text{kg}\cdot\text{m/sec}^2 = 10^5\text{dyne}$$
$$1\text{kgf} = 9.8\text{N}$$
$$1\text{N} = 0.102\,\text{kgf}$$

④ 영국단위계

길이(inch, ft), 질량(1b, kip), 시간(s)으로 단위를 표시하고 힘 1lb·f는 질량 1lb인 물체가 지구의 중력가속도($32.2\text{ft/sec}^2 = 9.8\text{m/sec}^2$)에 거슬러 받치는 힘

$$1\,\text{lbf} = 32.2\,\text{lb}\cdot\text{ft/sec}^2 = 4.46\,\text{Newton}$$

(2) 희랍문자

대문자	소문자	호 칭	대문자	소문자	호 칭
A	α	alpha (알파)	N	ν	Nu (뉴우)
B	β	beta (베타)	Ξ	ξ	Xi (크사이, 사이)
Γ	γ	gamma (감마)	O	o	omicron (오미크론)
Δ	δ	delta (델타)	Π	π	pi (파이)
E	ϵ	epsilon (이프실론)	P	ρ	rho (로우)
Z	ζ	zeta (제타)	Σ	σ	sigma (시그마)
H	η	eta (이타)	T	τ	tau (타우)
Θ	θ	theta (씨타)	Y	υ	upsilon (우푸실론)
I	ι	iota (이오타)	Φ	ϕ	phi (파이, 피)
K	κ	kappa (카파)	X	χ	chi (카이)
Λ	λ	lambda (람다)	Ψ	ψ	psi (프사이)
M	μ	Mu (뮤)	Ω	ω	omega (오메가)

(3) 수의 대한 접두어

수	호 칭	기 호	수	호 칭	기 호
10^{12}	테라 (tera)	T	10^{-1}	데시 (deci)	d
10^{9}	기가 (giga)	G	10^{-2}	센티 (centi)	c
10^{6}	메가 (mega)	M	10^{-3}	밀리 (milli)	m
10^{5}	핵토 킬로 (hactokilo)	hk	10^{-4}	데시 밀리 (deci milli)	dm
10^{4}	미리아 (myria)	ma	10^{-5}	센티 밀리 (centi milli)	cm
10^{3}	킬로 (kilo)	k	10^{-6}	마이크로 (micro)	μ

수	호칭	기호	수	호칭	기호
10^2	핵토 (hacto)	h	10^{-9}	나노 (nano)	n
10	데카 (deca)	da	10^{-12}	피코 (pico)	ρ
1	모노 (mono)				

1.3 벡터(Vector)

역학은 물체에 힘이 작용할 때 내, 외력을 다루는 것으로 근본적으로 힘을 양으로 표시해야 하며 이 양은 벡터양이라 한다.

(1) 스칼라량과 벡터량

① 스칼라(Scalar)량

수치적인 크기만으로 완전히 표현할 수 있는 양으로, 질량, 길이, 시간, 밀도, 에너지, 온도 등은 스칼라로 표시되며 스칼라의 가감승제는 대수의 사칙에 따른다.

② 벡터(Vector)량

크기만으로 표시할 수 없고, 크기, 방향, 작용점이 동시에 나타나는 완전한 물리량으로 일반적인 역학(공학)에 사용되며, 힘, 변위, 속도, 가속도, 운동량, 전기장, 자기장 등으로 가감승제는 보통의 대수산법에 따르지 않는다.

벡터의 표시는 다음과 같이 한다.

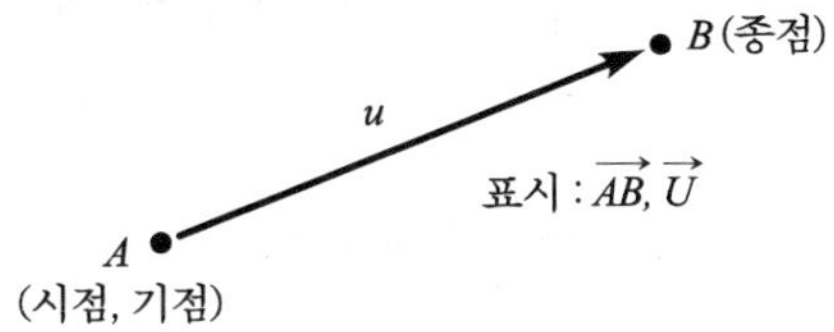

[그림 1-1] Vector

(2) Vector 의 합과 차

Vector의 예로써 변위를 생각하자. 변위는 한 점 P가 다른 위치 Q로 옮겨가는 것으로 이와 같은 변위는 이동한 거리와 방향으로 정해진다.

Vector A: 어떤 변위를 나타내는 벡터

Vector($-A$): A와 크기가 같고 방향이 반대인 벡터(negative vector)

[그림 1-2]에서 점 P가 점 Q로 옮겨갔다고 할 때 점 P에서 Q까지 변위는 선분 PQ ($\overrightarrow{PQ}$, $\overrightarrow{A}$)로 표시된다. 이 경우 P로부터 Q까지의 변위와 그 역을 구별하기 위하여 이 선분에 방향을 주지 않으면 안 된다. 이와 같이 방향을 갖는 선분을 **유향선분**이라 한다.

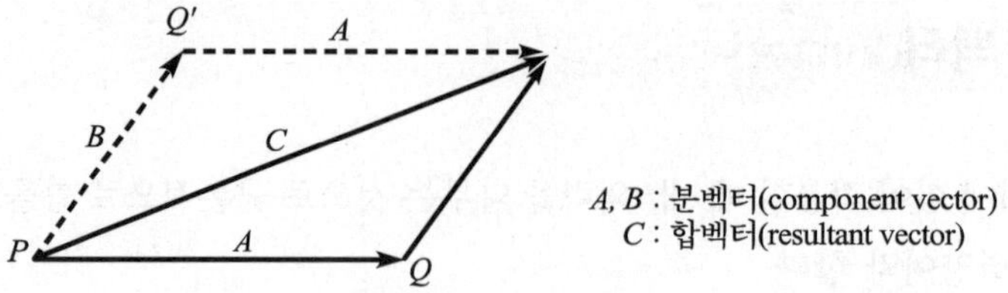

[그림 1-2] 벡터의 합

[그림 1-2]에서 처음 P에서 $\overrightarrow{PQ}=A$만큼 변위하고, 다음 Q에서 R까지 $\overrightarrow{QR}=B$만큼 변위하였다면, 결국 P에서 R까지 변위($\overrightarrow{PR}=C$)한 것과 같다. 즉,

$$A+B=C \tag{1.1}$$

P를 시점으로 먼저 B만큼 변위하고 A만큼 변위하여도 같은 결과가 된다. 이 원리를 **평행4변형원리**(law of parallelogram)라 한다. 즉,

$$B+A=C \tag{1.2}$$

식 (1.1), (1.2)에서 보는 바와 같이 변형의 경로가 $\overrightarrow{PQ}$, $\overrightarrow{QR}$이거나 $\overrightarrow{PQ'}$, $\overrightarrow{Q'R}$일 경우 결과는 같다는 것을 알 수 있으며 이 원칙을 **교환법칙**(commutative law)이라 한다.

$$\text{교환법칙} : A+B=B+A \tag{1.3}$$

[그림 1-3]에서와 같이 벡터($A+B$) 후에 C를 합한 값이나 A와 $(B+C)$를 합한 결과는 같고 이 원칙을 **결합법칙**(associative law)이라 한다.

$$\text{결합법칙} : (A+B)+C=A+(B+C) \tag{1.4}$$

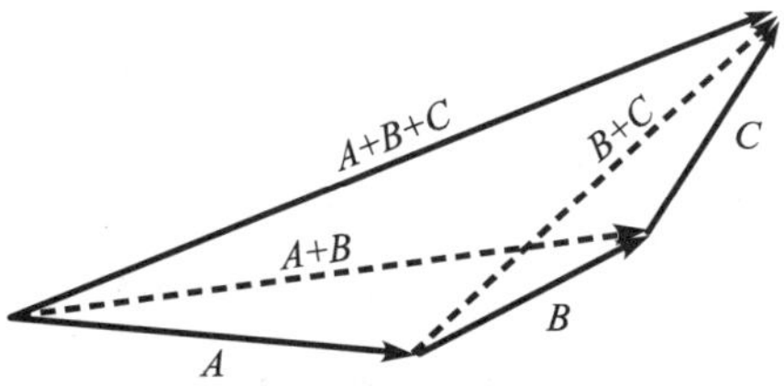

[그림 1-3]

이 교환법칙과 결합법칙에 따르면 벡터의 감법은 순서에 무관한 것을 알 수 있다.
벡터의 차는 (−) Vector를 합하는 것으로 정의된다.
임의 벡터의 (−)벡터는 크기가 같고 방향이 반대인 벡터를 말하며 Vector의 감법은

$$A - B = A + (-B)$$

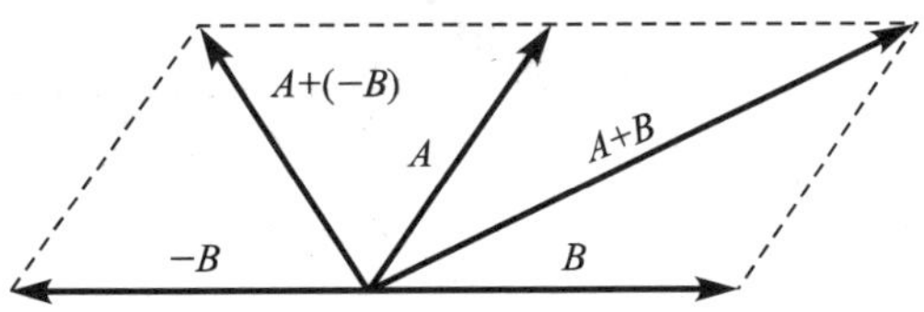

[그림 1-4]

(3) 벡터의 성분(components of vector)

① 평면 Vector

다음 그림과 같이 평면상 Vector a는 좌표가 결정되면 x방향성분을 a_x, y방향성분을 a_y라 하며

$$a = (a_x,\ a_y)$$

로 표시한다. 또 그림에서

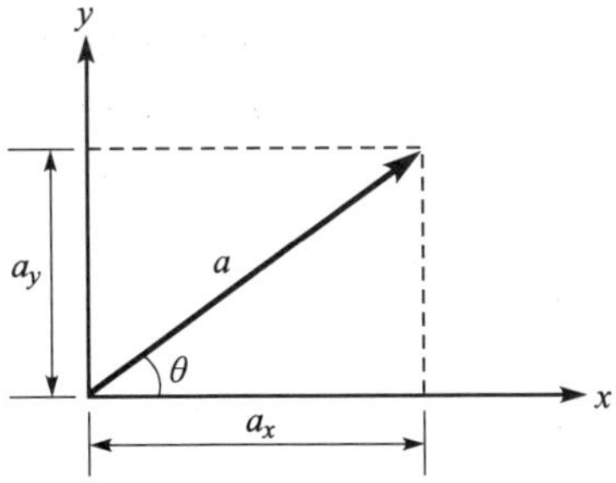

[그림 1-5]

$$a = \sqrt{a_x^2 + a_y^2}$$

방향선분 a_x, a_y는

$$a_x = a \cdot \cos\theta$$
$$a_y = a \cdot \sin\theta$$

또 [그림 1-6]과 같은 합벡터의 성분은 다음과 같다.

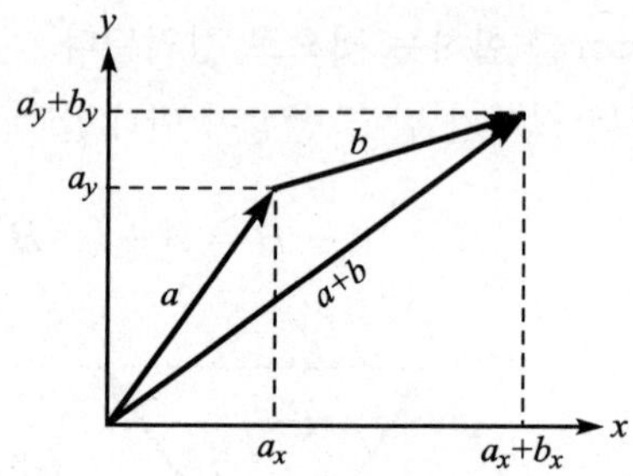

[그림 1-6]

$$a + b = (a_x + b_x,\ a_y + b_y)$$

② 공간 Vector(3차원 벡터)

다음 [그림 1-7]과 같은 공간상 벡터 a의 x, y, z방향성분을 a_x, a_y, a_z라 하면

$$a = (a_x,\ a_y,\ a_z)$$

로 나타나며, 그림에서

$$a = \sqrt{a_x^2 + a_y^2 + a_x^2}$$

a의 방향선분은

$$\begin{cases} a_x = a\cos\alpha \\ a_y = a\cos\beta \\ a_z = a\cos\gamma \end{cases}$$

여기서, $\begin{cases} \cos\alpha = \dfrac{a_x}{a} \\ \cos\beta = \dfrac{a_y}{a} \\ \cos\gamma = \dfrac{a_z}{a} \end{cases}$

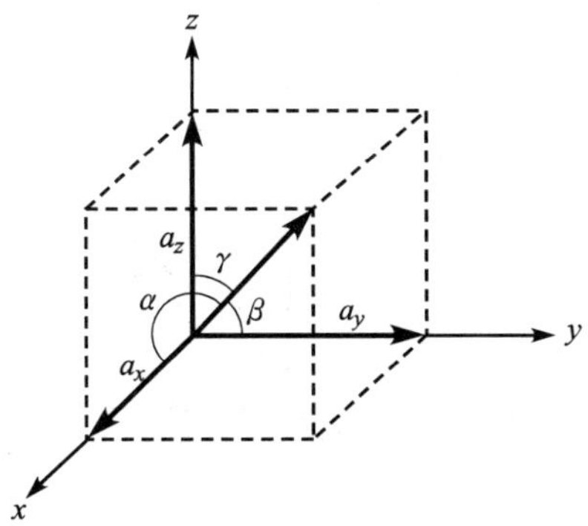

[그림 1-7] 공간 Vector

크기가 1인 벡터를 **단위벡터**(unit Vector)라 하며 x, y, z축에 대한 단위벡터를 i, j, k로 표시하고 이것을 좌표축에 대한 **기본벡터**(fundamental vector)라 한다.
기본벡터를 사용하여 각 좌표축 방향의 성분벡터 합을 다음과 같이 표시할 수 있다.

$$a = (a_x,\ a_y,\ a_z)$$

x, y, z방향의 성분벡터는 a_{xi}, a_{yj}, a_{zk}이므로

$$a = a_{xi} + a_{yj} + a_{zk} \tag{1.5}$$

a방향의 단위벡터를 u라 하고 그 **방향여현**(direction cosines)을 l, m, n이라 하면

$$\left.\begin{aligned} l &= \cos\theta_x = \frac{a_x}{a},\ a_x = al \\ m &= \cos\theta_y = \frac{a_y}{a},\ a_y = am \\ n &= \cos\theta_z = \frac{a_z}{a},\ a_z = an \\ a &= au \end{aligned}\right) \tag{1.6}$$

식 (1.6)을 식 (1.5)에 대입하면

$$au = ali + amj + ank$$

$$\therefore\ u = li + mj + nk \tag{1.7}$$

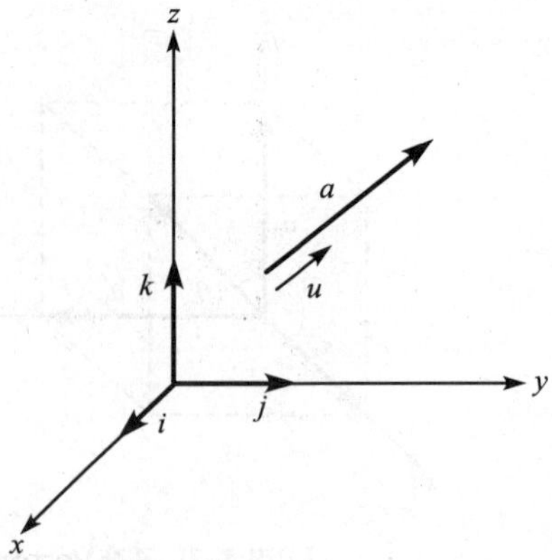

[그림 1-8] 기본벡터

예제 1

1개의 벡터가 직각좌표 xy의 원점에서 점 (2, 3)으로 향하고 있다. 이 벡터를 해석적으로 나타내고, 크기와 방향여현을 구하라.

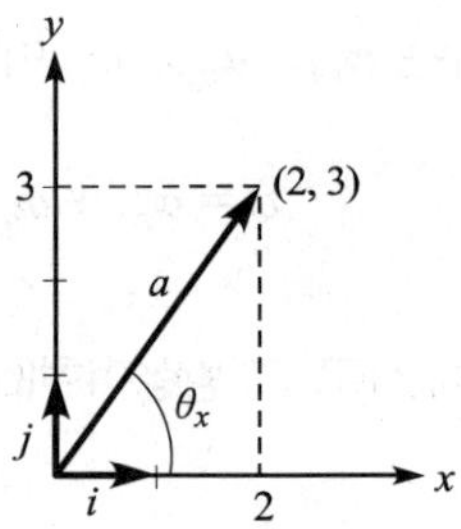

[그림 1-9]

i) $a = 2i + 3j$

ii) $a = \sqrt{2^2 + 3^2} = \sqrt{13} = 3.6$

iii) $\cos\theta_x = \dfrac{2}{3.6} = 0.5547,\ \theta_x = 56.3°$

$\cos\theta_y = \dfrac{3}{3.6} = 0.8321,\ \theta_y = 33.7°$

예제 2

1개의 벡터가 직각좌표 xyz의 원점에서 점 (2, −3, 4)를 지나고 크기는 10이다. 이 벡터를 해석적으로 나타내고, 방향여현을 구하라.

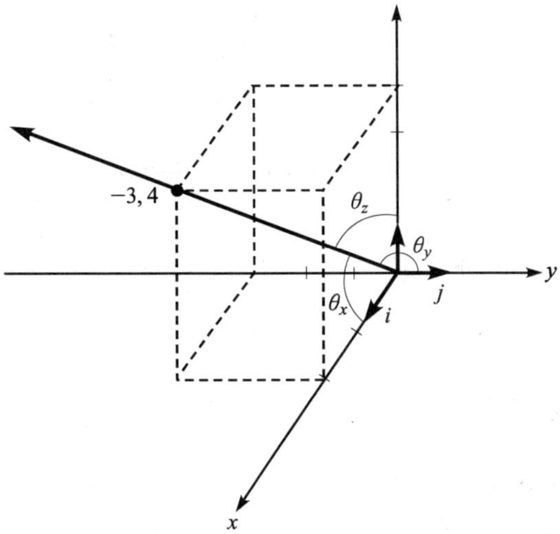

[그림 1-10]

$$\sqrt{2^2+(-3)^2+(4)^2}=\sqrt{29}$$

$$a=\left(\frac{2}{\sqrt{29}}i+\frac{-3}{\sqrt{29}}j+\frac{4}{\sqrt{29}}k\right)\times 10$$

방향여현

$$\cos\theta_x=\frac{2}{\sqrt{29}}=0.3714,\ \theta_x=68.2°$$

$$\cos\theta_y=\frac{-3}{\sqrt{29}}=-0.5570,\ \theta_y=123.4°$$

$$\cos\theta_z=\frac{4}{\sqrt{29}}=0.7427,\ \theta_z=42.0°$$

(4) 좌표축의 회전

점 P의 좌표를 $(x,\ y)$라 할 때 좌표축을 θ만큼 회전시킨 신좌표계에서 P점의 좌표를 $(x',\ y')$라 하면

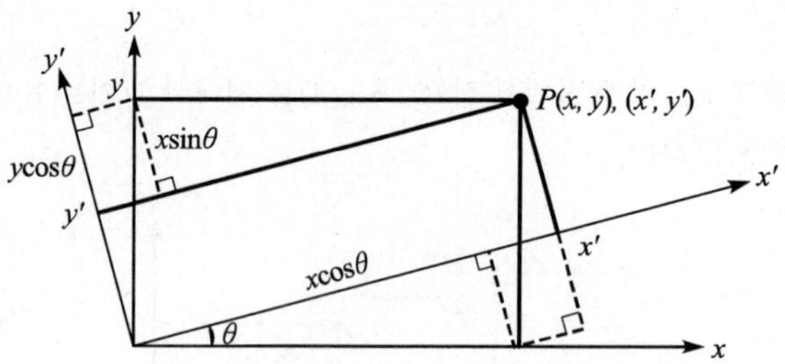

[그림 1-11] 좌표전환

$$x' = x\cos\theta + y\sin\theta \qquad \begin{Bmatrix} x' \\ y' \end{Bmatrix} = \begin{pmatrix} \cos\ , & \sin\theta \\ -\sin\theta\ , & \cos\theta \end{pmatrix} \begin{Bmatrix} x \\ y \end{Bmatrix} \tag{1.8}$$

$$y' = -x\sin\theta + y\cos\theta$$

이 식을 x, y에 관해 풀면

$$x = x'\cos\theta - y'\sin\theta \qquad \begin{Bmatrix} x \\ y \end{Bmatrix} = \begin{pmatrix} \cos\theta\ , & -\sin\theta \\ \sin\theta\ , & \cos\theta \end{pmatrix} \begin{Bmatrix} x' \\ y' \end{Bmatrix} \tag{1.8-1}$$

$$y = x'\sin\theta + y'\cos\theta$$

(5) 벡터의 곱셈(積)

i) 벡터에 스칼라를 곱하는 적

ii) 스칼라적

iii) 벡터적

① 벡터에 스칼라 적

Scalar k와 Vector A의 곱은 일반 대수의 곱셈과 동일하다. 즉, kA로 나타나며 k의 부호에 따라 벡터의 방향이 달라진다.

방향 : k가 (+)이면 A와 같은 방향의 벡터

k가 (−)이면 A와 방향이 반대인 벡터

② 스칼라곱(scalar product, dot product)

두 벡터 A와 B의 스칼라 적은 $A \cdot B = AB\cos\theta$로 정의된다. 또 이 스칼라곱을 내적(inner product)이라고도 한다.

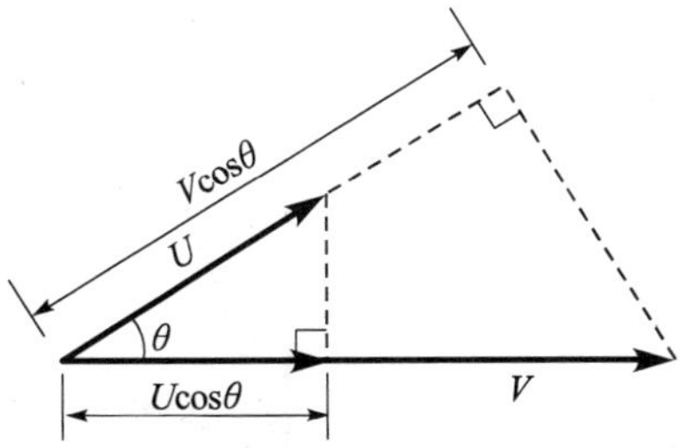

[그림 1-12] scalar product

U, V가 각각 Vector의 값이라도 dot product 후에는 이미 향이 없어지므로 크기만의 양인 스칼라량이 된다.

$$U \cdot V = UV\cos\theta$$
$$V \cdot U = VU\cos\theta$$

이므로 교환법칙이 성립한다. 즉,

$$U \cdot V = V \cdot U$$

스칼라 적은 θ에 따라 다음과 같이 값이 달라진다.

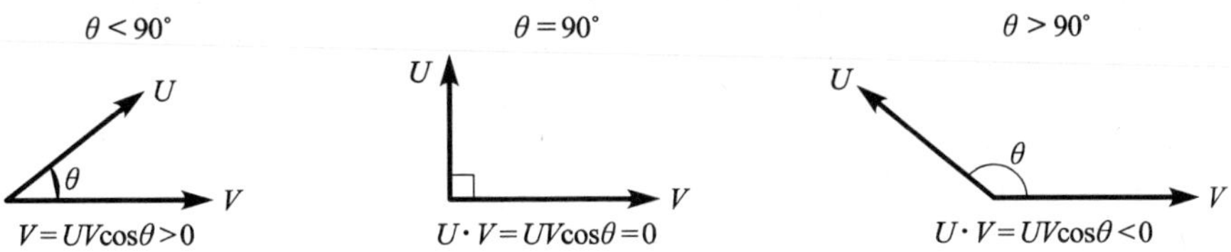

[그림 1-13]

공간좌표 $oxyz$에서 두 벡터 $U = U_{xi} + U_{yj} + U_{zk}$, $V = V_{xi} + V_{yj} + V_{zk}$를 dot product 하면

$$\begin{aligned} U \cdot V &= U_{xi} + U_{yj} + U_{zk} \\ &= U_x V_x (i \cdot i) + U_x V_y (i \cdot j) + U_x V_z (i \cdot k) \\ &\quad + U_y V_x (j \cdot i) + U_y V_y (j \cdot j) + U_y V_z (j \cdot k) \\ &\quad + U_z V_x (k \cdot i) + U_z V_y (k \cdot j) + U_z V_z (k \cdot k) \end{aligned}$$

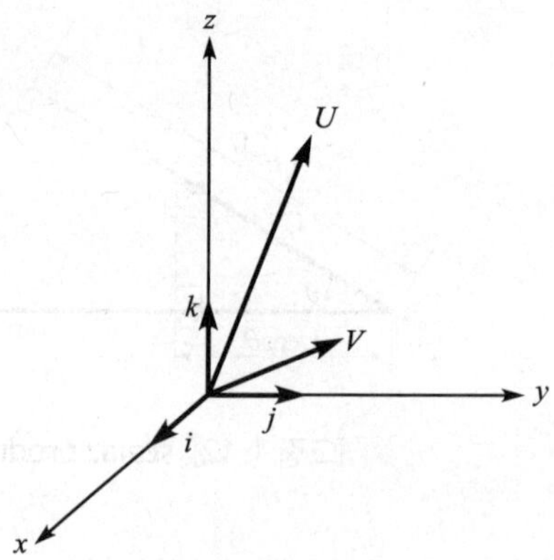

[그림 1-14]

여기서, $i \cdot i = 1 \cdot 1\cos 0° = 1$이므로

$i \cdot i = j \cdot j = k \cdot k = 1$

$i \cdot j = 1 \cdot 1\cos 90° = 0$이므로

$i \cdot j = j \cdot k = k \cdot i = 0$

$$\therefore\ U \cdot V = U_x V_x + U_y V_y + U_z V_z \tag{1.9}$$

③ 벡터곱(vertor product, cross product)

두 벡터 A와 B의 벡터적은 $A \times B$라 쓰고 A 크로스(cross) B라 읽으며

$$A \times B = AB\sin\theta$$

로 정의된다. 또 이 벡터곱을 외적이라 한다.

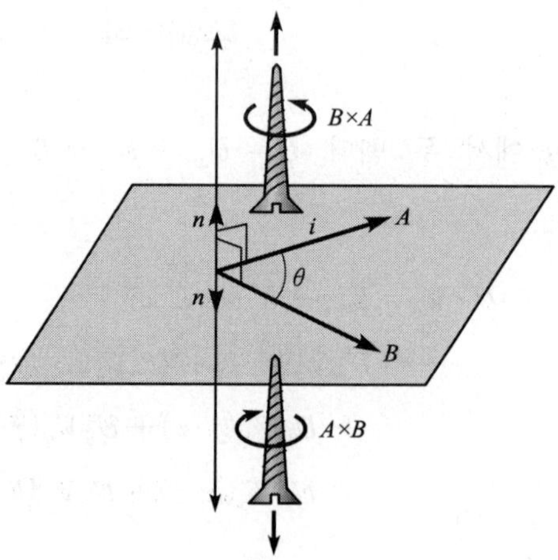

[그림 1-15]

[그림 1-15]와 같이 평면상에 2개의 벡터 A, B가 있다. 180°보다 작은 각으로 θ를 생각한다. B에서 A로 생각할 때 나사가 진행하는 방향의 단위 벡터를 n라 하면

$$\text{벡터적 ; } B\times A = nAB\sin\theta$$

A에서 B로 생각할 때 나사가 진행하는 방향의 단위 벡터를 n'라 하면

$$A\times B = n'AB\sin\theta = -nAB\sin\theta$$

$$\therefore A\times B = -B\times A \tag{1.10}$$

식 (1.10)에서 보는 바와 같이 벡터 곱은 교환법칙이 성립되지 않는다. A, B가 같은 방향이면 그 사이각 $\theta=0$이므로

$$A\times B = nAB\sin 0° = 0$$

A, B가 서로 직교하면 $\theta = 90°$이므로

$$A\times B = nAB\sin 90° = nAB$$

공간좌표 $oxyz$에서 두 벡터 $U = U_\xi + U_{yj} + U_{zk}$, $V = V_\xi + V_{yj} + V_{zk}$를 cross product 하면

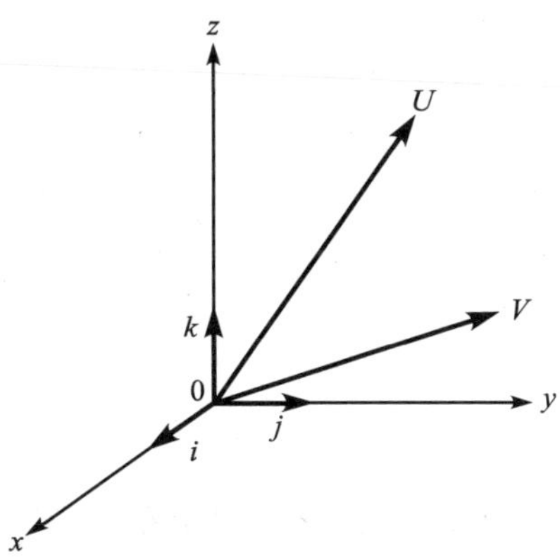

[그림 1-16]

$$i\times i = 1\times 1\sin 0° = 0\text{이므로}$$
$$i\times i = j\times j = k\times k = 0$$
$$i\times j = 1\times 1\sin 90° = 1(k\text{방향 단위벡터})$$

이므로

$$\begin{cases} i\times j=k, & j\times i=-k \\ j\times k=i, & k\times j=-i \\ k\times i=j, & i\times k=-j \end{cases}$$

$$\begin{aligned} U\times V &= (U_{xi}+U_{yj+}U_{zk})(V_{xi}+V_{yj}+V_{zk}) \\ &= U_x\times V_x(i\times i)+U_xV_y(i\times j)+U_xV_z(i\times k) \\ &\quad + U_yV_x(j\times i)+U_yV_y(j\times j)+U_yV_z(j\times k) \\ &\quad + U_zV_x(k\times i)+U_zV_y(k\times j)+U_zV_z(k\times k) \\ &= U_xV_y(k)+U_xV_z(-j)+U_yV_x(-k)+U_yV_z(i) \\ &\quad + U_zVx(j)+U_zV_y(-i) \end{aligned}$$

$$\therefore\ U\times V=(U_yV_z-U_zV_y)i+(U_zV_x-U_xV_z)j+(U_xV_y-U_yV_x)k$$

이 식을 행렬식으로 다음과 같이 표시할 수 있다.

$$U\times V=\begin{vmatrix} i & j & k \\ U_x & U_y & U_z \\ V_x & V_y & V_z \end{vmatrix}$$

같은 방법으로

$$V\times U=\begin{vmatrix} i & j & k \\ V_x & V_y & V_z \\ U_x & U_y & U_z \end{vmatrix}$$

예제 3

2개의 벡터 $A=2i+3j+4k$, $B=i+4j-2k$에 대하여 $A\times B$와 $B\times A$를 구하라.

$$A\times B=\begin{vmatrix} i & j & k \\ 2 & 3 & 4 \\ 1 & 4 & -2 \end{vmatrix}=(-6-16)i+(4+4)j+(8-3)k$$

$$\therefore A\times B=-22i+8j+5k$$

$$B\times A=\begin{vmatrix} i & j & k \\ 1 & 4 & -2 \\ 2 & 3 & 4 \end{vmatrix}=(16+6)i+(-4-4)j+(3-8)k$$

$$\therefore B\times A=-22i-8j-5k$$

1.4 마찰(friction)

물체 A가 물체 B 위에서 움직이거나, 이동하려 할 때 물체 B가 물체 A에 미치는 접촉으로 인한 저항력(contact resistance), 즉 두 물질이 접촉하여 그 면에 따라 상대운동을 일으키려고 할 때나, 상대운동 중에 이 상대운동을 막으려고 하는 힘이 발생한다. 이런 현상을 마찰이라 하고 이 힘을 **마찰력**(Friction force)라 한다.

마찰현상에 따라 분류해 보면 다음과 같다.

① **건조 마찰**(dry friction)

접촉하는 두 고체사이에 윤활제가 없는 경우의 마찰을 말하며 표면의 거칠기, 피복의 유·무, 미끄럼속도 등에 의하여 마찰계수(coefficient of friction)가 달라지며 보통 1~0.1이다.

마찰력은 마찰계수(μ)와 수직반력(N)의 곱으로 나타난다.

② **유체마찰**(fluid friction)

접촉면사이에 유체가 존재하여 물체 간 완전히 격리된 상태에서 상대운동을 하는 마찰을 말하며 유체 내의 마찰로 되어 마찰계수가 0.01~0.001이다.

③ **경계 마찰**(internal friction)

경계면 사이에 유체가 존재하나 미끄럼속도가 작거나, 하중이 클 경우의 마찰로서 유체 분자도 고체분자와 거의 같은 작용을 하는 마찰이며, 마찰계수가 0.1~0.01 정도이다.

또 이 마찰은 운동의 종류에 따라 미끄럼마찰과 구름마찰로 구별된다.

(1) 미끄럼마찰(sliding friction)

[그림 1-17]에서 보는 바와 같이 평탄한 판에 평활한 물체를 놓고 물체에 스프링저울을 길이 수평방향으로 서서히 하중(힘)을 가한다. 힘을 계속해서 증가시키면 정지되어 있던 물체가 움직이기 시작한다. 이때 저울 눈금에 표시된 힘은 움직이기 직전의 힘으로 정지마찰이라 하며, 일단 움직이기 시작하면 그대로 적당한 속도로 움직이게 하고 저울의 눈금을 읽으면 물체가 움직이는 과정에서 작용하는 동마찰력이 된다. 즉,

정지마찰(static friction): 물체가 움직이기 직전까지 마찰
동마찰(kinetic friction): 물체가 움직이는 과정에서 마찰

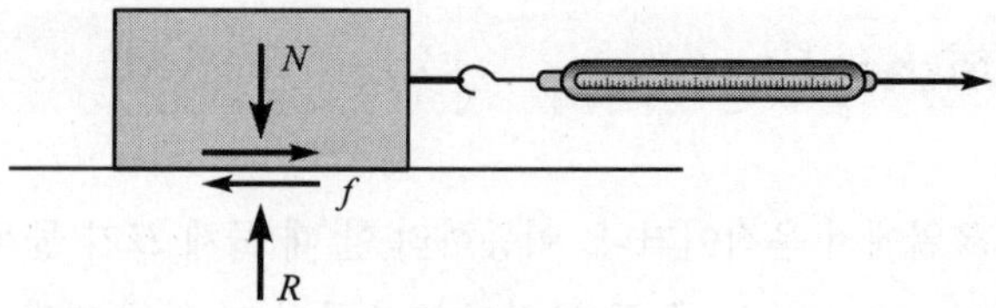

[그림 1-17]

① 미끄럼마찰에 대한 쿠롱(COULOMB)의 법칙

i) 마찰력은 마찰면에 작용하는 수직력에 비례하며 접촉면적의 크기와는 관계없다. 즉,

$$\mu_s = \frac{f}{N} \quad \begin{cases} \mu_s : \text{정마찰계수(coefficient of kinetic friction)} \\ f : \text{마찰력} \\ N : \text{수직력} \end{cases}$$

ii) 동마찰은 미끄럼속도의 크기와 관계없다. 즉,

$$\mu_s = \frac{f'}{N} \quad \begin{cases} \mu_s : \text{동마찰계수(coefficient of kinetic friction)} \\ f' : \text{활동중일 때 마찰력} \end{cases}$$

iii) 경험적으로 정마찰력은 동마찰력보다 크다. 즉,

$$\mu_s > \mu_k \qquad f > f'$$

정마찰과 동마찰의 관계는 [그림 1-18]과 같다.

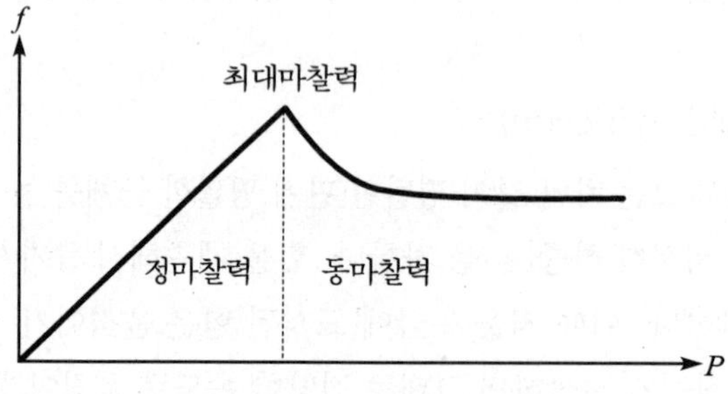

[그림 1-18]

② 마찰각(angle of friction), θ_s

수직력 N과 마찰력 f를 동시에 받고 있는 경우 극한상태(미끄러지기 직전)에서 두 힘의 합력 R_s는 수직선과 θ_s의 각을 이루며 이 각을 마찰각이라 한다. 즉,

$$\tan\theta_s = \frac{f}{N}$$

이 $\tan\theta_s$를 정마찰계수라 한다.

$$\therefore \tan\theta_s = \mu_s$$

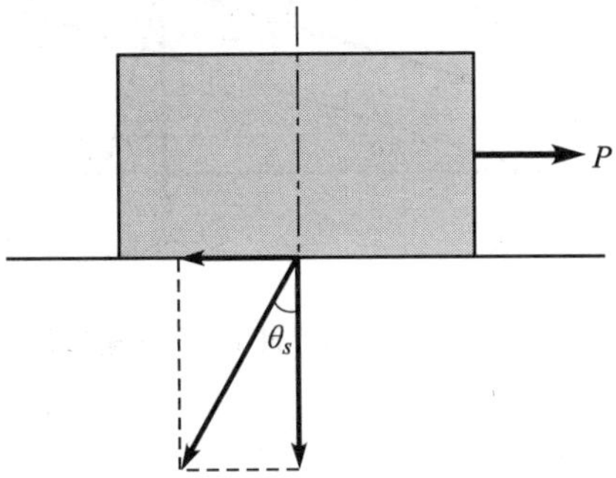

[그림 1-19]

[그림 1-20]과 같은 상태에서 자체의 무게 W, 면의 항력 N, 마찰력 f의 세 힘에 의해 평형을 유지했던 물체가 경사각(ϕ)이 커지기 시작하면 어떤 각에 이르러 미끄러지기 시작하며 이때의 각을 휴식각(angle of repose)이라 하며 휴식각과 마찰각은 일치한다.

평형조건으로부터

$$f = W \cdot \sin\phi, \;\; N = W \cdot \cos\phi$$

$$\therefore \tan\phi = \frac{f}{N} \tag{1.11}$$

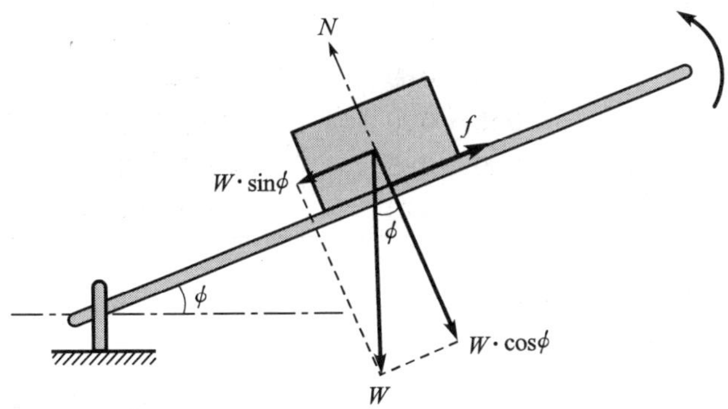

[그림 1-20]

예제 4

[그림 1-21]과 같은 물체가 아래로 움직이는지를 검토하고, 만약 움직이지 않는다면 움직이는데 필요한 힘 P는 얼마인가?(단, 물체와 면과의 마찰계수는 0.7로 한다).

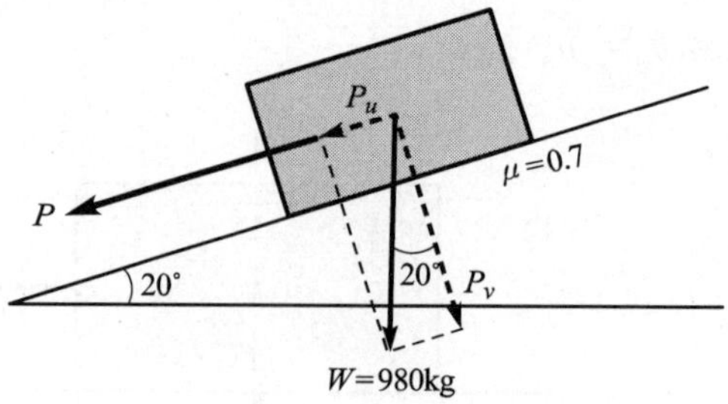

[그림 1-21] **구름마찰**

$Pv = 980 \times \cos 20 = 921\text{kg}$

$P_H = 980 \times \sin 20 = 335\text{kg}$

여기서 $P_H = 335\text{kg}$은 경사면 아래로 움직이려는 힘이다.

마찰력은 $\mu \times P_v$이므로

$f = 0.7 \times 921 = 645\text{kg}$

$f = 645\text{kg} > \text{P}_\text{H} = 335\text{kg}$ 이므로 움직이지 않는다.

이 물체가 움직이려면 $P_H + P > f$가 성립해야 한다.

$\therefore P > f - P_H = 645 - 335 = 310\text{kg}$

일반적인 정마찰 계수는 아래의 표와 같다.

접촉면	마찰계수	접촉면	마찰계수
목재와 목재	0.25 ~ 0.50	고무와 콘크리트	0.75 ~ 0.90
금속과 목재	0.20 ~ 0.60	흙과 흙	0.25 ~ 1.00
금속과 금속	0.15 ~ 0.30	고무와 얼음	0.1
돌과 돌	0.40 ~ 0.65	유리와 유리	0.40
금속과 돌	0.30 ~ 0.70	강철과 얼음	0.04

(2) 구름마찰(rolling friction)

구 또는 원주가 평면상을 미끄러지지 않고 구를 때, 접촉하는 물체가 완전한 강체(변형이 생기지 않는 물체)라면 구름마찰이 존재치 않는다. 그러나 완전강체가 존재치 않으므로 일반적으로 [그림 1-22(d)]와 같이 되어 구름마찰이 생긴다.

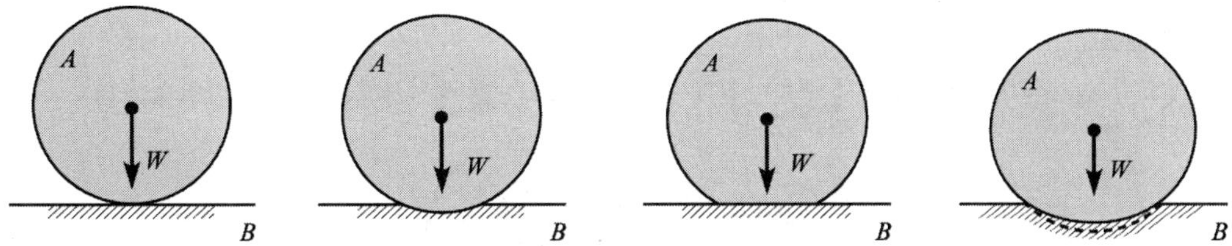

(a) A, B 모두 완전강체 (b) A가 완전강체 (c) B가 완전강체 (d) 일반적인 경우

[그림 1-22]

원주 또는 구가 평면상을 구를 때, 이것을 방해하려고 하는 구르는 방향과 반대방향의 모멘트가 작용하는데 이와 같은 현상을 구름마찰이라 한다. 지금 무게가 W이고, 원주의 반지름 r인 물체가 P의 힘을 받아서 구르고 있을 때 [그림 1-23]에서 보는 바와 같이 세 힘 P, W, R이 평형을 이루어야 정지상태가 된다.

즉, B점에서 모멘트 평형이 되어야 한다. $(\Sigma M_{atB}=0)$

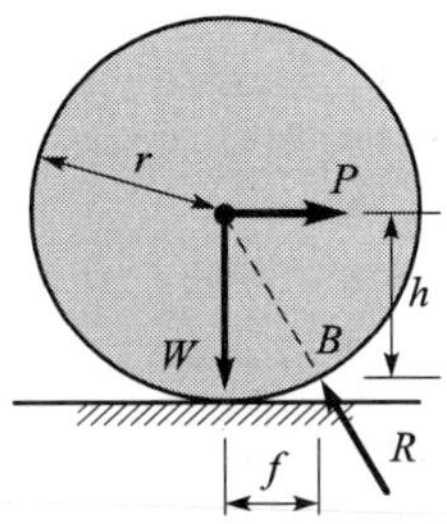

[그림 1-23]

$$W \cdot f = P \cdot h$$

$$P = f \cdot \frac{W}{h}$$

여기서 $h \fallingdotseq r$로 볼 수 있으므로

$$\therefore P = f \cdot \frac{W}{r} \tag{1.12}$$

여기서, P : 구름마찰력

f : 구름마찰계수(coefficient of rolling friction)로서 길이의 차원을 갖고 있음.

W : 원주중심에 작용되는 힘(자중을 포함한 외부 수직력)

r : 원주의 반경

예제 5

[그림 1-24]와 같은 사면에서 구름마찰계수를 $0.02r$로 두면 경사각 θ를 얼마로 하면 등속도로 구르는가?

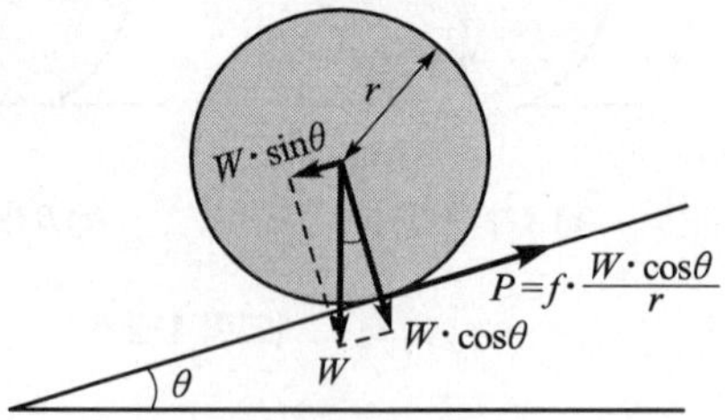

[그림 1-24]

(←)(→) 두 힘이 같을 때 등속도이다. 즉,

$$W \cdot \sin\theta = f \cdot \frac{W \cdot \cos\theta}{r}$$

$$\sin\theta = \frac{f}{r} \cdot \cos\theta$$

$$\tan\theta = \frac{f}{r} = 0.02$$

$$\therefore \theta = 1°8'45''$$

예제 6

무게가 400 kg, 지름이 30 cm 구를 굴리는데 필요한 힘은 얼마인가?(단, 구름마찰계수 $f = 0.03$cm로 한다.)

$$P = f \cdot \frac{W}{r} = 0.03 \times \frac{400}{15} = 0.8\text{kg}$$

예제 7

[그림 1-25]와 같은 기관차의 전중량이 120 t, 그 동륜(driving wheel)에 걸리는 중량이 60 t이고 동륜과 레일(rail) 사이의 미끄럼 마찰계수가 0.25(금속과 금속), 차량의 저항을 5 kg/t이라 하면 평지에서 이 기관차가 끌 수 있는 총중량은 얼마인가?

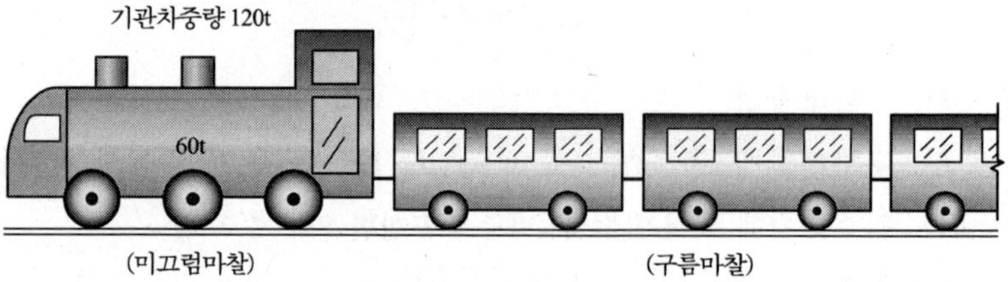

[그림 1-25]

기관차가 끌 수 있는 힘은 미끄럼마찰력으로 끌 수 있으므로

기관차가 끌 수 있는 힘 $P = 0.25 \times 60 = 15.0\text{t}$

기관차를 포함한 열차의 총중량을 W라 하면 차량의 구름에 대한 저항력은

$W \times 5\text{kg/t}$

여기서 5kg/t은 수직하중 1t 당 구름에 저항하는 힘이 5kg이므로 이것을 t으로 고치면 5×10^{-3}이 된다.

차량의 총저항력은 $Q \times 5 \times 10^{-3} = 0.005\,W$

기관차가 끌 수 있는 힘이 차량 총저항력보다 크면 되므로

$15.0\text{t} > 0.005\,W$

$\therefore W > 3{,}000\text{t}$

기관차의 무게를 제외하면 2,880t의 무게를 평지(경사를 고려치 않음)에서 끌고 갈 수 있다는 뜻이다.

1.5 단면의 도심(center of figure)

(1) 중심(重心)과 도심(圖心)

어떤 무게가 W인 물체를 [그림 1-26]과 같이 매달면 이 선에는 크기가 W이고 방향이 반대인 힘이 생기며 이 연장선이 무게 W의 작용선이다. 또 다른 한 점 B를 잡아 물체를 매달면 그 작용선이 나타난다. 이 교점이 이 물체의 무게의 중점이 된다. 즉, 이와 같이 무게의 중심을 중심(重心, center of gravity)이라 한다.

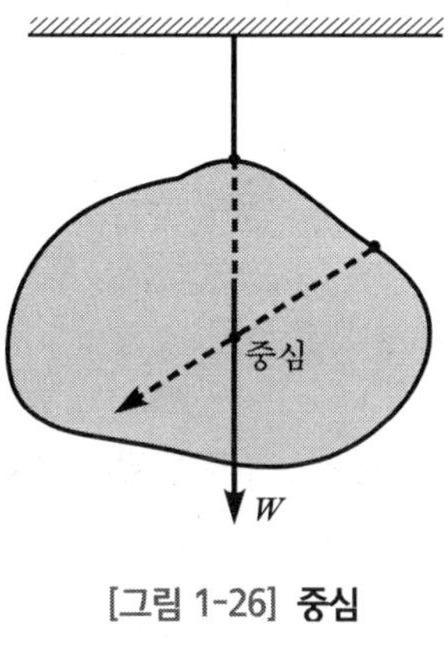

[그림 1-26] **중심**

다음 [그림 1-27]과 같은 물체를 미소면적으로 나누어 각 미소요소의 무게를 w_1, w_2, $\cdots$, w_n이라 하면 이때 요소들의 무게는 평행한 역계(중력방향)를 이루고 이들 무게들의 합은 물체 전체의 무게와 같다.

[그림 1-27]에서 각 요소의 좌표를 $(x_1,\ y_1)$, $(x_2,\ y_2)$, $(x_3,\ y_3)$, $\cdots$ $(x_n,\ y_n)$라 하고 W가 작용하는 점의 좌표를 $(\overline{x},\ \overline{y})$라 한다.

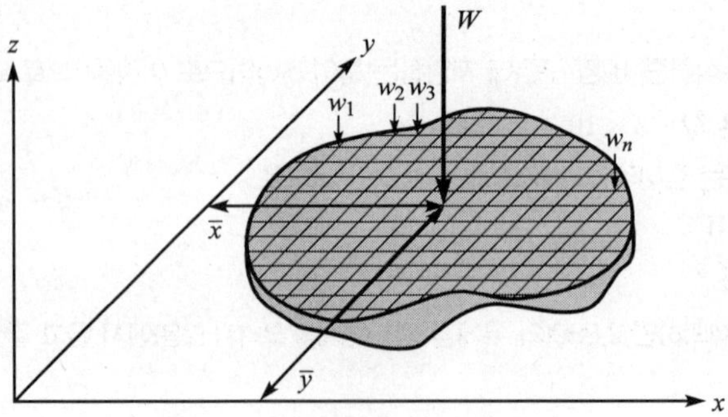

[그림 1-27]

먼저 y축에서 평형을 고려하면

$$W\overline{x} = w_1 x_1 + w_2 x_2 + \cdots + w_n x_n = \sum w_i x_i$$

x축에서 평형을 고려하면

$$W\overline{y} = w_1 y_1 + w_2 y_2 + \cdots + w_n y_n = \sum w_i y_i$$

이 두 식에서 중심의 좌표 $(\overline{x},\ \overline{y})$가 다음과 같이 나타난다.

$$\overline{x} = \frac{\sum w_i x_i}{W}$$

$$\overline{y} = \frac{\sum w_i y_i}{W} \tag{1.13}$$

여기서 $W = w_1 + w_2 + \cdots + w_n = \sum w_i$

만약 재료가 균질이라면(즉, 두께가 일정한 판) 요소무게(w_i)를 요소면적(a_i)으로 생각할 수 있고 물체전체의 무게는 전체의 면적 $A(A = \sum a_i)$와 같다.

$$\overline{x} = \frac{\sum a_i x_i}{A}$$

$$\overline{y} = \frac{\sum a_i y_i}{A} \tag{1.14}$$

식 (1.14)와 같이 판의 재료가 균질이고 두께가 일정한 경우의 중심을 **도심**(圖心, center of figure, centroid)이라 한다.

이 원리를 선에 적용하면 임의선의 도심은 다음과 같다.

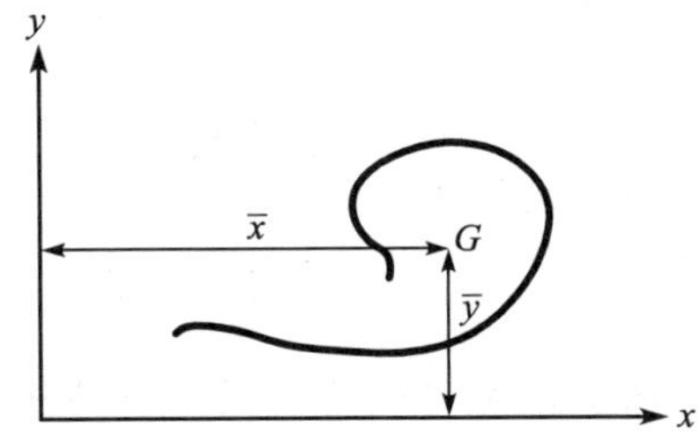

[그림 1-28]

$$\bar{x} = \frac{\sum l_i x_i}{L}$$

$$\bar{y} = \frac{\sum l_i y_i}{L} \qquad (1.15)$$

식 (1.14), (1.15)를 적분기호로 표시하면

면적의 도심은 $$\left.\begin{aligned} A \cdot \bar{x} &= \int x \cdot da \\ A \cdot \bar{y} &= \int y \cdot da \end{aligned}\right\} \qquad (1.15\text{–}1)$$

선의 도심은 $$\left.\begin{aligned} L \cdot \bar{x} &= \int x \cdot dl \\ L \cdot \bar{y} &= \int y \cdot dl \end{aligned}\right\} \qquad (1.15\text{–}2)$$

(2) 회전체의 중심(파푸스정리, Pappus theorem)

중심을 이용하여 회전체의 표면적과 체적을 구하는 방법으로 제1정리와 제2정리가 있다.

① 제1정리(표면적에 관한 정리)

곡선이 어떤 축 둘레로 회전하여 만드는 곡선의 표면적은 그 곡선의 길이와 그 곡선의 도심이 축 둘레로 회전하여 만드는 원주의 길이와의 곱과 같다.

[그림 1-29]에서 곡선 AB가 x축 둘레로 회전하여 생긴 표면적을 S, 곡선 AB의 길이를 l이라 하면, 미소길이 dl에 의하여 만들어진 표면적은

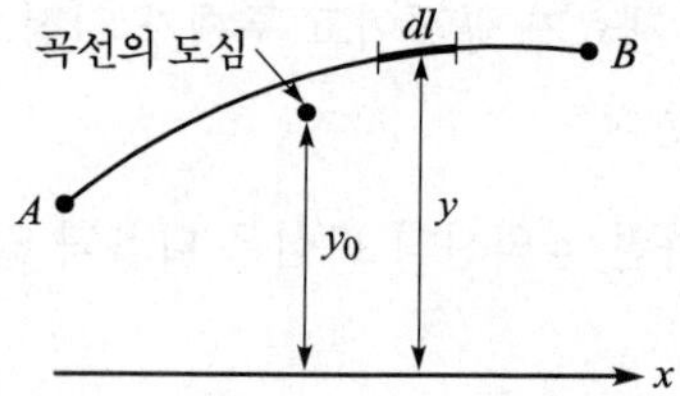

[그림 1-29]

$$2\pi \cdot y \cdot dl$$

로 되며 표면적은 이것을 전 길이에 걸쳐 적분하면 된다.

$$S = \int 2\pi y dl = 2\pi \int y dl$$

식 (1.15-1)에서 $\int y \cdot dl = l \cdot y_0$ 이므로

$$\therefore S = 2\pi \cdot y_0 \cdot l \tag{1.16}$$

즉, 표면적 = 도심이 회전한 거리 × 곡선의 길이

예제 8

[그림 1-30]과 같은 반지름 r인 원형 고리를 y축을 중심으로 한 바퀴 회전하였을 경우 생기는 표면적을 구하라.

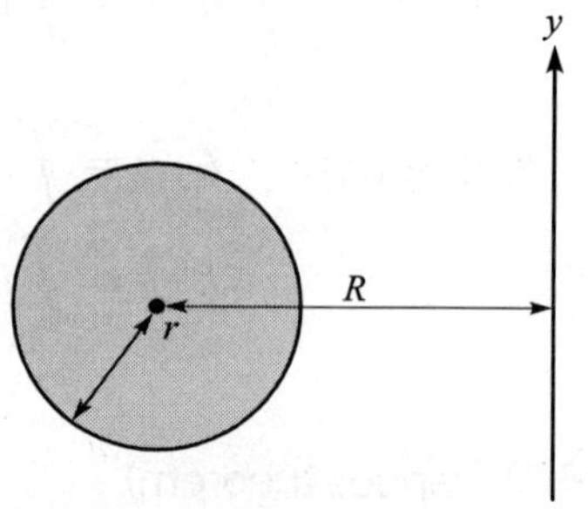

[그림 1-30]

표면적 = 선분의 도심이 회전한 거리 × 곡선의 길이

선분의 도심이 회전한 거리 = $2\pi R$

곡선의 길이 = $2\pi r$

$\therefore S = 2\pi R \cdot 2\pi R$

$\quad = 4\pi^2 R \cdot r \cdot R$

② 제2정리(체적에 관한 정리)

면적이 어떤 축 둘레로 회전하여 만드는 회전체의 체적은 그 면적과 그 단면의 도심이 축 둘레로 회전하여 만드는 원주의 길이와의 곱과 같다.

미소면적 dA가 x축을 회전하여 만드는 체적은

$$V=\int 2\pi \cdot y \cdot dA = 2\pi \int y \cdot dA$$

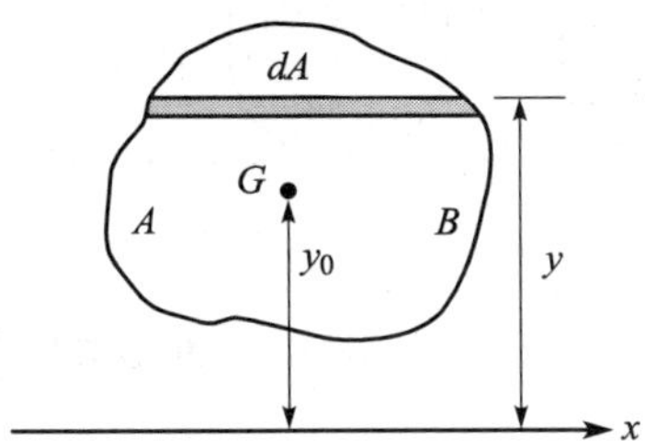

[그림 1-31]

식 (1.14-1)에서 $\int ydA= A \cdot y_0$이므로

$$\therefore\ V = 2\pi \cdot y_0 \cdot A \tag{1.17}$$

즉, 체적 = 물체도심이 그리는 원주×표면적

예제 9

아래 [그림 1-32]와 같은 빗금 친 물체를 x축으로 회전하였을 경우 생기는 체적을 구하라.

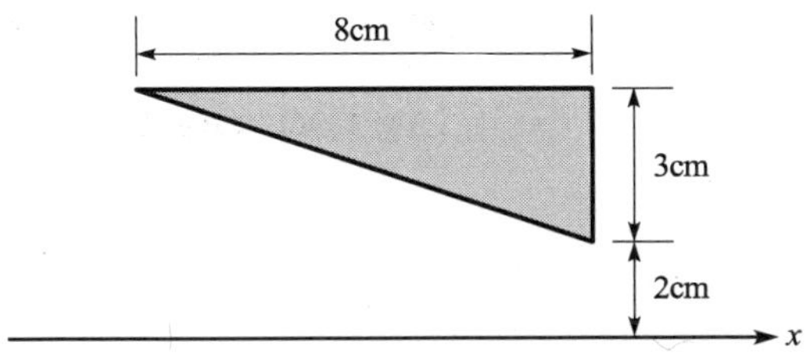

[그림 1-32]

축에서 도심까지 거리 $y_0 = 2+3\times\dfrac{2}{3}=4$cm

단면적 $A=3\times8\times\dfrac{1}{2}=12\text{cm}^2$

$\therefore\ V=2\pi\times4\times12=301.44\,\text{cm}^3$

(3) 물체의 안정

물체가 평면상 바른 자세로 놓여 있을 때 이것을 조금 기울이면 중심의 위치가 처음 위치보다 올라가는 물체를 안정(安定, stable), 중심의 위치가 낮아지는 경우를 불안정(不安定, unstable), 기울여도 중심의 위치가 변하지 않는 경우를 중립(中立, netural)이라 한다.

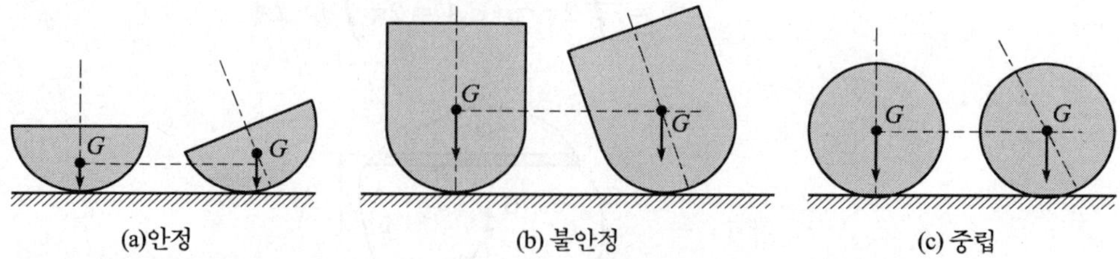

[그림 1-33] **물체의 안정**

(4) 부체의 안정

액체 위에 떠 있는 물체에 대한 안정으로, 물체에 부력(浮力, buoyant force) B와 물체의 무게 W의 중심선이 동일 선상에 있으면 물체는 정지한다.

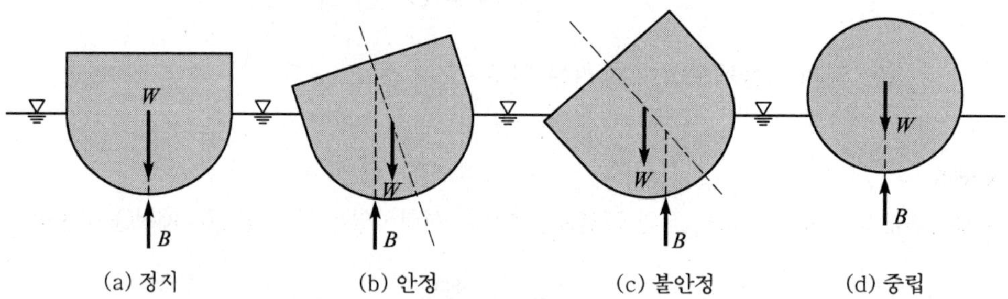

[그림 1-34] **부체의 안정**

1.6 일과 에너지

물체에 힘을 가하여 변위가 생기는 것을 일이라 하며 이 일을 할 수 있는 능력을 에너지라 하며, 일과 에너지는 밀접한 관계가 있다.

(1) 일(Work), W

물체에 힘을 가하여 물체를 움직이는 경우, 이 힘이 물체에 준 결과는 그 힘뿐이 아니라 그 물체가 이동한 거리(변위)와도 관계가 있다. [그림 1-35]에서와 같이 무게 W인 물체에 힘 P를 가하여 거리 s만큼 이동하였을 경우 힘 P가 한 일 W는 다음과 같이 나타난다.

$$W = P \cdot s$$

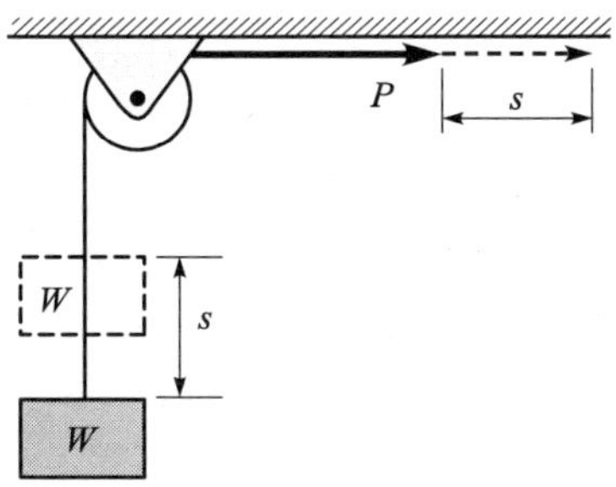

[그림 1-35]

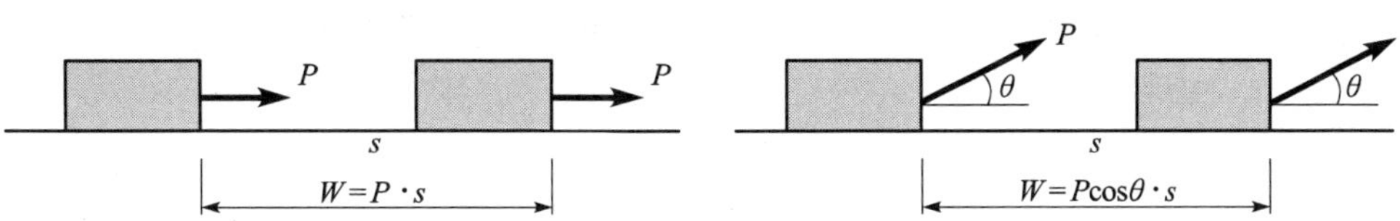

[그림 1-36]

① 일의 단위

1N (Newton)의 힘을 가하여 그 힘의 방향으로 1m 변위를 생기게 한 일의 양을 1N·m라 하며 이것을 1[J] (joule)이라 하며, 절대단위(CGS 단위)에서는 1dyne의 힘이 작용하여 1cm 변위를 생기게 한 일의 양을 1erg라 한다.

$1\text{N} \cdot \text{m} = 1[\text{J}]$

$1\text{erg}1\text{dyne} \cdot \text{cm} = 1\text{erg}$

$$1\text{N}\cdot\text{m} = 10^7\text{erg}$$

$1\,[\text{J}] = 0.102\text{kg}\cdot\text{m}$ (본서에서는 kg·m를 사용하기로 한다.)

예제 10

[그림 1-37]과 같이 배의 진행방향과 30° 경사진 두 가닥의 줄에 각각 200 kg의 힘으로 끌어 배가 20 m 움직였다. 이때 한 일은 얼마인가?

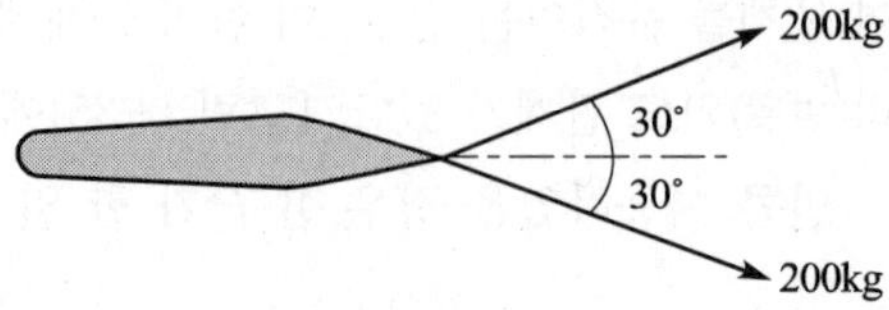

[그림 1-37]

진행방향으로 미친 힘 P

$P = 2\times 200\times \cos 30 = 346.4\,\text{kg}$

변위가 20m이므로

$W = P\cdot s = 346.4\times 20 = 6928\text{kg}\cdot\text{m}$

$\therefore\ W = 6928\text{kg}\cdot\text{m} = 67921.6\text{N}\cdot\text{m}\,[\text{J}]$

② 스프링(spring)이 하는 일

[그림 1-38]에서 보는 바와 같이 길이 l인 spring에 하중 P를 가하여 길이가 x만큼 늘어났다. 다시 생각하면, spring을 x만큼 변위시키는데 필요한 힘 P는 다음과 같이 쓸 수 있다.

$$P = k\cdot x$$

여기서 k는 단위 길이만큼 변위시키는데 필요한 힘으로 스프링상수라 하며 [kg/m]의 차원을 갖는다.

이때 일은 다음과 같이 나타난다.

$$W = \int_0^x P\cdot dx = \int_0^x k\cdot x dx = k\left[\frac{x^2}{2}\right]^x$$

$$\therefore\ W = \frac{1}{2}kx^2$$

이 식의 의미는 $(P,\ x)$ 직교 좌표에서 $P = k\cdot x$인 직선식이 x축과 만드는 면적과 같다.

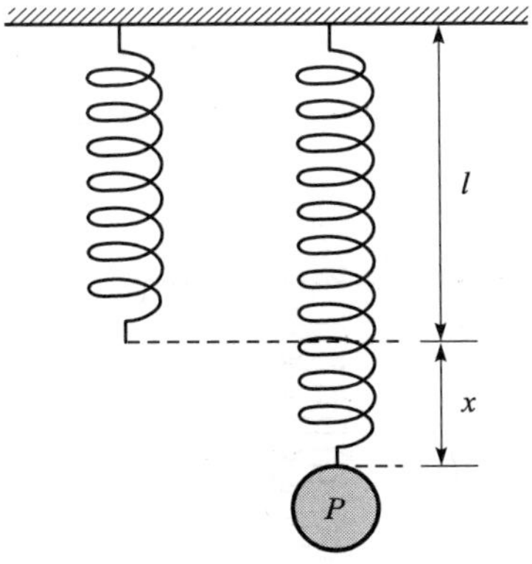

[그림 1-38]

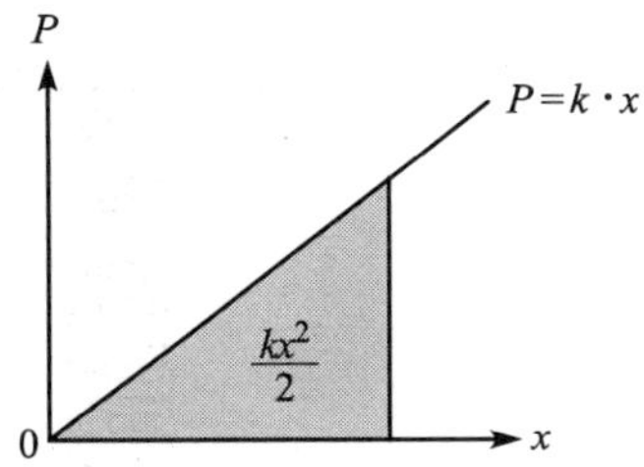

[그림 1-39]

예제 11

0.3 cm 늘리는데 1.5 kg의 힘을 요하는 스프링을 자연 상태에서 2 cm 늘이는데 요하는 일과 2 cm 늘린 곳에서 다시 4 cm 늘리는데 요하는 힘을 구하라.

$P=kx$에서 스프링상수 k를 구하면

$$k=\frac{P}{x}=\frac{1.5}{0.3}=5\,[\mathrm{kg/cm}]$$

i) 자연 상태에서 2cm 늘일 때 요하는 일

$$P=kx=5x$$

$$W=\int_0^2 5x\,dx=[2.5x^2]_0^2=10\mathrm{kg}\cdot\mathrm{cm}$$

ii) 2cm 늘어난 곳에서 다시 4cm 늘이는데 요하는 일

$$W=\int_0^{(2+4)} 5x\,dx=[2.5x^2]_2^6=80\mathrm{kg}\cdot\mathrm{cm}$$

예제 12

[그림 1-40(a)]와 같은 상태에서 하중 W를 매달았더니 스프링이 l만큼 늘면서 진동을 시작하였다가 잠시 후 l_0 늘어난 위치에서 정지하였다. l_0와 l의 관계를 구하라.(단, 그림에서 k는 스프링 상수이다.)

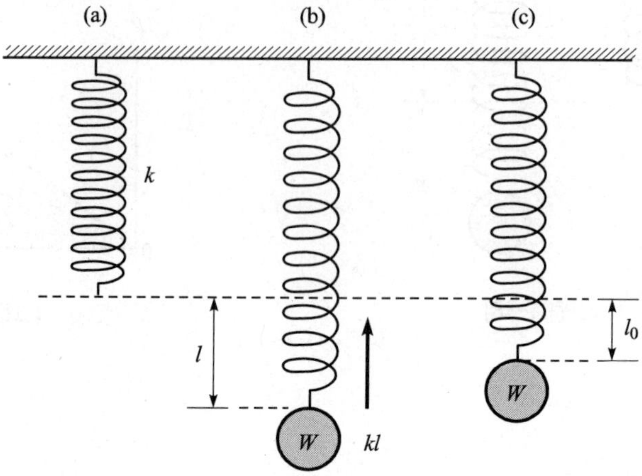

[그림 1-40]

스프링이 l만큼 늘어나는 사이에 복원력이 추에 대하여 하는 일, W_1

$$W = \int_0^l (-kx)dx = -k[\frac{x^2}{2}]_0^l = -\frac{kl^2}{2}$$

여기서 $-\frac{kx^2}{2}$은 추가 반대로 스프링에 $\frac{kx^2}{2}$의 일을 하고 있는 것을 의미함.

추가 l만큼 늘어나는 사이에 하는 일, W_2

$$W_2 = W \cdot l$$

추는 W_2에 의하여 W_1의 일을 할 수 있다(즉, 하강을 해야 복원력이 생긴다).

$$W_1 = W_2$$

$$\frac{kl^2}{2} = W \cdot l$$

[그림 1-40(c)]에서 $W = k \cdot l_0$이므로

$$\frac{kl^2}{2} = k \cdot l_0 \cdot l$$

$$\therefore \frac{l}{2} = l_0, \ l = 2l_0$$

③ 중력 일

힘이 미치는 공간(지구의 중력, 자석부근에 쇠 조각을 두면 끌려가는 현상)을 력장(力場, field of force)이라 하며 중력장(重力場, field of gravity)에 대하여 생각하면 경사각 θ인 매끈한 사면에 무게 Q인 물체가 A에서 B까지 거리 s만큼 변위하였다면 중력이 한 일 W는 다음과 같다.

$$W = Q \cdot \sin\theta \cdot s$$
$$= Q \cdot s \cdot \sin\theta$$

여기서 $s \cdot \sin\theta = (h_A - h_B) = h$이므로

$$W = Q \cdot h$$

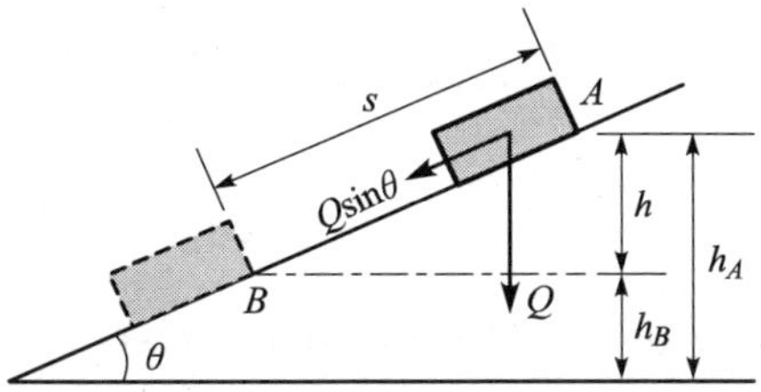

[그림 1-41]

즉, 중력이 하는 일은 경사각 θ와는 관계가 없고 연직거리에만 관계한다.

[그림 1-42]에서 A에서 어떤 경로(Ⅰ, Ⅱ, Ⅲ)를 거쳐 B로 가더라도 중력이 하는 일은 같으며 A에서 어떤 경로를 거쳐 B로 가고, B에서 어떤 경로를 거쳐 다시 A로 온다면 결국 중력이 한 일은 아무것도 없다.

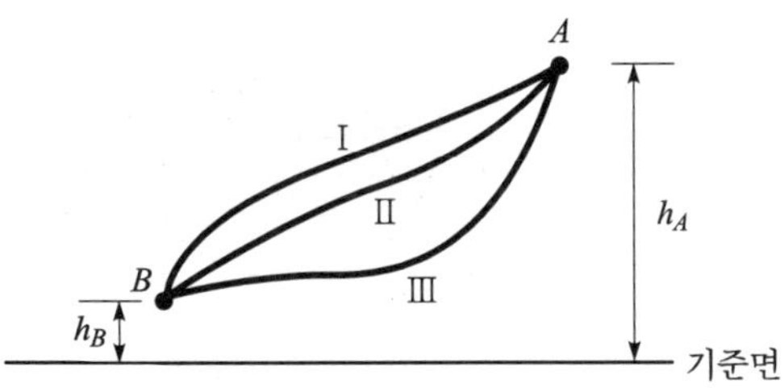

[그림 1-42]

만유인력, 전기력, 자력과 같이 힘이 하는 일이 도중경로에 무관하고 처음과 마지막 위치에 의해서만 정해지는 힘을 **보존력(保存力, conservative force)**이라 한다.

또 보존력장에서 점 A, B의 상태를 나타내는 양으로 h_A, h_B를 기준면 x에 대한 포텐샬(potential)이라 한다.

예제 13

저면적이 2m^2인 직원주형 탱크에 1m까지 물이 들어 있다. 펌프로 이 물의 1/2을 저면에서 5m까지 올릴 때의 일을 구하라.

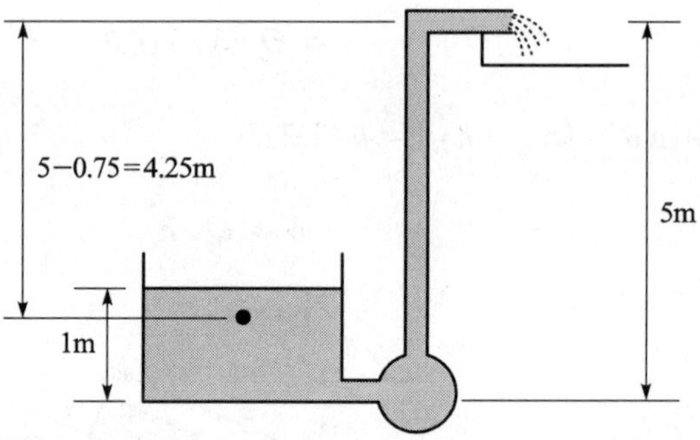

[그림 1-43]

퍼올린 물의 중심위치는 4.25m이므로 변위가 4.25m이다. 퍼 올린 물의 무게는

$$2\text{m}^2 \times 0.5\text{m} = 1\text{m}^3 = 1\text{t}$$

이므로, 일 W는

$$W = 1 \times 4.25 = 4.25\text{t}\cdot\text{m}$$

$$= 41.667[\text{KJ}]$$

④ 회전의 일(work of rotation)

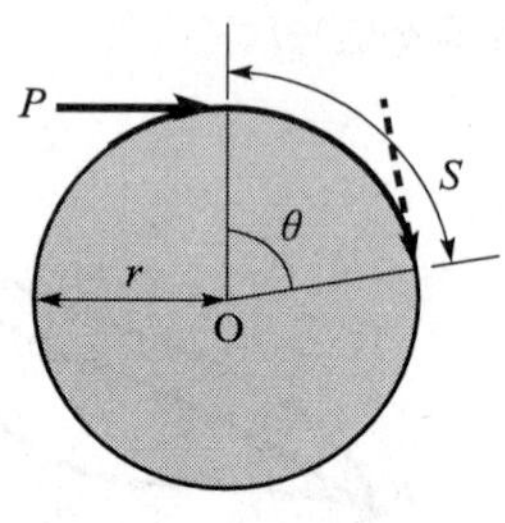

[그림 1-44]

[그림 1-44]에서와 같이 회전체가 힘 P를 받아 축 O의 둘레로 회전운동을 하고 있을 때 힘 P가 한 일은

$$W = P \cdot s = p \cdot r \cdot \theta$$

여기서 $P \cdot r$은 O점에 대한 모멘트, 즉 물체에 미치는 **토크**(회전우력, torque) T이므로

$$W = T \cdot \theta$$

이 식은 회전운동인 경우 일은 토오크(T)와 각 변위(θ)의 곱으로 나타남을 알 수 있다.

(2) 에너지(energy), E

물체가 일을 할 수 있는 능력(높은 곳의 물, 원동기, 전동기, 압축공기, 바람 … 등)을 에너지라 하며 크기의 표시는 일의 단위와 동일하다.

에너지는 여러 가지 종류(열, 화학, 전기, 원자핵 energy … 등)가 있으나 역학에서 취급하는 역학적 energy는 위치에너지(potential of energy)와 운동에너지(kinetic energy)가 있다. 또 화력으로 발전하는 것은 열에너지를 전기에너지로 변환시킨 것이다. 즉, 에너지의 형태는 바뀌지만 전체적으로 에너지량은 변하지 않는다.
이것을 **에너지 보존의 법칙**(law of conservation of energy)이라 한다.

① 위치에너지(potential energy), E_p

물체가 위치를 바꾸거나 형상의 변화에 의하여 그 물체에 저장되는 에너지를 위치 에너지라 한다. 즉, 물의 낙차에 의한 일, 스프링의 신장 또는 수축에 의한 일 등이다.

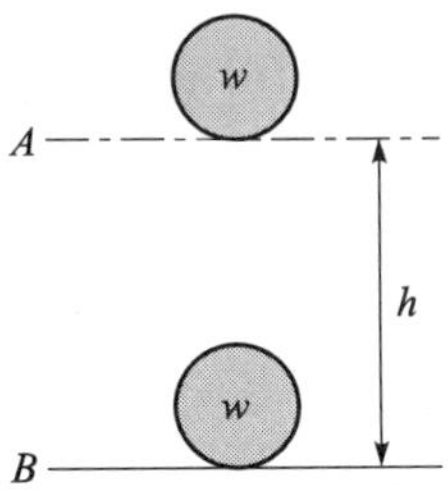

[그림 1-45] **위치에너지**

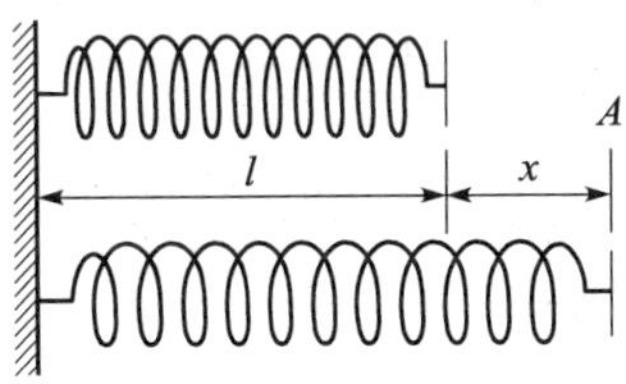

[그림 1-46] **스프링 신장**

무게 W인 물체를 연직방향으로 거리 h만큼 올리면 이 물체는 중력에 거슬러 $W \cdot h$만한 일을 한 것이다.
또 A위치에서는 Wh의 운동에너지를 갖고 있다.
즉, A점에서 위치에너지 $E_p = W \cdot h$(kg·cm) 탄성체가 갖는 위치에너지의 대표적인 예로써 스프링을 생각할 수 있다. 탄성한도 내에서 스프링을 인장하거나 압축하여 x만큼 변위시키는데 필요한 힘을 P라 하면

$$P = k \cdot x$$

이며, 이때 스프링이 하는 일은

$$W = \frac{1}{2}kx^2$$

이며 이것은 A점에서 $\frac{1}{2}kx^2$의 위치에너지를 갖고 있다는 뜻이다.

$$E_p = \frac{1}{2}kx^2$$

② 운동에너지(kinetic energy), E_k

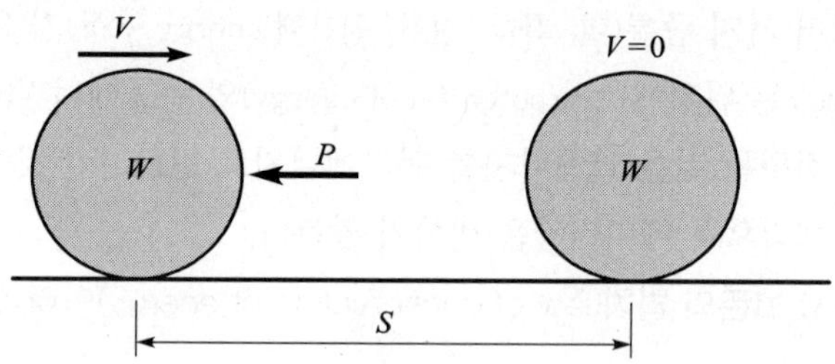

[그림 1-47]

[그림 1-47]과 같은 무게 W인 물체가 속도 V로 운동하고 있을 때, 운동과 반대 방향으로 힘 P를 가하여 거리 s만큼 움직여 정지하였다.

이때 물체는 힘 P에 거슬러 $P \cdot s$의 일을 한 것이 되며, 다시 말하여 물체는 $P \cdot s$의 일할 능력을 갖고 있다.

즉, 물체가 어떤 속도로 운동하고 있을 때 운동할 수 있는 능력이 있으며 이 능력을 운동에너지라 한다.

이 물체의 가속도를 a라 하면

$$P = m \cdot a = \frac{W}{g} \cdot a$$

가속도 $a = \frac{V^2 - V_0^2}{2s}$에서 $V_0 = 0$이므로 $a = \frac{V^2}{2s}$

$$P = \frac{W}{g} \cdot \frac{V^2}{2s}$$

$$\therefore \text{ 운동에너지 } E_k = P \cdot s = \frac{W \cdot V^2}{2g}$$

즉, 운동에너지는 속도 자승에 비례하고 무게에 비례하므로 무게보다 물체의 속도가 운동에너지에 더 큰 영향을 미친다.

예제 14

무게 2t의 자동차가 시속 60km로 주행할 때와 시속 100km로 주행할 때 각각의 운동에너지를 구하라.

i) 60km/hr일 때 $V=\frac{60\times1000}{60\times60}=16.7\text{m/sec}$

$$E_k=\frac{WV^2}{2g}=\frac{2\times16.7^2}{2\times9.8}=28.46\text{t}\cdot\text{m}$$

ii) 100km/hr일 때 $V=\frac{100\times1000}{60\times60}=27.8\text{m/sec}$

$$E_k=\frac{2\times27.8^2}{2\times9.8}=78.9\text{t}\cdot\text{m}$$

③ 회전체가 갖는 에너지

고정축 둘레로 각속도 ω를 가지고 회전하고 있는 물체가 갖는 운동에너지를 회전체 에너지라 한다.

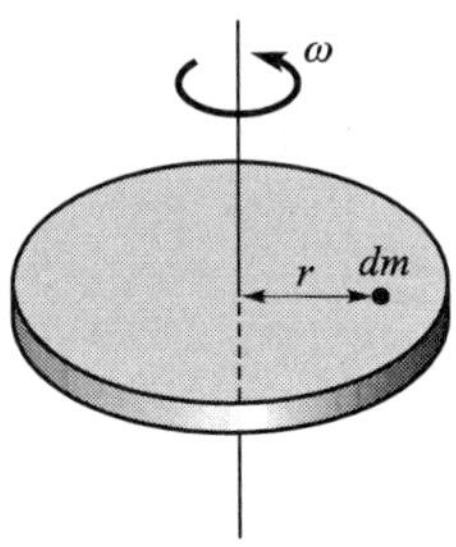

[그림 1-48]

회전축에서 r떨어진 곳의 미소질량은 dm, 미소질량이 갖는 운동에너지를 dE라 하면, 미소 질량 dm이 갖는 속도 V는

$$V=r\cdot\omega$$

이고, 운동에너지 $E=\frac{W\cdot V^2}{2g}=m\cdot\frac{V^2}{2}$이므로 미소질량이 갖는 운동에너지 dE는

$$dE=\frac{1}{2}(r\omega)^2dm$$

$$E = \frac{1}{2}\int (r\omega)^2 dm = \frac{1}{2}\omega^2 \int r^2 dm$$

여기서 $\int r^2 dm$을 회전축 둘레의 질량관성모멘트라 하며 I로 표시하면

$$I = mr^2 = \frac{W}{g} \cdot r^2$$

$$\therefore E_k = \frac{1}{2} I\omega^2$$

예제 15

무게 500 kg, 회전반지름 1.2 m 인 휠(wheel)이 60 rpm 으로 회전하고 있다. 이 휠이 갖는 운동에너지는?

회전축 둘레 관성모멘트, I

$$I = \frac{W}{g} \cdot r^2 = \frac{500\text{kg}}{9.8\text{m/sec}^2}(1.2\text{m})^2 = 73.4(\text{kg} \cdot \text{m} \cdot \text{sec}^2)$$

60rpm(revolutions per minute)을 각속도 ω로 고치면

60회전/min = 1회전/sec = 2π/sec

$$\therefore E_k = \frac{1}{2} \cdot \omega^2 = \frac{1}{2} \times 73.4(2\pi)^2 = 1{,}449\text{kg} \cdot \text{m}$$

chapter 1

연 습 문 제

01 섭씨온도를 C라 하고 화씨온도를 F라 할 때 섭씨온도로 화씨온도를 구하는 식은 다음과 같다.

$$F=\frac{9}{5}C+32$$

여기서 화씨온도로서 섭씨온도를 구하는 식을 유도하라.

답 $C=\frac{5}{9}(F-32)$

02 평면 내에 있는 3벡터 $A=4i-j$, $B=-3i+2j$, $C=-3j$의 합을 구하라.

답 $R=i-2j=\sqrt{5}$

03 두 벡터 $A=3i+4j, B=-6i+6j$일 때 두 벡터 A, B가 이룬 각 θ를 구하라.

답 $\theta=81.9°$

04 [그림 1-49]와 같은 중량이 W인 균질의 장방형블록에 수평력 P를 가하여 이 블록이 넘어지지 않고 미끄러져 나갈 수 있는 높이 h의 최대치를 구하라. (단, 블록과 면과의 마찰계수는 μ이다.)

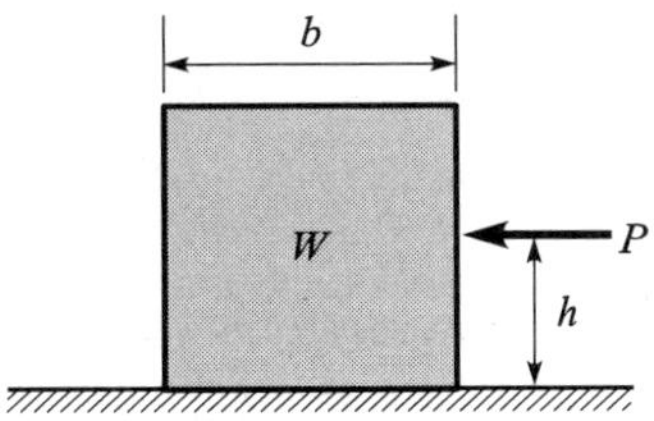

[그림 1-49]

답 $h=\frac{b}{2\mu}$

05 [그림 1-50]과 같은 사면에서 구름마찰계수를 $0.03r$이라 하고, 등속도로 굴러가려면 경사각 θ를 얼마로 하면 되는가?

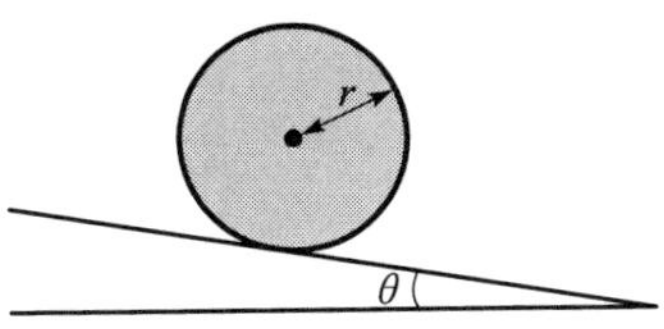

[그림 1-50]

답 $\theta N= 1°43'05''$

06 반지름 r인 중심각이 α인 부채꼴의 도심위치 y_0를 구하라.

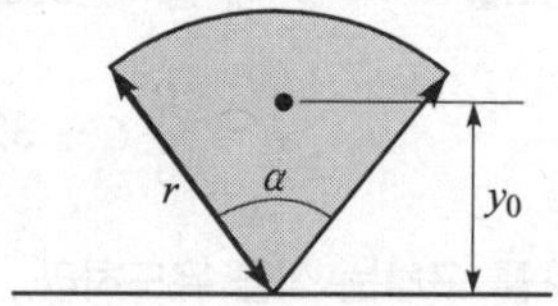

[그림 1-51]

답 $y_0 = \frac{4}{3}r \cdot \frac{\sin\frac{\alpha}{2}}{\alpha}$

07 반지름 r인 $\frac{1}{4}$원호의 도심 y_0를 구하라. (단, 구의 표면적은 $4\pi r^2$이다.) (Pappus 제1정리)

답 $y_0 = \frac{2r}{\pi}$

08 원 $x^2 + y^2 = a^2$을 x축으로 회전하여 얻은 체적을 구하라(Pappus 제2정리).

답 $\frac{4}{3}\pi a^2$

09 무게 $W = 0.1$kg의 물체를 $\alpha = 30°$의 경사각을 가진 사면위를 $S = 1$m 끌어올려 $V = 2$m/sec의 속도를 주었다. 그동안 물체에 행한 일 W는 얼마인가? (단, 물체와 사면의 마찰계수 $\mu = 0.2$이다.)

답 $W = 0.0877\,\text{kg} \cdot \text{m}$

10 800kg인 자동차가 시속 60km의 속도로 달리고 있다. 이 자동차의 운동에너지 E_k를 구하라.

답 $E_k = 11{,}380\,\text{kg} \cdot \text{m}$

CHAPTER 2

힘과 모멘트(Moment)

2.1 힘(force)

정지하고 있는 물체를 움직이거나 움직이는 물체에 가속도를 가하거나 또는 정지시키는 원인이 되는 것, 즉 물체의 운동 상태를 변화시키거나 혹은 물체의 형태를 변화시키는 원인이 되는 것을 힘이라 한다.

힘의 단위는 1장에서 설명하였으나 본 역학에서는 복잡성을 피하기 위하여 무게의 단위로 사용하기로 한다. 1kg중(9.8N)을 1kg으로 1t중(9.8KN)을 1t으로 쓰기로 한다. 즉, 지구상에서 저울에 나타난 무게를 힘으로 생각하며 일반적인 힘으로 무게(중력에 의한 물체의 중량), 토압, 수압, 중력, 지진력, 줄의 장력, 마찰력 등을 생각할 수 있다.

힘을 완전한 Vector량으로 표시하기 위하여

① 힘의 크기(magnitude)
② 힘의 방향(direction)
③ 힘의 작용점(point)

이 3가지가 동시에 표현되어야 하며 이것을 힘의 3요소(three elements of force)라 한다.

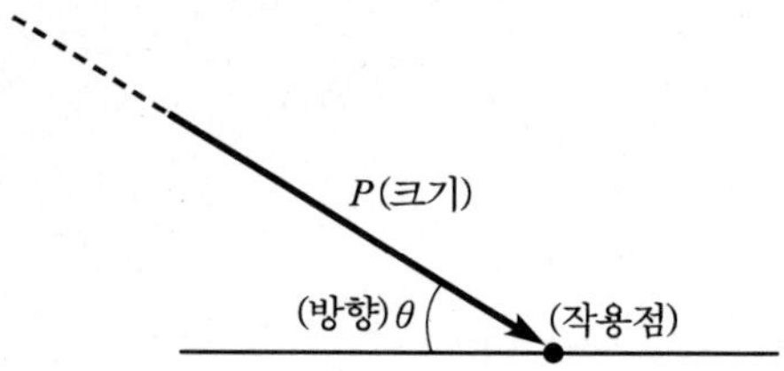

[그림 2-1] 힘의 표시

2.2 모멘트(moment), M

무거운 물체를 들어 올릴 때 지렛대를 사용하며, 이때 지렛대의 길이(arm)가 길면 길수록 작은 힘으로 손쉽게 물체를 들어 올릴 수 있다.

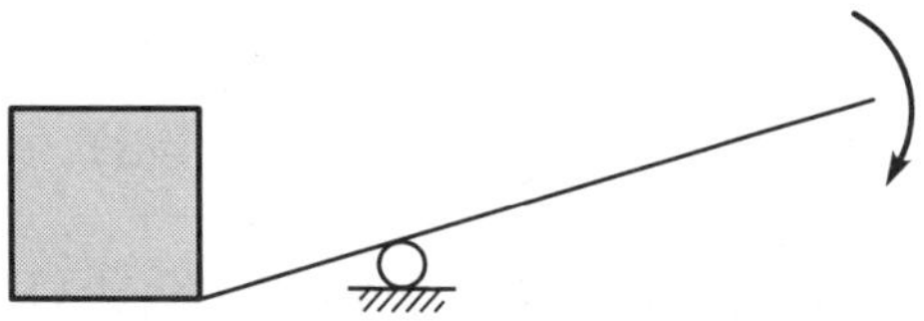

[그림 2-2] **지렛대**

물체를 회전시키는 원인이 되는 것을 힘의 모멘트(moment of force)라 하며, 어떤 점을 중심으로 돌리려고 하는 회전력의 크기를 표시하는 단위를 **모멘트(moment)**라 하며 M으로 표시한다.

[그림 2-3]에서

$$\begin{aligned} \text{모멘트} &= \text{가하는 힘} \times \text{너트중심으로부터 힘의 작용점까지 직각거리} \\ &= P(\text{kg}) \times 1(\text{cm}) \\ &= P \cdot l [\text{kg} \cdot \text{cm}] \end{aligned} \tag{2.1}$$

식 (2.1)에서 보듯이 모멘트는 같은 힘을 가하여도 거리에 따라 그 크기가 달라지며 길이가 크면 모멘트도 커진다.

또 모멘트의 단위는 힘의 단위와 거리의 단위 곱으로 나타나며 kg·cm, kg·m, t·m 등으로 나타난다. 또 같은 양의 모멘트라도 방향에 따라 구별할 필요가 있다.

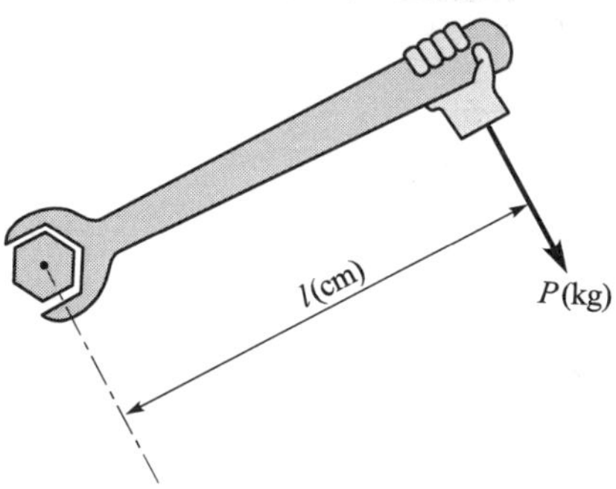

[그림 2-3]

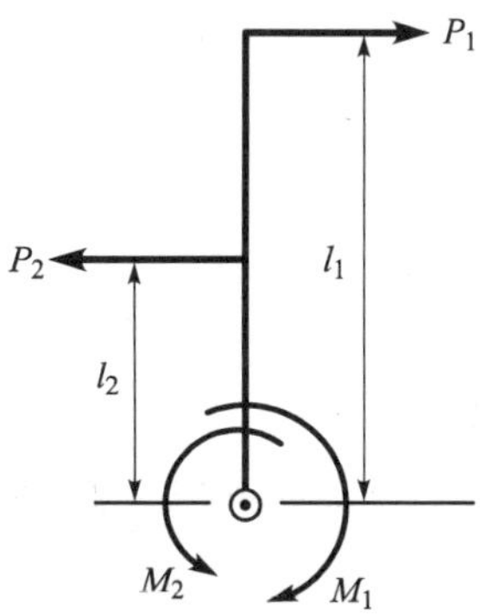

[그림 2-4]

[그림 2-4]에서 보는 바와 같이 P_1으로 인한 모멘트 M_1과 같이 시계방향(clockwise)으로 회전하는 모멘트를 (+), 인한 모멘트 M_2와 같이 반시계방향(counter-clockwise, anti- clockwise)으로 회전하는 모멘트를 (−)로 가정한다. 즉,

$$M_1 = +P_1 l_1 (\text{kg} \cdot \text{cm})$$
$$M_2 = -P_2 l_2 (\text{kg} \cdot \text{cm})$$

모멘트 팔길이(arm)는 힘의 작용선과 중심과의 직각거리로 나타난다. [그림 2-5]에서 힘의 크기가 모두 같다면 0점에 작용하는 모멘트는 모두 같은 값이다.

모멘트는 (힘×거리)로 나타나므로 거리가 없으면 모멘트는 0이다. 즉, [그림 2-6]에서 $M_0 = 0$이다.

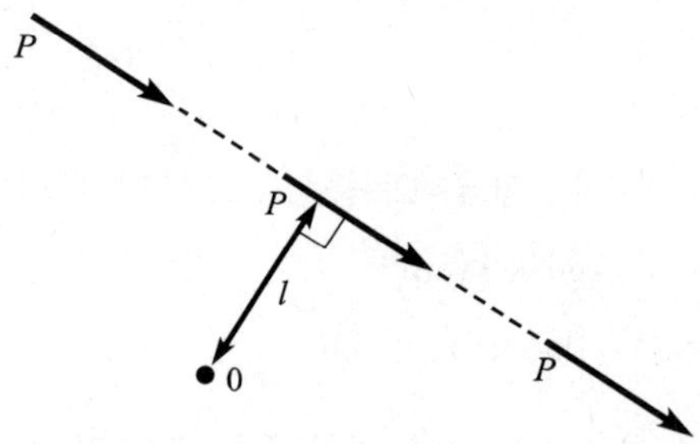

[그림 2-5]

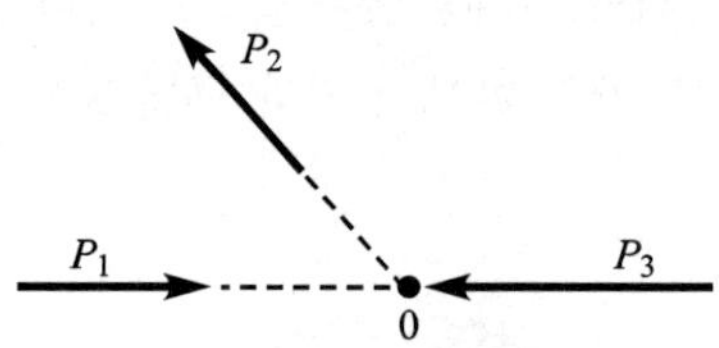

[그림 2-6]

예제 1

다음 [그림 2-7]에서 A점의 모멘트는 얼마인가?

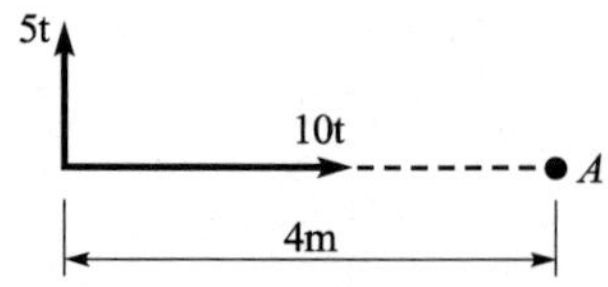

[그림 2-7]

$$M_A = 5 \times 4 + 10 \times 0$$
$$= 20\,\text{t} \cdot \text{m}$$

예제 2

다음 A점의 모멘트는?

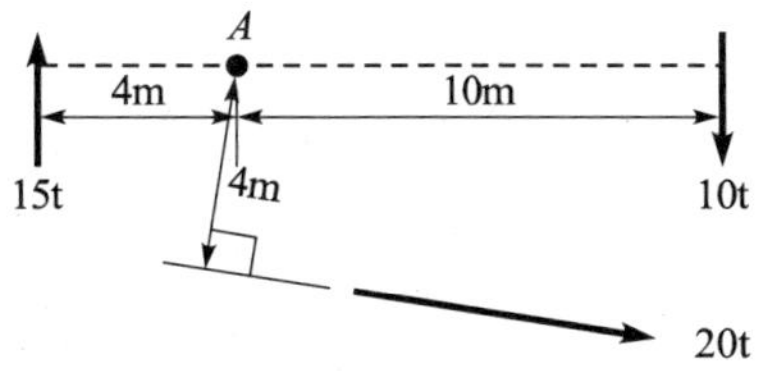

[그림 2-8]

$$M_A = 15 \times 4 + 10 \times 10 - 20 \times 4$$
$$= 80\,\mathrm{t \cdot m}$$

예제 3

다음 A점의 모멘트는?

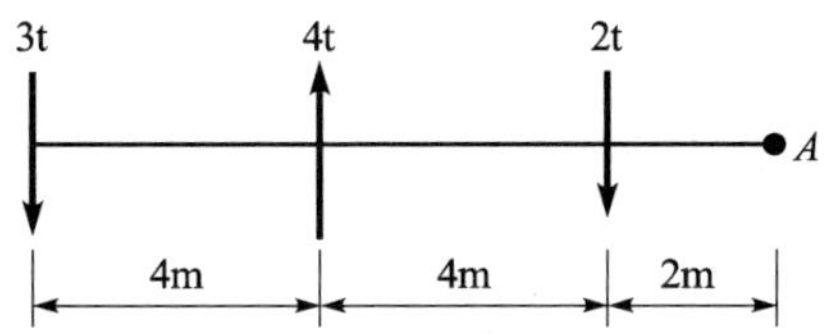

[그림 2-9]

$$M_A = -3 \times 10 + 4 \times 6 - 2 \times 2$$
$$= -10\,\mathrm{t \cdot m}$$

2.3 우력(偶力, couple moment)

[그림 2-10]과 같이 크기가 같고 방향이 서로 반대이며 작용점을 달리하는 한 쌍의 힘은 물체를 회전할 능력을 갖는다. 이와 같은 모멘트를 우력모멘트라 한하며 크기는 $P \cdot l$로 나타난다. 중심(0점)에서 모멘트를 취하면

$$M = P \cdot \frac{l}{2} + P \cdot \frac{l}{2} = P \cdot l$$

$$\therefore \text{ 우력모멘트 } M = P \cdot l\,[\mathrm{kg \cdot cm}]$$

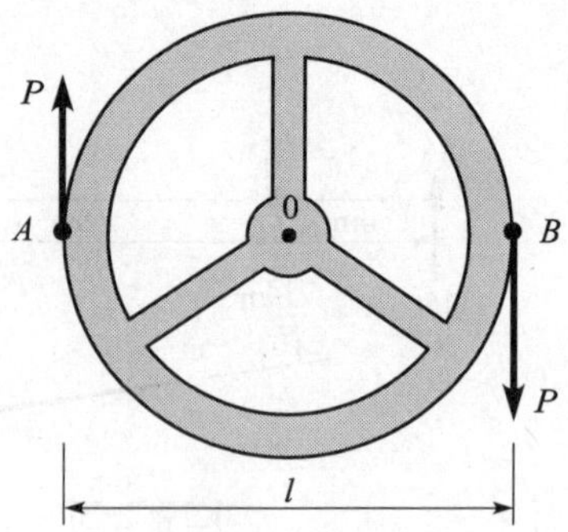

[그림 2-10]

[그림 2-11]과 같은 우력에 대하여 A점에서 모멘트를 취하면

$$M_A = P \cdot a + P \cdot b = P(a+b)$$
$$= P \cdot l$$

B점에서 모멘트를 취하면

$$M_B = P(l+c) - P \cdot c = P \cdot l$$

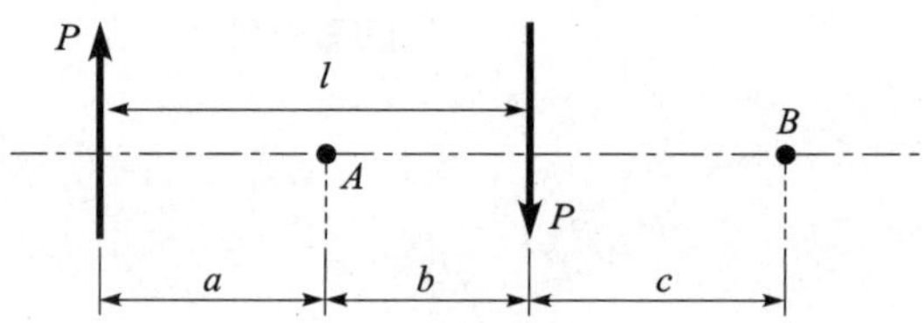

[그림 2-11]

즉, 우력모멘트는 평면상 어느 점에서 모멘트를 취하더라도 그 값은 같다. 다시 말하면, 임의의 위치로 옮기더라도 물체에 미치는 모멘트는 같다.

2.4 바리논의 정리(Varignon's theorem)

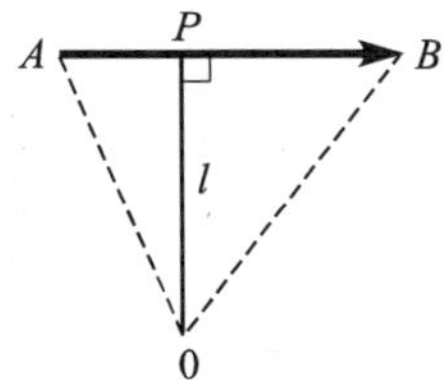

[그림 2-12]

[그림 2-12]에서 0점의 모멘트 $M_0 = P \cdot l$로 나타나며 $\triangle AOB$의 면적은 $\frac{1}{2}Pl$이므로 다음관계가 성립한다.

$$M = 2\triangle AOB$$

다음 [그림 2-13]은 P_1, P_2와 P_1, P_2의 합력 R이 임의 점에 발생시키는 모멘트에 관해 생각하면,

P_1이 0점에 대한 모멘트

$M_1 = 2\triangle AOD = l \cdot h_2$

P_2이 0점에 대한 모멘트

$M_2 = 2\triangle AOB = l \cdot h_1$

합력 R이 0점에 대한 모멘트

$M = 2\triangle AOC = l \cdot h$

여기서, $M_1 + M_2 + l(h_1 + h_2) = l \cdot h$

$\therefore M_1 + M_2 = M$

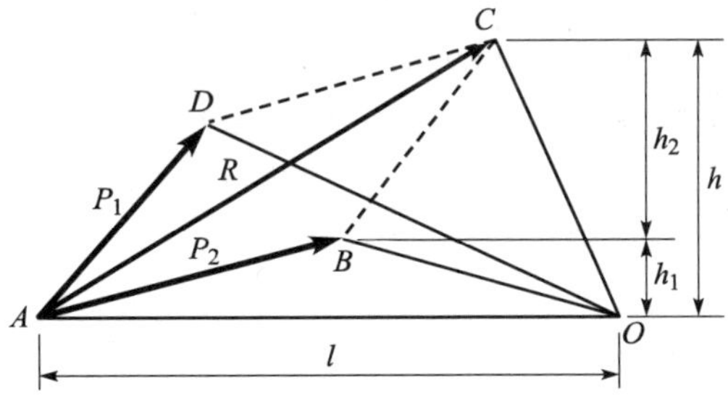

[그림 2-13]

여러 개의 평면력들이 어떤 점에 대한 모멘트의 합은 이들 평면력의 합력이 그 점에 대한 모멘트와 같다. 이 정리를 바리논(Varinon)의 정리라 한다.

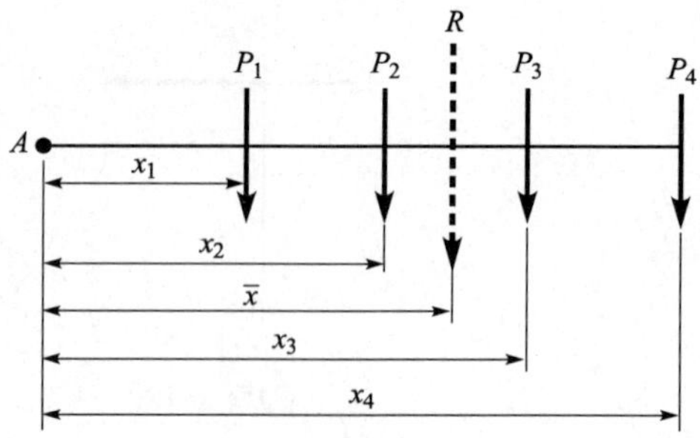

[그림 2-14]

이 바리논의 정리는 합력의 위치를 구하는데 용이하게 이용되며 단면에서도 적용된다. 즉,

$$Px_1 + Px_2 + Px_3 + Px_4 = (P_1 + P_2 + P_3 + P_4) \cdot \bar{x}$$

$\Sigma P_i = R$이므로

$$R\bar{x} = \Sigma P_i x_i$$

$$\therefore \bar{x} = \frac{Px_1 + Px_2 + Px_3 + Px_4}{P_1 + P_2 + P_3 + P_4} = \frac{\Sigma P_i x_i}{\Sigma P_i} \tag{2.2}$$

예제 4

합력의 위치를 구하라.

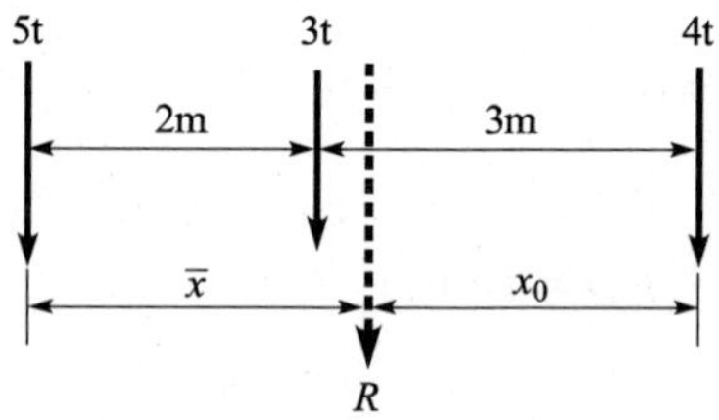

[그림 2-15]

① 5t 작용선에 생각하면

$R = 5 + 3 + 4 = 12\text{t}$

$12 \times \bar{x} = 3 \times 2 + 4 \times 5$

$\therefore \bar{x} = 2.167\text{m}$

② 4t 작용선에서 생각하면

$12 \times x_0 = 5 \times 5 + 3 \times 3$

$\therefore x_0 = 2.833\text{m}$

예제 5

다음 [그림 2-16]에서 A점에서 합력 R의 위치를 구한 값은 얼마인가?

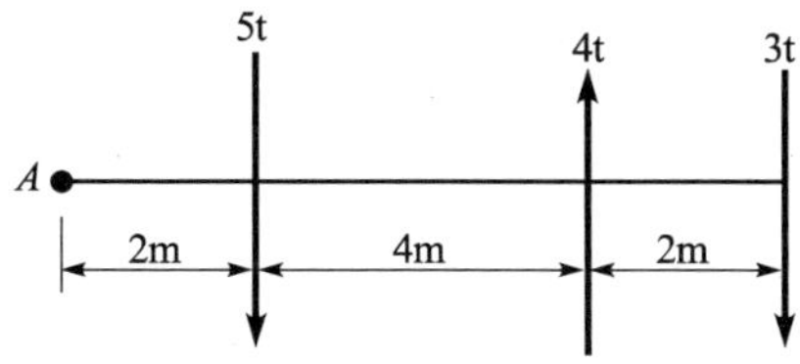

[그림 2-16]

$R=5-4+3=4\mathrm{t}$

식 (2.2)에서

$4\bar{x}=5\times2-4\times6+3\times8$

$\therefore\ \bar{x}=2.5\mathrm{m}$

2.5 힘의 합성(composition of force, resultant of force)

(1) 힘의 작용점이 같을 경우의 합성

① 두 힘이 직각으로 작용할 때

두 힘이 서로 직각 상태로 작용할 경우는 피타고라스 정리(Pythagoras theorem)에 의해 다음과 같이 구할 수 있다.

$$R=\sqrt{P_1^2+P_2^2} \tag{2.3}$$

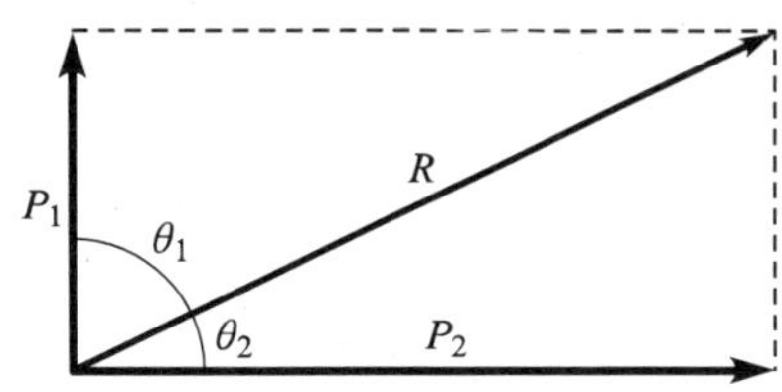

[그림 2-17]

또 방향은

$$\left.\begin{aligned}\tan\theta_1 &= \frac{P_2}{P_1},\ \theta_1 = \tan^{-1}\frac{P_2}{P_1}\\ \tan\theta_2 &= \frac{P_1}{P_2},\ \theta_2 = \tan^{-1}\frac{P_1}{P_2}\end{aligned}\right\} \quad (2.4)$$

예제 6

다음 [그림 2-18]과 같은 물체가 다음과 같은 힘을 받고 있다. 합력과 방향을 구하라.

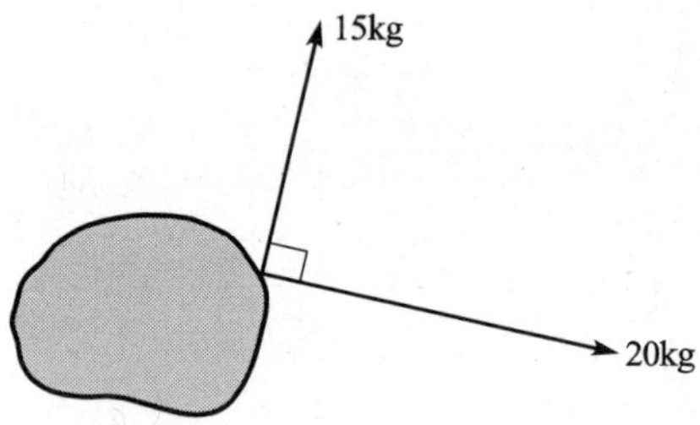

[그림 2-18]

합력 : $R=\sqrt{20^2+15^2}=25\text{kg}$

방향 : ① 20kg 작용위치에서

$\tan\theta=\frac{15}{20}=\frac{3}{4},\ \theta=36.9°$

② 15kg 작용위치에서

$\tan\theta=\frac{20}{15}=\frac{4}{3},\ \theta=53.1°$

② 두 힘이 직각이 아닐 경우 합성

물체의 한 점에 힘 P_1, P_2가 θ의 각을 가지고 작용하면, 동일한 효과를 물체에 미치는 하나의 힘 R(합력)은 평행사변형원리에 의하여 다음과 같다.

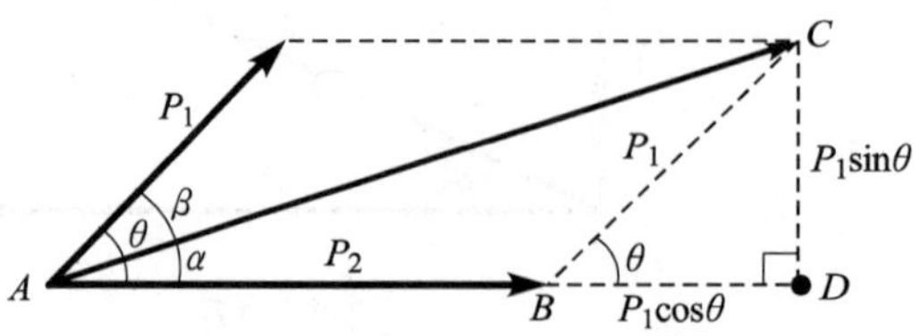

[그림 2-19]

P_2의 연장선과 C점에서 내린 수선이 만나는 점을 D라 하면 $\angle CBD=\theta$이고 $\overline{CB}$의 크기는 P_1과 같다.

직각삼각형 ACD에 피타고라스 정리를 적용하면

$$(AC)^2=(AD)^2+(CD)^2$$

여기서 $\begin{cases} \overline{AC}=R \\ \overline{AD}=\overline{AB}+\overline{BD}=P_2+P_1\cos\theta \\ \overline{CD}=P_1\sin\theta \end{cases}$

$$R^2=(P_2+P_1\cos\theta)^2+(P_1\sin\theta)^2$$

$$=P_2^2+2P_1P_2\cos\theta+P_1^2\cos^2\theta+P_1^2\sin^2\theta$$

$$\therefore R=\sqrt{P_1^2+P_2^2+2P_1P_2\cos\theta} \tag{2.5}$$

합력방향은 다음과 같이 나타난다.

$$\left.\begin{aligned} P_2\text{의 방향에서 } \tan\alpha &= \frac{P_1\sin\theta}{P_2+P_1\cos\theta} \\ P_1\text{의 방향에서 } \tan\beta &= \frac{P_2\sin\theta}{P_1+P_2\cos\theta} \end{aligned}\right) \tag{2.6}$$

예제 7

다음 힘의 합력과 방향을 구하라.

①

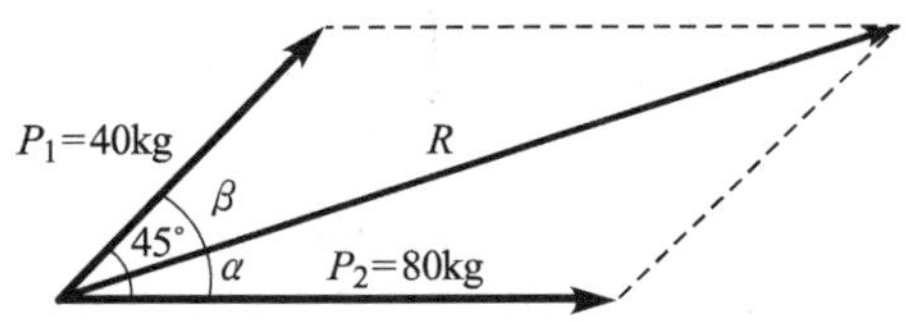

[그림 2-20]

②

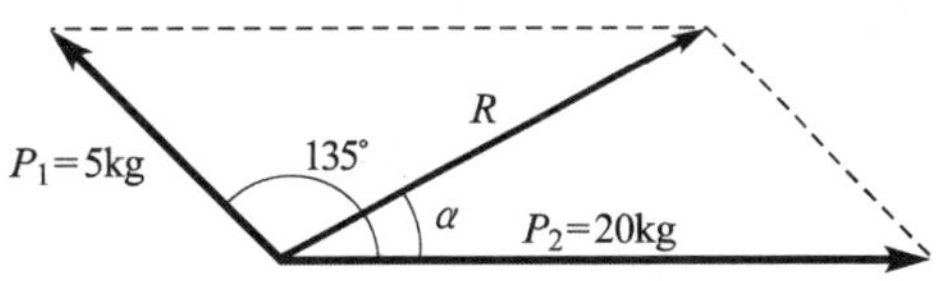

[그림 2-21]

① $R^2=40+80+2\times40\times80\times\cos45°$

$R=112\text{kg}$

작용방향 P_2의 위치에서

$$\tan\alpha = \frac{40 \cdot \sin 45°}{80 + 40\cos 45°} = 0.2612,\ \alpha = 14.64°$$

P_1의 위치에서

$$\tan\beta = \frac{80 \cdot \sin 45°}{40 + 80\cos 45°} = 0.5828,\ \beta = 30.36°$$

② $R = \sqrt{5^2 + 20^2 + 2 \times 5 \times 20 \times \cos 135°}$

$\therefore R = 16.8\text{kg}$

작용방향 P_2의 위치에서

$$\tan\alpha = \frac{5 \times \sin 135°}{20 + 5 \times \cos 135°} = \frac{3.536}{16.46} = 0.2148$$

$\therefore \alpha = 12.12°$

③ 여러 힘들의 합성

[그림 2-22]와 같이 한 점 O에 여러 개의 힘 P_1, $P_2 \cdots$가 작용할 경우 이들의 합력은 앞 절과 같이 2개씩 합해가면 합력을 구할 수 있다. 즉, $(P_1 + P_2), (P_1 + P_2) + P_3$, $(P_1 + P_2 + P_3) + P_4 \cdots$ ([그림 2-23] 참조).

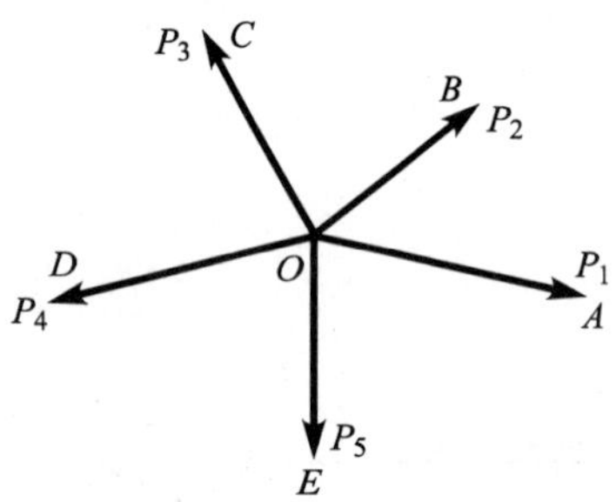

[그림 2-22]

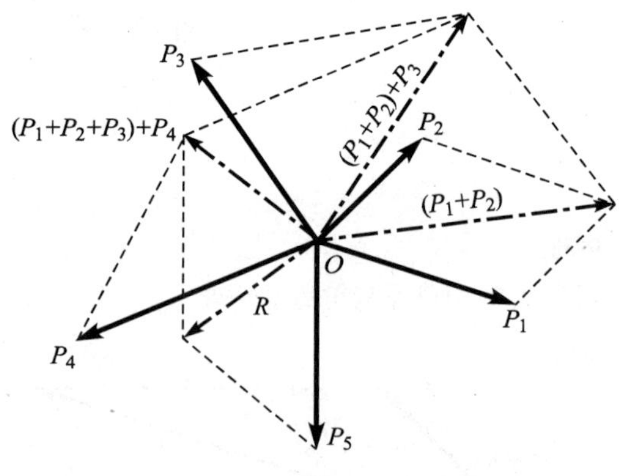

[그림 2-23]

또 O점을 기점으로 한 힘의 삼각형을 순차적으로 그리면 그 합력을 구할 수 있다. 즉, P_1에 해당되는 힘 $\overline{OA}$를 긋고 A에서 다시 힘 P_2에 해당되는 $\overline{AB}$를 순차적으로 그어 나간다. 이와 같은 다각형을 힘의 다각형(force polygon)이라 한다.([그림 2-24])

이와 같이 도해법으로 합력을 구할 수 있으나 실질적으로 필요로 하는 것은 수치적인 값이므로 다음과 같이 해석적으로 계산을 한다. 힘의 x축 방향각을 θ_1, θ_2, $\cdots$ 라 하면 각 힘들은 x, y축의 분력을 구할 수 있으며, 이 분력으로 합력을 구할 수 있다. 힘들의 수평 분력들의 합을 ΣH라 하면,

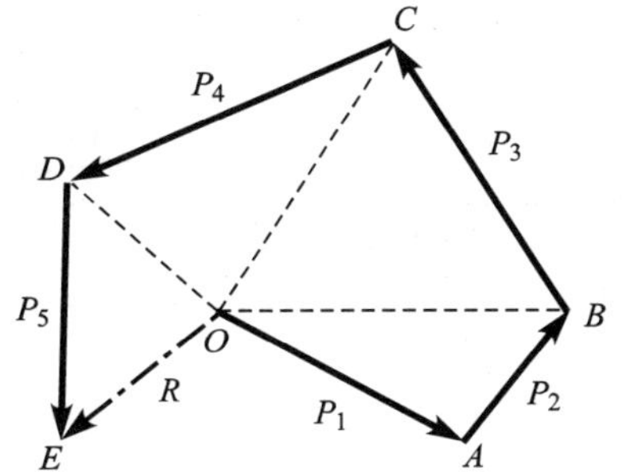

[그림 2-24]

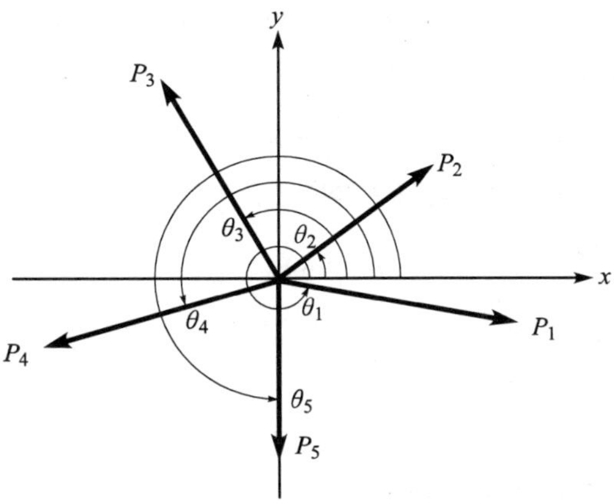

[그림 2-25]

$$\Sigma H = P_1 \cos\theta_1 + P_2 \cos\theta_2 \cdots$$
$$= \Sigma P_i \cos\theta_i$$

수직분력들의 합을, ΣV

$$\Sigma V = P_1 \sin\theta_1 + P_2 \sin\theta_2 \cdots$$
$$= \Sigma P_i \sin\theta_i$$

$$\left.\begin{aligned} R &= \sqrt{(\Sigma H)^2 + (\Sigma V)^2} \\ \tan\alpha &= \frac{(\Sigma V)}{(\Sigma H)} \end{aligned}\right) \qquad (2.7)$$

예제 8

[그림 2-26]과 같이 동일점에 작용하는 4개의 힘들의 합력과 방향을 구하라.

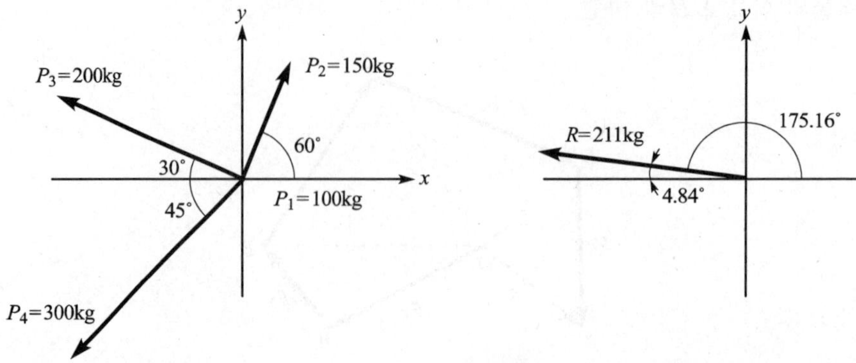

[그림 2-26]

$$\Sigma H = 100 + 150 \times \cos 60° - 200 \times \cos 30° - 300 \times \cos 45° = -210.3\text{kg}$$

$$\Sigma V = 0 + 150 \times \sin 60° + 200 \times \sin 30° - 300 \times \sin 45° = 17.8\text{kg}$$

합력, $R = \sqrt{(\Sigma H)^2 + (\Sigma V)^2} = \sqrt{(-210.3)^2 + 17.8^2} = 211\text{kg}$

방향은 수평력 (-)이고, 수직력은 (+)이므로 2상한에 존재한다.

$$\tan\alpha' = \frac{\Sigma V}{\Sigma H} = \frac{17.8}{-210.3} = -0.0846, \ \alpha' = 4.84°$$

$$\alpha = 180° - \alpha' = 175.16°$$

(2) 힘의 작용점이 다른 경우의 합성

① 평행한 힘의 합성

평행한 힘들의 합성은 힘의 방향이 모두 같기 때문에 힘의 합력은 그들의 대수합과 같으며 작용위치는 바리논의 정리로써 구할 수 있다.

$$R = P_1 + P_2 + P_3 + P_4 + P_5$$

$$\therefore R = \Sigma P_i$$

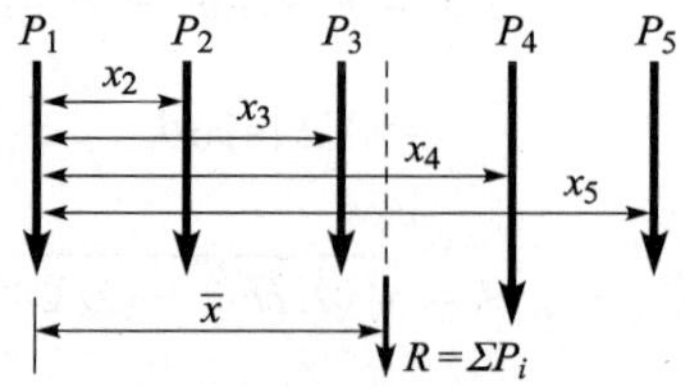

[그림 2-27]

바리논의 정리에서

$$R \cdot \overline{x} = P_1x_1 + P_2x_2 + P_3x_3 + P_4x_4 + P_5x_5$$

$$\therefore \overline{x} = \frac{\Sigma P_i x_i}{\Sigma P_i}$$

또, 이 힘들을 다음과 같은 도해법으로 구할 수도 있다.

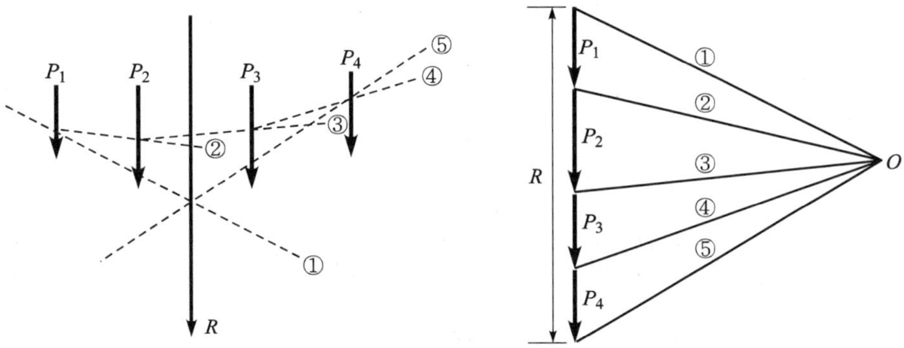

(a) 연력도 (b) 시력도

[그림 2-28]

i) 힘 P_1, P_2 ⋯ 들을 그림 (b)와 같이 동일선상에 그리고 임의의 점 O를 잡는다.

ii) O점에서 각 힘으로 극사선 ①, ② ⋯ 를 긋는다.

iii) 이 극사선과 평행하게 그림 (a)에 그리면 ①과 ⑤의 교점이 작용선이 되며 합력의 크기는 그들의 대수합과 같다.

② 평행하지 않는 힘들의 합성

한 점에 작용하는 힘들은 모멘트를 발생시키지 않으나 작용점들이 다르면 모멘트가 생긴다. 그러므로 임의로 작용하는 평면력들의 합력은 힘과 모멘트가 동시에 작용한다고 생각해야 한다. 즉, 크기, 방향, 그리고 작용점까지 구해야 한다.

$$R = \sqrt{(\Sigma H)^2 + (\Sigma V)^2}$$

방향은

$$\therefore \tan\alpha = \frac{\Sigma V}{\Sigma H},\ \alpha = \tan^{-1}\frac{\Sigma V}{\Sigma H}$$

작용점의 위치는 O점에 외력이 발생시키는 모멘트와 합력이 발생시키는 모멘트가 같아야 한다는 원리로 구한다.

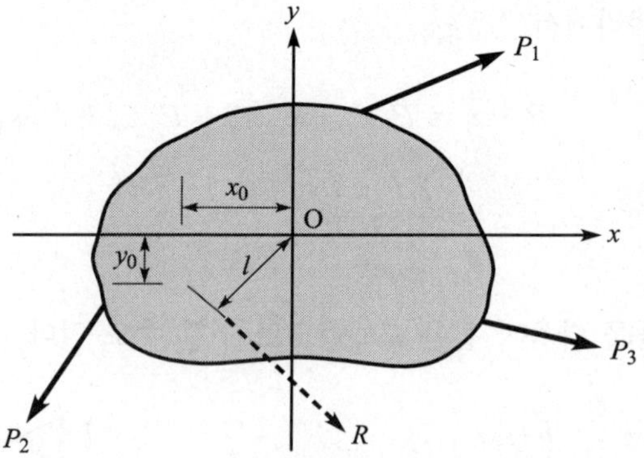

[그림 2-29]

$$R \cdot l = \Sigma M_{at} O$$

$$\therefore l = \frac{\Sigma M_{at} O}{R} (\Sigma M_{at} O;\ \text{외력이 O점에 발생시키는 모멘트의 합})$$

$$\therefore x_0 = \frac{\Sigma V \cdot x}{\Sigma V},\quad y_0 = \frac{\Sigma H \cdot y}{\Sigma H}$$

예제 9

[그림 2-30]과 같은 힘들의 합력의 크기, 방향, 작용점을 구하라.

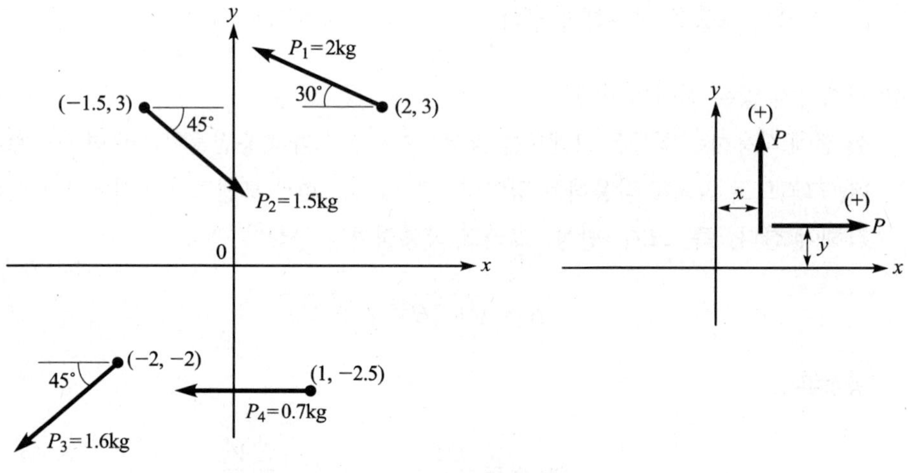

[그림 2-30]

P	θ	$H=P\cdot\cos\theta$	$V=P\cdot\sin\theta$	$P\cdot\cos\theta\cdot y$	$P\cdot\sin\theta\cdot x$
$P_1=2$kg	30°	−1.73 kg	100 kg	−5.19 kg·cm	2.00 kg·cm
$P_2=1.5$kg	45°	1.06 kg	−1.06 kg	3.18 kg·cm	1.59 kg·cm
$P_3=1.6$kg	45°	−1.13 kg	−1.13 kg	2.26 kg·cm	2.26 kg·cm
$P_4=0.7$kg	0°	−0.70 kg	0	1.75 kg·cm	0
합		$\Sigma H=-2.50$kg	$\Sigma V=-1.19$kg	$\Sigma H\cdot y=2.0$kg·cm	$\Sigma V\cdot x=5.85$kg·cm

$$R=\sqrt{(\Sigma H)^2+(\Sigma V)^2}=\sqrt{(-2.5)^2+(-1.19)^2}=2.77\text{kg}$$

합력의 방향은 ΣV, ΣH 모두 (−)값이므로 합력방향은 3상한에 존재한다.

$$\tan\alpha'=\frac{\Sigma V}{\Sigma H}=\frac{1.19}{2.50}=0.476,\ \alpha'=25.45°$$

$$\therefore \alpha=180+25.45=205.45°$$

$$x_0=\frac{\Sigma V\cdot x}{\Sigma V}=\frac{5.85}{-1.19}=-4.92\text{cm}$$

$$y_0=\frac{\Sigma H\cdot y}{\Sigma H}=\frac{2.0}{-2.5}=-0.8\text{cm}$$

$$\Sigma M_{at}O=5.85-2.0=3.85\text{kg}\cdot\text{cm}$$

$$l=\frac{\Sigma M_{at}O}{R}=\frac{3.85}{2.77}=1.39\text{cm}$$

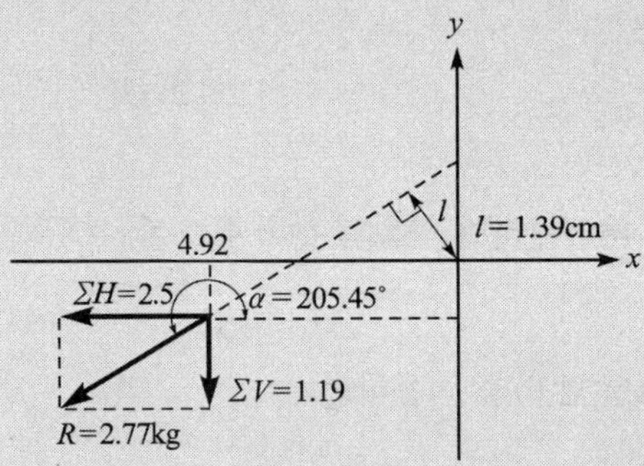

[그림 2-31]

2.6 힘의 분해(decomposition of force)

한 힘을 두 방향 분력으로 분해할 필요성이 생긴다. 힘 R을 두 힘으로 분해하는 경우 R을 대각선으로 하는 무수히 많은 평행사변형을 만들 수 있으며 이것은 분력(component)이 무수히 많다는 뜻이다.

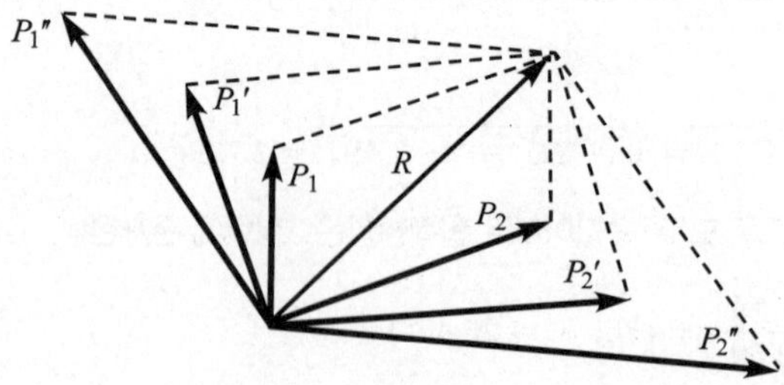

[그림 2-32]

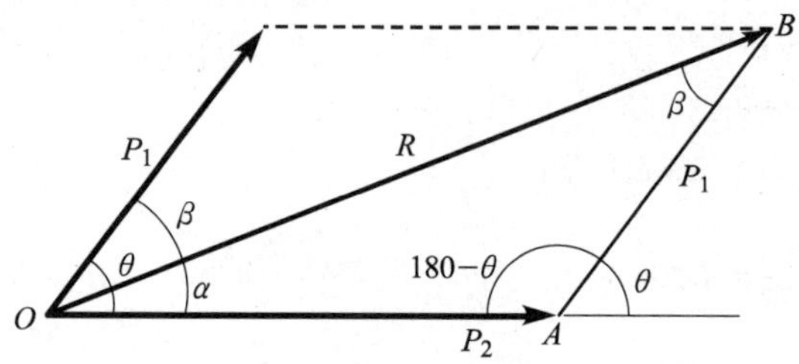

[그림 2-33]

이 분력을 수치적으로 나타내려면 다음과 같이 유도할 수 있다. 즉, 힘 R을 α와 $\beta(=\theta-\alpha)$의 각으로 분해해 보면

$\triangle OAB$에 정현법칙(sin 법칙)을 적용하면,

$$\frac{R}{\sin(180-\theta)}=\frac{P_1}{\sin\alpha}=\frac{P_2}{\sin\beta}$$

여기서 $\sin(180-\theta)=\sin\theta$ 이므로

$$\text{힘의 분력}\quad \left.\begin{aligned} P_1&=\frac{\sin\alpha}{\sin\theta}R \\ P_2&=\frac{\sin\beta}{\sin\theta}R \end{aligned}\right) \tag{2.8}$$

만약 θ가 90°일 경우

$$\left.\begin{aligned} P_1 &= \sin\alpha \cdot R \\ P_2 &= \sin(\theta-\alpha)\cdot R = \cos\alpha \cdot R \end{aligned}\right\} \tag{2.9}$$

예제 10

10kg의 힘을 30°와 60°로 분해하면 각각의 분력은 얼마인가?

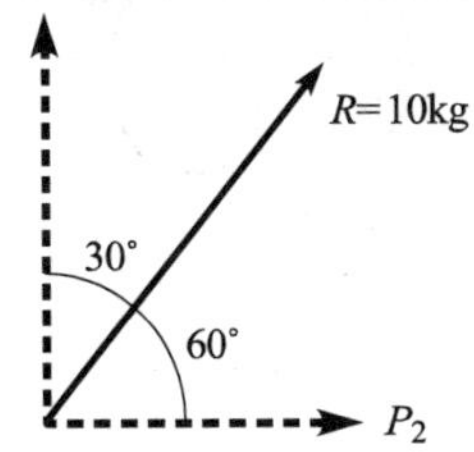

[그림 2-34]

$P_1 = 10 \cdot \sin 60° = 8.66\,\text{kg}$

$P_2 = 10 \cdot \cos 60° = 5.0\,\text{kg}$

예제 11

20t의 힘을 $\alpha = 30°$, $\beta = 40°$ 방향으로 분해하면 분력은 얼마인가?

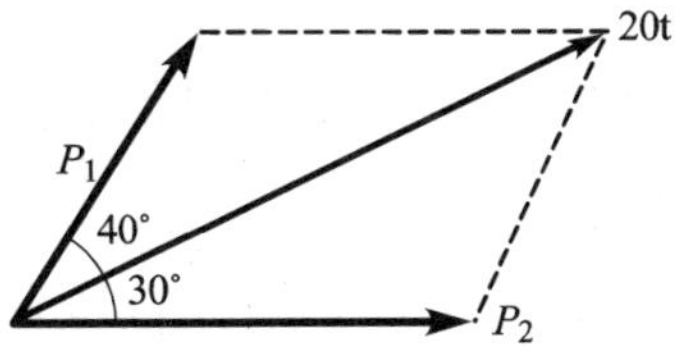

[그림 2-35]

$$P_1 = \frac{\sin\alpha}{\sin\theta} \cdot R = \frac{\sin 30}{\sin 70} \times 20 = 10.64\text{t}$$

$$P_2 \equiv \frac{\sin\beta}{\sin\theta} \cdot R = \frac{\sin 40}{\sin 70} \times 20 = 13.68\text{t}$$

2.7 평형(equilibrium)

어떤 물체에 여러 개의 힘이 작용하여 그 물체가 이동하지 않으며, 회전하지 않고 정지되어 있는 상태를 평형상태라 한다.

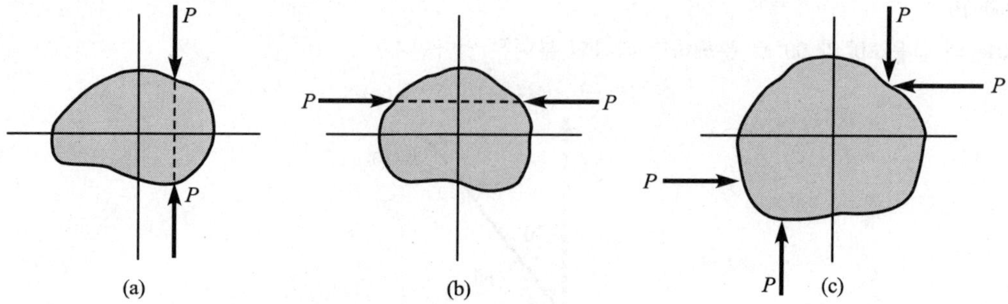

[그림 2-36] **평형상태**

(1) 라미의 정리(Lami's theorem)

한 점에 작용하는 힘이 평형이 되려면 한 점에 미치는 힘의 합력이 0이 되면 된다. 따라서 한 점에 미치는 두 힘의 크기가 같고 방향이 반대이면 평형상태가 된다.

다음 [그림 2-37(a)]와 같이 한 점에 작용하는 P_1, P_2, P_3가 평형을 이루고 있을 때 이들의 합력은 0이므로 세 힘에 의하여 만들어지는 힘의 다각형은 [그림 2-37(b)]와 같이 폐쇄된다.

[그림 2-37(b)]에서 정현법칙(sin 법칙)을 적용하면

$$\frac{P_1}{\sin(180-\theta_1)} = \frac{P_2}{\sin(180-\theta_2)} = \frac{P_3}{\sin(180-\theta_3)}$$

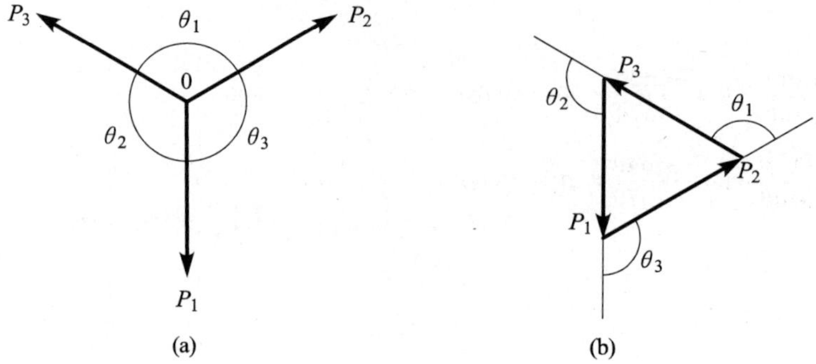

[그림 2-37]

여기서 $\sin(180-\theta)=\sin\theta$ 이므로

$$\frac{P_1}{\sin\theta_1}=\frac{P_2}{\sin\theta_2}=\frac{P_3}{\sin\theta_3} \tag{2.10}$$

이 식 (2.10)을 라미의 정리라 하며 한 점에 작용하는 힘이 평형상태를 구하는 식이다.

예제 12

[그림 2-38(a)]와 같이 무게 500kg인 물체를 2개의 끈으로 매달아 [그림 2-38(a)]와 같은 각도를 이루었다. 줄에 작용하는 힘을 구하라.

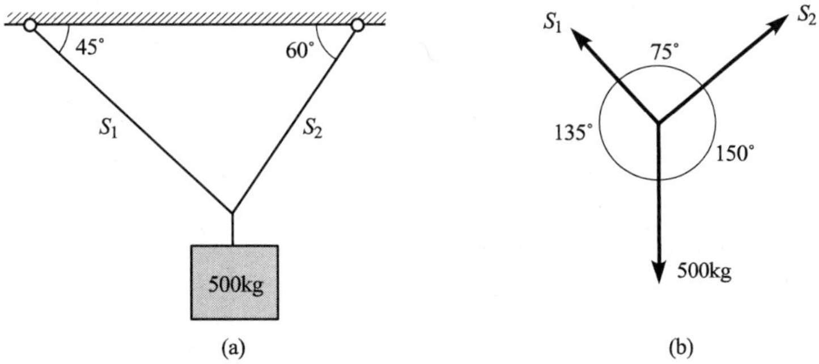

[그림 2-38]

Lami´s theorem에서 [그림 2-38(b)]

$$\frac{500}{\sin 75}=\frac{S_1}{\sin 150}=\frac{S_2}{\sin 135}$$

$$S_1=\frac{\sin 150}{\sin 75}\cdot 500=259\text{kg},\quad S_2=\frac{\sin 135}{\sin 75}\cdot 500=366\text{kg}$$

예제 13

무게 W = 40kg 인 구가 다음 [그림 2-39]와 같은 벽면 사이에 놓여 있다. 구와 벽면사이의 마찰이 없다고 생각하고, A, B 점에 작용하는 힘을 구하라.

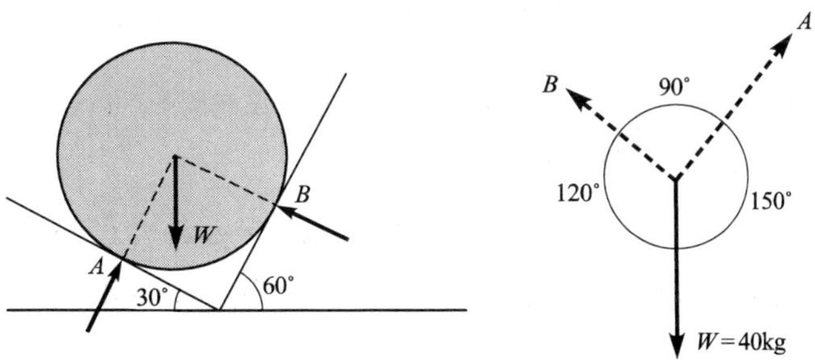

[그림 2-39]

$$\frac{40}{\sin 90} = \frac{A}{\sin 120} = \frac{B}{\sin 150}$$

$$A = \sin 120 \times 40 = 34.64\text{kg}, \; B = \sin 150 \times 40 = 20\text{kg}$$

(2) 한 점에 미치지 않는 힘의 평형

[그림 2-40(a)]에서 수직력의 합이 0이 되고 수평력의 합이 0이 되어 물체는 평형상태에 있으나 [그림 2-40(b)]는 수직, 수평력의 합이 0으로 되나 물체는 회전 할 것이다. 이것은 힘이 한 점에 작용치 않으므로서 물체에 모멘트를 유발시키기 때문이다.

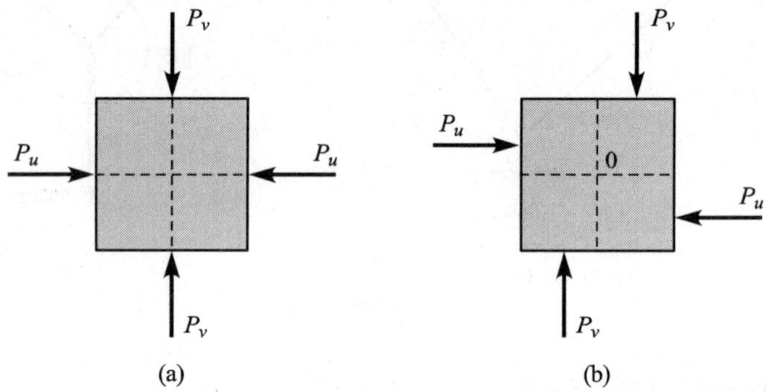

[그림 2-40]

한 점에 작용치 않는 힘이 평형이 되려면 수직, 수평으로 움직이지 않고 회전도 하지 않아야 한다. 즉, 수직력의 합이 0이 되어야 하며($\Sigma V = 0$), 수평력의 합이 0이 되어야 하며 ($\Sigma H = 0$) 모멘트의 합이 0이 되어야 한다($\Sigma M = 0$).

$$\left.\begin{array}{l} \Sigma V = 0 \\ \Sigma H = 0 \\ \Sigma M = 0 \end{array}\right\} \tag{2.11}$$

즉, 평형이 되려면 식 (2.11)을 만족해야 한다. 이 식을 **평형조건(equilibrium conditions)** 또는 **정역학적 평형3조건** 또는 **평형3조건**이라 한다.

또 동일점에 외력이 작용할 경우는 자연적으로 모멘트는 생기지 않으므로 수직, 수평으로 움직이지 않으면 평형이 되며($\Sigma V = 0, \Sigma H = 0$), 라미의 정리는 이 경우에 해당된다.

예제 14

[그림 2-41]과 같이 부양력 60 kg 인 기구가 수평선과 60° 의 각도를 이루고 정지상태에 있을 때 풍력 W 및 로우프(rope) AB에 작용하는 장력 T를 구하라.

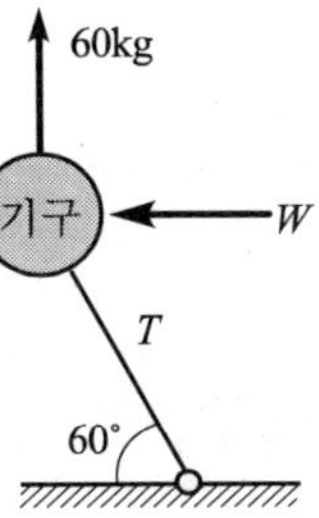

[그림 2-41]

정지 상태이므로 수직력의 합이 0이 되어야 된다.

$\Sigma V = 0 ; 60 - T \cdot \sin 60° = 0$

$\therefore\ T = 69.2\text{kg}$

또 수평력의 합이 0이 되어야 한다.

$\Sigma H = 0 ;\ W - T \cdot \cos 60° = 0$

$W = 69.2 \times \cos 60 = 34.6\text{kg}$

예제 15

[그림 2-42]와 같은 물체가 평형상태로 유지하려면 하중 P를 얼마로 해야 하는가?

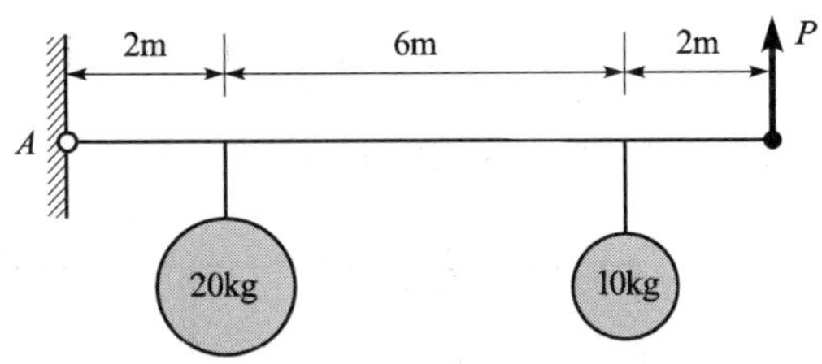

[그림 2-42]

$\Sigma M_{at} A = 0$ (A점에서 모멘트 합이 0이 되어야 된다는 뜻, 즉 어떤 점이 모멘트 합이 0이 되지 않으면 회전하고 있다는 뜻이다.)

$20 \times 2 + 10 \times 8 - P \cdot 10 = 0$

$\therefore\ P = 12\text{kg}$

예제 16

다음 [그림 2-43]과 같은 기관차의 무게에 의하여 두 지점 A, B에 있어서 반력은 각각 $W/2$이다. 기관차가 열차를 끌어서 견인봉의 인력 P가 접촉면 A와 B에 있어서의 전 마찰력과 같을 때(즉, 견인력 P에 의하여 바퀴가 끌려가지 않는다는 뜻이다) A점과 B점의 연직반력은 얼마인가?

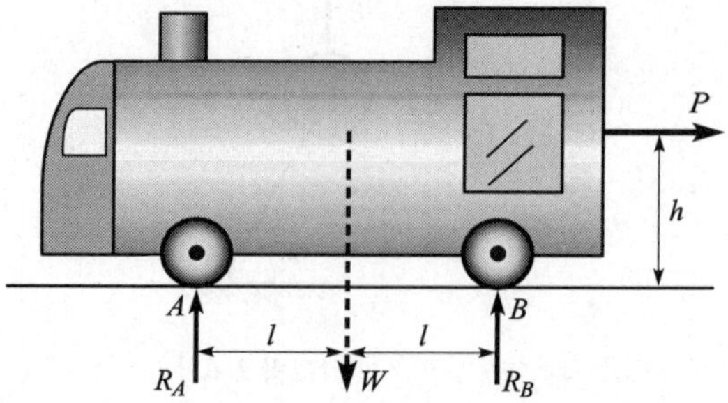

[그림 2-43]

A, B점의 마찰력과 P가 같으므로 수평으로 움직이지 않고, 수직으로 움직이지 않으므로 정적상태이다. 그러므로 어떤 점이든 모멘트의 합이 0이 되어야 하고, 여기서는 B점의 모멘트 합을 0로 취하면

$$\Sigma M_{at}B=0\,;\,R_A\cdot 2l-W\cdot l+P\cdot h=0$$

$$\therefore R_A=\frac{W}{2}-\frac{Ph}{2l}$$

또 평형조건에서 수직력의 합은 0이 되어야 하므로 $\Sigma V=0$에서

$$R_A-W+R_B=0$$

$$\therefore R_B=\frac{W}{2}+\frac{Ph}{2l}$$

예제 17

[그림 2-44]와 같은 막대가 평형상태로 되려면 110 kg의 작용점까지 거리 x는 얼마인가?

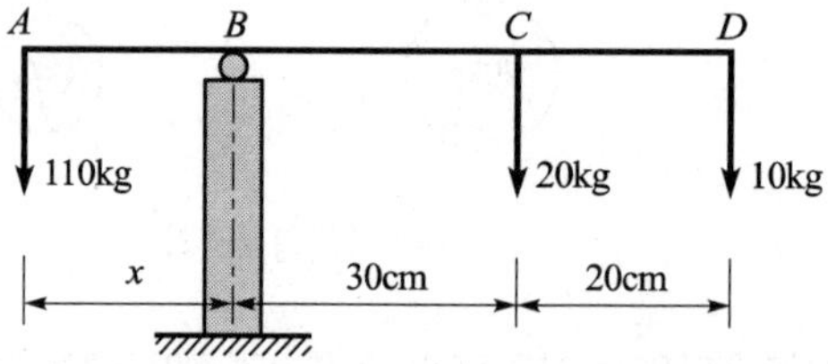

[그림 2-44]

평형이 되려면 B점에서 모멘트 합이 0이 되면 된다.

$$\Sigma M_{at}B=0$$

$$110\cdot x=20\times 30+10\times 50 \qquad \therefore x=10\text{cm}$$

2.8 시력도와 연력도

작용점이 다른 평면상의 힘 P_1, P_2, P_3, P_4를 도해법으로 합성하여 보면, P_1과 크기가 같고 방향이 같은 ab를 그린 다음 b점에서 P_2와 크기가 같고 방향이 같은 bc를, 그리고 c점에서 P_3와 크기가 같고 방향이 같은 cd를, 그리고 d점에서 P_4와 크기가 같고 방향이 같은 de를 그린다. 여기서 a와 e사이의 힘 ae가 합력 R이 되고, 그 방향이 같은 합력의 방향이 된다. 이와 같이 만들어진 힘의 다각형을 **시력도(示力圖, force diagram)**라 한다([그림 2-46] 참조).

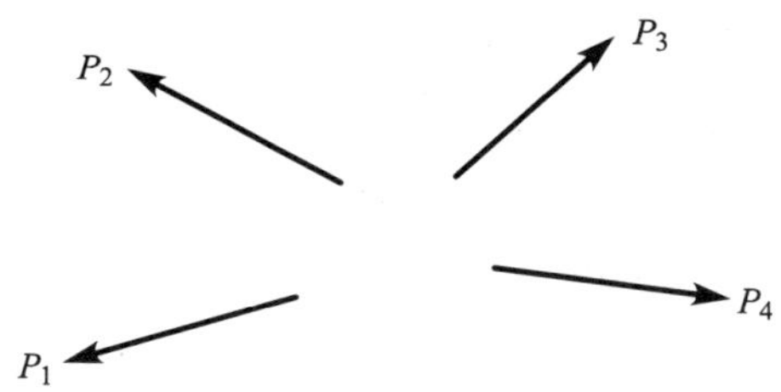

[그림 2-45] **힘**

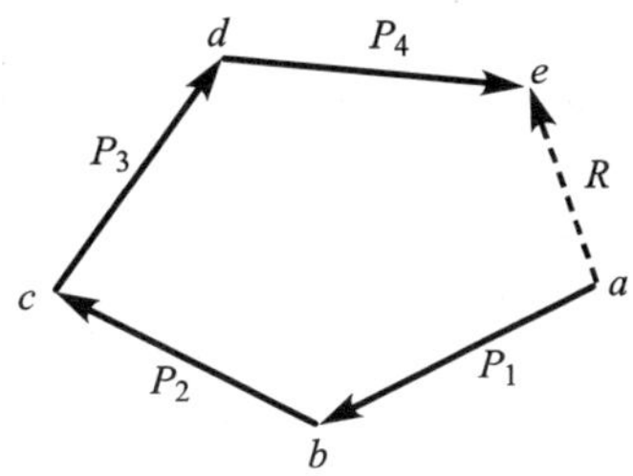

[그림2-46] **시력도**

시력도는 크기와 방향만 알 수 있고 작용점은 알 수 없다. 또 시력도에서 시점(a)와 종점(e)가 일치되면 합력이 없다. 즉, 평형이 된다는 뜻이다.
합력의 작용선을 구하려면 다음과 같은 연력도를 생각하여야 한다. 시력도에서 임의점 o를 잡고 각 꼭짓점과 선을 맺는다. 이때 o점을 극(pole)이라 하고 그 선을 **극사선(極射線, polar ray)**이라 한다.

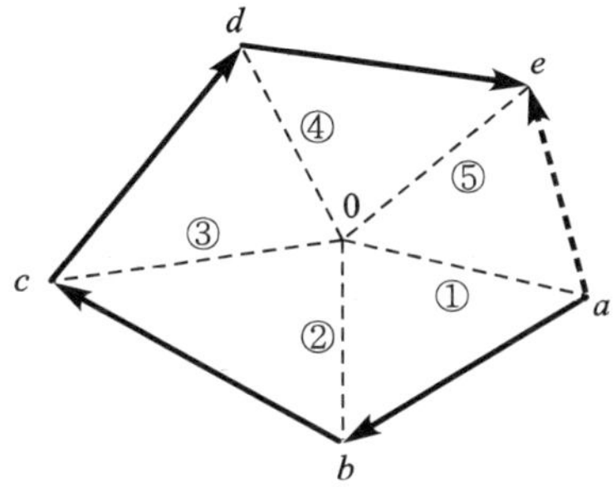

[그림 2-47] **극사선**

힘 P_1의 작용선상에 임의점에서 극사선 ①과 평행한 선을 긋고, 다시 그 점에서 ②선과 나란한 선을 긋는다. ②선과 P_2의 교점에서 ③선과 나란한 선을 긋는다. ③선과 P_3와 교점에서 ④선과 나란한 선을 긋는다. ④선과 P_4의 교점에서 ⑤선과 나란한 선을 그으면 ①선과의 교점이 생기며 이점에서 시력도의 합력과 방향을 나란하게 옮기면 완전하게 힘을 표시할 수 있다. 이와 같은 다각형을 연력도(**連力圖**, funicular polygon, equilibrium polygon, link polygon)라 한다.

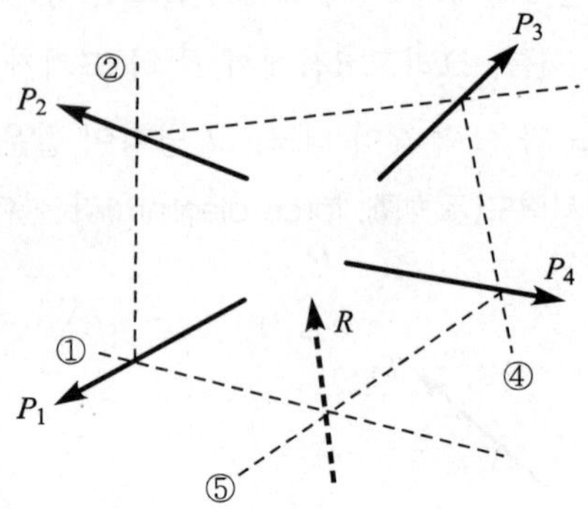

[그림 2-48] **연력도**

01 다음 3개의 힘 P_1, P_2, P_3가 o점에 대한 모멘트는 얼마인가?

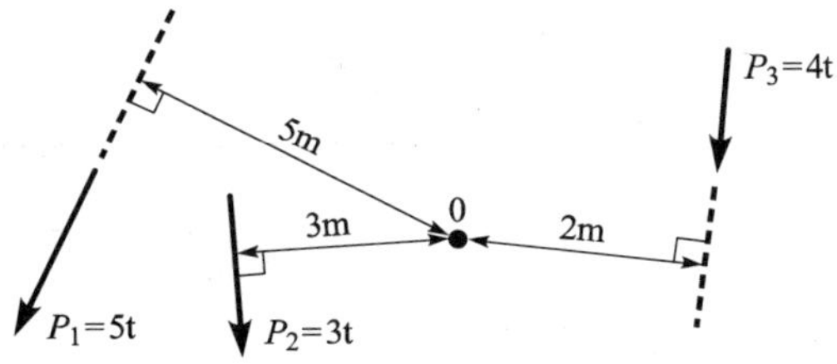

[그림 2-49]

답 $M_0 = -26\text{t}\cdot\text{m}$

02 다음과 같은 평행력의 합력 및 작용점의 위치를 구하라.

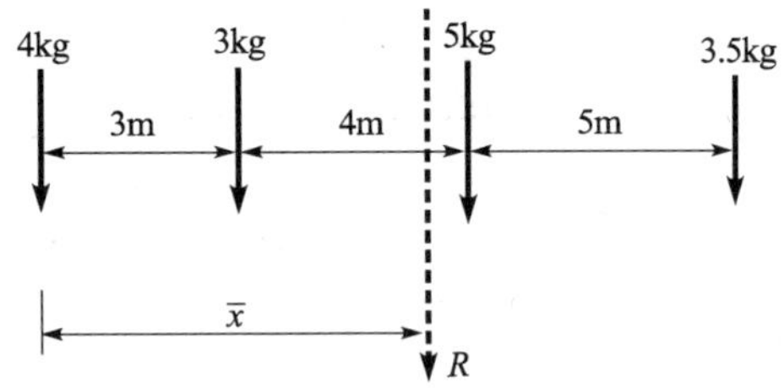

[그림 2-50]

답 $R = 15.5\text{kg}$, $\overline{x} = 5.5\text{m}$

03 다음 그림과 같이 $W = 1\text{t}$의 하중이 지름 60cm의 차륜에 작용할 때 높이 15cm의 장애물을 넘어가기 위해 필요한 수평방향의 힘은 얼마인가?

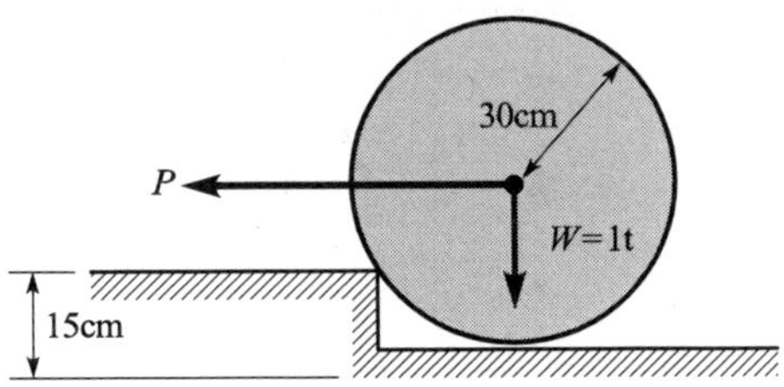

[그림 2-51]

답 $P > 1.732\text{t}$

04 다음 두 힘이 120°의 각을 가지고 작용할 때 합력과 작용방향을 구하라.

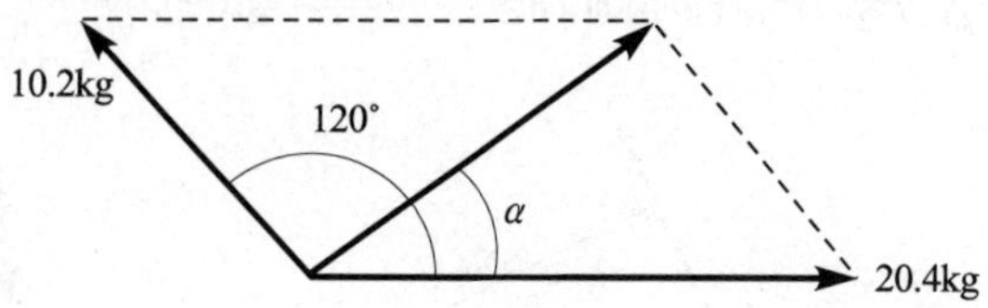

[그림 2-52]

답 $R = 17.7\text{kg}$, $\alpha = 30°$

05 $R = 100\text{t}$인 힘을 $P_1 = 53.2\text{t}$, $P_2 = 68.4\text{t}$의 두 힘으로 분해하려면 사이각 α, β는 얼마인가?

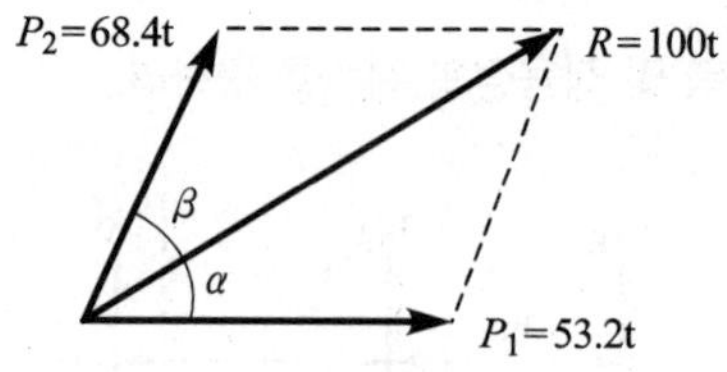

[그림 2-53]

답 $\alpha = 40°$, $\beta = 30°$

06 [그림 2-54]와 같이 동일점에 3개의 힘이 작용한다. 이들의 합력과 위치를 구하라.

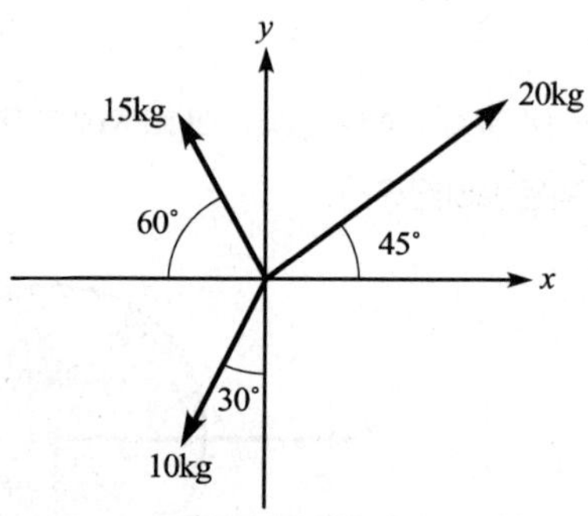

[그림 2-54]

답 $R = 18.55\text{kg}$, $\theta = 85°$

07 평면좌표에 다음 그림과 같은 4개의 힘이 작용할 경우 이들의 합력이 x축과 이루는 각도는 얼마인가?

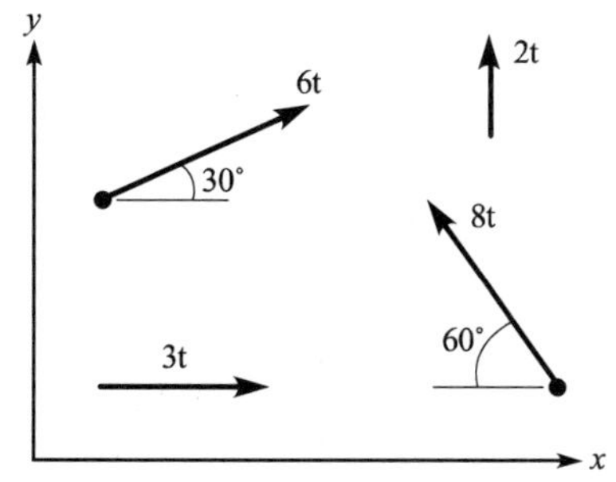

[그림 2-55]

답 $\alpha = 70°37'07''$

08 다음 그림과 같은 물체에서 줄 BC에 생기는 장력 T를 구하라.

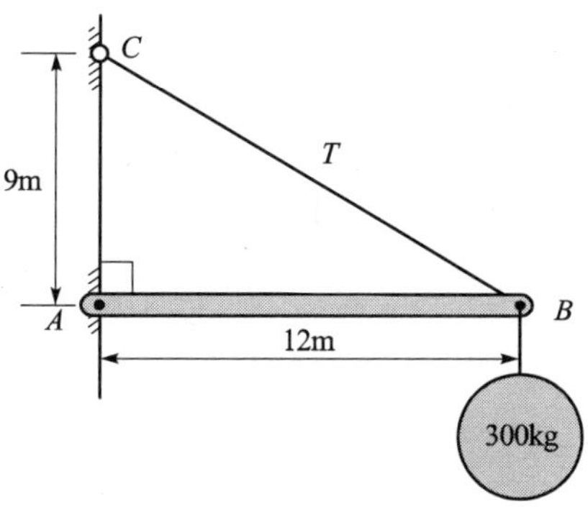

[그림 2-56]

답 $T = 500\,\text{kg}$

09 아래와 같은 구조에서 BD부재에 생기는 힘의 크기는 얼마인가?

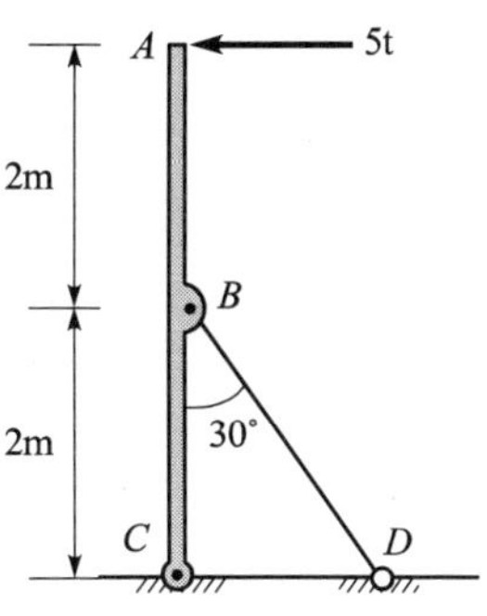

[그림 2-57]

답 $\overline{BD} = 20\,\text{t}$

CHAPTER 3

구조일반

3.1 구조물(Structures)

여러 가지 재료를 사용하여 외부에서 작용하는 힘에 저항하도록 만들어진 물체

(1) 구조물의 종류

① 보(beam) : 단면의 치수에 비하여 길이가 긴 구조용부재가 적당한 방법으로 지지(support)되어 축선에 수직방향의 하중을 받아 주로 휨(bending)에 의하여 저항하는 구조물로서, 단순보, 연속보, 고정보, 외팔보, 내민보, 겔버보 등이 있다. ⇨ 보

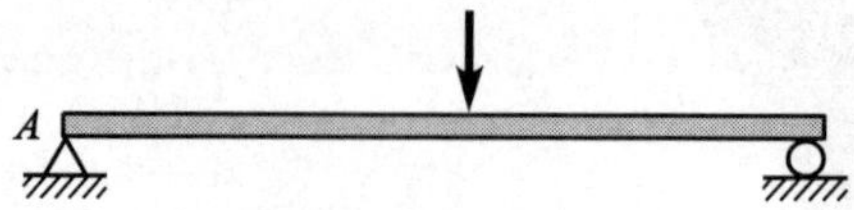

[그림 3-1] 보

② 트러스(truss) : 3개 이상의 직선부재가 마찰력이 전혀 없는 활절(滑節, hinge)로 연결되어 있고 하중은 절점(節點, joint)에만 작용하므로 부재에는 모멘트가 전혀 작용치 않고 축방향력(인장, 압축력)만 생긴다. ⇨ 트러스

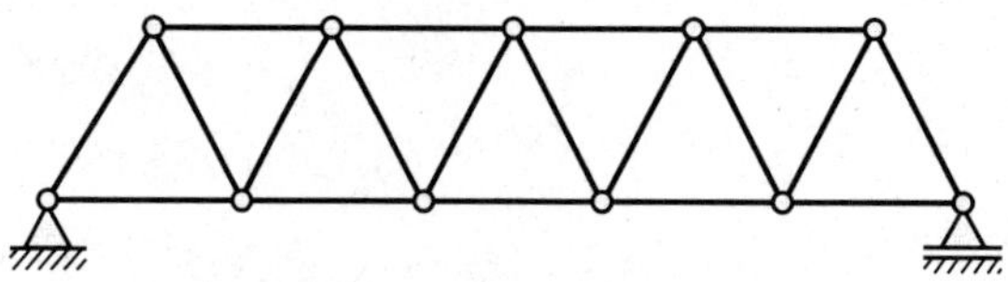

[그림 3-2] 트러스

③ 라멘(rahmen) : 2개 이상 부재가 각자 회전되지 않는 강결(剛結, rigid joint)로 되어 있는 구조로서, 각 부재의 연결이 고정절점으로 되어 있어서 구조물이 외력을 받아 변형하더라도 각 절점에서 이루고 있는 부재의 각은 변하지 않는다. 또 라멘의 연결이 활절과 강결이 복합되어 있는 경우가 있다. 이와 같은 라멘을 합성라멘(compound rahmen)이라 한다. ⇨ 라멘

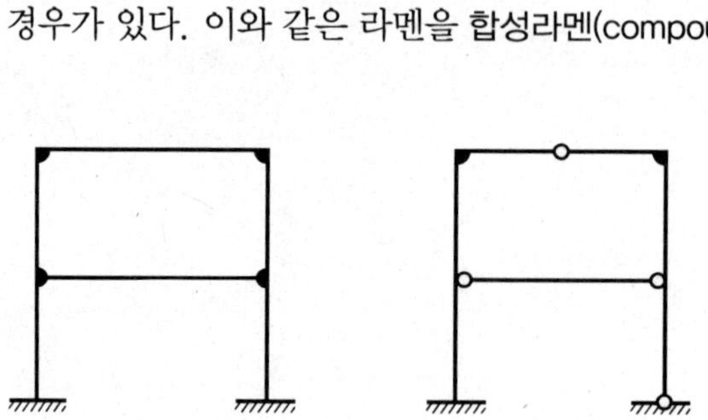

(a) 라멘 (b) 합성라멘

[그림 3-3] 라멘

④ 아치(arch) : 라멘의 직선재 대신 곡선재로 형성되어 외력에 저항하는 구조로서 단면에는 여러 가지 단면력이 생기나 주로 축방향 압축력에 저항하는 구조물
⇨ 아치

⑤ 슬래브(slab) : 평면판으로 외력에 저항하는 구조물로 주로 건물의 바닥 및 천정 등이 해당되며 구조적으로 일방향 슬래브와 이방향 슬래브로 구분된다.

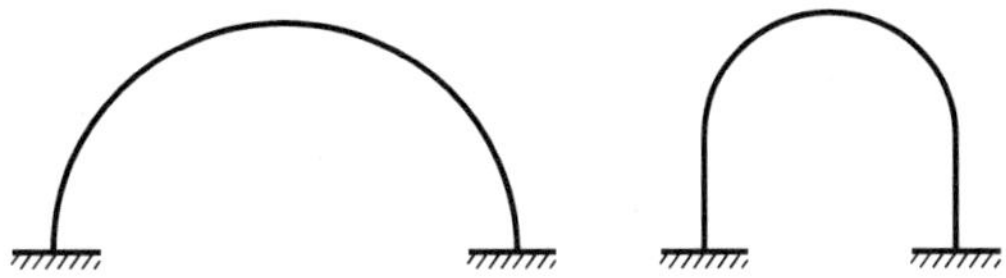

[그림 3-4] **아치**

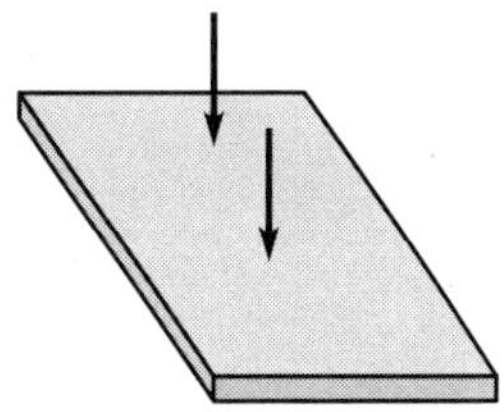

[그림 3-5] **슬래브**

⑥ 샤이베(scheibe) : 벽면과 같이 슬래브를 세워서 외력을 받도록 만들어진 구조물

⑦ 샬렌(schalen) : 슬래브가 곡면으로 되어 외력에 저항하도록 만들어진 구조물

⑧ 기둥(주, column) : 연직방향의 압축력을 받아 견디도록 만들어진 구조물
⇨ 기둥

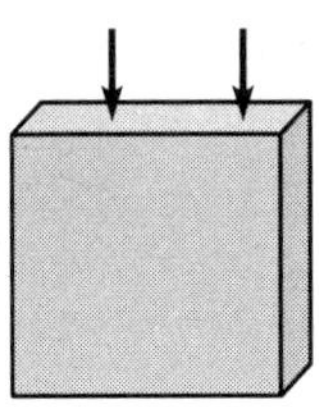

[그림 3-6] **샤이베**

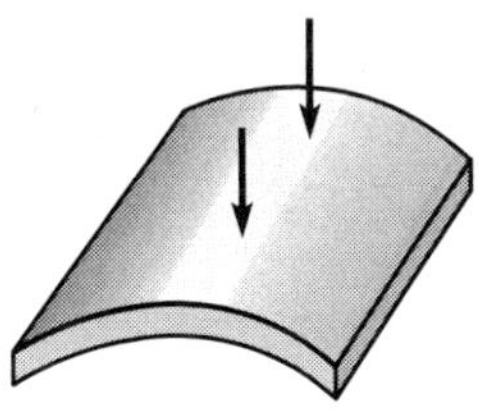

[그림 3-7] **샬렌**

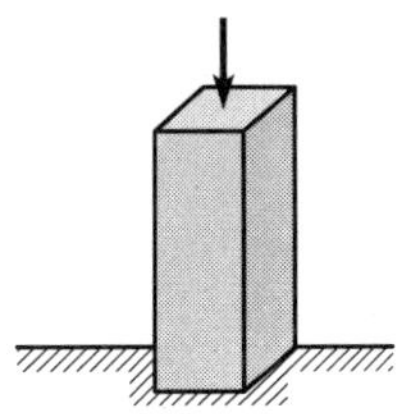

[그림 3-8] **기둥**

(2) 절점(격점, panel point)

구조물을 구성하는 요소를 부재(member)라 하며 이 부재가 단일로서 구조물이 되는 경우도 있지만(단순보 경우) 일반적으로 부재와 부재가 연결되어 구조물이 되는 경우가 많다. 이와 같이 부재와 부재가 만나는 접합점을 절점(또는 격점)이라 한다.

이 절점은 활절과 강결로 대별된다.

① 활절(滑節, hinged joint, hinge)

수직, 수평력은 전달되지만 부재와 부재 사이는 핀(pin)으로 연결된 활절(hinge)이므로 회전이 자유로워 모멘트는 전달되지 않는 연결로서 각부재의 수직, 수평 변위는 같으나 회전각은 같지 않다([그림 3-9]에서 변형 후 부재사이 각이 다르다).

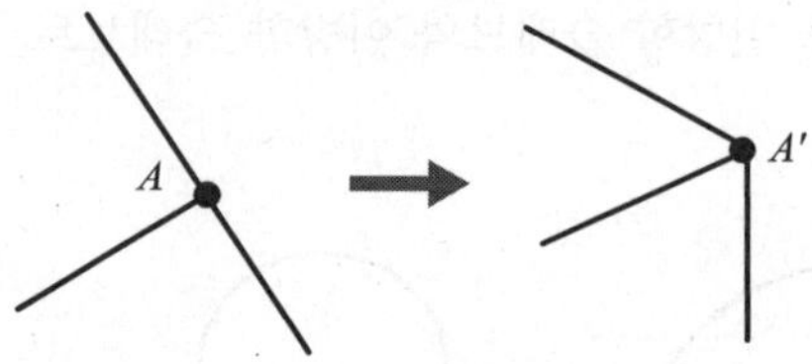

[그림 3-9] **활절**

② 강결(剛結, 강절(剛節), rigid joint, fixed)

부재와 부재사이를 완전히 일체로 연결하여 수직, 수평 변위가 같고 부재 각기 회전이 되지 않으므로 회전각도 모두 같다([그림 3-10]에서 변형 후에도 부재사이의 각은 일정하다).

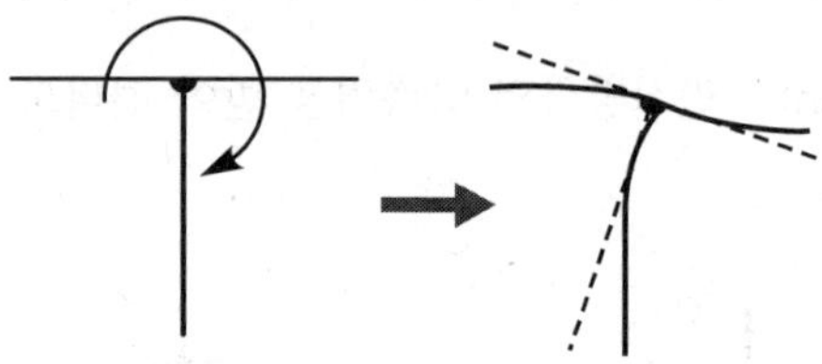

[그림 3-10] **강결**

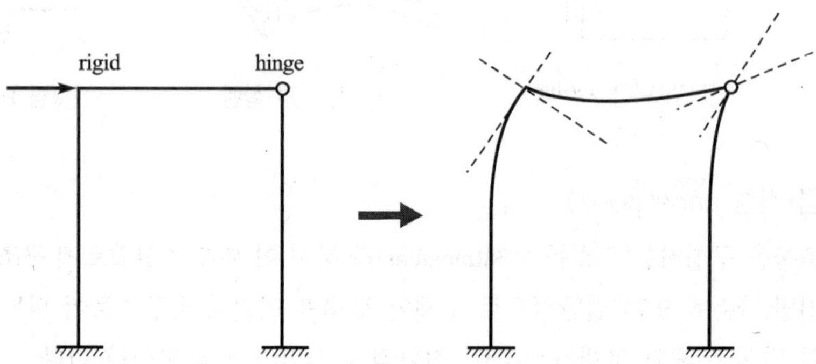

[그림 3-11]

3.2 지점의 종류 및 반력

구조물을 지지하고 구조물에 작용하는 하중(자중과 외력)을 하부구조, 기초지반 또는 타구조물에 전달하는 점을 지점(支點, support)이라 하며 지점에는 작용하는 하중과 크기가 같고 방향이 반대인 반력(反力, reaction)이 생기며 구조물의 지점은 다음 3종류로 분류된다.

(1) 이동지점(移動支點, roller support, movable support)

구조물이 이동, 회전할 수 있고 수직으로 움직일 수 없는 지점으로 수직반력 1개의 반력만 나타난다.

(2) 회전지점(回傳支點, hinged support)

구조물이 회전만 할 수 있고 수직, 수평으로 움직일 수 없는 지점으로 수직, 수평 2개의 반력이 나타난다.

(3) 고정지점(固定支點, fixed support)

구조물이 완전히 고정되어 수직, 수평으로 움직이지 않으며 회전도 불가능한 지점으로 수직반력, 수평반력 및 모멘트 반력으로 3개의 반력이 나타난다.

< 표 3.1 > 지점의 종류

구 분	구 조	기 호	반력 수	반력의 종류
이동지점 (roller)	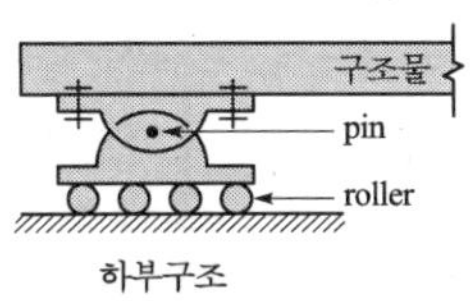	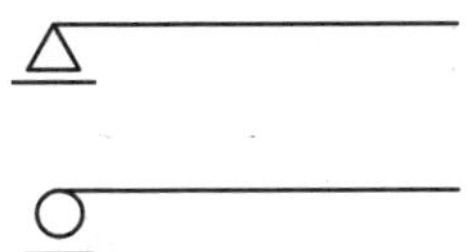	1	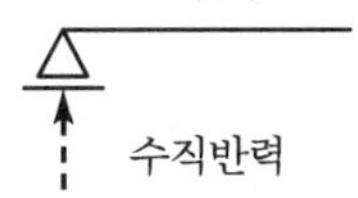
회전지점 (hinge)	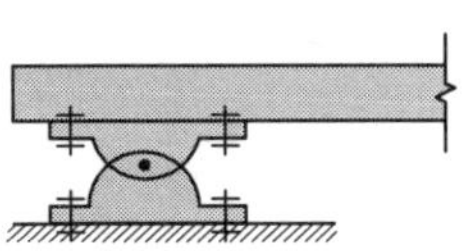	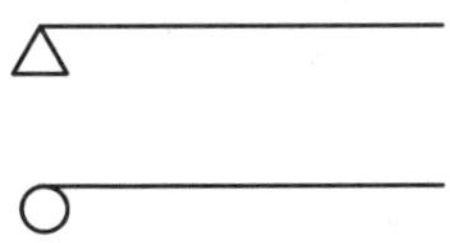	2	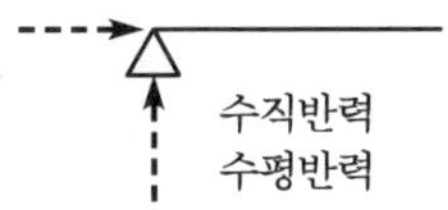
고정지점 (fixed)	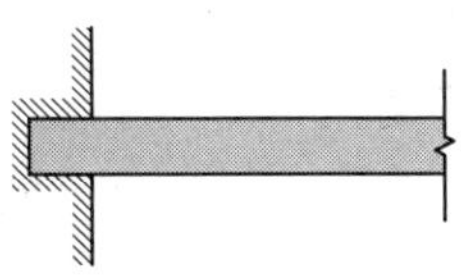	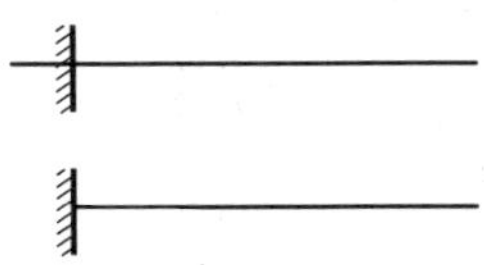	3	

(4) 구조물 일반

1개의 부재를 이 3가지 지점으로 만들 수 있는 구조물은 다음 그림과 같은 12가지 종류가 있다. 여기서 2장의 평형개념(정역학적 평형3조건, $\Sigma V=0$, $\Sigma H=0$, $\Sigma M=0$)을 생각하면 한 구조물에서 조건식을 3개 쓸 수 있으므로 미지수 3개까지만 해석된다.

[그림 3-12(a), (b), (d)]는 외력을 받으면 구조물이 변형을 하여 평형이 되지 않으므로 역학적으로 성립되지 않는다. 즉 조건식보다 미지수가 작다. 이와 같은 구조를 불안정이라 한다.

[그림 3-12(c), (e), (g)]는 외력을 받으면 구조물이 변형을 하지 않고 외력에 저항한다. 또 미지수가 3개이므로 조건식 3개로서 해석할 수 있으며 이와 같은 구조물을 **정정구조**라 한다.

특히 (e), (g)와 같은 구조를 단순보라 하며 (c)와 같은 구조를 캔틸레버(cantilever)라 하며 정정구조의 기본이 되는 구조물이다.

또 (f), (h), (i), (j), (k), (l)은 외력을 받으면 구조물이 변형은 하지 않으나 모두 미지수가 4개 이상되므로 평형 3조건만으로 해석할 수 없는 구조물이다. 이와 같은 구조를 **부정정구조**라 한다.

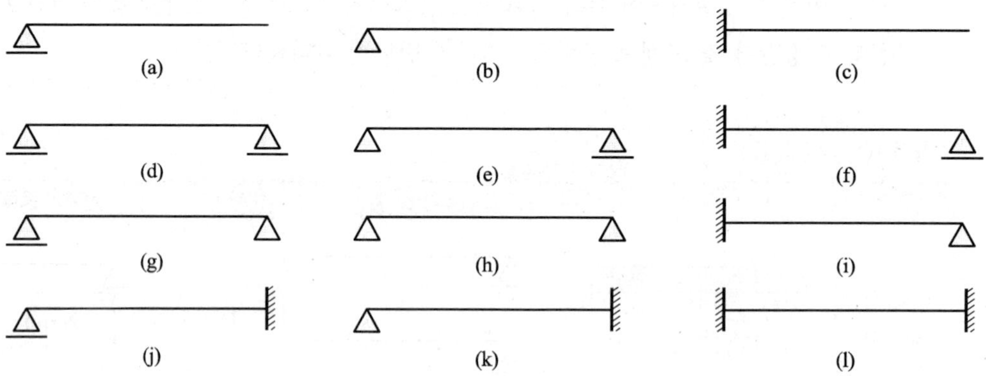

[그림 3-12]

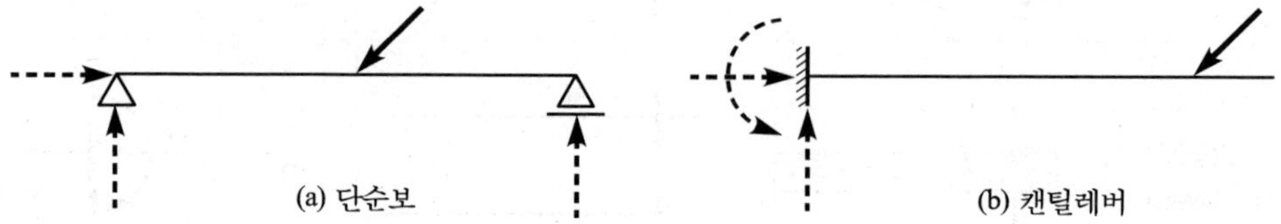

[그림 3-13]

3.3 구조물 판별

(1) 안정과 불안정

어떠한 외력을 받더라도 항상 비김상태에 있고 외력에 대하여 구조물의 일부 또는 전체의 변위가 생기지 않는 상태를 안정(stable)이라 한다.

외력을 받아 구조물의 일부 또는 전체가 위치를 옮기는 것을 불안정(unstable)이라 하며, 외력을 받아 구조물의 내부가 변형하는 것을 내적불안정이라 하고, 외력을 받아 구조물 전체가 위치를 옮기는 것을 외적불안정이라 한다.

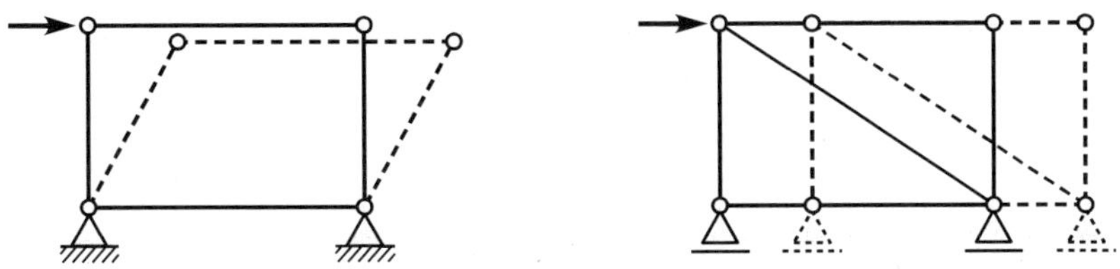

(a) 내적불안정 (b) 외적불안정

[그림 3-14] **불안정**

(2) 정정과 부정정

구조물이 안정되면 구조물을 해석해야 한다. 평형조건만으로 해석할 수 있는 구조를 정정(靜定, statically determinate)이라 하고, 평형조건만으로 해석할 수 없는 구조를 부정정(不靜定, statically indeterminate)구조라 한다.

즉, 구조물에서 구해야 할 미지수(반력과 미지의 부재력)가 평형조건으로 세울 수 있는 조건식 수와 같을 때 정정이다.

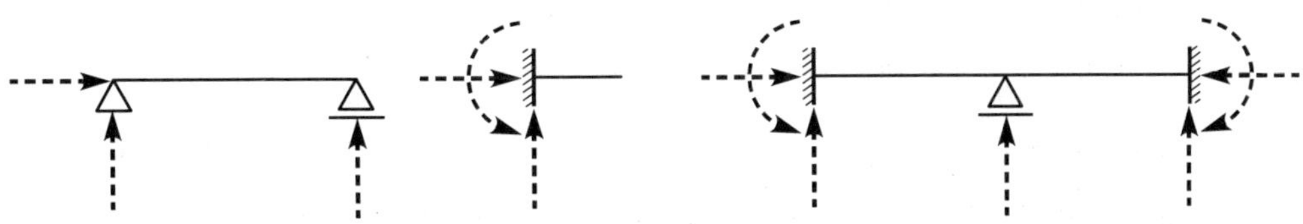

(a) 정정 (b) 부정정

[그림 3-15] **정정과 부정정**

(3) 판별식

부재의 양단을 연결하는 방법은 다음 3가지가 있다.

- 양단이 회전절점(지점)으로 이어진 부재 : m_1
- 한단은 회전절점, 다른 한단은 고정절점으로 이어진 부재 : m_2
- 양단이 고정절점으로 이어진 부재 : m_3

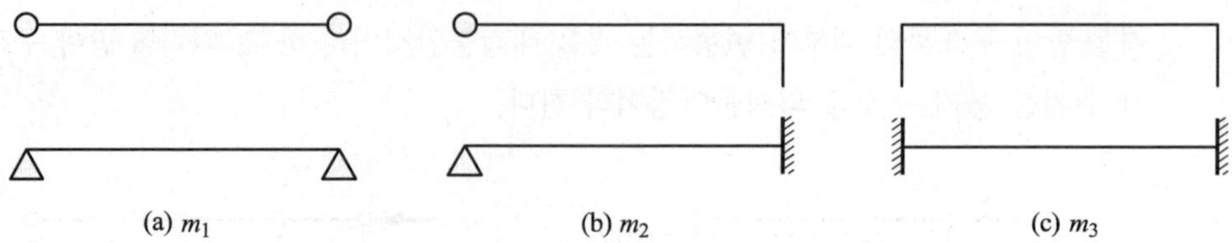

[그림 3-16] **부재 연결 방법**

각 부재에서 생기는 미지의 양을 생각하면 m_1 부재는 4가지의 미지량이 나타나나 평형조건 $(\Sigma V=0,\ \Sigma H=0,\ \Sigma M=0)$으로 미지수 3개는 해석될 수 있으므로 실제 미지수는 1개이다. m_2 부재는 (5−3=2) 2개의 미지수, m_3 부재는 (6−3=3) 3개의 미지수가 생기며, 또 이 구조물을 지지하고 있는 지점에서 반력 수만큼 미지수가 생긴다.

즉, m_1 부재는 한부재당 1개의 미지수, m_2 부재는 한부재당 2개의 미지수, m_3 부재는 한부재당 3개의 미지수와 구조물의 반력 수 R이 미지수로 나타나므로

$$\text{총 미지수는 } m_1+2m_2+3m_3+R$$

이다. 여기에 반하여 조건식수를 생각하면 각 절점(또는 지점)에서 힘의 평형조건을 생각하면 절점은 다음 2가지가 있다.

- 회전절점 : P_2(모멘트가 생기지 않는 절점)
- 고정절점 : P_3(모멘트가 생기는 절점)

회전절점에서는 2개의 식$(\Sigma V=0,\ \Sigma H=0)$을 세울 수 있고 고정절점에서는 3개의 식$(\Sigma V=0,\ \Sigma H=0,\ \Sigma M=0)$을 세울 수 있으므로 총 조건식 수는

$$2P_2+3P_3$$

이므로, 판별은 다음과 같다.

- $2P_2 + 3P_3 > m_1 + 2m_2 + 3P_3 + R$: 불안정(필요조건 아님)
- $2P_2 + 3P_3 = m_1 + 2m_2 + 3P_3 + R$: 정정(충분조건 아님)
- $2P_2 + 3P_3 > m_1 + 2m_2 + 3P_3 + R$: 부정정(충분조건 아님)

여기서 부정정 판별식은 다음과 같이 쓸 수 있다.

$$(m_1 + 2m_2 + 3m_3 + R) - (2P_2 + 3P_3) = n \quad (3.1)$$

여기서 n을 부정정차수라 하며 평형조건만으로 구할 수 없는 미지수를 나타낸다. 식 (3.1)은 모든 구조물을 판별하는데 사용할 수 있으며 구조에 따라 식이 간편화 될 수 있다.

① 일반적인 보

일반적인 보는 반력 수에서 평형3조건으로 해석가능한 조건식 3을 제하면 부정정차수가 나타난다. 즉,

$$R - 3 = n \quad (3.1\text{–}1)$$

또, 보 사이에 힌지가 들어가면 미지수가 1개 늘어나고 조건식이 2개 늘어나므로 결과적으로 부정정차수가 1개 줄어든다. 즉,

$$R - 3 - (\text{힌지의 수}) = n \quad (3.1\text{–}2)$$

식 (1–1), (1–2)은 보에만 적용할 수 있고, 다른 구조에는 적용되지 않는다.

예제 1

다음 보들을 판별하라.

①

[그림 3-17]

i) 식 (3.1)로 판별하여 보면,

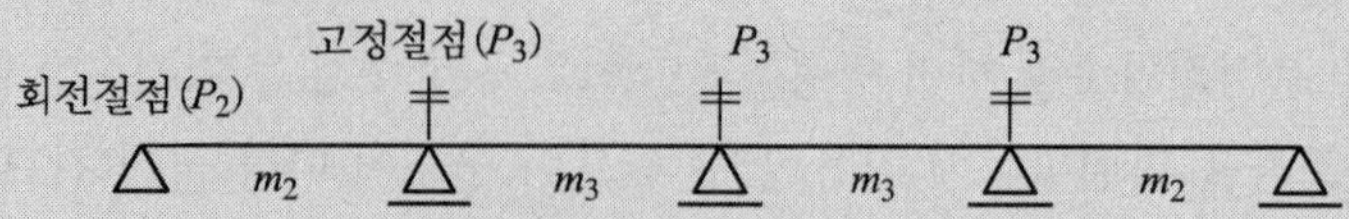

[그림 3-18]

$$\left.\begin{aligned} m_1 &= 0 \\ 2m_2 &= 2\times 2 = 4 \\ 3m_3 &= 3\times 2 = 6 \\ R &= 6 \end{aligned}\right\} 16$$

$$\left.\begin{aligned} 2P_2 &= 2\times 2 = 4 \\ 3P_3 &= 3\times 3 = 9 \end{aligned}\right\} 13$$

$\therefore 16 - 13 = 3$, 3차부정정

ii) 반력수로 생각하면, 식 (3.1–1)에서 $6 - 3 = 3$, 3차부정정

②

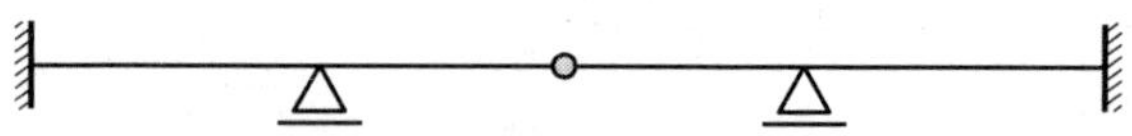

[그림 3-19]

i) 식 (3.1)로 생각하면

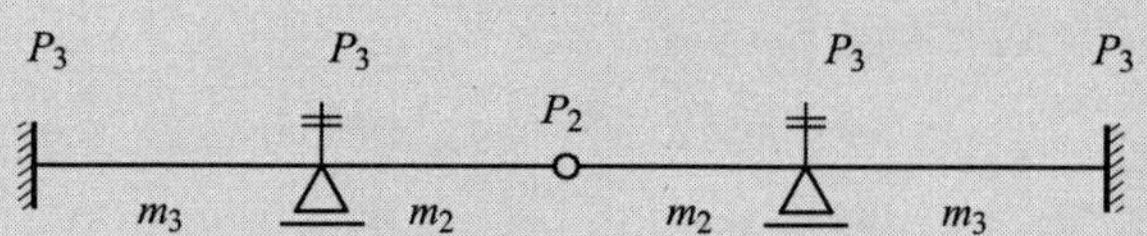

[그림 3-20]

$$\left.\begin{aligned} m_1 &= 0 \\ 2m_2 &= 2\times 2 = 4 \\ 3m_3 &= 3\times 2 = 6 \\ R &= 8 \end{aligned}\right\} 18$$

$$\left.\begin{aligned}2P_2 &= 2\times 1 = 2\\ 3P_3 &= 3\times 4 = 12\end{aligned}\right)\ 14$$

$\therefore 18-14=4$, 4차부정정

ii) 식 (3.1–2)에서, $8-3-1=4$, 4차부정정

③

[그림 3-21]

* $2-3=-1$, 불안정

④

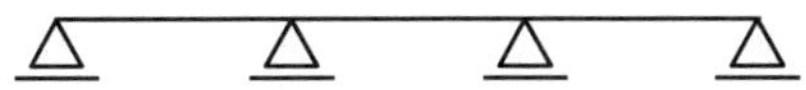

[그림 3-22]

* $4-3=1$이므로 식은 1차부정정이나 실제 $\Sigma H=0$이 성립되지 않으므로 불안정

⑤

[그림 3-23]

* $4-3=1$, 1차부정정

⑥

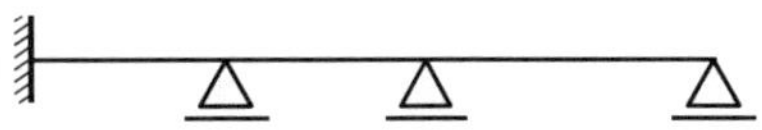

[그림 3-24]

* $6-3=3$, 3차부정정

⑦

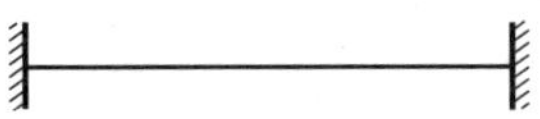

[그림 3-25]

* $6-3=3$, 3차부정정

⑧

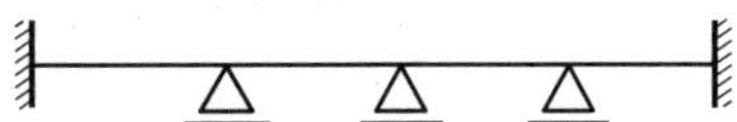

[그림 3-26]

* $9-3=6$, 6차부정정

⑨

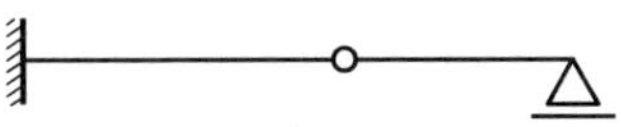

[그림 3-27]

* $4-3-1=0$, 정정

⑩

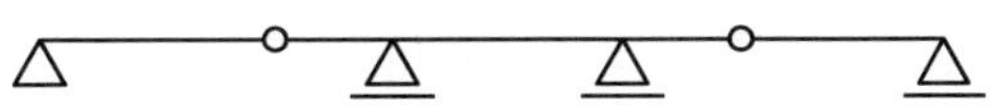

[그림 3-28]

* $5-3-2=0$, 정정

⑪

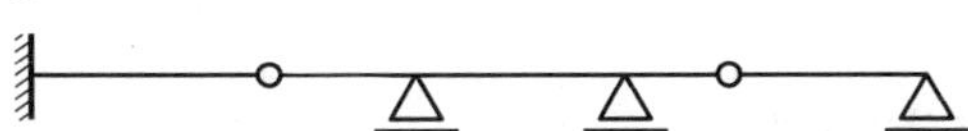

[그림 3-29]

* $6-3-2=1$, 1차부정정

⑫

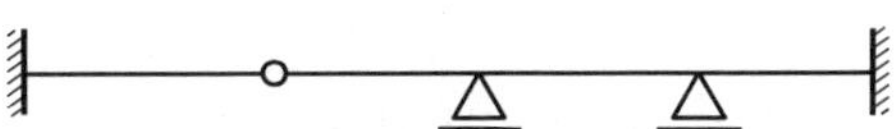

[그림 3-30]

* $8-3-1=4$, 4차부정정

⑬

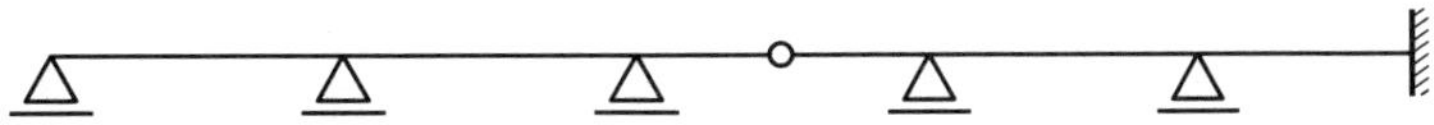

[그림 3-31]

* $8-3-1=4$, 4차부정정

② 트러스 판별

트러스는 모든 부재가 활절(hinge)로 연결되어 있으므로 고정절점이 전혀 없다. 그러므로 식 (3.1)에서 $P_3 = m_2 = m_3 = 0$이다.

$$\therefore m + R - 2P = n \tag{3.1-3}$$

$$\begin{cases} m: \text{부재수} \\ R: \text{반력수} \\ P: \text{절점수} \end{cases}$$

식 (3.1-3)은 트러스에만 적용할 수 있고 다른 구조에는 적용되지 않는다.

다음 [그림 3-32]와 같은 트러스를 생각하면

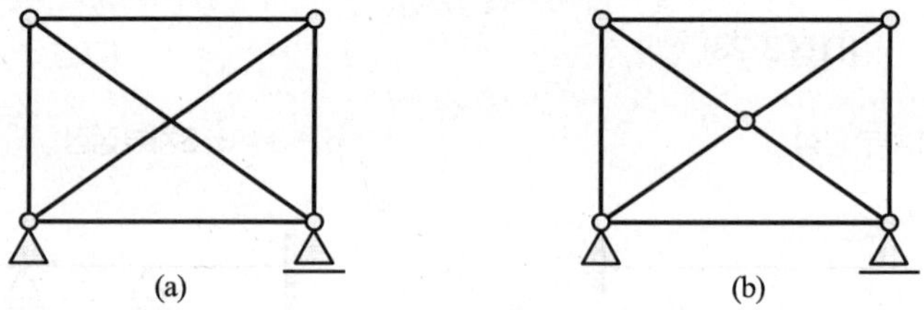

[그림 3-32]

$$\begin{cases} m = 6 \\ R = 3 \\ P = 4 \end{cases}$$

6+3−2×4 = 1

∴ 1차부정정

$$\begin{cases} m = 8 \\ R = 3 \\ P = 5 \end{cases}$$

8+3−2×5 = 1

∴ 1차부정정

[그림 3-32(a)] 경우 부재가 6개이고 절점이 4개이며, [그림 3-32(b)] 경우는 부재가 8개이고 절점이 5개이므로 결과는 같다(식 (3.1-3)에서 보듯이 절점 1개와 부재 2개가 서로 상쇄된다.) 즉, (a), (b) 어떻게 생각하든 결과는 같다.

예제 2

다음 트러스를 판별하라.

①

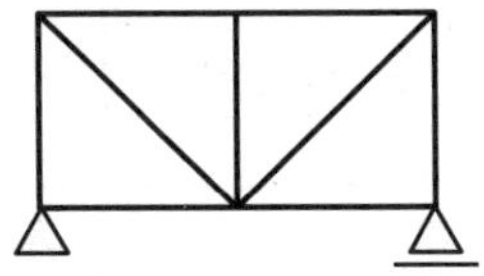

[그림 3-33]

$\begin{cases} m=9 \\ R=3 \\ P=6 \end{cases}$

$9+3-2\times6$

∴ 정정

②

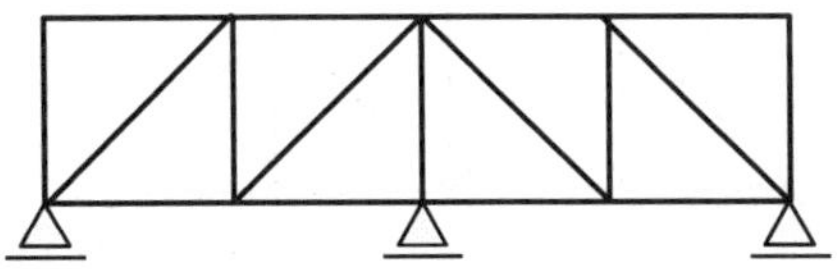

[그림 3-34]

$\begin{cases} m=17 \\ R=3 \\ P=10 \end{cases}$

$17+3-2\times10=0$

식으로 정정이 되나

실제로 $\sum H=0$이 성립되지 않으므로

∴ 불안정 (내적으로는 정정이나 외적으로 불안정이다.)

③

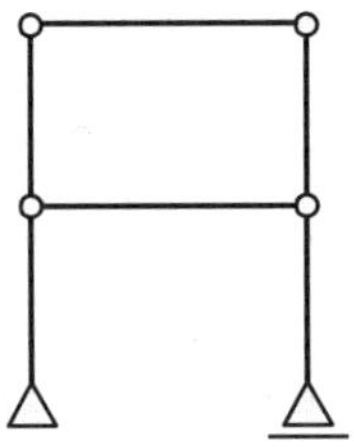

[그림 3-35]

$\begin{cases} m=6 \\ R=3 \\ P=6 \end{cases}$

$6+3-2\times6=-3$

∴ 불안정

④

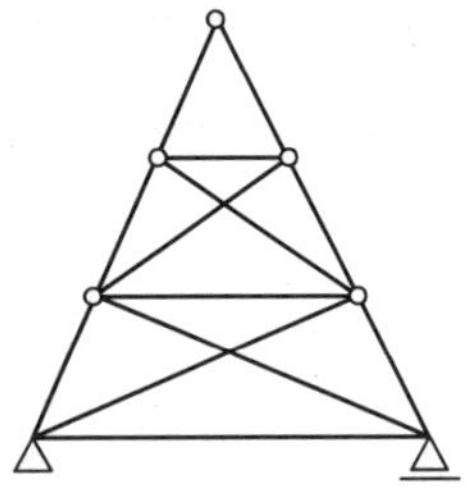

[그림 3-36]

$\begin{cases} m=13 \\ R=3 \\ P=7 \end{cases}$

$13+3-2\times7=2$

∴ 2차부정정

⑤

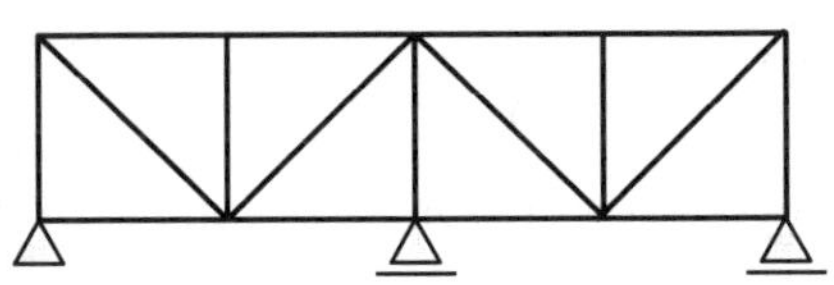

[그림 3-37]

$\begin{cases} m=17 \\ R=4 \\ P=10 \end{cases}$

$17+4-2\times10=1$

∴ 1차부정정 (외적 1차부정정)

⑥

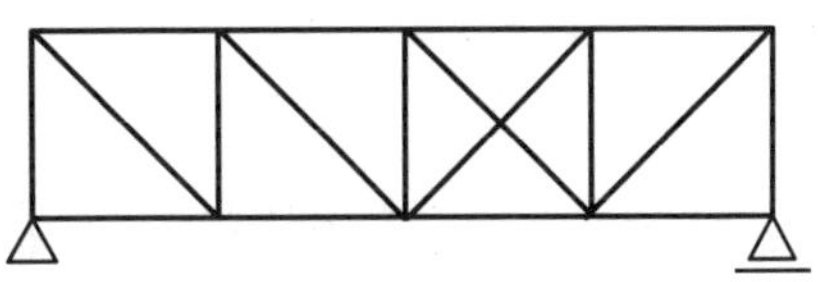

[그림 3-38]

$\begin{cases} m=18 \\ R=3 \\ P=10 \end{cases}$

$18+3-2\times10=1$

∴ 1차부정정 (내적 1차부정정)

⑦

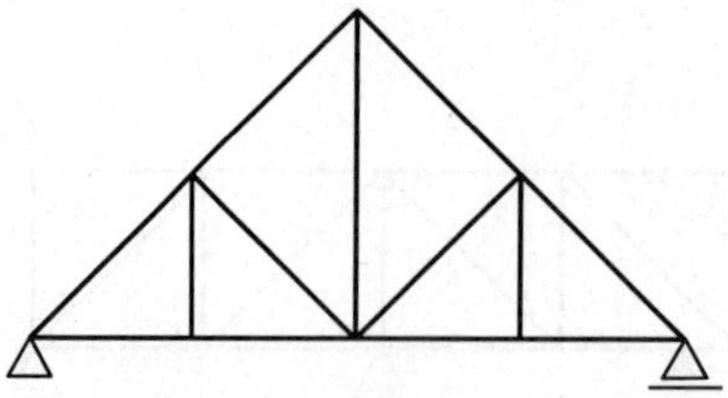

[그림 3-39]

$\begin{cases} m=13 \\ R=3 \\ P=8 \end{cases}$

$13+3-8=0$

∴ 정정

⑧

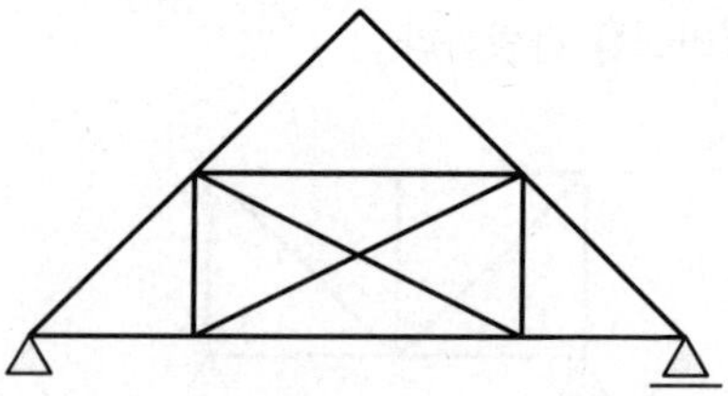

[그림 3-40]

$\begin{cases} m=12 \\ R=3 \\ P=7 \end{cases}$

$12+3-2\times 7=1$

∴ 1차부정정

③ 라멘의 판별

라멘은 모든 부재가 강결(fixed)로 연결되어 회전절점(hinge)이 전혀 없다. 그러므로 식 (3.1)에서 $P_2 = m_1 = m_2 = 0$ 이다.

$$\therefore 3m + R - 3P = n \tag{3.1-4}$$

식 (3.1-4)은 라멘에만 적용할 수 있고 다른 구조에는 적용되지 않는다. 만약 라멘 부재 속에 힌지(hinge)가 하나 들어가면 부정정차수가 하나 줄어든다.

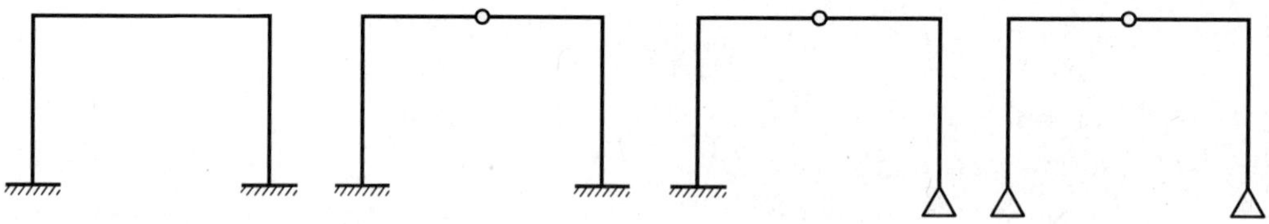

(a) 3차부정정 (b) 2차부정정 (c) 1차부정정 (d) 정정

[그림 3-41]

또 부재가 휘었을 경우 (아치) 가운데 구속이 없으면 1개의 부재로 생각해도 동일한 결과이다. 즉, 부재가 1개 늘어나면 절점도 1개 늘어나므로 식 (3.1-4)에서 보듯이 서로 상쇄된다.

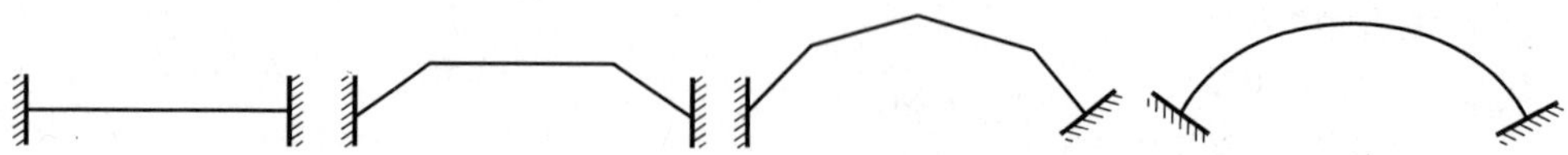

[그림 3-42] **3차부정정**

예제 3

다음 라멘을 판별하라.

①

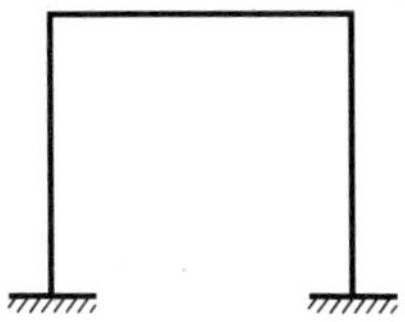

[그림 3-43]

$m=3,\ R=6,\ P=4$

$3\times3+6-3\times4=3$

∴ 3차부정정

②

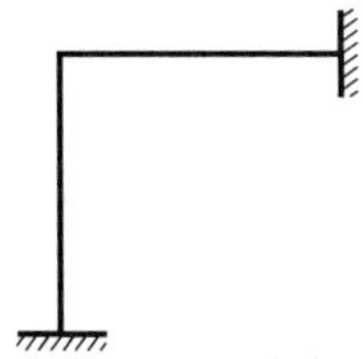

[그림 3-44]

$m=2,\ R=6,\ P=3$

$2\times3+6-3\times3=3$

∴ 3차부정정

③

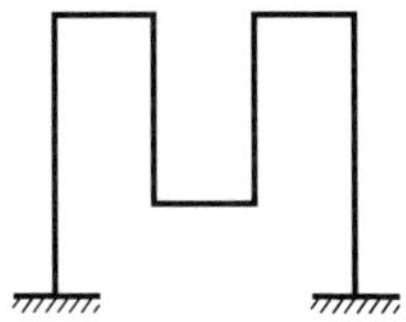

[그림 3-45]

$m=7,\ R=6,\ P=8$

$3\times7+6-3\times8=3$

∴ 3차부정정

④

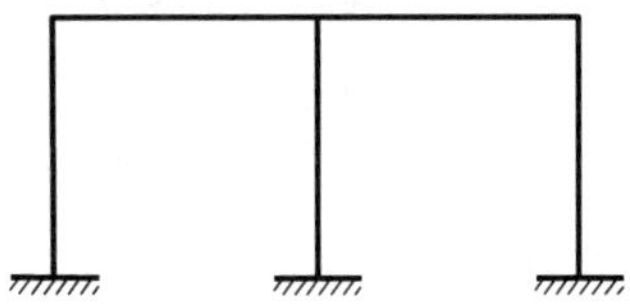

[그림 3-46]

$m=5,\ R=9,\ P=6$

$3\times5+9-3\times6=6$

∴ 6차부정정

⑤

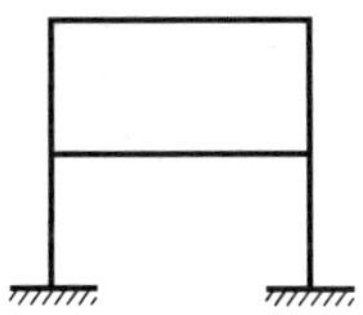

[그림 3-47]

$m=6,\ R=6,\ P=6$

$3\times6+6-3\times6=6$

∴ 6차부정정

⑥

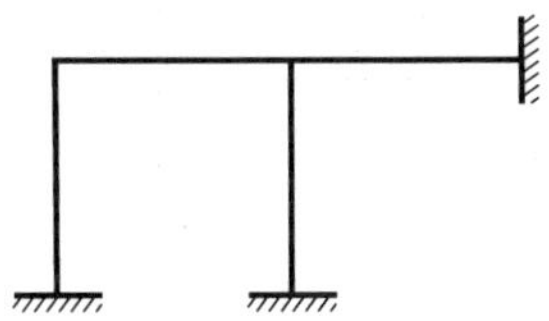

[그림 3-48]

∴ 6차부정정

⑦

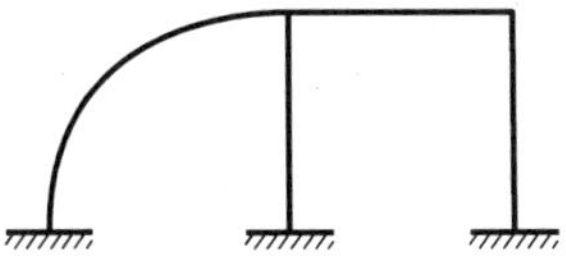

[그림 3-49]

∴ 6차부정정

⑧

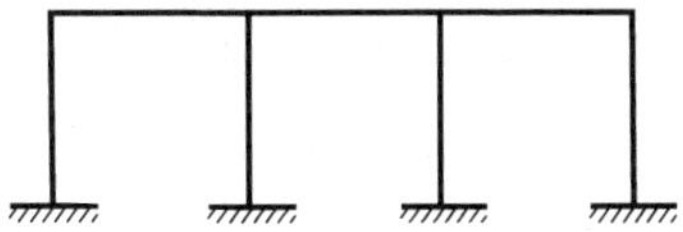

[그림 3-50]

$m=7,\ R=12,\ P=8$

$3\times7+12-3\times8=9$

∴ 9차부정정

⑨

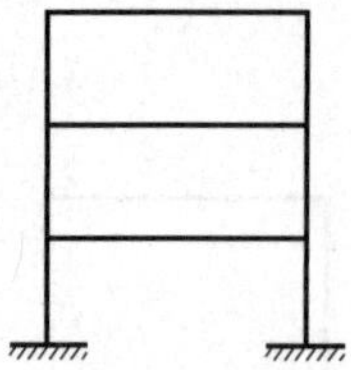

[그림 3-51]

∴ 9차부정정

⑩

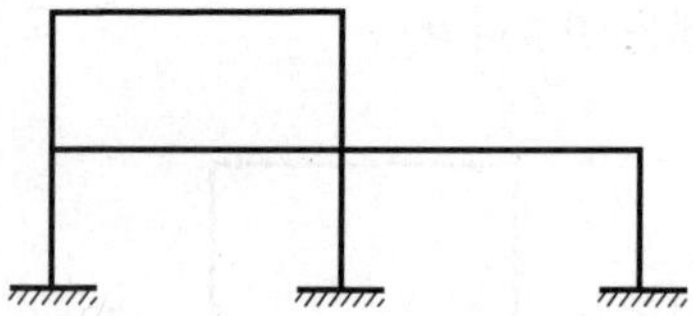

[그림 3-52]

∴ 9차부정정

⑪

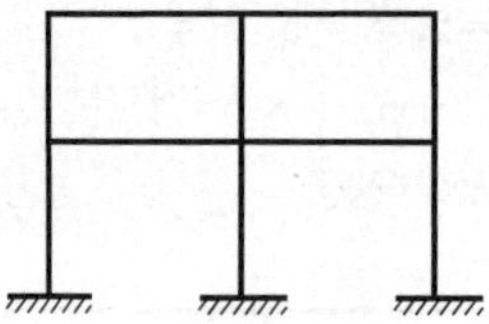

[그림 3-53]

$m=10,\ R=9,\ P=9$

$3\times10+9-3\times9=12$

∴ 12차부정정

⑫

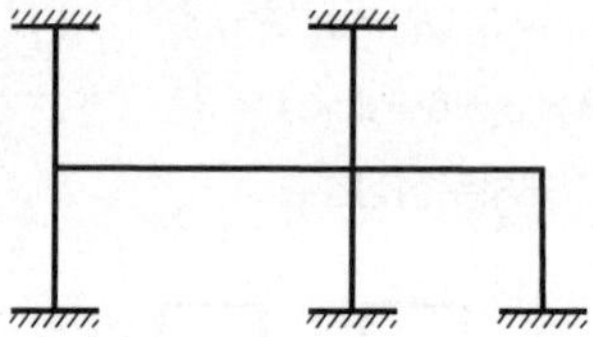

[그림 3-54]

$m=7,\ R=15,\ P=8$

$3\times7+15-3\times8=12$

∴ 12차부정정

⑬

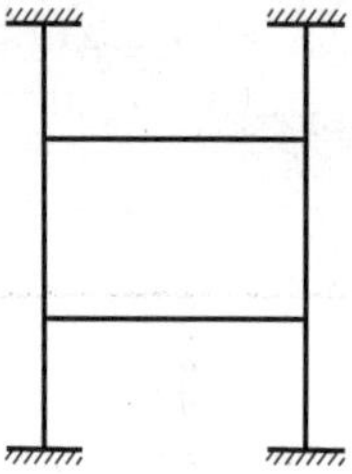

[그림 3-55]

$m=8,\ R=12,\ P=8$

∴ 12차부정정

⑭

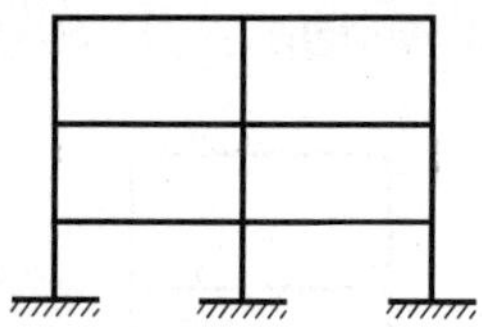

[그림 3-56]

$m=15,\ R=9,\ P=12$

$3\times15+9-3\times12=18$

∴ 18차부정정

⑮

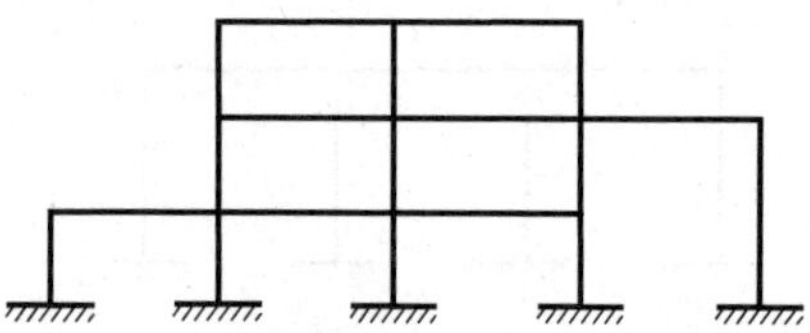

[그림 3-57]

$m=19,\ R=15,\ P=16$

$3\times19+15-3\times16=24$

∴ 24차부정정

⑯

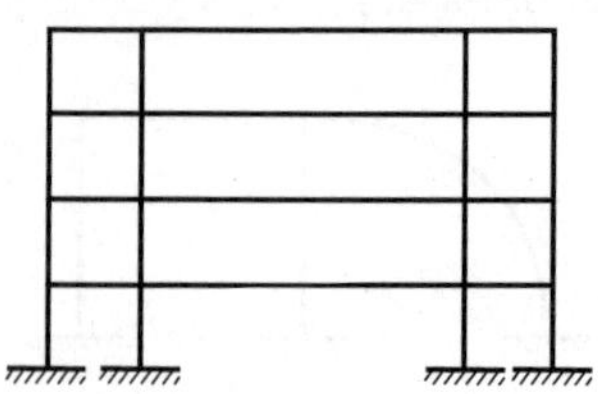

[그림 3-58]

$m=28,\ R=12,\ P=20$

$3\times28+12-3\times20=36$

∴ 36차부정정

예제 4

다음 라멘 속에 활절이 들어 있는 경우 부정정차수는 얼마인가?

①

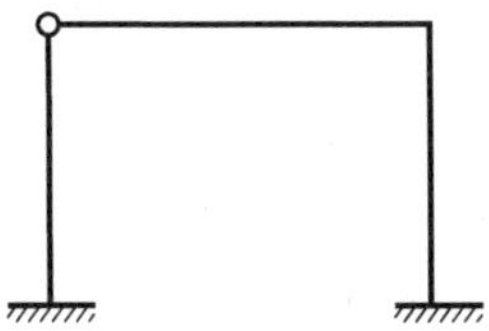

[그림 3-59]

②

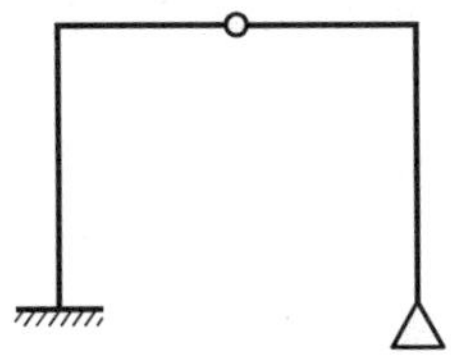

[그림 3-60]

③

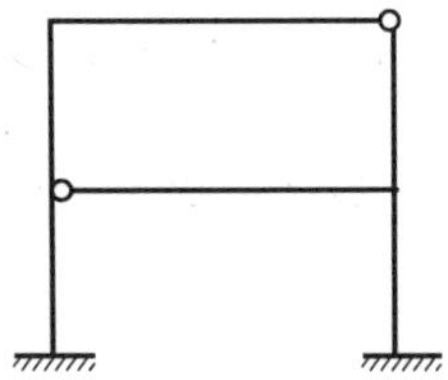

[그림 3-61]

(완전라멘일 경우의 부정정차수 – 힌지의 수)

3 − 1 = 2

∴ 2차부정정

3 − 1 = 2

∴ 1차부정정

6 − 2 = 4

∴ 4차부정정

④ 합성라멘의 판별

합성라멘은 부재가 강결(fixed)과 활절(hinged)로 복합되어 있는 구조로서 다음과 같은 2가지 경우가 있다.

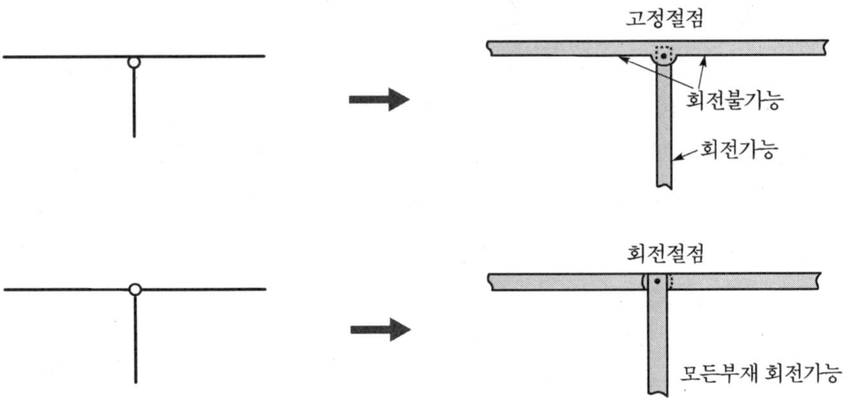

[그림 3-62]

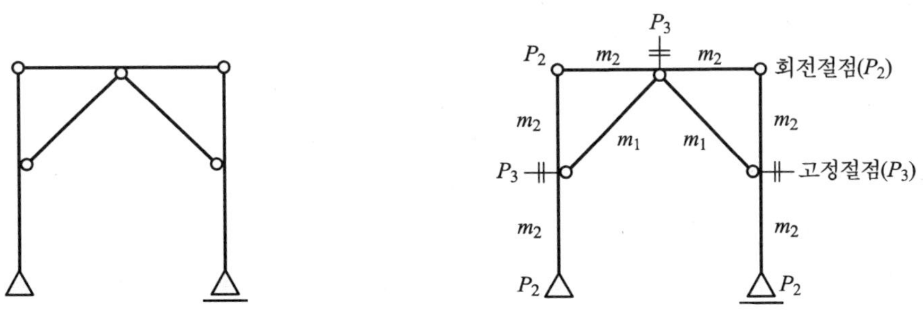

[그림 3-63]

예를 들어 [그림 3-63]과 같은 합성라멘을 보면, 절점은 모두 7개이며 이 중 4개는 회전절점이고 3개는 고정절점이다. 또 부재는 모두 8개이다.

$$m_1 + 2m_2 + 3m_3 + R - (2P_2 + 3P_3) = 2 + 2\times 6 + 3 - (2\times 4 + 3\times 3) = 0$$

이므로 위 합성라멘은 정정이다.

예제 5

다음 합성라멘을 판별하라.

①

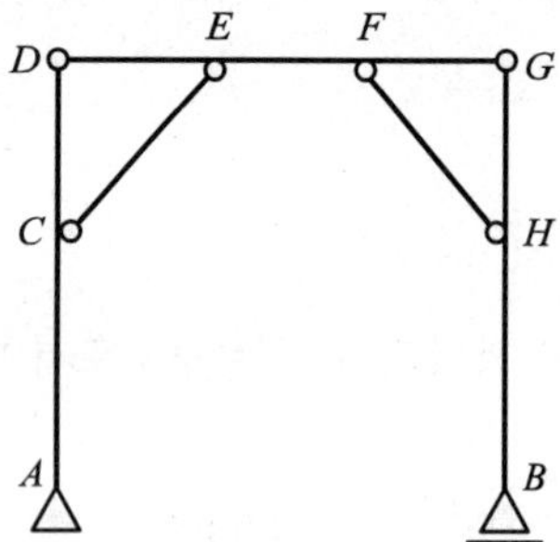

[그림 3-64]

②

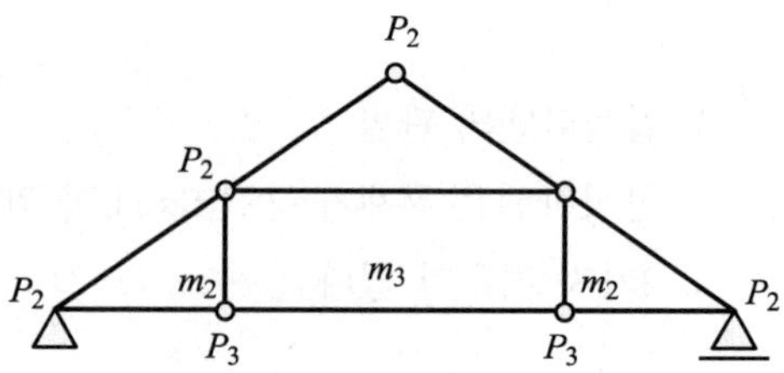

[그림 3-65]

①

m_1 : 2개($\overline{CE}$, $\overline{FH}$)

m_2 : 6개($\overline{AC}$, $\overline{CD}$, $\overline{DE}$, $\overline{FG}$, $\overline{GH}$, $\overline{HB}$)

m_3 : 1개($\overline{EF}$)

P_2 : 4개(A, D, G, B)

P_3 : 4개(C, E, F, H)

R : 3개

$$\left.\begin{array}{l} m_1 = 2 \\ 2m_2 = 2\times 6 = 12 \\ 3m_3 = 3\times 1 = 3 \\ R = 3 \end{array}\right) 20$$

$$\left.\begin{array}{l} 2P_2 = 2\times 4 = 8 \\ 3P_3 = 3\times 4 = 12 \end{array}\right) 20$$

∴ 정정

②

$$\left.\begin{array}{l} m_1 = 7 \\ 2m_2 = 2\times 2 = 4 \\ 3m_3 = 3\times 1 = 3 \\ R = 3 \end{array}\right) 17$$

$$\left.\begin{array}{l} 2P_2 = 2\times 5 = 10 \\ 3P_3 = 3\times 2 = 6 \end{array}\right) 16$$

∴ 17 − 16 = 1, 1차부정정

③

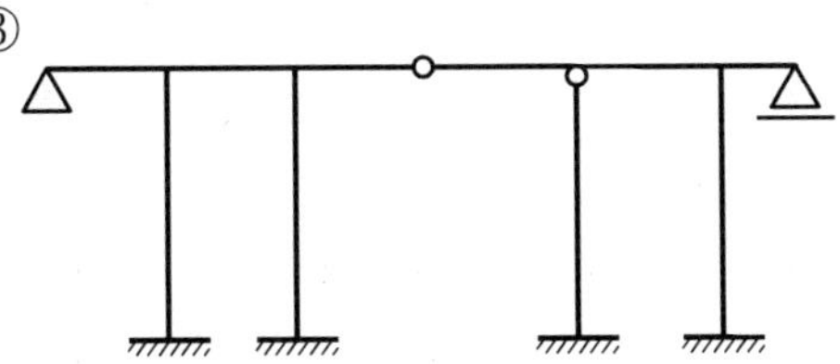

[그림 3-66]

④

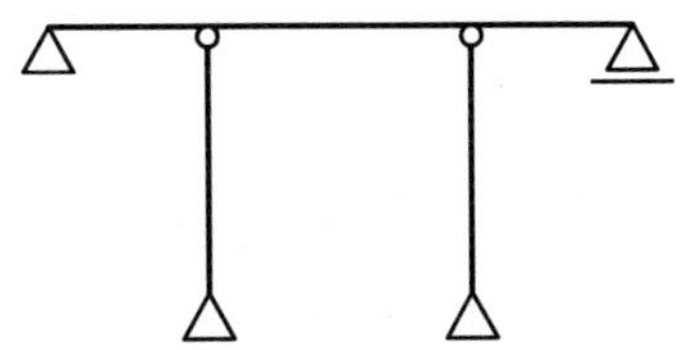

[그림 3-67]

$$\left.\begin{aligned} m_1 &= 0 \\ 2m_2 &= 2\times5=10 \\ 3m_3 &= 3\times5=15 \\ R &= 15 \end{aligned}\right\} 40$$

$$\left.\begin{aligned} 2P_2 &= 2\times3=6 \\ 3P_3 &= 3\times8=24 \end{aligned}\right\} 30$$

∴ 40－30＝10, 10차부정정

$$\left.\begin{aligned} m_1 &= 1\times2=2 \\ 2m_2 &= 2\times2=4 \\ 3m_3 &= 3\times1=3 \\ R &= 7 \end{aligned}\right\} 16$$

$$\left.\begin{aligned} 2P_2 &= 2\times4=8 \\ 3P_3 &= 3\times2=6 \end{aligned}\right\} 14$$

∴ 16－14＝2, 2차부정정

예제 6

다음 구조물을 판별하라.

①

[그림 3-68]

②

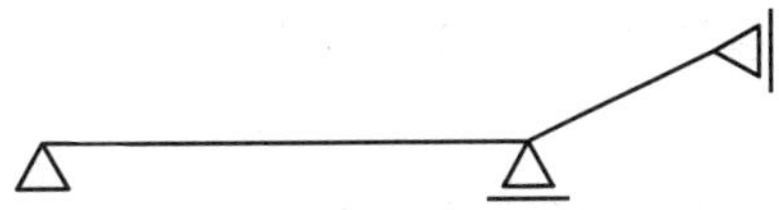

[그림 3-69]

BC 부재가 구속이 없이 계속되면 평형조건으로 해석된다.
∴ 정정

$\Sigma H=0$가 성립되고 반력이 3개이므로
∴ 정정

③

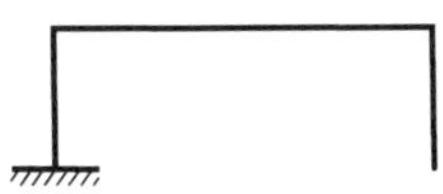

[그림 3-70]

④

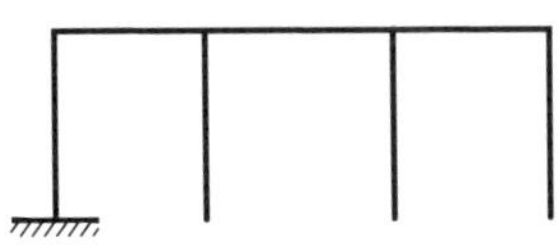

[그림 3-71]

⑤

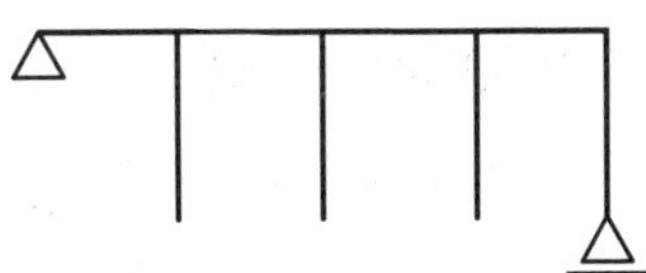

[그림 3-72]

∴ 정정

∴ 정정

∴ 정정

3.4 하중(荷重, load)

구조물에 작용하는 힘(자중, 차량 … 등)을 그 힘에 상당한 무게의 단위로 표시한 것을 하중이라 하며 다음과 같이 구분된다.

(1) 상태에 의한 구분

① 사하중(死荷重, dead load), 정하중, 고정하중

구조물을 만들고 있는 재료 자신의 무게, 즉 자중과 같이 항상 일정한 위치에서 작용하는 하중

② 활하중(活荷重, live load), 적재하중, 이동하중, 동하중

사람, 차량, 기타물건과 같이 구조물 위를 움직이면서 작용하는 하중을 활하중이라 하며, 특히 자동차, 기차와 같이 바퀴사이에 일정한 간격을 두고 이동하는 하중을 **연행하중**(traveling load)이라 한다.

(2) 시간에 의한 구분

① 장기하중(長期荷重, long time load)

자중과 같이 장기적으로 작용하는 하중

② 단기하중(短期荷重, short time load)

활하중과 같이 단기적으로 작용하는 하중

③ 충격하중(衝擊荷重, impact load)

교량과 같은 구조에 자동차와 같은 물체가 달릴 경우 자동차 무게만 하중으로 작용하는 것이 아니라 움직여서 생기는 충격까지 하중으로 작용한다.

④ 반복하중(反復荷重, repeated load)

기계 등으로 인하여 구조물에 같은 하중이 반복되어 작용하는 하중

(3) 방향에 의한 구분

① 수직하중(vertical load)

② 수평하중(horizontal load)

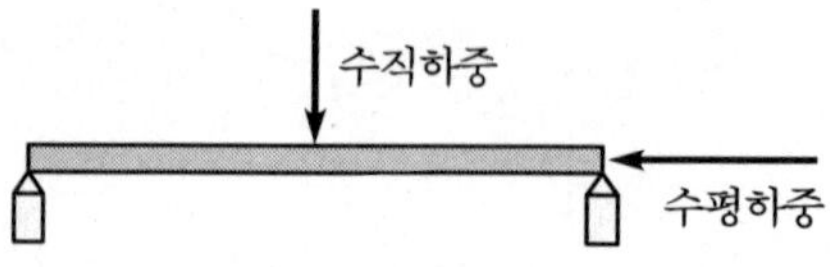

[그림 3-73]

(4) 위치에 의한 구분

① 중심하중(center load)

하중이 단면의 중심에 작용하는 하중

② 편심하중(eccentric load)

중심에서 얼마의 거리가 떨어져서 작용되는 하중

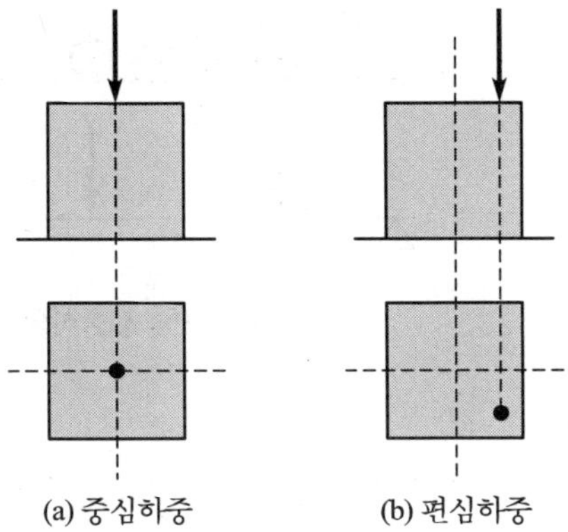

[그림 3-74]

(5) 작용상태에 의한 구분

① 직접하중(direct load)

하중이 구조물에 직접 작용하는 하중

② 간접하중(indirect load)

하중이 어떤 매개체를 통하여 구조물에 간접적으로 전달되는 경우의 하중

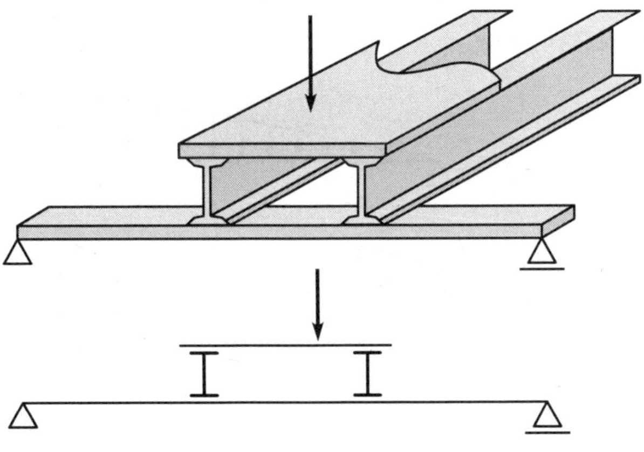

[그림 3-75] **간접하중**

(6) 하중의 종류

① 집중하중(concentrated load)

자동차 바퀴 등과 같이 1점에 집중하여 작용하는 하중을 말하며 완전한 집중하중은 존재치 않으나 한 점에 작용한다고 생각한다. 집중하중의 단위는 단지 무게의 단위로 나타난다.(kg, ton)

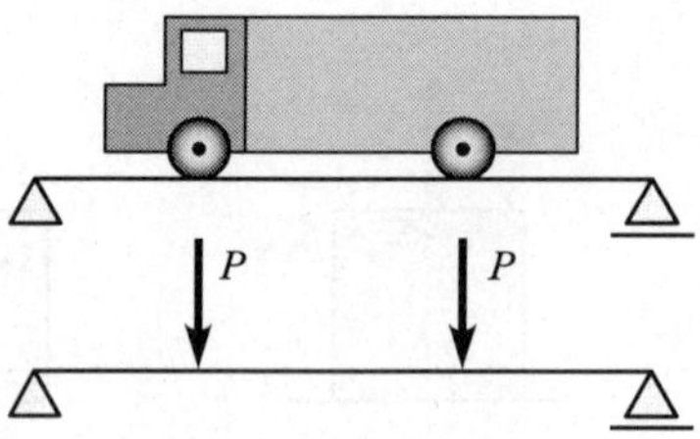

[그림 3-76] **집중하중**

② 등분포하중(uniform load)

자중과 같이 어느 범위로 분포하여 똑같은 하중이 작용하는 경우이며 부재의 길이에 따라 하중의 크기가 달라지므로 하중의 크기를 단위길이당의 크기로 표시한다.(kg/m, t/m …)

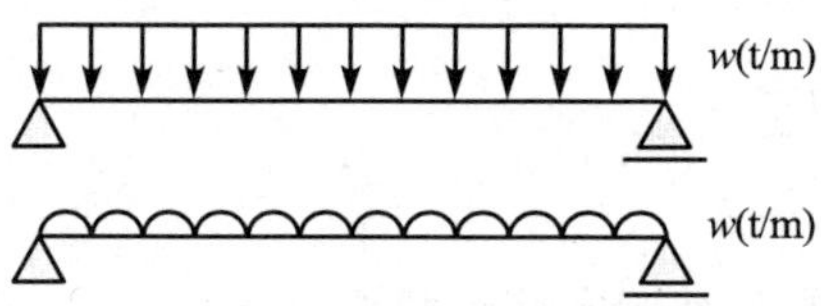

[그림 3-77] **등분포하중**

③ 등변분포하중(等變分布, uniform varying load)

수압 또는 토압과 같이 삼각형 또는 사다리꼴로 작용하는 하중으로 단위는 등분포하중과 마찬가지로 나타낸다.

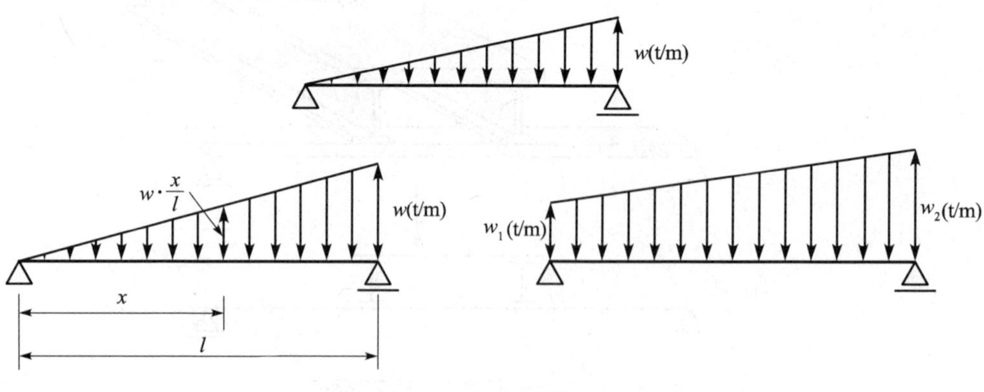

[그림 3-78] **등변분포하중**

④ 모멘트하중(moment load)

구조물을 회전시키려는 하중으로 실제 모멘트하중은 작용치 않으나 다음과 같은 경우 모멘트 하중으로 생각하고 구조물을 해석한다. 단위는 모멘트 단위와 같다.(kg·cm, t·m …)

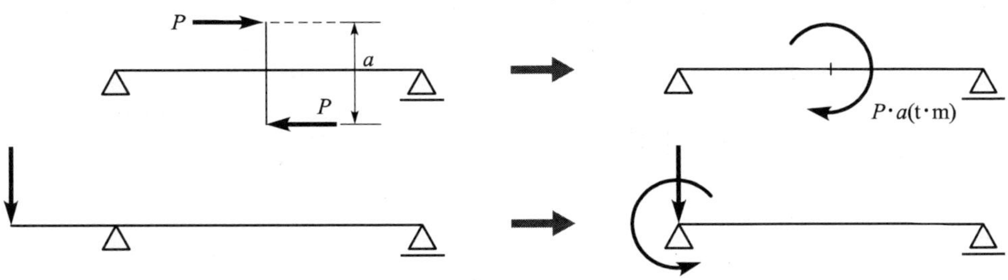

[그림 3-79] **모멘트하중**

즉, 모멘트 하중 자체는 수직력 또는 수평력이 전혀 없고 단지 회전력만 가지며, 구조물의 어느 점에든 꼭 같은 회전력을 미친다. 즉, 다음 [그림 3-80]에서 어느 점에서 모멘트를 취하여도 그 크기는 꼭 같은 $P \cdot l$이다.

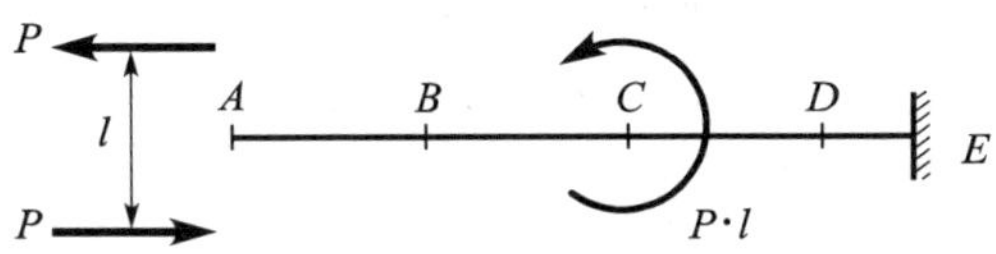

[그림 3-80]

(7) 기타하중

① 풍하중(wind load)

바람에 의한 하중으로 장지간의 교량 또는 고층의 건축물에서 고려해야 할 하중이며 크기는 단위면적당 힘으로 나타낸다.(kg/cm^2, t/m^2)

② 적설하중(snow load)

구조물에 쌓인 눈의 무게로서 등분포하중과 동일하다.

③ 지진력(seismic force)

지질의 급격한 변동으로 갑자기 진동하는 현상을 지진(earthquake)이라 하고, 이것으로 인하여 구조물이 받는 힘을 지진력이라 하며, 다음과 같이 나타낸다.

지진력 $P = \frac{W}{g} \cdot \alpha \,(\mathrm{kg})$

W : 구조물의 무게(kg)

g : 중력가속도(m/sec^2)

α : 지진의 최대가속도

$$\alpha = \frac{2\pi^2}{t^2} \cdot f(m/sec^2) \begin{cases} t : \text{주기} \\ f : \text{진폭} \end{cases}$$

여기서 $\frac{\alpha}{g}$를 진도라 한다.

3.5 구조해석일반

(1) 기본가정

구조물 해석함에 있어서 실질적인 경우에 이론적으로 해석이 되지 않는 경우가 가끔 생긴다. 그러므로 다음과 같은 기본 가정 하에서 구조해석을 한다.

① 모든 재료는 연속(continuous)인 고체이다.

② 모든 재료는 등질(等質, homogeneous)이다.

③ 모든 재료는 등방(等方, isotropic)성이다.
등방성(等方性) : 모든 방향으로 물리적 성질이 동일하다.

④ 재료는 외력을 받으면 내력이 존재하고, 외력이 존재하지 않는 한 내력은 존재치 않는다.

⑤ 모든 재료는 Hook's law(후크의 법칙)에 따른다.

⑥ 구조물의 변형은 그 크기에 비하여 미소하여 힘의 평형상태를 생각할 때는 변형 후 에도 변형 전의 단면형상을 그대로 사용한다.

⑦ 외력은 정적으로 작용하는 정하중으로 생각한다. 즉, 힘은 그 크기가 0에서 서서히 커져서 최종 값에 이르고 그 사이의 진동이나 충격은 고려치 않는다.

(2) 구조물의 파괴(failure)

구조물이 파괴되는 경우는 일반적으로 다음 5가지 경우에 의하여 파괴가 생기며 이와 같은 파괴를 막으려면 거기에 알맞은 강도(strength)를 구조물이 지니고 있어야 한다.

① 압축강도(壓縮, compressive)
부재가 압축력에 의하여 견딜 수 있는 강도로서 강도가 약하면 외력에 의하여 압축파괴가 일어난다.

② 인장강도(引張, tension)

부재가 인장력에 견딜 수 있는 강도

③ 전단강도(剪斷, shearing)

부재가 전단력(부재축에 수직으로 끊으려 하는 힘)에 견딜 수 있는 강도

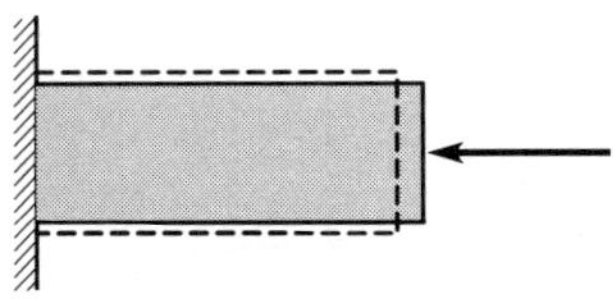

[그림 3-81] **압축**

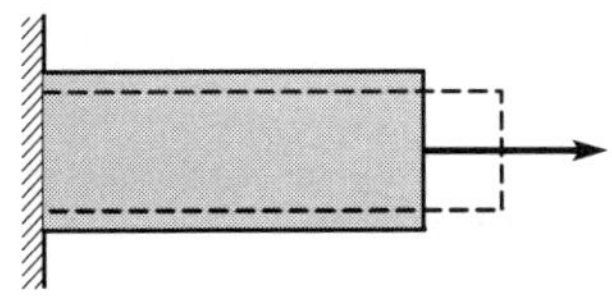

[그림 3-82] **인장**

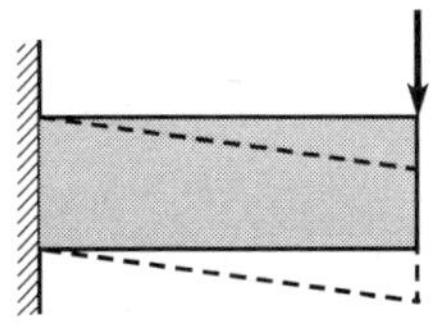

[그림 3-83] **전단**

④ 휨강도(굽힘, bending)

부재가 휨에 견딜 수 있는 강도

⑤ 비틀림강도(torsional)

부재가 비틀림에 견딜 수 있는 강도

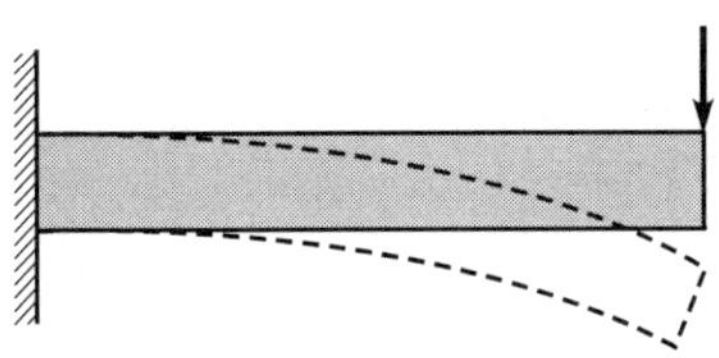

[그림 3-84] **휨[굽힘]**

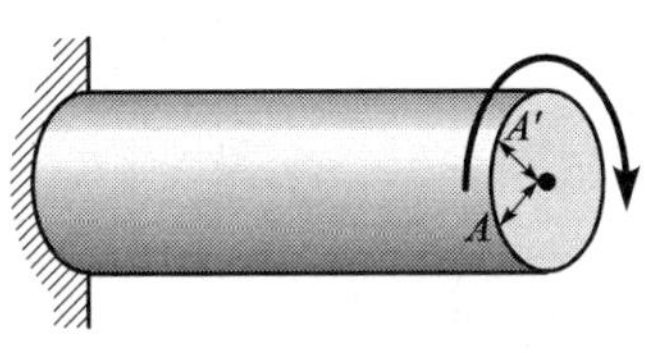

[그림 3-85] **비틀림**

01 다음 구조물의 외적 반력 수를 구하라.

①
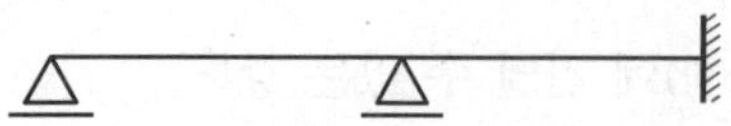

②
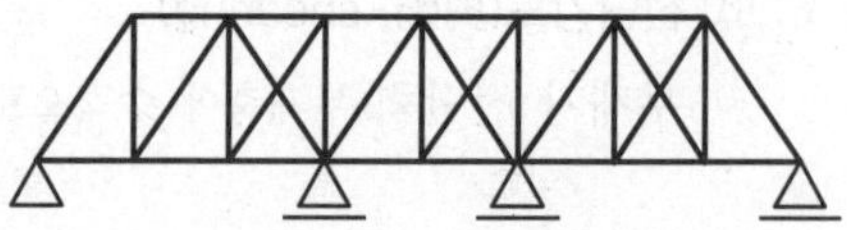

답 ① 5개 ② 5개

③
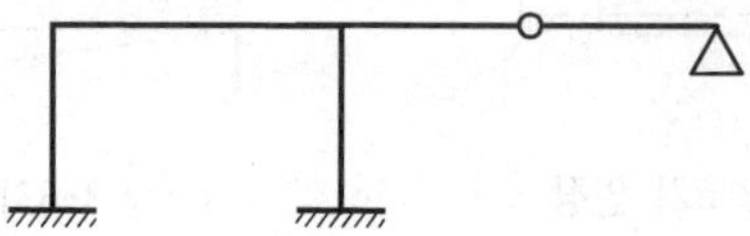

④
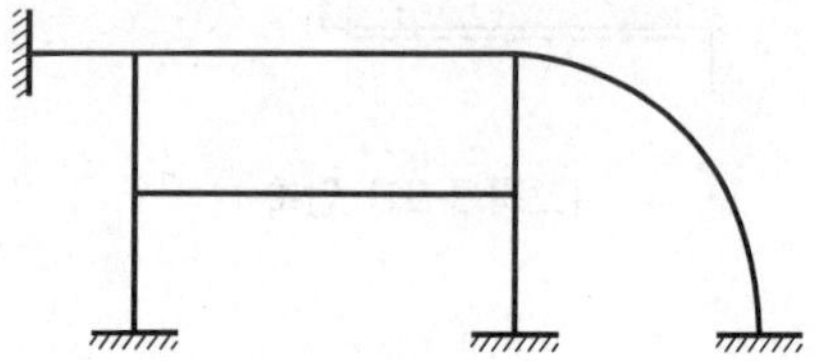

답 ③ 8개 ④ 12개

02 다음 구조물을 판별하라.

①

②
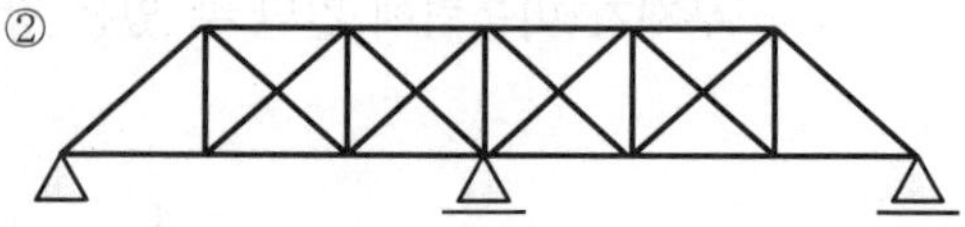

답 ① 3차부정정 ② 5차부정정

③
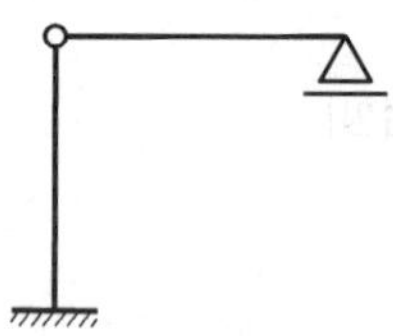

④
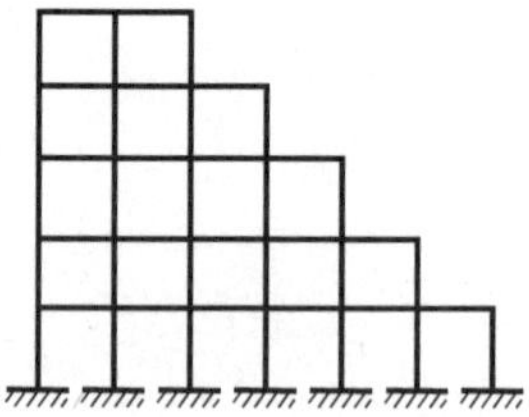

답 ③ 정정 ④ 60차부정정

⑤
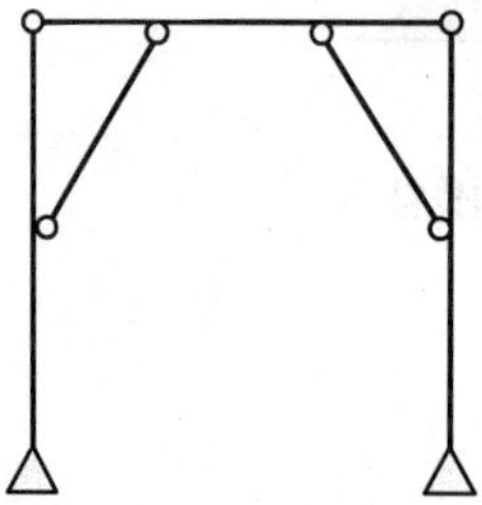

⑥
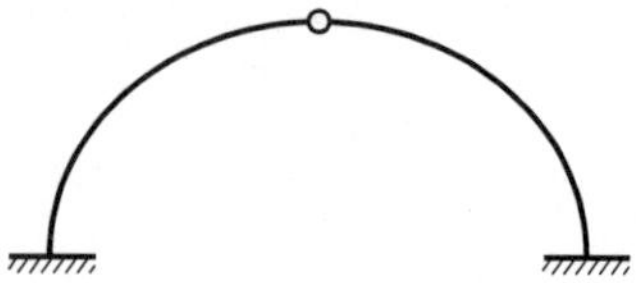

답 ⑤ 1차부정정 ⑥ 2차부정정

CHAPTER 4

단면의 성질

구조물을 구성하는 부재는 축방향력(인장, 압축), 전단, 휨, 비틀림 등 여러 가지 외력을 받으므로 이 힘에 견딜 수 있는 강도를 가져야 한다. 적절한 강도를 갖기 위하여 여러 가지 형상의 단면이 나타나고 또 경제적인 단면이 나타난다.

4.1 단면 1차모멘트(geometrical moment of area), G

어떤 단면이 임의 축에 대한 모멘트로서 기하모멘트 또는 면적모멘트라 하고 차원은 (면적×거리)로 나타나므로 cm^3, m^3 등으로 표현된다.

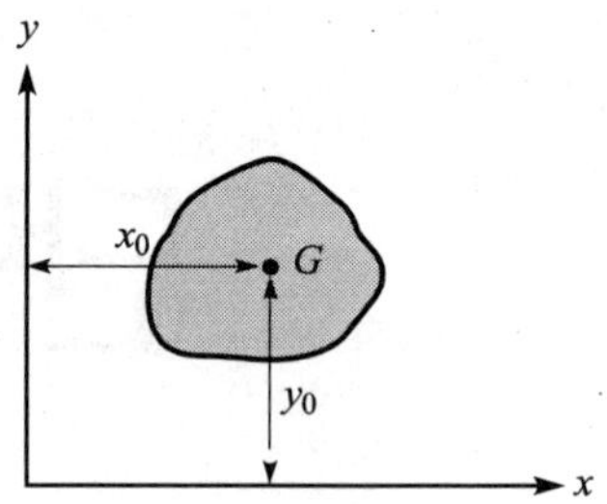

[그림 4-1]

단면 1차모멘트를 $[G]$로 나타내며 다음과 같은 첨자를 붙인다.

G_x : x축에 대한 1차모멘트

G_y : y축에 대한 1차모멘트

G_x =단면적×x축에서 그 단면도심까지 거리$= A \times y_0$

G_y =단면적×y축에서 그 단면도심까지 거리$= A \times x_0$

그러나 일반적인 경우 단면의 도심을 바로 알 수 없기 때문에 다음과 같이 유도하여야 된다. 다음 [그림 4-2]와 같은 임의의 면적 A인 평면 도형상 미소면적을 dA라 두고 x축에 대한 1차모멘트를 생각하면

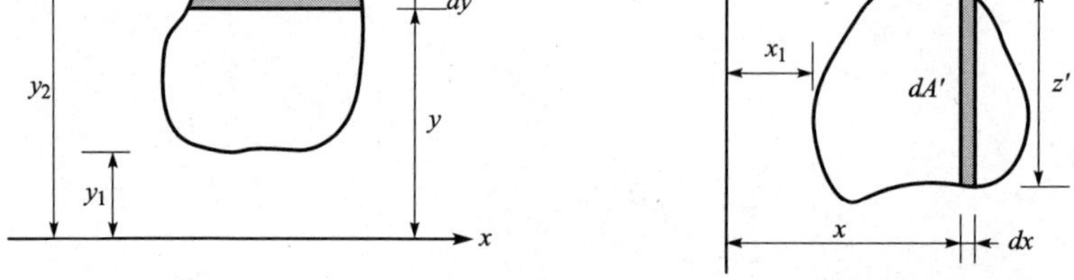

[그림 4-2]

$$G_x = \int_A y \cdot dA$$

여기서 $dA = z \cdot dy$이므로

$$\left.\begin{aligned} G_x &= \int_{y_1}^{y_2} z \cdot y \cdot dy \\ G_y &= \int_{x_1}^{x_2} z \cdot x \cdot dx \end{aligned}\right) \quad (4.1)$$

다음과 같은 사각형단면의 밑면에 대하여 단면 1차모멘트 G_x를 유도하여 보면

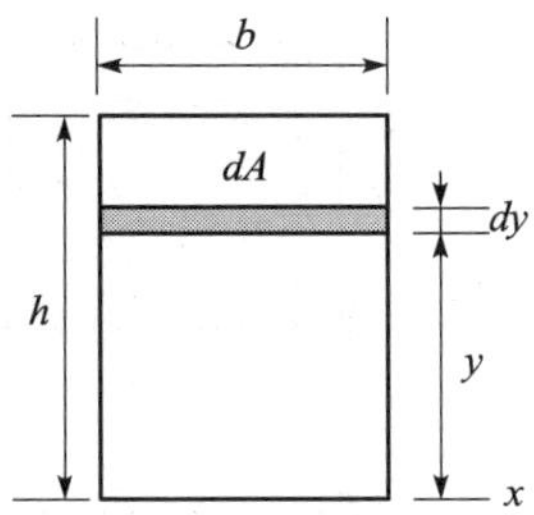

[그림 4-3]

$$G_x = \int_A y \cdot dA$$

여기서 $dA = b \cdot dy$이므로

$$G_x = \int^h b \cdot y \cdot dy = b\left[\frac{y^2}{2}\right]_0^h = \frac{bh^2}{2}$$

사각형단면 밑면에 대한 단면 1차모멘트는 $\frac{bh^2}{2}$로서 단면적 bh에 x축에서 도심까지의 거리를 곱한 것과 같다.

다음은 사각형단면 도심에 대하여 단면 1차모멘트를 유도하여 보면

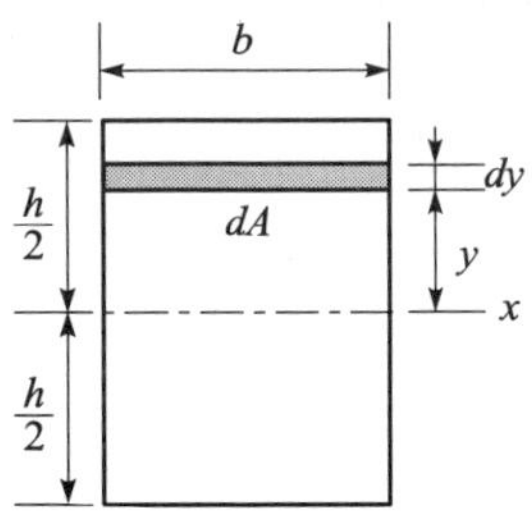

[그림 4-4]

$$G_x = \int_A y \cdot dA$$

$$= \int_{-\frac{h}{2}}^{\frac{h}{2}} b \cdot y \cdot dy = \left[b \frac{y^2}{2} \right]_{-\frac{h}{2}}^{\frac{h}{2}} = 0$$

즉, 도심을 지나는 단면 1차모멘트는 0이다.

다음과 같은 단면에서 x축에 대한 단면 1차모멘트 G_x와 x'축에 대한 단면 1차모멘트 G_x'를 구하여 비교하면

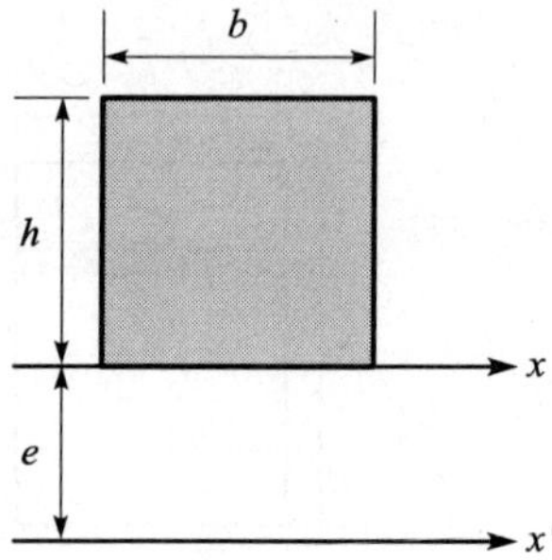

[그림 4-5]

$$G_x = \frac{bh^2}{2}$$

x'축에 대한 단면 1차모멘트

$$G_x' = bh\left(\frac{h}{2} + e\right) = \frac{bh^2}{2} + bh \cdot e$$

$$\therefore \; G_x' = G_x + A \cdot e \qquad (4.2)$$

예제 1

[그림 4-6]과 같은 I형 단면의 단면적이 40cm^2이고 x축에 대한 단면 1차모멘트가 300cm^3일 때, x축에 15cm 아래로 떨어진 x축에 대한 단면 1차모멘트는 얼마인가?

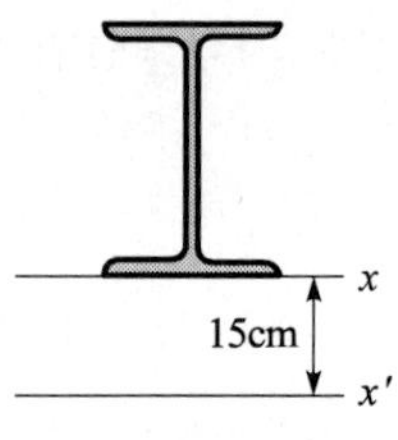

[그림 4-6]

$$G_x = G_x + A_e$$
$$= 300 + 40 \times 15$$
$$= 900\text{cm}^3$$

4.2 단면의 도심(center of figure), y_o, x_o

판의 두께가 일정한 도형의 중심을 단면의 도심이라 하고 4.1에서

$$x_0 = \frac{\Sigma a_i \cdot x_i}{A},\ y_0 = \frac{\Sigma a_i \cdot y_i}{A}$$

인 도심 구하는 식을 유도하였다.

여기서 $\Sigma a_i x_i = \int_A x \cdot dA$ 이므로 y축에 관한 단면 1차모멘트 G_y 이고, $\Sigma a_i y_i = \int_A y \cdot dA$ 이므로 G_x 이다.

그러므로 단면 1차모멘트를 이용하여 도심을 구하는 식은 다음과 같다.

$$\left.\begin{aligned} x_0 &= \frac{\Sigma a \cdot x}{A} = \frac{Gy}{A} \\ y_0 &= \frac{\Sigma a \cdot y}{A} = \frac{Gx}{A} \end{aligned}\right\} \tag{4.3}$$

아래와 같은 3각형에 대하여 x축에서 도심까지 거리 y_0를 단면 1차모멘트를 이용하여 유도하여 보면, $y_0 = \frac{G_x}{A}$ 이므로 G_x를 유도하면

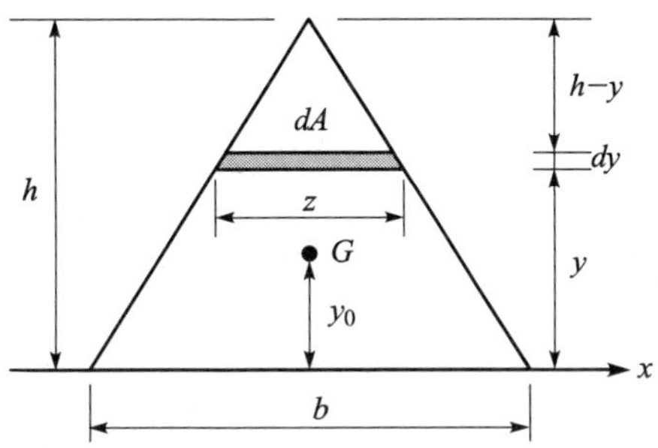

[그림 4-7]

$$G_x = \int_0^h z \cdot y \cdot dy$$

여기서 $z = b \cdot \frac{(h-y)}{h}$ 이므로

$$G_x = \int_0^h \frac{(h-y)}{h} \cdot y\,dy$$

$$= \frac{b}{h}\int_0^h (hy - y^2)dy$$

$$= \frac{b}{h}\left[\frac{hy^2}{2} - \frac{y^3}{3}\right]_0^h = \frac{bh^2}{6}$$

$$\therefore\ y_0 = \frac{G_x}{A} = \frac{bh^2/6}{bh/2} = \frac{h}{3}$$

또 삼각형의 도심이 $\frac{h}{3}$ 인 것을 알고 있다면 단면 1차모멘트 G_x 는 다음과 같이 바로 구할 수 있다.

$$G_x = A \cdot y_0 = \frac{bh}{2} \cdot \frac{h}{3} = \frac{bh^2}{6}$$

(1) 원형단면의 도심

원형단면의 도심 $y_0 = \frac{G_x}{A}$ 로 구해지며 다음 예제들과 같이 유도된다.

예제 2

다음 [그림 4-8]과 같은 반원형단면의 단면 1차모멘트와 도심을 구하라.

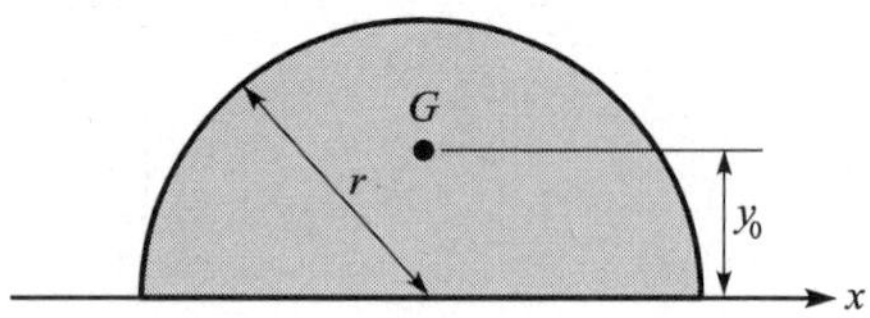

[그림 4-8]

① $y_0 = \frac{G_x}{A}$

여기서 A는 반원이므로 $A = \frac{\pi r^2}{2}$ 이다.

$$G_x = \int_0^r x \cdot y \cdot dy$$

$y = r \cdot \sin\theta$ 이므로 y를 θ로 미분하면

$$\frac{dy}{d\theta} = r \cdot \cos\theta$$

$$dy = r \cdot \cos\theta \, d\theta$$

$$G_x = \int_0^{\frac{\pi}{2}} 2r \cdot \cos\theta \cdot r\sin\theta \cdot r \cdot \cos\theta \, d\theta$$

$$= 2r^3 \int \cos^2\theta \cdot \sin\theta \, d\theta$$

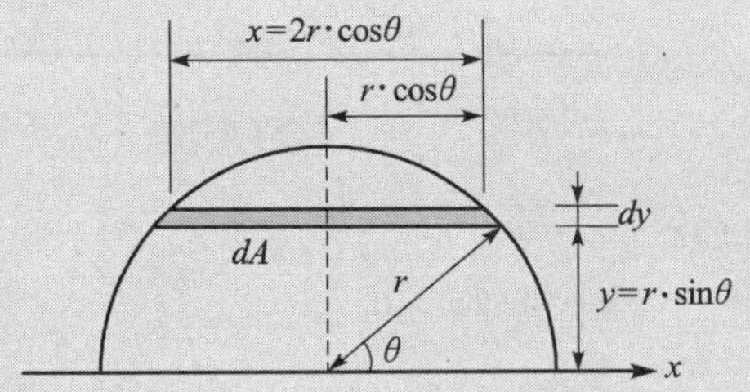

[그림 4-9]

여기서 치환적분법(integration of substitution)을 적용하여 풀면

$$\int f(x)dx = \int f\{g(t)\} \cdot g'(t)dt$$

즉, θ에 관한 적분을 $\cos\theta$에 관한 적분으로 치환한다.

$\int \sin\theta \, d\theta = -\cos\theta$ 이므로

$$G_x = 2r^3 \int \cos^2\theta \, d(-\cos\theta) = -2r^3 \int \cos^2\theta \, d(\cos\theta)$$

$$= -2r^3 \left[\frac{\cos^3\theta}{3} \right]_0^{\frac{\pi}{2}} = -2r^3 \left[\frac{\cos^3 90}{3} - \frac{\cos^3 0}{3} \right] = \frac{2r^3}{3}$$

$$\therefore G_x = \frac{2r^3}{3}$$

$$\therefore y_0 = \frac{G_x}{A} = \frac{2r^3/3}{\pi r^2/2} = \frac{4r}{3\pi}$$

② 피타고라스 정리에서

$$x = 2\sqrt{r^2 - y^2}$$

$$G_x = \int_0^r x \cdot y \cdot dy$$

$$= \int_0^r 2\sqrt{r^2 - y^2} \cdot y \cdot dy$$

여기서 $r^2 - y^2$을 u라 치환하면

$$u = r^2 - y^2$$

$\frac{du}{dy} = -2y$ 이므로 $2ydy = -du$

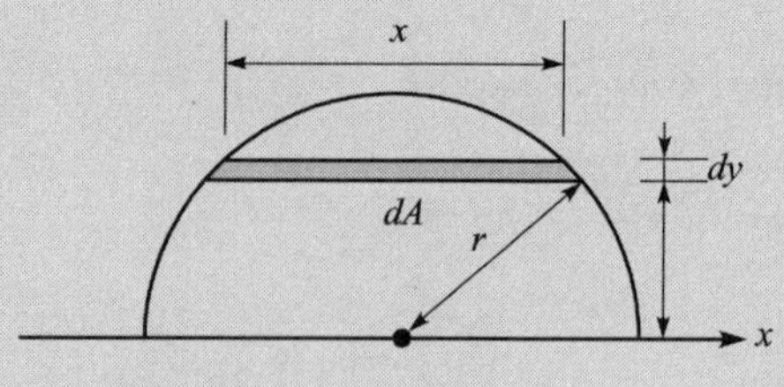

[그림 4-10]

또, $\sqrt{r^2-y^2} = \sqrt{u}$ 이므로 $y=0$일 때 $u=r^2$

$y=r$일 때 $u=0$

$$G_x = \int_0^r \sqrt{r^2-y^2} \cdot 2y \cdot dy = \int_{r^2}^0 \sqrt{u}(-du) = -\int_{r^2}^0 u^{\frac{1}{2}} du$$

$$= -[\frac{2}{3}u^{\frac{3}{2}}]_{r^2}^0 = \frac{2}{3}r^3$$

$$\therefore y_0 = \frac{G_x}{A} = \frac{4r}{3\pi}$$

예제 3

다음 [그림 4-11]과 같은 반지름 r, 중심각 α인 부채꼴인 도심위치를 구하라.

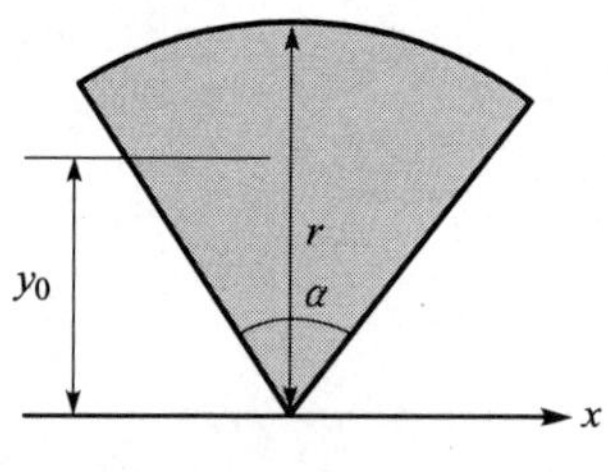

[그림 4-11]

미소부채꼴([그림 4-12]에서 빗금 친 부분)을 이등변 삼각형으로 생각하면 중심위치는 $\frac{2}{3}r$인 곳이며 x축에 직각으로 생각하면 $y = \frac{2}{3}r\cos\theta$이다.

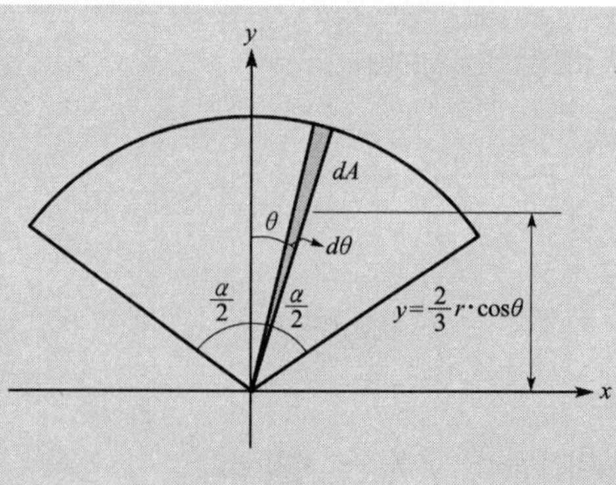

[그림 4-12]

또, $dA = \pi r^2 \cdot \left(\frac{d\theta}{2\pi}\right) = \frac{r^2}{2}d\theta$

$$G_x = \int_A y\,dA$$

$$= \int_{-\frac{\alpha}{2}}^{\frac{\alpha}{2}} \frac{2}{3} r \cdot \cos\theta\, r \cdot \cos\theta\, r \cdot \frac{r^2}{2} d\theta$$

$$= \frac{r^3}{3} \int_{-\frac{\alpha}{2}}^{\frac{\alpha}{2}} \cos\theta\, d\theta$$

$$= \frac{r^3}{3} [\sin\theta]_{-\frac{\alpha}{2}}^{\frac{\alpha}{2}}$$

$$\therefore\ G_x = \frac{2}{3} r^3 \sin\theta \frac{\alpha}{2}$$

$$A = \int_A dA = \int_{-\frac{\alpha}{2}}^{\frac{\alpha}{2}} \frac{r^2}{2} d\theta$$

$$= \frac{r^2}{2} [\theta]_{-\frac{\alpha}{2}}^{\frac{\alpha}{2}} = \frac{r^2}{2} \cdot \alpha$$

$$\therefore y_0 = \frac{G_x}{A} = \frac{\frac{2}{3} r^3 \sin\frac{\alpha}{2}}{\frac{r^2}{2} \cdot \alpha} = \frac{4r}{3\alpha} \cdot \sin\frac{\alpha}{2}$$

만약 $\alpha = \pi$ (반원일 경우)를 대입하면

$$G_x = \frac{2}{3} r^3 \cdot \sin\frac{\pi}{2} = \frac{2}{3} r^3$$

$$y_0 = \frac{4r}{3\pi} \cdot \sin\frac{\pi}{2} = \frac{4r}{3\pi}$$

이므로 (예제 2)의 결과와 같음을 알 수 있다.

예제 4

반지름 r 중심각 2α 인 활꼴이 x 축에 관한 단면 1차모멘트는 얼마인가?

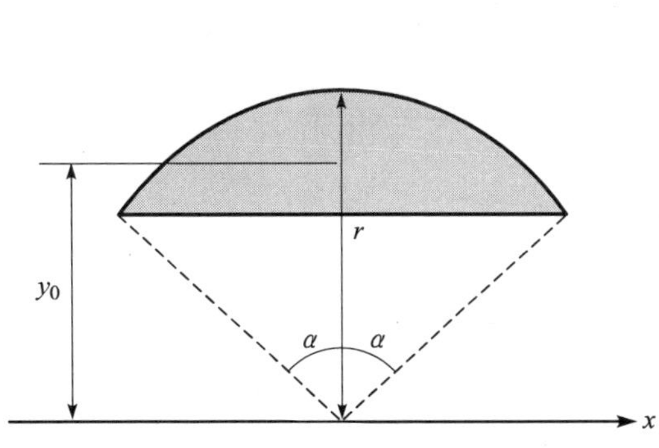

[그림 4-13]

$$G_x = \int_A y \cdot dA$$

[그림 4–14]에서

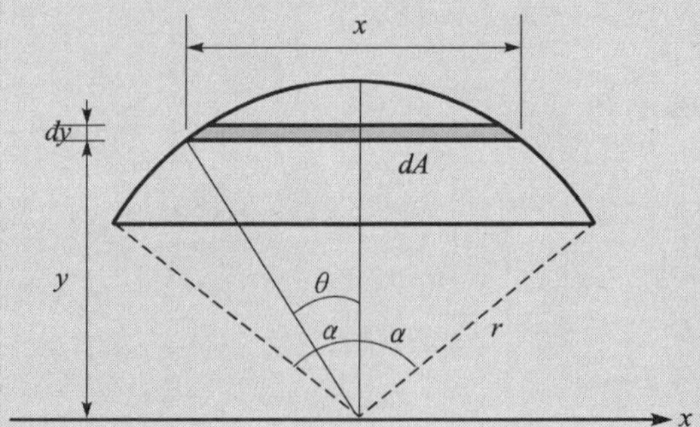

[그림 4-14]

$$y = r \cdot \cos\theta$$

$$x = 2 \cdot r\sin\theta$$

$$\frac{dy}{d\theta} = -r\sin\theta \rightarrow dy = -r\sin\theta\, d\theta$$

$$dA = x \cdot dy = 2r\sin\theta(-r\sin\theta)d\theta$$

$$= -2r^2\sin^2\theta\, d\theta$$

$$G_x = \int_0^\alpha r\cos\theta(-2r^2\sin^2\theta)\, d\theta$$

$$= -2r^3\int_0^\alpha \sin^2\theta\cos\theta\, d\theta$$

치환적분을 응용하면

$$G_x = -2r^3\int_0^\alpha \sin^2\theta\, d(-\sin\theta)$$

$$= 2r^3\left[\frac{\sin^3\theta}{3}\right]_0^\alpha$$

$$\therefore\ G_x = \frac{2r^3}{3} \cdot \sin^3\alpha$$

(2) 포물선의 도심

다음과 같이 포물선 식을 갖는 단면의 도심은 다음과 같이 유도된다.

포물선 식을 $y = ax^2$으로 가정하면 $x = b$일 때, $y = h$이므로 $h = ab^2$이 된다.

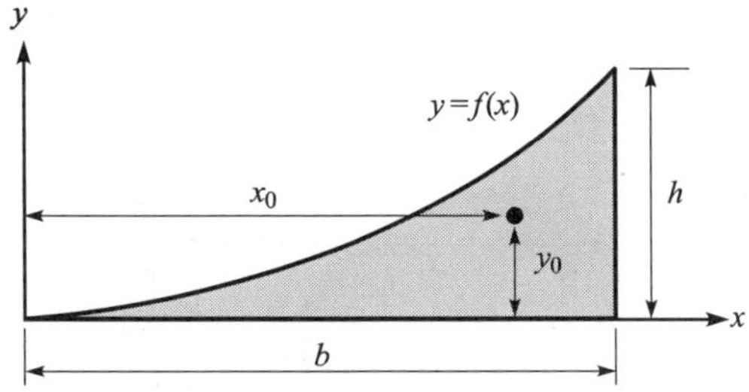

[그림 4-15]

$$a = \frac{h}{b^2}$$

그러므로 포물선 식은

$$y = \frac{h}{b^2}x^2$$

이 된다. 단면적 A는

$$A = \int_A dA = \int_0^b y \cdot dx = \int_0^b \frac{h}{b^2}x^2\,dx = \frac{h}{b^2}\left[\frac{x^3}{3}\right]_0^b$$

$A = \frac{bh}{3}$ (즉, 2차 포물선일 경우 사각형면적(bh)의 $\frac{1}{3}$이 됨을 알 수 있다.)

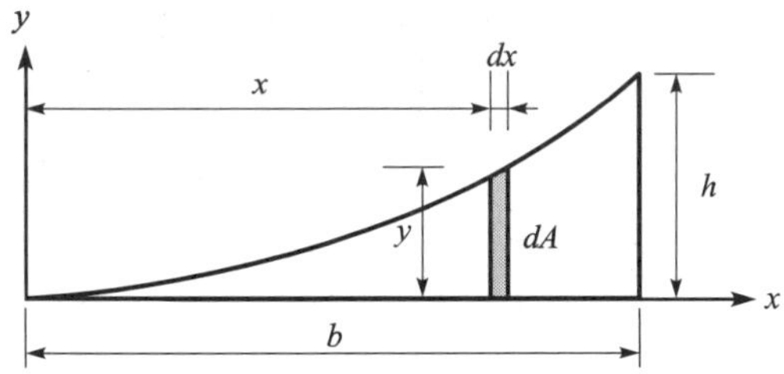

[그림 4-16]

[그림 4-16]에서 y축에 대한 단면 1차모멘트 G_y를 유도하면

$$G_y = \int_A x \cdot dA = \int_0^b x \cdot y \cdot dx$$

$$= \int_0^b x \cdot \frac{h}{b^2} \cdot x^2\,dx = \frac{h}{b^2}\left[\frac{x^4}{4}\right]_0^b = \frac{hb^2}{4}$$

$$\therefore x_0 = \frac{G_y}{A} = \frac{b^2h/4}{bh/3} = \frac{3}{4}b$$

[그림 4-17]에서 x축에 대한 단면 1차모멘트 G_x를 유도하면

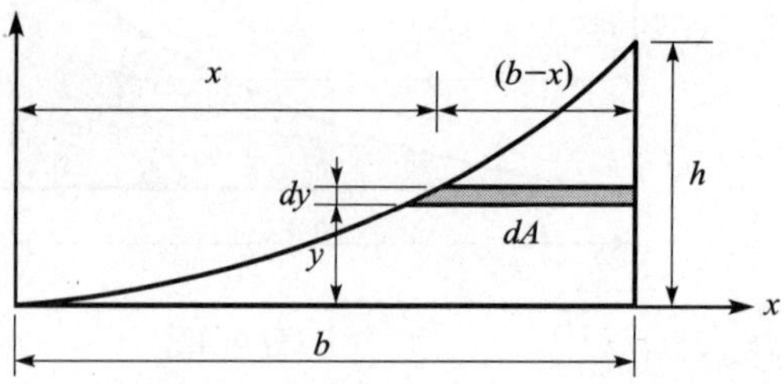

[그림 4-17]

$$G_x = \int_A y \cdot dA = \int_0^h y \cdot (b - x)dy$$

포물선 식 $y = \dfrac{h}{b^2}x^2$에서 $x = b\sqrt{\dfrac{y}{h}}$ 이므로

$$G_x = \int_0^H y \cdot b\left(1 - \sqrt{\frac{y}{h}}\right)dy = b\int_0^h \left[y - \frac{y^{\frac{3}{2}}}{h^{\frac{1}{2}}}\right]dy$$

$$= b\left[\frac{y^2}{2} - \frac{2}{5} \cdot \frac{y^{\frac{5}{2}}}{h^{\frac{1}{2}}}\right]_0^h = b\left[\frac{h^2}{2} - \frac{2}{5} \cdot h^2\right] = \frac{bh^2}{10}$$

$$\therefore\ y_0 = \frac{G_x}{A} = \frac{bh^2/10}{bh/3} = \frac{3}{10} \cdot h$$

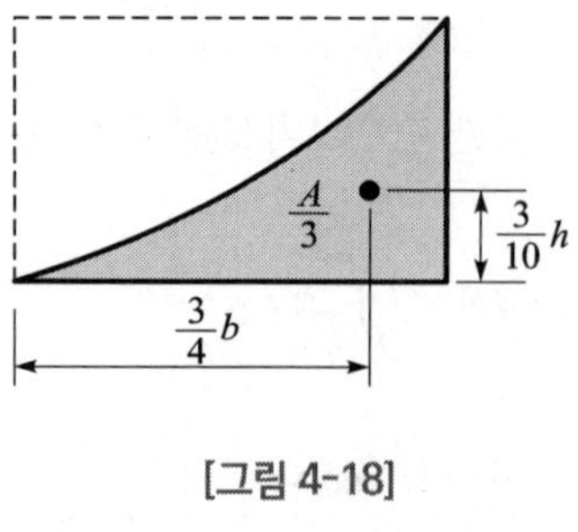

[그림 4-18]

예제 5

다음 포물선 도형의 도심을 구하라.

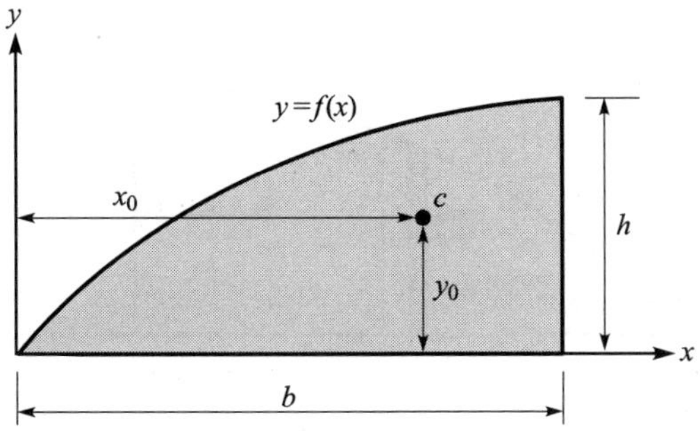

[그림 4-19]

포물선 식을 $y^2 = ax$로 가정하면 $x = b$일 때 $y = h$이므로 $h^2 = ab$가 된다.

$$a = \frac{h^2}{b}$$

그러므로 포물선 일반식은

$$y^2 = \frac{h^2}{b}x$$

가 된다.

$$y = \frac{h}{\sqrt{b}}\sqrt{x}\,,\quad x = \frac{y^2}{h^2}\cdot b$$

단면적 A는

$$A = \int_A dA = \int_0^b y \cdot dx$$

$$= \int_0^b \frac{h}{\sqrt{b}}\sqrt{x}\cdot dx = \frac{h}{\sqrt{b}}\int_0^b x^{\frac{1}{2}}dx$$

$$= \frac{h}{\sqrt{b}}\left[\frac{2}{3}x^{\frac{2}{3}}\right]_0^b = \frac{h}{\sqrt{b}}\cdot\frac{2}{3}b\sqrt{b}$$

$\therefore A = \frac{2}{3}bh$ (즉, 전체사각형면적(bh)의 $\frac{2}{3}$가 됨을 알 수 있다.)

예제 6

[그림 4-20]에서 y축에 대한 단면 1차모멘트 G_y를 유도하면

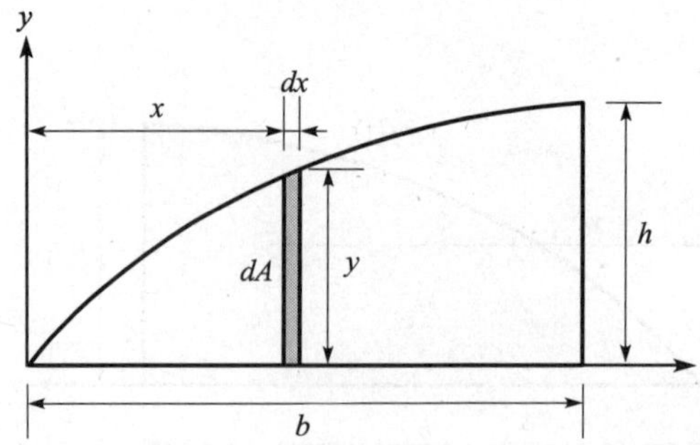

[그림 4-20]

$$G_y = \int_A x \cdot dA = \int_0^b x \cdot y \cdot dx$$

$$= \int_0^b x \cdot \frac{x}{b} \sqrt{x} \cdot dx$$

$$= \frac{h}{\sqrt{b}} \int_0^b x^{\frac{2}{3}} dx$$

$$= \frac{h}{\sqrt{b}} \left[\frac{2}{5} \cdot x^{\frac{5}{2}} \right]_0^b = \frac{2}{5} bh^2$$

$$\therefore x_0 = \frac{G_y}{A} = \frac{\frac{2}{5}hb^2}{\frac{2}{3}bh} = \frac{3}{5}b$$

예제 7

[그림 4-21]에서 x축에 대한 단면 1차모멘트 G_x를 구하면

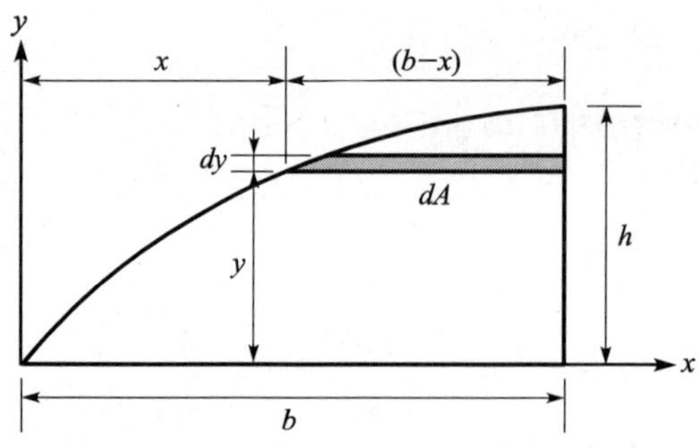

[그림 4-21]

$$G_x = \int_A y \cdot dA = \int_0^h y \cdot (b-x)dy$$

$$= \int_0^h y(b - \frac{y^2}{h^2} \cdot b)dy$$

$$= b\int_0^h \left(y - \frac{y^3}{h^3}\right)dy = b\left[\frac{y^2}{2} - \frac{y^4}{4h^2}\right]_0^h = \frac{bh^2}{4}$$

$$\therefore y_0 = \frac{Gx}{A} = \frac{bh^2/4}{2bh/3} = \frac{3}{8}h$$

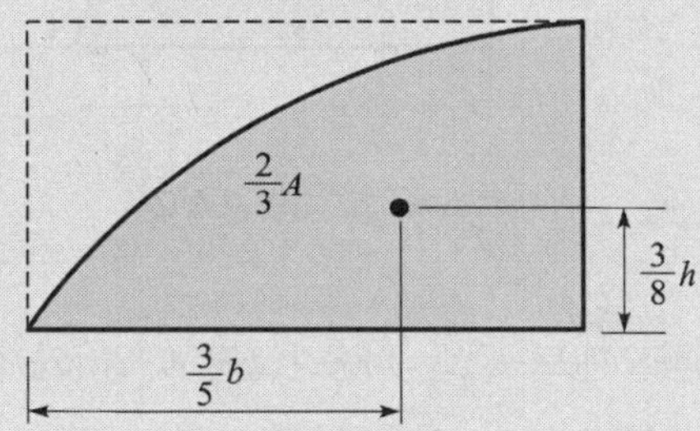

[그림 4-22]

(3) 사다리꼴 도심

[그림 4-23]과 같은 단면의 도심을 유도하여 보면

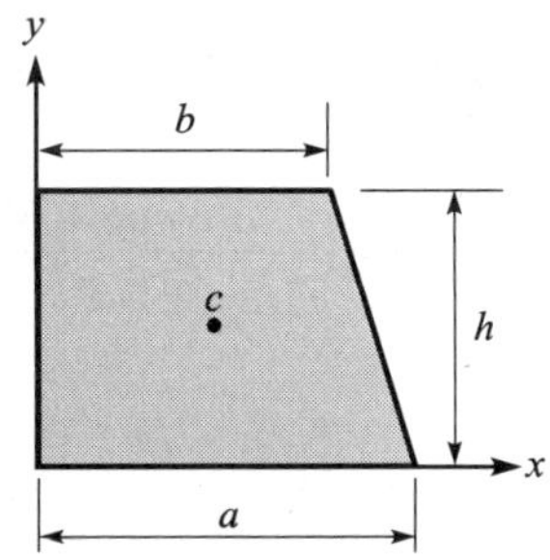

[그림 4-23]

$$A = \frac{h}{2}(a+b)$$

x축에 대한 단면 1차모멘트 G_x는 2개의 삼각형으로 나누어 생각하면

$$G_x = \frac{bh}{2} \cdot \frac{2}{3}h + \frac{ah}{2} \cdot \frac{h}{3} = \frac{h^2}{6}(2b+a)$$

$$\therefore y_0 = \frac{G_x}{A} = \frac{\frac{h^2}{6}(2b+a)}{\frac{h}{2}(a+b)} = \frac{h}{3} \cdot \frac{(a+2b)}{(a+b)}$$

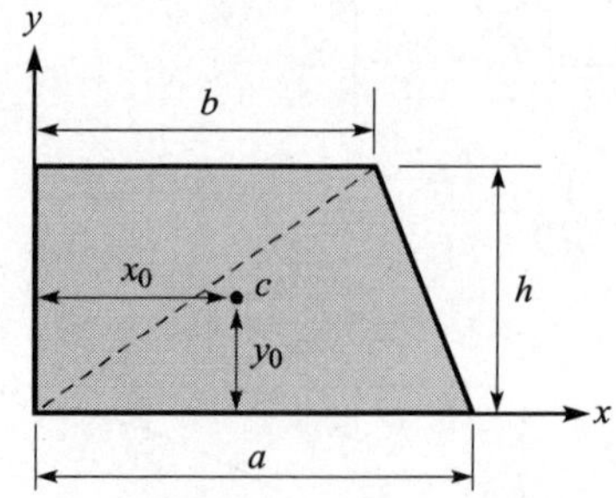

[그림 4-24]

y축에 관한 단면 1차모멘트 G_y는 다음 [그림 4-25]와 같이 분할하여 생각하면

$$G_y = b \cdot h \cdot \frac{b}{2} + (a-b) \cdot h \cdot \frac{1}{2} \cdot b + \frac{1}{3}(a+b)$$

$$= \frac{hb^2}{2} + \frac{(a-b) \cdot h \cdot b}{2} + \frac{h}{6}(a-b)^2$$

$$= \frac{h}{6}(3b^2 + 3ab - 3b^2 + a^2 - 2ab + b^2)$$

$$= \frac{h}{6}(a^2 + ab + b^2)$$

$$\therefore x_0 = \frac{G_y}{A} = \frac{1}{3} \cdot \frac{a^2 + ab + b^2}{(a+b)}$$

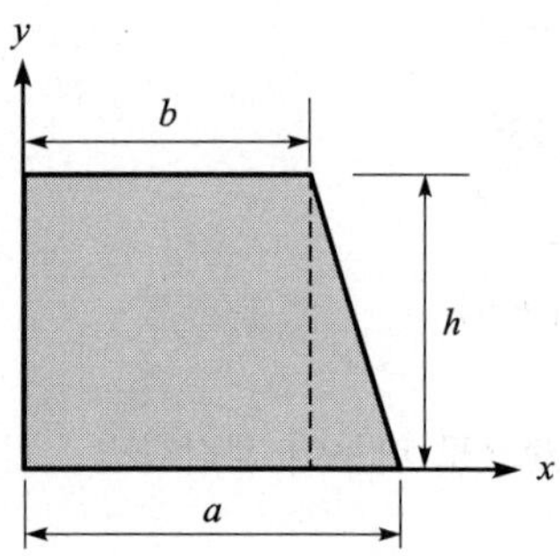

[그림 4-25]

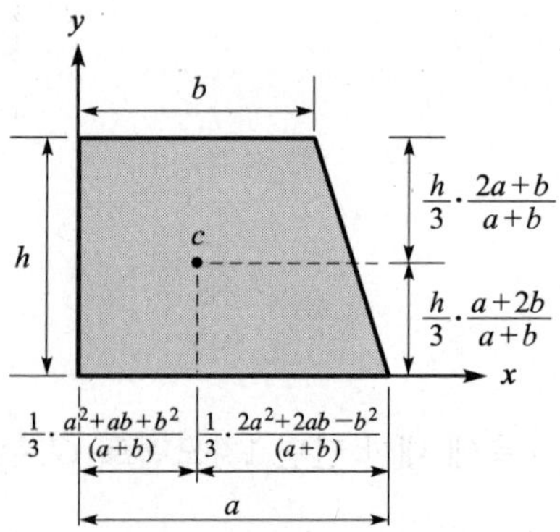

[그림 4-26]

예제 8

직경 D인 원에서 [그림 4-27]과 같이 직경 $D/2$인 단면을 도려냈을 경우 빗금 친 부분의 도심 y_0는 얼마인가?

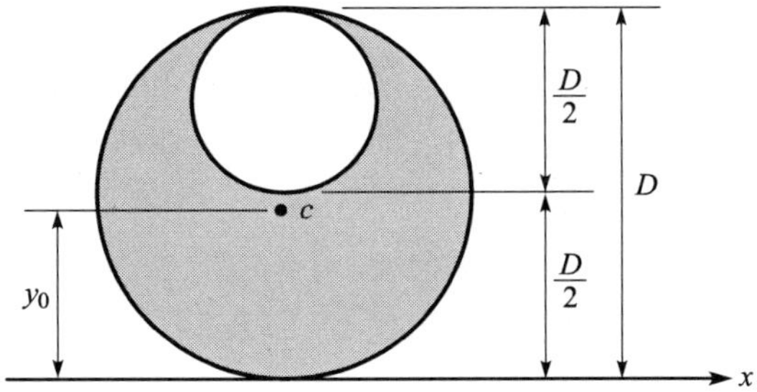

[그림 4-27]

$$y_0 = \frac{G_x}{A}$$

$$A = \frac{\pi D^2}{4} - \frac{\pi\left(\frac{D}{2}\right)^2}{4} = \frac{3\pi D^2}{16}$$

$$G_x = \frac{\pi D^4}{4} \cdot \frac{D}{2} - \frac{\pi D^2}{16} \cdot \frac{3}{4} D = \frac{\pi D^3}{8} - \frac{3\pi D^3}{64} = \frac{5}{64}\pi D^3$$

$$y_0 = \frac{G_x}{A} = \frac{\frac{5}{64}\pi D^3}{\frac{3}{16}\pi D^2} = \frac{5}{12}D$$

예제 9

[그림 4-28]과 같이 직경 80cm 인 원을 직경 50cm 의 원으로 도려낸 빗금 친 부분의 x_0를 구한 값은 얼마인가?

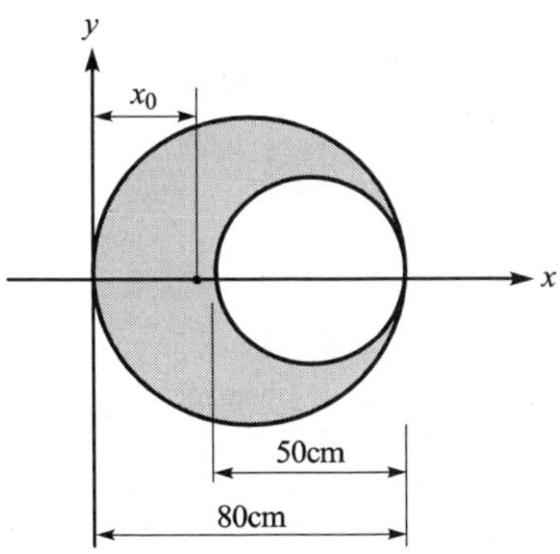

[그림 4-28]

$$x_0 = \frac{G_y}{A}$$

$$A = \frac{\pi \cdot 80^2}{4} - \frac{\pi \cdot 50^2}{4} = 3063\text{cm}^2$$

$$G_y = \frac{\pi \cdot 80^2}{4} \cdot 40 - \frac{\pi \cdot 50^2}{4} \cdot 55 = 93070\text{cm}^3$$

$$x_0 = \frac{93070}{3063} = 30.385\text{cm}$$

예제 10

다음 도형의 x축에 대한 도심을 구하라.

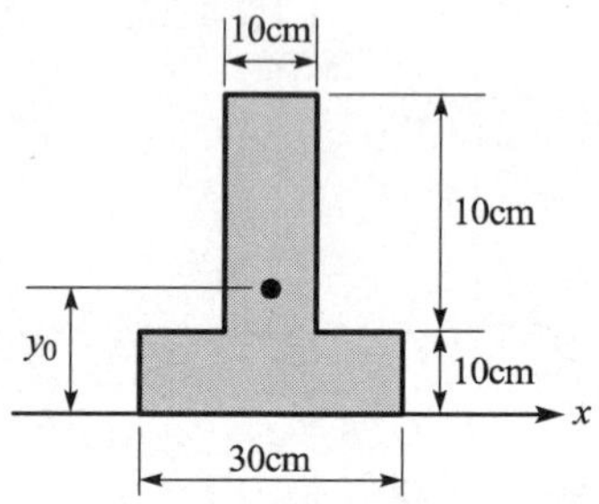

[그림 4-29]

$$G_x = 10 \times 30 \times 5 + 30 \times 10 \times 25 = 9000\text{cm}^3$$

$$A = 30 \times 10 + 10 \times 30 = 600\text{cm}^2$$

$$\therefore y_0 \frac{G_x}{A} = \frac{9000}{600} = 15\text{cm}$$

예제 11

다음과 같은 물체의 도심을 구하라.

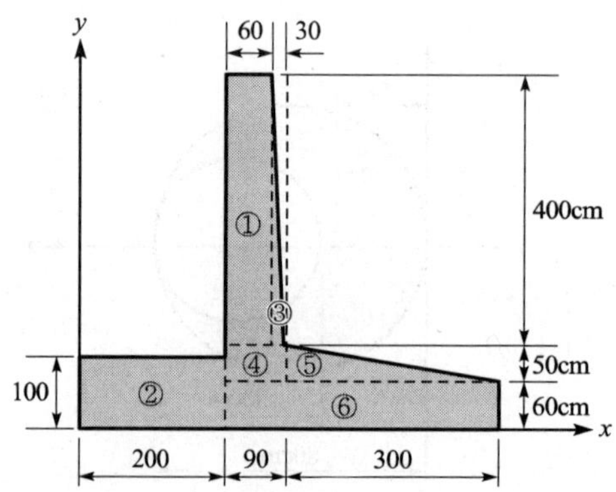

[그림 4-30]

$$x_0 = \frac{G_x}{A},\ y_0 = \frac{G_x}{A}$$

이므로 우선 단면적 A를 계산하면

$$A_1 = 60 \times 400 = 24{,}000$$

$$A_2 = 100 \times 200 = 20{,}000$$

$$A_3 = 400 \times 30 \times \frac{1}{2} = 6{,}000$$

$$A_4 = 50 \times 90 = 4{,}500$$

$$A_5 = 50 \times 300 \times \frac{1}{2} = 7{,}500$$

$$A_6 = 30 \times 390 = 23{,}400$$

$$A = 85{,}400\text{cm}^2$$

$$G_x = 1000(24 \times 430 + 20 \times 100 + 6 \times 270 + 4.5 \times 245 + 7.5 \times 390 + 23.4 \times 395)$$

$$= 22{,}410{,}00\text{cm}^3$$

$$\therefore x_0 = \frac{22{,}410{,}500}{85{,}400} = 262.418\text{cm}$$

$$G_x = 1000(24 \times 310 + 20 \times 50 + 6 \times 243.3 + 4.5 \times 85 + 7.5 \times 76.7 + 23.4 \times 30)$$

$$= 11{,}558{,}890\text{cm}^3$$

$$\therefore y_0 = \frac{11{,}558{,}890}{85{,}400} = 135.35\text{cm}$$

예제 12

다음과 같은 1/4원에서 2등변삼각형의 면적을 공제한 활꼴의 도심 y_0를 구하라.

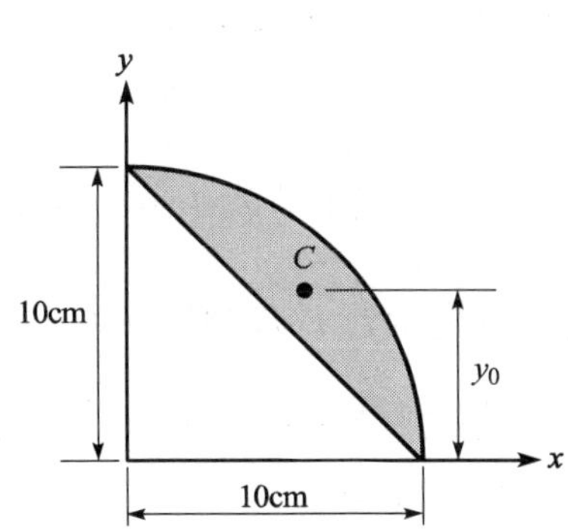

[그림 4-31]

$$y_0 = \frac{G_x}{A}$$

$$A = \frac{\pi \times 10^2}{4} - \frac{10^2}{2} = 28.54\text{cm}^2$$

반원의 도심은 $\frac{4r}{3\pi}$(예제 2에서 유도)을 응용하면 G_x는 다음과 같다.

$$G_x = \frac{\pi \times 10^2}{4} \cdot \frac{4 \times 10}{3\pi} - \frac{10^2}{2} \cdot \frac{10}{3} = 166.67\text{cm}^3$$

$$y_0 = \frac{166.57}{28.54} = 5.84\text{cm}$$

4.3 단면 2차모멘트(second moment of area), 관성모멘트 (moment of inertia), I_x, I_y

[그림 4-32]와 같은 면적 A를 미소면적 a_1, a_2, $\cdots$, a_n으로 분해하고 임의 축에서 거리를 y_1, y_2, $\cdots$, y_n이라 하면

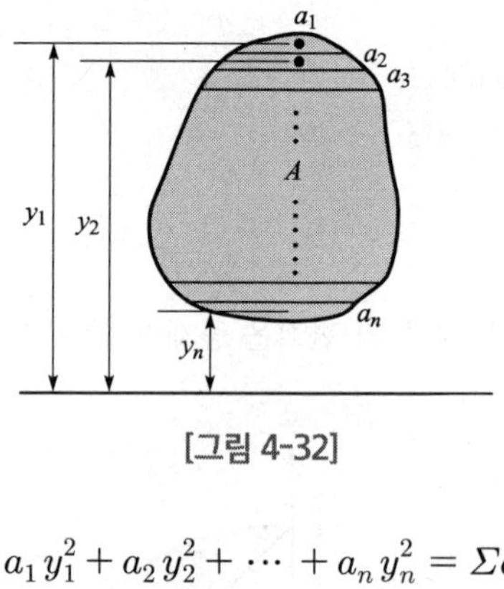

[그림 4-32]

$$I = a_1 y_1^2 + a_2 y_2^2 + \cdots + a_n y_n^2 = \Sigma a_i y_i^2$$

로 나타나는 I를 임의 축에 대한 단면 2차모멘트 또는 관성모멘트라 한다.

즉, 단면에 거리의 제곱을 곱한 값이므로 단위는 cm^4, m^4으로 나타나며 좌표축의 선정방법에 관계없이 그 값은 항상 (+)로 나타난다.

또 거리의 제곱은 미소면적에 대한 거리의 제곱들의 합이므로 도심에서 거리의 제곱과는 다르다. 즉,

$$\Sigma a_i y_i^2 \neq A \cdot y_0^2$$

[그림 4-33]에서 미소면적 dA와 직교축에서 미소면적까지 거리를 y라 하면 $y^2 \cdot dA$ 를 전단면에 관하여 적분한 것을 단면 2차모멘트라 한다.

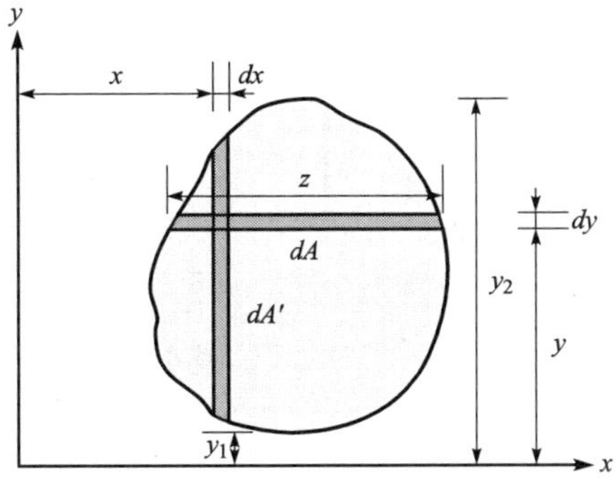

[그림 4-33]

I_x : x축에 대한 단면 2차모멘트

I_y : y축에 대한 단면 2차모멘트

$dA = zdy$

$dA' = z'dx$

$$\therefore I_x = \int_A y^2 dA = \int_{y_1}^{y_2} z \cdot y^2 \cdot dy \tag{4.4}$$

$$I_y = \int_A x^2 dA' = \int_{x_1}^{y_2} z' \cdot x^2 \cdot dx$$

(1) 사각형단면(구형단면)

폭 b이고 높이 h인 사각형단면에 대하여 2차모멘트를 유도하여 보면 x축에 대하여

$$I_x = \int_A y^2 \cdot dA = \int_0^h y^2 \cdot b \cdot dy$$

$$= b\left[\frac{y^3}{3}\right]_0^h$$

$$\therefore I_x = \frac{bh^3}{3}$$

같은 방법으로 y축에 관하여 유도하면

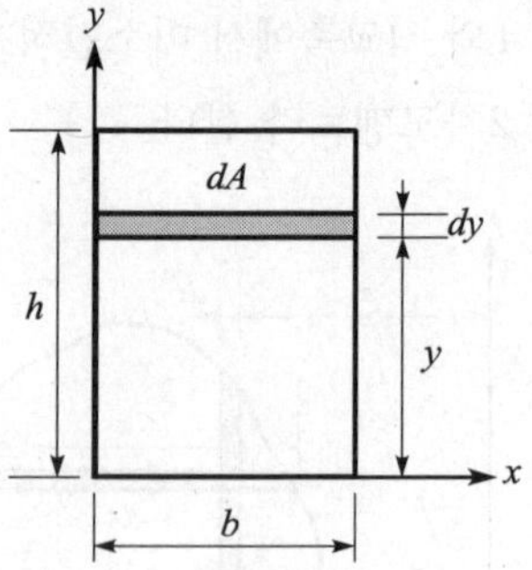

[그림 4-34]

$$\therefore I_y = \int_0^b x^2 \cdot h dx = h\left[\frac{x^3}{3}\right]_0^b = \frac{hb^3}{3}$$

이 된다. 또 도심에 대하여 단면 2차모멘트를 생각하면

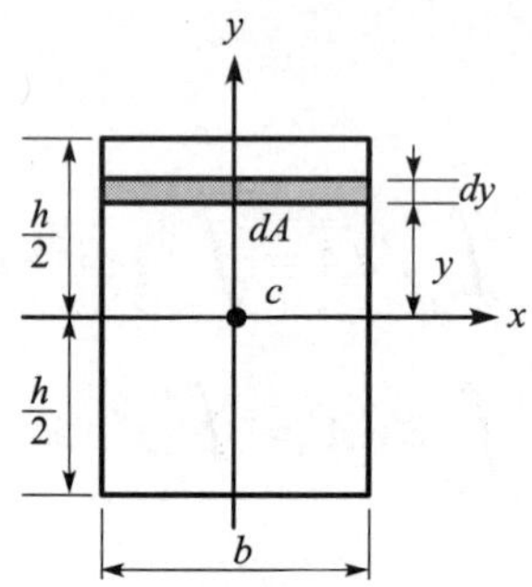

[그림 4-35]

$$I_x = \int_A y^2 \cdot dA$$

$$= \int_{-\frac{h}{2}}^{\frac{h}{2}} b \cdot y^2 \cdot dy = b\left[\frac{y^3}{3}\right]_{-\frac{h}{2}}^{\frac{h}{2}} = b\left(\frac{h^3}{24} + \frac{h^3}{24}\right)$$

$$\therefore I_x = \frac{bh^3}{12},\ I_y = \frac{hb^3}{12}$$

예제 13

다음 도형의 도심에 대한 단면 2차모멘트를 구하라.

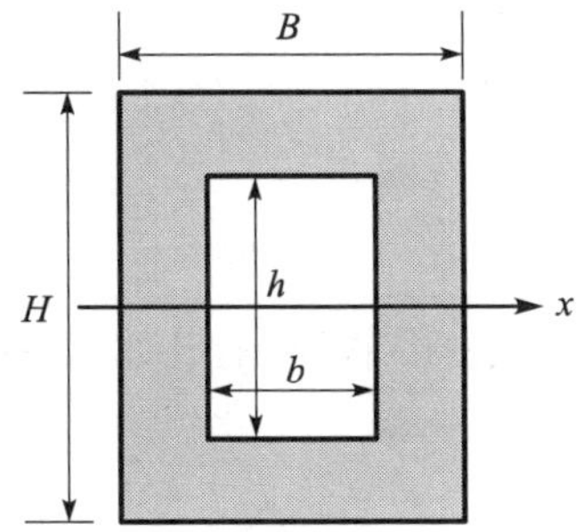

[그림 4-36]

중공단면(中空, hollow section)의 단면 2차모멘트는 다음과 같다.

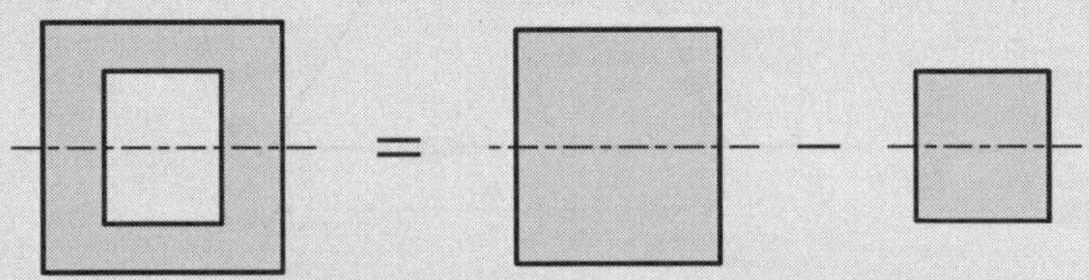

[그림 4-37]

$$I_x = \frac{BH^3}{12} - \frac{bh^3}{12} = \frac{1}{12}(BH^3 - bh^3)$$

예제 14

폭 $b = 20\text{cm}$, 높이 $h = 30\text{cm}$ 인 사각형단면에서 도심에 대한 I_x와 밑면에 대한 I_X를 구하라.

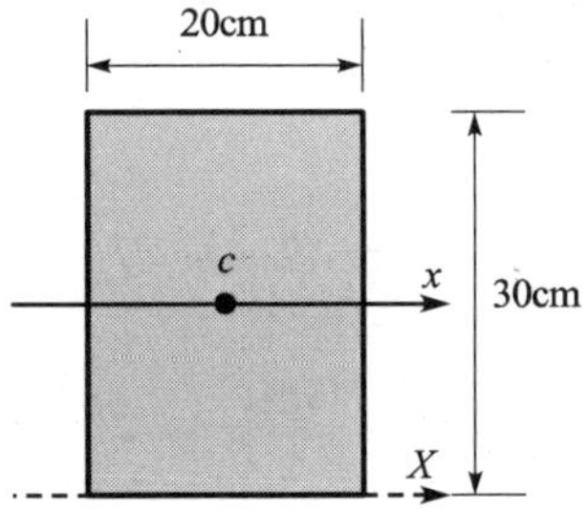

[그림 4-38]

i) 도심에 대하여

$$I_x = \frac{bh^3}{12} = \frac{20 \times 30^3}{12} = 45{,}000\text{cm}^4$$

ii) 밑면에 대하여

$$I_X = \frac{bh^3}{3} = \frac{20 \times 30^3}{3} = 180{,}000\text{cm}^4$$

(2) 삼각형

폭 b이고 높이 h인 삼각형 밑면에 대하여 단면 2차모멘트를 유도하면 식 (4.4)에서

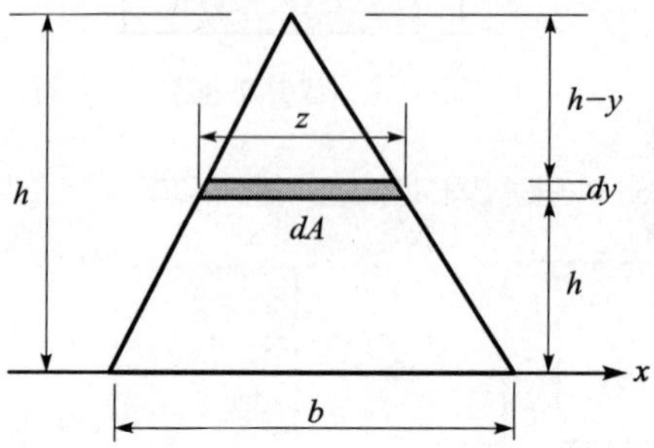

[그림 4-39]

$$I_x = \int_A y^2 \cdot dA = \int_0^h y^2 \cdot z \cdot dy$$

z를 y의 함수로 만들면

$$(h-y) : z = h : b$$

$$z = b \cdot \frac{(h-y)}{h}$$

$$I_x = \int_0^h y^2 \cdot \frac{b}{h}(h-y)dy = \frac{b}{h}\int_0^h (hy^2 - y^3)dy$$

$$= \frac{b}{h}\left[\frac{hy^3}{3} - \frac{y^4}{4}\right]_0^h = \frac{bh^3}{12}$$

$$\therefore I_x = \frac{bh^3}{12}$$

또 삼각형도심에 대하여 유도하면

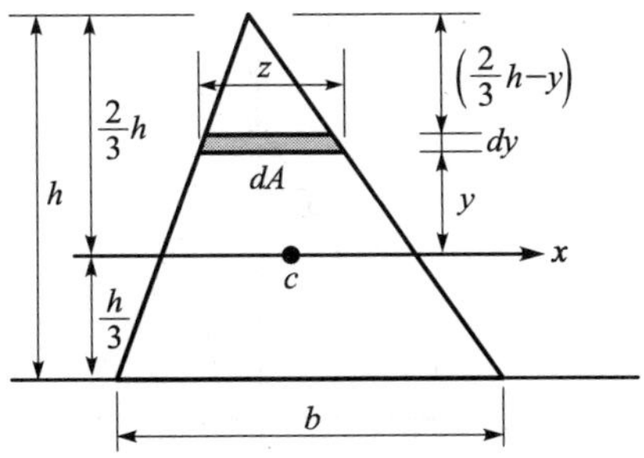

[그림 4-40]

$$I_x = \int_{-\frac{h}{3}}^{\frac{2}{3}} y^2 \cdot z \cdot dy$$

$\left(\frac{2}{3}h - y\right) : z = h : b$이므로

$$z = \frac{b}{h}\left(\frac{2}{3}h - y\right)$$

$$I_x = \int_{-\frac{h}{3}}^{\frac{2}{3}h} y^2 \cdot \frac{b}{h}\left(\frac{2}{3}h - y\right) dy$$

$$= \frac{b}{h}\int_{-\frac{h}{3}}^{\frac{2}{3}h} \left(\frac{2}{3}hy^2 - y^2\right) dy$$

$$= \frac{b}{h}\left[\frac{2}{9}hy^3 - \frac{1}{4}y^4\right]_{-\frac{h}{3}}^{\frac{2}{3}h}$$

$$= bh^3\left(\frac{16}{246} - \frac{16}{324} + \frac{2}{243} + \frac{1}{324}\right)$$

$$= \frac{bh^3}{972}(64 - 48 + 8 + 3) = \frac{27}{972}bh^3$$

$$\therefore I_x = \frac{bh^3}{36}$$

예제 15

다음 이등변삼각형에서 y축에 대한 단면 2차모멘트 I_y는 얼마인가?

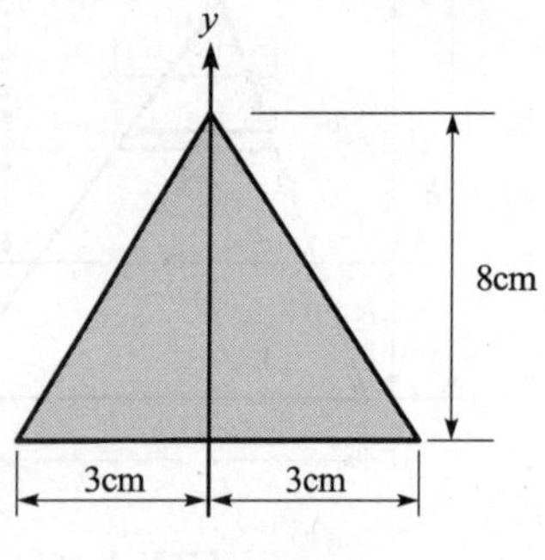

[그림 4-41]

폭이 8cm이고 높이 3cm인 삼각형 밑면에 대한 단면 2차모멘트를 2배하면 된다.

$$I_y = \frac{bh^3}{12} \times 2 = \frac{8 \times 3^3}{12} \times 2 = 36\text{cm}^4$$

(3) 원형

반지름 r(지름 D)인 원형단면에서 도심에 대한 단면 2차모멘트를 유도하면 원형단면 중심에서 ρ 떨어진 곳의 미소단면을 dA라 하면

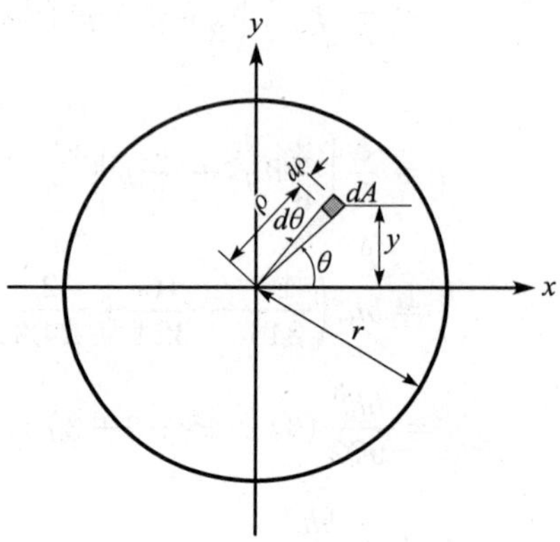

[그림 4-42]

$$y = \rho \cdot \sin\theta$$

$$dA = d\rho \cdot \rho d\theta$$

$$I_x = \int_A y^2 \cdot dA$$

$$= \int_A \rho^2 \sin^2\theta \cdot d\rho \cdot \rho \cdot d\theta$$

$$= \int_A \rho^3 d\rho \cdot \sin^2\theta \, d\theta$$

여기서 중적분(double integrals)을 이용하여 ρ는 0에서 r까지 θ는 0에서 2π까지 적분하면 된다.

$$I_x = \int_0^{2\pi} \left[\int_0^r \rho^3 d\rho \right] \sin^2\theta \, d\theta = \int_0^{2\pi} \frac{r^4}{4} \sin^2\theta \, d\theta = \frac{r^4}{4} \int_0^{2\pi} \sin^2\theta \, d\theta$$

여기서,

$$\int \sin^2\theta \, d\theta = \frac{\theta}{2} - \frac{1}{4} \sin 2\theta$$

이므로

$$I_x = \frac{r^4}{4} \left[\frac{\theta}{2} - \frac{1}{4} \sin 2\theta \right]_0^{2\pi} = \frac{\mathrm{r}^4}{4} \left(\frac{2\pi}{2} - 0 \right)$$

$$\therefore I_x = \frac{\pi r^4}{4}$$

이것을 직경으로 고치면 $r = \dfrac{D}{2}$ 이므로

$$\therefore I_x = \frac{\pi D^4}{64}$$

또 다음과 같이 유도하여도 된다.

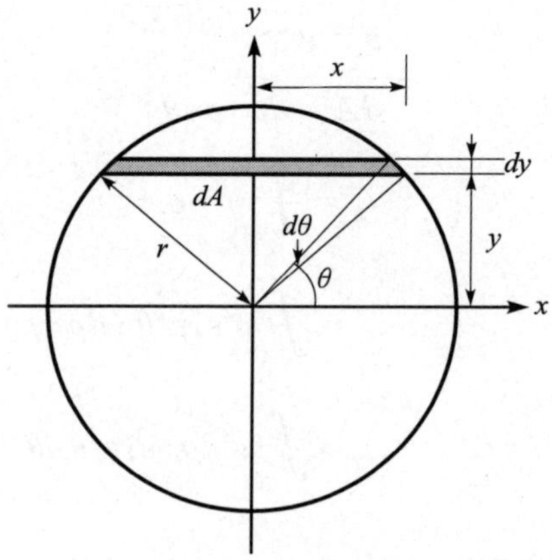

[그림 4-43]

$$x = r \cdot \cos\theta$$

$$y = r \cdot \sin\theta$$

y를 θ로 미분하면

$$\frac{dy}{d\theta} = r \cdot \cos\theta$$

$$dy = r \cdot \cos\theta \, d\theta$$

$$I_x = \int_A y^2 \cdot dA$$

여기서 $dA = 2x\ dy$이므로

$$I_x = 2\int_0^{\frac{x}{2}} (r\sin\theta)^2 \cdot 2(r\cos\theta)(r\cos\theta)d\theta$$

$$= r^4 \int_0^{\frac{\pi}{2}} 4\sin\theta \cdot \cos^2\theta \, d\theta$$

여기서, $2\sin^2\theta = 1 - \cos 2\theta$이고 $2\cos^2\theta = 1 + \cos 2\theta$이므로

$$2\sin^2\theta \cdot 2\cos^2\theta = (1 - \cos 2\theta)(1 + \cos 2\theta)$$

$$4\sin^2\theta\cos^2\theta = 1 - \cos^2 2\theta = \sin^2 2\theta$$

$$\int \sin^2 ax\ dx = \frac{x}{2} - \frac{1}{4a}\sin 2ax$$

$$I_x = r^4 \int_0^{\frac{\pi}{2}} \sin^2 2\theta\, d\theta = r^4 \left[\frac{\theta}{2} - \frac{1}{4 \times 2} \sin 2 \times 2\theta \right]_0^{\frac{\pi}{2}}$$

$$= r^4 \left[\frac{\theta}{2} - \frac{\sin 4\theta}{8} \right]_0^{\frac{\pi}{2}} = r^4 \left(\frac{\pi}{4} - 0 \right)$$

$$\therefore I_x = \frac{\pi r^4}{4} = \frac{\pi D^4}{64}$$

예제 16

[그림 4-44]와 같은 중공단면의 도심에 대한 단면 2차모멘트는 얼마인가?

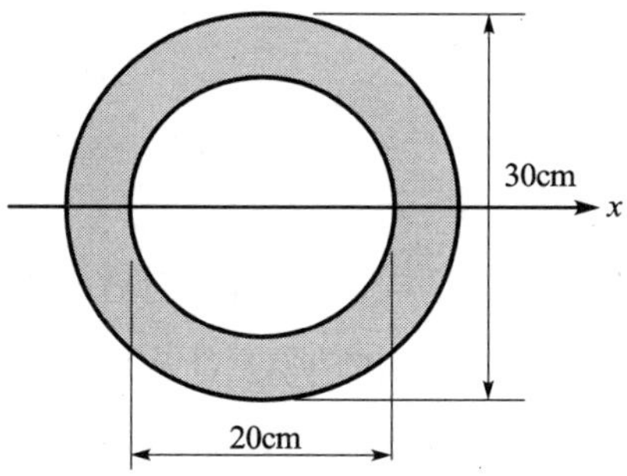

[그림 4-44]

$$I_x = \frac{\pi D^4}{64} - \frac{\pi d^4}{64} = \frac{\pi}{64}(30^4 - 20^4) = 31{,}900\text{cm}^4$$

(4) 평행축 정리(parallel axis theorem)

도심 축에 대한 단면 2차모멘트 I_x로서 임의 평행이동한 축에 대한 단면 2차모멘트 $I_x{}'$를 유도하여 보면,

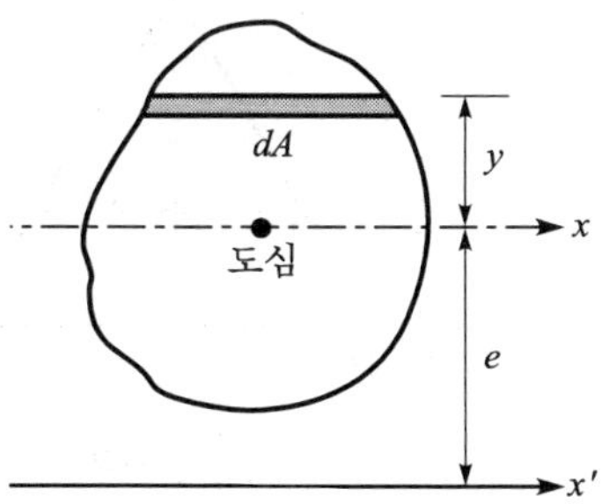

[그림 4-45]

$$I_x' = \int_A (y+e)^2 dA$$
$$= \int_A (y^2 + 2ye + e^2) dA$$
$$= \int_A y^2 dA + 2e \int_A y dA + e^2 \int_A dA$$

여기서 $\int_A y^2 dA$는 도심에 대한 단면 2차모멘트 I_x이고, $\int_A y dA$는 도심에 대한 단면 1차모멘트이므로 0이고, $\int_A dA$는 도형의 전체면적 A이다.

$$\therefore I_x' = I_x + Ae^2 \tag{4.5}$$
$$I_x = I_x' - Ae^2$$

- I_x' : 임의 축에 대한 단면 2차모멘트(cm^4)
- I_x : 도심에 대한 단면 2차모멘트(cm^4)
- A : 도형의 단면적(cm^2)
- e : 도심에서 임의 축까지 거리(cm)

식 (4.5)에서 e가 0일 때 최솟값이고 e가 (+)든 (−)든 값을 가지면 I_x'의 값은 증가한다. 그러므로 도심 축에 대한 2차모멘트가 최소임을 알 수 있다. 즉, 도심에 대한 단면 2차모멘트만 알면 어떠한 평행 축에 대한 단면 2차모멘트는 식 (4.5)로 쉽게 구할 수 있다.

다음 [그림 4-46]과 같은 3각형의 도심 축에 대한 단면 2차모멘트 $I_x = \dfrac{bh^3}{36}$이다. 이것으로 밑면과 꼭짓점에 대한 단면 2차모멘트를 유도하면

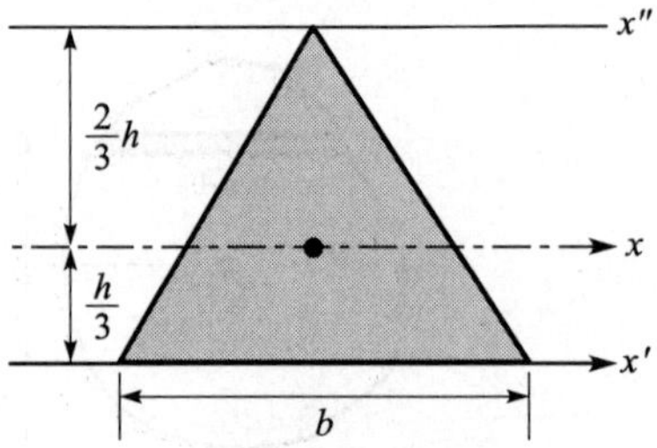

[그림 4-46]

$$I_x' = I_x + Ae^2$$
$$= \frac{bh^3}{36} + \frac{bh}{2}\left(\frac{h}{3}\right)^2 = \frac{bh^3}{36} + \frac{bh^3}{18}$$
$$\therefore I_x' = \frac{bh^3}{12}$$
$$I_x'' = \frac{bh^3}{36} + \frac{bh}{2}\left(\frac{2}{3}h\right)^2 = \frac{bh^3}{36} + \frac{4bh^3}{18}$$
$$I_x'' = \frac{bh^3}{4}$$

또 직경 D인 원형의 도심 축에 대한 단면 2차모멘트 $I_x = \dfrac{\pi D^4}{64}$ 이므로 접선에 대한 2차모멘트는

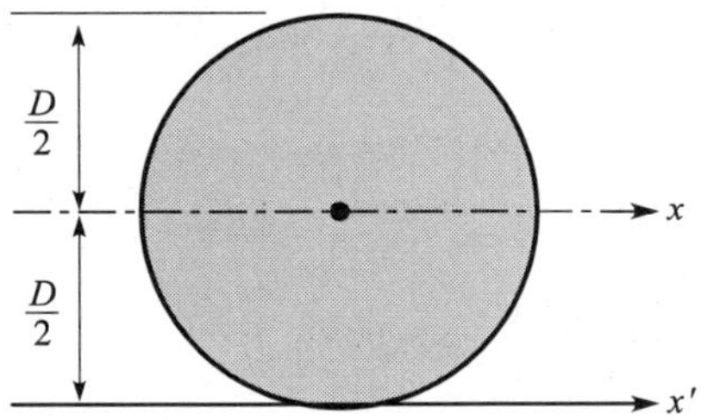

[그림 4-47]

$$I_x' = I_x + Ae^2$$
$$= \frac{\pi D^4}{64} + \frac{\pi D^2}{4}\left(\frac{D}{2}\right)^2 = \frac{\pi D^4}{64} + \frac{\pi D^4}{16}$$
$$\therefore I_x' = \frac{5\pi D^4}{64}$$

예제 17

다음 [그림 4-48]과 같은 T 형 단면에서 밑면(X 축)에 대한 단면 2차모멘트는?

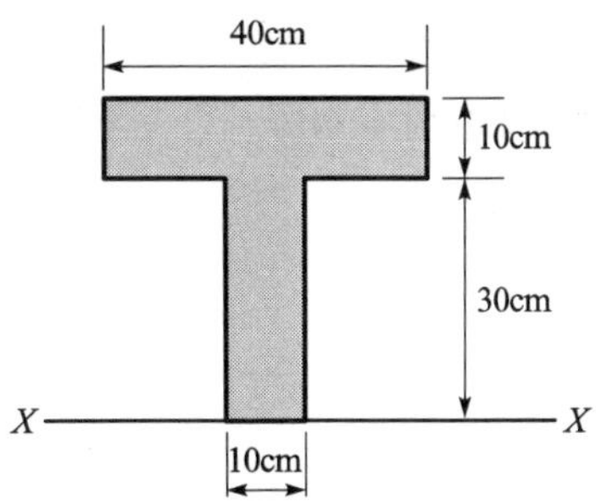

[그림 4-48]

i) 사각형단면의 도심에 대한 단면 2차모멘트는 $\dfrac{bh^3}{12}$ 이고

$$I_x' = I_x + Ae^2$$

이므로 [그림 4-49]와 같이 사각형단면 2개로 구분하여 도심에 대한 단면 2차모멘트에 축이 이동하여 생기는 2차모멘트를 합하여 주면 된다.

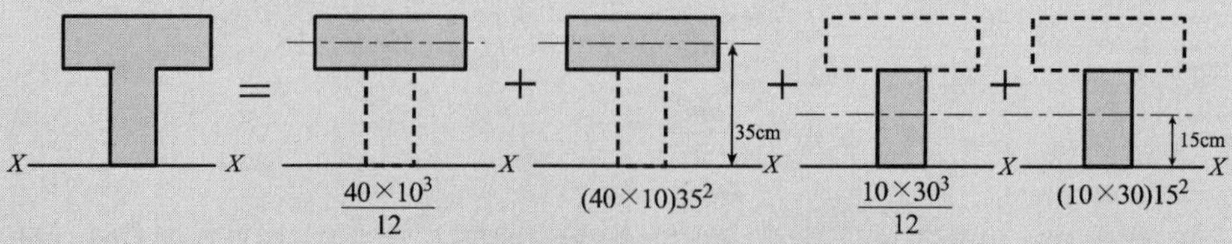

[그림 4-49]

$$I_X = \frac{40\times10^3}{12} + 400\times35^2 + \frac{10\times30^3}{12} + 300\times15^2 = 583{,}333\text{cm}^4$$

ii) 사각형단면 밑면에 대한 단면 2차모멘트가 $\dfrac{bh^3}{3}$ 이므로

$$I_X = \frac{40\times40^3}{3} - 2\left(\frac{15\times30^3}{3}\right) = 583{,}333\text{cm}^4$$

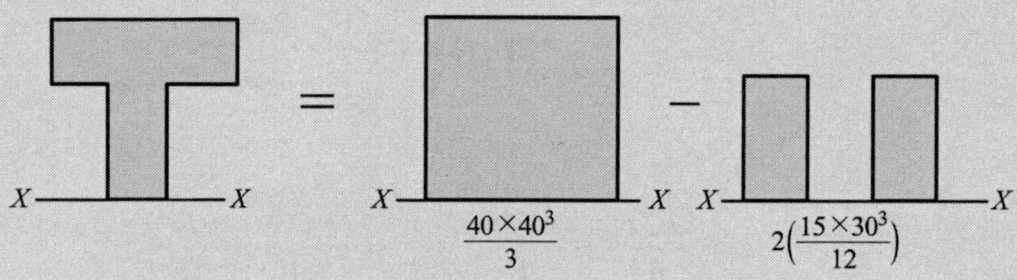

[그림 4-50]

예제 18

다음 도형의 도심에 대한 단면 2차모멘트를 구하라.

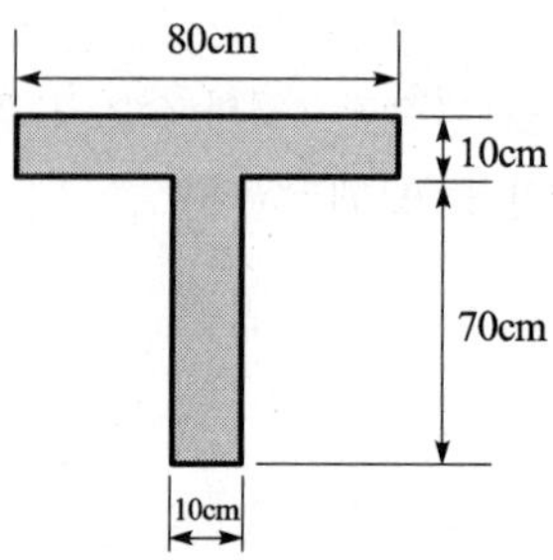

[그림 4-51]

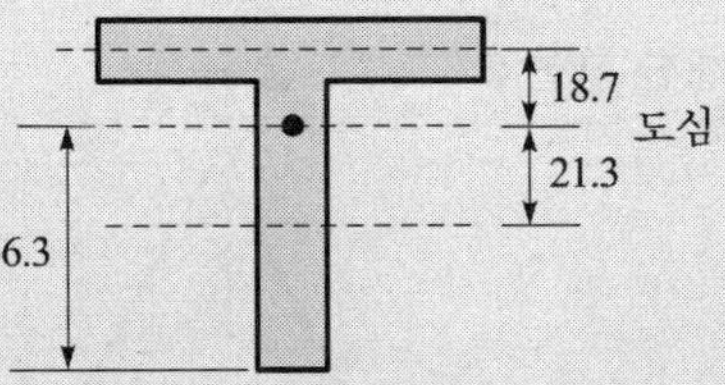

[그림 4-52]

밑면에서 도심까지 거리를 y_0라 두면

$$y_0=\frac{G_x}{A}=\frac{(80\times10)\times75+(70\times10)\times35}{(80\times10)+(70\times10)}=56.3\text{cm}$$

$$I_x=\frac{80\times10^3}{12}+(80\times10)\times18.7^2+\frac{10\times70^3}{12}+(10\times70)\times21.3^2=890{,}000\text{cm}^4$$

예제 19

다음 [그림 4-53]과 같은 직경 D인 반원의 도심에 대한 단면 2차모멘트는?

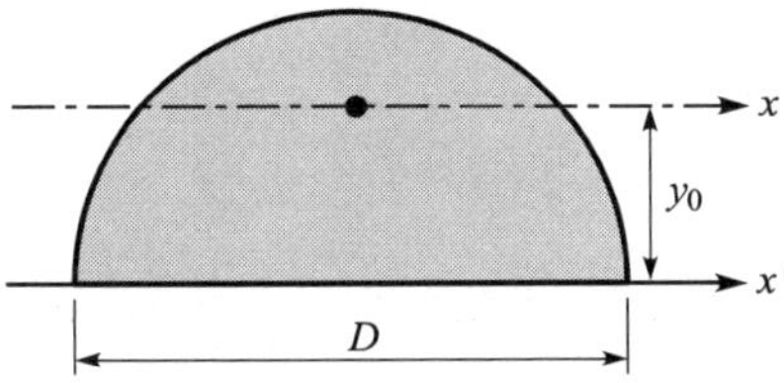

[그림 4-53]

$$I_x=I_x'-Ae^2$$

여기서 I_x'는 원형단면의 도심 축에 대한 단면 2차모멘트의 $\frac{1}{2}$이므로

$$I_x'-\frac{\pi D^4}{64}\times\frac{1}{2}=\frac{\pi D^4}{128}$$

e는 반원의 도심거리이므로 $e=\frac{4r}{3\pi}=\frac{2D}{3\pi}$이고, A는 $\frac{\pi D^2}{4}\times\frac{1}{2}=\frac{\pi D^2}{8}$이다.

$$I_x=\frac{\pi D^4}{128}-\frac{\pi D^2}{8}\left(\frac{2D}{3\pi}\right)^2$$

$$\therefore\ I_x=D^4\left(\frac{\pi}{128}-\frac{1}{18\pi}\right)$$

예제 20

다음과 같은 도형의 x축에 대한 단면 2차모멘트를 구하라.

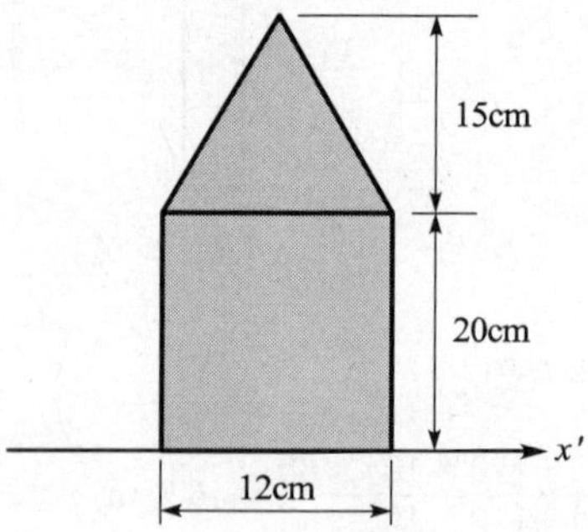

[그림 4-54]

삼각형과 사각형으로 나누어 생각하면

$$I_x = \frac{12\times 15^3}{36} + (12\times 15\times \frac{1}{2})\times 25^2 + \frac{12\times 20^3}{12} + (20\times 12)\times 10^2$$

$$= 1{,}125 + 56{,}250 + 8{,}000 + 24{,}000$$

$$\therefore I_x = 89.375\text{cm}^4$$

예제 21

폭이 높이의 $\frac{1}{2}$ 배인 [그림 4-55]와 같은 사각형단면 (a)과 이것을 90° 회전한 단면 (b)의 도심에 대한 단면 2차모멘트의 비는?

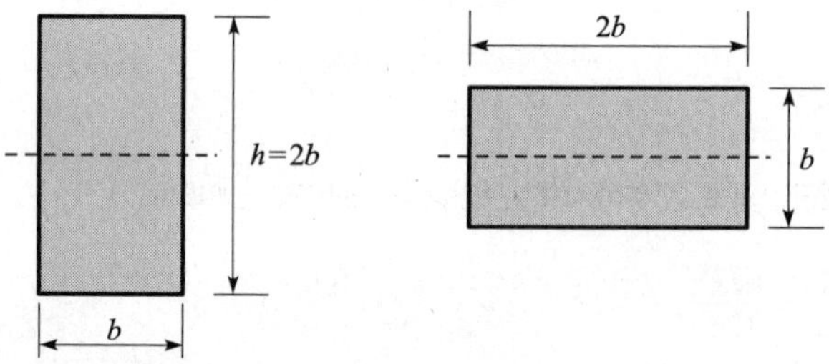

[그림 4-55]

$$I_a = \frac{bh^3}{12} = \frac{b(2b)^3}{12} = \frac{8b^4}{12}$$

$$I_b = \frac{hb^3}{12} = \frac{2b^4}{12}$$

$$\therefore I_a : I_b = 4 : 1$$

4.4 단면 2차극모멘트(polar moment of inertia), 극관성모멘트, I_p

평면도형면상의 직교축에 대한 그 도형의 2차모멘트를 단면 2차극모멘트 또는 극모멘트라 한다. [그림 4-56]과 같이 넓이 A인 도형에서 도형상 한 점 o를 잡았을 때 이 극점으로부터 미소면적 dA까지 거리를 ρ라 두면 극관성모멘트는 다음과 같이 표시된다.

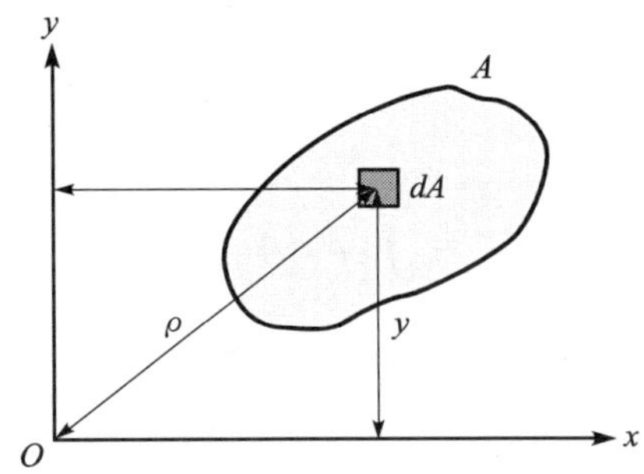

[그림 4-56]

$$I_p = \int_A \rho^2 dA$$

피타고라스 정리에서 $\rho^2 = x^2 + y^2$이므로

$$I_p = \int_A (x^2 + y^2) dA = \int_A x^2 dA + \int_A y^2 dA$$

여기서 $\int_A x^2 dA$는 y축에 대한 단면 2차모멘트 I_y이고 $\int_A y^2 dA = I_x$이다.

$$\therefore I_p = \int_A \rho^2 dA = I_x + I_y \tag{4.6}$$

원과 정방형과 같이 두 직교축이 대칭일 경우는 $I_x = I_y$이므로 중심에 대한 극모멘트는 $I_p = 2I_x = 2I_y$와 같은 관계에서 단면 2차모멘트의 2배가 된다.

직경 D인 원형단면에 대한 극관성모멘트를 유도하여 보면, 극점(중심)에서 ρ 떨어진 곳의 미소면적을 dA라 두면

$$dA = 2\pi\rho \cdot d\rho$$

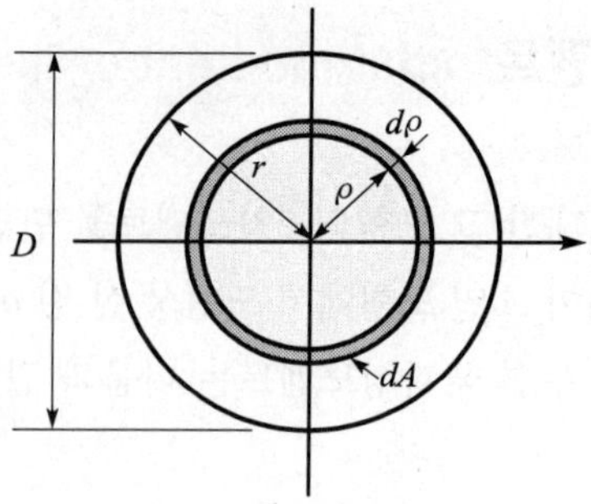

[그림 4-57]

$$I_p = \int_A \rho^2 dA$$

$$= \int_0^r \rho^2 \cdot 2\pi\rho \cdot d\rho = 2\pi \int_0^r \rho^3 d\rho$$

$$= 2\pi \left[\frac{\rho^4}{4} \right]_0^r$$

$$\therefore I_p = \frac{\pi r^4}{2} = \frac{\pi D^4}{32}$$

극모멘트에서 x축에 대한 단면 2차모멘트를 유도하면 원형은 대칭이므로

$$I_p = 2I_x = 2I_y$$

$$I_x = I_y = \frac{I_p}{2} = \frac{\pi D^4}{64}$$

단면 2차극모멘트의 차원은 단면 2차모멘트와 같은 cm^4, m^4으로 나타난다.

예제 22

그림과 같은 사각형단면에서 도심에 대한 극모멘트와 x, y축에 대한 극모멘트를 구하라.

① 도심에 대하여

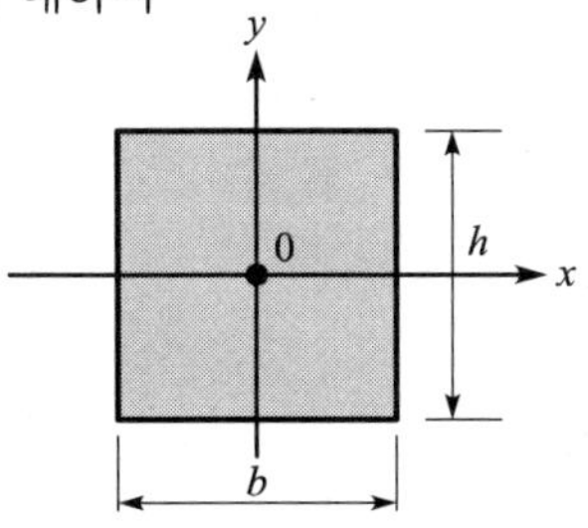

[그림 4-58]

② 꼭짓점에 대하여

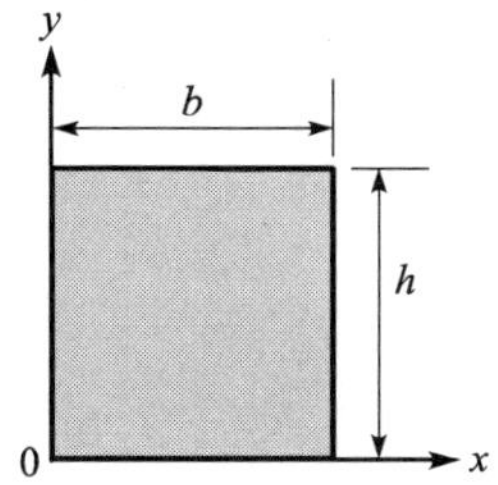

[그림 4-59]

$$I_p = I_x + I_y = \frac{bh^3}{12} + \frac{hb^3}{12}$$

$$\therefore I_p = \frac{bh}{12}(h^2 + b^2)$$

$$I_p = I_x + I_y = \frac{bh^3}{3} + \frac{hb^3}{3}$$

$$\therefore I_p = \frac{bh}{3}(h^2 + b^2)$$

예제 23

다음 사각형단면의 x, y축에 대한 단면 2차극모멘트는 얼마인가?

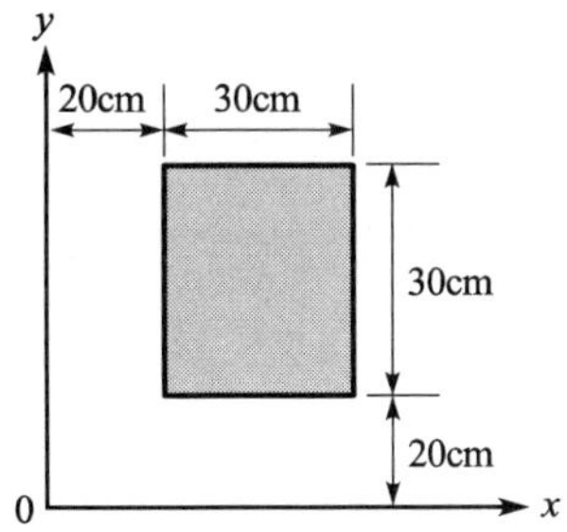

[그림 4-60]

$$I_p = I_x + I_y = \frac{30 \times 40^3}{12} + (30 \times 40) \times 40^2 + \frac{40 \times 30^3}{12} + (40 \times 30) \times 35^2$$

$$\therefore I_p = 3{,}640{,}000\text{cm}^4$$

예제 24

다음과 같은 삼각형 단면의 o점에 대한 극관성모멘트는?

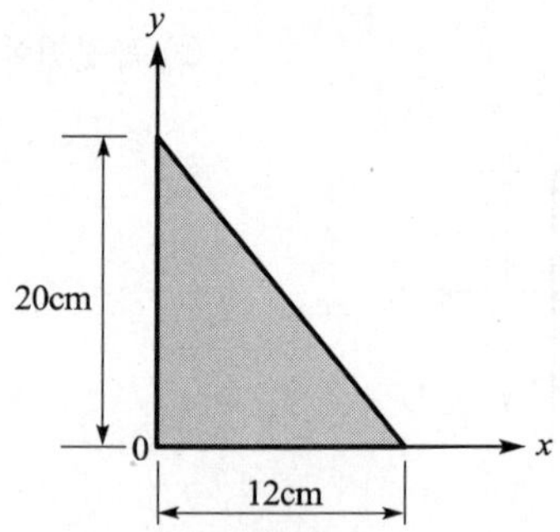

[그림 4-61]

$$I_p = I_x + I_y$$

삼각형 밑면에 대한 단면 2차모멘트는 $\frac{bh^3}{12}$ 이므로

$$I_p = \frac{12 \times 20^3}{12} + \frac{20 \times 12^3}{12}$$

$$\therefore I_p = 10{,}880\text{cm}^4$$

예제 25

직경 8cm 인 원형단면의 중심에 대한 극모멘트는 얼마인가?

원형단면의 극관성모멘트 $I_p = \frac{\pi D^4}{32}$ 이므로

$$I_p = \frac{\pi \cdot 8^4}{32} = 402.1\text{cm}^4$$

4.5 단면 2차상승모멘트(product of inertia), 관성상승모멘트, I_{xy}

평면도형상의 미소면적 dA에 x, y축에서 직각거리 x, y를 곱하여 전면적에 걸쳐 적분한 것을 상승모멘트라 한다.

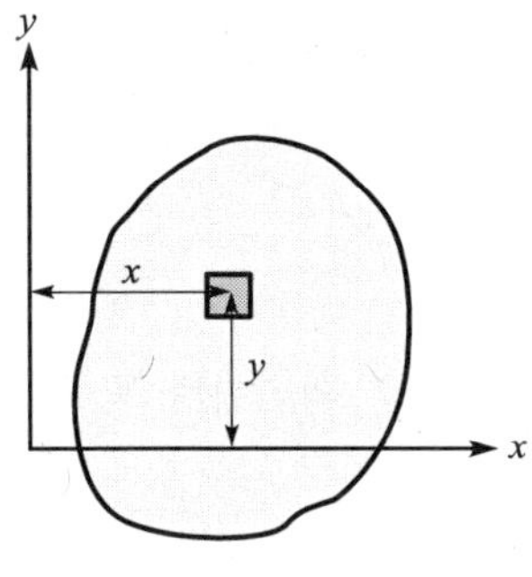

[그림 4-62]

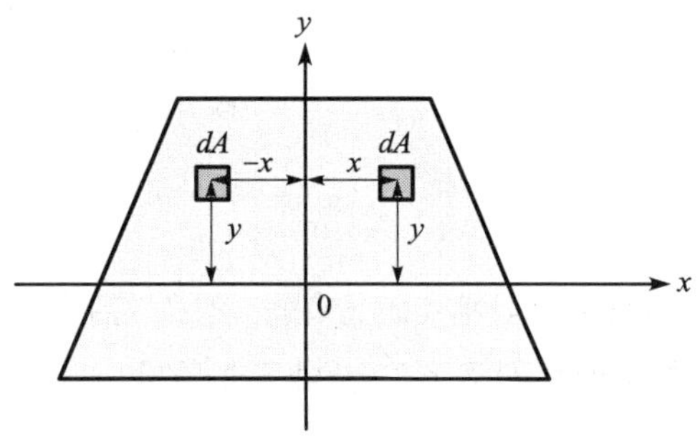

[그림 4-63]

$$I_{xy} = \int_A x \cdot y \cdot dA\,[\mathrm{cm}^4,\ \mathrm{m}^4] \tag{4.7}$$

[그림 4-63]과 같이 y축에 대칭인 단면을 생각하면 임의의 미소면적 dA에 대하여 대칭위치에 dA가 존재하므로 단면 상승모멘트는 다음과 같다.

$$\begin{aligned} I_{xy} &= \int_A x \cdot y dA \\ &= \int_0^{+x} (+x) y dA + \int_{-x}^{0} (-x) \cdot y dA \\ &= \int_0^{+x} xydA - \int_{-x}^{0} xydA = 0 \end{aligned}$$

이와 같이 도형의 도심을 지나고 $I_{xy} = 0$되는 축을 주축(principal axis)이라 하고 또한 도심을 지나고 대칭축에 직각인 축도 주축이라 한다.
즉, 도형의 대칭축에 대한 상승모멘트는 0이다.

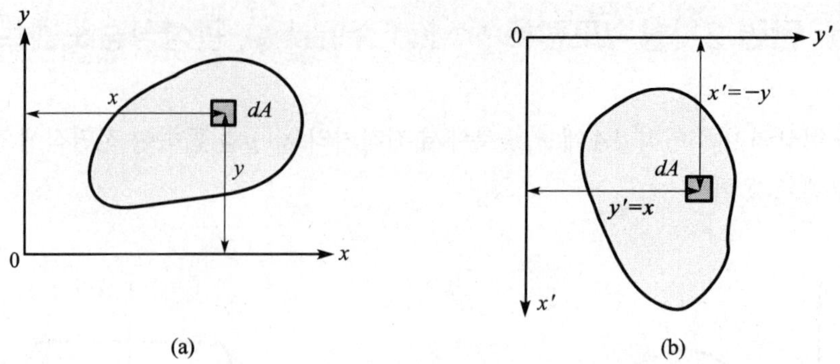

[그림 4-64]

[그림 4-64]에서 x, y축을 o점을 기준으로 하여 시계방향으로 90° 회전시켜 그 축을 x', y'축이라하면 신구 좌표는 다음과 같다.

$$y' = x, \ x' = -y$$

그러므로 변환축에 대한 상승모멘트 $I_{x'y'}$는

$$I_{x'y'} = \int_A x'y'dA = \int_A (-y)xdA = -\int_A xydA = -I_{xy}$$

이것은 축이 90° 회전할 동안 상승모멘트는 (+)에서 (−)로 변한다. 그러므로 그 사이에 반드시 0이 되는 방향이 존재하며 이 방향의 축이 주축이며 도심주축(centroidal principal axis)이라 한다. 임의 도형의 도심을 직교좌표 (x, y축)에 대한 단면 상승모멘트 I_{xy}를 알면, 그들 축에 평행한 좌표($x'y'$축)축에 대한 상승모멘트 $I_{x'y'}$는

$$I_{x'y'} = \int_A x'y'dA$$

여기서,

$$x' = x_1 + x$$
$$y' = y_1 + y$$

이므로

$$\begin{aligned} I_{x'y'} &= \int_A (x_1 + x)(y_1 + y)dA \\ &= \int_A (x_1 y_1 + x_1 y + x y_1 + x y)\, dA \\ &= \int_A x_1 y_1 dA + \int_A x_1 y dA + \int_A x y_1 dA + \int_A x y dA \end{aligned}$$

여기서, $\int_A x_1 y_1 dA = x_1 y_1 \int_A dA = x_1 y_1 \cdot A$ 이고

$\int_A x_1 y\, dA = \int_A x y_1\, dA = 0$(도심 축에 대한 단면 1차모멘트)이며

$\int_A xy dA = I_{xy}$ 이므로

$$\therefore I_{x'y'} = I_{xy} + x_1 y_1 A \tag{4.8}$$

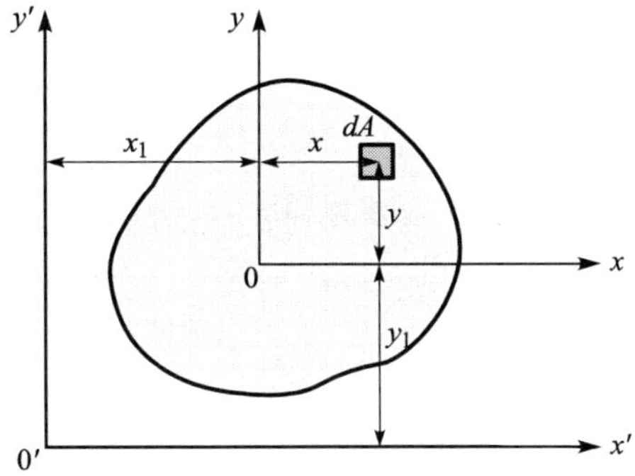

[그림 4-65]

예제 26

[그림 4-66]과 같은 사각형단면 x, y축에 대한 단면 상승모멘트 I_{xy}를 구하라.

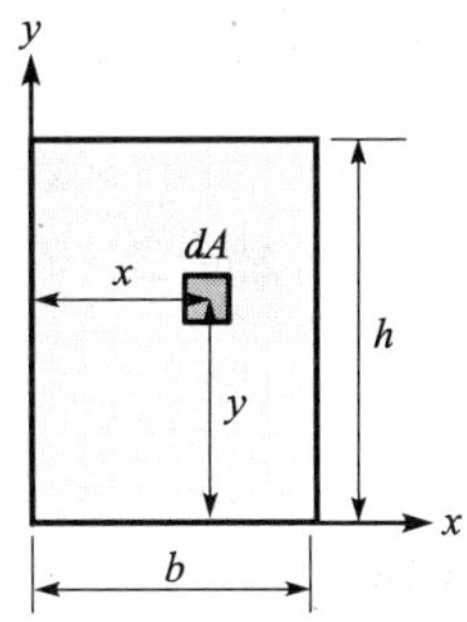

[그림 4-66]

$$I_{xy} = \int_A xy\, dA$$

여기서, $dA = dx \cdot dy$이므로

$$I_{xy} = \int_0^b x dx \cdot \int_0^h y\, dy$$

$$= \left[\frac{x^2}{2}\right]_0^b \cdot \left[\frac{y^2}{2}\right]_0^h = \frac{b^2 h^2}{4}$$

$$\therefore I_{xy} = \frac{b^2h^2}{4}$$

만약 도심을 알고 있다면

$$I_{xy} = x_0 y_0 A = \frac{b}{2} \cdot \frac{h}{2} \cdot bh$$

$$\therefore I_{xy} = \frac{b^2h^2}{4}$$

예제 27

다음 [그림 4-67]과 같은 L형 단면의 xy축에 대한 상승모멘트 I_{xy}를 구하라.

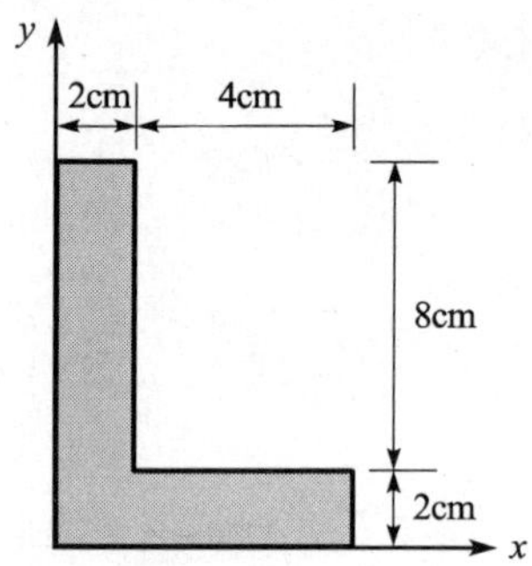

[그림 4-67]

$$I_{xy} = \int_A x \cdot y\, dA$$

$$= 2 \times 10 \times 1 \times 5 + 2 \times 4 \times 4 \times 1$$

$$= 132\text{cm}^4$$

예제 28

폭 b이고 높이 h인 삼각형의 xy축에 대한 상승모멘트 I_{xy}는 얼마인가?

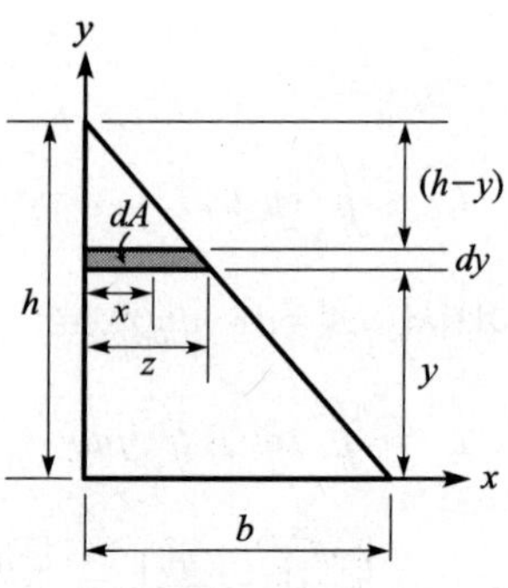

[그림 4-68]

$$I_{xy}=\int_A x\cdot ydA$$

여기서 $x=\frac{z}{2}$이며, $z=\frac{b}{h}(h-y)$이다. 또 $dA=z\cdot dy$이므로

$$I_{xy}=\int_0^h \frac{b}{2h}(h-y)\cdot y\,dy$$

$$=\frac{b^2}{2h^2}\int_0^h (hy-y)^2 y\,dy=\frac{b^2}{2h^2}\left[\frac{hy^3}{3}-\frac{h^4}{4}\right]_0^h=\frac{bh^2}{2}\left(\frac{4}{12}-\frac{3}{12}\right)$$

$$\therefore I_{xy}=\frac{b^2h^2}{24}$$

예제 29

[그림 4-69]와 같은 4분원의 xy축에 대한 상승모멘트 I_{xy}를 구하라.

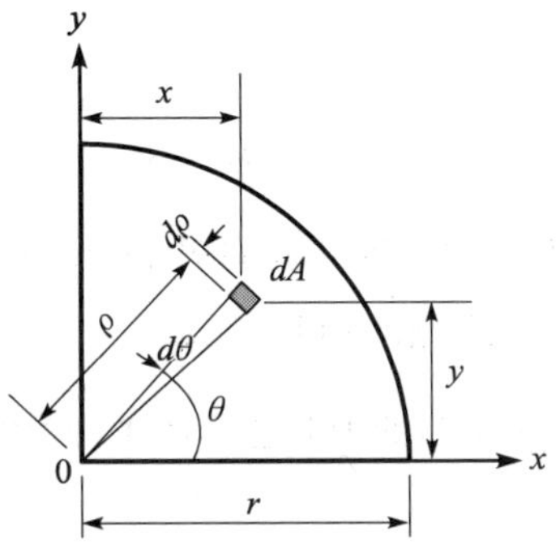

[그림 4-69]

$$I_{xy}=\int_A x\cdot y\cdot dA$$

$$x=\rho\cos\theta,\ y=\rho\sin\theta$$

$$dA=(\rho\,d\theta)\,d\rho$$

$$I_{xy}=\int_0^r\int_0^{\frac{\pi}{2}}(\rho\cos\theta)(\rho\sin\theta)\rho d\theta\,d\rho$$

$$=\int_0^r \rho^3 d\rho\int_0^{\frac{\pi}{2}}\cos\theta\sin\theta\,d\theta$$

여기서 $\int 2\cos\theta\,\sin\theta\,d\theta=\sin^2\theta$이므로

$$I_{xy}=\left[\frac{\rho^4}{4}\right]_0^r\cdot\left[\frac{\sin^2\theta}{2}\right]_0^{\frac{\pi}{2}}=\frac{r^4}{4}\cdot\frac{1}{2}$$

$$\therefore I_{xy}=\frac{r^4}{8}$$

4.6 단면계수(section modulus), Z

도형의 도심을 지나는 x축에 대한 단면 2차모멘트를 I_x라 하고 x축에서 도형의 상단, 하단에 이르는 거리를 y_1, y_2라 하면 단면계수는 다음과 같이 나타낸다.

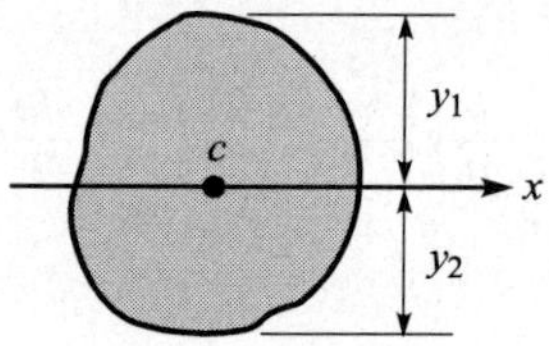

[그림 4-70]

$$Z_1 = \frac{I_x}{y_1} \tag{4.9}$$

$$Z_2 = \frac{I_x}{y_2}$$

즉, 어떤 단면의 단면계수란 그 도심 축에 대한 단면 2차모멘트를 도심에서 상단 또는 하단까지의 거리로 나눈 값으로 차원은cm^3, m^{3}이다.

또 단면계수는 Z_1, Z_2, 2개의 값이 존재하나 도심 축에 대칭일 경우(사각형, 원형) $Z_1 = Z_2$이므로 1개의 값이 존재한다.

다음 [그림 4-71]과 같은 사각형단면에서 단면계수를 생각하면,

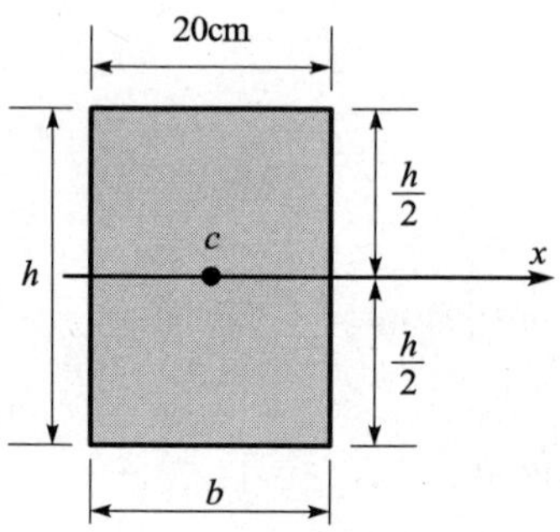

[그림 4-71]

$$Z_1 = \frac{I_x}{y_1}, \ Z_2 = \frac{I_x}{y_2}$$

대칭이므로 $y_1 = y_2$

$$Z = \frac{I_x}{y} = \frac{\frac{bh^3}{12}}{\frac{h}{2}} = \frac{bh^2}{6}$$

사각형단면에서 단면계수는 $\frac{bh^2}{6}$ 임을 알 수 있다.

또 다음과 같은 중공단면에 대하여 생각해보면 다음과 같다.

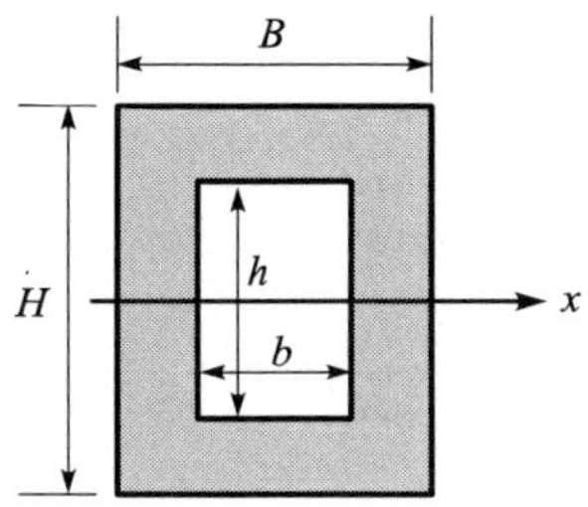

[그림 4-72]

$$I_x = \frac{BH^3 - bh^3}{12}$$

$$y = \frac{H}{2}$$

$$Z = \frac{I}{y} = \frac{BH^3 - bh^3}{6H}$$

사각형단면의 단면계수 $Z = \frac{bh^2}{6}$ 을 이용하여

$$Z = \frac{BH^2}{6} - \frac{bh^2}{6} = \frac{BH^2 - bh^2}{6} \text{ (틀린 값)}$$

로 구할 수 있을 것 같으나 틀린 값이다. 단면계수는 I를 y로 나눈 값이어야 한다.

예제 30

[그림 4-73]과 같은 삼각형에서 단면계수를 구하라.

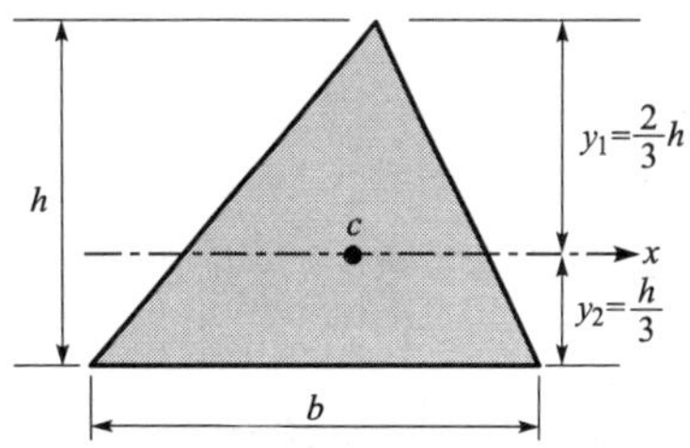

[그림 4-73]

$$Z_1 = \frac{I_x}{y_1},\ Z_2 = \frac{I_x}{y_2}$$

삼각형 도심에 대한 $I = \frac{bh^3}{36}$ 이므로

상단, $Z_1 = \frac{\frac{bh^3}{36}}{\frac{2h}{3}} = \frac{bh^2}{24}$ 하단, $Z_2 = \frac{\frac{bh^3}{36}}{\frac{h}{3}} = \frac{bh^2}{12}$

예제 31

다음과 같은 원형의 단면계수는 얼마인가?

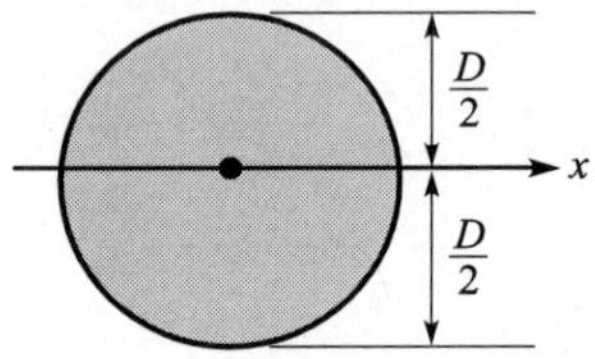

[그림 4-74]

원형단면의 2차모멘트 $I_x = \frac{\pi D^4}{64}$ 이고, $y = \frac{D}{2}$ 이므로

$$Z = \frac{I}{y} = \frac{\frac{\pi D^4}{64}}{\frac{D}{2}} = \frac{\pi D^3}{32}$$

예제 32

[그림 4-75]와 같은 중공원형단면에서 단면계수의 값은?

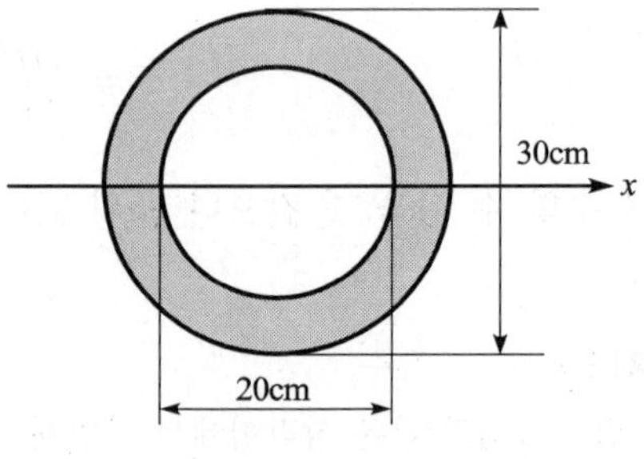

[그림 4-75]

$$I_x = \frac{\pi D^4}{64} - \frac{\pi d^4}{64} = \frac{\pi}{64}(30^4 - 20^4) = 31{,}900\text{m}^4$$

$$\therefore Z = \frac{31{,}900}{15} = 2{,}130\text{cm}^3$$

만약 $\frac{\pi D^3}{32}$ 으로 바로 계산하면 다음과 같은 오답이 나온다.

$$Z = \frac{\pi}{32}(30^3 - 20^3) = 1{,}865\text{cm}^3 \text{(틀린 값)}$$

예제 33

[그림 4-76]과 같은 $I-300\times200$ 형강의 x축에 대한 단면 2차모멘트 $I_x = 15{,}000\text{cm}^4$이라면 이 형강의 단면계수는?

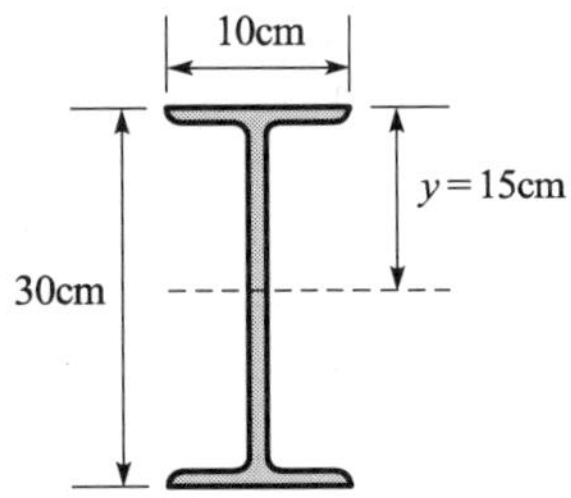

[그림 4-76]

$$Z = \frac{I}{y} = \frac{15{,}000}{15} = 1{,}000\text{cm}^3$$

예제 34

[그림 4-77]과 같은 A 단면($I_x = 1{,}000\text{cm}^4$, $Z_x = 150\text{cm}^3$)과 B 단면($I_x = 100\text{cm}^4$, $Z_x = 20\text{cm}^3$)을 합성하여 C 단면을 만들었다. C 단면의 단면계수를 계산하라.

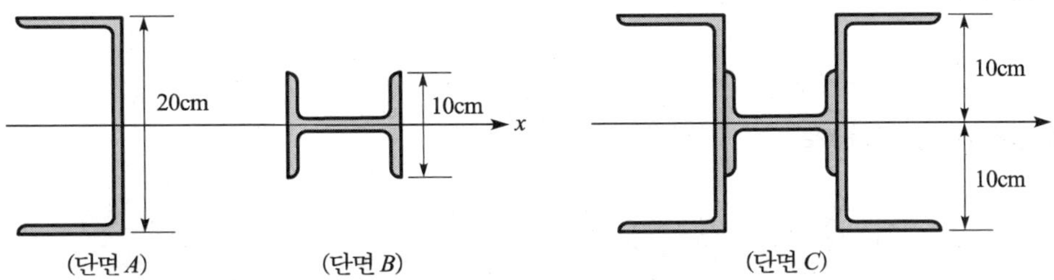

[그림 4-77]

합성단면의 단면 2차모멘트는 다음과 같다.

$$I_x = 1{,}000\times2+100 = 2{,}100\text{cm}^4$$

$$\therefore Z = \frac{I_x}{y} = \frac{2100}{10} = 210\text{cm}^3$$

예제 35

[그림 4-78]과 같은 원형단면에서 최대단면계수를 갖는(가장 경제적인 단면) 폭 b와 높이 h를 결정하라.

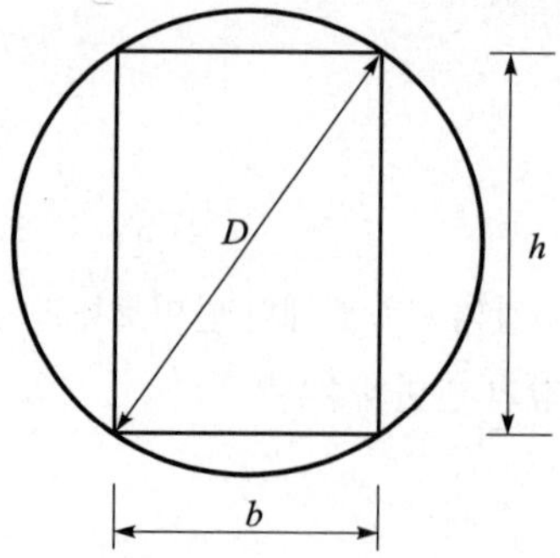

[그림 4-78]

피타고라스 정리에서 $h=\sqrt{D^2-b^2}$ 이고 사각형단면의 단면계수 $Z=\dfrac{bh^2}{6}$ 이므로

$$Z=\frac{bh^2}{6}=\frac{b(D^2-b^2)}{6}=\frac{1}{6}(D^2b-b^3)$$

이 값이 최대가 되려면 $\dfrac{\partial Z}{\partial b}=\dfrac{1}{6}(D^2-3b^2)=0$

$D^2-3b^2=0$이므로

$$\therefore b=\frac{D}{\sqrt{3}}$$

이 b의 값을 $h=\sqrt{D^2-b^2}$ 에 대입하면

$$h=\sqrt{D^2-\frac{D^2}{3}}=\sqrt{\frac{2}{3}}\cdot D$$

이때 단면계수 값을 구해 보면

$$Z=\frac{bh^2}{6}=\frac{1}{6}\left(\frac{D}{\sqrt{3}}\right)\left(\sqrt{\frac{2}{3}}D\right)^2=\frac{D^3}{9\sqrt{3}}$$

$$\therefore b=\frac{D}{\sqrt{3}},\quad h=\frac{\sqrt{2}}{\sqrt{3}}D,\quad Z=\frac{D^3}{9\sqrt{3}}$$

4.7 단면2차반경(radius of gyration), 회전반경, 관성반경, r

도형의 전면적이 어떤 점에 집중하였다고 생각하고 주어진 축에 대한 이점의 단면 2차모멘트의 크기가 주어진 축에 대한 분포된 면적의 단면 2차모멘트와 같은 크기가 되는 점을 **단면 2차 중심**(center of gyration of area)이라 하고 이 중심에서 축까지 거리를 단면 2차 반지름이라 한다.

즉, 전면적 A가 어떤 한 점에 집중하였다고 가정할 때 어떤 축에 대한 단면 2차모멘트 Ar^2이 실제 단면 2차모멘트 I와 같을 때 이 r을 회전반경이라 한다. 즉, $A \cdot r^2 = I$ 이므로

$$r = \sqrt{\frac{I}{A}}$$

$$\therefore r_x = \sqrt{\frac{I_x}{A}} \tag{4.10}$$

$$r_y = \sqrt{\frac{I_y}{A}}$$

회전반경은 단면 2차모멘트를 그 단면적으로 나눈 값의 제곱근을 말하며 단위는 길이의 차원을 갖고 있으므로 cm, m로 나타난다.

사각형단면에 대하여 회전반경을 유도하면

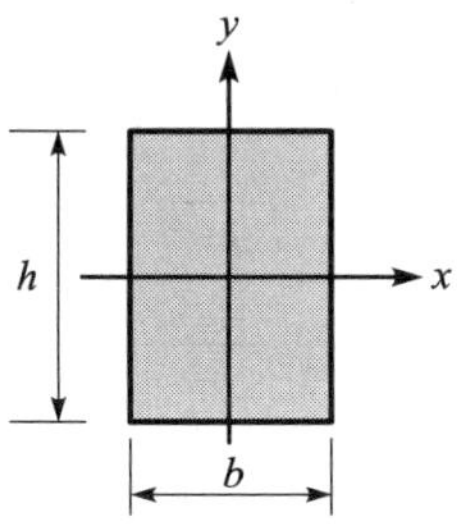

[그림 4-79]

$I_x = \dfrac{bh^3}{12}$, $I_y = \dfrac{hb^3}{12}$ 이므로

$$r_x = \sqrt{\frac{\frac{bh^3}{12}}{bh}} = \sqrt{\frac{h^2}{12}} = \frac{h}{\sqrt{12}}$$

$$r_y = \sqrt{\frac{\frac{hb^3}{12}}{bh}} = \sqrt{\frac{b^2}{12}} = \frac{b}{\sqrt{12}}$$

이 r_x, r_y중 작은 값을 최소회전반경이라 한다.

또 평행축정리에서 임의 평행축에서 회전반경을 r'라 하면, 임의 축 x'에 대한 단면 2차모멘트

$I_x' = I_x + Ae^2$

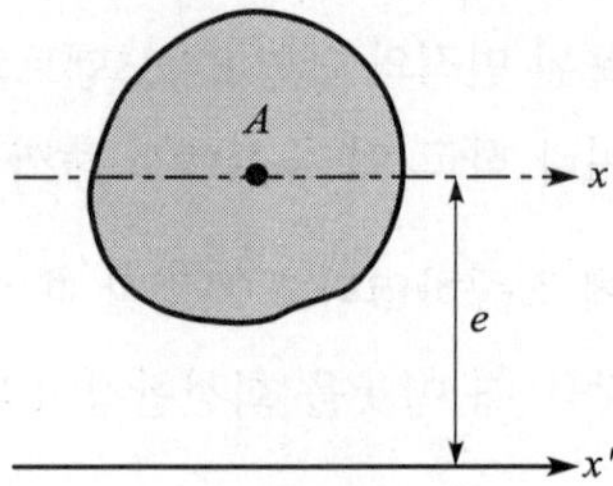

[그림 4-80]

$$r_x' = \sqrt{\frac{I_x'}{A}} = \sqrt{\frac{I_x + Ae^2}{A}} = \sqrt{\frac{I_x}{A} + e^2} = \sqrt{r_x^2 + e^2}$$

양변을 제곱하면

$$\therefore (r_x')^2 = r_x^2 + e^2 \tag{4.11}$$

삼각형의 회전반경은 다음과 같다.

$I = \dfrac{bh^3}{36}$, $A = \dfrac{bh}{2}$ 이므로

$$r = \sqrt{\frac{\frac{bh^3}{36}}{\frac{bh}{2}}} = \sqrt{\frac{h^2}{18}} = \frac{h}{\sqrt{18}}$$

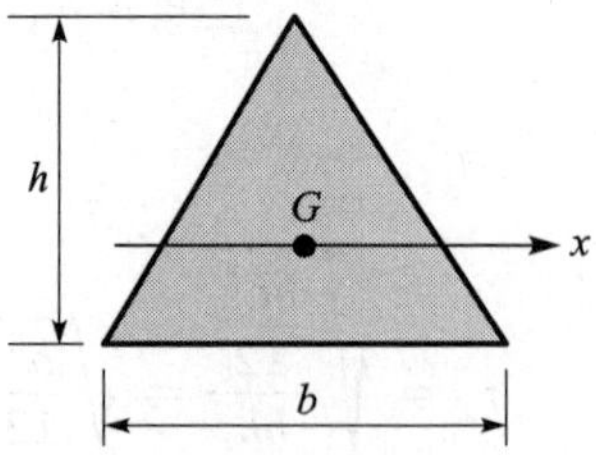

[그림 4-81]

또 원형에 대하여 생각하면

$I=\dfrac{\pi D^4}{64}$, $A=\dfrac{\pi D^2}{4}$ 이므로

$$r=\sqrt{\frac{\dfrac{\pi D^2}{64}}{\dfrac{\pi D^4}{4}}}=\sqrt{\frac{D^2}{16}}=\frac{D}{4}$$

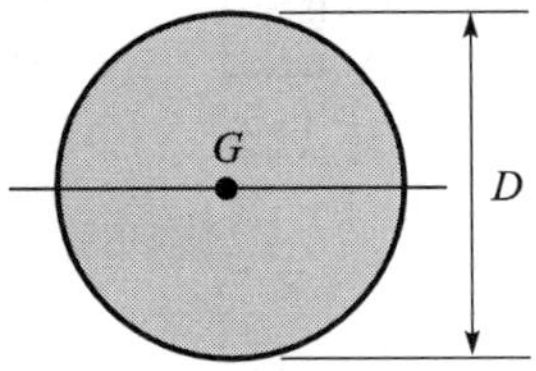

[그림 4-82]

예제 36

[그림 4-83]과 같은 중공원형단면에서 도심에 대한 회전반경은 얼마인가?

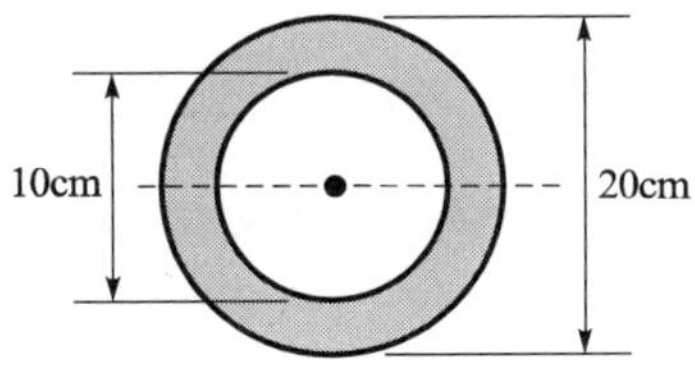

[그림 4-83]

$r=\sqrt{\dfrac{I}{A}}$ 이므로,

$$I=\frac{\pi}{64}(20^4-10^4)=7363.1\text{cm}^4$$

$$A=\frac{\pi}{4}(20^2-10^2)=235.62\text{cm}^2$$

$$\therefore r=\sqrt{\frac{7363.1}{235.6}}=\sqrt{31.25}=5.59\text{cm}$$

예제 37

[그림 4-84]와 같은 T 형 단면의 도심에 대한 회전반경을 구하라.

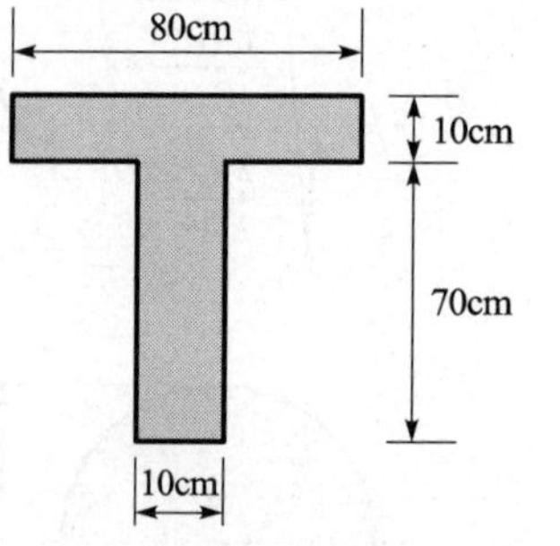

[그림 4-84]

$$y_0 = \frac{G_x}{A} = \frac{80\times10\times75+70\times10\times35}{80\times10+70\times10} = 56.3\text{cm}$$

$$I_x = \frac{80\times10^3}{12} + 80\times10\times18.7^2 + \frac{10\times70^3}{12} + 10\times70\times21.3^2 = 890{,}000\text{cm}^4$$

$$r_x = \sqrt{\frac{I_x}{A}} = \sqrt{\frac{890{,}000}{1500}} = 24.36\text{cm}$$

4.8 주축(principal axis)

임의의 평면 좌표에서 원점 o를 중심으로 x, y 직교좌표를 회전시키면 각각 축에 관한 단면 2차모멘트 I_x, I_y의 값이 계속 변화할 것이다.

x, y축의 원점을 중심으로 360° 회전시키면 x축에 가장 큰 단면 2차모멘트를 나타내는 축이 있고 반면 y축에는 가장 작은 단면 2차모멘트가 생기는 축이 있다. 이와 같이 최대 및 최소 단면 2차모멘트 값을 갖는 직각좌표 축을 주축이라 한다.

(1) 주축의 결정

어느 평면도형의 도심을 지나는 x, y축에 대한 2차모멘트와 상승모멘트는 다음과 같다.

$$I_x = \int_A y^2 dA,\quad I_y = \int_A x^2 dA,\quad I_{xy} = \int_A xy dA$$

다음 [그림 4-85]와 같이 x, y축을 o를 중심으로 θ만큼 회전한 직교좌표를 u, v좌표라 하고 이 u, v좌표에 관한 2차모멘트 I_u, I_v와 상승모멘트 I_{uv}를 생각하면

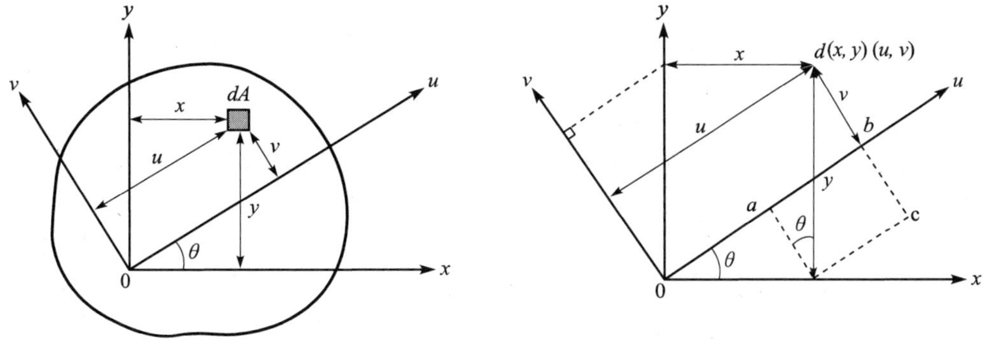

(a) (b)

[그림 4-85]

[그림 4-85(b)]에서 $\begin{cases} u = \overline{oa} + \overline{ab} = x\cos\theta + y\sin\theta \\ v = \overline{cd} - \overline{bc} = y\cos\theta - x\sin\theta = -x\sin\theta + y\cos\theta \end{cases}$

u, v축에 관한 단면 2차모멘트 I_u, I_v를 구하면

$$\begin{aligned} I_u &= \int_A v^2 dA = \int_A (-x\sin\theta + y\cos\theta)^2 dA \\ &= \int_A (x^2\sin^2\theta + y^2\cos^2\theta - 2xy\sin\theta\cos\theta)\, dA \\ &= \int_A x^2 dA \sin^2\theta + \int_A y^2 dA \cdot \cos^2\theta - \int_A xy\, dA\, 2\sin\theta\cos\theta \end{aligned}$$

삼각함수에서 $2\sin\theta\cos\theta = \sin 2\theta$ 이므로

$$I_u = I_y \cdot \sin^2\theta + I_x \cdot \cos^2\theta - I_{xy} \cdot \sin^2\theta$$

$$\begin{aligned} I_v &= \int_A u^2 dA = \int_A (x\cos\theta + y\sin\theta)^2 dA \\ &= \int_A (x^2\cos^2\theta + y^2\sin^2\theta + 2xy\cos\theta\sin\theta)\, dA = I_y\cos\theta + I_x\sin\theta + I_{xy}\sin 2\theta \end{aligned}$$

I_u와 I_v는 다음과 같다.

$$I_u = I_x\cos^2\theta + I_y\sin^2\theta - I_{xy}\sin 2\theta \qquad \text{(a)}$$
$$I_v = I_x\sin^2\theta + I_y\cos^2\theta + I_{xy}\sin 2\theta$$

또 u, v축에 대한 상승모멘트 I_{uv}는

$$\begin{aligned} I_{uv} &= \int_A uv\,dA \\ &= \int_A (x\cos\theta + y\sin\theta)(-x\sin\theta + y\cos\theta)\,dA \\ &= \int_A (-x^2\sin\theta\cos\theta - xy\sin^2\theta + xy\cos^2\theta + y^2\sin\theta\cos\theta)\,dA \\ &= \int_A [(y^2 - x^2)\sin\theta\cos\theta + xy(\cos^2\theta - \sin^2\theta)]\,dA \end{aligned}$$

삼각함수에서 $\sin\theta\cos\theta = \dfrac{\sin 2\theta}{2}$, $\cos^2\theta - \sin^2\theta = \cos 2\theta$이므로

$$I_{uv} = \int_A (y^2 - x^2)\frac{\sin 2\theta}{2}dA + \int_A xy(\cos 2\theta)dA$$

$$I_{uv} = \frac{I_x - I_y}{2}\sin 2\theta + I_{xy}\cos 2\theta \qquad \text{(b)}$$

식 (a)에서 $I_u + I_v$하면

$$I_u + I_v = I_x(\sin^2\theta + \cos^2\theta) + I_y(\sin^2\theta + \cos^2\theta) = I_x + I_y$$

여기서 $I_x + I_y$는 단면 2차 극모멘트 I_p이므로 다음 관계식이 성립한다.

$$\therefore I_u + I_v = I_x + I_y = I_p \qquad (4.12)$$

즉, 원점에서 좌표축이 회전하여도 이들 직교축에 대한 단면 2차모멘트의 합은 항상 일정한 값을 갖는다.

I_u의 값이 최대가 되면 I_v의 값은 최소가 되고, 이 최대·최솟값을 주는 축을 주축이라 하며, 이때 I_u, I_v를 주단면 2차모멘트라 한다.

주단면 2차모멘트가 생기는 주축은 I_u를 θ로 편미분하였을 때 0이 되는 곳에서 생긴다.

삼각함수 미분에서 $\begin{cases} \dfrac{d}{d\theta}(\sin^2\theta) = 2\sin\theta\cos\theta \\ \dfrac{d}{d\theta}(\cos^2\theta) = -2\sin\theta\cos\theta \\ \dfrac{d}{d\theta}(\sin 2\theta) = 2\cos 2\theta = 2(\cos^2\theta - \sin^2\theta) \end{cases}$

이고,

$$I_u = I_x \cos^2\theta + I_y \sin^2\theta - I_{xy} \sin 2\theta$$

이므로,

$$\begin{aligned} \frac{\partial I_u}{\partial\theta} &= -2I_x \sin\theta\cos\theta + 2I_y \sin\theta\cos\theta - 2I_{xy}\cos^2\theta + 2I_{xy}\sin^2\theta \\ &= -2[(I_x - I_y)\sin\theta\cos\theta + I_{xy}(\cos^2\theta - \sin^2\theta)] \\ &= -2\left[\frac{(I_x - I_y)}{2}\sin 2\theta + I_{xy}\cos 2\theta\right] \end{aligned}$$

여기서 [ ]내의 값은 식 (b)의 I_{uv}와 동일하므로 다음과 같다.

$$\frac{\partial I_u}{\partial\theta} = -2I_{uv}, \quad \frac{\partial I_v}{\partial\theta} = 2I_{uv}$$

그러므로 $I_{uv} = 0$일 때 I_u 또는 I_v가 최대 또는 최소임을 알 수 있다.

즉, 주축의 위치는 상승모멘트 값이 0이 되는 곳이므로 주축의 방향은 $I_{uv} = 0$에서 구하면 된다.

$$I_{uv} = \frac{I_x - I_y}{2}\sin 2\theta + I_{xy}\cos 2\theta = 0$$

$$\frac{\sin 2\theta}{\cos 2\theta} = \frac{-I_{xy}}{\dfrac{I_x - I_y}{2}}$$

$$\therefore \tan 2\theta = -\frac{2I_{xy}}{I_x - I_y} \qquad (4.13)$$

이 식 중 θ는 주축의 위치각을 말하며 2θ의 두 값이 계산되며 π만큼 차이가 있다. [2θ와 $2\theta + \pi$] 이에 해당하는 2개의 θ값은 $\pi/2$만큼의 차가 있고 서로 직교한다.
이상 주축에 관한 사항을 요약하면 다음과 같다.

① 주축은 식 (4.13)으로 정해지는 한 쌍의 직교축을 이룬다.
② 주축에 대한 상승모멘트는 0이다.
③ 주축에 대한 단면 2차모멘트는 최대 및 최소이다.
④ 대칭축은 항상 주축이 되며 그 축에 직교하는 축도 주축이 된다([그림 4-86]).

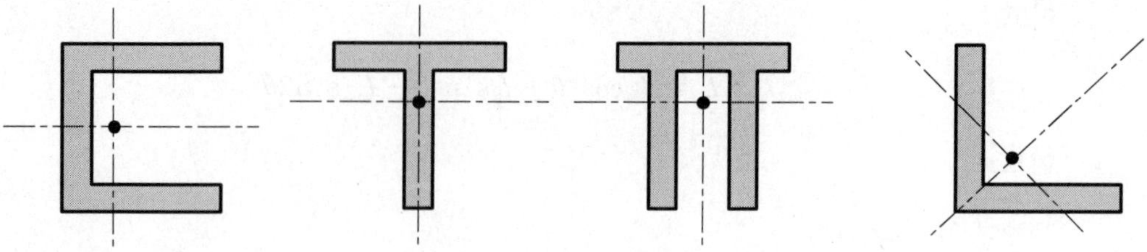

[그림 4-86] 주축

(2) 주단면 2차모멘트(principal moment of inertia), 주관성모멘트

주단면 2차모멘트를 얻기 위하여 식 (a)를 변형하면

식 (a) : $I_u = I_x \cos^2\theta + I_y \sin^2\theta - I_{xy}\sin 2\theta$

여기서, $\cos^2\theta = \frac{1}{2}(1+\cos 2\theta)$, $\sin^2\theta = \frac{1}{2}(1-\cos 2\theta)$이므로,

$$\begin{aligned} I_u &= \frac{I_x}{2}(1+\cos 2\theta) + \frac{I_y}{2}(1-\cos 2\theta) - I_{xy}\sin 2\theta \\ &= \frac{1}{2}(I_x + I_y) + \frac{1}{2}(I_x - I_y)\cos 2\theta - I_{xy}\sin 2\theta \qquad \text{(c)} \end{aligned}$$

이때 I_u의 값은 식 (4.13)의 조건을 만족하는 θ에서 생기므로 $\tan 2\theta = \dfrac{-2I_{xy}}{I_x - I_y}$를 [그림 4-87]로 표시하면 다음과 같다.

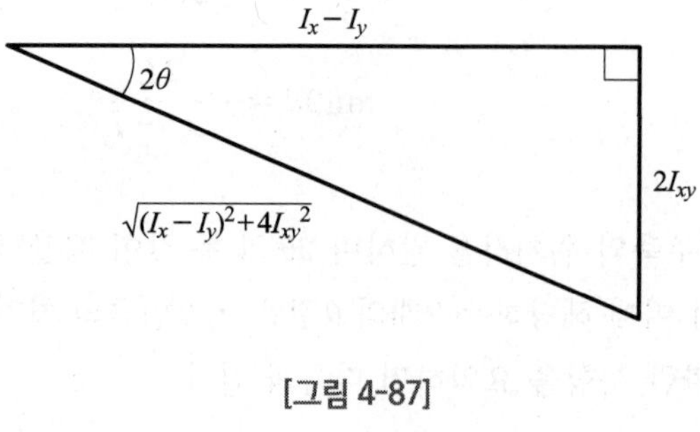

[그림 4-87]

[그림 4-87]에서

$$\sin 2\theta = \frac{-2I_{xy}}{\sqrt{(I_x - I_y)^2 + 4I_{xy}^2}}$$

$$\cos 2\theta = \frac{I_x - I_y}{\sqrt{(I_x - I_y)^2 + 4I_{xy}^2}}$$

이 $\sin 2\theta$와 $\cos 2\theta$를 식 (c)에 대입하면,

$$\begin{aligned} I_{\max} &= \frac{1}{2}(I_x + I_y) + \frac{1}{2}(I_x - I_x)\frac{I_x - I_y}{\sqrt{(I_x - I_y)^2 + 4I_{xy}^2}} + I_{xy}\frac{2I_{xy}}{\sqrt{(I_x - I_y)^2 + 4I_{xy}^2}} \\ &= \frac{1}{2}(I_x + I_y) + \frac{1}{2}\left[\frac{(I_x - I_y)^2 + 4I_{xy}^2}{\sqrt{(I_x - I_y)^2 + 4I_{xy}^2}}\right] \\ &= \frac{1}{2}(I_x + I_y) + \frac{1}{2}\sqrt{(I_x - I_y)^2 + 4I_{xy}^2} \end{aligned}$$

최대주단면 $I_{\max}$와 최소주단면 $I_{\min}$은 다음과 같다.

$$I_{\max} = \frac{I_x + I_y}{2} + \frac{1}{2}\sqrt{(I_x - I_y)^2 + 4I_{xy}^2} \qquad (4.14)$$

$$I_{\min} = \frac{I_x + I_y}{2} - \frac{1}{2}\sqrt{(I_x - I_y)^2 + 4I_{xy}^2}$$

(3) 주단면 모어의 원(Mohr's circle)

식 (c)에서

$$I = \frac{1}{2}(I_x + I_y) + \frac{1}{2}(I_x - I_y)\cos 2\theta - I_{xy}\sin 2\theta$$

$$I - \frac{I_x + I_y}{2} = \frac{I_x - I_y}{2}\cos 2\theta - I_{xy}\sin 2\theta \qquad (d)$$

또, 식 (b)에서

$$I_{uv} = \frac{I_x - I_y}{2}\sin 2\theta + \mathrm{I_{xy}}\cos 2\theta \qquad (e)$$

식 (d), (e)의 양변을 제곱하여 합하면

$$\left(I-\frac{I_x+I_y}{2}\right)^2+I_{uv}^2=\left(\frac{I_x-I_y}{2}\right)^2+I_{xy}^2 \qquad \text{(f)}$$

x, y 직각좌표계에서 점 (a, b)를 중심으로 반경 r인 원방정식의 표준형은 다음과 같다.

$$(x-a)^2+(y-b)^2=r^2$$

그러므로 식 (f)는 I, I_{uv}인 직교좌표에 중심좌표가 $\left(\frac{I_x+I_y}{2},\ 0\right)$이고,

반경이 $\sqrt{\left(\frac{I_x-I_y}{2}\right)^2+I_{xy}^2}$ 인 원이 되며 이와 같은 원을 모아의 원(Mohr's circle)이라 한다.

또 모아의 원에서 $I_{\max}$, $I_{\min}$를 구해 보면

$$I_{\max}=\overline{OA}+\overline{AB}=\frac{I_x+I_y}{2}+\sqrt{\left(\frac{I_x-I_y}{2}\right)^2+I_{xy}^2}$$

$$I_{\min}=\overline{OA}-\overline{AC}=\frac{I_x+I_y}{2}-\sqrt{\left(\frac{I_x-I_y}{2}\right)^2+I_{xy}^2}$$

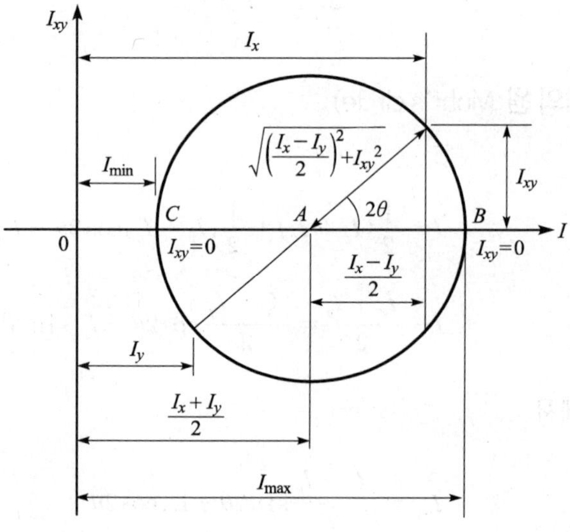

[그림 4-88]

예제 38

[그림 4-89]와 같은 L형 단면의 o점에서 주축 및 주단면 2차모멘트를 구하라.

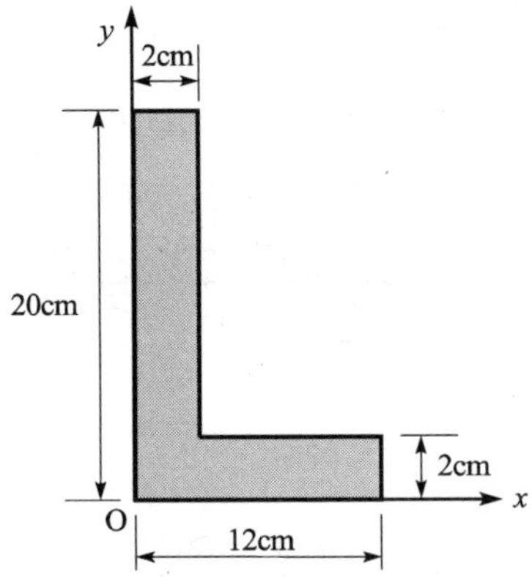

[그림 4-89]

x, y축에 대한 단면 2차모멘트 I_x, I_y를 구하면

$$I_x = \frac{2\times 20^3}{3} + \frac{10\times 2^3}{3} = 5360\text{cm}^4$$

$$I_y = \frac{18\times 2^3}{3} + \frac{2\times 12^3}{3} = 1200\text{cm}^4$$

또 x, y축에 대한 상승모멘트

$$I_{xy} = (2\times 20)\times 1\times 10 + (2\times 10)\times 1\times 7 = 540\text{cm}^4$$

주축의 위치

$$\tan 2\theta = -\frac{2I_{xy}}{I_x - I_y} = -\frac{2\times 540}{5360-1200} = -0.259$$

$$2\theta = -14°31'14'', \ \theta = 7°15'37''$$

주축의 회전각을 x축에 관하여 표시하면

∴ 최대주축 $\theta_1 = -7°15'37'' + 180° = 172°44'23''$

최소주축 $\theta_2 = -7°15'37'' + 90° = 82°44'23''$

주단면 2차 모멘트는 다음과 같다.

$$I_{\substack{\max\\ \min}} = \frac{I_x + I_y}{2} \pm \frac{1}{2}\sqrt{(I_x - I_y)^2 + 4I_{xy}^2}$$

$$= 3280 \pm 2148.95$$

$$\therefore I_{\max} = 5248.95\text{cm}^4,\ \ I_{\min} = 1131.05\text{cm}^4$$

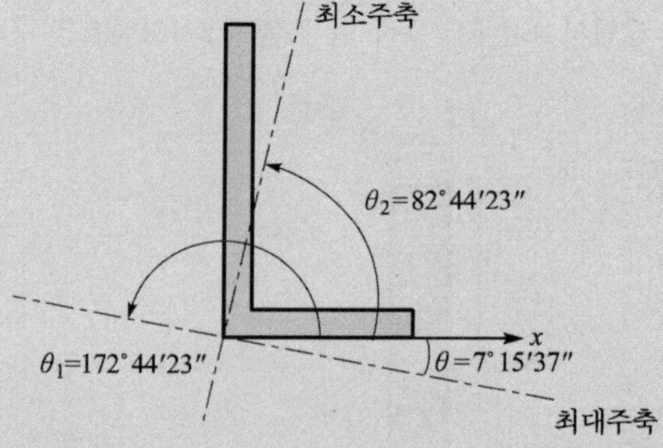

[그림 4-90]

모아의 원을 그려보면 중심이 $\left(\dfrac{I_x+I_y}{2}=3280.0\right)$이고 반경이 (2148.95)인 원이 된다.

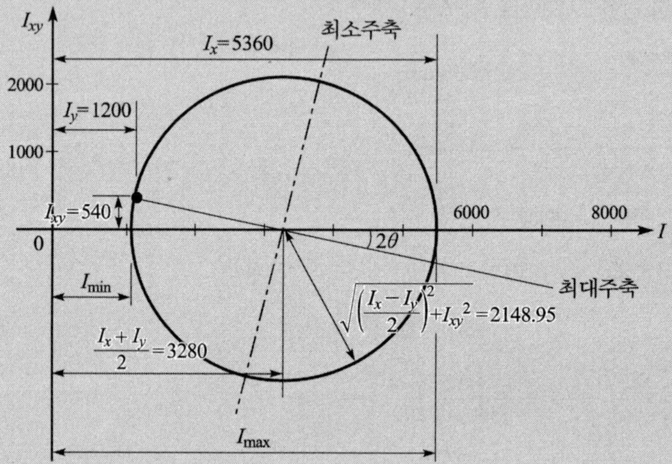

[그림 4-91]

(4) 주단면 2차반경과 2차타원

단면적 A인 평면도형의 원점 o에서 주축에 관한 단면2차반경을 주단면 2차반경(principal radius of gyration of area)이라 한다.

지금 x, y축에 대한 최대 최소 주단면 2차모멘트를 I_1, I_2라 하고 최대 주단면 2차반경을 r_1, 최소주단면 2차반경을 r_2라 하면

$$r_1 = \sqrt{\frac{I_1}{A}}$$

$$r_2 = \sqrt{\frac{I_2}{A}}$$

또 [그림 4-92]에서 원점 o을 중심으로 하는 타원을 단면2차타원(ellipse of inertia of area) 또는 관성타원이라 한다.

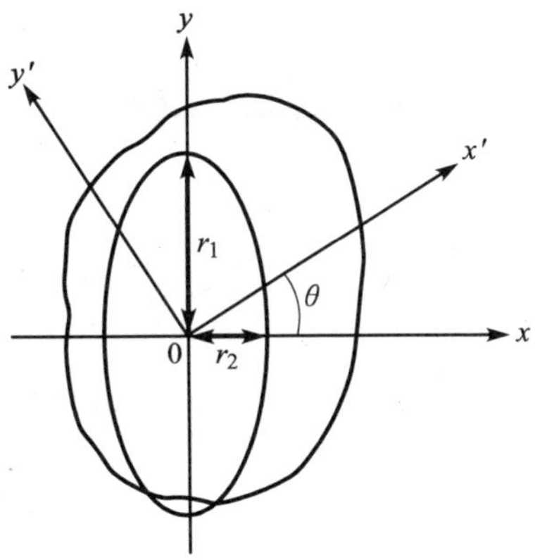

[그림 4-92]

[그림 4-92]에서 ox, oy를 주축으로 하고 θ만큼 회전되어 ox', oy'축을 잡으면 식 (a)에 의하여

$$I_x' = I_x \cos^2\theta + I_y \sin^2\theta$$

$$I_y' = I_y \cos^2\theta + I_x \sin^2\theta$$

이 식을 A로 나누면 회전반경에 관한 식을 얻는다.

$$r_x'^2 = rx^2\cos^2\theta + r_y^2 \sin^2\theta$$

$$r_x'^2 = ry^2\cos^2\theta + r_x^2 \sin^2\theta$$

따라서,

$$I_x{}' + I_y{}' = I_x + I_y \tag{4.15}$$

$$r_x{}'^2 + r_y^2 = r_x^2 + r_y^2$$

이며, 단면 2차타원 방정식은 다음과 같이 나타난다([그림 4-93]).

$$\frac{x^2}{r_y^2} + \frac{y^2}{r_x^2} = 1$$

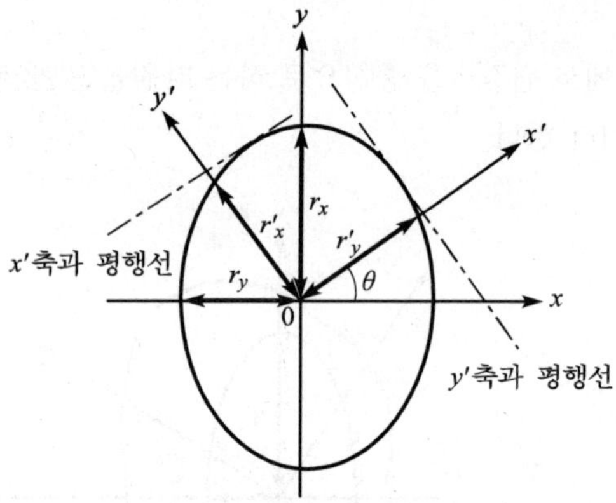

[그림 4-93] 단면 2차 타원

연습문제

01 다음 도형들의 x축에 대한 단면 1차모멘트를 구하라.

(1)

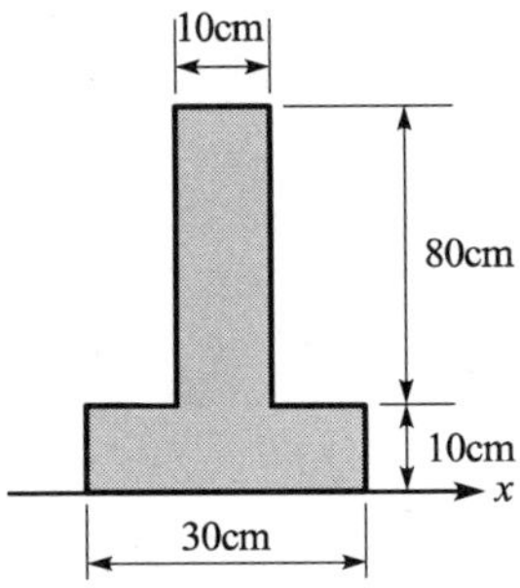

(2)

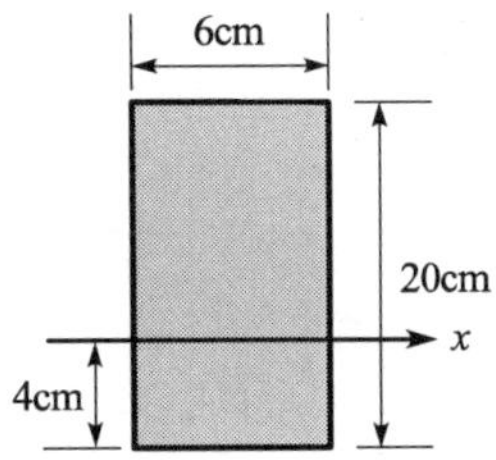

답 (1) $9,000\text{cm}^3$ (2) 720cm^3

02 다음 도형의 도심 y_0를 구하라.

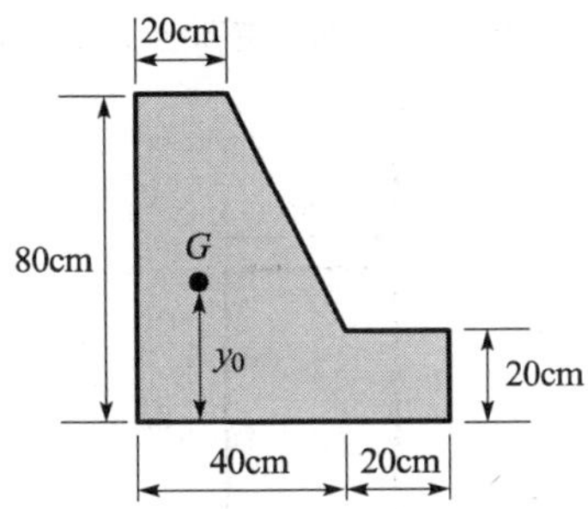

답 $y_0 = 32\text{cm}$

03 다음 그림과 같은 원형단면의 y축에 대한 단면 2차모멘트는?

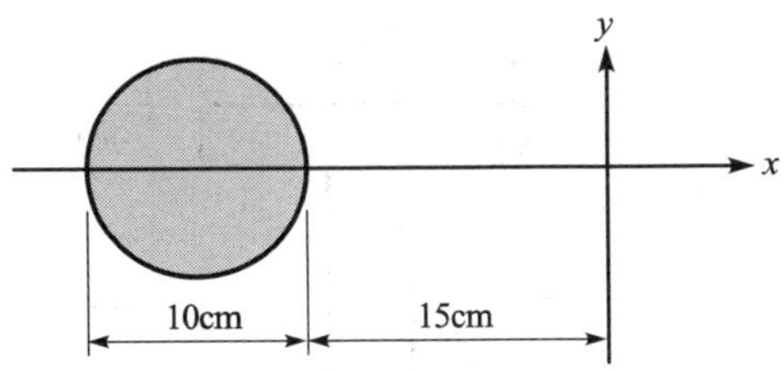

답 $I_y = 31,891\text{cm}^4$

04 원주상한점 A점에 대한 극모멘트의 크기를 구하라.

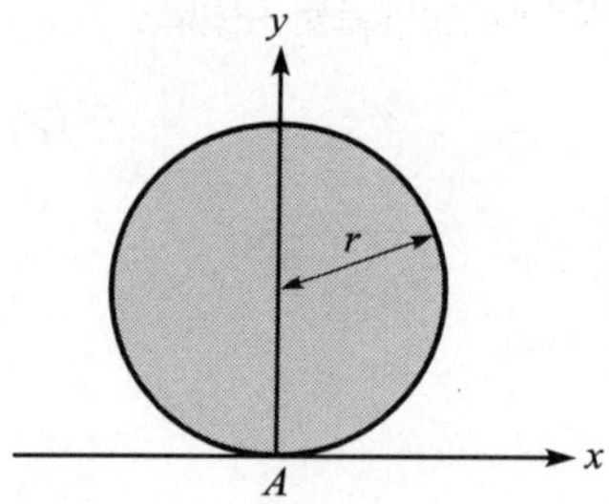

답 $I_p = \frac{3}{2}\pi r^4$

05 어떤 도형의 극모멘트가 2,000cm^{4}이다. 이 극점을 지나는 x축에 대한 단면 2차모멘트가 1,400cm^{4}일 때 x축과 직교하는 y축에 대한 단면 2차모멘트는?

답 $I_y = 600\,\text{cm}^4$

06 그림과 같은 직사각형단면의 x, y축에 대한 상승모멘트 I_{xy}는 얼마인가?

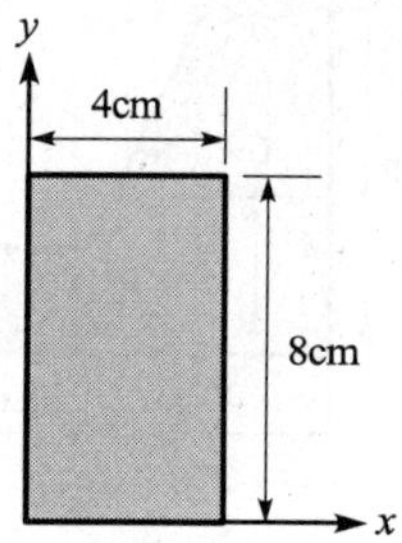

답 $I_{xy} = 256\,\text{cm}^4$

07 다음과 같은 T형 단면에서 하단에 대한 단면계수를 구하라.

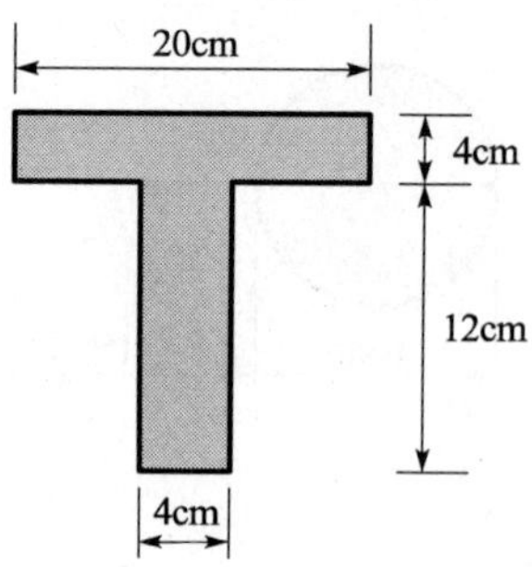

답 $Z = 236.6\,\text{cm}^3$

08 다음 사각형단면에서 최소 회전반경을 구하라.

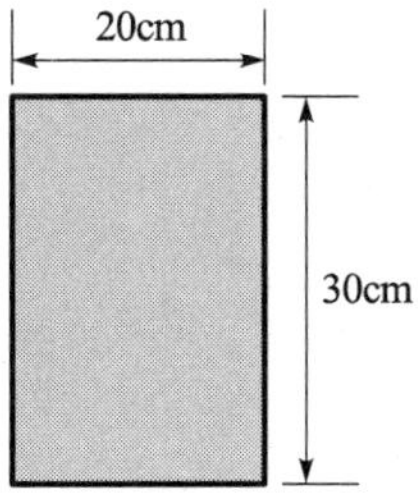

답 $r = 5.77\,\text{cm}$

09 다음 그림과 같은 L형 단면의 o점에서 주축의 위치 및 주단면 2차모멘트를 구하라.

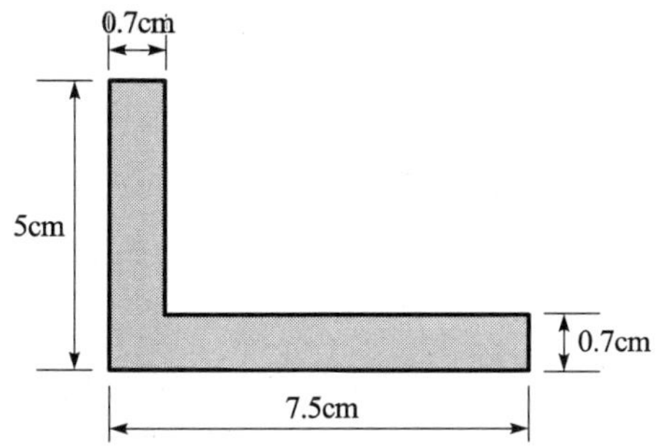

답 $\theta = 8°0'7''$, $I_{\max} = 100.3\,\text{cm}^4$, $I_{\min} = 28.6\,\text{cm}^4$

CHAPTER 5

단순보

5.1 보의 일반

안정된 구조물 중에서 임의의 외력에 대하여 평형 3조건만으로 해석이 가능한 구조를 정정구조(statically determinate structure)라 한다.

단면의 치수에 비하여 길이가 긴 부재가 적당한 방법으로 지지(support)되어 축선에 수직방향의 하중을 받아 주로 휨(bending)에 의하여 외력에 저항하는 구조물을 보(들보, beam)라 한다.

보에서 작용하는 외력에 대한 반력(reaction)은 지지방법에 의하여 결정되며 그 값은 재료의 종류나 그 단면의 크기와는 관계가 없다. 또 정정구조에서는 온도의 변화, 지반의 침하, 부재의 수축·팽창 등 때문에 구조물에 작은 변형이 생겨도 이에 따른 영향은 고려하지 않는다.

(1) 지점반력(reaction), R

보에 하중이 작용하면 반작용으로 지점에 반력이 생긴다. 하중과 반력은 반드시 균형(평형)을 유지해야 하며, 만약 하중과 반력이 균형을 이루지 못하면 구조물이 움직이고 있으므로 역학적으로 해석이 되지 않는다.

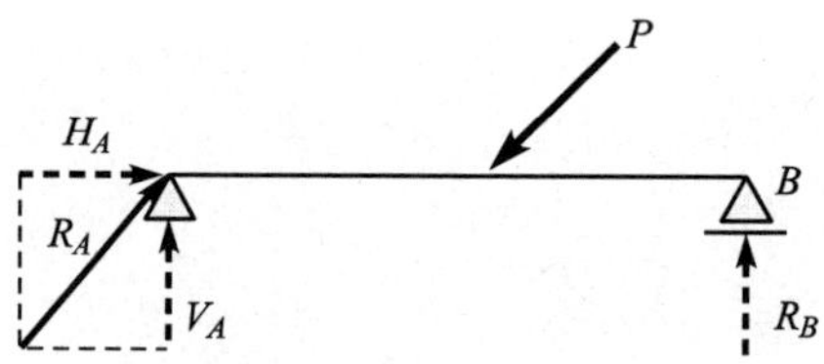

[그림 5-1]

즉, 지점에 일어나는 반작용 힘을 반력이라 하며 [그림 5-1]에서 하중 P로 인하여 생기는 R_A, R_B를 말한다.

또 지점반력은 하중에 의하여 수동적으로 생기는 힘이다. 그러므로 반력도 구조물에 작용하는 외력과 같은 힘이 된다.

(2) 보의 종류

보는 지지방법에 따라 다음과 같이 분류된다.

① 단순보(simple beam)

보의 한쪽지점은 보의 축방향으로 이동할 수 있는 이동 지점(roller)이고 다른 한쪽 단의 지점은 회전지점(hinge)으로 된 보로서 반력수가 3개인 정정보이다.

② 캔틸레버(외팔보, cantilever)

한 단은 고정지점(fixed)으로 되어 있고 타단은 자유단으로 되어 있는 보로서 반력수가 3개인 정정보이다. ⇨ 캔틸레버

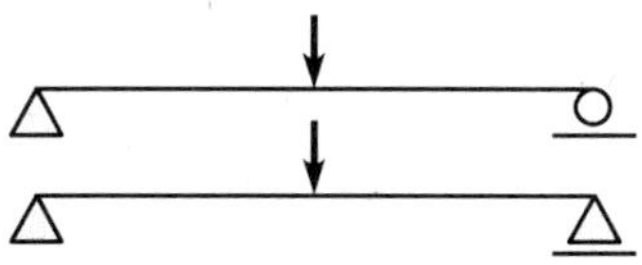

[그림 5-2] **단순보**

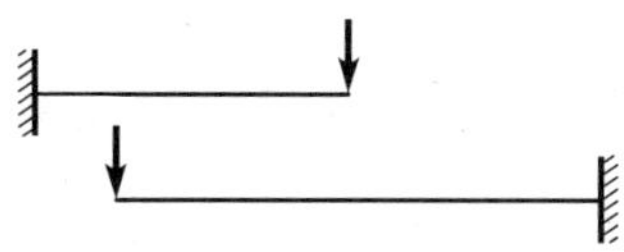

[그림 5-3] **캔틸레버**

③ 내민보, 내다지보(overhanging beam)

단순보의 한쪽단 또는 양쪽단을 연장한 보로서 지점반력이 3개인 정정보이다. 구조적으로는 단순보와 캔틸레버가 합성된 것과 같다(장출).

⇨ 내민보

④ 겔버보(게르버보, Gerber's beam)

3개 이상 지점을 갖는 부정정 연속보에서 부재의 적절한 곳에 활절(hinge)을 넣어 정정으로 해석할 수 있는 구조.

반력은 4개 이상이 되나 조건식이 늘어나므로 평형조건만으로 해석할 수 있고 구조적으로 내민보와 단순보가 합성된 구조이다. ⇨ 겔버보

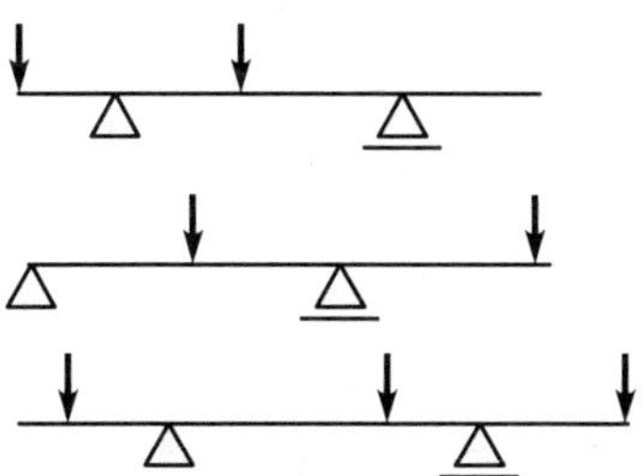

[그림 5-4] **내민보**

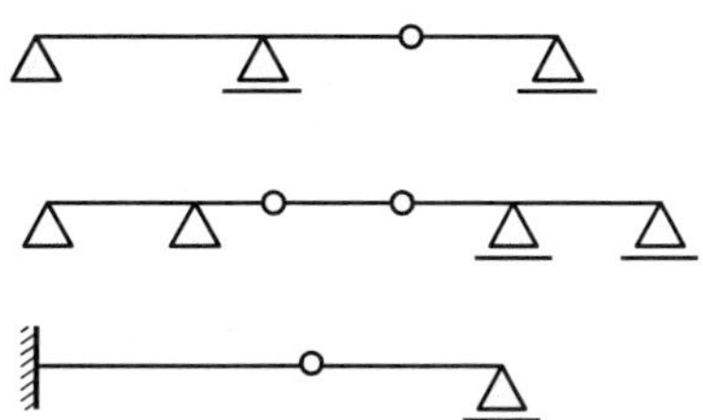

[그림 5-5] **겔버보**

⑤ 고정지지보(one end fixed other end supported beam)

한단은 고정지점으로 되어 있고 타단은 가동지점([그림 5-6(a)]) 또는 회전지점([그림 5-6(b)])으로 구성되어 있는 보로서 반력이 4개, 5개인 부정정 구조물이다.

⇨ 부정정보

[그림 5-6] **고정지지보**

⑥ 고정보(fixed beam)

양쪽단을 모두 고정단으로 한 보로서 반력수가 6개인 3차 부정정 구조물이다.
⇨ 부정정보

⑦ 연속보(continuous beam)

1개의 회전지점과 2개 이상의 이동지점이 부재를 연속하여 지지하는 구조물로서 미지의 반력수는 지점수보다 1개가 많은 부정정 구조이다. ⇨ 부정정보

[그림 5-7] **고정보**

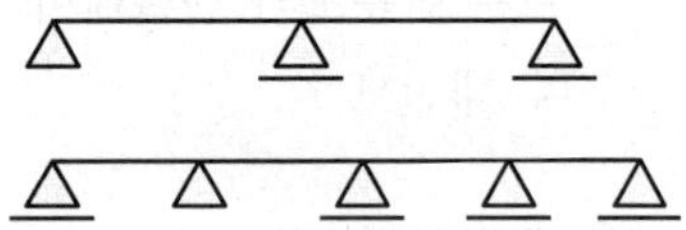

[그림 5-8] **연속보**

이상의 보들을 정리하면 다음과 같다.

- 보(beam)
  - 정정
    - 단순보(simple beam)
    - 캔틸레버(cantilever)
    - 내민보(overhanging beam)
    - 겔버보(Gerber's beam)
  - 부정정
    - 고정지지보
    - 고정보
    - 연속보

5.2 단면력(section force)

보에 하중이 작용하면 보에는 다음 3가지의 힘이 작용된다.

① 전단력 : 외력에 의하여 보에 수직으로 작용되는 힘

② 휨모멘트 : 외력에 의하여 보를 휘려고 하는 힘

③ 축방향력 : 외력에 의하여 보의 축방향으로 생기는 압축력 또는 인장력

보를 설계할 경우 응력(stress)을 알아야 하며 이 응력은 단면력(전단력, 휨모멘트, 축방향력)에 의하여 결정되며 단면력은 단면의 크기나 형상과는 무관하다.

단면력의 계산은 구하려고 하는 위치에서 보를 절단하였다고 생각하고, 그 단면에 작용하는 외력이 그 단면에 미치는 단면력을 구한다. 즉, 절단된 단면의 좌측 또는 우측 어느 한쪽만 생각한다(만약 양쪽에서 생각하면 평형조건에서 단면력이 0이 된다).

(1) 전단력(shearing force), S

보의 부재축에 직각방향으로 부재를 자지려 하는 힘으로, 부재에 작용하는 외력의 부재축에 직각방향 분력이며, 단위는 힘의 단위로 나타난다(kg, ton).

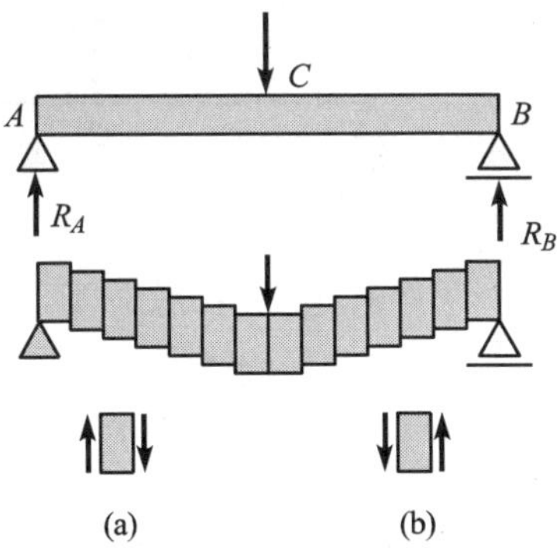

[그림 5-9] 전단력

즉, [그림 5-9]에서 AB 단순보가 임의 C점에 집중하중 P를 받으면 반력 R_A, R_B가 나타나며, $(A-C)$ 구간과 $(C-B)$ 구간에 각각 다른 성질의 수직력을 나타낸다([그림 5-9(a), (b)]). 이와 같이 다른 성질을 구분하기 위하여 다음과 같이 전단력의 부호를 가정한다.

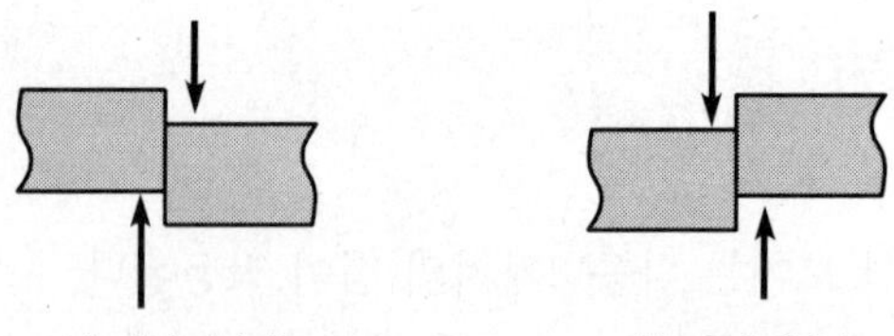

[그림 5-10]

보를 해석할 경우는 단면의 좌측 또는 우측의 수직력의 합으로 생각하면 된다. 단면의 좌측을 생각할 경우 수직분력의 합계가 위로 향할 경우 (+)이고, 우측을 생각할 경우는 수직력의 합계가 아래로 향할 경우 (+)이다. 즉, 보를 좌에서 우로 풀어갈 때 위로 향하는 힘이 (+)이고 아래로 향하는 힘을 (−)로 하면 된다.

또 이 전단력의 부호에 관한 약속은 편의상 구분하기 위한 것이며 응력의 성질에는 전혀 차이가 없다.

지금 보$(A,\ B)$에 다음과 같은 하중이 작용할 경우 전단력을 생각하면

D점의 전단력 $S_{\rm D} = +3{\rm t}$

E점의 전단력 $S_{\rm E} = +3-10 = -7{\rm t}$

으로 나타난다.

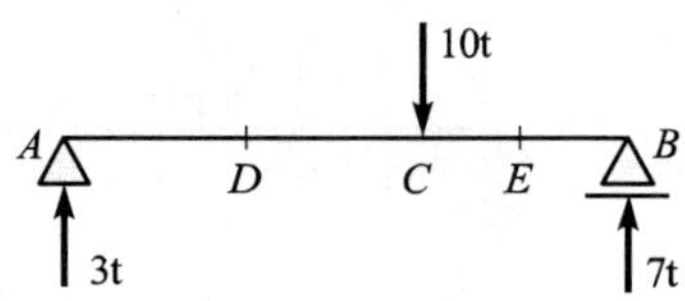

[그림 5-11]

예제 1

다음과 같은 보에서 $E-F$ 구간의 전단력을 구하라.

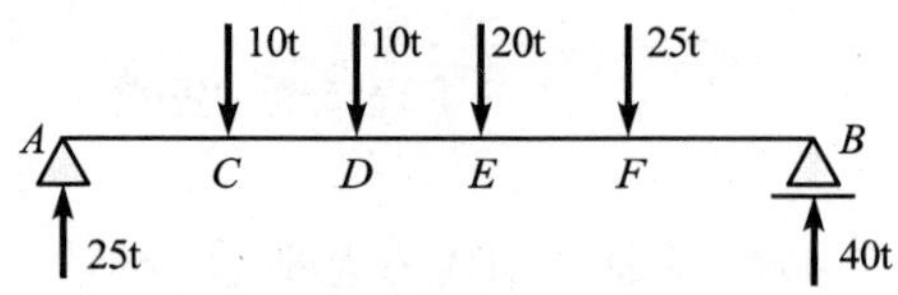

[그림 5-12]

좌측에서 풀어 들어가면

$E-F$ 구간의 전단력, $S_{\rm E-F}$

$S_{\rm E-F} = 25-10-10-20 = -15{\rm t}$

즉, 좌에서 생각하나 우에서 생각하나 같은 결과이다.

(2) 휨모멘트(곡모멘트, 굽힘모멘트, bending moment), M

보에 외력이 작용하여 보를 휘려고 하는 힘의 크기를 휨모멘트라 하며, 보의 임의 점에 대한 휨모멘트는 그 점의 좌측 또는 우측에 있는 외력들이 그 점에 대한 모멘트의 값이며 단위는 모멘트의 단위 kg·cm, t·m로 나타난다. 즉,

$$휨모멘트 = \Sigma(힘의\ 크기) \times (거리)$$

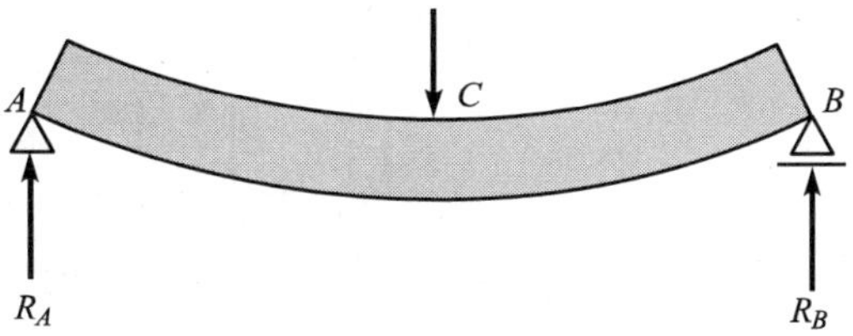

[그림 5-13] **휨모멘트**

또 휨모멘트도 보가 아래로 휠 경우와 위로 휘어질 경우가 있으므로 구분해줄 필요가 있다. 그래서 휨을 받아 상단에 압축이 생기고 하단에 인장이 생기는 경우를 정(+)로 가정한다.

(a) 모멘트 정(+)　　(b) 모멘트 부(−)

[그림 5-14]

보를 해석할 경우는 좌에서 우측으로 해석할 경우 모멘트가 시계방향(↷)으로 회전할 경우 (+)로 생각하고 해석하면 편리하고 우측에서 해석할 경우 그 반대이다.
또 모멘트의 (+), (−)는 보의 설계에서 주철근의 위치를 결정하는 것이므로 중요하다.
다음 보에서 C점의 모멘트를 생각하면 보를 A에서 C로 풀면 시계방향이 (+)이므로

$$M_C = 7 \times 3 = 21\text{t}\cdot\text{m}$$

B에서 C로 풀면 반시계방향이 (+)이므로

$$M_C = 3 \times 7 = 21\text{t}\cdot\text{m}$$

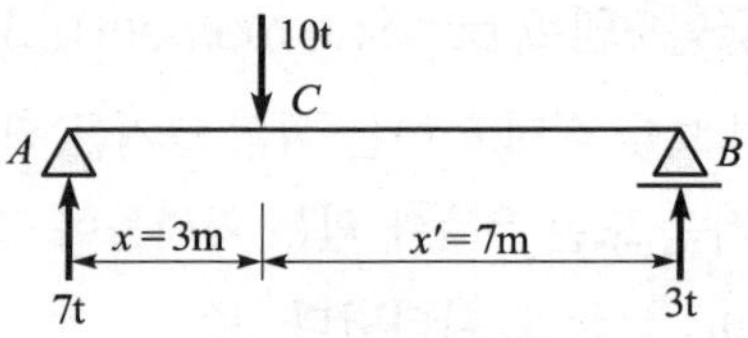

[그림 5-15]

예제 2

다음 보에서 C, D, E 점의 모멘트를 구하라.

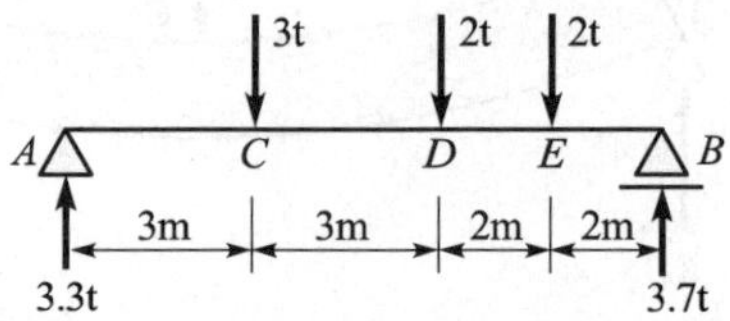

[그림 5-16]

$M_C = 3.3 \times 9.9\,\text{t}\cdot\text{m}$

$M_D = 3.3 \times 6 - 3 \times 3 = 10.8\,\text{t}\cdot\text{m}$

$M_E = 3.3 \times 8 - 3 \times 5 - 2 \times 2 = 7.4\,\text{t}\cdot\text{m}$

또는

$M_E = 3.7 \times 2 = 7.4\,\text{t}\cdot\text{m}$

(3) 축방향력(축력, axial force), A

보에 축방향력이 작용하여 보에 인장력 또는 압축력이 작용하며, 그 크기는 임의 단면의 좌측 또는 우측의 축방향력들의 합력이고 단위는 kg, ton 으로 나타나며 인장력을 (+), 압축력을 (−)로 가정한다.

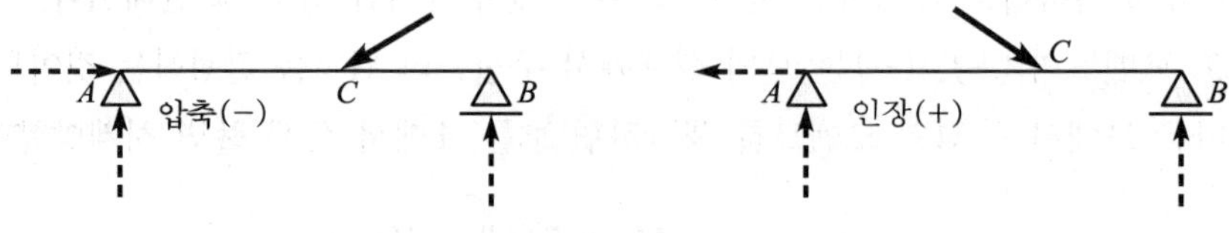

[그림 5-17]

즉, 임의 단면에서 하중이 외측으로 향하면 (+), 내측으로 향하면 (−)이다.

[그림 5-18]

이상 단면력들을 종합적으로 표시하면 [그림 5-19]와 같다.

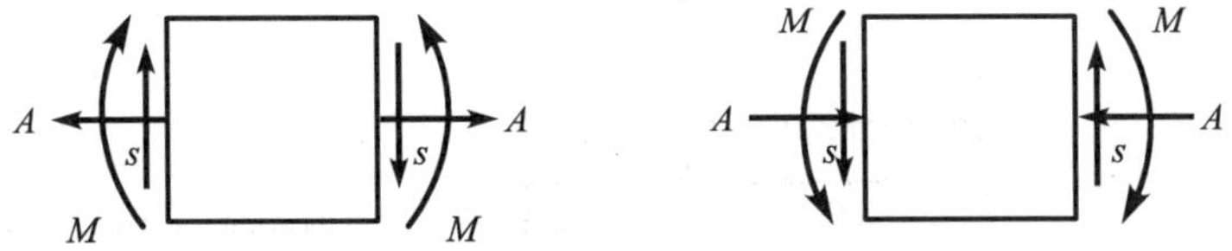

[그림 5-19]

(4) 단면력도(section force diagram)

각 단면에 일어나는 단면력의 상태를 바로 알아볼 수 있는 선도(線圖, diagram)로서 보를 해석한 결과로 나타난다.

보의 축방향과 평행한 축(횡축, x축, 기선)을 생각하여, 작용하는 단면력(전단력, 휨모멘트, 축방향력)을 기선에 직교된 종축에 표시하여 연결한 선을 말한다(즉, 수학의 y좌표이다).

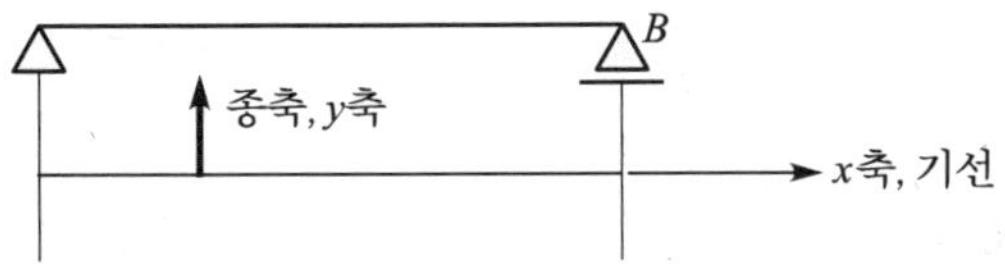

[그림 5-20]

① 전단력도(shearing force diagram, 전단력선도), $S.\ F.\ D.$
기선의 상부를 (+), 하부를 (−)로 가정한다.

② 휨모멘트도(bending moment diagram, 모멘트선도), $B.\ M.\ D.$
기선의 상부를 (−), 하부를 (+)로 가정한다.

③ 축방향력도(axial force diagram, 축력선도), $A.\ F.\ D.$
기선의 상부를 (+), 하부를 (−)로 가정한다.
이상을 diagram으로 보면 아래와 같이 나타난다.

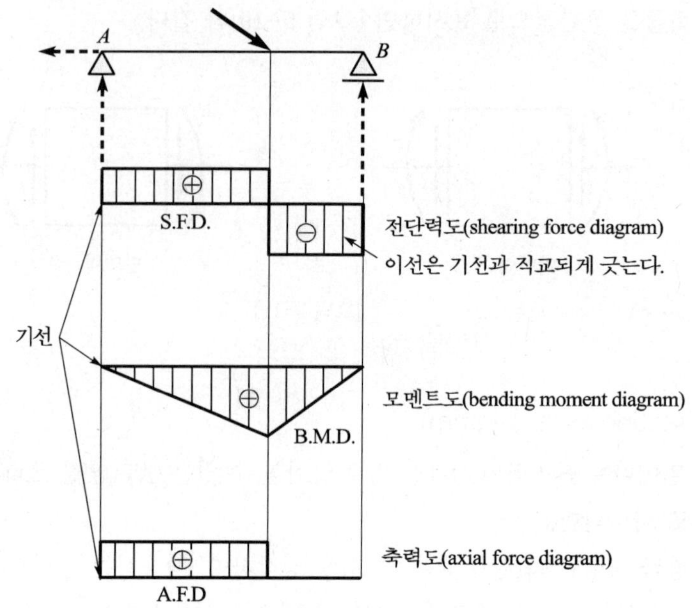

[그림 5-21]

5·3 집중하중

(1) 집중하중이 수직으로 작용

지간(지점과 지점사이의 거리)이 l인 단순보위에 보의 축과 직각방향으로 집중하중 P가 지점 A에서 a 떨어진 곳에 작용할 경우 보를 해석하면(단면력도를 작성) 우선 반력부터 계산해야 한다.

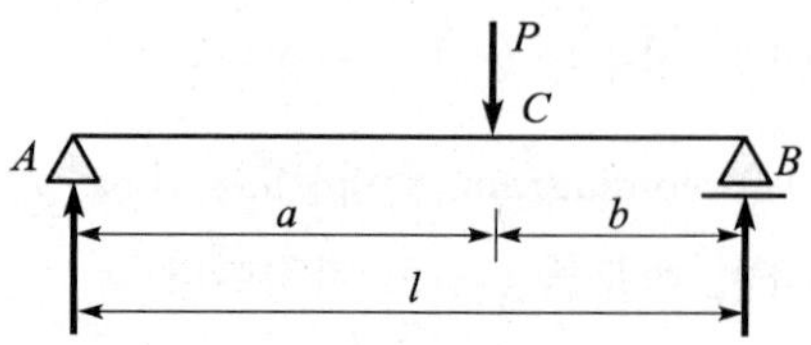

[그림 5-22]

① 반력(reaction)

하중이 위에서 아래로 작용하므로 반력의 방향을 아래서 위(↑)로 가정을 하고 해석을 하여 결과가 (−)가 되면 방향이 반대이다.

평형조건($\Sigma V=0$, $\Sigma H=0$, $\Sigma M=0$)에서 $\Sigma M_{\mathrm{atB}}=0$($B$점에서 모멘트 합이 0이다)을 보 AB에 적용하면

$$R_{\mathrm{A}} \cdot l - P \cdot b = 0$$

$$\therefore R_{\mathrm{A}} = \frac{P \cdot b}{l}$$

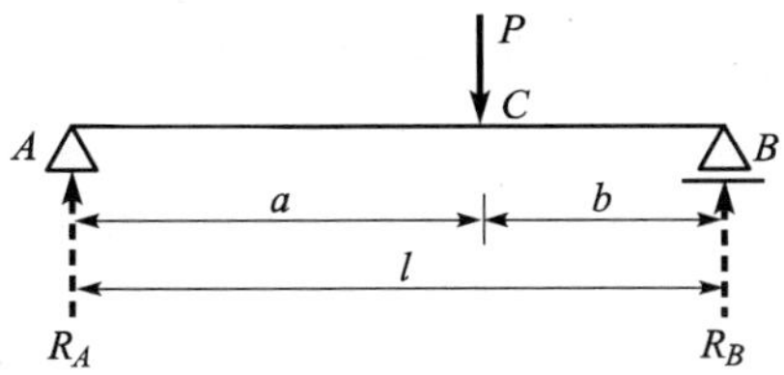

[그림 5-23]

여기서 B점의 모멘트 합을 0($\Sigma M_{\mathrm{atB}}=0$)로 하는 이유는 B점이 회전지점이라서가 아니라, 평형조건에서 어느 단면이든 모멘트의 합은 0이 되기 때문에(모멘트의 합이 0이 되지 않는다는 것은 보가 회전하고 있다는 뜻이다) 어느 단면이든 모멘트를 취하여 구하면 되나 미지수가 2개가 되므로 바로 구할 수 없다.
즉, C점에서 모멘트 합을 취하면

$$\Sigma M_{\mathrm{atB}}=0\,;\ R_{\mathrm{A}} \cdot a - R_{\mathrm{B}} \cdot b = 0 \tag{a}$$

이므로 미지수 2개(R_{A}, R_{B})에 식은 1개이므로 해석되지 않으므로 $\Sigma V=0$를 적용하면

$$\Sigma V=0\,;\ R_{\mathrm{A}} + R_{\mathrm{B}} - P = 0 \tag{b}$$

이며, 식 (a), (b)를 연립하여 풀어야 한다.
식 (b)에서 $R_{\mathrm{B}} = P - R_{\mathrm{A}}$ 이므로 이것을 식 (a)에 대입하면,

$$R_{\mathrm{A}} \cdot a - (P - R_{\mathrm{A}}) \cdot b = 0$$

$$R_{\mathrm{A}}(a+b) - P \cdot b = 0$$

$$R_{\mathrm{A}} \cdot l - P \cdot b = 0,\ \therefore R_{\mathrm{A}} = \frac{P \cdot b}{l}$$

이와 같은 복잡성을 피하기 위하여 반력작용점(A 또는 B점)에서 모멘트 합을 취하면 R_{A} 또는 R_{B}이 0이 되므로(거리가 없으므로) 미지수를 바로 구할 수 있다.

$$\Sigma M_{\mathrm{atB}} = 0 \ ; \ R_{\mathrm{A}} = \frac{P \cdot b}{l}$$

여기서 수직력의 합은 0이다. $\Sigma V = 0$를 적용하면

$$\Sigma V = 0; \ R_{\mathrm{A}} - P + R_{\mathrm{B}} = 0, \ \therefore R_{\mathrm{B}} = P - R_{\mathrm{A}} = \frac{P \cdot a}{l}$$

또는

$$\Sigma M_{\mathrm{atA}} = 0; \ R_{\mathrm{B}} \cdot l - P \cdot a = 0, \ \therefore R_{\mathrm{B}} = \frac{P \cdot a}{l}$$

또 A점의 hinge로서 수평반력이 생기나 외력이 수평력이 없으므로 $\Sigma H = 0$에서 A점의 수평반력 $H_{\mathrm{A}} = 0$이다.

$$\therefore R_{\mathrm{A}} = \frac{P \cdot b}{l}, \ R_{\mathrm{B}} = \frac{P \cdot a}{l}$$

② 전단력

전단력은 보에 수직된 힘으로서 좌측에서 우측으로 생각할 때([그림 5-24]에서 x축 방향) 상향의 힘이 $(+)$이다.

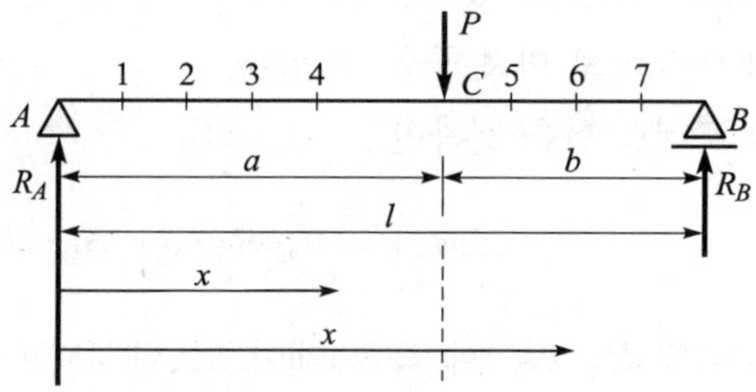

[그림 5-24]

또 AC 구간$(0 \leq x \leq a)$과 CB 구간$(a \leq x \leq l)$의 전단력 값이 달라지므로 구간을 달리 생각하여야 한다.

$(A-C)$ 구간$(0 \leq x \leq a)$에서 전단력은 그 단면의 좌측의 수직력을 생각하면 되므로

$$S_{\mathrm{A-C}} = + R_{\mathrm{A}} = \frac{P \cdot b}{l}$$

즉, $(A-C)$ 구간의 전단력은 $\dfrac{P \cdot b}{l}$로 일정한 값을 갖는다. 이 값은 1, 2, 3, 4 $(A-C)$ 구간의 모든 점에 동일하다.

$(C-B)$ 구간 $(a \leq x \leq l)$에서 전단력

$$S_{\mathrm{C-B}} = R_{\mathrm{A}} - P = -\frac{P \cdot b}{l}$$

$(C-B)$ 구간의 전단력도 $-\dfrac{P \cdot a}{l}$ 로 일정한 값을 가지며 이 값은 5, 6, 7점 모든 점에서 동일하다.

여기서 C점에 대한 전단력을 고려하면

$(A-C)$ 구간에서 C점의 전단력

$$S_{\mathrm{C}} = \frac{P \cdot b}{l}$$

$(C-B)$구간에서 C점의 전단력

$$S_{\mathrm{C}} = -\frac{P \cdot a}{l}$$

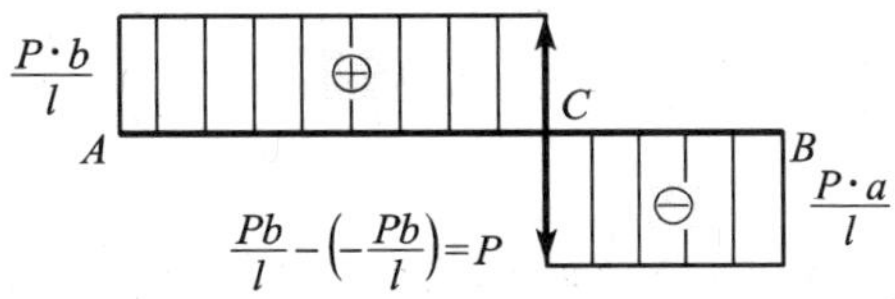

[그림 5-25] *S. F. D.*

이므로 집중하중이 작용하는 단면에서 전단력도는 불연속이다. 즉, 전단력의 값이 2개이며 이 두 값의 차가 집중하중의 크기와 같다([그림 5-25]).

③ 휨모멘트(bending moment)

휨모멘트는 보를 휘려는 모멘트로서 (힘×거리)로 나타나며 부호는 좌측에서 우측으로 해석할 때 시계방향으로 회전하는 것을 (+)로 가정하였다.

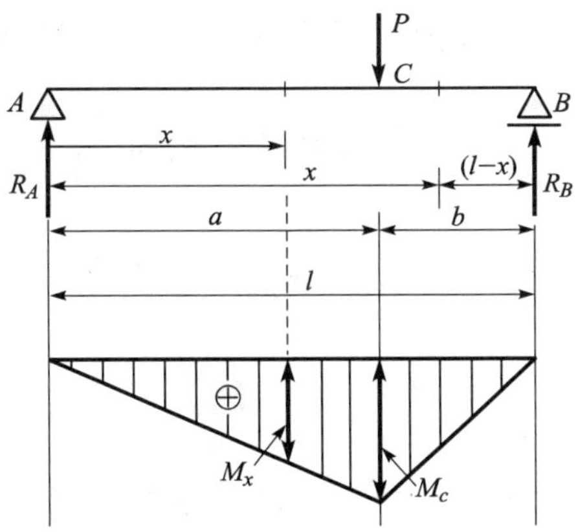

[그림 5-26] *B. M. D.*

휨모멘트 전단력과 마찬가지로 구간을 구분해야 한다.

$(A-C)$구간 $(0 \leqq x \leqq a)$

$$M_x = R_A \cdot x = \frac{P \cdot b}{l} \cdot x$$

이므로 x에 관한 1차식이 된다. 그러므로 두 점의 좌표를 구하여 직선 연결하면 모멘트도가 된다.

$x=0$일 때 A점이 되고, $x=a$일 때 C점이 된다.

$$\begin{cases} M_{A\,(x=0)} = 0 \\ M_{C\,(x=a)} = \dfrac{Pb}{l}x = \dfrac{P \cdot a \cdot b}{l} \end{cases}$$

즉, A점의 좌표는 0이고 C점의 좌표는 $\dfrac{P \cdot a \cdot b}{l}$인 1차식이 된다.

$(C-B)$ 구간 $(a \leqq x \leqq l)$에서 모멘트 일반식을 좌측에서 우측으로 풀면

$$M_x = R_A \cdot x - P(x-a) = \frac{P \cdot b}{l} \cdot x - P(x-a)$$

x에 관한 1차식이 되므로 두 점을 구하여 직선 연결하면

$$\begin{cases} x=a\text{일 때, } C\text{점의 모멘트} \quad M_C = \dfrac{P \cdot b}{l} \cdot a - P(a-a) = \dfrac{P \cdot a \cdot b}{l} \\ x=l\text{일 때, } B\text{점의 모멘트} \quad M_B = \dfrac{P \cdot b}{l} \cdot l - P(l-a) = P \cdot b - P \cdot b = 0 \end{cases}$$

즉, C점의 좌표는 $\dfrac{P \cdot a \cdot b}{l}$이고 B점의 좌표는 0인 일차식이다([그림 5-26]).

또 $(C-B)$구간의 모멘트를 우측에서 좌측으로 생각하면

$$M_x = R_B \cdot (l-x) = \frac{P \cdot a}{l}(l-x)$$

$$\begin{cases} x=l\text{일 때, } B\text{점의 모멘트} \quad M_B = \dfrac{P \cdot a}{l}(l-l) = 0 \\ x=0\text{일 때, } C\text{점의 모멘트} \quad M_C = \dfrac{P \cdot a}{l}(l-a) = \dfrac{P \cdot a \cdot b}{l} \end{cases}$$

이므로 앞의 결과와 동일하다. 이상의 전단력과 모멘트를 종합하면 [그림 5-27]과 같은 단면력도가 나타난다.

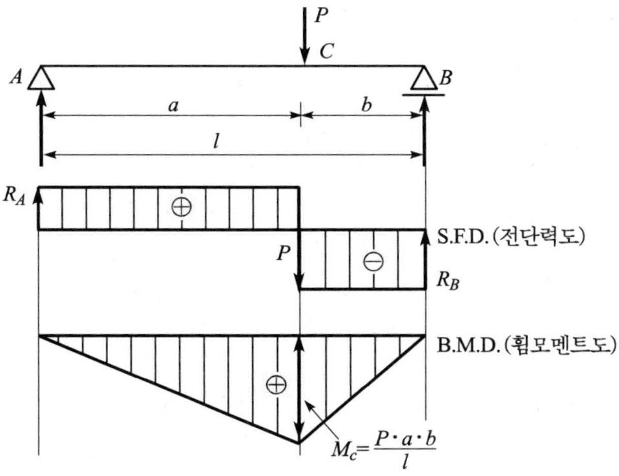

[그림 5-27] **단면력도**

또 단순보의 중앙점에 집중하중이 작용할 경우 보를 해석해 보면, B점의 모멘트 합을 0으로 취하므로 A점의 반력 R_A를 구할 수 있다.

$$\Sigma M_{atB} = 0\ ;\ R_A \cdot l - P \cdot \frac{l}{2} = 0,\ \therefore R_A = \frac{P}{2}$$

수직력의 합이 0이 되어야 하므로

$$\Sigma V = 0\ ;\ R_A + R_B - P = 0,\ \therefore R_B = \frac{P}{2}$$

$$(A-C)\text{구간의 전단력}\ \ S_x = R_A = \frac{P}{2}$$

$$(C-B)\text{구간의 전단력}\ \ S_x = R_A - P = -\frac{P}{2}$$

$$(A-C)\text{구간의 휨모멘트}\ \ M_x = R_A \cdot x = \frac{P}{2}x$$

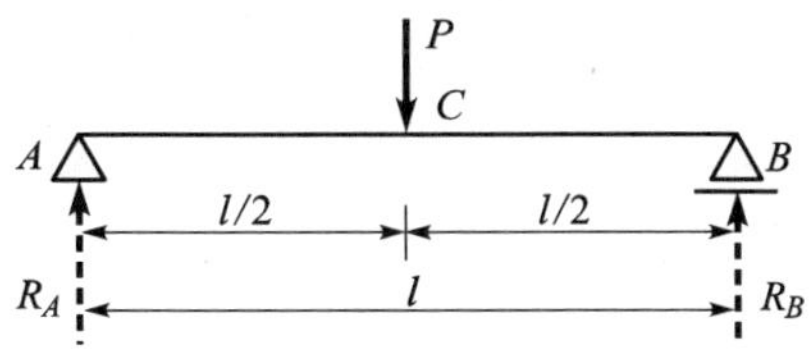

[그림 5-28]

M_x는 x에 관한 1차식이 되므로

$$\begin{cases} x=0\text{일 때}, \ M_A=0 \\ x=\dfrac{l}{2}\text{일 때}, \ M_C=\dfrac{P}{2}\cdot\dfrac{l}{2}=\dfrac{Pl}{4} \end{cases}$$

$(C-B)$구간이 휨모멘트, M_x

$$M_x=R_A\cdot x-P(x-\frac{l}{2})=\frac{P}{2}x-P(x-\frac{l}{2})$$

$$\begin{cases} x=\dfrac{l}{2}\text{일 때}, \ M_C=\dfrac{P}{2}\cdot\dfrac{l}{2}-0=\dfrac{Pl}{4} \\ x=l\text{일 때}, \ M_B=\dfrac{Pl}{2}\cdot\dfrac{Pl}{2}=0 \end{cases}$$

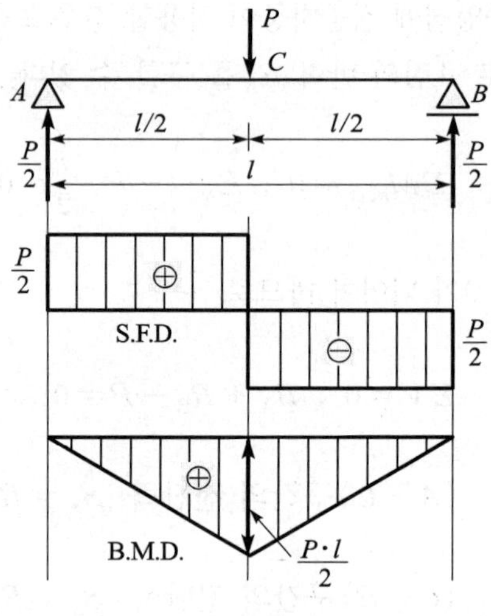

[그림 5-29]

예제 3

다음 단순보의 단면력도를 구하라.

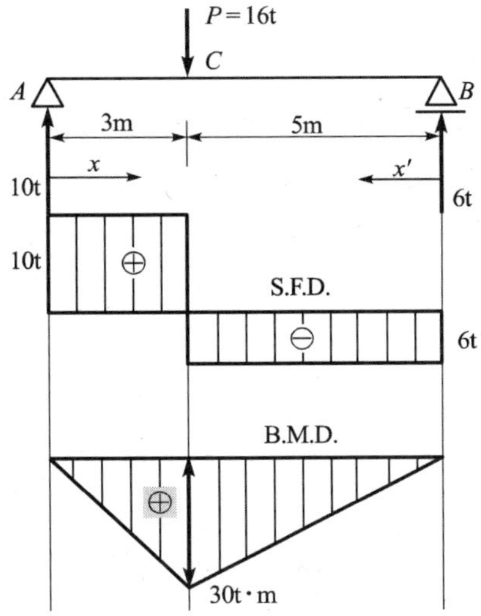

[그림 5-30]

i) 반력(R)

$\Sigma M_{\text{atB}} = 0$; $R_{\text{A}} \cdot 8 - 16 \times 5 = 0$,

$R_{\text{A}} = 10\text{t}$

$\Sigma V = 0$; $R_{\text{A}} + R_{\text{B}} - 16 = 0$, $R_{\text{B}} = 6\text{t}$

ii) 전단력($S.F.$)

$(A-C)$구간, $0 \leq x \leq 3$

$S_x = 10 - 16 = -6\text{t}$(일정)

여기서 C점의 전단력을 생각하면

$(A-C)$구간에서 $S_{\text{C}} = 10\text{t}$

$(C-B)$구간에서 $S_{\text{C}} = -6\text{t}$

값이 2개이며 그들의 차가 집중하중의 크기와 같다. 즉,

$10 - (-6) = 16\text{t}$

iii) 휨모멘트($B.M.$)

$(A-C)$구간 $(0 \leq x \leq 3)$, $M_x = 10 \cdot x$

$$\begin{cases} x = 0\text{일 때, } M_{\text{A}} = 0 \\ x = 3\text{일 때, } M_{\text{C}} = 30\text{t} \cdot \text{m} \end{cases}$$

$(C-B)$구간 $(3 \leqq x \leqq 8)$, $M_x = 10x - 16(x-3)$

$$\begin{cases} x=3\text{일 때}, \ M_C = 30\text{t}\cdot\text{m} \\ x=8\text{일 때}, \ M_B = 80-80=0 \end{cases}$$

만약 $(C-B)$구간을 우측에서 좌측으로 생각하면 $(0 \leqq x' \leqq 5)$

$$M_x' = 6x' \begin{cases} x'=0\text{일 때}, \ M_B = 0 \\ x'=0\text{일 때}, \ M_C = 30\text{t}\cdot\text{m} \end{cases}$$

(2) 여러 개의 집중하중

지간 l인 단순보에 집중하중 P_1, P_2, P_3가 [그림 5-31]처럼 작용하면

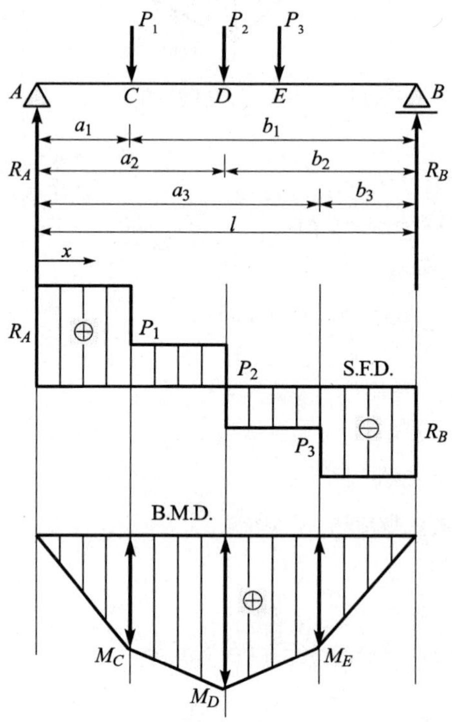

[그림 5-31]

i) 반력, R

$\Sigma M_{\text{atB}} = 0$;

$$R_A \cdot l - P_1 \cdot b_1 - P_2 \cdot b_2 - P_3 \cdot b_3 = 0$$

$$\therefore R_A = \frac{1}{l}(P_1 b_1 + P_2 b_2 + P_3 b_3) = \frac{1}{l}\Sigma P \cdot b$$

$\Sigma V = 0$ 또는 $\Sigma M_{atA} = 0$에서

$$R_B = \frac{1}{l}(P_1 a_1 + P_2 a_2 + P_3 a_3) = \frac{1}{l}\Sigma P \cdot a$$

ii) $S.\ F.$

$(A-C)$구간, $0 \leqq x \leqq a_1$

$S_x = R_A$ (일정)

$(C-D)$구간, $a_1 \leqq x \leqq a_2$

$S_x = R_A - P_1$

$(D-E)$구간, $a_2 \leqq x \leqq a_3$

$S_x = R_A - P_1 - P_2$

$(E-B)$구간, $a_3 \leqq x \leqq l$

$S_x = R_A - P_1 - P_2 - P_3 = -R_B$

iii) $B.\ M.$

$(A-C)$구간 $M_x = R_A \cdot x$ (x에 관한 1차식)

$$\begin{cases} x = 0,\ M_A = 0 \\ x = a,\ M_C = R_A \cdot a_1 \end{cases}$$

$(C-D)$구간 $M_x = R_A \cdot x - P_1(x - a_1)$

$$\begin{cases} x = a_1,\ M_C = R_A \cdot a_1 \\ x = a_2,\ M_D = R_A \cdot a_2 - P_1(a_2 - a_1) \end{cases}$$

$(D-E)$구간 $M_x = R_A \cdot x - P_1(x - a_1) - P_2(x - a_2)$

$$\begin{cases} x = a_2,\ M_D = R_A \cdot a_2 - P_1(a_2 - a_1) \\ x = a_3,\ M_E = R_A \cdot a_3 - P_2(a_3 - a_1) - P_2(a_3 - a_2) \end{cases}$$

$(E-B)$구간 $M_x = R_A \cdot x - P_1(x - a_1) - P_2(x - a_2) - P_3(x - a_3)$

$$\begin{cases} x = a_3,\ M_E = R_A \cdot a_3 - P_1(a_3 - a_1) - P_2(a_3 - a_2) = R_B \cdot b_3 \\ x = l,\ M_B = 0 \end{cases}$$

$(D-E)$, $(E-B)$구간은 우측에서 풀면 더욱 간단히 해석할 수 있다.

예제 4

다음 지간 10m 인 단순보에 [그림 5-32]와 같은 하중이 작용할 때 단면력도를 그려라.

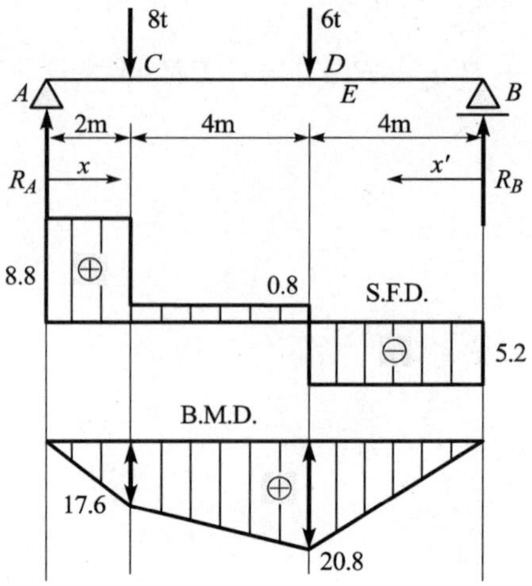

[그림 5-32]

i) R

$\Sigma M_{\text{atB}}=0$; $R_{\text{A}} \cdot 10-8\times 8-6\times 4=0$, $R_{\text{A}}=8.8\text{t}$

$\Sigma V=0$; $R_{\text{A}}-8-6+R_{\text{B}}=0$, $R_{\text{atB}}=5.2\text{t}$

ii) $S.\ F.$

$(A-C)$, $0 \leqq x \leqq 2$

$S_x=R_{\text{A}}=8.8\text{t}$(일정)

$(C-D)$, $2 \leqq x \leqq 6$

$S_x=8.8-8=0.8\text{t}$

$(D-B)$, $6 \leqq x \leqq 10$

$S_x=8.8-8-6=-5.2\text{t}$

우측에서 생각하면

$S_x{}'=-R_{\text{B}}=-5.2\text{t}$

이것을 도식화하면 [그림 5-32]의 전단력도 ($S.\ F.\ D.$)와 같으며 이 그림에서 하중의 작용점에서 전단력도는 불연속(값이 2개)이며 그 차는 하중의 크기와 같음을 알 수 있다.

즉, C점에서 $8.8-0.8=8\text{t}$, D점에서 $0.8-(-5.2)=6\text{t}$

iii) $B.\ M.$

$(A-C)$, $M_x=R_{\text{A}} \cdot x=8.8x$($x$에 관한 1차식)

$$\begin{cases} x=0,\ M_{\text{A}}=0 \\ x=2,\ M_{\text{C}}=8.8\times 2=17.6\,\text{t}\cdot\text{m} \end{cases}$$

$(C-D)$, $M_x = 8.8x - 8(x-2)$

$$\begin{cases} x=2, \ M_C = 8.8 \times 2 = 17.6\,\mathrm{t \cdot m} \\ x=4, \ M_D = 8.8 \times 6 - 8 \times 4 = 20.8\,\mathrm{t \cdot m} \end{cases}$$

$(D-B)$구간을 우측에서 좌측으로 생각하면 $M_x{}' = R_B \cdot x' = 5.2x'$

$$\begin{cases} x'=0, \ M_B = 0 \\ x'=4, \ M_D = 5.2 \times 4 = 20.8\,\mathrm{t \cdot m} \end{cases}$$

예제 5

다음 보에서 $(C-D)$구간의 휨모멘트를 일정하게(순수휨상태) 하려면 하중 P_1, P_2와 거리 a, b 사이의 관계를 구하시오.

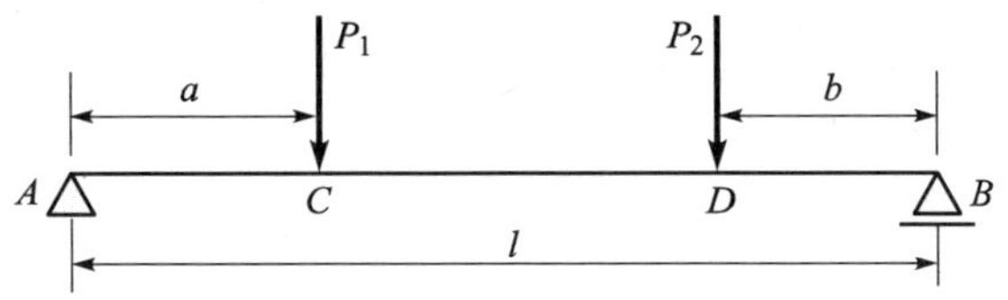

[그림 5-33]

R_A의 크기가 P_1과 같으면 $C-D$ 구간의 모멘트는 일정한 값을 갖는다.

즉, $(C-D)$구간의 모멘트

$M_x = P_1 \cdot x - P_1(x-a) = P_1 \cdot a$

이므로 x와 관계없이 $P \cdot a$로 일정하다.

$\Sigma M_{\mathrm{atB}} = 0$; $R_A \cdot l - P_1(l-a) - P_2 \cdot b = 0$이고, $R_A = P_1$이므로

$P_1 \cdot l - P_1 l + P_1 a - P_2 \cdot b = 0$, $P_1 a = P_2 \cdot b$

$\therefore P_1 : P_2 = b : a$

(3) 각을 가진 집중하중

지간 l인 단순보에 집중하중이 보축에 직각이 아닌 각을 갖고 작용할 경우 보의 해석은 다음과 같이 계산된다.

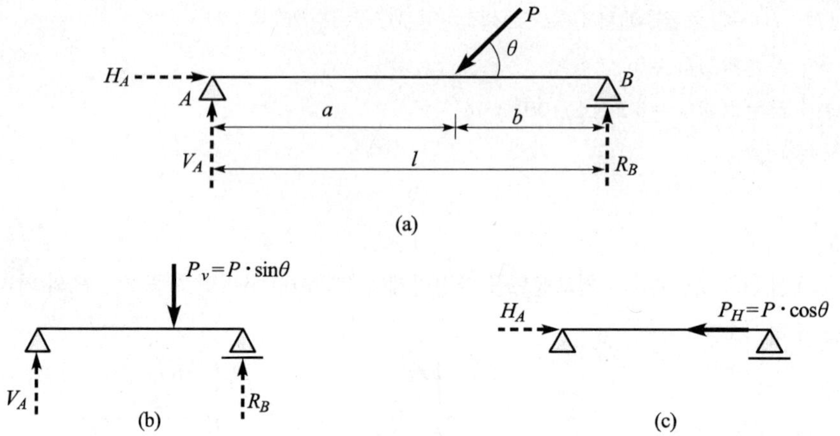

[그림 5-34]

우선 하중을 보의 수직, 수평방향의 분력으로 나누어 단면력을 생각한다. 전단력과 휨모멘트를 생각할 경우 수직분력 $P_{\rm V}$만 생각하면 된다([그림 5-34(b)]).
축방향력은 수평분력 $P_{\rm H}$만 생각하면 된다([그림 5-34(c)]).

i) 반력, R

$$P_{\rm V} = P \cdot \sin\theta, \ P_{\rm H} = P \cdot \cos\theta$$

$$\Sigma M_{\rm atB} = 0 \ ; \ V_{\rm A} \cdot l - P_V \cdot b = 0, \ V_{\rm A} = \frac{P_{\rm V} \cdot b}{l}$$

$$\Sigma V = 0; \ V_{\rm A} + R_{\rm B} - P_{\rm V} = 0, \ R_{\rm B} = \frac{P_{\rm V} \cdot a}{l}$$

$\Sigma H = 0$; (수평력의 합이 0이 되어야 하며 B점은 이동지점이므로 수평력을 받을 수 없으므로 A점에서만 수평력을 받아야 한다). 즉, $H_{\rm A} - P_{\rm H} = 0, \ H_{\rm A} = P_{\rm H}$

또, A점의 반력 $R_{\rm A} = \sqrt{V_{\rm A}^2 + H_{\rm A}^2}$

ii) 전단력($S.\,F.$)

$$(A-C) \ S_x = V_{\rm A} = \frac{P_{\rm V} \cdot b}{l} = \frac{P \cdot \sin\theta \cdot b}{l}$$

$$(C-B) \ S_x = V_{\rm A} - P = -R_{\rm B} = -\frac{P \cdot \sin\theta \cdot a}{l}$$

iii) 휨모멘트($B.\ M.$)

$$(A-C)\ M_x = V_A \cdot x = \frac{P\cdot \sin\theta \cdot b}{l}\cdot x\ (x\text{에 관한 1차식})$$

$$\begin{cases} x=0, & M_A = 0 \\ x=a, & M_C = \dfrac{P\cdot a\cdot b\cdot \sin\theta}{l} \end{cases}$$

$$(C-B)\ M_x = V_A \cdot x - P_V(x-a)$$

$$\begin{cases} x=a, & M_C = \dfrac{P\cdot a\cdot b\cdot \sin\theta}{l} \\ x=l, & M_B = 0 \end{cases}$$

iv) 축방향력($A.\ F.$)

$$(A-C)\ A_x = -P_H = -P\cos\theta$$

$$(C-B)\ A_x = -P_H + P_H = 0$$

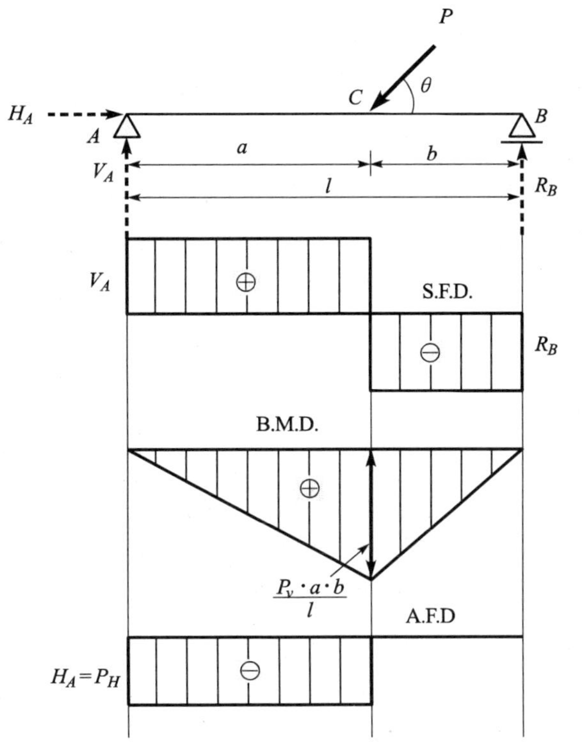

[그림 5-35]

예제 6

다음 단순보를 해석하라.

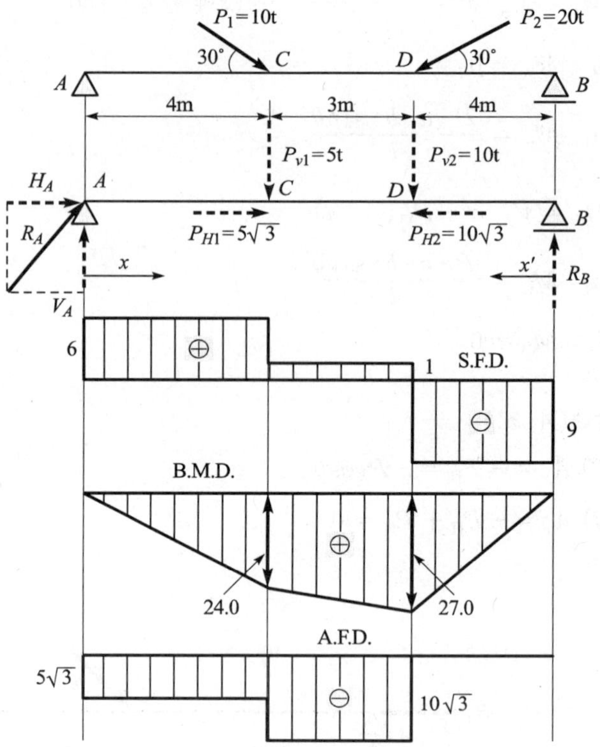

[그림 5-36]

하중의 분력을 구하면

$$\begin{cases} P_{V1} = 10 \cdot \sin 30 = 5\ \text{t} \\ P_{H1} = 10 \cdot \cos 30 = 5\sqrt{3}\ \text{t} \\ P_{V2} = 20 \cdot \sin 30 = 10\ \text{t} \\ P_{H2} = 20 \cdot \cos 30 = 10\sqrt{3}\ \text{t} \end{cases}$$

i) 지점반력

$\Sigma M_{atB} = 0$; $V_A \cdot 10 - 5\times 6 - 10\times 3 = 0$, $V_A = 6\text{t}$

$\Sigma H = 0$; $H_A + 5\sqrt{3} - 10\sqrt{3} = 0$, $H_A = 5\sqrt{3}\,\text{t}$

A점의 반력, R_A

$R_A = \sqrt{V_A^2 + H_A^2} = \sqrt{6^2 + (5\sqrt{3})^2}$, $R_A = 10.54\text{t}$

$\Sigma V = 0$; $V_A + V_B - 5 - 10 = 0$, $V_B = 9\text{t}$

ii) 전단력($S.\ F.$)

$(A-C)\ S_x = V_A = 6\text{t}$

$(C-D)\ S_x = 6-5 = 1\text{t}$

$(D-B)\ S_x = 6-5-10 = -9\text{t}$

iii) 휨모멘트($B.M.$)

$(A-C)\ M_x = V_A \cdot x = 6\text{t}$($x$에 관한 1차식)

$$\begin{cases} x=0,\ M_A = 0 \\ x=4,\ M_C = 6\times 4 = 24\text{t}\cdot\text{m} \end{cases}$$

$(C-D)\ M_x = 6x - 5(x-4)$

$$\begin{cases} x=4,\ M_C = 6\times 4 = 24\text{t}\cdot\text{m} \\ x=7,\ M_D = 6\times 7 = -5\times 3 = 27\text{t}\cdot\text{m} \end{cases}$$

$(D-B)$구간은 우측에서 생각하면 $M_x' = 9x'$

$$\begin{cases} x'=3,\ M_D = 9\times 3 = 27\text{t}\cdot\text{m} \\ x'=0,\ M_B = 0 \end{cases}$$

iv) 축방향력($A.F.$)

$(A-C)\ A_x = -H_A = -5\sqrt{3}\,\text{t}$

$(C-D)\ A_x = -H_A - 5\sqrt{3}\,\text{t} = -10\sqrt{3}\,\text{t}$

$(D-B)\ A_x = -H_A - 5\sqrt{3} + 10\sqrt{3} = 0$

(4) 각을 가진 보

다음 [그림 5-37]과 같이 보가 수평축과 α의 각을 가지고 보축에 연직으로 하중이 작용할 경우 보를 해석해 보면, 먼저 하중을 보의 축 방향으로 수직수평분력을 구해야 한다.

$$\sin\alpha = \frac{2}{\sqrt{10^2+2^2}} = \frac{2}{\sqrt{104}} = 0.1961$$

$$\cos\alpha = \frac{10}{\sqrt{104}} = 0.9806$$

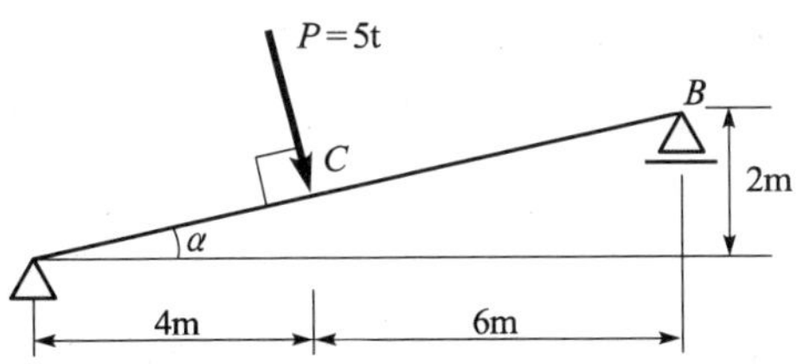

[그림 5-37]

$$P_V = P \cdot \cos\alpha = 5 \times 0.9806 = 4.903\text{t}$$
$$P_H = P \cdot \sin\alpha = 5 \times 0.1961 = 0.981\text{t}$$

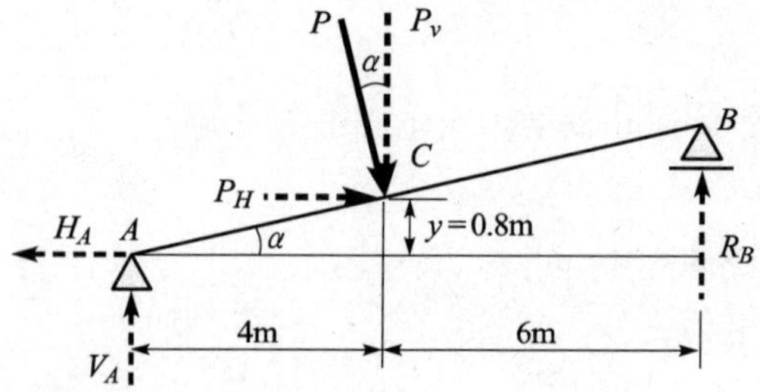

[그림 5-38]

i) 반력(R)

$$\Sigma M_{atA} = 0 \;;\; R_B \cdot 10 - P_V \cdot 4 - P_H \cdot 0.8 = 0$$
$$R_B \cdot 10 - 4.903 \times 4 - 0.981 \times 0.8 = 0,\; R_B = 2.04\text{t}$$
$$\Sigma V = 0 \;;\; V_A + R_B - P_V = 0,\; V_A + 2.04 = 4.903,\; V_A = 2.863\text{t}$$
$$\Sigma H = 0 \;;\; H_A - P_H = 0,\; H_A = 0.981\text{t}$$
$$R_A = \sqrt{V_A^2 + H_A^2} = \sqrt{2.863^2 + 0.981^2} = 3.023\text{t}$$

이상 외력과 반력은 다음 [그림 5-39]와 같은 관계가 된다.

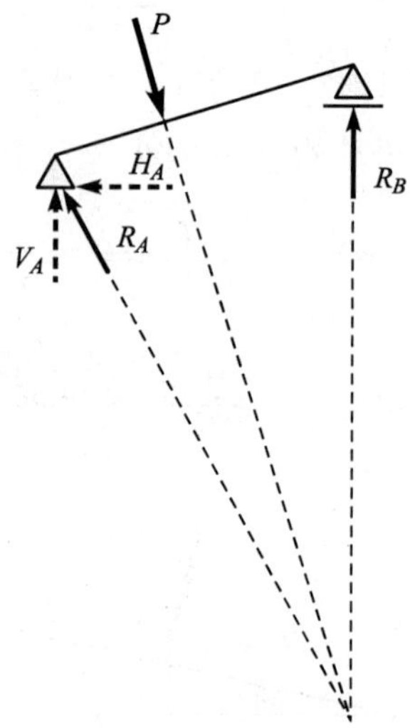

[그림 5-39]

ii) 전단력($S.\ F.$)

$(A-C)$구간 $S_x = V_A \cdot \cos\alpha + H_A \cdot \sin\alpha$

$$= 2.863 \times 0.9806 + 0.981 \times 0.1961 = 3.0\text{t}$$

$(C-B)$구간 $S_x = V_A \cdot \cos\alpha + H_A \cdot \sin\alpha - 5 = 2.0\text{t}$

우측에서 생각하면 $S_x = -R_B \cdot \cos\alpha$

$$= -2.04 \times 0.9806 = -2.0\text{t}$$

iii) 휨모멘트($B.\ M.$)

$(A-C)$ $M_x = V_A \cdot x + H_A \cdot y$

여기서 $y = \dfrac{2}{10}x = 0.2x$ 이므로

$M_x = 2.863x + 0.981(0.2x)$

$$\begin{cases} x = 0,\ M_A = 0 \\ x = 4,\ M_C = 2.863 \times 4 + 0.981 \times 0.8 = 12.24\text{t}\cdot\text{m} \end{cases}$$

$(C-B)$ 구간은 우측에서 생각하면 $M_x{}' = 2.04x'$

$$\begin{cases} x' = 6,\ M_C = 2.04 \times 6 = 12.24\text{t}\cdot\text{m} \\ x' = 0,\ M_B = 0 \end{cases}$$

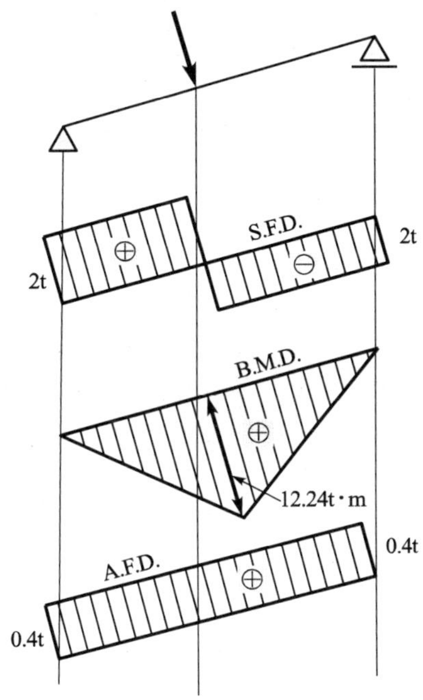

[그림 5-40]

iv) 축방향력$(A.\ F.)$: 하중작용점에서는 축방향력이 없으므로 전체가 한구간이다.

$$A_x = H_A \cos\alpha - V_A \cdot \sin\alpha$$
$$= 0.981 \times 0.9806 - 2.863 \times 0.1961 = 0.4\text{t}$$

또 우측에서 생각하면

$$A_x{}' = R_B \cdot \sin\alpha = 2.04 \times 0.1961 = 0.4\text{t}$$

예제 7

다음과 같은 단순보에서 지점 B(이동지점)의 방향이 하중의 방향과 직교할 경우 지점 A의 수평반력 H_A를 구하라.

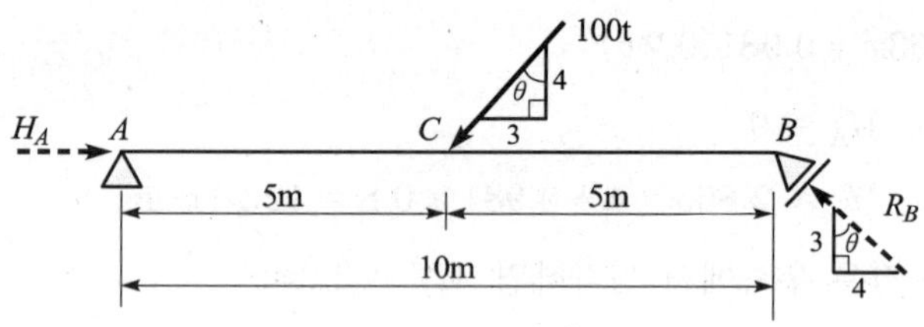

[그림 5-41]

$\sqrt{3^2+4^2}=5$이므로

$$\sin\theta = \frac{4}{5},\ \cos\theta = \frac{3}{5}$$

$\Sigma M_{atA} = 0$; $R_B \cdot \cos\theta \times 10 - 100 \cdot \sin\theta \cdot 5 = 0$

$R_B \cdot 6 - 400 = 0,\ R_B = 66.7\text{t}$

$\Sigma H = 0$; $H_A - 100 \cdot \cos\theta - R_B \cdot \sin\theta = 0$

$H_A = 60 + 66.7 \times 0.8 = 113.3\text{t}$

$\therefore H_A = 113.3\text{t}$

5.4 등분포하중

등분포하중은 보의 자중과 같이 일정한 크기로 분포되어 보에 작용하는 하중을 말하며 하중의 도심은 사각형과 같으므로 중앙에 있다.
지금 길이 l인 단순보에 등분포하중 w가 만재되어 있을 경우를 생각하면

i) 반력

$\Sigma M_{\mathrm{atB}}=0$에서 등분포하중의 크기는 wl이고 도심은 B점에서 $\frac{l}{2}$ 되는 곳이므로

$$R_{\mathrm{A}}\cdot l-w\cdot l\cdot\frac{l}{2}=0,\ R_{\mathrm{A}}=\frac{wl}{2}$$

$$\Sigma V=0\ ;\ R_{\mathrm{A}}+R_{\mathrm{B}}-wl=0,\ R_{\mathrm{B}}=\frac{wl}{2}$$

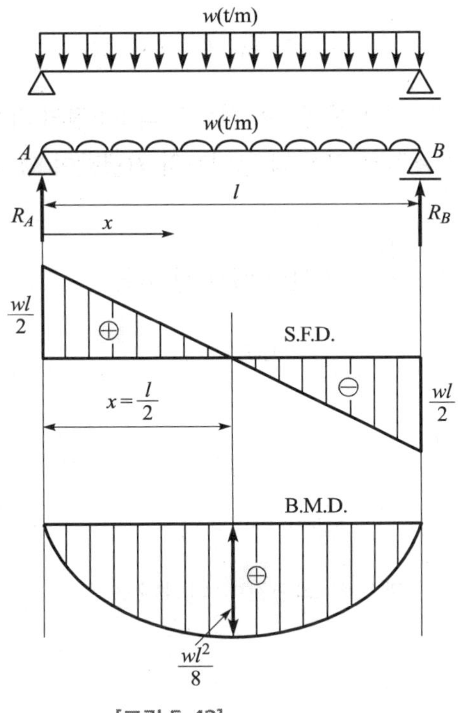

[그림 5-42]

ii) 전단력($S.\ F.$)

A점에서 x 떨어진 곳의 전단력 S_x

$$S_x=R_{\mathrm{A}}-w\cdot x=\frac{wl}{2}-wx$$

(x에 대한 1차식)

$$\begin{cases} x=0,\ S_A=\dfrac{wl}{2} \\ x=l,\ S_B=\dfrac{wl}{2}-wl=-\dfrac{wl}{2} \end{cases}$$

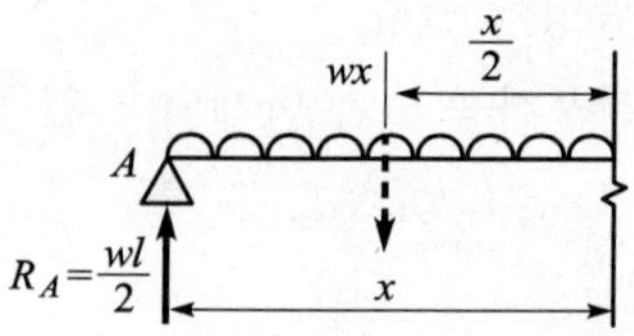

[그림 5-43]

iii) 휨모멘트($B.\ M.$)

A점에서 x 떨어진 곳의 모멘트 M_x, 등분포하중의 크기는 wx이고 x에서 등분포하중 도심까지 거리는 $\dfrac{x}{2}$이므로

$$M_x=R_A\cdot x-wx\cdot\frac{x}{2}=\frac{wl}{2}\cdot x-\frac{w}{2}x^2$$

이므로 x에 대한 2차 포물선식이 되므로 최소 3점의 좌표를 알아야 곡선의 형태를 구할 수 있다. 그러므로 A점과 B점 및 모멘트의 최댓값이 생기는 곳과 그 크기를 구하면 곡선을 그릴 수 있다.

M_x의 최댓값은 $\dfrac{\partial M_x}{\partial x}=0$인 곳에서 생긴다.

$$\frac{\partial M_x}{\partial x}=\frac{wl}{2}-wx=0,\ x=\frac{l}{2}$$

여기서 모멘트를 미분하면 전단력이 됨을 알 수 있다($\dfrac{\partial M_x}{\partial x}=S$). 그러므로 전단력이 0이 되는 곳에서 모멘트의 극대가 나타난다.

즉, $x=\dfrac{l}{2}$에서 모멘트의 최댓값이 나타나므로

$$\begin{cases} x=0,\ M_A=0 \\ x=l,\ M_B=\dfrac{wl}{2}\cdot l-\dfrac{w}{2}l^2=0 \\ x=\dfrac{l}{2},\ M_{\max}=\dfrac{wl}{2}\left(\dfrac{l}{2}\right)-\dfrac{w}{2}\left(\dfrac{l}{2}\right)^2=\dfrac{wl^2}{8} \end{cases}$$

예제 8

다음 보의 단면력도를 그려라.

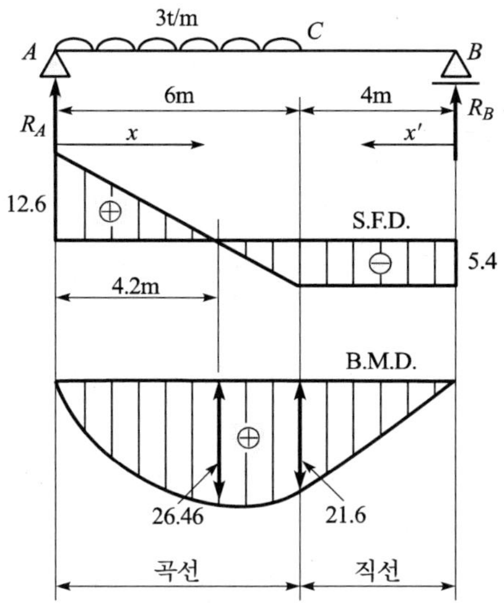

[그림 5-44]

i) 반력, R

$\Sigma M_{\text{atB}} = 0$; $R_{\text{A}} \cdot 10 - (3 \times 6) \cdot \left(\dfrac{6}{2} + 4\right) = 0$, $R_{\text{A}} = 12.6\text{t}$

$\Sigma V = 0$; $R_{\text{A}} + R_{\text{B}} - (3 \times 6) = 0$, $R_{\text{B}} = 5.4\text{t}$

ii) $S.\ F.$

$(A-C)$ $S_x = 12.6 - 3x$(1차식)

$$\begin{cases} x = 0,\ S_{\text{A}} = 12.6t \\ x = 6,\ S_{\text{C}} = -5.4\text{t} \end{cases}$$

$(C-B)$ $S_x = R_{\text{A}} - 3 \times 6 = 12.6 - 18 = -5.4\text{t}$(일정)

전단력도를 보면 $(A-C)$구간에서 $S_x = 0$되는 곳이 생기며 이곳에서 $M_{\max}$가 나타난다.

$S_x = 12.6 - 3x = 0$, $x = 4.2\text{m}$

iii) $B.\ M.$

$(A-C)$ $M_x = 12.6x - \dfrac{3}{2}x^2$($x$에 대한 2차식)

$$\begin{cases} x = 0,\ M_{\text{A}} = 0 \\ x = 6,\ M_{\text{C}} = 21.6\,\text{t}\cdot\text{m} \\ x = 4.2,\ M_{\max} = 12.6 \times 4.2 - \dfrac{3}{2}(4.2)^2 = 26.46\,\text{t}\cdot\text{m} \end{cases}$$

$(C-B)\ M_x = 12.6x - 3\times6\times(x-3)$ (x에 대한 1차식)

$$\begin{cases} x=6,\ M_C = 12.6x - 3\times6 - 18\times3 = 21.6\,\mathrm{t\cdot m} \\ x=10,\ M_B = 0 \end{cases}$$

또 우측에서 생각하면

$$M_x' = R_B\cdot x' = 5.4x'$$

$$\begin{cases} x'=4,\ M_C = 5.4\times4 = 21.6\,\mathrm{t\cdot m} \\ x'=0,\ M_B = 0 \end{cases}$$

예제 9

다음 보에서 집중하중과 등분포하중이 동시에 작용할 때 보를 해석하라.

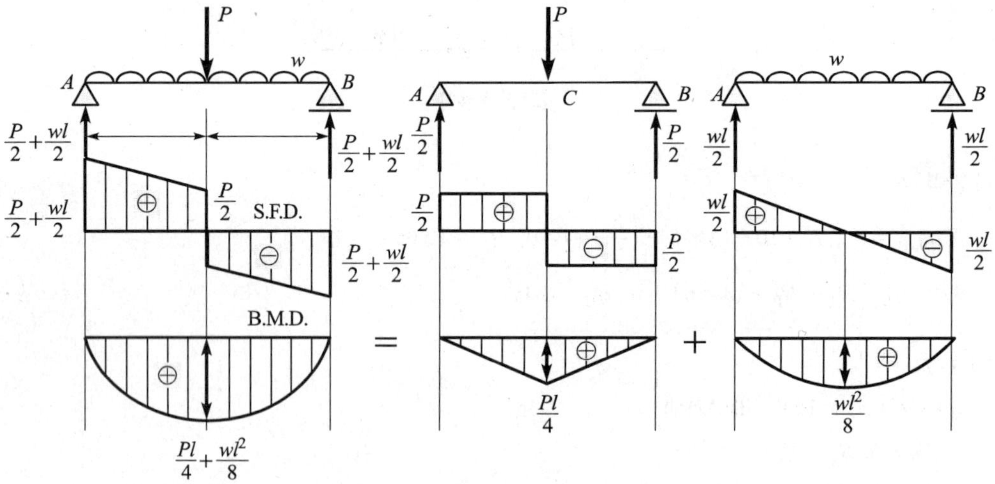

[그림 5-45]

i) R

$$\Sigma M_{atB}=0\ ;\ R_A\cdot l - P\cdot\frac{l}{2} - wl\cdot\frac{l}{2} = 0,\ R_A = \frac{P}{2}+\frac{wl}{2}$$

$$\Sigma V=0\ ;\ R_A + R_B = P + wl,\ R_B = \frac{P}{2}+\frac{wl}{2}$$

ii) $S.F.$

$(A-C)\ S_x = R_A - wx = \frac{P}{2}+\frac{wl}{2} - wx$ (1차식)

$$\begin{cases} x=0,\ S_A = \frac{P}{2}+\frac{wl}{2} \\ x=\frac{l}{2},\ S_C = \frac{P}{2} \end{cases}$$

$(C-B)$ $S_x = \frac{P}{2} + \frac{wl}{2} - wx - P$ (1차식)

$$\begin{cases} x = \frac{l}{2}, & S_C = \frac{P}{2} \\ x = l, & S_B = -\left(\frac{P}{2} + \frac{wl}{2}\right) \end{cases}$$

iii) $B.M.$

$(A-C)$ $M_x = R_A \cdot x - \frac{w}{2}x^2 = \left(\frac{P}{2} + \frac{wl}{2}\right)x - \frac{w}{2}x^2$

(x에 관한 2차식이나 전단력도를 보면 $A-C$구간 사이에 모멘트의 최댓값은 없고 M_A, M_C가 극소, 극대이다).

$$\begin{cases} x = 0, & M_A = 0 \\ x = \frac{l}{2}, & M_C = \frac{Pl}{4} + \frac{wl^2}{8} \end{cases}$$

$(C-B)$구간 : B 점에서 우측으로 생각하면 $(A-C)$구간과 같은 식이 된다.

예제 10

다음 보의 단면력도를 구하라.

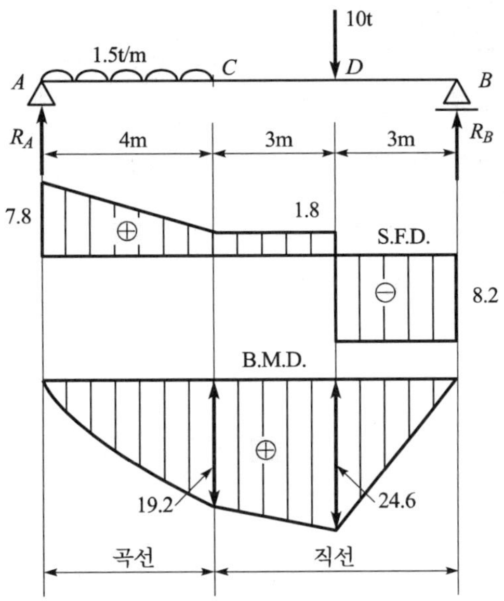

[그림 5-46]

i) R

$\Sigma M_{atB} = 0$; $R_A \cdot 10 - (1.5 \times 4) \times 8 - 10 \times 3 = 0$, $R_A = 7.8\text{t}$

$\Sigma V=0$; $R_A+R_B=(1.5\times 4)+10$, $R_B=8.2\text{t}$

ii) *S. F.*

$(A-C)$ $S_x=R_A-1.5x=7.8-1.5x$ (1차식)

$$\begin{cases} x=0,\ S_A=7.8t \\ x=4,\ S_C=1.8\text{t} \end{cases}$$

$(C-D)$ $S_x=7.8-1.5\times 4=1.8\text{t}$ (일정)

$(D-B)$ $S_x=7.8-6-10=-8.2\text{t}$ (일정)

iii) *B. M.*

$(A-C)$ $M_A=R_A\cdot x-\dfrac{1.5}{2}x^2$ (2차식)

$(A-C)$ 구간의 모멘트는 2차식이나 M_A, M_C 사이에서는 극값이 나타나지 않는다(즉, 이 구간에서 전단력이 0이 되는 곳이 없다).

$M_x=7.8x-0.75x^2$

$$\begin{cases} x=0,\ M_A=0 \\ x=4,\ M_C=19.2\,\text{t}\cdot\text{m} \end{cases}$$

$(C-D)$ $M_x=7.8x-(1.5\times 4)\cdot(x-2)$ (1차식)

$$\begin{cases} x=4,\ M_C=19.2\,\text{t}\cdot\text{m} \\ x=7,\ M_D=24.6\,\text{t}\cdot\text{m} \end{cases}$$

$(D-B)$ 우측에서 생각하면, $M_x{}'=8.2x'$

$$\begin{cases} x'=3,\ M_D=24.6\,\text{t}\cdot\text{m} \\ x'=0,\ M_B=0 \end{cases}$$

예제 11

[그림 5-47]의 보를 해석하라.

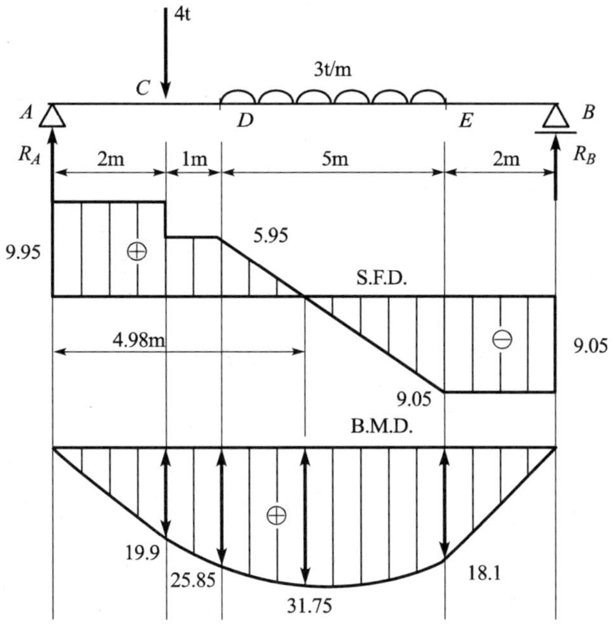

[그림 5-47]

i) R

$\Sigma M_{\text{atB}}=0$; $R_A \cdot 10-4\times 8-(3\times 5)\times\left(\frac{5}{2}+2\right)=0$, $R_A=9.95\text{t}$

$\Sigma V=0$; $R_A+R_B=4+(3\times 5)$, $R_B=9.05\text{t}$

ii) $S.\ F.$

$(A-C)$ $S_x=R_A=9.95\text{t}$ (일정)

$(C-D)$ $S_x=R_A-4=5.95\text{t}$ (일정)

$(D-E)$ $S_x=9.95-4-3(x-3)$(1차식)

$$\begin{cases} x=3,\ S_D=5.95t \\ x=8,\ S_E=-9.05\text{t} \end{cases}$$

전단력이 0이 되는 곳이 이 구간에서 생기므로 $S_x=0$, $x=4.98\text{m}$

$(E-B)$구간은 우측에서 생각하면 $S_x{}'=-R_B=-9.05\text{t}$

iii) $B.\ M.$

$(A-C)$ $M_x=R_A\cdot x=9.95x$

$$\begin{cases} x=0,\ M_A=0 \\ x=2,\ M_C=19.9\text{t}\cdot\text{m} \end{cases}$$

$(C-D)\ M_x = 9.95x - 4(x-2)$

$$\begin{cases} x=2,\ M_C = 19.9\,\text{t}\cdot\text{m} \\ x=3,\ M_D = 25.85\,\text{t}\cdot\text{m} \end{cases}$$

$(D-E)\ M_x = 9.95 - 4(x-2) - \dfrac{3}{2}(x-3)^2$ (2차식)

$$\begin{cases} x=3,\ M_D = 25.85\,\text{t}\cdot\text{m} \\ x=8,\ M_E = 18.1\,\text{t}\cdot\text{m} \\ x=4.98,\ M_{max} = 31.75\,\text{t}\cdot\text{m} \end{cases}$$

$(E-B)$구간은 우측에서 생각하면 $M_x{}' = R_B \cdot x' = 9.05x'$

$$\begin{cases} x'=2,\ M_E = 18.1\,\text{t}\cdot\text{m} \\ x'=0,\ M_B = 0 \end{cases}$$

예제 12

다음 [그림 5-48]의 보를 풀어라.

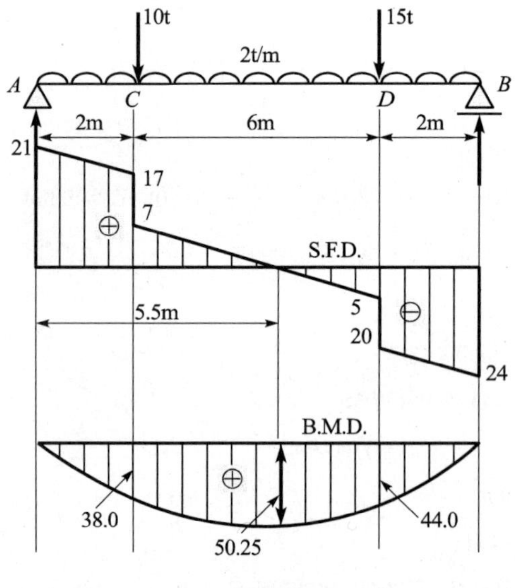

[그림 5-48]

i) 반력

$\Sigma M_{atB} = 0$; $R_A \cdot 10 - 2\times10\times5 - 10\times8 - 15\times2 = 0$, $R_A = 21\text{t}$

$\Sigma V = 0$; $R_A + R_B = 2\times10 + 10\times15$, $R_B = 24\text{t}$

ⅱ) $S.F.$

$(A-C)$ $S_x = 21 - 2x$

$$\begin{cases} x=0,\ S_A = 21\ \mathrm{t} \\ x=2,\ S_C = 17\ \mathrm{t} \end{cases}$$

$(C-D)$ $S_x = 21 - 2x - 10$

$$\begin{cases} x=2,\ S_C = 7t \\ x=8,\ S_D = -5\mathrm{t} \end{cases}$$

이 구간에서 $S_x = 0$이 되는 곳이 생긴다.

$S_x = 11 - 2x = 0,\ x = 5.5\mathrm{m}$

$(D-B)$ 우측에서 생각하면 $S_x{}' = -R_B + 2x' = -24 + 2x'$

$$\begin{cases} x'=2,\ S_D = -20\ \mathrm{t} \\ x'=0,\ S_B = -24\ \mathrm{t} \end{cases}$$

ⅲ) $B.M.$

$(A-C)$ $M_x = 21x - x^2$ (2차식이나 이 구간에 전단력이 0이 되는 곳이 없다.)

$$\begin{cases} x=0,\ M_A = 0 \\ x=2,\ M_C = 38.0\mathrm{t\cdot m} \end{cases}$$

$(C-D)$ $M_x = 21x - x^2 - 10(x-2)$ (2차식)

$$\begin{cases} x=2,\ M_C = 38.0\mathrm{t\cdot m} \\ x=8,\ M_D = 44.0\mathrm{t\cdot m} \\ x=5.5,\ M_{max} = 50.25\mathrm{t\cdot m} \end{cases}$$

$(D-B)$ 우측에서 생각하면 $M_x{}' = R_B \cdot x' - (x')^2 = 24x' - (x')^2$ (2차식)

$$\begin{cases} x'=2,\ M_D = 44.0\mathrm{t\cdot m} \\ x'=0,\ M_B = 0 \end{cases}$$

예제 13

다음 보의 단면력도를 그려라.

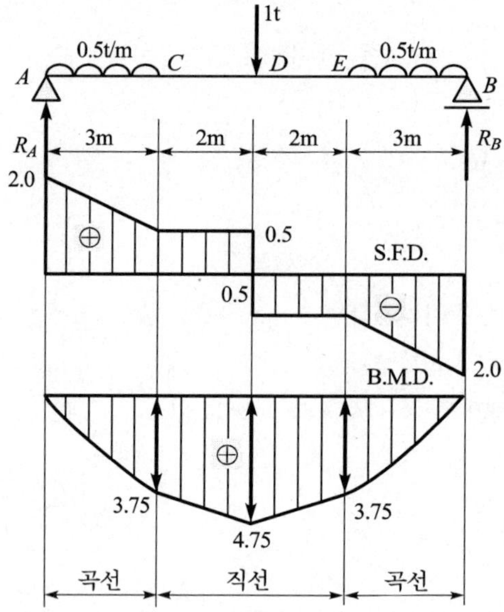

[그림 5-49]

i) 반력은 좌우대칭 $R_A = R_B$이므로

$2R_A = 2R_B = (0.5\times 3)\times 2 + 1$

$R_A = R_B = 2.0\text{t}$

ii) $S.F.$

$(A-C)$ $S_x = 2.0 - 0.5x$ (1차식)

$$\begin{cases} x=0,\ S_A = 2.0t \\ x=3,\ S_C = 0.5\text{t} \end{cases}$$

$(C-D)$ $S_x = 2.0 - 0.5\times 3 = 0.5\text{t}$ 일정

$(D-B)$구간은 부호가 반대인 대칭이다.

iii) $B.M.$

$(A-C)$ $M_x = 2x - \dfrac{0.5}{2}x^2$ (2차식)

$$\begin{cases} x=0,\ M_A = 0 \\ x=3,\ M_C = 3.75\,\text{t}\cdot\text{m} \end{cases}$$

$(C-D)$ $M_x = 2x - (0.5\times 3)(x-1.5)$ (1차식)

$$\begin{cases} x=3,\ M_C = 3.75\,\text{t}\cdot\text{m} \\ x=5,\ M_D = 4.75\,\text{t}\cdot\text{m} \end{cases}$$

$(D-B)$구간은 $(A-D)$구간의 대칭이다.

5.5 등변분포하중(삼각형하중)

하중이 길이 방향에 1차 직선 관계로 증감하는 하중을 등변분포하중이라 하며, 삼각형 또는 사다리꼴의 하중이 있다.

지금 길이 l인 보에 삼각형하중이 [그림 5-50]처럼 작용하고 있을 경우 보를 해석하면

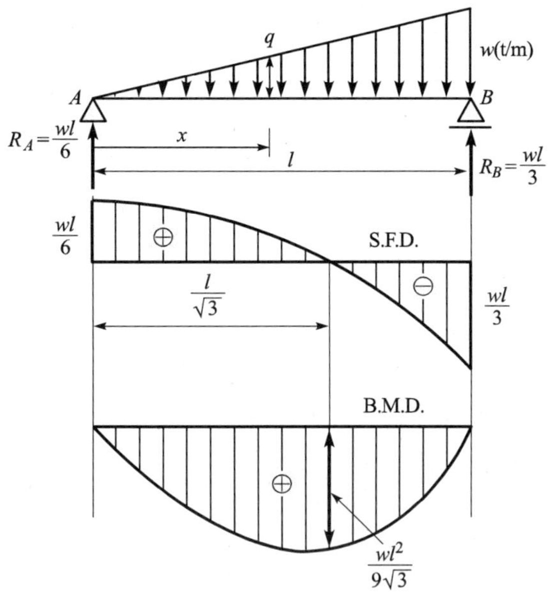

[그림 5-50]

i) 반력

하중의 합력은 $\frac{wl}{2}$이고 합력점은 B점에서 $\frac{l}{3}$ 되는 점이다.

$$\Sigma M_{\mathrm{atB}} = 0 \ ; \ R_{\mathrm{A}} \cdot l - \frac{wl}{2} \cdot \frac{l}{3} = 0, \ R_{\mathrm{A}} = \frac{wl}{6}$$

$$\Sigma V = 0 \ ; \ R_{\mathrm{A}} + R_{\mathrm{B}} = \frac{wl}{2}, \ R_{\mathrm{B}} = \frac{wl}{3}$$

ii) $S.\ F.$

A에서 x 떨어진 임의 점에서 일반식을 생각하면

$x : l = q : w$에서

$q = w \cdot \frac{x}{l}$이므로

$$S_x = R_A - \frac{q \cdot x}{2} = \frac{wl}{6} - \frac{x}{2} \cdot w \cdot \frac{x}{l} = \frac{wl}{6} - \frac{wx^2}{2l} \text{ (}x\text{에 관한 2차식)}$$

$$\begin{cases} x = 0,\ S_A = \dfrac{wl}{6} \\ x = l,\ S_B = -\dfrac{wl}{3} \end{cases}$$

곡선의 형태를 알려면 3점을 알아야 하므로 전단력이 0이 되는 점을 알면 된다.

$$S_x = \frac{wl}{6} - \frac{wx^2}{2l} = 0,\ x^2 = \frac{l^2}{3},\ x = \frac{l}{\sqrt{3}} \fallingdotseq 0.577l$$

iii) $B.\ M.$

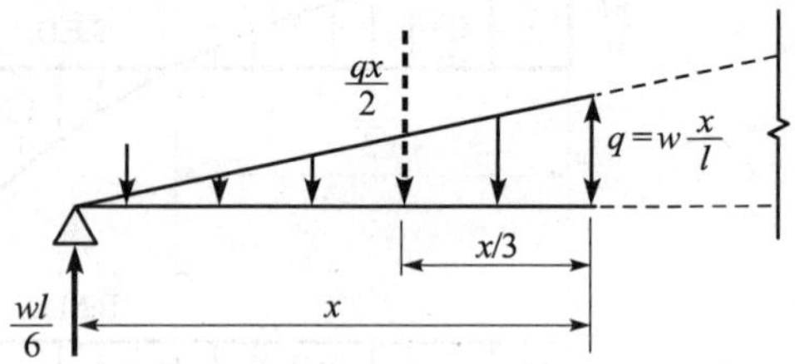

[그림 5-51]

[그림 5-51]에서

$$M_x = \frac{wl}{6}x - \frac{q \cdot x}{2} \cdot \frac{x}{3} = \frac{wl}{6}x - \frac{wx^3}{6l} \text{ (}x\text{에 관한 3차식)}$$

$$\begin{cases} x = 0,\ M_A = 0 \\ x = l,\ M_B = \dfrac{wl^2}{6} - \dfrac{wl^2}{6} = 0 \\ x = \dfrac{l}{\sqrt{3}},\ M_{\max} = \dfrac{wl}{6} \cdot \dfrac{l}{\sqrt{3}} - \dfrac{w}{6l}\left(\dfrac{l}{\sqrt{3}}\right)^3 = \dfrac{wl^2}{6\sqrt{3}} - \dfrac{wl^2}{18\sqrt{3}} = \dfrac{wl^2}{9\sqrt{3}} \end{cases}$$

예제 14

다음과 같은 사다리꼴 하중이 작용할 경우 단면력도를 구하라.

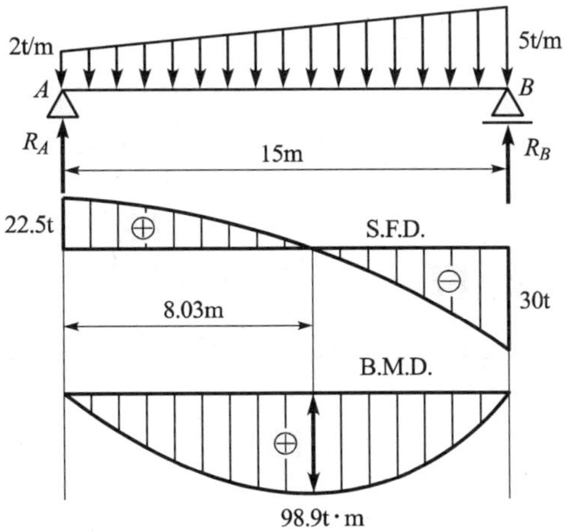

[그림 5-52]

등분포하중과 등변분포하중으로 나누어 해석한다.

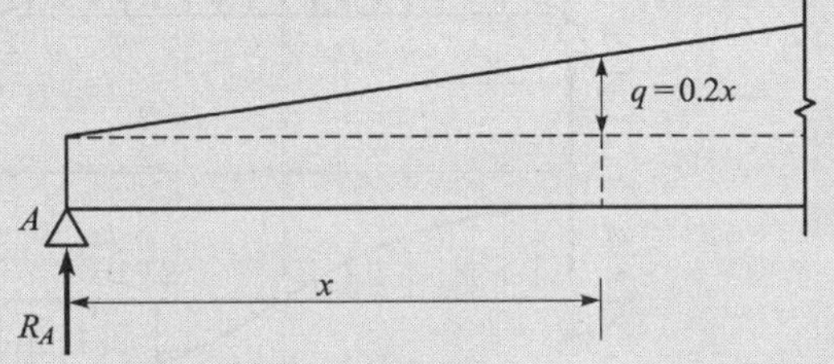

[그림 5-53]

i) 반력

$\Sigma M_{\mathrm{atB}}=0$; $R_{\mathrm{A}}\cdot 15-2\times 15\times \dfrac{15}{2}-3\times 15\times \dfrac{1}{2}\times \dfrac{15}{3}=0$

$R_{\mathrm{A}}=22.5\mathrm{t}$

$\Sigma V=0$; $R_{\mathrm{A}}+R_{\mathrm{B}}=2\times 15+3\times 15\times \dfrac{1}{2}$, $R_{\mathrm{B}}=30\mathrm{t}$

ii) $S.\ F.$

$S_x=R_{\mathrm{A}}-wx-\dfrac{1}{2}q\cdot x=22.5-2x-0.1x^2$ (x에 관한 2차식)

$$\begin{cases} x=0, & S_{\mathrm{A}}=22.5t \\ x=15, & S_{\mathrm{B}}=-30\mathrm{t} \end{cases}$$

$S_x=0$되는 곳을 구하면

$0.1x^2+2x-22.5=0,\ \ x^2+20x-225=0$

근의 공식 $x=\dfrac{-b\pm\sqrt{b^2-4ac}}{2a}$ 에서

$x=-10\pm\sqrt{100+225}$, $x=8.03\text{m}, -1.97\text{m}$ (여기서 (−) 값은 무의미)

iii) $B.\ M.$

$M_x=R_A\cdot x-wx\cdot\dfrac{x}{2}-\dfrac{q\cdot x}{2}\cdot\dfrac{x}{3}=22.5x-x^2-\dfrac{x^3}{30}$ (3차식)

$$\begin{cases} x=0, & M_A=0 \\ x=15, & M_B=22.5\times15-15^2-\dfrac{15^3}{30}=0 \\ x=8.03, & M_{max}=22.5\times8.03-(8.03)^2-\dfrac{(8.03)^3}{30}=98.9\,\text{t}\cdot\text{m} \end{cases}$$

예제 15

다음 보의 단면력도를 그려라.

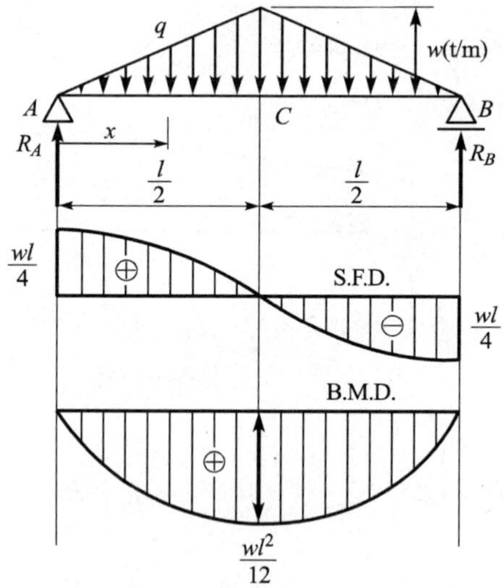

[그림 5-54]

i) 반력

$\Sigma M_{atB}=0$; $R_A\cdot l-wl\cdot\dfrac{1}{2}\cdot\dfrac{l}{2}=0$, $R_A=\dfrac{wl}{4}$

$\Sigma V=0$; $R_A+R_B=w\cdot l\cdot\dfrac{1}{2}$, $R_B=\dfrac{wl}{4}$

ii) $S.\ F.$

$x:q=\dfrac{l}{2}:w$ 이므로

$$q = \frac{2wx}{l}$$

$(A-C)$ $0 \leq x \leq \frac{l}{2}$

$$S_x = R_A - \frac{q}{2}x = \frac{wl}{4} - \frac{wx^2}{l} \text{ (2차식)}$$

$$\begin{cases} x = 0, \quad S_A = \frac{wl}{4} \\ x = \frac{l}{2}, \, S = 0 \end{cases}$$

$(C-B)$구간은 $(A-C)$구간과 역대칭이다.

iii) $B.\,M.$

$(A-C)$ $0 \leqq x \leqq \frac{l}{2}$

$$M_x = R_A \cdot x - \frac{q \cdot x}{2} \cdot \frac{x}{3} = \frac{wl}{4}x - \frac{qx^2}{6} = \frac{wl}{4}x - \frac{wx^3}{3l} \text{ (3차식)}$$

$$\begin{cases} x = 0, \quad M_A = 0 \\ x = \frac{l}{2}, \, M_C = \frac{wl}{4} \cdot \frac{l}{2} - \frac{w}{3l}\left(\frac{l}{2}\right)^3 = \frac{wl^2}{8} - \frac{wl^2}{24} = \frac{wl^2}{12} \end{cases}$$

$(C-B)$ 우측에서 생각하면 $0 \leqq x' \leqq \frac{l}{2}$

$$M_x' = \frac{wl}{4}x' - \frac{w(x')^3}{3l}$$

$$\begin{cases} x' = \frac{l}{2}, \, M_C = \frac{wl^2}{12} \\ x' = 0, \quad M_B = 0 \end{cases}$$

예제 16

다음 보의 단면력도를 그려라.

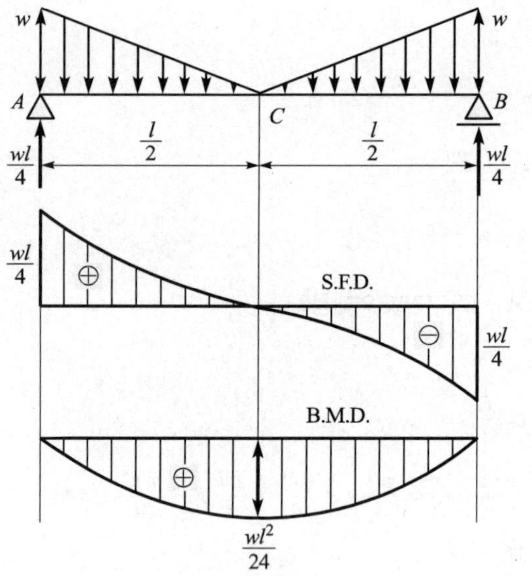

[그림 5-55]

i) 반력

좌우대칭이므로 $R_{\text{A}} = R_{\text{B}} = \dfrac{wl}{4}$

ii) $S.\ F.$

$(\dfrac{l}{2} - x) : q = \dfrac{l}{2} : w$

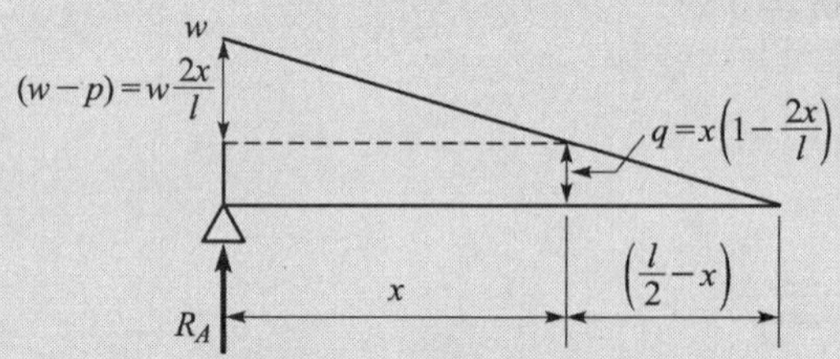

[그림 5-56]

$$q = w \cdot \frac{\dfrac{l}{2} - x}{\dfrac{l}{2}} = w\left(\frac{l-2x}{l}\right)$$

$$\begin{cases} q = w\left(1 - \dfrac{2x}{l}\right) \\ (w-q) = w\dfrac{2x}{l} \end{cases}$$

$$S_x = R_A - q \cdot x - \frac{1}{2}(w-q) \cdot x = \frac{wl}{4} - w(x - \frac{2x^2}{l}) - \frac{1}{2} \cdot w \cdot \frac{2x^2}{l}$$

$$= \frac{w}{4}(l - 4x + \frac{4x^2}{l}) \text{ (2차식)}$$

$$\begin{cases} x=0, \quad S_A = \frac{w}{4}(l-0-0) = \frac{wl}{4} \\ x = \frac{l}{2}, \; S = \frac{w}{4}(l - 2l + l) = 0 \end{cases}$$

여기서 곡선의 형태를 알아보기 위하여 $\frac{l}{4}$ 되는 곳의 전단력을 구해 보면

$$x = \frac{l}{4}, \quad S_{\frac{1}{4}l} = \frac{w}{4}(l - l - \frac{l}{4}) = \frac{wl}{16}$$

이므로 곡선의 형태는 *S. F. D.*와 같다.

iii) *B. M.*

$$M_x = R_A \cdot x - q \cdot x \cdot \frac{x}{2} - \frac{1}{2}(w-q)x \cdot \frac{2}{3}x$$

$$= \frac{wl}{4}x - \frac{w}{2}\left(x^2 - \frac{2x^3}{l}\right) - \frac{w}{3} \cdot \frac{2x^3}{l}$$

$$= \frac{w}{12}\left(3lx - 6x^2 + \frac{12x^3}{l} - \frac{8x^3}{l}\right) \text{ (3차식)}$$

$$\begin{cases} x=0, \quad M_A = 0 \\ x = \frac{l}{2}, \; M_C = \frac{w}{12}\left(\frac{3l^2}{2} - \frac{3l^2}{2} + \frac{3}{2}l^2 - l^2\right) = \frac{w}{12} \cdot \frac{l^2}{2} = \frac{wl^2}{24} \end{cases}$$

〈예제 15, 16〉에서 보면 2개의 단면력도의 합이 등분포하중이 만재된 보의 단면력도와 같다.

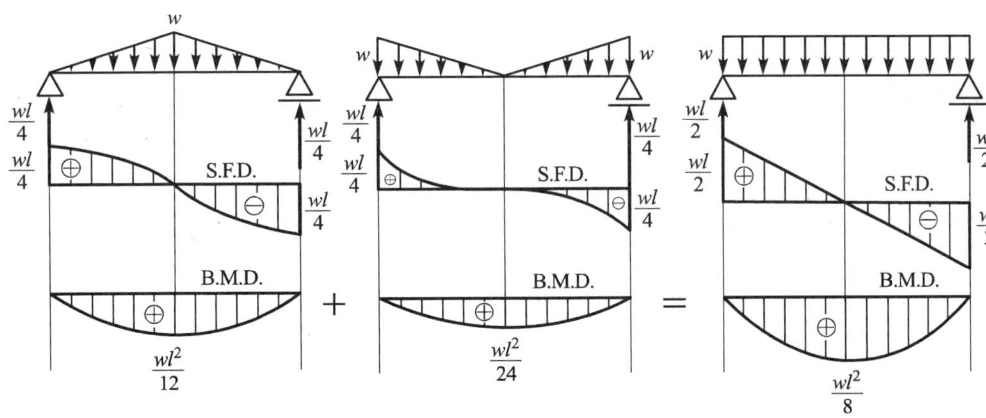

[그림 5-57]

예제 17

다음 보의 단면력도를 그려라(편의상 보를 우측에서 좌측으로 해석한다).

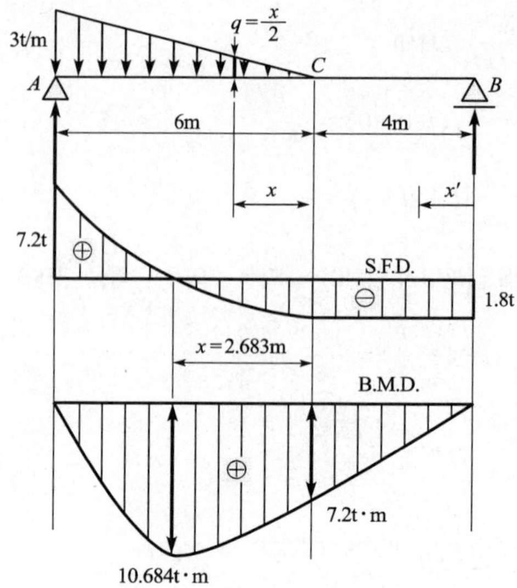

[그림 5-58]

i) 반력

$\Sigma M_{atB}=0$; $R_A \cdot 10-3\times6\times\frac{1}{2}\times8=0$, $R_A=7.2t$

$\Sigma V=0$; $R_A+R_B=3\times6\times\frac{1}{2}$, $R_B=1.8t$

ii) $S.F.$ (편의상 x를 C점에서 우측으로 생각한다)

$(B-C)$ $S_x=-R_B=-1.8t$ (일정)

$(C-A)$ $S_x=-1.8+\frac{qx}{2}=-1.8+\frac{x^2}{4}$ (2차식)

$$\begin{cases} x=0,\ S=-1.8t \\ x=6,\ S_A=7.2t \end{cases}$$

$S_x=0$이 되는 곳 $x^2=7.2$, $x=2.683m$

iii) $B.M.$

$(B-C)$ $M_x=1.8x'$

$$\begin{cases} M_B=0 \\ M_C=1.8\times4=7.2t\cdot m \end{cases}$$

$(C-A)$ $M_x=1.8(x+4)-\frac{q\cdot x}{2}\cdot\frac{x}{3}=1.8(x+4)-\frac{x^3}{12}$

$$\begin{cases} x=0,\ M=7.2t\cdot m \\ x=6,\ M_A=0 \\ x=2.683,\ M_{max}=12.294-1.61=10.684t\cdot m \end{cases}$$

5.6 모멘트하중

모멘트하중 자체는 우력모멘트이므로 수직, 수평력이 없고 단지 회전력만 존재하므로 모멘트하중 작용점에서 전단력 또는 축방향력과 아무런 관계가 없다.
또 모멘트하중은 보의 어느 점에서 취하여도 그 모멘트 값은 항상 동일하다. 즉, 아래 [그림 5-59]에서 어느 점에서 모멘트를 취하여도 그 값은 $M = P \cdot a$ 로서 일정하다.

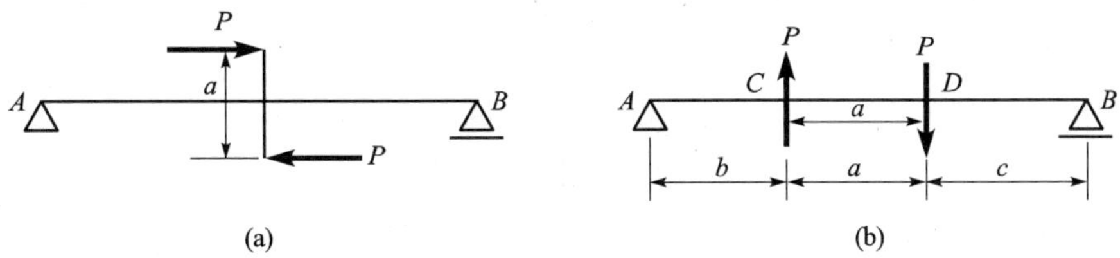

[그림 5-59]

[그림 5-59(b)]에서 $\begin{cases} M_{\rm A} = -P \cdot b + P(a+b) = P \cdot a \\ M_{\rm C} = P \cdot a \\ M_{\rm D} = P \cdot a \\ M_{\rm B} = P(a+c) - P \cdot c = P \cdot a \end{cases}$

[그림 5-60]과 같은 단순보의 A 점에서 a 떨어진 곳에 모멘트하중 M이 작용할 경우 보를 해석하면

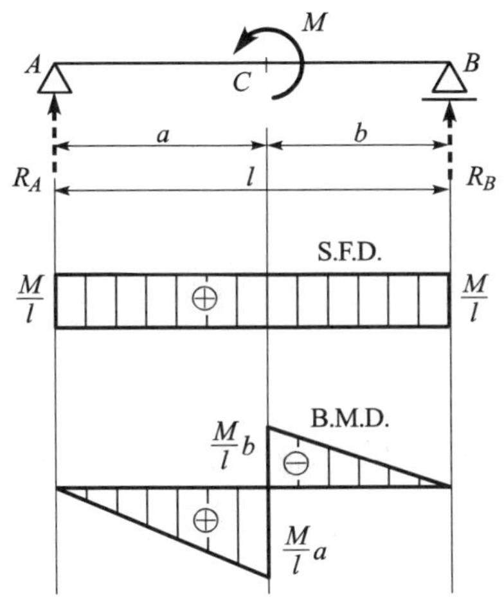

[그림 5-60]

i) 반력

R_A, R_B의 방향을 위로 향하도록 가정하면

$$\Sigma M_{\mathrm{atB}} = 0 \ ; \ R_A \cdot l - M = 0, \ R_A - \frac{M}{l}$$

$$\Sigma V = 0 \ ; \ R_A + R_B = 0 \text{(수직력인 외력은 없고 반력뿐이므로)}$$

$$R_B = - R_A = - \frac{M}{l}$$

여기서 (−)값은 반력의 방향이 반대되는 뜻이므로 다음 [그림 5-61]과 같다.

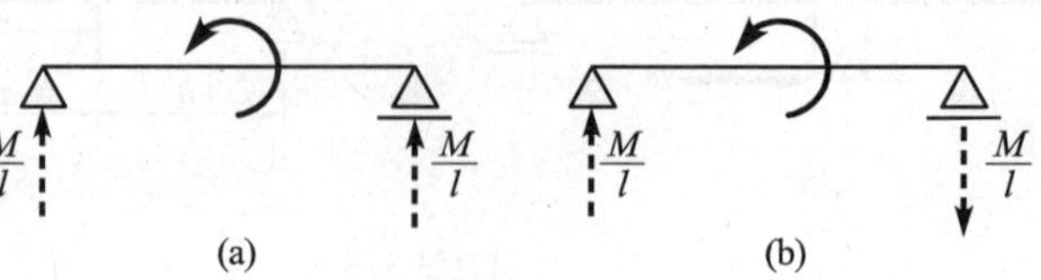

[그림 5-61]

본서에서는 [그림 5-61(a)]의 방법으로 반력의 방향은 상향(↑)으로 가정하고 그 값에 (−)를 대입한다.

ii) 전단력

전단력의 구간은 $(A-B)$구간 하나이다(C점에는 수직력이 없으므로)

$$S_x = R_A = \frac{M}{l} \text{(일정)}$$

iii) 휨모멘트

$$(A-C) \ M_x = R_A \cdot x = \frac{M}{l} \cdot x \text{(1차식)}$$

$$\begin{cases} x = 0, \ M_A = 0 \\ x = a, \ M_C = \dfrac{M}{l} \cdot a \end{cases}$$

$$(C-B) \ M_x = R_A \cdot x - M = \frac{M}{l} x - M$$

$$\begin{cases} x = a, \ M_C = \dfrac{M}{l} a - M = - \dfrac{M}{l} b \\ x = l, \ M_B = 0 \end{cases}$$

위 식에서 $M_C = \frac{M}{l}a$, $M_C = -\frac{M}{l}b$로 C점의 모멘트 값이 2개이므로 모멘트는 불연속이 된다. 즉, 모멘트하중이 작용하는 단면에서 모멘트의 값은 2개이며 이 두 값의 차는 모멘트하중의 크기와 같다.

또 다음과 같이 지점에 모멘트하중이 작용할 경우는 다음과 같다.

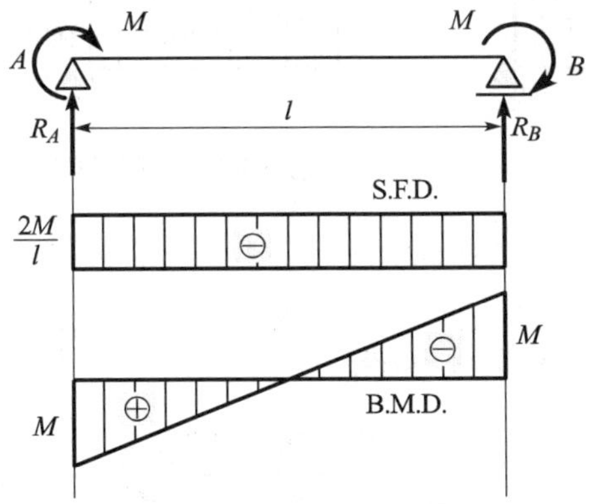

[그림 5-62]

i) 반력

$$\Sigma M_{atB} = 0 \ ; \ R_A \cdot l + M + M = 0, \ R_A = -\frac{2M}{l}$$

$$\Sigma V = 0 \ ; \ R_A + R_B = 0, \ R_B = \frac{2M}{l}$$

ii) *S. F.*

$$S_x = R_A = -\frac{2M}{l} \text{(일정)}$$

iii) *B. M.*

$$M_x = R_A \cdot x + M = -\frac{2M}{l} \cdot x + M \text{(1차식)}$$

$$\begin{cases} x = 0, \ M_A = M \\ x = l, \ M_B = -M \end{cases}$$

이와 같은 방법으로 지점에 모멘트하중이 작용할 경우 유도하여 *B. M. D*를 보면 다음 [그림 5-63]과 같다.

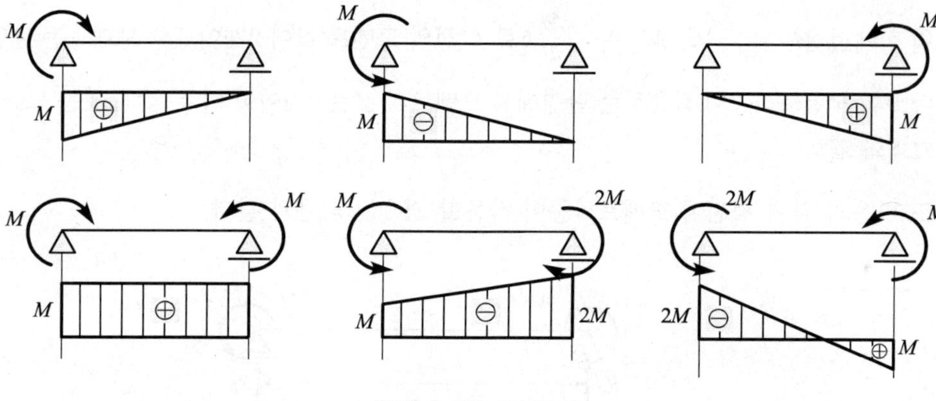

[그림 5-63] $B.\ M.\ D.$

예제 18

다음 모멘트하중이 작용하는 보를 해석하라.

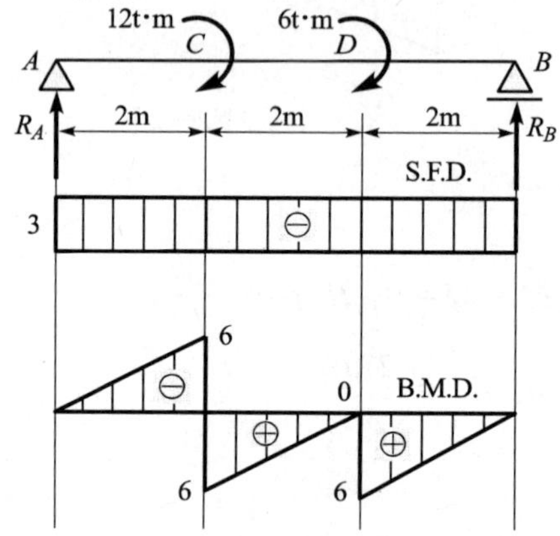

[그림 5-64]

i) 반력

$\Sigma M_{\text{atB}} = 0$; $R_{\text{A}} \cdot 6 + 12 + 6 = 0$, $R_{\text{A}} = -3\text{t}$ (하향)

$\Sigma V = 0$; $R_{\text{A}} + R_{\text{B}} = 0$, $R_{\text{B}} = 3\text{t}$ (상향)

ii) $S.\ F.$

$S_x = R_{\text{A}} = -3\text{t}$ (일정)

iii) $B.\ M.$

$(A-C)$ $M_x = R_{\text{A}} \cdot x = -3x$ (1차식)

$$\begin{cases} x = 0,\ M_{\text{A}} = 0 \\ x = 2,\ M = -6\,\text{t}\cdot\text{m} \end{cases}$$

$(C-D)\ M_x = R_A \cdot x + 12 = -3x + 12$

$$\begin{cases} x=2,\ M=6\,\mathrm{t\cdot m} \\ x=4,\ M_D=0 \end{cases}$$

$(D-B)\ M_x = R_A \cdot x + 12 + 6 = -3x + 18$

$$\begin{cases} x=4,\ M_D=6\,\mathrm{t\cdot m} \\ x=6,\ M_B=0 \end{cases}$$

예제 19

다음 보의 단면력도를 그려라.

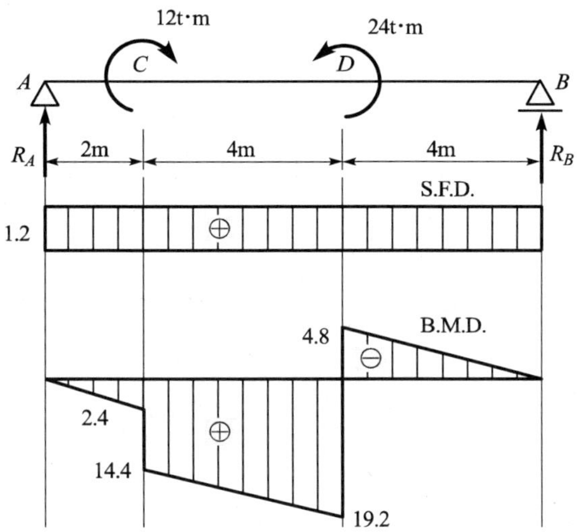

[그림 5-65]

i) 반력

$\Sigma M_{atB} = 0$; $R_A \cdot 10 + 12 - 24 = 0$, $R_A = 1.2\mathrm{t}(\uparrow)$

$\Sigma V = 0$; $R_A + R_B = 0$, $R_B = -1.2\mathrm{t}(\downarrow)$

ii) $S.F.$

$S_x = R_A = 1.2\mathrm{t}$ (일정)

iii) $B.M.$

$(A-C)\ M_x = R_A \cdot x = 1.2x$ (1차식)

$$\begin{cases} x=0,\ M_A=0 \\ x=2,\ M_C=2.4\,\mathrm{t\cdot m} \end{cases}$$

$(C-D)\ M_x = 1.2x + 12$

$$\begin{cases} x=2,\ M_C = 14.4\text{t}\cdot\text{m} \\ x=6,\ M_D = 19.2\text{t}\cdot\text{m} \end{cases}$$

$(D-B)\ M_x = 1.2x + 12 - 24 = 1.2x - 12$

$$\begin{cases} x=6,\ M_D = -4.8\text{t}\cdot\text{m} \\ x=10,\ M_B = 0 \end{cases}$$

단순보 중앙에 집중하중이 작용하고 A점에 모멘트 하중이 작용할 경우 보를 해석하면

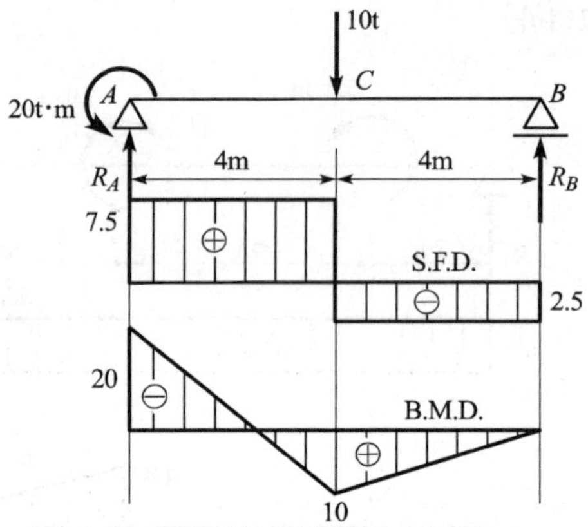

[그림 5-66]

i) 반력

$\Sigma M_{\text{atB}} = 0\ ;\ R_A \cdot 8 - 20 - 10 \times 4 = 0,\ R_A = 7.5\text{t}(\uparrow)$

$\Sigma V = 0\ ;\ R_A + R_B - 10 = 0,\ R_B = 2.5\text{t}(\uparrow)$

ii) $S.\ F.$

$(A-C)\ S_x = R_A = 7.5\text{t}$ (일정)

$(C-B)\ S_x = R_A - 10 = -2.5\text{t}$ (일정)

iii) $B.\ M.$

$(A-C)\ M_x = R_A \cdot x - 20 = 7.5x - 20$ (1차식)

$$\begin{cases} x=0,\ M_A = -20\text{t}\cdot\text{m} \\ x=4,\ M_C = 30 - 20 = 10\text{t}\cdot\text{m} \end{cases}$$

$(C-B)$구간은 우측에서 생각하면 $M_x{}' = 2.5x'$

$$\begin{cases} x' = 4,\ M_C = 10\,\text{t}\cdot\text{m} \\ x' = 0,\ M_B = 0 \end{cases}$$

[그림 5-67]과 같은 등분포하중이 만재된 보에서 지점에 모멘트하중이 작용되면

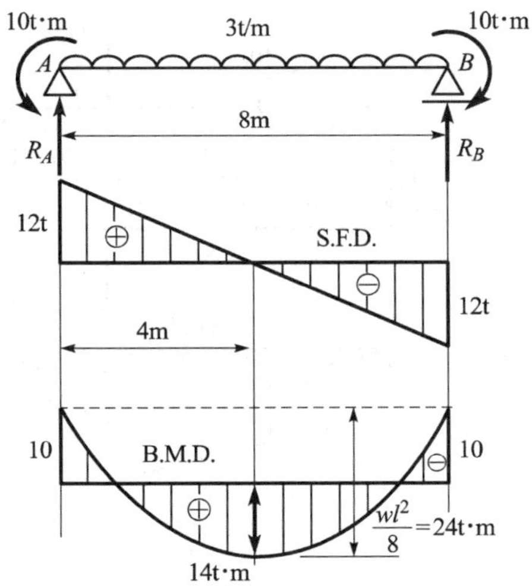

[그림 5-67]

i) R

$\Sigma M_{\text{atB}} = 0$; $R_A \cdot 8 - 3\times 8\times 4 - 10 + 10 = 0,\ R_A = 12\text{t}$

$\Sigma V = 0$; $R_A + R_B = 3\times 8,\ R_B = 12\text{t}$

ii) $S.\ F.$

$S_x = 12 - 3x$ (1차식)

$$\begin{cases} x = 0,\ S_A = 12t \\ x = 8,\ S_B = -12\text{t} \end{cases}$$

$S_x = 0$이 되는 곳 $12 - 3x = 0,\ x = 4\text{m}$

iii) $B.\ M.$

$M_x = 12x - \dfrac{3}{2}x^2 - 10$ (2차식)

$$\begin{cases} x = 0,\ M_A = -10\,\text{t}\cdot\text{m} \\ x = 4,\ M_{\max} = 14\,\text{t}\cdot\text{m} \\ x = 8,\ M_B = -10\,\text{t}\cdot\text{m} \end{cases}$$

[그림 5-67]의 $B.\ M.\ D$를 보면 모멘트의 극대 및 극소의 차이는 단순보에 등분포하중이 만재되었을 때 $M_{max} = \dfrac{wl^2}{8}$의 값과 같다는 것을 알 수 있다.

예제 20

다음 보의 단면력도를 그려라.

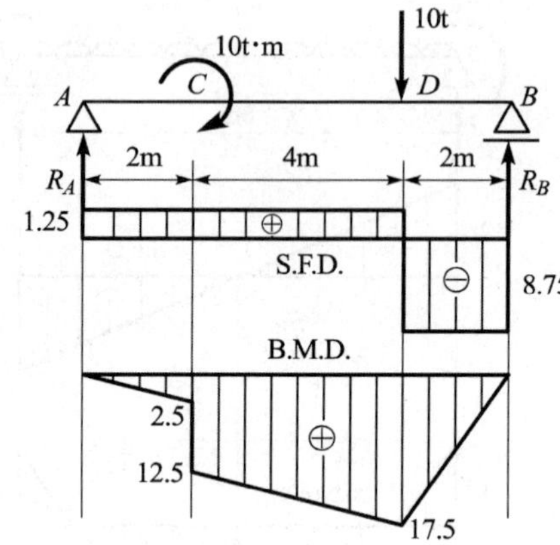

[그림 5-68]

i) R

$\Sigma M_{atB} = 0$; $R_A \cdot 8 + 10 - 10 \times 2 = 0$, $R_A = 1.25t$

$\Sigma V = 0$; $R_A + R_B = 10$, $R_B = 8.75t$

ii) $S.\ F.$

$(A-D)$ $S_x = 1.25t$ (일정)

$(D-B)$ $S_x = 1.25 - 10 = 8.75t$ (일정)

iii) $B.\ M.$

$(A-C)$ $M_x = 1.25x$(1차식)

$$\begin{cases} x = 0,\ M_A = 0 \\ x = 2,\ M_C = 2.5\,t\cdot m \end{cases}$$

$(C-D)$ $M_x = 1.25x + 10$

$$\begin{cases} x = 2,\ M_C = 1.5\,t\cdot m \\ x = 6,\ M_D = 17.5\,t\cdot m \end{cases}$$

예제 21

다음 보를 풀어라.

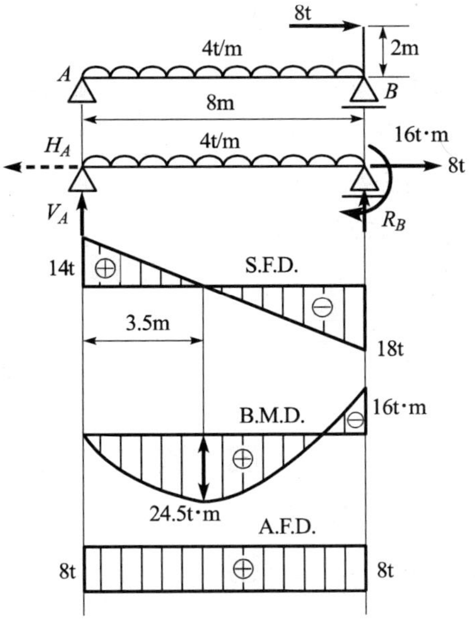

[그림 5-69]

i) R

$\Sigma M_{\text{atB}}=0$; $V_{\text{A}}\cdot 8-4\times 8\times 4+16=0$, $V_{\text{A}}=14\text{t}$

$\Sigma V=0$; $V_{\text{A}}+R_{\text{B}}=32\text{t}$, $R_{\text{B}}=18\text{t}$

$\Sigma H=0$; $H_{\text{A}}-8=0$, $H_{\text{A}}=8\text{t}$

ii) $S.\,F.$

$S_x=14-4x$ (1차식)

$$\begin{cases} x=0,\ S_{\text{A}}=14\ \text{t} \\ x=8,\ S_{\text{B}}=-18\ \text{t} \end{cases}$$

$S_x=0$이 되는 곳 $14-4x=0$, $x=3.5\text{m}$

iii) $B.\,M.$

$M_x=14x-2x^2$ (2차식)

$$\begin{cases} x=0,\ M_{\text{A}}=0 \\ x=3.5,\ M_{\max}=49-24.5=24.5\,\text{t}\cdot\text{m} \\ x=8,\ M_{\text{B}}=-16\,\text{t}\cdot\text{m} \end{cases}$$

iv) $A.\,F.$

$A_x=H_{\text{A}}=8\text{t}$(일정)

5.7 간접하중(indirect load)

[그림 5-70]과 같이 보 ①에서 매개체를 통하여 보 ②에 전달되며 보 ①은 단순보로서 해석이 되며 보 ②는 보 ①의 하중이 매개체를 통하여 보 ②에 집중하중으로 작용된다. 그러므로 간접하중이 작용하는 보는 보 ①의 하중형태에 관계없이 보 ②는 항상 집중하중만을 받는다.

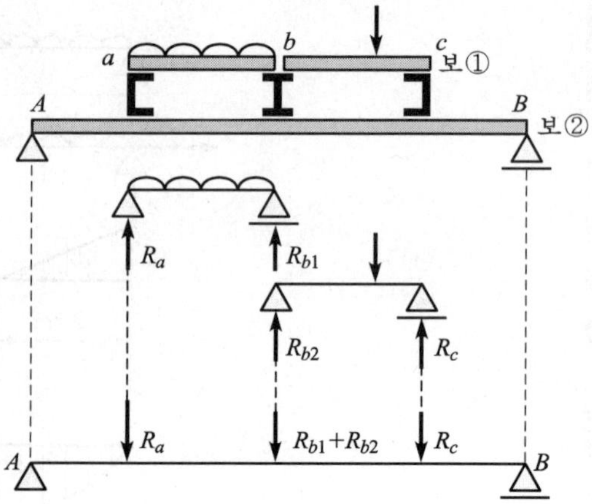

[그림 5-70]

다음 [그림 5-71]과 같은 간접하중이 작용하는 보를 해석하면

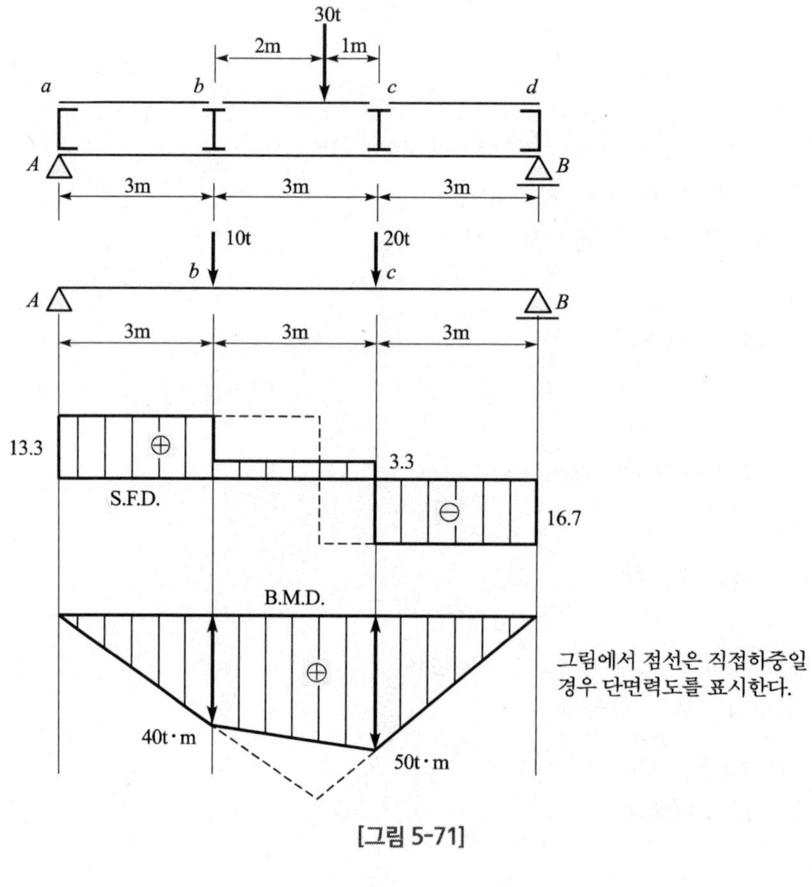

[그림 5-71]

보 bc에서

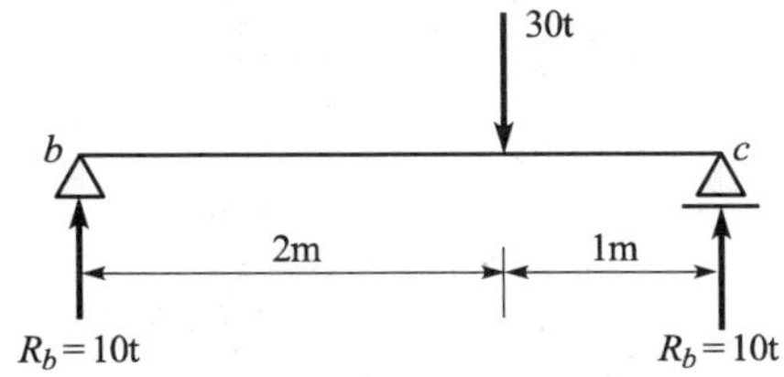

[그림 5-72]

반력이 [그림 5-72]와 같으므로 보$(A-B)$는 다음과 같이 해석된다([그림 5-71]).

i) R

$\Sigma M_{\mathrm{atB}}=0$; $R_{\mathrm{A}}\cdot 9-10\times 6-20\times 3=0$, $R_{\mathrm{A}}=13.3\mathrm{t}$

$\Sigma V=0$; $R_{\mathrm{A}}+R_{\mathrm{B}}=30$, $R_{\mathrm{B}}=16.7\mathrm{t}$

ii) $S.\ F.$

$(A-b)\ S_x=13.3\mathrm{t}$(일정)

$(b-c)\ S_x=13.3-10=3.3\mathrm{t}$

$(C-B)\ S_x=13.3-10-20=-16.7\mathrm{t}$

iii) $B.\ M.$

$(A-b)\ M_x=13.3x$(1차식)

$$\begin{cases} x=0,\ M_{\mathrm{A}}=0 \\ x=3,\ M_b=40\,\mathrm{t\cdot m} \end{cases}$$

$(b-c)\ M_x=13.3x-10(x-3)$

$$\begin{cases} x=3,\ M_b=40\,\mathrm{t\cdot m} \\ x=6,\ M_{\mathrm{C}}=50\,\mathrm{t\cdot m} \end{cases}$$

$(c-B)\ M_x=13.3x-10(x-3)-20(x-6)$

$$\begin{cases} x=6,\ M_{\mathrm{C}}=50\,\mathrm{t\cdot m} \\ x=9,\ M_{\mathrm{B}}=0 \end{cases}$$

등분포하중일 경우 생각하면 (a)와 같은 간접하중을 (b)와 같이 분해하여 생각하면 보(c)와 같이 된다.

여기서 지점위에 수직으로 작용하는 하중은 지점반력에만 영향을 미치고 전단력, 모멘트에는 영향을 미치지 않으므로 단면력 해석에는 보(d)와 같이 해석하면 된다.

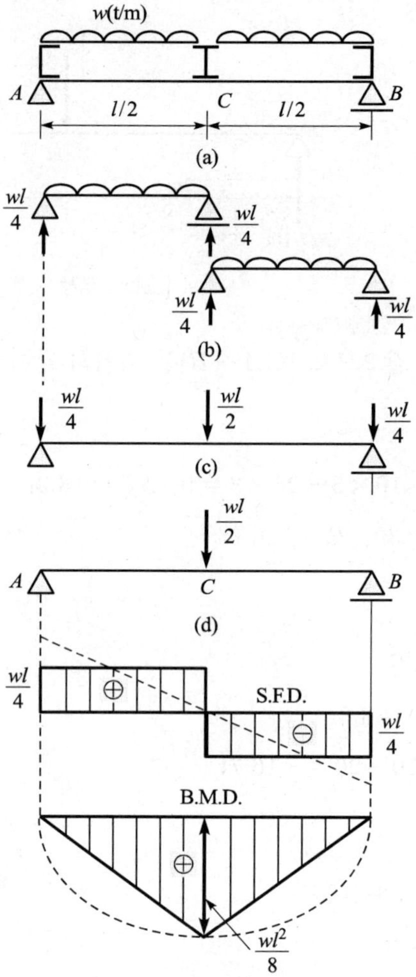

[그림 5-73]

$$\Sigma M_{\rm atB}=0\ ;\ R_{\rm A}\cdot l-\frac{wl}{2}\cdot\frac{l}{2}=0,\ R_{\rm A}=\frac{wl}{4}$$

$$\Sigma V=0\ ;\ R_{\rm B}=\frac{wl}{4}$$

(실제반력은 $R_{\rm A}=R_{\rm B}=\dfrac{wl}{2}$ 이다.)

$$S_x=R_{\rm B}=\frac{wl}{4}$$

$M_x=R_{\rm A}\cdot x$ (1차식)

$$\begin{cases} x=0,\ M_{\rm A}=0 \\ x=\dfrac{l}{2},\ M_{\rm C}=\dfrac{wl^2}{8} \end{cases}$$

예제 22

다음 [그림 5-74]의 보를 해석하라.

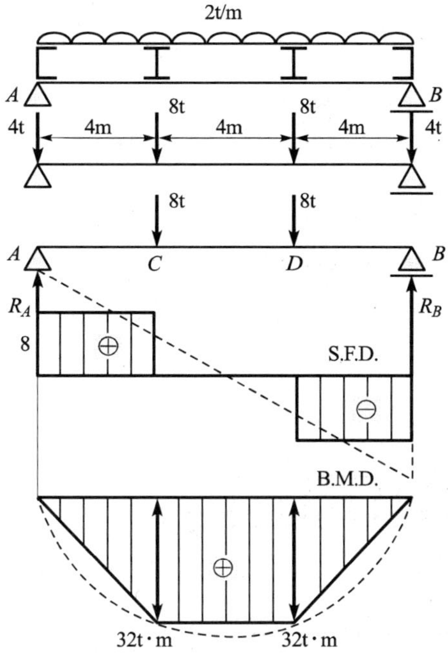

[그림 5-74]

$\Sigma M_{\mathrm{atB}} = 0$; $R_{\mathrm{A}} = R_{\mathrm{B}} = 8\mathrm{t}$

i) $S.\ F.$

$(A-C)\ S_x = 8\mathrm{t}$ (일정)

$(C-D)\ S_x = 8-8=0$

$(D-B)\ S_x = 8-8-8=-8\mathrm{t}$

ii) $B.\ M.$

$(A-C)\ M_x = 8x$ (1차)

$$\begin{cases} x=0,\ M_{\mathrm{A}}=0 \\ x=4,\ M_{\mathrm{C}}=32\,\mathrm{t\cdot m} \end{cases}$$

$(C-D)\ M_x = 8x-8(x-4)$

$= 32\,\mathrm{t\cdot m}$ (일정)

5.8 하중, 전단력 및 휨모멘트의 관계

보에 하중이 작용하면 보의 임의 단면에는 전단력($S.\ F.$)과 휨모멘트($B.\ M.$)가 일어난다. 하중, 전단력, 휨모멘트는 서로 독립하는 것이 아니라, 다음과 같은 밀접한 관계가 있다.
임의 하중 w를 가하여 M과 S와의 관계를 생각하면, 지점 A에서 x 떨어진 곳의 단면과 $(x+dx)$ 떨어진 단면에서

x 단면의 전단력을 S, 휨모멘트를 M
$x+dx$ 단면의 전단력을 $S+dS$, 휨모멘트를 $M+dM$

이라 두면

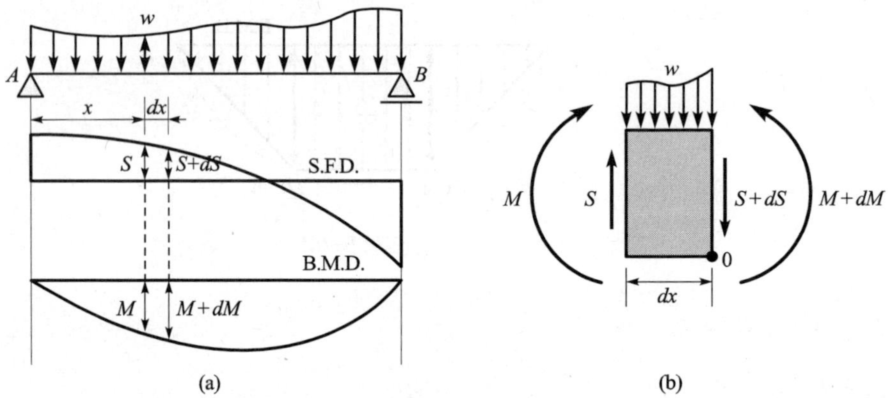

[그림 5-75]

[그림 5-75(b)]에서 평형조건($\Sigma V=0$)을 적용하면

$$\Sigma V=0\ ;\ S-w\cdot dx-(S+dS)=0$$

$$-wdx=dS \tag{5.1}$$

$$\therefore \frac{dS}{dx}=-w$$

즉, 전단력을 미분하면 하중이 되며(연속하중일 경우) 그 구간에 하중이 없으면 0이다. 또 [그림 5-75(b)]에서 $\Sigma M=0$을 적용하면

$$\Sigma M_{\mathrm{atO}}=0\ ;\ S\cdot dx+M-(M+dM)-w\cdot\frac{(dx)^2}{2}=0$$

여기서 $(dx)^2$은 미소거리의 제곱이므로 $w \cdot \frac{(dx)^2}{2}$을 무시하면

$$S \cdot dx - dM = 0$$

$$\therefore \frac{dM}{dx} = S \tag{5.2}$$

즉, 모멘트를 미분하면 전단력이 되며 식 (5.1), (5.2)를 종합하면

$$\frac{d^2M}{dx^2} = \frac{dS}{dx} = -w \tag{5.3}$$

가 되며, 그 역도 성립한다.

$$S = -\int w dx$$

$$M = \int S dx = -\int\int w dx \tag{5.4}$$

이상을 정리하면 다음과 같은 정리가 얻어진다.

① 모멘트의 극대 및 극소는 함수의 도함수가 0이 되는 곳에서 생기며 그 도함수는 전단력과 같으므로 식 (5.2) 모멘트의 극대 및 극소는 전단력이 0이 되는 곳에서 생긴다. 또 집중하중일 경우도 마찬가지이다. 즉, 전단력의 부호가 바뀌는 곳에서 휨모멘트의 극대 및 극소가 생긴다.

② 하중이 없는 부분의 전단력도는 기선과 나란한 직선이 되고 휨모멘트도는 1차식이 되며, 등분포하중과 등변분포 하중이 작용하는 경우는 아래 표와 같다.

조건	하중이 없는 구간	등분포하중	등변분포하중
전단력도 ($S.\ F.\ D.$)	기선과 나란한 직선	1차식	2차식
휨모멘트도 ($B.\ M.\ D.$)	1차식	2차식	3차식

③ 집중하중이 작용하는 단면에서 $S.\ F.\ D.$는 불연속이며, 모멘트하중이 작용하는 단면에서 $B.\ M.\ D$는 불연속이다.

④ 모멘트가 아닌 하중을 받는 보에서 임의 단면의 휨모멘트 절대값은 그 단면의 우측 또는 좌측의 전단력도 넓이의 합과 같다. 식 (5.4).
즉, 다음 [그림 5-76]에서 모멘트의 최댓값은 e점에서 생기며, $|M_{\max}| = \Delta efg$의 면적이며 C점의 모멘트 M_C = 사각형 $abcd$ 면적이다.

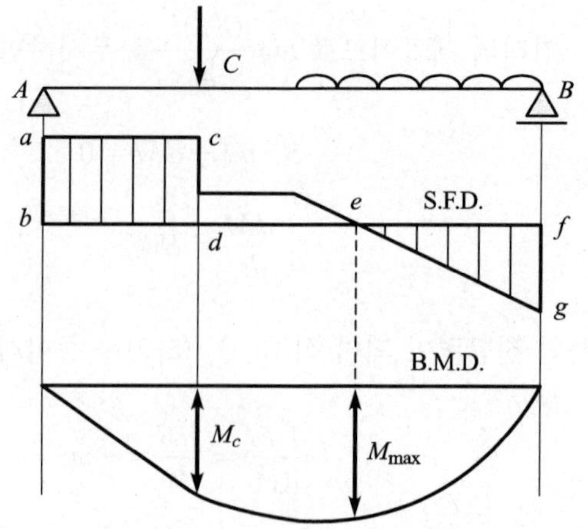

[그림 5-76] **전단력도와 휨모멘트와의 관계**

이 정리는 모든 구조에 적용되며 특히 보(단순보, 내민보, 겔버보, … 등)에 상당히 유용하다.

예제 23

다음 보의 단면력도를 전단력도와 모멘트도와의 관계를 이용하여 구하라.

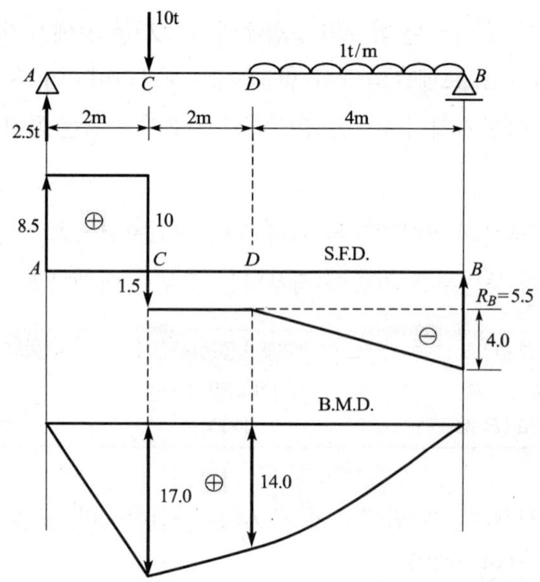

[그림 5-77]

$$\Sigma M_{atB} = 0\ ;\ R_A \cdot 8 - 10 \times 6 - 1 \times 4 \times 2 = 0,\ R_A = 8.5t$$

i) $S.F.$

지점 A에서 반력크기 8.5t만큼 올라가서 $(A-C)$구간은 하중이 없으므로 기선과 나란한 직선이며 C점에서 집중하중 크기만큼 아래로 내려온다. 다시 $(C-D)$구간은 하중이 없으므로 기선과 나란하며 $(D-B)$구간은 1m당 1t씩 내려오는 1차식이 된다.

ii) $B.M.$

$(A-C)$, $(C-D)$ 구간은 1차식이고 $(D-B)$ 구간은 2차식이 된다.

M_C =(A에서 C까지 전단력도 넓이의 합)

$=8.5\times2=17.0\text{t}\cdot\text{m}$

M_D =(A에서 D까지 전단력도 넓이의 합)

$=8.5\times2-1.5\times2=14.0\text{t}\cdot\text{m}$

예제 24

다음은 어떤 보의 전단력도이다. 모멘트를 구하라.

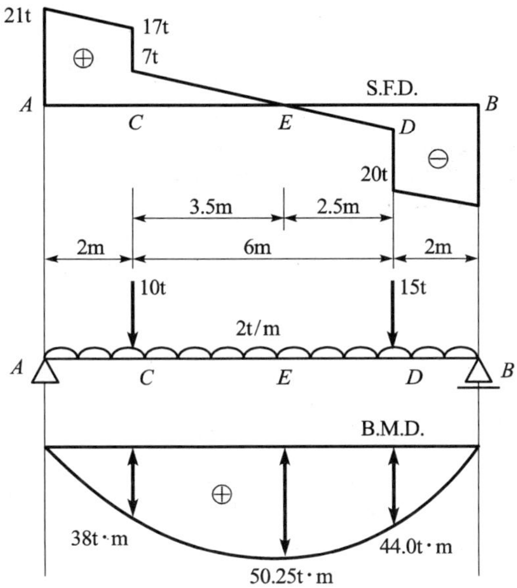

[그림 5-78]

전단력도를 보면 전체구간에 등분포하중이 작용하며 그 크기는 $(21-17)/2=2\text{t/m}$ 이며, 또 C 점에는 $17-7=10\text{t}$, D점에는 $-5-(-20)=15\text{t}$의 집중하중이 작용한다.

모멘트는 전단력도 넓이의 합과 같으므로

$$M_C=\frac{1}{2}(21\text{t}+17\text{t})\times2\text{m}=38\text{t}\cdot\text{m}$$

$$M_{max}=38+\left(7\times3.5\times\frac{1}{2}\right)=50.25\text{t}\cdot\text{m}$$

$$|M_D|=\frac{1}{2}(24+20)\times2=44.0\text{t}\cdot\text{m}$$

5.9 도해법

도해법에의 한 보의 해석은 해석법보다 다소 정밀도는 떨어지나 틀리거나 큰 오차가 없다는 이점이 있다. 즉, 도해법은 단면력의 값보다 단면력도의 형태를 구하는데 그 목적이 있다. 지금 단순보에 3개의 집중하중이 작용할 경우 단면력도를 도해법으로 구해 보면

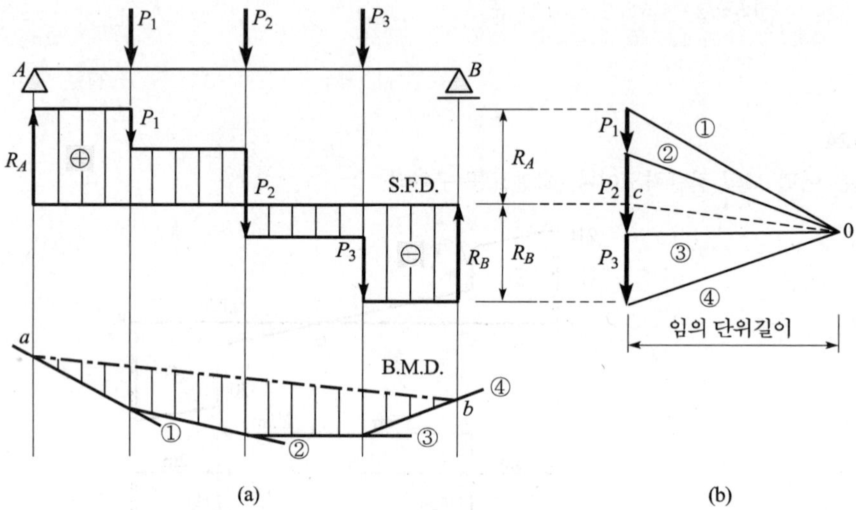

[그림 5-79]

i) 외력 P_1, P_2, P_3의 합력을 [그림 5-79(b)]와 같이 그리고 임의의 극점 o를 잡아 극사선 ①, ②, ③, ④를 그린다.

ii) 이 극사선과 평행한 선을 [그림 5-79(a)]와 같이 그리고 A, B선과의 교점 a, b를 연결하면 B.M.D.가 된다.

iii) ab선과 나란한 oc선을 [그림 5-79(b)]에 그리면 R_A와 R_B가 나타난다. 이로써 [그림 5-79(a)]의 S.F.D.가 나타난다.

예제 25

다음 보의 단면력도를 도해법으로 그려라.

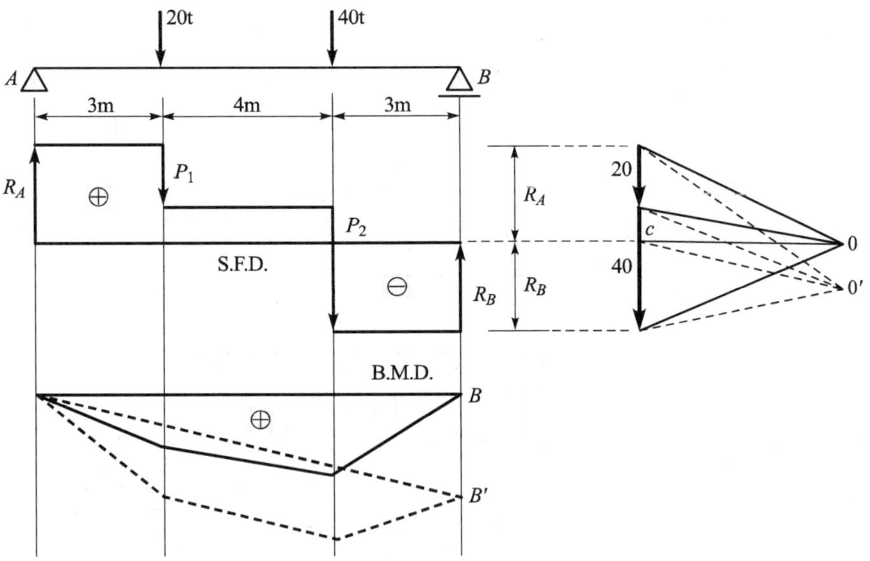

[그림 5-80]

5.10 영향선(影響線, influence line)

정하중이 작용할 경우 최대전단력(설계전단력)과 최대휨모멘트(설계모멘트)는 지금까지의 방법으로 쉽게 구할 수 있다. 그러나 우리가 설계하여야 할 구조물에는 정하중뿐만 아니라 자동차와 같이 이동하중이 작용한다.

보가 이동하중을 받을 경우 하중이 움직이는 까닭에 단면력의 값이 일정한 값을 갖지 못하고 하중의 이동상태에 따라 시시각각 변한다. 이 변하는 단면력의 상태를 알아보는 선을 **영향선**(influence line)이라 한다.

영향선이란 단위하중(크기가 1인 하중)을 보 위에서 이동시켜 그 하중에 의한 단면력을 선으로 도시)한 것으로, 실제하중에 의한 단면력은 (하중의 크기 X 영향선의 종거)로써 나타난다. 영향선은 각 단면력에 대하여 각각 나타나며 그 영향선은 그 단면력의 외에는 사용할 수 없다.

① 반력영향선(R−Inf. line)

② 전단력영향선(S−Inf. line)

③ 휨모멘트영향선(M−Inf. line)

(1) 반력의 영향선

단순보 $A-B$에 이동단위하중 $(P=1)$이 작용하면 A점의 반력은 일정한 값을 갖지 못하고 계속 변화할 것이다. P가 이동하여 다음 [그림 5-81]과 같은 상태가 되었다면 이 순간의 지점반력은

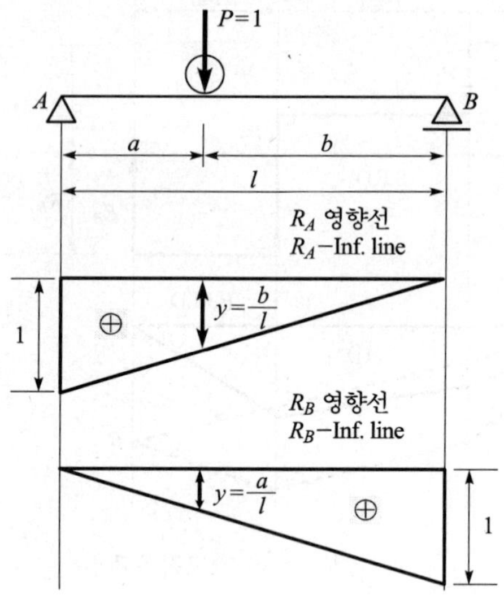

[그림 5-81]

$$\Sigma M_{at\,B}=0:\ R_A \cdot l - P \cdot b = 0,\ \ R_A=\frac{b}{l}\cdot P,\ \ R_A=\frac{b}{l}$$

가 되며, 하중이 실진 바로 아래의 길이 y는 삼각형 비례로서 $y=\dfrac{b}{l}$로 지점반력의 크기와 같아진다. 여기서 y를 영향선 종거라 하며 b에 관한 1차식이 된다(하중 P가 움직이면 a, b가 변수가 된다).

$$\begin{cases} P\text{가 } A\text{점에 있을 때 } b=l\text{이므로, } R_A=\dfrac{l}{l}=1 \\ P\text{가 } B\text{점에 있을 때 } b=0\text{이므로, } R_A=0 \end{cases}$$

즉, A점에 종거가 1이고 B점의 종거가 0인 1차식이 된다. 같은 방법으로 R_B의 영향선은 A점의 종거가 0이고, B점의 종거가 1인 일차식이 된다([그림 5-81]).

예제 26

다음 보의 반력을 영향선에 의하여 구하라.

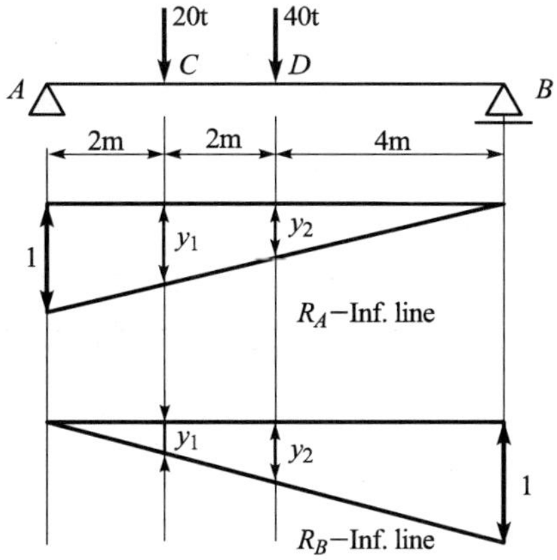

[그림 5-82]

ⅰ) R_A

$R_A = 20 \cdot y_1 + 40 \cdot y_2$이므로 R_A 영향선에서

$y_1 = \dfrac{6}{8}$, $y_2 = \dfrac{4}{8}$

$\therefore R_A = 20 \times \dfrac{3}{4} + 40 \times \dfrac{1}{2} = 35t$

ⅱ) R_B

$R_B = 20 \cdot y_1 + 40 \cdot y_2$이므로 R_B 영향선에서

$y_1 = \dfrac{2}{8}$, $y_2 = \dfrac{4}{8}$

$R_B = 20 \times \dfrac{1}{4} + 40 \times \dfrac{1}{2} = 25t$

(2) 전단력의 영향선

하중 P(단위하중)가 보 AB 위에 작용할 때, C점의 전단력 영향선을 유도하려면 하중 P가 $(A-C)$ 구간에 작용할 경우 [그림 5-83(a)]와 하중 P가 $(C-B)$ 구간에 작용할 경우 [그림 5-83(b)] C점의 전단력은 달라지므로 다음과 같이 유도한다. 여기서 R_A, R_B는 다음과 같다.

$$R_A = \frac{P}{l}b = \frac{b}{l}, \quad R_B = \frac{P}{l}a = \frac{a}{l}$$

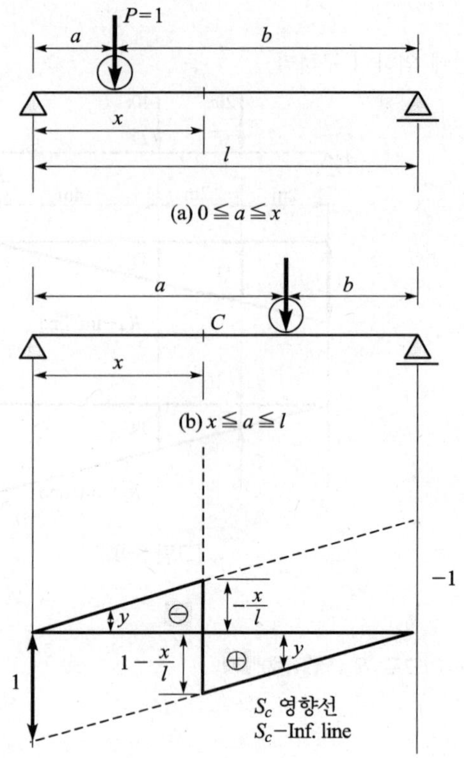

[그림 5-83]

i) 하중이 $(A-C)$ 구간에 있을 때$(0 \leqq a \leqq x)$

$$S_c = R_A - P = \frac{b}{l} - 1 = -\frac{a}{l}$$

$y = -\frac{a}{l}$ (a에 관한 1차식)

$$\begin{cases} P\text{가 } A\text{점에 있을 때, } a=0\text{이므로, } S_c = y = 0 \\ P\text{가 } B\text{점에 있을 때, } a=l\text{이므로, } S_c = y = -1 \\ P\text{가 } C\text{점에 있을 때, } a=x\text{이므로, } S_c = y = -\frac{x}{l} \end{cases}$$

그러나 이 식은 $(A-C)$ 구간에만 적용되므로 [그림 5-83]과 같이 나타난다.

ii) 하중이 $(C-B)$ 구간에 있을 때$(x \leqq a \leqq l)$

$$S_c = R_A = \frac{b}{l}$$

$y = \frac{b}{l}$ (b에 관한 1차식)

$$\begin{cases} P\text{가 } A\text{점에 있을 때, } b=l\text{이므로, } S_c=y=1 \\ P\text{가 } B\text{점에 있을 때, } b=0\text{이므로, } S_c=y=0 \\ P\text{가 } C\text{점에 있을 때, } b=(l-x)\text{이므로, } S_c=y=\dfrac{l-x}{l}=1-\dfrac{x}{l} \end{cases}$$

그러나 이 식은 $(C-B)$ 구간에만 적용되므로 [그림 5-83]과 같이 나타난다.

이상과 같이 S 영향선이 유도되나 실제 사용상 다음과 같이 생각하면 편리하다. 즉, 기선에서 A점의 좌표를 +1로 잡고, B점의 좌표를 −1로 잡아서 점선으로 연결한 뒤 필요한 점의 전단력 영향선은 [그림 5-84]에서 실선으로 표시하면 된다.

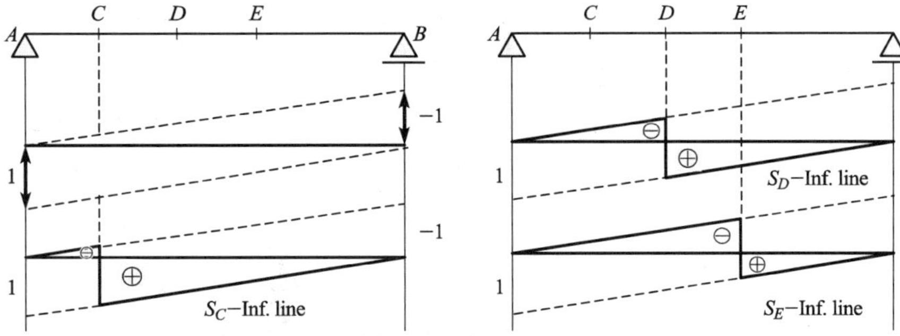

[그림 5-84]

예제 27

다음과 같은 등분포하중이 $(A-C)$ 구간에 작용할 경우 C점의 전단력을 영향선에 의하여 구하라.

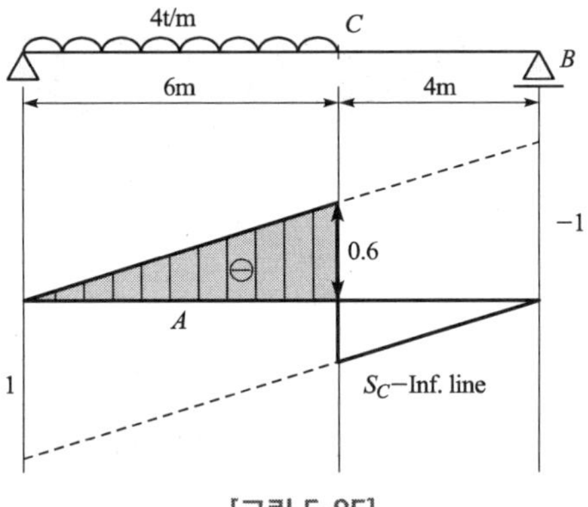

[그림 5-85]

C점에 전단력 영향선을 그리면 [그림 5-85]와 같으며, 등분포하중은 그 하중 아래의 영향선 면적과의 곱으로 그 값이 결정된다.

$S_c=w\cdot A$

영향선 면적 $A=0.6\times 6\times\dfrac{1}{2}=1.8$이므로

$\therefore S_c=4\times 1.8=7.2(\mathrm{t})$

(3) 휨모멘트의 영향선

하중 P(단위하중)가 보 AB위를 지나갈 때, C점의 휨모멘트 영향선을 유도하려면 하중 P가 $(A-C)$ 구간에 작용할 경우 [그림 5-86(a)], 하중 P가 $(C-B)$ 구간에 작용할 경우 [그림 5-86(b)] C점의 휨모멘트가 달라지므로 다음과 같이 유도된다. 여기서 R_A, R_B는 다음과 같다.

$$R_A = \frac{b}{l}, \quad R_B = \frac{a}{l}$$

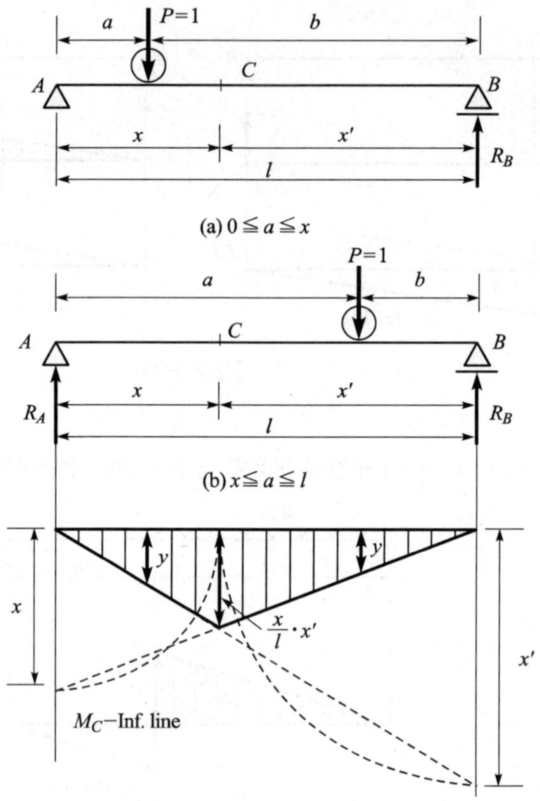

[그림 5-86]

i) 하중이 $(A-C)$ 구간에 있을 때, [그림 5-86(a)] C점의 모멘트는 우측에서 해석하는 것이 편리하다.

$$M_C = R_B \cdot x' = \frac{x'}{l} \cdot a \,(a\text{에 관한 1차식})$$

$$\begin{cases} P\text{가 } A\text{점에 있을 때, } a=0\text{이므로, } M_C=y=0 \\ P\text{가 } B\text{점에 있을 때, } a=l\text{이므로, } M_C=y=x' \\ P\text{가 } C\text{점에 있을 때, } a=x\text{이므로, } M_C=y=\dfrac{x}{l}\cdot x' \end{cases}$$

그러나 이 식은 $(A-C)$ 구간에 적용되므로 [그림 5-86]과 같이 나타난다.

ii) 하중이 $(C-B)$ 구간에 있을 때, [그림 5-86(b)]

$$M_C = R_A\cdot x = \frac{x}{l}\cdot b\,(b\text{에 관한 1차식})$$

$$\begin{cases} P\text{가 } A\text{점에 있을 때, } b=l\text{이므로, } M_C=y=x \\ P\text{가 } B\text{점에 있을 때, } b=0\text{이므로, } M_C=y=0 \\ P\text{가 } C\text{점에 있을 때, } b=x'\text{이므로, } M_C=y=\dfrac{x}{l}\cdot x' \end{cases}$$

그러나 이 식은 $(C-B)$ 구간에만 적용되며 C점에서 M_C의 값은 $(A-C)$ 구간의 값과 $(C-B)$ 구간의 값이 일치되며 [그림 5-86]과 같이 나타난다.
이상과 같이 모멘트 영향선이 유도되나 실제 사용상 다음과 같이 그리면 편리하다.

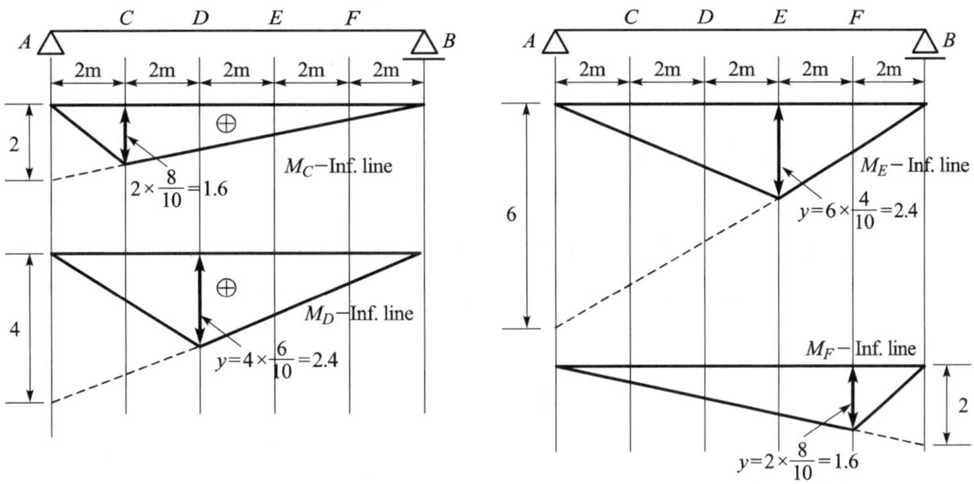

[그림 5-87]

우선 A점이나 B점에서 거리 x(또는 $l-x$)만큼 종거(y)를 잡고 이 점에서 B 또는 A점으로 점선연결을 한다. 이때, C축과 만나는 점과 A점, B점, 3점을 연결한 삼각형이 C점의 모멘트 영향선이 된다([그림 5-87]).
이상의 영향선을 종합하여 보면 다음과 같다.

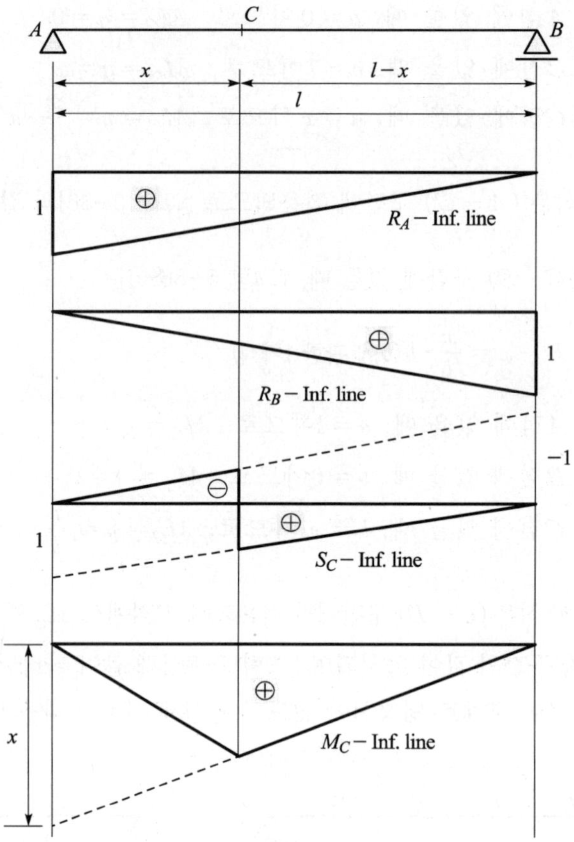

[그림 5-88]

영향선에 의한 단면력 해석은

$$\text{단면력}\begin{Bmatrix} R \\ S \\ M \end{Bmatrix} = \begin{matrix}(\text{집중하중}\times\text{하중아래의 영향선 종거})+ \\ (\text{등분포하중}\times\text{등분포하중 아래의 영향선 단면적})\end{matrix}$$

즉,

$$\text{단면력} = \Sigma P \cdot y + \Sigma w \cdot A$$

(4) 간접하중의 영향선

간접하중인 경우 영향선은 하중 P가 F점에 작용하여도 주형에는 D, E점에 분배되어 작용하므로

$$D\text{점으로 분배되는 하중 } P_D = \frac{b}{d}$$

$$E\text{점으로 분배되는 하중 } P_E = \frac{a}{d}$$

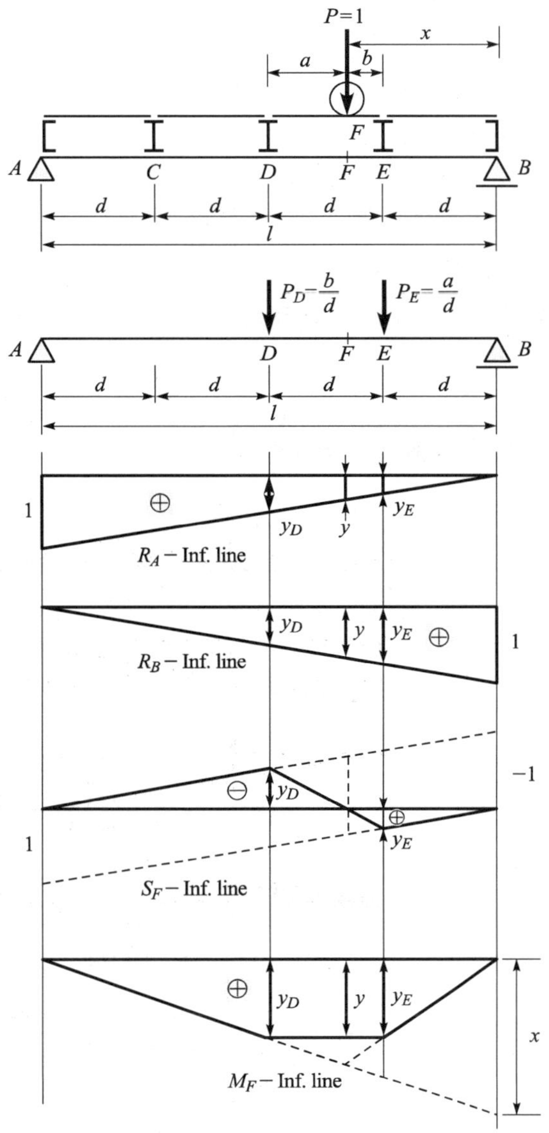

[그림 5-89]

F점의 영향선 종거를 y라 두면

$$P \cdot y = P_D \cdot y_D + P_E \cdot y_E$$

가 성립해야 한다.

$$P \cdot y = P_D \cdot \frac{b}{d} \cdot y_D + P \cdot \frac{a}{d} \cdot y_E$$

$$y = \frac{(d \cdot a)}{d} y_D + \frac{a}{d} \cdot y_E$$

이므로 a에 관한 1차식이 된다.

$$\begin{cases} P\text{가 } D\text{점에 있을 때, } a=0\text{이므로, } y=y_D \\ P\text{가 } E\text{점에 있을 때, } a=d\text{이므로, } y=y_E \end{cases}$$

즉, y의 값은 y_D와 y_E 사이에 1차식이 됨을 알 수 있다.

반력의 영향선은 단순보와 동일하며 전단력 및 모멘트 영향선은 구하려는 단면 양쪽 매개체 사이를 직선연결하면 된다([그림 5-89]).

예제 28

다음 단순보에서 R_A, R_B, S_C, M_C를 영향선에 의하여 구하라.

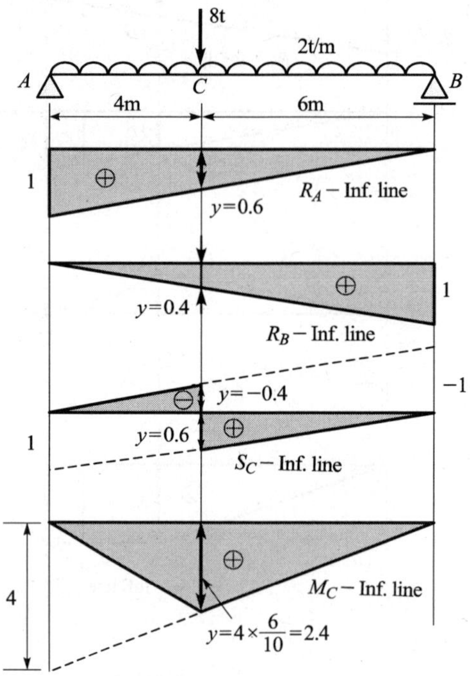

[그림 5-90]

단면력 $= P\cdot y + w\cdot A$이므로

i) 반력 : R_A, R_B

$$R_A = 8\times 0.6 + 2\left(1\times 10\times \frac{1}{2}\right) = 14.8\text{t}$$

$$R_B = 8\times 0.4 + 2\left(1\times 10\times \frac{1}{2}\right) = 13.2\text{t}$$

ii) 전단력, S_C

C 점에서 전단력의 값은 2개이다. 즉, y의 값이 (−0.4, 0.6) 2개이다.

$$S_{C1}=8\times(-0.4)+2\left(-0.4\times4\times\frac{1}{2}+0.6\times6\times\frac{1}{2}\right)=-1.2\text{t}$$

$$S_{C2}=8\times0.6+2\left(-0.4\times4\times\frac{1}{2}+0.6\times6\times\frac{1}{2}\right)=6.8\text{t}$$

iii) 휨모멘트, M_C

$$M_C=8\times2.4+2\left(2.4\times10\times\frac{1}{2}\right)=43.2\text{t}$$

예제 29

[그림 5-91]과 같은 간접하중을 받는 보에서 C점의 전단력 및 모멘트를 영향선에 의하여 구하라.

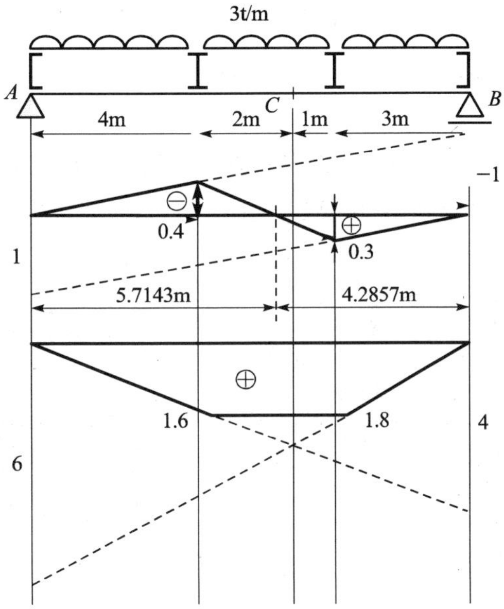

[그림 5-91]

S_C, M_C의 영향선은 [그림 5-91]과 같으므로

i) 전단력, S_C

$$S_C=3\left(-\frac{1}{2}\times0.4\times5.7143+\frac{1}{2}\times0.3\times4.2857\right)=-1.5\text{t}$$

ii) 휨모멘트, M_C

$$A=\frac{1}{2}\times4\times1.6+\frac{1}{2}(1.6+1.8)\times3+\frac{1}{2}\times3\times1.8=11.0$$

$$M_C=w\cdot A=3\times11=33\text{t}\cdot\text{m}$$

5.11 최대반력(最大反力, maximum reaction)

하중이 보위를 이동하면 하중이 이동함에 따라 지점의 반력은 일정한 값을 갖지 못하고 계속 값이 변한다. 구조물을 설계함에 있어서 이 반력들 중 가장 큰 값을 알아야 하며 이 값을 **최대반력**이라 한다.

[그림 5-92]와 같이 연행하중이 보위를 지나갈 때, 각 하중이 지점 위를 통과할 때마다 반력의 극대값이 나타난다. 이들 중 가장 큰 값이 최대반력이 된다.

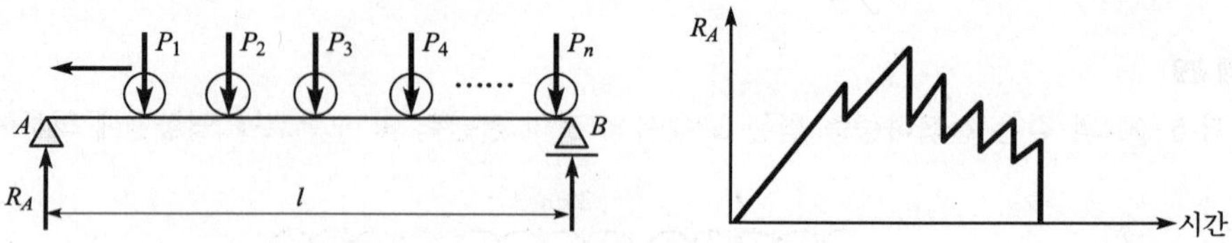

[그림 5-92]

영향선에 의하면 $R = P \cdot y + w \cdot A$이고 하중의 크기는 결정되어 있으므로 집중하중인 경우는 y가 크면 R이 커지고 등분포하중인 경우는 A가 크면 R이 커진다.

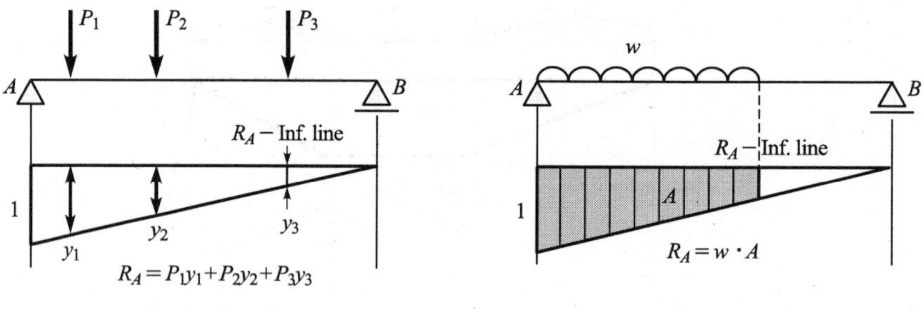

[그림 5-93]

예제 30

다음과 같은 연행하중이 지나갈 때, 지점 A의 최대반력을 구하라.

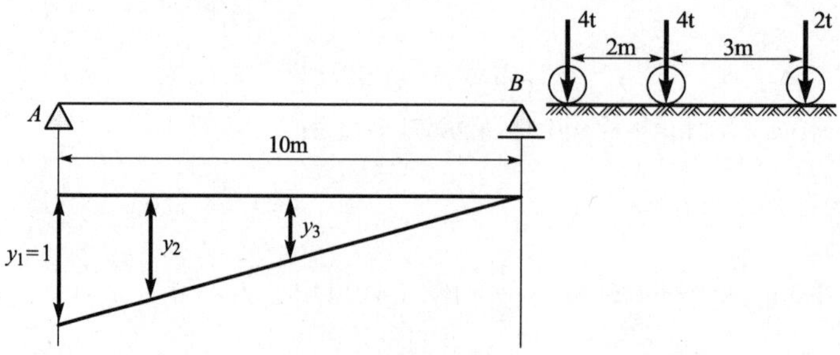

[그림 5-94]

하중 $P_1 = 4t$이 지점 A에 왔을 경우

$$y_1 = 1$$

$$y_2 = 1 \times \frac{8}{10} = 0.8$$

$$y_3 = 1 \times \frac{5}{10} = 0.5$$

$$R_A = P_1 y_1 + P_2 y_2 + P_3 y_3 = 4 \times 1 + 4 \times 0.8 + 2 \times 0.5 = 8.2t$$

$P_1 = 4t$이 보 밖으로 나갔을 경우 남은 하중이 6t 밖에 되지 않으므로 더 이상 검토가 필요 없다.

예제 31

다음 연행하중에서 A점의 최대반력은?

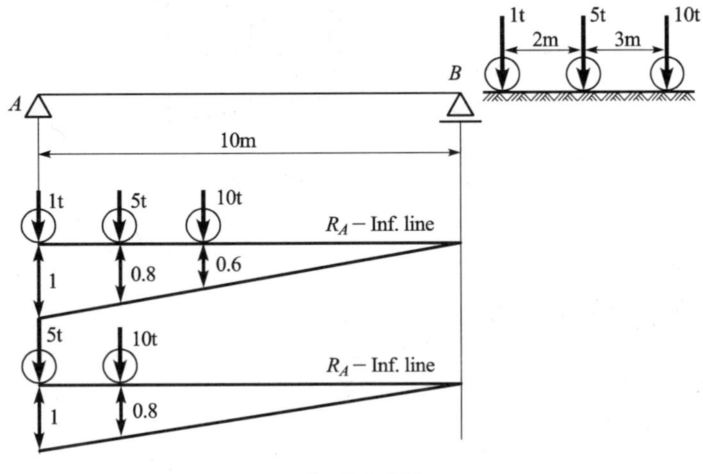

[그림 5-95]

1t이 A점에 있을 경우

$$R_A = 1 \times 1 + 5 \times 0.8 + 10 \times 0.6 = 11t$$

1t이 보 밖으로 나갔을 경우 남은 하중이 15t이므로, 5t이 A점에 있을 경우

$$R_A = 5 \times 1 + 10 \times 0.8 = 13t$$

$$\therefore R_A = 13t$$

예제 32

다음 연행하중에서 절대최대반력을 구하라.

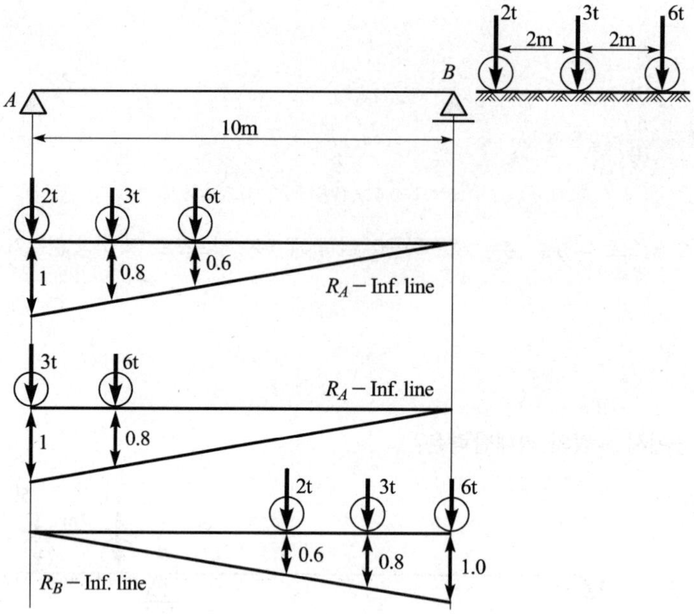

[그림 5-96]

i) A점의 최대반력

2t이 A점에 왔을 때,

$R_A = 2 \times 1 + 3 \times 0.8 + 6 \times 0.6 = 8.0\text{t}$

2t이 보 밖으로 나갔을 때, 남은 하중이 9t이므로

$R_A = 3 \times 1 + 6 \times 0.8 = 7.8\text{t}$

$\therefore A$점의 최대반력 $R_A = 8\text{t}$이다.

ii) B점의 최대반력

$R_B = 6 \times 1 + 3 \times 0.8 + 2 \times 0.6 = 9.6\text{t}$

$\therefore B$점의 최대반력 $R_B = 9.6\text{t}$이다.

여기서 최대반력 중 큰 값을 절대최대반력이라 하며 본 문제에서는 B점의 최대반력이 A점의 최대반력보다 크므로 R_B가 절대최대반력이 된다.

$\therefore$ 절대최대반력 $R_B = 9.6\text{t}$

5.12 최대전단력(最大剪斷力, maximum shearing force)

단순보의 어떤 임의 단면 C점에 전단력은 연행하중이 그 단면에 접근할 때마다 그 단면의 전단력은 극대가 된다. 이들 중 절대값이 가장 큰 값이 임의 단면의 최대 전단력이다.

[그림 5-97]과 같은 연행하중이 보위를 지나갈 때, C점의 전단력은 P_1이 C점에 왔을 때 또는 P_2가 C점에 왔을 때, 그 값이 각각 다르다. 이들의 합력을 R이라 하고 전단력을 유도하여 보면

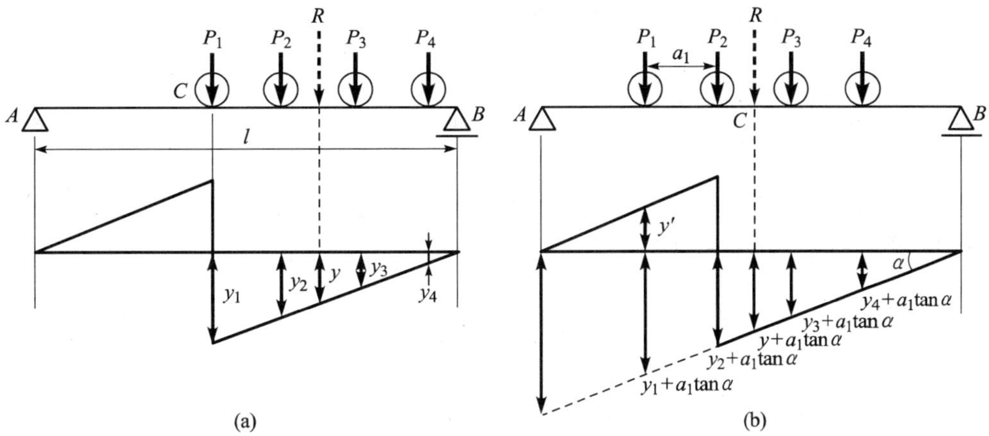

[그림 5-97]

[그림 5-97(a)]와 같이 P_1이 C상에 있을 때, 전단력 S_{C1}은

$$S_{C1} = R \cdot y = P_1 y_1 + P_2 y_2 + P_3 y_3 + P_4 y_4$$

[그림 5-97(a)]와 P_2이 C상에 있을 때, 전단력 S_{C2}는

$$S_{C2} = R(y + a_1 \tan\alpha) = P_2(y_2 + a_1 \tan\alpha) + P_3(y_3 + a_1 \tan\alpha) + P_4(y_4 + a_1 \tan\alpha) + P_1 y_1'$$

여기서

$$\tan\alpha = \frac{1}{l}$$

S_{C1}과 S_{C2} 두 전단력을 차 $\triangle S_C$라 두면,

$$\triangle S_C = S_{C2} - S_{C1} \tag{5.5}$$

$$P_2y_2+P_2\cdot\frac{a_1}{l}+P_3y_3+P_3\cdot\frac{a_1}{l}+P_4y_4+P_4\cdot\frac{a_1}{l}+P_1y_1{}'$$
$$-P_2y_2+P_3y_3+P_4y_4+P_1y_1$$
$$P_2\frac{a_1}{l}+P_3\frac{a_1}{l}+P_4\frac{a_1}{l}-P_1y_1{}'-P_1y_1$$

여기서 [그림 5-97(b)]에서 $y_1{}'+y_1+a_1\tan\alpha=1$이므로, $y_1+y_1{}'=1-\frac{a_1}{l}$

$$\Delta S_C=\frac{a_1}{l}(P_2+P_3+P_4)-P_1\left(1-\frac{a_1}{l}\right)=\frac{a_1}{l}\cdot R-P_1$$
$$\therefore \Delta S_C=R\frac{a_1}{l}-P_1=\frac{R}{l}-\frac{P_1}{a_1}$$

여기서 ΔS_C가 (−)값이면 P_1이 C점에 있을 때, S_C가 최대이고, ΔS_C가 (+)값이면 그 뒤에 하중이 왔을 경우 최댓값이 된다. 즉,

$$\begin{cases}\Delta S_C<0\text{이면 }\frac{R}{l}<\frac{P_1}{a_1}\text{이고, 이때 }S_{C1}\text{이 최대}\\ \Delta S_C=0\text{이면 }\frac{R}{l}=\frac{P_1}{a_1}\text{이고, 이때 }S_{C1}=S_{C2}\\ \Delta S_C>0\text{이면 }\frac{R}{l}>\frac{P_1}{a_1}\text{이고, 이때 }S_{C2}\text{이 최대}\end{cases}$$

이 식에서 P_1이 C점에 있을 때, 최댓값이 되려면 다음 조건을 만족해야 하며

$$0\le\frac{R}{l}\le\frac{P_1}{a_1}$$

P_2가 C점에 있을 때, 최댓값이 되려면 다음 조건을 만족해야 하며

$$\frac{P_1}{a_1}\le\frac{R}{l}\le\frac{P_2}{a_2}$$

일반식은 다음과 같다.

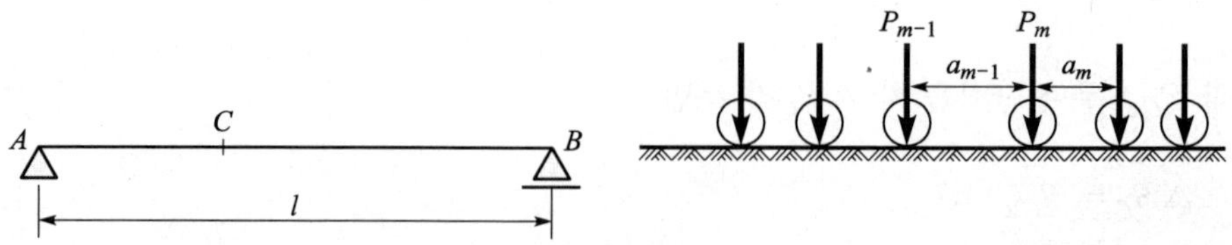

[그림 5-98]

P_m 이 C상에 있을 때, 최대가 되는 조건식은 다음과 같다.

$$\frac{P_{m-1}}{a_{m-1}} \leq \frac{R}{l} \leq \frac{P_m}{a_m} \tag{5.6}$$

그러나 일반적으로 연행하중의 수가 적을 경우는 식 (5.6)로 판별하는 것보다 실제 하중을 그 점에 놓고 생각할 경우가 편리할 경우도 있다.

또, 보의 각 단면에서의 최대전단력이 가장 큰 단면의 전단력을 **절대최대전단력**(絶對最大剪斷力, absolute maximum shearing force)이라 하며 이 값은 지점에 가까이 가면 갈수록 커지면 지점(支點)에서 가장 큰 값이 나타난다(즉, 지점에서 전단력 영향선의 종거가 가장 크다). 그러므로 절대최대전단력은 절대최대반력과 같다.

예제 33

다음 연행하중에서 C점의 최대 전단력은 얼마인가?

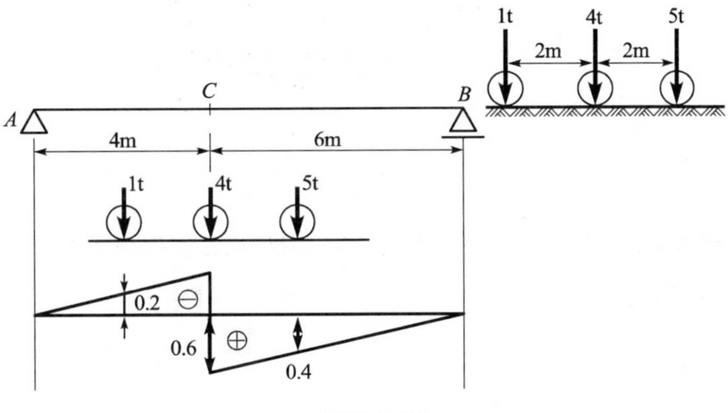

[그림 5-99]

1t이 C점에 있을 때, 식 (5.5)에 적용해 보면

$$\frac{P_{m-1}}{a_{m-1}} \leq \frac{R}{l} \leq \frac{P_1}{a_2}$$

여기서,

$$\frac{P_{m-1}}{a_{m-1}} = 0, \quad \frac{R}{l} = \frac{1+4+5}{10} = 1$$

$\frac{P_1}{a_1} = \frac{1}{2} = 0.5$이므로 $0 < 1 < 0.5$이므로 성립되지 않는다. 즉, 1t이 C점에 있을 때, 최대전단력이 생기지 않는다.

4t이 C점에 있을 때, 식을 적용하면

$$\frac{P_1}{a_1}<\frac{R}{l}<\frac{P_2}{a_2} \rightarrow 0.5<1<\frac{4}{2}=2$$

이므로, 이때 최댓값이다.

$$\therefore S_C=1\times(-0.2)+4\times0.6+5\times0.4=4.2\text{t}$$

예제 34

다음과 같은 등분포 활하중이 보위를 지나갈 때, C 점의 최대전단력을 구하라.

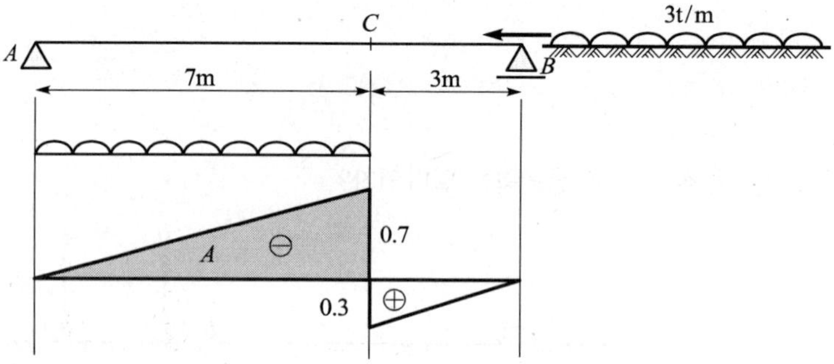

[그림 5-100]

$S_C=w\cdot A$이므로 A의 절대값이 크면 최댓값이 된다. 그러므로 등분포하중이 $A-C$ 구간에만 작용할 때, 최대전단력이 나타난다.

$$S_C=-3\left(0.7\times7\times\frac{1}{2}\right)=-7.35\text{t}$$

여기서 등분포 활하중에 대하여 설명하면 활하중의 길이의 제한이 없는 경우(즉, 길이가 무한대) 활하중은 중간에서 끊을 수 없으며 다음과 같이 재하할 수 있다(a, b, c).

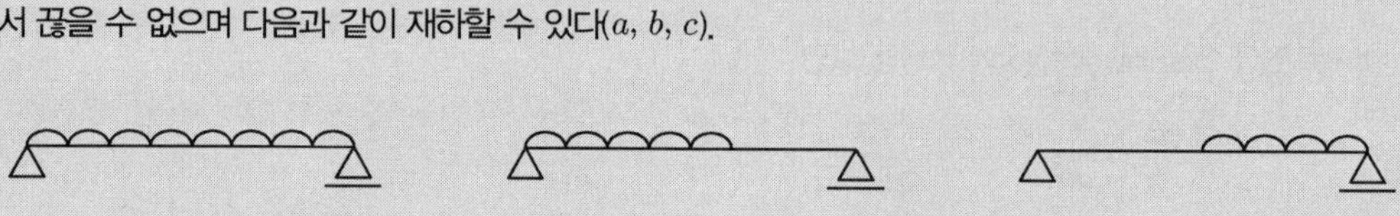

아래와 같이 재하할 수 없다(d, e).

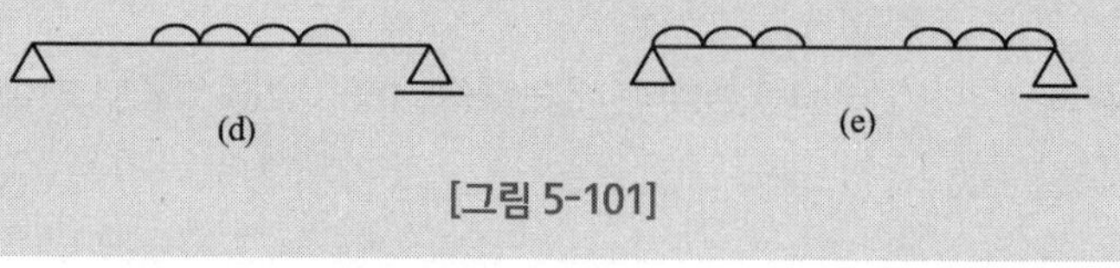

[그림 5-101]

5.13 최대휨모멘트(maximum bending moment)

연행하중이 보위를 이동하면 어떤 임의 단면에 대한 휨모멘트는 일정한 값을 갖지 못하고 계속 값이 변한다. 구조물을 설계함에 있어서 임의 단면의 최대모멘트를 알아야 할 필요가 있다. 연행하중이 보 위를 지나갈 때, 각 하중이 그 단면에 실리는 순간마다 모멘트의 극대가 나타나며 그 극대값 중 가장 큰 값이 최대모멘트이다.

지금 P_1, P_2, $\cdots$, P_n인 연행하중이 보 $(A-B)$ 위를 지나갈 때, 아래 [그림 5-102]와 같은 상태가 되었다고 하면, 즉 P_m이 C점에 작용한다면

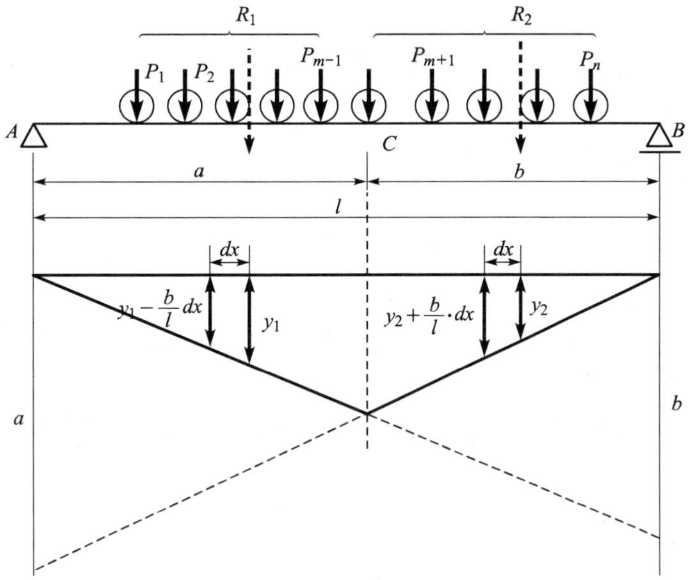

[그림 5-102]

$A-C$사이에 작용하는 하중의 합력 $R_1 = P_1 + P_2 + \cdots + P_{m-1}$

$C-B$사이에 작용하는 하중의 합력 $R_2 = P_m + P_{m-1} + \cdots + P_n$

이라면 P_m이 C상에 있다. 이때,

$$M_C = R_1 \cdot y_1 + R_2 \cdot y_2$$

여기서 연행하중이 좌측으로 dx만큼 이동하면 c점의 모멘트는 dM_c만큼의 변화를 가져와 다음과 같이 된다.

$$M_C + dM_C = R_1\left(y_1 - \frac{b}{l}dx\right) + R_2\left(y_2 - \frac{a}{l}dx\right)$$

이동으로 인하여 생긴 변화모멘트 dM_c는

$$dM_C = R_2\frac{a}{l}dx - R_1\frac{b}{l}dx = \left(R_2\frac{a}{l} - R_1\frac{b}{l}\right)dx$$

$$\frac{dM_C}{dx} = \frac{ab}{l}\left(\frac{R_2}{b} - \frac{R_1}{a}\right)$$

M_C의 극대값은 $\frac{dM_C}{dx} = 0$에서 생기므로

$$\frac{dM_C}{dx} = 0, \quad \frac{R_2}{b} - \frac{R_1}{a} = 0$$

$$\frac{R_2}{b} = \frac{R_1}{a}$$

여기서, $R_2 = R \cdot \frac{b}{l}$이므로

$$\frac{R_2}{b} = \frac{R}{l}, \quad \frac{R}{l} = \frac{R_2}{a}$$

여기서 C점의 하중 P_m이 R_1에 포함될 경우와 R_2에 포함될 경우의 문제가 생긴다.

C점의 하중이 R_1에 포함될 경우, $R_1 = P_1 + P_2 + \cdots + P_m = \sum_1^m P$

$$\frac{R}{l} < \frac{1}{a}\sum_1^m P$$

C점의 하중이 R_2에 포함될 경우, $R_2 = P_1 + P_2 + \cdots + P_{m-1} = \sum_1^{m-1} P$

$$\frac{R}{l} > \frac{1}{a}\sum_1^{m-1} P$$

위 식을 만족하려면 $\frac{1}{a}\sum_1^{m-1} P < \frac{R}{l} < \frac{1}{a}\sum_1^m P$

$\therefore$ P_m이 C상에 있을 때, 모멘트가 최대가 되는 조건식은 다음과 같다.

$$\sum_1^{m-1} P < \frac{a}{l} \cdot R < \sum_1^m P \tag{5.7}$$

예제 35

[그림 5-103]과 같은 연행하중이 지나갈 때, C점의 모멘트 M_C의 최댓값을 구하라.

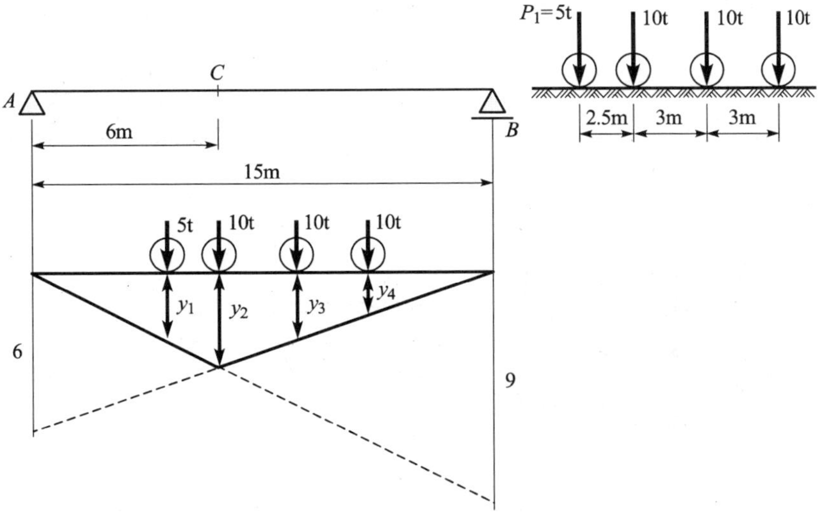

[그림 5-103]

조건식 (5.7)을 적용하면

$$\frac{a}{l} \cdot R = \frac{6}{15}(5+10+10+10) = 14$$

$P_1 = 5$t이 C상에 있을 때, $0 < 14 < 5$, 성립되지 않음.

$P_2 = 10$t이 C상에 있을 때, $5 < 14 < 5+10$이므로, 이때 최댓값이다.

즉, [그림 5-103]과 같이 재하할 경우 M_C의 최댓값이 나타난다.

$$y_1 = 9 \times \frac{3.5}{15} = 2.1,\ y_2 = 9 \times \frac{6}{15} = 3.6$$

$$y_3 = 6 \times \frac{6}{15} = 2.4,\ y_4 = 6 \times \frac{3}{15} = 1.2$$

$$M_C = \Sigma P \cdot y = 5 \times 2.1 + 10(3.6 + 2.4 + 1.2) = 82.5\,\text{t}\cdot\text{m}$$

예제 36

[그림 5−104]와 같은 연행하중이 지간 20m 보 위를 지나갈 때, A점에서 5m 떨어진 곳의 최대휨모멘트는? (단, 등분포활하중의 길이는 제한이 없다.)

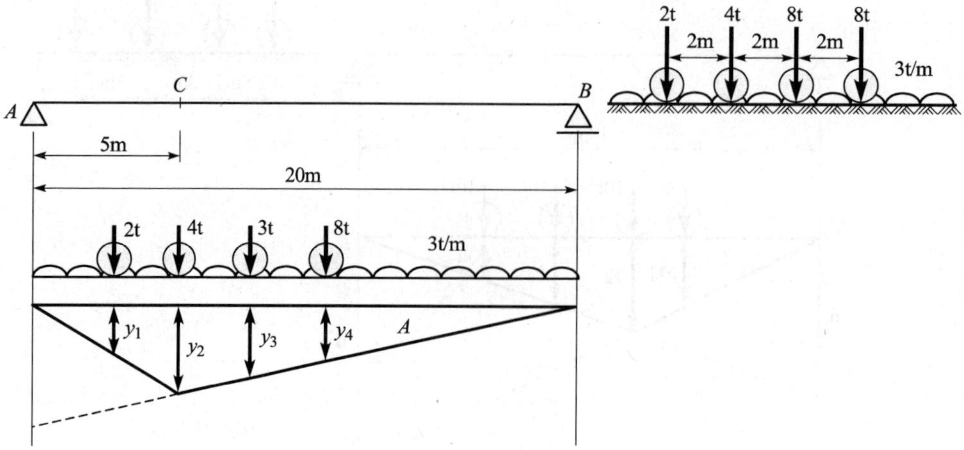

[그림 5-104]

$M_C = \Sigma P \cdot y + w \cdot A$이므로 등분포하중은 만재되었을 경우에 최댓값이 나타나며 집중하중은 다음과 같이 판별된다.

$$\frac{a}{l}R = \frac{5}{20}(2+4+8+8) = 5.5$$

2 t이 C점에 있을 때, $0 < 5.5 < 2$, 성립되지 않음.

4 t이 C점에 있을 때, $2 < 5.5 < 2+4 = 6$이므로, 이때 최댓값이 나타난다 ([그림 5−104]와 같이 재하).

$$y_1 = 15 \times \frac{3}{20} = 2.25,\quad y_2 = 5 \times \frac{15}{20} = 3.75,\quad y_3 = 5 \times \frac{13}{20} = 3.25$$

$$y_4 = 5 \times \frac{11}{20} = 2.75,\ A = \frac{3}{15}(3.75 \times 20) = 37.5$$

$$M_C = \Sigma P \cdot y + w \cdot A = 2 \times 2.25 + 4 \times 3.75 + 8(3.25 + 2.75) + 3 \times 37.5 = 180\,\mathrm{t \cdot m}$$

예제 37

[그림 5-105]와 같은 단순보 위를 길이 $d=8\text{m}$ 인 등분포하중이 지나갈 때, C점의 최대 모멘트는?

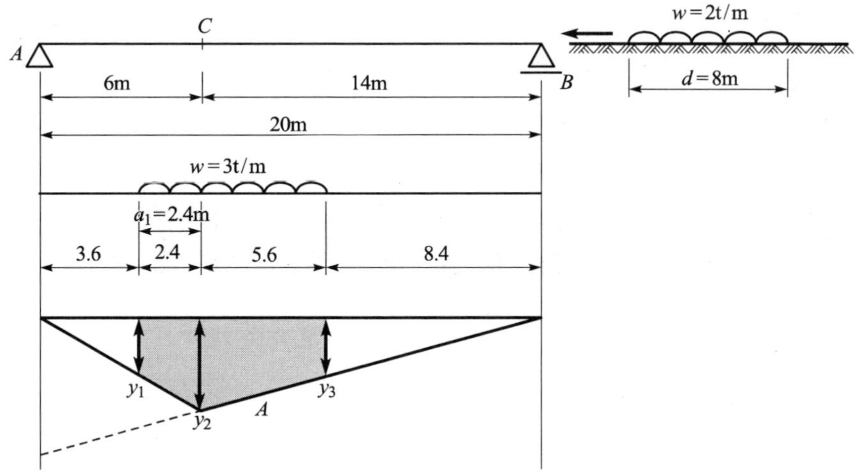

[그림 5-105]

조건식에서 $\dfrac{R_1}{a}=\dfrac{R}{l}$ 이므로, 여기서 $R_1=w\cdot a_1$ 이고, $R=wl$ 이다.

$$\frac{2\cdot a_1}{6}=\frac{2\times 8}{20},\quad a_1=2.4\text{m}$$

즉, [그림 5-105]와 같이 재하할 경우 최댓값이다.

$$y_1=14\times\frac{3.6}{20}=2.52,\quad y_2=6\times\frac{14}{20}=4.2,\quad y_3=6\times\frac{8.4}{20}=2.52$$

$$M_C=w\cdot A=2\left[\frac{(2.52+4.2)\times 2.4}{2}+\frac{(4.2+2.52)\times 5.6}{2}\right]=53.76\,\text{t}\cdot\text{m}$$

5.14 절대최대 휨모멘트(absolute maximum bending moment)

보 위를 이동연행하중이 지날 경우 이 보에 생길 수 있는 최대모멘트를 **절대최대 휨모멘트**라 한다.(즉, 이 보에 그 값보다 더 큰 값은 존재하지 않는다.)

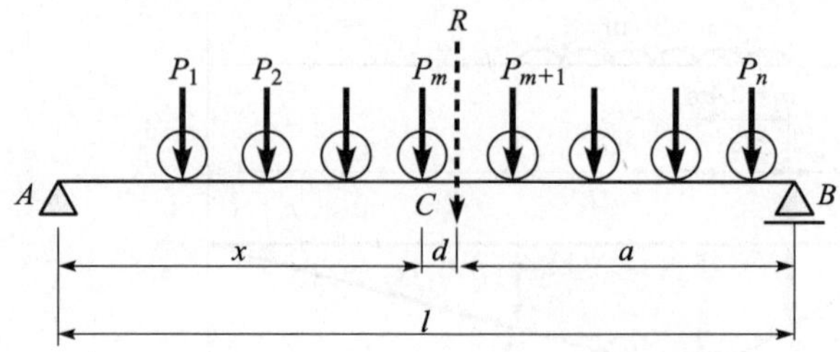

[그림 5-106]

각 단면의 최대휨모멘트 중 가장 큰 모멘트로서 다음과 같이 유도된다. 연행하중 P_1, P_2, $\cdots$, P_m, $\cdots$, P_n의 합력을 R이라 하고 P_m이 임의 점 C에 있을 때, 모멘트를 구하면

$R_A = R \cdot \dfrac{a}{l}$ 이므로

$$M_C = R_A \cdot x - M_m = R \cdot \frac{a}{l} x - M_m$$

여기서 M_m은 C점의 외력모멘트이다.

$$M_C = \frac{R}{l}(l - x - d)x - M_m$$

M_C가 최대가 되는 조건은 $\dfrac{dM_C}{dx} = 0$ 에서

$$\frac{dM_C}{dx} = \frac{R}{l}(l - 2x - d) = 0, \quad x = \frac{l-d}{2}$$

$$\therefore x = \frac{l}{2} - \frac{d}{2} \tag{5.8}$$

여기서 d는 하중의 합력선과 그와 인접한 하중과의 거리이므로 절대최대 휨모멘트는 다음과 같이 정의된다.

하중의 합력선과 그와 가장 인접한 하중과의 중앙점이 보의 중앙점과 일치할 때, 그 하중아래 생기는 모멘트가 절대최대 휨모멘트이다.

위 정의는 일반적으로 적용되나 특수한 경우 예외가 있다.

i) 좌우의 인접한 하중의 거리가 같을 경우 어느 쪽을 취하여도 결과는 같다.(대칭일 경우)

ii) 합력과 인접한 하중 P_m 이 지극히 작을 경우P_{m+1}의 위치에서 절대최대 휨모멘트가 생기는 경우가 있다.

예제 38

다음과 같은 보에서 절대최대 휨모멘트는?

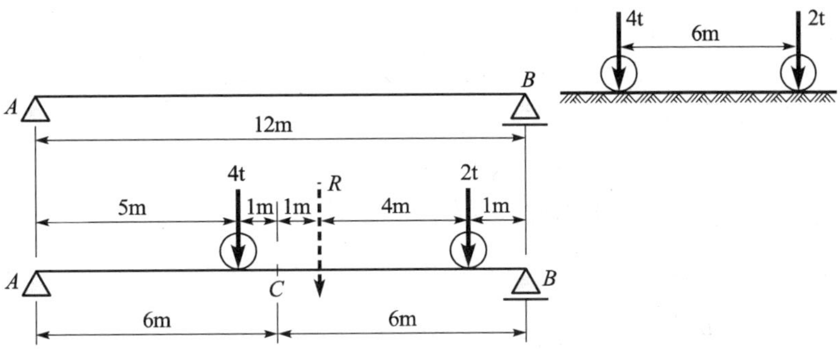

[그림 5-107]

i) 하중의 합력선을 구하면

$(2+4)\cdot x = 2\times 6$

$x = 2\text{m}$

즉, 합력선은 4t에서 2m 떨어진 곳에 있다.

이 합력선과 인접한 하중과의 중앙점(4t에서 1m 되는 곳)이 보의 중앙점(지점 A에서 6m 되는 곳)과 일치할 때, 하중(4t) 아래서 생기는 모멘트이다.

절대최대 휨모멘트의 위치는 A에서 5m 되는 곳 또는 B에서 7m 되는 곳이다.

ii) 절대최대 휨모멘트

절대최대 휨모멘트가 생기는 위치를 알면 모멘트는 해석법으로 구해도 되며 영향선에 의하여 구해도 된다.

① 해석법

$\Sigma M_{at B}=0:\ R_A\cdot 12-4\times 7-2\times 1=0,\quad R_A=2.5\text{t}$

$\therefore M_C=R_A\cdot 5=2.5\times 5=12.5\text{t}\cdot\text{m}$

② 영향선

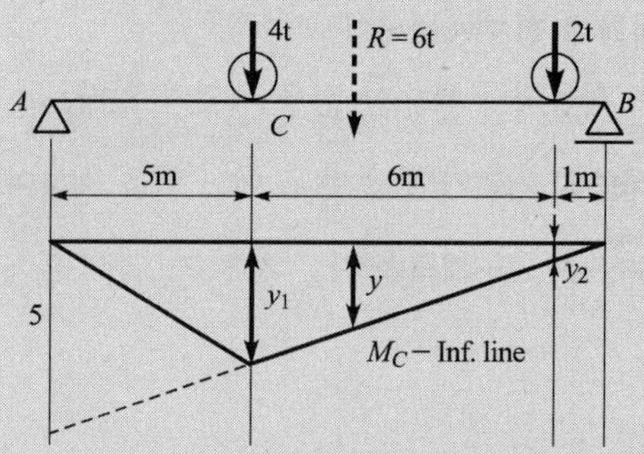

[그림 5-108]

$M_C = P_1 y_1 + P_2 y_2$이므로

$$y_1 = 5 \times \frac{7}{12} = 2.917$$

$$y_2 = 5 \times \frac{1}{12} = 0.417$$

$$\therefore M_C = 4 \times 2.197 + 2 \times 0.417 = 12.5\,\mathrm{t \cdot m}$$

또는 합력을 이용하여 M_C를 구하면 $M = R \cdot y$이므로

$$y = 5 \times \frac{5}{12} = 2.0833$$

$$\therefore M_C = 6 \times 2.0833 = 12.5\,\mathrm{t \cdot m}$$

예제 39

다음과 같은 지간 10m 인 보 위에 [그림 5-109]와 같은 이동하중(DB24t)이 작용할 때 절대최대 휨모멘트를 구하라.

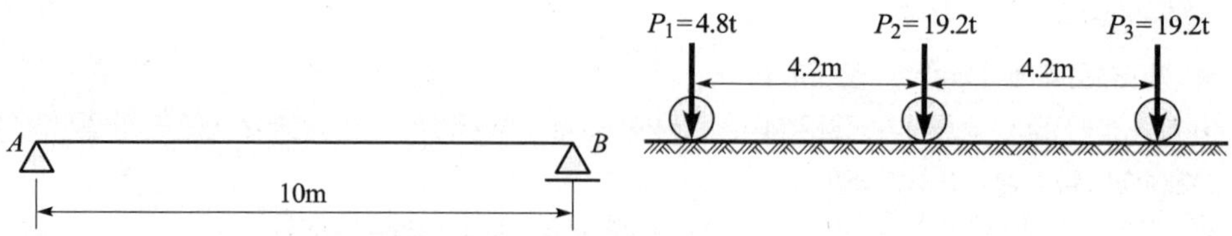

[그림 5-109]

하중의 합력선을 구하면

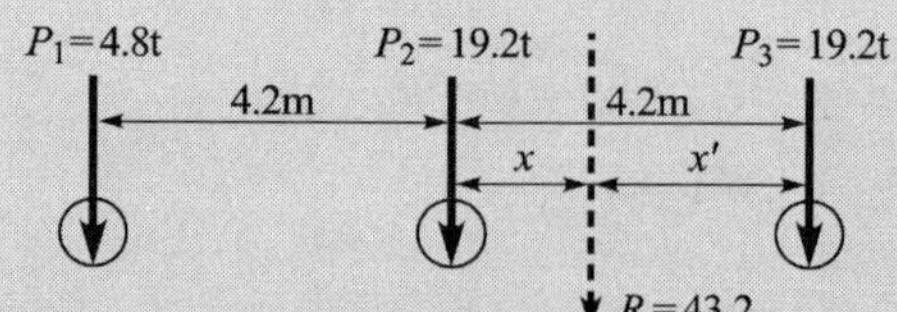

[그림 5-110]

$R = 4.8 + 2 \times 19.2 = 43.2\text{t}$

P_3점에서 모멘트를 취하면

$43.2 \times X' = 4.8 \times 8.4 + 19.2 \times 4.2$

$x' = 2.8\text{m}$

$x = 1.4\text{m}$

절대최대 휨모멘트 P_2 아래서 생기며 다음과 같이 재하 될 경이다.

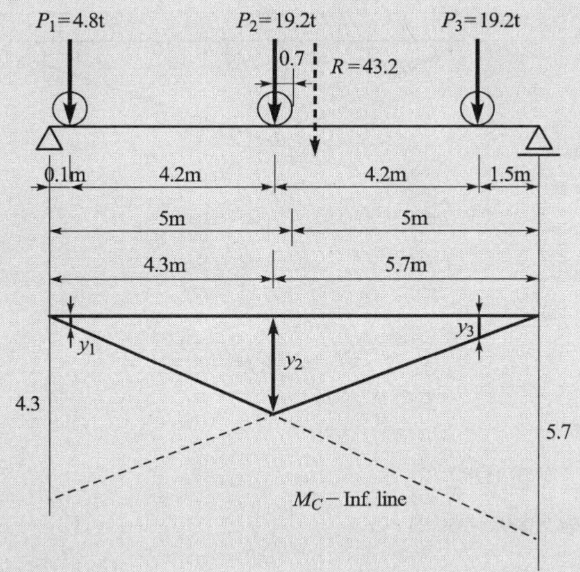

[그림 5-111]

즉, 보의 중점에서 P_2의 위치가 좌측으로 $\frac{x}{2}(=5.7\text{m})$ 떨어진 곳에서 절대최대 휨모멘트가 생긴다.

① 해석법

$\Sigma M_{atB} = 0:\ R_A \cdot 10 - 4.8 \times 9.9 - 19.2 \times 5.7 - 19.2 \times 1.5 = 0\ \ R_A = 18.576\text{t}$

$M_C = 18.576 \times 4.3 - 4.8 \times 4.2 = 59.72\,\text{t}\cdot\text{m}$

② 영향선에 의하면

$y_1 = 5.7 \times \frac{0.1}{10} = 0.057$

$y_2 = 5.7 \times \frac{4.3}{10} = 2.451$

$y_3 = 4.3 \times \frac{1.5}{10} = 0.645$

$\therefore M_C = 4.8 \times 0.057 + 19.2(2.451 + 0.645) = 59.72\,\text{t}\cdot\text{m}$

만약 여기서 P_1의 하중이 미소하고 P_1으로 인하여 P_2, P_3가 중앙 가까이 접근을 할 수 없으므로 P_1을 보 밖으로 내보내고 검토를 하면 P_2, P_3가 대칭하중이므로 어느 쪽을 선택하여도 같은 결과가 나타난다.

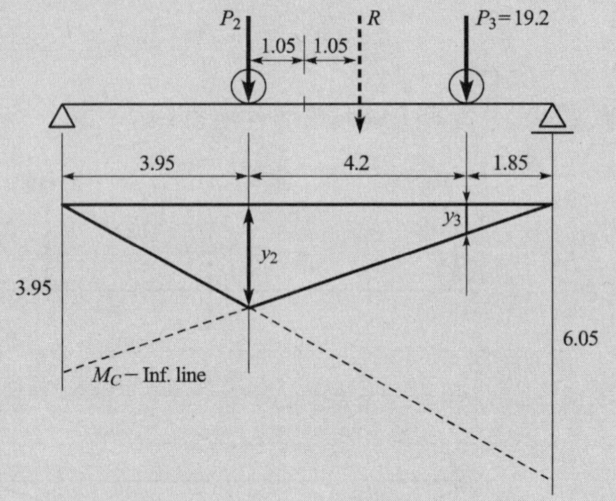

[그림 5-112]

① 해석법

$\Sigma M_{at\,B}=0:\ R_A=15.168\text{t}$

$M_C=15.168\times 3.95=59.91\,\text{t}\cdot\text{m}$

② 영향선에 의하면

$$y_2=3.95\times\frac{6.05}{10}=2.38975$$

$$y_3=3.95\times\frac{1.85}{10}=0.73075$$

$M_C=\Sigma P\cdot y=19.2(2.38975+0.73075)=59.91\,\text{t}\cdot\text{m}$

∴ 절대최대 휨모멘트는 하중 P_2, P_3만 재하할 때 생기며 그 값은 다음과 같다.

$M_{\max}=59.91\,\text{t}\cdot\text{m}$

예제 40

[그림 5-113]과 같은 보에서 절대최대 휨모멘트를 구하라.

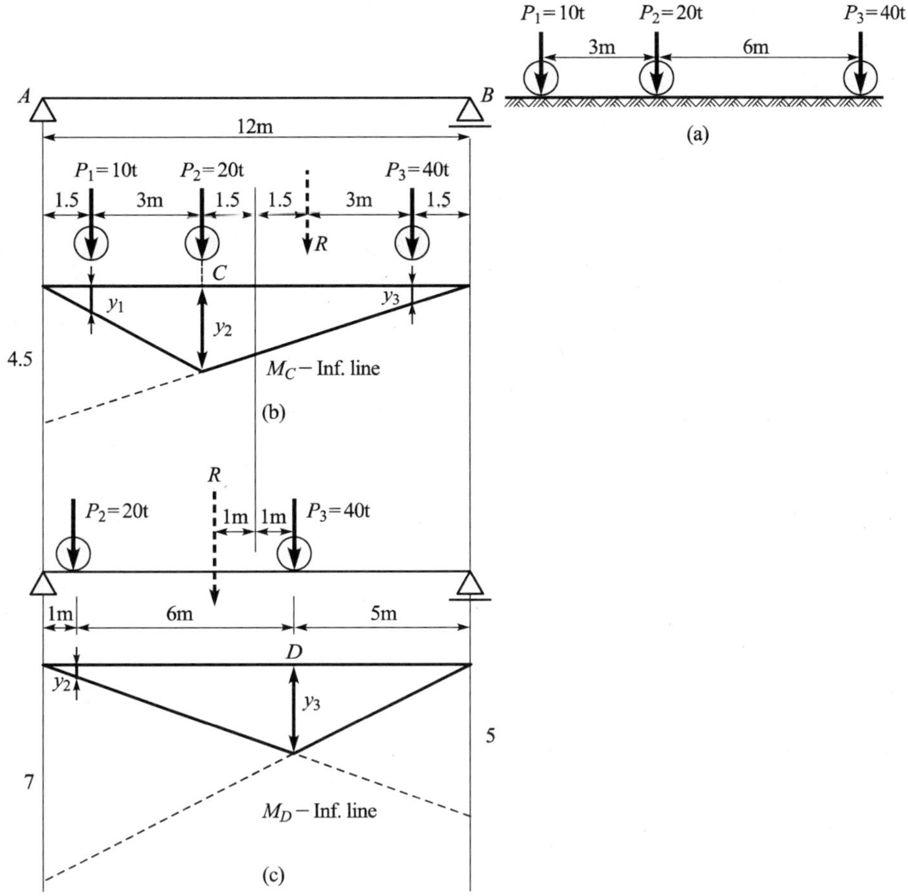

[그림 5-113]

i) 하중의 합력선을 구하면

P_3점에서 거리 x를 취하면

$$(10+20+40)x = 10\times 9 + 20\times 6$$

$$x = 3\text{m}$$

합력의 위치가 P_1, P_3의 중간점이고 하중이 대칭이 아니므로 두 가지 경우 검토하여야 한다.

ii) P_2점에서 생각할 때 [그림 5–113 (b)]

$$y_1 = 7.5\times\frac{1.5}{12} = 0.9375$$

$$y_2 = 4.5\times\frac{7.5}{12} = 2.8125$$

$$y_3 = 4.5 \times \frac{1.5}{12} = 0.5625$$

$$M_C = 10 \times 0.9375 + 20 \times 2.8125 + 40 \times 0.5625 = 88.125\text{t}$$

iii) P_3점에서 생각하면 [그림 5-113(c)] P_1의 하중이 보 밖으로 나가므로 합력을 다시 구해야 한다.

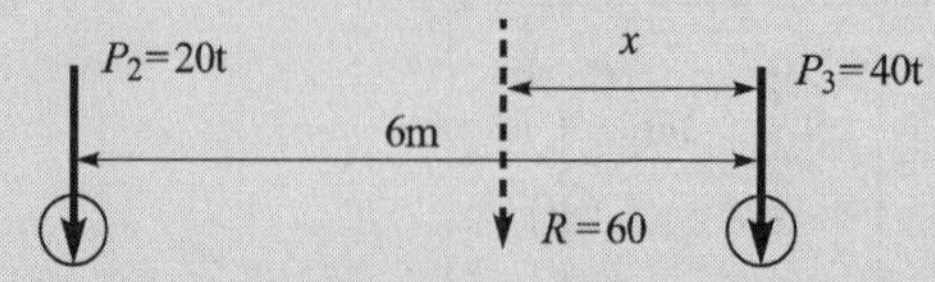

[그림 5-114]

$$60 \cdot x = 20 \times 6$$

$$x = 2\text{m}, \ \frac{x}{2} = 1\text{m}$$

이므로 [그림 5-113(c)]와 같이 재하된다.

$$y_2 = 5 \times \frac{1}{12} = 0.4167$$

$$y_3 = 5 \times \frac{7}{12} = 2.9167$$

$$M_D = \Sigma P \cdot y = 20 \times 0.4167 + 40 \times 2.9167 = 125.0\text{t}\cdot\text{m}$$

∴ 절대최대 휨모멘트는 P_2, P_3만 재하할 경우 P_3 아래에서 나타난다.

$$M_{\max} = 125.0\text{t}\cdot\text{m}$$

01 다음 보의 반력을 구하라.

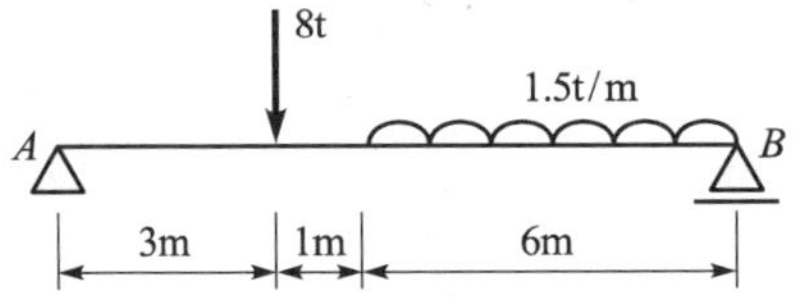

(a)

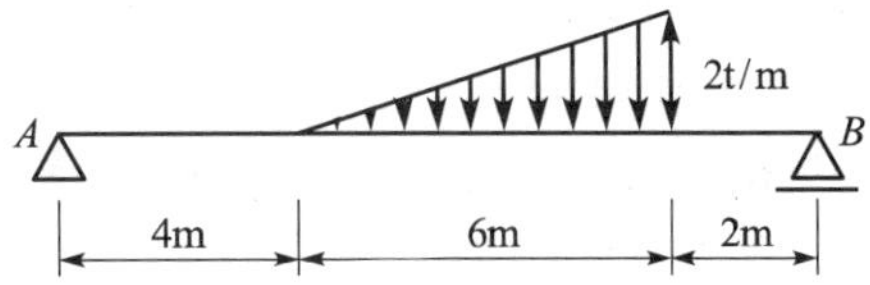

(b)

답 (a) $R_A = 8.3\text{t},\ R_B = 8.1\text{t}$ (b) $R_A = 2\text{t},\ R_B = 4\text{t}$

02 다음 보를 풀고 단면력도를 그려라.

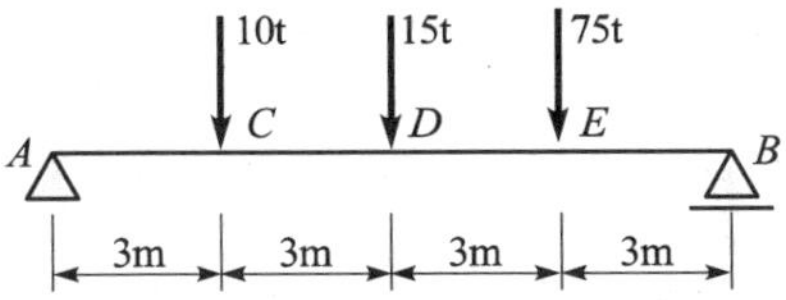

(a)

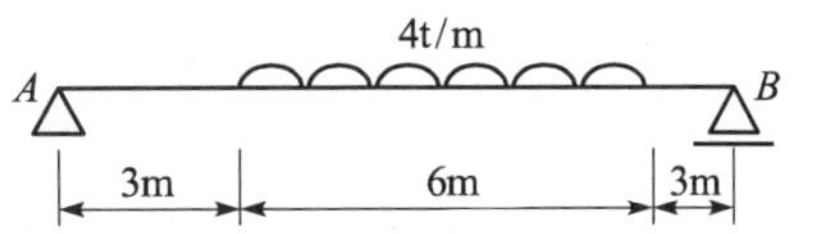

(b)

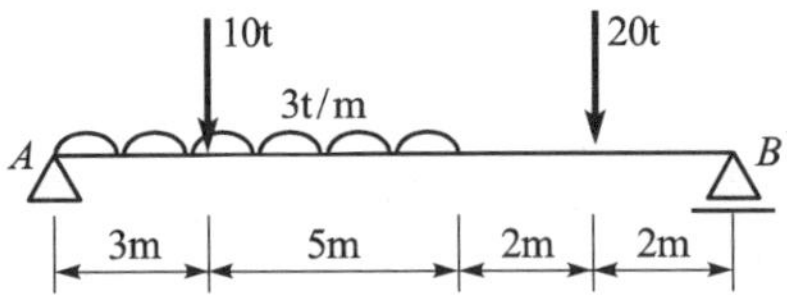

(c)

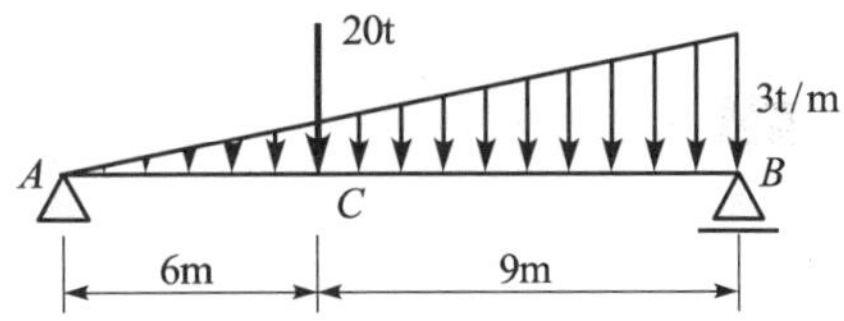

(d)

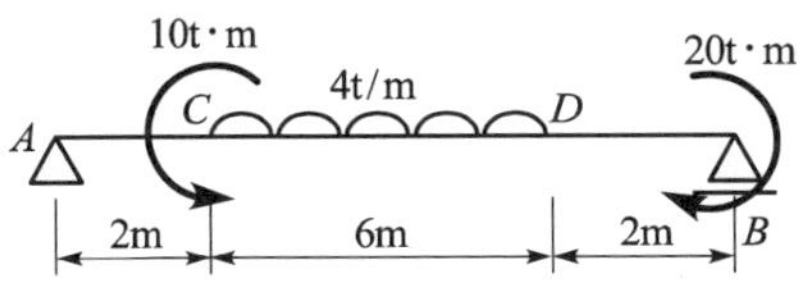

(e)

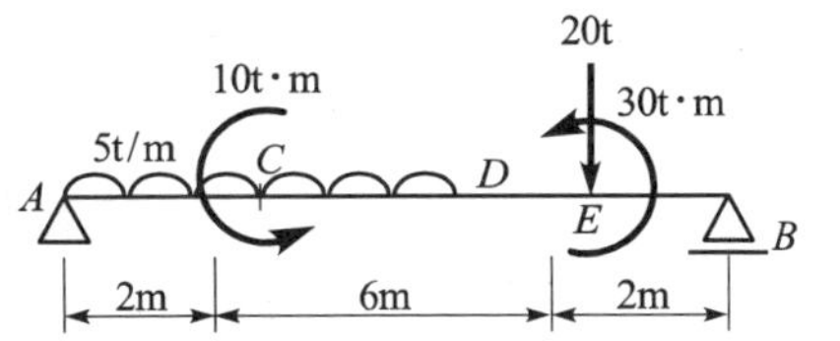

(f)

03 다음 간접하중이 작용하는 단순보를 해석하라.

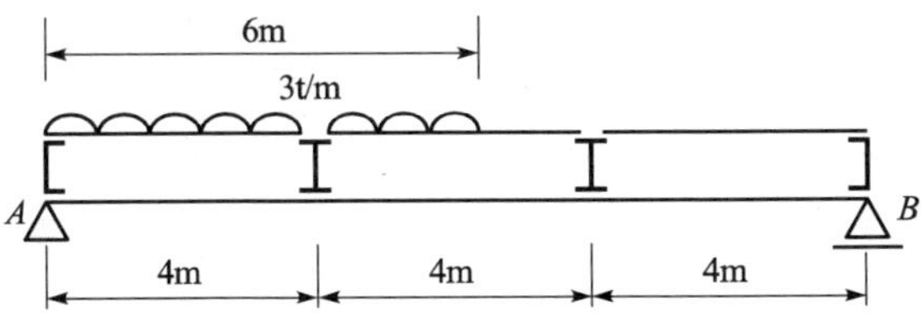

(a)

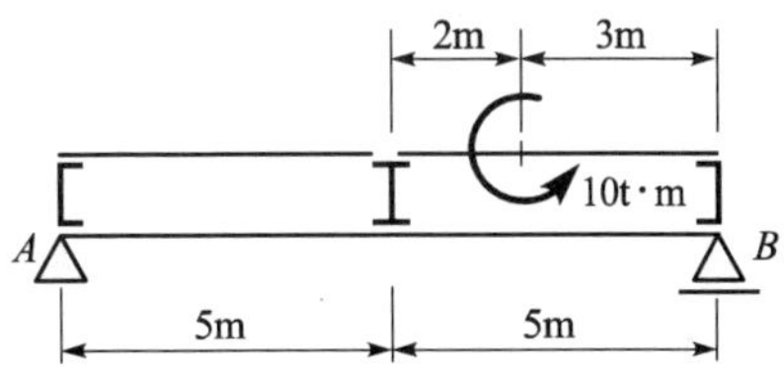

(b)

04 하중과 전단력과 휨모멘트의 관계를 유도하라.

05 다음과 같이 지간 12m인 보 위에 그림과 같은 등분포활하중이 지나갈 때
(a) 최대반력
(b) C 점의 최대전단력을 구하라.

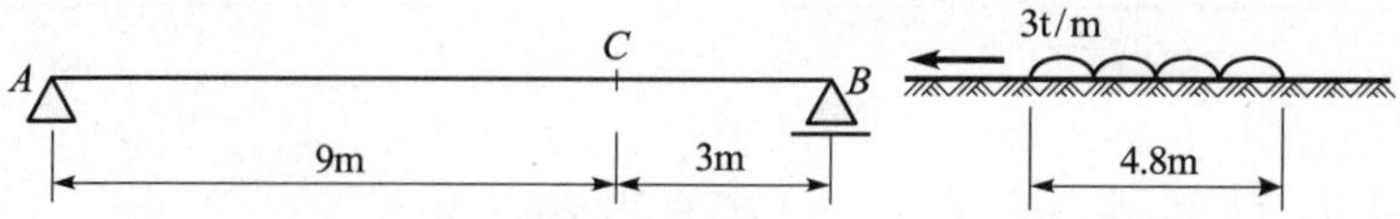

답 (a) $R_{\max}=11.52\text{t}$ (b) $S_{\max}=-7.92\text{t}$

06 그림과 같은 연중하중이 지간 10m인 보 위를 지나갈 때, C점의 최대전단력을 구하라.

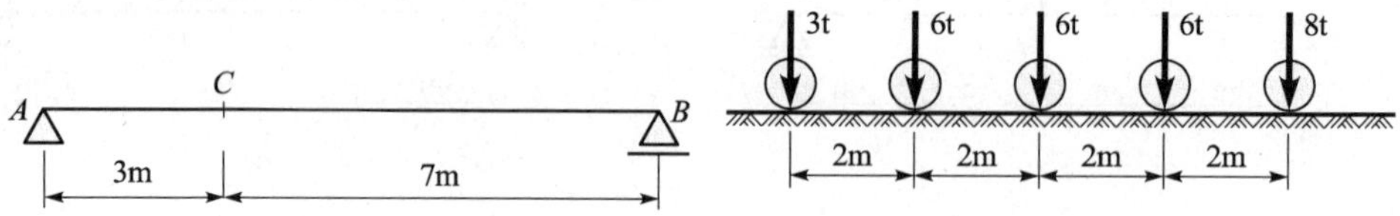

답 $S_{\max}=9.5\text{t}$

07 다음과 같은 이동활하중이 지간 10m인 보 위를 지나갈 때, C점의 최대모멘트 M_{cmax}은 얼마인가?

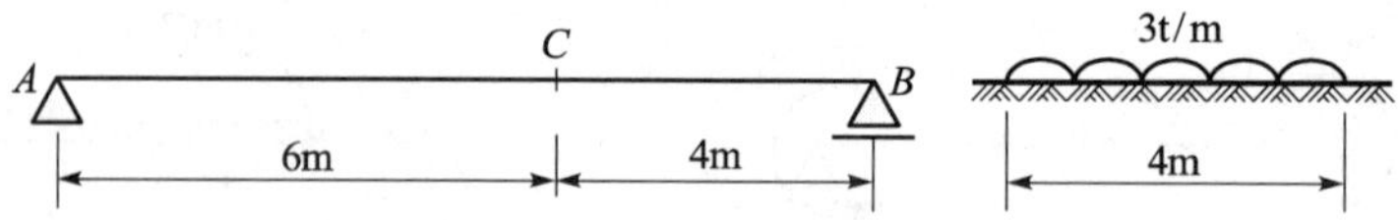

답 $M_{cmax}=23.04\,\text{t}\cdot\text{m}$

08 다음과 같은 이동하중이 지나갈 때, 절대최대 휨모멘트는?

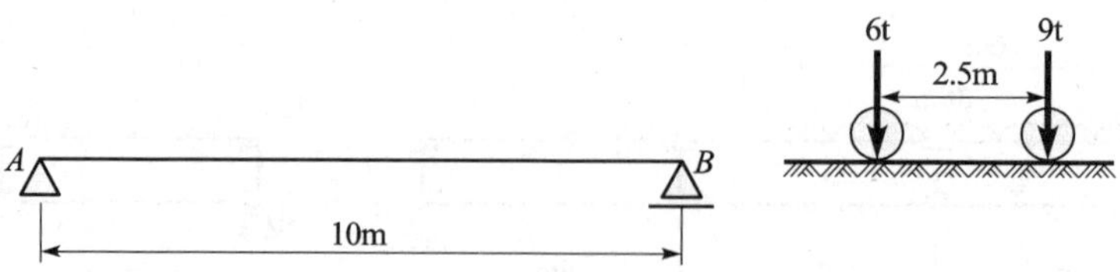

답 $M_{cmax}=30.375\,\text{t}\cdot\text{m}$

CHAPTER 6

캔틸레버(Cantilever)

한끝을 고정하고 다른 한끝은 지지점이 없이 자유로 되어 있는 정정구조를 캔틸레버(Cantilever) 또는 외팔보라 하며 편의상 좌측단이 고정이고, 우측단이 자유인 구조를 좌단고정캔틸레버라 하고, 우측단이 고정이고 좌측단이 자유인 구조를 우단고정캔틸레버라 한다.

(a) 좌단고정 캔틸레버 (b) 우단고정 캔틸레버

[그림 6-1]

6.1 일반사항

캔틸레버는 지점이 한 군데 뿐이므로 그 고정단에서 수직, 수평, 모멘트 반력이 일어난다.

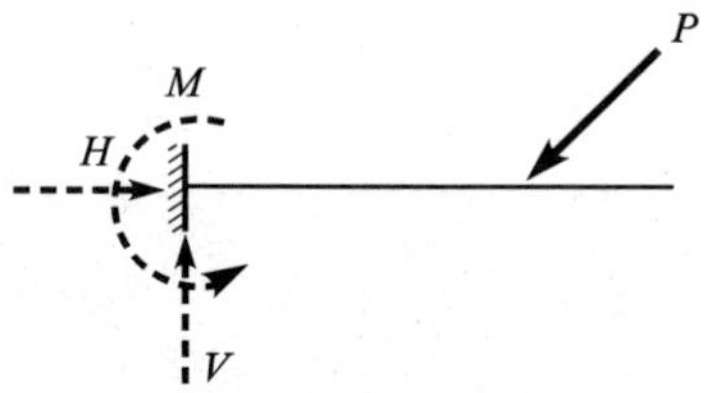

[그림 6-2]

(1) 수직반력, V

캔틸레버는 수직반력을 받을 수 있는 지점이 1개이므로 $\Sigma V=0$에서 수직반력은 외부의 수직하중의 합과 같다. 즉, 캔틸레버의 수직반력은 수직하중의 합과 같다.

[그림 6-3]에서

$$\Sigma V=0\ ;\ 2+1\times 4=V_A$$

$$V_A=6\text{t}$$

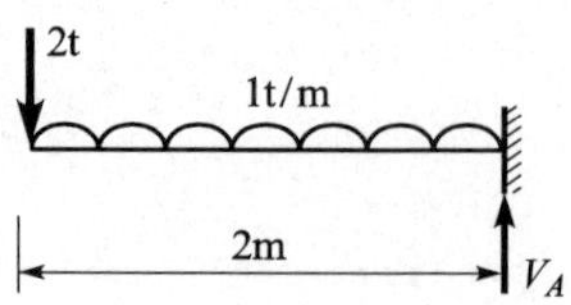

[그림 6-3]

(2) 전단력

전단력은 보를 수직으로 자르려 하는 힘으로 단순보에서 부호를 가정하였으며(좌에서 우로 생각할 때, 상향이 (+)) 이곳에서도 같이 적용된다. 그러므로 좌단고정의 전단력은 (+)이고, 우단고정 캔틸레버의 전단력은 일반적으로 (−)이다.

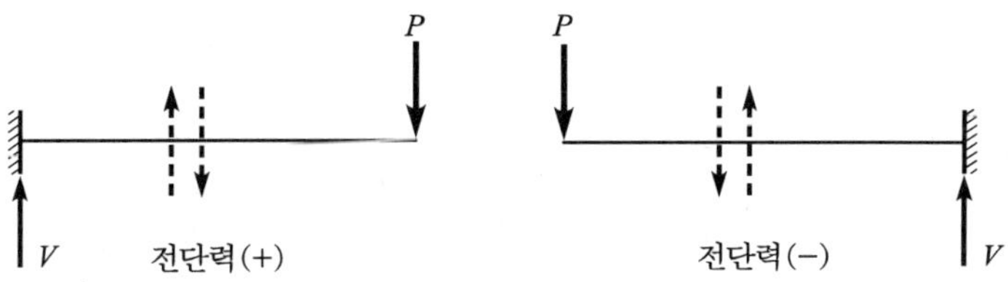

[그림 6-4] **캔틸레버의 전단력 부호**

(3) 휨모멘트

보를 휘려는 힘으로 단순보에서 상단이 압축 하단이 인장인 부재를 모멘트의 정(+)으로 약속하였다. 캔틸레버에 외력이 작용하면 일반적으로 상단이 인장, 하단이 압축이 되므로 캔틸레버의 휨모멘트는 (−)이다([그림 6-5]).

휨모멘트의 크기는 단순보와 마찬가지로 (힘×거리)로 나타난다.

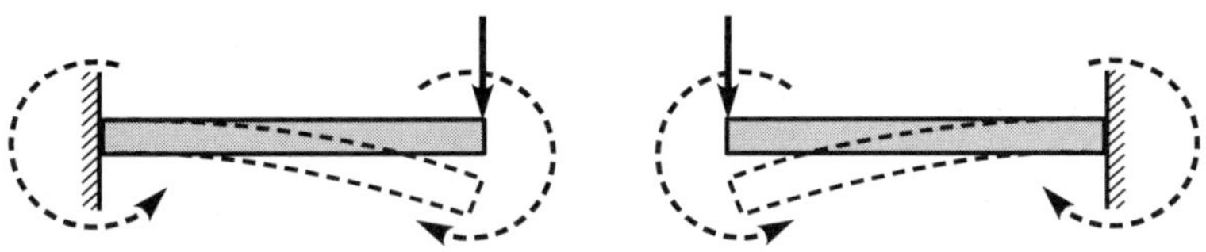

[그림 6-5] **캔틸레버의 모멘트**

(4) 해법

단순보의 해석은 좌측에서든 우측에서든 반력을 먼저 알아야만 보를 해석할 수 있으나 캔틸레버는 자유단(미지수가 없음)에서 고정단으로 풀어 들어가면 반력을 구하지 않고, 바로 단면력을 구할 수 있다. 만약 고정단에서 풀려면 평형조건($\Sigma V = 0$, $\Sigma H = 0$, $\Sigma M = 0$)으로서 반력을 먼저 구한 후 단면력을 구해야 한다.

즉, 캔틸레버 해석은 자유단에서 고정단으로 풀면 편리하다.

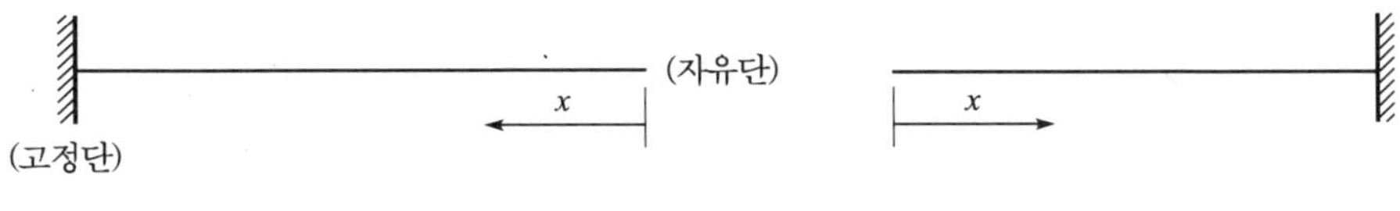

[그림 6-6] **캔틸레버 해석방법**

6.2 집중하중

지금 길이 l인 캔틸레버 자유단에 집중하중 P가 작용할 때, 단면력을 구하면,

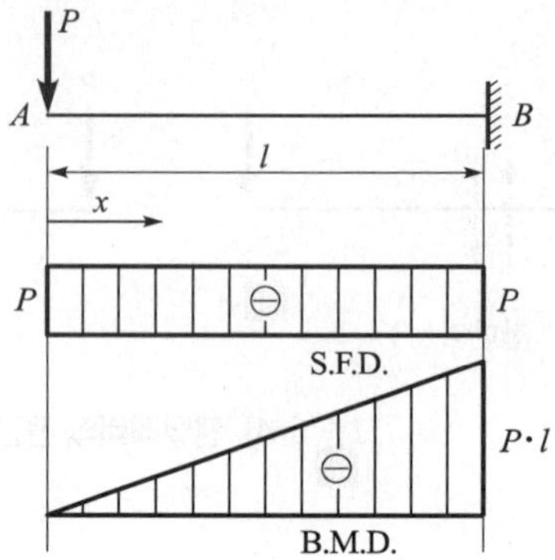

[그림 6-7]

자유단에서 고정단으로 풀면

i) 전단력, $S_x = -P$ (일정)

ii) 휨모멘트 $M_x = -Px$ (x에 관한 1차식)

$$\begin{cases} x = 0, \ M_A = 0 \\ x = l, \ M_B = -Pl \end{cases}$$

만약 [그림 6-8]과 같이 좌단고정에서 보를 해석해보면 우선 반력을 알아야하므로 반력방향을 [그림 6-8]처럼 가정하면

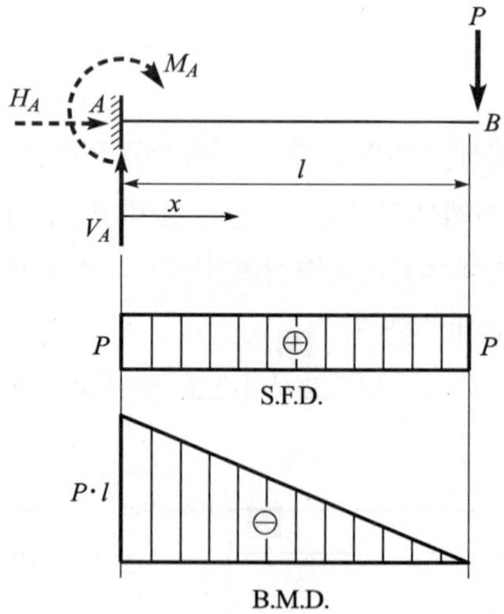

[그림 6-8]

i) 반력

$\Sigma V = 0 : V_A - P = 0, \ V_A = P$

$\Sigma H = 0 : H_A = 0$

$\Sigma M = 0 : M_A + Pl = 0, \ M_A = -Pl$

ii) $S.F.$

$S_x = V_A = P$(일정)

iii) $B.M.$

$M_x = M_A + V_A \cdot x = -Pl + Px$(1차식)

$$\begin{cases} x = 0, \ M_A = -Pl \\ x = l, \ M_B = -Pl + Pl = 0 \end{cases}$$

이 두 방법을 비교하여 보면 자유단에서 풀어 들어가는 것이 훨씬 편리함을 알 수 있다. 다음은 여러 개 집중하중이 작용할 때를 생각하면,

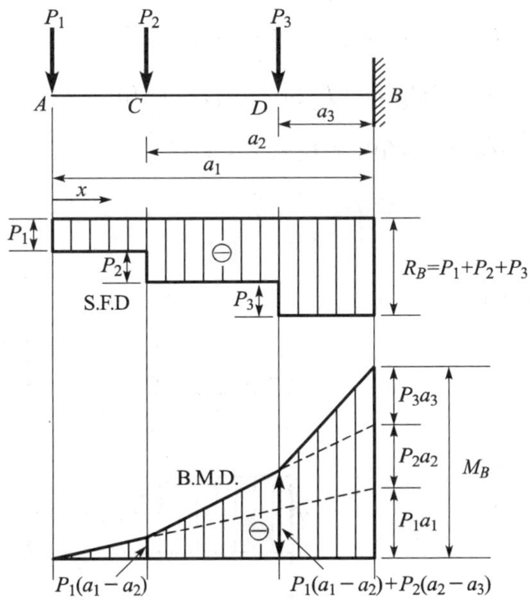

[그림 6-9]

i) $S.F.$

$(A-C)$구간, $0 \leqq x \leqq (a_1 - a_3)$

$S_x = -P_1$(일정)

$(C-D)$구간, $(a_1-a_2) \leqq x \leqq (a_1-a_3)$

$$S_x = -P_1 - P_2 = -(P_1+P_2)\text{(일정)}$$

$(D-B)$구간, $(a_1-a_3) \leqq x \leqq a_1$

$$S_x = -(P_1+P_2+P_3)\text{(일정)}$$

즉, B점의 수직반력과 같다.

ii) $B.\ M.$

$(A-C)\ M_x = -P_1 \cdot x$

$$\begin{cases} x=0,\ M_A=0 \\ x=(a_1-a_2),\ \ M_C=-P_1(a_1-a_2) \end{cases}$$

$(C-D)\ M_x = -P_1 x - P_2[x-(a_1-a_2)]$

$$\begin{cases} x=(a_1-a_2),\ M_C=-P_1(a_1-a_2) \\ x=(a_1-a_3),\ M_D=-P_1(a_1-a_3)-P_2(a_2-a_3) \end{cases}$$

$(D-B)$구간, $(a_1-a_3) \leqq x \leqq a_1$

$$M_x = -P_1 x - P_2[x-(a_1-a_2)] - [x-(a_1-a_3)]$$

$$\begin{cases} x=(a_1-a_3),\ \ M_D=-P_1(a_1-a_3)-P_2(a_2-a_3) \\ x=a_1,\ \ M_B=-(P_1a_1+P_2a_2+P_3a_3) \end{cases}$$

예제 1

다음 캔틸레버의 단면력도를 구하라.

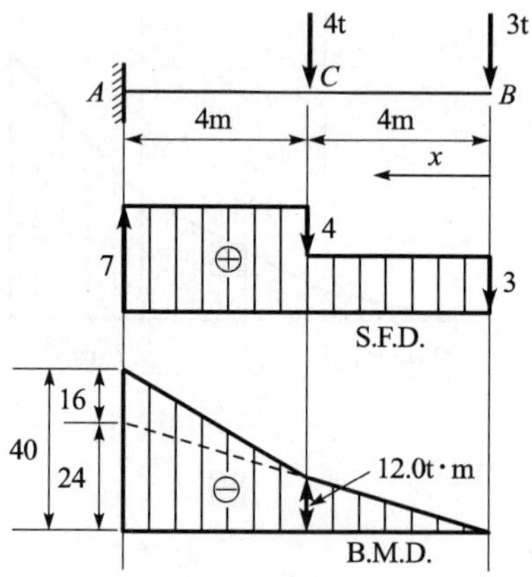

[그림 6-10]

B단에서 풀어 들어가면

i) $S.F.$

$(B-C)$ 구간, $0 \leq x \leq 4$, $S_x = 3\text{t}$

$(C-A)$ 구간, $4 \leq x \leq 8$, $S_x = 3+4 = 7\text{t}$

A점의 전단력이 A점의 수직반력이다.

ii) $B.M.$

$(B-C)$ 구간, $0 \leq x \leq 4$, $M_x = -3x$(1차식)

$$\begin{cases} x=0, & M_B = 0 \\ x=4, & M_C = -12\text{t}\cdot\text{m} \end{cases}$$

$(C-A)$ 구간, $4 \leq x \leq 8$, $M_x = -3x - 4(x-4)$(1차식)

$$\begin{cases} x=4, & M_C = 12\text{t}\cdot\text{m} \\ x=8, & M_A = -24-16 = -40\text{t}\cdot\text{m} \end{cases}$$

예제 2

다음과 같은 캔틸레버를 풀어라.

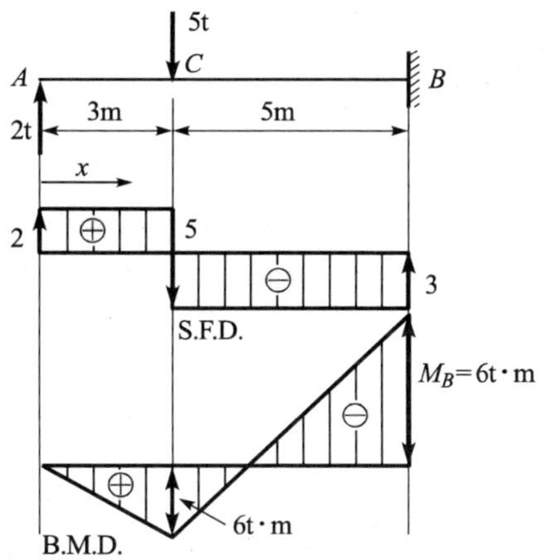

[그림 6-11]

A단에서 생각하면

i) $S.F.$

$(A-C)$, $S_x = 2\text{t}$ (일정)

$(C-B)$, $S_x = 2-5 = -3\text{t}$ (일정)

ii) $B.\ M.$

$(A-C)$, $0 \leqq x \leqq 3$, $M_x = 2x$(1차식)

$$\begin{cases} x=0, & M_A=0 \\ x=3, & M_C=6\,\text{t}\cdot\text{m} \end{cases}$$

$(C-B)$, $3 \leqq x \leqq 8$, $M_x = 2x - 5(x-3)$(1차식)

$$\begin{cases} x=3, & M_C=6\,\text{t}\cdot\text{m} \\ x=8, & M_B=16-25=-9\,\text{t}\cdot\text{m} \end{cases}$$

6.3 각을 가진 집중하중

지간 l인 캔틸레버에 집중하중이 보의 축에 직각이 아닌 각을 갖고 작용할 경우 캔틸레버의 해석은 수직, 수평방향의 분력으로 단면력을 생각한다.

즉, 전단력과 휨모멘트는 수직분력만으로 축방향력은 수평분력만으로 생각하면 된다.

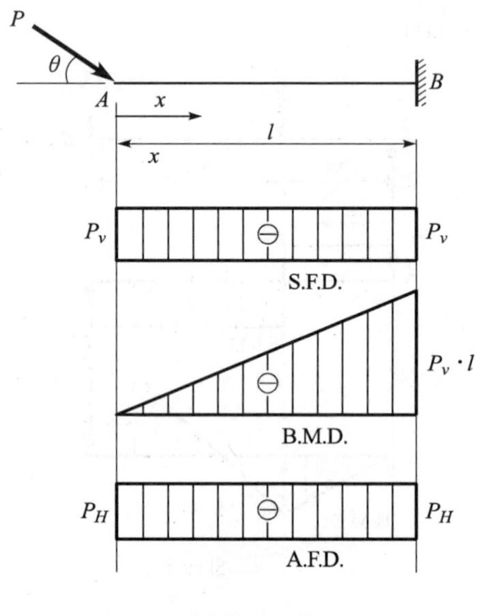

[그림 6-12]

[그림 6-13]에서

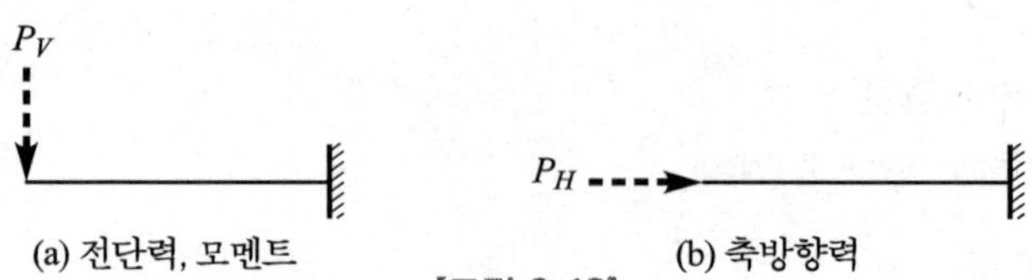

[그림 6-13]

$$P_V = P\sin\theta$$

$$P_H = P\cos\theta$$

i) $S.\ F.$

$$S_x = -P_V = -P\sin\theta \text{(일정)}$$

ii) $B.\ M.$

$$M_x = -P_V x = -P\sin\theta x \text{(1차식)}$$

$$\begin{cases} x = 0, & M_A = 0 \\ x = l, & M_B = -P_V l = -Pl\sin\theta \end{cases}$$

iii) $A.\ F.$

$$A_x = -P_H = -P\cos\theta \text{(압축)(일정)}$$

$$\begin{cases} x = 3, & M_C = 6\,\mathrm{t \cdot m} \\ x = 8, & M_B = 16 - 25 = -9\,\mathrm{t \cdot m} \end{cases}$$

예제 3

다음 캔틸레버의 단면력도를 구하라.

①

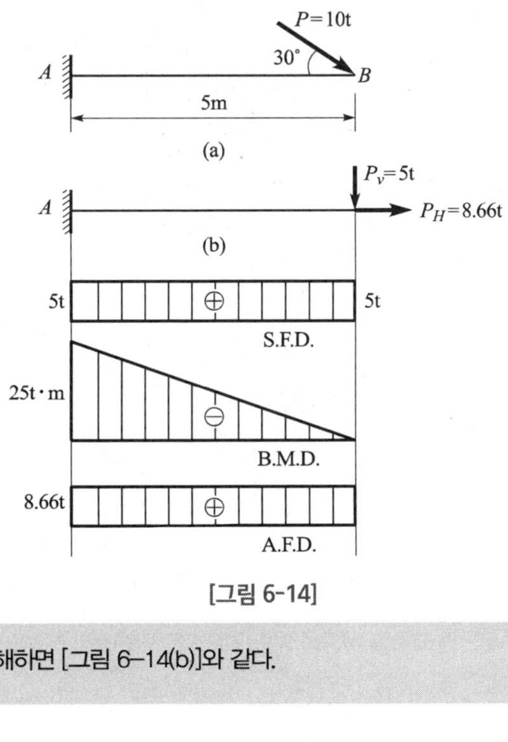

[그림 6-14]

하중을 수직수평력으로 분해하면 [그림 6-14(b)]와 같다.

$P_V = P\sin 30° = 5\text{t}$

$P_H = P\cos 30° = 8.66\,\text{t}$

ⅰ) $S.\ F.$

$S_x = 5\text{t}$ (일정)

ⅱ) $B.\ M.$

$M_x = -5x$ (1차식)

$$\begin{cases} x = 0,\ M_B = 0 \\ x = 5,\ M_A = -25\,\text{t}\cdot\text{m} \end{cases}$$

ⅲ) $A.\ F.$

$A_x = 8.66\text{t}$ (일정)

②

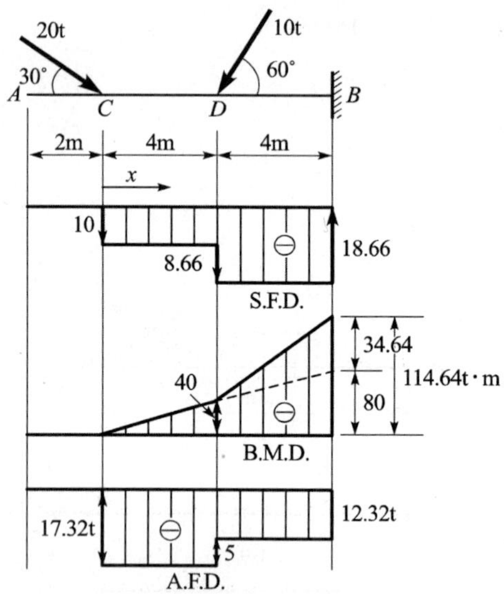

[그림 6-15]

수직수평력으로 나누면 [그림 6-16]과 같다.

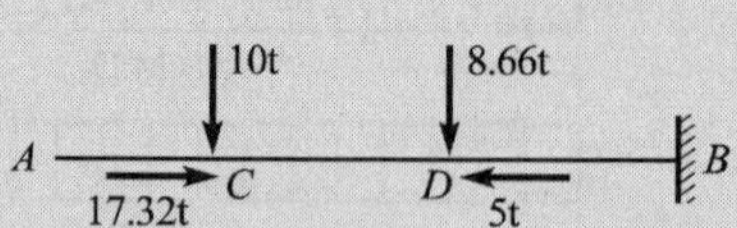

[그림 6-16]

$(A-C)$ 구간에는 C단면 좌측에 하중이 없으므로 모든 단면력이 0이다.

i) $S.\ F.$

$(C-D)$, $S_x=-10\text{t}$ (일정)

$(D-B)$, $S_x=-10-8.66=-18.66\text{t}$ (일정)

ii) $B.\ M.$

$(C-D)$, $0\leq x\leq 4$, $M_x=-10x$

$$\begin{cases} x=0, & M_C=0 \\ x=4, & M_D=-40\,\text{t}\cdot\text{m} \end{cases}$$

$(D-B)$, $4\leq x\leq 8$, $M_x=10x-8.66(x-4)$

$$\begin{cases} x=4, & M_D=40\,\text{t}\cdot\text{m} \\ x=8, & M_B=-114.64\,\text{t}\cdot\text{m} \end{cases}$$

iii) $A.\ F.$

$(C-D)$ $A_x=-17.32\text{t}$ (일정)

$(D-B)$ $A_x=-17.32+5=12.32\text{t}$ (일정)

③

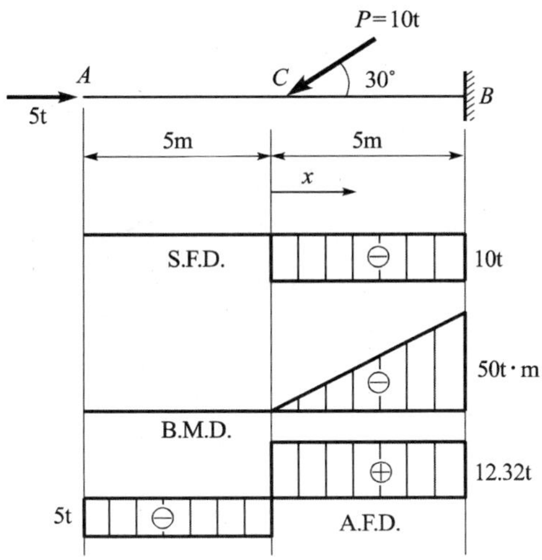

[그림 6-17]

$P_V=20\sin 30°=10\text{t}$

$P_H=20\cos 30°=17.32\text{t}$

i) $S.\ F.$

$(A-C)$, $S_x=0$

$(C-B)$, $S_x=-P_V=-10\text{t}$ (일정)

ⅱ) $B.M.$

$(A-C)$, $M_x=0$

$(C-B)$, $M_x=-P_V x=-10x$ (1차식)

$$\begin{cases} x=0, & M_C=0 \\ x=5, & M_B=-50\,\text{t·m} \end{cases}$$

ⅲ) $A.F.$

$(A-C)$ $A_x=-5\text{t}$ (일정)

$(C-B)$ $A_x=-5+17.32=12.32\text{t}$ (일정)

6.4 등분포하중

지간 l인 캔틸레버에 등분포하중이 만재되었을 경우 단면력을 구해보면 다음과 같다.

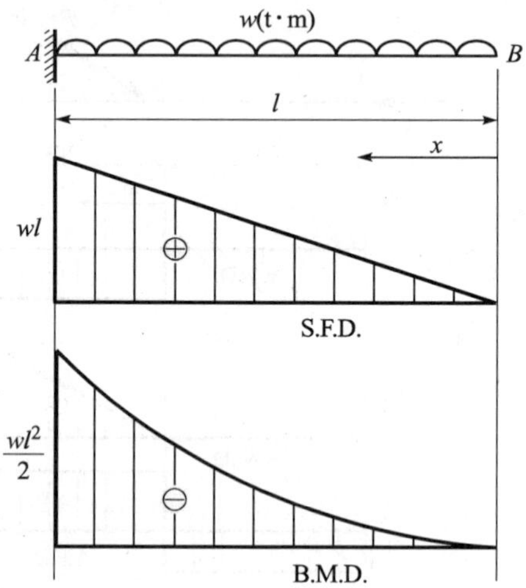

[그림 6-18]

B점에서 x 떨어진 곳의 하중의 크기는 wx이므로 $S_x=wx$로써 x에 대한 1차식이다.

$$\begin{cases} x=0, & S_B=0 \\ x=l, & S_A=wl \end{cases}$$

휨모멘트는 (힘×거리)이고, 등분포하중의 도심은 $\frac{x}{2}$ 되는 곳이므로

$$M_x = -wx \cdot \frac{x}{2} = -\frac{wx^2}{2} \text{(2차식)}$$

$$\begin{cases} x = o, & M_B = 0 \\ x = l, & M_A = -\dfrac{wl^2}{2} \end{cases}$$

곡선의 형태를 알기 위하여 중앙점의 휨모멘트를 구해보면, $x = \dfrac{l}{2}$ 일 때

$$M = -\frac{w}{2} \cdot \left(\frac{l}{2}\right)^2 = -\frac{wl^2}{8}$$

이므로 곡선은 아래로 볼록한 2차선이 된다.

예제 4

다음과 같이 $(A-C)$ 구간에 등분포하중이 작용할 경우 보를 해석하라.

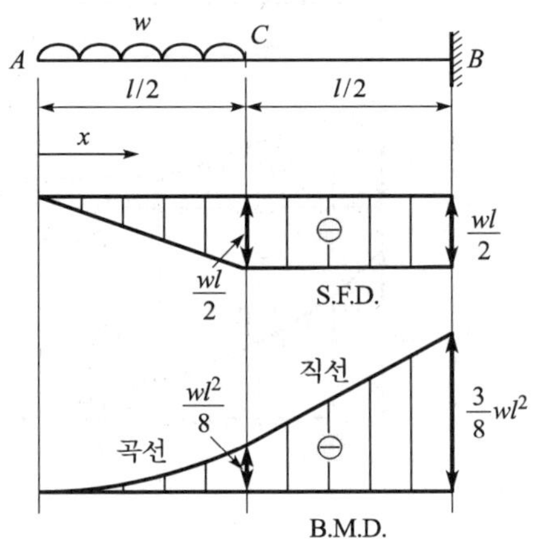

[그림 6-19]

ⅰ) $S.F.$

$(A-C)$, $S_x = -wx$ (1차식)

$$\begin{cases} x = 0, & S_A = 0 \\ x = \dfrac{l}{2}, & S_C = \dfrac{wl}{2} \end{cases}$$

$(C-B)$, $S_x = w\dfrac{l}{2} = \dfrac{wl}{2}$ (일정)

ⅱ) $B.M.$

$(A-C)$, $M_x = -wx\dfrac{x}{2} = -\dfrac{wx^2}{2}$ (2차식)

$$\begin{cases} x=0, \quad M_A=0 \\ x=\dfrac{l}{2}, \ M_C=-\dfrac{w}{2}\left(\dfrac{l}{2}\right)^2=\dfrac{wl^2}{8} \end{cases}$$

$(C-B)$ $M_x=-w\dfrac{l}{2}\left(x-\dfrac{l}{4}\right)=-\dfrac{wl}{2}x+\dfrac{wl^2}{8}$ (1차식)

$$\begin{cases} x=\dfrac{l}{2}, \ M_C=-\dfrac{wl^2}{8} \\ x=l, \quad M_B=-\dfrac{3}{8}wl^2 \end{cases}$$

예제 5

다음 캔틸레버의 단면력도를 그려라.

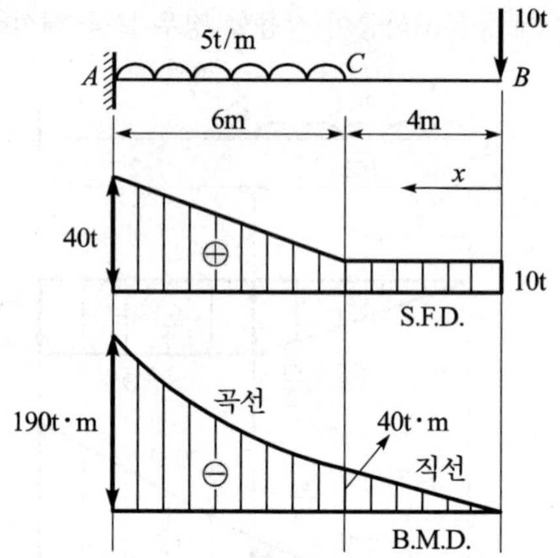

[그림 6-20]

i) $S.F.$

$(B-C)$, $S_x=10\text{t}$ (일정)

$(C-A)$, $S_x=5(x-4)$ (1차식)

$$\begin{cases} x=4, \quad S_C=10\text{t} \\ x=10, \ S_A=40\text{t} \end{cases}$$

ii) $B.M.$

$(B-C)$, $0 \leq x \leq 4$, $M_x=-10x$ (1차식)

$$\begin{cases} x=0, \ M_B=0 \\ x=4, \ M_C=-40\text{t}\cdot\text{m} \end{cases}$$

$(C-A),\ 4 \leqq x \leqq 10,\ M_x = -10x - 5 \cdot \dfrac{(x-4)^2}{2}$ (2차식)

$$\begin{cases} x=4, & M_C = -40\,\mathrm{t \cdot m} \\ x=10, & M_A = -100-90 = 190\,\mathrm{t \cdot m} \end{cases}$$

예제 6

다음 캔틸레버를 해석하라.

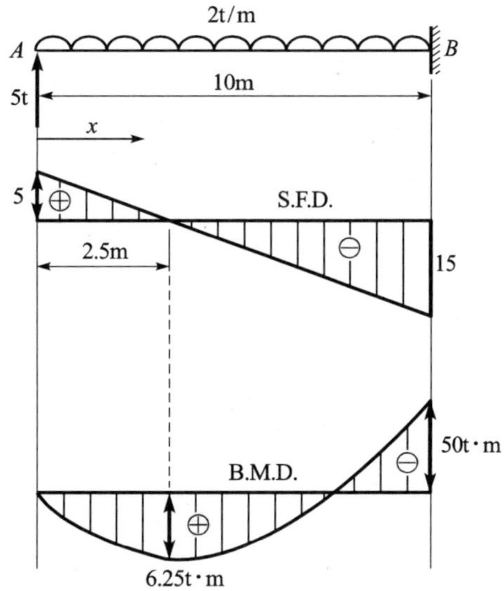

[그림 6-21]

i) $S.\ F.$

$S_x = 5 - 2t$ (1차식)

$$\begin{cases} x=0, & S_A = 5\mathrm{t} \\ x=10, & S_B = -15\mathrm{t} \end{cases}$$

전단력이 0이 되는 곳이 나타난다 (여기서 모멘트의 극값이 나타난다).

$S_x = 0,\ 5-2x=0,\ x=2.5\mathrm{m}$

ii) $B.\ M.$

$M_x = 5x - 2x \cdot \dfrac{x}{2} = 5x - x^2$ (2차식)

$$\begin{cases} x=0, & M_A = 0 \\ x=2.5, & M = 6.25\,\mathrm{t \cdot m} \\ x=10, & M_B = -50\,\mathrm{t \cdot m} \end{cases}$$

6.5 등변분포하중

[그림 6−22]와 같은 삼각형하중이 캔틸레버에 작용할 경우(토압, 수압 등으로 옹벽설계 또는 댐 설계에 많이 사용된다.) 단면력을 구해보면 전단력은 x 점에서 등변분포하중을 생각하여야 하므로,

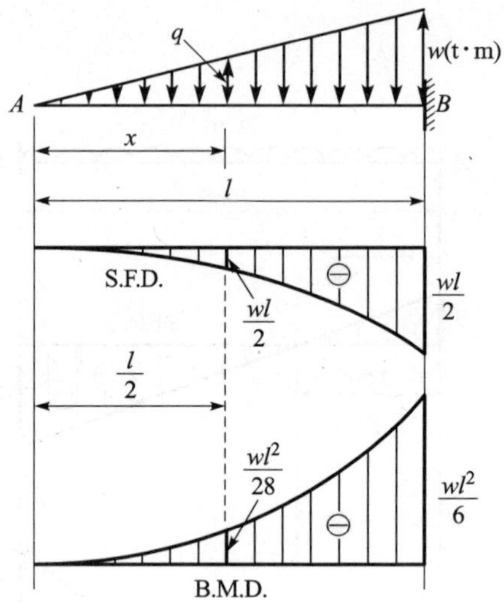

[그림 6-22]

$$x : q = l : w$$

$$q = \frac{x}{l} w$$

전단력, $S_x = -qx\frac{1}{2} = -\frac{wx^2}{2l}$ (2차식)

$$\begin{cases} x = 0, \quad S_A = 0 \\ x = \frac{l}{2}, \quad S_{(x=\frac{l}{2})} = -\frac{wl}{8} \\ x = l, \quad S_B = -\frac{wl}{2} \end{cases}$$

모멘트, $M_x = -\frac{qx}{2} \cdot \frac{x}{3} = -\frac{wx^2}{2l} \cdot \frac{x}{3} = -\frac{wx^3}{6l}$ (3차식)

$$\begin{cases} x = 0, \quad M_A = 0 \\ x = \frac{l}{2}, \quad M_{(x=\frac{l}{2})} = -\frac{wl}{48} \\ x = l, \quad M_B = -\frac{wl^2}{6} \end{cases}$$

또, 다음과 같이 등변분포하중이 작용할 경우를 생각하면, 우측에서 풀면 사다리꼴과 삼각형 또는 3각형 2개로 생각하여야 하므로 좌측에서 풀어오는 것이 편리하다.
좌측에서 해석하려면 반력을 알아야하므로

$$\Sigma V=0:\ V_A - w\cdot l\cdot\frac{1}{2}=0,\ \ V_A=\frac{wl}{2}$$

$$\Sigma M_{at\,A}=0:\ M_A+\frac{wl}{2}\cdot\frac{2}{3}l=0,\ \ M_A=-\frac{wl^2}{3}$$

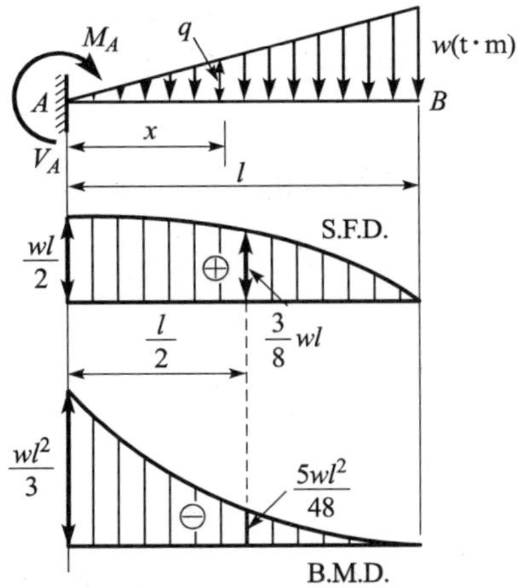

[그림 6-23]

i) $S.\ F.$

$$S_x = V_{\rm A} - \frac{qx}{2}$$

$q=\frac{w}{l}\cdot w$ 이므로

$$S_x=\frac{wl}{2}-\frac{wx^2}{2l}\ \text{(2차식)}$$

$$\begin{cases} x=0, & S_{\rm A}=\dfrac{wl}{2} \\ x=\dfrac{l}{2}, & S_{(x=\frac{l}{2})}=\dfrac{3}{8}wl \\ x=l, & S_{\rm B}=0 \end{cases}$$

ii) $B.\ M.$

$$M_x=V_{\rm A}\cdot x-\frac{q}{2}x\cdot\frac{x}{3}+M_A=\frac{wl}{2}x-\frac{wx^3}{6l}-\frac{wl^3}{3}\ \text{(3차식)}$$

$$\begin{cases} x=0, \quad M_A = -\dfrac{wl^2}{3} \\ x=\dfrac{l}{2}, \quad M_{(x=\frac{l}{2})} = \dfrac{wl^2}{4} - \dfrac{wl^2}{48} - \dfrac{wl^2}{3} = -\dfrac{5wl^2}{48} \\ x=l, \quad M_B = \dfrac{wl^2}{2} - \dfrac{wl^2}{6} - \dfrac{wl^2}{3} = 0 \end{cases}$$

앞의 두 경우를 보면 [그림 6-24]와 같은 관계를 알 수 있다(이것을 중첩의 원리라 한다).

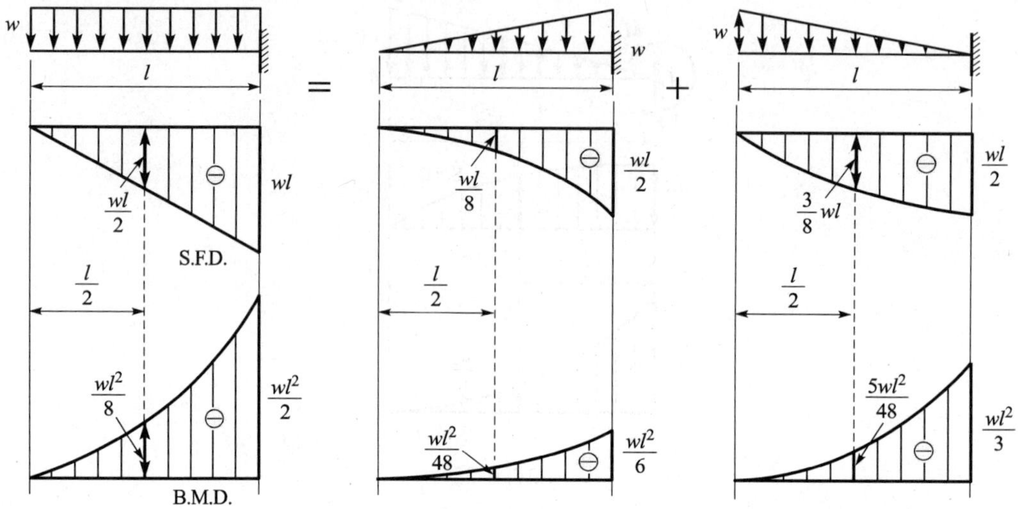

[그림 6-24]

예제 7

다음 캔틸레버를 풀어라.

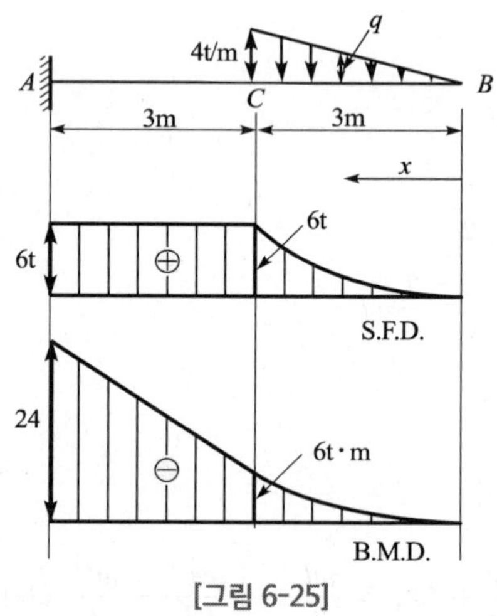

[그림 6-25]

$q=4\cdot\frac{x}{3}$

i) $S.F.$

$(B-C)\ S_x=\frac{qx}{2}=\frac{2}{3}x^2$ (2차식)

$\begin{cases} x=0,\ S_B=0 \\ x=3,\ S_C=6\text{t} \end{cases}$

$(C-A)\ S_x=4\times3\times\frac{1}{2}=6\text{t}$ (일정)

ii) $B.M.$

$(B-C)\ M_x=\frac{qx}{2}\cdot\frac{x}{3}=-\frac{2}{9}x^3$ (3차식)

$\begin{cases} x=0,\ M_B=0 \\ x=3,\ M_C=-6\text{t}\cdot\text{m} \end{cases}$

$(C-A)\ M_x=4\times3\times\frac{1}{2}(x-2)$ (1차식)

$\begin{cases} x=3,\ M_C=-6\text{t}\cdot\text{m} \\ x=6,\ M_A=-24\text{t}\cdot\text{m} \end{cases}$

6.6 모멘트하중

모멘트하중은 단순보에서와 마찬가지로 수직·수평력은 전혀 없고, 단지 회전력만 작용하며 보의 어느 점에서 취하여도 그 값은 일정하다.

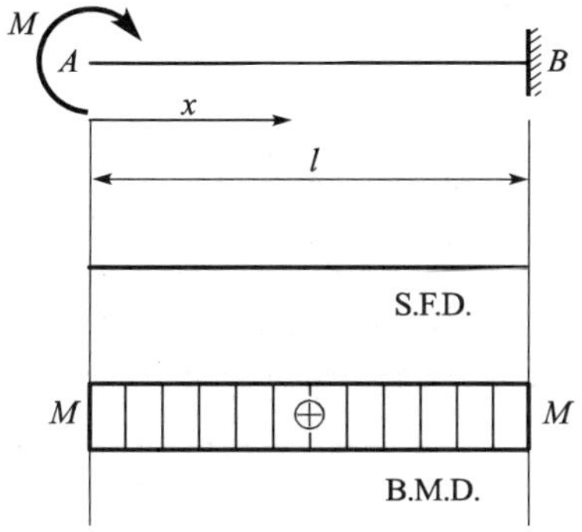

[그림 6-26]

[그림 6-26]과 같은 캔틸레버 자유단에 모멘트하중 M이 작용할 경우 고정단에서 자유단으로 해석하면

i) $S.\ F.$

$$S_x = 0$$

AB 보에는 수직력이 없으므로 전단력은 나타나지 않으며 따라서 A점의 수직반력도 0이다.

ii) $B.\ M.$

$$M_x = M(\text{일정})$$

어느 점에서 취하여도 모멘트의 값은 $(+)M$으로 일정하다.

또 다음과 같은 캔틸레버를 보면

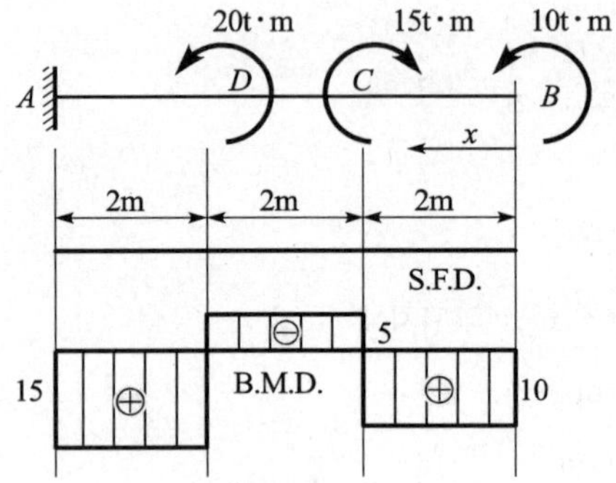

[그림 6-27]

i) $S.\ F.$

$$S_x = 0\ (\text{전구간이 0이다})$$

ii) $B.\ M.$

$$(B-C)\ M_x = 10\,\text{t·m}\ (\text{일정})$$

$$(C-D)\ M_x = 10-15 = -5\,\text{t·m}\ (\text{일정})$$

$$(D-A)\ M_x = 10-15+20 = 15\,\text{t·m}\ (\text{일정})$$

여기서 캔틸레버에 모멘트하중과 다른 하중(집중, 등분포하중)이 복합되어 작용되면

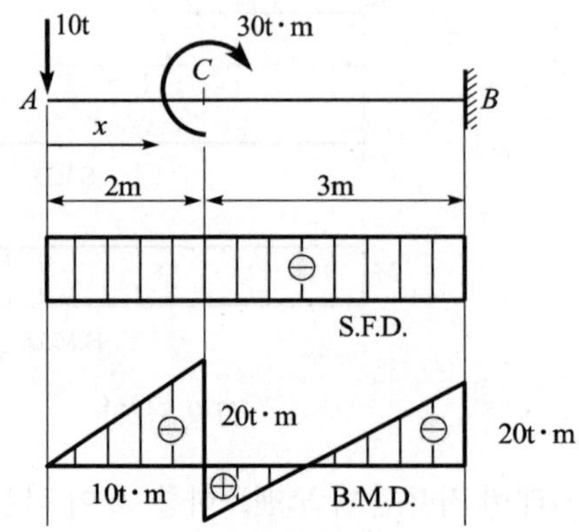

[그림 6-28]

i) $S.\ F.$

$S_x = -10\text{t}$ (전구간에 일정)

ii) $B.\ M.$

$(A-C)$, $0 \leqq x \leqq 2$, $M_x = -10x$ (1차식)

$$\begin{cases} x=0, & M_A = 0 \\ x=2, & M_C = -20\,\text{t}\cdot\text{m} \end{cases}$$

$(C-B)$, $2 \leqq x \leqq 5$, $M_x = -10x + 30$

$$\begin{cases} x=2, & M_C = 10\,\text{t}\cdot\text{m} \\ x=5, & M_B = -20\,\text{t}\cdot\text{m} \end{cases}$$

예제 8

다음 캔틸레버를 해석하라.

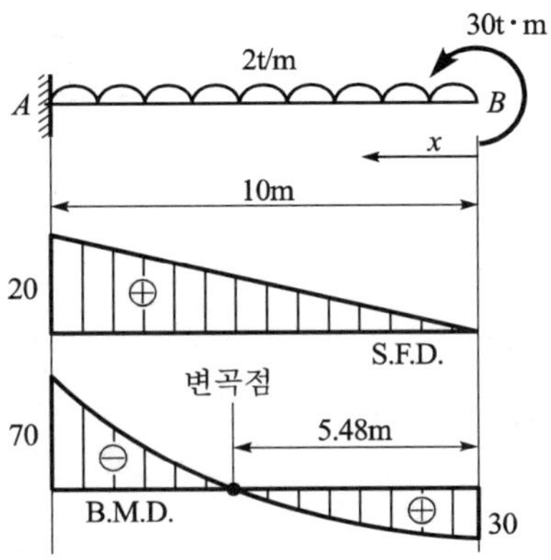

[그림 6-29]

i) $S.\ F.$

$S_x = 2x$ (1차식)

$$\begin{cases} x=0, & S_A = 0 \\ x=10, & S_B = 20\text{t} \end{cases}$$

ii) $B.\ M.$

$$M_x = -2x \cdot \frac{x}{2} + 30 = 30 - x^2 \text{ (2차식)}$$

$$\begin{cases} x=0, & M_B = 30\,\text{t}\cdot\text{m} \\ x=10, & M_A = -70\,\text{t}\cdot\text{m} \end{cases}$$

예제 9

앞 문제에서 변곡점은 B점에서 얼마 떨어진 곳인가? (휨모멘트의 부호가 바뀌는 점을 변곡점이라 하며, 즉 모멘트의 값이 0이 되는 곳을 말한다.)

$M_x = 0$에서

$$30 - x^2 = 0$$

$$\therefore x = 5.48\text{m}$$

예제 10

다음 캔틸레버의 단면력도를 그려라.

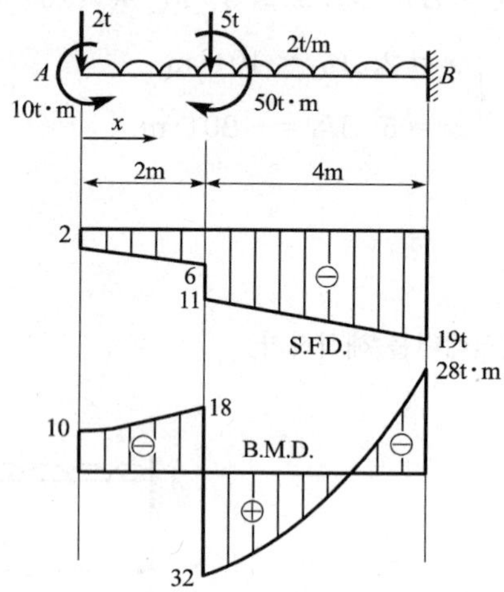

[그림 6-30]

i) $S.\,F.$

$(A-C)$ $S_x = -2 - 2x$ (1차식)

$$\begin{cases} x=0, \ S_A = -2\text{ t} \\ x=2, \ S_C = -6\text{ t} \end{cases}$$

$(C-B)$ $S_x = -2 - 5 - 2x$ (1차식)

$$\begin{cases} x=2, \ S_C = -11\text{ t} \\ x=6, \ S_B = -19\text{ t} \end{cases}$$

ii) $B.\,M.$

$(A-C)$ $M_x = -10x - 2x - 2x \cdot \dfrac{x}{2}$ (2차식)

$$\begin{cases} x=0, \ M_A = 10\text{ t} \\ x=2, \ M_C = -18\text{ t} \end{cases}$$

$(C-B)$ $M_x = -10 - 2x - x^2 + 50 - 5(x-2) = -2x - x^2 - 5(x-2) + 40$ (2차식)

$$\begin{cases} x=2, \ M_C = 32\text{t}\cdot\text{m} \\ x=6, \ M_B = -28\text{t}\cdot\text{m} \end{cases}$$

6.7 캔틸레버 영향선

캔틸레버의 영향선은 단순보 영향선과 마찬가지로 단위하중($P=1$)을 보위에 이동시켜 그 하중에 의한 단면력을 선으로 도시한 것이며, 각 단면력(반력, 전단력, 휨모멘트)은 (집중하중×종거)와 (등분포하중×면적)으로 나타난다. 즉,

$$\Sigma P\cdot y+\Sigma w\cdot A$$

(1) 지점반력 영향선

단위하중 $P=1$이 보위를 이동할 경우 하중이 어느 위치에 있더라도 R_{A}는 하중과 같은 값이 된다. 그러므로

$$R_{\mathrm{A}}=P=1$$

$\therefore R_A$의 영향선은 크기가 1이고, 기선과 나란한 직선이다.

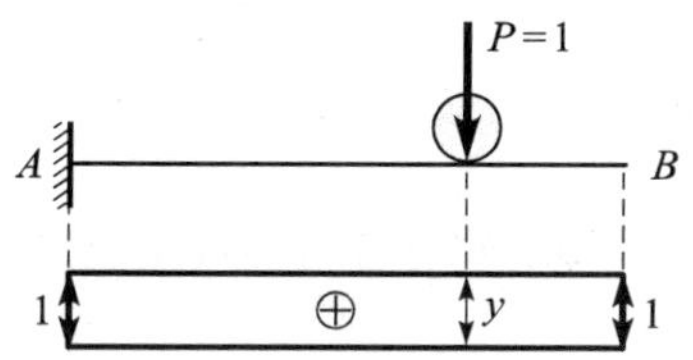

[그림 6-31]

(2) 전단력 영향선

캔틸레버의 임의 단면 C에서 전단력을 생각하면 C단의 우측에 하중이 없을 경우에는 C 단면의 단면력은 생기지 않는다.

하중 P가 $(C-B)$구간에 있을 경우

$S_{\mathrm{C}}=P=1$

하중 P가 $(A-C)$구간에 있을 경우

$S_{\mathrm{C}}=0$

이므로 D점, A점도 앞과 마찬가지로 되어 [그림 6-32]와 같다.

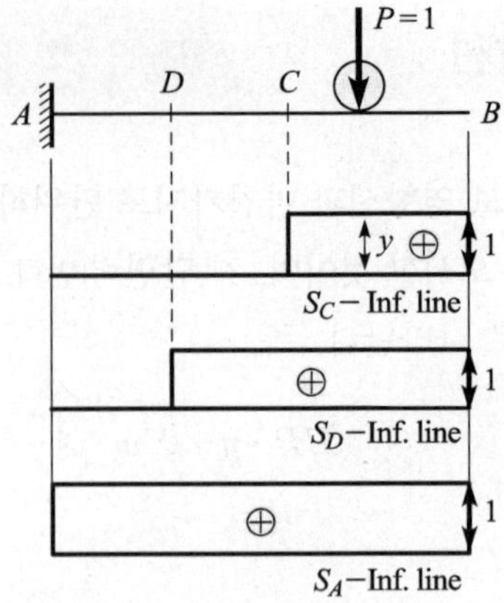

[그림 6-32]

(3) 휨모멘트 영향선

임의 단면 C에서 하중 P가 $(C-B)$구간에 있을 때 $M_C = -P(x-a)$이므로 a에 관한 1차식이 된다.

P가 C점에 있을 때 $a=x$이므로 $M_C=0$

P가 B점에 있을 때 $a=0$이므로 $M_C=-x$

가 되므로 C점의 종거 0이고, B점의 종거가 x인 1차식이 되며 P가 $(A-C)$구간에 있을 경우 $M_C=0$이다.

같은 방법으로 A점의 영향선은 [그림 6-33]과 같다.

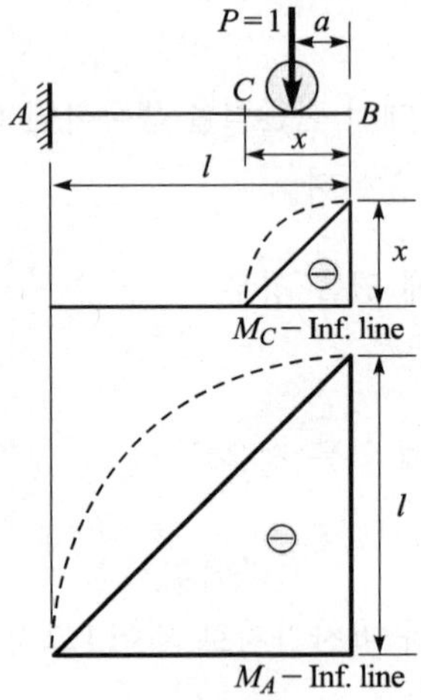

[그림 6-33]

(4) 영향선

이상을 종합하면 캔틸레버 영향선은 다음 [그림 6-34]와 같다.

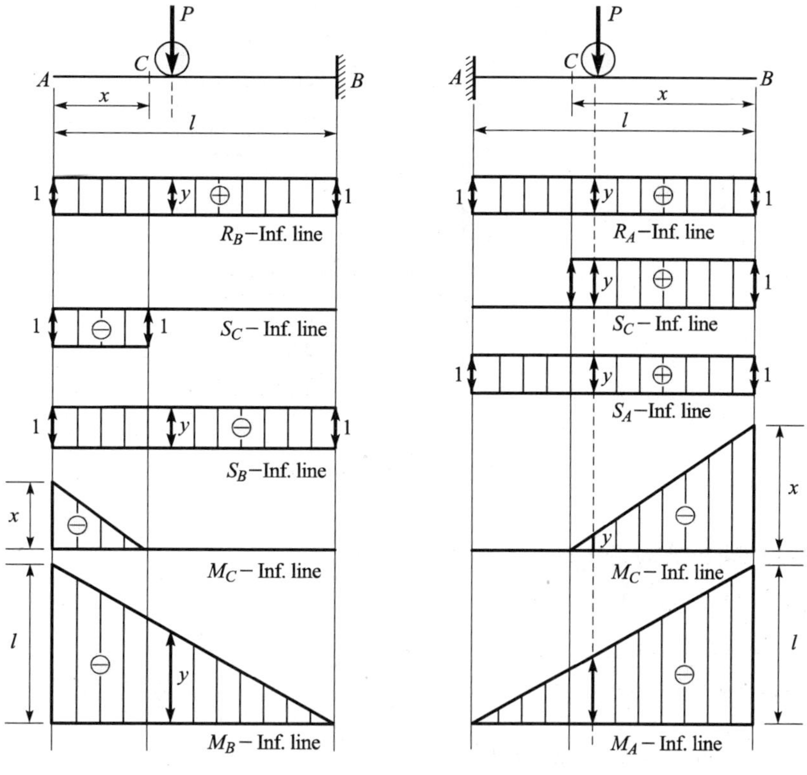

[그림 6-34]

예제 11

다음 캔틸레버의 반력 R_B, S_C, M_C, M_B를 영향선에 의하여 구하라.

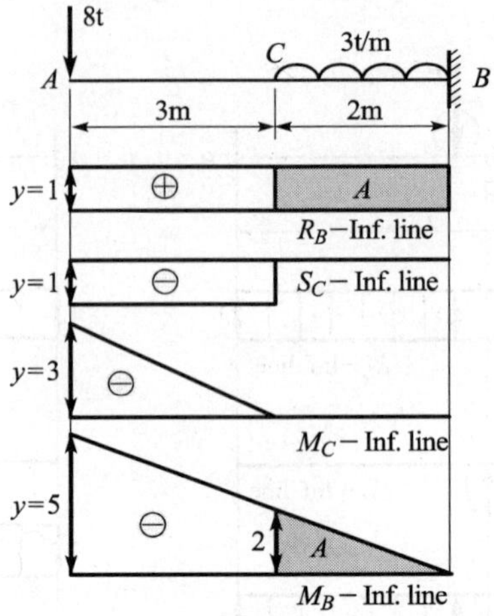

[그림 6-35]

영향선은 [그림 6-35]와 같으므로

$$R_B = 8\times1+3(2\times1) = 14\text{t}$$

$$S_C = -8\times1 = -8\text{t}$$

$$M_C = -8\times3 = -24\,\text{t}\cdot\text{m}$$

$$M_B = -8\times5-3\left(2\times2\times\frac{1}{2}\right) = -46\,\text{t}\cdot\text{m}$$

01 다음 캔틸레버에서 M_A와 M_B의 비는 얼마인가?

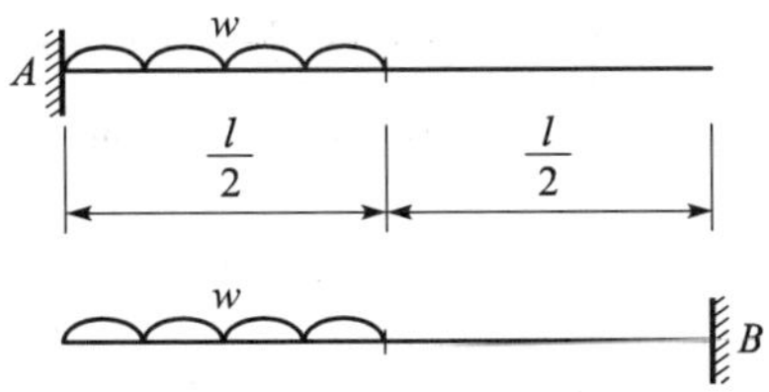

답 $M_A : M_B = 1 : 3$

02 다음 보에서 C 점의 전단력은 얼마인가?

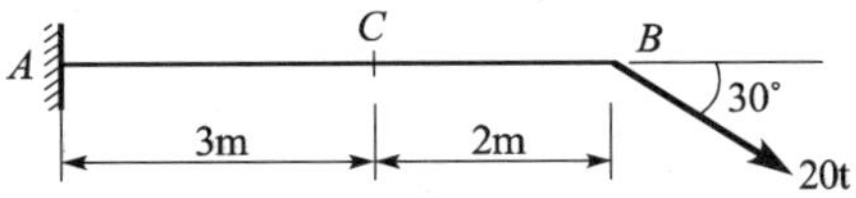

답 $S_C = 10\text{t}$

03 다음 캔틸레버의 단면력도를 그려라.

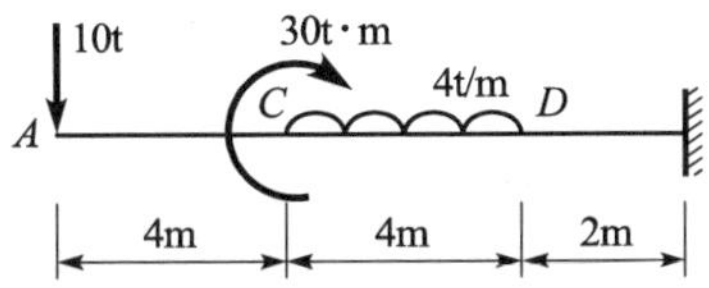

(a)

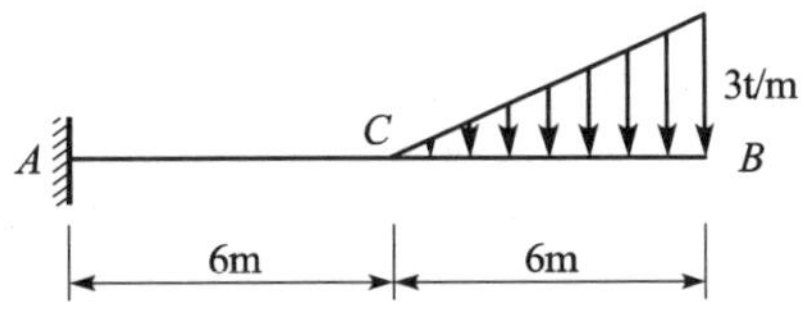

(b)

04 다음 캔틸레버에서 A점의 모멘트가 0이 되기 위하여 집중하중 P의 크기는 얼마로 하면 되는가?

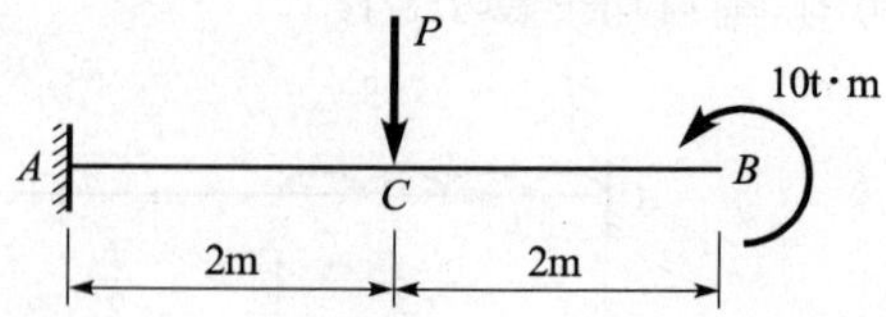

답 $P=5\text{t}$

05 다음 캔틸레버에서 변곡점의 위치는 B지점에서 얼마 떨어진 곳인가?

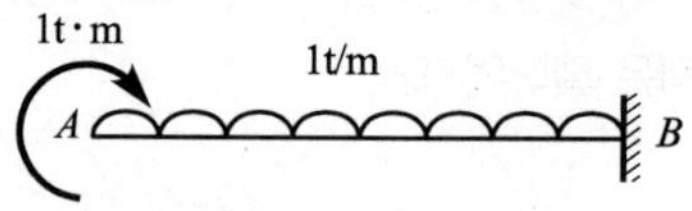

답 $x=1.59\text{m}$

CHAPTER 7

내민보

7.1 일반사항

내민보(overhanging beam)는 단순보의 한단 또는 양단을 돌출시켜 연장한 보로서 내민보 자체로 이루어지는 경우도 있고 8장에 나오는 겔버보의 일부로 사용되는 경우도 있다. 내민보의 돌출부분을 내민부분(내다지부)이라 하고 지점과 지점사이를 중앙부라 한다.

또 내민보의 돌출부분을 내다지보, 장출보(張出)라 하며 평형조건($\Sigma V=0$, $\Sigma H=0$, $\Sigma M=0$)만으로 해석되는 정정구조이며, 구조적으로 볼 때 단순보와 캔틸레버가 합성된 것과 같다.

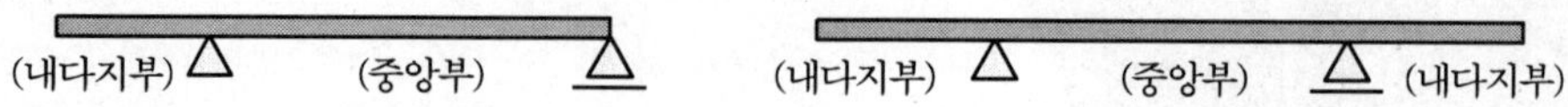

[그림 7-1]

7.2 단면력

내민보의 단면력은 다음 2가지 경우로 생각할 수 있으며 어느 방법으로 생각하든 그 결과는 같다. [그림 7-2]와 같이 내민보에서 $(C-A)$구간의 단면력은 캔틸레버와 동일하고 중앙부 $(A-B)$구간의 D점에 대한 단면력을 생각하면

i) 직접 해석하는 경우

[그림 7-2(b)]와 같이 생각하면

D점의 전단력, S_D

$$S_D = -R + R_A$$

D점의 모멘트, M_D

$$M_D = -R \cdot a + R_A \cdot x$$

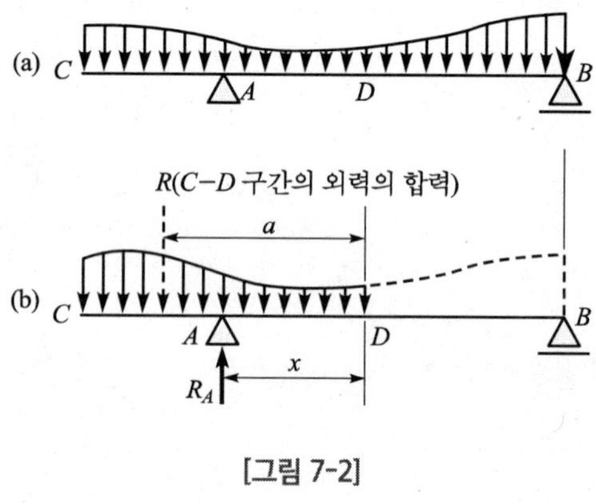

[그림 7-2]

ii) 캔틸레버와 단순보로 구분하여 해석하는 경우 [그림 7-3(c)]와 같이 $(C-A)$구간에 생기는 반력이 단순보 $(A-B)$에 작용한다고 생각하면

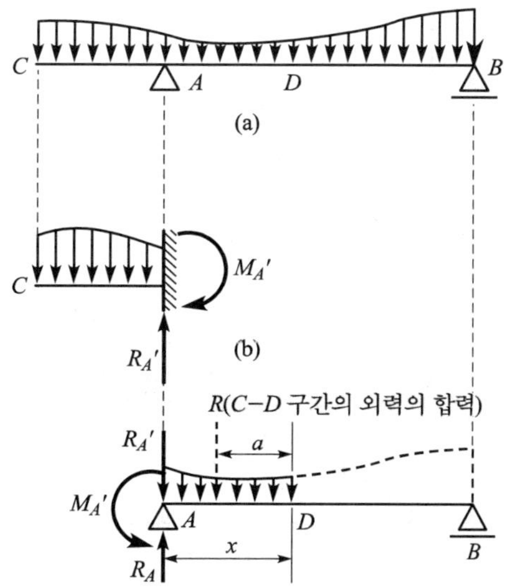

[그림 7-3]

$$S_{\rm D} = R_{\rm A} - R_{\rm A}' - R$$

$$M_{\rm D} = R_{\rm A} \cdot x - R_{\rm A}' \cdot x - R \cdot a - M_{\rm A}'$$

$$= (R_{\rm A} - R_{\rm A}')x - R \cdot a - M_{\rm A}'$$

본서에서는 i)의 방법으로 해석한다.

7.3 집중하중

[그림 7-4]와 같은 양단 내민보에 집중하중이 작용할 경우 단면력을 구해보면

i) 반력, R

$$\Sigma M_{\rm atB} = 0 \ ; \ R_{\rm A} \cdot l - P_1(l + l_1) - P_2 \cdot b + P_3 \cdot l_2 = 0$$

$$R_{\rm A} = \frac{1}{l}[P_1(l + l_1) + P_2 \cdot b - P_3 \cdot l_2]$$

$$\Sigma V = 0 \text{ 또는 } \Sigma M_{\rm atA} = 0 \ ; \ R_{\rm B} = \frac{1}{l}[P_2 \cdot a + P_3(l + l_2) - P_1 \cdot l_1]$$

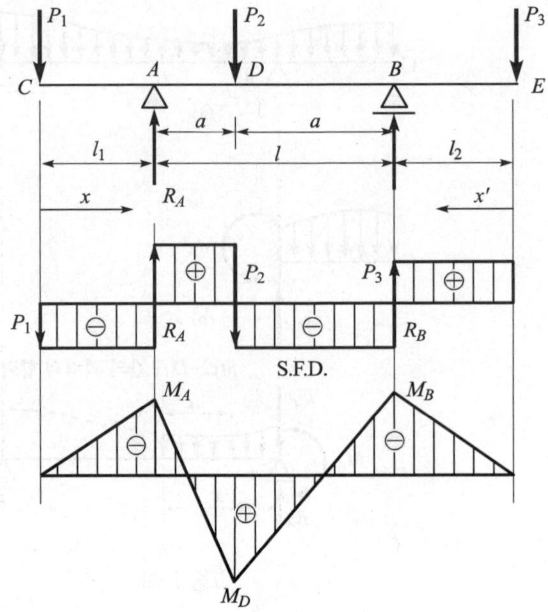

[그림 7-4]

ii) 전단력, $S.\ F.$

$(C-A)$ $0 \leqq x \leqq l_1$

$S_x = -P_1$(일정)

$(A-D)$ $l_1 \leqq x \leqq l_1 + a$

$S_x = -P_1 + R_{\mathrm{A}}$(일정)

$(D-B)$ $l_1 + a \leqq x \leqq l_1 + l$

$S_x = -P_1 + R_A - P_2$(일정)

$(B-E)$구간은 우측에서 생각하면, $0 \leqq x' \leqq l_2$

$S_x = P_3$(일정)

iii) 휨모멘트, $B.\ M.$

$(C-A)$ $M_x = P_1 x$(1차식)

$$\begin{cases} x = 0, & M_{\mathrm{C}} = 0 \\ x = l_1, & M_{\mathrm{A}} = -P_1 l_1 \end{cases}$$

$(A-D)$ $M_x = -P_1 x + R_{\mathrm{A}}(x - l_1)$

$$\begin{cases} x = l_1, & M_{\mathrm{A}} = -P_1 l_1 \\ x = l_1 + a, & M_{\mathrm{D}} = -P_1(l_1 + a) + R_{\mathrm{A}} \cdot a \end{cases}$$

$(D-B)$ 우측에서 보를 풀면, $l_2 \leqq x' = l_2 + b$, $M_x{}' = -P_3 \cdot x' + R_B(x' - l_2)$

$$\begin{cases} x' = l_2 + b, & M_D = -P_3(l_2 + b) + R_B \cdot b \\ x' = l_2, & M_B = -P_3 \cdot l_2 \end{cases}$$

$(B-E)$ $0 \leqq x' \leqq l_2$, $M_x{}' = -P_3 \cdot x'$

$$\begin{cases} x' = l_2, & M_B = -P_3 \cdot l_2 \\ x' = 0, & M_E = 0 \end{cases}$$

또 다음과 같이 한단 내민보를 해석하면

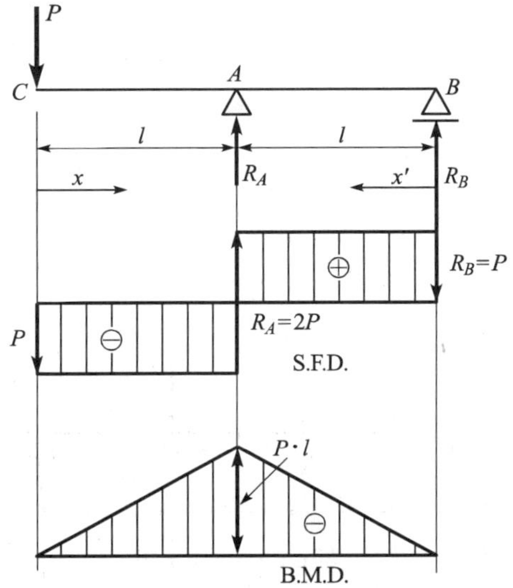

[그림 7-5]

i) 반력, R

반력의 방향을 상향으로 가정하면

$\Sigma M_{atB} = 0$; $R_A \cdot l - P \cdot 2l = 0$, $R_A = 2P$

$\Sigma V = 0$; $R_A + R_B = P$, $R_B = -P$(하향)

즉, B점의 반력은 하향이나 [그림 7-5]와 같은 방향으로 두고 R_B값에 $-P$를 대입한다.

ii) $S.F.$

$(C-A)$ $S_x = -P$ (일정)

$(A-B)$ $S_x = -P + 2P = P$ (일정)

또 우측에서 생각하면 $S_x{}' = -R_B = -(P) = P$

iii) $B.\ M.$

$(C-A)\ M_x = -P\cdot x$ (1차식)

$$\begin{cases} x=0, & M_C=0 \\ x=l, & M_A=-Pl \end{cases}$$

$(A-B)\ M_x = -Px + R_A(x-l) = -Px + 2P(x-l)$

$$\begin{cases} x=l, & M_A=-Pl \\ x=2l, & M_B=0 \end{cases}$$

또 우측에서 생각하면

$M_x' = R_B\cdot x' = -Px'$

$$\begin{cases} x'=0, & M_B=0 \\ x'=l, & M_A=-Pl \end{cases}$$

예제 1

다음 내민보를 풀어라.

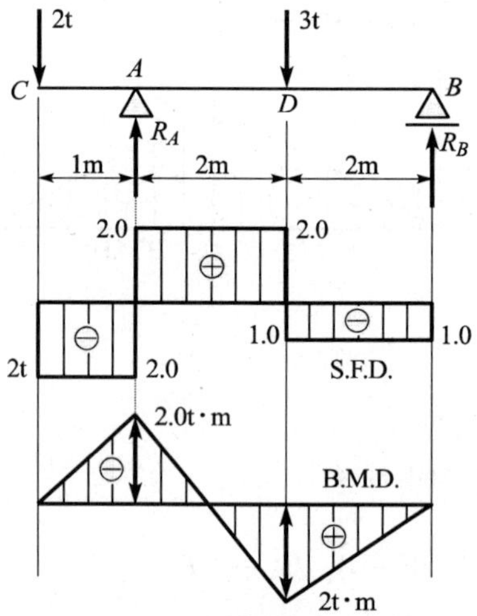

[그림 7-6]

i) R

$\Sigma M_{atB}=0$; $R_A\cdot 4-2\times 5-3\times 2=0$, $R_A=4\text{t}$

$\Sigma V=0$; $R_A+R_B=5\text{t}$, $R_B=1\text{t}$

ii) $S.\ F.$

$(C-A)$ $S=-2\text{t}$ (일정)

$(A-D)$ $S_x = -2+4 = 2\text{t}$ (일정)

$(D-B)$ $S_x = -2+4-3 = -1\text{t}$ (일정)

iii) $B.M.$

$(C-A)$ $0 \leqq x \leqq 1$, $M_x = -2x$ (1차식)

$$\begin{cases} x=0, \ M_C = 0 \\ x=1, \ M_A = -2\text{t}\cdot\text{m} \end{cases}$$

$(C-D)$ $1 \leqq x \leqq 3$, $M_x = -2x + 4(x-1)$ (1차식)

$$\begin{cases} x=1, \ M_A = -2\text{t}\cdot\text{m} \\ x=3, \ M_D = 2\text{t}\cdot\text{m} \end{cases}$$

$(D-B)$구간은 우측에서 생각하면 $0 \leqq x' \leqq 2$, $M_x = R_B \cdot x' = x'$ (1차식)

$$\begin{cases} x'=2, \ M_D = 2\text{t}\cdot\text{m} \\ x'=0, \ M_B = 0 \end{cases}$$

예제 2

다음 보의 단면력도를 그려라.

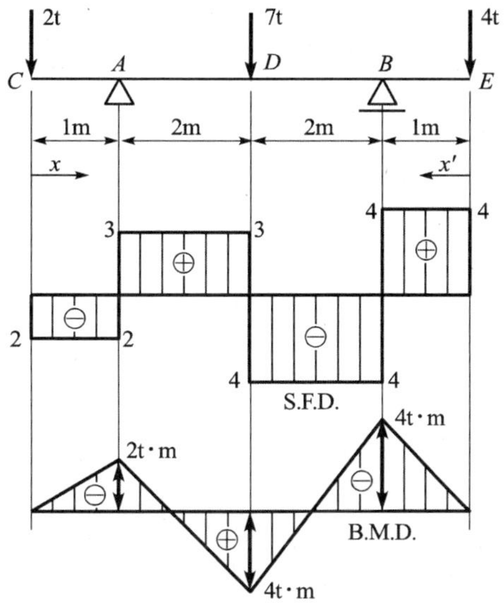

[그림 7-7]

i) R

$\Sigma M_{\text{atB}} = 0$; $R_A \cdot 4 - 2\times5 - 7\times2 + 4\times1 = 0$, $R_A = 5\text{t}$

$\Sigma V = 0$; $R_A + R_B = 13\text{t}$, $R_B = 8\text{t}$

ii) $S.F.$

$(C-A)$ $S_x=-2\text{t}$ (일정)

$(A-D)$ $S_x=-2+5=3\text{t}$ (일정)

$(D-B)$ $S_x=-2+5+7=4\text{t}$ (일정)

iii) $B.M.$

$(C-A)$ $0\leqq x\leqq 1$, $M_x=-2x$ (1차식)

$$\begin{cases} x=0, & M_C=0 \\ x=1, & M_A=-2\text{t}\cdot\text{m} \end{cases}$$

$(A-D)$ $1\leqq x\leqq 3$, $M_x=-2x+5(x-1)$

$$\begin{cases} x=1, & M_A=-2\text{t}\cdot\text{m} \\ x=3, & M_D=4\text{t}\cdot\text{m} \end{cases}$$

$(D-B)$ $1\leqq x'\leqq 3$, $M_x{}'=-4x'+8(x'-1)$

$$\begin{cases} x'=3, & M_D=4\text{t}\cdot\text{m} \\ x'=1, & M_B=-4\text{t}\cdot\text{m} \end{cases}$$

$(B-E)$ $0\leqq x'\leqq 1$, $M_x{}'=-4x'$

$$\begin{cases} x'=1, & M_B=4\text{t}\cdot\text{m} \\ x'=0, & M_E=0 \end{cases}$$

예제 3

다음 [그림 7-8]과 같은 보에서 지점 B의 반력이 $3P$가 되려면 중앙부 $3P$의 위치 x는 얼마인가?

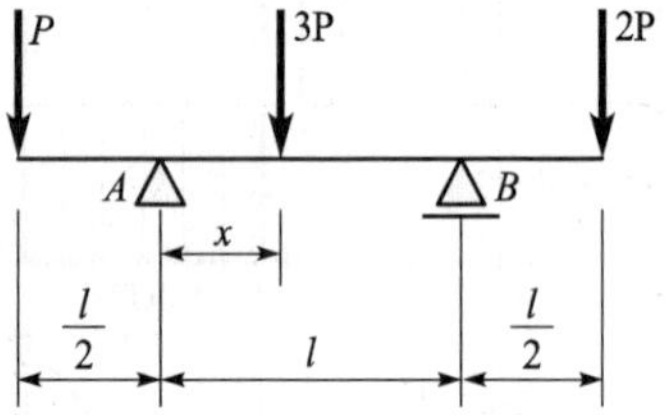

[그림 7-8]

$$\Sigma M_{\text{atA}}=0\ ;\ R_B\cdot l-P\cdot\frac{l}{2}-3P\cdot x-2P\cdot\left(l+\frac{l}{2}\right)=0$$

여기서 $R_B=3P$ 이므로

$$3P\cdot x=3P\cdot l+\frac{l}{2}P\cdot l-3P\cdot l$$

$$\therefore\ x=\frac{l}{6}$$

예제 4

다음과 같이 집중하중이 각을 가지고 작용할 때 단면력도를 구하라.

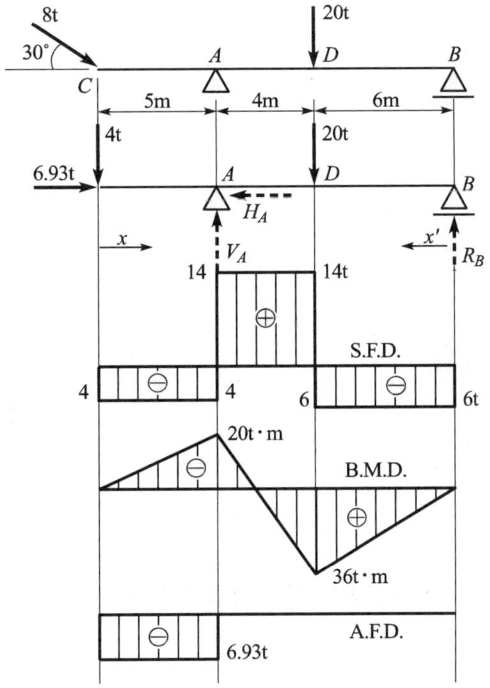

[그림 7-9]

8t의 하중을 수직·수평분력으로 나누면

수직분력, $P_V = 8 \cdot \sin 30° = 4\text{t}$

수평분력, $P_H = 8 \cdot \cos 30° = 6.93\text{t}$

i) R

$\Sigma M_{atB} = 0$; $V_A \cdot 10 - 4 \times (10+5) - 20 \times 6 = 0$, $V_A = 18\text{t}$

$\Sigma V = 0$; $V_A + R_B = 20 + 4$, $R_B = 6\text{t}$

$\Sigma H = 0$; $6.93 - H_A = 0$, $H_A = 6.93\text{t}$

ii) $S.\ F.$

$(C-A)$ $S_x = -4\text{t}$ (일정)

$(A-D)$ $S_x = -4 + 18 = 14\text{t}$ (일정)

$(D-B)$ $S_x' = -R_B = -6\text{t}$ (일정)

iii) $B.\ M.$

$(C-A)$ $0 \leq x \leq 5$, $M_x = -4x$ (1차식)

$$\begin{cases} x=0,\ M_C=0 \\ x=5,\ M_A=-20\,\mathrm{t\cdot m} \end{cases}$$

$(A-D)$ $M_x=-4x+18(x-5)$

$$\begin{cases} x=5,\ M_A=-20\,\mathrm{t\cdot m} \\ x=9,\ M_D=36\,\mathrm{t\cdot m} \end{cases}$$

$(D-B)$ $0 \leq x' \leq 6$, $M_x=6x'$

$$\begin{cases} x'=6,\ M_D=36\,\mathrm{t\cdot m} \\ x'=0,\ M_B=0 \end{cases}$$

iv) $A.F.$

$(C-A)$ $A_x=-6.93\mathrm{t}$ (일정)

$(A-B)$ $A_x=-6.93+H_A=0$

예제 5

다음과 같은 보에서 AB구간에 모멘트의 값이 일정하게 되려면 $P_1:P_2$의 값은?

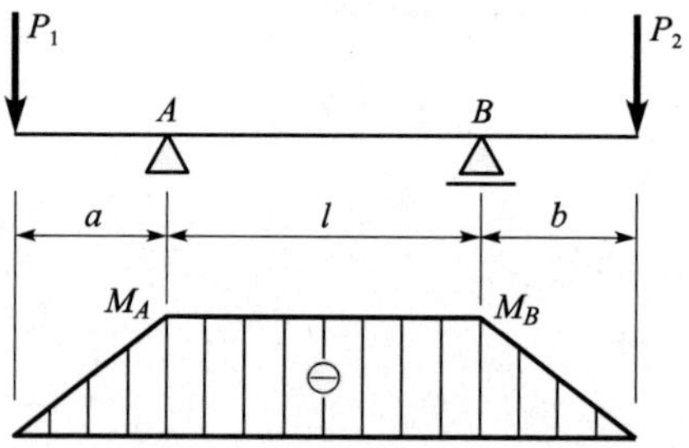

[그림 7-10]

$M_A=M_B$이면 $(A-B)$구간의 모멘트 값이 일정하게 된다.

$M_A=P_1\cdot a$, $M_B=P_2\cdot b$이므로

$$P_1a=P_2b$$

$$P_1:P_2=b:a$$

7.4 등분포하중

[그림 7-11]과 같은 내민보에 등분포하중이 만재되어 있을 경우 단면력을 구해보면

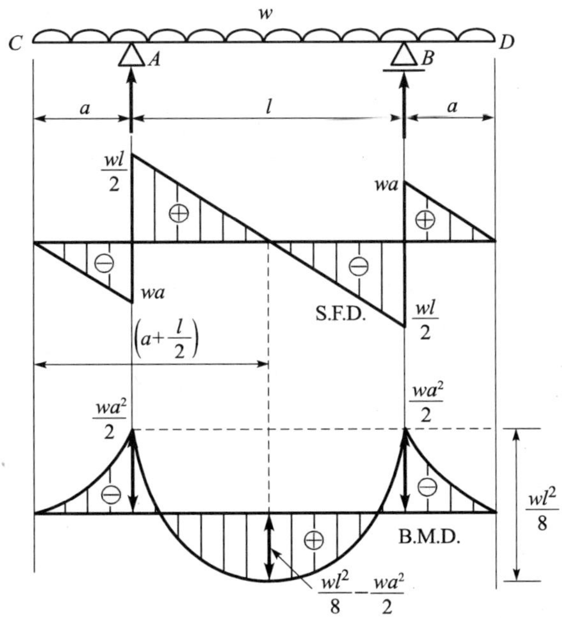

[그림 7-11]

i) R

$$\Sigma M_{\text{atB}} = 0\ ;\ R_{\text{A}} \cdot l - w(l+2a) \cdot \frac{l}{2} = 0,\ R_{\text{A}} = w\left(a + \frac{l}{2}\right)$$

$$\Sigma V = 0\ ;\ R_{\text{A}} + R_{\text{B}} = w(l+2a),\ R_{\text{B}} = w\left(a + \frac{l}{2}\right)$$

ii) $S.\ F.$

$(C-A)$ $S_x = -w \cdot x$ (1차식)

$$\begin{cases} x = 0,\ S_{\text{C}} = 0 \\ x = a,\ S_{\text{A}} = -w \cdot a \end{cases}$$

$(A-B)$ $S_x = -wx + R_{\text{A}} = wa + \dfrac{wl}{2} - wx$ (1차식)

$$\begin{cases} x = a,\ S_{\text{A}} = \dfrac{wl}{2} \\ x = (a+l),\ S_{\text{B}} = -\dfrac{wl}{2} \end{cases}$$

이 구간에서 전단력이 0이 되는 곳이 나타난다.

$$S_x = 0,\ w\left(a + \frac{l}{2}\right) - wx = 0$$

$$x = a + \frac{l}{2}$$

iii) $B.\ M.$

$(C-A)$ $M_x = -wx \cdot \frac{x}{2} = -\frac{wx^2}{2}$ (2차식, 이 구간에 전단력이 0이 되는 곳이 없으므로 모멘트의 극점이 중간부분에서 나타나지 않는다)

$$\begin{cases} x = 0,\ M_C = 0 \\ x = a,\ M_A = -\dfrac{wa^2}{2} \end{cases}$$

$(A-B)$ $M_A = -\frac{wx^2}{2} + R_A(x-a) = -\frac{wx^2}{2} + w\left(a + \frac{l}{2}\right)(x-a)$ (2차식)

$$\begin{cases} x = a,\quad M_A = -\dfrac{wa^2}{2} \\ x = a + l,\quad M_B = -\dfrac{w}{2}(a+l)^2 + w\left(a + \dfrac{l}{2}\right)l = -\dfrac{wa^2}{2} \\ x = a + \dfrac{l}{2},\ M = -\dfrac{w}{2}\left(a + \dfrac{l}{2}\right)^2 + w\left(a + \dfrac{l}{2}\right) \cdot \dfrac{l}{2} = \dfrac{wl^2}{8} - \dfrac{wa^2}{2} \end{cases}$$

$(B-D)$ $0 \leqq x' \leqq a,\ M_x = -\frac{w}{2}(x')^2$ (2차식)

$$\begin{cases} x' = a,\ M_B = -\dfrac{wa^2}{2} \\ x' = 0,\ M_D = 0 \end{cases}$$

또 다음과 같이 한 단 내민보를 해석해보면

i) 반력

$\Sigma M_{atB} = 0$; $R_A \cdot 9 - 3 \times 12 \times 6 = 0,\ R_A = 24t$

$\Sigma V = 0$; $R_A + R_B = 3 \times 12 = 36t,\ R_B = 12t$

ii) $S.\ F.$

$(C-A)$ $S_x = -3x$ (1차식)

$$\begin{cases} x = 0,\ S_C = 0 \\ x = 3,\ S_A = -9t \end{cases}$$

$(A-B)\ 0 \leqq x' \leqq 9,\ S_x{}' = 3x' - 12$ (1차식)

$$\begin{cases} x' = 0,\ S_B = -12\ \text{t} \\ x' = 9,\ S_A = 15\ \text{t} \end{cases}$$

$S_x = 0$ 일 때 $x' = 4\text{m}$

iii) *B. M.*

$(C-A)\ M_x = -3x \cdot \dfrac{x}{2} - \dfrac{3}{2}x^2$ (2차식)

$$\begin{cases} x = 0,\ M_C = 0 \\ x = 3,\ M_A = -13.5\,\text{t}\cdot\text{m} \end{cases}$$

$(A-B)\ 0 \leqq x' \leqq 9,\ M_x{}' = 12x' + \dfrac{3}{2}(x')^2$ (2차식)

$$\begin{cases} x' = 0,\ M_B = 0 \\ x' = 9,\ M_A = -13.5\,\text{t}\cdot\text{m} \\ x' = 4,\ M_{\max} = 24\,\text{t}\cdot\text{m} \end{cases}$$

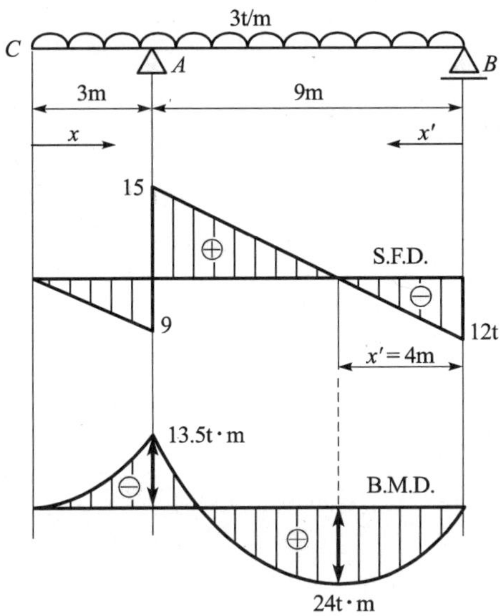

[그림 7-12]

예제 6

다음 보의 단면력도를 구하라.

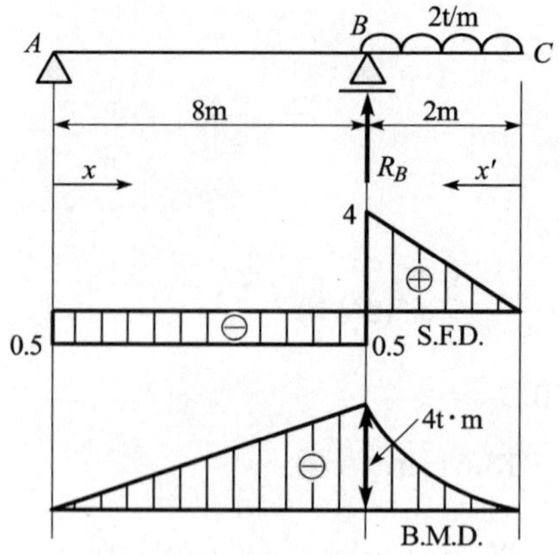

[그림 7-13]

i) R

$\Sigma M_{\mathrm{atB}}=0$; $R_A \cdot 8+2\times2\times1=0$, $R_A=-0.5\mathrm{t}(\downarrow)$

$\Sigma V=0$; $R_A+R_B=2\times2$, $R_B=4.5\mathrm{t}(\uparrow)$

ii) $S.F.$

$(A-B)$ $S_x=R_A=-0.5\mathrm{t}$ (일정)

$(B-C)$ $S_x{}'=2x'$ (1차식)

$$\begin{cases} x'=0, & S_E=0 \\ x'=2, & S_B=4\mathrm{t} \end{cases}$$

iii) $B.M.$

$(A-B)$ $M_x=R_A\cdot x=-0.5x$ (1차식)

$$\begin{cases} x=0, & M_A=0 \\ x=8, & M_B=-4\mathrm{t\cdot m} \end{cases}$$

$(B-C)$ $0\leq x'\leq 2$, $M_x{}'=-2x'\dfrac{x'}{2}=-(x')^2$ (2차식)

$$\begin{cases} x'=0, & M_C=0 \\ x'=2, & M_B=-4\mathrm{t\cdot m} \end{cases}$$

예제 7

다음 보를 풀어라.

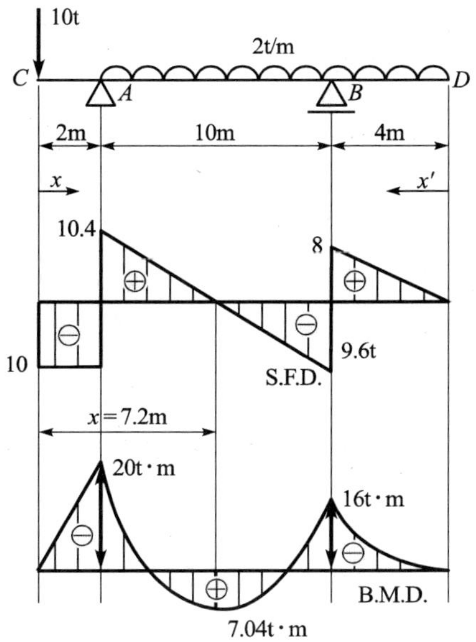

[그림 7-14]

i) R

$\Sigma M_{\text{atB}} = 0$; $R_A \cdot 10 - 10 \times 12 - 2 \times 14 \times 3 = 0$. $R_A = 20.4\text{t}$

$\Sigma V = 0$; $R_A + R_B = 10 + 2 \times 14$, $R_B = 17.6\text{t}$

ii) $S.\ F.$

$(C-A)$ $S_x = -10\text{t}$ (일정)

$(A-B)$ $S_x = -10 + 20.4 - 2(x-2)$ (1차식)

$$\begin{cases} x = 2, & S_A = 10.4\ \text{t} \\ x = 12, & S_B = -9.6\ \text{t} \end{cases}$$

이 구간에서 전단력이 0이 되는 곳이 생긴다.

$S_x = 10.4 + 4 - 2x = 0$

$x = 7.2\text{m}$

$(B-D)$ $S_x{}' = 2x'$ (1차식)

$$\begin{cases} x' = 0, & S_D = 0 \\ x' = 4, & S_B = 8\text{t} \end{cases}$$

iii) $B.\ M.$

$(C-A)$ $M_x = -10x$ (1차식)

$$\begin{cases} x=0, & M_C=0 \\ x=2, & M_A=-20\,\text{t}\cdot\text{m} \end{cases}$$

$(A-B)$ $M_x=-10x-\dfrac{2}{2}(x-2)^2$ (2차식)

$$\begin{cases} x=2, & M_A=-2\,\text{t}\cdot\text{m} \\ x=12, & M_B=-16\,\text{t}\cdot\text{m} \\ x=7.2, & M=7.04\,\text{t}\cdot\text{m} \end{cases}$$

$(B-D)$ $M_x{}'=-(x')^2$ (2차식)

$$\begin{cases} x'=0, & M_D=0 \\ x'=4, & M_B=-16\,\text{t}\cdot\text{m} \end{cases}$$

본 문제에서 x를 등분포하중이 시작되는 곳(A점)에서 x를 잡으면 편리한 경우도 있다.

예제 8

다음 보의 단면력도를 구하라.

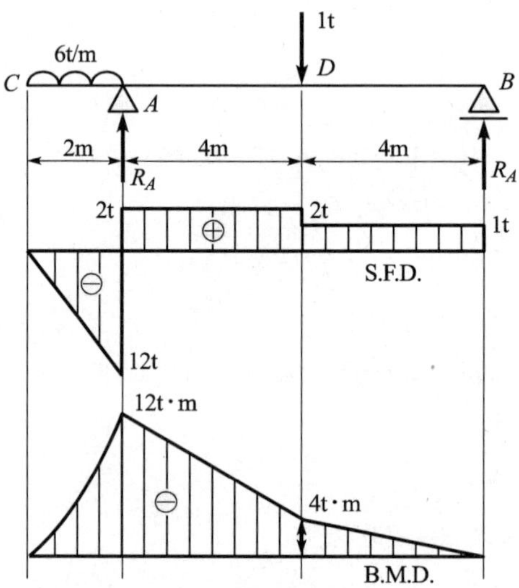

[그림 7-15]

i) R

$\Sigma M_{\text{atB}}=0$; $R_A\cdot 8-6\times2\times9-1\times4=0$, $R_A=14\text{t}$

$\Sigma V=0$; $R_A+R_B=12+1$, $R_B=-1\text{t}(\downarrow)$

ii) $S.F.$

$(C-A)$ $S_x=-6x$ (1차식)

$$\begin{cases} x=0, \ S_C=0 \\ x=2, \ S_A=-12t \end{cases}$$

$(A-D)$ $S_x=-12+14=2t$ (일정)

$(D-B)$ $S_x=-R_B=-(-1)=1t$ (일정)

iii) $B.M.$

$(C-A)$ $M_x=-6x \cdot \dfrac{x}{2}=-3x^2$ (2차식)

$$\begin{cases} x=0, \ M_C=0 \\ x=2, \ M_A=-12t \cdot m \end{cases}$$

$(A-D)$ $M_x=-12(x-1)+14(x-2)$ (1차식)

$$\begin{cases} x=2, \ M_A=-12t \cdot m \\ x=6, \ M_D=-4t \cdot m \end{cases}$$

$(D-B)$ $M_x'=R_B \cdot x'=-x'$ (1차식)

$$\begin{cases} x'=4, \ M_D=-4t \cdot m \\ x'=0, \ M_B=0 \end{cases}$$

예제 9

다음 내민보에서 $P=w \cdot l$일 때 이 보의 중앙점의 모멘트를 0으로 만들려면 a를 얼마로 하면 되는가?

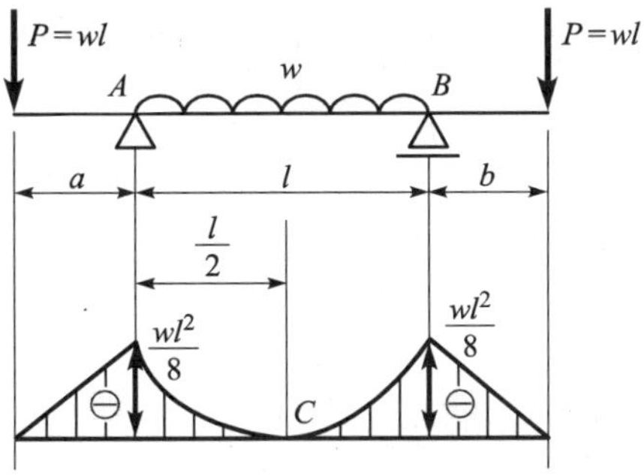

[그림 7-16]

i) $B.M.D$가 [그림 7-16]과 같이 되어야 하므로

$$M_C=-P\left(a+\frac{l}{2}\right)+R_A \cdot \left(\frac{l}{2}\right)-\frac{wl}{2} \cdot \frac{l}{4}$$

여기서, $R_A=P+\dfrac{wl}{2}=\dfrac{3}{2}P$이므로

$$M_C = -P\left(a+\frac{l}{2}\right)+\frac{3}{2}P\cdot\frac{l}{2}-\frac{P}{2}\cdot\frac{l}{4}$$

$$= \frac{P}{8}(l-8a)$$

M_C가 0이 되어야 하므로

$$\therefore a = \frac{l}{8}$$

ii) 단순보 중앙점의 모멘트가 $\frac{wl^2}{8}$ 임을 이용하면

$\frac{wl^2}{8} = \frac{Pl}{8}$ 이므로 $P\cdot a = \frac{Pl}{8}$

$$\therefore a = \frac{l}{8}$$

예제 10

[그림 7-17]과 같은 양단 내민보에 등분포하중이 만재되어 작용할 때 중앙점과 양지점의 모멘트 절대값이 같게 되려면 l과 a의 관계는?

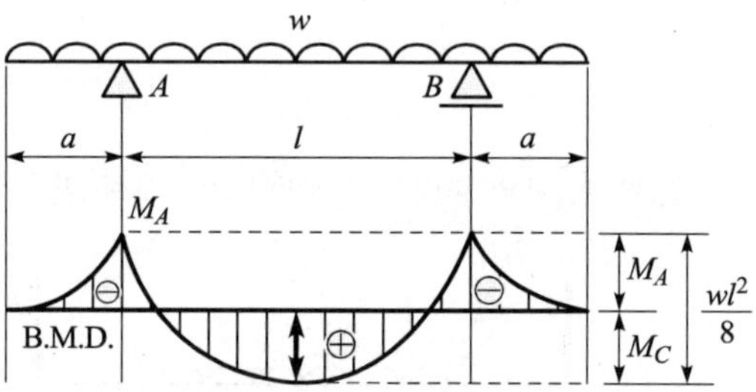

[그림 7-17]

$$M_A = -\frac{wa^2}{2}$$

$B.M.D$에서 $M_A = M_C$가 되어야 하므로

$$|M_A| + M_C = \frac{wl^2}{8}$$

$$2\times M_A = \frac{wl^2}{8}$$

$$2\times\frac{wa^2}{2} = \frac{wl^2}{8}$$

$$l^2 = 8a^2$$

$$\therefore l = 2\sqrt{2}\cdot a$$

예제 11

다음과 같이 간접하중을 받는 내민보를 풀어라.

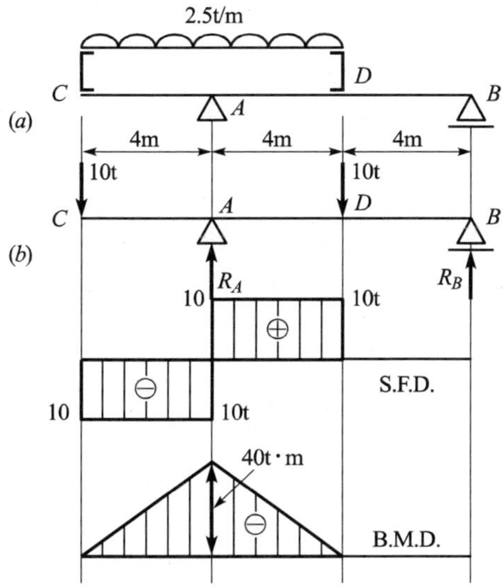

[그림 7-18]

[그림 7-18(a)]의 간접하중을 보$(A-B)$의 하중으로 고치면 [그림 7-18(b)]와 같이 된다. [그림 7-18(b)]에서

i) R

$\Sigma M_{\text{atB}}=0$; $R_{\text{A}}\cdot 8-10\times 12-10\times 4=0$, $R_{\text{A}}=20\text{t}$

$\Sigma V=0$; $R_{\text{A}}+R_{\text{B}}=20\text{t}$, $R_{\text{B}}=0$

ii) $S.F.$

$(C-A)$ $S_x=-10\text{t}$ (일정)

$(A-D)$ $S_x=-10+20=10\text{t}$ (일정)

$(D-B)$ $S_x=-10+20-10=0$

우측에서 생각하면 $S_x'=R_{\text{B}}=0$

iii) $(C-B)$ $M_x=-10x$ (1차식)

$$\begin{cases} x=0, & M_{\text{C}}=0 \\ x=4, & M_{\text{A}}=-40\text{t}\cdot\text{m} \end{cases}$$

$(A-D)$ $M_x=-10x+20(x-4)$ (1차식)

$$\begin{cases} x=4, & M_{\text{C}}=-40\text{t}\cdot\text{m} \\ x=8, & M_{\text{D}}=0 \end{cases}$$

$(D-B)$ $M_x'=R_{\text{B}}\cdot x'=0$ (일정)

예제 12

다음 보의 단면력도를 그려라.

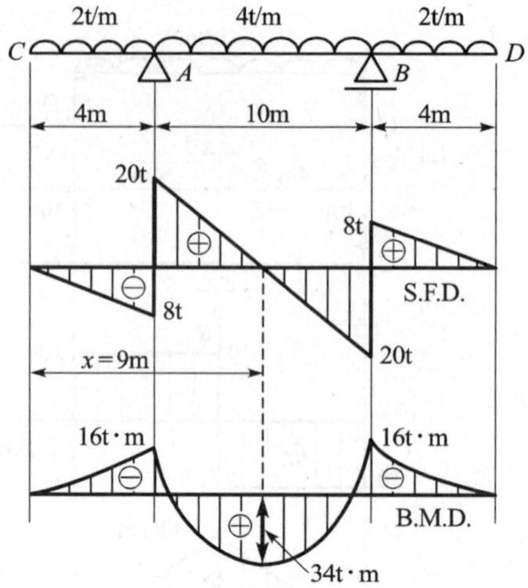

[그림 7-19]

ⅰ) R

$\Sigma M_{\text{atB}}=0$; $R_A \cdot 10-2\times4\times12-4\times10\times5+2\times4\times2=0$, $R_A=28\text{t}$

$\Sigma V=0$; $R_A+R_B=56\text{t}$, $R_B=28\text{t}$

ⅱ) $S.F.$

$(C-A)$ $S_x=-2x$ (1차식)

$$\begin{cases} x=0, & S_C=0 \\ x=4, & S_A=-8\text{t} \end{cases}$$

$(A-B)$ $S_x=-2.4+28-4(x-4)$ (1차식)

$$\begin{cases} x=4, & S_A=20\text{ t} \\ x=14, & S_B=-20\text{ t} \end{cases}$$

이 구간에서 전단력이 0이 되는 곳이 나타난다.

$S_x=0$, $x=9\text{m}$

$(B-D)$ $S_x{}'=2x'$

$$\begin{cases} x'=0, & S_D=0 \\ x'=4, & S_B=8\text{t} \end{cases}$$

ⅲ) $B.M.$

$(C-A)$ $M_x=-2x\cdot\dfrac{x}{2}=-x^2$

(2차식, 이 구간에 $S_x=0$ 되는 곳이 없다)

$$\begin{cases} x=0, \ M_C=0 \\ x=4, \ M_A=-16\,\text{t·m} \end{cases}$$

$(A-B)$ $M_x=-8(x-2)+28(x-4)-2(x-4)^2$ (2차식)

$$\begin{cases} x=4, \ M_A=-16\,\text{t·m} \\ x=14, \ M_B=-16\,\text{t·m} \\ x=9, \ M_{max}=34\,\text{t·m} \end{cases}$$

$(B-D)$ $M_x{}'=-(x')^2$

$$\begin{cases} x'=4, \ M_B=-16\,\text{t·m} \\ x'=0, \ M_D=0 \end{cases}$$

이와 같은 예제는 좌우대칭이므로 보를 반만 해석해도 단면력도를 구할 수 있다.

7·5 등변분포하중

다음과 같은 내민보에 등변분포하중이 작용할 경우 보의 단면력을 구해보면

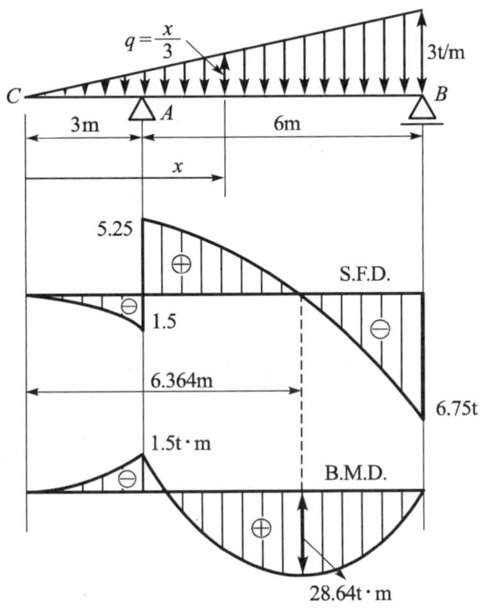

[그림 7-20]

i) R

$\Sigma M_{atB}=0$; $R_A \cdot 6-3\times 9\times \frac{1}{2}\times 3=0$, $R_A=6.75t$

$\Sigma V=0$; $R_A+R_B=13.5$, $R_B=6.75t$

ii) $S.\ F.$

$(C-A)$ $S_x=-\frac{q\cdot x}{2}=-\frac{x^2}{6}$ (2차식)

$$\begin{cases} x=0, & S_C=0 \\ x=3, & S_A=-1.5t \end{cases}$$

$(A-B)$ $S_x=-\frac{x^2}{6}+6.75$

$$\begin{cases} x=3, & S_A=5.25\ t \\ x=9, & S_B=-6.75\ t \end{cases}$$

$S_x=0$이 되는 x를 구하면

$x^2=6\times 6.75$, $x=6.364m$

iii) $B.\ M.$

$(C-A)$ $M_x=-\frac{x^2}{6}\cdot\frac{x}{3}=-\frac{x^3}{8}$ (3차식)

$$\begin{cases} x=0, & M_C=0 \\ x=3, & M_A=-1.5t\cdot m \end{cases}$$

$(A-B)$ $M_x=-\frac{x^3}{18}+6.75(x-3)$ (3차식)

$$\begin{cases} x=3, & M_A=-1.5t\cdot m \\ x=9, & M_B=0 \\ x=6.364, & M_{max}=-14.32+42.96=28.64t\cdot m \end{cases}$$

예제 13

다음 보의 단면력도를 구하라.

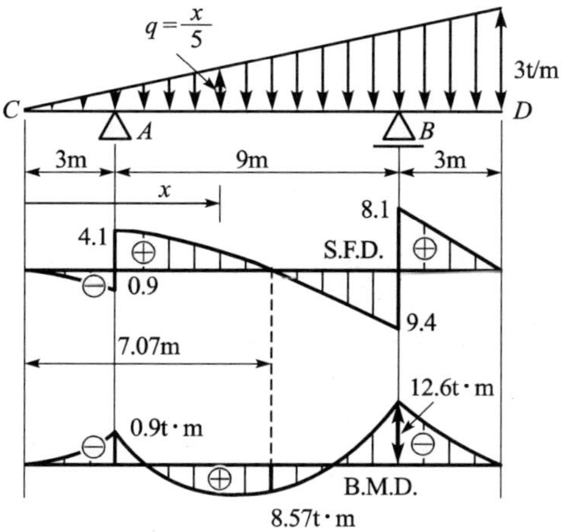

[그림 7-21]

i) R

$$\Sigma M_{\text{atB}}=0\ ;\ R_{\text{A}}\cdot P-3\times 15\times \frac{1}{2}\times 2=0,\ R_{\text{A}}=5\text{t}$$

$$\Sigma V=0\ ;\ R_{\text{A}}+R_{\text{B}}=3\times 15\times \frac{1}{2}=22.5\text{t},\ R_{\text{B}}=17.5\text{t}$$

ii) $S.\ F.$

$(C-A)\ S_x=-\frac{q\cdot x}{2}=-\frac{x^2}{10}$ (2차식)

$$\begin{cases} x=0,\ S_{\text{C}}=0 \\ x=3,\ S_{\text{A}}=-0.9\text{t} \end{cases}$$

$(A-B)\ S_x=-\frac{x^2}{10}+5$

$$\begin{cases} x=3,\ \ S_{\text{A}}=4.1\text{t} \\ x=12,\ S_{\text{B}}=-9.4\text{t} \end{cases}$$

$(B-D)\ S_x=-\frac{x^2}{10}+5+17.5$

$$\begin{cases} x=12,\ S_{\text{B}}=8.1\text{t} \\ x=15,\ S_{\text{D}}=0 \end{cases}$$

$S_x=0$이 되는 곳은 $(A-B)$구간에서 생기며 그 값은 $x^2=50,\ x=7.07\text{m}$이다.

iii) $B.\ M.$

$(C-A)\ M_x=-\frac{x^2}{10}\cdot\frac{x}{3}=-\frac{x^3}{30}$ (3차식)

$$\begin{cases} x=0, \ M_C=0 \\ x=3, \ M_A=-0.9\text{t}\cdot\text{m} \end{cases}$$

$$(A-B)\ M_x=-\frac{x^3}{30}+5(x-3)$$

$$\begin{cases} x=3, \quad M_A=-0.9 \\ x=12, \quad M_B=-12.6\text{t}\cdot\text{m} \\ x=7.07, \ M_{max}=-11.78+20.35=8.57\text{t}\cdot\text{m} \end{cases}$$

$$(B-D)\ M_x=-\frac{x^3}{30}+5(x-3)+17.5(x-12)$$

$$\begin{cases} x=12, \ M_B=-12.6\text{t}\cdot\text{m} \\ x=15, \ M_D=0 \end{cases}$$

예제 14

다음 보를 해석하라.

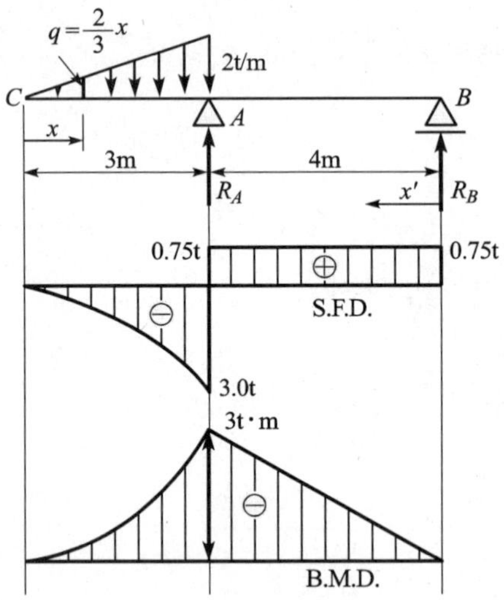

[그림 7-22]

ⅰ) R

$$\Sigma M_{atB}=0\ ;\ R_A\cdot 4-2\times 3\times\frac{1}{2}\times 5=0,\ R_A=3.75\text{t}$$

$$\Sigma V=0\ ;\ R_A+R_B=2\times 3\times\frac{1}{2},\ R_B=-0.75\text{t}(\downarrow)$$

ⅱ) $S.F.$

$$(C-A)\ S_x=-\frac{q}{2}\cdot x=-\frac{x^2}{3}\ \text{(2차식)}$$

$$\begin{cases} x=0, \ M_C=0 \\ x=3, \ M_A=-3t \end{cases}$$

$(A-B)$ $S_x{}'=-R_B=-(0.75)=0.75t$ (일정)

iii) $B.M.$

$(C-A)$ $M_x=-\dfrac{x^2}{3}\cdot\dfrac{x}{3}=-\dfrac{x^3}{9}$ (3차식)

$$\begin{cases} x=0, \ M_C=0 \\ x=3, \ M_A=-3t\cdot m \end{cases}$$

$(A-B)$ $M_x{}'=R_B\cdot x=-0.75x'$ (1차식)

$$\begin{cases} x'=4, \ M_A=-3t\cdot m \\ x'=0, \ M_B=0 \end{cases}$$

7.6 모멘트하중

[그림 7-23]과 같은 한 단 내민보의 C점에 모멘트 하중이 작용할 경우 보를 해석하면

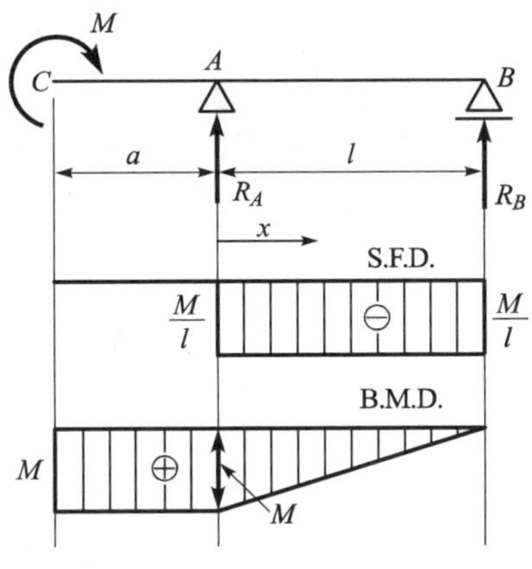

[그림 7-23]

i) R

$\Sigma M_{atB}=0$; $R_A\cdot l+M=0$, $R_A=-\dfrac{M}{l}(\downarrow)$

$\Sigma V=0$; $R_A=R_B=0$, $R_B=\dfrac{M}{l}(\uparrow)$

ii) $S.\ F.$

$(C-A)\ S_x = 0$

$(A-B)\ S_x = R_A = -\dfrac{M}{l}$ (일정)

iii) $B.\ M.$

$(C-A)\ M_x = M$

$(A-B)\ M_x = M + R_A \cdot x = M - \dfrac{M}{l} \cdot Tx$ (1차식)

$$\begin{cases} x = 0,\ M_A = M \\ x = l,\ M_B = 0 \end{cases}$$

다음과 같은 양단 내민보를 생각하면

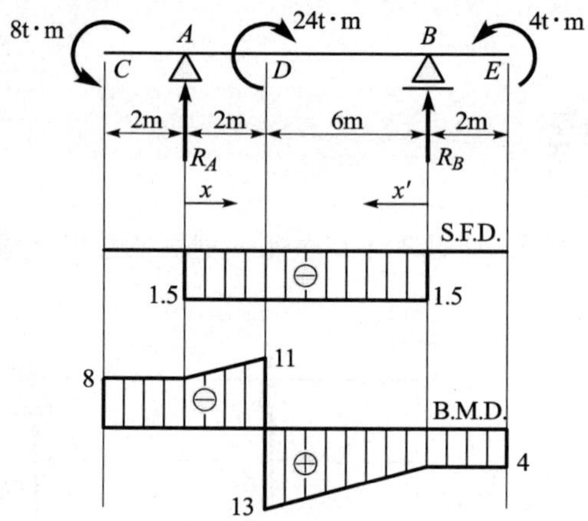

[그림 7-24]

i) R

$\Sigma M_{atB} = 0$; $R_A \cdot 8 - 8 + 24 - 4 = 0$, $R_A = -1.5t(\downarrow)$

$\Sigma V = 0$; $R_A + R_B = 0$, $R_B = 1.5t(\uparrow)$

ii) $S.\ F.$

$(C-A)\ S_x = 0$

$(A-D)\ S_x = R_A = -1.5t$ (일정)

$(B-E)\ S_x = R_A + R_B = -1.5 + 1.5 = 0$

iii) $B.\ M.$

$(C-A)\ M_x = -8t \cdot m$ (일정)

$(A-D)$ $M_x = -8 + R_A \cdot x = -8 - 1.5x$ (1차식)

$$\begin{cases} x = 0, \ M_A = -8\,\text{t}\cdot\text{m} \\ x = 2, \ M_D = -11\,\text{t}\cdot\text{m} \end{cases}$$

$(D-B)$ $M_x' = 4 + R_B \cdot x' = 4 + 1.5x$ (1차식)

$$\begin{cases} x' = 0, \ M_B = 4\,\text{t}\cdot\text{m} \\ x' = 6, \ M_D = 13\,\text{t}\cdot\text{m} \end{cases}$$

$(B-E)$ $M_x' = 4\,\text{t}\cdot\text{m}$ (일정)

예제 15

다음 보의 단면력도를 구하라.

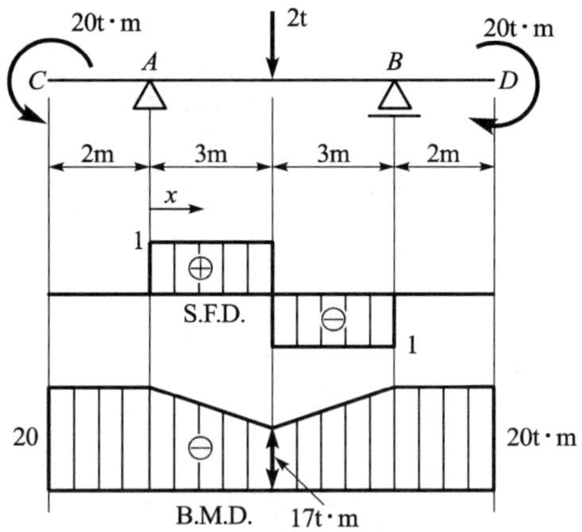

[그림 7-25]

i) R

좌우대칭이므로 $R_A + R_B = 2\text{t}$이고 $R_A = R_B$이다.

$R_A = R_B = 1\text{t}$

ii) $S.F.$

$(C-A)$ $S_x = 0$

$(A-E)$ $S_x = R_A = 1\text{t}$ (일정)

$(E-B)$ $S_x = R_A - 2 = -1\text{t}$ (일정)

$(B-D)$ $S_x = 1 - 2 + 1 = 0$

iii) $B.M.$

$(C-A)$ $M_x = -20\,\text{t}\cdot\text{m}$ (일정)

$(A-E)$ $M_x = -20 + R_A \cdot x = -20 + x$ (1차식)

$$\begin{cases} x=0, & M_A=-20\,\mathrm{t\cdot m} \\ x=3, & M_E=-20+3=-7\,\mathrm{t\cdot m} \end{cases}$$

(좌우대칭이므로 나머지 구간은 앞과 같다)

예제 16

다음 보를 풀어라.

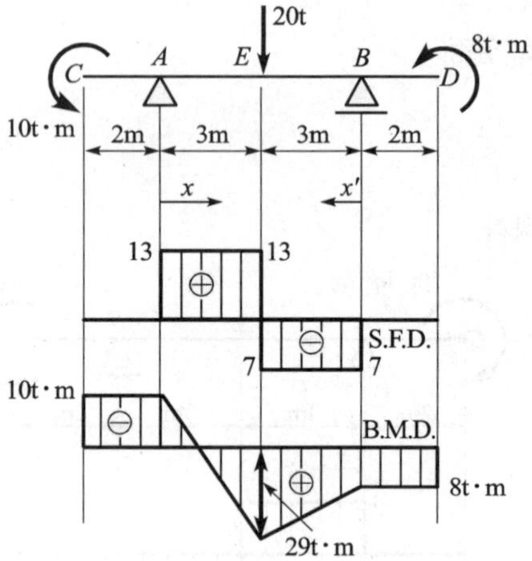

[그림 7-26]

i) R

$\Sigma M_{atB}=0$; $R_A\cdot 6-20\times 3-10-8=0$, $R_A=13\mathrm{t}$

$\Sigma V=0$; $R_A+R_B=20\mathrm{t}$, $R_B=7\mathrm{t}$

ii) $S.F.$

$(C-A)$ $S_x=0$

$(A-E)$ $S_x=13\mathrm{t}$ (일정)

$(E-B)$ $S_x=13-20\mathrm{t}=-7\mathrm{t}$ (일정)

$(B-D)$ $S_x=13-20+7=0$

iii) $B.M.$

$(C-A)$ $M_x=-10\,\mathrm{t\cdot m}$

$(A-E)$ $M_x=-10+13x$ (1차식)

$$\begin{cases} x=0, & M_A=-10\,\mathrm{t\cdot m} \\ x=3, & M_E=29\,\mathrm{t\cdot m} \end{cases}$$

$(E-B)$ $M_x'=8+7x'$ (1차식)

$$\begin{cases} x' = 0, \ M_B = 8\text{t}\cdot\text{m} \\ x' = 3, \ M_E = 29\text{t}\cdot\text{m} \end{cases}$$

$(B-D)$ $M_x' = 8\text{t}\cdot\text{m}$(일정)

예제 17

다음 보의 단면력도를 그려라.

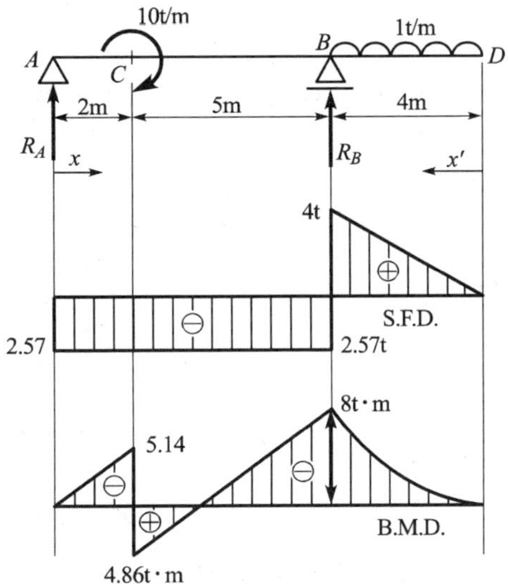

[그림 7-27]

i) R

$\Sigma M_{\text{atB}} = 0$; $R_A \cdot 7 + 10 + 1 \times 4 \times 2 = 0$, $R_A = -2.57\text{t}(\downarrow)$

$\Sigma V = 0$; $R_A + R_B = 4$, $R_B = 6.57\text{t}(\uparrow)$

ii) $S.F.$

$(A-B)$ $S_x = R_A = -2.57\text{t}$ (일정)

$(B-D)$ $S_x' = x'$ (1차식)

$$\begin{cases} x' = 4, \ S_B = 4\text{ t} \\ x' = 0, \ S_D = 0 \end{cases}$$

iii) $B.M.$

$(A-C)$ $M_x = R_A \cdot x = -2.57x$(1차식)

$$\begin{cases} x = 0, \ M_A = 0 \\ x = 2, \ M_C = -5.14\text{t}\cdot\text{m} \end{cases}$$

$(C-B)$ $M_x = -2.57x + 10$ (1차식)

$$\begin{cases} x=2, & M_C=4.86\,\text{t}\cdot\text{m} \\ x=7, & M_B=-8\,\text{t}\cdot\text{m} \end{cases}$$

$(B-D)$ $M_x{}'=-x'\cdot\dfrac{x'}{2}=-\dfrac{1}{2}(x')^2$ (2차식)

$$\begin{cases} x'=4, & M_B=-8\,\text{t}\cdot\text{m} \\ x'=0, & M_D=0 \end{cases}$$

예제 18

다음과 같은 양단내민보에서 중앙점의 모멘트가 0이 되기 위하여 M의 크기를 얼마로 하면 되는가?

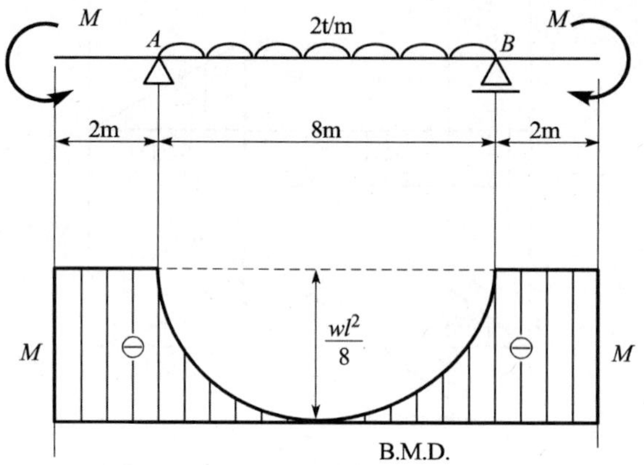

[그림 7-28]

$B.\,M.\,D$가 [그림 7-28]과 같이 되어야 한다.

i) 중앙점의 모멘트식을 구하면

$M_C=-M+R_A\cdot 4-2\times4\times2=-M+8\times4-16$

$M_C=0$이 되려면

$M=16\,\text{t}\cdot\text{m}$

ii) $B.\,M.\,D$에서 단순보 중앙점의 모멘트가 $\dfrac{wl^2}{8}$ 임을 알면

$$M=\frac{wl^2}{8}=\frac{2\times8^2}{8}=16\,\text{t}\cdot\text{m}$$

7.7 내민보의 영향선

내민보의 영향선은 단순보영향선의 연장으로 생각하면 된다.
지금 [그림 7-29]와 같은 보에서 $(D-A)$, $(B-E)$구간의 영향선은 캔틸레버와 동일하고, $(A-B)$구간의 단면력을 유도하여 보면 단위하중 $P=1$이 보위를 움직일 경우 영향선은 다음과 같이 유도된다.

(1) 지점 반력 영향선

하중 P가 $(D-A)$구간에 작용할 경우 A점의 반력을 유도하면

$R_A = \dfrac{l+a}{l} = l + \dfrac{a}{l}$ 이므로

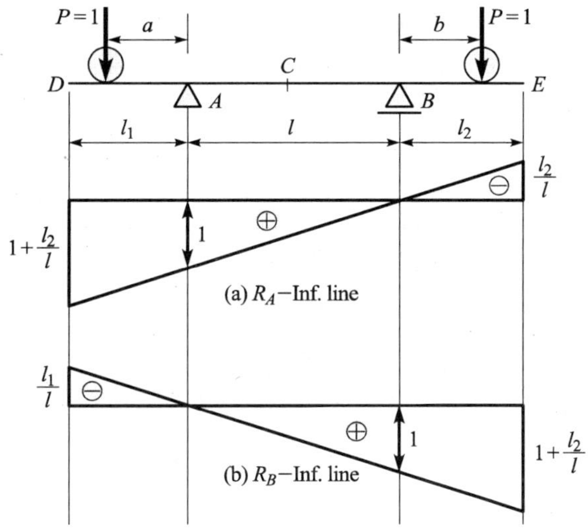

[그림 7-29]

P가 D점에 있을 때 $a=l_1$이므로 $R_A = 1+\dfrac{l_1}{l}$

P가 A점에 있을 때 $a=0$이므로 $R_A = 1$

하중 P가 $(A-B)$구간에 작용할 경우 반력은 단순보와 동일하다. 즉,

A점에서 $R_A = 1$

B점에서 $R_A = 0$

또 하중 P가 $(B-E)$구간에 작용할 경우 $R_A = -\dfrac{b}{l}$ 이므로

P가 B점에 있을 때 $b=0$이므로, $R_A=0$

P가 E점에 있을 때 $b=l_2$이므로, $R_A=-\dfrac{l_2}{l}$

이상 각 구간을 연결하면 [그림 7-29(a)]와 같이 나타나며 이것은 단순보 영향선의 직선연장과 같으며 B점의 반력 영향선도 그림과 같이 유도된다([그림 7-29(b)]).

(2) 전단력 영향선

하중 P가 $(D-A)$구간에 있을 때 S_C는

$$S_C=-P+R_A=-1+1+\frac{a}{l}=\frac{a}{l}$$

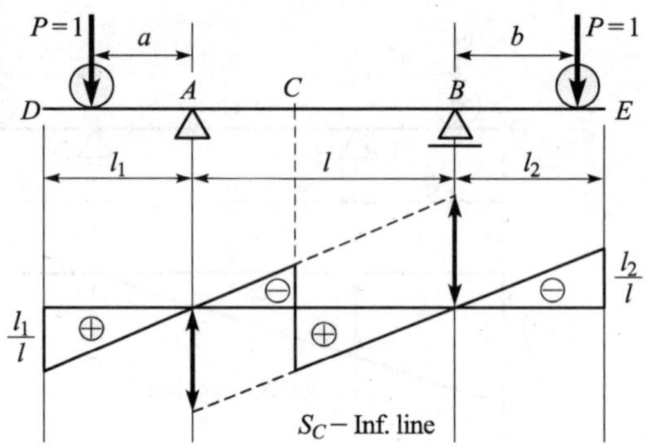

[그림 7-30]

P가 D점에 있을 때 $a=l_1$이므로, $S_C=\dfrac{l_1}{l}$

P가 A점에 있을 때 $a=0$이므로, $S_C=0$

하중 P가 $(A-B)$구간에 작용할 때 $b=0$이므로, $S_C=0$

하중 P가 $(B-E)$구간에 작용할 경우 $S_C=R_A=-\dfrac{b}{l}$이므로

P가 B점에 있을 때 $b=0$이므로, $S_C=0$

P가 E점에 있을 때 $b=l_2$이므로, $S_C=-\dfrac{l_2}{l}$

이상 각 구간을 연결하면 [그림 7-30]과 같으며 단순보 영향선의 직선연장이 된다.

(3) 휨모멘트 영향선

하중 P가 $(D-A)$구간에 있을 때 C점의 모멘트 M_C를 구하면

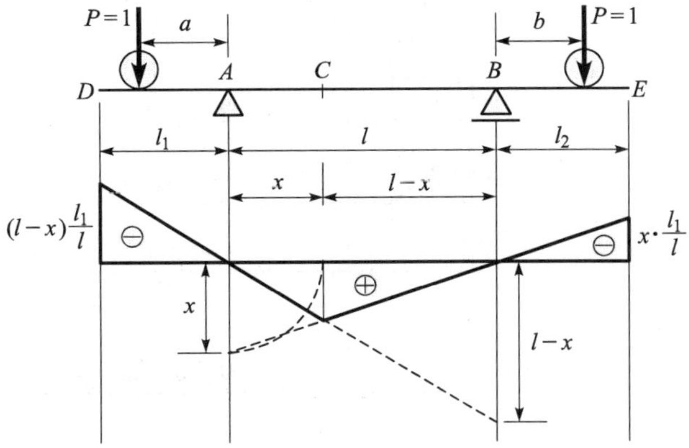

[그림 7-31]

$$M_C = -P(x+a) + R_A \cdot x$$
$$= -(x+a) + \left(1+\frac{a}{l}\right)x$$
$$= -a + \frac{a}{l}x = a\left(\frac{x-l}{l}\right)$$
$$M_C = -(l-x)\cdot\frac{a}{l}$$

P가 D점에 있을 때 $a=l_1$이므로, $M_C = -(l-x)\cdot\frac{l_1}{l}$

P가 A점에 있을 때 $a=0$이므로, $M_C = 0$

하중 P가 $(A-B)$구간에 작용할 때 $(A-B)$구간의 M_C 영향선은 단순보일 때와 같이 유도된다.

하중 P가 $(B-E)$구간에 작용할 때 C점의 모멘트를 유도하면

$$M_C = R_A \cdot x = -x\cdot\frac{b}{l}$$

P가 B점에 있을 때 $b=0$이므로, $M_C = 0$

P가 E점에 있을 때 $b=l_2$이므로, $M_C = -x\cdot\frac{l_2}{l}$

(4) 내민부분의 영향선

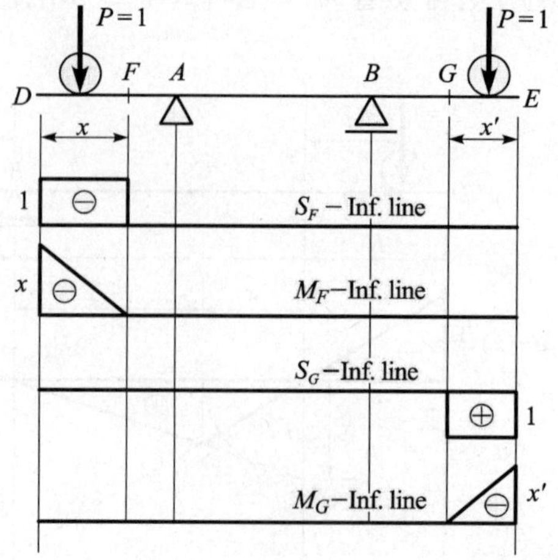

[그림 7-32]

내민부분의 영향선은 캔틸레버 영향선과 동일하다. F점의 단면력은 하중이 $(D-F)$구간에 있을 경우만 생기고, 하중이 $(F-E)$구간에 작용할 경우는 F점 단면력에 아무런 영향이 없다.

또 G점의 단면력은 하중이 $(G-E)$구간에 있을 경우만 단면력이 생긴다.

(5) 내민보의 영향선

이상을 종합하면 내민보의 영향선은 다음과 같다.

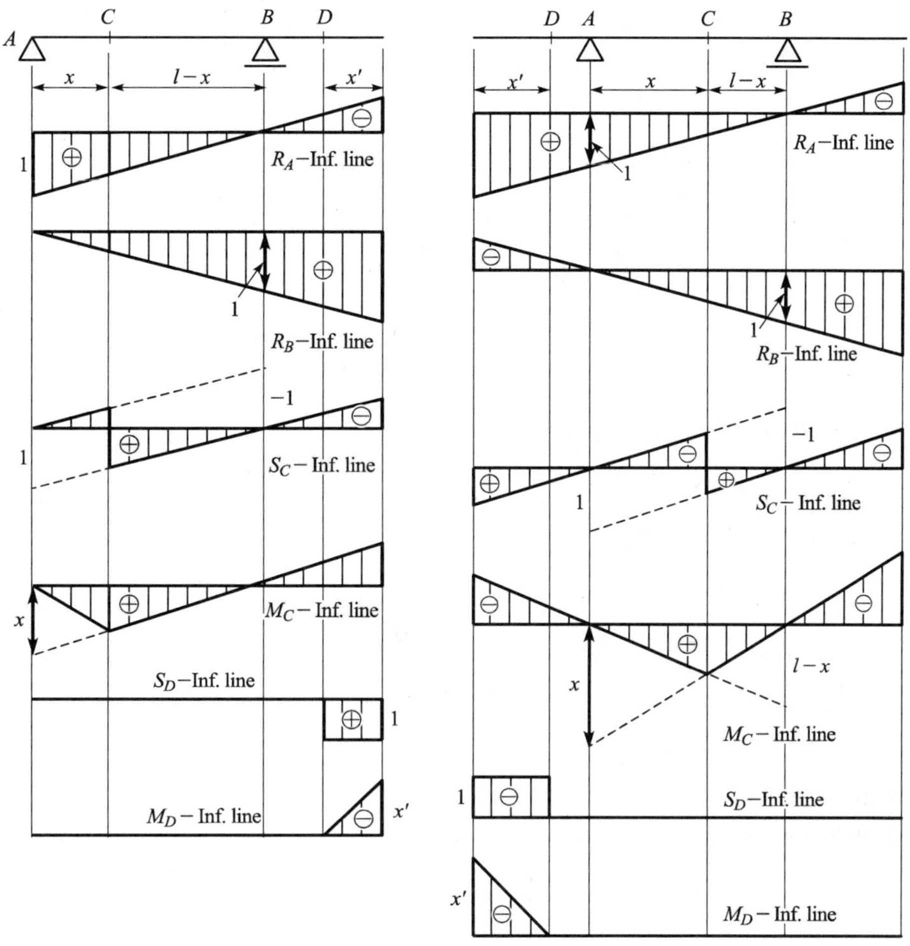

[그림 7-33] 내민보의 영향선

[그림 7−33]에서와 같이 내민보의 영향선은 단순보 영향선의 직선 연장이며, 단면력 계산도 단순보와 동일하다. 즉,

$$단면력 = \Sigma P \cdot y + \Sigma w \cdot A$$

예제 19

[그림 7-34]와 같은 이동하중이 작용할 경우 A점의 최대반력은 얼마인가?

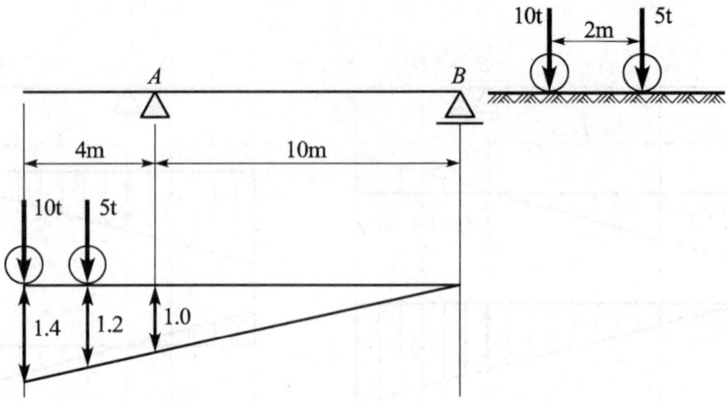

[그림 7-34]

지점 A의 반력 영향선이 그림과 같이 되며

$$R_A = \Sigma P \cdot y = P_1 y_1 + P_2 y_2$$

이므로 종거가 크면 R_A도 커진다.

$$y_1 = 1 \times \frac{14}{10} = 1.4,\ y_2 = 1 \times \frac{12}{10} = 1.2$$

$$R_A = 10 \times 1.4 + 5 \times 1.2 = 20\text{t}$$

예제 20

다음 보에서 C점의 모멘트를 영향선에 의하여 구하라.

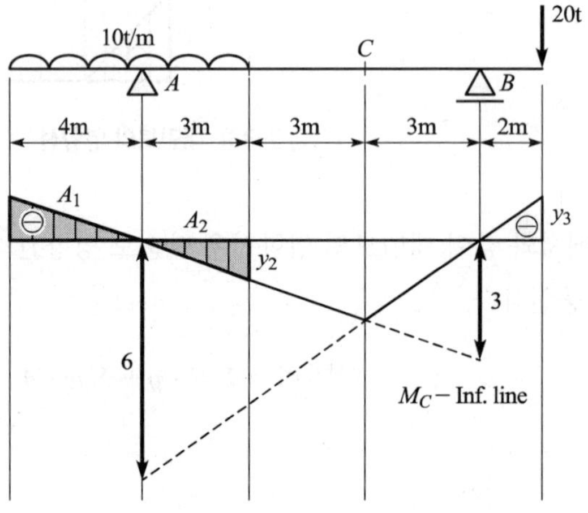

[그림 7-35]

C점의 모멘트 영향선을 그려보면 [그림 7-35]와 같다.

$M_C = P \cdot y + w \cdot A$이므로

$$y_1 = 3 \times \frac{4}{9} = \frac{4}{3},\ y_2 = 3 \times \frac{3}{9} = 1,\ y_3 = 6 \times \frac{2}{9} = \frac{4}{3}$$

$$A_1 = y_1 \times \frac{4}{2} = \frac{8}{3},\ A_2 = y_2 \times \frac{3}{2} = \frac{3}{2}$$

$$\therefore M_C = -20 \times \frac{4}{3} + 10\left(\frac{3}{2} - \frac{8}{3}\right) = -38.33\,\text{t}\cdot\text{m}$$

예제 21

[그림 7-36]과 같은 등분포 활하중이 내민보 위를 지나갈 때 C점의 최대 전단력은?

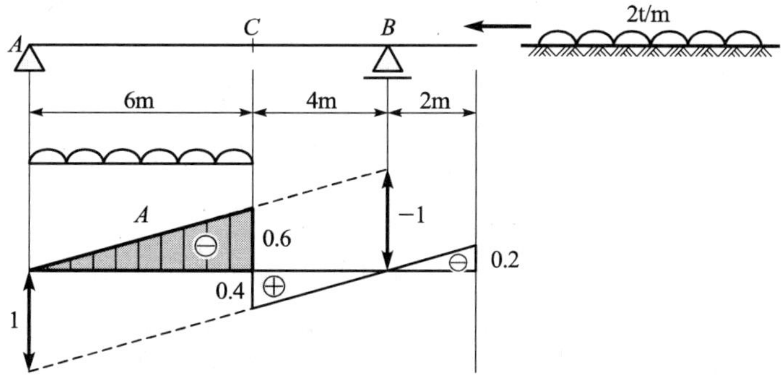

[그림 7-36]

C점의 전단력은 영향선은 [그림 7-36]과 같으므로 하중이 $(A-C)$구간에만 작용할 때 C점의 전단력 절대값이 가장 커짐을 알 수 있다.

$$S_C = -2\left(0.6 \times 6 \times \frac{1}{2}\right) = -3.6\text{t}$$

7.8 전단력과 모멘트의 관계

내민보에서도 단순보와 마찬가지로 다음 정리가 성립된다.

i) 모멘트의 극대 및 극소는 전단력이 0이 되는 곳에서 생긴다.

ii) 하중이 없는 부분의 전단력도는 기선과 나란한 직선이다.

iii) 집중하중이 작용하는 단면에서 전단력의 값은 2개이며 그 차가 하중의 크기와 같다.

iv) 모멘트가 아닌 하중을 받는 보에서 임의 단면의 모멘트 절대값은 그 단면의 우측 또는 좌측의 전단력도의 넓이의 합과 같다. 즉,

$$M = \int S\,dx$$

예제 22

다음 [그림 7-37(a)]는 어떤 내민보의 전단력도이다. 하중의 상태를 구하고 휨모멘트도($B.\ M.\ D.$)를 그려라.

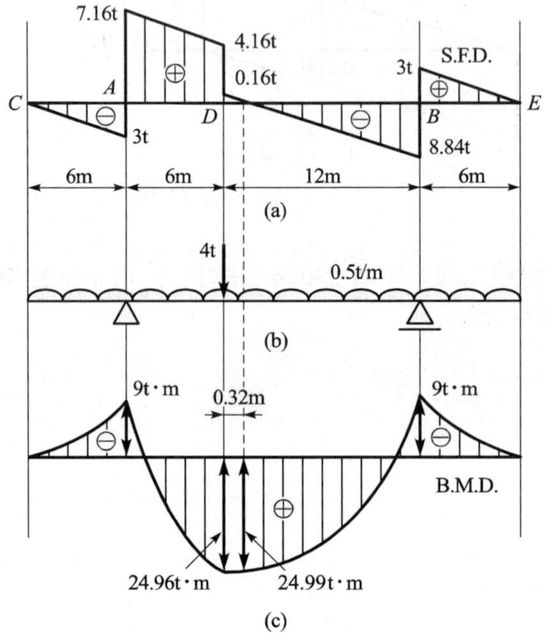

[그림 7-37]

D점에 전단력이 불연속이므로 $4.16 - 0.16 = 4.0\text{t}$의 집중하중이 작용하며, 전구간의 전단력도가 1차선이므로 등분포하중이 작용하며 그 크기는

$(C-A)$구간 $\frac{3}{6}=0.5\mathrm{t/m}$

$(A-D)$구간 $\frac{7.16-4.16}{6}=0.5\mathrm{t/m}$

$(D-B)$구간 $\frac{0.16-(-5.84)}{6}=0.5\mathrm{t/m}$

로써 전구간 $0.5\mathrm{t/m}$인 등분포하중이 작용하여 [그림 7-37(b)]와 같다.
C점의 모멘트는 $(C-A)$구간의 전단력도 넓이이므로

$$M_C=-3\times6\times\frac{1}{2}=-9\,\mathrm{t\cdot m}$$

M_D는 $(C-D)$구간 전단력도 넓이이므로

$$M_D=-9+(7.16+4.16)\times6\times\frac{1}{2}=24.96\,\mathrm{t\cdot m}$$

M_B는 $(B-E)$구간 전단력도 넓이이므로

$$M_B=-3\times6\times\frac{1}{2}=-9\,\mathrm{t\cdot m}$$

또 $(A-B)$구간에 전단력이 0이 되는 곳이 있으므로 D점에서 이 거리를 구하면

$$0.16:x=(5.84+0.16):12,\ x=0.32\mathrm{m}$$

$$M_{max}=M_D+0.16\times0.32\times\frac{1}{2}=24.9856\,\mathrm{t\cdot m}$$

연 습 문 제

01 다음 내민보의 A, B점의 반력을 구하라.

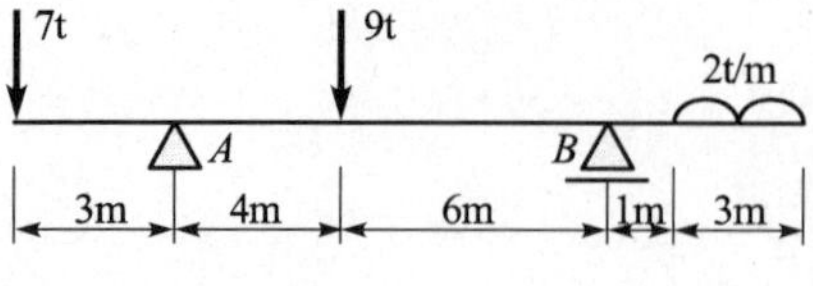

(a)

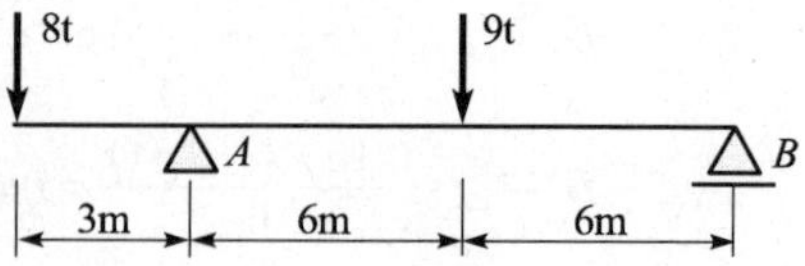

(b)

답 (a) $R_A = 13t$, $R_B = 9t$ (b) $R_A = 14.5t$, $R_B = 2.5t$

02 다음 보에서 C점의 모멘트는?

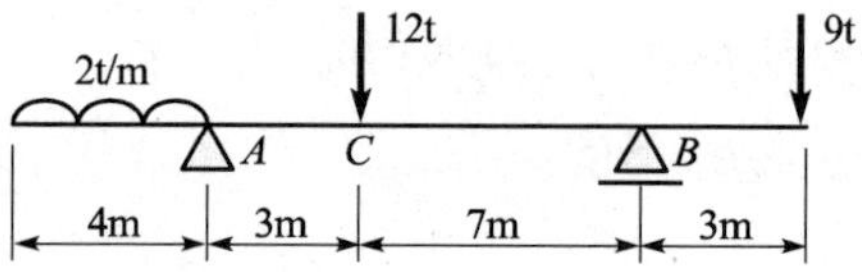

답 $M_C = 5.9\,t \cdot m$

03 다음 내민보의 단면력도를 그려라.

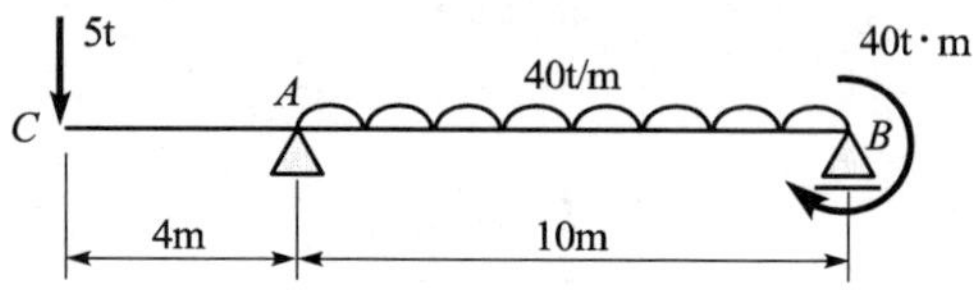

04 다음 보의 단면력도를 그려라.

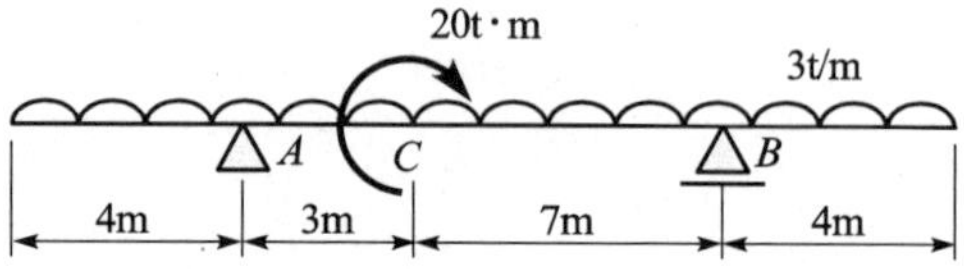

05 다음은 어떤 내민보의 전단력도이다. 하중의 상태와 $B.\ M.\ D.$를 구하라.

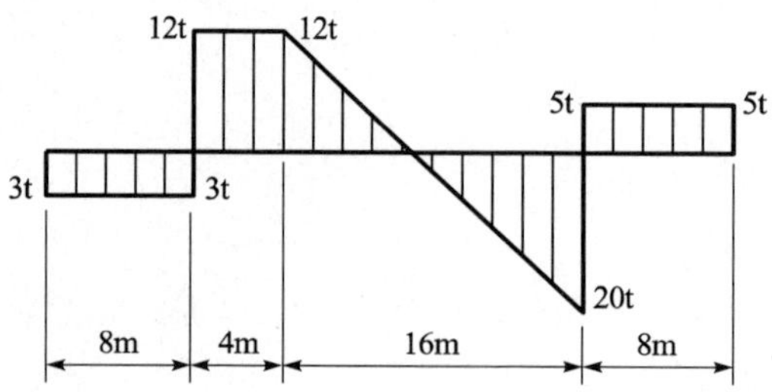

CHAPTER **8**

겔버보(Gerber's beam)

8.1 일반사항

(1) 겔버보의 정의

3개 이상 n개 지점으로 지지된 연속보는 $(n-2)$차 부정정 구조이나, 이 연속보 사이에 $(n-2)$개의 활절(hinge)을 적절히 배치하면 평형조건만으로 해석할 수 있는 정정보가 된다. 이와 같은 보를 겔버보(Gerber's beam)라 하며 구조적으로 보면 내민보와 단순보가 hinge로 연결된 것으로 겔버(Heinrich Gerber, 독일, 1866)가 고안한 것이다.

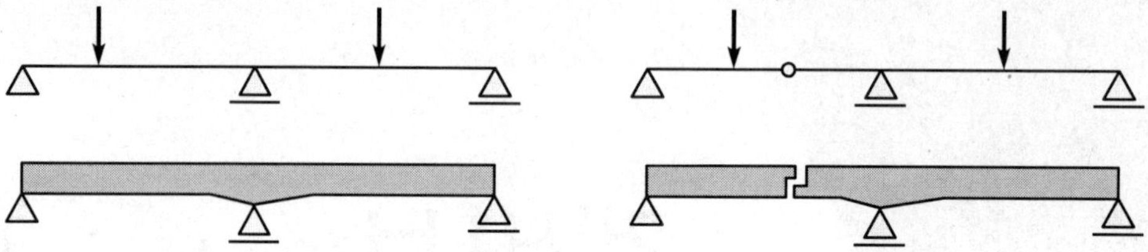

(a) 1차 부정정 연속보 (b) 겔버보

[그림 8-1]

(2) 겔버보의 특성

겔버보가 되려면 다음 ①, ② 조건을 만족해야 한다.

① $(n-2)$개의 힌지를 넣어야 한다.
만약 고정지점이 있을 경우는 지점 2개로 생각하면 된다.

② 힌지를 적절히 배치하여 내민보와 단순보(또는 단순보와 내민보)가 교체되게끔 해야 한다.
①, ②의 조건으로 [그림 8-2]와 같은 부정정보를 겔버보로 만들려면, 지점수가 6개이므로 (6-2)=4개의 힌지가 필요하다. 또 내민보로부터 시작하는 경우와 단순보로부터 시작하는 경우가 있다.

i) 방법 1(내민보로부터)

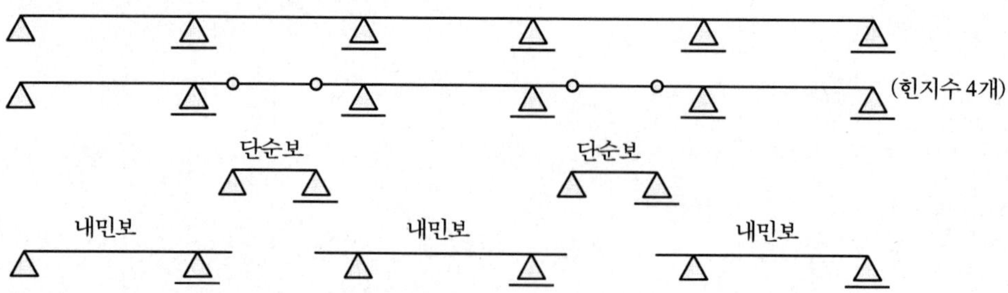

ii) 방법 2(단순보로부터)

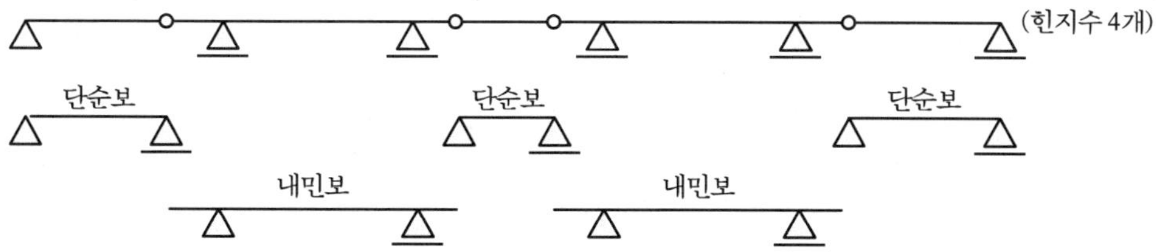

[그림 8-2]

고정지점이 있는 경우 겔버보의 다음과 같다.

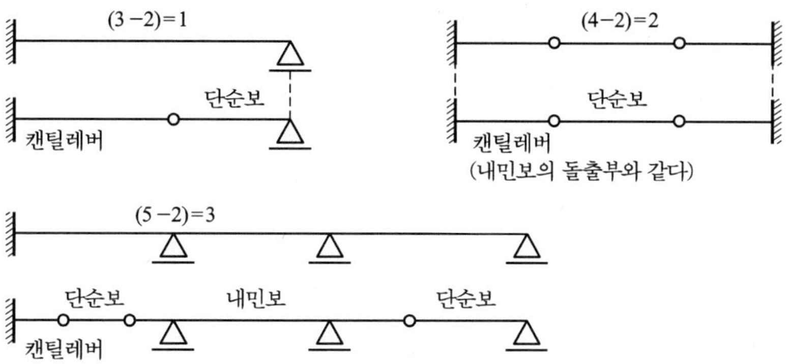

[그림 8-3]

③ 겔버보를 구분하여 생각하면 아래와 같으나 단순보와 내민보로 구분하는 것이 편리하다.

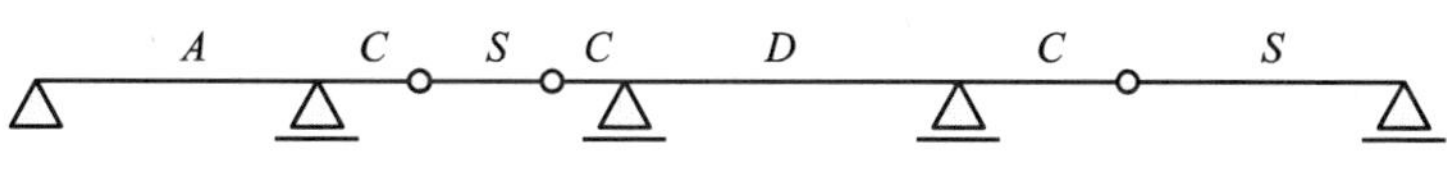

[그림 8-4]

S : 단순부분, 현수부(suspended span)

C : 내민부분, 외팔부(cantilever span)

A : 정착부(anchor span)

D : 복정착부(double anchor span)

④ 구조상 단순보에 실린 하중은 내민보의 단면력(반력, 전단력, 휨모멘트)에 영향을 주지만, 내민보에 작용하는 하중은 단순보 단면력에 영향이 없다.

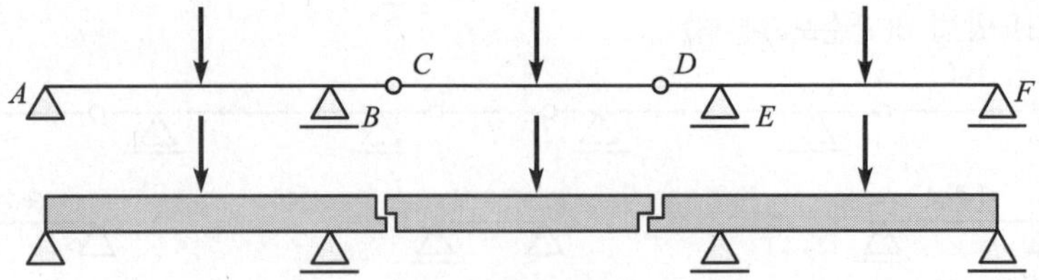

[그림 8-5]

즉, $(C-D)$구간에 하중이 작용하면 보전체의 단면력에 영향을 주고 $(A-B)$구간에 하중이 작용하면 $(C-D)$, $(E-F)$구간의 단면력에 아무런 영향이 없다.

⑤ 겔버보의 해석은 단순보로부터 풀어야 한다.

즉, 아래와 같은 겔버보에서 $(A-B)$보를 해석하려면 R_D의 크기를 알아야 해석이 된다. $(D-C)$ 단순보에서 C점에는 지점이 있으므로 R_C를 받아줄 수 있으나 D점에는 지점이 없다. 그러므로 R_D는 내민보에 집중하중으로 작용된다.

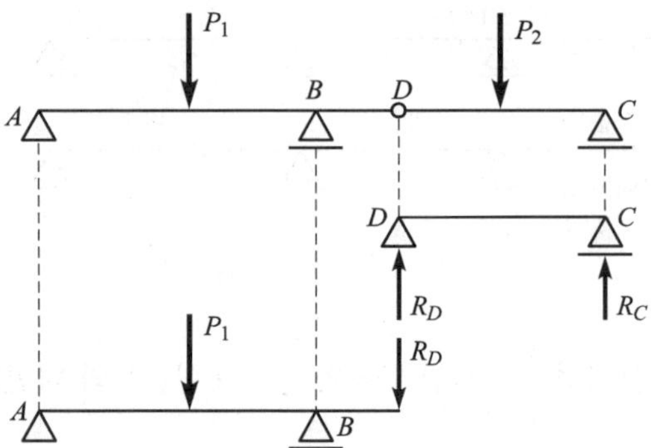

[그림 8-6]

(3) 겔버보의 장점

① 휨모멘트가 (+), (−)로 분산되므로(즉, 설계모멘트가 적어진다) 부정정 연속보와 마찬가지로 경제적인 보가 된다.

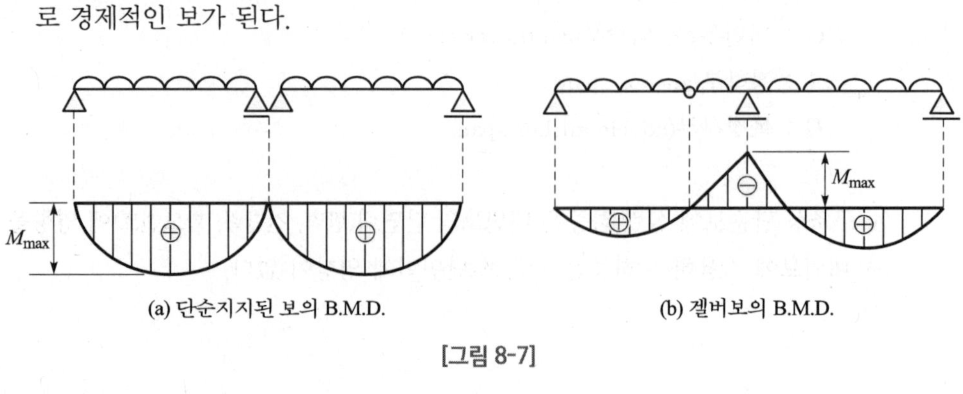

[그림 8-7]

② 연속보는 지점의 부등침하에 의한 악영향이 생기나 겔버보는 영향이 없다(즉, 부등침하가 심한 곳에 연속보의 시공은 곤란하나 겔버보는 가능하다).
만약 아래 [그림 8-8]에서 지점 B가 침하하였다면 다음과 같다.

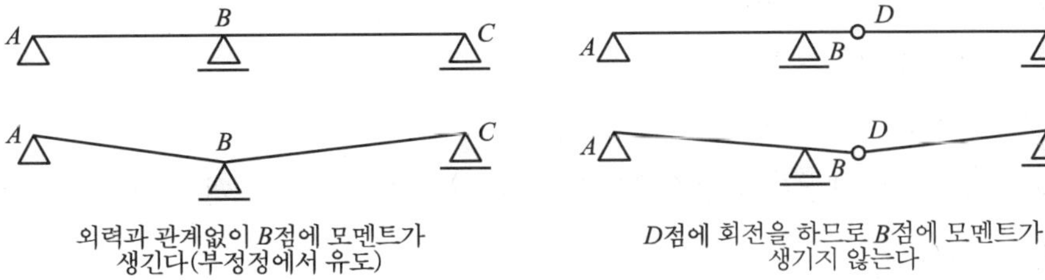

[그림 8-8] 부등침하

③ 단면력계산이 부정정 연속보에 비하여 상당히 용이하다.

8.2 집중하중

[그림 8-9]와 같은 겔버보를 생각하면 $(A-D)$ 단순보와 $(B-C)$ 내민보로 구성되어 있다. D 점의 반력은 내민보의 집중하중이 되므로 [그림 8-9]와 같다.

i) 반력, R

단순보 $(A-D)$에서

$\Sigma M_{\text{atD}}=0$; $R_{\text{A}}\cdot 8-6\times 4=0$, $R_{\text{A}}=3\text{t}$

$\Sigma V=0$; $R_{\text{A}}+R_{\text{D}}=6\text{t}$, $R_{\text{D}}=3t$

ii) 전단력, $S.F.$

$(A-E)$ $S_x=R_{\text{A}}=3\text{t}$ (일정)

$(E-B)$ $S_x=3-6=-3\text{t}$ (일정)

$(E-B)$ $S_x=3-6+4=1\text{t}$ (일정)

만약 우측에서 생각하면

$S_x=-R_{\text{C}}=-(-1)=1\text{t}$

* 겔버보에서 전단력은 힌지와 무관하다.

iii) 휨모멘트, $B.M.$

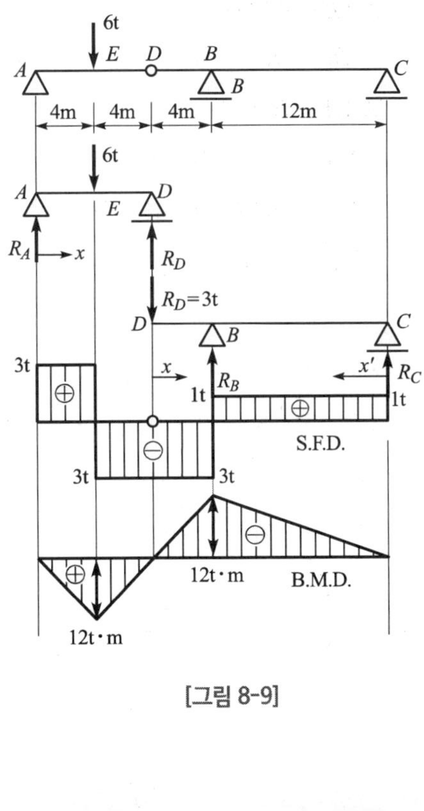

[그림 8-9]

$(A-E)$ $M_x = 3x$ (1차식)

$$\begin{cases} x=0,\ M_A = 0 \\ x=4,\ M_E = 12\,\mathrm{t\cdot m} \end{cases}$$

$(E-D)$ $M_x = 3x - 6(x-4)$

$$\begin{cases} x=4,\ M_E = 12\,\mathrm{t\cdot m} \\ x=8,\ M_D = 0 \end{cases}$$

$(D-B)$구간은 A점부터 생각해도 되나 보 $(B-C)$에서 계산하는 것이 간단하다.

$M_x = -R_D \cdot x = -3x$

$$\begin{cases} x=0,\ M_D = 0 \\ x=4,\ M_B = -12\,\mathrm{t\cdot m} \end{cases}$$

$(B-C)$ $M_x{}' = R_C \cdot x' = -x'$

$$\begin{cases} x'=12,\ M_B = -12\,\mathrm{t\cdot m} \\ x'=0,\ \ M_B = 0 \end{cases}$$

* 힌지에서 모멘트는 0이다(힌지에 모멘트 하중이 작용할 경우는 하중크기의 모멘트가 나타난다).

다음과 같이 집중하중이 2곳에서 작용할 때 생각하면,

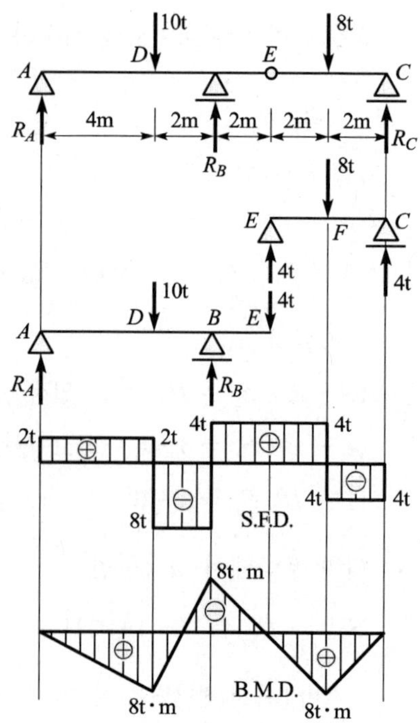

[그림 8-10]

i) R.

보 $(E-C)$에서

$R_E = R_C = 4\mathrm{t}$

보 $(A-B)$에서

$\Sigma M_{atB} = 0$; $R_A \cdot 6 - 10 \times 2 + 4 \times 2 = 0$, $R_A = 2\mathrm{t}$

$\Sigma V = 0$; $R_A + R_B = 14\mathrm{t}$, $R_B = 12\mathrm{t}$

또, $R_A + R_B + R_C = 10 + 8 = 18\mathrm{t}$

ii) $S.\ F.$

$(A-D)$ $S_x = R_A = 2\mathrm{t}$ (일정)

$(D-B)$ $S_x = 2 - 10 = -8\mathrm{t}$

$(D-F)$ $S_x = 2 - 10 + 12 = 4\mathrm{t}$

$(F-C)$ $S_x{}' = -R_C = -4\mathrm{t}$

iii) $B.\ M.$

$(A-D)$ $M_x = R_A \cdot x = 2x$ (1차식)

예제 1

다음 겔버보를 풀어라.

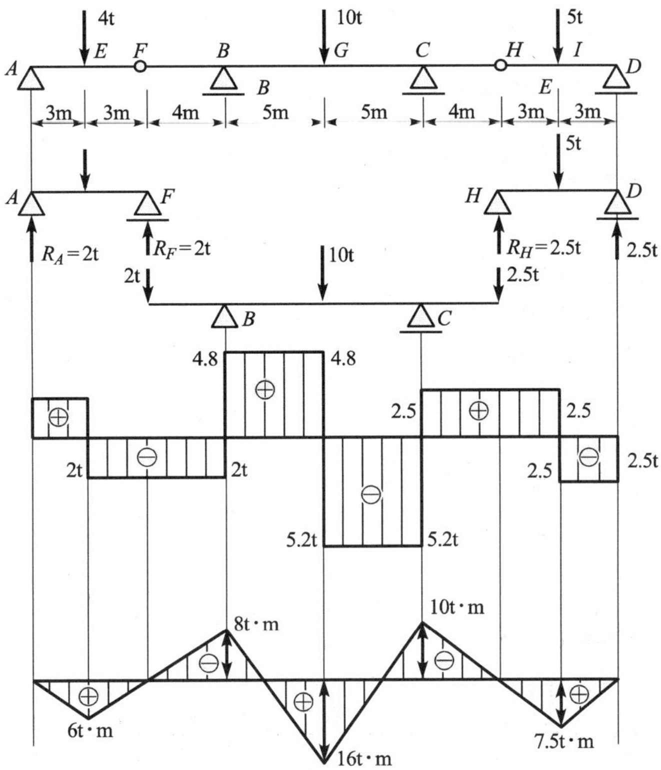

[그림 8-13]

i) R.

보 $(A-F)$ $R_A=R_F=2t$

보 $(H-D)$ $R_H=R_D=2.5t$

보 $(B-D)$

$\Sigma M_{atC}=0$; $R_B \cdot 10-2\times4-10\times5+2.5\times4=0$, $R_B=6.8t$

$\Sigma V=0$; $R_B+R_C=14.5t$, $R_C=7.7t$

여기서 총 반력과 외력의 합이 같아야 한다.

$R_A+R_B+R_C+R_D=19t$

ii) $S.F.$

$(A-F)$ $S_x=2t$

$(E-F)$ $S_x=2-4=-2t$

$(F-B)$ $S_x=-2t$

$(B-G)$ $S_x=-2+6.8=4.8t$

$(G-C)$ $S_x=-2+6.8-10=-5.2t$

$(C-H)$ $S_x{}'=2.5t$

$(H-I)$ $S_x = 2.5\text{t}$

$(I-D)$ $S_x = -2.5\text{t}$

iii) $B.\ M.$

모든 구간의 하중이 1차식이므로 편의상 필요한 점의 모멘트를 바로 구하면

$M_A = 0$

$M_E = 2\times3 = 6\,\text{t}\cdot\text{m}$

$M_F = 2\times6 - 4\times3 = 0$

$M_B = -2\times4 = -8\,\text{t}\cdot\text{m}$

$M_G = -2\times9 + 6.8\times5 = 16\,\text{t}\cdot\text{m}$

$M_C = -2.5\times4 = -10\,\text{t}\cdot\text{m}$

$M_H = 0$

$M_I = 2.5\times3 = 7.5\,\text{t}\cdot\text{m}$

$M_D = 0$

예제 2

다음 겔버보의 단면력도를 그려라.

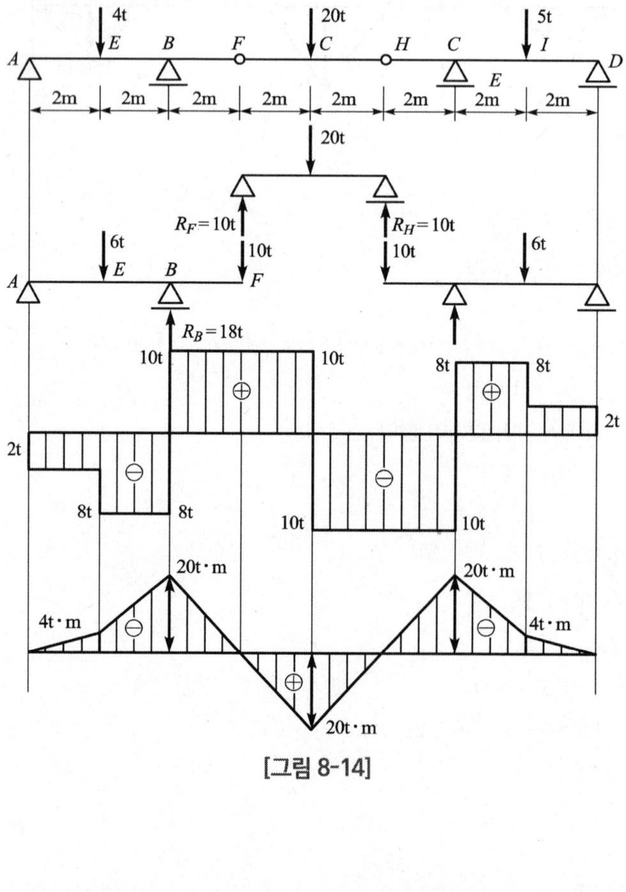

[그림 8-14]

좌우대칭이므로 보를 반만 해석하면

i) R.

보 $(F-H)$ $R_F = R_H = 10\text{t}$

보 $(A-B)$

$\Sigma M_{atB} = 0$; $R_A \cdot 4 - 6\times 2 + 10\times 2 = 0$, $R_A = -2\text{t}(\downarrow)$

$\Sigma V = 0$; $R_A + R_B = 16\text{t}$, $R_B = 18\text{t}(\uparrow)$

ii) $S.F.$

$(A-E)$ $S_x = R_A = -2\text{t}$ (일정)

$(E-B)$ $S_x = -2-6 = -8\text{t}$

$(B-F)$ $S_x' = 10\text{t}$

$(F-G)$ $S_x = 10\text{t}$

$(G-H)$ $S_x = 10-20 = -10\text{t}$

iii) $B.M.$

$(A-E)$ $M_x = R_A \cdot x = -2x$ (1차식)

$$\begin{cases} x=0,\ M_A = 0 \\ x=2,\ M_E = -4\text{t}\cdot\text{m} \end{cases}$$

$(E-B)$ $M_x = -2x - 6(x-2)$

$$\begin{cases} x=2,\ M_E = -4\text{t}\cdot\text{m} \\ x=4,\ M_B = -20\text{t}\cdot\text{m} \end{cases}$$

$(B-F)$ $M_x' = -10x'$

$$\begin{cases} x'=2,\ M_B = -20\text{t}\cdot\text{m} \\ x'=0,\ M_F = 0 \end{cases}$$

$(F-G)$ $M_x = 10x$

$$\begin{cases} x=0,\ M_F = 0 \\ x=2,\ M_G = 20\text{t}\cdot\text{m} \end{cases}$$

예제 3

다음 고정단을 포함한 겔버보를 해석하라.

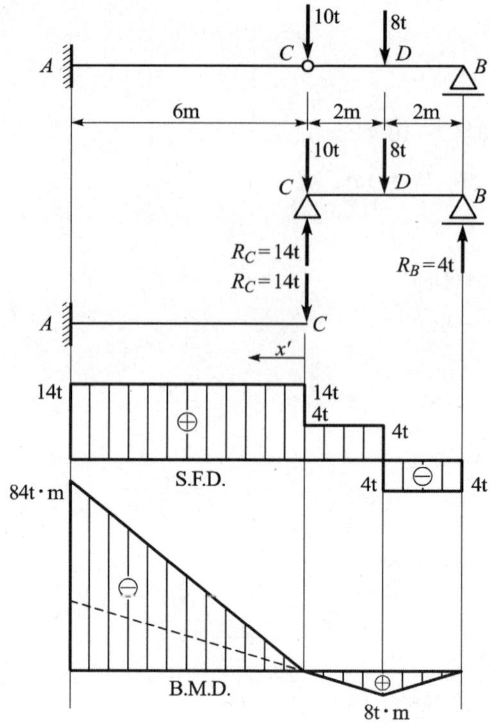

[그림 8-15]

i) R.

보 $(C-B)$에서

$\Sigma M_{\text{atB}}=0$; $R_{\text{C}}\cdot 4-10\cdot 4-8\cdot 2=0$, $R_{\text{C}}=14\text{t}$

$\Sigma V=0$; $R_{\text{C}}+R_{\text{B}}=18\text{t}$, $R_{\text{B}}=4\text{t}$

이므로 하중 상태는 [그림 8-15]와 같다.

ii) $S.F.$

$(A-C)$ $S_x{}'=14\text{t}$

$(C-D)$ $S_x=14-10=4\text{t}$ (일정)

$(D-B)$ $S_x=14-10-8=-4\text{t}$

iii) $B.M.$

$(A-C)$ $M_x{}'=-14x'$ (1차식)

$$\begin{cases} x'=0,\ M_{\text{C}}=0 \\ x'=6,\ M_{\text{A}}=-84\text{t}\cdot\text{m} \end{cases}$$

$(C-D)$ $M_x=(14-10)x$

$$\begin{cases} x=0,\ M_C=0 \\ x=2,\ M_D=8\,\text{t}\cdot\text{m} \end{cases}$$

$(D-B)$ $M_x{}'=4x'$

$$\begin{cases} x'=0,\ M_B=0 \\ x'=2,\ M_D=8\,\text{t}\cdot\text{m} \end{cases}$$

예제 4

다음 보를 풀어라.

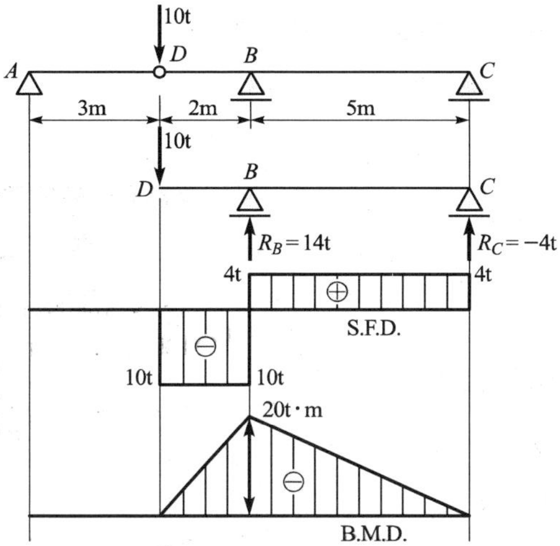

[그림 8-16]

$(A-D)$ 단순구간은 아무런 단면력이 생기지 않으며 보$(B-C)$만 해석하면 된다.

i) R.

$\Sigma M_{atC}=0$; $R_B\cdot 5-10\cdot 7=0$, $R_B=14$t

$\Sigma V=0$; $R_B+R_C=10$t, $R_C=-4$t(↓)

ii) $S.F.$

$(D-B)$ $S_x=-10$t(일정)

$(B-C)$ $S_x=-10+14=4$t

iii) $B.M.$

$(D-B)$ $M_x=-10x$

$$\begin{cases} x=0,\ M_D=0 \\ x=2,\ M_B=-20\,\text{t}\cdot\text{m} \end{cases}$$

$(B-C)$ $M_x{}'=R_C\cdot x'=-4x'$

$$\begin{cases} x'=5,\ M_B=-20\,\text{t}\cdot\text{m} \\ x'=0,\ M_C=0 \end{cases}$$

8.3 등분포하중

다음과 같은 겔버보에 등분포하중이 작용하면

i) R

보 $(A-D)$ $R_A = R_D = 12\text{t}$

보 $(B-C)$

$\Sigma M_{atC} = 0$; $R_B \cdot 10 - 12 \times 12 - 2 \times 12 \times 6 = 0$, $R_B = 36\text{t}$

$\Sigma V = 0$; $R_B + R_C = 48\text{t}$, $R_C = 12\text{t}$

ii) $S.\ F.$

$(A-B)$ $S_x = 12 - 3x$ (1차식)

$$\begin{cases} x = 0, & S_A = 12\ \text{t} \\ x = 8, & S_D = -12\ \text{t} \\ x = 10, & S_B = -18\ \text{t} \end{cases}$$

$S_x = 0$이 되는 곳 $x = 4\text{m}$

$(B-C)$ $S_x{}' = -12 + 3x'$

$$\begin{cases} x' = 0, & S_C = -12\ \text{t} \\ x' = 10, & S_B = 18\ \text{t} \end{cases}$$

$S_x{}' = 0$이 되는 곳 $x = 4\text{m}$

iii) $B.\ M.$

$(A-D)$ $M_x = 12x - \dfrac{3}{2}x^2$ (2차식)

$$\begin{cases} x = 0, \ M_A = 0 \\ x = 4, \ M = 24\text{t}\cdot\text{m} \\ x = 8, \ M_D = 0 \end{cases}$$

$(D-B)$ $M_x = -12x - \dfrac{3}{2}x^2$

$$\begin{cases} x = 0, \ M_D = 0 \\ x = 2, \ M_B = -30\text{t}\cdot\text{m} \end{cases}$$

$(B-C)$ $M_x{}' = 12x - \dfrac{3}{2}(x')^2$

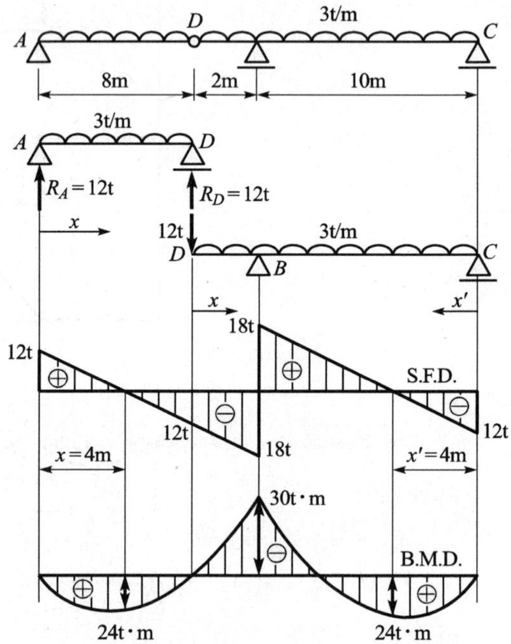

[그림 8-17]

$$\begin{cases} x' = 0, & M_C = 0 \\ x' = 4, & M = 24\,\mathrm{t \cdot m} \\ x' = 10, & M_B = -30\,\mathrm{t \cdot m} \end{cases}$$

또 다음과 같은 조건에서 등분포하중이 만재될 경우 보를 해석하면, 좌우대칭이므로 보를 반만 해석하면

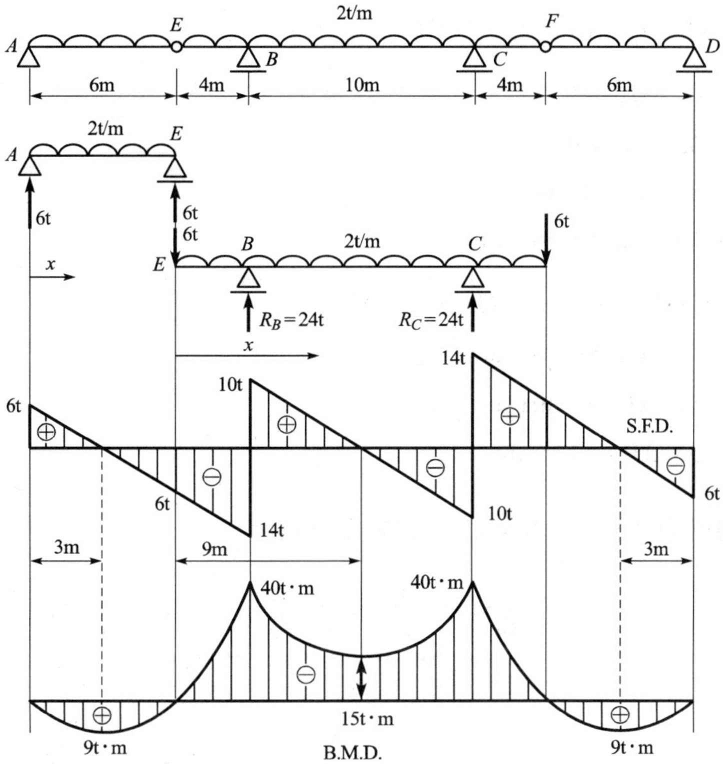

[그림 8-18]

i) R.

$R_A = R_E = 6\mathrm{t}$

$R_B = R_C = 24\mathrm{t}$

ii) $S.\ F.$

$(A-B)\ S_x = 6 - 2x$ (1차식)

$$\begin{cases} x = 0, & S_A = 6\ \mathrm{t} \\ x = 6, & S_E = -6\ \mathrm{t} \\ x = 10, & S_B = -14\ \mathrm{t} \end{cases}$$

$S_x = 0$ 되는 곳 $x = 3\mathrm{m}$

$(B-C)\ S_x = -6+24-2x = 18-2x$

$$\begin{cases} x=4, & S_B = 10\ \text{t} \\ x=14, & S_C = -10\ \text{t} \end{cases}$$

$S_x = 0$이 되는 곳 $x = 9\text{m}$

iii) *B. M.*

$(A-B)\ M_x = 6x - 2x \cdot \dfrac{x}{2} = 6x - x^2$ (2차식)

$$\begin{cases} x=0, & M_A = 0 \\ x=6, & M_E = 0 \\ x=3, & M = 9\,\text{t}\cdot\text{m} \\ x=10, & M_B = -40\,\text{t}\cdot\text{m} \end{cases}$$

$(B-C)\ M_x = -6x + 24(x-4) - x^2$

$$\begin{cases} x=4, & M_B = -40\,\text{t}\cdot\text{m} \\ x=14, & M_C = -40\,\text{t}\cdot\text{m} \\ x=9, & M = -15\,\text{t}\cdot\text{m} \end{cases}$$

다음과 같이 하중의 강도가 다른 경우를 생각하면

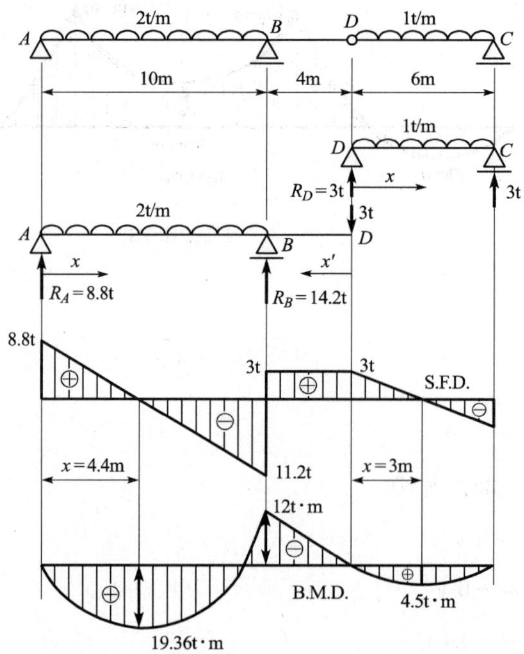

[그림 8-19]

i) R.

보 $(D-C)$는 대칭이므로 $R_D = R_C = 3t$

보 $(A-B)$에서

$\Sigma M_{atB} = 0$; $R_A \cdot 10 - 2 \times 10 \times 5 + 3 \times 4 = 0$, $R_A = 8.8t$

$\Sigma V = 0$; $R_B = 14.2t$

ii) $S.F.$

$(D-C)$ $S_x = 3 - x$ (1차식)

$$\begin{cases} x = 0, & S_D = 3\text{ t} \\ x = 6, & S_C = -3\text{ t} \end{cases}$$

$S_x = 0$되는 곳 $x = 3m$

$(A-B)$ $S_x = 8.8 - 2x$

$$\begin{cases} x = 0, & S_A = 8.8\text{ t} \\ x = 10, & S_B = -11.2\text{ t} \end{cases}$$

$S_x = 0$이 되는 곳 $8.8 - 2x = 0$, $x = 4.4m$

$(B-D)$ $S_x{}' = 3t$ (일정)

iii) $B.M.$

$(D-C)$ $M_x = 3x - \dfrac{x^2}{2}$ (2차식)

$$\begin{cases} x = 0, & M_D = 0 \\ x = 6, & M_C = 0 \\ x = 3, & M_{max} = 4.5\text{ t}\cdot\text{m} \end{cases}$$

$(A-B)$ $M_x = 8.8x - x^2$ (2차식)

$$\begin{cases} x = 0, & M_A = 0 \\ x = 10, & M_B = -12\text{ t}\cdot\text{m} \\ x = 4.4, & M_{max} = 19.36\text{ t}\cdot\text{m} \end{cases}$$

$(B-D)$ $M_x{}' = -3x'$ (1차식)

$$\begin{cases} x' = 4, & M_B = -12\text{ t}\cdot\text{m} \\ x' = 0, & M_D = 0 \end{cases}$$

예제 5

다음 고정단을 가진 겔버보를 해석하라.

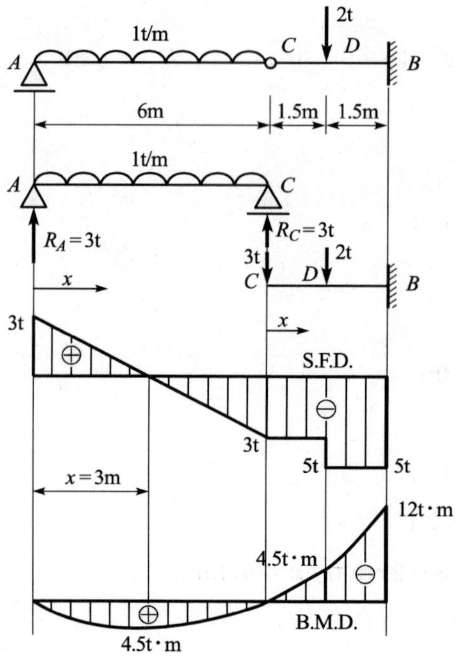

[그림 8-20]

i) R.

$R_A - R_C = 3t$ (대칭)

ii) $S.\ F.$

$(A-C)$ $S_x = 3 - x$ (1차식)

$$\begin{cases} x=0, & S_A = 3\ t \\ x=6, & S_C = -3\ t \end{cases}$$

$S_x = 0$이 되는 곳 $3 - x = 0$, $x = 3m$

$(C-D)$ $S_x = -3t$ (일정)

$(D-B)$ $S_x = -3-2 = -5t$ (일정)

iii) $B.\ M.$

$(A-C)$ $M_x = 3x - \dfrac{x^2}{2}$ (2차식)

$$\begin{cases} x=0, & M_A = 0 \\ x=6, & M_C = 0 \\ x=3, & M_{max} = 4.5\,t\cdot m \end{cases}$$

$(C-D)\ M_x = -3x$

$$\begin{cases} x=0, & M_C = 0 \\ x=1.5, & M_D = -4.5\,\text{t}\cdot\text{m} \end{cases}$$

$(D-B)\ M_x = -3x - 0(x-1.5)$

$$\begin{cases} x=1.5, & M_D = -4.75\,\text{t}\cdot\text{m} \\ x=3, & M_B = -12\,\text{t}\cdot\text{m} \end{cases}$$

예제 6

다음 보를 풀어라.

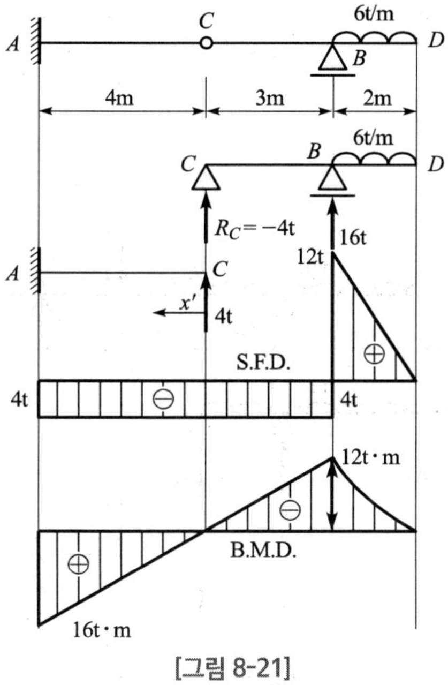

[그림 8-21]

i) R.

보 $(C-D)$에서

$\Sigma M_{\text{atB}} = 0$; $R_C \cdot 3 = 6\times2\times1 = 0$, $R_C = -4\text{t}$

$\Sigma V = 0$; $R_C + R_B = 6\times2$, $R_B = 16\text{t}$

ii) $S.F.$

$(A-B)\ S_x = -4\text{t}$ (일정)

$(B-D)\ S_x' = 6x'$ (1차식)

$$\begin{cases} x'=0, & S_D = 0 \\ x'=2, & S_B = 12\text{t} \end{cases}$$

iii) $B.M.$

$(C-B)\ \ M_x = R_C \cdot x = -4x$

$$\begin{cases} x=0,\ M_C=0 \\ x=3,\ M_B=-12\,\mathrm{t\cdot m} \end{cases}$$

$(B-D)\ \ M_x' = -3(x')^2$ (2차식)

$$\begin{cases} x'=0,\ \ M_D=0 \\ x'=2,\ \ M_B=-12\,\mathrm{t\cdot m} \end{cases}$$

$(A-C)\ \ M_x' = 4x'$

$$\begin{cases} x'=0,\ M_C=0 \\ x'=4,\ M_A=16\,\mathrm{t\cdot m} \end{cases}$$

예제 7

다음 겔버보를 풀어라.

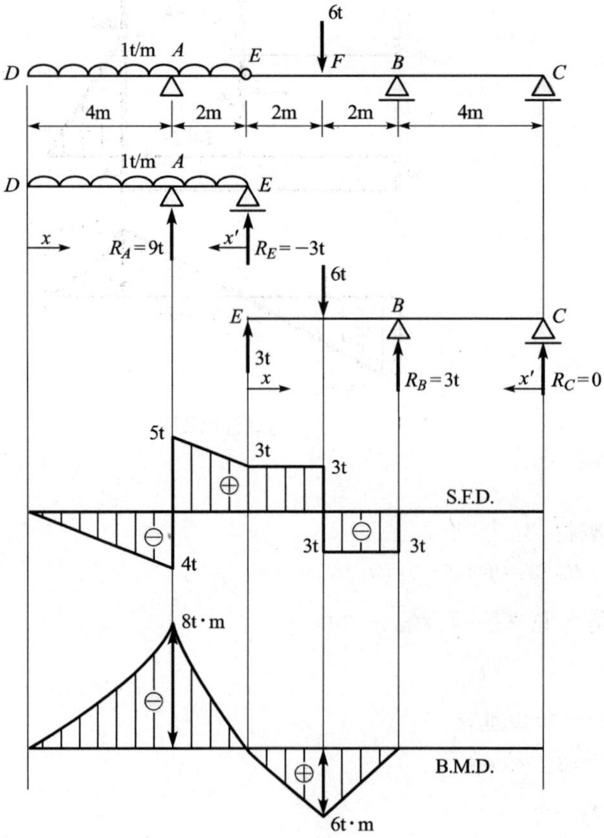

[그림 8-22]

ⅰ) R.

보 $(A-E)$에서

$\Sigma M_{atE}=0$; $R_A \cdot 2-1\times 6\times 3=0$, $R_A=9t$

$\Sigma V=0$; $R_A+R_E=6t$, $R_E=-3t(\downarrow)$

보 $(B-C)$

$\Sigma M_{atC}=0$; $R_B \cdot 4+3\times 8-6\times 6=0$, $R_B=3t$

$\Sigma V=0$; $R_B+R_C=6-3$ $R_C=0$

ⅱ) $S.F.$

$(D-A)$ $S_x=-x$ (1차식)

$$\begin{cases} x=0,\ S_D=0 \\ x=4,\ S_A=-4 \end{cases}$$

$(A-E)$ $S_x'=-R_E+x'=3+x'$ (1차식)

$$\begin{cases} x'=0,\ S_E=3\ t \\ x'=2,\ S_A=5\ t \end{cases}$$

$(E-F)$ $S_x=3t$(일정)

$(F-B)$ $S_x=3-6=-3t$(일정)

$(B-C)$ $S_x'=R_C=0$

ⅲ) $B.M.$

$(D-A)$ $M_x=\dfrac{x^2}{2}$ (2차식)

$$\begin{cases} x=0,\ M_D=0 \\ x=4,\ M_A=-8t\cdot m \end{cases}$$

$(A-E)$ $M_x'=R_E\cdot x'-\dfrac{x'^2}{2}=-3x'-\dfrac{x'^2}{2}$

$$\begin{cases} x'=0,\ M_E=0 \\ x'=2,\ M_A=-8t\cdot m \end{cases}$$

$(E-F)$ $M_x=3x$ (1차식)

$$\begin{cases} x=0,\ M_E=0 \\ x=2,\ M_F=6t\cdot m \end{cases}$$

$(F-B)$ $M_x=3x-6(x-2)$

$$\begin{cases} x=2,\ M_F=6t\cdot m \\ x=4,\ M_B=0 \end{cases}$$

$(B-C)$ $M_x'=R_C\cdot x'=0$

8.4 등변분포하중

A 점의 반력을 구하여 $(A-B)$를 하나의 보로 해석해도 된다.

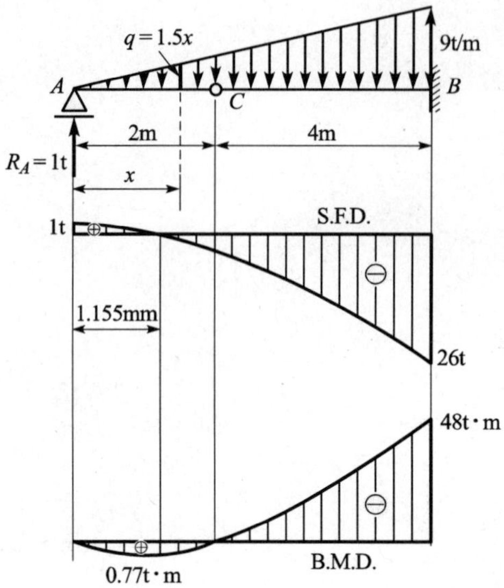

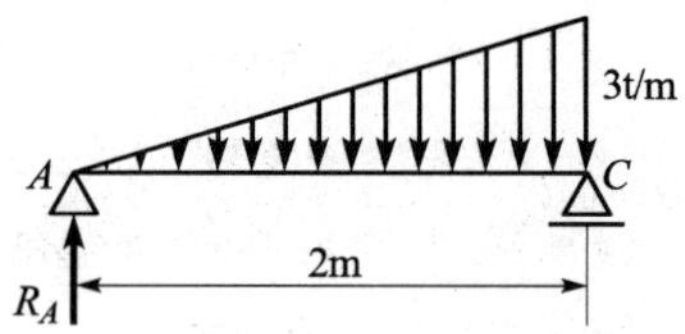

[그림 8-23]

$(A-C)$보에서 $R_{\mathrm{A}}=1\mathrm{t}$이므로

i) $S.\ F.$

$$S_x = R_{\mathrm{A}} - \frac{q}{2}x = 1 - \frac{1.5}{2}x^2 \ (2\text{차식})$$

$$\begin{cases} x=0,\ S_{\mathrm{A}}=1\ \mathrm{t} \\ x=6,\ S_{\mathrm{B}}=-26\ \mathrm{t} \end{cases}$$

$S_x=0$이 되는 곳 $x^2=1.33,\ x=1.155\mathrm{m}$

ii) $B.\ M.$

$$M_x = R_{\mathrm{A}}\cdot x - \frac{q}{2}x\cdot x\cdot\frac{x}{3} = x - \frac{x^3}{4} \ (3\text{차식})$$

$$\begin{cases} x=0,\ M_{\mathrm{A}}=0 \\ x=1.155,\ M=0.77\,\mathrm{t\cdot m} \\ x=2(\text{힌지점}),\ M=0 \\ x=6,\ M_{\mathrm{B}}=-48\,\mathrm{t\cdot m} \end{cases}$$

예제 8

다음 보의 단면력도를 그려라.

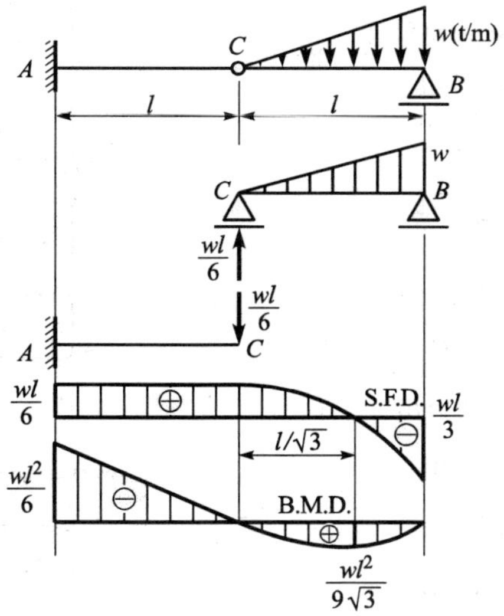

[그림 8-24]

$(C-B)$는 등변분포하중이 작용하는 단순보이다.

$$R_C = \frac{wl}{6},\ R_B = \frac{wl}{3}$$

보 $(A-C)$는 집중하중이 작용하는 캔틸레버이다.

$$M_A = -\frac{wl}{6}\cdot l = -\frac{wl^2}{6}$$

8.5 모멘트하중

겔버보에 다음과 같이 모멘트하중이 작용할 경우를 생각하면

i) R.

보 $(E-C)$에서

$$\Sigma M_{atC} = 0\ ;\ R_E \cdot 4 + 8 = 0,\ R_E = -2t(\downarrow)$$

$$\Sigma V = 0\ ;\ R_C = 2t(\uparrow)$$

보 $(A-B)$에서

$$\Sigma M_{atB} = 0\ ;\ R_A \cdot 4 - 16 - 2\times 2 = 0,\ R_A = 5t$$

$$\Sigma V = 0\ ;\ R_A + R_B = -2t,\ R_B = -7t$$

ii) $S.\ F.$

$(A-B)\ S_x = R_A = 5\text{t}$ (일정)

$(B-C)\ S_x = 5-7 = -2\text{t}$ (일정)

iii) $B.\ M.$

$(A-D)\, M_x = 5x$

$$\begin{cases} x=0,\ M_A = 0 \\ x=2,\ M_D = 10\text{t}\cdot\text{m} \end{cases}$$

$(D-B)\ M_x = 5x-16$

$$\begin{cases} x=2,\ M_D = -6\text{t}\cdot\text{m} \\ x=4,\ M_B = 4\text{t}\cdot\text{m} \end{cases}$$

$(B-E)\ M_x{}' = 2x'$

$$\begin{cases} x'=2,\ M_B = 4\text{t}\cdot\text{m} \\ x'=0,\ M_E = 0 \end{cases}$$

$(E-F)\ M_x = R_E\cdot x = -2x$

$$\begin{cases} x=0,\ M_E = 0 \\ x=2,\ M_F = -4\text{t}\cdot\text{m} \end{cases}$$

$(F-C)\ M_x{}' = 2x'$

$$\begin{cases} x'=2,\ M_F = 4\text{t}\cdot\text{m} \\ x'=0,\ M_C = 0 \end{cases}$$

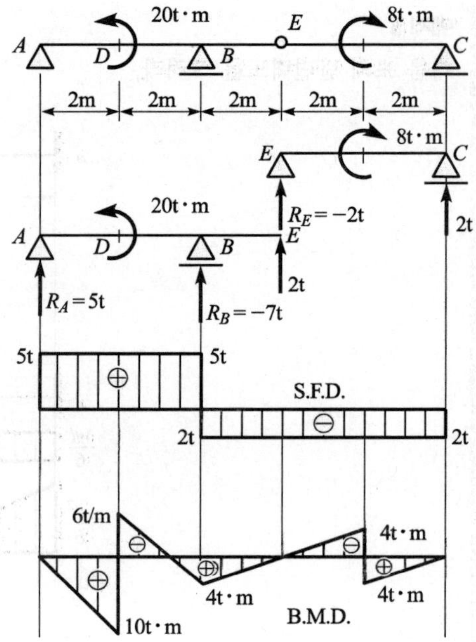

[그림 8-25]

또 다음과 같이 고정단이 있는 겔버보를 생각하면

보 $(A-C)$에서 A점의 반력을 구하면

$\Sigma M_{\text{atC}} = 0$; $R_A\cdot 8 + 20 = 0,\ R_A = -2.5\text{t}$

i) $S.\ F.$

전구간 $S_x = R_A = -2.5\text{t}$ (일정)

ii) $B.\ M.$

$(A-D)\ M_x = R_A\cdot x = -2.5x$

$$\begin{cases} x=0,\ M_A = 0 \\ x=4,\ M_D = -10\text{t}\cdot\text{m} \end{cases}$$

$(D-B)\ M_x = -2.5x+20$

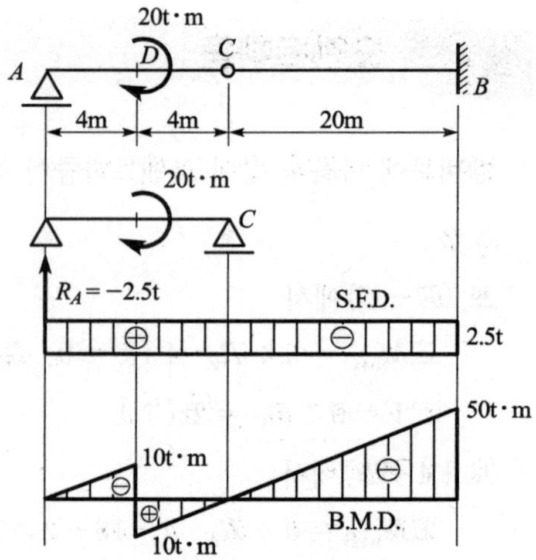

[그림 8-26]

$$\begin{cases} x=4, \ M_D = 10\,t\cdot m \\ x=28, \ M_B = -50\,t\cdot m \\ x=8(\text{힌지점}), \ M_C = 0 \end{cases}$$

예제 9

다음과 같이 모멘트하중과 집중하중이 동시에 작용하는 겔버보의 단면력도를 그려라.

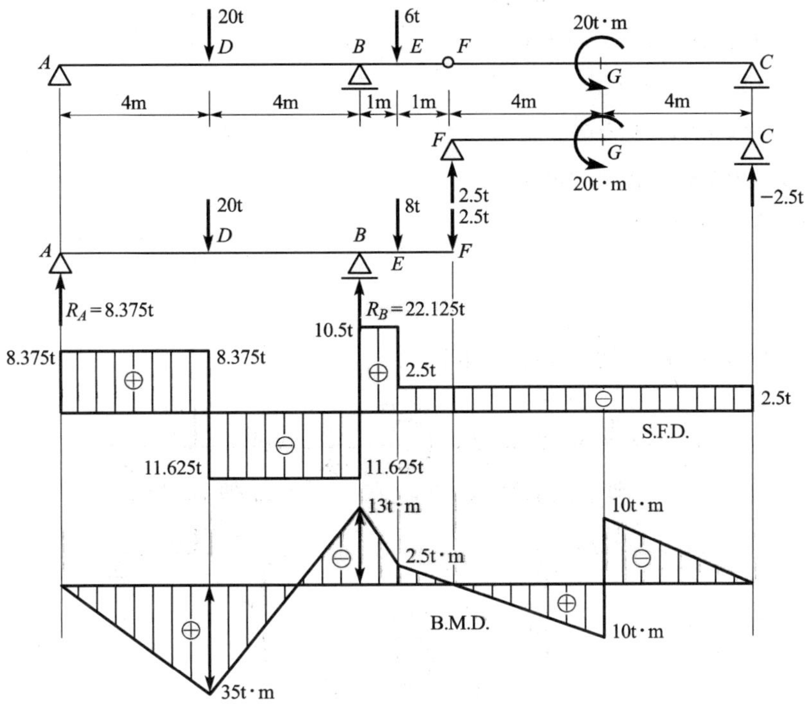

[그림 8-27]

i) R.

보 $(F-C)$에서

$\Sigma M_{atC} = 0$; $R_F \cdot 8 - 20 = 0$, $R_F = 2.5t$

$\Sigma V = 0$; $R_F + R_C = 0$, $R_C = -2.5t$

보 $(A-B)$에서

$\Sigma M_{atB} = 0$; $R_A \cdot 8 - 20 \times 4 + 8 \times 1 + 2.5 \times 2 = 0$, $R_A = 8.375t$

$\Sigma V = 0$; $R_A + R_B = 30.5t$ $R_B = 22.125t$

ii) $S.F.$

$(A-D)$ $S_x = 8.375t$

$(D-B)$ $S_x = 8.375 - 20 = -11.625t$

$(B-E)\ S_x{}' = 2.5 + 8 = 10.5\text{t}$

$(E-F)\ S_x{}' = 2.5\text{t}$

$(F-C)\ S_x = 2.5\text{t}$

iii) $B.\ M.$

모든 구간이 1차식이므로 편의상 하중작용점의 모멘트를 구하여 직선 연결한다(단, G 단면 모멘트의 값은 불연속이다).

$M_D = R_A \cdot 4 = 8.375 \times 4 = 33.5\,\text{t}\cdot\text{m}$

$M_B = 8.375 \times 4 - 20 \times 4 = -13\,\text{t}\cdot\text{m}$

$M_E = -2.5 \times 1 = -2.5\,\text{t}\cdot\text{m}$

$$\begin{cases} M_G = 2.5 \times 4 = 10\,\text{t}\cdot\text{m} \\ M_G = 2.5 \times 4 - 20 = -10\,\text{t}\cdot\text{m} \end{cases}$$

$M_C = 2.5 \times 8 - 20 = 0$

예제 10

다음과 같은 겔버보를 풀고 단면력도를 그려라.

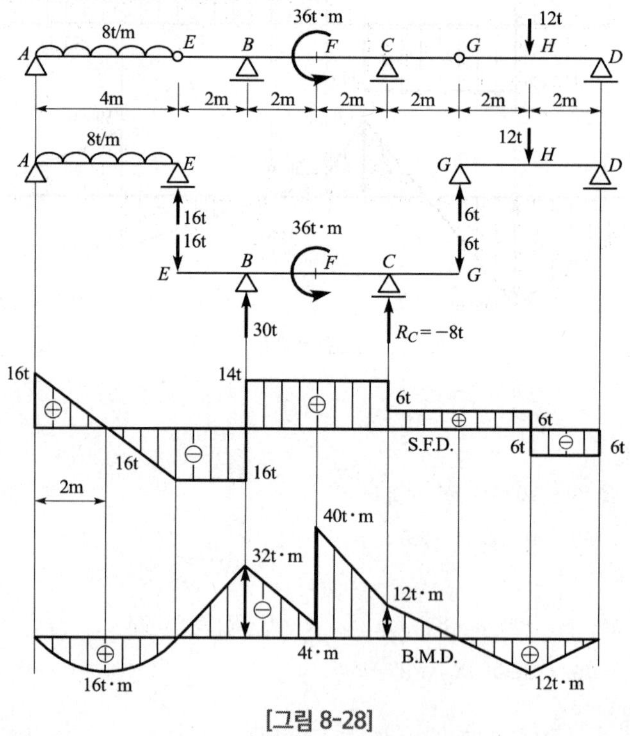

[그림 8-28]

i) $R.$

보 $(A-E)\ R_A = R_E = 16\text{t}$

보 $(G-D)$ $R_G = R_D = 6t$

보 $(B-C)$

$\Sigma M_{atC} = 0$; $R_B \cdot 4 - 16 \times 6 - 36 + 6 \times 2 = 0$, $R_B = 30t$

$\Sigma V = 0$; $R_B + R_C = 22t$, $R_C = -8t$

ii) $S.F.$

$(A-E)$ $S_x = 16 - 8x$ (1차식)

$$\begin{cases} x = 0, \ S_A = 16\ t \\ x = 4, \ S_E = -16\ t \end{cases}$$

$S_x = 0$이 되는 곳 $x = 2m$

$(E-B)$ $S_x = -16t$ (일정)

$(B-E)$ $S_x = -16 + 30 = 14t$

$(C-G)$ $S_x = 6t$

$(G-H)$ $S_x = 6t$

$(H-D)$ $S_x = 6 - 12 = -6t$

iii) $B.M.$

$(A-E)$ $M_x = 16x - 4x^2$ (2차식)

$$\begin{cases} x = 0, \ M_A = 0 \\ x = 4, \ M_E = 0 \\ x = 2, \ M = 16\,t \cdot m \end{cases}$$

$(E-B)$ $M_x = -16$

$$\begin{cases} x = 0, \ M_E = 0 \\ x = 2, \ M_B = -32\,t \cdot m \end{cases}$$

$(B-F)$ $M_x = -16x + 30(x-2)$

$$\begin{cases} x = 2, \ M_B = -32\,t \cdot m \\ x = 4, \ M_F = -4\,t \cdot m \end{cases}$$

$(F-C)$ $M_x = -6x' + R_C(x'-2) = -6x' - 8(x'-2)$

$$\begin{cases} x' = 2, \ M_C = -12\,t \cdot m \\ x' = 4, \ M_F = -40\,t \cdot m \end{cases}$$

$(C-G)$ $M_x = -6x'$

$$\begin{cases} x' = 0, \ M_G = 0 \\ x' = 2, \ M_C = -12\,t \cdot m \end{cases}$$

$(G-H)$ $M_x = 6x$

$$\begin{cases} x = 0, \ M_G = 0 \\ x = 2, \ M_H = 12\,t \cdot m \end{cases}$$

8.6 겔버보의 영향선

겔버보는 상당히 연속될 수 있으나 구조상 내민보에 작용하는 하중은 단순보 단면력에 영향을 주지 않으므로 최대영향권을 다음과 같이 찾을 수 있다.

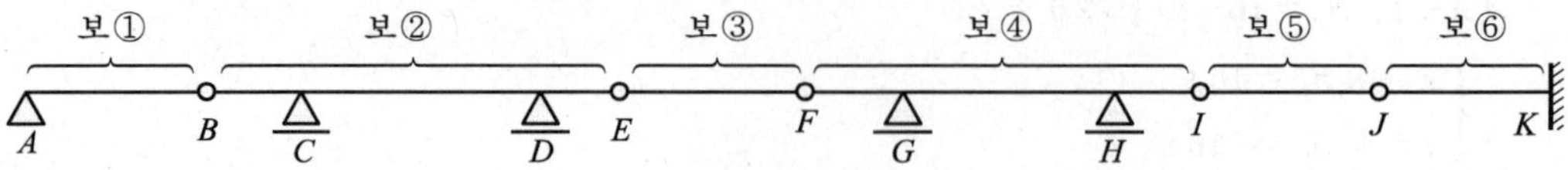

[그림 8-29]

보 ①에 하중이 작용하면 $(A-D)$구간 단면력에 영향이 있고, 보 ②에 하중이 작용하면 $(B-E)$구간 단면력에 영향이 있고, 보 ③에 하중이 작용하면 $(C-H)$구간에 영향이 있으며, 보 ④에 하중이 작용하면 $(F-I)$구간 단면력에 영향이 있다.
이상을 종합하여 보면 겔버보의 최대 영향권은 다음과 같다.

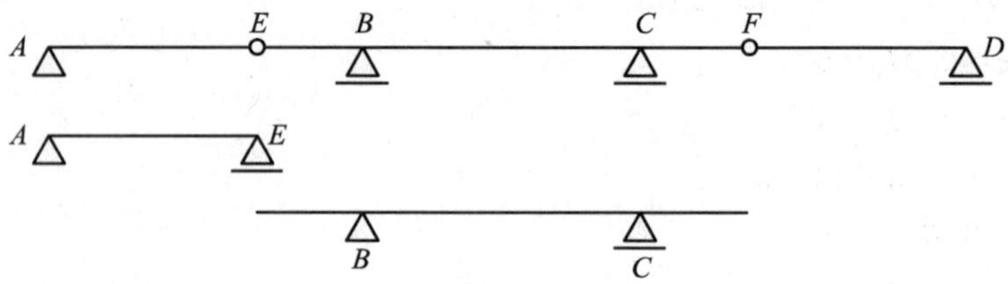

[그림 8-30]

단순부분 $(A-E,\ F-D)$의 영향성은 단순보 영향선과 동일하고 내민부분 $(B-C)$의 영향선은 내민보의 영향선과 같다. 그러나 단순부분에 작용한 하중이 내민부분의 단면력에 영향을 주므로 여기에 관한 사항을 고려하여야 한다.
즉, $(A-E)$구간에 하중이 있을 경우 $(B-C)$보의 단면력, $(F-D)$구간에 하중이 있을 경우 $(B-C)$보의 단면력을 구하는 영향선이 겔버보의 영향선이다.

(1) 지점반력 영향선

지금 단순부분 $(A-E)$에 단위하중이 작용할 때 B점의 반력을 구하면 단순보 $(A-E)$에서 E점의 반력 $R_E = \dfrac{a}{l_2}$가 내민보 E점에 집중하중으로 작용되므로 이때 B점의 반력 R_B는

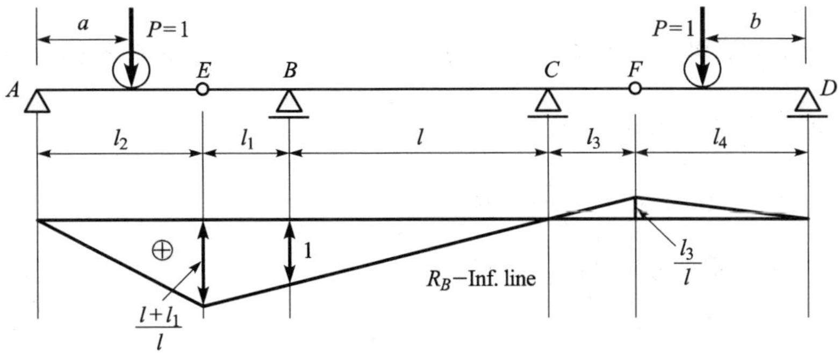

[그림 8-31]

$$R_{\rm B} = \frac{1}{l}[R_{\rm E}(1+l_1)] = \frac{l+l_1}{l}\cdot\frac{a}{l_2}\,(a\text{에 관한 1차식})$$

P가 E점에 있을 때 $a = l_2$이므로, $R_{\rm B} = \dfrac{l+l_1}{l}$

P가 A점에 있을 때 $a = 0$이므로, $R_{\rm B} = 0$

하중 P가 $(E-F)$구간에 있을 때 B점의 반력 영향선은 내민보 영향선이 된다. 즉, 겔버보 영향선은 내민보 영향선에서 그 다음에 오는 활절(또는 지점)의 종거 $y=0$으로 연결하면 된다.

(2) 전단력 영향선

단위 하중이 $(F-D)$ 단순부분에 작용할 때 G 단면의 전단력 $S_{\rm G}$를 유도하면,

$$R_{\rm F} = \frac{b}{l_4},\ R_{\rm C} = \frac{1}{l}[R_{\rm F}(l+l_3)] = \frac{l+l_3}{l}\cdot\frac{b}{l_4}$$

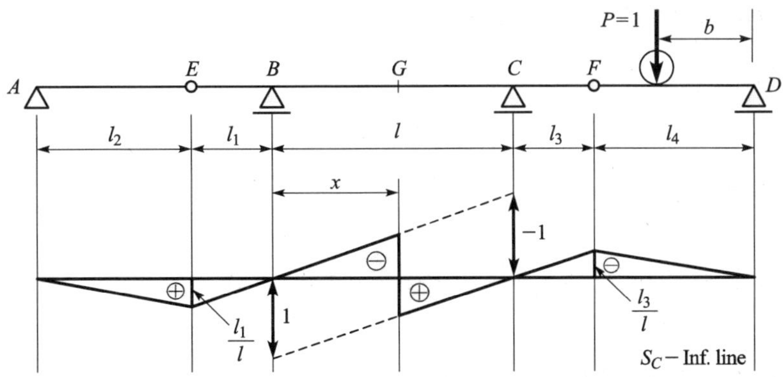

[그림 8-32]

G점의 전단력, $S_G = R_F - R_F - R_C = \frac{b}{l_4} - \frac{l+l_3}{l} \cdot \frac{b}{l_4}$ (b에 관한 1차식)

P가 F점에 있을 때 $b = l_4$이므로,

$$S_G = 1 - \frac{l+l_3}{l} = R_F = \frac{l_3}{l}$$

P가 D점에 있을 때 $b = 0$이므로,

$$S_G = 0$$

하중 P가 $(E \sim F)$구간에 있을 때 G 단면의 전단력 영향선은 내민보 영향선과 같으므로 [그림 8-32]와 같이 된다.

(3) 휨모멘트 영향선

단순부분 $(A-E)$에 단위하중이 작용할 때 G점의 모멘트 M_G를 구하면

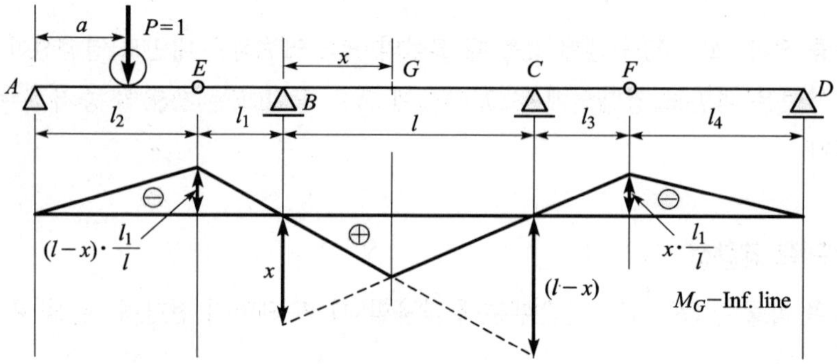

[그림 8-33]

$$M_G = -R_E(l_1 + x) + R_B \cdot x$$

$$R_E = \frac{a}{l_2}$$

$$R_B = \frac{l+l_1}{l} \cdot \frac{a}{l_2}$$

$$M_G = -\frac{a}{l_2}(l_1 + x) + \frac{l+l_1}{l} \cdot \frac{a}{l_2}x \text{ (}a\text{에 관한 1차식)}$$

P가 E점에 있을 때 $a = l_2$이므로,

$$M_G = -(l_1 + x) + \frac{l + l_1}{l} \cdot x = -\frac{1}{l}[l_1 \cdot l + l_x - lx - l_1 x]$$
$$= -\frac{1}{l}(l_1 \cdot l - l_1 x) = -(l - x) \cdot \frac{l_1}{l}$$

P가 A점에 있을 때 $a = 0$이므로, $M_G = 0$

$(E - F)$구간의 영향선은 내민보의 모멘트 영향선이 되므로 [그림 8-33]과 같다.

(4) 고정단이 있는 겔버보

$(A - C)$구간의 단면력은 단순보와 같으며 $(A - C)$구간에 하중이 작용할 때 $(C - B)$구간의 단면력을 생각해야 한다.

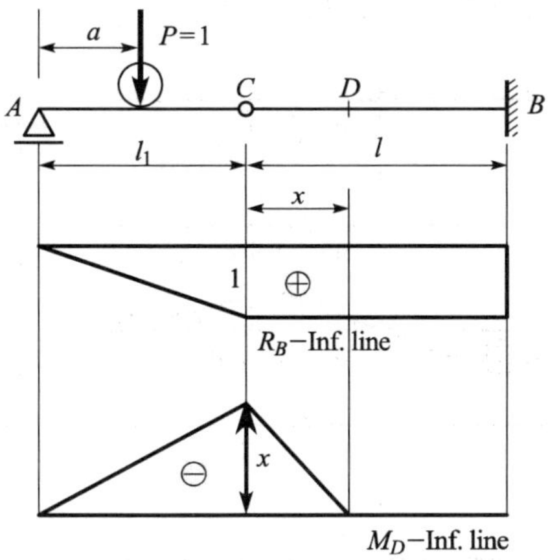

[그림 8-34]

$$R_B = R_C = \frac{a}{l_1}$$

P가 C점에 있을 때 $a = l_1$이므로, $R_B = 1$

P가 A점에 있을 때 $a = 0$이므로, $R_B = 0$

$M_D = -R_C \cdot x$이므로 [그림 8-34]와 같다.

(5) 겔버보의 영향선

이상의 영향선을 종합하면 [그림 8-35]와 같다.

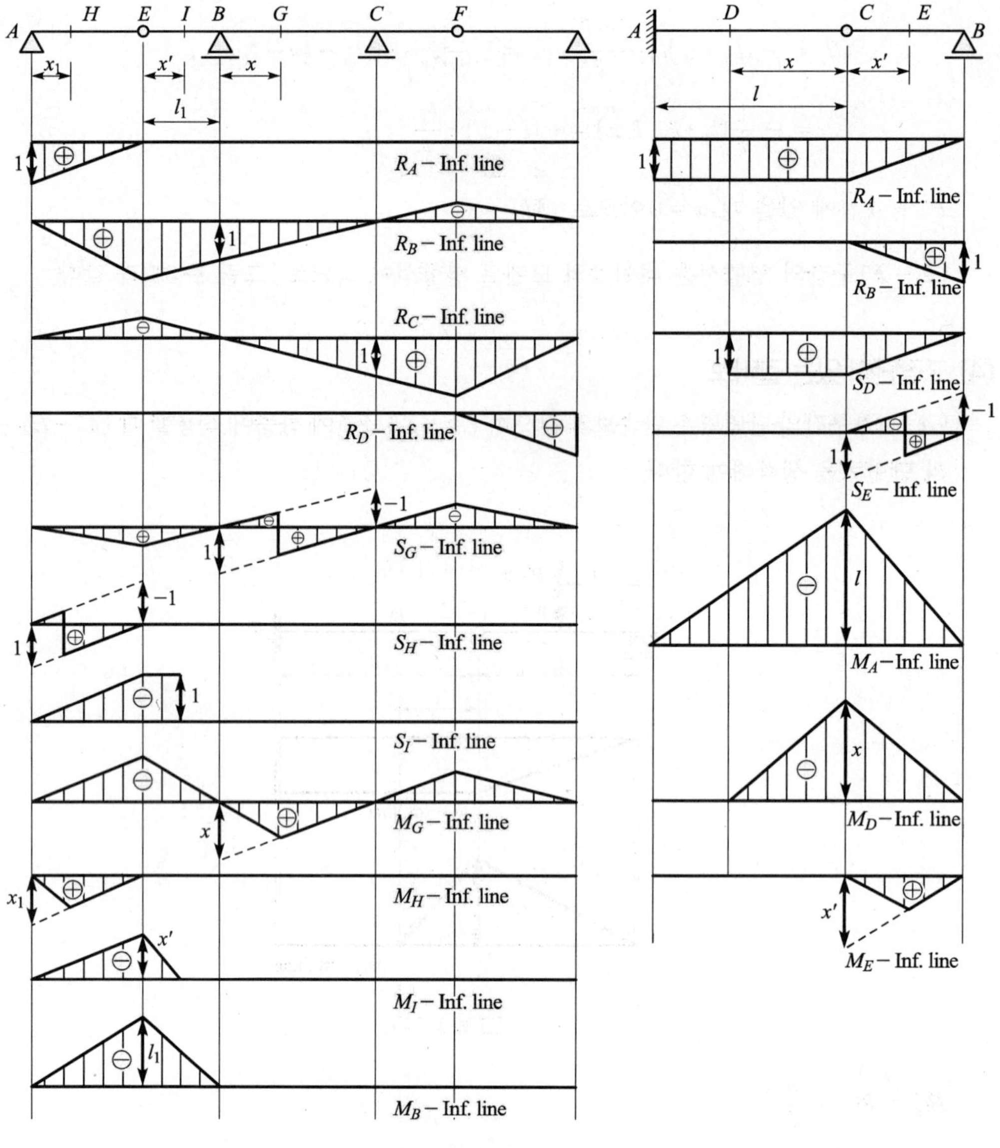

[그림 8-35]

영향선에 의한 해법은 단순보와 마찬가지로

$$\text{단면력} = \Sigma P \cdot y + \Sigma w \cdot A$$

다음과 같은 겔버보의 단면력을 영향선에 의하여 R_A, S_D, M_B를 구해보면

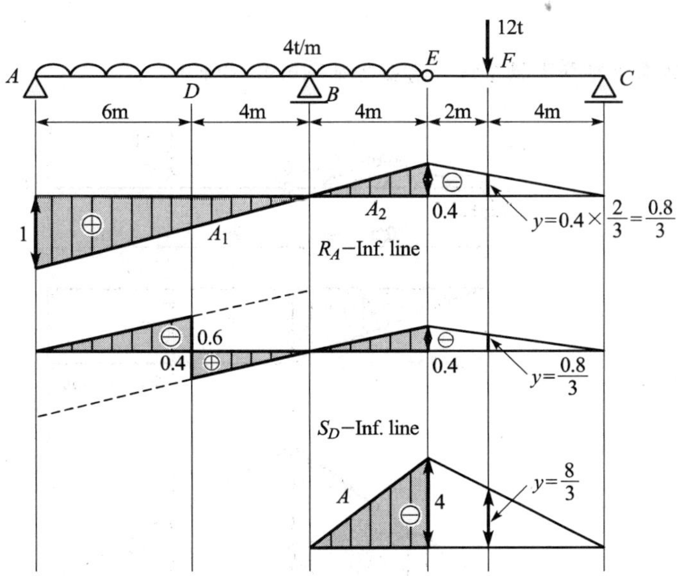

[그림 8-36]

i) R_A

$$\begin{cases} A_1 = 5 \\ A_2 = -0.4 \times 4 \times \dfrac{1}{2} = -0.8 \end{cases}$$

$$R_A = 4(5 - 0.8) - 12 \times \frac{0.8}{3} = 16.8 - 3.2 = 13.6\text{t}$$

ii) S_D

$$\begin{cases} A_1 = -0.6 \times 6 \times \dfrac{1}{2} = 1.8 \\ A_2 = 0.8,\ A_3 = -0.8 \end{cases}$$

$$S_D = -4 \times 1.8 - 12 \times \frac{0.8}{3} = 7.2 - 3.2 = 10.4\text{t}$$

iii) M_B

$$A = -4 \times 4 \times \frac{1}{2} = 8$$

$$M_B = -4 \times 8 - 12 \times \frac{8}{3} = -64\,\text{t} \cdot \text{m}$$

예제 11

다음 보에서 B 점의 반력과 모멘트를 영향선에 의하여 구하라.

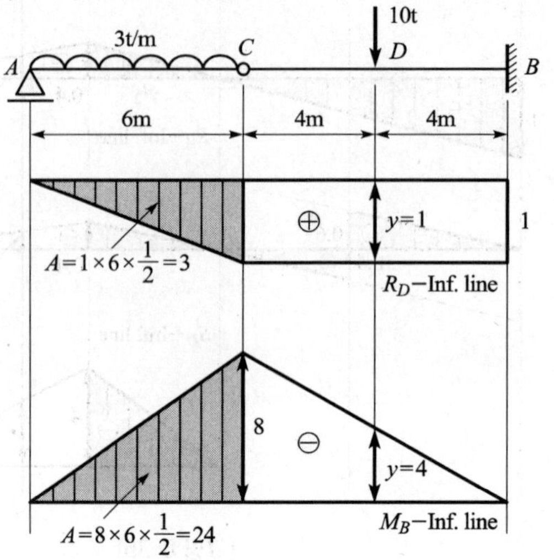

[그림 8-37]

i) R_B

$R_B = 3 \times 3 + 10 \times 1 = 19\text{t}$

ii) M_B

$M_B = -3 \times 24 - 10 \times 4 = -112\,\text{t·m}$

연 습 문 제

01 다음 집중하중이 작용하는 겔버보의 단면력도를 구하라.

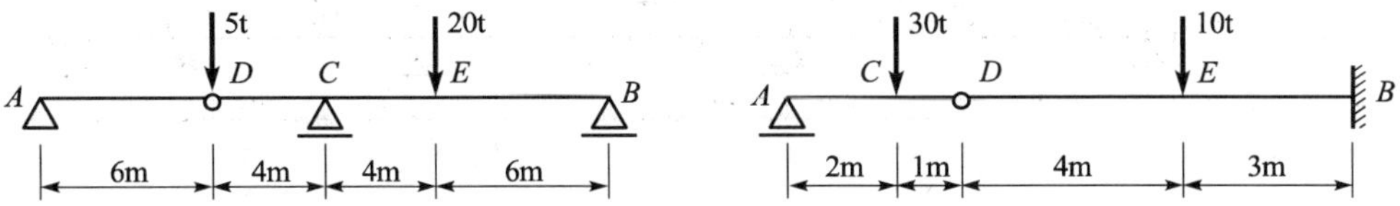

(a) (b)

02 다음 겔버보를 풀고 단면력도를 그려라.

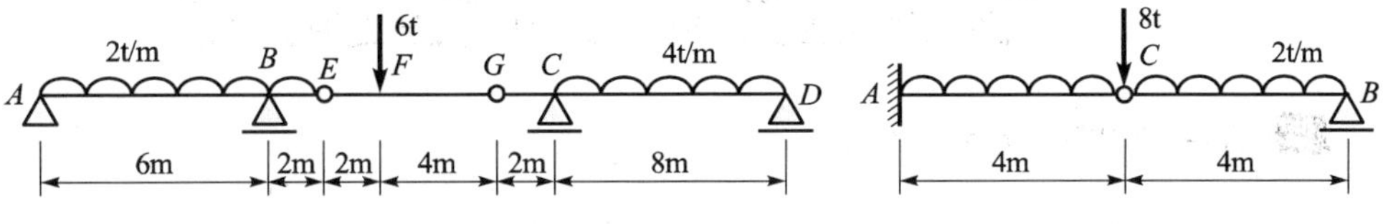

(a) (b)

03 다음과 같이 등분포하중이 작용할 때 단면력도를 그려라.

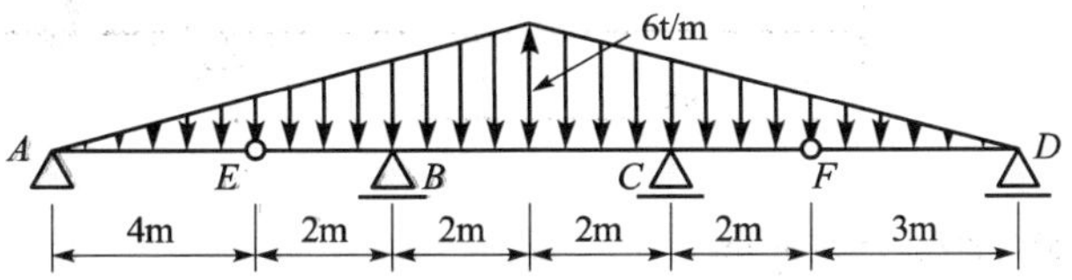

04 모멘트하중을 받는 보의 단면력도를 구하라.

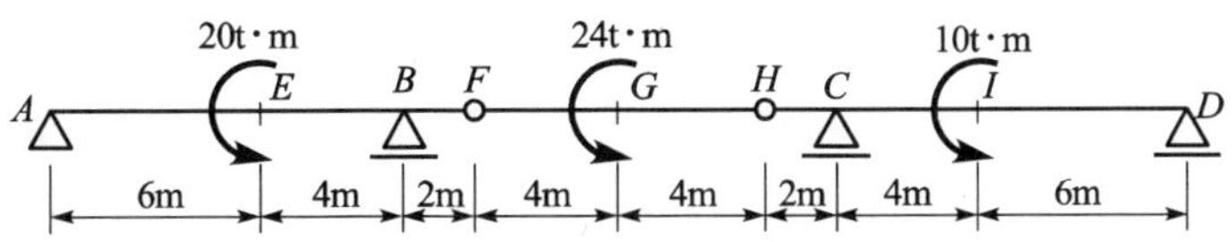

05 다음 보의 단면력도를 그려라.

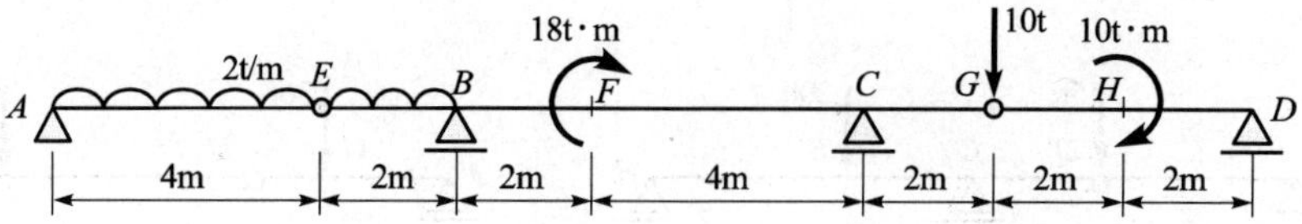

06 다음 보에서 E점의 전단력 및 모멘트를 영향선에 의하여 구하라.

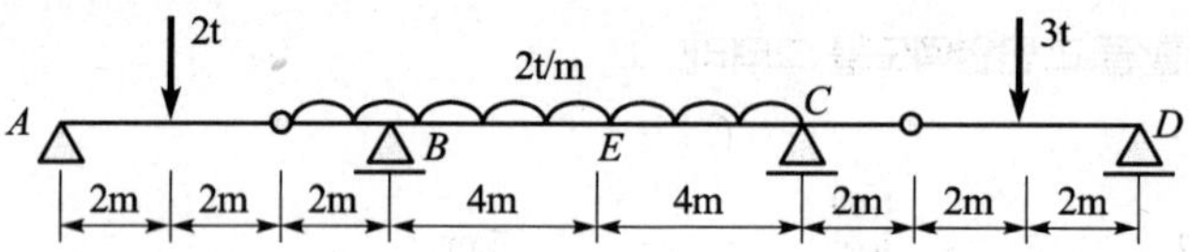

답 $S_E = -0.125\text{t}$, $M_E = 9.5\,\text{t·m}$

07 다음 겔버보에 20t의 이동하중이 지나갈 때 최대반력과 최대모멘트를 구하라.

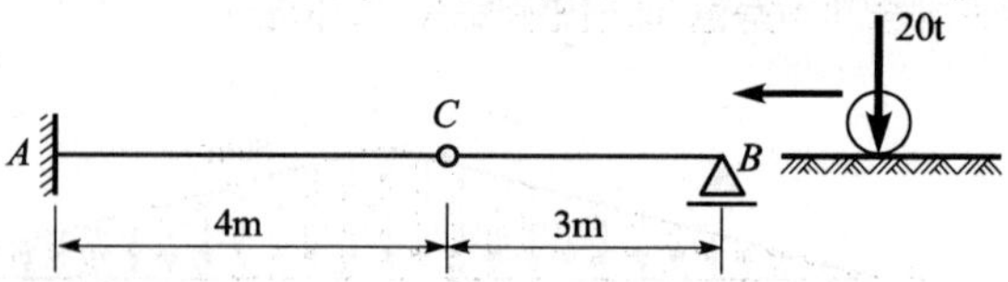

답 $R_{max} = 20\text{t}$, $M_{max} = 80\,\text{t·m}$

CHAPTER 9

라멘(Rahmen)

9.1 일반사항

(1) 정의

부재와 부재가 서로 강결(剛結, fixed, rigid joint)로 연결되어 있는 구조를 라멘이라 하며, 각 부재의 연결이 강절(剛節)이므로 외력을 받아 구조가 변형되어도 각 절점에서 이루는 각(角)은 변형전과 같다.

즉, 변형하여도 부재와 부재 사이각은 변하지 않는다. 또 라멘을 rigid frame이라 하기도 한다.

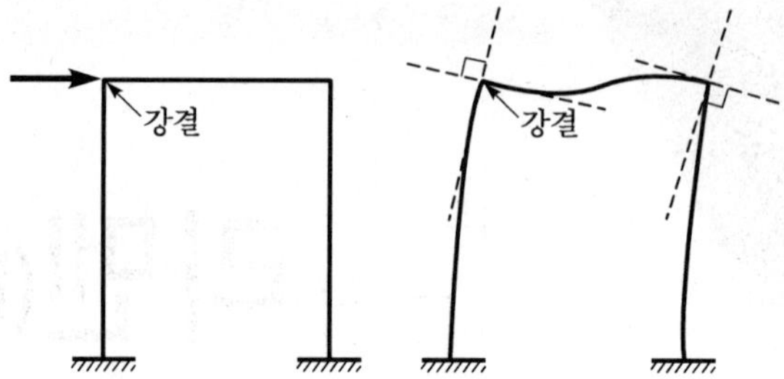

[그림 9-1]

(2) 라멘의 종류

① 캔틸레버형 라멘(고정지점 라멘, cantilever rahmen)

다음 [그림 9-2]와 같이 한단만 고정지점으로 되어 있는 자유단을 갖는 라멘

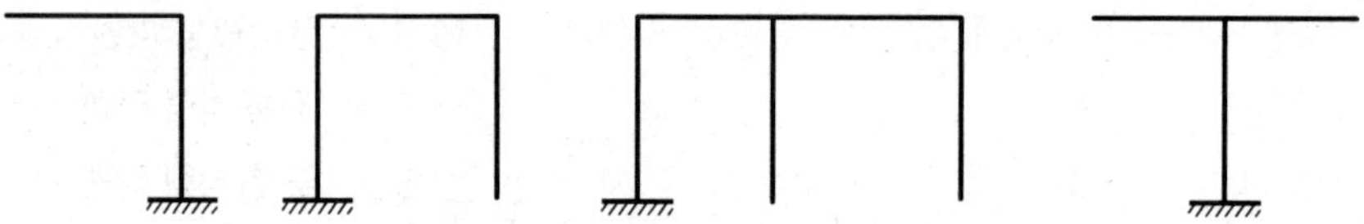

[그림 9-2]

② 단순보형 라멘(simple beam rahmen)

지점이 2개로서 한단은 회전지점 타단은 이동지점으로 구성되어 있는 라멘

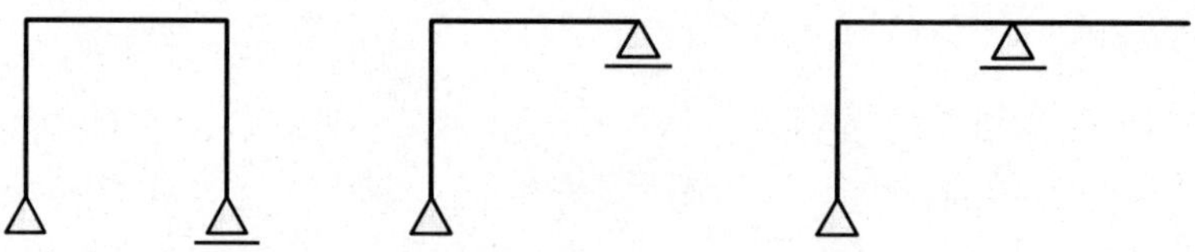

[그림 9-3]

③ 3–롤러형 라멘(3–roller rahmen)

이동지점 3개로 형성된 라멘으로, 지점이 같은 방향으로 배치되면 평형조건이 성립되지 않으므로($\Sigma H \neq 0$, $\Sigma V \neq 0$) 1개 또는 2개의 이동지점의 방향을 다르게 배치한 라멘

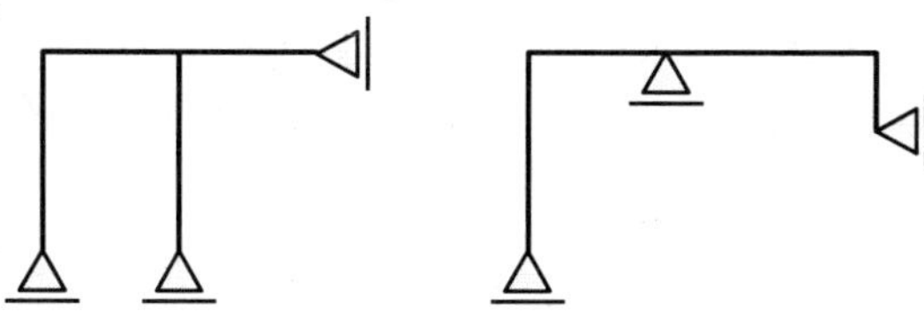

[그림 9-4]

④ 3–활절라멘(3–힌지라멘, 3–hinge rahmen)

2개의 회전지점으로 지지된 구조는 1차 부정정구조이나, 부재 사이에 활절(hinge)을 1곳에 배치하면 정정구조가 된다.

즉, 3개의 활절로 구성되어 있는 라멘을 3활절라멘이라 한다.

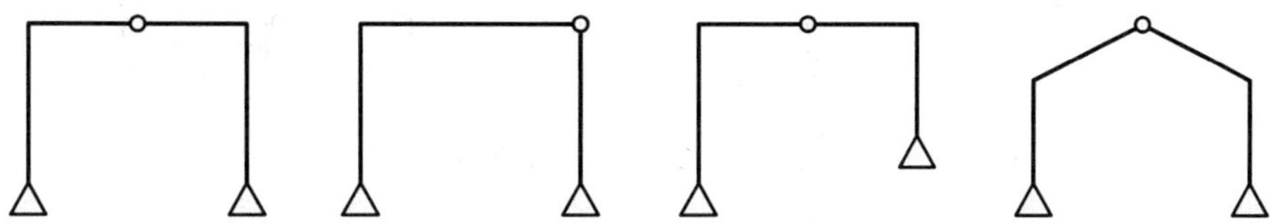

[그림 9-5]

이상 4가지 라멘이 정정라멘(평형 3조건으로 해석이 가능한 라멘)으로 본장에서는 이 정정라멘만 다루고 부정정라멘은 부정정구조에서 해석한다.

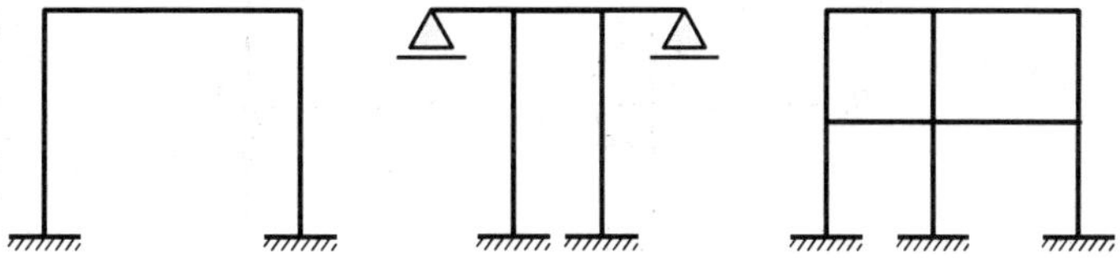

[그림 9-6] **부정정 라멘**

(3) 라멘의 해법

정정라멘은 평형조건식으로만 해석되는 구조로서, 다음과 같은 라멘을 생각하면 $(A-B)$ 부재는 캔틸레버로 해석이 되며 $(B-C)$부재는 하중(외력 또는 반력)을 절점 B까지 나란히 이동시키고 하중으로 인한 모멘트 $P \cdot l$이 B점에 작용한다고 생각하고 해석하면 된다.

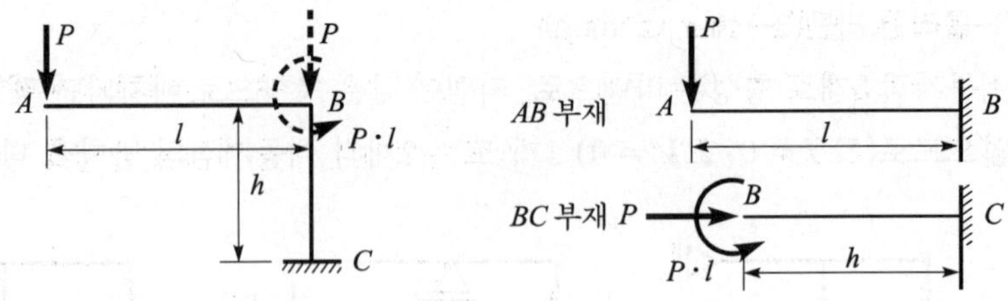

[그림 9-7]

만약 반력이 생기는 구조는 우선 반력부터 계산한 뒤 라멘 해석을 다음과 같이 한다.

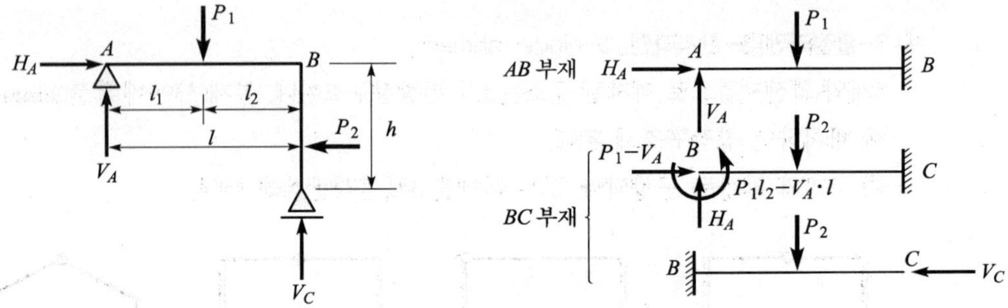

[그림 9-8]

라멘의 해석에서 복잡성을 피하기 위하여 반력의 방향을 결과가 (+)가 되게끔 가정하는 것이 편리하다.

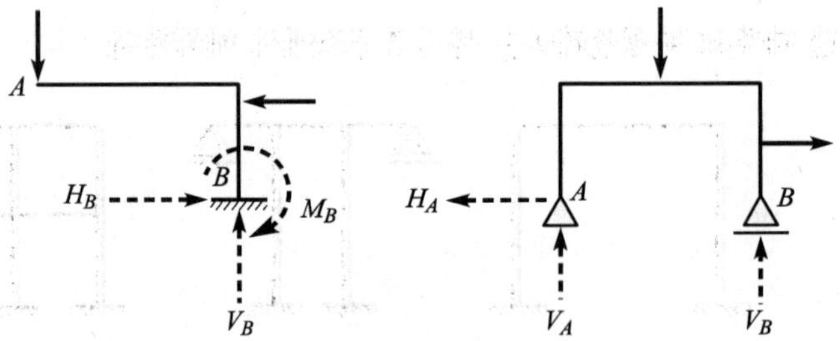

[그림 9-9]

(4) 단면력도

라멘도 보와 마찬가지로 해석의 결과가 단면력도($S.\ F.\ D$, $A.\ F.\ D$, $B.\ M.\ D$)로 나타난다. 그러므로 보와 같이 다음 [그림 9-10]처럼 가정한다.

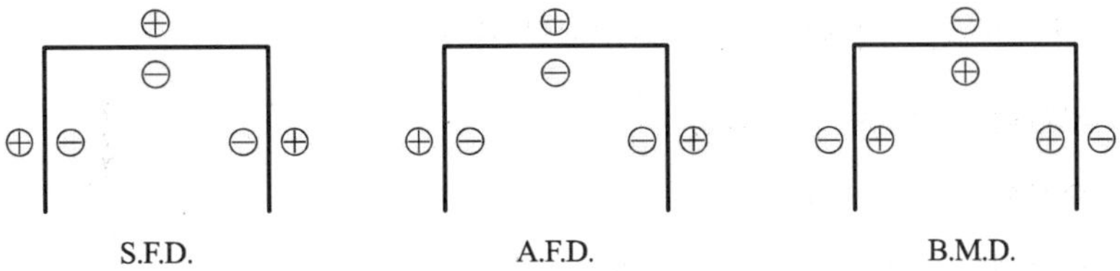

[그림 9-10]

그러나 특히 부정정라멘과 같이 부재가 많은 라멘은 복잡성을 피하기 위하여 단면력도를 좌측 하단을 우선으로 한다. 예를 들어 $B.\ M.\ D$ 경우를 보면 [그림 9-11]과 같다.

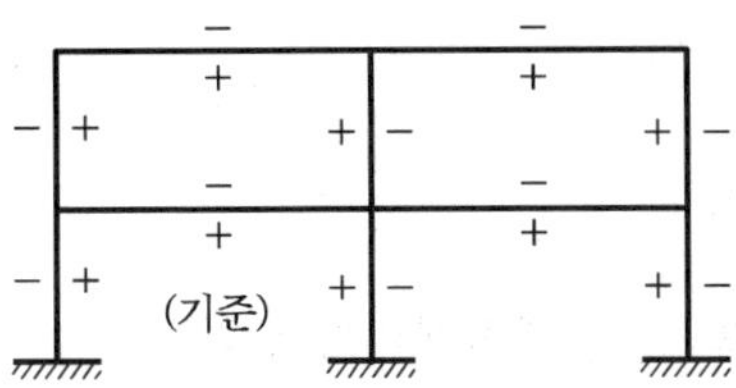

[그림 9-11] $B.\ M.\ D$의 부호

9.2 캔틸레버형 라멘

(1) 집중하중이 작용

[그림 9-12]와 같은 캔틸레버에 집중하중이 작용할 경우 단면력을 구해보면 캔틸레버형 라멘은 캔틸레버와 마찬가지로 자유단에서 풀어 들어가면 반력을 구할 필요 없이 바로 단면력을 구할 수 있다.

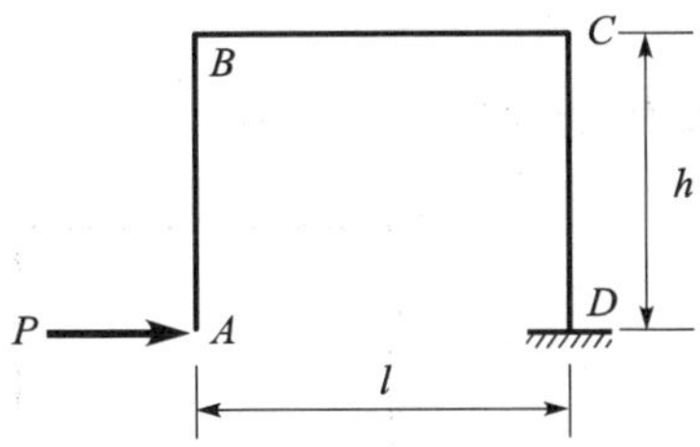

[그림 9-12]

보 $(A-B)$는 다음과 같은 캔틸레버가 된다.

전단력 $S_x = -P$(일정)

축방향력 $A_x = 0$

휨모멘트 $M_x = -P \cdot x$(1차식)

$$\begin{cases} x=0, & M_A = 0 \\ x=h, & M_B = -Ph \end{cases}$$

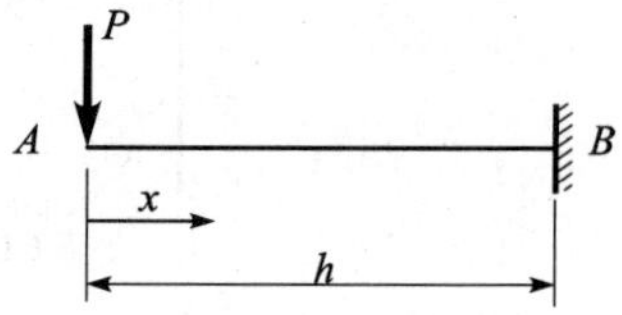

[그림 9-12(a)]

보 $(B-C)$는 다음과 같다.

$S_x = 0$

$A_x = -P$(일정)

$M_x = -Ph$(일정)

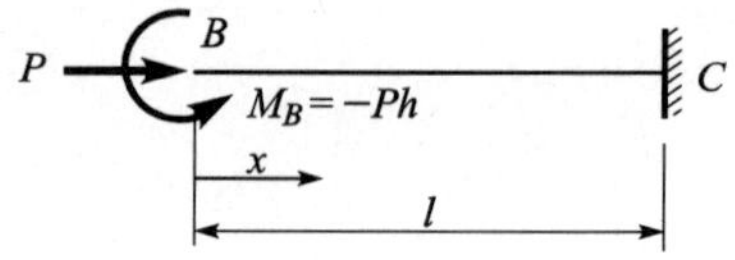

[그림 9-12(b)]

보 $(C-D)$는 다음과 같은 캔틸레버가 된다.

$S_x = P$(일정)

$A_x = 0$

$M_x = -P \cdot h + P \cdot x$ (1차식)

$$\begin{cases} x=0, & M_C = -Ph \\ x=h, & M_D = 0 \end{cases}$$

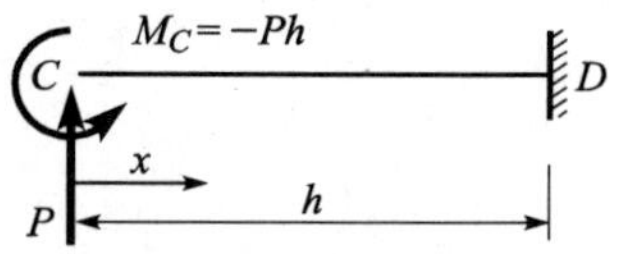

[그림 9-12(c)]

또 [그림 9-12]에서 $M_D = 0$임을 알 수 있다.

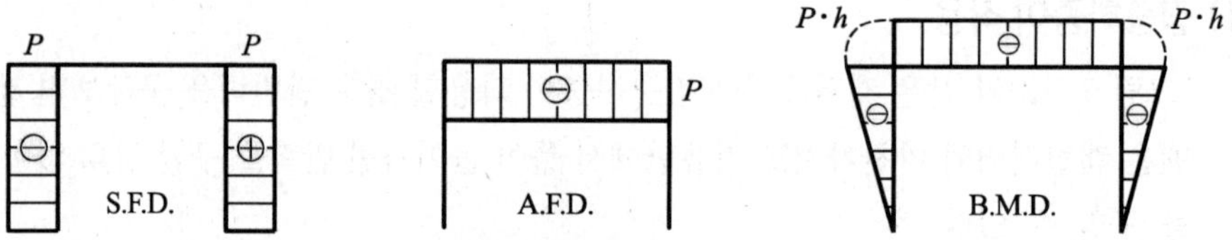

[그림 9-13]

다음과 같은 캔틸레버형 라멘을 풀어 보면

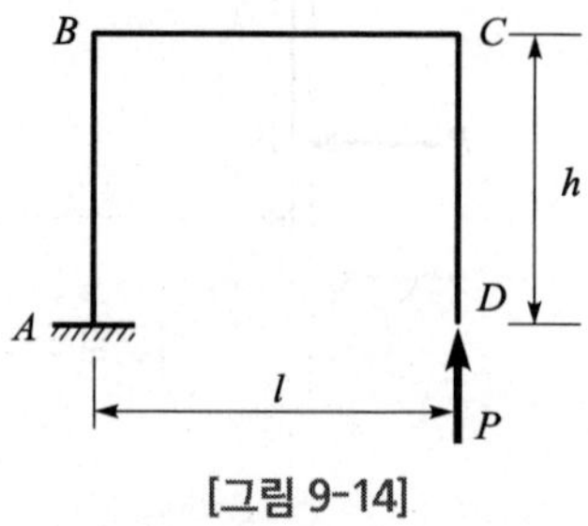

[그림 9-14]

자유단에서 풀어 들어가면

보 $(C-D)$

$S_x = 0$

$A_x = -P$ (일정)

$M_x = 0$

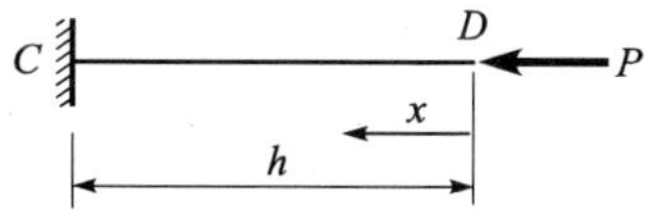

[그림 9-14(a)]

보 $(B-C)$

$S_x = -P$ (일정)

$A_x = 0$

$M_x = P \cdot x$ (1차식)

$$\begin{cases} x = 0, \ M_C = 0 \\ x = l, \ M_B = P \cdot l \end{cases}$$

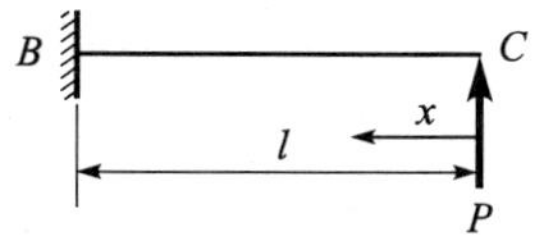

[그림 9-14(b)]

보 $(A-B)$

$S_x = 0$

$A_x = P$ (일정)

$M_x = P \cdot l$ (일정)

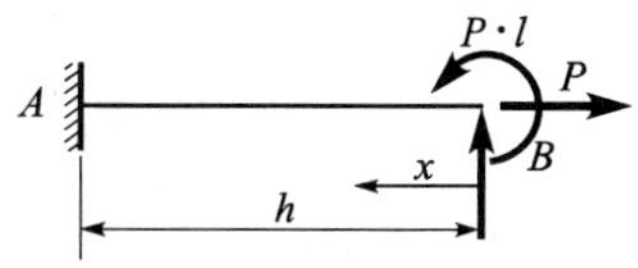

[그림 9-14(c)]

또 그림 [9-14(c)]에서 $M_A = Pl$임을 알 수 있다.

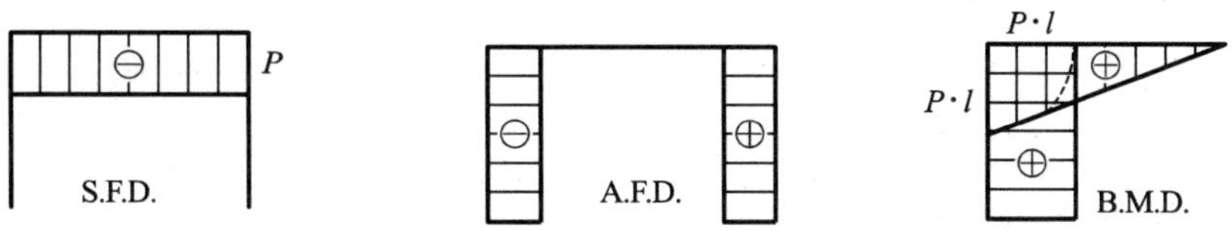

[그림 9-15]

다음과 같이 집중하중이 각을 가지고 작용하면

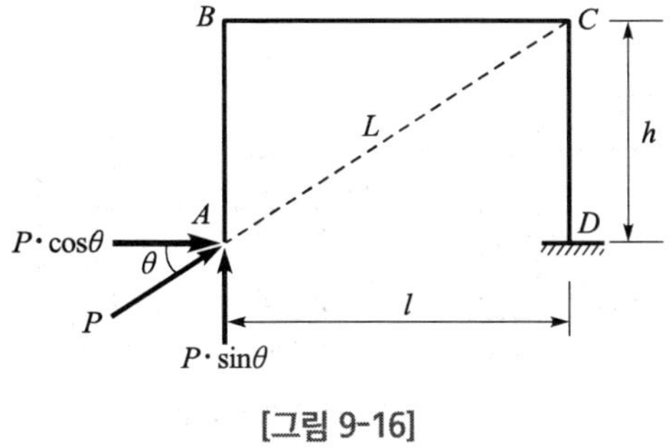

[그림 9-16]

보 $(A-B)$에서

$S_x = -P \cdot \cos\theta$(일정)

$A_x = -P \cdot \sin\theta$(일정)

$M_x = -P \cdot \cos\theta \cdot x$(1차식)

$$\begin{cases} x=0, \ M_A = 0 \\ x=h, \ M_B = -P \cdot h \cdot \cos\theta \end{cases}$$

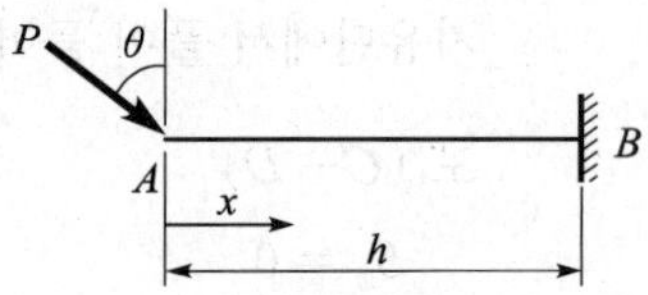

[그림 9-16(a)]

보 $(B-C)$에서

$S_x = P \cdot \sin\theta$(일정)

$A_x = -P \cdot \cos\theta$(일정)

$M_x = -P \cdot h \cdot \cos\theta + P \cdot \sin\theta \cdot x$

$$\begin{cases} x=0, \ M_B = -P \cdot h \cdot \cos\theta \\ x=l, \ M_C = -P \cdot h \cdot \cos\theta + P \cdot l \cdot \sin\theta \end{cases}$$

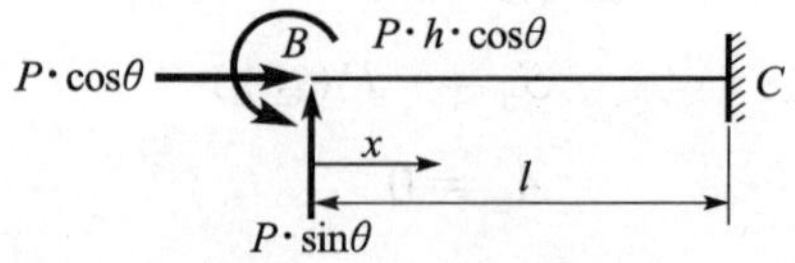

[그림 9-16(b)]

그림에서 $\sin\theta = \dfrac{h}{L}$, $\cos\theta = \dfrac{l}{L}$ 이므로,

$$M_C = -P \cdot h \frac{l}{L} + P \cdot l \cdot \frac{h}{L} = 0$$

또 그림상에서 C 점의 모멘트는 0이 됨을 알 수 있다.

보 $(C-D)$에서

$S_x = P \cdot \cos\theta$

$A_x = P \cdot \sin\theta$

$M_x = P \cdot \cos\theta \cdot x$

$$\begin{cases} x=0, \ M_C = 0 \\ x=h, \ M_D = P \cdot h \cdot \cos\theta \end{cases}$$

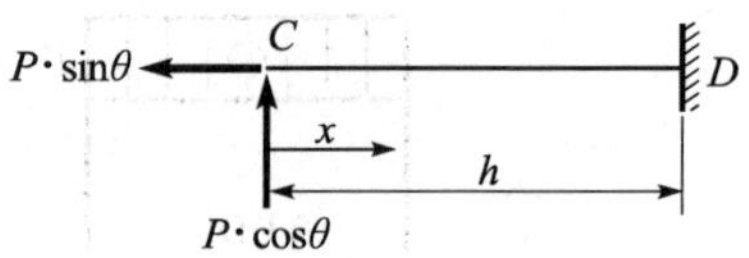

[그림 9-16(c)]

[그림 9-16(c)]에서 $M_D = P \cdot h \cdot \cos\theta$임을 알 수 있다.

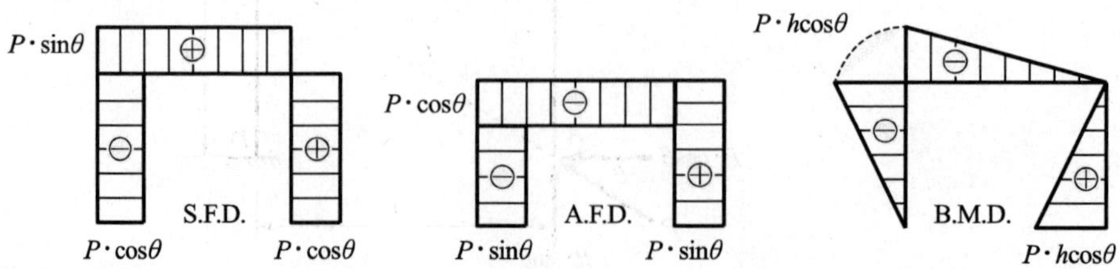

[그림 9-17]

예제 1

다음 라멘을 해석하라.

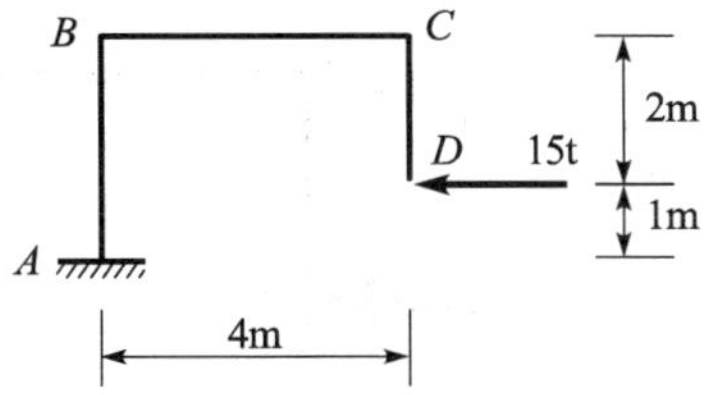

[그림 9-18]

i) 보 $(C-D)$에서

$S_x = 15\text{t}$ (일정)

$A_x = 0$

$M_x = -15x$ (1차식)

$$\begin{cases} x=0, & M_D = 0 \\ x=2, & M_C = -30\,\text{t}\cdot\text{m} \end{cases}$$

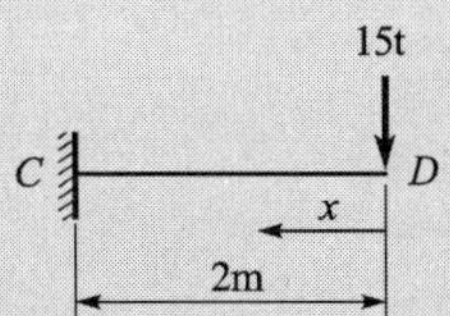

[그림 9-18(a)]

ii) 보 $(B-C)$에서

$S_x = 0$

$A_x = -15\text{t}$ (일정)

$M_x = -30\,\text{t}\cdot\text{m}$ (일정)

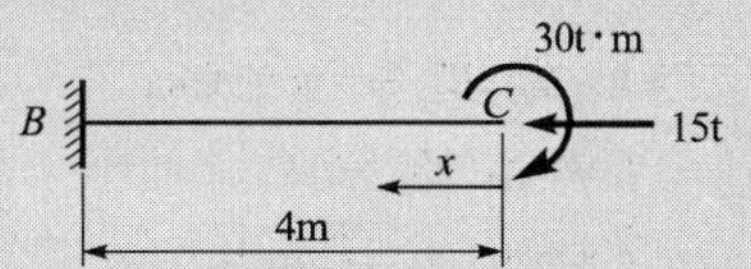

[그림 9-18(b)]

iii) 보 $(A-B)$에서

$S_x = -15\text{t}$ (일정)

$A_x = 0$

$M_x = -30 + 15x$ (1차식)

$$\begin{cases} x=0, & M_B = -30\,\text{t}\cdot\text{m} \\ x=3, & M_A = 15\,\text{t}\cdot\text{m} \end{cases}$$

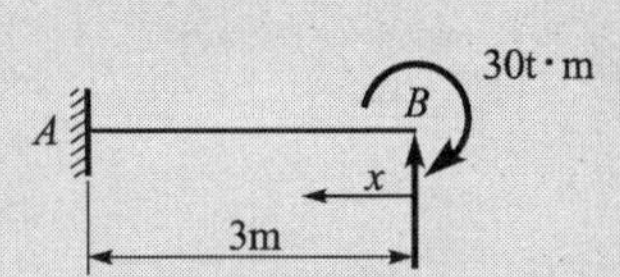

[그림 9-18(c)]

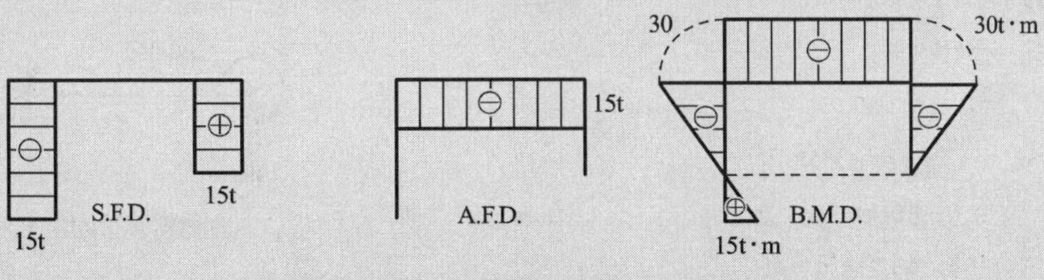

[그림 9-19]

예제 2

다음 캔틸레버형 라멘을 풀고 단면력도를 그려라.

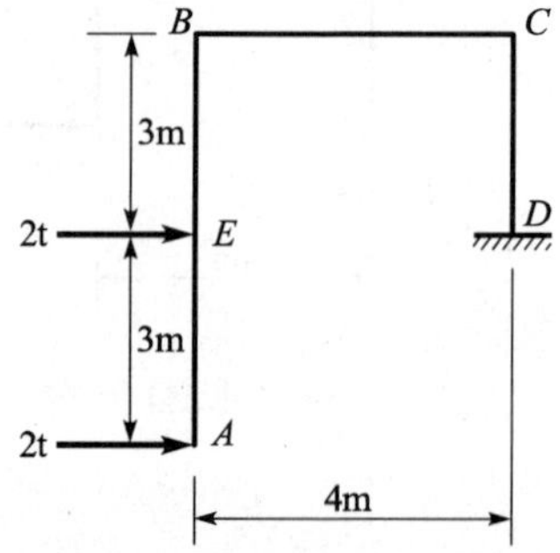

[그림 9-20]

i) 보 $(A-B)$

$(A-E)$ $S_x = -2t$ (일정)

$(E-B)$ $S_x = -4\mathrm{t}$ (일정)

$A_x = 0$

$(A-E)$ $M_x = -2x$ (1차식)

$\begin{cases} x=0, \ M_A = 0 \\ x=3, \ M_E = -6\mathrm{t\cdot m} \end{cases}$

$(E-B)$ $M_x = -2x - 2(x-3)$ (1차식)

$\begin{cases} x=3, \ M_E = -6\mathrm{t\cdot m} \\ x=6, \ M_B = -18\mathrm{t\cdot m} \end{cases}$

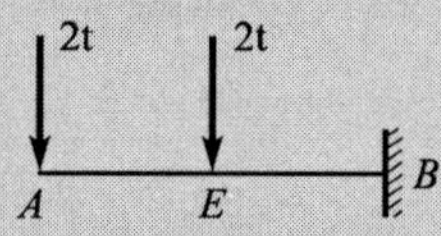

[그림 9-20(a)]

ii) 보 $(B-C)$

$S_x = 0$

$A_x = -4\mathrm{t}$ (일정)

$M_x = -18\mathrm{t\cdot m}$ (일정)

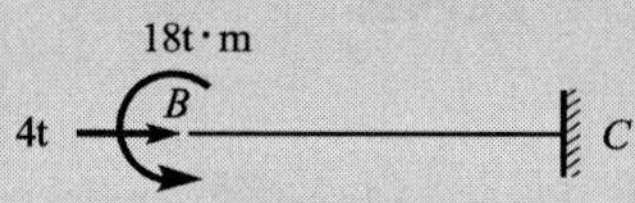

[그림 9-20(b)]

iii) 보 $(C-D)$

$S_x = 4\mathrm{t}$ (일정)

$A_x = 0$

$M_x = -18 + 4\mathrm{t}$ (1차식)

$\begin{cases} x=0, \ M_C = -18\mathrm{t\cdot m} \\ x=3, \ M_D = -6\mathrm{t\cdot m} \end{cases}$

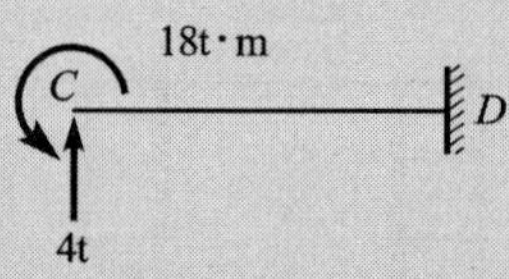

[그림 9-20(c)]

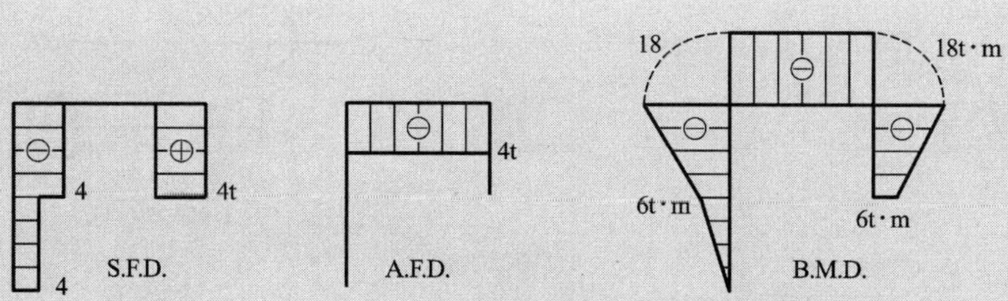

[그림 9-21]

예제 3

다음과 같은 캔틸레버형 라멘을 해석하고 단면력도를 그려라.

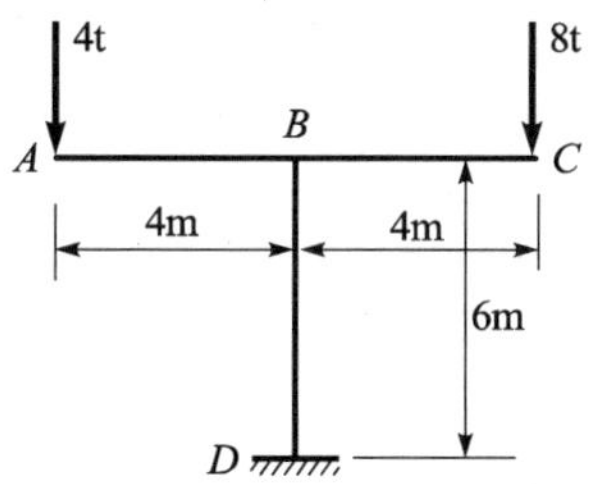

[그림 9-22]

i) 보 $(A-B)$

$S_x = -4\text{t}$ (일정)

$A_x = 0$

$M_x = -4x$ (1차식)

$$\begin{cases} x = 0,\ M_A = 0 \\ x = 4,\ M_B = -16\,\text{t}\cdot\text{m} \end{cases}$$

[그림 9-22(a)]

ii) 보 $(B-C)$

$S_x = 8\text{t}$ (일정)

$A_x = 0$

$M_x = -8x$ (1차식)

$$\begin{cases} x = 0,\ M_C = 0 \\ x = 4,\ M_B = -32\,\text{t}\cdot\text{m} \end{cases}$$

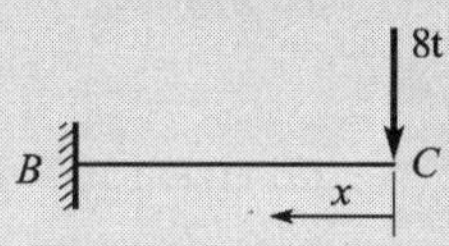

[그림 9-22(b)]

iii) 보 $(B-D)$

다음 그림과 같이 2가지 경우가 생기나 그 절대값의 차이는 없고 부호만 다르므로 어느 것을 택하여도 관계없다. 본서에서는 아래 그림과 같은 방법을 택하면

$S_x = 0$

$A_x = -12\text{t}$

$M_x = -16\text{t}\cdot\text{m}$

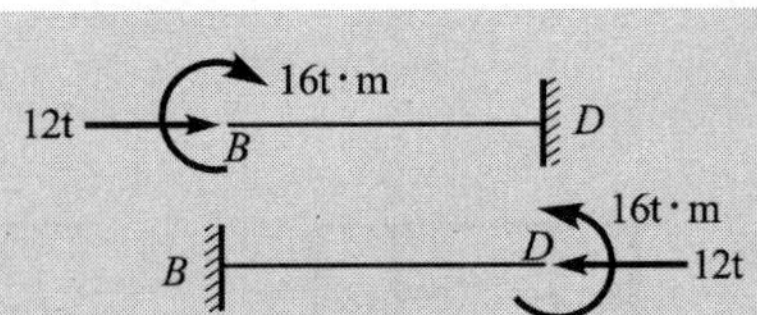

[그림 9-22(c)]

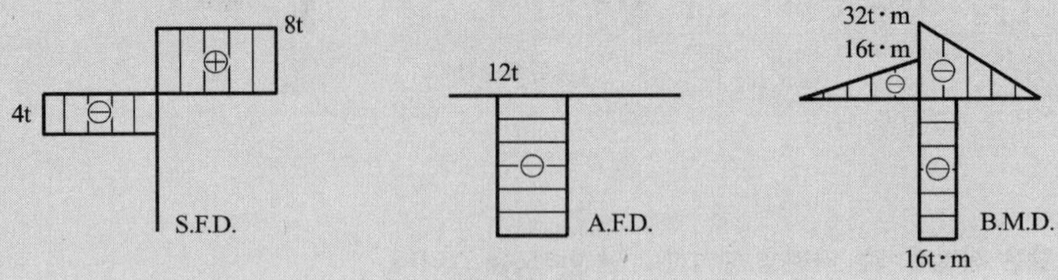

[그림 9-23]

예제 4

다음과 같은 라멘을 해석하라.

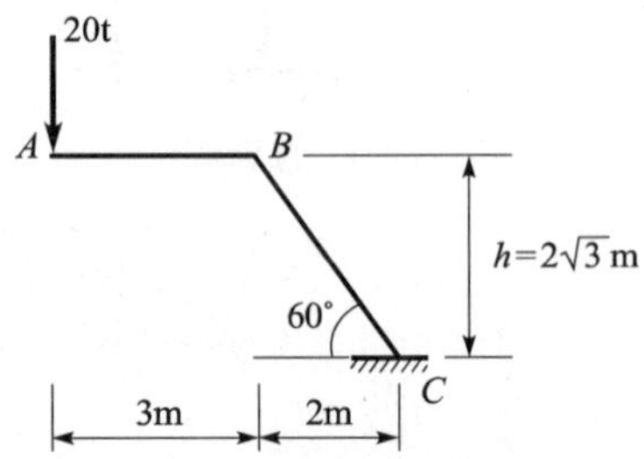

[그림 9-24]

i) 보 $(A-B)$

$S_x = -20\text{t}$ (일정)

$A_x = 0$

$M_x = -20x$ (1차식)

$$\begin{cases} x = 0,\ M_A = 0 \\ x = 3,\ M_B = -60\text{t}\cdot\text{m} \end{cases}$$

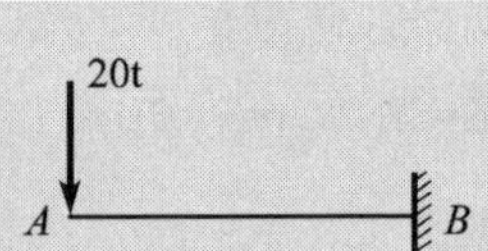

[그림 9-24(a)]

ii) 보 $(B-C)$

$S_x = -P_V = -20\cdot\cos 60° = -10\text{t}$

$A_x = -P_H = -20\cdot\sin 60° = -17.32\text{t}$

$M_x = -60 - P_V\cdot x = -60 - 10x$

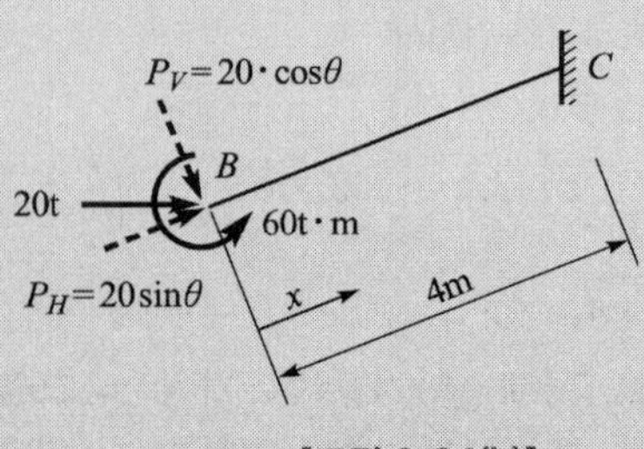

[그림 9-24(b)]

$$\begin{cases} x=0,\ M_B=-60\,\text{t}\cdot\text{m} \\ x=4,\ M_C=-100\,\text{t}\cdot\text{m} \end{cases}$$

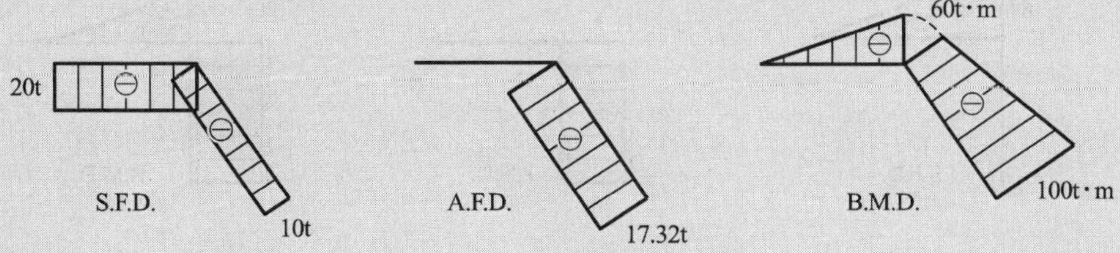

[그림 9-25]

(3) 등분포하중의 작용

다음과 같은 캔틸레버형 라멘에 등분포하중이 작용하면

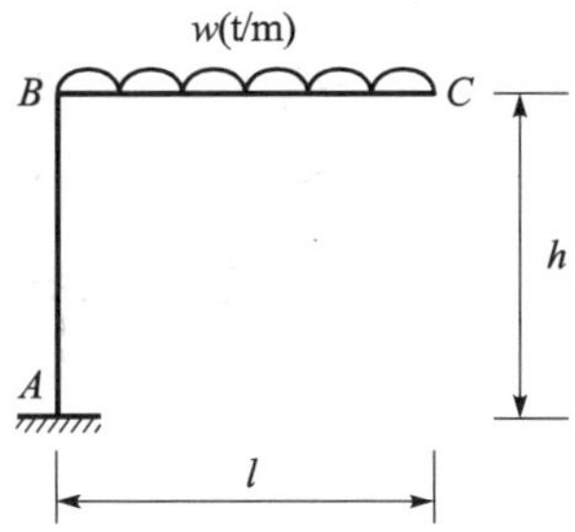

[그림 9-26]

i) 보 $(B-C)$

$S_x = wx$ (1차식)

$$\begin{cases} x=0,\ S_C=0 \\ x=l,\ S_B=wl \end{cases}$$

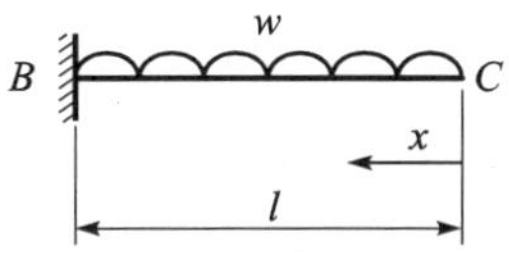

[그림 9-26(a)]

$A_x = 0$

$M_x = -wx\cdot\dfrac{x}{2} = -\dfrac{wx^2}{2}$ (2차식)

$$\begin{cases} x=0,\ M_C=0 \\ x=l,\ M_B=-\dfrac{wl^2}{2} \end{cases}$$

ii) 보 $(A-B)$

$S_x = 0$

$A_x = -wl$(일정)

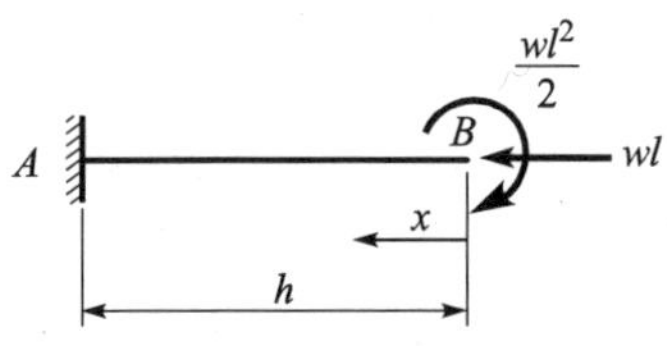

[그림 9-26(b)]

$$M_x = -\frac{wl^2}{2}\ (\text{일정})$$

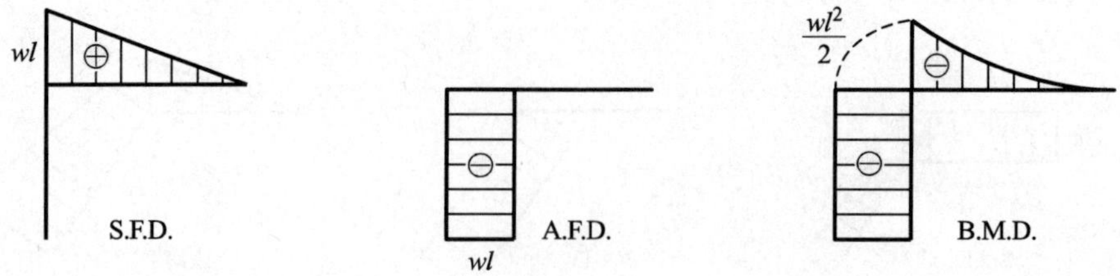

[그림 9-27]

또 다음과 같은 라멘을 생각하면

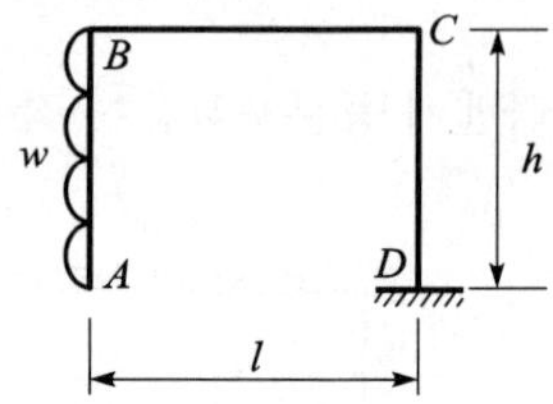

[그림 9-28]

i) 보 $(A-B)$

$S_x = -wx$ (1차식)

$$\begin{cases} x=0, & S_A = 0 \\ x=h, & S_B = -wh \end{cases}$$

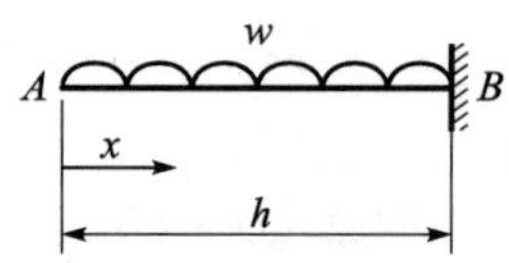

[그림 9-28(a)]

$A_x = 0$

$$M_x = -w \cdot x \cdot \frac{x}{2} = -\frac{wx^2}{2}\ (\text{2차식})$$

$$\begin{cases} x=0, & M_A = 0 \\ x=h, & M_B = -\dfrac{wh^2}{2} \end{cases}$$

ii) 보 $(B-C)$

$S_x = 0$

$A_x = -wh$ (일정)

$$M_x = -\frac{wh^2}{2}\ (\text{일정})$$

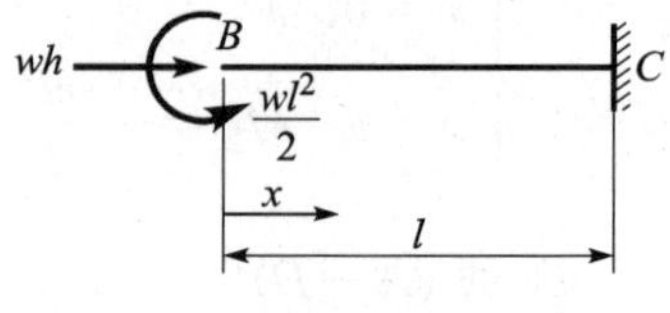

[그림 9-28(b)]

iii) 보 $(C-D)$

$S_x = wh$ (일정)

$A_x = 0$

$M_x = -\dfrac{wh^2}{2} + wh \cdot x$ (1차식)

$$\begin{cases} x = 0, \ M_C = -\dfrac{wh^2}{2} \\ x = h, \ M_D = \dfrac{wh^2}{2} \end{cases}$$

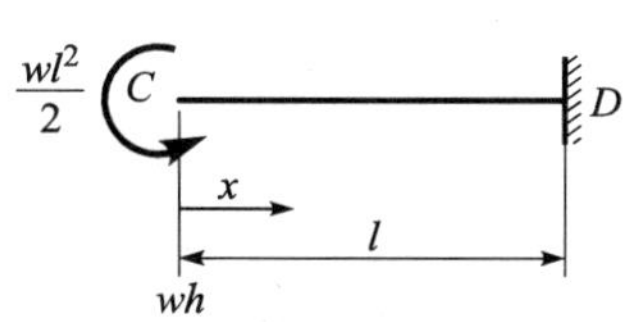

[그림 9-28(c)]

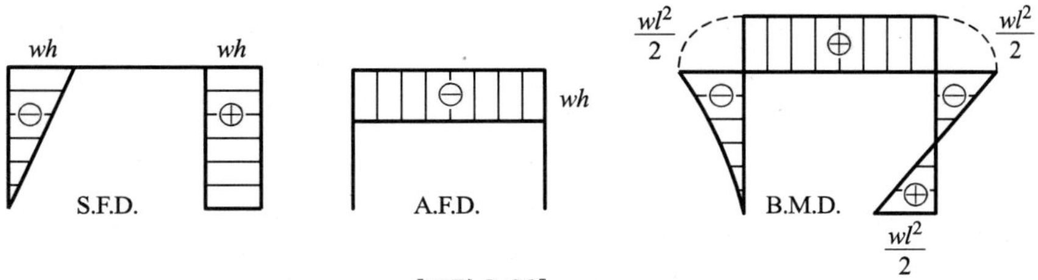

[그림 9-29]

예제 5

[그림 9-30]과 같은 라멘의 단면력도를 구하라.

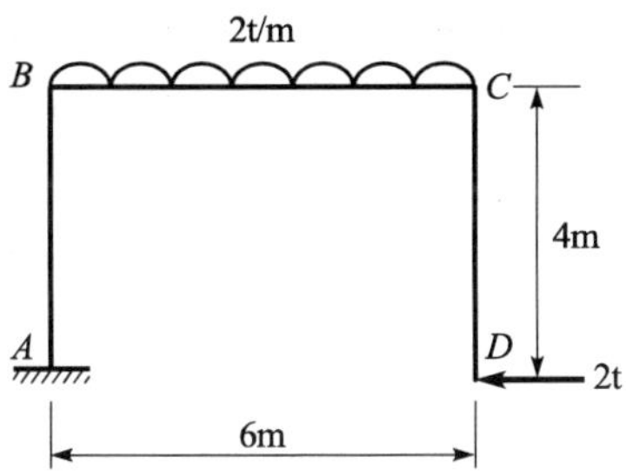

[그림 9-30]

i) 보 $(C-D)$

$S_x = 2\text{t}$ (일정)

$A_x = 0$

$M_x = -2x$ (1차)

$$\begin{cases} x = 0, \ M_D = 0 \\ x = 4, \ M_C = -8\,\text{t}\cdot\text{m} \end{cases}$$

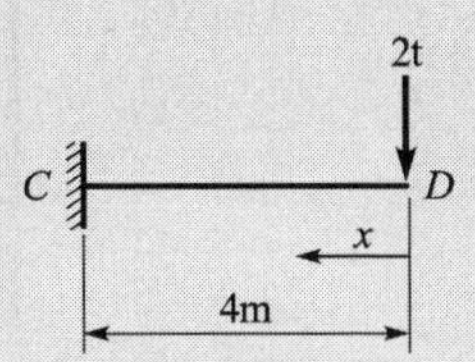

[그림 9-30(a)]

ii) 보 $(B-C)$

$S_x = 2x$ (1차)

$$\begin{cases} x=0, & S_C=0 \\ x=6, & S_B=12t \end{cases}$$

$A_x=-2t$ (일정)

$M_x=-8-x^2$ (2차)

$$\begin{cases} x=0, & M_C=-8t\cdot m \\ x=6, & M_B=-44t\cdot m \end{cases}$$

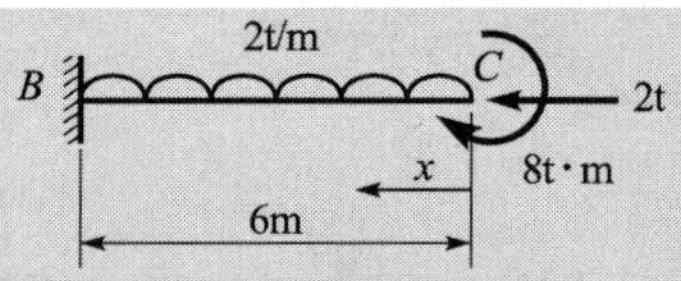

[그림 9-30(b)]

iii) 보 $(A-B)$

$S_x=-2t$ (일정)

$A_x=-12t$ (일정)

$M_x=-44+2x$ (1차)

$$\begin{cases} x=0, & M_B=-44t\cdot m \\ x=4, & M_A=-36t\cdot m \end{cases}$$

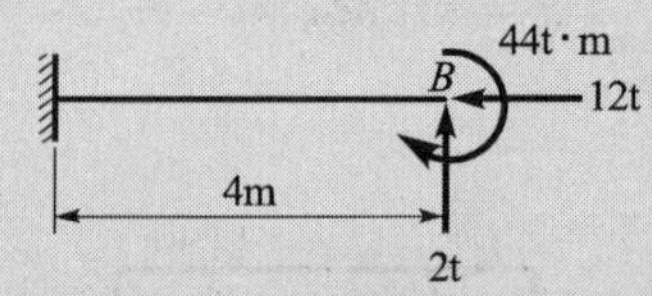

[그림 9-30(c)]

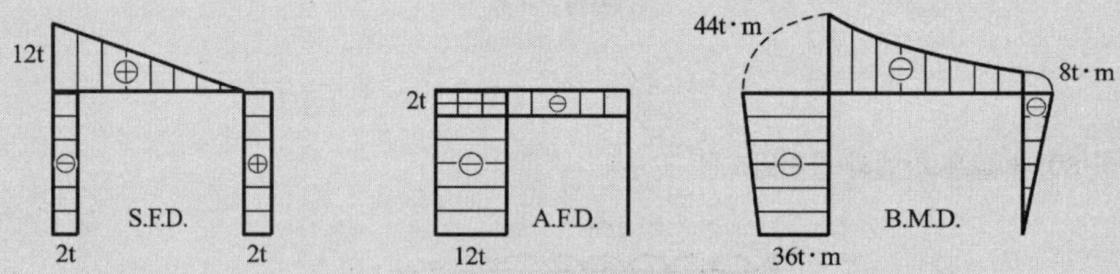

[그림 9-31]

예제 6

다음과 같은 라멘을 해석하라.

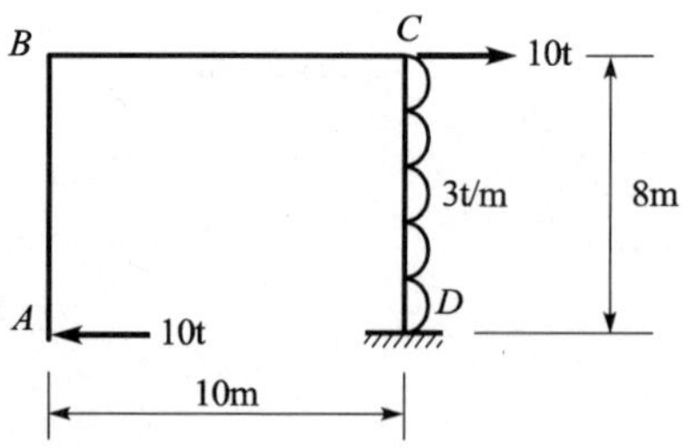

[그림 9-32]

i) 보 $(A-B)$

$S_x=10t$ (일정)

$A_x=0$

$M_x = 10x$ (1차)

$$\begin{cases} x=0,\ M_A=0 \\ x=8,\ M_A=80\,\text{t}\cdot\text{m} \end{cases}$$

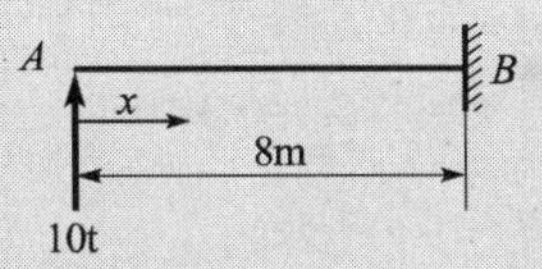

[그림 9-32(a)]

ii) 보 $(B-C)$

$S_x = 0$

$A_x = 10\text{t}$ (일정)

$M_x = 80\,\text{t}\cdot\text{m}$ (일정)

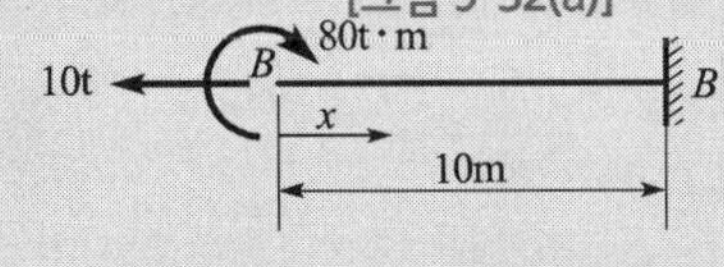

[그림 9-32(b)]

iii) 보 $(C-D)$

$S_x = -3x$ (1차)

$$\begin{cases} x=0,\ S_C=0 \\ x=8,\ S_D=-24\,\text{t}\cdot\text{m} \end{cases}$$

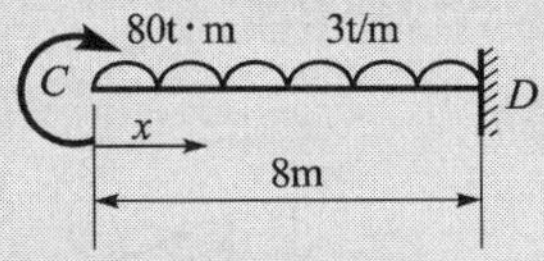

[그림 9-32(c)]

$A_x = 0$

$M_x = 80 - \frac{3}{2}x^2$ (2차)

$$\begin{cases} x=0,\ M_C=0 \\ x=8,\ M_D=-16\,\text{t}\cdot\text{m} \end{cases}$$

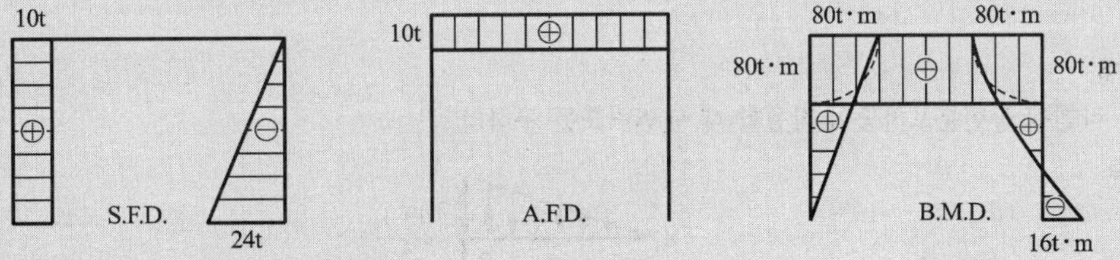

[그림 9-33]

예제 7

다음 라멘을 풀어라.

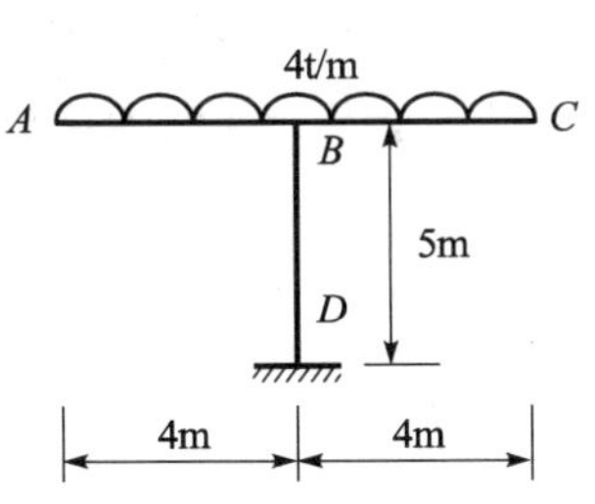

[그림 9-34]

i) 보 $(A-B)$, 보 $(B-C)$

$S_x = -4x$ (1차)

$$\begin{cases} x=0,\ S_A=0 \\ x=4,\ S_B=-16\,\text{t·m} \end{cases}$$

$M_x=-2x^2$ (2차)

$$\begin{cases} x=0,\ M_A=0 \\ x=4,\ M_B=-32\,\text{t·m} \end{cases}$$

$A_x=0$

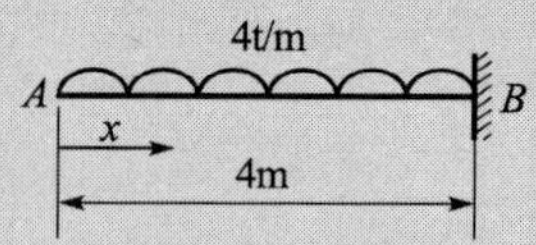

[그림 9-34(a)]

ii) 보 $(B-D)$

$S_x=0$

$A_x=-32\text{t}$ (일정)

$M_x=0$

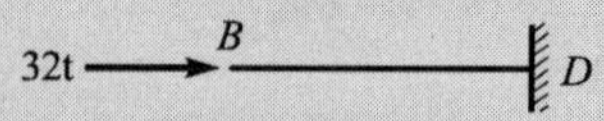

[그림 9-34(b)]

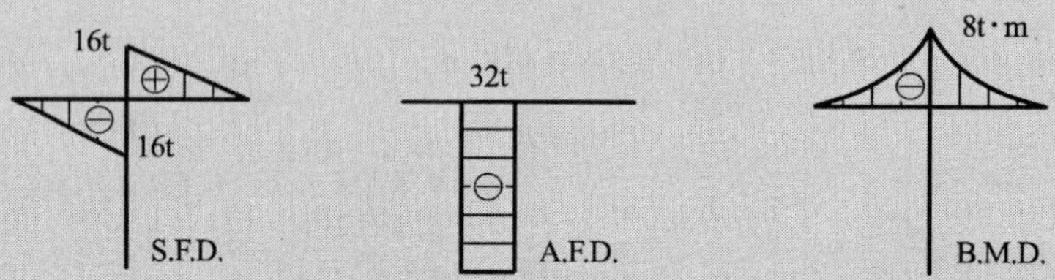

[그림 9-35]

예제 8

다음 라멘에 등변분포하중이 작용할 때 단면력도를 구하라.

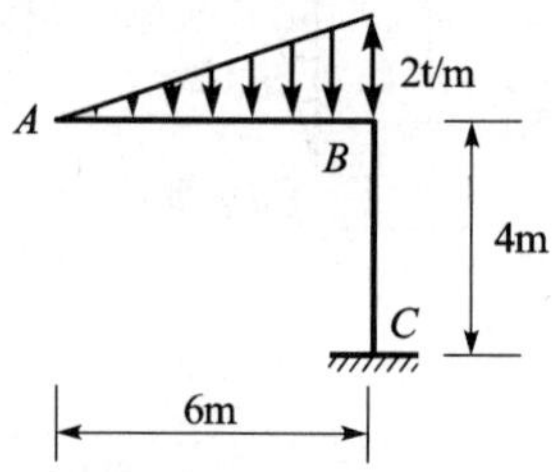

[그림 9-36]

i) 보 $(A-B)$

$S_x=-\dfrac{q}{2}\cdot x=-\dfrac{x^2}{6}$ (2차)

$$\begin{cases} x=0,\ S_A=0 \\ x=6,\ S_B=-6\text{t} \end{cases}$$

$A_x=0$

$M_x=-\dfrac{q}{2}\cdot x\cdot\dfrac{x}{3}=\dfrac{x^3}{18}$ (3차)

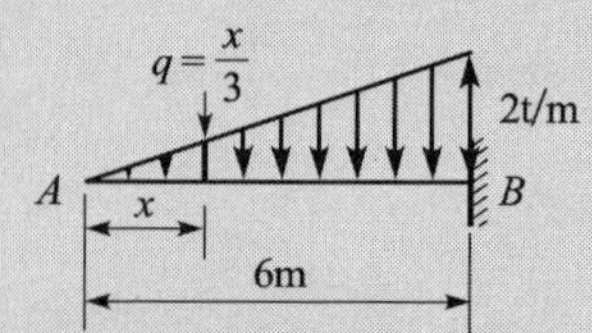

[그림 9-36(a)]

$$\begin{cases} x=0,\ M_A=0 \\ x=6,\ M_B=-12\mathrm{t \cdot m} \end{cases}$$

ii) 보 $(B-C)$

$S_x=0$

$A_x=-6\mathrm{t}$ (일정)

$M_x=-12\mathrm{t \cdot m}$ (일정)

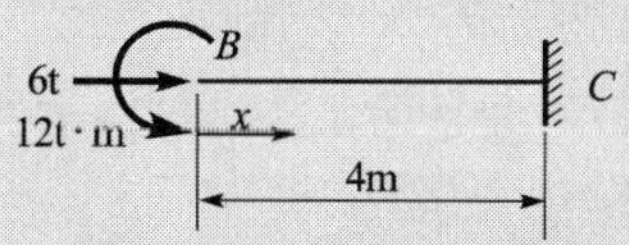

[그림 9-36(b)]

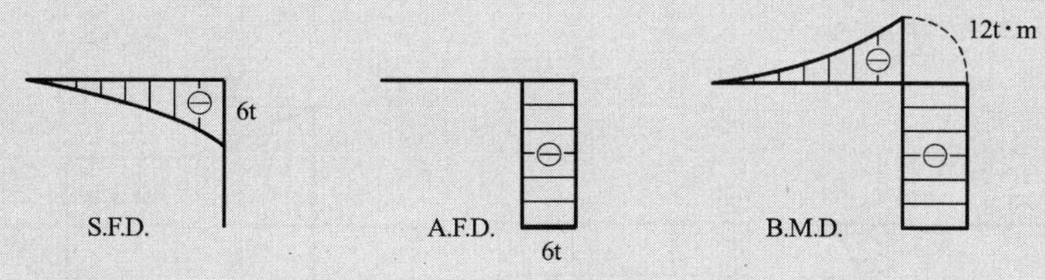

[그림 9-37]

예제 9

다음 라멘을 해석하라.

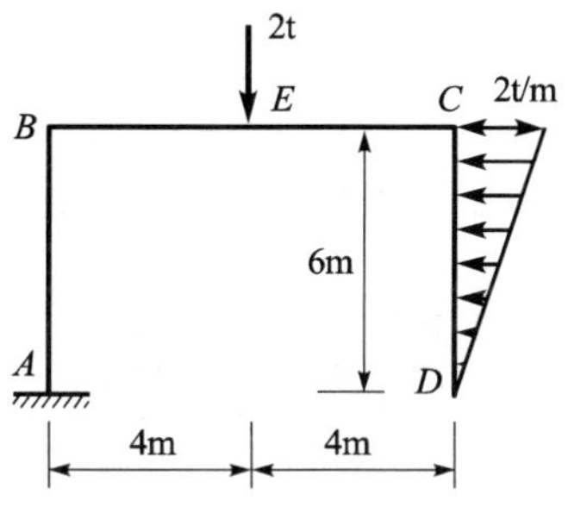

[그림 9-38]

i) 보 $(C-D)$는 앞 예제 8의 $(A-B)$와 같다.

$A_x=0$

$S_C=6\mathrm{t}$

$M_C=-12\mathrm{t \cdot m}$

ii) 보 $(B-C)$

$(B-E)$ $S_x=2\mathrm{t}$ (일정)

$A_x=-6\mathrm{t}$

$(C-E)$ $M_x=-12\mathrm{t \cdot m}$ (일정)

$(E-B)$ $M_x=-12-2(x-4)$

$$\begin{cases} x = 4, \ M_E = -12\text{t}\cdot\text{m} \\ x = 8, \ M_B = -2\text{t}\cdot\text{m} \end{cases}$$

iii) 보 $(A-B)$

$S_x = -6\text{t}$ (일정)

$A_x = -2\text{t}$ (일정)

$M_x = -20 + 6x$

$$\begin{cases} x = 0, \ M_B = -20\text{t}\cdot\text{m} \\ x = 6, \ M_A = 16\text{t}\cdot\text{m} \end{cases}$$

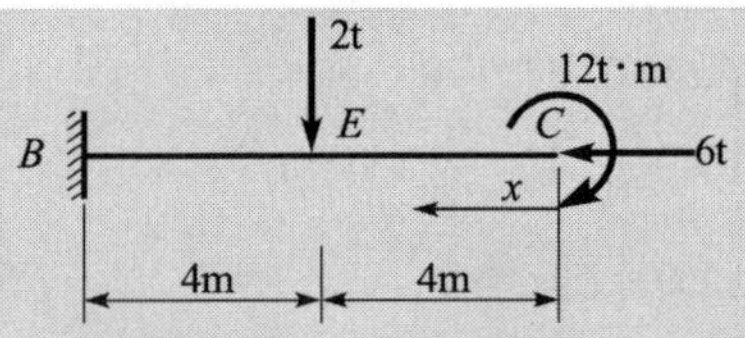

[그림 9-38(a)]

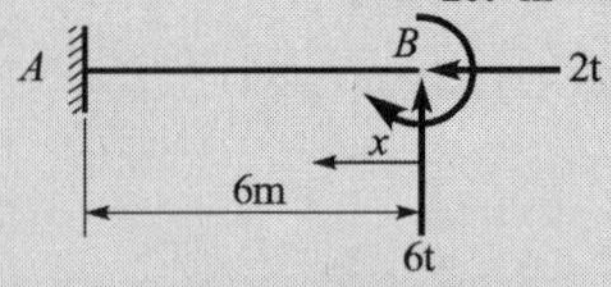

[그림 9-38(b)]

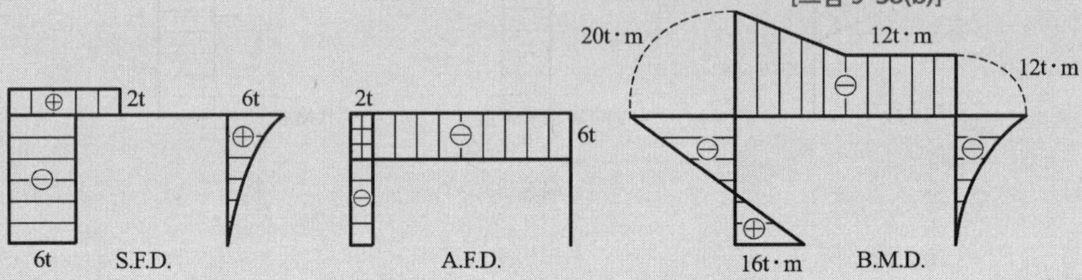

[그림 9-39]

(3) 모멘트 하중이 작용할 때

다음과 같은 캔틸레버형 라멘에 모멘트 하중이 작용할 경우 단면력을 살펴보면,

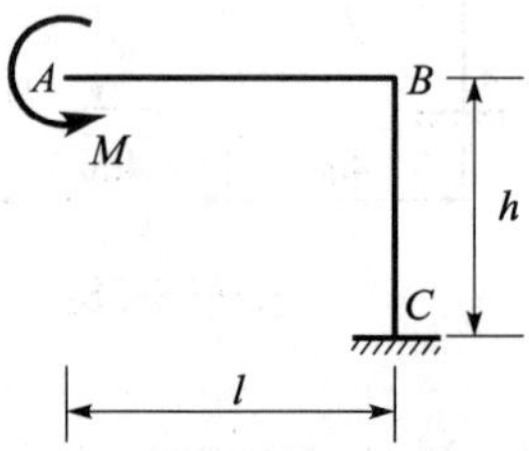

[그림 9-40]

i) 보 $(A-B)$

$S_x = 0$

$A_x = 0$

$M_x = -M$ (일정)

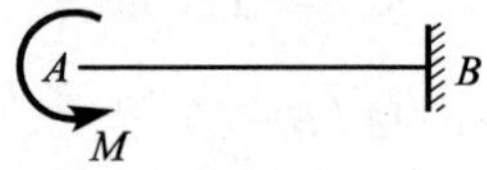

[그림 9-40(a)]

ii) 보 $(B-C)$

$S_x = 0$

$A_x = 0$

$M_x = -M$(일정)

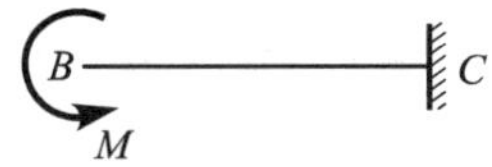

[그림 9-40(b)]

즉, 모멘트 하중만 작용하는 캔틸레버형 라멘에서는 전단력, 축방향력은 전혀 생기지 않고 단지 모멘트만 생긴다.

[그림 9-41]

다음과 같은 라멘을 보면 모멘트 하중만 작용하므로 $B.M.D$만 생긴다.

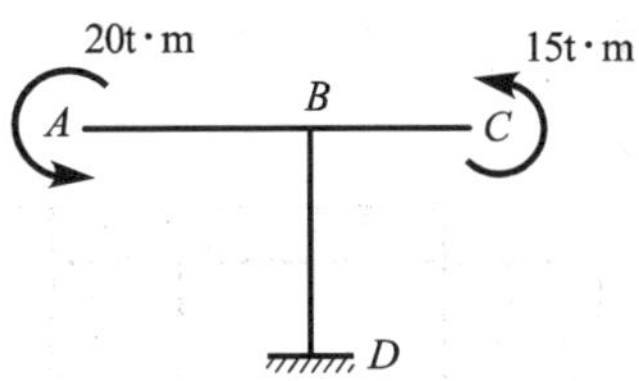

[그림 9-42]

$(A-B)\ M_x = -20\,\text{t·m}$(일정)

$(B-C)\ M_x = 15\,\text{t·m}$(일정)

$(B-D)\ M_x = -20+15 = -5\,\text{t·m}$(일정)

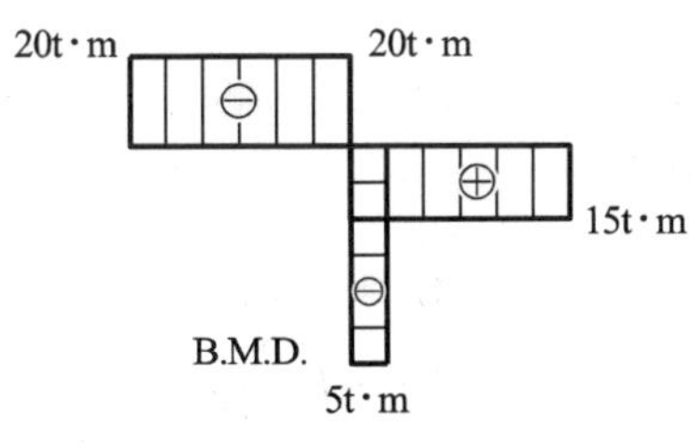

[그림 9-43]

또 다음과 같이 모멘트하중이 작용할 경우

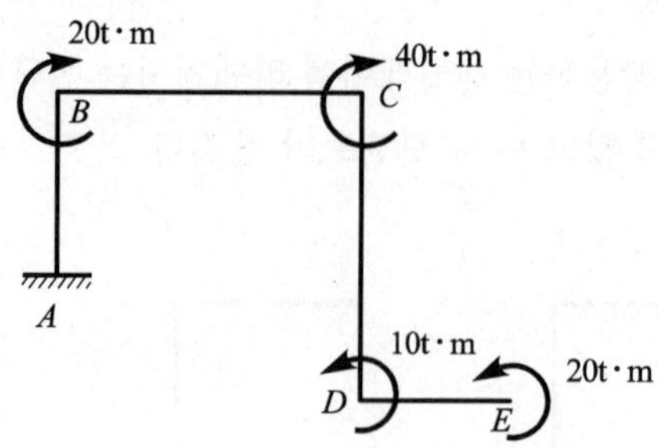

[그림 9-44]

$(E-D)\ M_x = 20\,\text{t}\cdot\text{m}$

$(D-C)\ M_x = 20+10 = 30\,\text{t}\cdot\text{m}$

$(C-B)\ M_x = 30-40 = -10\,\text{t}\cdot\text{m}$

$(B-A)\ M_x = -10-20 = -30\,\text{t}\cdot\text{m}$

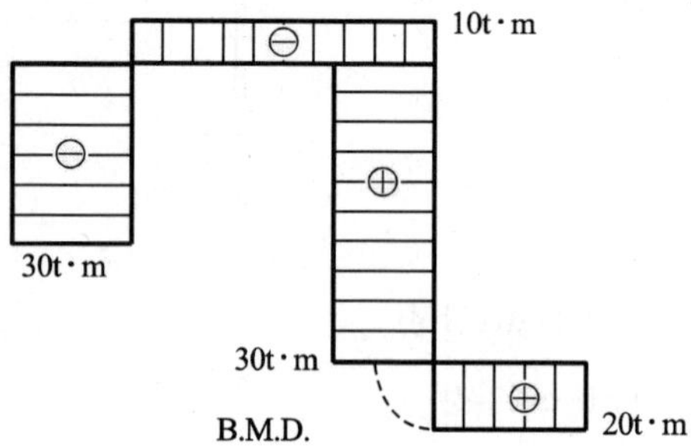

[그림 9-45]

예제 10

다음 라멘의 단면력도를 그려라.

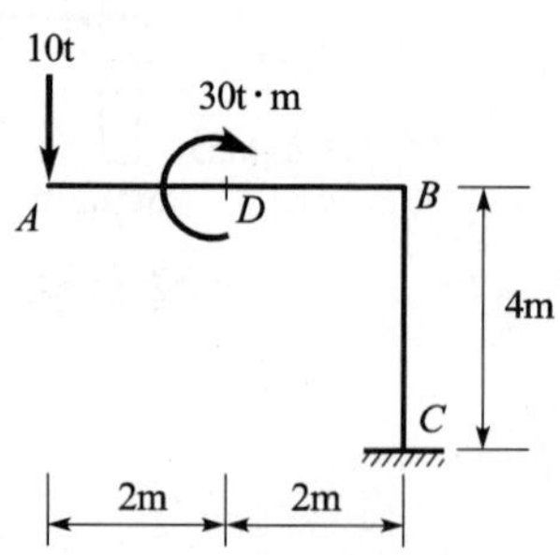

[그림 9-46]

ⅰ) 보 $(A-B)$

$S_x = -10\text{t}$ (일정)

$A_x = 0$

$(A-D)$ $M_x = -10x$

$$\begin{cases} x=0, & M_A = 0 \\ x=2, & M_D = -20\,\text{t}\cdot\text{m} \end{cases}$$

$(D-B)$ $M_x = -10x + 30$

$$\begin{cases} x=2, & M_D = 10\,\text{t}\cdot\text{m} \\ x=4, & M_{mB} = -10\,\text{t}\cdot\text{m} \end{cases}$$

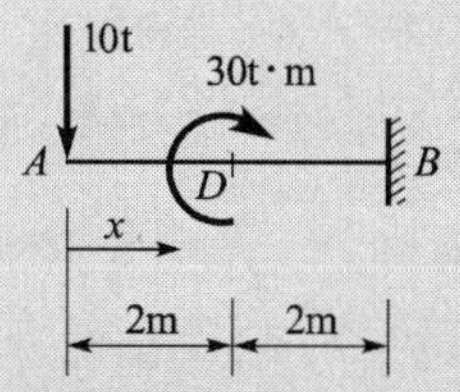

[그림 9-46(a)]

ⅱ) 보 $(B-C)$

$S_x = 0$

$A_x = -10\text{t}$ (일정)

$M_x = -10\,\text{t}\cdot\text{m}$ (일정)

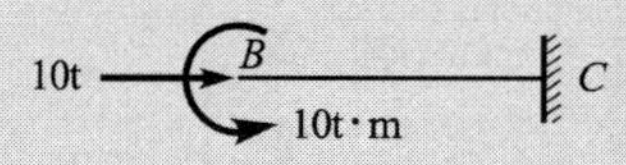

[그림 9-46(b)]

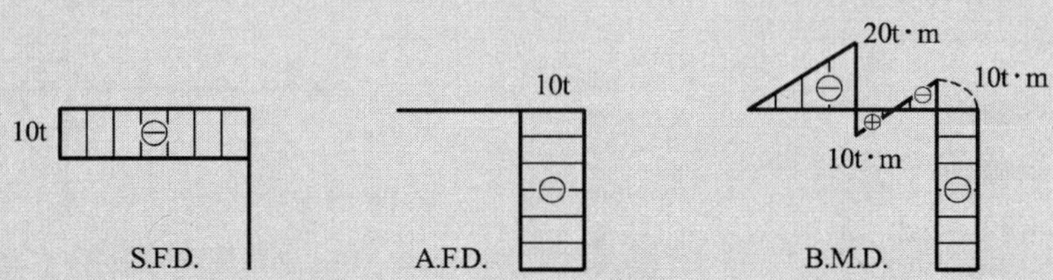

[그림 9-47]

예제 11

다음 라멘을 해석하라.

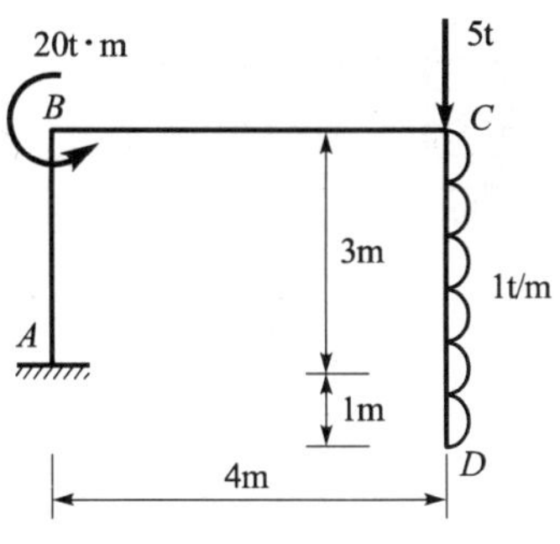

[그림 9-48]

ⅰ) 보 $(C-D)$

$S_x = x$ (1차)

$$\begin{cases} x=0, \ S_D=0 \\ x=4, \ S_C=4\text{t} \end{cases}$$

$A_x=0$

$M_x=-x\cdot\dfrac{x}{2}=-\dfrac{x^2}{2}$ (2차)

$$\begin{cases} x=0, \ M_D=0 \\ x=4, \ M_C=-8\text{t}\cdot\text{m} \end{cases}$$

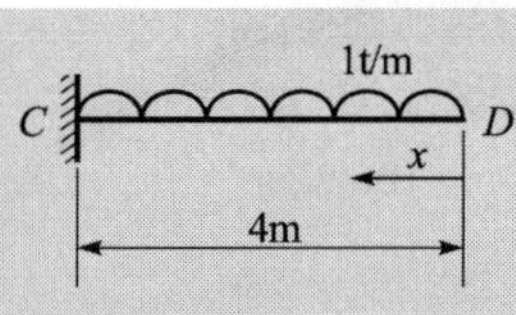

[그림 9-48(a)]

ii) 보 $(B-C)$

$S_x=5\text{t}$ (일정)

$A_x=-4\text{t}$ (일정)

$M_x=-8-5x$ (1차)

$$\begin{cases} x=0, \ M_C=-8\text{t}\cdot\text{m} \\ x=4, \ M_B=-28\text{t}\cdot\text{m} \end{cases}$$

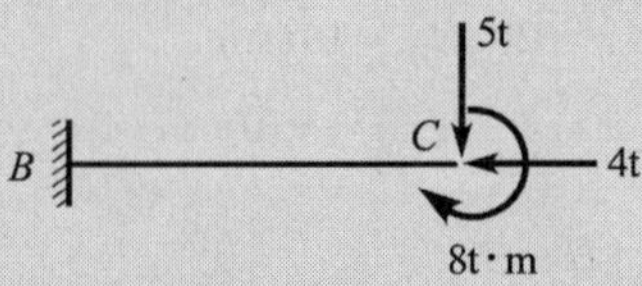

[그림 9-48(b)]

iii) 보 $(A-B)$

$S_x=-4\text{t}$ (일정)

$A_x=-5\text{t}$ (일정)

$M_x=-8+4x$ (1차)

$$\begin{cases} x=0, \ M_B=-8\text{t}\cdot\text{m} \\ x=3, \ M_A=4\text{t}\cdot\text{m} \end{cases}$$

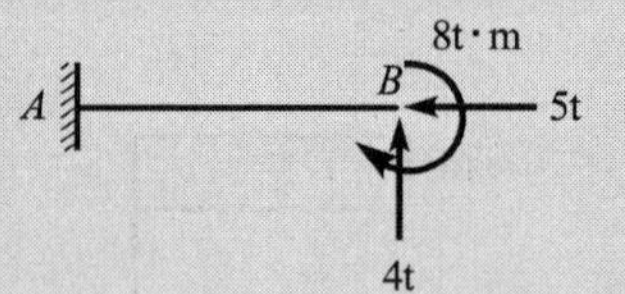

[그림 9-48(c)]

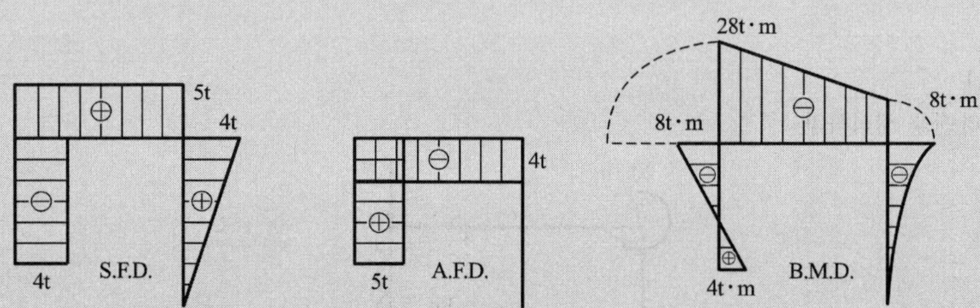

[그림 9-49]

9.3 단순보형 라멘

다음 [그림 9-50]과 같은 단순보형 라멘을 해석하려면 A단에서나 B단에서의 반력을 먼저 알아야 캔틸레버형 라멘과 같은 방법으로 풀 수 있다(캔틸레버로 생각하면 편리하다).

(1) 집중하중이 작용

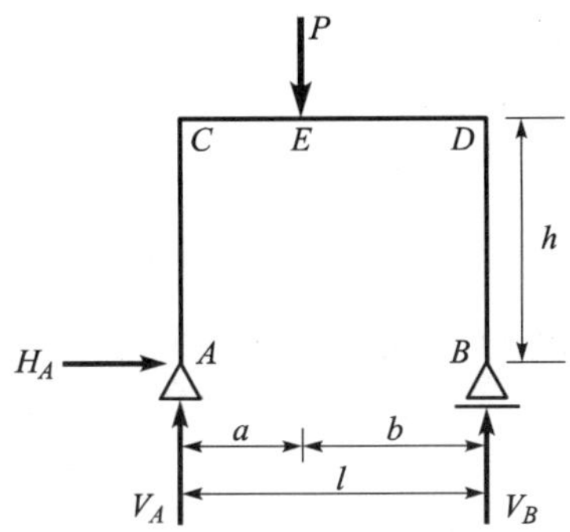

[그림 9-50]

i) 반력

$$\Sigma M_{\text{atB}}=0\ ;\ V_{\text{A}}l-P\cdot b=0,\ V_{\text{A}}=\frac{P}{l}\cdot b$$

$$\Sigma V=0\ ;\ V_{\text{A}}+V_{\text{B}}=P,\ V_{\text{B}}=\frac{P}{l}\cdot a$$

$$\Sigma H=0\ ;\ H_{\text{A}}=0$$

ii) 보 $(A-C)$

$$S_x=0$$

$$A_x=-V_{\text{A}}=-\frac{P}{l}\cdot b$$

$$M_x=0$$

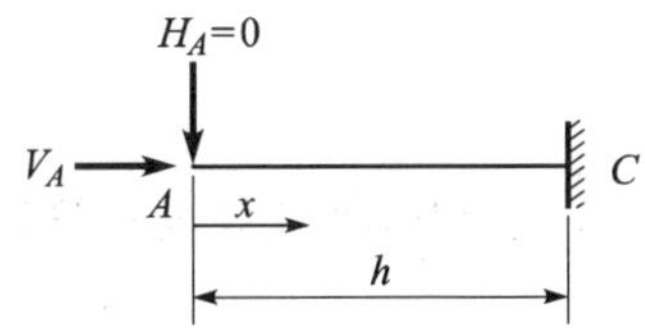

[그림 9-50(a)]

iii) 보 $(C-D)$

C단을 고정단으로 생각하나, D단을 고정단으로 생각하여도 결과는 동일하다.

$(C-E)$ $S_x=V_{\text{A}}=\frac{P}{l}\cdot b$ (일정)

$(E-D)$ $S_x=V_{\text{A}}-P=-\frac{P}{l}\cdot a$(일정)

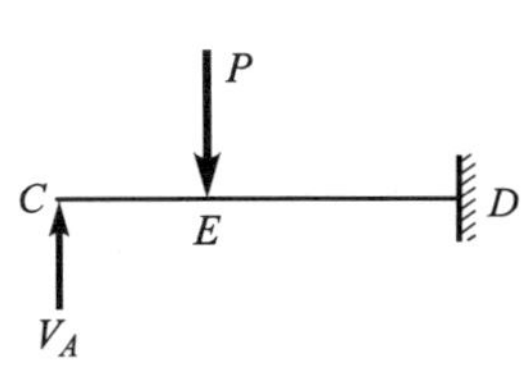

[그림 9-50(b)]

$A_x = 0$

$(C-E)\ M_x = V_A \cdot x = \frac{P}{l} \cdot b \cdot x$ (1차식)

$$\begin{cases} x = 0,\ M_C = 0 \\ x = a,\ M_E = \frac{P}{l} \cdot b \cdot a \end{cases}$$

$(E-D)\ M_x = V_A \cdot x - P(x-a)$

$$\begin{cases} x = a,\ M_E = \frac{P}{l} \cdot b \cdot a \\ x = l,\ M_D = 0 \end{cases}$$

iv) 보 $(D-B)$

V_B의 값을 알므로 B단에서 풀어 들어가면

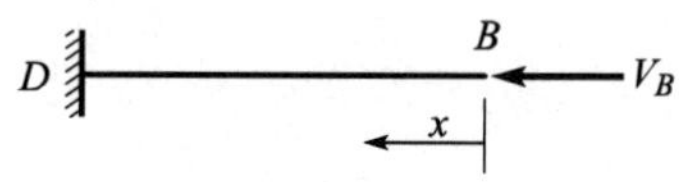

[그림 9-50(c)]

$S_x = 0$

$A_x = -V_B = -\frac{P}{l} \cdot a$

$M_x = 0$

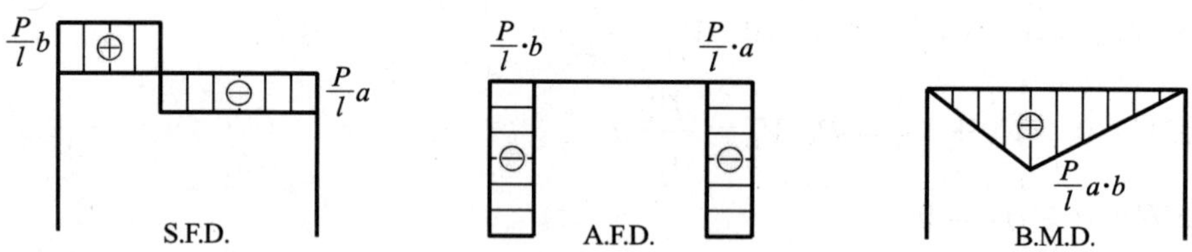

[그림 9-51]

다음과 같은 단순보형 라멘에 집중하중이 작용하면

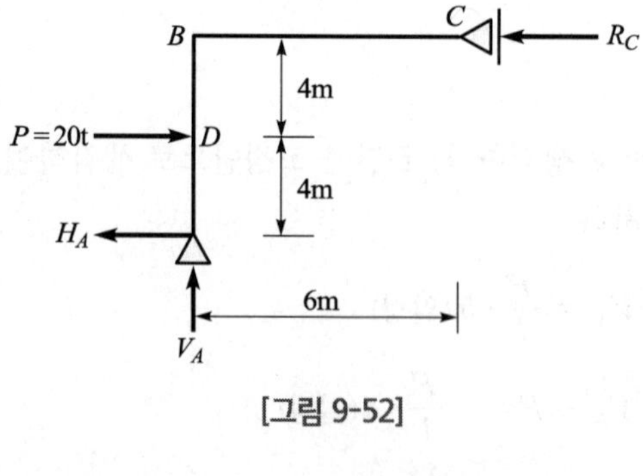

[그림 9-52]

i) 반력

$\Sigma M_{\text{atA}}=0$; $R_C \cdot 8-20\times 4=0$, $R_C=10\text{t}$

$\Sigma H=0$; $R_C+H_A=20$, $H_A=10\text{t}$

$\Sigma V=0$; $V_A=0$

ii) 보 $(A-B)$

$(A-D)$ $S_x=10\text{t}$ (일정)

$(D-B)$ $S_x=10-20=-10\text{t}$

$A_x=0$

$(A-D)$ $M_x=10x$

$$\begin{cases} x=0, & M_A=0 \\ x=4, & M_D=40\,\text{t}\cdot\text{m} \end{cases}$$

$(D-B)$ $M_x=10x-20(x-4)$

$$\begin{cases} x=4, & M_D=40\,\text{t}\cdot\text{m} \\ x=8, & M_B=0 \end{cases}$$

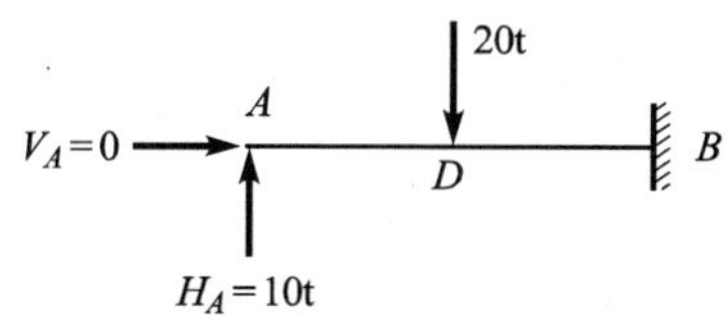

[그림 9-52(a)]

iii) 보 $(B-C)$

$S_x=0$

$A_x=-10\text{t}$

$M_x=0$

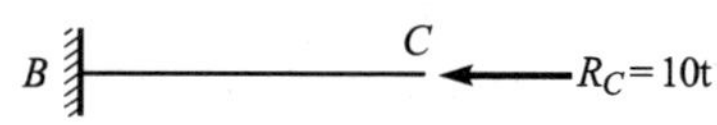

[그림 9-52(a)]

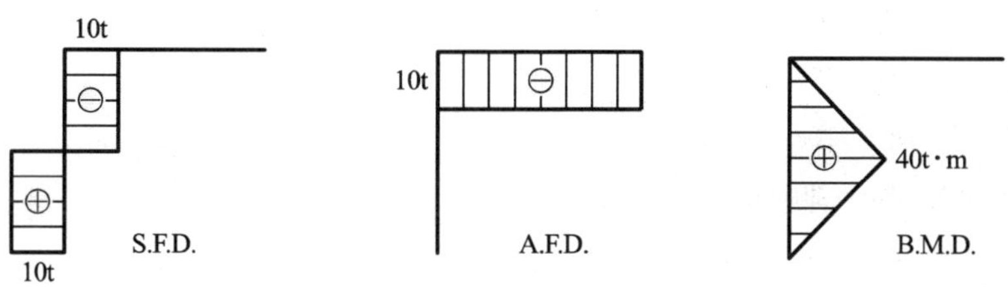

[그림 9-53]

예제 12

다음 단순보형 라멘을 풀어라.

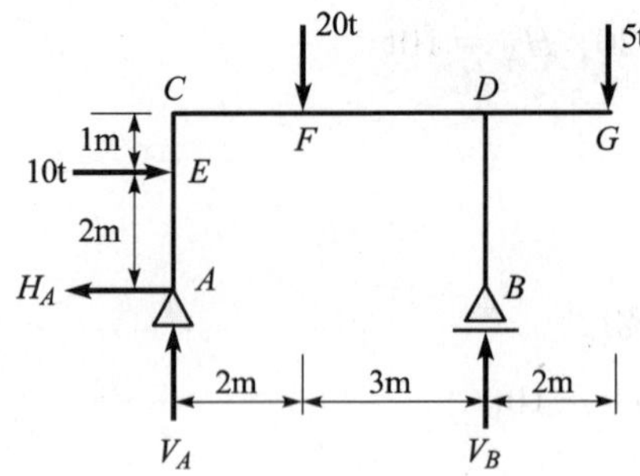

[그림 9-54]

i) 반력

방향을 [그림 9-54]와 같이 가정하고 반력을 구하면

$\Sigma M_{\text{atB}}=0$; $V_{\text{A}}\cdot 5+10\times 2-20\times 3+5\times 2=0$, $V_{\text{A}}=6\text{t}$

$\Sigma V=0$; $V_{\text{A}}+V_{\text{B}}=20+5$, $V_{\text{B}}=19\text{t}$

$\Sigma H=0$; $H_{\text{A}}=10\text{t}$

ii) 보 $(A-C)$

$(A-E)$ $S_x=10\text{t}$

$(E-C)$ $S_x=10-10=0$

$A_x=-6\text{t}$ (일정)

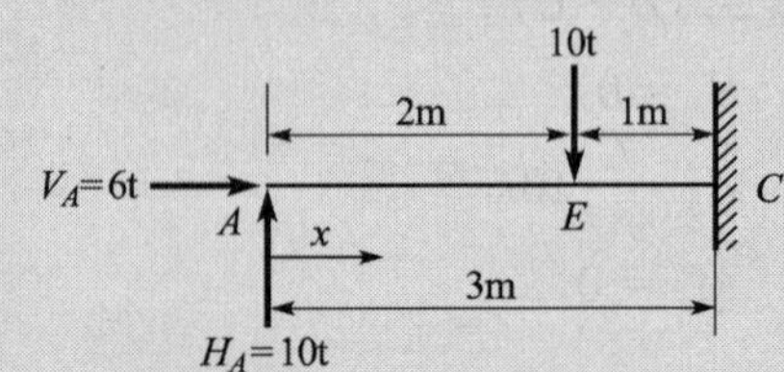

[그림 9-54(a)]

$(A-E)$ $M_x=10x$

$$\begin{cases} x=0,\ M_{\text{A}}=0 \\ x=2,\ M_{\text{E}}=20\text{t}\cdot\text{m} \end{cases}$$

$(E-C)$ $M_x=10x-10(x-2)$

$$\begin{cases} x=2,\ M_{\text{E}}=20\text{t}\cdot\text{m} \\ x=3,\ M_{\text{C}}=20\text{t}\cdot\text{m} \end{cases}$$

iii) 보 $(C-D)$

$(C-F)$ $S_x=6\text{t}$

$(F-D)$ $S_x=6-20=-14\text{t}$

$A_x=0$

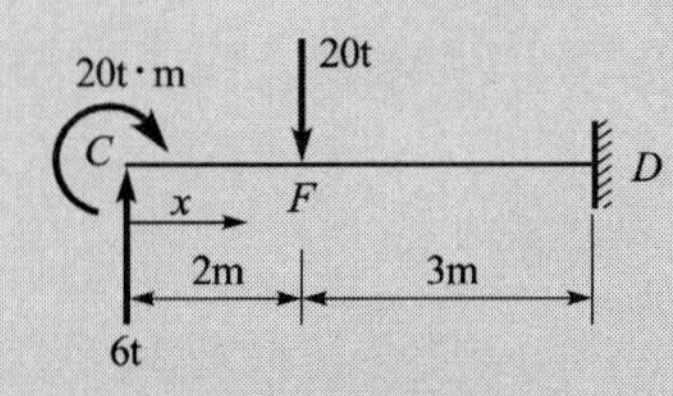

[그림 9-54(b)]

$(C-F)$ $M_x=20+6x$

$$\begin{cases} x=0,\ M_{\text{C}}=20\text{t}\cdot\text{m} \\ x=2,\ M_{\text{F}}=32\text{t}\cdot\text{m} \end{cases}$$

$(F-D)$ $M_x = 20 + 6x - 20(x-2)$

$$\begin{cases} x=2, \; M_F = 32\,\mathrm{t \cdot m} \\ x=5, \; M_D = -10\,\mathrm{t \cdot m} \end{cases}$$

ⅳ) 보 $(D-G)$

$S_x = 5\mathrm{t}$

$A_x = 0$

$M_x = -5x$

$$\begin{cases} x=0, \; M_G = 0 \\ x=2, \; M_D = -10\,\mathrm{t \cdot m} \end{cases}$$

[그림 9-54(c)]

ⅴ) 보 $(D-B)$

$S_x = 0$

$A_x = -19\mathrm{t}$

$M_x = 0$

[그림 9-54(d)]

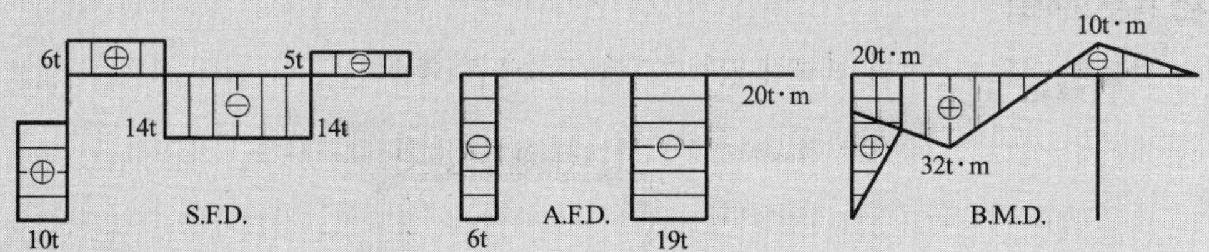

[그림 9-55]

예제 13

다음 라멘을 해석하라.

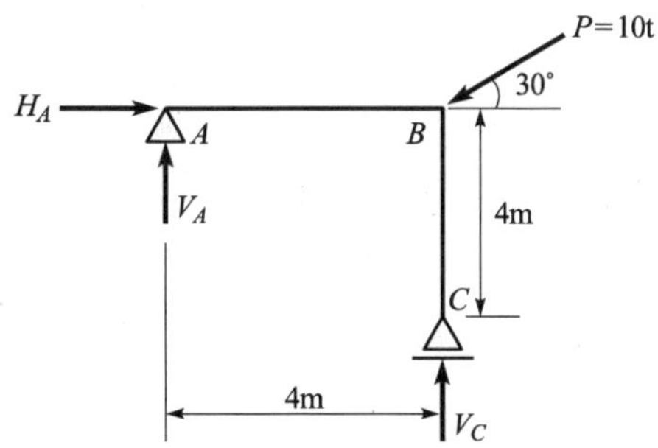

[그림 9-56]

P의 수직, 수평분력을 구하면,

$$\begin{cases} P_V = 10 \cdot \sin 30° = 5\ \mathrm{t} \\ P_H = 10 \cdot \cos 30° = 5\sqrt{3}\ \mathrm{t} \end{cases}$$

$$\Sigma M_{\text{atA}} = 0 \;;\; V_C \cdot 4 - P_V \cdot 4 = 0,\; V_C = P_V$$

$$\Sigma V = 0 \;;\; V_A = 0$$

$$\Sigma H = 0 \;;\; H_A = P_H$$

이므로 이 라멘은 축방향력만 생긴다.

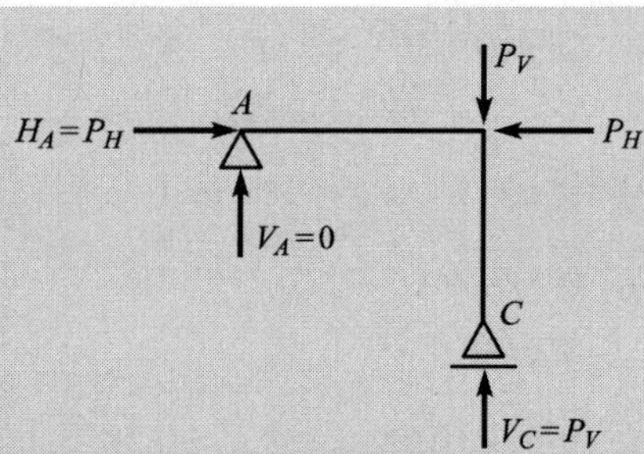

[그림 9-56(a)]

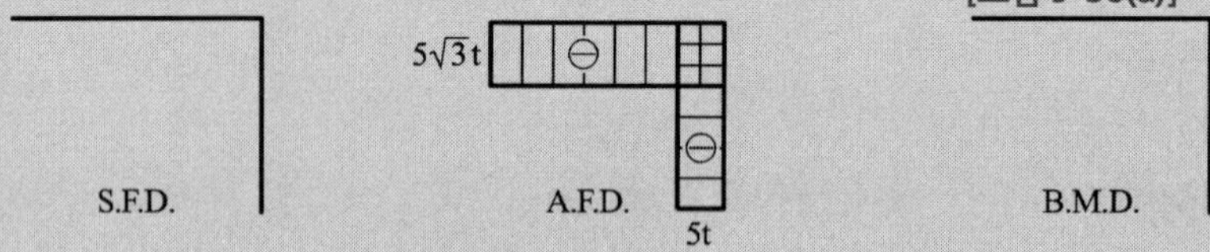

[그림 9-57]

(2) 등분포하중

다음과 같은 단순보형 라멘에 등분포하중이 작용할 경우

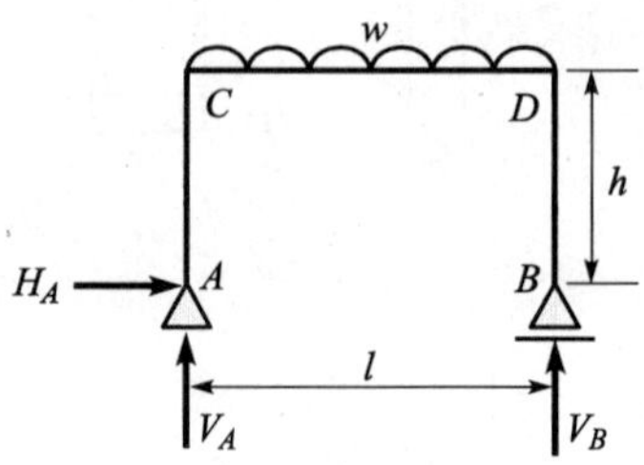

[그림 9-58]

i) 반력

$$\Sigma M_{\text{atB}} = 0 \;;\; V_A \cdot l - wl \cdot \frac{l}{2} = 0,\; V_A = \frac{wl}{2}$$

$$\Sigma V = 0 \;;\; V_B = \frac{wl}{2}$$

$$\Sigma H = 0 \;;\; H_A = 0$$

ii) 보 $(A - C)$

$$S_x = 0$$

$$A_x = -\frac{wl}{2}$$

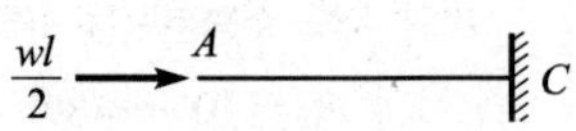

[그림 9-58(a)]

$$M_x = 0$$

iii) 보 $(C-D)$

$$S_x = \frac{wl}{2} - wx \text{ (1차식)}$$

$$\begin{cases} x=0, \ S_{\mathrm{C}} = \dfrac{wl}{2} \\ x=l, \ S_{\mathrm{D}} = -\dfrac{wl}{2} \end{cases}$$

$S_x = 0$이 되는 곳 $x = \dfrac{l}{2}$

$$A_x = 0$$

$$M_x = \frac{wl}{2}x - \frac{wx^2}{2} \text{ (2차)}$$

$$\begin{cases} x=0, \quad M_{\mathrm{C}} = 0 \\ x=l, \quad M_{\mathrm{D}} = 0 \\ x=\dfrac{l}{2}, \ M = \dfrac{wl^2}{8} \end{cases}$$

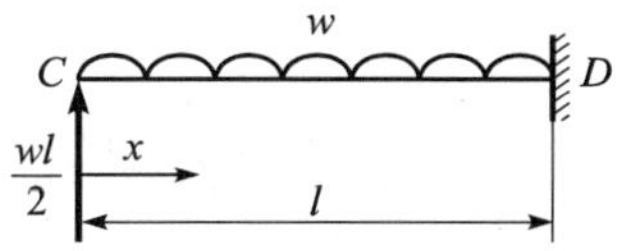

[그림 9-58(b)]

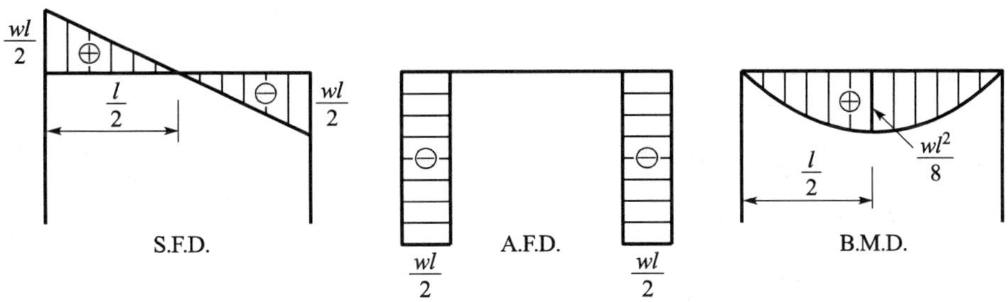

[그림 9-59]

또 등분포하중이 [그림 9-60]과 같이 작용할 경우

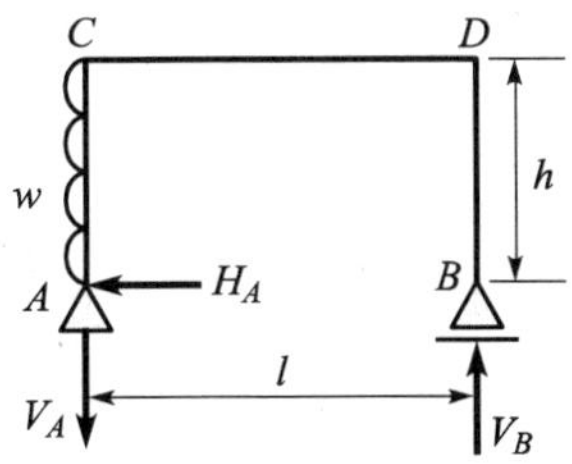

[그림 9-60]

i) 반력(방향을 그림과 같이 가정)

$$\Sigma M_{\text{atB}} = 0 \ ; \ V_A \cdot l - w \cdot h \cdot \frac{h}{2} = 0, \ V_A = \frac{wh^2}{2l}$$

$$\Sigma V = 0 \ ; \ V_A = V_B = 0, \ V_B = \frac{wh^2}{2l}$$

$$\Sigma H = 0 \ ; \ H_A = wh$$

ii) 보 $(A-C)$

$$S_x = w \cdot h - wx \ (1\text{차})$$

$$\begin{cases} x = 0, \ S_A = wh \\ x = h, \ S_C = 0 \end{cases}$$

$$A_x = \frac{wh^2}{2l}$$

$$M_x = wh \cdot x - \frac{wx^2}{2} \ (2\text{차})$$

$$\begin{cases} x = 0, \ M_A = 0 \\ x = h, \ M_C = \frac{wh^2}{2} \end{cases}$$

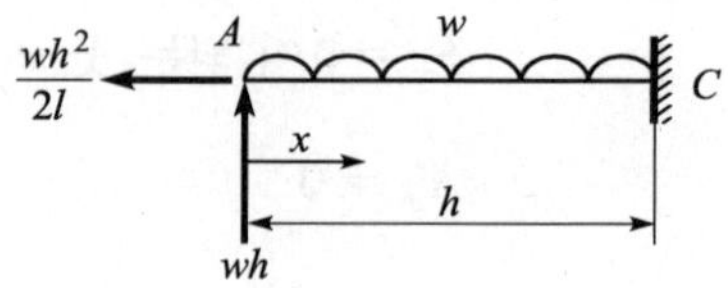

[그림 9-60(a)]

iii) 보 $(C-D)$

$$S_x = -\frac{wh^2}{2l} \ (\text{일정})$$

$$A_x = 0$$

$$M_x = \frac{wh^2}{2l} \cdot x$$

$$\begin{cases} x = 0, \ M_D = 0 \\ x = l, \ M_C = \frac{wh^2}{2} \end{cases}$$

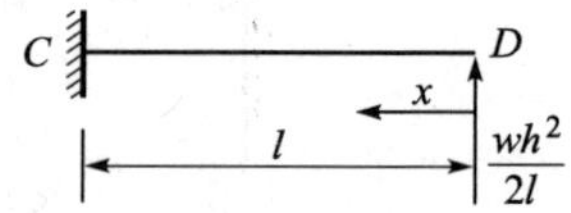

[그림 9-60(b)]

iv) 보 $(D-B)$

$$S_x = 0$$

$$A_x = -\frac{wh^2}{2l} \ (\text{일정})$$

$$M_x = 0$$

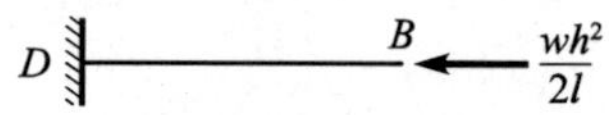

[그림 9-60(c)]

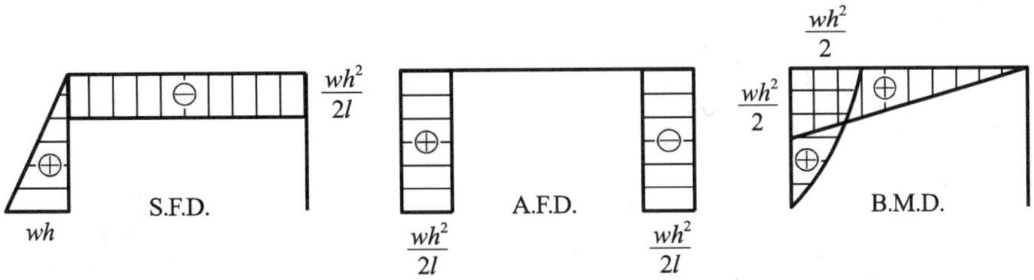

[그림 9-61]

만약 앞에서 회전지점과 이동지점의 위치가 바뀐다면, 반력의 방향을 [그림 9-62]와 같이 가정하고,

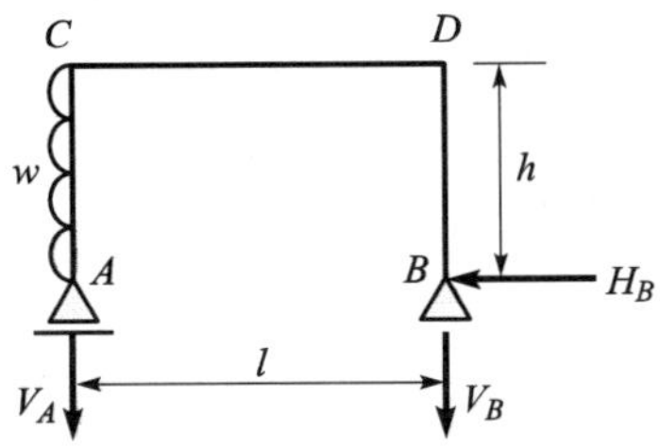

[그림 9-62]

$$\Sigma M_{\text{atB}} = 0 \;;\; V_{\text{A}} \cdot l - w \cdot h \cdot \frac{h}{2} = 0,\; V_{\text{A}} = \frac{wh^2}{2l}$$

$$\Sigma V = 0 \;;\; V_{\text{B}} = \frac{wh^2}{2l}$$

$$\Sigma H = 0 \;;\; H_{\text{B}} = wh$$

i) 보 $(A-C)$

$S_x = wx$ (1차)

$$\begin{cases} x = 0, & S_{\text{A}} = 0 \\ x = h, & S_{\text{C}} = -wh \end{cases}$$

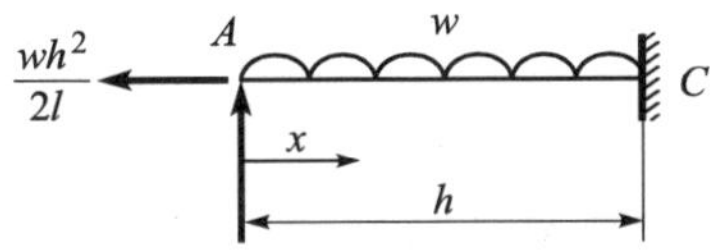

[그림 9-62(a)]

$A_x = \dfrac{wh^2}{2l}$ (일정)

$M_x = -\dfrac{wx^2}{2}$ (2차)

$$\begin{cases} x = 0, & M_{\text{A}} = 0 \\ x = h, & M_{\text{C}} = -\dfrac{wh^2}{2} \end{cases}$$

ii) 보 $(C-D)$

$$S_x = -\frac{wh^2}{2l} \text{ (일정)}$$

$$A_x = -wh \text{ (일정)}$$

$$M_x = -\frac{wh^2}{2} - \frac{wh^2}{2l}x \text{ (1차)}$$

$$\begin{cases} x = 0, \ M_C = -\dfrac{wh^2}{2} \\ x = l, \ M_C = -wh^2 \end{cases}$$

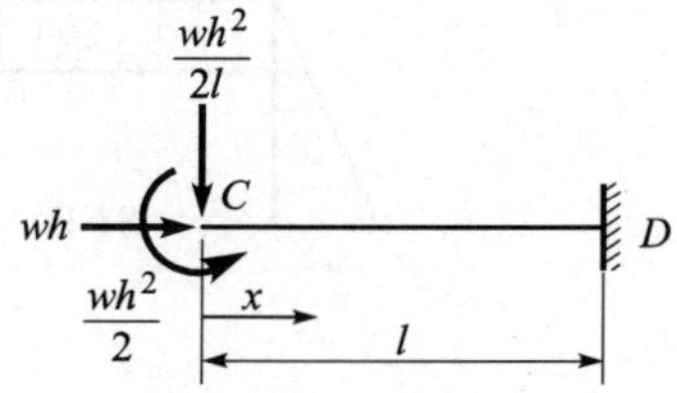

[그림 9-62(b)]

iii) 보 $(D-B)$

$$S_x = wh \text{ (일정)}$$

$$A_x = \frac{wh^2}{2l} \text{ (일정)}$$

$$M_x = -wh \cdot x \text{ (1차)}$$

$$\begin{cases} x = 0, \ M_B = 0 \\ x = h, \ M_D = -wh^2 \end{cases}$$

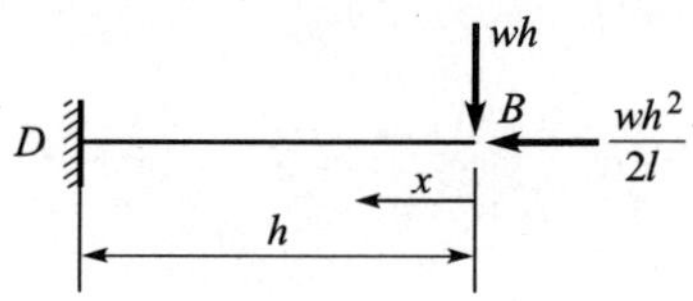

[그림 9-62(c)]

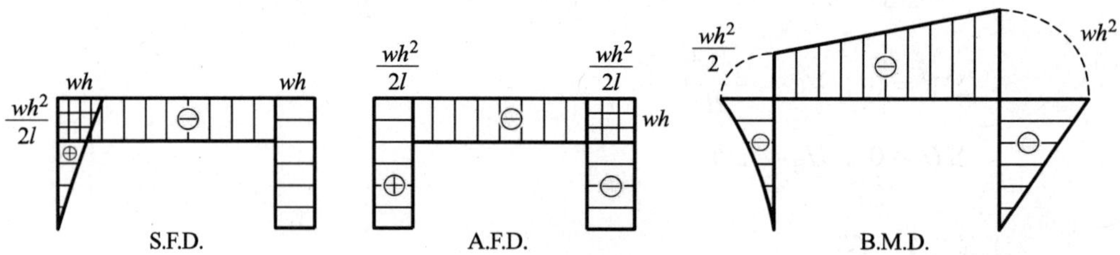

[그림 9-63]

예제 14

다음 단순보형 라멘을 풀어라.

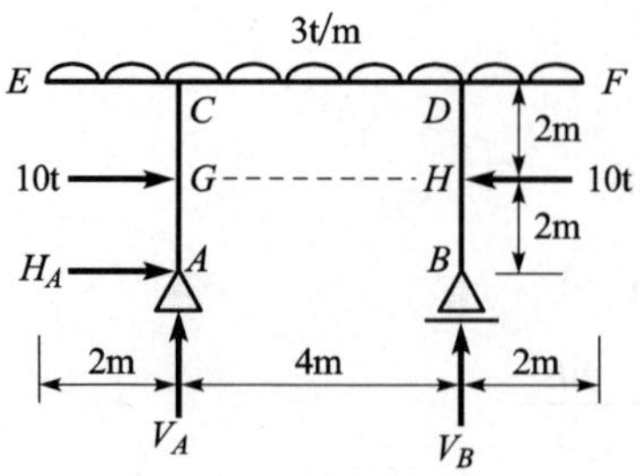

[그림 9-64]

i) 반력

$\Sigma M_{atB}=0$; $V_A \cdot 4-3\times8\times2+10\times2=0$, $V_A=12t$

$\Sigma V=0$; $V_A+V_B=24t$, $V_B=12t$

$\Sigma H=0$; $H_A+10-10=0$, $H_A=0$

ii) 보 $(E-C)$

$S_x=-3x$

$\begin{cases} x=0, & S_A=0 \\ x=2, & S_C=-6t \end{cases}$

$A_x=0$

$M_x=-\dfrac{3}{2}x^2$

$\begin{cases} x=0, & M_A=0 \\ x=2, & M_C=-6t \cdot m \end{cases}$

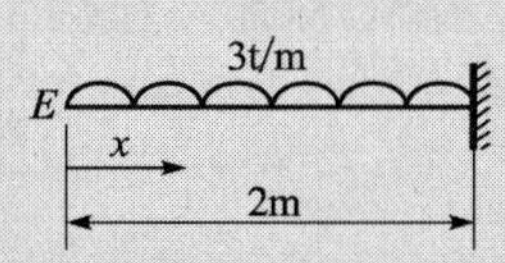

[그림 9-64(a)]

iii) 보 $(A-C)$

$(A-G)$ $S_x=0$

$(G-C)$ $S_x=-10t$ (일정)

$A_x=-12t$

$(A-G)$ $M_x=0$

$(G-C)$ $M_x=-10x$

$\begin{cases} x=0, & M_G=0 \\ x=2, & M_C=-20t \cdot m \end{cases}$

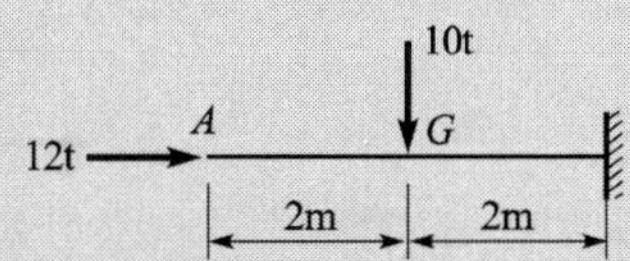

[그림 9-64(b)]

iv) 보 $(C-D)$

$S_x=6-3x$ (1차)

$\begin{cases} x=0, & S_C=6t \\ x=4, & S_D=-6t \end{cases}$

$S_x=0$이 되는 $x=2m$

$A_x=-10t$ (일정)

$M_x=-26+6x-\dfrac{3}{2}x^2$

$\begin{cases} x=0, & M_C=-26t \cdot m \\ x=4, & M_D=-26t \cdot m \\ x=2, & M=-20t \cdot m \end{cases}$

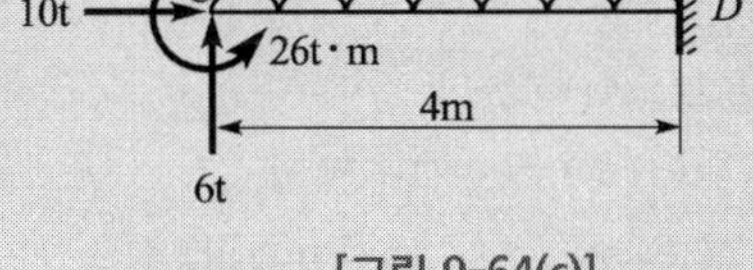

[그림 9-64(c)]

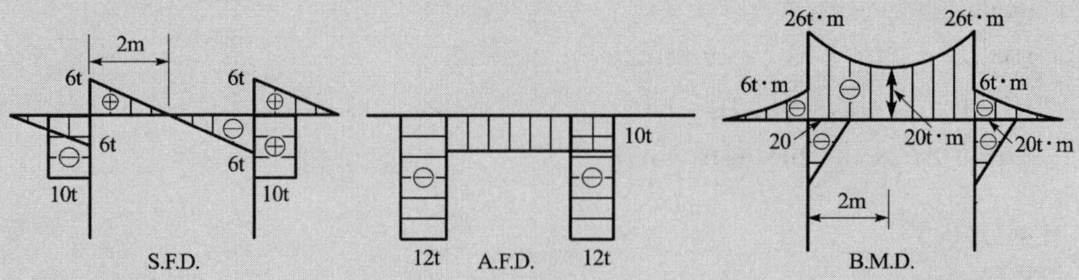

[그림 9-65]

예제 15

다음 라멘을 해석하고 단면력도를 그려라.

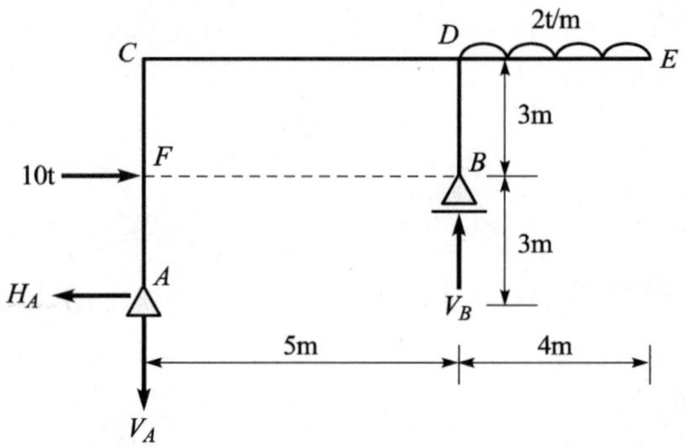

[그림 9-66]

i) 반력 (방향을 그림처럼 가정하고)

$\Sigma M_{\text{atA}} = 0$; $V_B \cdot 5 - 10 \times 3 - 2 \times 4 \times 7 = 0$, $V_B = 17.2\text{t}$

$\Sigma V = 0$; $V_B - V_A = 2 \times 4$, $V_A = 9.2\text{t}$

$\Sigma H = 0$; $H_A = 10\text{t}$

ii) 보 $(A-C)$

$(A-F)$ $S_x = 10\text{t}$ (일정)

$(F-C)$ $S_x = 10 - 10 = 0$

$A_x = 9.2\text{t}$ (일정)

$(A-F)$ $M_x = 10x$ (1차)

$$\begin{cases} x = 0, & M_A = 0 \\ x = 3, & M_F = 30\,\text{t} \cdot \text{m} \end{cases}$$

$(F-C)$ $M_x = 10x - 10(x-3) = 30\,\text{t} \cdot \text{m}$ (일정)

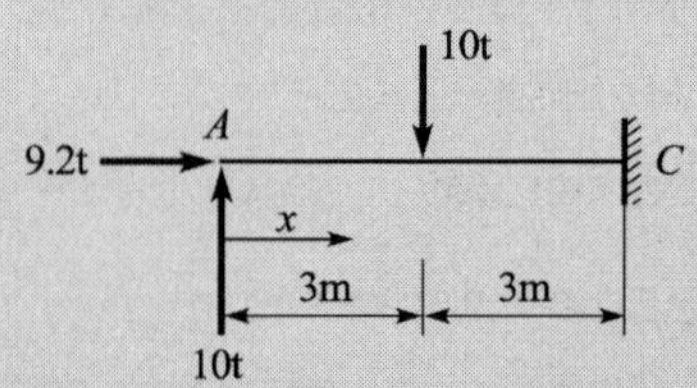

[그림 9-66(a)]

iii) 보 $(C-D)$

$S_x = -9.2\text{t}$ (일정)

$A_x = 0$

$M_x = 30 - 9.2x$ (1차)

$$\begin{cases} x=0, & M_C = 30\,\text{t}\cdot\text{m} \\ x=5, & M_D = -16\,\text{t}\cdot\text{m} \end{cases}$$

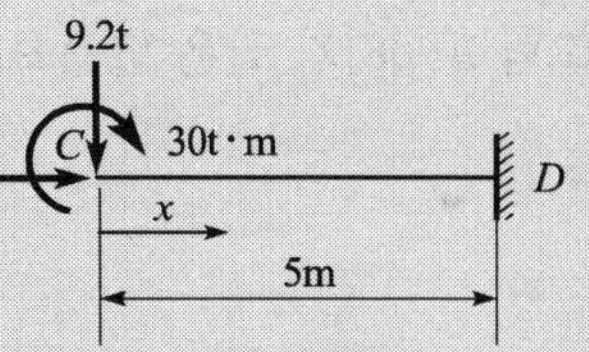

[그림 9-66(b)]

iv) 보 $(B-D)$

$S_x = 0$

$A_x = -17.2\text{t}$ (일정)

$M_x = 0$

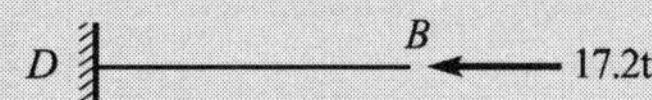

[그림 9-66(c)]

v) 보 $(D-E)$

$S_x = 2x$ (1차)

$$\begin{cases} x=0, & S_E = 0 \\ x=4, & S_D = 8\text{t} \end{cases}$$

$A_x = 0$

$M_x = -x^2$ (2차)

$$\begin{cases} x=0, & M_E = 0 \\ x=4, & M_D = -16\,\text{t}\cdot\text{m} \end{cases}$$

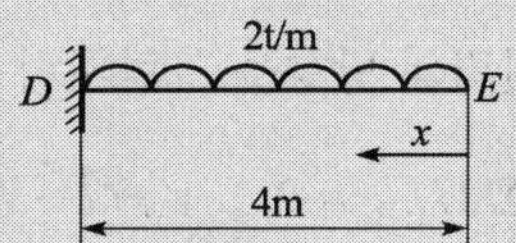

[그림 9-66(d)]

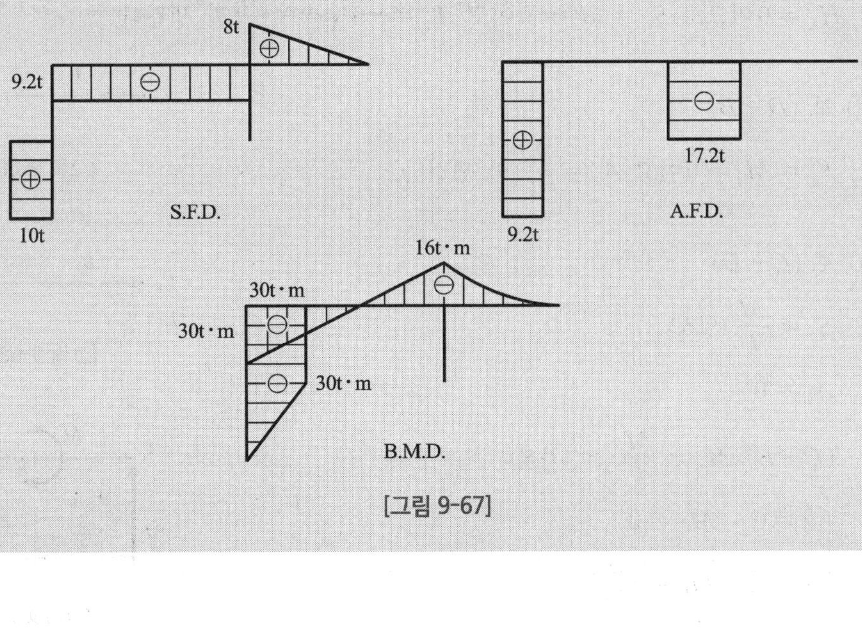

[그림 9-67]

(3) 모멘트 하중

[그림 9-68]과 같은 단순보형 라멘에 모멘트 하중이 작용하면

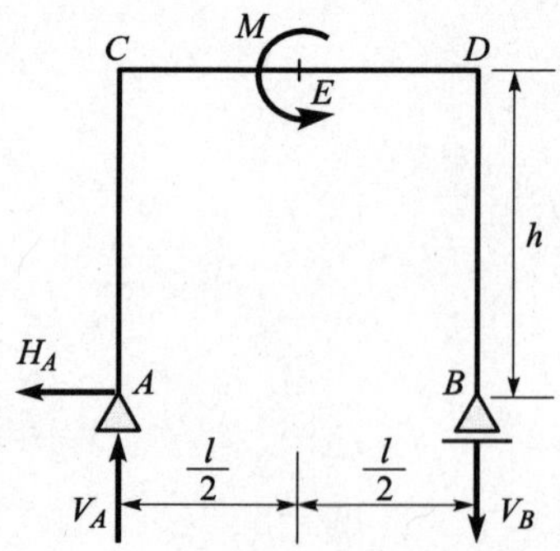

[그림 9-68]

i) 반력의 방향을 그림처럼 가정하고,

$\Sigma M_{\mathrm{atB}} = 0$; $V_{\mathrm{A}} \cdot l - M = 0$, $V_{\mathrm{A}} = \dfrac{M}{l}$

$\Sigma V = 0$; $V_{\mathrm{A}} - V_{\mathrm{B}} = 0$(수직력이 없음), $V_{\mathrm{B}} = \dfrac{M}{l}$

$\Sigma H = 0$; $H_{\mathrm{A}} = 0$

ii) 보 $(A - C)$

$H_{\mathrm{A}} = 0$이므로 $S_x = M_x = 0$이고 $A_x = -V_{\mathrm{A}} = -\dfrac{M}{l}$만 생긴다.

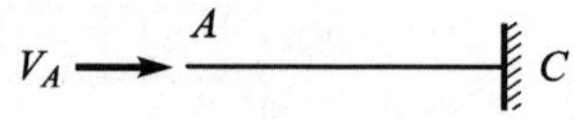

[그림 9-68(a)]

iii) 보 $(D - B)$

$S_x = M_x = 0$이고 $A_x = \dfrac{M}{l}$만 생긴다.

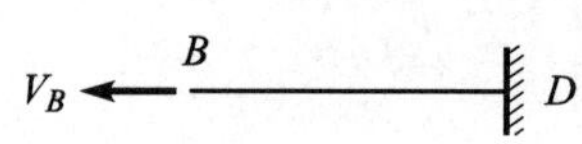

[그림 9-68(b)]

iv) 보 $(C - D)$

$S_x = \dfrac{M}{l}$ (일정)

$A_x = 0$

$(C - E)$ $M_x = \dfrac{M}{l} \cdot x$ (1차식)

$$\begin{cases} x = 0, & M_{\mathrm{C}} = 0 \\ x = \dfrac{l}{2}, & M_{\mathrm{E}} = \dfrac{M}{2} \end{cases}$$

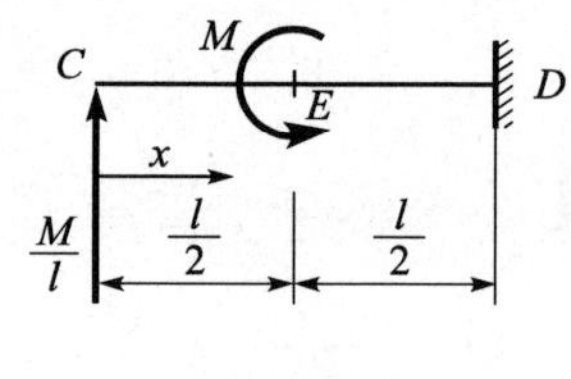

[그림 9-68(c)]

$$(E-D)\ M_x = \frac{M}{l}\cdot x - M$$

$$\begin{cases} x = \dfrac{l}{2},\ M_E = -\dfrac{M}{2} \\ x = l,\quad M_D = 0 \end{cases}$$

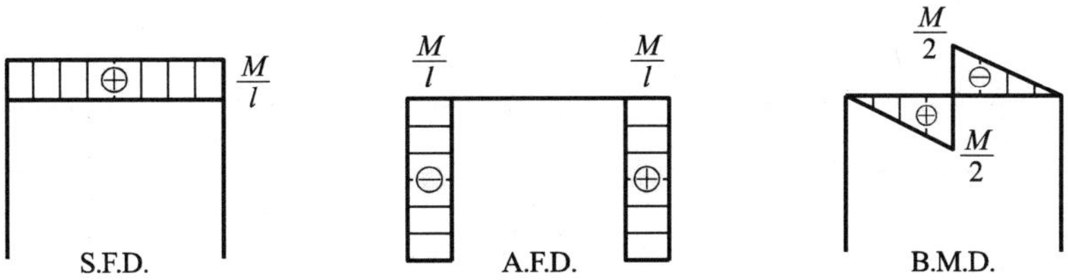

[그림 9-69]

아래와 같은 라멘을 보면

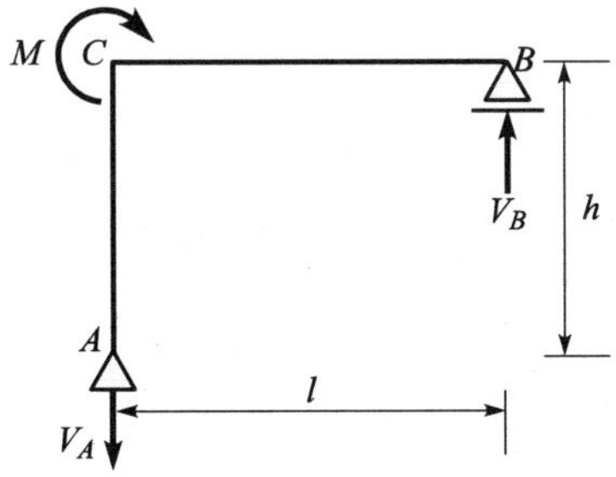

[그림 9-70]

$$\Sigma M_{atA} = 0\ ;\ V_B\cdot l - M = 0,\ V_B = \frac{M}{l}$$

$$\Sigma V = 0\ ;\ V_A - V_B = 0,\ V_A = \frac{M}{l}$$

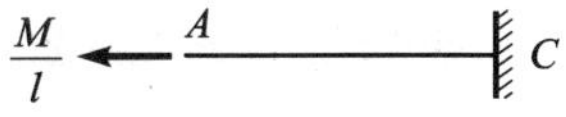

[그림 9-70(a)]

i) 보 $(A-C)$

$S_x = 0$

$A_x = \dfrac{M}{l}$ (일정)

$M_x = 0$

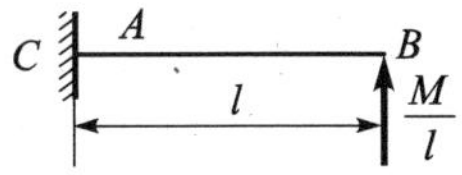

[그림 9-70(b)]

ii) 보 $(C-B)$

$S_x = -\dfrac{M}{l}$ (일정)

$$A_x = 0$$

$$M_x = \frac{M}{l}x$$

$$\begin{cases} x = 0, & M_B = 0 \\ x = l, & M_C = M \end{cases}$$

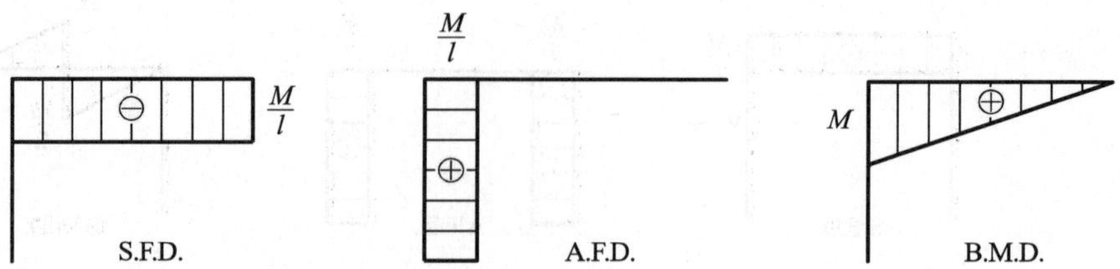

[그림 9-71]

예제 16

다음 라멘의 단면력도를 구하라.

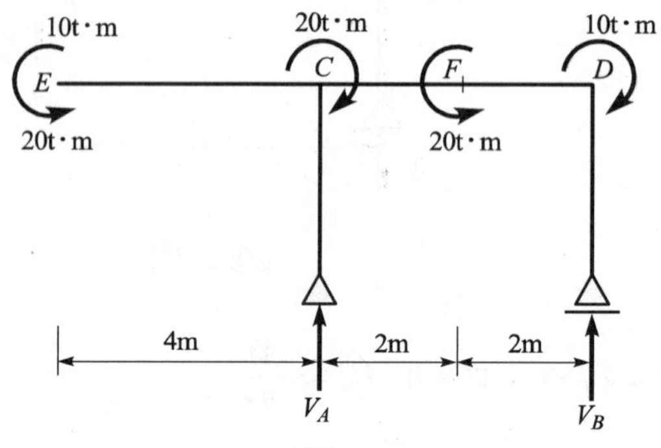

[그림 9-72]

반력을 [그림 9-72]처럼 가정하고

$\Sigma M_{atB} = 0$; $V_A \cdot 4 - 10 + 20 - 20 + 10 = 0$, $V_A = 0$

$\Sigma V = 0$; $V_B = 0$

$V_A = V_B = 0$이므로 $(C-A)$, $(D-B)$ 부재는 아무런 힘을 받지 않으므로 단면력이 생기지 않는다. 그러므로 아래와 같은 모멘트하중만 작용하는 캔틸레버가 된다.

$(E-C)$ $M_x = 10\text{t}\cdot\text{m}$

$(C-F)$ $M_x = -10 + 20 = 10\text{t}\cdot\text{m}$

$(F-D)$ $M_x = -10 + 20 - 20 = -10\text{t}\cdot\text{m}$

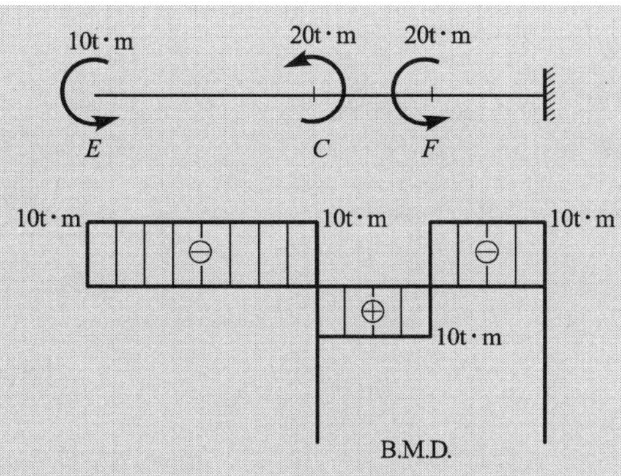

[그림 9-73]

예제 17

[그림 9-74]와 같이 A단의 회전지점이고 B단은 이동지점인 다음 라멘을 해석하라.

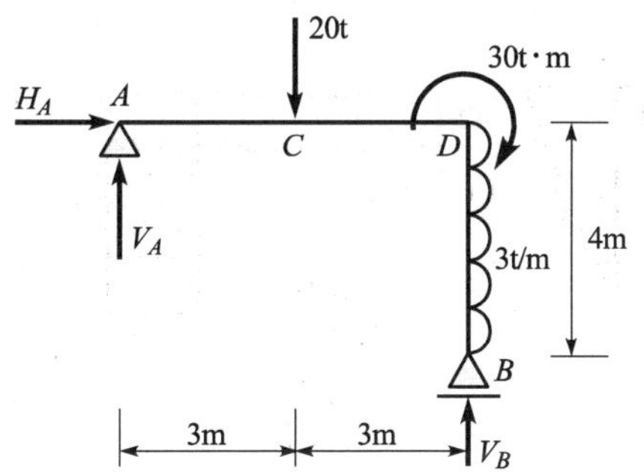

[그림 9-74]

반력의 방향을 그림처럼 가정하고, A점에서 모멘트를 취하면 (B점에서 취하면 미지수가 2개이다).

$\Sigma M_{\text{atA}}=0$; $V_{\text{B}}\cdot 6-20\times 3-30-3\times 4\times 2=0$, $V_{\text{B}}=19\text{t}$

$\Sigma V=0$; $V_{\text{A}}+V_{\text{B}}=20\text{t}$, $V_{\text{A}}=1\text{t}$

$\Sigma H=0$; $H_{\text{A}}=12\text{t}$

ⅰ) 보 $(A-D)$

$(A-C)$ $S_x=1\text{t}$ (일정)

$(C-D)$ $S_x=1-20=-19\text{t}$

$A_x=-12\text{t}$ (일정)

$(A-C)$ $M_x=x$

$$\begin{cases} x=0, & M_{\text{A}}=0 \\ x=3, & M_{\text{C}}=3\text{t}\cdot\text{m} \end{cases}$$

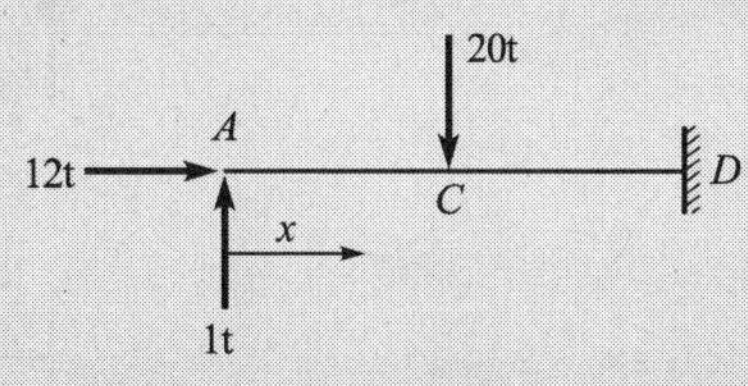

[그림 9-74(a)]

$(C-D)\ M_x = x - 20(x-3)$

$$\begin{cases} x=3, & M_C = 3\,\text{t}\cdot\text{m} \\ x=6, & M_D = -54\,\text{t}\cdot\text{m} \end{cases}$$

ii) 보 $(D-B)$

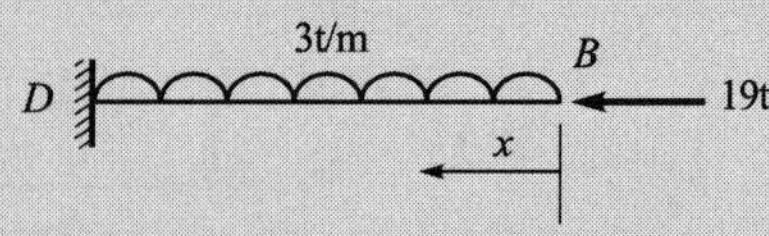

[그림 9-74(b)]

$S_x = 3x$

$$\begin{cases} x=0, & S_B = 0 \\ x=4, & S_D = 12\text{t} \end{cases}$$

$A_x = -19\text{t}$ (일정)

$M_x = -\dfrac{3}{2}x^2$ (2차)

$$\begin{cases} x=0, & M_B = 0 \\ x=4, & M_D = -24\,\text{t}\cdot\text{m} \end{cases}$$

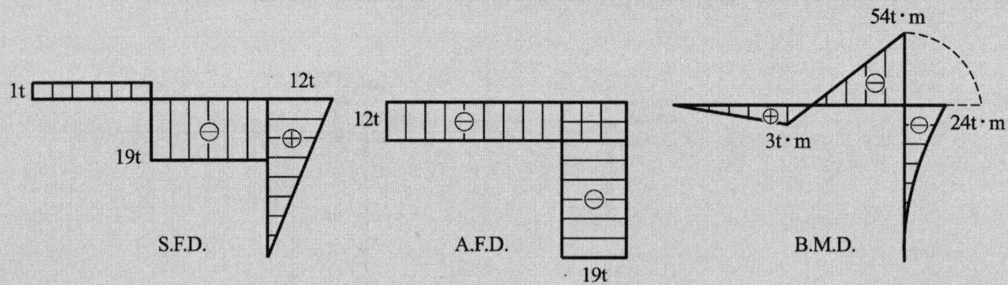

[그림 9-75]

예제 18

만약 〈예제 17〉에서, A점이 이동지점이고, B점이 회전지점일 경우 단면력도는?

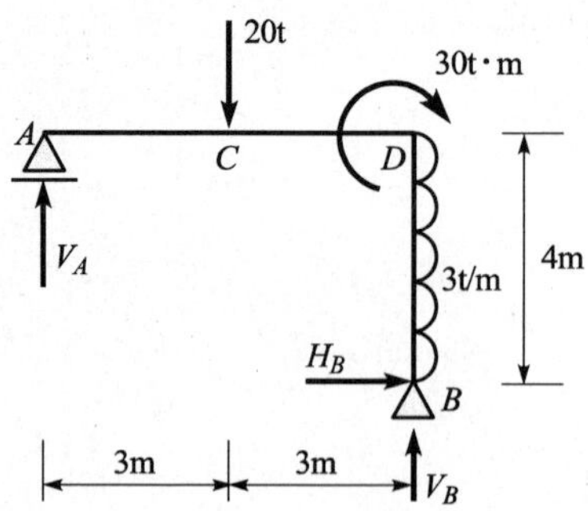

[그림 9-76]

$\Sigma M_{atB}=0$; $V_A \cdot 6-20\times3+30-3\times4\times2=0$ $V_A=9t$

$\Sigma V=0$; $V_A+V_B=20t$, $V_B=11t$

$\Sigma H=0$; $H_B=12t$

i) 보 $(A-D)$

$(A-C)$ $S_x=9t$

$(C-D)$ $S_x=9-20=-11t$

$A_x=0$

$(A-C)$ $M_x=9x$ (1차)

$$\begin{cases} x=0, & M_A=0 \\ x=3, & M_C=27t\cdot m \end{cases}$$

$(C-D)$ $M_x=9x-20(x-3)$

$$\begin{cases} x=3, & M_C=27t\cdot m \\ x=6, & M_D=-6t\cdot m \end{cases}$$

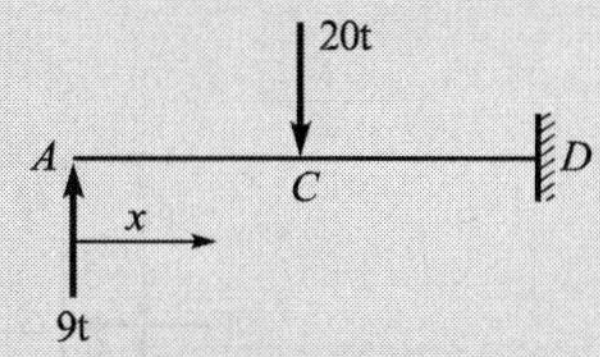

[그림 9-76(a)]

ii) 보 $(D-B)$

$S_x=3x-12$

$$\begin{cases} x=0, & S_B=-12t \\ x=4, & S_D=0 \end{cases}$$

$A_x=-11t$

$M_x=12x-\dfrac{3}{2}x^2$ (2차)

$$\begin{cases} x=0, & M_B=0 \\ x=4, & M_D=24t\cdot m \end{cases}$$

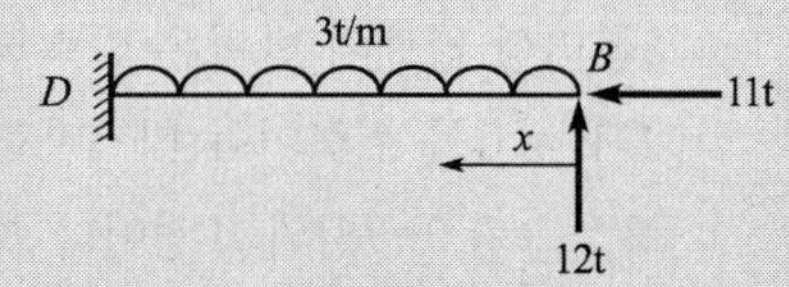

[그림 9-76(b)]

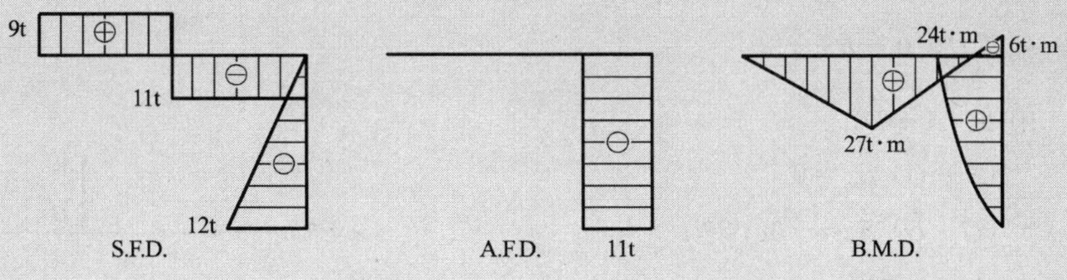

[그림 9-77]

9.4 3-롤러형 라멘

(1) 집중하중

다음 [그림 9-78]과 같은 3롤러형 라멘에 집중하중이 작용할 때

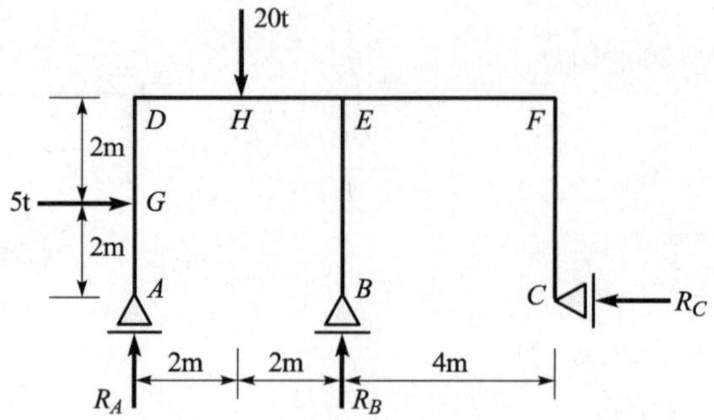

[그림 9-78]

i) 반력

3롤러형 라멘의 반력은 반력의 작용점이 모두 다르므로 반력방향선이 만나는 점에서 $\Sigma M=0$를 취하여야 미지반력을 바로 구할 수 있다.

즉, [그림 9-78]의 A점이나 B점에서 $\Sigma M=0$를 취해야 미지수를 바로 구할 수 있다.

C점에서 $\Sigma M_{\text{atC}}=0$를 취하면 2개의 미지반력 (R_A, R_B)이 나타나므로 바로 해석되지 않는다.

반력을 그림과 같이 가정하면

$\Sigma M_{\text{atB}}=0$; $R_A \cdot 4+5\times 2-20\times 2=0$, $R_A=7.5\text{t}$

$\Sigma V=0$; $R_A+R_B=20\text{t}$, $R_B=12.5\text{t}$

$\Sigma H=0$; $R_C=5\text{t}$

ii) 보 $(A-D)$

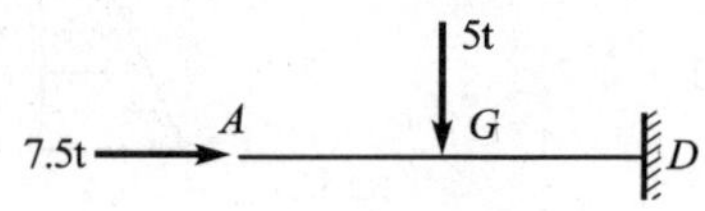

[그림 9-78(a)]

$(A-G)$ $S_x=0$

$(G-D)$ $S_x=-5\text{t}$ (일정)

$A_x=-7.5\text{t}$

$(A-G)$ $M_x=0$

$(G-D)$ $M_x=-5(x-2)$

$$\begin{cases} x=2, & M_G=0 \\ x=4, & M_D=-10\,\text{t}\cdot\text{m} \end{cases}$$

iii) 보 $(D-E)$

$(D-H)$ $S_x = 7.5\text{t}$

$(H-E)$ $S_x = 7.5 - 20 = -12.5\text{t}$ (일정)

$A_x = -5\text{t}$ (일정)

$(D-H)$ $M_x = -10 + 7.5x$

$\begin{cases} x = 0, & M_D = -10\,\text{t}\cdot\text{m} \\ x = 2, & M_H = 5\,\text{t}\cdot\text{m} \end{cases}$

$(H-E)$ $M_x = -10 + 7.5x - 20(x-2)$

$\begin{cases} x = 2, & M_H = 5\,\text{t}\cdot\text{m} \\ x = 4, & M_E = -20\,\text{t}\cdot\text{m} \end{cases}$

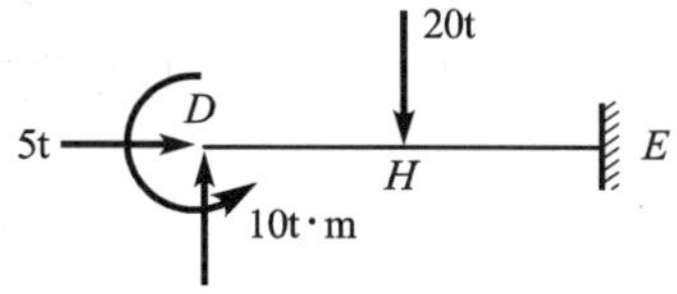

[그림 9-78(b)]

iv) 보 $(E-F)$

$S_x = 0$

$A_x = -5\text{t}$ (일정)

$M_x = -20\,\text{t}\cdot\text{m}$ (일정)

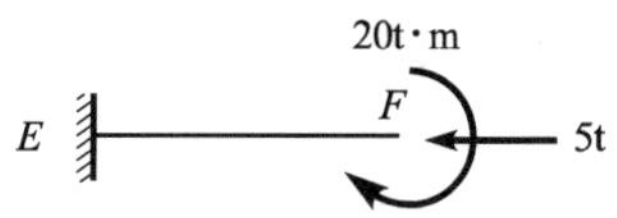

[그림 9-78(c)]

v) 보 $(E-B)$

$S_x = 0$

$A_x = -12.5\text{t}$ (일정)

$M_x = 0$

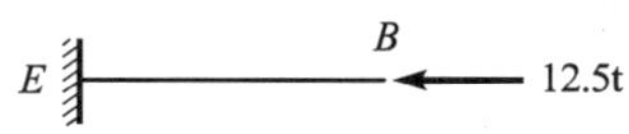

[그림 9-78(d)]

vi) 보 $(F-C)$

$S_x = 5\text{t}$ (일정)

$A_x = 0$

$M_x = -5x$

$\begin{cases} x = 0, & M_C = 0 \\ x = 4, & M_F = -20\,\text{t}\cdot\text{m} \end{cases}$

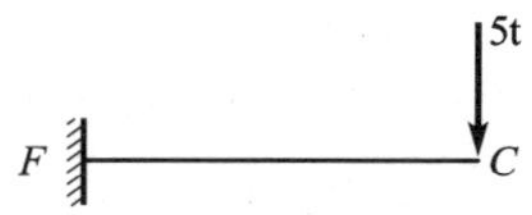

[그림 9-78(e)]

또, 보 $(D-E)$, $(E-F)$를 하나의 보로 해석해도 결과는 같다. 즉, 아래 그림과 같다.

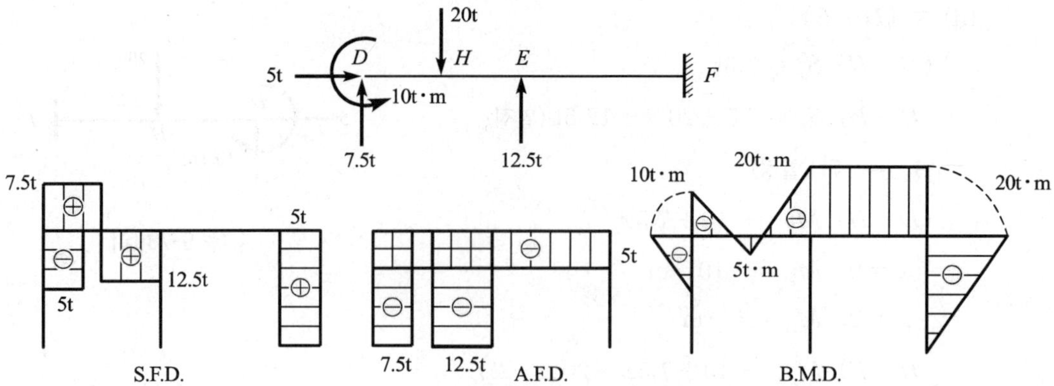

[그림 9-79]

예제 19

다음 3-롤러형 라멘을 풀어라.

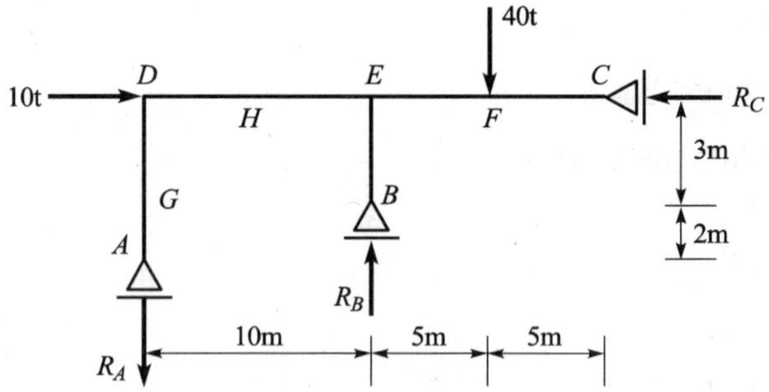

[그림 9-80]

반력의 방향을 그림처럼 가정하고

$\Sigma M_{\text{atD}} = 0$; $R_B \cdot 10 - 40 \times 15 = 0$, $R_B = 60\text{t}$

$\Sigma V = 0$; $R_B - R_A = 40$, $R_A = 20\text{t}$

$\Sigma H = 0$; $R_C = 10\text{t}$

i) 보 $(A-D)$

$S_x = 0$

$A_x = 20\text{t}$ (일정)

$M_x = 0$

[그림 9-80(a)]

ii) 보 $(D-E)$

$S_x = -20\text{t}$ (일정)

$A_x = -10\text{t}$ (일정)

[그림 9-80(b)]

$M_x = -20x$ (1차)

$$\begin{cases} x=0, & M_D=0 \\ x=10, & M_E=-200\,\mathrm{t\cdot m} \end{cases}$$

iii) 보 $(E-B)$

$S_x = 0$

$A_x = -60\mathrm{t}$

$M_x = 0$

[그림 9-80(c)]

iv) 보 $(E-C)$

$(F-C)$ $S_x = 0$

$(E-F)$ $S_x = 40\mathrm{t}$ (일정)

$A_x = -10\mathrm{t}$ (일정)

$(F-C)$ $M_x = 0$

$(E-F)$ $M_x = -40(x-5)$

$$\begin{cases} x=5, & M_F=0 \\ x=10, & M_E=-200\,\mathrm{t\cdot m} \end{cases}$$

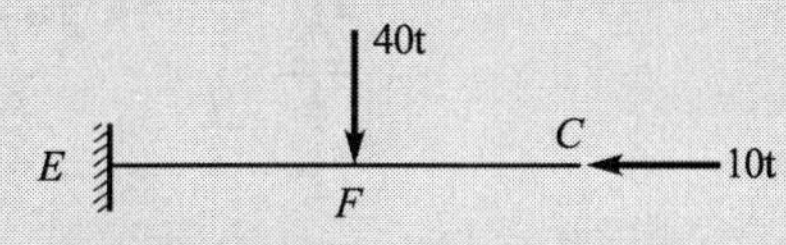

[그림 9-80(d)]

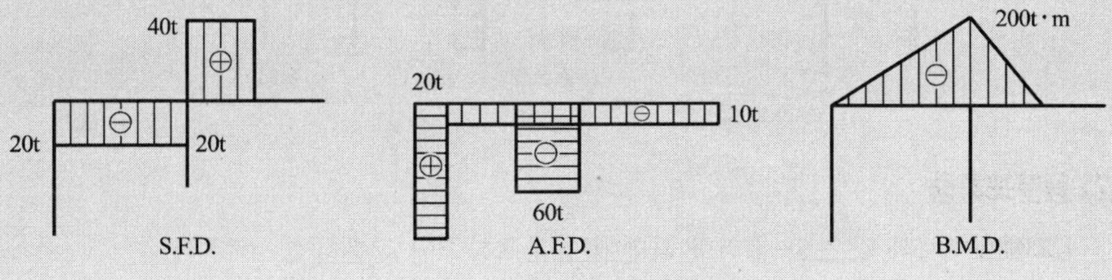

[그림 9-81]

예제 20

그림과 같이 똑같은 하중조건에서 B점과 C점의 지지조건이 서로 다를 때 단면력도를 비교하라.

①

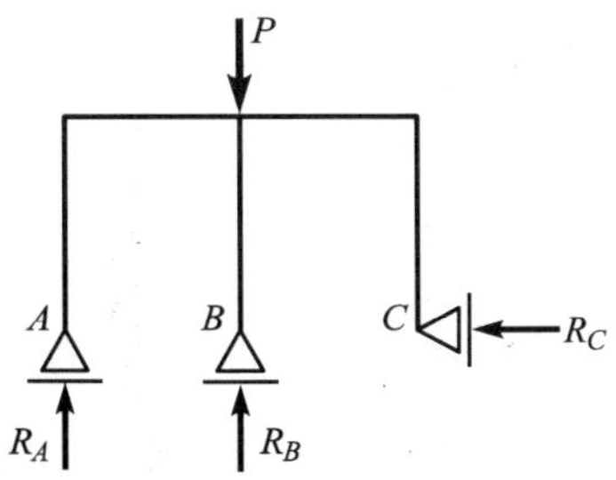

[그림 9-82]

$$\begin{cases} R_A = 0 \\ R_B = P \\ R_C = 0 \end{cases}$$

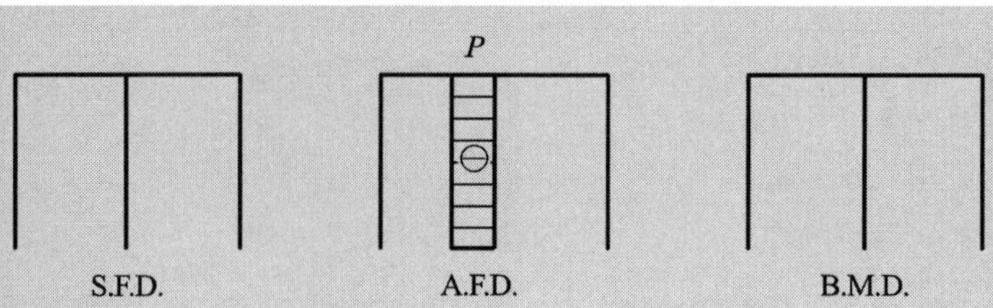

②

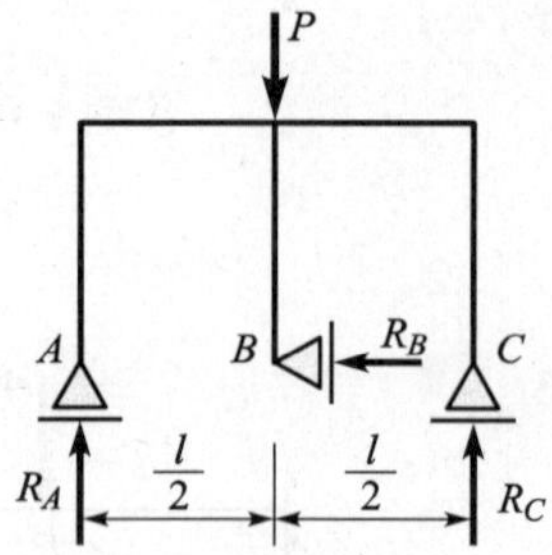

[그림 9-83]

$$\begin{cases} R_A = \dfrac{P}{2} \\ R_B = 0 \\ R_C = \dfrac{P}{2} \end{cases}$$

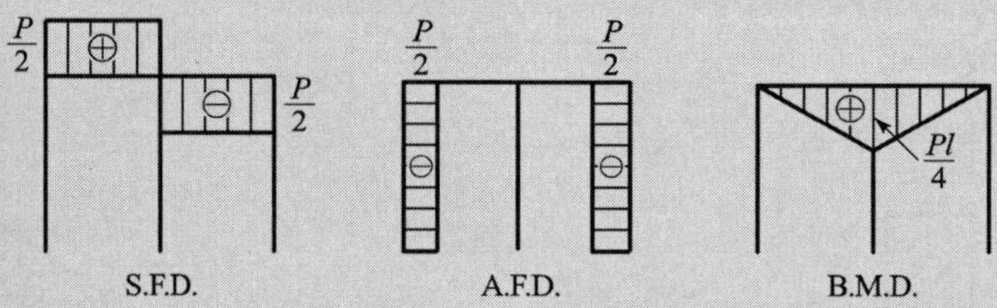

(2) 등분포하중

[그림 9-84]와 같은 3-롤러형 라멘에 등분포하중이 작용하면

i) 반력

$\Sigma M_{\text{atC}} = 0$; $R_A \cdot 10 - 2 \times 4 \times 2 = 0$, $R_A = 1.6\text{t}$

$\Sigma V = 0$; $R_A - R_C = 0$, $R_C = 1.6\text{t}$

$\Sigma H = 0$; $R_B - 2 \times 4 = 0$, $R_B = 8\text{t}$

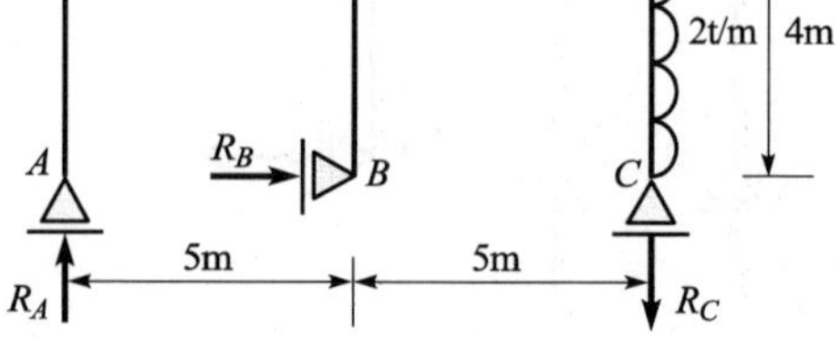

[그림 9-84]

ii) 보$(A-D)$

$S_x = 0$

$A_x = -1.6\text{t}$ (일정)

$M_x = 0$

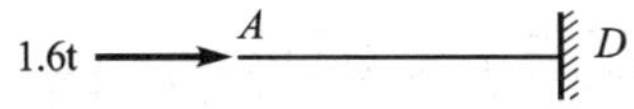

[그림 9-84(a)]

iii) 보 $(D-E)$

$S_x = 1.6\text{t}$ (일정)

$A_x = 0$

$M_x = 1.6x$ (1차)

$$\begin{cases} x=0, & M_{\text{D}}=0 \\ x=5, & M_{\text{E}}=8\,\text{t}\cdot\text{m} \end{cases}$$

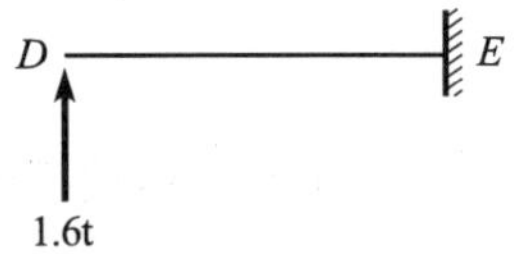

[그림 9-84(b)]

iv) 보 $(E-F)$

$S_x = 1.6\text{t}$ (일정)

$A_x = -8\text{t}$ (일정)

$M_x = -16-1.6x$

$$\begin{cases} x=0, & M_{\text{F}}=-16\,\text{t}\cdot\text{m} \\ x=5, & M_{\text{E}}=-24\,\text{t}\cdot\text{m} \end{cases}$$

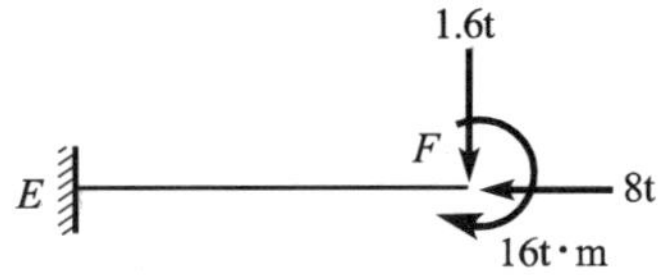

[그림 9-84(c)]

v) 보 $(E-B)$

$S_x = -8\text{t}$ (일정)

$A_x = 0$

$M_x = 8x$ (1차)

$$\begin{cases} x=0, & M_{\text{B}}=0 \\ x=4, & M_{\text{E}}=32\,\text{t}\cdot\text{m} \end{cases}$$

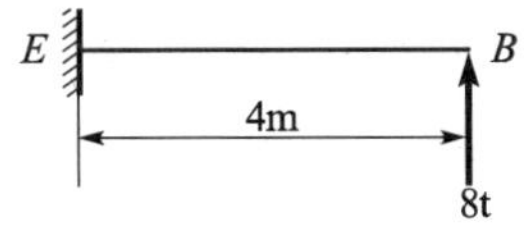

[그림 9-84(d)]

vi) 보 $(F-C)$

$S_x = 2x$ (1차)

$$\begin{cases} x=0, & S_{\text{C}}=0 \\ x=4, & S_{\text{F}}=8\text{t} \end{cases}$$

$A_x = 1.6\text{t}$ (일정)

$M_x = -x^2$ (2차)

$$\begin{cases} x=0, & M_{\text{C}}=0 \\ x=4, & M_{\text{F}}=-16\,\text{t}\cdot\text{m} \end{cases}$$

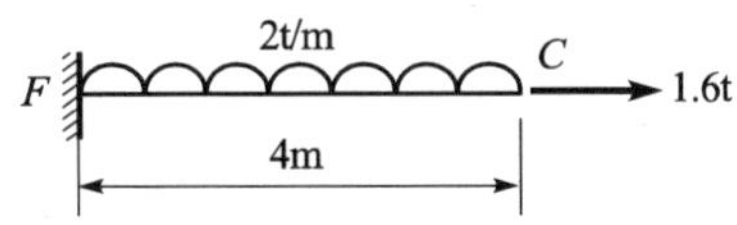

[그림 9-84(e)]

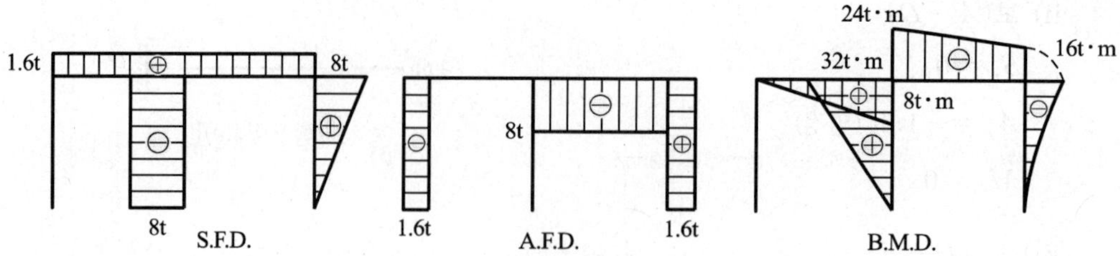

[그림 9-85]

또 다음과 같은 3-롤러라면을 생각하면

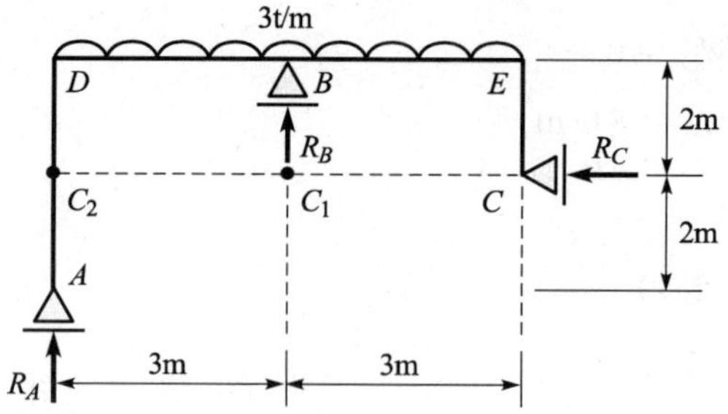

[그림 9-86]

i) 반력

반력은 C_1이나 C_2점에서 $\Sigma M=0$를 취하면 미지수(R_A 또는 R_B)를 바로 구할 수 있다.

$\Sigma M_{\text{at}C_2}=0$; $R_B \cdot 3-3\times 6\times 3=0$, $R_B=18\text{t}$

$\Sigma V=0$; $R_A+R_B=18\text{t}$, $R_A=0$

$\Sigma H=0$; $R_C=0$

A점과 C점의 반력이 0이 되므로 다음과 같은 구조물이 되며, 단면력도는 아래와 같다.

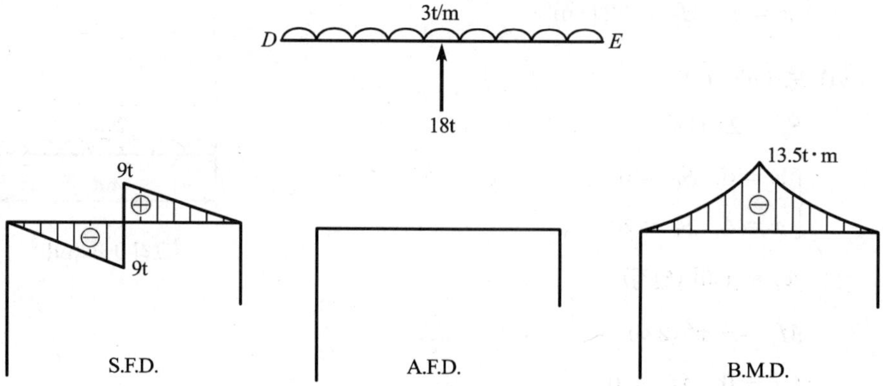

[그림 9-87]

예제 21

다음과 같은 3-롤러형 라멘의 단면력도를 그려라.

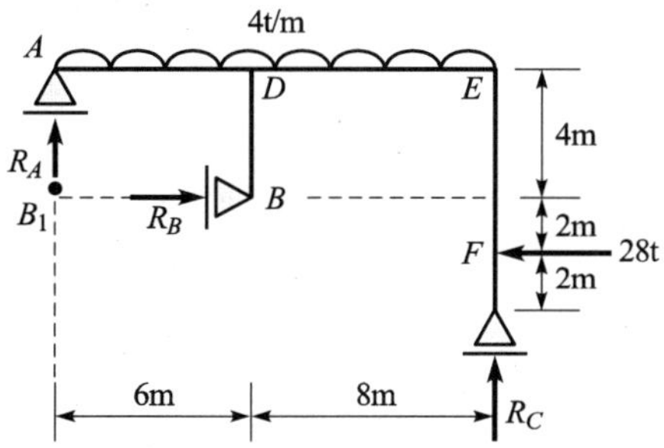

[그림 9-88]

i) 반력

$\Sigma M_{atB_1}=0$; $R_C \cdot 14-4\times14\times7-28\times2=0$, $R_C=32t$

$\Sigma V=0$; $R_A+R_C=56t$, $R_A=24t$

$\Sigma H=0$; $R_B=28t$

ii) 보 $(A-D)$

$S_x=24-4x$ (1차)

$\begin{cases} x=0, & S_A=24\,t \\ x=6, & S_D=0 \end{cases}$

$A_x=0$

$M_x=24x-2x^2$ (2차)

$\begin{cases} x=0, & M_A=0 \\ x=6, & M_D=72\,t\cdot m \end{cases}$

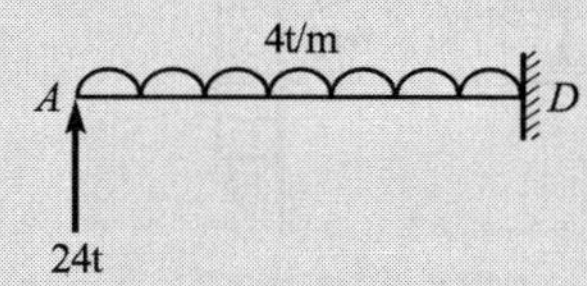

[그림 9-88(a)]

iii) 보 $(D-E)$

$S_x=-32+4x$ (1차)

$\begin{cases} x=0, & S_E=-32t \\ x=8, & S_D=0 \end{cases}$

$A_x=-28t$

$M_x=32x-2x^2-168$ (2차)

$\begin{cases} x=0, & M_E=-168\,t\cdot m \\ x=8, & M_D=-40\,t\cdot m \end{cases}$

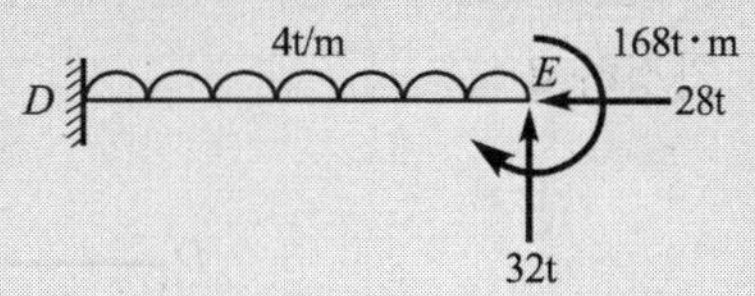

[그림 9-88(b)]

iv) 보 $(E-C)$

$(C-F)$ $S_x=0$

$(F-E)$ $S_x = 28\text{t}$ (일정)

$A_x = -32\text{t}$

$(C-F)$ $M_x = 0$

$(F-C)$ $M_x = -28(x-2)$

$$\begin{cases} x=2, & M_F = 0 \\ x=8, & M_E = -168\,\text{t}\cdot\text{m} \end{cases}$$

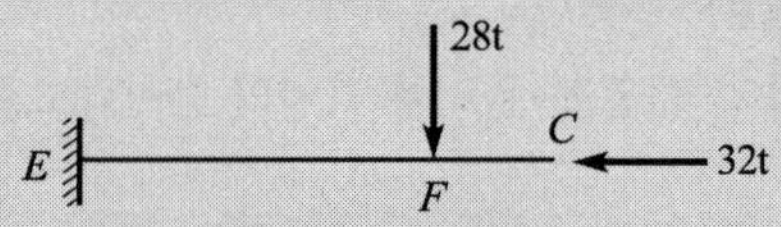

[그림 9-88(c)]

v) 보 $(D-B)$

$S_x = -28\text{t}$ (일정)

$A_x = 0$

$M_x = -28x$

$$\begin{cases} x=0, & M_B = 0 \\ x=4, & M_D = -112\,\text{t}\cdot\text{m} \end{cases}$$

[그림 9-88(d)]

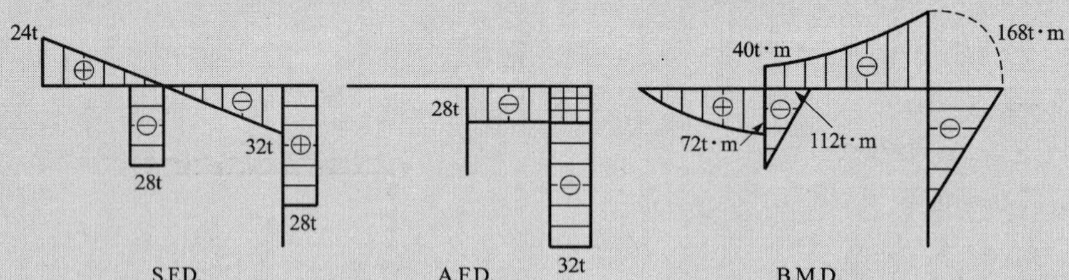

[그림 9-89]

(3) 모멘트 하중

[그림 9-90]과 같은 3-롤러형 라멘에 모멘트 하중이 작용하면 반력의 방향을 그림과 같이 가정하고

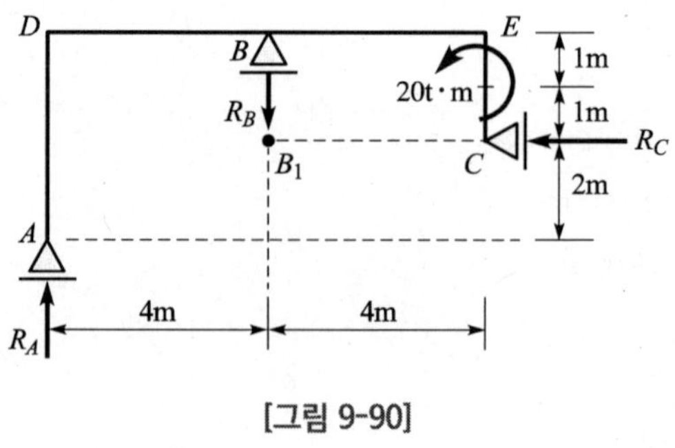

[그림 9-90]

i) 반력

$\Sigma M_{atB_1}=0$; $R_A \cdot 4-20=0$, $R_A=5t$

$\Sigma V=0$; $R_A-R_B=0$, $R_B=5t$

$\Sigma H=0$; $R_C=0$

ii) 보 $(A-D)$

$S_x=0$

$A_x=-5t$ (일정)

$M_x=0$

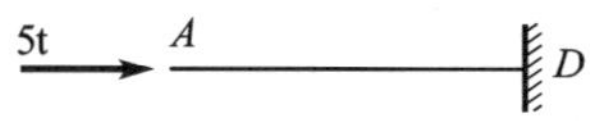

[그림 9-90(a)]

iii) 보 $(D-B)$

$S_x=5t$ (일정)

$A_x=0$

$M_x=5x$

$$\begin{cases} x=0, & M_D=0 \\ x=4, & M_B=20\,t\cdot m \end{cases}$$

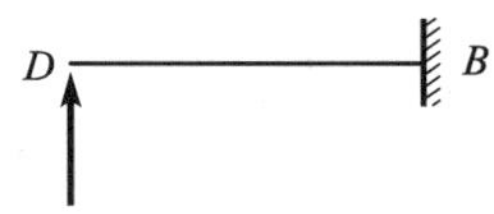

[그림 9-90(b)]

iv) 보 $(B-E)$

$S_x=0$

$A_x=0$

$M_x=20\,t\cdot m$ (일정)

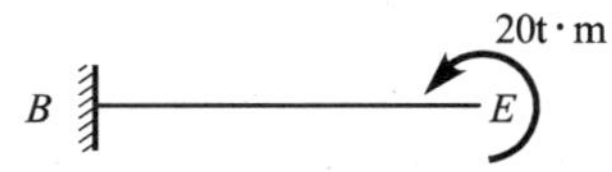

[그림 9-90(c)]

v) 보 $(E-C)$

$S_x=0$

$A_x=0$

$(F-C)$ $M_x=0$

$(E-F)$ $M_x=20\,t\cdot m$ (일정)

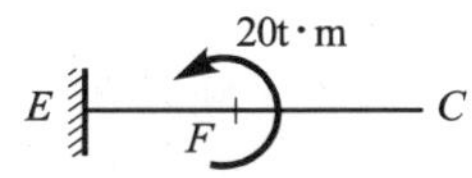

[그림 9-90(d)]

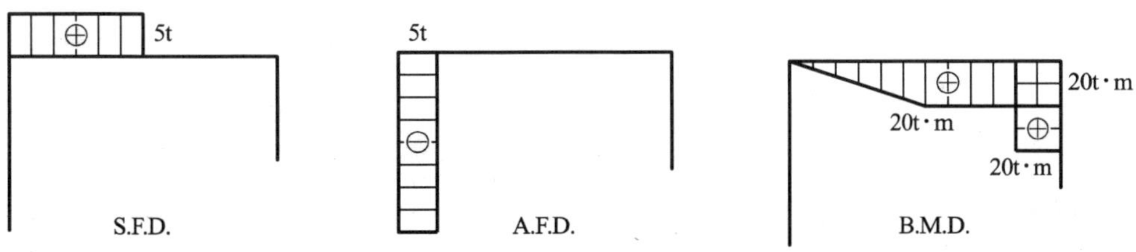

[그림 9-91]

예제 22

다음 라멘을 해석하라.

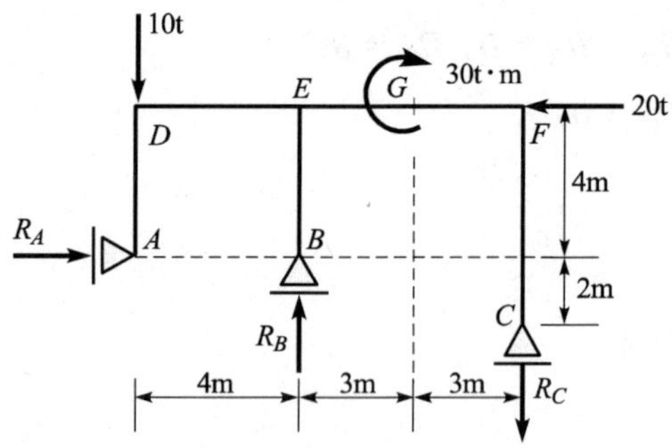

[그림 9-92]

i) 반력

$\Sigma M_{\text{atB}}=0$; $R_C\times 6-10\times 4-20\times 4+30=0$, $R_C=15\text{t}$

$\Sigma V=0$; $R_B-R_C-10=0$, $R_B=25\text{t}$

$\Sigma H=0$; $R_A=20\text{t}$

ii) 보 $(A-D)$

$S_x=-20\text{t}$ (일정)

$A_x=0$

$M_x=-20x$

$$\begin{cases} x=0, & M_A=0 \\ x=4, & M_D=-80\,\text{t}\cdot\text{m} \end{cases}$$

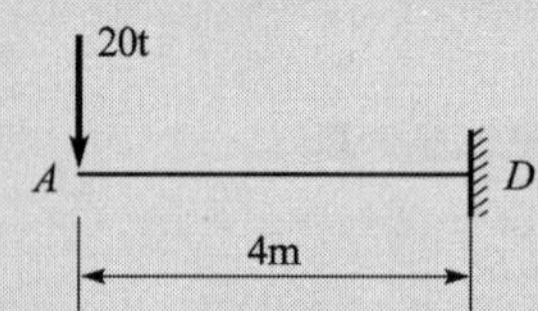

[그림 9-92(a)]

iii) 보 $(D-E)$

$S_x=-10\text{t}$ (일정)

$A_x=-20\text{t}$ (일정)

$M_x=-80-10x$

$$\begin{cases} x=0, & M_D=-80\,\text{t}\cdot\text{m} \\ x=4, & M_E=-120\,\text{t}\cdot\text{m} \end{cases}$$

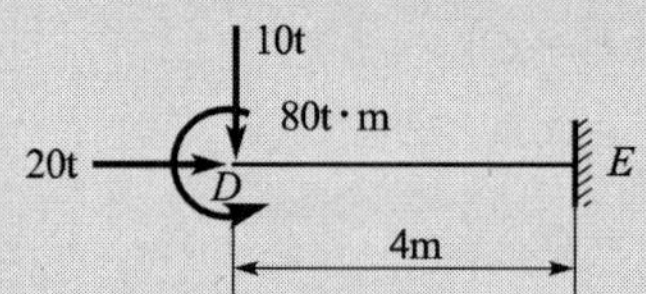

[그림 9-92(b)]

iv) 보 $(E-B)$

$S_x=0$

$A_x=-25\text{t}$ (일정)

$M_x=0$

[그림 9-92(c)]

v) 보 $(F-C)$

$S_x=0$

[그림 9-92(d)]

$A_x = -25\text{t}$ (일정)

$M_x = 0$

vi) 보 $(E-F)$

$S_x = 15\text{t}$ (일정)

$A_x = -20\text{t}$ (일정)

$(F-G)$ $M_x = -15x$

$$\begin{cases} x=0, & M_F = 0 \\ x=3, & M_G = -45\,\text{t}\cdot\text{m} \end{cases}$$

$(G-E)$ $M_x = -15x - 30$

$$\begin{cases} x=3, & M_G = -75\,\text{t}\cdot\text{m} \\ x=6, & M_E = -120\,\text{t}\cdot\text{m} \end{cases}$$

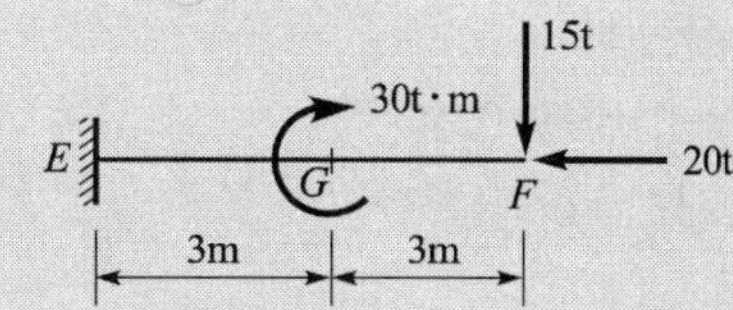

[그림 9-92(e)]

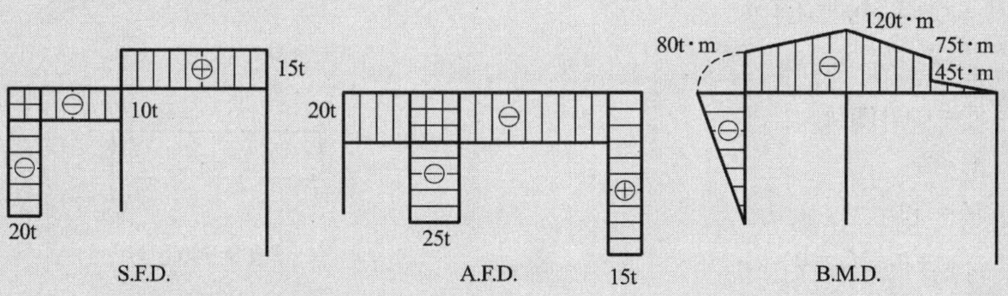

[그림 9-93]

예제 23

다음 라멘의 단면력도를 그려라.

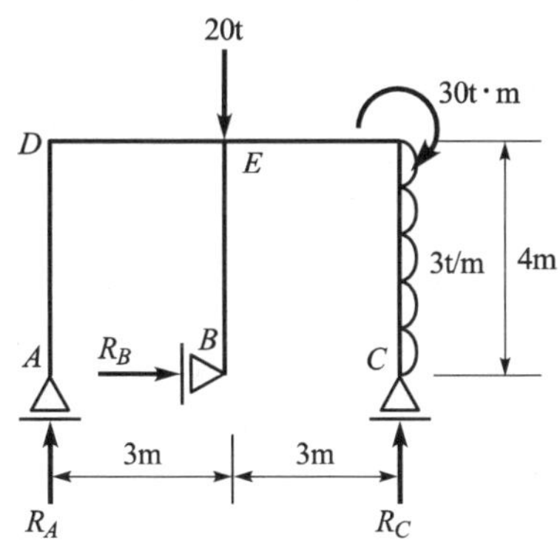

[그림 9-94]

i) 반력

$\Sigma M_{\text{atC}} = 0$; $R_A \cdot 6 - 20 \times 3 - 3 \times 4 \times 2 + 30 = 0$, $R_A = 9\text{t}$

$\Sigma V=0$; $R_A+R_C=20\text{t}$, $R_C=11\text{t}$

$\Sigma H=0$; $R_B=12\text{t}$

ii) 보 $(A-D)$

$S_x=0$

$A_x=-9\text{t}$ (일정)

$M_x=0$

[그림 9-94(a)]

iii) 보 $(D-E)$

$S_x=9\text{t}$ (일정)

$A_x=0$

$M_x=9x$

$$\begin{cases} x=0, & M_D=0 \\ x=3, & M_E=27\,\text{t}\cdot\text{m} \end{cases}$$

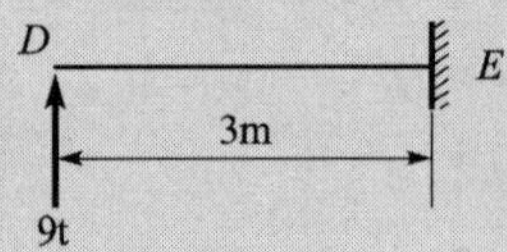

[그림 9-94(b)]

iv) 보 $(E-B)$

$S_x=-12\text{t}$ (일정)

$A_x=0$

$M_x=12x$

$$\begin{cases} x=0, & M_B=0 \\ x=4, & M_E=-48\,\text{t}\cdot\text{m} \end{cases}$$

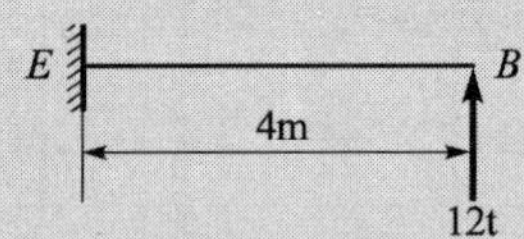

[그림 9-94(c)]

v) 보 $(E-F)$

$S_x=-11\text{t}$ (일정)

$A_x=-12\text{t}$ (일정)

$M_x=-21-11x$

$$\begin{cases} x=0, & M_E=-21\,\text{t}\cdot\text{m} \\ x=4, & M_F=-54\,\text{t}\cdot\text{m} \end{cases}$$

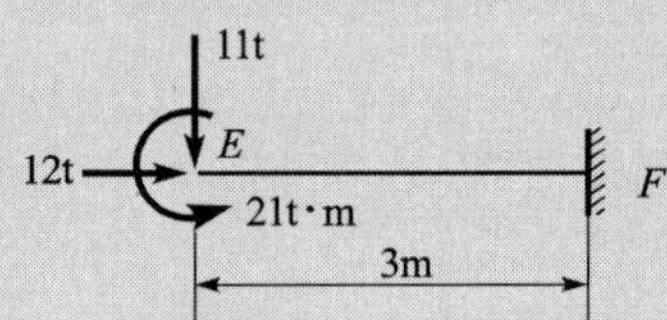

[그림 9-94(d)]

vi) 보 $(F-C)$

$S_x=3x$ (1차)

$$\begin{cases} x=0, & S_C=0 \\ x=4, & S_F=12\text{t} \end{cases}$$

$A_x=-11\text{t}$

$M_x=-\dfrac{3}{2}x^2$

$$\begin{cases} x=0, & M_C=0 \\ x=4, & M_F=-24\,\text{t}\cdot\text{m} \end{cases}$$

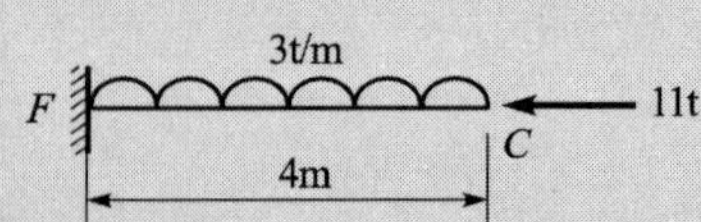

[그림 9-94(e)]

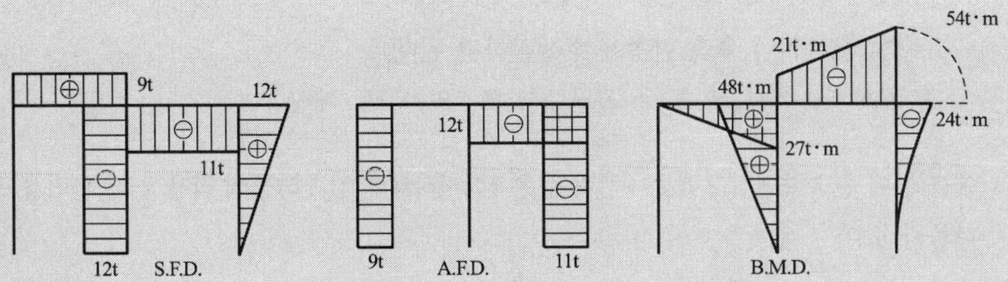

[그림 9-95]

9.5 3-힌지형 라멘

2개의 지점이 회전지점으로 되어있는 구조물로 미지수가 4개이므로 1차 부정정구조이다. 그러므로 부재 사이에 활절(hinge)을 배치하여 정역학적 평형 3조건으로 해석할 수 있는 라멘으로 3활절라멘 또는 3힌지라멘(three hinged frame)이라 한다.

(1) 반력계산

3힌지라멘은 미지의 반력이 4개이므로 평형 3조건으로 미지수 3개는 해석되며 남은 1개는 힌지를 이용하여 해석한다. 즉, 힌지점에는 모멘트 합도 0이 되지만 모멘트도 0이다.

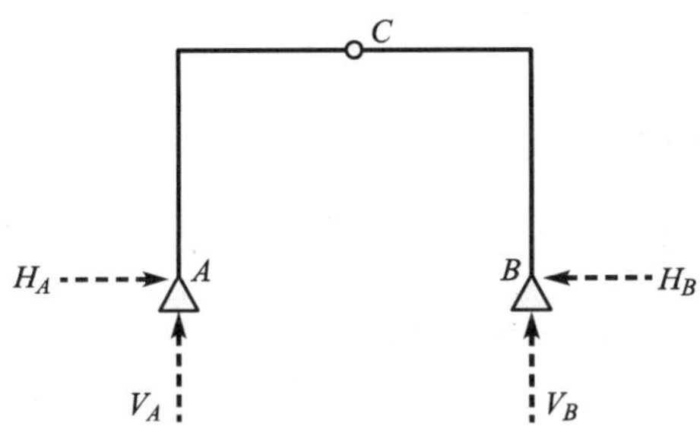

[그림 9-96]

① $\Sigma M_{at\,B} = 0$; V_A 계산

B점의 모멘트 합을 취하면 미지수가 V_A만 나타난다.

② $\Sigma V = 0$; $V_A + V_B = \Sigma V$로서 V_B 계산

③ C점의 모멘트가 0이다.

(좌측에서 생각) M_C(좌) $= 0$; H_A 계산

(우측에서 생각) $M_C(우)=0$; H_B 계산

즉, 좌측이나 우측 한쪽에서 생각하면 된다.

④ $\Sigma H=0$; $H_A - H_B = \Sigma H$로서 H_A 또는 H_B 계산

예를 들어 설명하면, [그림 9-97]과 같은 3힌지라멘에 집중하중이 작용할 때 반력을 구하면 다음과 같다.

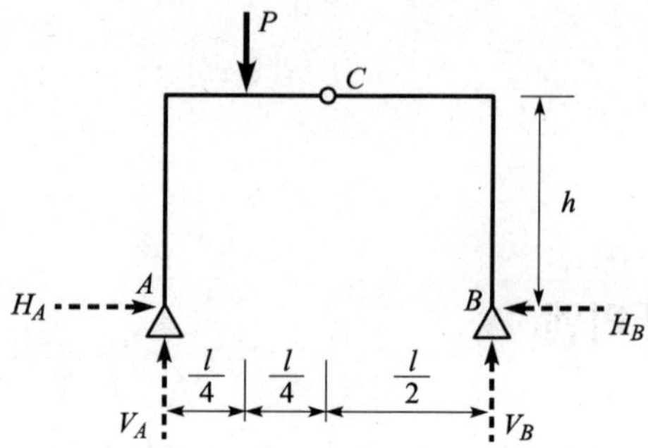

[그림 9-97]

① $\Sigma M_{atB}=0$; $V_A \cdot l - P \cdot \frac{3}{4}l = 0$, $V_A = \frac{3}{4}P$

② $\Sigma V=0$; $V_A + V_B = P$, $V_B = \frac{1}{4}P$

③ $M_C(우)=0$; $V_B \cdot \frac{l}{2} - H_B \cdot h = 0$

$\frac{P}{4} \cdot \frac{l}{2} - H_B \cdot h = 0$, $H_B = \frac{Pl}{8h}$

④ $\Sigma H=0$; $H_A - H_B = 0$, $H_A = \frac{Pl}{8h}$

또는 $M_C(좌)=0$

$V_A \cdot \frac{l}{2} - H_A \cdot h - P \cdot \frac{l}{4} = 0$

$H_A = \frac{Pl}{8h}$

로 구해도 되며, 반력의 관계는 [그림 9-98]과 같다. 즉, a, c점이 모멘트 값 0이 되는 곳이다.

또, $R_A = \sqrt{H_A^2 + V_A^2}$, $R_B = \sqrt{H_B^2 + V_B^2}$ 이다.

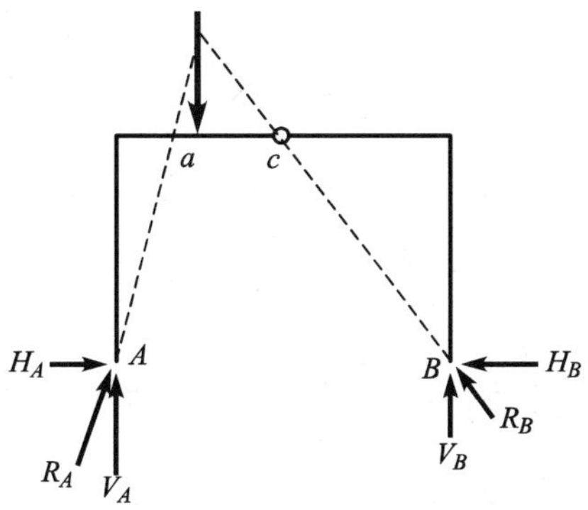

[그림 9-98]

(2) 집중하중

다음 [그림 9-99]와 같은 3힌지라멘이 집중하중이 작용하면

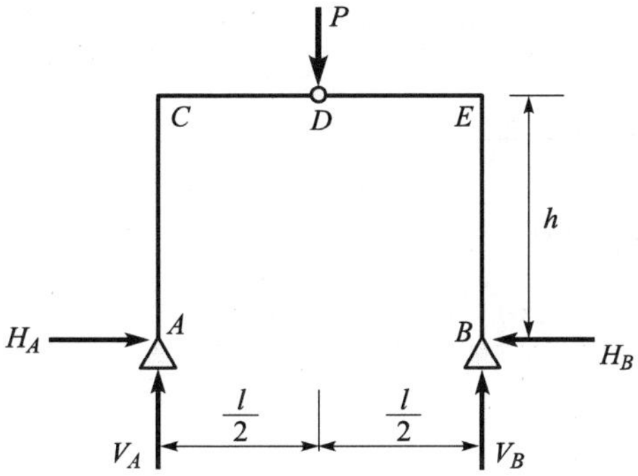

[그림 9-99]

i) 반력

① $\Sigma M_{\mathrm{atB}} = 0$; $V_{\mathrm{A}} \cdot l - P \cdot \dfrac{l}{2} = 0$, $V_{\mathrm{A}} = \dfrac{P}{2}$

② $\Sigma V = 0$; $V_{\mathrm{A}} + V_{\mathrm{B}} = P$, $V_{\mathrm{B}} = \dfrac{P}{2}$

③ M_{D}(좌)$= 0$; $V_{\mathrm{A}} \cdot \dfrac{l}{2} - H_{\mathrm{A}} \cdot h = 0$, $H_{\mathrm{A}} = \dfrac{Pl}{4h}$

④ $\Sigma H = 0$; $H_{\mathrm{A}} - H_{\mathrm{B}} = 0$, $H_{\mathrm{B}} = \dfrac{Pl}{4h}$

ii) 보 $(A - C)$

$S_x = -\dfrac{Pl}{4h}$ (일정)

$A_x = -\dfrac{P}{2}$ (일정)

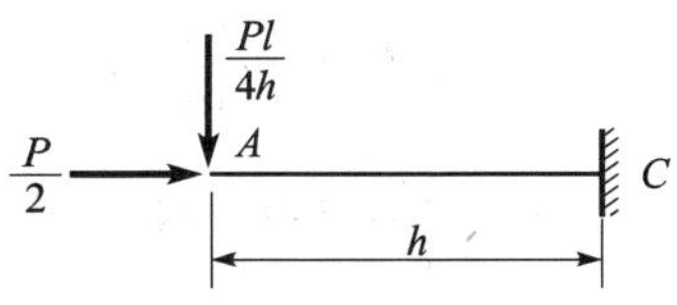

[그림 9-99(a)]

$$M_x = -\frac{Pl}{4h}\cdot x$$

$$\begin{cases} x=0, & M_A = 0 \\ x=h, & M_C = -\dfrac{Pl}{4} \end{cases}$$

iii) 보 $(C-E)$

중간의 힌지부분(D점)의 단면력은 힌지를 상관치 않고 바로 계산하는 것이 편리하다.

$(C-D)$ $S_x = \dfrac{P}{2}$ (일정)

$(D-E)$ $S_x = \dfrac{P}{2} - P = -\dfrac{P}{2}$ (일정)

$A_x = -\dfrac{Pl}{4h}$ (일정)

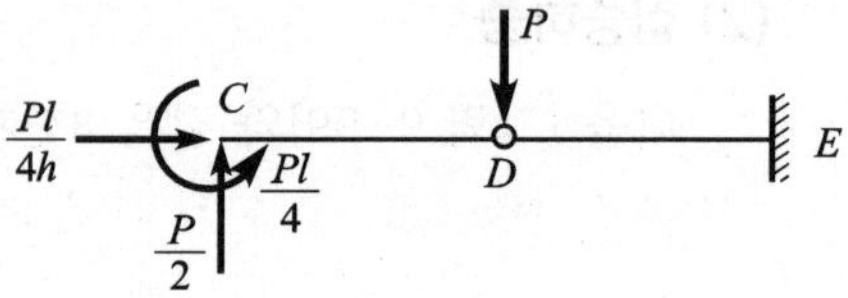

[그림 9-99(b)]

$(C-D)$ $M_x = -\dfrac{Pl}{4} + \dfrac{P}{2}\cdot x$

$$\begin{cases} x=0, & M_C = -\dfrac{Pl}{4} \\ x=\dfrac{l}{2}, & M_D = 0 \end{cases}$$

$(D-E)$ $M_x = -\dfrac{Pl}{4} + \dfrac{P}{2}\cdot x - P\left(x - \dfrac{l}{2}\right)$

$$\begin{cases} x=\dfrac{l}{2}, & M_D = 0 \\ x=l, & M_E = -\dfrac{Pl}{4} \end{cases}$$

(전단력은 활절(hinge)과 무관하고, 활절에 모멘트하중이 작용하지 않는 한 모멘트는 0이다. 즉, 겔버보에서 힌지와 동일하다)

iv) 보 $(E-B)$

$S_x = \dfrac{Pl}{4h}$ (일정)

$A_x = -\dfrac{P}{2}$ (일정)

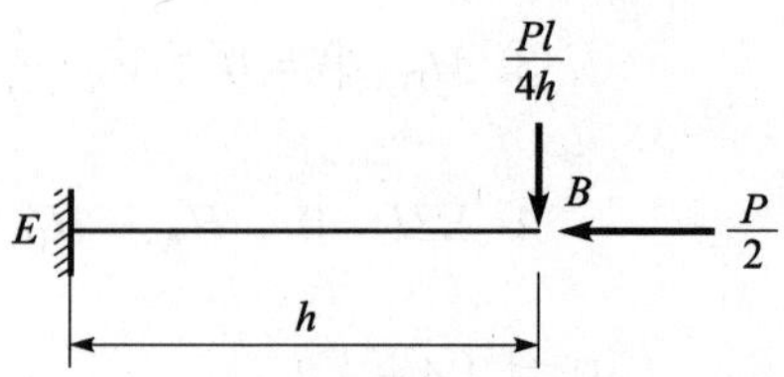

[그림 9-99(c)]

$M_x = -\dfrac{Pl}{4h}\cdot x$

$$\begin{cases} x=0, & M_B = 0 \\ x=h, & M_E = -\dfrac{Pl}{4} \end{cases}$$

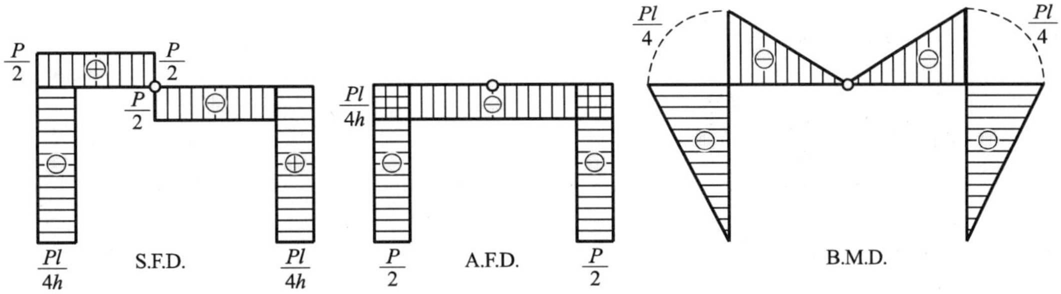

[그림 9-100]

또 3힌지라멘에 수평집중하중이 작용하면

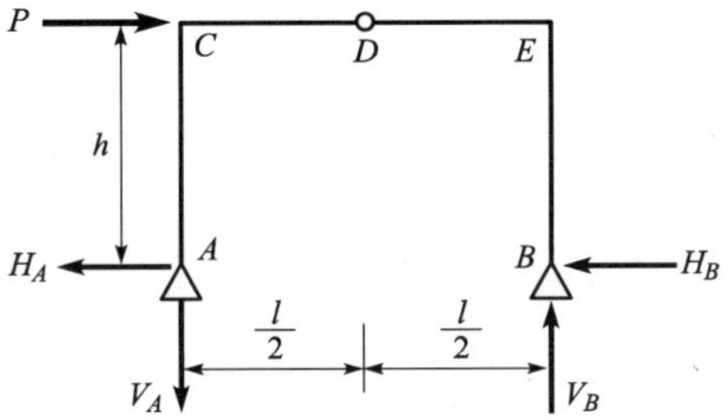

[그림 9-101]

i) 반력

① $\Sigma M_{\text{atB}}=0$; $V_{\text{A}}\cdot l-P\cdot h=0$, $V_{\text{A}}=\dfrac{Ph}{l}$

② $\Sigma V=0$; $V_{\text{A}}-V_{\text{B}}=0$, $V_{\text{B}}=\dfrac{Ph}{l}$

③ M_{D}(좌)$=0$; $V_{\text{A}}\cdot\dfrac{l}{2}-H_{\text{A}}\cdot h=0$, $\dfrac{Ph}{l}\cdot\dfrac{l}{2}-H_{\text{A}}\cdot h=0$, $H_{\text{A}}=\dfrac{P}{2}$

④ $\Sigma H=0$; $H_{\text{A}}+H_{\text{B}}=P$, $H_{\text{B}}=\dfrac{P}{2}$

ii) 보 $(A-C)$

$S_x=\dfrac{P}{2}$ (일정)

$A_x=-\dfrac{P}{2}$ (일정)

$M_x=-\dfrac{Ph}{2}+\dfrac{Ph}{l}\cdot x$

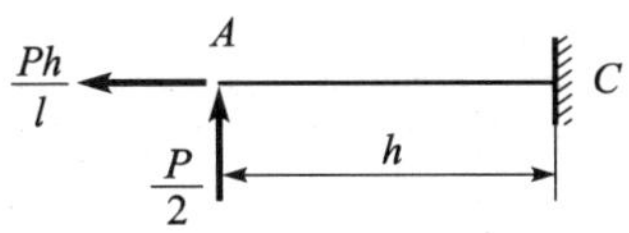

[그림 9-101(a)]

$$\begin{cases} x=0, \quad M_{\mathrm{E}}=-\dfrac{Ph}{2} \\ x=l, \quad M_{\mathrm{C}}=\dfrac{Ph}{2} \\ x=\dfrac{l}{2}, \ M_{\mathrm{D}}=0 \end{cases}$$

iii) 보 $(C-E)$

$$S_x=-\frac{Ph}{l}\ (\text{일정})$$

$$A_x=-\frac{P}{2}\ (\text{일정})$$

$$M_x=-\frac{Ph}{2}+\frac{Ph}{l}\cdot l$$

$$\begin{cases} x=0, \ M_{\mathrm{E}}=-\dfrac{Ph}{2} \\ x=l, \ M_{\mathrm{C}}=\dfrac{Ph}{2} \\ x=\dfrac{l}{2}, \ M_{\mathrm{D}}=0 \end{cases}$$

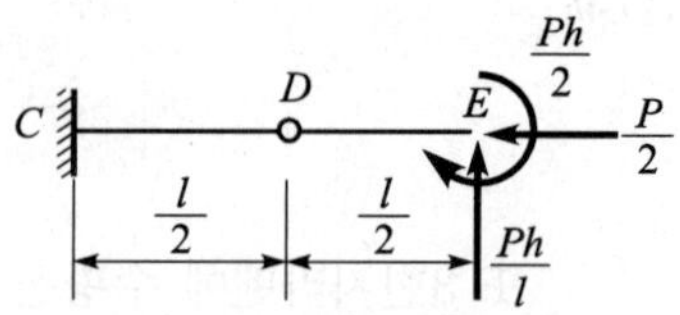

[그림 9-101(b)]

iv) 보 $(E-B)$

$$S_x=\frac{P}{2}\ (\text{일정})$$

$$A_x=-\frac{Ph}{l}\ (\text{일정})$$

$$M_x=-\frac{P}{2}\cdot x$$

$$\begin{cases} x=0, \ M_{\mathrm{B}}=0 \\ x=h, \ M_{\mathrm{E}}=-\dfrac{Ph}{2} \end{cases}$$

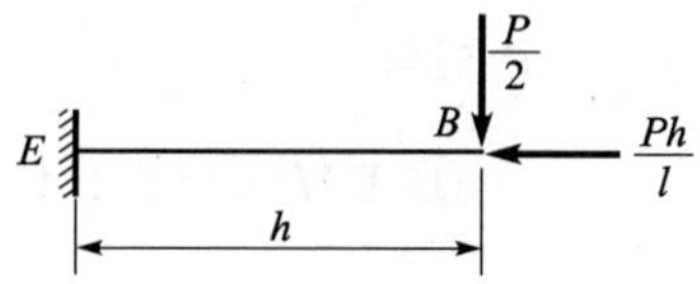

[그림 9-101(c)]

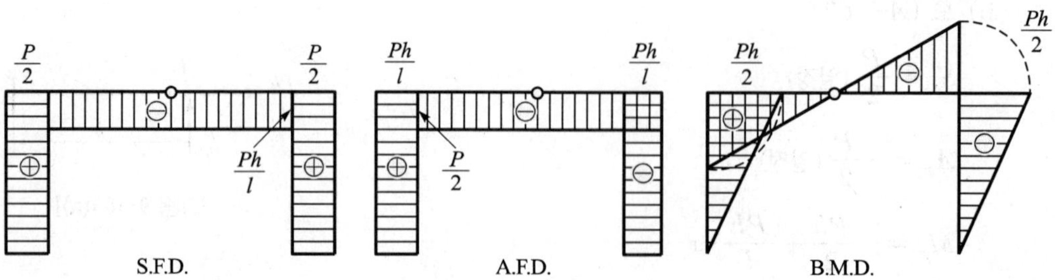

[그림 9-102]

또 3힌지라멘에 수직, 수평하중이 작용할 때를 생각하면

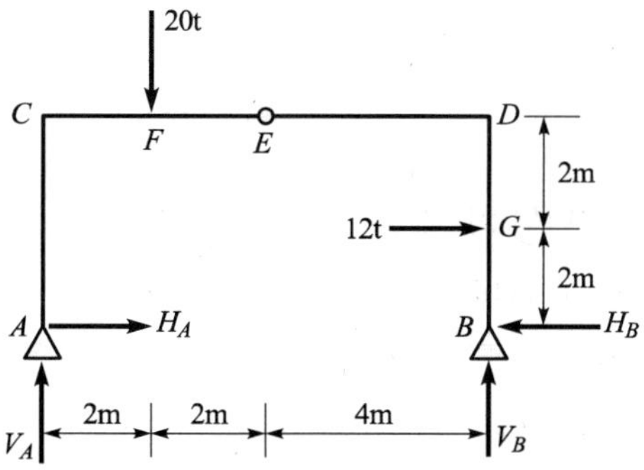

[그림 9-103]

i) 반력

① $\Sigma M_{\text{atB}} = 0$; $V_{\text{A}} \cdot 8 - 20 \times 6 + 12 \times 2 = 0$, $V_{\text{A}} = 12\text{t}$

② $\Sigma V = 0$; $V_{\text{A}} + V_{\text{B}} = 20\text{t}$, $V_{\text{B}} = 8\text{t}$

③ M_{E}(좌)$= 0$; $12 \times 4 - H_{\text{A}} \cdot 4 - 20 \times 2 = 0$, $H_{\text{A}} = 2\text{t}$

④ $\Sigma H = 0$; $H_{\text{A}} + 12 = H_{\text{B}}$, $H_{\text{B}} = 14\text{t}$

ii) 보 $(A-C)$

$S_x = -2\text{t}$ (일정)

$A_x = -12\text{t}$ (일정)

$M_x = -2x$

$$\begin{cases} x = 0, & M_{\text{A}} = 0 \\ x = 4, & M_{\text{C}} = -8\,\text{t} \cdot \text{m} \end{cases}$$

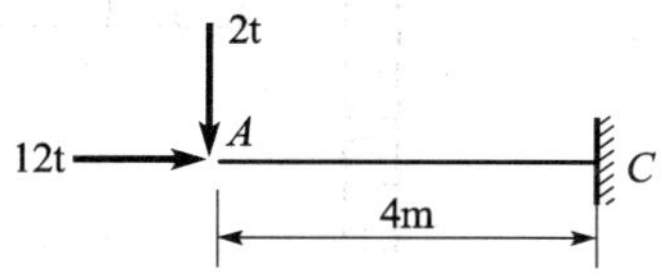

[그림 9-103(a)]

iii) 보 $(C-D)$

$(C-D)$ $S_x = 12\text{t}$ (일정)

$(F-D)$ $S_x = 12 - 20 = -8\text{t}$ (일정)

$A_x = -2\text{t}$ (일정)

$(C-F)$ $M_x = -8 + 12x$

$$\begin{cases} x = 0, & M_{\text{C}} = -8\,\text{t} \cdot \text{m} \\ x = 2, & M_{\text{F}} = 16\,\text{t} \cdot \text{m} \end{cases}$$

$(F-D)$ $M_x = -8 + 12x - 20(x-2)$

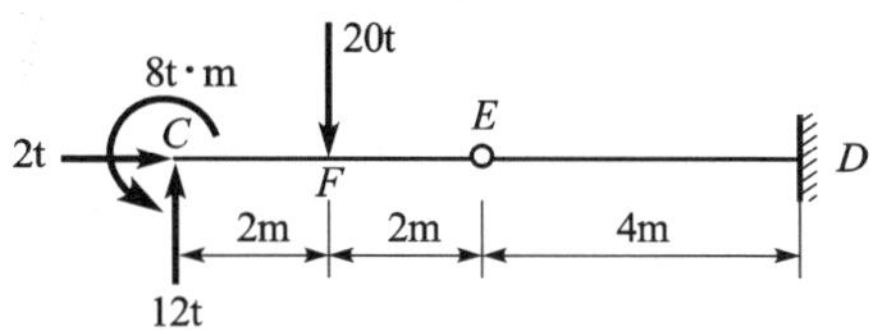

[그림 9-103(b)]

$$\begin{cases} x=2, & M_F = 16\,\text{t}\cdot\text{m} \\ x=4, & M_E = 0 \\ x=8, & M_D = -32\,\text{t}\cdot\text{m} \end{cases}$$

iv) 보 $(D-B)$

$(D-G)$ $S_x = 2\text{t}$ (일정)

$(G-B)$ $S_x = 14\text{t}$ (일정)

$A_x = -8\text{t}$ (일정)

$(G-B)$ $M_x = -14x$

$$\begin{cases} x=0, & M_B = 0 \\ x=2, & M_G = -28\,\text{t}\cdot\text{m} \end{cases}$$

$(G-D)$ $M_x = -14x + 12(x-2)$

$$\begin{cases} x=2, & M_G = -28\,\text{t}\cdot\text{m} \\ x=4, & M_D = -32\,\text{t}\cdot\text{m} \end{cases}$$

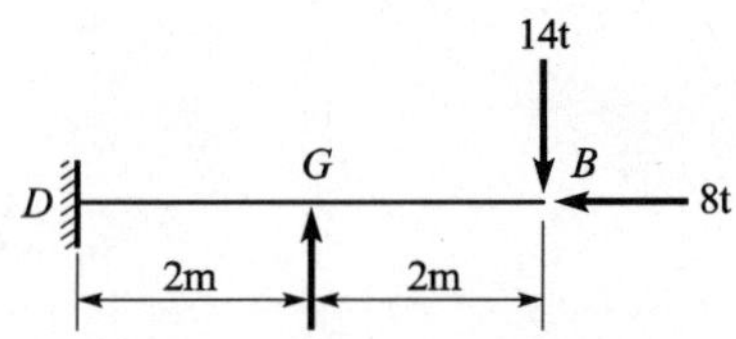

[그림 9-103(c)]

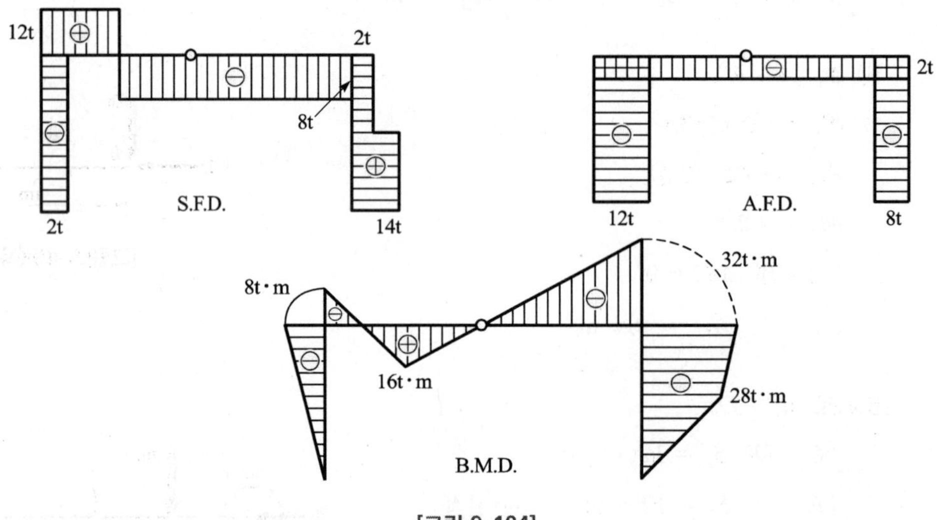

[그림 9-104]

예제 24

다음 라멘을 해석하라.

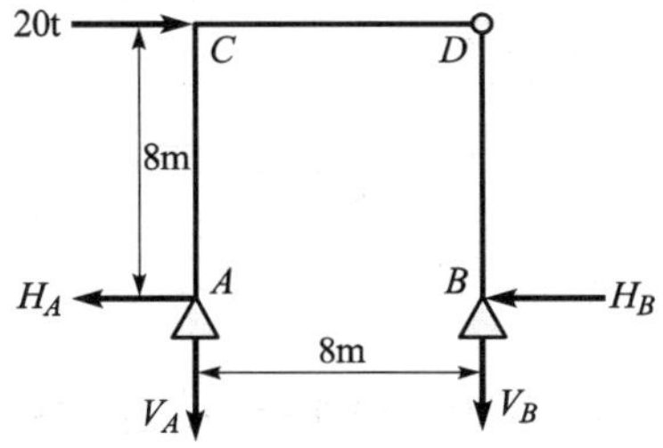

[그림 9-105]

i) 반력

① $\Sigma M_{\text{atB}}=0$; $V_A \cdot 8-20\times 8=0$, $V_A=20\text{t}$

② $\Sigma V=0$; $V_A-V_B=0$, $V_B=20\text{t}$

③ M_D(우)$=0$; $H_B\cdot 8=0$, $H_B=0$

④ $\Sigma H=0$; $H_A+H_B=20$, $H_A=20\text{t}$

ii) 보 $(A-C)$

$S_x=20\text{t}$(일정)

$A_x=20\text{t}$(일정)

$M_x=20x$

$$\begin{cases} x=0, & M_A=0 \\ x=8, & M_C=160\,\text{t}\cdot\text{m} \end{cases}$$

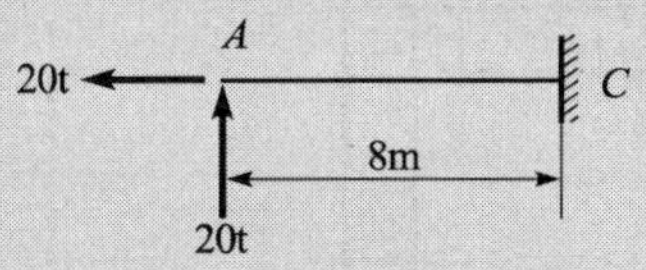

[그림 9-105(a)]

iii) 보 $(C-D)$

$S_x=-20\text{t}$(일정)

$A_x=0$

$M_x=20x$

$$\begin{cases} x=0, & M_D=0 \\ x=8, & M_C=160\,\text{t}\cdot\text{m} \end{cases}$$

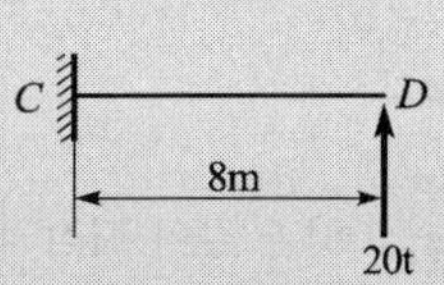

[그림 9-105(b)]

iv) 보 $(D-B)$

$S_x=0$

$A_x=-20\text{t}$

$M_x=0$

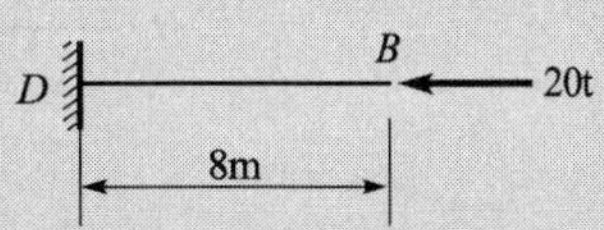

[그림 9-105(c)]

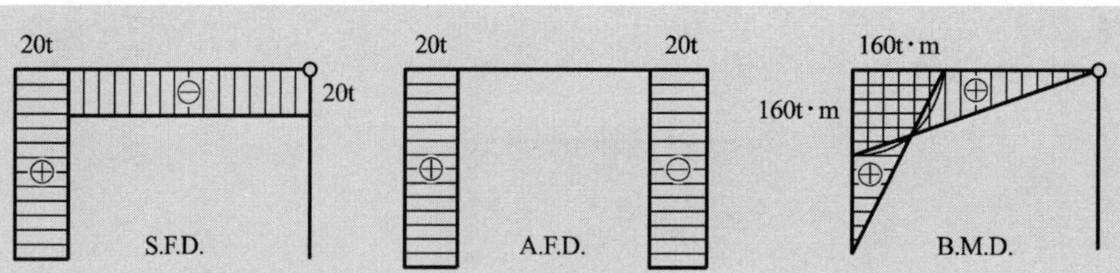

[그림 9-106]

참고로 〈예제 24〉에서 활절이 C점에 배치되어 있다면 단면력도는 다음과 같다.

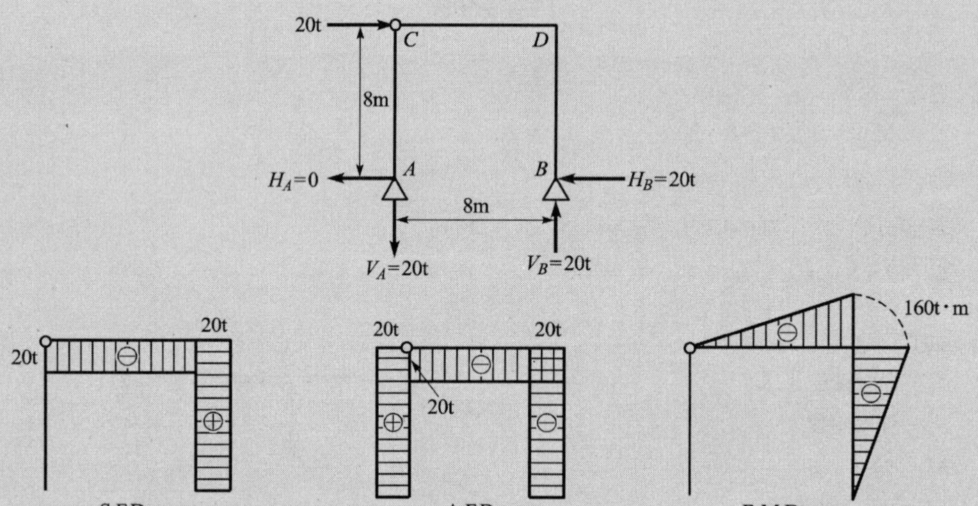

[그림 9-107]

예제 25

다음 [그림 9-108]과 같이 지점의 높이가 다른 3힌지 라멘을 해석하라.

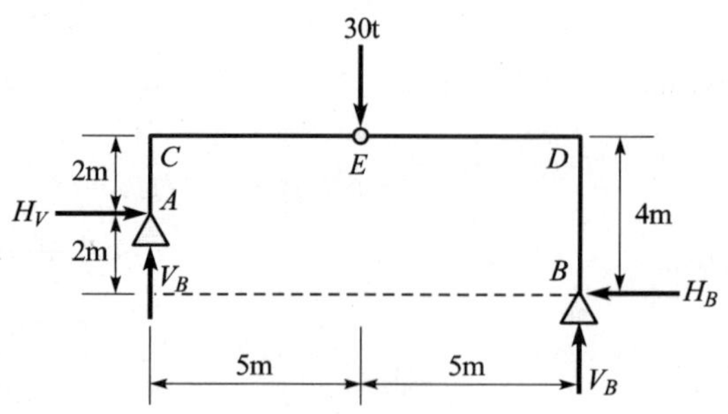

[그림 9-108]

i) 반력

① $\Sigma M_{atB} = 0$; $V_A \cdot 10 + H_A \cdot 2 - 30 \times 5 = 0$

② $\Sigma V = 0$; $V_A + V_B = 0$

③ M_E(좌)$= 0$; $V_A \cdot 5 - H_A \cdot 2 = 0$

④ $\Sigma H = 0$; $H_A - H_B = 0$

반력은 연립하여 해석해야 한다.

①+②에서

$$\begin{array}{r} 10V_A + 2H_A - 150 = 0 \\ +)\quad 5V_A - 2H_A = 0 \\ \hline 15V_A - 150 = 0,\ V_A = 10\text{t} \end{array}$$

$V_A = 10$t을 위 식에 대입하여 미지반력을 구하면 $V_B = 20$t, $H_A = H_B = 25$t

ii) 보 $(A-C)$

$S_x = -25$t (일정)

$A_x = -10$t (일정)

$M_x = -25x$ (1차)

$$\begin{cases} x = 0,\ M_A = 0 \\ x = 2,\ M_C = -50\text{t}\cdot\text{m} \end{cases}$$

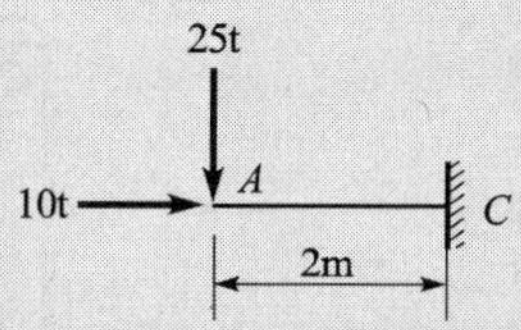

[그림 9-108(a)]

iii) 보 $(C-D)$

$(C-E)$ $S_x = 10$t (일정)

$(E-D)$ $S_x = 10 - 30 = -20$t (일정)

$A_x = -25$t (일정)

$(C-E)$ $M_x = -50 + 10x$

$$\begin{cases} x = 0,\ M_C = 50\text{t}\cdot\text{m} \\ x = 5,\ M_E = 0 \end{cases}$$

$(E-D)$ $M_x = -50 + 10x - 30(x-5)$

$$\begin{cases} x = 5,\ M_E = 0 \\ x = 10,\ M_D = -100\text{t}\cdot\text{m} \end{cases}$$

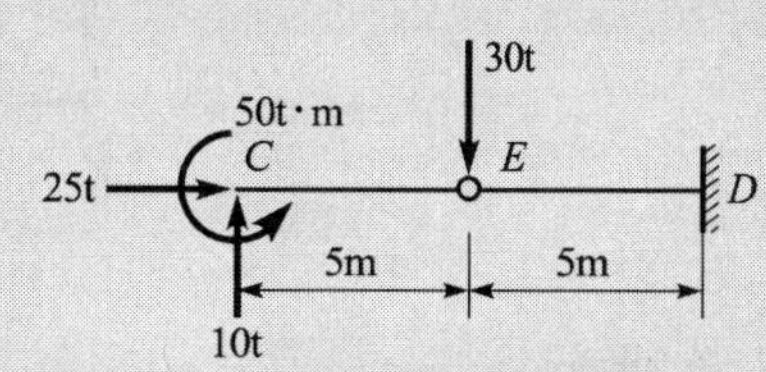

[그림 9-108(b)]

iv) 보 $(D-B)$

$S_x = 25$t (일정)

$A_x = -20$t (일정)

$M_x = -25x$ (1차)

$$\begin{cases} x = 0,\ M_B = 0 \\ x = 4,\ M_D = -100\text{t}\cdot\text{m} \end{cases}$$

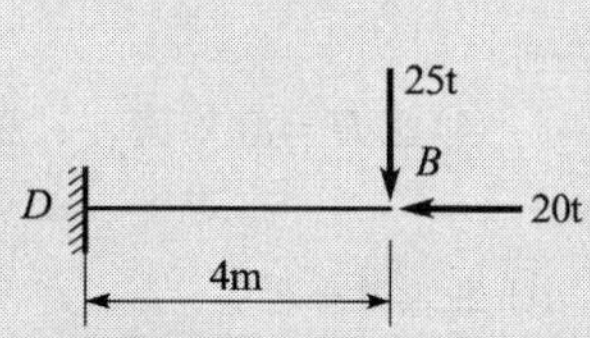

[그림 9-108(c)]

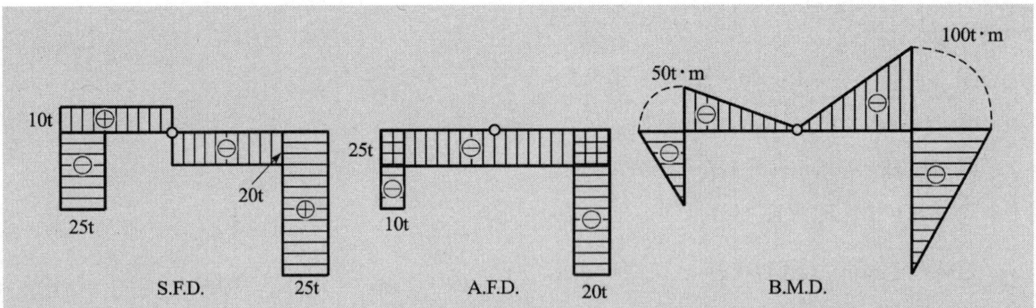

[그림 9-109]

(3) 등분포 하중

다음과 같은 3힌지라멘에 등분포 하중이 작용하면

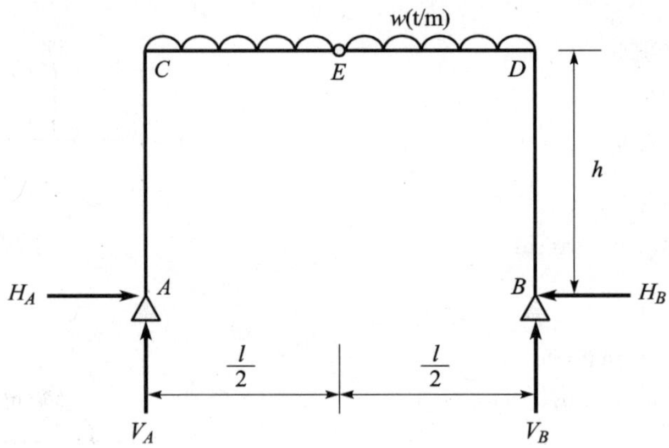

[그림 9-110]

i) 반력

① $\Sigma M_{\text{atB}} = 0$; $V_{\text{A}} \cdot l - w \cdot l \cdot \dfrac{l}{2} = 0$, $V_{\text{A}} = \dfrac{wl}{2}$

② $\Sigma V = 0$; $V_{\text{A}} + V_{\text{B}} = wl$, $V_{\text{B}} = \dfrac{wl}{2}$

③ $M_{\text{E}}(\text{좌}) = 0$; $V_{\text{A}} \cdot \dfrac{l}{2} - H_{\text{A}} \cdot h - \dfrac{wl}{2} \cdot \dfrac{l}{4} = 0$, $H_{\text{A}} = \dfrac{wl^2}{8h}$

④ $\Sigma H = 0$; $H_{\text{A}} - H_{\text{B}} = 0$, $H_{\text{B}} = \dfrac{wl^2}{8h}$

ii) 보 $(A - C)$

$$S_x = \frac{-wl^2}{8h}$$

$$A_x = -\frac{wl}{2}$$

$$M_x = -\frac{wl^2}{8h} \cdot x$$

$$\begin{cases} x = 0, & M_A = 0 \\ x = h, & M_C = -\dfrac{wl^2}{8} \end{cases}$$

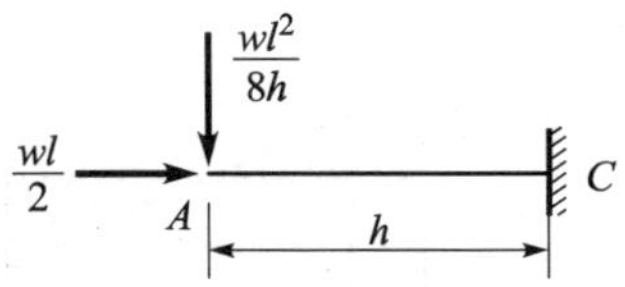

[그림 9-110(a)]

iii) 보 $(C-D)$

$$S_x = \frac{wl}{2} - wx$$

$$\begin{cases} x = 0, & S_C = \dfrac{wl}{2} \\ x = l, & S_D = -\dfrac{wl}{2} \end{cases}$$

$S_x = 0$이 되는 곳 $x = \dfrac{l}{2}$

$$A_x = -\frac{wl^2}{8h}$$

$$M_x = -\frac{wl^2}{8} + \frac{wl}{2}x - \frac{wx^2}{2}$$

$$\begin{cases} x = 0, & M_C = -\dfrac{wl^2}{8} \\ x = l, & M_D = -\dfrac{wl^2}{8} \\ x = \dfrac{l}{2}, & M_E = 0(\text{hinge}) \end{cases}$$

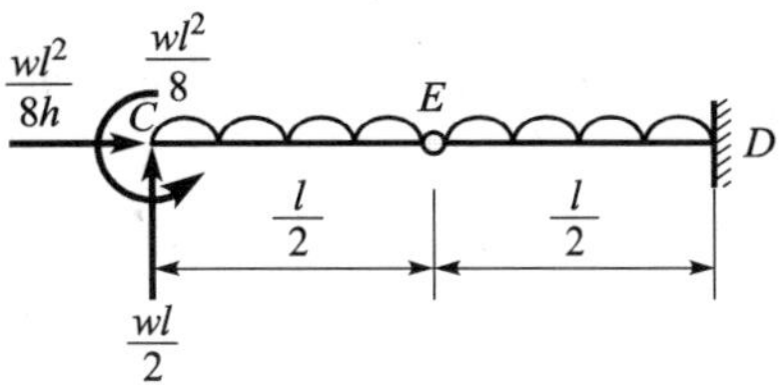

[그림 9-110(b)]

iv) 보 $(D-B)$

$$S_x = \frac{wl^2}{8h}$$

$$A_x = -\frac{wl}{2}$$

$$M_x = -\frac{wl^2}{8h}$$

$$\begin{cases} x = 0, & M_B = 0 \\ x = h, & M_D = -\dfrac{wl^2}{8} \end{cases}$$

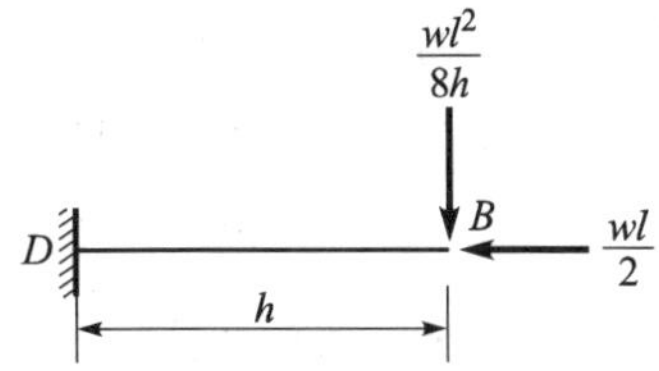

[그림 9-110(c)]

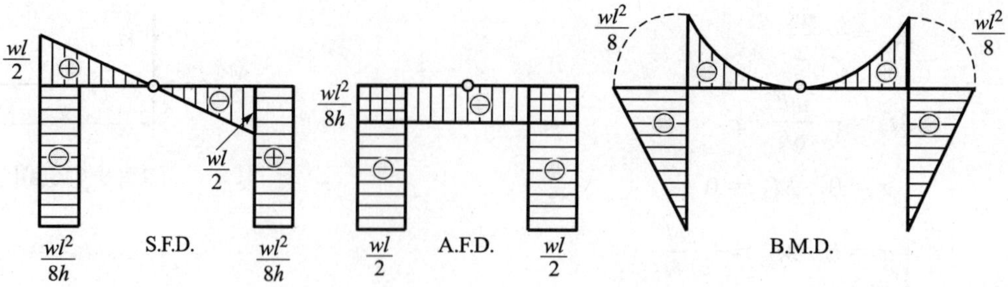

[그림 9-111]

또 다음과 같은 3힌지 라멘에 등분포 수평하중이 작용하면

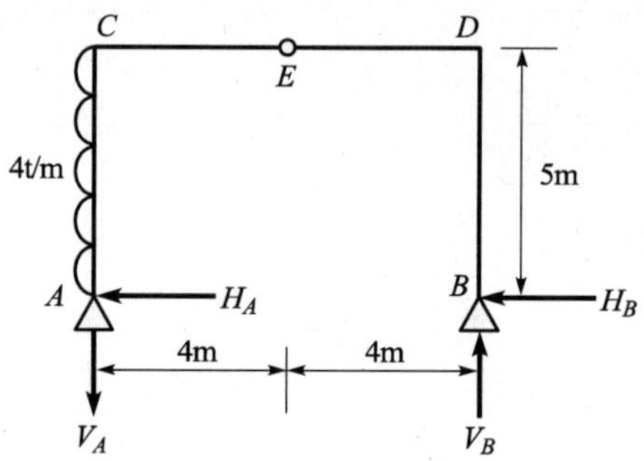

[그림 9-112]

i) 반력

① $\Sigma M_{\text{atA}} = 0$; $V_{\text{B}} \cdot 8 - 4 \times 5 \times 2.5 = 0$, $V_{\text{B}} = 6.25\text{t}$

② $\Sigma V = 0$; $V_{\text{A}} - V_{\text{B}} = 0$, $V_{\text{A}} = 6.25\text{t}$

③ M_{E} (우) $= 0$; $V_{\text{B}} \cdot 4 - H_{\text{B}} \cdot 5 = 0$, $H_{\text{B}} = 5\text{t}$

④ $\Sigma H = 0$; $H_{\text{A}} + H_{\text{B}} = 20\text{t}$, $H_{\text{A}} = 15\text{t}$

ii) 보 $(A - C)$

$S_x = 15 - 4x$

$$\begin{cases} x = 0, \ S_{\text{A}} = 15 \text{ t} \\ x = 5, \ S_{\text{C}} = -5 \text{ t} \end{cases}$$

$S_x = 0$이 되는 곳 $x = 3.75\text{m}$

$A_x = 6.25\text{t}$

$M_x = 15x - 2x^2$

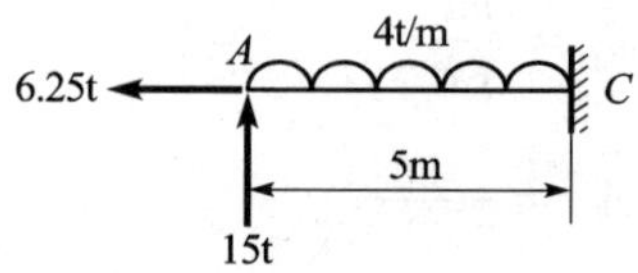

[그림 9-112(a)]

$$\begin{cases} x=0, & M_A=0 \\ x=5, & M_C=25\,\text{t}\cdot\text{m} \\ x=3.75, & M=28.125\,\text{t}\cdot\text{m} \end{cases}$$

iii) 보 $(C-D)$

$S_x=-6.25\text{t}$

$A_x=-5\text{t}$

$M_x=-25+6.25x$

$$\begin{cases} x=0, & M_D=-25\,\text{t}\cdot\text{m} \\ x=8, & M_C\equiv 25\,\text{t}\cdot\text{m} \\ x=4, & M_E=0(\text{hinge}) \end{cases}$$

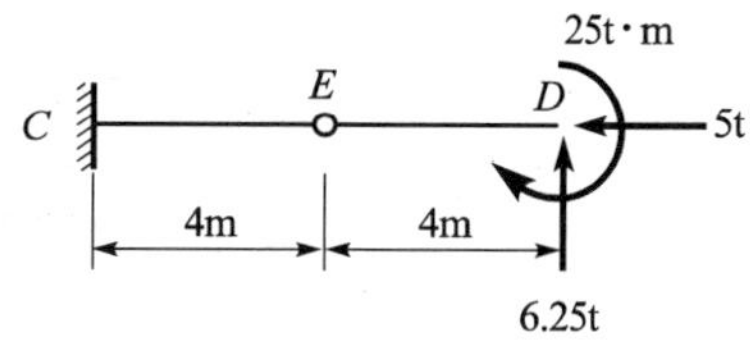

[그림 9-112(b)]

iv) 보 $(D-B)$

$S_x=5\text{t}$

$A_x=-6.25\text{t}$

$M_x=-5x$

$$\begin{cases} x=0, & M_B=0 \\ x=5, & M_D=-25\,\text{t}\cdot\text{m} \end{cases}$$

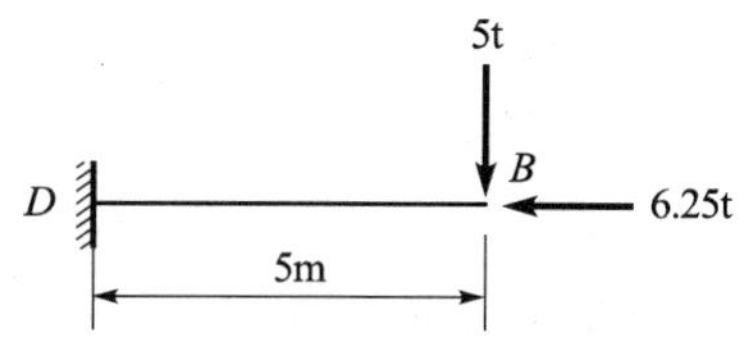

[그림 9-112(c)]

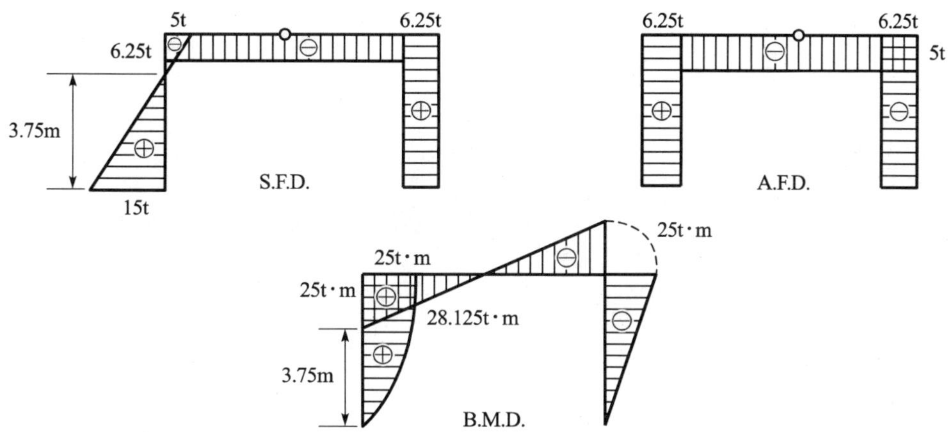

[그림 9-113]

예제 26

다음과 같은 3hinge 라멘을 해석하라.

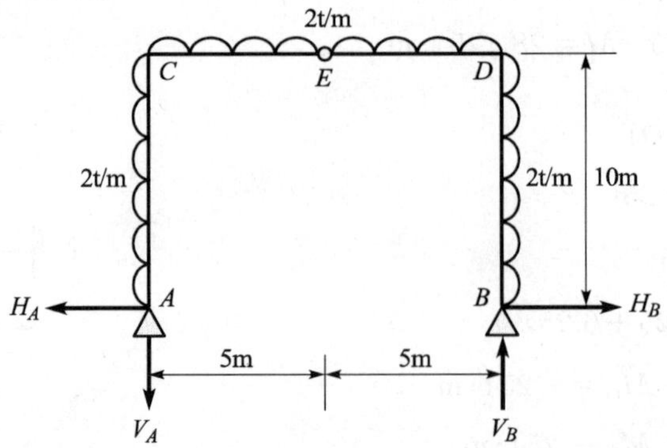

[그림 9-114]

i) 반력

① $\Sigma M_{\text{atB}}=0$; $V_A \cdot 10+2\times10+5-2\times10\times5=0$, $V_A=10\text{t}$

② $\Sigma V=0$; $V_A+V_B=20\text{t}$, $V_B=10\text{t}$

③ M_E(좌)$=0$; $V_A\cdot5+H_A\cdot10-2\times10\times5-2\times5\times2.5=0$, $H_A=7.5\text{t}$

④ $\Sigma H=0$; $H_A=H_B$, $H_B=7.5\text{t}$

ii) 보 $(A-C)$

$S_x=7.5-2x$

$$\begin{cases} x=0, & S_A=7.5\ \text{t} \\ x=10, & S_C=-12.5\ \text{t} \end{cases}$$

$S_x=0$이 되는 곳 $x=3.75\text{m}$

$A_x=-10\text{t}$

$M_x=7.5x-x^2$

$$\begin{cases} x=0, & M_A=0 \\ x=10, & M_C=-25\,\text{t}\cdot\text{m} \\ x=3.75, & M=14.0625\,\text{t}\cdot\text{m} \end{cases}$$

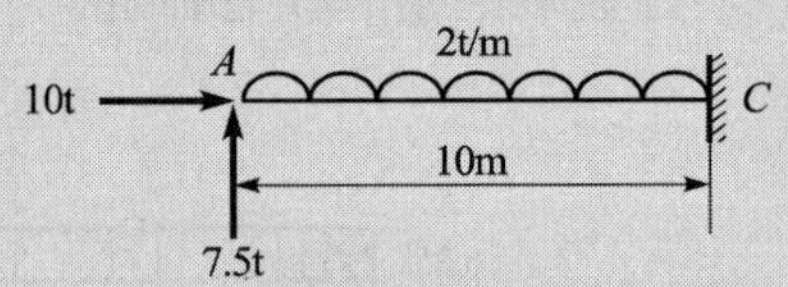

[그림 9-114(a)]

iii) 보 $(C-D)$

$S_x=10-2x$

$$\begin{cases} x=0, & S_C=10\text{t} \\ x=10, & S_D=-10\text{t} \end{cases}$$

$A_x=-12.5\text{t}$

$M_x=-25+10x-x^2$

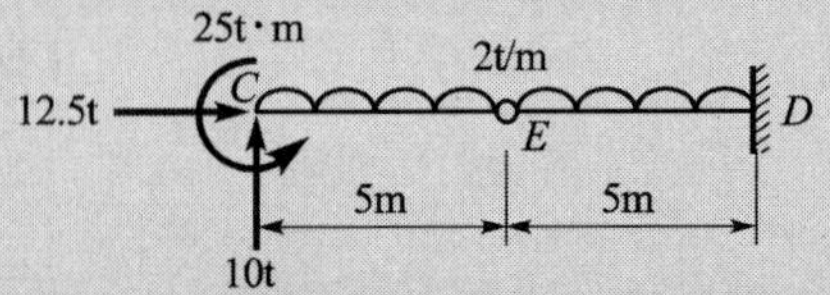

[그림 9-114(b)]

$$\begin{cases} x=0, & M_C=-25\text{t}\cdot\text{m} \\ x=10, & M_D=-25\text{t}\cdot\text{m} \\ x=5, & M_E=0 \end{cases}$$

ⅳ) 보 $(D-B)$

보 $(A-C)$와 동일하며 전단력부호만 다르다.

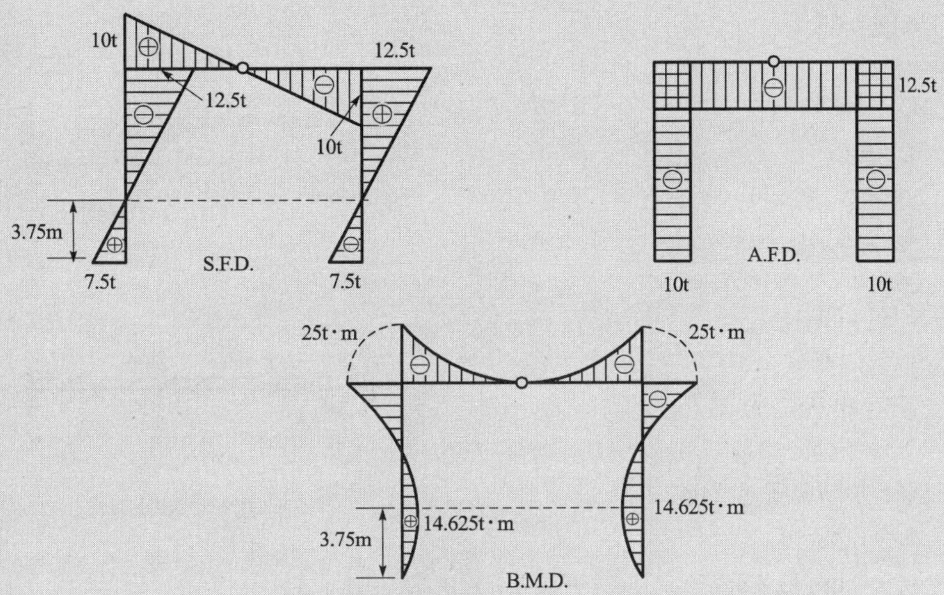

[그림 9-115]

예제 27

[그림 9-116]과 같은 라멘을 해석하라.

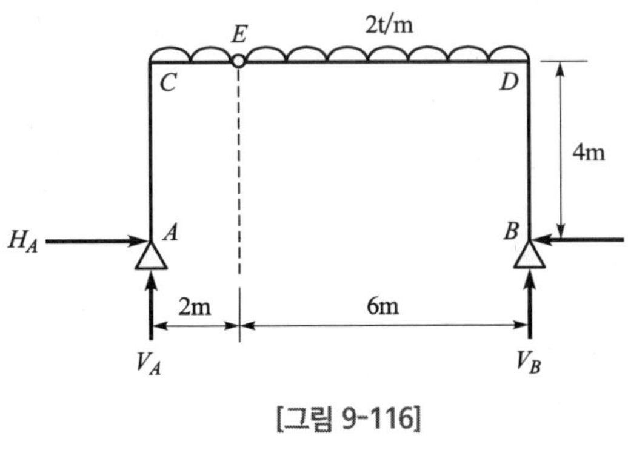

[그림 9-116]

i) 반력

① $\Sigma M_{\text{atB}}=0$; $V_B\cdot 8-2\times 8\times 4=0$, $V_A=8\text{t}$

② $\Sigma V=0$; $V_A+V_B=16\text{t}$, $V_B=8\text{t}$

③ M_E(좌)$=0$; $V_A\cdot 2+H_A\cdot 4-2\times 2\times 1=0$, $H_A=3\text{t}$

④ $\Sigma H=0$; $H_A+H_B=0$, $H_B=3\text{t}$

또는 M_E(우)$=0$; $V_B\cdot 6-H_B\cdot 4-2\times 6\times 3=0$, $H_B=3\text{t}$

ii) 보 $(A-C)$

$S_x=-3\text{t}$

$A_x=-8\text{t}$

$M_x=-3x$

$$\begin{cases} x=0, & M_A=0 \\ x=4, & M_C=-12\,\text{t}\cdot\text{m} \end{cases}$$

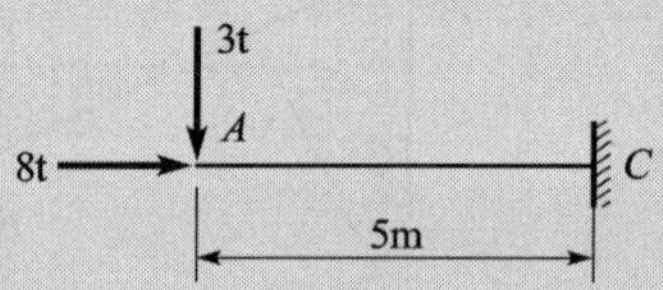

[그림 9-116(a)]

iii) 보 $(C-D)$

$S_x=8-2x$

$$\begin{cases} x=0, & S_C=8\text{t} \\ x=8, & S_D=-8\text{t} \end{cases}$$

$S_x=0$이 되는 곳 $x=4\text{m}$

$A_x=-3\text{t}$

$M_x=-12+8x-x^2$

$$\begin{cases} x=0, & M_C=-12\,\text{t}\cdot\text{m} \\ x=8, & M_D=-12\,\text{t}\cdot\text{m} \\ x=2, & M_E=0(\text{hinge}) \\ x=4, & M=4\,\text{t}\cdot\text{m} \end{cases}$$

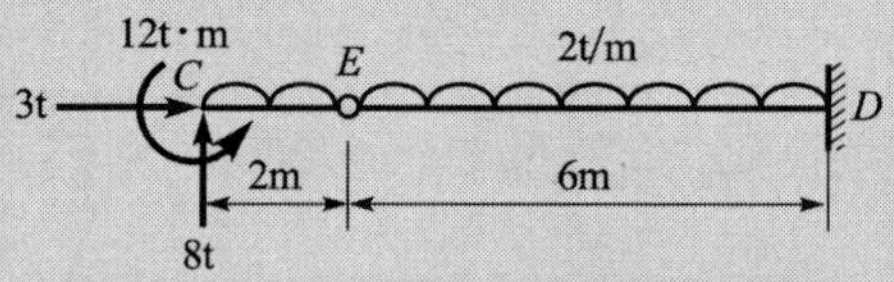

[그림 9-116(b)]

iv) 보 $(D-B)$

$S_x=3\text{t}$

$A_x=-3x$

$$\begin{cases} x=0, & M_B=0 \\ x=4, & M_D=-12\,\text{t}\cdot\text{m} \end{cases}$$

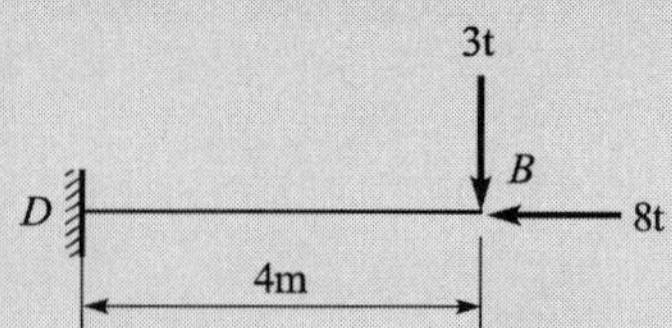

[그림 9-116(c)]

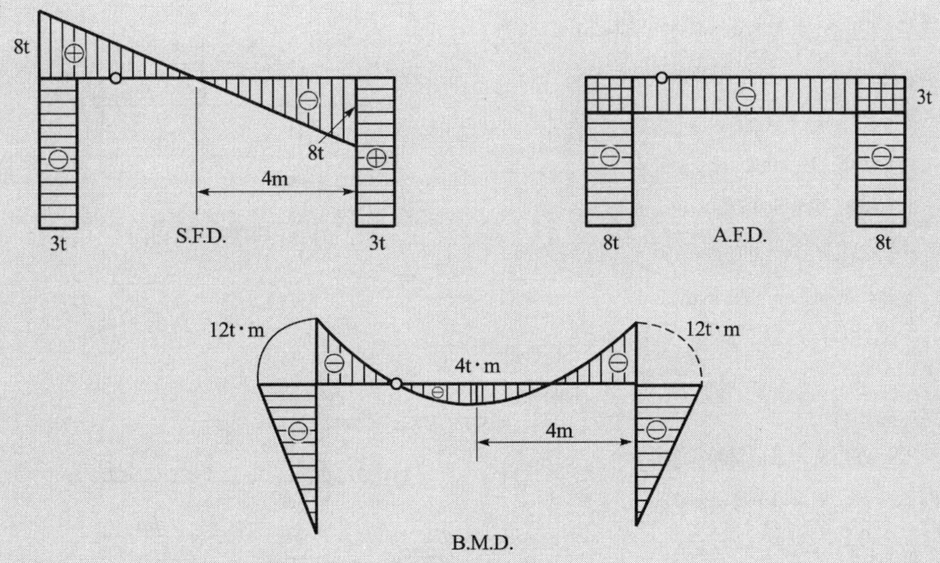

[그림 9-117]

예제 28

다음 3힌지라멘에 집중하중과 등분포하중이 작용할 때 단면력도를 그려라.

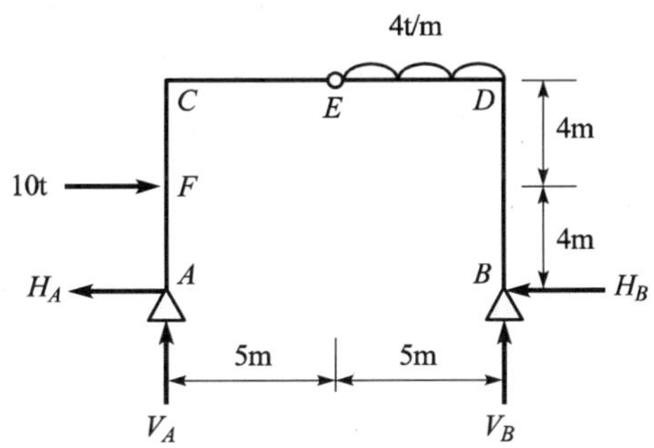

[그림 9-118]

i) 반력

① $\Sigma M_{\mathrm{atB}}=0$; $V_{\mathrm{A}} \cdot 10+10\times 4-4\times 5\times 2.5=0$, $V_{\mathrm{A}}=1\mathrm{t}$

② $\Sigma V=0$; $V_{\mathrm{A}}+V_{\mathrm{B}}=20\mathrm{t}$, $V_{\mathrm{B}}=19\mathrm{t}$

③ $M_{\mathrm{E}(좌)}=0$; $V_{\mathrm{A}}\cdot 5+H_{\mathrm{A}}\cdot 8-10\times 4=0$, $H_{\mathrm{A}}=4.375\mathrm{t}$

④ $\Sigma H=0$; $H_{\mathrm{A}}+H_{\mathrm{B}}=10\mathrm{t}$, $H_{\mathrm{B}}=5.625\mathrm{t}$

ii) 보 $(A-C)$

$(A-F)$ $S_x=4.375\mathrm{t}$

$(F-C)$ $S_x = 4.375 - 10 = -5.625\text{t}$

$A_x = -1\text{t}$

$(A-F)$ $M_x = 4.375x$

$$\begin{cases} x=0, & M_A = 0 \\ x=4, & M_F = 17.5\,\text{t}\cdot\text{m} \end{cases}$$

$(F-C)$ $M_x = 4.375x - 10(x-4)$

$$\begin{cases} x=4, & M_F = 17.5\,\text{t}\cdot\text{m} \\ x=8, & M_C = -5\,\text{t}\cdot\text{m} \end{cases}$$

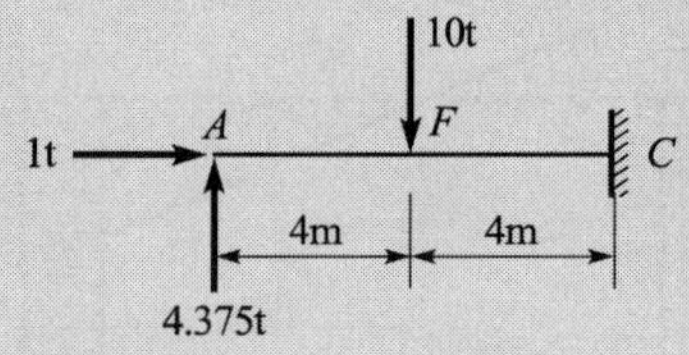

[그림 9-118(a)]

iii) 보 $(C-D)$

$(C-E)$ $S_x = 1\text{t}$ (일정)

$(E-D)$ $S_x = 1 - 4(x-5)$

$$\begin{cases} x=5, & S_E = 1\text{t} \\ x=10, & S_D = 19\text{t} \end{cases}$$

$S_x = 0$ 이 되는 곳 $x = 5.25\text{m}$

$A_x = -5.625\text{t}$

$(C-E)$ $M_x = -5 + 1 \cdot x$

$$\begin{cases} x=0, & M_C = -5\,\text{t}\cdot\text{m} \\ x=5, & M_E = 0(\text{hinge}) \end{cases}$$

$(E-D)$ $M_x = -5 + x - 2(x-5)^2$

$$\begin{cases} x=5, & M_E = 0 \\ x=10, & M_D = -45\,\text{t}\cdot\text{m} \\ x=5.25, & M = 0.21875\,\text{t}\cdot\text{m} \end{cases}$$

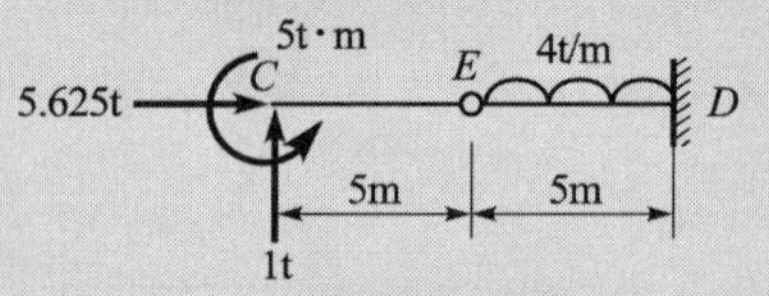

[그림 9-118(b)]

iv) 보 $(D-B)$

$S_x = 5.625\text{t}$

$A_x = -19\text{t}$

$M_x = -5.625x$

$$\begin{cases} x=0, & M_B = 0 \\ x=8, & M_D = -45\,\text{t}\cdot\text{m} \end{cases}$$

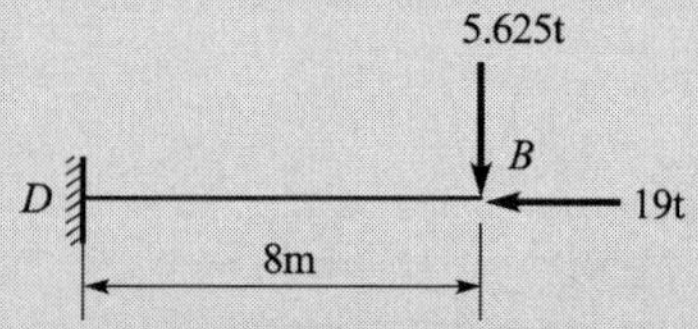

[그림 9-118(c)]

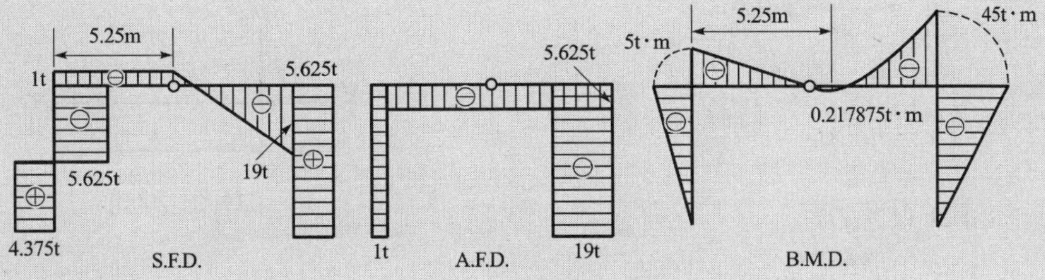

[그림 9-119]

(4) 모멘트 하중

아래와 같은 3힌지라멘에 모멘트 하중이 작용하면

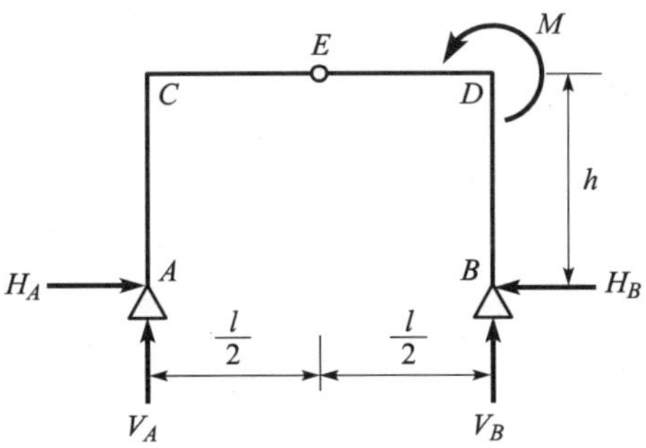

[그림 9-120]

i) 반력

① $\Sigma M_{\text{atB}} = 0$; $V_A \cdot l - M = 0$, $V_A = \dfrac{M}{l}$

② $\Sigma V = 0$; $V_A - V_B = 0$, $V_B = \dfrac{M}{l}$

③ M_E(좌) $= 0$; $V_A \cdot \dfrac{l}{2} - H_A \cdot h = 0$, $H_A = \dfrac{M}{2h}$

④ $\Sigma H = 0$; $H_B = \dfrac{M}{2h}$

ii) 보 $(A - C)$

$S_x = \dfrac{M}{2h}$ (일정)

$A_x = -\dfrac{M}{l}$ (일정)

$$M_x = -\frac{M}{2h} \cdot x \text{ (1차)}$$

$$\begin{cases} x = 0, & M_A = 0 \\ x = h, & M_C = -\dfrac{M}{2} \end{cases}$$

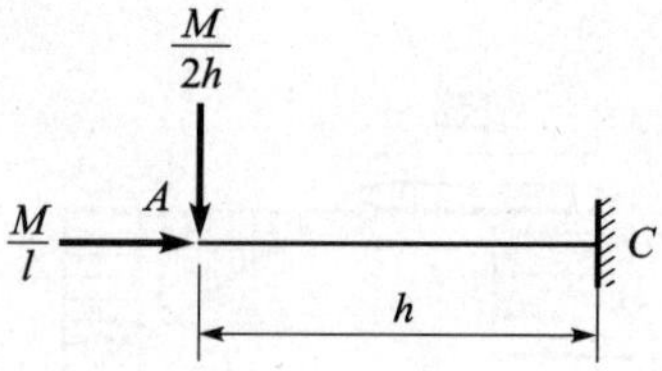

[그림 9-120(a)]

iii) 보 $(C-D)$

$$S_x = \frac{M}{l} \text{ (일정)}$$

$$A_x = -\frac{M}{2h} \text{ (일정)}$$

$$M_x = -\frac{M}{2} + \frac{M}{l} \cdot x$$

$$\begin{cases} x = 0, & M_C = -\dfrac{M}{2} \\ x = l, & M_D = \dfrac{M}{2} \\ x = \dfrac{l}{2}, & M_E = 0 \end{cases}$$

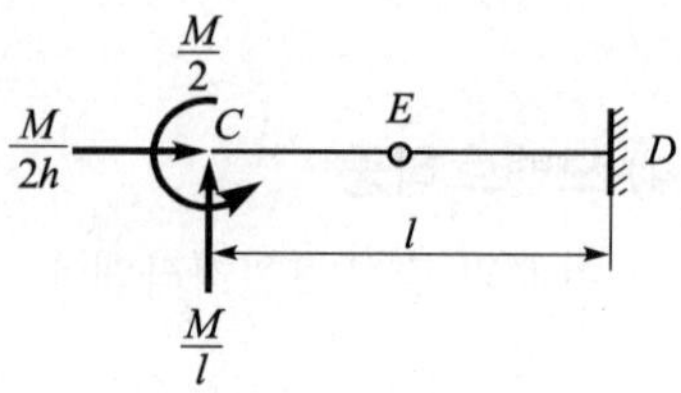

[그림 9-120(b)]

iv) 보 $(D-B)$

$$S_x = \frac{M}{2h} \text{ (일정)}$$

$$A_x = \frac{M}{l} \text{ (일정)}$$

$$M_x = -\frac{M}{2h} \cdot x$$

$$\begin{cases} x = 0, & M_B = 0 \\ x = h, & M_D = -\dfrac{M}{2} \end{cases}$$

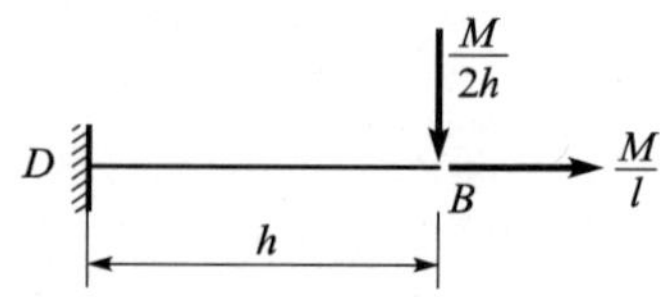

[그림 9-120(c)]

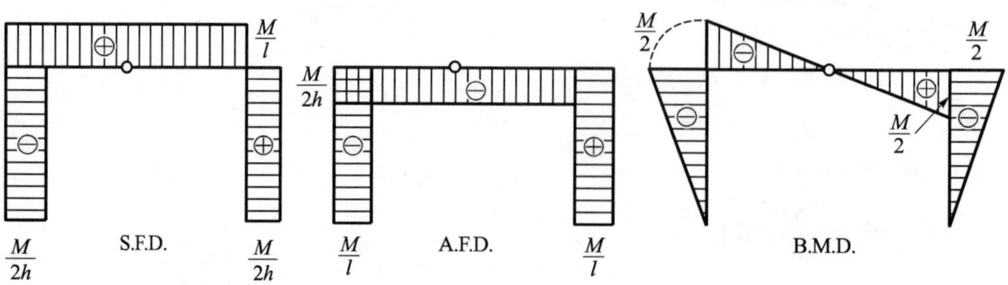

[그림 9-121]

또 다음과 같이 힌지점에 모멘트하중이 작용하면

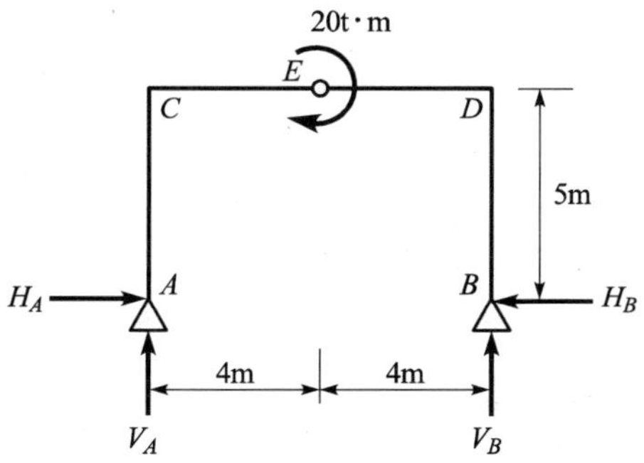

[그림 9-122]

i) 반력

① $\Sigma M_{\text{atB}} = 0$; $V_{\text{A}} \cdot 8 - 20 = 0$, $V_{\text{A}} = 2.5\text{t}$

② $\Sigma V = 0$; $V_{\text{A}} - V_{\text{B}} = 0$, $V_{\text{B}} = 2.5\text{t}$

③ $M_{\text{E}}(\text{좌}) = 0$; $V_{\text{A}} \cdot 4 + H_{\text{A}} \cdot 5 - 20 = 0$, $H_{\text{A}} = 2\text{t}$

④ $\Sigma H = 0$; $H_{\text{A}} - H_{\text{B}} = 0$, $H_{\text{B}} = 2\text{t}$

ii) 보 $(A-C)$

$S_x = -2\text{t}$ (일정)

$A_x = 2.5\text{t}$ (일정)

$M_x = -2x$ (1차)

$$\begin{cases} x = 0, & M_{\text{A}} = 0 \\ x = 5, & M_{\text{C}} = -10\,\text{t}\cdot\text{m} \end{cases}$$

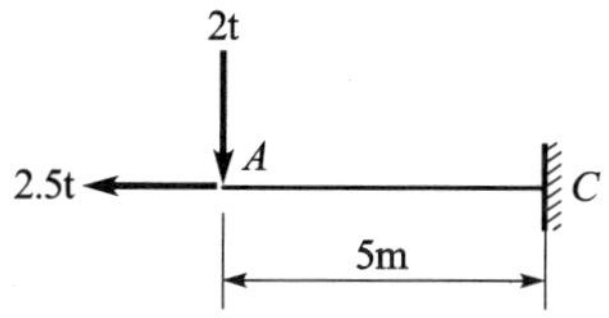

[그림 9-122(a)]

iii) 보 $(C-D)$

$S_x = -2.5\text{t}$

$A_x = -2\text{t}$

$(C-E)$ $M_x = -10 - 2.5x$

$$\begin{cases} x = 0, & M_{\text{C}} = -10\,\text{t}\cdot\text{m} \\ x = 4, & M_{\text{E}} = -20\,\text{t}\cdot\text{m} \end{cases}$$

$(E-D)$ $M_x = 10 - 2.5x$

$$\begin{cases} x = 4, & M_{\text{E}} = 0 \\ x = 8, & M_{\text{D}} = -10\,\text{t}\cdot\text{m} \end{cases}$$

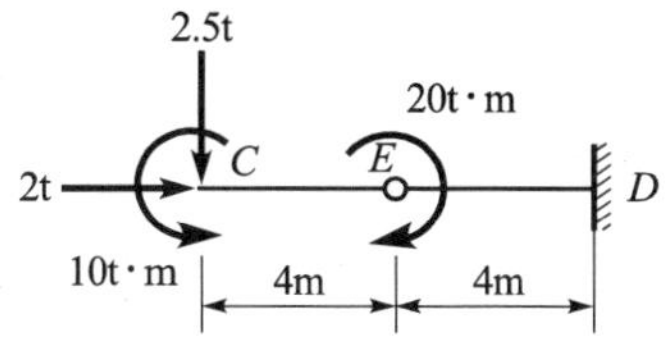

[그림 9-122(b)]

iv) 보 $(D-B)$

$$S_x = 2\text{t}$$
$$A_x = -2.5\text{t}$$
$$M_x = -2x$$
$$\begin{cases} x=0, & M_B = 0 \\ x=5, & M_D = -10\,\text{t}\cdot\text{m} \end{cases}$$

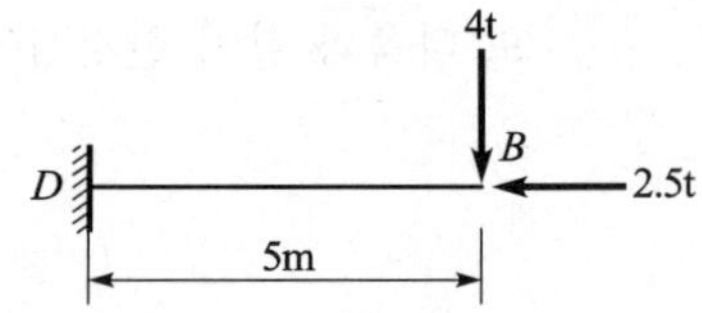

[그림 9-122(c)]

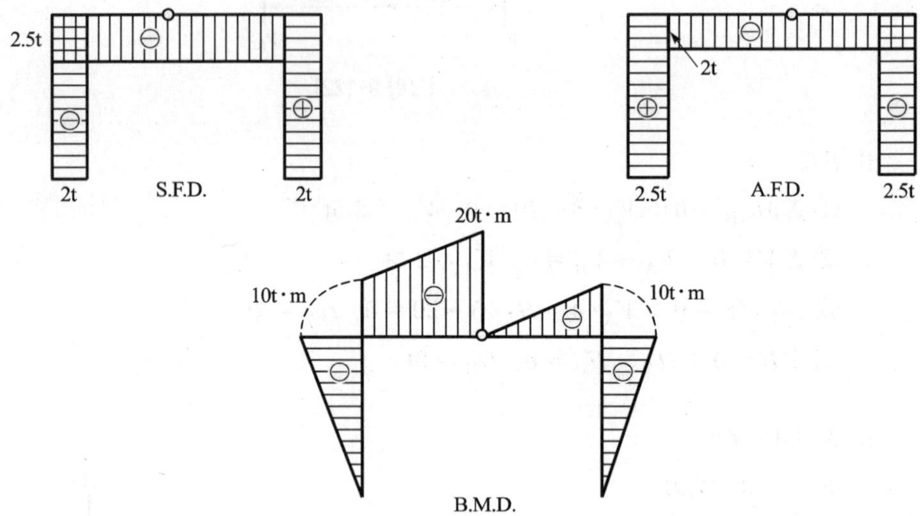

[그림 9-123]

예제 29

다음과 같은 하중이 작용하는 3-hinge rahmen의 단면력도를 구하라.

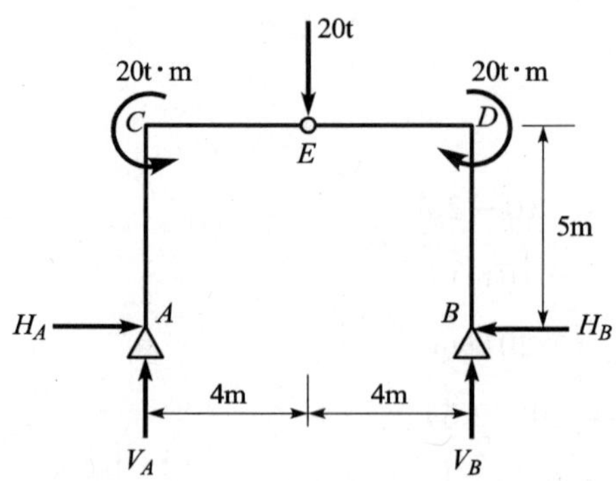

[그림 9-124]

i) 반력

① $\Sigma M_{atB}=0$; $V_A \cdot 8-20\times4-20+20=0$, $V_A=10t$

② $\Sigma V=0$; $V_A+V_B=20t$, $V_B=10t$

③ M_E(좌)$=0$; $V_A\cdot4-H_A\cdot5-20=0$, $H_A=4t$

④ $\Sigma H=0$; $H_A-H_B=0$, $H_B=4t$

ii) 보 $(A-C)$

$S_x=-4t$ (일정)

$A_x=-10t$ (일정)

$M_x=-4x$

$$\begin{cases} x=0, & M_A=0 \\ x=5, & M_C=-20\,t\cdot m \end{cases}$$

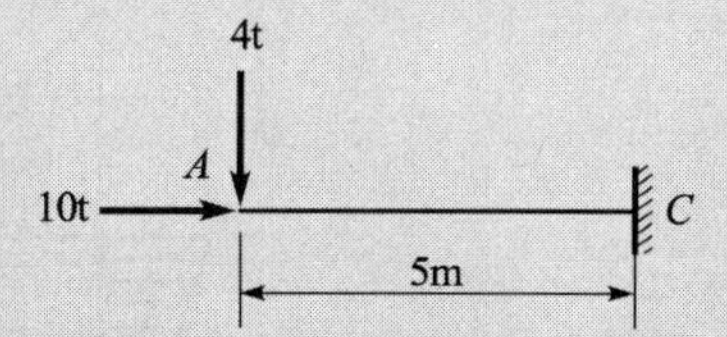

[그림 9-124(a)]

iii) 보 $(C-D)$

$(C-E)$ $S_x=10t$

$(E-D)$ $S_x=10-20=-10t$

$A_x=-4t$ (일정)

$(C-E)$ $M_x=-40+10x$

$$\begin{cases} x=0, & M_C=-40\,t\cdot m \\ x=4, & M_E=0 \end{cases}$$

$(E-D)$ $M_x=-40+10x-20(x-4)$

$$\begin{cases} x=4, & M_E=0 \\ x=8, & M_D=-40\,t\cdot m \end{cases}$$

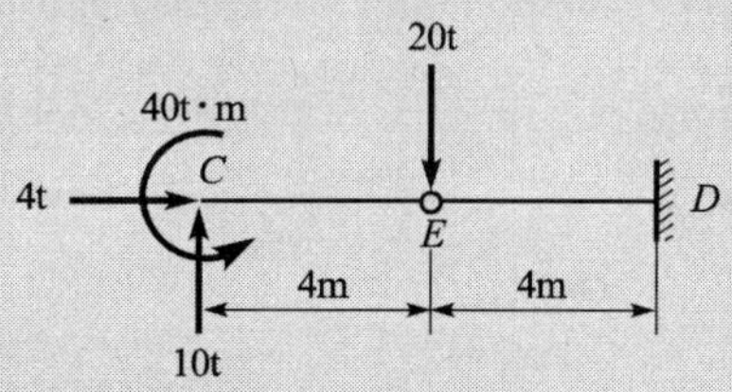

[그림 9-124(b)]

iv) 보 $(D-B)$

$S_x=4t$

$A_x=-10t$

$M_x=-4x$

$$\begin{cases} x=0, & M_B=0 \\ x=5, & M_D=-20\,t\cdot m \end{cases}$$

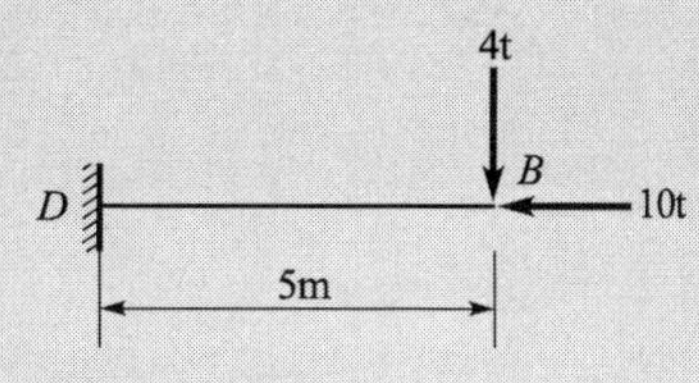

[그림 9-124(c)]

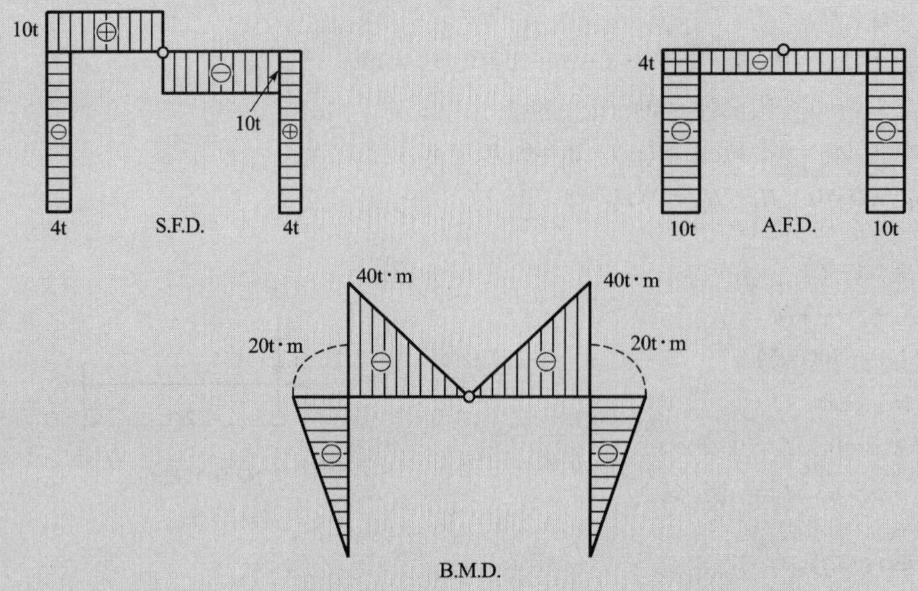

[그림 9-125]

연 습 문 제

01 다음 캔틸레버형 라멘을 풀어라.

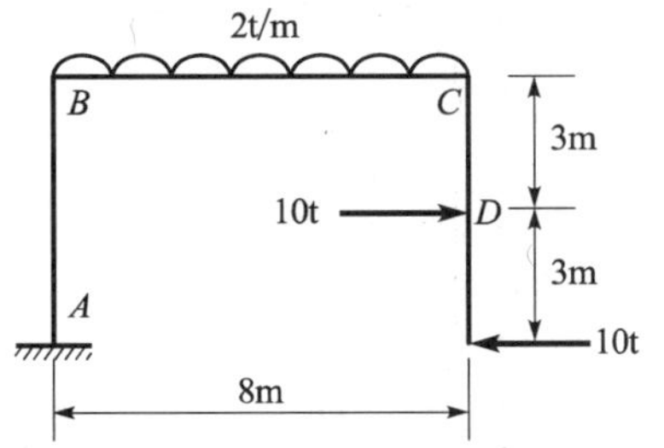

02 단순보형 라멘을 해석하라.

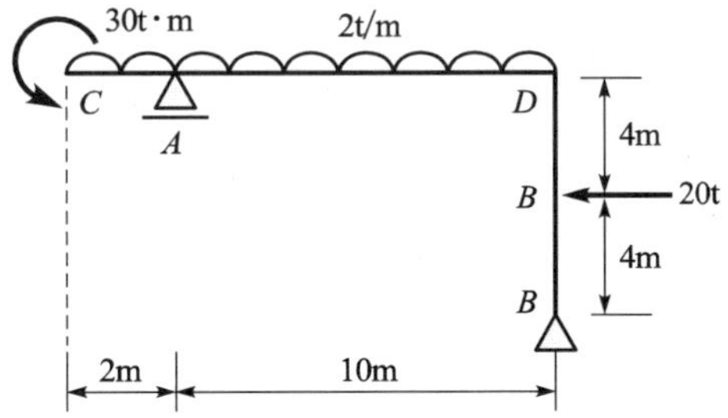

03 3롤러형 라멘을 해석하라.

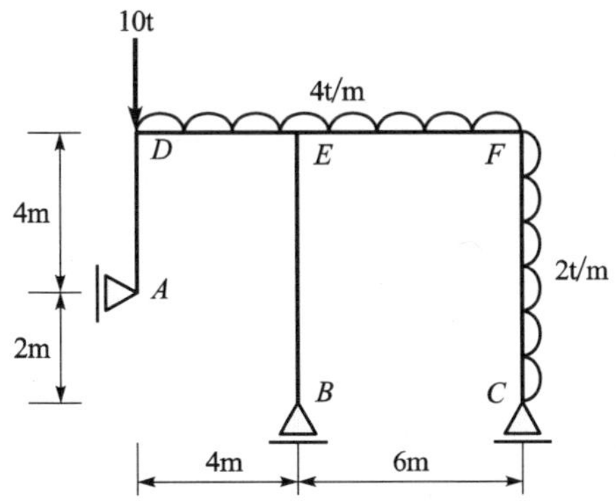

04 3힌지형 라멘을 해석하라.

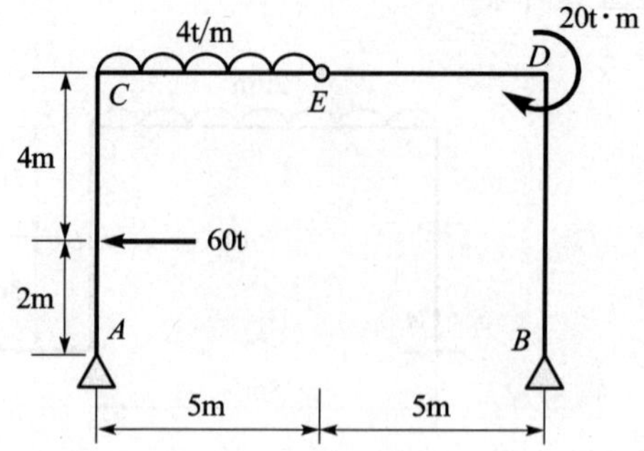

CHAPTER 10-1

아치(Arch)

10-1.1 일반

(1) 정의

부재를 곡선재로 만들어 외력에 저항하도록 하는 구조물로서 단면력은 전단력, 휨모멘트 및 축방향력이 생기며 그 값은 중립축이 휘어져 있으므로 그 점의 접선각을 구해서 축에 수직, 수평력으로 나누어 생각하여야 한다. 또 아치는 주로 축방향력에 저항하는 구조이다.

(2) 해법

지점반력의 계산에서 수직반력은 단순보와 동일하고, 수평반력은 아치의 종류에 따라 다소 차이가 난다(예제 참조).

단면력의 계산에서 전단력과 축방향력은 수직, 수평분력으로 나누어 생각하고, 휨모멘트는 부재의 휨에 관계없이 (힘×직각거리)로 나타난다.

① 축방향력, A_C

$$A_C = -V\cdot\cos\theta - H\cdot\sin\theta$$

② 전단력, S_C

$$S_C = V\cdot\sin\theta - H\cdot\cos\theta$$

③ 휨모멘트, M_C

$$M_C = V\cdot x - H\cdot y$$

$$\begin{cases} x = a(1-\cos\theta) \\ y = a\cdot\sin\theta \end{cases}$$

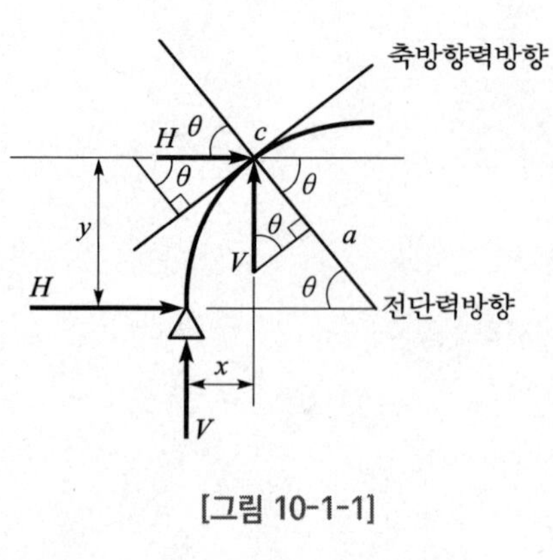

[그림 10-1-1]

(3) 종류

정정 아치의 종류는 다음 4가지로 나눌 수 있다.

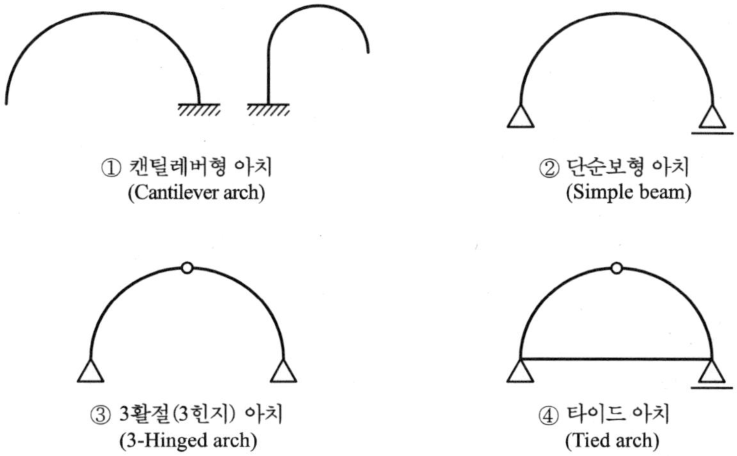

[그림 10-1-2] **아치의 종류**

10-1.2 캔틸레버형 아치

[그림 10-1-3]과 같은 아치의 자유단에 집중하중이 작용할 경우 단면력을 구해보면

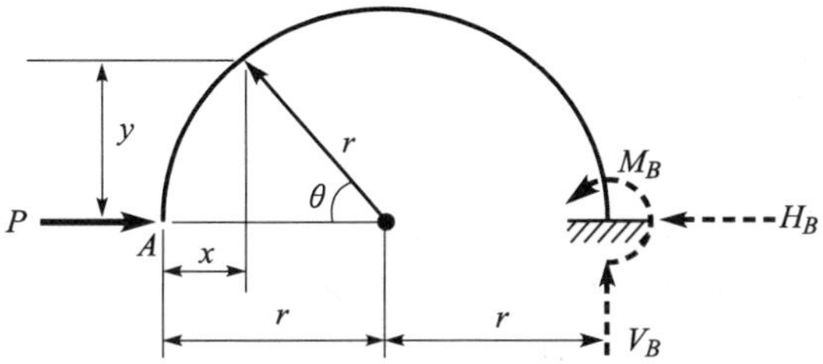

[그림 10-1-3]

① 지점반력

지점반력은 캔틸레버와 동일하고 반력의 방향을 [그림 10-1-3]과 같이 가정하면 정역학적 평형조건에 의하여

$\Sigma V = 0$; $V_B = 0$

$\Sigma H = 0$; $P - H_B = 0$, $H_B = P$

$\Sigma M = 0$; $M_B = 0$

② 전단력

전단력은 원호접선에 수직방향 분력을 생각하면 된다(ⓑ–ⓑ 방향).

$S_C = -P \cdot \cos\theta$ (전단력은 θ의 함수로서 곡선이 된다)

$$\begin{cases} \theta = 0° & ; \ S_A = -P \\ \theta = 45° & ; \ S = -\dfrac{P}{\sqrt{2}} \\ \theta = 90° & ; \ S = 0 \\ \theta = 135° & ; \ S = \dfrac{P}{\sqrt{2}} \\ \theta = 180° & ; \ S_B = P \end{cases}$$

③ 축방향력

축방향력은 [그림 10-1-4]에서 원호접선방향 분력을 생각하면(ⓐ–ⓐ 방향)

$A_C = -P \cdot \sin\theta$

$$\begin{cases} \theta = 0 & ; \ A_A = 0 \\ \theta = 45° & ; \ A = -\dfrac{P}{\sqrt{2}} \\ \theta = 90° & ; \ A = -P \\ \theta = 135° & ; \ A = -\dfrac{P}{\sqrt{2}} \\ \theta = 180° & ; \ A_B = 0 \end{cases}$$

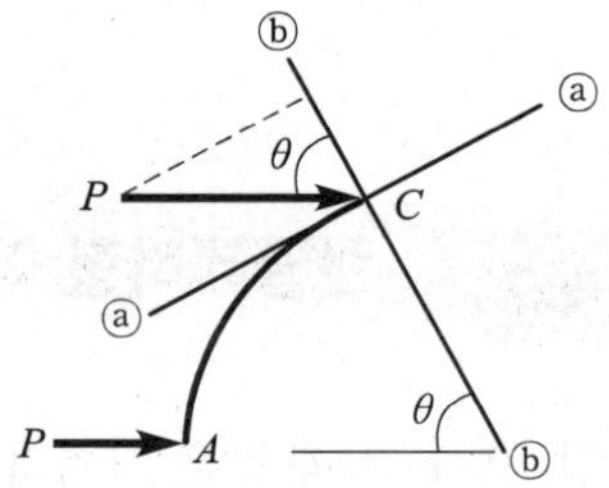

[그림 10-1-4]

④ 휨모멘트

$M_C = -P \cdot y$

[그림 10-1-3]에서 $y = r \cdot \sin\theta$이므로

$M_C = -P \cdot r \cdot \sin\theta$

$$\begin{cases} \theta = 0° & ; \ M_A = 0 \\ \theta = 45° & ; \ M = -\dfrac{P \cdot r}{\sqrt{2}} \\ \theta = 90° & ; \ M = -P \cdot r \\ \theta = 135° & ; \ M = -\dfrac{P \cdot r}{\sqrt{2}} \\ \theta = 180° & ; \ M_B = 0 \end{cases}$$

⑤ 단면력도

단면력(전단력, 축방향력, 휨모멘트)은 아래와 같이 도시된다.

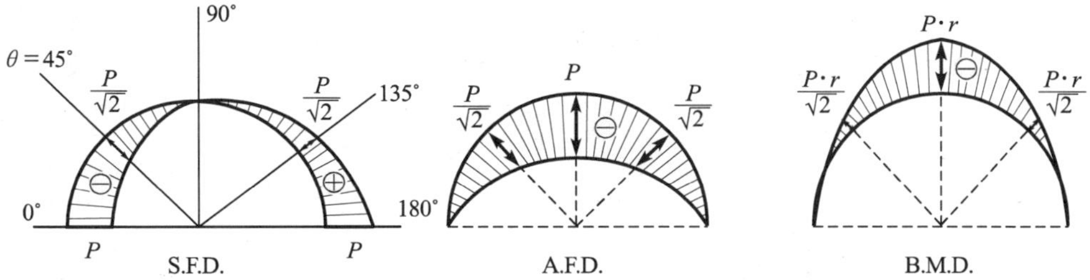

[그림 10-1-5]

예제 1

[그림 10-1-6]과 같은 캔틸레버 아치를 해석하라.

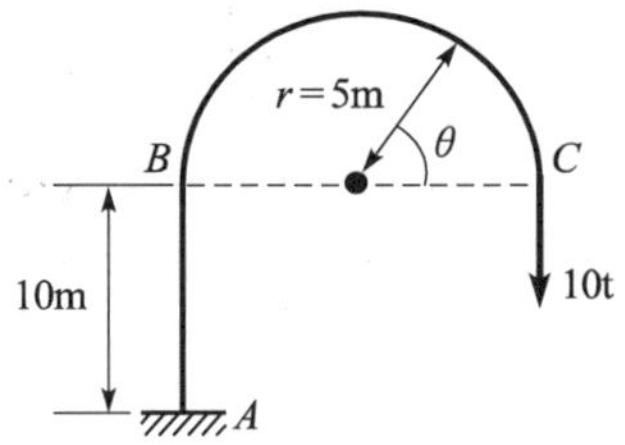

[그림 10-1-6]

자유단(C점)에서 풀어 들어가면

① 전단력

$(C-B)$구간 $S_\theta = P \cdot \sin\theta = 10 \cdot \sin\theta$

$$\begin{cases} \theta = 0° \ ; \ S = 0 \\ \theta = 90° \ ; \ S = 10\ \text{t} \\ \theta = 180° \ ; \ S = 0 \end{cases}$$

② 축방향력

$(C-B)$구간 $A_\theta = P \cdot \cos\theta = 10 \cdot \cos\theta$

$$\begin{cases} \theta = 0° \ ; \ A = 10\ \text{t} \\ \theta = 90° \ ; \ A = 0 \\ \theta = 180° \ ; \ A = -10\ \text{t} \end{cases}$$

$(A-B)$구간 $A = -10$

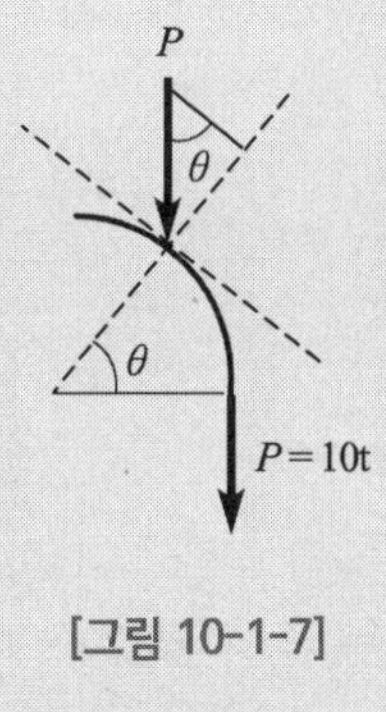

[그림 10-1-7]

③ 휨모멘트

$(C-B)$구간 [그림 10-1-8]에서 D점의 모멘트는

$M_\theta = -P(r - r \cdot \cos\theta) = -50(1 - r \cdot \cos\theta)$

$$\begin{cases} \theta = 0° & ; M = 0 \\ \theta = 90° & ; M = -50\,\text{t}\cdot\text{m} \\ \theta = 180° & ; M = -100\,\text{t}\cdot\text{m} \end{cases}$$

$(A-B)$구간 $M = -P \cdot 2r = -100\,\text{t}\cdot\text{m}$

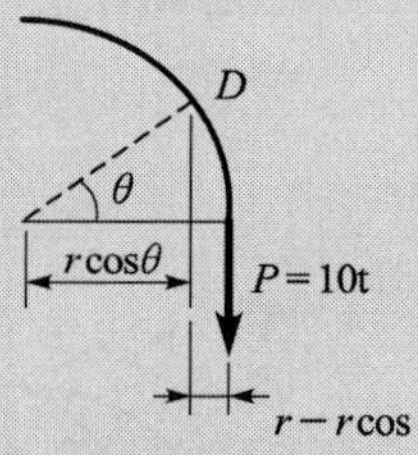

[그림 10-1-8]

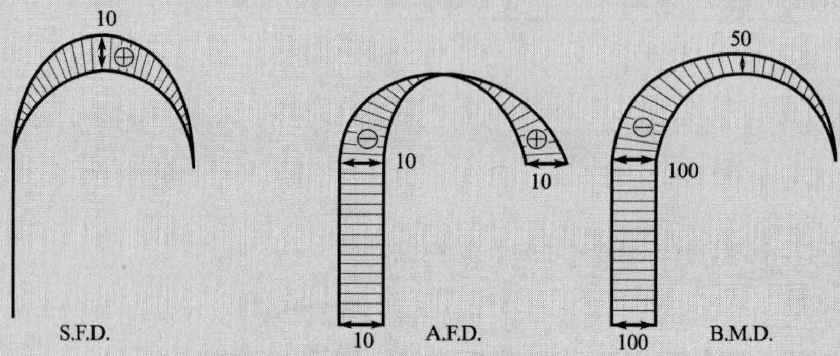

[그림 10-1-9] 단면력도

예제 2

[그림 10−1−10]과 같은 캔틸레버 아치에서 B점의 모멘트는 얼마인가?

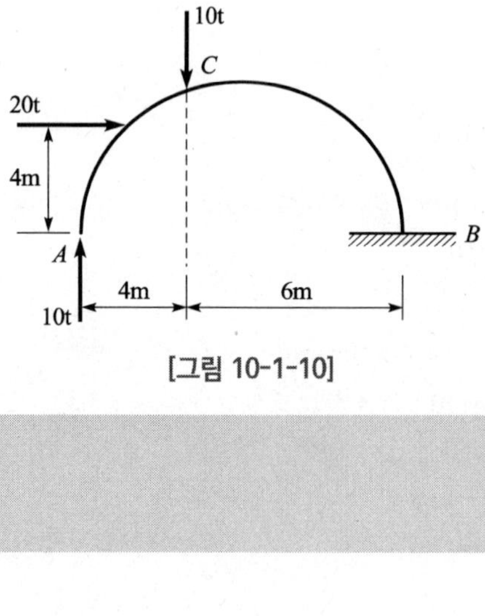

[그림 10-1-10]

$$M_B = 10 \times 10 + 20 \times 4 - 10 \times 6$$
$$= 120(\text{t}\cdot\text{m})$$

10-1.3 단순보형 아치

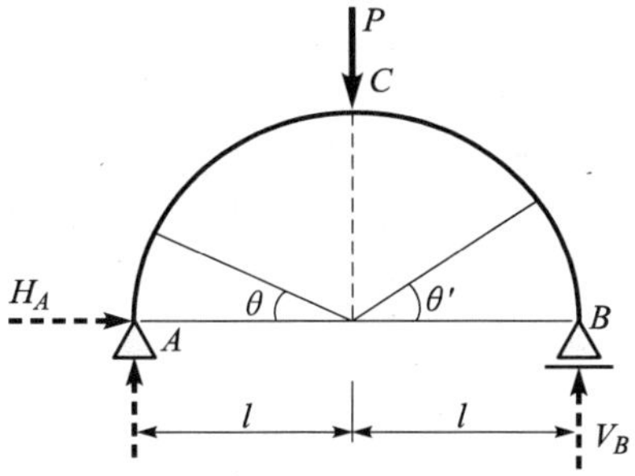

[그림 10-1-11]

① 반력

단순보형 아치의 반력은 단순보 반력과 동일하다.

$$\Sigma M_{\rm atB}=0\ ;\ V_{\rm A}\cdot 2l-P\cdot l=0,\ V_{\rm A}=\frac{P}{2}$$

$$V_{\rm A}=0\ ;\ V_{\rm A}+V_{\rm B}-P=0,\ V_{\rm B}=\frac{P}{2}$$

$$\Sigma H=0\ ;\ H_{\rm A}=0$$

반력만 계산이 되면 단면력은 캔틸레버형과 같은 방법으로 계산된다.

② 전단력

$(A-C)$구간 $S_\theta=V_{\rm A}\cdot\sin\theta=\dfrac{P}{2}\cdot\sin\theta$

$$\begin{cases}\theta=0^\circ\ ;\ S=0\\ \theta=45^\circ\ ;\ S=\dfrac{P}{2\sqrt{2}}\\ \theta=90^\circ\ ;\ S=\dfrac{P}{2}\end{cases}$$

$(C-B)$구간 ; 우측에서 풀어보면

$$S_\theta'=-\ V_{\rm B}\cdot\sin\theta'=-\ \frac{P}{2}\cdot\sin\theta'$$

$$\begin{cases}\theta=0^\circ\ ;\ S=0\\ \theta=45^\circ\ ;\ S=-\ \dfrac{2}{2\sqrt{2}}\\ \theta=90^\circ\ ;\ S=-\ \dfrac{P}{2}\end{cases}$$

③ 축방향력

$$(A-C)\text{구간 } A_\theta = -\frac{P}{2}\cdot\cos\theta$$

$$\begin{cases} \theta = 0° \ ; \ A = -\dfrac{P}{2} \\ \theta = 45° \ ; \ A = -\dfrac{P}{2\sqrt{2}} \\ \theta = 90° \ ; \ A = 0 \end{cases}$$

④ 휨모멘트

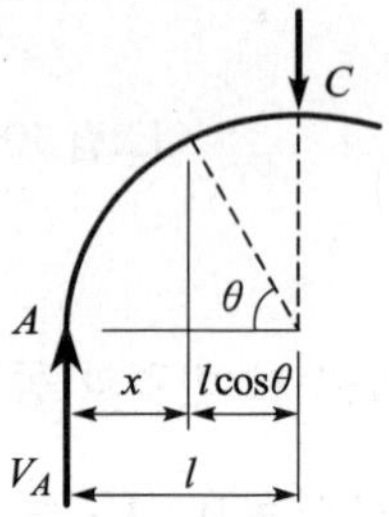

[그림 10-1-12]

$$(A-C)\text{구간 } M_\theta = V_A\cdot x = \frac{P}{2}(l - l\cos\theta) = \frac{Pl}{2}(1-\cos\theta)$$

$$\begin{cases} \theta = 0° \ ; \ M = 0 \\ \theta = 45° \ ; \ M = \dfrac{Pl}{2}\left(1-\dfrac{1}{\sqrt{2}}\right) \\ \theta = 90° \ ; \ M = \dfrac{Pl}{2} \end{cases}$$

$$(C-B)\text{구간 } M_\theta{}' = \frac{Pl}{2}(1-\cos\theta')\ ;\ (A-C)\text{구간과 대칭}$$

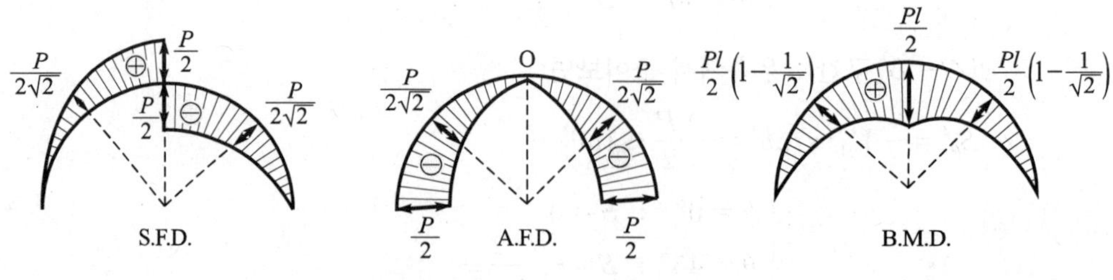

[그림 10-1-13] 단면력도

예제 3

다음 [그림 10-1-14]와 같은 지간 10m 인 반원형 단순 아치에서 크라운(crown) C점의 전단력을 구하라.

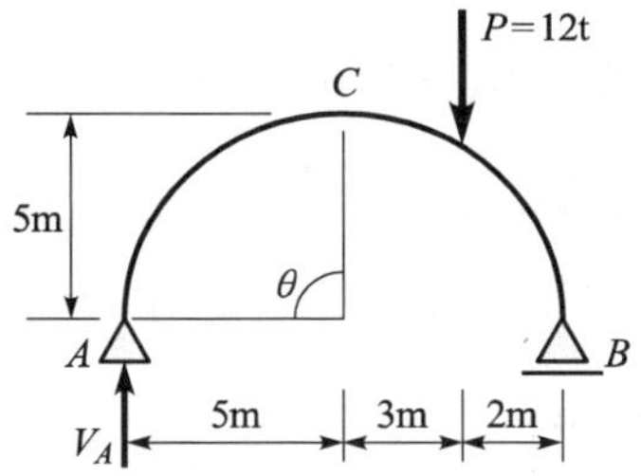

[그림 10-1-14]

$\Sigma M_{\mathrm{atB}}=0$; $V_{\mathrm{A}}\cdot 10-12\times 2=0$, $V_{\mathrm{A}}=2.4\mathrm{t}$

$S_{\mathrm{C}}=V_{\mathrm{A}}\cdot \sin\theta=2.4\mathrm{t}$

10-1.4 3활절 아치(3-힌지 아치)

[그림 10-1-15]와 같이 3개의 힌지로 되어 있는 아치로서 미지의 반력이 4개가 된다. 정역학적 평형 3조건으로 미지수 3개는 해결되며 남은 1개의 미지수는 "힌지의 모멘트는 0이다."로 해석한다.

즉, C점에서 $M_{\mathrm{C}}=0$, $\Sigma M_{\mathrm{C}}=0$이다.

다음 [그림 10-1-16]과 같은 3힌지 아치의 반력과 단면력을 구해보면

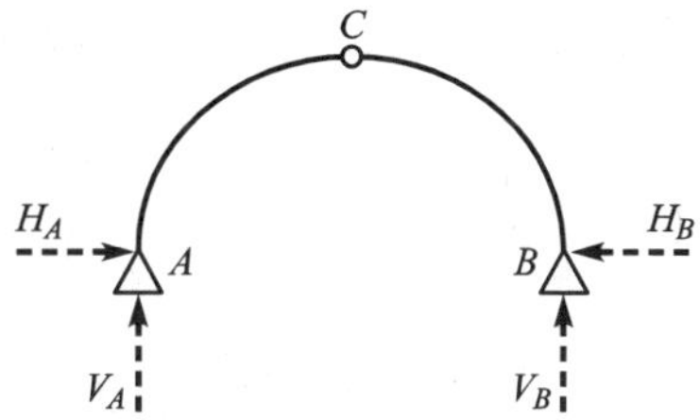

[그림 10-1-15]

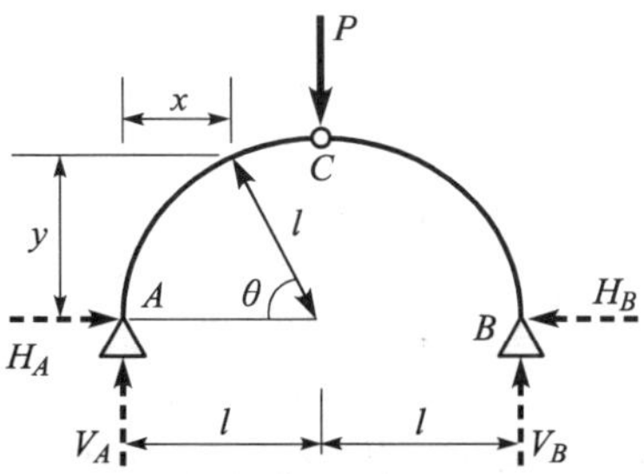

[그림 10-1-16]

① 반력 : 라멘과 마찬가지로 복잡성을 피하기 위하여 답이 (+)가 되도록 반력방향을 가정한다.

a) A점의 수직반력, V_A

$$\Sigma M_{atB}=0\ ;\ V_A\cdot 2l-Pl=0,\ V_A=\frac{P}{2}$$

b) B점의 수직반력, V_B

$$\Sigma V=0\ ;\ V_A+V_B-P=0,\ V_B=\frac{P}{2}$$

c) A점의 수평반력, H_A

힌지점(C)의 모멘트는 좌에서 풀어오나 우에서 풀어오나 0이다. 즉,

$$M_C(좌)=0,\ M_C(우)=0$$

여기서, $M_C(좌)=0$를 적용하면

$$M_C=V_A\cdot l-H_A\cdot l=0,\ H_A=\frac{P}{2}$$

d) B점의 수평반력, H_B

$$\Sigma H=0\ ;\ H_A-H_B=0,\ H_B=\frac{P}{2}$$

② 전단력

($A-C$)구간 ; $S_\theta=H_A\cdot\sin\theta-V_A\cos\theta=\frac{P}{2}(\sin\theta-\cos\theta)$

$$\begin{cases}\theta=0^\circ\ ;\ S=-\frac{P}{2}\\ \theta=45^\circ\ ;\ S=0\\ \theta=90^\circ\ ;\ S=\frac{P}{2}\end{cases}$$

($C-B$)구간 ; ($A-C$)구간과 부호가 반대인 대칭이다.

③ 축방향력

($A-C$)구간 $A_\theta=-V_A\cdot\cos\theta-H_A\cdot\sin\theta=-\frac{P}{2}(\cos\theta+\sin\theta)$

$$\begin{cases}\theta=0^\circ\ ;\ A=-\frac{P}{2}\\ \theta=45^\circ\ ;\ A=-\frac{P}{\sqrt{2}}\\ \theta=90^\circ\ ;\ A=-\frac{P}{2}\end{cases}$$

($B-C$)구간 ; 우측에서 풀어오면 ($A-C$)구간과 대칭

④ 휨모멘트

$(A-C)$구간 $M_\theta = V_A \cdot x - H_A \cdot y$

여기서 $\begin{cases} x = l - l\cos\theta = l(1-\cos\theta) \\ y = l\sin\theta \end{cases}$

$$M_\theta = \frac{Pl}{2}(1-\cos\theta) - \frac{Pl}{2}\sin\theta = \frac{Pl}{2}(1-\cos\theta-\sin\theta)$$

$$\begin{cases} \theta = 0° \ ; \ M=0 \\ \theta = 45° \ ; \ M = \frac{Pl}{2}(1-\sqrt{2}) = -\frac{Pl}{2}(\sqrt{2}-1) \\ \theta = 90° \ ; \ M=0 \end{cases}$$

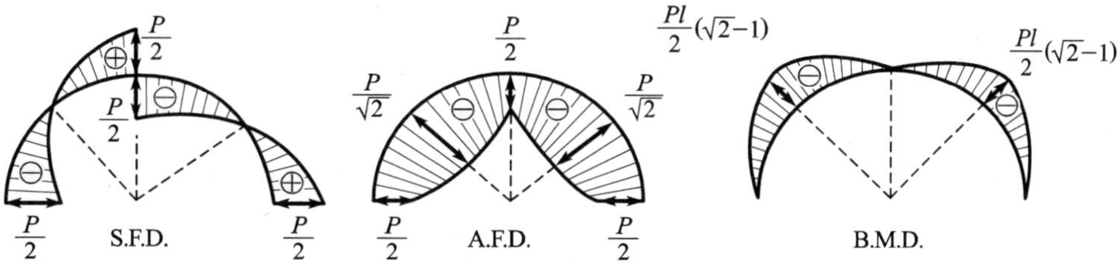

[그림 10-1-17]

예제 4

다음 3활절 아치의 반력을 구하라.

①

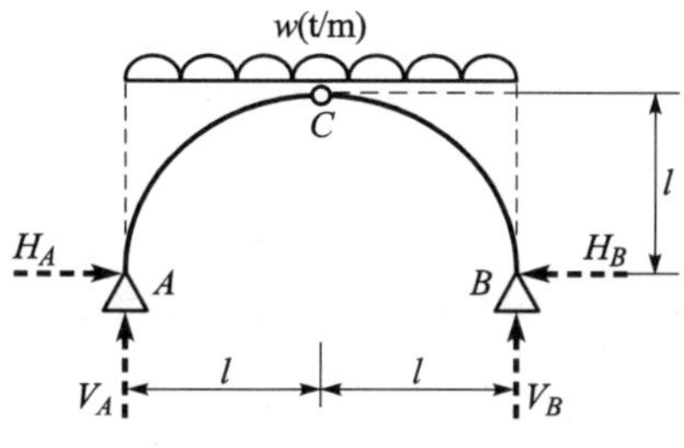

[그림 10-1-18]

반력을 [그림 10-1-18]과 같이 가정하고,

① $\Sigma M_{atB} = 0$; $V_A \cdot 2l - w \cdot 2l \cdot l = 0$, $V_A = wl$

② $\Sigma V = 0$; $V_A + V_B - 2wl = 0$, $V_B = wl$

③ $M_C = 0$; $V_A \cdot l - H_A \cdot l - w \cdot l \cdot \frac{l}{2} = 0$, $H_A = \frac{wl}{2}$

④ $\Sigma H = 0$; $H_A - H_B = 0$, $H_B = \frac{wl}{2}$

②

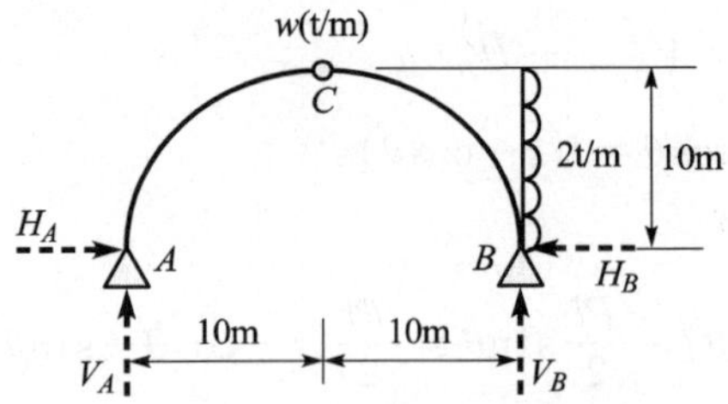

[그림 10-1-19]

① $\Sigma M_{atB}=0$; $V_A \cdot 20-20\times 10-2\times 10\times 5=0$, $V_A=15t$

② $\Sigma V=0$; $V_A+V_B-20=0$, $V_B=5t$

③ $M_C=0$; $V_A \cdot 10-H_A \cdot 10=0$, $H_A=15t$

④ $\Sigma H=0$; $H_A+H_B-20=0$, $H_B=5t$

예제 5

지점의 높이가 다른 3힌지 아치에 등분포하중이 수직으로 작용할 때 지점 A의 수평반력 H_A를 구하라.

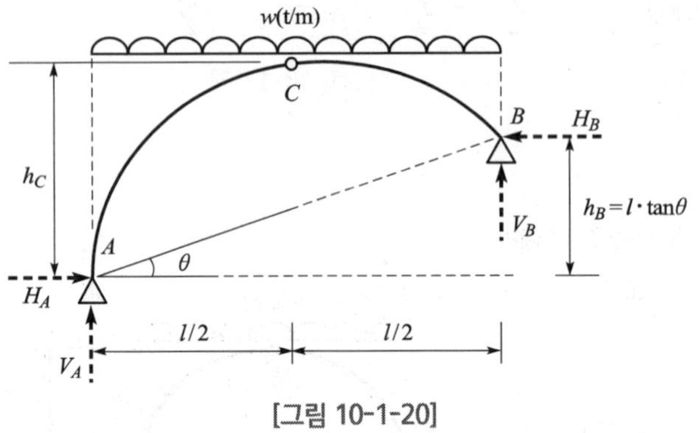

[그림 10-1-20]

어떤 점에서 ΣM를 취하여도 미지수가 2개 이상 나타나므로 다음과 같이 해석한다.

① $\Sigma M_{atB}=0$; $V_A \cdot l-H_A \cdot l\tan\theta-wl\cdot\dfrac{l}{2}=0$ ①

② $M_C=0$; $V_A \cdot \dfrac{l}{2}-H_A h_C-w\cdot\dfrac{l}{2}\cdot\dfrac{l}{4}=0$ ②

식 ①, ②를 연립하여 V_A를 소거하면

$$2H_A\left(h_C-\frac{l}{2}\tan\theta\right)=\frac{wl^2}{4}$$

$$\therefore H_A=\frac{wl^2}{8}\cdot\frac{1}{h_C-\dfrac{l}{2}\tan\theta}$$

예제 6

다음 [그림 10-1-21]과 같은 포물선 아치에서 C점(A로부터 수평으로 10m 되는 곳)의 단면력을 구하라.

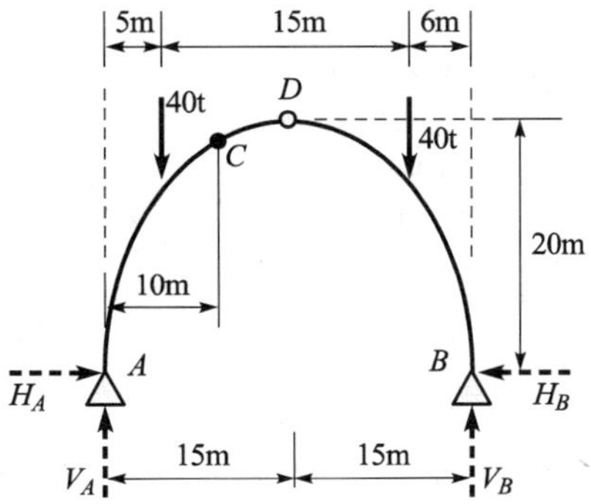

[그림 10-1-21]

① $\Sigma M_{\mathrm{atB}}=0$; $V_{\mathrm{A}}\cdot 30-40\times 25-40\times 6=0$, $V_{\mathrm{A}}=41.3\mathrm{t}$

② $\Sigma V=0$; $V_{\mathrm{A}}+V_{\mathrm{B}}-80=0$, $V_{\mathrm{B}}=38.7\mathrm{t}$

③ $M_{\mathrm{D}}=0$; $V_{\mathrm{A}}\cdot 15-H_{\mathrm{A}}\cdot 20-40\times 10=0$, $H_{\mathrm{A}}=11\mathrm{t}$

④ $\Sigma H=0$; $H_{\mathrm{A}}-H_{\mathrm{B}}=0$, $H_{\mathrm{B}}=11\mathrm{t}$

C점의 접선각(θ)과 높이(y)를 알아야 단면력을 알 수 있다.

$$S_{\mathrm{C}}=(V_{\mathrm{A}}-P)\cos\theta-H_{\mathrm{A}}\cdot\sin\theta$$

$$A_{\mathrm{C}}=-(V_{\mathrm{A}}-P)\cdot\sin\theta-H_{\mathrm{A}}\cdot\cos\theta$$

$$M_{\mathrm{C}}=V_{\mathrm{A}}\cdot x-H_{\mathrm{A}}\cdot y-40(x-5)$$

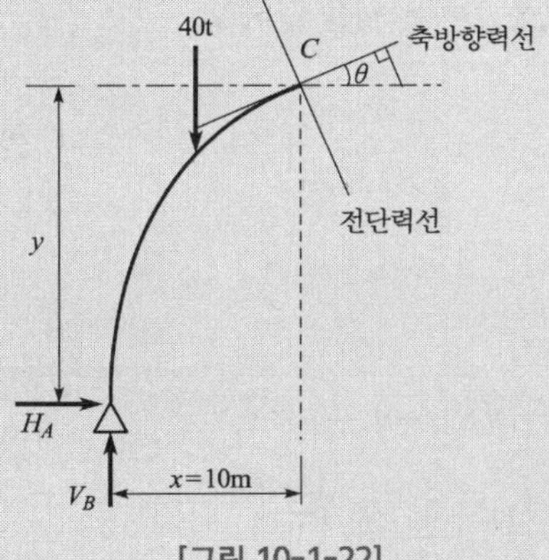

[그림 10-1-22]

포물선 아치의 형을 주는 방정식은 2차방정식이므로

$$y=ax^2+bx+C$$

$x=0$일 때 $y=0$이므로 ; $C=0$

$x=l$일 때 $y=0$이므로 ; $0=al^2+bl$, $b=-al$

$x=\dfrac{l}{2}$일 때 $y=h$이므로 ; $h=\dfrac{al^2}{4}+(-al)\cdot\dfrac{l}{2}$, $a=-\dfrac{4h}{l^2}$

계산된 a, b, c를 $y=ax^2+bx+c$ 에서 대입하면

$$y=\frac{-4h}{l^2}\cdot x^2+\frac{4h}{l^2}\cdot l\cdot x=\frac{4h}{l^2}\cdot x(l-x)$$

이 식에서 $x=10\text{m}$ 일 경우 y를 구하면

$$y=\frac{4\times 20}{30^2}\times 10(30-10)=17.78\text{m}$$

또 $\tan\theta=\frac{dy}{dx}$ 이므로

$$\frac{dy}{dx}=-\frac{4h}{l^2}\cdot 2x+\frac{4h}{l^2}\cdot l=\frac{8h}{l^2}\left(\frac{l}{2}-x\right)$$

$x=10\text{m}$ 일 때 $\tan\theta$를 구하면

$$\tan\theta=\frac{8\times 20}{30^2}\left(\frac{30}{2}-10\right)=0.8889$$

$$\theta=41.63°$$

$$\cos\theta=0.7474,\quad \sin\theta=0.6644$$

$$\therefore \begin{cases} S_C=1.3\times 0.7474-11\times 0.6644=-0.6337\ \text{t} \\ A_C=-1.3\times 0.6644-11\times 0.7474=-9.085\ \text{t} \\ M_C=41.3\times 10-11\times 17.78-40\times 5=17.42\ \text{t} \end{cases}$$

예제 7

[그림 10-1-23]과 같은 3활절 아치에 등분포하중이 작용할 때 임의 점(C)의 단면력을 구하는 식을 구하라.

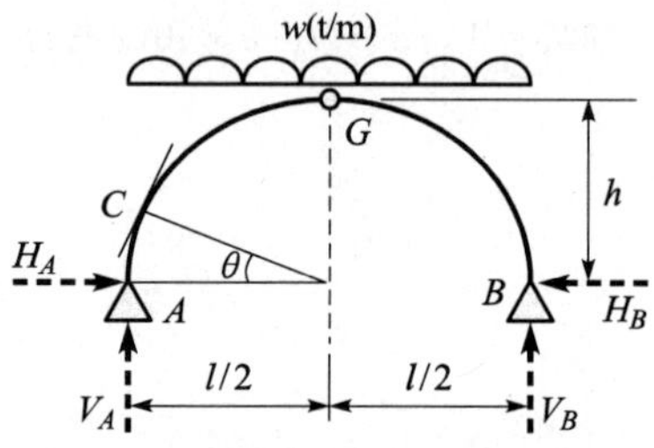

[그림 10-1-23]

① $\Sigma M_{\text{atB}}=0$; $V_A\cdot l-wl\cdot\frac{l}{2}=0$, $V_A=\frac{wl}{2}$

② $\Sigma V=0$; $V_A+V_B-wl=0$, $V_B=\frac{wl}{2}$

③ $M_G=0$; $V_A\cdot\frac{l}{2}-H_A\cdot h-w\cdot\frac{l}{2}\cdot\frac{l}{4}=0$, $H_A=\frac{wl^2}{8h}$

④ $\Sigma H=0$; $H_A-H_B=0$, $H_B=\frac{wl^2}{8h}$

$$\therefore \begin{cases} \text{전단력}\quad S_C=\Sigma V\cdot\sin\theta-\Sigma H\cdot\cos\theta \\ \text{축방향력}\ A_C=-\Sigma V\cdot\cos\theta-\Sigma H\cdot\sin\theta \\ \text{휨모멘트}\ M_C=V_A\cdot x-w\cdot x\cdot\frac{x}{2}-H_A\cdot y \end{cases}$$

10-1.5 타이드 아치(Tied arch)

[그림 10-1-24]와 같은 구조로서 지점 B를 이동단으로 하고 AB 사이를 인장재(Tie)로 연결하여 만든 구조로서 역학적인 작용은 수직, 수평반력이 생기는 3힌지 아치와 동일하고, AB 부재(Tie member)에는 장력만 생긴다.

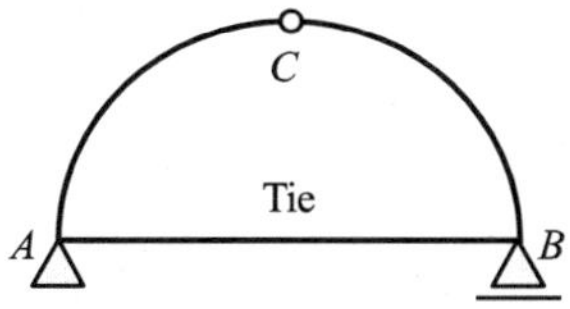

[그림 10-1-24]

다음과 같은 Tied arch에 집중하중이 작용할 경우 아치를 해석해 보면 반력은 단순보와 같이 구하고 Tie의 인장력은 hinge를 이용하여 구한다.

i) 반력

수직, 수평 반력은 단순보와 동일하다.

$$\Sigma M_{\text{atB}} = 0 \;;\; V_{\text{A}} \cdot 2l - P \cdot l = 0,\; V_{\text{A}} = \frac{P}{2}$$

$$\Sigma V = 0 \;;\; V_{\text{A}} + V_{\text{B}} - P = 0,\; V_{\text{B}} = \frac{P}{2}$$

$$\Sigma H = 0 \;;\; H_{\text{A}} = 0$$

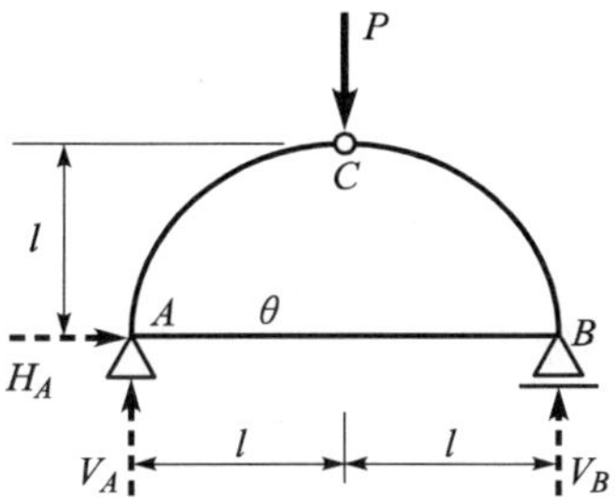

[그림 10-1-25]

Tie의 장력을 N으로 두고 C점의 모멘트가 0인 것을 이용하면

$$M_{\text{C}} = 0 \;;\; V_{\text{A}} \cdot l - N \cdot l = 0$$

$$N = \frac{P}{2} \text{(인장)}$$

단면력은 다음과 같이 해석한다.

ii) 전단력

$(A-C)$구간 ; $S_\theta = V_A \cdot \sin\theta - N \cdot \cos\theta$

$$= \frac{P}{2}(\sin\theta - \cos\theta)$$

$$\begin{cases} \theta = 0° \;;\; S = -\dfrac{P}{2} \\ \theta = 45° \;;\; S = 0 \\ \theta = 90° \;;\; S = \dfrac{P}{2} \end{cases}$$

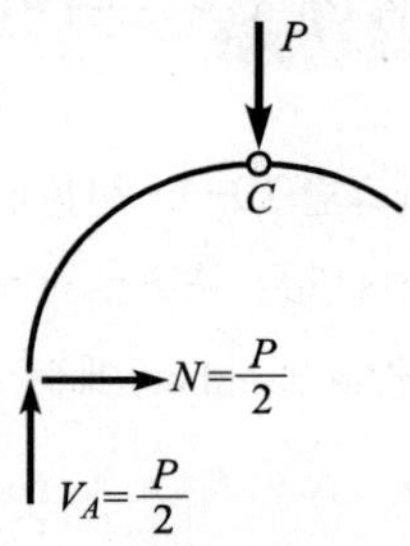

[그림 10-1-26]

$(C-B)$구간 ; $(A-C)$구간과 부호가 반대인 대칭

$(A-C)$구간 ; 인장력만 존재

iii) 축방향력

$$A_\theta = -V_A \cdot \cos\theta - H_A \cdot \sin\theta = -\frac{P}{2}(\cos\theta + \sin\theta)$$

$$\begin{cases} \theta = 0° \;;\; A = -\dfrac{P}{2} \\ \theta = 45° \;;\; A = -\dfrac{P}{\sqrt{2}} \\ \theta = 90° \;;\; A = -\dfrac{P}{2} \end{cases}$$

$(A-B)$구간은 $A = \dfrac{P}{2}$인 인장력이 일정하게 생긴다.

iv) 휨모멘트, M_θ

$$M_\theta = V_A \cdot x - N \cdot y$$

여기서 $\begin{cases} x = l(1-\cos\theta) \\ y = l\sin\theta \end{cases}$

$$M_\theta = \frac{Pl}{2}(1 - \cos\theta - \sin\theta)$$

$$\begin{cases} \theta = 0° \;;\; M = 0 \\ \theta = 45° \;;\; M = -\dfrac{Pl}{2}(\sqrt{2}-1) \\ \theta = 90° \;;\; M = 0 \end{cases}$$

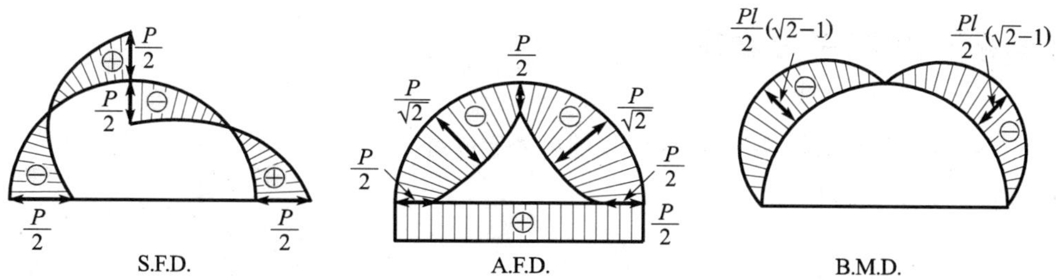

[그림 10-1-27]

예제 8

[그림 10-1-28]과 같은 Tied arch에서 Tie에 생기는 장력을 구하라.

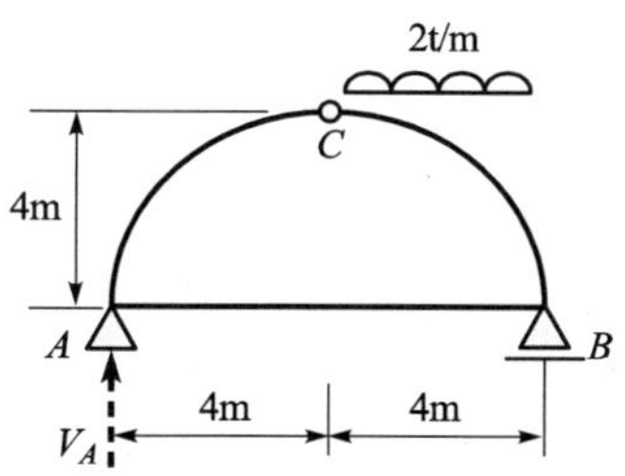

[그림 10-1-28]

$$\Sigma M_{\text{atB}}=0\ ;\ V_{\text{A}}\cdot 8-2\times 4\times\frac{4}{2}=0$$

$$V_{\text{A}}=2\text{t}$$

$M_{\text{C}}=0$이므로 Tie의 장력, N

$$V_{\text{A}}-4-N\cdot 4=0 \qquad \therefore N=2\text{t}$$

10-1.6 아치의 영향선

다음 [그림 10-1-29]와 같은 3활절 아치에서 지점반력의 영향선을 유도하면

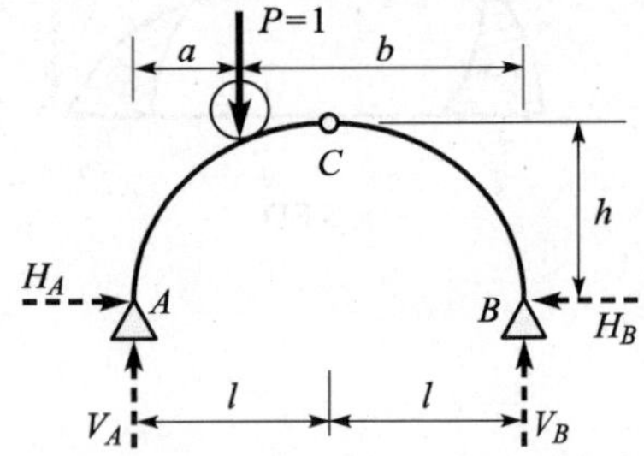

[그림 10-1-29]

i) 수직반력(V_A, V_B)

$\Sigma M_{atB}=0$; $V_A \cdot 2l - P \cdot b = 0$,

$$V_A = \frac{P}{2l} \cdot b = \frac{b}{2l}$$

$$\begin{cases} b=2l \text{ 일 때 } V_A = 1 \\ b=0 \text{ 일 때 } V_B = 0 \end{cases}$$

ii) 수평반력(H_A, H_B)

P가 $(A-C)$구간에 있을 경우

$$M_C=0,\ V_A \cdot l - H_A \cdot h - P(b-l) = 0$$

$$H_A = \frac{b}{2h} - \frac{(b-l)}{h}$$

$$\begin{cases} b=2l \text{ 일 때 } H_A = \frac{l}{h} - \frac{l}{h} = 0 \\ b=0 \text{ 일 때 } H_B = \frac{l}{h} \end{cases}$$

$(A-C)$구간만 유효

P가 $(C-B)$구간에 있을 경우

$$M_C=0,\ V_A \cdot l - H_A \cdot h = 0$$

$$H_A = \frac{b}{2h}$$

$$\begin{cases} b=2l \text{ 일 때 } H_A = \frac{l}{h} \\ b=0 \text{ 일 때 } H_A = 0 \end{cases}$$

$(C-B)$구간만 유효

이상을 도시하면 [그림 10-1-30]과 같은 영향선이 된다.

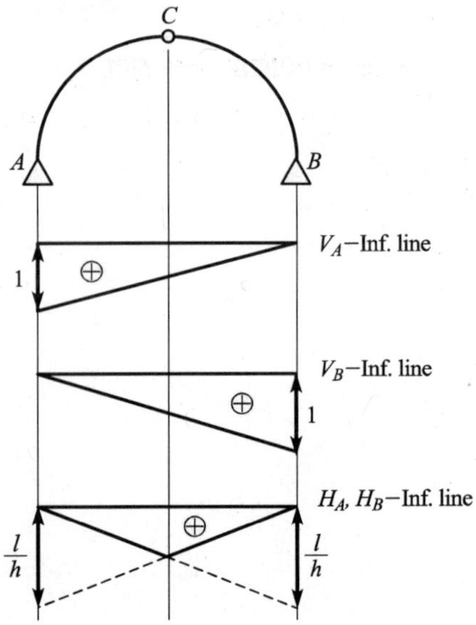

[그림 10-1-30]

예제 9

[그림 10-1-31]과 같은 3힌지 원호 아치에서 수평반력 H_A의 영향선을 그려라.

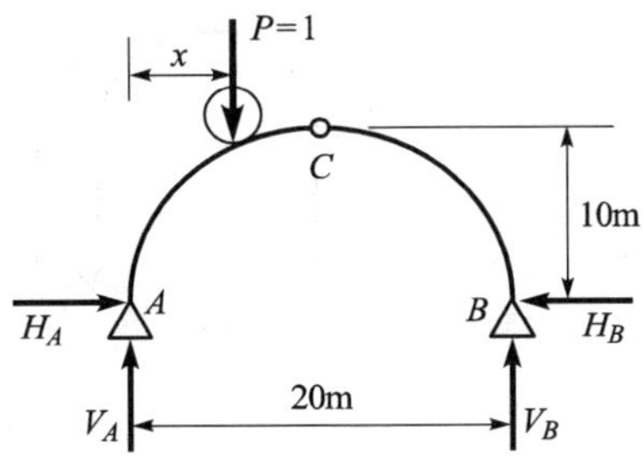

[그림 10-1-31]

$$\Sigma M_{\text{atB}} = 0 \ ; \ V_{\text{A}} \cdot 20 - P(20-x) = 0, \ V_{\text{A}} = \frac{(20-x)}{x}$$

하중이 $(A-C)$구간에 있을 경우

$$M_{\text{C}} = 0 \ ; \ V_{\text{A}} \cdot 10 - H_{\text{A}} \cdot 10 - P(10-x) = 0$$

$$H_{\text{A}} = \frac{(20-x)}{20} - \frac{(10-x)}{10}$$

$$\begin{cases} x = 0 \text{ 일 때 } H_{\text{A}} = 0 \\ x = 20 \text{ 일 때 } H_{\text{A}} = 1 \end{cases}$$

$(A-C)$구간만 유효

하중이 $(C-B)$구간에 있을 경우

$$M_{\text{C}} = 0, \ V_{\text{A}} \cdot 10 - H_{\text{A}} \cdot 10 = 0$$

$$H_{\text{A}} = \frac{(20-x)}{20}$$

$$\begin{cases} x = 0 \text{ 일 때 } H_{\text{A}} = 1 \\ x = 20 \text{ 일 때 } H_{\text{A}} = 0 \end{cases}$$

$(C-B)$ 구간만 유효

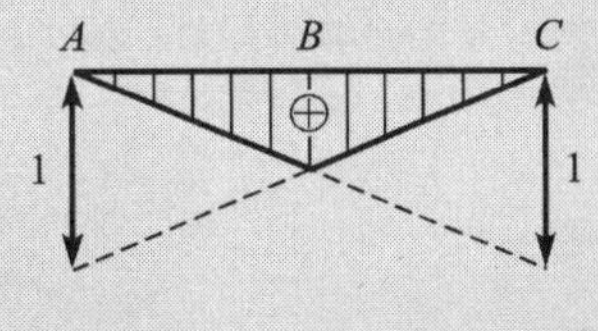

[그림 10-1-32] H_{A} 영향선

01 그림과 같은 캔틸레버형 아치에서 A점의 모멘트는 얼마인가?

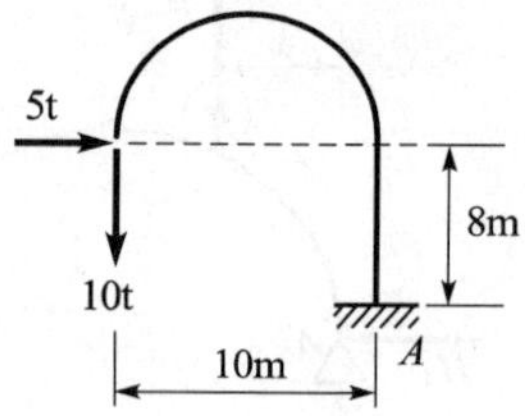

답 $M_A = -60\,\text{t}\cdot\text{m}$

02 다음 단순보형 아치에서 A점의 반력과 C점의 전단력을 구하라.

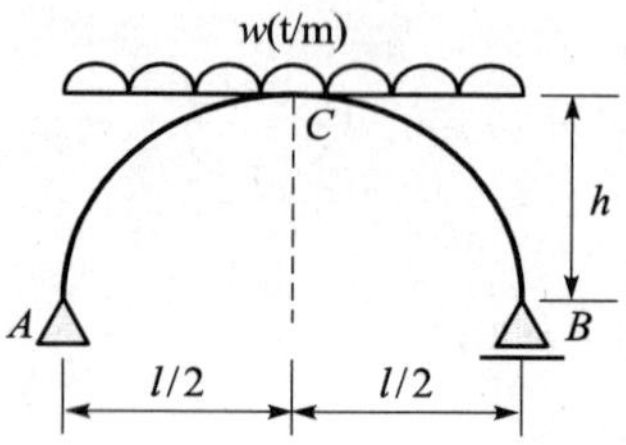

답 $R_A = \dfrac{w}{2}l,\quad S_C = 0$

03 다음과 같은 3힌지 아치에서 A점의 수평반력 H_A를 구하라.

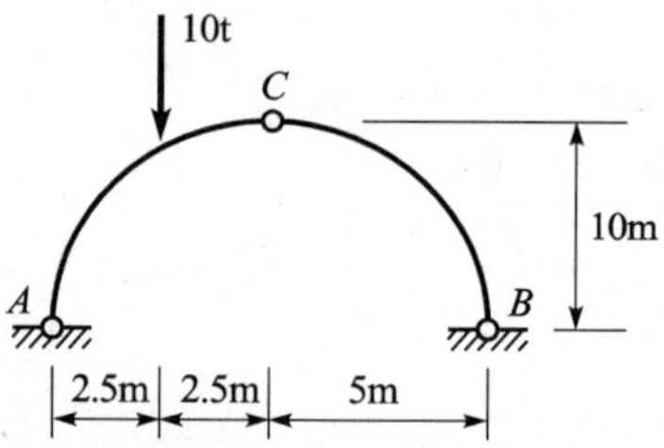

답 $H_A = 2.5\text{t}$

04 그림과 같은 Tied arch의 D점에서 단면력을 구하라.

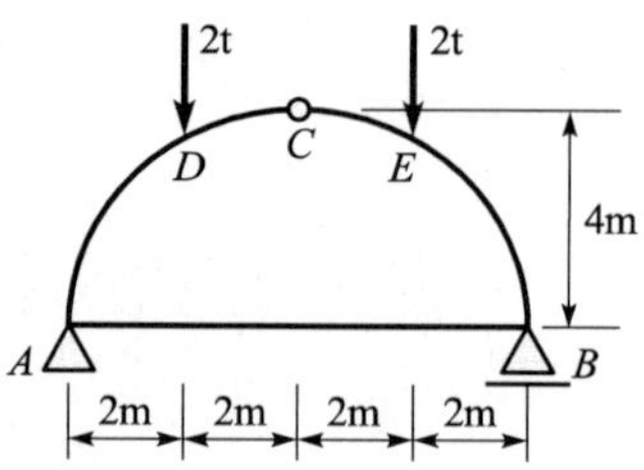

답 $S_D = -0.5\text{t},\ 1.232\text{t},\quad A_D = -0.866\text{t},\quad M_D = 0.536\,\text{t}\cdot\text{m}$

CHAPTER **10-2**

케이블(Cable)

10-2.1 일반

케이블(Cable)은 조교(suspension bridge), 케이블카, 송신선, 기중기의 줄 등으로 사용되며 단지 장력(tension)에만 저항할 수 있다.

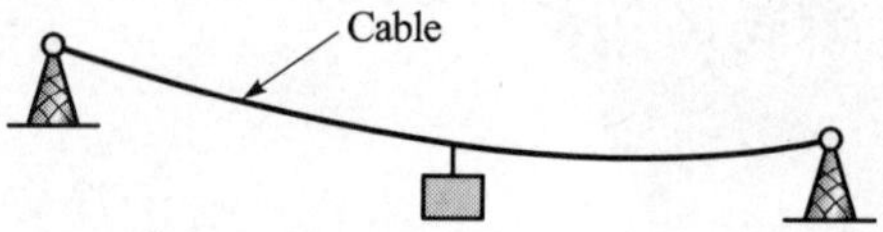

[그림 10-2-1] **케이블**

10-2.2 집중하중을 받는 케이블

다음 [그림 10-2-2]와 같은 케이블에 집중하중이 작용할 경우 자중을 무시하고 생각하면

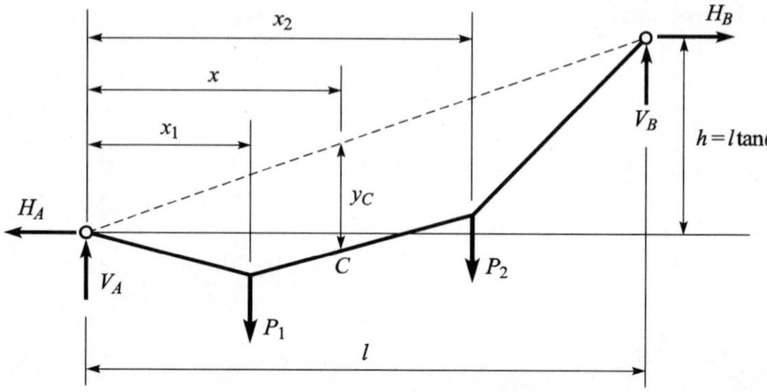

[그림 10-2-2]

$$\Sigma M_{\mathrm{atB}} = 0 \;\;;\;\; V_{\mathrm{A}} \cdot l + H_{\mathrm{A}} \cdot h - P_1(l - x_1) - P_2(l - x_2) = 0$$

$$V_{\mathrm{A}} = \frac{1}{l}[P_1(l - x_1) + P_2(l - x_2)] - H_{\mathrm{A}} \tan\theta \qquad ①$$

임의의 점 C에 관하여 $M_{\mathrm{C}} = 0$를 취하면

$$V_{\mathrm{A}} \cdot x - H_{\mathrm{A}} \cdot (y - x\tan\theta) - P_1(x - x_1) = 0$$

$$H_{\mathrm{A}} \cdot (y_c - x\tan\theta) = H_{\mathrm{A}} \cdot x - P_1(x - x_1) \qquad ②$$

식 ①을 식 ②에 대입하면

$$H_{\mathrm{A}} \cdot y_{rc} - H_{\mathrm{A}} \cdot x \cdot \tan\theta = \frac{x}{l}[P_1(l - x_1) + P_2(l - x_2)] - H_A \cdot x \tan\theta - P_1(x - x_1)$$

정리하면,

$$H_{\mathrm{A}} \cdot y_{\mathrm{C}} = \frac{x}{l}[P_1(l - x_1) + P_2(l - x_2)] - P_1(x - x_1) \qquad ③$$

여기서 [그림 10-2-2]와 같은 Cable을 꼭같은 단순보로 생각하여 임의 C점의 모멘트를 생각하면 다음과 같다.

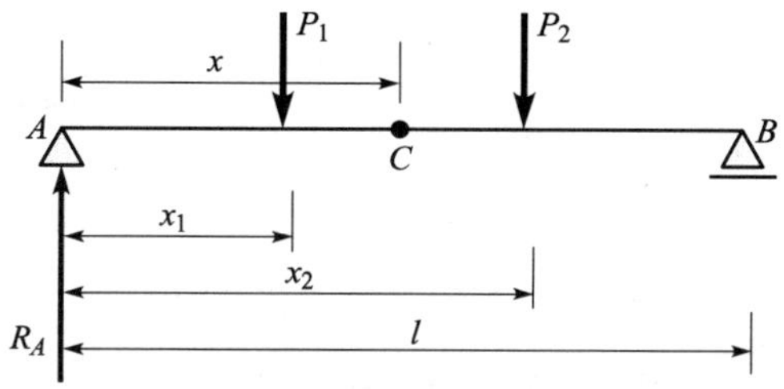

[그림 10-2-3]

$$\Sigma M_{\mathrm{atB}} = 0 \;\; ; \; R_{\mathrm{A}} \cdot l - P_1(l - x_1) - P_2(l - x_2) = 0$$

$$R_{\mathrm{A}} = \frac{1}{l}[P_1(l_1 - x_1) + P_2(l_2 - x_2)]$$

또 C점의 모멘트는 다음과 같다.

$$M_{\mathrm{C}} = R_{\mathrm{A}} \cdot x - P_1(x - x_1) = \frac{x}{l}[P_1(l - x_1) + P_2(l - x_2)] - P_1(x - x_1) \qquad ④$$

식 ③과 식 ④가 꼭 같으므로 케이블에 대한 다음과 같은 정리가 생긴다.

[Cable에 대한 일반정리]

케이블에서 수평성분 H와 임의 점에서 케이블현까지의 거리 y_c를 곱한 값 $H \cdot y_{\mathrm{C}}$은 같은 조건의 단순보에서 그 점의 모멘트와 같다.

즉, $H \cdot y_{\mathrm{C}} = M_{\mathrm{C}}$

예제 1

다음 [그림 10-2-4]와 같은 케이블에서 수평반력 H를 구하고 거리 y_b, 케이블의 최대장력을 구하라.

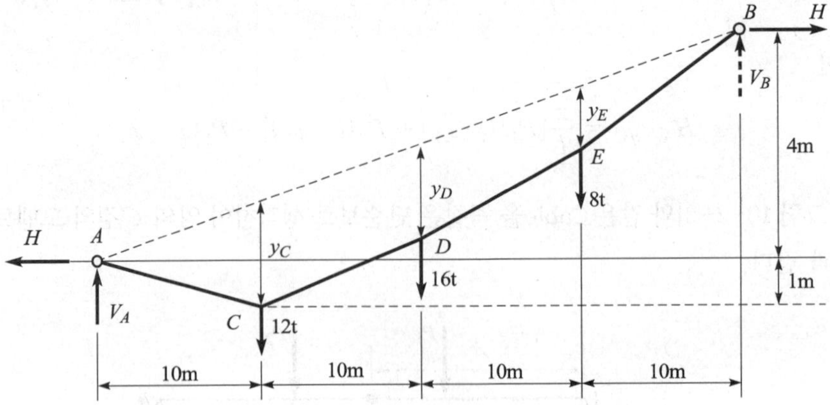

[그림 10-2-4]

단순보에서 A점의 반력과 C점의 모멘트를 구하면

$\sum M_{atB}=0$; $V_A \cdot 40-12\times30-16\times20-8\times10=0$, $V_A=19t$

$M_C=V_A\cdot 10=190\,t\cdot m$

케이블 일반정리에서 $H\cdot y=M_C$이므로

$$y=1+4\times\frac{10}{40}=2m$$

$H\times 2=190$, $\therefore H=95t$

D점에서 $H\cdot y_D=M_D$ (단순보에서 D점의 모멘트)

$95\times y_D=19\times20-12\times10=260$

$\therefore y_D=2.737m$

케이블에서 최대장력은 H가 일정하므로 수직분력이 가장 큰 부분에서 최댓값이 생긴다. 여기서는 EB구간이 해당된다.

$\sum M_{atA}=0$을 취하면

$V_B\cdot 40-H\cdot 4-8\times30-16\times20-12\times10=0$

$V_B=26.5t$

EB Cable의 장력은 H와 V_B이 합력으로 나타난다.

$$T=\sqrt{H^2+V_B^2}=\sqrt{95^2+26.5^2}$$

$\therefore T=98.62t$

10-2.3 등분포하중을 받는 케이블

등분포하중은 주로 케이블의 자중을 말하며 케이블의 모양이 근사적으로 포물선에 가까워진다.

(1) 일반

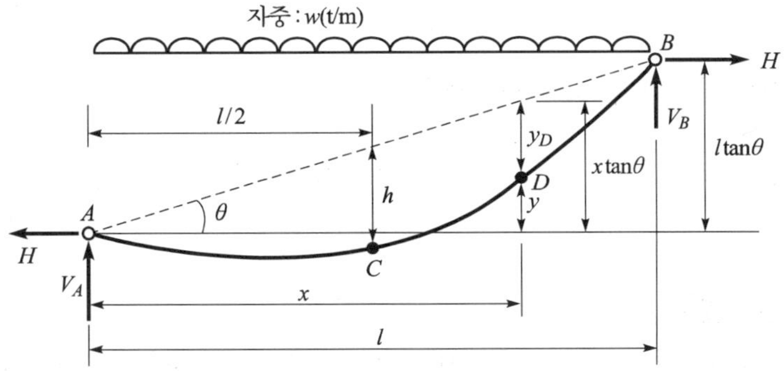

[그림 10-2-5]

[그림 10-2-5]와 같이 단위길이당 w의 자중을 받는 케이블에서, 지점 A에서 임의 거리 x 떨어진 곳에 일반정리를 적용하면

$$H \cdot y_b = \frac{wl}{2}x - \frac{wx^2}{2} \qquad ⑤$$

여기서 케이블 중앙점 $\left(x = \dfrac{l}{2}\right)$에서 생각해보면

$$H \cdot h = \frac{wl}{2}\left(\frac{l}{2}\right) - \frac{w\left(\dfrac{l}{2}\right)^2}{2} = \frac{wl^2}{8}$$

$$H = \frac{wl^2}{8h} \qquad ⑥$$

식 ⑥을 식 ⑤에 대입하면

$$y_b = \frac{8h}{wl^2} \cdot \frac{wx}{2}(l - x)$$

$$\therefore \ y_b = \frac{4h}{l^2}(l - x)x \qquad ⑦$$

이 식 ⑦이 Cable의 일반식이고 포물선으로 나타남을 알 수 있다.

또 Cable의 일반식을 수평축에 대해서 생각해 보면, 즉 [그림 10-2-5]에서 y값을 생각한다.

$$y = x\tan\theta - y_D$$

여기서 식 ⑦의 y_D를 대입하면

$$y = x\tan\theta - \frac{4h}{l^2}(l - x)x \qquad ⑧$$

또 Cable 현이 수평이면 $\tan\theta = 0$이므로

$$y = -\frac{4h}{l^2}(l - x)x \qquad ⑨$$

(2) Cable의 장력

길이가 ds인 케이블의 미소요소에서, 원점으로부터 임의거리 x 떨어진 점에서 케이블의 장력, T_x

$$T_x = H \cdot \frac{ds}{dx}$$

이것은 수평분력 H로부터 Calbe의 축방향 장력을 표시한 것이다.
식 ⑧을 x에 관해 미분하면

$$\frac{dy}{dx} = \tan\theta - \frac{4h}{l^2}(l - 2x) = \frac{8hx}{l^2} - \frac{4h}{l} + \tan\theta$$

여기서 처짐비 $n = \dfrac{h}{l}$라 두면

$$\frac{dy}{dx} = \frac{8n}{l}x - 4n + \tan\theta \qquad ⑩$$

또 $ds = dx\sqrt{1 + (\dfrac{dy}{dx})^2}$

$T_x = H \cdot \sqrt{1 + (\dfrac{dy}{dx})^2}$ 이므로 식 ⑩을 여기에 대입하면

$$T_x = H\left(1 + \frac{64n^2}{l^2}x^2 + 16n^2 + \tan^2\theta - \frac{64n^2}{l^2}x + \frac{16n}{l}x\tan\theta - 8n\tan\theta\right)^{\frac{1}{2}}$$

Cable의 단 (A, B점)에서는

$$x = 0\text{일 때 } T_A = H(1+16n^2+\tan^2\theta - 8n\tan\theta)^{\frac{1}{2}}$$

$$x = l\text{일 때 } T_B = H(1+16n^2+\tan^2\theta - 8n\tan\theta)^{\frac{1}{2}} \quad ⑪$$

Cable의 현이 수평일 경우 $\tan\theta = 0$이므로

$$T_{max} = H\sqrt{1+16n^2} \quad ⑫$$

(3) Cable의 전장

케이블이 포물선이므로 전장(全長)은 다음과 같이 나타난다.

$$S = \int_0^l ds = \int_0^l \sqrt{1+(\frac{dy}{dx})^2 dx} \quad ⑬$$

케이블이 수평인 경우, 중앙점을 원점으로 취하면

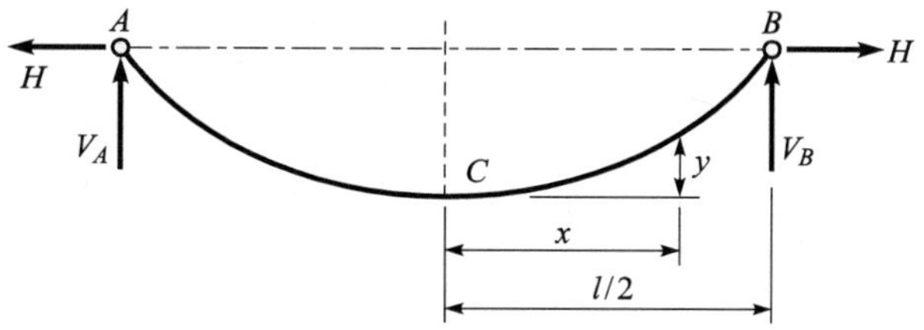

[그림 10-2-6]

식 ⑨에서 [그림 10-2-6]의 조건을 대입하면

즉, y 대신에 $(h-y)$를 x 대신에 $\frac{l}{2}+x$를 대입

$$y = \frac{4h}{l^2}x^2$$

이 식을 x에 관해 미분하면

$$\frac{dy}{dx} = \frac{8h}{l^2}\cdot x \quad ⑭$$

식 ⑬을 식 ⑫에 대입하면

$$S = 2\int_0^{\frac{l}{2}} \sqrt{1+\left(\frac{64h^2}{l^4}x^2\right)}dx \quad ⑮$$

$$= \frac{l}{2}\sqrt{1+16n^2} + \frac{1}{8n}\cdot \ln(4n+\sqrt{1+16n^2})$$

식 ⑭를 전개하여 적분하면 다음과 같은 실용식을 얻을 수 있다.

$$S_0 = l\left(1 + \frac{8}{3}n^2 - \frac{32}{5}n^4 + \cdots\right) \qquad ⑯$$

(4) Cable의 신장

Cable의 신장량을 $\triangle S$라 하면, 훅크의 법칙에서

$$\triangle S = \frac{T_a \cdot l}{AE} \qquad ⑰$$

여기서 T_a는 전장이 균일하게 작용하는 평균장력을 말한다.

따라서, $\dfrac{T_x \cdot l}{AE} = \displaystyle\int_0^{S_0} \frac{T_a \cdot ds}{AE}$

EA가 일정하다면

$$T_a = \frac{1}{S_0} = \int_0^{S_0}\left(H\frac{ds}{dx}\right)ds = \frac{H}{S_0}\int_0^l \sqrt{1+\left(\frac{dy}{dx}\right)^2}dx$$

이 식을 적분하면

$$T_a = \frac{Hl}{S_0}\left(1 + \frac{16}{3}n^2 + \tan^2\theta\right)$$

이 T_a를 식 ⑯에 대입하면 케이블의 신장량을 다음 식과 같이 나타난다.

$$\triangle S = \frac{Hl}{AE}\left(1 + \frac{16}{3}n^2 + \tan^2\theta\right) \qquad ⑱$$

예제 2

다음 [그림 10-2-7]과 같은 케이블에서 수평거리 $l = 80\text{m}$, 등분포하중은 $w = 2\text{t/m}$, 지점 A는 B보다 20m 낮다. 그리고 케이블 중앙점에서 케이블 현까지 수직거리(처짐)는 5m 이다. 또 $E = 2.1 \times 10^6$ kg/cm^2, $A = 200\text{cm}^2$일 경우 최대 장력, 전장 및 신장량을 구하라.

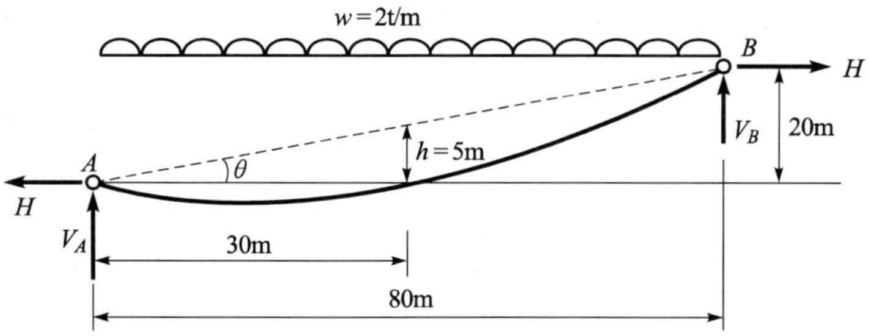

[그림 10-2-7]

식 ⑥에서

$$H = \frac{wl^2}{8h} = \frac{2 \times 60^2}{8 \times 5} = 320\text{t}$$

$$n = \frac{h}{l} = \frac{5}{80} = 0.0625$$

$$\tan\theta = \frac{20}{80} = 0.25$$

① 최대장력, $T_{\max} = H(1 + 16n^2 + \tan^2\theta + 8n\tan\theta)^{\frac{1}{2}}$

$$= 320(1 + 16 \times (0.0625)^2 + (0.25)^2 + 8 \times 0.0625 \times 0.25)^{\frac{1}{2}}$$

$$= 357.77$$

$$\therefore T_{\max} = 357.77\text{t}$$

② 전장, S_0

식 ⑮에서

$$S_0 = l\left(1 + \frac{8}{3}n^2 - \frac{32}{5}n^4\right) = 80\left(1 + \frac{8}{3}(0.0625)^2 - \frac{32}{5}(0.0625)^4\right) = 81.67$$

$$S_0 = 81.67\text{m}$$

③ 신장량, ΔS

식 ⑰에서

$$\Delta S = \frac{Hl}{AE}\left(1 + \frac{16}{3}n^2 + \tan^2\theta\right) = \frac{320 \times 80}{2.1 \times 10^6 \times 200}\left(1 + \frac{16}{3}(0.0625^2) + (0.25)^2\right)$$

$$= 0.066\text{m}$$

$$\therefore \Delta S = 6.6\text{cm}$$

CHAPTER 11

응력(Stress)과 변형률(Strain)

물체에 외력(external force)이 작용하면 물체가 변형(deformation)하는 동시에 물체내부에 저항력(inernal force)이 생겨 외력과 내력 평형을 이룬다. 이 내력을 단위면적당의 힘으로 표시한 것을 응력이라 하며 다음과 같이 구분된다.

* 응력(stress)
  - 수직응력(normal stress)
    - 인장응력(tensile stress)
    - 압축응력(compressive stress)
  - 전단응력(shearing stress) : 접선응력(tangential stress)

* 응력의 단위 : 단위면적당의 힘으로 나타나므로 다음과 같다.
  (t/m^2, kg/cm^2, $psi(lb/in^2)$)

11.1 수직응력(nomal stress), σ(sigma)

물체에 작용하는 응력이 가상단면($a-b$단면)에 직각방향으로 작용하는 응력을 말하며, 직응력, 법선응력, 축응력, 종응력이라고 한다. 또 수직응력은 인장응력과 압축응력으로 구분된다.

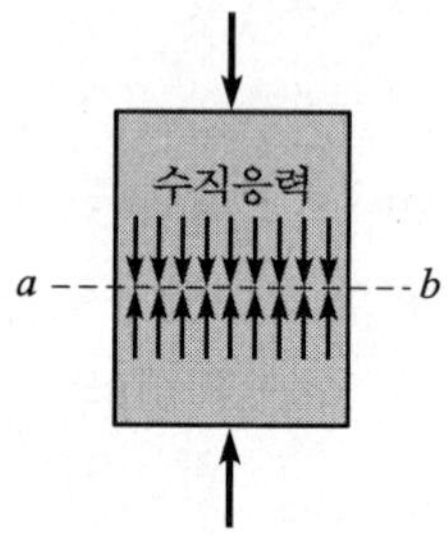

[그림 11-1]

(1) 인장응력(tensile stress)

물체가 인장력을 받아 내부에 생기는 직응력으로 (+)로 가정한다.

$$\sigma_t = \frac{P_t}{A} (kg/cm^2) \tag{11.1}$$

σ_t : 인장응력(kg/cm^2, t/m^2)

P_t : 인장력(kg, ton)

A : 축에 대하여 직각방향 단면적(cm^2, m^2)

(2) 압축응력(comperssive stress)

물체가 압축력을 받아 내부에 생기는 직응력으로 (−)로 가정한다.

$$\sigma_c = \frac{P_c}{A}\ (\mathrm{kg/cm^2})$$

σ_c : 압축응력(kg/cm^2, t/m^2)

P_c : 압축력(kg, ton)

A : 축에 대하여 직각방향 단면적(cm^2, m^2)

예제 1

다음 [그림 11-2]와 같은 물체에 $P=6.3$t의 압축력이 작용할 때 구조물에 생기는 응력은 얼마인가?

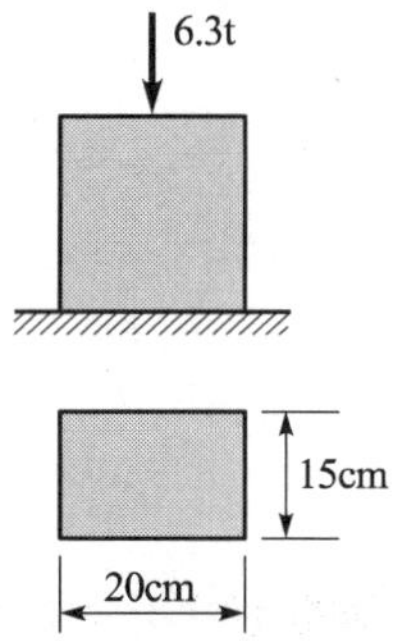

[그림 11-2]

$$\sigma_c = \frac{P}{A} = \frac{6300}{20\times 15} = 21\,\mathrm{kg/cm^2}$$

예제 2

[그림 11-3]과 같이 판의 두께가 2cm, 폭이 20cm 인 철판 가운데 직경 5cm인 구멍이 있다. 이 철판이 받을 수 있는 응력은?

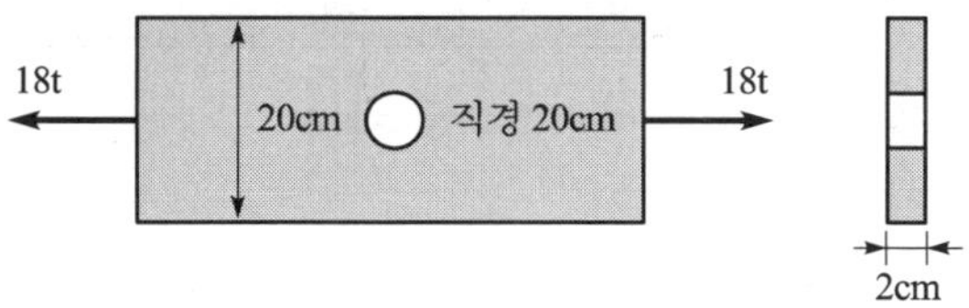

[그림 11-3]

철판이 인장을 받을 수 있는 유효단면적 ; A_n

$$A_n = (20-5)2 = 30\mathrm{cm^2}$$

$$\sigma_t = \frac{P}{A_n} = \frac{18000}{30} = 600\,\mathrm{kg/cm^2}$$

예제 3

다음 [그림 11-4]에서 줄 T에 생기는 응력은? (단, 줄의 단면적은 2cm^2로 한다.)

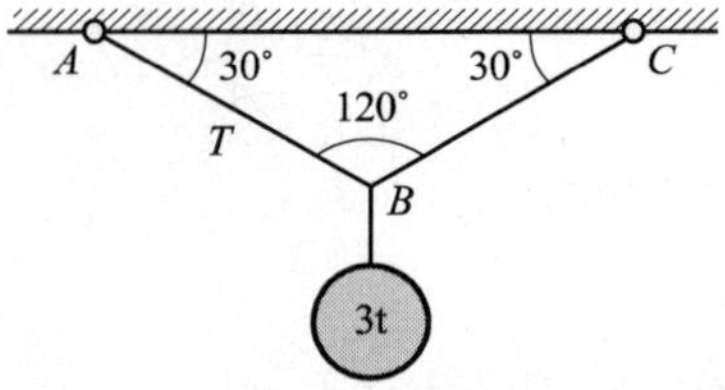

[그림 11-4]

우선 T에 생기는 힘을 구하면, B점에서 $\Sigma V=0$가 성립해야 하므로

$$2T \cdot \sin 30° = 3000 \text{ kg}$$

$$T = 3000\text{kg}$$

$$\sigma = \frac{P}{A} = \frac{T}{A} = \frac{3000}{2} = 1500 \text{ kg/cm}^2$$

11.2 전단응력, 접선응력(tangential stress), τ(tau)

[그림 11-5]와 같이 물체에 외력이 작용하면 물체는 축과 수직인 방향$(a-b)$으로 잘리려고 하는 힘을 받으며(전단력, S), 이 전단력에 저항하기 위한 부재내력을 전단응력이라 한다. 전단응력의 분포가 균일하다고 가정할 때 평균전단응력은 다음과 같다.

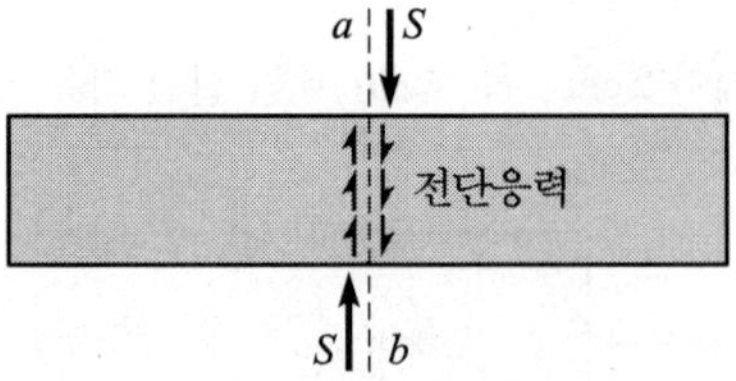

[그림 11-5]

$$\tau = \frac{S}{A} \tag{11.2}$$

τ : 전단응력(kg/cm^2)

S : 전단력(kg)

A : 단면적(cm^2)

물체 내부에 복잡한 응력상태가 있다고 할지라도 분배하여 보면 다음 4가지로 대별된다.

① **단순응력**(simple stress) : 인장, 압축, 전단응력 중 하나만 생기는 응력
② **조합응력**(combined stress) : 단순응력이 2가지 이상 동시에 생기는 응력
③ **휨응력**(bending stress) : 부재의 휨에 의하여 생기는 응력으로 인장, 압축응력이 동시에 존재한다.
④ **비틀림응력**(torsional stress) : 비틀림하중에 의하여 물체의 횡단면에 생기는 응력으로 전단응력과 비슷한 성질이다.

또 부재의 제작, 조립 또는 사용과정에서 여러 가지 요인에 의하여 외력을 전혀 받지 않는 상태에서 물체 내부에 보유하고 있는 응력을 **원응력**(元應力, 初應力, primary stress)이라 하고, 처음에는 무응력 상태였던 물체에 하중을 가하고 다음에 제거한 후 물체 내에 남는 응력을 **잔류응력**(殘留應力, residual stress)이라 한다.

11.3 경사면의 응력(단축응력)

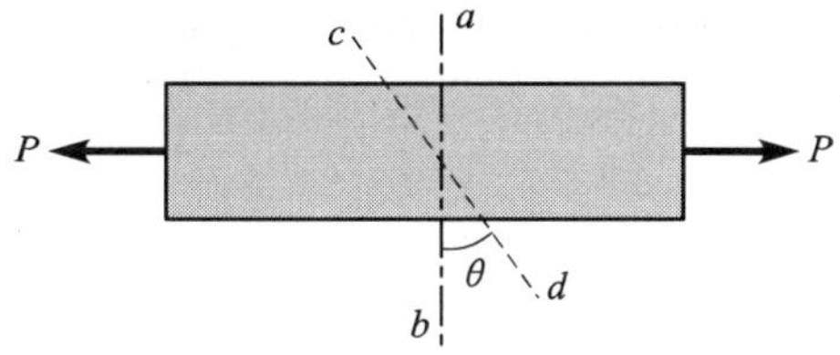

[그림 11-6]

[그림 11-6]과 같이 단면적이 A인 물체에 축방향 인장력 P가 작용하면 수직단면 $a-b$상에는 균일한 수직응력 $\sigma = \dfrac{P}{A}$가 생긴다.

이 수직단면과 θ의 각을 가진 $c-d$단면에 대하여 응력상태를 생각해 보면 다음과 같다.

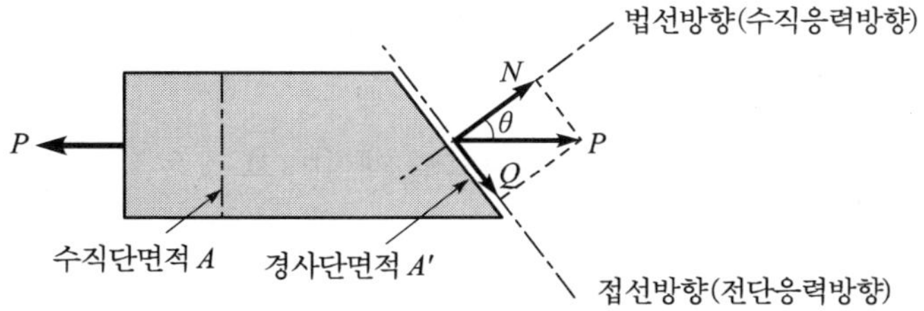

[그림 11-7] **단축응력**

[그림 11-7]에서

P의 법선방향분력 $N = P\cos\theta$

P의 접선방향분력 $Q = P\sin\theta$

또, 경사면에서의 단면적, A'

$$A = A'\cos\theta$$

$$A' = \frac{A}{\cos\theta}$$

(1) 경사단면의 수직응력(normal stress, 법선응력), σ_n

$$\sigma_n = \frac{\text{법선방향분력}(N)}{\text{경사면의 단면적}(A')}$$

$$= \frac{N}{A'} = \frac{P \cdot \cos\theta}{\dfrac{A}{\cos\theta}} = \frac{P}{A}\cos^2\theta$$

$$\therefore\ \sigma_n = \frac{P}{A}\cos^2\theta = \sigma \cdot \cos^2\theta = \frac{\sigma}{2}(1+\cos 2\theta) \tag{11.3}$$

이 법선응력이 최대가 되려면 $\theta = 0°$이고 그 값은

$$\sigma_{n\max} = \frac{P}{A} = \sigma$$

이다.

(2) 경사단면의 전단응력(shearing stress, 접선응력), τ_θ

$$\tau_\theta = \frac{\text{접선방향분력}(Q)}{\text{경사면의 단면적}(A')}$$

$$= \frac{Q}{A'} = \frac{P \cdot \sin\theta}{\dfrac{A}{\cos\theta}} = \frac{P}{A}\sin\theta\cos\theta = \frac{P}{A}\cdot\frac{1}{2}\sin 2\theta$$

$$\therefore\ \tau_\theta = \frac{P}{2A}\cdot\sin 2\theta = \frac{\sigma}{2}\cdot\sin 2\theta \tag{11.4}$$

이 전단응력이 최대가 되려면 $\theta = 45°$일 때이며 그 값은

$$\tau_{\theta\max} = \frac{\sigma}{2}$$

이다.

식 (11.3), (11.4)에서 보면 $\theta = 0$일 때 σ_n이 최대이며, θ가 커지면 σ_n은 감소하고 전단응력 τ_θ가 증가하여 $\theta = 45°$일 때 τ_θ가 최대가 됨을 알 수 있다.

예제 4

다음 [그림 11-8]과 같은 단면적이 $10\,\text{cm}^2$인 균일단면보에 축방향으로 1 ton의 인장력이 작용한다. 경사면 $n-n$에 작용하는 수직응력 σ_n 및 전단응력 τ_θ를 구하라.

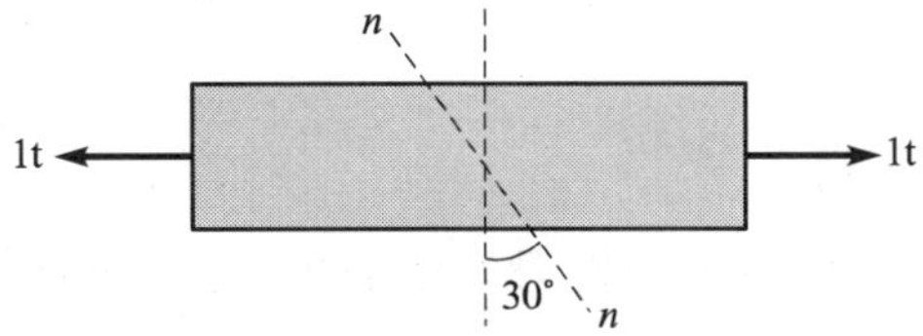

[그림 11-8]

$$\sigma = \frac{P}{A} = \frac{1000}{10} = 100\,\text{kg/cm}^2$$

수직응력, $\sigma_n = \sigma \cdot \cos^2\theta = 100 \times (\cos 30)^2 = 75\,\text{kg/cm}^2$

전단응력, $\tau_\theta = \dfrac{\sigma}{2} \cdot \sin 2\theta = 50 \times \sin 60 = 43.3\,\text{kg/cm}^2$

(3) 공액응력(complementary stress, 共軛), $\sigma_n{}'$, $\tau_\theta{}'$

경사단면 [그림 11-9]의 ($c-d$단면)에 직교하는 단면($m-n$단면)에 대한 수직응력($\sigma_n{}'$)과 전단응력($\tau_\theta{}'$)을 생각하면

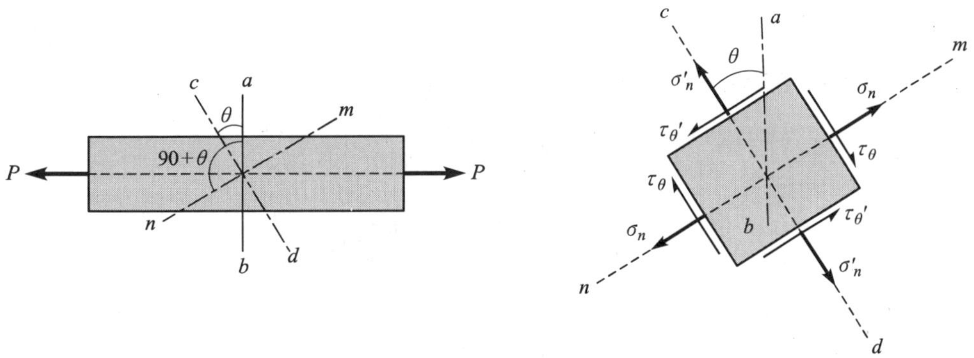

[그림 11-9] **공액응력**

식 (11.3), (11.4)에서 θ 대신 $(90+\theta)$를 대입하면

$$\sigma_n{}' = \frac{P}{A}\cos^2(90+\theta) = \frac{\text{P}}{\text{A}}\sin^2\theta = \sigma \cdot \sin^2\theta \qquad (11.5)$$

$$\tau_\theta{}' = \frac{\sigma}{2} \cdot \sin 2(90+\theta) = -\frac{\sigma}{2}\sin 2\theta$$

$$\therefore \sigma_n + \sigma_n{}' = \sigma$$

$$\tau_\theta = -\tau_\theta{}'$$

이 식으로부터 직교평면 위에 작용하는 수직응력의 합은 항상 일정한 값($\sigma = \frac{P}{A}$)을 나타내며, 전단응력은 수치적으로는 같고 서로 반대부호를 갖는 것을 알 수 있다.

(4) 경사단면의 합성응력

수직응력(σ_n)과 전단응력(τ_θ)을 합성한 응력으로 다음과 같다.

$$\text{합성응력, } \sigma_r = \sqrt{\sigma_n^2 + \tau_\theta^2}$$

(5) 단축응력의 모아의 원(Mohr's circle)

수직응력과 전단응력을 하나의 원에 의하여 나타내는 것이 Mohr에 의하여 제안 되었으며 이 원을 모아의 응력원(Mohr's stress cirlce)이라 한다.

식 (11.3)에서

$$\sigma_n = \frac{P}{A}\cos^2\theta = \frac{\sigma}{2}(1+\cos 2\theta) = \frac{\sigma}{2} + \frac{\sigma}{2}\cos 2\theta$$

식 (11.4)에서

$$\tau_\theta = \frac{\sigma}{2} \cdot \sin 2\theta$$

두 식을 양변을 제곱하여 합하면

$$\left(\sigma_n - \frac{\sigma}{2}\right)^2 = \left(\frac{\sigma}{2}\cos 2\theta\right)^2$$

$$\tau_\theta^2 = \left(\frac{\sigma}{2}\sin 2\theta\right)^2$$

$$+) \overline{\qquad\qquad\qquad\qquad}$$

$$\left(\sigma_n - \frac{\sigma}{2}\right)^2 + \tau_\theta^2 = \left(\frac{\sigma}{2}\right)^2$$

이 결과는 σ_n, τ_θ인 직교좌표에서 중심이 ($\frac{\sigma}{2}$, 0)이고, 반경이 ($\frac{\sigma}{2}$)인 원이 된다.

(작도법은 예제 5에서 설명)

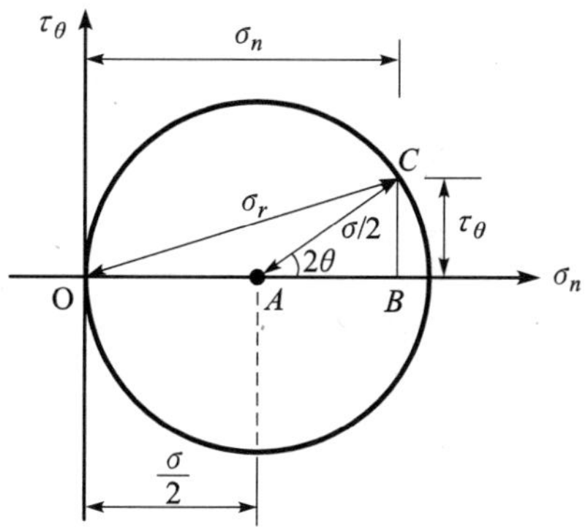

[그림 11-10] 단축응력의 모아의 원

또 응력원으로 다시 수직응력(σ_n)과 전단응력(τ_θ)을 유도해보면

$$\sigma_n = \overline{OA} + \overline{AB} = \frac{\sigma}{2} + \frac{\sigma}{2}\cos 2\theta = \sigma \cdot \cos^2\theta$$

$$\tau_\theta = \overline{CB} = \frac{\sigma}{2} \cdot \sin 2\theta$$

합성응력 $\sigma_r = \overline{OC} = \sqrt{\sigma_n^2 + \tau_\theta^2}$

예제 5

[그림 11-11]과 같은 $1\,\text{cm}^2$의 단면적을 갖는 강봉에 $P = 1500\,\text{kg}$의 인장이 작용한다. $a-b$ 단면에서 법선응력(σ_n)과 전단응력(τ_θ)을 구하라. 또 공액응력을 구하고 응력원을 그려라.

$$\sigma = \frac{P}{A} = \frac{1500}{1} = 1500\,\text{kg/cm}^2$$

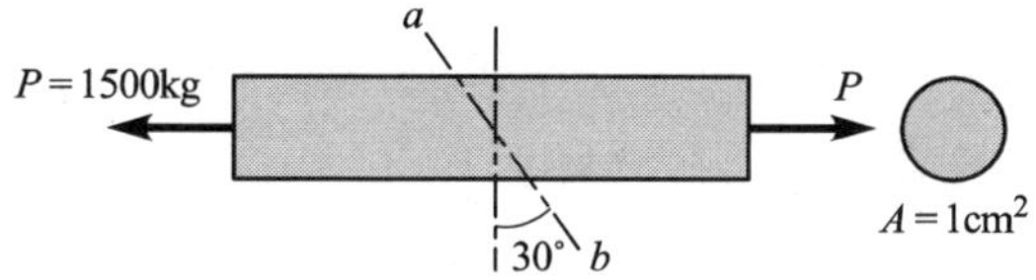

[그림 11-11]

① **수직응력, 전단응력**

$$\sigma_n = \sigma \cdot \cos^2\theta = 1500 \times (\cos 30)^2 = 1125\,\text{kg/cm}^2$$

$$\tau_\theta = \frac{\sigma}{2} \cdot \sin 2\theta = 750 \times \sin 60 = 650\,\text{kg/cm}^2$$

② **공액응력**

$$\sigma_n{}' = \sigma \cdot \cos^2\theta = 1500 \times (\sin 30)^2 = 375\,\text{kg/cm}^2$$

$$\tau_\theta' = -\frac{\sigma}{2}\cdot\sin 2\theta = -650\,\text{kg/cm}^2$$

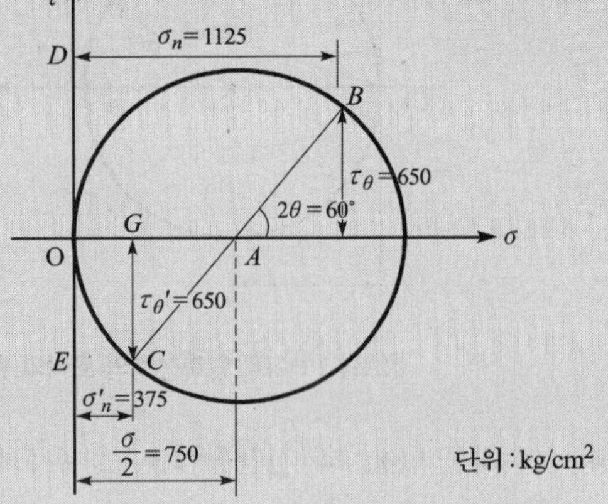

[그림 11-12]

i) σ, τ 의 직교좌표에서 ($\frac{\sigma}{2} = 750$, 0)인 좌표 A를 잡는다.

ii) 좌표 A에서 반경 $750\,\text{kg/cm}^2$인 원을 그린다.

iii) A점에서 σ축과 $2\theta(60°)$각을 이루는 선분 BC를 긋는다.

iv) σ_n = 선분 $\overline{DB}$, σ_n' = 선분 $\overline{EC}$

τ_θ = 선분 $\overline{BF}$, τ_θ' = 선분 $\overline{CG}$

11.4 변형도(strain)

물체에 외력을 가하면 내부에 응력이 발생하고 물체를 구성하는 각 분자 및 분자 상호간의 상태에 변화가 일어나고 형태와 크기가 변화한다.

변형량과 원래의 값과의 비율, 즉 단위길이에 대한 변형량으로서 변형의 정도를 비교한 것을 변형도(변형률, strain)라 하고 외력에 따라 변형률은 다음과 같이 대별된다.

* 변형도(變形度, strain)

① 세로변형도(종변형도(縱變形度), Longitudinal strain)

② 가로변형도(횡변형도(橫變形度), Lateral strain)

③ 전단변형도(Shearing strain)

④ 체적변형도(Volumetric strain)

⑤ 온도변형도(Thermal strain)

(1) 세로변형도(종변형도), ε(epsilon)

물체에 인장 또는 압축하중이 작용하면 그 변형량만큼 늘거나 줄어든다. 또 세로 방향은 하중이 작용하는 축방향을 말하며 가로 방향은 그가 직각된 방향이다([그림 11-13]).

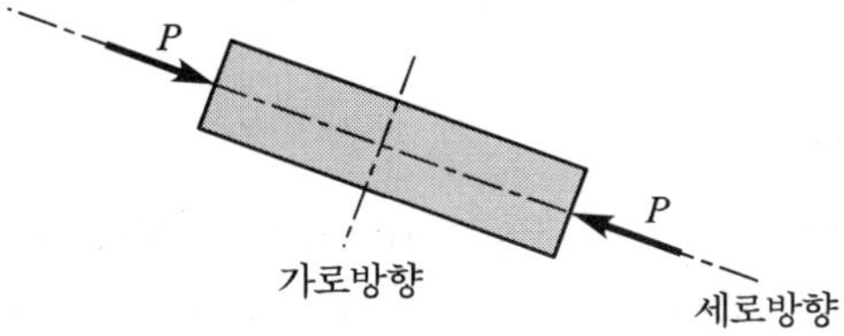

[그림 11-13]

[그림 11-14]와 같은 물체에서 압축[그림 11-14(a)] 및 인장[그림 11-14(b)] 하중을 받을 때 세로변형도를 생각한다.

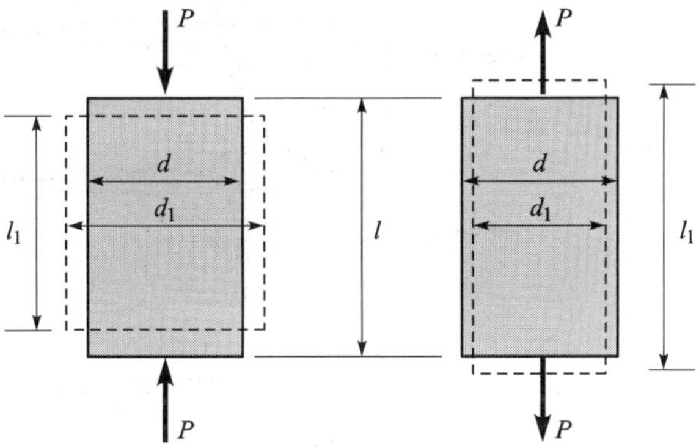

(a) 압축력　　(b) 인장력

[그림 11-14] **변형도**

원래 길이 l인 물체가 하중 P를 받아 길이가 l_1으로 변하였다면 세로변형 Δl은

인장력에 의하여 늘어난 량 $\Delta l = l_1 - l$[그림 11-14(b)]

압축력에 의하여 줄어든 량 $\Delta l = l_1 - l$[그림 11-14(a)], (−)값을 가짐

$$\text{세로변형도, } \varepsilon = \frac{\text{변형된 길이}}{\text{원래의 길이}} = \pm\frac{\Delta l}{l} \tag{11.6}$$

(2) 가로변형도(횡변형도), β(beta)

세로방향(하중방향)에 신축이 발생하면 그와 직각방향(가로방향)에도 반드시 줄음 또는 늘음이 발생한다([그림 11-14]).

인장력에 의하여 늘어난 량 $\Delta d = d_1 - d$[그림 11-14(a)]

압축력에 의하여 줄어든 량 $\Delta d = d_1 - d$[그림 11-14(b)], (−)값을 가짐

$$\text{가로변형도, } \beta = \pm \frac{\Delta d}{d} \tag{11.7}$$

(3) 전단변형도, γ(gamma)

[그림 11-15(a)]와 같은 리베트 이음(Rivet joint)이 인장력 P를 받고 리베트가 전단에 의해 파괴될 경우 전단이 생기는 부분(A, B부재 사이)을 좀 더 크게 보면 [그림 11-15(b)]와 같으며 이 부분을 더 확대하여 보면 [그림 11-15(c)]와 같다.

[그림 11-15(c)]에서 AB, CD면에는 하중 P에 대응하는 전단응력 τ가 작용하여 $ABCD$는 평행사변형 $ABC'D'$로 변형되어 평형을 유지한다. 결국 C, D점이 C', D'점으로 Δl만큼 이동한 결과이다.

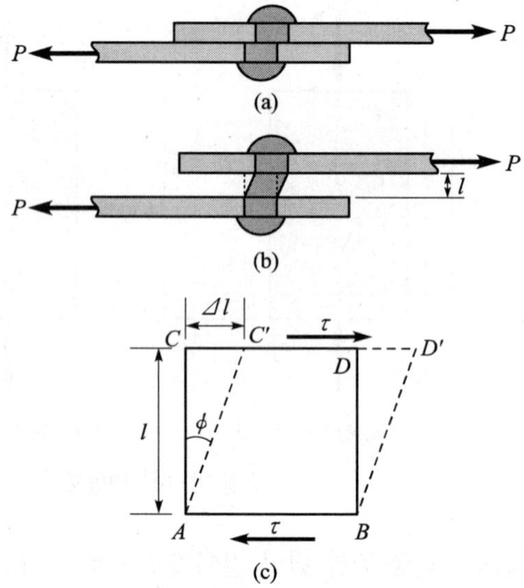

[그림 11-15]

그러므로 전단변형도는 다음과 같다.

$$\text{전단변형도 } \gamma = \frac{\Delta l}{l} = \tan\phi$$

위 식에서 Φ는 대단히 작은 각이므로 CC'는 AC를 반지름으로 하는 원호를 생각하면 $\tan\phi \fallingdotseq \phi$(radian)로 표시할 수 있다.

$$\text{전단변형도, } \gamma = \frac{\Delta l}{l} = \tan\phi = \phi rad \tag{11.8}$$

(4) 체적변형도, ε_v

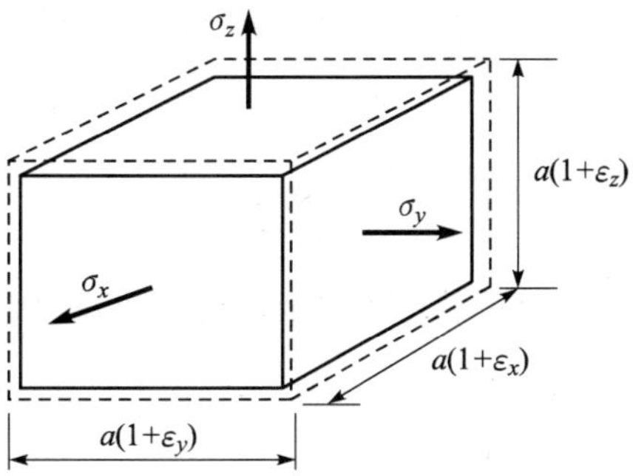

[그림 11-16] **체적변형도**

물체가 압력수중 또는 진공탱크 속에 있을 대 전면에 직각으로 균일한 압축 또는 인장하중이 작용하게 되고 물체의 체적이 팽창 또는 수축으로 변형한다.

체적변형도(Volumetric strain, Bulk strain, Cubical dilatation)는 원체적(V)으로 체적변화량(ΔV)을 나눈 값이다.

[그림 11-16]과 같은 한 변의 길이 a인 정입방체([그림 11-16]에서 실선)의 각 변에 수직으로 응력 σ_x, σ_y, σ_z가 가해져서 σ_x와 평행한 변이 a에서 $a(1+\varepsilon_x)$만큼 늘어나고, σ_y와 평행한 변이 a에서 $a(1+\varepsilon_y)$만큼 늘어나고, σ_z와 평행한 변이 $a(1+\varepsilon_z)$로 늘어났다면, 최초의 체적 $V=a^3$이고 응력 σ_x, σ_y, σ_z가 가해진 후에 체적은 $a(1+\varepsilon_x)\times a(1+\varepsilon_y)\times a(1+\varepsilon_z)$이므로 체적변화량 ΔV는 다음과 같이 나타난다.

$$\Delta V = a(1+\varepsilon_x)\times a(1+\varepsilon_y)\times a(1+\varepsilon_z) - a^3$$

미소량의 고차항은 더욱 미소하므로 무시하면

$$\Delta V = a^3(\varepsilon_x+\varepsilon_y+\varepsilon_z)$$

$$\text{체적변형도, } \epsilon_v = \frac{\Delta V}{V} = \frac{a^3(\varepsilon_x+\varepsilon_y+\varepsilon_z)}{a^3} = \varepsilon_x+\varepsilon_y+\varepsilon_z \quad (11.9)$$

재료가 등방성(isotropic) 재료인 경우 $\varepsilon_x=\varepsilon_y=\varepsilon_z$이므로

$$\epsilon_v = \frac{\Delta V}{V} = 3\varepsilon$$

여기서 ε은 종변형도와 같다.

(5) 온도변형도, ε_t

균질인 균일 단면봉 AB에 온도를 상승시키면 AB'로 변한다. 즉, 온도 t를 상승하므로 봉은 Δl만큼 신장되고 이 신장량 Δl은 상승온도 t와 봉의 길이에 비례한다.

$$\Delta l = \alpha \cdot t \cdot l$$

여기서 α는 재료의 고유상수이고 열(선)팽창계수(coefficient of thermal expansion)라 부른다. 이 α는 온도 1℃ 변화에 따른 양을 나타내며 일반적인 steel인 경우 $\alpha = 10 \sim 12 \times 10^{-6}/℃$ 이다.

$$\text{온도에 의한 변형도, } \varepsilon_t = \frac{\Delta l}{l} = \alpha \cdot t \tag{11.10}$$

(6) 포아슨비(Poisson's ratio), μ (mu)

[그림 11-14]에서 보는 바와 같이 물체가 세로 방향으로 늘어나면 가로방향으로는 줄어든다. 이 가로변형도(β)와 세로변형도(ε)의 비를 포아슨(Poisson, S.D.1781~1840, 프랑스 수학자) 비라 하며 다음과 같다.

$$\text{포아슨비, } \mu = \frac{\beta}{\varepsilon} = \frac{\frac{\Delta d}{d}}{\frac{\Delta l}{l}} = \frac{\Delta d \cdot l}{\Delta l \cdot d} = \frac{1}{m} \tag{11.11}$$

세로변형도와 가로변형도는 항상 부호가 상반되므로 포아슨비는 음(−)의 값을 가지나 일반적으로 생략한다.

또 식 (11.11)의 m을 포아슨 수(Poisson's number)라 하고 항상 1보다 큰 값을 가진다.

<표 11.1> 포아슨비와 수

재료	μ	m	재료	μ	m
주철	0.27	3.7	콘크리트	0.17 ~ 0.08	6 ~ 12
연철	0.28	3.6	유리	0.24	4.1
연강	0.30	3.3	셀루로이드	0.40	2.5
황동	0.33	3.0	납	0.43	2.32
동	0.33	3.0	고무	0.50	2.0
금속	0.33 ~ 0.25	3.0 ~ 4.0	코르크	0	−

예제 6

직경 2cm, 길이 2m의 봉이 인장하중을 받아 0.15cm 늘어났다. 포아슨비 μ가 0.3이라면 직경이 줄어든 량은 얼마인가?

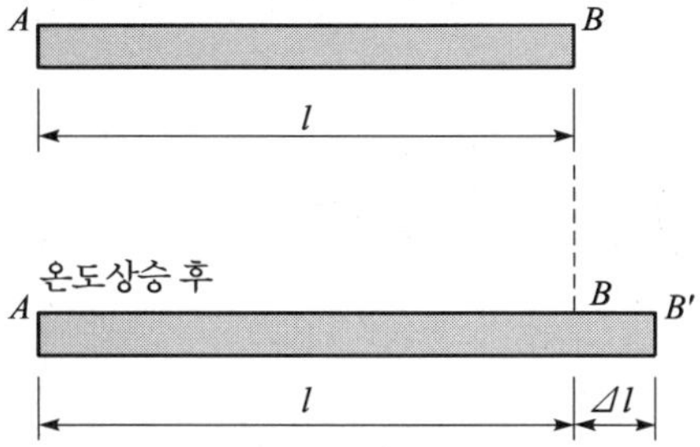

[그림 11-17]

$$\mu = \frac{\beta}{\varepsilon} = \frac{\Delta d \cdot l}{\Delta l \cdot d}$$

$$\Delta d = \frac{\mu \cdot \Delta l \cdot d}{l} = \frac{0.3 \times 0.15 \times 2}{200} = 0.00045\text{cm}$$

(7) 탄성(彈性, elasticity)과 소성(塑性, plasticity)

물체를 구성하고 있는 분자는 평형상태를 유지하기 위하여 분자간의 힘들이 서로 작용한다. 이 분자력은 외력에 의하여 변형되려는 힘에 저항한다.

외력을 받고 전혀 변형을 일으키지 않는 물체를 강체(rigid body)라 하며, 실질적으로 완전한 강체는 존재치 않으며 물리학, 역학 등에서 가정에 의해서만 존재한다.

물체에 외력을 가하면 변형이 생기고 그 외력을 제거하면 변형이 완전히 또는 부분적으로 원상태로 되돌아간다.

① 탄성 : 외력을 가하면 변형하고, 외력을 제거하면 원형대로 복귀하는 성질
- * 완전탄성(perfectly elastic) : 외력이 제거된 뒤 완전히 원형으로 돌아가는 성질
- * 불완전탄성(partially elastic) : 외력이 제거된 뒤 완전히 원형으로 돌아가지 않는 성질

② 소성 : 외력을 제거하여도 원형대로 복귀하지 않고 영구변형이 생기는 성질
- * 영구변형(永久變形, permanent set) : 탄성한도를 초과하여 외력이 작용하면 외력을 제거한 후에 변형의 일부분만 복귀되고 대부분의 변형이 남는 성질

③ 점탄성(粘彈性, viscoelasticity) : 탄성과 소성은 시간의 경과와 큰 관계는 없으나, 크리프 변형(creep deformation)과 같이 시간의 경과로 인하여 변형이 증가되는 성질

11.5 응력 – 변형도

일반구조용 steel과 concrete를 재료 실험하여 응력과 변형도의 관계를 좌표에 표시하면 다음 [그림 11-18]과 같다.

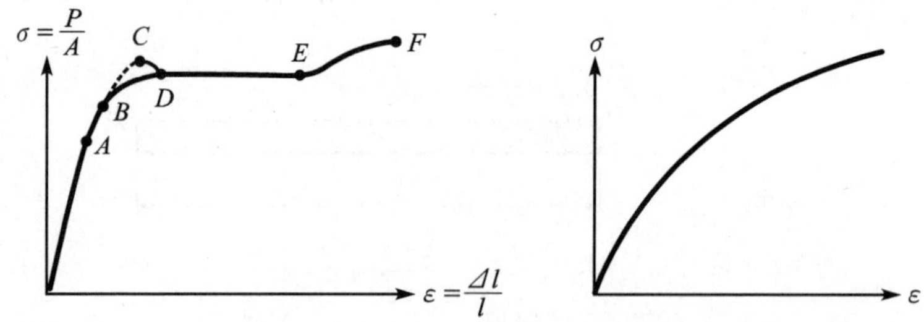

[그림 11-18] Stress-Strain diagram

A : 비례한도(proportional limit) ; 영구변형이 생기기 시작하는 최초의 응력

B : 탄성한도(elastic limit) ; 0.02%의 영구변형이 생기는 응력

C : 상항복점(upper yield point) ; 실험조건에 따라 여러 가지 값을 나타냄.

D : 하항복점(lower yield pint) ; 실험조건에 영향을 받지 않는다.

$D-E$구간 : 응력의 증가 없이도 변형이 증가하는 구간

F : 파괴점(breaking point)

이와 같은 응력–변형도의 관계를 여러 가지 재료를 탄성한도 내에서만 생각하면 [그림 11-19]와 같으며, 그림에서 같은 응력을 받는 재료 A, B, C가 각기 변형이 다름을 알 수 있다. 즉, 같은 응력을 받아도 재료 C가 가장 변형이 크다는 것을 볼 수 있다.

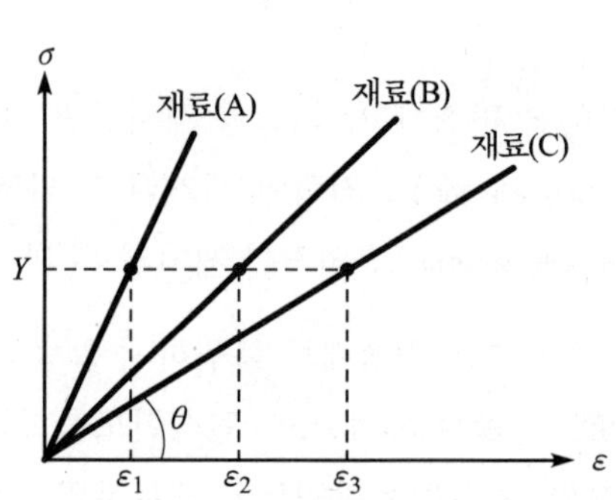

[그림 11-19]

이 결과로서 [그림 11-19]에서와 같이 θ의 값이 재료의 어떤 특성을 나타낸다는 것을 알 수 있다. 즉, 이 θ가 재질을 나타냄을 알 수 있으며 θ가 같으면 같은 재료임을 알 수 있다.

11.6 훅크의 법칙과 탄성계수

(1) 훅크의 법칙(Hooke's law)

훅크(Robert Hooke, 1635~1703, 영국의 수학자)는 균일단면봉의 인장실험 결과 재료의 탄성한도 내에서 늘음량 Δl이 인장력 P와 봉의 길이 l에 비례하고 봉의 단면적 A에 반비례하는 것을 실험을 통하여 증명하였다. 즉,

$$\Delta l \propto \frac{P \cdot l}{A}$$

이 식에 비례상수 $\frac{1}{E}$을 대입하여 항등식을 만들면

$$\Delta l = \frac{Pl}{AE} \tag{11.12}$$

식 (11.12)를 변형하면

$$\frac{P}{A} = \frac{\Delta l}{l} \cdot E = \varepsilon \cdot E$$

$$\therefore \ \sigma = \varepsilon \cdot E \tag{11.13}$$

식 (11.13)에서 보면 탄성한도 내에서 응력은 그 변형도에 비례함을 알 수 있다.

(2) 종탄성계수(탄성계수, 영계수), E

응력(σ)과 그에 따른 변형(ε)이 Hooke의 법칙에 따라 정비례 관계를 성립시키는 비례상수를 영(Thomas Young, 영국의 과학자)이 처음으로 수치적으로 측정하였다.
이것을 영계수(Young's modulus) 또는 탄성계수(modulus of elasticity, modulus of longitudinal elasticity)라 한다.

$$\text{즉, } E = \frac{\sigma}{\varepsilon} = \frac{\frac{P}{A}}{\frac{\Delta l}{l}} = \frac{P \cdot l}{\Delta l \cdot A} \tag{11.14}$$

E : 탄성계수(kg/cm^2)
P : 축하중(kg)
l : 길이(cm)
Δl : 변형량(cm)
A : 부재의 단면적(cm^2)

동일재료인 경우 일반적으로 인장응력일 때 E의 값과 압축응력일 때 E의 값은 거의 같은 값이고, 강철에서는 $2.1 \times 10^6 \mathrm{kg/cm^2} = 30 \times 10^6 \mathrm{psi(lb/in^2)}$이다.

예제 7

지름 1cm 인 강철봉에 8000kg의 물체를 매달면 강철봉의 변화량은? (단, 강철봉의 길이 1.5m, 탄성계수 $2.1 \times 10^6 \mathrm{kg/cm^2}$ 이다.)

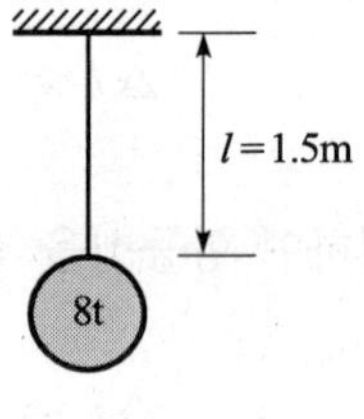

[그림 11-20]

$$E = \frac{\sigma}{\varepsilon} = \frac{P \cdot l}{A \cdot \Delta l} \rightarrow \Delta l = \frac{Pl}{AE}$$

$$\Delta l = \frac{8000 \times 150}{\frac{\pi \times 1^2}{4} \times 2.1 \times 10^6} = 0.73(\mathrm{cm})$$

∴ 강철봉은 0.73cm 늘어난다.

예제 8

길이 8m 인 강봉에 15t의 인장력을 가하니 강봉이 0.2cm 늘어났다면 강봉의 직경은 얼마인가? (단, 탄성계수 $2.1 \times 10^6 \mathrm{kg/cm^2}$ 이다.)

$$E = \frac{P \cdot l}{A \cdot \Delta l} \rightarrow A = \frac{P \cdot l}{E \cdot \Delta l}$$

$$A = \frac{15000 \times 800}{2.1 \times 10^6 \times 0.2} = 28.57\mathrm{cm}^2$$

원형의 단면적이 $28.57\mathrm{cm}^2$이므로 직경 d는

$$A = \frac{\pi d^2}{4} = 28.57$$

$$d^2 = \frac{4}{\pi} \times 28.57 = 36.38\mathrm{cm}^2$$

$$\therefore d = 6.03\mathrm{cm}$$

예제 9

지름이 2 cm 인 철봉에 31.4 t의 인장력이 작용하여 0.5 cm 늘어났다. 탄성계수 2.1×10^6 kg/cm^{2}이라면 이 철봉의 원래 길이는 얼마인가?

$$E = \frac{P\cdot l}{A\cdot\Delta l} \;\rightarrow\; l = \frac{E\cdot A\cdot\Delta l}{P}$$

$$l = \frac{2.1\times10^6\times\frac{\pi}{4}\times2^2\times0.5}{31400} = 100(\text{cm})$$

예제 10

길이 10 m, 직경 0.2 cm 인 강선을 25 cm 늘리려면 얼마의 힘으로 당겨야 하는가?
(단, 탄성계수 2.1×10^6 kg/cm^2)

$$E = \frac{P\cdot l}{A\cdot\Delta l} \;\rightarrow\; P = \frac{E\cdot A\cdot\Delta l}{l}$$

$$P = \frac{2.1\times10^6\times\frac{\pi}{4}\times0.,2^2\times25}{1000} = 1650\text{kg}$$

예제 11

다음 [그림 11-21]은 어떤 재료를 인장시험하여 그린 응력-변형도이다. 이 재료의 탄성계수는 얼마인가?

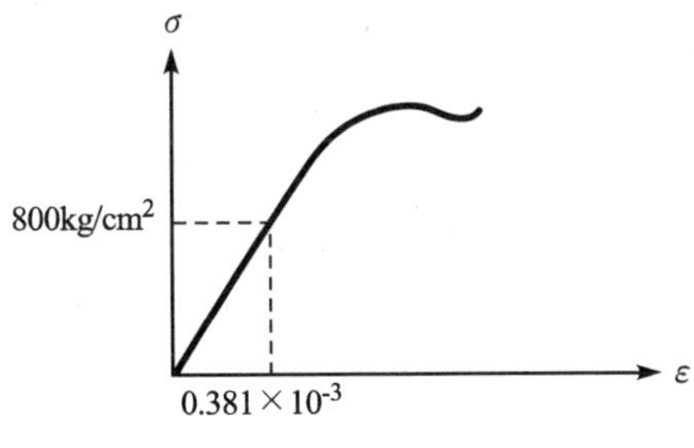

[그림 11-21]

$$E = \frac{\sigma}{\varepsilon} = \frac{800}{0.381\times10^{-3}} = 2.1\times10^6\text{kg/cm}^2$$

예제 12

직경 2cm의 강봉을 10t의 힘으로 인장하였을 경우 강봉 직경의 감소량은 얼마인가? (단, 포아슨비 $\mu=\frac{1}{3}$, 탄성계수 $2.1\times10^6\,kg/cm^2$이다.)

축방향 인장응력 $\sigma=\frac{P}{A}=\frac{1000}{\frac{\pi\times2^2}{4}}=3183\,kg/cm^2$

Hooke의 법칙에서 $E=\frac{\sigma}{\varepsilon}\;\rightarrow\;\varepsilon=\frac{\sigma}{E}=\frac{3283}{2.1\times10^6}=0.0015$

포아슨비 $\mu=\frac{\beta}{\varepsilon}$ 이므로 $\beta=\mu\cdot\varepsilon=\frac{1}{3}\times0.0015=0.0005$

횡방향변형도 $\beta=\frac{\Delta d}{d}\;\rightarrow\;\Delta d=\beta\cdot d=0.0005\times2=0.001(cm)$

∴ 직경은 0.001cm 감소한다.

예제 13

탄성계수 $2.1\times10^6\,kg/cm^2$인 강봉에 온도를 5℃ 증가했을 경우 강봉의 온도응력은 얼마인가? (단, 선팽창계수 $\alpha=12\times10^{-6}$/℃이다.)

온도에 의한 변형도 $\varepsilon_t=\alpha℃t=12\times10^{-6}\times5=60\times10^{-6}$

$E=\frac{\sigma}{\varepsilon}\;\rightarrow\;\sigma=E\cdot\varepsilon=2.1\times10^6\times60\times10^{-6}$

$\therefore\sigma=126\,kg/cm^2$

예제 14

10℃일 때 길이 $l=10m$인 레일(rail)이 20℃에서는 얼마의 길이가 되는가? (단, 레일의 선팽창계수 $\alpha=12\times10^{-5}$/℃이다.)

온도에 의한 변형도 $\frac{\Delta l}{l}=\alpha\cdot t$ 이므로

온도상승으로 늘어난 길이 $\Delta l=\alpha\cdot T\cdot l=1.2\times10^{-5}(20-10)\times10=0.0012\,m$

∴ 20℃일 때 길이 $l'=10+0.0012=10.0012\,m$

예제 15

단면적이 20 cm^{2}인 강봉이 온도가 10℃ 상승되면 강봉이 얼마만큼 늘어난다. 온도가 10℃ 상승되더라도 길이가 변하지 않게 하기 위하여 가해야 할 축방향 압축력은 얼마인가? (단, $E = 2.1 \times 10^6$ kg/cm^2, $\alpha = 11.5 \times 10^{-6}$/℃)

온도 상승으로 인한 힘을 구하면 그에 대응하는 힘이다.
온도 상승으로 생기는 응력 : σ

$$\sigma = E \cdot \alpha \cdot t = 2.1 \times 10^6 \times 11.5 \times 10^{-6} \times 10 = 241.5\text{kg/cm}^2$$

$\alpha = \dfrac{P}{A}$ 이므로

$$\therefore P = \sigma \cdot A = 241.5 \times 20 = 1830\text{kg}$$

예제 16

탄성계수 $E = 2.1 \times 10^6$ kg/cm^{2}인 강선데 온도를 5℃ 증가하였더니 126kg/cm^{2}의 온도응력이 생겼다. 이 재료의 열(선) 팽창계수는?

온도응력 $\sigma = E \cdot \alpha \cdot t \rightarrow \alpha = \dfrac{\sigma}{E \cdot t} = \dfrac{126}{2.1 \times 10^6 \times 5} = 12 \times 10^{-6}$

(3) 전단탄성계수, 횡탄성계수, G

탄성한도 내에서 전단응력(τ)과 그에 따른 전단변형도(γ)와의 비례관계를 성립시키는 비례상수를 **횡탄성계수**(modulus of transverse, elasticity) 또는 **전단탄성계수**(modulus of shearing elasticity, modulus of rigidity)라 부르며 G로 표시한다.

$$\text{전단탄성계수, } G = \frac{\text{전단응력}(\tau)}{\text{전단변형도}(\gamma)} = \frac{\tau}{\gamma} \qquad (11.15)$$

G : 전단탄성계수(kg/cm^2)

τ : 전단응력(kg/cm^2)$= \dfrac{S}{A}$

γ : 전단변형도(rad)$= \dfrac{\Delta l}{l} = \tan\phi \fallingdotseq \phi$[식 (11.8)]

전단탄성계수는 동일한 재료에서 일정하고 종탄성계수(E)의 약 2/5배이다. 강철에서 $G = 0.81 \times 10^6$kg/cm^2 $= 11.5 \times 10^6$psi이다.

예제 17

단면이 4cm × 4cm 의 부재에 5t의 전단력을 작용시켜 0.001rad의 전단변형도가 생겼다. 이때 전단탄성계수 G는 얼마인가?

$$G=\frac{\tau}{\gamma}=\frac{S}{A}\cdot\frac{1}{\gamma}=\frac{5000}{4\times4}\times\frac{1}{0.001}=312{,}500\text{kg/cm}^2$$

예제 18

단면이 2.5cm × 4cm 의 부재에 얼마의 전단력을 작용시키니 0.001rad의 전단변형도가 생겼다. 전단탄성계수 $G=800{,}000\text{kg/cm}^2$이라면 가해진 전단력의 크기는 얼마인가?

$$G=\frac{\tau}{\gamma}\ \rightarrow\ \tau=G\times\gamma=800000\times0.001=800\text{kg/cm}^2$$

$\tau=\frac{S}{A}$ 이므로 $S=\tau\cdot A=800\times2.5\times4=8000\text{kg}$

$\therefore\ S=8\text{t}$

(4) 체적탄성계수, K

수직응력(σ)과 체적변형도(ε_v)의 비례관계를 성립시키는 비례상수로서 **체적탄성계수(modulus of volumetric elasticity, bulk modulus)**라 하며 K로 표시한다.

$$\text{체적탄성계수},\ K=\frac{\text{수직응력}(\sigma)}{\text{체적변형도}(\epsilon_v)}=\frac{\frac{P}{A}}{\frac{\Delta V}{V}}=\frac{P\cdot V}{\Delta V\cdot A} \tag{11.16}$$

K : 체적탄성계수(kg/cm^2)

ε_v : 체적변형도, $\varepsilon_v \fallingdotseq \varepsilon_x+\varepsilon_y+\varepsilon_z$ [식 (11.9)]

재료가 등방성이면 $\varepsilon_v=3\varepsilon$

11.7 허용응력과 안전율

(1) 허용응력(許容應力, allowable stress), σ_a

구조물에 작용하는 최대응력은 항상 탄성한도 내에 있어야 하중을 가하고난 후 그 하중을 제거했을 경우 영구변형이 생기지 않는다.

구조물에 생기는 실제응력을 사용응력(working stress) σ_w이라 하고 재료가 허용할 수 있는 최대 응력을 허용응력(allowable stress) σ_a라 하면 사용응력은 항상 허용응력보다 작아야 한다($\sigma_w < \sigma_a$).

구조물의 설계 시 사용응력이 그 재료의 재료시험에 의하여 얻은 최대응력(파괴응력)이 되도록 설계하는 것이 경제적이나 다음과 같은 이유로서 대단히 위험하다.

① 공시체의 실험결과가 전체재료의 응력을 표시한다고 단언할 수 없다.
② 재료내부의 결함(재료의 불균질)
③ 이론과 실제의 차이
④ 시공의 불완전
⑤ 풍화작용 등에 의한 단면의 축소

등과 같은 이유로서 최대응력보다 작은 응력(허용응력)을 받도록 구조물을 설계하여야 한다.

(2) 안전율(安全率, factor of safety), $S.\ F.$

앞에서 설명한 바와 같이 최대응력(극한응력)을 사용하는 것은 불가능하므로 다음과 같은 안전율을 생각한다.

$$\text{안전율},\ S.\ F. = \frac{\text{극한응력}}{\text{허용응력}} = \frac{\sigma_y}{\sigma_x} \tag{11.17}$$

$$S.\ F. = \frac{\text{극한응력}}{\text{사용응력}} = \frac{\sigma_y}{\sigma_w}$$

안전율을 결정하려면 다음과 같은 사항을 종합적으로 고려해야 한다.

① 재질
② 하중의 종류에 따른 응력의 성질
③ 하중과 응력계산의 정확성
④ 시공방법 및 정밀도
⑤ 부재의 형상 및 시공장소
⑥ 온도, 마모 부식 … 등

예제 19

극한응력 $\sigma_y = 3600\text{kg/cm}^2$이고, 직경이 1 cm 인 강봉에 안전율 $S.\,F = 3$으로 하면 얼마의 인장력이 작용할 수 있는가?

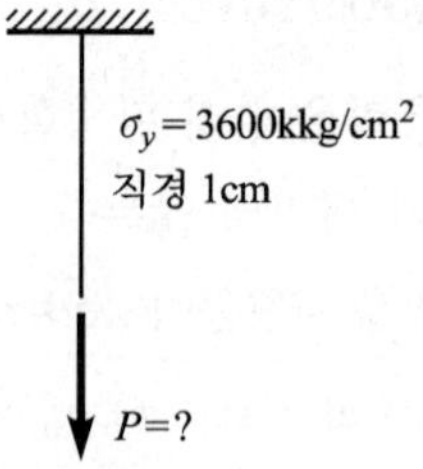

[그림 11-22]

안전율이 3이므로 이 재료가 허용할 수 있는 허용응력, σ_a

$$\sigma_a = \frac{\sigma_y}{3} = \frac{3600}{3} = 1200\text{kg/cm}^2$$

$P = \sigma_a \cdot A$이므로

$$P = 1200 \times \frac{\pi \times 1^2}{4} = 942.4\text{kg}$$

예제 20

극한강도 $\sigma_y = 4000\text{kg/cm}^2$이고 직경 1 cm 인 강봉에 1500 kg 의 인장력이 작용한다. 이 강봉의 안전율 $S.\,F.$는 얼마인가?

$$S.\,F. = \frac{\text{극한응력}}{\text{사용응력}} = \frac{\sigma_y}{\sigma_w}$$

$$\sigma_w = \frac{P}{A} = \frac{1500}{\frac{\pi \times 12}{4}} = 1{,}910\text{kg/cm}^2$$

$$\therefore S.\,F. = \frac{\sigma_y}{\sigma_w} = \frac{4000}{1910} = 2.09$$

11.8 합성재(合成材, composite member), 조합부재(組合部材)

재질이 다른(탄성계수 E가 다름) 2가지 이상 재료들이 일체가 되어 외력에 저항하도록 만든 물체로 하중을 받아 똑같은 변형이 일어나는 부재를 합성재라 한다.
대표적인 예로서 철근콘크리트 부재를 생각할 수 있으며 철근과 콘크리트가 합성재로 되어 압축은 콘크리트가 부담하고 인장은 철근이 부담하여 외력에 저항한다.

(1) 합성재의 응력

다음 [그림 11-23]에서와 같이 재질이 다른 3개의 재료가 합성되어 외력에 저항한다고 생각하면

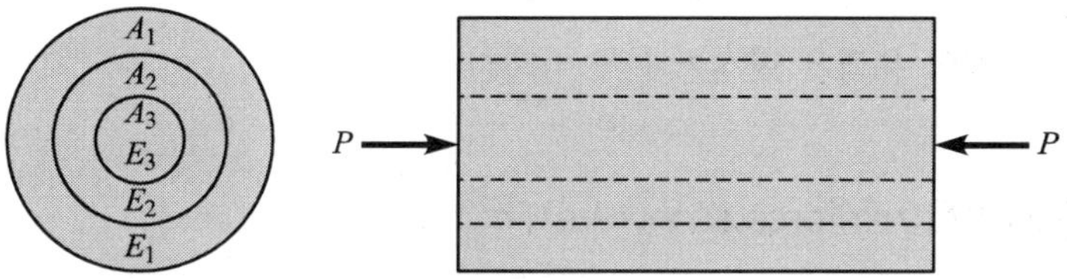

[그림 11-23] 합성재

합성재 각 부재의 단면적을 A_1, A_2, A_3라 두고 각 부재의 탄성계수를 E_1, E_2, E_3라 하면, 합성재는 외력을 받아 같은 변형을 일으켜야 하므로
Hooke의 법칙에서

$$E = \frac{\sigma}{\varepsilon} \quad \rightarrow \quad \varepsilon = \frac{\sigma}{E}$$

$$\varepsilon = \frac{\Delta l}{l} = \frac{\sigma_1}{E_1} = \frac{\sigma_2}{E_2} = \frac{\sigma_3}{E_3}$$

$$\sigma_1 = \varepsilon \cdot E_1,\ \sigma_2 = \varepsilon \cdot E_2,\ \sigma_3 = \varepsilon \cdot E_3 \tag{a}$$

각 부재의 압축력을 P_1, P_2, P_3라 두면

$$P_1 = \sigma_1 \cdot A_1,\ P_2 = \sigma_2 \cdot A_2,\ P_3 = \sigma_3 \cdot A_3 \tag{b}$$

(a)를 (b)에 대입하면

$$P_1 = \varepsilon E_1 A_1,\ P_2 = \varepsilon E_2 A_2,\ P_3 = \varepsilon E_3 A_3$$

또 $P = P_1 + P_2 + P_3$이므로

$$P = \varepsilon(E_1 A_1 + E_2 A_2 + E_3 A_3)$$

$$\varepsilon = \frac{P}{E_1A_1 = E_2A_2 + E_3A_3} \qquad \text{(c)}$$

(c)를 (a)에 대입하면 각 부재의 응력은 다음과 같다.

$$\sigma_1 = \frac{PE_1}{E_1A_1 + E_2A_2 + E_3A_3} \qquad (11.18)$$

$$\sigma_2 = \frac{PE_2}{E_1A_1 + E_2A_2 + E_3A_3}$$

$$\sigma_3 = \frac{PE_3}{E_1A_2 + E_2A_2 + E_3A_3}$$

여기서 $\sigma_1 : \sigma_2 : \sigma_3 = E_1 : E_2 : E_3$

즉, 각 부재의 응력은 탄성계수에 비례한다.

(2) 철근콘크리트(reinforced concrete), σ_c, σ_s

식 (11. 17)과 같이 콘크리트의 응력 σ_c, 철근의 응력 σ_3는 다음과 같다.

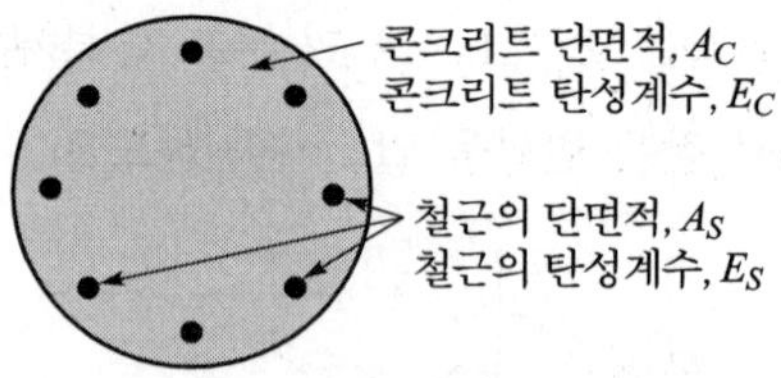

[그림 11-24] **철근 콘크리트**

$$\sigma_c = \frac{E_cP}{E_cA_c + E_sA_s} \qquad \text{(d)}$$

$$\sigma_s = \frac{E_sP}{E_cA_c + E_sA_s}$$

식 (d)의 우변을 E_c로 나누면

$$\sigma_c = \frac{P}{A_c + \dfrac{E_s}{E_c}A_s} \qquad \text{(e)}$$

$$\sigma_s = \frac{\frac{E_s}{E_c}P}{A_c + \frac{E_s}{E_c}A_s}$$

식 (e)에서 $\frac{E_s}{E_c} = n$(환산단면계수, 탄성계수비)라 두면

$$\sigma_c = \frac{P}{A_c + nA_s} \quad (11.19)$$

$$\sigma_s = \frac{nP}{A_c + nA_s} = n\sigma_c$$

$$\text{단, } n = \frac{E_s}{E_c}$$

예제 21

무게 3t인 물체를 단면적이 $2\,\mathrm{cm}^2$인 1개의 동선과 양쪽에 단면이 $1\,\mathrm{cm}^2$인 2개의 철선으로 매달았다면 동선과 철선의 인장응력 σ_c, σ_s는 얼마인가? (단, 동선의 탄성계수 $E_c = 1.05\times10^6\,\mathrm{kg/cm^2}$, 철선의 탄성계수 $E_s = 2.1\times6^6\,\mathrm{kg/cm^2}$으로 한다.)

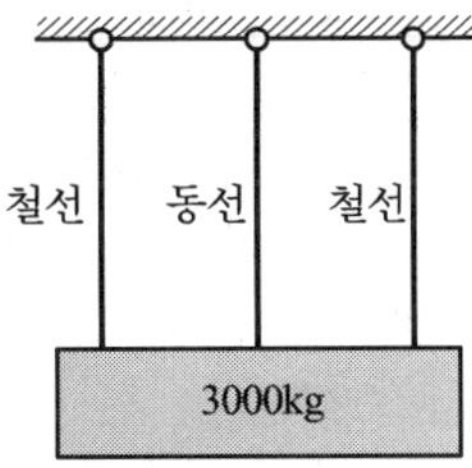

[그림 11-25]

$$n = \frac{E_s}{E_c} = \frac{2.1\times10^6}{1.05\times10^6} = 2.0$$

철선의 응력 $\sigma_s = \dfrac{nP}{A_c + nA_s} = \dfrac{2\times3000}{2+2\times(1+1)} = 1000\mathrm{kg/cm^2}$

동선의 응력 $\sigma_c = \dfrac{P}{A_c + nA_s} = \dfrac{3000}{2+2(1+1)} = 500\mathrm{kg/cm^2}$

예제 22

한 변의 길이가 40 cm 인 정사각형 철근콘크리트 구조물이 200 t의 압축력을 받고 있다. 직경 $\phi = 22$mm 철근 8개를 사용할 경우 철근과 콘크리트가 받는 압축응력 σ_s, σ_c를 구하라. (단, $E_s = 2.1 \times 10^6$ kg/cm^2, $E_c = 0.233 \times 10^6$ kg/cm^{2}이다.)

$$\sigma_c = \frac{P}{A_c + nA_s}$$

$$\sigma_s = \frac{nP}{A_c + nA_s} = n\sigma_c$$

$$n = \frac{E_s}{E_c} = \frac{2.1}{0.233} = 9$$

$$A_s = 8 \times \frac{\pi}{4} \times 2.2^2 = 30.4\text{cm}^2 \rightarrow nA_s = 273.6\text{cm}^2$$

$$A_c = 40 \times 40 - 30.4 = 1569.6\text{cm}^2$$

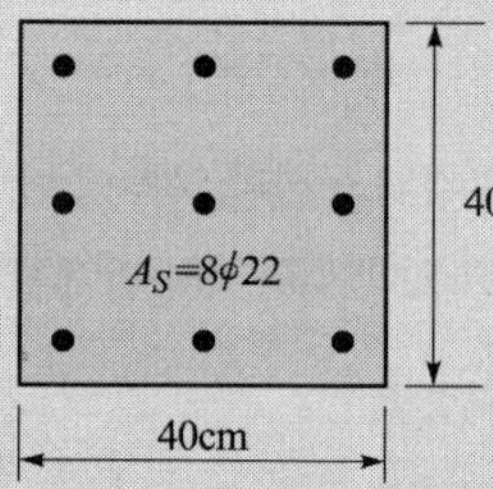

[그림 11-26]

$$\sigma_c = \frac{200000}{1569.6 = 273.6} = 108.5\text{kg/cm}^2$$

$$\sigma_s = 9 \times 108.5 = 976.6\text{kg/cm}^2$$

11.9 구조물의 이음(joint, connection)

부재를 연결하는 일반적인 방법으로 리벳이음(rivet joint), 볼트이음(bolt joint), 용접이음(weld joint) 등이 있으나 본서에서는 리벳이음만 취급하고 용접과 볼트는 강구조공학(steel structure)에서 다룬다.

(1) 리벳이음

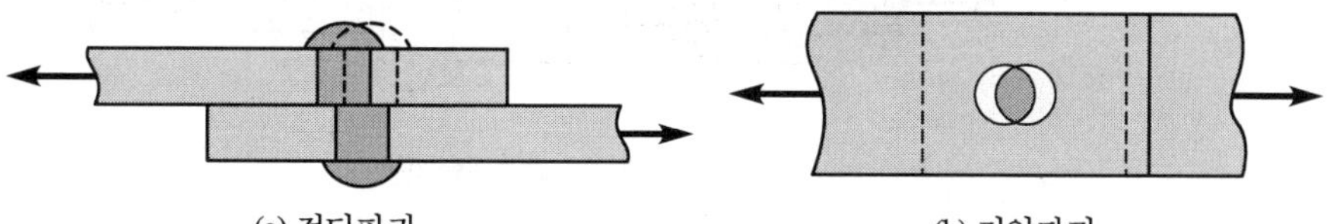

[그림 11-27] **리벳의 파괴**

강재를 서로 겹쳐서 구멍을 뚫고 리벳을 박아 기계적으로 연결하는 방법으로 부재 사이의 전단력으로 인하여 파괴되는 전단파괴[그림 11-27(a)], 압축력에 의하여 찌부러지는 지압파괴[그림 11-27(b)]에 저항하도록 계산되어야 한다.

따라서 리벳이음의 강도는 리벳 자체의 전단강도(P_s)와 지압강도(P_b)가 지배한다.

(2) 허용전단세기(allowable shearing strength), P_{sa}

① 단전단(single shear)

[그림 11-28]과 같이 리벳이 1면에 의하여 전단되려 하는 것을 단전단이라 하며 다음과 같다.

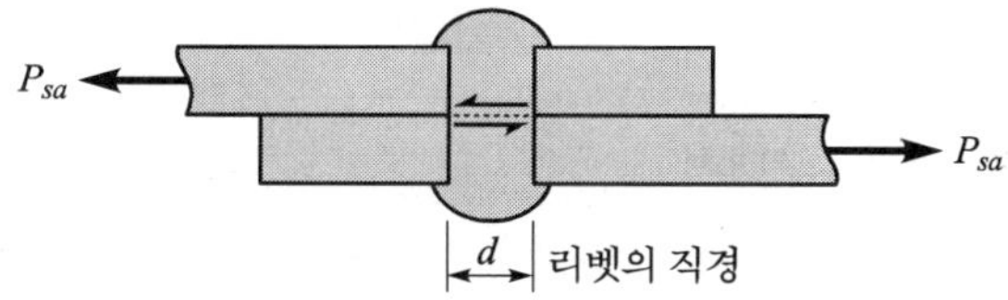

[그림 11-28] **단전단**

$\tau = \dfrac{S}{A}$ 에서

$$P_{sa} = \tau_a \cdot A \begin{cases} P_{sa}\,;\ \text{리벳의 허용전단세기(kg)} \\ \tau_a\,;\ \text{리벳의 허용전단응력}(\text{kg/cm}^2) \\ A\,;\ \text{리벳의 단면적}(\text{cm}^2) \end{cases}$$

$$\therefore P_{sa} = \tau_a \cdot \frac{\pi d^2}{4} \tag{11.20}$$

② 복전단(double shear)

리벳이 2면에 의하여 전단되려는 것으로 복전단이라 한다.

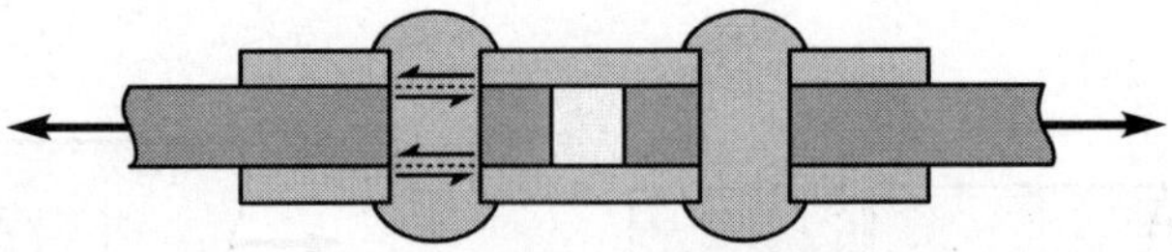

[그림 11-29] 복전단

허용전단세기 $P_{sa}=\tau_a\cdot\frac{\pi d^2}{4}\times 2$

$$\therefore P_{sa}=\tau_a\cdot\frac{\pi d^2}{2} \quad (11.21)$$

예제 23

[그림 11-30]과 같은 리벳이음에서 $P=628\text{kg}$의 힘으로 인장할 때 리벳에 생기는 전단응력을 구하라 (단, 리벳의 직경은 2cm이다).

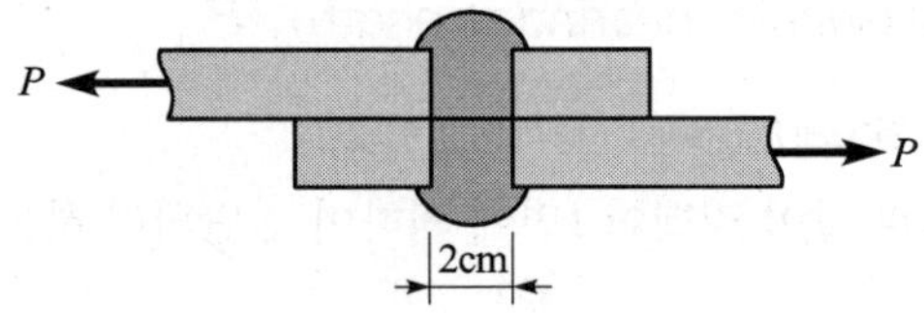

[그림 11-30]

그림에서 단전단이므로 식 (11.19)에서

$$\tau_a=\frac{P}{\frac{\pi d^2}{4}}$$

$$\tau_a=\frac{4\times 628}{\pi\times 2^2}=200\text{kg/cm}^2$$

(3) 허용지압세기(allowable bearing strength), P_{ba}

[그림 11-27(b)]에서 보는 바와 같이 리벳이 압력에 의하여 생기는 지압력에 저항하는 힘으로 $P=A\cdot\sigma$으로부터

$$P_{ba}=d\cdot t\cdot\sigma_{ba} \quad (11.22)$$

P_{ba} ; 허용지압세기(kg)

d ; 리벳의 직경(cm)

t ; 철판의 두께(cm), (얇은 쪽의 두께, 복전단일 경우 2개의 합과 비교)

σ_{ba} ; 허용지압응력(kg/cm^2)

예제 24

〈예제 23〉에서 허용지압응력 $\sigma_{ba}=2500kg/cm^2$이라면 지압세기는 얼마인가? (단, 철판의 두께는 2cm로 한다)

$$P_{ba}=d\cdot t\cdot \sigma_{ba}$$
$$=2\times 2\times 2500=10{,}000kg$$

(4) 리벳값(rivet value)과 개수

리벳의 강도는 전단세기와 지압세기에 의하여 좌우되나 항상 약한 경우에 먼저 파괴된다. 그러므로 허용전단세기와 허용지압세기 중 작은 값이 리벳의 설계기준이 되면 이것이 리벳값이다.

필요한 리벳개수(n)는 리벳이 저항하는 리벳값이 외력보다 크면 리벳의 파괴는 생기지 않는다. 즉,

$$\text{리벳개수}=\frac{\text{작용하는 축방향외력}(N)}{\text{리벳 1개가 받을 수 있는 힘(리벳값)}}$$

여기서 리벳개수는 항상 자연수(무조건 올림)이다.

(5) 설계예

$2-PL-300\times 10$(폭 300mm, 두께 10mm인 2장의 판(plate)을 표시)을 겹이음(단전단)으로 할 경우 30t의 인장력에 견딜 수 있도록 리벳설계를 하라(단, 리벳은 ϕ 22mm이고, $\tau_a=1000kg/cm^2$, $\sigma_{ba}=2100kg/cm^2$판의 인장응력 $\sigma_{ta}=1400kg/cm^2$이다).

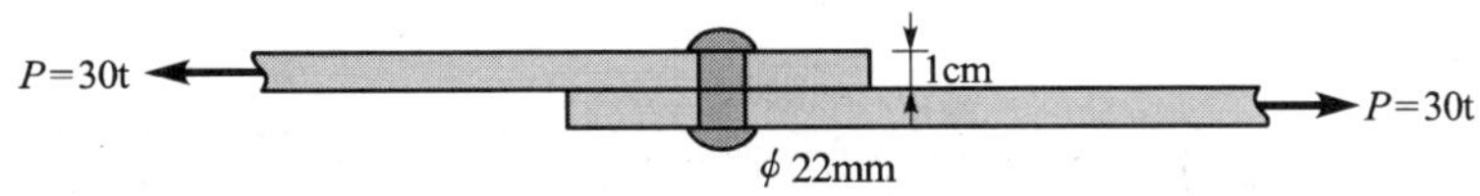

[그림 11-31]

① 리벳값 계산

$$\text{전단세기 } P_s=\tau_a\cdot\frac{\pi d^2}{4}=1000\times\frac{\pi}{4}\times 2.2^2=3800kg$$

지압세기 $P_b = \sigma_{ba} \cdot d \cdot t = 2100 \times 2.2 \times 1 = 4620\text{kg}$

∴ 리벳값 $P = 3800\text{kg}$(즉, 리벳 1개가 받을 수 있는 힘이 3800kg)

② 리벳수

$$n = \frac{\text{축방향 외력}(N)}{\text{리벳값}} = \frac{30000}{3800} = 7.89 \rightarrow 8\text{개 사용}$$

③ 리벳의 배치

[그림 11-32]와 같이 리벳팅한다.

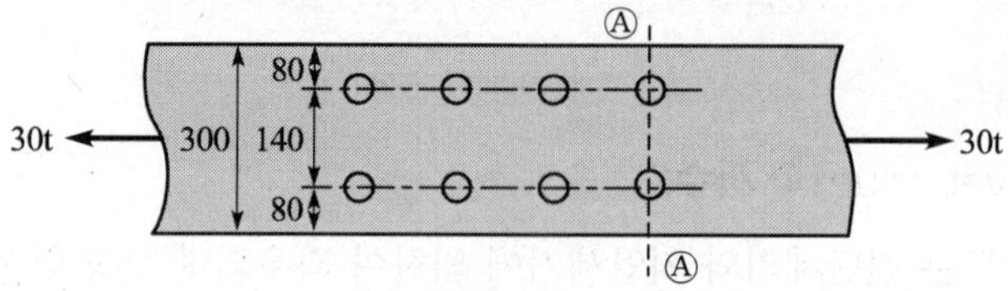

[그림 11-32]

④ 판의 응력검토

[그림 11-32]에서 보는 바와 같이 판이 인장을 받으면, 단면이 가장 약한 Ⓐ-Ⓐ 단면이 위험단면이 되므로 유효단면적 A_n은 다음과 같다.

$$A_n = [30 - 2(2.2 + 0.3)] \times 1 = 25\text{cm}^2$$

여기서 (2.2+0.3)은 리벳구멍으로서 리벳직경보다 0.3cm 더 크게 뚫는다.

$$P = \sigma_{ta} \cdot A_n = 1400 \times 25 = 35000\text{kg} > 30000\text{kg} - \text{O.K.}$$

예제 24

다음 [그림 11-33]과 같이 Rivet joint할 경우 리벳값을 구하라(단, $\tau_a = 1300\text{kg/cm}^2$, $\sigma_{ba} = 3000\text{kg/cm}^2$이다).

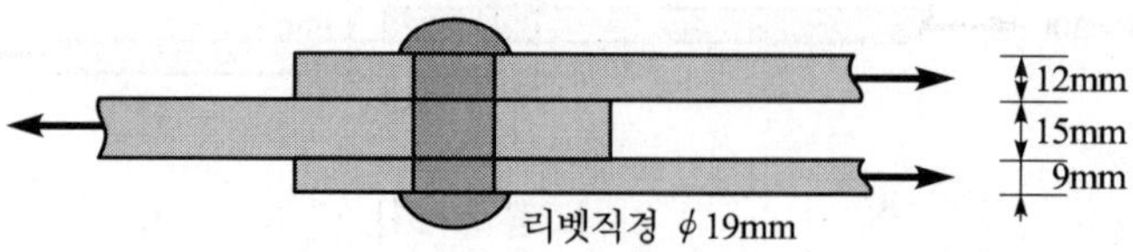

[그림 11-33]

① 전단세기 $P_s = \tau_a \times 2 \times \frac{\pi d^2}{4}$ (복전단) $= 1300 \times \frac{\pi}{2} \times 1.9^2 = 7368\text{kg}$

② 지압세기 $P_b = \sigma_{ba} \times t \times d$ (여기서 t는 1.5와 (1.2+0.9) 중 작은 값)

$$P_b = 3000 \times 1.5 \times 1.9 = 8550\text{kg}$$

③ 리벳값 $P = P_s = 7368\text{kg}$

(즉, 리벳 1개가 받을 수 있는 힘이 7368kg이다).

11.10 2축응력(二軸應力, biaxial stress)

단축응력은 앞에서 설명한 바와 같이 한 축에 하중이 작용할 경우 수직응력(σ_θ)과 전단응력(τ_θ)을 생각한다.

본 절에서는 단축응력에 직각방향으로 인장 또는 압축응력이 동시에 작용하며 이와 같이 두 방향응력을 동시에 받는 응력을 2축응력이라 한다.

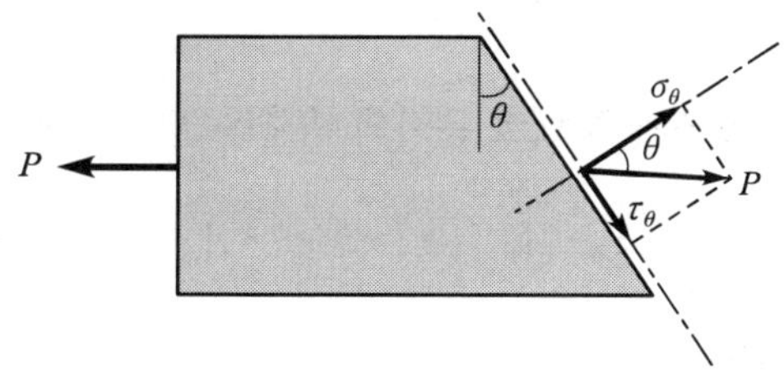

[그림 11-34] **단축응력**

[그림 11-35]와 같이 2축방향으로 응력 σ_x, σ_y가 작용할 때 임의의 경사면에 대해 수직응력(θ_θ)와 전단응력(τ_θ)을 유도하면

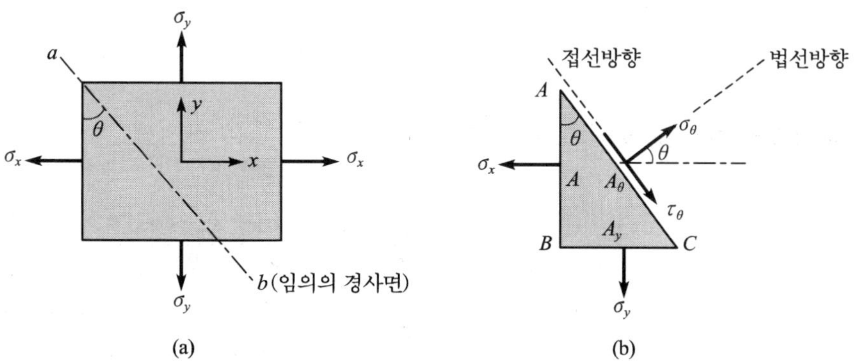

[그림 11-35]

[그림 11-35(b)]에서 수직면 $(A-B)$ 면의 단면적을 A 라 두면 경사면의 단면적, A_θ(즉, $A-C$ 면)

$$A_\theta \cdot \cos\theta = A,\ A_\theta = \frac{A}{\cos\theta}$$

$(B-C)$ 면의 단면적, A_y

$$A_y = A \cdot \tan\theta = A\frac{\sin\theta}{\cos\theta}$$

(1) 경사단면의 수직응력(normal stress), σ_θ

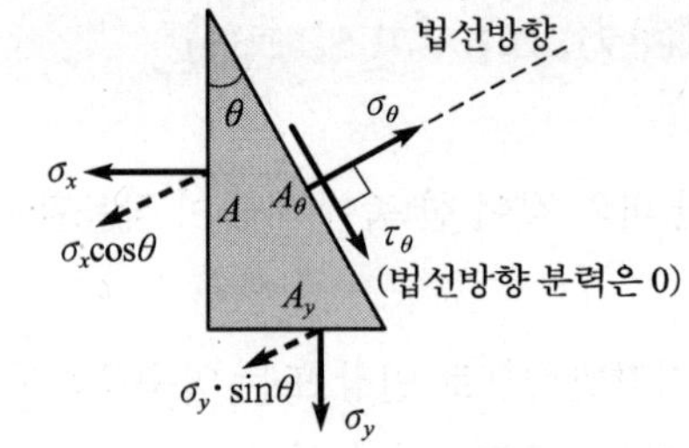

[그림 11-36]

[그림 11-36]에서 법선방향으로 응력의 평형을 생각하면

$$\sigma_\theta \cdot A_\theta = \sigma_x \cdot \cos\theta \cdot A + \sigma_y \cdot \sin\theta \cdot A_y$$

A_θ, A_y를 대입하면

$$\frac{\sigma_\theta \cdot A}{\cos\theta} = \sigma_x \cdot \cos\theta \cdot A + \sigma_y \cdot \sin\theta \cdot A \cdot \frac{\sin\theta}{\cos\theta}$$

A를 약분하고 양변에 $\cos\theta$를 곱하면

$$\sigma_\theta = \sigma_x \cos^2\theta + \sigma_y \sin^2\theta$$

배각공식에서 $\cos^2\theta = \dfrac{1+\cos 2\theta}{2}$, $\sin^2\theta = \dfrac{1-\cos 2\theta}{2}$ 이므로

$$\sigma_\theta = \frac{\sigma_x + \sigma_x \cos 2\theta}{2} + \frac{\sigma_y - \sigma_y \cdot \cos 2\theta}{2}$$

$$\therefore \sigma_\theta = \frac{\sigma_x + \sigma_y}{2} + (\frac{\sigma_x - \sigma_y}{2})\cos 2\theta \qquad (11.23)$$

식 (11.23)에서 $\sigma_y = 0$로 생각하면 단축응력이 되며 식 (11.3)과 동일하다.

(2) 경사단면의 전단응력(shearing stress), τ_θ

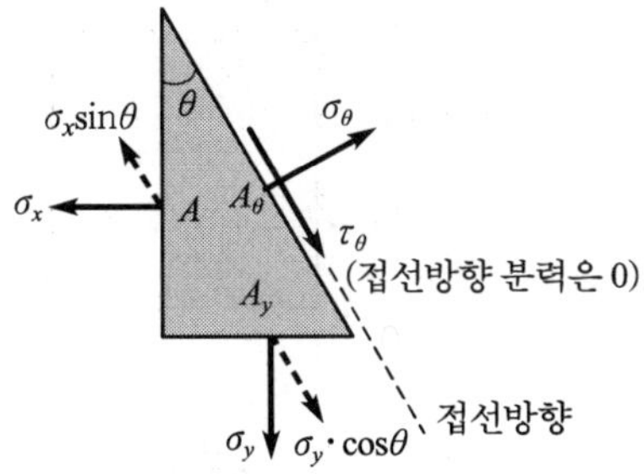

[그림 11-37]

다음 [그림 11-37]에서 접선방향으로 응력의 평형을 생각하면

$$A_\theta = \frac{A}{\cos\theta}$$

$$A_y = A\frac{\sin\theta}{\cos\theta}$$

$$\tau_\theta \cdot A_\theta = \sigma_x \cdot \sin\theta \cdot A - \sigma_y \cdot \cos\theta \cdot A_y$$

A_θ, A_y를 대입하면

$$\frac{\tau_\theta \cdot A}{\cos\theta} = \sigma_x \cdot \sin\theta \cdot A - \sigma_y \cdot \cos\theta \cdot A\,\frac{\sin\theta}{\cos\theta}$$

A를 약분하고 양변에 $\cos\theta$를 곱하면

$$\tau_\theta = \sigma_x \cdot \sin\theta\cos\theta - \sigma_y \sin\theta\cos\theta$$

배각공식에서 $\sin\theta\cos\theta = \frac{1}{2}\sin 2\theta$이므로

$$\tau_\theta = \frac{\sigma_x}{2} \cdot \sin 2\theta - \frac{\sigma_y}{2}\sin 2\theta$$

$$\therefore \tau_\theta = \left(\frac{\sigma_x - \sigma_y}{2}\right) \cdot \sin 2\theta \qquad (11.24)$$

식 (11.23)에서 $\sigma_y = 0$으로 생각하면 단축응력이 된다.

(3) 2축응력의 공액응력(complementary stress), $\sigma_\theta{}'$, $\tau_\theta{}'$

경사단면에 직교하는 단면 $a'b'$ 단면에서 $\sigma_\theta{}'$, $\tau_\theta{}'$를 구하려면 식 (11.22)의 θ 대신에 (90+θ)를 대입하면

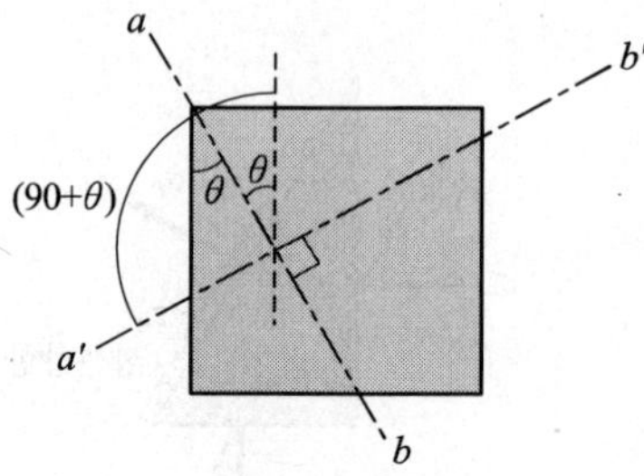

[그림 11-38]

$$\sigma_\theta{}' = \frac{\sigma_x + \sigma_y}{2} + \left(\frac{\sigma_x - \sigma_y}{2}\right)\cos(180 + 2\theta)$$

삼각함수 주기공식에서 $\cos(180 + 2\theta) = -\cos 2\theta$ 이므로,

$$\therefore \sigma_\theta{}' = \frac{\sigma_x + \sigma_y}{2} - \left(\frac{\sigma_x - \sigma_y}{2}\right)\cos 2\theta \tag{11.25}$$

또 식 (11.24)의 θ 대신에 (90+θ)를 대입하면

$$\tau_\theta = \left(\frac{\sigma_x - \sigma_y}{2}\right)\sin(180 + 2\theta)$$

삼각함수 주기공식에서 $\sin(180 + 2\theta) = -\sin 2\theta$ 이므로

$$\tau_\theta{}' = -\left(\frac{\sigma_x - \sigma_y}{2}\right)\sin 2\theta \tag{11.26}$$

식 (11.23)과 (11.25), 식 (11.24)와 식 (11.26)으로 주어지는 2쌍의 응력을 직교하는 두 평면상의 응력으로 공액응력이라 하며 다음과 같은 관계가 있다.

$$\sigma_\theta + \sigma_\theta{}' = \sigma_x + \sigma_y \tag{11.27}$$

$$\tau_\theta = -\tau_\theta{}'$$

즉, 직교평면상에 작용하는 수직응력은 항상 일정하며, 전단응력은 수치적으로 같고 서로 반대 부호인 것을 알 수 있다.

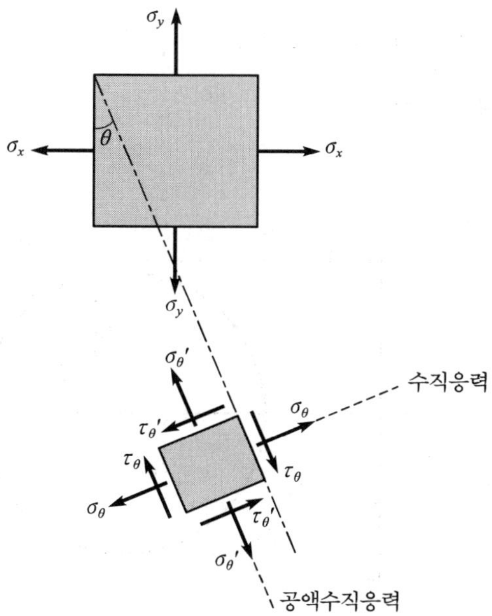

[그림 11-39]

(4) 2축응력의 모아의 응력원(Mohr's circle for biaxial stress)

2축응력에서 모아의 응력원은 다음과 같이 유도된다.

식 (11.23)에서

$$\sigma_\theta = \left(\frac{\sigma_x + \sigma_y}{2}\right) + \left(\frac{\sigma_x - \sigma_y}{2}\right) \cdot \cos 2\theta \qquad ⓐ$$

식 (11.24)에서

$$\tau_\theta = \left(\frac{\sigma_x - \sigma_y}{2}\right) \cdot \sin 2\theta \qquad ⓑ$$

식 ⓐ, ⓑ를 각각 제곱하여 합하면

$$\left(\sigma_\theta - \frac{\sigma_x + \sigma_y}{2}\right)^2 = \left(\frac{\sigma_x - \sigma_y}{2}\right)^2 \cos^2 2\theta$$

$$+)\ \tau_\theta^2 = \left(\frac{\sigma_x - \sigma_y}{2}\right)^2 \sin^2 2\theta$$

$$\left(\sigma_\theta - \frac{\sigma_x + \sigma_y}{2}\right)^2 + \tau_\theta^2 = \left(\frac{\sigma_x + \sigma_y}{2}\right)^2 \qquad ⓒ$$

식 ⓒ는 σ_θ, τ_θ인 직교 좌표에서 중심이 $(\frac{\sigma_x + \sigma_y}{2}$, 0)이고, 반경이 $(\frac{\sigma_x - \sigma_y}{2})$인 원이 된다 (작도법 예제 25에서 설명).

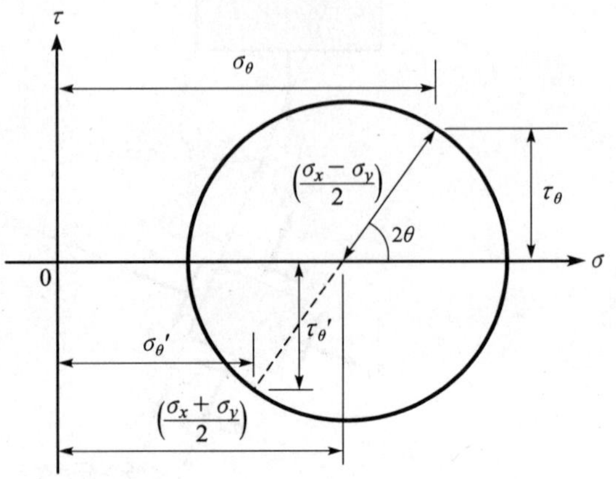

[그림 11-40]

또 응력원으로 다시 수직응력(σ_θ)과 전단응력(τ_θ)을 유도하면 다음과 같다.

$$\sigma_\theta = \frac{\sigma_x + \sigma_y}{2} + \frac{(\sigma_x - \sigma_y)}{2}\cos 2\theta$$

$$\tau_\theta = \left(\frac{\sigma_x - \sigma_y}{2}\right) \cdot \sin 2\theta$$

예제 25

횡방향으로 400 kg/cm^{2}의 인장응력과 종방향으로 200 kg/cm^{2}의 압축응력이 서로 직각으로 작용할 때 횡단면과 30°를 이루는 단면상에서 수직응력과 전단응력을 구하라.

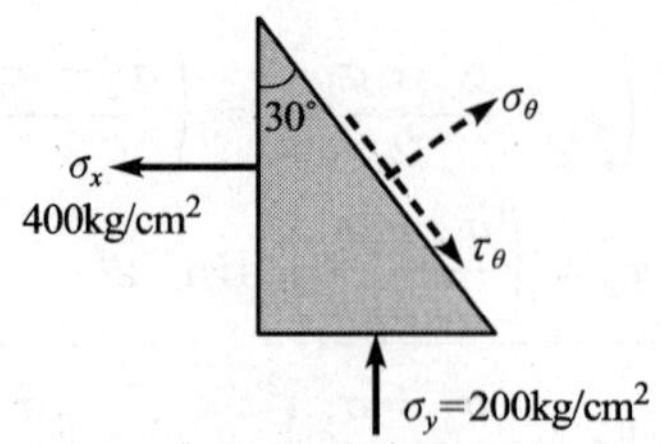

[그림 11-41]

$\sigma_x = 400\text{kg/cm}^2$

$\sigma_y = -200\text{kg/cm}^2$

$\dfrac{\sigma_x + \sigma_y}{2} = \dfrac{400 - 200}{2} = 100\text{kg/cm}^2$

$\dfrac{\sigma_x - \sigma_y}{2} = \dfrac{400 - (-200)}{2} = 300\text{kg/cm}^2$

수직응력, $\sigma_\theta = \dfrac{\sigma_x + \sigma_y}{2} + \dfrac{\sigma_x - \sigma_y}{2} \cdot \cos 2\theta$

$= 100 + 300 \times \cos 60° = 250\text{kg/cm}^2$

전단응력, $\tau_\theta = \dfrac{\sigma_x - \sigma_y}{2} \sin 2\theta = 300 \times \sin 60°$

$= 259.8\text{kg/cm}^2$

모아의 응력원

① σ, τ의 직교좌표에서 ($\dfrac{\sigma_x + \sigma_y}{2} = 100\text{kg/cm}^2$, 0)인 좌표 A를 잡는다.

② A점에서 반경이 ($\dfrac{\sigma_x - \sigma_y}{2} = 300\text{kg/cm}^2$) 인 원을 그린다.

③ A점에서 σ축과 $2\theta(=60°)$각을 이루는 선분 AB를 긋는다.

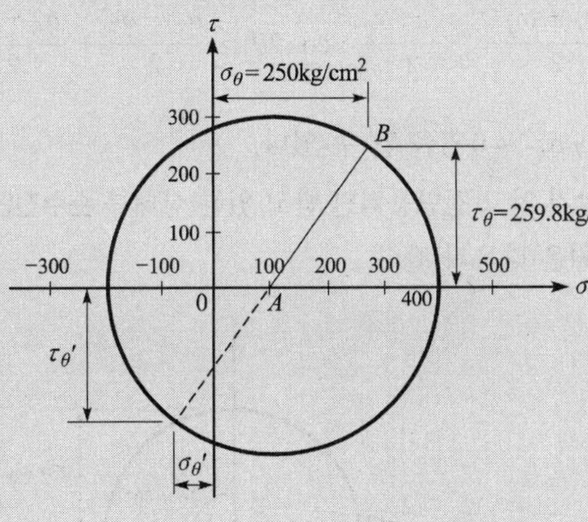

[그림 11-42]

11.11 순수전단(純粹剪斷, pure shear)

2축응력상태의 특수한 경우로서 [그림 11-43]과 같이 응력 σ_x가 인장응력이고 응력 σ_y는 같은 크기의 압축응력인 경우를 생각하면

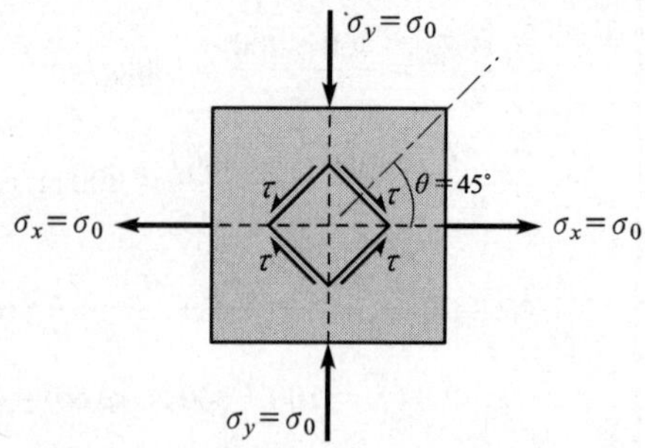

[그림 11-43]

$$\sigma_x = -\sigma_y = \sigma_0$$

이 상태에서 전단응력 τ_θ는

$$\tau_\theta = \frac{\sigma_x - \sigma_y}{2} \cdot \sin 2\theta$$

이 요소에서 최대전단응력은 $\theta = 45°$일 때

$$\tau_{\max} = \frac{\sigma_x - \sigma_y}{2} = \sigma_0$$

이때 수직응력 σ_θ를 식 (11.23)에 의하여 구하면

$$\sigma_\theta = \frac{\sigma_x + \sigma_y}{2} + \frac{\sigma_x - \sigma_y}{2} \cdot \cos 2\theta = \frac{\sigma_0 - \sigma_0}{2} + \frac{\sigma_0 + \sigma_0}{2} \cos 90 = 0$$

즉, 이 상태에서 $\sigma_\theta + \sigma_\theta{}' = 0$임을 알 수 있다.

따라서 수직응력을 받지 않고 전단응력만 받고 있는 상태를 순수전단이라 한다. 이 순수전단 상태에서 모아의 응력원은 다음과 같다.

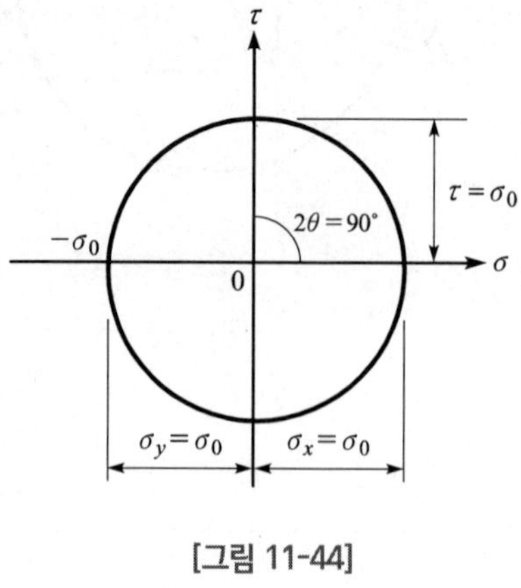

[그림 11-44]

11.12 평면응력(平面應力, place stress)

2축응력은 2축방향응력(σ_x, σ_y)이 작용할 때 경사면에 대한 수직응력(σ_θ)과 전단응력(τ_θ)를 유도하였으나, 평면응력은 직교하는 2축응력(σ_x, σ_y)과 동시에 전단응력 (τ_{xy}, τ_{yx})* 이 작용할 때 임의방향의 수직응력(σ_θ)과 전단응력(τ_θ)을 유도한다.

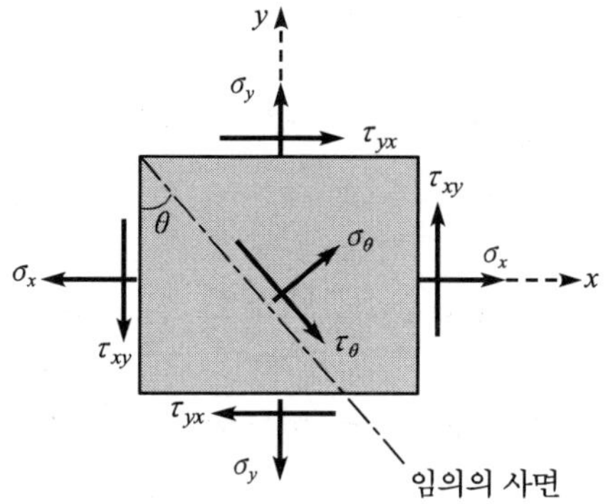

[그림 11-45]

(1) 경사단면의 수직응력(normal stress), σ_θ

[그림 11-46]에서 법선방향으로 응력의 평형을 생각하면

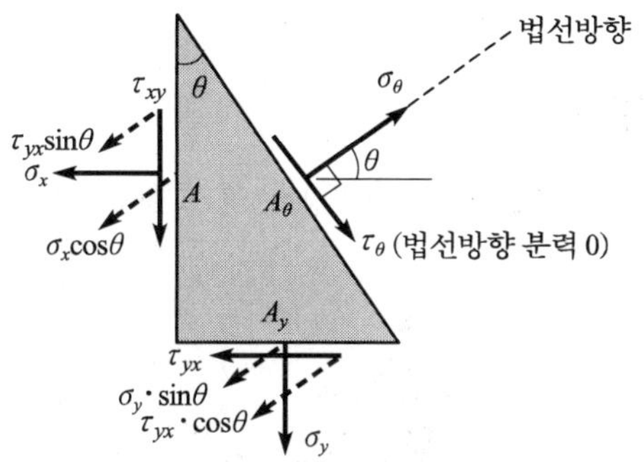

[그림 11-46]

$$A_\theta = \frac{A}{\cos\theta}$$

$$A_y = A\frac{\sin\theta}{\cos\theta}$$

* τ_{xy}로 2개의 첨자로 표시하며 제1 첨자는 응력이 작용하는 평면을 표시하고 제2 첨자는 전단응력의 방향을 표시한다. (평형조건에서 $\tau_{xy} = \tau_{yx}$ 이다)

$$\sigma_\theta \cdot A_\theta = \sigma_x \cos\theta \cdot A + \sigma_y \cdot \sin\theta \cdot A_y + \tau_{xy} \cdot \sin\theta \cdot A + \tau_{yx} \cdot \cos\theta \cdot A_y$$

A_θ, A_y를 대입하면

$$\frac{\sigma \cdot A}{\cos\theta} = \sigma_x \cdot \cos\theta A + \sigma_y \cdot \sin\theta \cdot \frac{\sin\theta}{\cos\theta} \cdot A + \tau_{xy} \cdot \sin\theta \cdot A + \tau_{yx} \cdot \cos\theta \cdot \frac{\sin\theta}{\cos\theta} \cdot A$$

A를 약분하고 양변에 $\cos\theta$를 곱하면

$$\sigma_\theta = \sigma_x \cdot \cos^2\theta + \sigma_y \sin^2\theta + \tau_{xy} \cdot \sin\theta\cos\theta + \tau_{yx}\cos\theta \cdot \sin\theta$$

삼각함수 배각의 공식에서

$$\sin^2\theta = \frac{1-\cos 2\theta}{2}, \quad \cos^2\theta = \frac{1+\cos 2\theta}{2}$$

$\sin 2\theta = 2\sin\theta\cos\theta$이고, $\tau_{xy} = \tau_{yx}$이므로

$$\sigma_\theta = \sigma_x\left(\frac{1+\cos 2\theta}{2}\right) + \sigma_y = \frac{1-\cos 2\theta}{2} + 2\tau_{xy} \cdot \sin\theta\cos\theta$$

$$\therefore \sigma_\theta = \frac{\sigma_x + \sigma_y}{2} + \frac{\sigma_x - \sigma_y}{2} \cdot \cos 2\theta + \tau_{xy} \cdot \sin 2\theta \qquad (11.28)$$

여기서, $\tau_{xy} = 0$이라면 2축응력과 같다.

(2) 경사단면의 전단응력, τ_θ

[그림 11-47]에서 접선방향(전단응력방향)의 평형을 생각하면

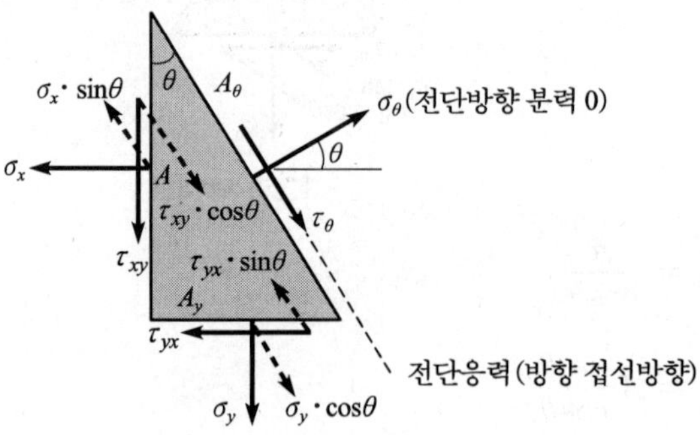

[그림 11-47]

$$A_\theta = \frac{A}{\cos\theta}$$

$$A_y = A\frac{\sin\theta}{\cos\theta}$$

$$\tau_\theta \cdot A_\theta = \sigma_x \sin\theta \cdot A - \sigma_y \cdot \cos\theta \cdot A_y - \tau_{xy} \cdot \cos\theta \cdot A + \tau_{yx} \sin\theta \cdot A_y$$

A_θ, A_y를 대입하고 A를 약분하여 양변에 $\cos\theta$를 곱하면

$$\begin{aligned}\tau_\theta &= \sigma_x \cdot \sin\theta\cos\theta - \sigma_y \cdot \sin\theta\cos\theta - \tau_{xy} \cdot \cos^2\theta + \tau_{yx} \cdot \sin^2\theta \\ &= (\sigma_x - \sigma_y)\sin\theta\cos\theta + \tau_{xy}(\sin^2\theta - \cos^2\theta)\end{aligned}$$

삼각함수에서 $\sin 2\theta = 2\sin\theta\cos\theta$, $\cos^2\theta - \sin^2\theta = \cos 2\theta$를 적용하면

$$\therefore\ \tau_\theta = \frac{\sigma_x - \sigma_y}{2} \cdot \sin 2\theta - \tau_{xy} \cdot \cos 2\theta \qquad (11.29)$$

여기서 $\tau_{xy} = 0$이면 2축응력과 동일하다.

식 (11.27), (11.28)에서 $\theta = 0$일 때 $\sigma_\theta = \sigma_x$, $\tau = -\tau_{xy}$이고, $\theta = 90°$일 때 $\sigma_\theta = \sigma_x$, $\tau = \tau_{xy}$이다.

2축응력과 마찬가지로 (90+θ)에 작용하는 공액응력 $\sigma_\theta{}'$, $\tau_\theta{}'$는 다음과 같다.

$$\begin{cases}\sigma_\theta + \sigma_\theta{}' = \sigma_x + \sigma_y \\ \tau_\theta{}' = -\tau_\theta\end{cases}$$

11.13 주응력(主應力, princial stress) σ_1, σ_2

(1) 주평면 및 주응력

평면 응력에서

$$\sigma_\theta = \frac{\sigma_x + \sigma_2}{2} + \frac{\sigma_x - \sigma_y}{2}\cos 2\theta + \tau_{xy} \cdot \sin 2\theta \qquad (a)$$

$$\tau_\theta = \frac{\sigma_x - \sigma_2}{2} \cdot \sin 2\theta - \tau_{xy} \cdot \cos 2\theta \qquad (b)$$

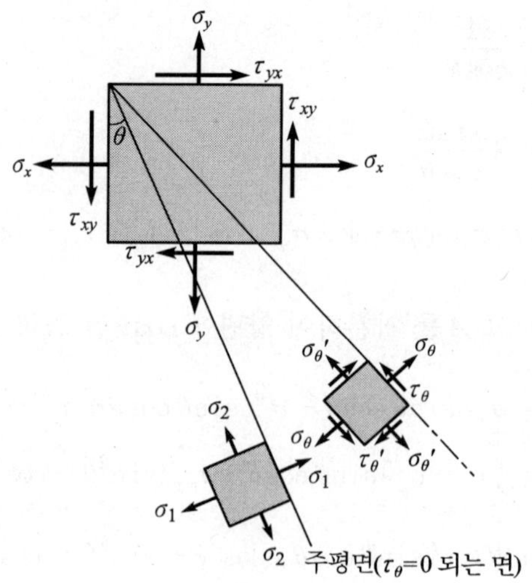

[그림 11-48]

이므로 θ가 0°에서 360° 사이를 회전하면 σ_θ와 τ_θ의 값이 계속 변하며 어느 임의 각 θ에서 전단응력 τ_θ가 0이 되는 단면을 주단면(주평면, principal plane)이라 하며, 이때 σ_θ의 값은 극대 및 극소가 되며 이 수직응력을 **주응력**(principal stress)이라 하며 극대인 값을 **최대주응력**(maximum principal stress) σ_1, 극소인 값을 **최소주응력**(minimum principal stress) σ_2라 한다.

θ가 회전하여 $\tau_\theta = 0$인 단면이 생기므로 평면응력에서 $\tau_\theta = 0$일 때 θ를 구하면, 식(b)에서

$$\frac{\sigma_x - \sigma_y}{2} \cdot \sin 2\theta - \tau_{xy} \cdot \cos 2\theta = 0$$

$$\frac{\sin 2\theta}{\cos 2\theta} = \frac{\tau_{xy}}{\left(\dfrac{\sigma_x - \sigma_y}{2}\right)}$$

삼각함수에서 $\dfrac{\sin\theta}{\cos\theta} = \tan\theta$이므로

$$\therefore \tan 2\theta = \frac{2\tau_{xy}}{\sigma_x - \sigma_y} \tag{11.30}$$

$$\theta = \frac{1}{2}\tan^{-1}\left(\frac{2\tau_{xy}}{\sigma_x - \sigma_y}\right)$$

이 식에서 계산된 θ에서 주응력이 생긴다.

또 평면응력 σ_θ에서 극대, 극소를 구하려면 $\dfrac{\partial \sigma_\theta}{\partial \sigma} = 0$인 곳에서 극대, 극소가 나타난다.

즉, 식 (a)를 θ에 관해 편미분하면

$$\frac{\partial \sigma_\theta}{\partial \sigma} = -\left(\frac{\sigma_x - \sigma_y}{2}\right)\sin 2\theta + \tau_{xy} \cdot \cos 2\theta = 0$$

$$\therefore \tan 2\theta = \frac{2\tau_{xy}}{\sigma_x - \sigma_y}$$

식 (11.30)과 동일함을 알 수 있다.

τ_θ인 곳에서, 즉 $\tan 2\theta = \dfrac{2\tau_{xy}}{\sigma_x - \sigma_y}$인 곳에서 극대, 극소 응력을 유도한다.

먼저 식 (a)로 주응력을 유도하려면 $\sin 2\theta$, $\cos 2\theta$를 알아야 한다.

$\tan 2\theta = \dfrac{\tau_{xy}}{\left(\dfrac{\sigma_x - \sigma_y}{2}\right)}$를 다음과 같은 삼각형으로 생각하면

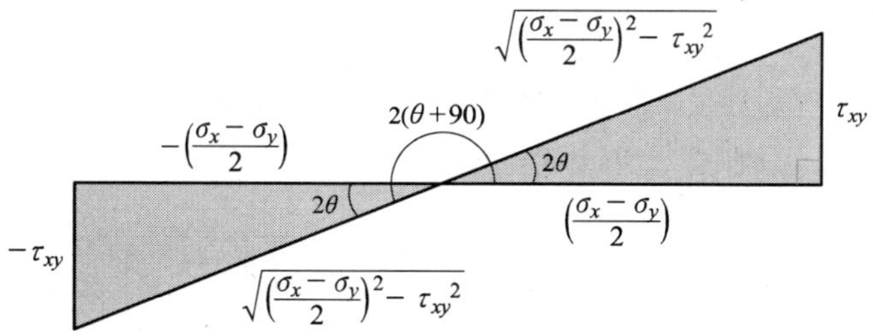

[그림 11-49]

[그림 11-49]에서

$$\sin 2\theta = \frac{\tau_{xy}}{\sqrt{\left(\dfrac{\sigma_x - \sigma_y}{2}\right)^2 - \tau_{xy}^2}}$$

$$\cos 2\theta = \frac{\dfrac{\sigma_x - sigm_y}{2}}{\sqrt{\left(\dfrac{\sigma_x - a_y}{2}\right)^2 - \tau_{xy}^2}}$$

이 $\sin 2\theta$, $\cos 2\theta$를 평면응력에서 수직응력 σ_θ에 대입하면 최대주응력(maximum principal stress) σ_1을 구할 수 있다.

$$\sigma_1 = \frac{\sigma_x + \sigma_y}{2} \cdot \cos 2\theta + \tau_{xy} \sin 2\theta$$

$$= \frac{\sigma_x + \sigma_y}{2} + \frac{\sigma_x - \sigma_y}{2}\left(\frac{\frac{\sigma_x - \sigma_y}{2}}{\sqrt{\left(\frac{\sigma_x - \sigma_y}{2}\right)^2 - \tau_{xy}^2}}\right) + \tau_{xy}\left(\frac{\tau_{xy}}{\sqrt{\left(\frac{\sigma_x - \sigma_y}{2}\right)^2 - \tau_{xy}^2}}\right)$$

$$= \frac{\sigma_x + \sigma_y}{2} + \frac{\left(\frac{\sigma_x - \sigma_y}{2}\right)^2 + \tau_{xy}^2}{\sqrt{\left(\frac{\sigma_x - \sigma_y}{2}\right)^2 - \tau_{xy}^2}}$$

여기서, $\frac{a^2 + b^2}{\sqrt{a^2 + b^2}} = \sqrt{a^2 + b^2}$ 이므로

$$\text{최대주응력, } \sigma_1 = \frac{\sigma_x + \sigma_y}{2} + \sqrt{\left(\frac{\sigma_x - \sigma_y}{2}\right)^2 + \tau_{xy}^2} \qquad \text{(c)}$$

또 [그림 11-49]에서 θ를 90° 회전하면 $\sin 2\theta$, $\cos 2\theta$의 값이 (−)로 나타난다. 이 $\sin 2\theta$, $\cos 2\theta$를 식 (a)에 대입하여 정리하면

$$\text{최소주응력, } \sigma_2 = \frac{\sigma_x + \sigma_y}{2} - \sqrt{\left(\frac{\sigma_x - \sigma_y}{2}\right)^2 + \tau^2} \qquad \text{(d)}$$

식 (c), (d)를 조합하면 다음과 같은 주응력 식이 된다.

$$\therefore \sigma_{1,2} = \frac{\sigma_x + \sigma_y}{2} \pm \sqrt{\left(\frac{\sigma_x - \sigma_y}{2}\right)^2 + \tau_{xy}^2} \qquad (11.31)$$

$$\text{또는 } \frac{\sigma_x + \sigma_y}{2} \pm \frac{1}{2}\sqrt{(\sigma_x - \sigma_y)^2 + 4\tau_{xy}^2}$$

여기서 (+)값이 최대주응력 σ_1, (−)값이 최소주응력 σ_2이다. 여기서 축응력이 하나만 작용하면 주응력 식은 다음과 같다.

$$\sigma_{1,2} = \frac{\sigma}{2} \pm \sqrt{\left(\frac{\sigma}{2}\right)^2 + \tau^2} \qquad (11.31\text{–}1)$$

σ_1과 σ_2를 합하면

$$\sigma_1 + \sigma_2 = \sigma_x + \sigma_y$$

즉, 최대주응력과 최소주응력의 합은 항상 일정하며 그 값은 $\sigma_x + \sigma_y$이다.

(2) 최대전단응력, τ_{max}

평면응력에서 $\tau_\theta = \dfrac{\sigma_x - \sigma_y}{2}\sin 2\theta - \tau_{xy}\cos 2\theta$이므로 τ_θ가 최대가 되는 조건은 $\dfrac{\partial \tau_\theta}{\partial \theta} = 0$ 일 때이다.

$$\frac{\partial \tau_\theta}{\partial \theta} = \left(\frac{\sigma_x - \sigma_y}{2}\right)\cos 2\theta + \tau_{xy} \cdot \sin 2\theta = 0$$

$$\frac{\sin 2\theta}{\cos 2\theta} = -\frac{\left(\dfrac{\sigma_x - \sigma_y}{2}\right)}{\tau_{xy}}$$

여기서, $\tan 2\theta = -\dfrac{\sigma_x - \sigma_y}{2\tau_{xy}}$이므로

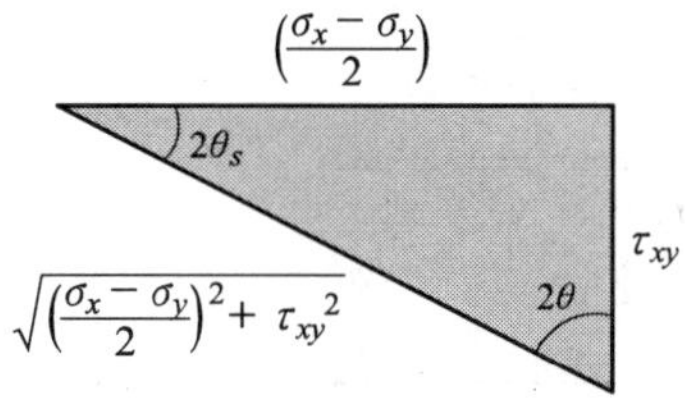

[그림 11-50]

$$\cos 2\theta = -\frac{2\tau_{xy}}{\sigma_x - \sigma_y}$$

[그림 11-50]에서 θ_S의 함수로 고치면

$$\tan 2\theta_S = +\frac{2\tau_{xy}}{\sigma_x - \sigma_y}$$

이며 τ_θ를 θ_S의 함수로 고치면

$$\tau_{\theta S} = \frac{\sigma_x - \sigma_y}{2}\cos 2\theta_S - \tau_{xy} \cdot \sin 2\theta_S$$

[그림 11-50]에서

$$\begin{cases} \sin 2\theta_S = \dfrac{\tau_{xy}}{\sqrt{\left(\dfrac{\sigma_x - \sigma_y}{2}\right)^2 + \tau_{xy}^2}} \\ \cos 2\theta_S = \dfrac{\dfrac{\sigma_x - \sigma_y}{2}}{\sqrt{\left(\dfrac{\sigma_x - \sigma_y}{2}\right)^2 + \tau_{xy}^2}} \end{cases}$$

$$\tau_{\max} = \frac{\sigma_x - \sigma_y}{2}\left(\frac{\dfrac{\sigma_x - \sigma_y}{2}}{\sqrt{\left(\dfrac{\sigma_x - \sigma_y}{2}\right)^2 + \tau_{xy}^2}}\right) + \tau_{xy}\left(\frac{\tau_{xy}}{\sqrt{\left(\dfrac{\sigma_x - \sigma_y}{2}\right)^2 + \tau_{xy}^2}}\right)$$

$$= \frac{\left(\dfrac{\sigma_x - \sigma_y}{2}\right)^2 + \tau_{xy}^2}{\sqrt{\left(\dfrac{\sigma_x - \sigma_y}{2}\right)^2 + \tau_{xy}^2}}$$

$$\therefore \tau_{\max} = \sqrt{(\frac{\sigma_x - \sigma_y}{2})^2 + \tau_{xy}^2} \tag{11.32}$$

식 (11.31)에서

$$\sigma_1 - \sigma_2 = \frac{\sigma_x + \sigma_y}{2} + \sqrt{\left(\frac{\sigma_x - \sigma_y}{2}\right)^2 + \tau_{xy}^2} - \frac{\sigma_x + \sigma_y}{2} + \sqrt{\left(\frac{\sigma_x - \sigma_y}{2}\right)^2 + \tau_{xy}^2}$$

$$= 2\sqrt{\left(\frac{\sigma_x - \sigma_y}{2}\right)^2 + \tau_{xy}^2}$$

이므로,

$$\sqrt{\left(\frac{\sigma_x - \sigma}{2}\right)^2 + \tau_{xy}^2} = \frac{\sigma_1 - \sigma_2}{2}$$

이다. 따라서 최대전단응력을 주응력으로 표시하면,

$$\therefore \tau_{\max} = \frac{\sigma_1 - \sigma_2}{2} \tag{11.32-1}$$

또 $\tan 2\theta$와 $\tan 2\theta_S$를 비교하면 $\tan 2\theta = -\dfrac{1}{\tan 2\theta_S}$의 관계가 있고 각 2θ와 $2\theta_S$가 $90°$의 차가 있으며, 결국 θ와 θ_S는 $45°$의 차가 있다는 뜻이다.

$$\theta_S = \theta + 45°$$

∴ 최대전단응력이 작용하는 면은 주면에서 45° 떨어진 면이다.

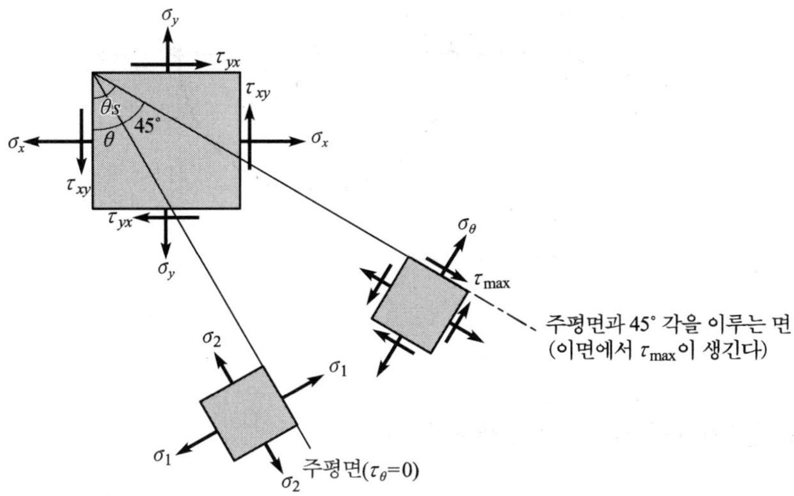

[그림 11-51]

(3) 주응력의 모아의 응력원(Mohr's circle for principal stress)

평면응력의 응력원을 말하며 주응력원은 $\tau_\theta = 0$인 점의 응력을 말한다. 평면응력에서

$$\sigma_\theta - \frac{\sigma_x + \sigma_y}{2} = \frac{\sigma_x - \sigma_y}{2}\cos 2\theta + \tau_{xy} \cdot \sin 2\theta \qquad \text{(a)}$$

$$\tau_\theta = \frac{\sigma_x - \sigma_y}{2}\sin 2\theta - \tau_{xy} \cdot \cos 2\theta \qquad \text{(b)}$$

식 (a), (b)의 양변을 제곱하여 합하면

$$\left(\sigma_\theta - \frac{\sigma_x + \sigma_y}{2}\right)^2 + \tau_\theta^2 = \left(\frac{\sigma_x - \sigma_y}{2}\right)^2 + \tau_{xy}^2$$

이 식은 중심좌표가 $\left(\frac{\sigma_x + \sigma_y}{2},\ 0\right)$이고, 반경이 $\sqrt{\left(\frac{\sigma_x - \sigma_y}{2}\right)^2 + \tau_{xy}^2}$ 인 원방정식이다.

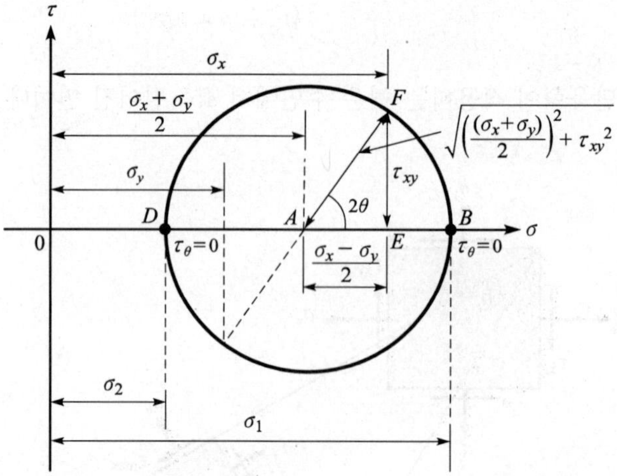

[그림 11-52]

또 응력원에서 σ_1, σ_2를 구해보면

$$\sigma_1 = \overline{OA} + \overline{AB} = \frac{\sigma_x + \sigma_y}{2} + \sqrt{\left(\frac{\sigma_x - \sigma_y}{2}\right)^2 + \tau_{xy}^2}$$

$$\sigma_2 = \overline{OA} + \overline{DA} = \frac{\sigma_x + \sigma_y}{2} - \sqrt{\left(\frac{\sigma_x - \sigma_y}{2}\right)^2 + \tau_{xy}^2}$$

[그림 11-52]에서 주응력면, $\tan 2\theta$

$$\tan 2\theta = \frac{\overline{EF}}{\overline{AE}} = \frac{\tau_{xy}}{\frac{\sigma_x - \sigma_y}{2}} = \frac{2\tau_{xy}}{\sigma_x - \sigma_y}$$

예제 26

$\sigma_x = 500\text{kg/cm}^3$, $\sigma_y = 300\text{kg/cm}^2$, $\tau_{xy} = 75\text{kg/cm}^2$의 평면응력 상태에서 주응력을 구하고 응력원을 그려라.

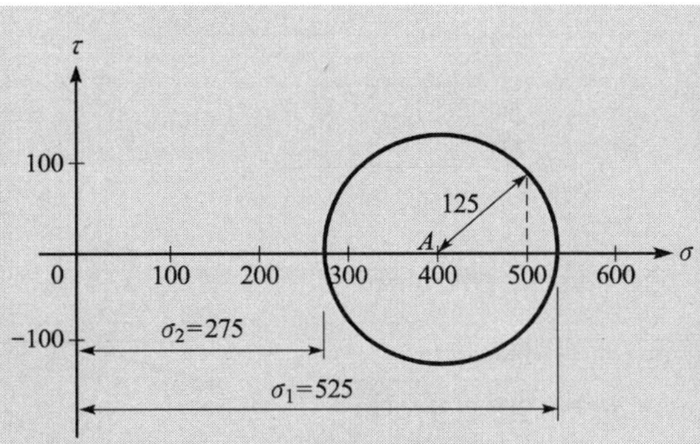

[그림 11-53]

$$\sigma_{1,2} = \frac{\sigma_x + \sigma_y}{2} \pm \sqrt{\left(\frac{\sigma_x - \sigma_y}{2}\right)^2 + \tau_{xy}^2}$$

$$= 400 \pm \sqrt{100^2 + 75^2} = 400 \pm 125$$

응력원

① σ, τ 의 직교좌표에서 $(\frac{\sigma_x + \sigma_y}{2} = 400,\ 0)$이 좌표를 잡는다($A$점).

② 반경 $\sqrt{100^2 + 75^2} = 125$인 원을 A점을 중심으로 그린다.

예제 27

다음 [그림 11-54]와 같은 평면응력상태의 한 요소에 $\sigma_x = 1600\text{kg/cm}^2$, $\sigma_y = 600\text{kg/cm}^2$, $\tau_{xy} = 400\text{kg/cm}^2$을 받고 있다.

① 주단면 및 주응력
② 45° 회전된 요소 위에 작용되는 응력
③ 최대전단응력
④ 응력원

을 구하라.

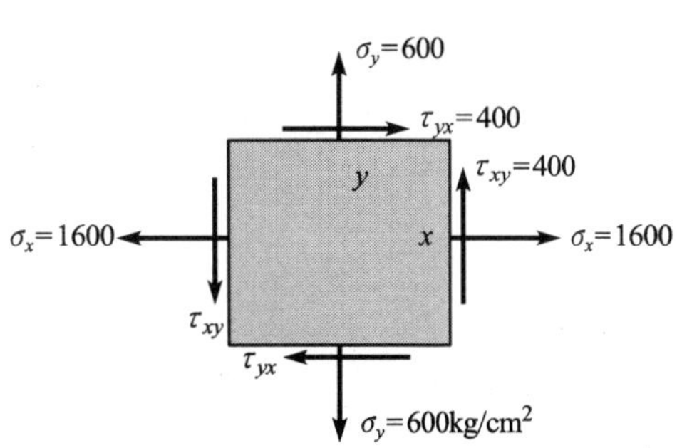

[그림 11-54]

$$\frac{\sigma_x+\sigma_y}{2}=\frac{1600+600}{2}=1100\text{kg/cm}^2$$

$$\frac{\sigma_x-\sigma_y}{2}=\frac{1600-600}{2}=500\text{kg/cm}^2$$

① 주응력 및 주평면

$$\sigma_{1,2}=\frac{\sigma_x+\sigma_y}{2}\pm\sqrt{\left(\frac{\sigma_x-\sigma_y}{2}\right)^2+\tau_{xy}^2}$$

$$=1100\pm\sqrt{500^2+400^2}=1100\pm 640$$

$\therefore \sigma_1=1740\text{kg/cm}^2,\ \sigma_2=460\text{kg/cm}^2$

(여기서도 $\sigma_1+\sigma_2=\sigma_x+\sigma_y$임을 알 수 있다.)

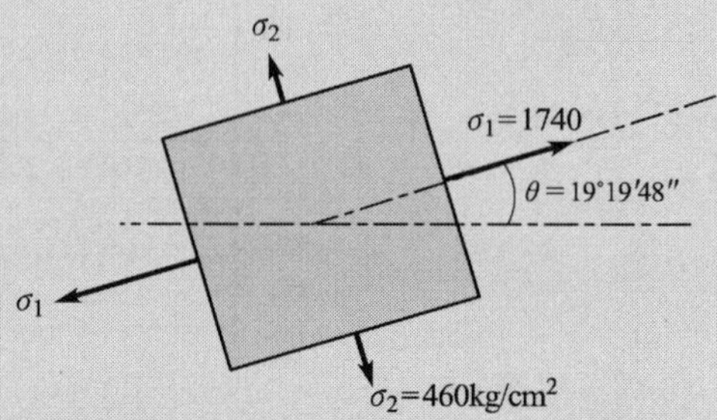

[그림 11-55]

$$\tan 2\theta=\frac{\tau_{xy}}{\frac{\sigma_x-\sigma_y}{2}}=\frac{400}{500}=0.8$$

$2\theta=38.66$

$\therefore \theta=19°19'48''$

② 45° 회전된 요소의 응력(즉, $\theta=45°$)

$$\sigma_\theta=\frac{\sigma_x+\sigma_y}{2}+\frac{\sigma_x-\sigma_y}{2}\cdot\cos 2\theta+\tau_{xy}\cdot\sin 2\theta=1100+500\times\cos 90°+400\times\sin 90°$$

$\therefore\ \sigma_{45}=1500\text{kg/cm}^2$

$$\tau_\theta=\frac{\sigma_x-\sigma_y}{2}\cdot\sin 2\theta-\tau_{xy}\cdot\cos 2\theta=500\times\sin 90°-400\times\cos 90°$$

$\therefore\ \tau_{45}=500\text{kg/cm}^2$

공액응력 $\sigma_{45}{}'=\sigma_x+\sigma_y-\sigma_{45}=700\text{kg/cm}^2$

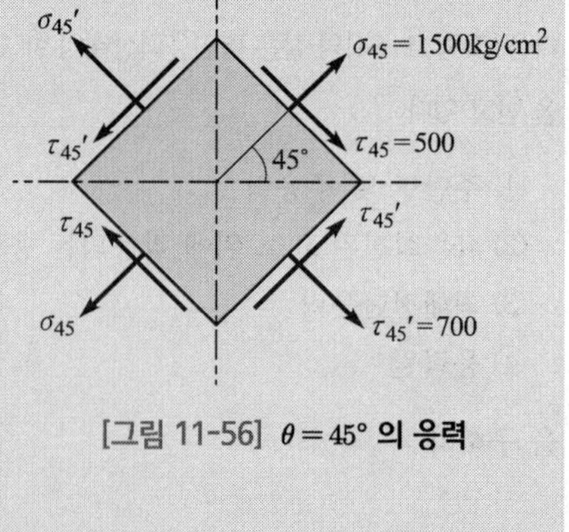

[그림 11-56] $\theta=45°$ 의 응력

③ 최대전단응력(τ_{max})

최대전단력면 $\tan 2\theta=\dfrac{-\dfrac{\sigma_x-\sigma_y}{2}}{\tau_{xy}}=\dfrac{-500}{400}=-1.25$

$2\theta=128.66°$

$\therefore \theta=64°19'48''$

(즉, 주면과 45° 의 각을 이루고 있다.)

$$\tau_{max}=\sqrt{\left(\frac{\sigma_x-\sigma_y}{2}\right)^2+\tau_{xy}^2}=\sqrt{500^2+400^2}=640\text{kg/cm}^2$$

또는 $\tau_{\max}=\dfrac{\sigma_x-\sigma_y}{2}=\dfrac{1740-460}{2}=640\text{kg/cm}^2$

이때 $(\theta=64°19'48'')$의 수직응력, σ_θ

$$\sigma_\theta=\frac{\sigma_x+\sigma_y}{2}+\frac{\sigma_x-\sigma_y}{2}\cdot\cos2\theta+\tau_{xy}\sin2\theta$$

이때 $\begin{cases}\cos2\theta=-0.6427\\ \sin2\theta=0.7809\end{cases}$ 이므로

$$\sigma_\theta=1100+500(-0.6247)+400(0.7809)=1100\text{kg/cm}^2$$

또 공액응력 $\sigma_\theta{}'=\sigma_x+\sigma_y-\sigma_\theta=1100\text{kg/cm}^2$

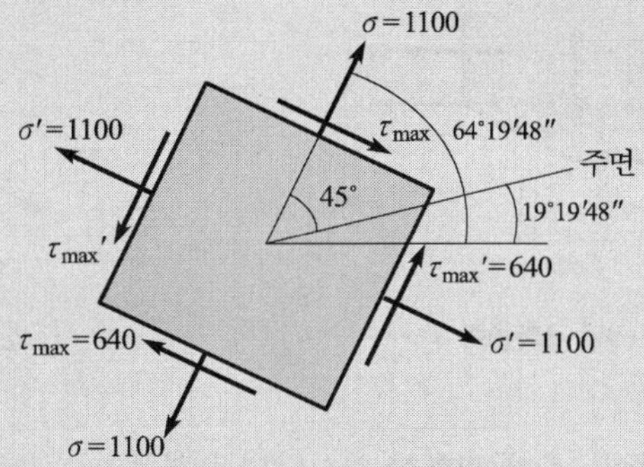

[그림 11-57] **최대 전단응력**

④ 모아의 응력원

i) σ,τ 직교좌표에서 (1100, 0)인 점 A를 잡는다.

ii) A 점에서 반경 640인 원을 그린다.

iii) $\overline{OC}=\sigma_1$, $\overline{OB}=\sigma_2$

iv) $\tau_{xy}=400$인 좌표 D를 잡는다($\angle DAC=2\theta$이다).

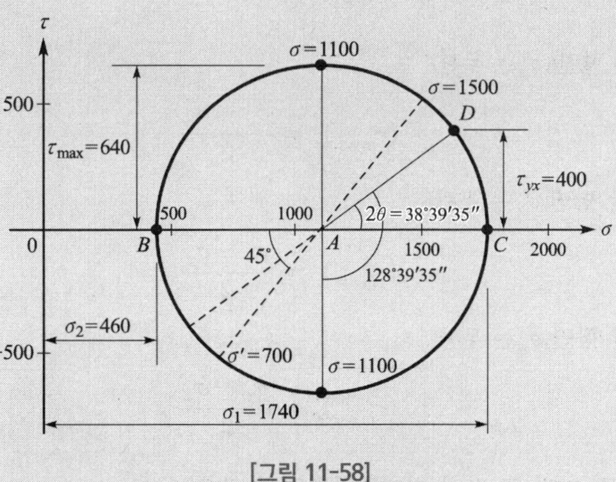

[그림 11-58]

11.14 3축응력(triaxial stress)

3개의 서로 직교하는 방향의 응력(σ_x, σ_y, σ_z)를 받고 있는 상태를 3축응력 상태라 한다. 이 요소에서 임의 축에 평행한 경사평면을 잘라내면 경사면 위에 작용하는 응력은 σ_θ, τ_θ뿐이다.

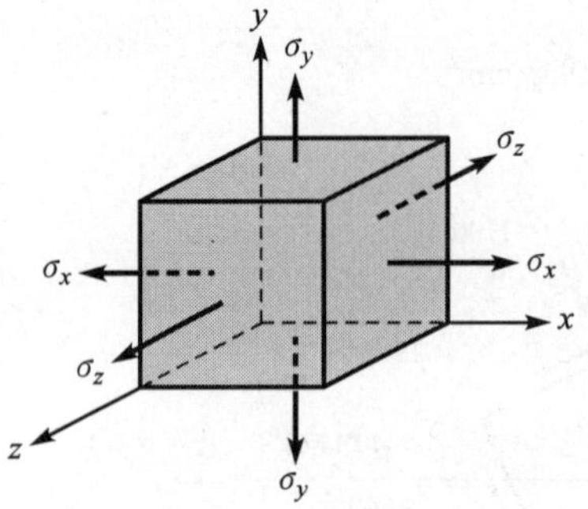

[그림 11-59] **3축응력**

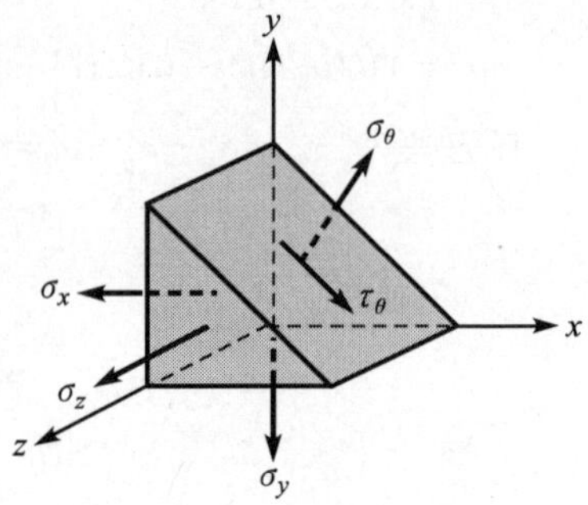

[그림 11-60] ***Z*축에 평행한 경사단면**

즉, [그림 11-60]과 같이 z축에 평행한 경사단면에 작용하는 응력은 σ_θ와 τ_θ로서 x, y평면에서 2축응력과 동일하며 σ_z와는 무관하다.

또 최대 전단응력은 한 좌표축에 평행하도록 그 요소에서 잘라낸 45° 평면 위에 존재하며 그 값은 식 (11.31-1)에 의하여

$$rau_{\max} = \frac{1}{2}(\sigma_{\max} - \sigma_{\min})$$

지금 $\sigma_x > \sigma_y > \sigma_z$인 3축응력을 생각한다면

z축에 평행한 평면(σ_z는 무관)

$$(\tau_{\max})_z = \frac{\sigma_x - \sigma_y}{2} \tag{a}$$

x축에 평행한 평면(σ_x는 무관)

$$(\tau_{\max})_x = \frac{\sigma_y - \sigma_z}{2} \tag{b}$$

y축에 평행한 평면(σ_y는 무관)

$$(\tau_{\max})_y = \frac{\sigma_x - \sigma_z}{2} \tag{c}$$

(a), (b), (c) 중 가장 큰 값이 최대전단응력이 된다.

3축응력에서 응력원은 다음과 같다.

σ_x, σ_y, σ_z가 모두 인장이고 $\sigma_x > \sigma_y > \sigma_z$이라면,

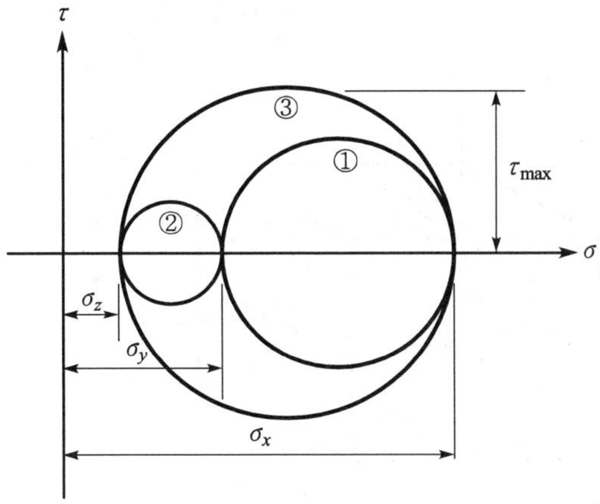

[그림 11-61] **3축응력에서 응력원**

① z축에 평행한 평면을 생각하면 σ_x, σ_y만 남는다. 응력원은 중심이 $(\frac{\sigma_x + \sigma_y}{2})$이고, 반지름이 $(\frac{\sigma_x - \sigma_y}{2})$인 원이 된다([그림 11-61①]).

② x축에 평행한 평면을 생각하면 σ_y, σ_z만 남는다([그림 11-61②]).

③ y축에 평행한 평면을 생각하면 σ_x, σ_z만 남는다([그림 11-61③]).

σ_x, σ_y가 인장이고($\sigma_x > \sigma_y$), σ_z가 압축일 경우 응력원은 다음과 같다.

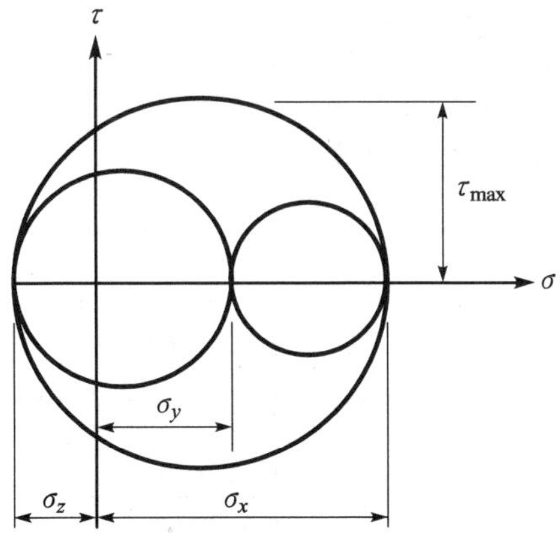

[그림 11-62]

11.15 축응력(normal stress)과 변형률(strain)

입방체의 변형상태를 보면 아래 [그림 11-63]과 같다.

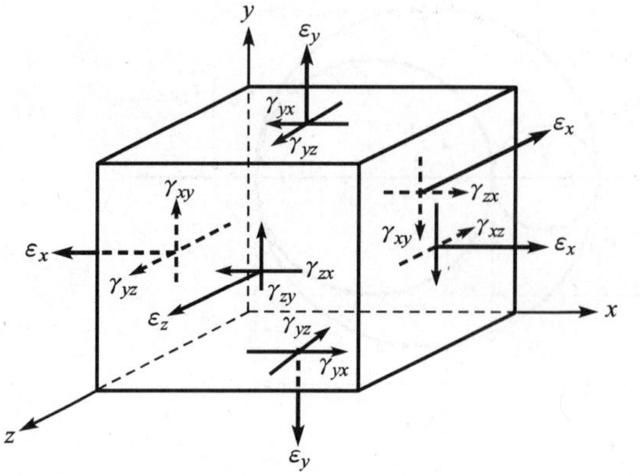

[그림 11-63] 입방체의 변형상태

[그림 11-63]에서 어느 한쪽의 변형을 무시하면 평면상태가 되고 다시 전단변형을 무시하면 2축 상태 변형이 된다.

① 2축상태의 변형

$\varepsilon_x \neq 0,\ \varepsilon_y \neq 0,\ \varepsilon_z = 0,\ \gamma = 0$

② 평면 상태의 변형

$\varepsilon_x \neq 0,\ \varepsilon_y \neq 0,\ \varepsilon_z = 0,\ \gamma_{xy} \neq 0,\ \gamma_{yx} \neq 0,\ \gamma_{yz} = 0,$

$\gamma_{zy} = 0,\ \gamma_{xz} = 0,\ \gamma_{zx} = 0$

③ 3축상태의 변형

$\varepsilon_x \neq 0,\ \varepsilon_y \neq 0,\ \varepsilon_z \neq 0,\ \gamma = 0$

(1) 2축응력의 변형률(biaxial strain)

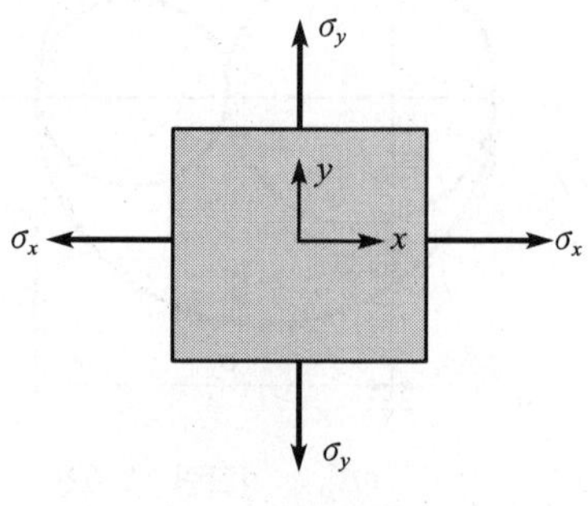

[그림 11-64]

[그림 11−64]와 같이 2축(x, y축) 방향으로 인장응력을 받는 요소에서 x축의 변형 ε_x를 생각하면 σ_x로 인하여 x방향으로 늘어나나, σ_y로 인하여 x방향으로 줄어든다.
즉, x방향변형률 = (σ_x에 의한 x방향변형률) − (σ_y에 의한 x방향변형률)

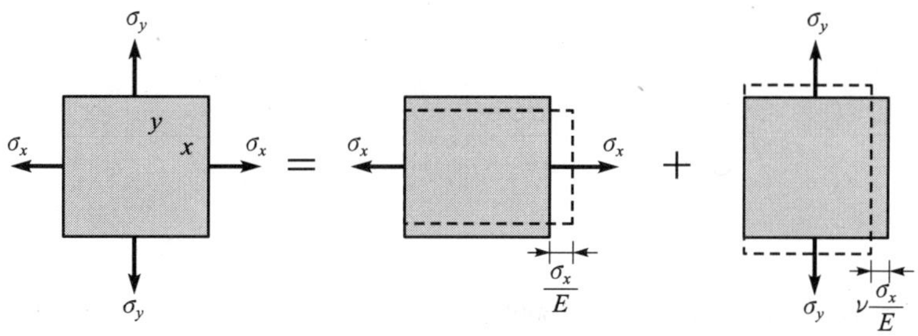

[그림 11-65]

x방향변형은 [그림 11−65]에서 보는 바와 같다. Hooke의 법칙에서 $\varepsilon = \dfrac{\sigma}{E}$ 이므로

$$\sigma_x \text{로 인한 } x \text{방향변형률} = \frac{\sigma_x}{E}$$

$$\sigma_y \text{로 인한 } x \text{방향변형률} = -\nu\frac{\sigma_y}{E}$$

여기서 ν는 포아슨 비로서 $\left(\dfrac{\text{횡방향변형률}}{\text{길이방향변형률}}\right)$이다.

$$\therefore \varepsilon_x = \frac{\sigma_x}{E} - \nu\frac{\sigma_y}{E} \qquad (11.33)$$

$$\varepsilon_y = \frac{\sigma_y}{E} - \nu\frac{\sigma_x}{E}$$

또는 $\varepsilon_x = \dfrac{\sigma_x}{E} - \dfrac{\sigma_y}{mE}$ (여기서 m은 포아슨 수이다)

식 (11.32)를 σ_x, σ_y에 관하여 풀면, ε_x식 양변에 ν를 곱하여 ε_y식과 합하면

$$\varepsilon_x\nu = \nu\frac{\sigma_x}{E} - \nu^2\frac{\sigma_y}{E}$$

$$+) \quad \varepsilon_y = \frac{\sigma_y}{E} - \nu\frac{\sigma_x}{E}$$

$$\nu\varepsilon_x + \varepsilon_y = \frac{\sigma_y}{E} - \nu^2\frac{\sigma_y}{E}$$

$$\frac{\sigma_y}{E}(1-\nu^2) = \nu\varepsilon_x + \varepsilon_y$$

$$\sigma_y = \frac{E}{1-\nu^2}(\varepsilon_y + \nu\varepsilon_x)$$

같은 방법으로 σ_x 에 관해 풀면

$$\therefore \sigma_x = \frac{E}{1-\nu^2}(\varepsilon_x + \nu\varepsilon_y) \qquad (11.33-1)$$

$$\sigma_y = \frac{E}{1-\nu^2}(\varepsilon_y + \nu\varepsilon_x)$$

예제 28

포아슨비 $\nu = 0.3$ 인 어떤 요소에 $\sigma_x = 1000\text{kg/cm}^2$, $\sigma_y = -500\text{kg/cm}^2$ 이 작용할 때 ε_x, ε_y 를 구하라(단, 탄성계수 $E = 21\times10^6\,\text{kg/cm}^2$).

$$\varepsilon + x = \frac{\sigma_x}{E} - \frac{\nu\sigma_y}{2.1\times10^6}(1000 + 0.3\times500) = 5.48\times10^{-4}$$

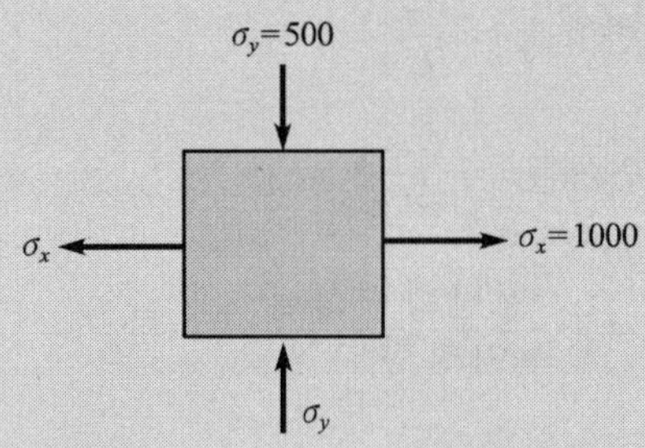

[그림 11-66]

$$\varepsilon_y = \frac{\sigma_y}{E} - \frac{\nu\sigma_x}{E} = \frac{1}{2.1\times10^6}(-500 - 0.3\times1000) = -3.81\times10^{-4}$$

예제 29

어떤 재료 표면에서 변형도를 측정한 결과 $\varepsilon_x = 270\times10^{-6}$, $\varepsilon_y = 180\times10^{-6}$ 이었다. 이에 대응하는 응력 σ_x, σ_y 를 구하라(단, $E = 2.1\times10^6\,\text{kg/cm}^2$, $\nu = 0.3$ 이다).

식 (11.32–1)에서

$$\varepsilon_x = \frac{E}{1-\nu^2}(\varepsilon_x + \nu\varepsilon) = \frac{2.1}{1-0.3^2}(270 - 0.3\times180) = 498.5\text{kg/cm}^2$$

$$\varepsilon_y = \frac{E}{1-\nu^2}(\varepsilon_y + \varepsilon_x) = \frac{2.1}{1-0.3^2}(-180 + 0.3\times270) = 228.5\text{kg/cm}^2$$

(2) 평면응력의 변형률(plane strain)

[그림 11-67]과 같이 평면응력을 받는 상태에서 변형률은 x방향변형률, ε_x, y방향변형률 ε_y, 전단변형률 γ_{xy}가 생긴다.

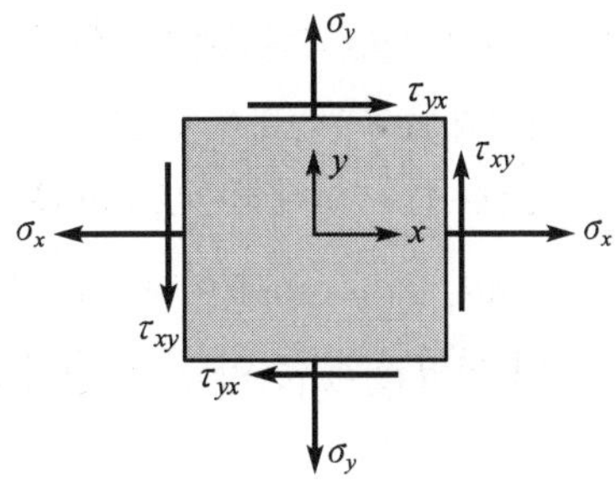

[그림 11-67]

$$즉, \text{ plane stress}- \begin{cases} \sigma_x, \sigma_y, \tau_{xy} \neq 0 \\ \sigma_z = 0 \\ \tau_{zx} = \tau_{zy} = 0 \end{cases}$$

$$\text{plane strain}- \begin{cases} \varepsilon_x, \varepsilon_y, \gamma_{xy} \neq 0 \\ \varepsilon_x = 0 \\ \gamma_{zx} = \gamma_{zy} = 0 \end{cases}$$

이들 각각의 변형상태를 보면 [그림 11-68]과 같다.

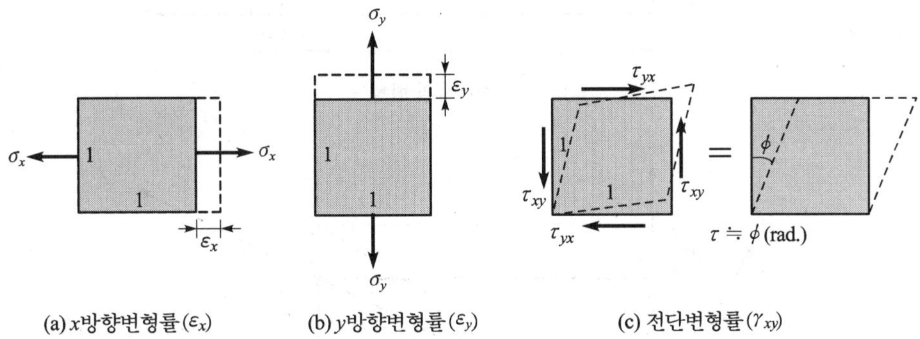

[그림 11-68] 평면변형률

평면변형에 대한 식을 유도하기 위하여 x, y 직교좌표에서 θ만큼 회전한 x', y'인 직교좌표를 생각하고 x'축의 방향에 대한 수직변형률을 ε_θ, $x'y'$축들에 대한 전단변형률을 γ_θ로 표시한다.

$$\theta = 0° \text{ 일 때, } \varepsilon_\theta = \varepsilon_x, \ \gamma_\theta = \gamma_{xy}$$

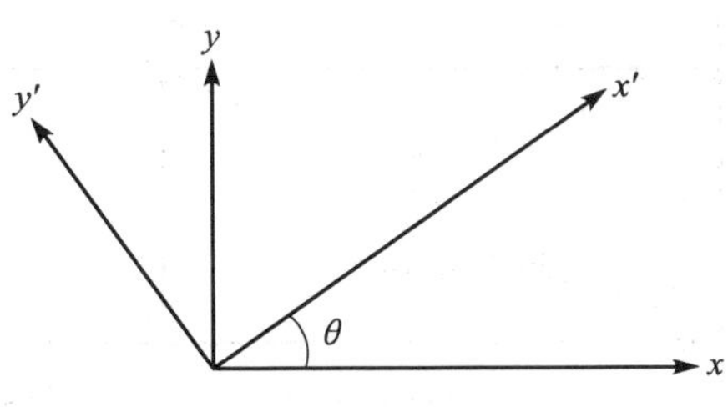

[그림 11-69]

각 변의 길이가 dx, dy이고, 대각선이 x'축 방향인 직사각형 요소를 생각하자. 변형률 ε_x, ε_y,

γ_{xy}가 발생하면 그 결과로 이 요소에서 x방향으로 $\varepsilon_x \cdot dx$만큼 늘어나고([그림 11-70(a)]), y방향으로 $\varepsilon_y \cdot dy$만큼 늘어나며([그림 11-70(b)]), 전단변형도는 직각에서 ϕ 만큼 각이 감소될 것이다([그림 11-70(c)]).

[그림 11-70]에서 보는 바와 같이 대각선 길이(x'방향)의 증가량들은 $\varepsilon_x \cdot dx \cdot \cos\theta$, $\varepsilon_y \cdot dy \cdot \sin\theta$, $\phi dy \cdot \cos\theta$이다. 따라서 대각선 길이의 전 증가량은 이들 세 량들의 합으로 되며, x'방향의 변형률 ε_θ는 이 합을 대각선 길이 ds로 나누면 된다.

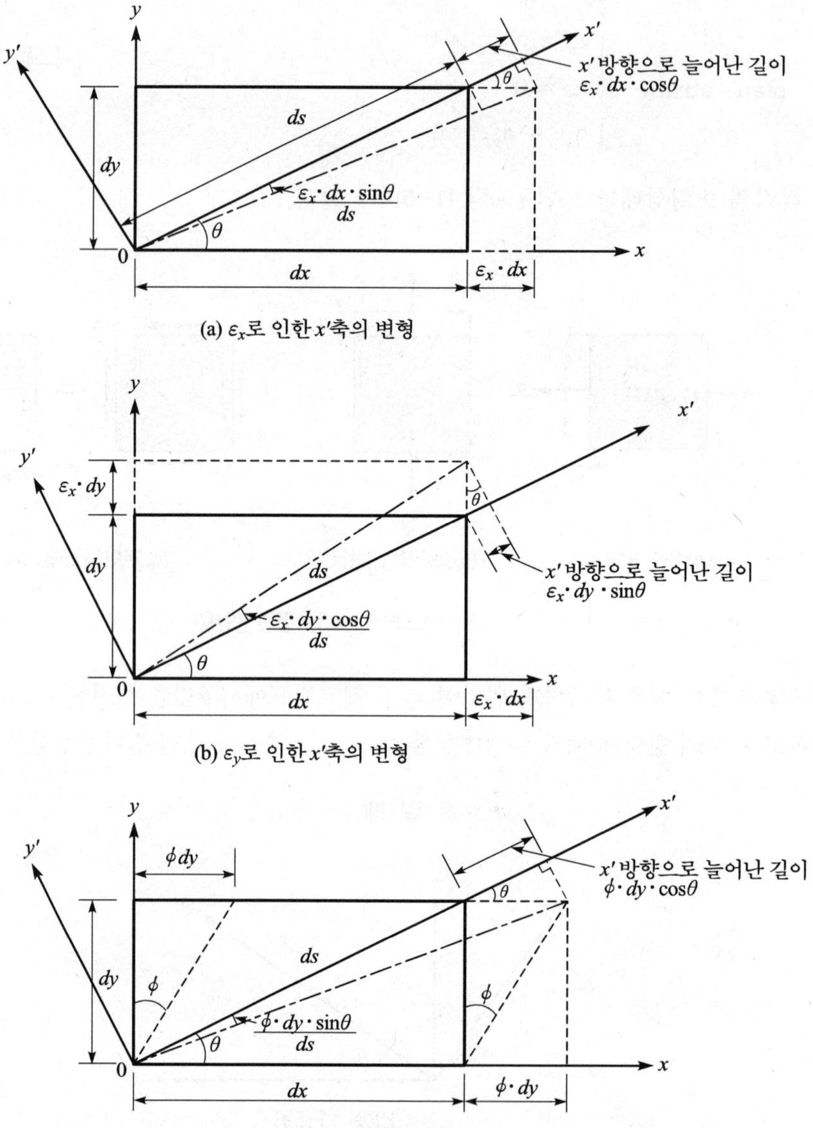

(a) ε_x로 인한 x'축의 변형

(b) ε_y로 인한 x'축의 변형

(c) 전단변형(그림에서 ϕ가 미소하므로 $\tan\phi \fallingdotseq \phi$로 본다) $\gamma_{yx} = \phi$

[그림 11-70] 평면응력의 변형

$$\varepsilon_\theta = \frac{1}{ds}[\varepsilon_x \cdot dx \cdot \cos\theta + \varepsilon_y \cdot dy \cdot \sin\theta + \phi\, dy \cdot \cos\theta]$$

여기서, $\frac{dx}{ds} = \cos\theta$, $\frac{dy}{ds} = \sin\theta$, $\phi = \gamma_{xy}$ 이므로

$$\varepsilon_\theta = \varepsilon_x \cdot \cos^2\theta + \varepsilon_y \sin^2\theta + \gamma_{xy} \cdot \sin\theta\cos\theta \tag{11.34}$$

배각의 정리를 작용하여 정리하면

$$\varepsilon_\theta = \frac{\varepsilon_x + \varepsilon_y}{2} + \frac{\varepsilon_x - \varepsilon_y}{2}\cos 2\theta + \frac{1}{2}\gamma_{xy}\sin 2\theta \tag{11.34-1}$$

또 y'방향 변형률 $\varepsilon_\theta{}'$은 식 (11.33-1)의 θ 대신 (θ+90°)를 대입하므로 구할 수 있다.

$$\varepsilon_\theta{}' = \frac{\varepsilon_x + \varepsilon_y}{2} - \frac{\varepsilon_x - \varepsilon_y}{2}\cos 2\theta - \frac{1}{2}\gamma_{xy}\sin 2\theta \tag{11.34-2}$$

전단변형률 γ_θ에 대한 일반식을 유도하면, [그림 11-70(a)]에서 x'축에 시계방향으로 $\varepsilon_x \cdot dx \cdot \sin\theta/ds$ 만큼 회전되었으며 [그림 11-70(b)]에서 반시계방향으로 $\varepsilon_y \cdot dy \cdot \cos\theta/ds$, [그림 11-70(c)]에서 시계방향으로 $\gamma_{xy} \cdot dy \cdot \sin\theta/ds$ 만큼 회전된 것을 알 수 있다.

x'방향의 시계회전각을 α라 두면

$$\begin{aligned}\alpha &= \varepsilon_x \frac{dx}{ds}\sin\theta - \varepsilon_y \frac{dy}{ds}\cos\theta + \gamma_{xy}\frac{dx}{ds}\sin\theta \\ &= \varepsilon_x \cdot \cos\theta\sin\theta + \varepsilon_y \cdot \sin\theta\cos\theta + \gamma_{xy} \cdot \sin^2\theta\end{aligned}$$

또 y'방향 전단변형률을 구하기 위하여 y'방향 시계 회전각을 β라 두면 β는 앞 식의 θ 대신 (θ+90°)를 대입함으로써 구할 수 있다.

$$\beta = -\varepsilon_x \cdot \sin\theta\cos\theta + \varepsilon_y \cdot \cos\theta\sin\theta + \gamma_{xy} \cdot \cos^2\theta$$

각 $x'oy'$의 감소량은 $(\beta - \alpha)$이고, 이 값은 전단변형률 γ_θ와 같다

$$\begin{aligned}\gamma_\theta &= \alpha - \beta \\ &= -2\varepsilon_x \cdot \sin\theta\cos\theta + 2\varepsilon_y \cdot \sin\theta\cos\theta + \gamma_{xy}(\cos^2\theta - \sin^2\theta)\end{aligned}$$

정리하면

$$\frac{1}{2}\gamma_\theta = -\frac{1}{2}(\varepsilon_x - \varepsilon_y)\sin 2\theta + \frac{1}{2}\gamma_{xy}\cos 2\theta \tag{11.35}$$

배각의 공식을 적용하여 다시 정리하면

식 (11.35)는 경사축에 대한 전단변형률 γ_θ를 구할 수 있는 식으로 $\theta=0$일 때 $\gamma_\theta=\gamma_{xy}$, $\theta=90°$일 때 $\gamma_\theta=-\gamma_{xy}$가 됨을 알 수 있으며 공액변형률과 다음 관계가 성립한다.

$$\begin{cases} \varepsilon_\theta+\varepsilon_\theta{}'=\varepsilon_x+\varepsilon_y \\ \gamma_\theta{}'=-\gamma_\theta \end{cases}$$

또 평면 응력과 평면변형률을 비교하면 다음 표와 같다.

응력	σ_x	σ_y	τ_{xy}	σ_θ	τ_θ
변형률	ε_x	ε_y	$\frac{1}{2}\gamma_{xy}$	ε_θ	$-\frac{1}{2}\gamma_\theta$

또 평면변형률에 대한 모아의 응력원은 다음과 같다.

i) $(\frac{\varepsilon_x+\varepsilon_y}{2}$, 0)인 A점을 잡는다.

ii) 반경이 $\sqrt{\left(\frac{\varepsilon_x-\varepsilon_y}{2}\right)^2+\left(\frac{\gamma_{xy}}{2}\right)^2}$ 인 원을 그린다.

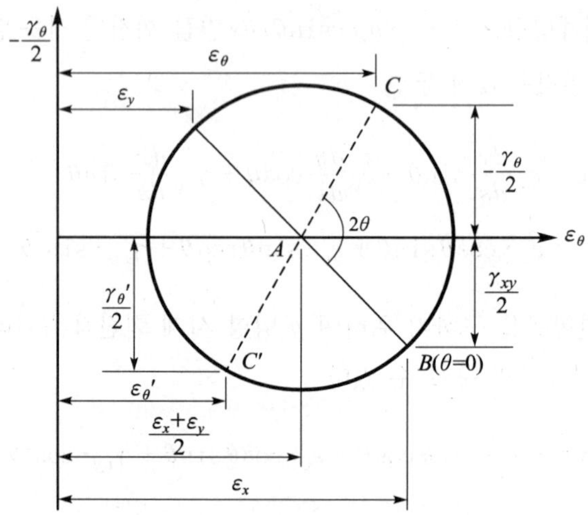

[그림 11-71] **평면변형에 대한 응력원**

(3) 3축응력의 변형률(triaxial strains)

3축응력(σ_x, σ_y, σ_z)에 대한 x, y, z방향의 변형률(ε_x, ε_y, ε_z)은 그 재료가 Hooke의 법칙을 따른다고 하면 2축응력과 같은 방법으로 쉽게 구해진다(식 (11.32) 참조).

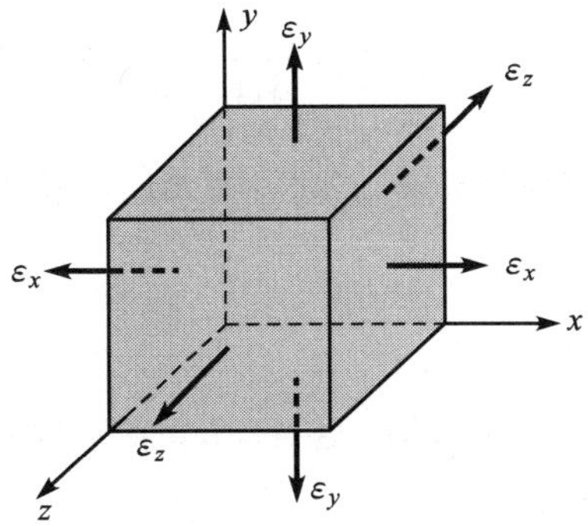

[그림 11-72]

$$\varepsilon_x = \frac{\sigma_x}{E} - \frac{\nu}{E}(\sigma_y + \sigma_z) \tag{11.36}$$

$$\varepsilon_y = \frac{\sigma_y}{E} - \frac{\nu}{E}(\sigma_x + \sigma_z)$$

$$\varepsilon_z = \frac{\sigma_z}{E} - \frac{\nu}{E}(\sigma_x + \sigma_y)$$

또 이 상태에서 체적변화율은 식 (11.10)과 같다.

$$\varepsilon_\nu = \frac{\Delta V}{V} = \varepsilon_x + \varepsilon_y + \varepsilon_z \tag{a}$$

이 3개의 변형률 ε_x, ε_y, ε_z의 합을 팽창률(膨脹率, dilatation)이라 하기도 한다.
식 (11.35)를 식 (a)에 대입하면 3축응력에 대한 일반식을 얻는다.

$$\frac{\Delta V}{V} = \frac{\sigma_x}{E} + \frac{\sigma_y}{E} + \frac{\sigma_z}{E} - \frac{\nu}{E}(2\sigma_x + 2\sigma_y + 2\sigma_z)$$

$$\therefore \frac{\Delta V}{V} = \frac{1-2\nu}{E}(\sigma_x + \sigma_y + \sigma_z) \tag{11.37}$$

한 요소가 정수압과 같은 3방향에서 균일하게 압력을 받고 있다면, $-\sigma$를 압축응력이라 하면

$$\sigma_x = \sigma_y = \sigma_z = -\sigma$$

이것을 식 (11.36)에 대입하면

$$\frac{\Delta V}{V} = \frac{1-2\nu}{E}(-3\sigma) = \frac{-3(1-2\nu)}{E} \cdot \sigma = \frac{-\sigma}{K}$$

로서, K는 다음과 같이 정의된다.

$$K = \frac{E}{3(1-2\nu)} = \frac{mE}{3(m-2)} \tag{11.38}$$

이 K의 값을 체적탄성계수(bulk modulus of elasticity)라 하며, $\frac{\Delta V}{V}$를 체적수축률이라 한다.

예제 30

봉이 축방향으로 인장응력 $\sigma = 100\,\text{kg/cm}^2$을 받고 있을 때 포아슨비 $\nu = 0.3$, 탄성계수 $E = 2.1 \times 10^6\,\text{kg/cm}^2$일 때 체적변화율은 얼마인가?

$$\varepsilon_\nu = \frac{\Delta V}{V} = \frac{1-2\nu}{E}(\sigma_x + \sigma_y + \sigma_z)$$

여기서, $\sigma_x = 100\text{kg/cm}^2$, $\sigma_y = \sigma_z = 0$이므로

$$\varepsilon_\nu = \frac{1-2\times0.3}{2.1\times10^6}\times100$$

$$\therefore\ \varepsilon_\nu = 19.0\times10^{-6}$$

예제 31

각 변의 길이가 10 cm 인 정육면체 콘크리트가 두 직교방향으로 압축하중 7200 kg을 받고 있다. 콘크리트의 포아슨비 $\nu = 0.1$이라 하고 탄성계수 $E = 2.79\times10^5\,\text{kg/cm}^2$일 때 정육면체의 체적변화량을 구하라.

$$\varepsilon_\nu = \frac{1-2\nu}{E}(\sigma_x + \sigma_y + \sigma_z)$$

두 직교방향에만 작용하므로 $\sigma_z = 0$이다.

$$\sigma_x = \sigma_y = -\frac{P}{A} = -\frac{7200}{10\times10} = -72\text{kg/cm}^2$$

$$\varepsilon_\nu = -\frac{1-0.2}{2.79\times10^5}(72+72) = -0.000413$$

$$\varepsilon_\nu = \frac{\Delta V}{V}\text{에서}$$

체적변화량 $\Delta V = \varepsilon_\nu \cdot V = -0.00413\times10^3 = -0.413\text{cm}^2$ (감소)

(4) 3축응력에서 변형에너지(strain energy)

정육면체에서 3축 방향으로 σ_x, σ_y, σ_z인 응력이 가해져 ε_x, ε_y, ε_z인 변형이 생긴다면 각각 $\frac{1}{2}\sigma\cdot\varepsilon$인 일을 한다. 그러므로 전체가 한 일, 즉 요소 속에 저장되는 단위체적당 변형

에너지 u는 다음과 같다.

$$u = \frac{1}{2}(\sigma_x \cdot \varepsilon_x + \sigma_y \cdot \varepsilon_y + \sigma_z \cdot \varepsilon_z) \tag{11.39}$$

(5) 탄성계수간의 관계

① 종탄성계수(E)와 전단탄성계수(G)

수평방향인장력(σ_x)과 수직방향압축력($-\sigma_y$)이 $\sigma_x = -\sigma_y = \sigma_0$인 순수전단(pure shear)에서 $\theta = 45°$일 때 $\tau = \sigma$이다.

이때 한 요소의 변형률을 생각하자.

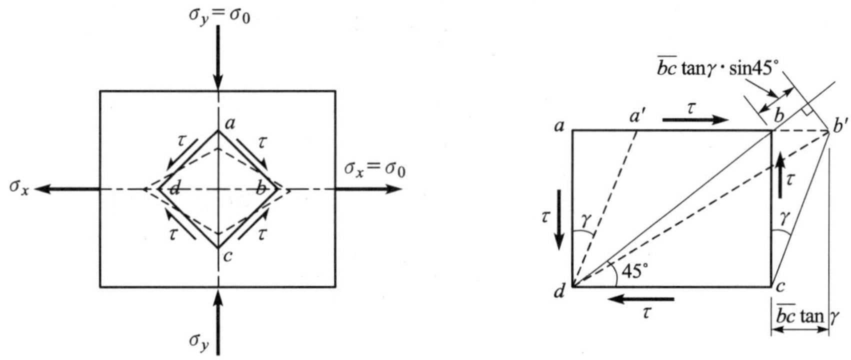

[그림 11-73]

bd면의 인장변형률, ε_t

$$\begin{cases} \overline{bd} = \dfrac{\overline{bd}}{\cos 45} \\ \text{인장에 의하여 늘어난 량} = \overline{bc} \cdot \tan\gamma \cdot \sin 45° \fallingdotseq \overline{bc} \cdot \gamma \cdot \sin 45 \end{cases}$$

$$\varepsilon_t = \frac{\overline{bc} \cdot \gamma \cdot \sin 45}{\dfrac{\overline{bc}}{\cos 45}} = \gamma \cdot \sin 45° \cdot \cos 45° = \frac{\gamma}{2}$$

즉, 길이방향 변형률을 전단변형률의 $\frac{1}{2}$이 됨을 알 수 있다.

$$\varepsilon_x = \frac{\gamma}{2} \tag{a}$$

$$\varepsilon_y = -\frac{\gamma}{2}$$

탄성한도 내에서 응력과 변형은 비례하므로, $G = \frac{\tau}{\gamma}$에서 $\gamma = \frac{\tau}{G}$이다.

$$\varepsilon_x = -\varepsilon_y = \frac{\tau}{2G}$$

$\sigma_x = -\sigma_y = \tau$이므로

$$\varepsilon_x = \frac{\sigma x}{2G} \tag{b}$$

2축 변형에서 x방향 변형률은 식 (11.33)에 의하여

$$\varepsilon_x \frac{\sigma_x}{E} - \nu\frac{\sigma_y}{E} = \frac{\sigma_x}{E}(1+\nu) \tag{c}$$

결국, (b)=(c)이므로

$$\frac{\sigma_x}{2G} = \frac{\sigma_x}{E}(1+\nu)$$

$$\therefore G = \frac{E}{2(1+\nu)} = \frac{mE}{2(m+1)} \tag{11.40}$$

$$E = 2G(1+\nu) = 2G\left(1+\frac{1}{m}\right)$$

$$m = \frac{2G}{E-2G}$$

예제 32

지름 20mm, 길이가 3m의 연강축에 3000kg의 인장하중을 작용시켜 길이가 1.4mm 늘어나고, 지름이 0.0027 줄어들었다. 이 재료의 전단탄성계수(G)의 값을 구하라.

식 (11.40)에서 $G = \dfrac{mE}{2(m+1)}$

여기서,

E; 종탄성계수

$$E = \frac{\sigma}{\varepsilon} = \frac{P\times l}{\Delta l \times A} = \frac{3000\times 300}{0.14\times \dfrac{\pi\times 2^4}{4}} = 2,046,278\text{kg/cm}^2$$

m = 포아슨 수

$$m = \frac{\text{종변형률}(\varepsilon)}{\text{횡변형률}(\beta)} = \frac{\dfrac{1.4}{3000}}{\dfrac{0.0027}{20}} = 3.457$$

$$G = \frac{3.457\times 2,046,278}{2(3.457+1)} = 793,533\text{kg/cm}^2$$

$$G = 7.94\times 10^5\text{kg/cm}^2$$

예제 33

포아슨비 $\nu = \frac{1}{3}$ 이고 전단탄성계수가 $7.65 \times 10^5 \text{kg/cm}^2$ 일 때 종탄성계수 E 의 값은?

식 (11.39)에서

$$E = 2 \times G(1+\nu) = 2 \times 7.65 \times \times 10^5 \times \left(1 + \frac{1}{3}\right) = 2.04 \times 10^6 \text{kg/cm}^2$$

$$\therefore E = 2.04 \times 10^6 \text{kg/cm}^2$$

② 종탄성계수(E)와 체적탄성계수(K)

식 (11.38)에서

$$K = \frac{E}{3(1-2\nu)} = \frac{mE}{3(m-2)}$$

예제 34

종탄성계수 $E = 2.1 \times 10^6 \text{kg/cm}^2$, 전단탄성계수 $G = 0.8 \times 10^6 \text{kg/cm}^2$ 일 때 체적탄성계수 K를 구하라.

$$K = \frac{E}{3(1-2\nu)} = \frac{mE}{3(m-2)}$$

식 (11.40)에서 $m = \frac{2G}{E-2G}$ 이므로

$$m = \frac{2 \times 0.81}{2.1 - 2 \times 0.81} = 3.375$$

$$K = \frac{3.375 \times 2.1 \times 10^6}{3(3.375-2)} = 1.718 \times 10^6 \text{kg/cm}^2$$

$$\therefore K = 1.72 \times 10^6 \text{kg/cm}^2$$

③ 강성(rigidity)

물체에 외력에 작용되어도 변형하지 않고 원래 모양을 유지하려는 성질을 강성이라 하며 다음과 같은 것이 있다.

i) EA(축강도, axial rigidity)

축방향 변형에 저항하는 성질

ii) EI(휨강도, bending rigidity)

휨모멘트(굽힘모멘트)에 의한 변형에 저항하는 성질

iii) GA(전단강도, shear rigidity)

전단변형에 저항하는 성질

iv) $\dfrac{EA}{l}$(강성도, stiffness)

축방향 변형에서 단위변형을 일으키는데 필요한 힘

v) $\dfrac{l}{EA}$(유연도, flexibility)

축방향변형에서 단위하중으로 인한 변형

vi) GI_{P}(비틀림강도, torsional rigidity)

비틀림으로 인한 전단강도에 저항하는 성질

11.16 비틀림(torsion)

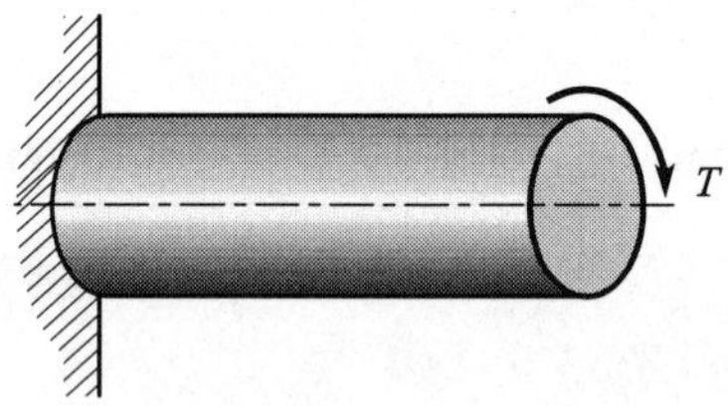

[그림 11-74]

[그림 11-74]와 같은 원형단면 보가 우력 T 에 의하여 비틀림 받고 있는 경우를 순수비틀림(pure torsion) 상태에 있다고 한다.

(1) 원형축의 비틀림(torsion of circular shaft)

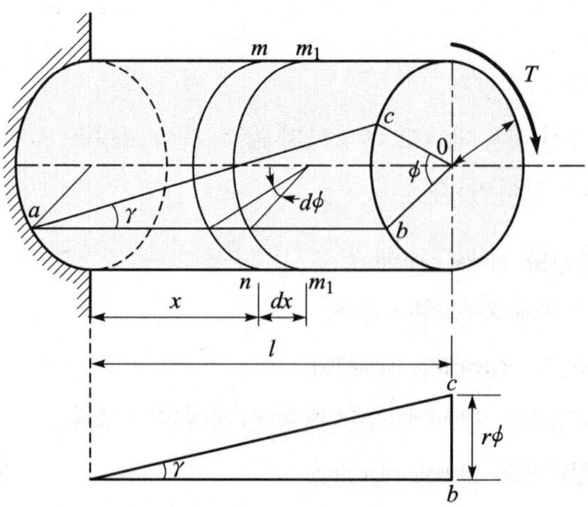

[그림 11-75] torsion

[그림 11-75]와 같이 원형보 한 쪽 끝을 고정하고 다른 쪽 끝에서 우력모멘트 T를 작용시키면 임의 표면에서 축선에 평행한 선 ab는 비틀림을 받은 후 ac로 변형되고 보 내부에는 **비틀림응력**(torsional-stress)이 발생한다. 여기서 가해진 우력 T를 **비틀림모멘트**(torsion, twisting moment) 또는 **토크**(torque)라 한다.

비틀림을 받은 후 단부에서 b점은 c점으로 변위하여

$$\angle boc = \phi$$

인 각을 만든다. 또 $\angle cab = \gamma$라 두면

$$\tan\gamma = \frac{bc}{ab} = \frac{\gamma \cdot \phi}{l}$$

여기서 γ는 대단히 작은 각이므로 $\tan\gamma \fallingdotseq \gamma$로 볼 수 있다.

$$\gamma = \frac{\gamma\phi}{l}\ (\mathrm{rad})$$

여기서 γ는 우력에 의한 전단변형률(shear strain)이 되므로 $G = \frac{\tau}{\gamma}$에서

$$\tau = G \cdot \gamma = G \cdot \frac{\gamma\phi}{l} = G \cdot \gamma \cdot \theta \tag{11.41}$$

위 식에서 $\frac{G\phi}{l}$는 일정한 값을 가지므로 전단응력은 γ에 좌우된다. 그러므로 표면에서 최대이며 o점이 중립축이 됨을 알 수 있다.

[그림 11-75]에서 $m-n$단면을 보면 다음 [그림 11-76]과 같다.

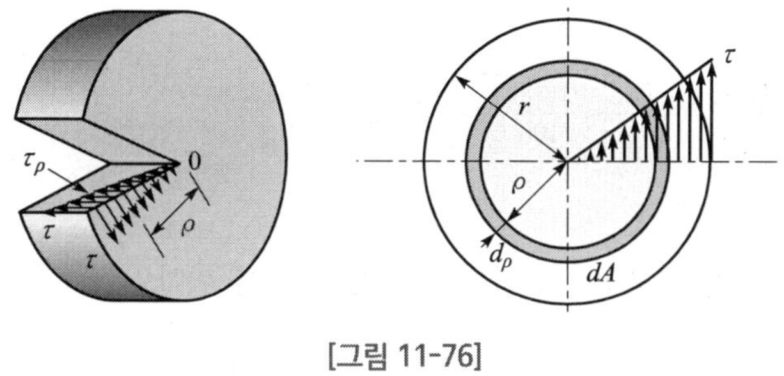

[그림 11-76]

[그림 11-76]에서 임의 반경 ρ인 곳의 전단응력을 τ_ρ라 하면

$$dT = \tau_\rho \cdot \rho \cdot dA$$

여기서, $\tau_\rho = \tau \cdot \rho \frac{\rho}{r}$

$$dT = \tau \cdot \frac{\rho}{r} \cdot \rho \cdot dA$$

$$T = \int_A \tau \cdot \frac{\rho^2}{r} dA = \frac{\tau}{r}\int_A \rho^2 dA$$

여기서 $\int_A \rho^2 dA = I_P$, 즉 중심 o에 대한 극관성모멘트이다.

$$T = \frac{\tau}{r} \cdot I_P \tag{11.42}$$

$$\tau = \frac{\tau \cdot r}{I_P}$$

여기서 T : 비틀림모멘트(kg·cm)

τ : 전단응력 또는 비틀림응력(kg/cm^2)

r : 단면의 반지름(cm)

I_P : 극관성모멘트, $\frac{\pi r^4}{2}$ 또는 $\frac{\pi d^4}{32}$ (cm^4)

예제 35

허용비틀림응력 $\tau_a = 400\text{kg/cm}^2$인 봉에 10000 kg·cm 인 토크가 작용할 때 이 봉의 직경을 결정하라.

$\tau = \frac{T \cdot r}{I_P}$ 이고, $r = \frac{D}{2}$, $I_P = \frac{\pi D^4}{32}$ 이므로

$$\tau = \frac{T \cdot \frac{D}{2}}{\frac{\pi D^4}{32}} = \frac{16 \cdot T}{\pi \times 400}$$

$$\therefore D = \sqrt[3]{\frac{16T}{\pi \cdot \tau}} = \sqrt[3]{\frac{16 \times 10000}{\pi \times 400}} = 5.03\text{cm}$$

또 [그림 11-75]에서 $m-n$ 단면 미소거리 dx를 취하면

$$\gamma = \frac{r \cdot d\phi}{dx}$$

$G = \frac{\tau}{\gamma}$ 에서 $\gamma = \frac{\tau}{G}$ 이므로

$$\frac{\tau}{G} = \frac{r}{dx} \cdot d\phi \rightarrow d\phi = \frac{\tau}{r} \cdot \frac{dx}{G}$$

식 (11.41)에서 $T = \frac{\tau}{r} \cdot I_P$ 이므로 $\tau = \frac{T \cdot r}{I_P}$

$$d\phi = \frac{T}{GI_P} \cdot dx$$

$$\phi = \frac{T}{GI_P} \cdot \int_0^l dx$$

$$\therefore \phi = \frac{T \cdot l}{G \cdot I_P}(\text{rad}) \tag{11.43}$$

또한 단위길이당 비틀림 각을 θ라 두면 $\theta = \frac{\phi}{l}$이므로

$$\theta = \frac{T}{GI_P}(\text{rad/m}) \tag{11.43-1}$$

여기서 GI_P를 비틀림강성(torsional rigidity)이라 한다.

최대전단응력 τ_{max}은 봉의 표면에서 생기므로

$$\tau_{max} = \frac{T \cdot r}{I_P} = \frac{16T}{\pi d^3} \tag{11.44}$$

또 임의 점의 전단응력 τ는

$$\tau = \frac{T}{I_P} \cdot \rho \tag{11.44-1}$$

예제 36

길이 $l = 50\text{cm}$, 지름 $d = 4\text{cm}$의 봉강축에 비틀림 모멘트 $T = 4800\,\text{kg} \cdot \text{cm}$를 가하였더니 자유단이 고정단에 비하여 비틀림 각 $\phi = \frac{\pi}{480}$ 라디안이 발생하였다. 이 재료의 탄성계수는 얼마인가?

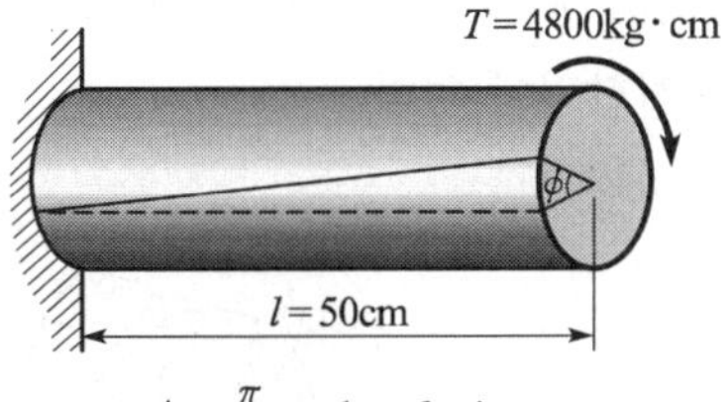

[그림 11-77]

식 (11.42)에서

$$G = \frac{T \cdot l}{\pi \cdot I_P} = \frac{4800 \times 50}{\frac{\pi}{480} \times \frac{\pi \times 4^2}{32}}$$

$$= 1{,}460{,}000\text{kg/cm}^2$$

(2) 중공원형단면의 비틀림

중공단면도 원형단면과 같은 식이 유도된다.

$$T = \frac{\tau}{r} \cdot I_P$$

$$\tau = \frac{T \cdot r}{I_P}$$

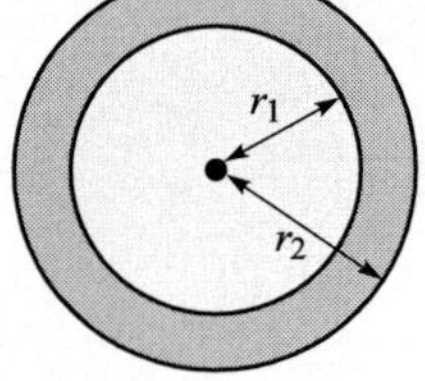

[그림 11-78] **중공단면**

여기서 $I_P = \frac{\pi}{2}(r_2^4 - r_1^4) = \frac{\phi}{32}(d_2^4 - d_1^4)$이다.

예제 37

외경 $d_2 = 4\text{cm}$, 내경 $d_1 = 2\text{cm}$ 인 중공축이 6000 kg·cm 의 비틀림모멘트를 받고 있다. 이때 발생하는 최대비틀림응력 τ를 구하라.

$$\tau = \frac{T}{I_P} \cdot r$$

$$\begin{cases} r = \dfrac{d_2}{2} = 2\text{cm} \\ I_P = \dfrac{\pi}{32}(4^4 - 2^4) = 23.56\text{cm}^4 \end{cases}$$

$$\tau = \frac{6000}{23.56} \times 2 = 509.3\text{kg/cm}^2$$

(3) 합성단면의 비틀림

전단탄성계수가 서로 다른(재질이 다른) A, B 물체가 [그림 11-79]와 같이 구성되어 서로 움직이지 않게 단단히 결합되어 있다.

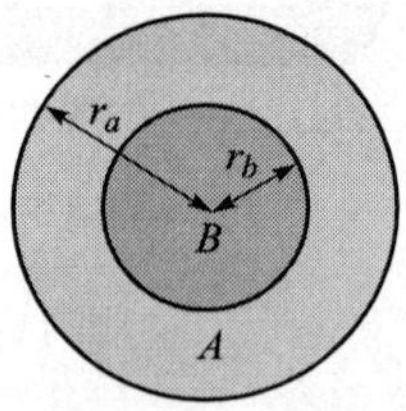

[그림 11-79] **합성단면**

이와 같은 합성봉에 비틀림 우력 T가 작용할 때 각 재료들의 전단응력을 구해보면 합성재가 되려면 변형이 같아야 하므로 단위길이당 변형각 θ는 식 (11.40)에 의하여

$$\theta = \frac{\tau}{G \cdot Tr} = \frac{\tau_a}{G_a \cdot r_a} = \frac{\tau_b}{G_b \cdot r_b}$$

$$\tau_a = G_a \cdot r_a \cdot \theta, \ \tau_b = G_b \cdot r_b \cdot \theta \tag{a}$$

평형조건에서 $T = T_a + T_b$이고 식 (11.42-1)에 의거 $T = G \cdot I_{\mathrm{P}} \cdot \theta$이므로

$$T = G_a \cdot I_{\mathrm{Pa}} \cdot \theta + G_b \cdot r_b \cdot \theta$$

$$\theta = \frac{T}{G_a \cdot I_{\mathrm{Pa}} + G_b \cdot I_{\mathrm{Pb}}} \tag{b}$$

식 (b)를 식 (a)에 대입하면

$$\tau_a = \frac{G_a \cdot T}{G_a \cdot I_{\mathrm{Pa}} + G_b \cdot I_{\mathrm{Pb}}} \cdot r_a$$

$$\tau_b = \frac{G_b \cdot T}{G_a \cdot I_{\mathrm{Pa}} + G_b \cdot I_{\mathrm{Pb}}} \cdot r_b \tag{11.45}$$

여기서 $I_{\mathrm{Pa}} = \frac{\pi}{2}(r_a^4 - r_b^4), \ I_{\mathrm{Pb}} = \frac{\pi}{2} r_b^4$

또 비틀림모멘트는 다음과 같다.

$$T_a = G_a \cdot I_{\mathrm{Pa}} \cdot \theta = \frac{T}{G_a \cdot I_{\mathrm{Pa}} + G_b \cdot I_{\mathrm{Pb}}}(G_a \cdot I_{\mathrm{Pa}}) \tag{11.45-1}$$

$$T_b = G_b \cdot I_{\mathrm{Pb}} \cdot \theta = \frac{T}{G_a \cdot I_{\mathrm{Pa}} + G_b \cdot I_{\mathrm{Pb}}}(G_b \cdot I_{\mathrm{Pb}})$$

11.17 원환응력(circular stress)

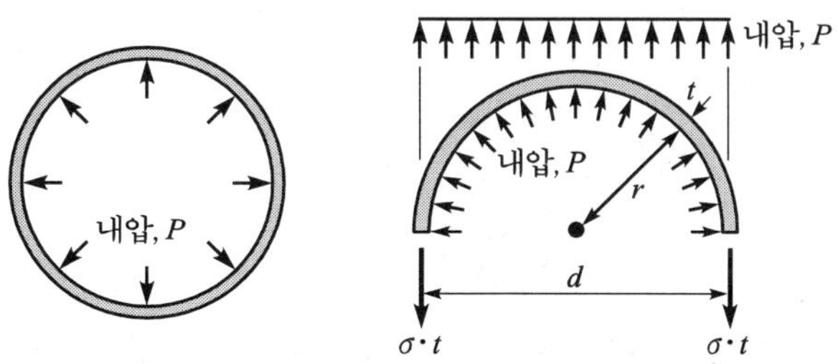

[그림 11-80] 원환응력

수도관이나 gas관 등과 같이 두께가 얇은 관(thin-walled cylinder)은 내압에 의하여 원환응력이 생긴다.

평형조건에서 $2\sigma \cdot t = P \cdot d$

$$\therefore \sigma = \frac{Pd}{2t} = \frac{Pr}{t} \text{(Barlow 공식)} \tag{11.46}$$

예제 38

직경 120 cm 인 관에 내압 $P = 12\text{kg/cm}^2$이 작용할 때 관의 두께를 결정하라(단, 이 관의 허용인장응력 $\sigma_a = 1200\text{kg/cm}^2$으로 한다).

Barlow 공식에서

$$t = \frac{P \cdot r}{\sigma_a} = \frac{12 \times 60}{1200} = 0.6\text{cm}$$

$$\therefore t = 6\text{mm}$$

11.18 전단중심(shear center)과 전단흐름(shear flow)

(1) 전단중심(剪斷中心, shear center), *S. C.*

[그림 11-81]과 같은 단면에 하중이 작용하면 보가 굽혀지면서 보의 중심축에 대하여 회전하게 된다([그림 11-81(b)]). 그러므로 비틀림 없이 단순 굽힘(pure bending) 상태[그림 11-81(a)]가 되려면 외적하중은 전단응력의 합력이 놓이는 평면 내에 작용하면 된다.

이와 같이 전단응력 합력이 통과하는 점을 전단중심이라 하고 단위길이당 전단응력을 전단흐름(shear flow, 전단류)이라 한다.

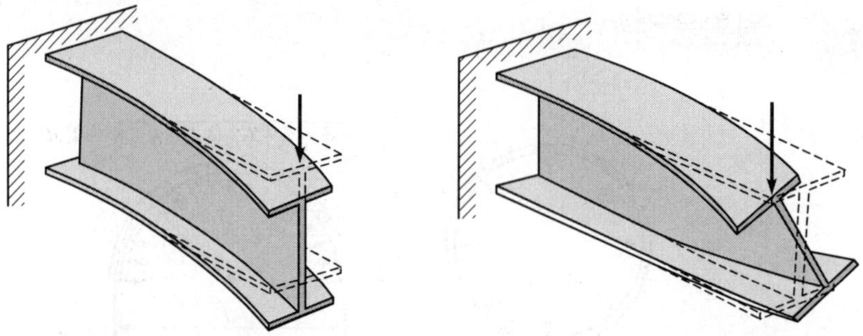

(a)전단중심에 하중이 작용 (순수휨만 생긴다.)

(b) 전단중심이 아닌곳에 하중이 작용 (휨과 비틀림이 동시에 생긴다.)

[그림 11-81] shear center

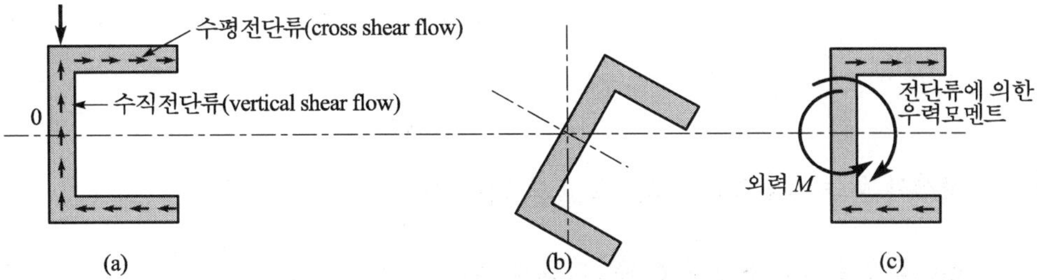

[그림 11-82] channel

[그림 11-82]에서 o 점에는 수평전단흐름으로 인한 우력모멘트에 의하여 [그림 11-82(b)]와 같이 회전을 한다. 이 회전을 막으려면 전단흐름으로 인한 우력모멘트와 크기가 같고 방향이 반대인 모멘트를 외력으로 가해야 한다([그림 11-82(c)]).

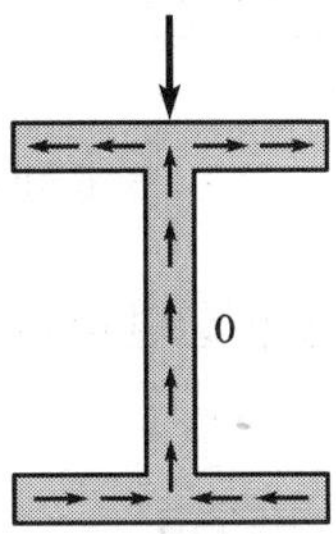

[그림 11-83]

또 [그림 11-83]은 전단흐름으로 인한 우력모멘트가 0이므로 비틀림이 생기지 않는다. 즉, 하중이 전단중심에 작용했다는 뜻이다.

즉, 하중이 shear center($S.\ C.$)에 작용할 때 순수굽힘이 생긴다. 다음 [그림 11- 84]와 같은 상태에서 전단중심을 유도하여 보면 평형조건에서 $\Sigma M_{\text{atO}} = 0$이 되어야 한다.

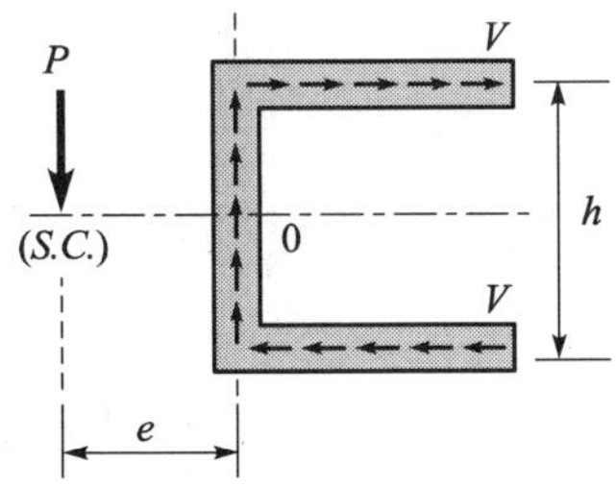

[그림 11-84]

$$P \cdot e - V \cdot h = 0$$

$$\therefore e = -\frac{V \cdot h}{P} \tag{11.47}$$

여기서 V는 전단흐름으로서 $\tau \cdot t$로 나타난다.

일반적으로 전단중심($S.\ C.$)은 다음과 같다.

① x, y 양축에 대하여 대칭인 단면에서 $S.\ C.$는 도심과 일치한다.

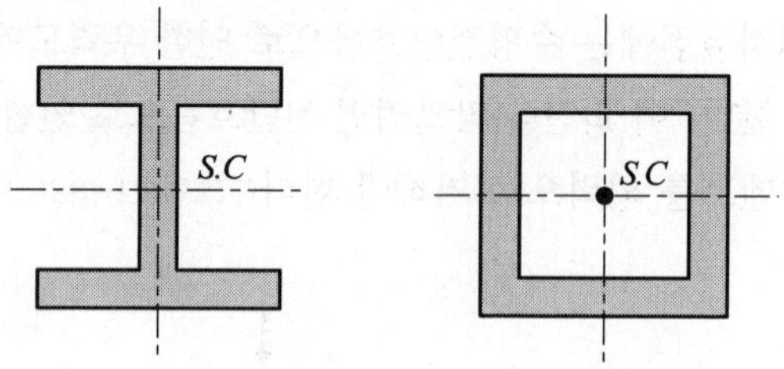

[그림 11-85]

② x, y 어느 한쪽에 대해 대칭인 단면의 $S.\ C.$는 대칭인 축 상에 존재한다.

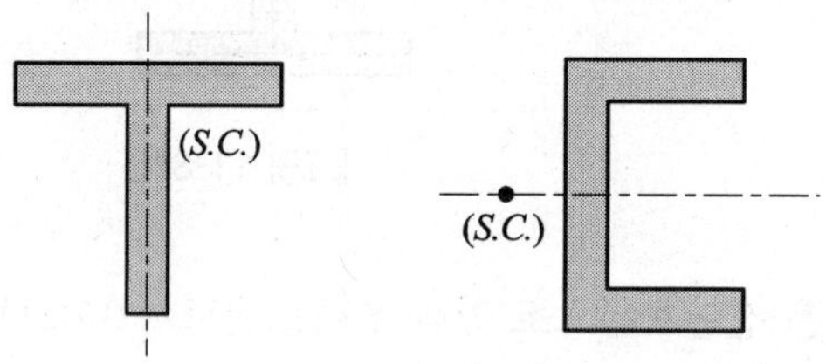

[그림 11-86]

③ x, y 어느 축에도 대칭이 아닌 경우 x, y축 상에 $S.\ C.$가 위치하지 않을 경우가 많다.

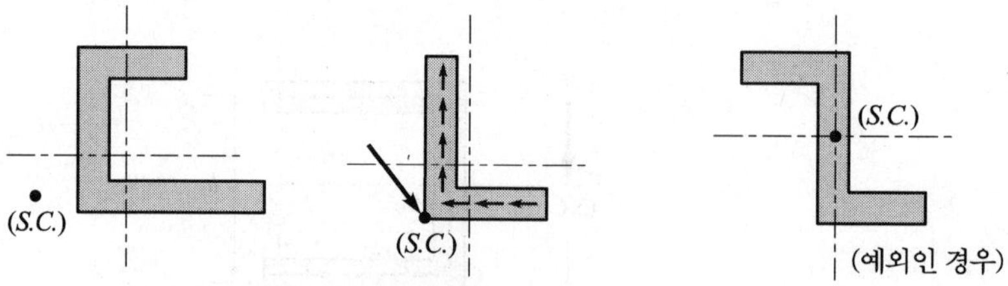

[그림 11-87]

이와 같은 전단중심은 channel 같은 간단한 단면은 공식으로 계산될 수 있으나 복잡한 합성 단면인 경우는 전단응력도에 의한 방법을 사용한다.

(2) 전단흐름(剪斷流, shear flow), f

전단응력을 단위길이에 대한 것으로 표시한 것, 즉 단위길이당 전단응력을 전단류(전단흐름)이라 하며 다음과 같다.

$$\text{전단응력 일반식에서 } \tau = \frac{S}{I \cdot b}\int y\, dA$$

여기서 판의 두께가 얇기 때문에 전단응력은 접선 방향으로 작용하므로 $b = t$이다.

$$\tau = \frac{S}{I \cdot t} G_x$$

전단류는 단위길이에 대한 전단응력이므로

$$f = \tau \cdot t = \frac{S}{I} G_x \qquad (11.48)$$

$\tau \cdot t$: 전단류, 전단흐름(kg/cm), f

S : 전단력(kg)

I : x축에 관한 단면 2차모멘트(cm^4)

G_x : τ를 구하는 점 외측에 있는 단면적을 중립축에 관해서 1차 모멘트를 취한 것 (cm^3)

(3) 폐쇄된 단면(closed section)

폐쇄된 단면에서는 단면의 두께에 관계없이 전단류는 항상 일정하다. 즉, 전단응력과 단면의 두께와 적은 그 단면의 모든 점에서 동일하다.

$$\text{전단류 } f = \tau \cdot t\text{(일정)}$$

이 식으로부터 가장 큰 전단응력은 두께가 가장 적은 곳에서 생기는 것을 알 수 있다.

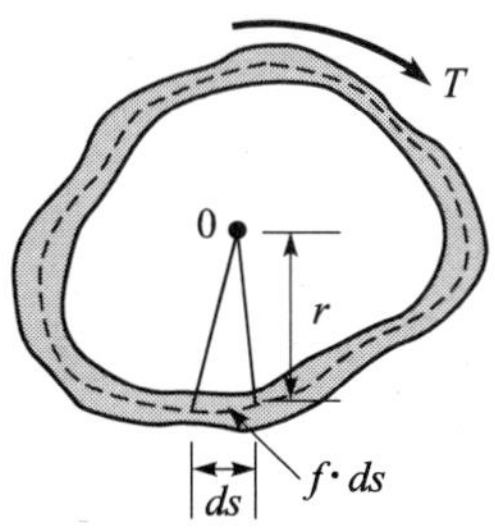

[그림 11-88]

[그림 11-88]에서 미소길이 ds에서 빗금 친 요소위에 작용하는 전(全)전단응력은 fds이고, 임의 점 o에 관한 미소 우력은 다음과 같다.

$$dT = r \cdot fds$$

전(全) 비틀림우력 T는 그 단면의 평균 중심선 길이의 전체길이 lm에 걸쳐 적분함으로 얻을 수 있다.

$$T = f \cdot \int_0^{lm} r \cdot ds$$

[그림 11-89]에서 $r \cdot ds$는 빗금 친 3각형 면적의 2배를 나타내므로 $\int_0^{lm} r \cdot ds = 2A$이다.

$$T = f \cdot 2A$$

$$\therefore\ f = \tau \cdot t = \frac{T}{2A} \tag{11.49}$$

결과적으로 폐쇄된 단면에서 shear flow는 다음과 같다.

$$\tau_1 \cdot t = \tau_2 \cdot t = \text{일정}$$

$$f = \tau \cdot t = \frac{T}{2A}$$

T : 비틀림모멘트(kg·cm)

A : shear flow 내부의 면적(cm^2)

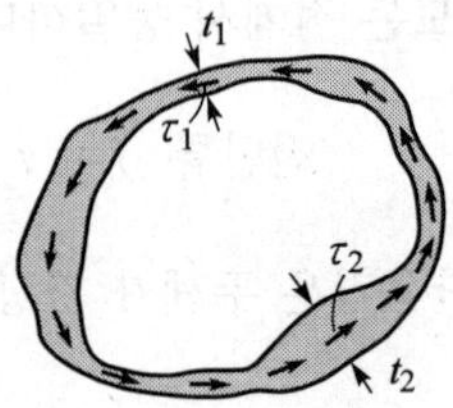

[그림 11-89]

예제 39

다음 [그림 11-90]과 같은 channel에서 단순굽힘 변형을 하기 위해 전단중심의 위치 e를 구하라.

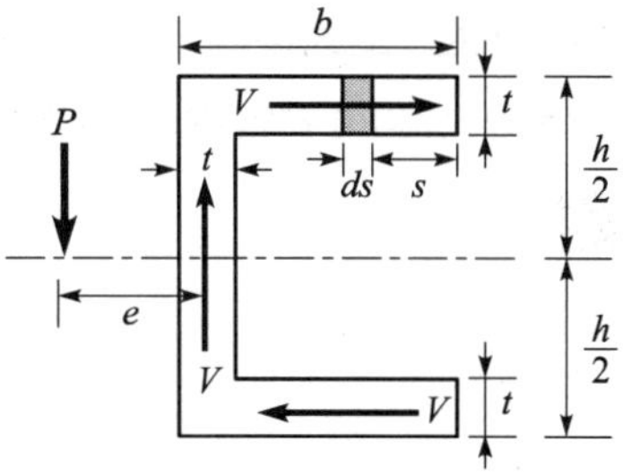

[그림 11-90]

전단응력일반식에서 임의 점은 전단응력 τ_s,

$$\tau_x = \frac{P}{I \cdot t}\int y \cdot dA = \frac{P}{I \cdot t}\int_0^s \frac{h}{2} \cdot t \cdot ds = \frac{P \cdot h \cdot s}{2I}$$

전단흐름, $f = \tau \cdot t = \int_0^b \tau_s \cdot ds \cdot t = \frac{Pht}{2I}\int_0^b s\, ds$

$\therefore$ shear flow $= \frac{P \cdot h \cdot t \cdot b^2}{4I}$

전단중심, $e = \frac{V \cdot h}{P} = \frac{\tau \cdot t \cdot h}{P} = \frac{P \cdot h^2 \cdot t \cdot b^2}{4 \cdot I \cdot P}$

$\therefore$ shear center $= \frac{t \cdot b^2 \cdot h^2}{4I}$

예제 40

다음 [그림 11-91]과 같은 박판에 비틀림모멘트 T가 작용할 경우 전단흐름(shear flow)을 구하라.

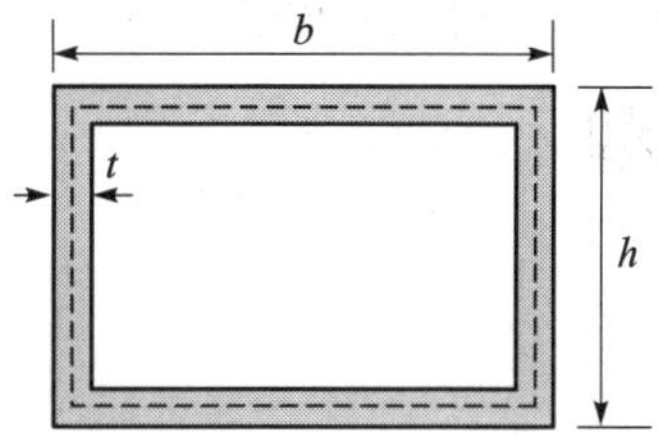

[그림 11-91]

식 (11.48)에서

$$f = \frac{T}{2A}$$

여기서 $A = b \cdot h$이므로

$$\therefore f = \frac{T}{2bh}$$

연습문제

01 길이 6m의 원형단면을 가진 강봉에 25,000kg의 인장하중이 작용할 때 이 재료의 허용인장응력을 600kg/cm^{2}이라 하면 봉의 직경을 얼마로 하면 되는가?

답 $d = 7.3\text{cm}$

02 전단면의 단면적 4×3cm의 재료에 그 단면을 따라 12,000kg의 전단하중을 가하여 0.00123의 변형률이 생겼다. 이때 전단탄성계수는 얼마인가?

답 $G = 8.13 \times 10^5 \text{kg/cm}^2$

03 직경 3cm, 길이 1m의 강봉에 인장하중을 가하여 길이 방향으로 0.05cm 늘어나고 폭은 0.0005cm 줄었다. 이때 포아슨 비와 포아슨 수를 구하라.

답 $\nu = \frac{1}{3}$, $m = 3$

04 횡탄성계수 $G = 0.81 \times 10^6 \text{kg/cm}^2$이고, 단면적이 10cm^{2}인 재료에 5,000kg의 전단하중을 작용시켰다. 이때 전단변형률을 구하라.

답 $\gamma = 0.67 \times 10^{-3}$

05 단면적 1cm^{2}인 강선에 420kg의 인장하중이 작용할 때 부재의 늘음량은 얼마인가? (단, 부재의 길이는 1m이고, $E = 21{,}000\text{kg/cm}^2$이다.)

답 $\Delta l = 2.0\text{cm}$

06 다음 그림과 같이 단면적이 $20cm^2$인 균일단면보에 축인장하중 2,000kg이 작용하고 있다. 이때 경사면 $(a-b)$에 작용하는 수직응력(σ_θ)과 전단응력(τ_θ)를 구하라.

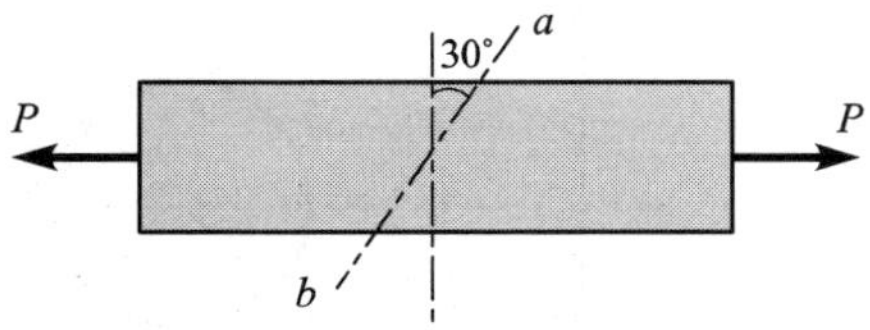

답 $\sigma_\theta = 75\text{kg/cm}^2$, $\tau_\theta = 43.3\text{kg/cm}^2$

07 직경 7cm의 강봉이 있다. 온도를 26℃ 상승시켜도 늘어나지 않도록 하려면 24t의 힘이 필요하다. 탄성계수 $E = 2.1 \times 10^6\text{kg/cm}^2$일 때 열팽창계수 α는 얼마인가?

답 $\alpha = 1.14 \times 10^{-5}$

08 그림과 같이 인장하중 P를 받고 있는 봉에서 전단응력 τ가 수직응력 σ의 $\frac{1}{3}$ 되는 경사단면의 경사각 α를 구하라.

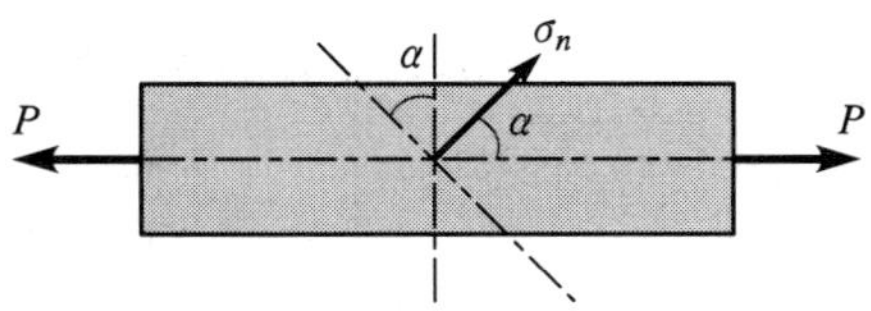

답 $\theta = 18.43°$

09 $\sigma_x = 200\text{kg/cm}^2$, $\sigma_y = 300\text{kg/cm}^2$가 작용할 때 최대전단응력의 크기와 방향을 구하라.

답 $\theta = 45°$, $\tau_{\max} = -50\text{kg/cm}^2$

10 어떤 재료에 500kg/cm^2의 인장응력과 300kg/cm^2의 전단응력이 작용한다. 이때 최대 주응력을 구하라.

답 $\sigma_1 = 640\text{kg/cm}^2$

11 $\sigma_x = 500\text{kg/cm}^2$, $\sigma_y = 300\text{kg/cm}^2$, $\tau_{xy} = 75\text{kg/cm}^2$의 평면응력 상태에서 최대, 최소 주응력을 응력원으로 구하라.

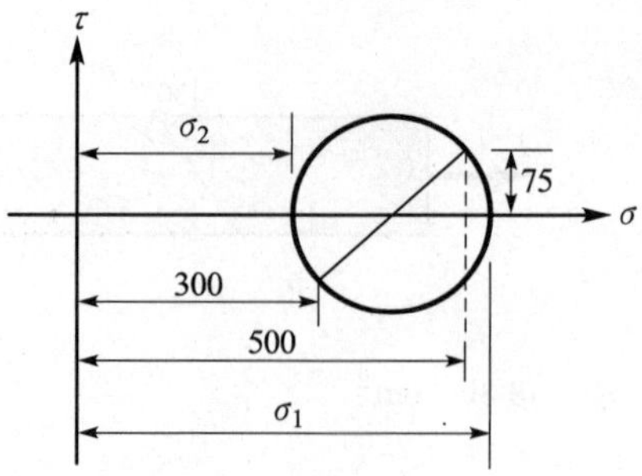

답 $\sigma_1 = 525\text{kg/cm}^2$, $\sigma_2 = 275\text{kg/cm}^2$

12 길이 2.5cm인 강봉이 인장하중을 받아서 0.12cm 늘어났다. 강봉의 인장강도를 4500kg/cm^{2}으로 하면 안전율은 얼마인가? (단, $E = 2.1 \times 10^6\text{kg/cm}^2$이다.)

답 $S.F. = 4.5$

13 그림과 같이 강선과 동선이 무게 300kg의 물체를 매달고 있다. 강선과 동선의 단면적은 같고 강선의 탄성계수가 $2.1 \times 10^6\text{kg/cm}^2$이고, 동선의 탄성계수가 $1.05 \times 10^6\text{kg/cm}^2$이라면 강선과 동선이 부담하는 하중의 크기는 얼마인가?

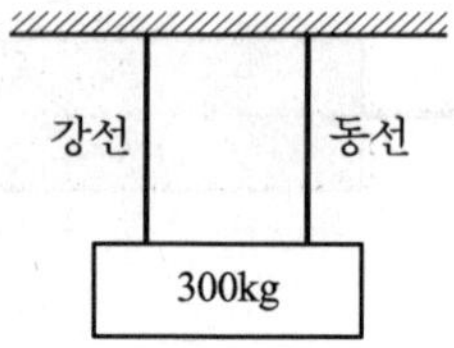

답 동선=100kg, 강선=200kg

14 1200kg·cm의 비틀림 모멘트를 받는 중공축이 있다. 허용비틀림응력을 350kg/cm^{2}이라 하고 외경을 6cm로 하면 내경을 얼마로 하면 되는가?

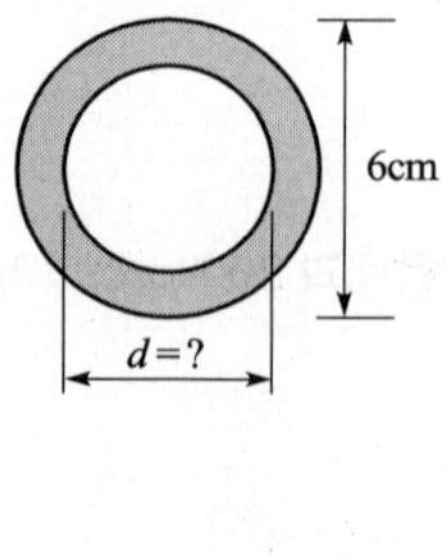

답 $d = 4\text{cm}$

CHAPTER 12

보의 응력

(Stress in Beam)

보에 외력이 작용하면 단면에 휨모멘트와 전단력이 생긴다. 이 휨모멘트에 의하여 보 내부에는 휨응력(bending stress), 전단력에 의하여 전단응력(shearing stress)이 생기며, 이 두 응력이 결합하여 주응력(principal stress)이 일어난다.

12.1 휨응력(굽힘응력, bending stress), σ(sigma)

(1) 순수휨(순수굽힘, pure bending)

보의 외력이 작용할 때 단면에 전단력이 생기지 않고 균일한 휨모멘트만 생기는 상태를 순수휨 상태라 한다.
즉, [그림 12-1]에서 CD구간에는 전단력이 없고 $M=P\cdot a$인 일정한 모멘트만 생긴다.
이 CD구간을 순수휨 상태라 한다.

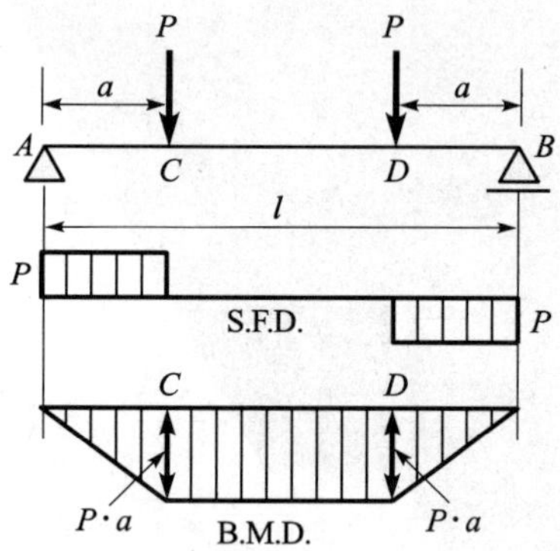

[그림 12-1] 순수휨

이 순수휨으로 인해서 그곳에 발생하는 내부응력의 상태를 조사하자면 그 부분 재료의 변형상태를 고찰하기 위하여 다음과 같은 가정을 한다.

① 재질이 균질(homogeneous)이며 단면이 균일하다.
② 훅크의 법칙(Hooke's law)에 따른다.
③ 순수휨(pure bending)만 받는다.
　보가 전단(shearing), 비틀림(torsion), 좌굴(buckling) 등에 파괴되지 않고 순수휨으로 파괴된다고 가정.
④ 인장 및 압축에 대한 탄성계수(Young's modulus)는 같다.
⑤ 처음 평면이었던 각 단면은 구부러진 후에도 평면을 유지하고 굴곡한 축선에 대하여 직교한다.
　(Bernoulli–Euler 가정)
⑥ 재료는 등방성(等方性, isotropic : 모든 방향의 물리적 성질은 같다)이다.
⑦ 외력이 충격하중이 아닐 것.

(2) 휨응력(bending stress)

보에 외력이 작용하면 휨모멘트에 의하여 변형이 생긴다. 휨모멘트가 (+)인 경우 보의 윗

부분은 압축, 아래 부분은 인장이 생긴다.
이와 같이 한 단면에서 인장압축이 동시에 생기는 응력을 휨응력이라 한다.

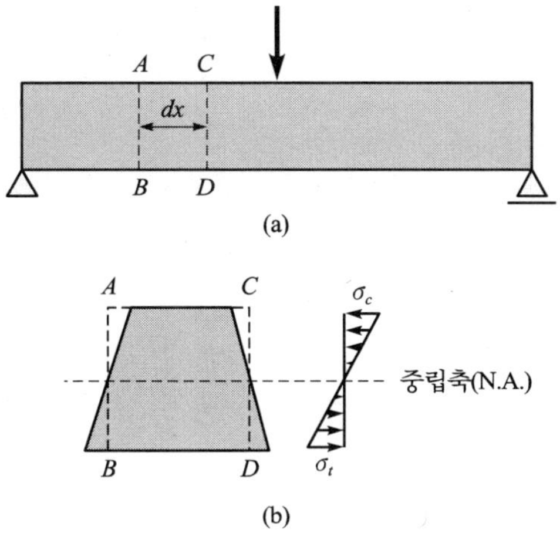

[그림 12-2]

[그림 12-2]에서와 같이 외력이 작용하기 전에 $(A-B)$에서 dx 떨어진 $(C-D)$단면은 평행하고 있으나([그림 12-2(a)]), 휨을 받은 후에는 상단은 압축, 하단은 인장을 받아 $(A-B)$, $(C-D)$단면은 평행하지 않는다([그림 12-2(b)]).
또 [그림 12-2(b)]에서 상단은 압축 하단은 인장이 생기면 그 가운데 어느 곳에서 변형이 전혀 생기지 않는 점이 나타난다. 이 변형이 생기지 않는 점들을 연결한 선을 **중립축**(neutral axix)이라 한다.
중립축$(N.\ A.)$에서 y만큼 떨어진 임의의 선에서 변형을 Δdx, 그 변형률을 ε이라 하면

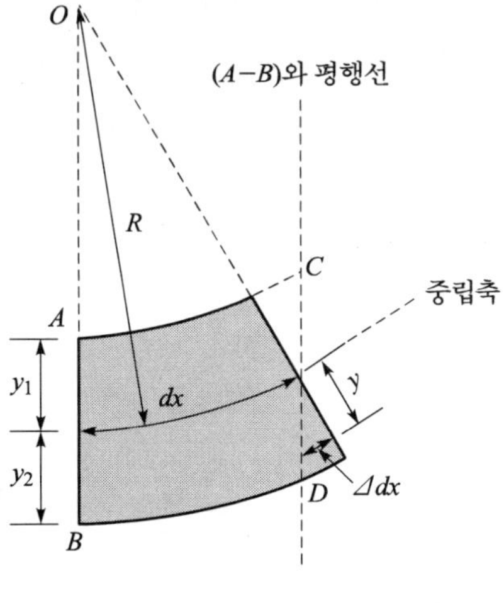

[그림 12-3]

여기서 변형률 $\varepsilon = \dfrac{\Delta dx}{dx}$

Hooke의 법칙에서

$$E = \frac{\sigma}{\varepsilon} = \frac{dx}{\Delta dx} \cdot \sigma$$

Δdx에 관해 쓰면

$$\Delta dx = \frac{\sigma}{E} dx \qquad \text{(a)}$$

[그림 12-3]에서 $R : dx = y : \Delta dx$이므로

$$\Delta dx = \frac{y}{R} dx \qquad \text{(b)}$$

결국 $(a) = (b)$이므로

$$\frac{\sigma}{E} = \frac{y}{R}$$

$$\sigma = \frac{E}{R} \cdot y \qquad \text{(c)}$$

또 모멘트는 (힘×거리)로 나타나고 힘은 (응력×단면적)으로 나타나므로

모멘트＝응력 × 거리 × 단면적

$$M = \sigma \cdot y \cdot \int_A dA \qquad \text{(d)}$$

식 (c)를 식 (d)에 대입하면

$$M = \frac{E}{R} \cdot y^2 \int_A dA = \frac{E}{R} \cdot \int_A y^2 dA$$

여기서 $\int_A y^2 dA$는 중립축에 대한 단면 2차모멘트이다(단면의 성질).

즉, $I = \int_A y^2 dA$이므로 $M = \dfrac{E}{R} \cdot I$

$$\frac{E}{R} = \frac{M}{I} \qquad \text{(e)}$$

식 (e)를 식 (c)에 대입하면

$$\sigma = \frac{M}{I} \cdot y \qquad (12.1)$$

σ : 임의 점의 휨응력(kg/cm^2)

M : 휨모멘트(kg·m)

I : 중립축에 대한 단면2차모멘트(cm^4)

y : 중립축에서 응력을 구하려는 곳까지 거리(cm)

이 식은 휨응력이 y에 비례하는 1차식이며 중립축에서 가장 멀리 떨어진 면에서 최대값이 나오는 것을 알 수 있고 중립축에서 휨응력은 0인 것을 알 수 있다.

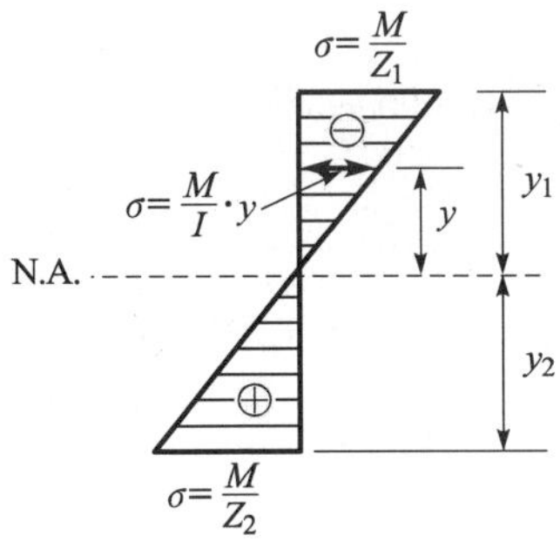

[그림 12-4]

식 (12.1)을 단면계수($Z = \dfrac{I}{y}$)에 관하여 유도하면

$$\text{상단 } \sigma_1 = \frac{M}{I} y_1 = \frac{M}{Z_1} \tag{12.2}$$

$$\text{하단 } \sigma_2 = \frac{M}{I} y_2 = \frac{M}{Z_2}$$

예제 1

[그림 12-5]와 같은 사각형단면 보가 90,000 kg·cm 의 휨모멘트를 받고 있을 때 상단에서 5 cm 떨어진 곳에서 휨응력을 구하고 응력분포도를 그려라.

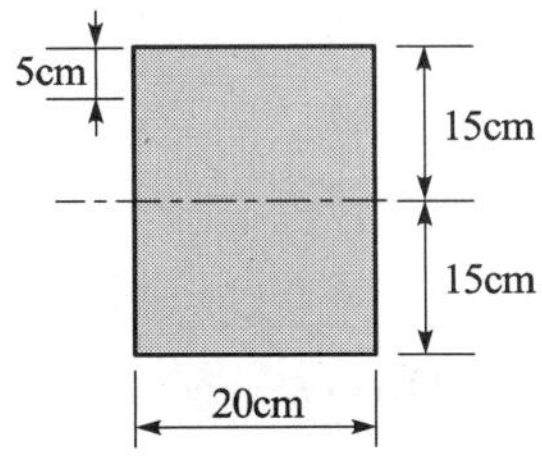

[그림 12-5]

$\sigma = \frac{M}{I} \cdot y$에서

$$I = \frac{bh^3}{12} = \frac{20 \times 30^3}{12} = 45,000\text{cm}^4$$

$y = 10\text{cm}$ (중립축에서 거리)

$$\sigma = \frac{90,000}{45,000} \times 10 = 20\text{kg/cm}^2$$

상하단의 응력을 생각하면

$$\sigma = \frac{M}{Z}, \left(Z = \frac{I}{y} = \frac{45,000}{15} = 3,000\text{cm}^2\right)$$

$$= \frac{90,000}{3,000} = 30\text{kg/cm}^2$$

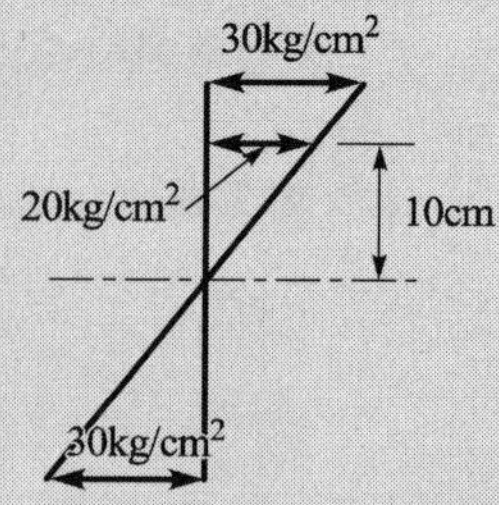

[그림 12-6]

예제 2

[그림 12-7]과 같은 보에서 단면의 폭을 12m 로 하고 재료의 허용휨응력을 500kg/cm^2로 한다면 단면의 높이를 얼마로 하면 되는가?

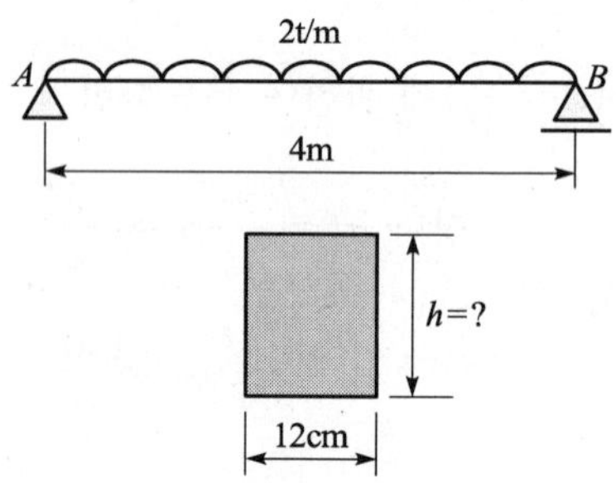

[그림 12-7]

$$M = \frac{wl^2}{8} = \frac{2 \times 4^2}{8} = 4\text{t} \cdot \text{m}$$

$\sigma = \frac{M}{Z}$에서

$$\frac{bh^2}{6} = \frac{M}{\sigma}$$

$$h^2 = \frac{6M}{b\sigma}$$

$$h = \sqrt{\frac{6M}{b\sigma}} = \sqrt{\frac{6 \times 4 \times 10^5}{12 \times 500}} = 20(\text{cm})$$

예제 3

[그림 12-8]과 같은 단순보에 이동하중이 지나갈 때 이 보에 생기는 최대 휨응력을 구하라.

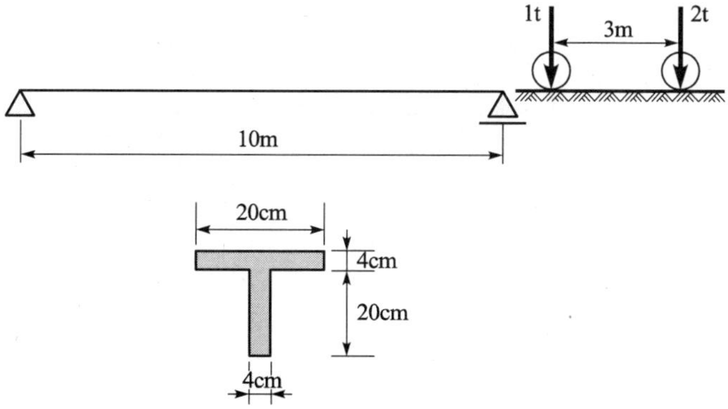

[그림 12-8]

$\sigma = \dfrac{M}{I} \cdot y$에서

① 절대 최대휨모멘트 M은 하중이 다음과 같이 재하될 때 생긴다(단순보 참조).

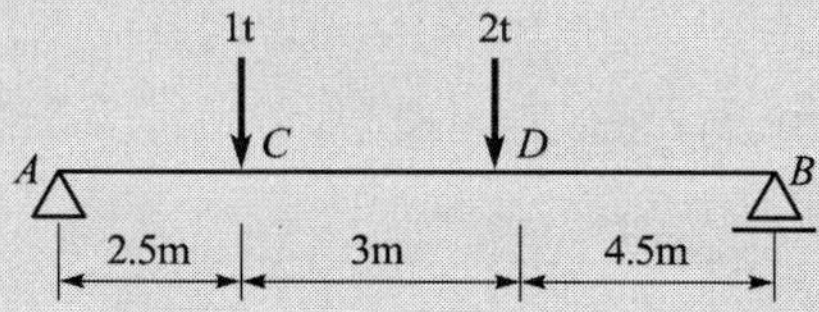

[그림 12-9]

$\Sigma M_{\text{atA}} = 0$; $R_B \cdot 10 - 2 \times 5.5 - 1 \times 2.5 = 0$

$R_B = 1.35\text{t}$

최대모멘트 $M_{\max} = M_D = R_B \times 4.5 = 1.35 \times 4.5 = 6.075\,\text{t} \cdot \text{m}$

② 도심(y_0) 및 도심에 대한 단면 2차 모멘트(I)

$(\Sigma A)\, y_0 = \Sigma A \cdot y$에서

$(20 \times 4 + 20 \times 4)\, y_0 = 20 \times 4 \times 22 + 20 \times 4 \times 10$

$y_0 = 16\text{cm}$

도심에 대한 단면 2차모멘트, I

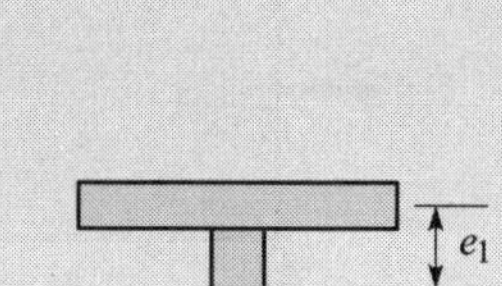

[그림 12-10]

$I = I_x + Ae^2$에서

$$I = \frac{20 \times 4^3}{12} + (20 \times 4) \times 6^2 + \frac{4 \times 20^3}{12} + (4 \times 20) \times 6^2 = 8533.3\text{cm}^4$$

상단의 응력 $\sigma_{\text{Top}} = \dfrac{M}{I} \cdot y_1 = \dfrac{6.075 \times 10^5}{8533.3} \times 8 = 569.5\text{kg/cm}^2$(압축)

하단의 응력 $\sigma_{\text{Bottom}} = \dfrac{M}{I} \cdot y_2 = \dfrac{6.075 \times 10^5}{8533.3} \times 16 = 1139.0\text{kg/cm}^2$(인장)

∴최대응력은 하단의 인장응력으로 $\sigma = 1139\text{kg/cm}^2$이고 분포는 아래와 같다.

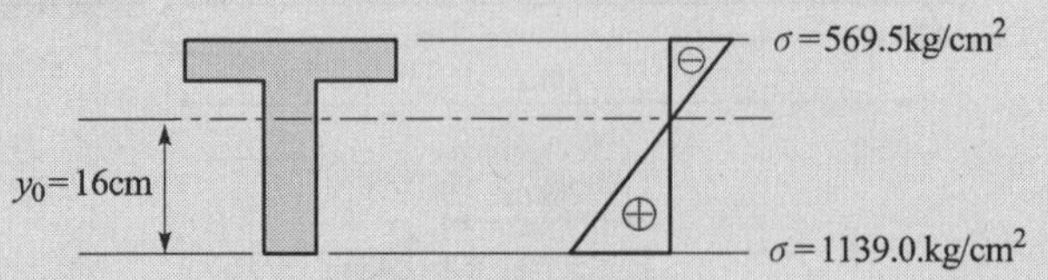

[그림 12-11]

(3) 축방향력과 동시에 휨이 작용할 경우 휨응력, σ

보에 축방향력(인장력, 압축력)이 작용하고 동시에 휨의 영향을 받을 때 응력은 각각의 응력의 대수합과 같이 나타난다.

ⓐ 축력에 의한 응력, $\sigma_1 = \pm \dfrac{P}{A}$

ⓑ 휨에 의한 응력, $\sigma_2 \pm \dfrac{M}{I} \cdot y$

ⓒ 축력과 휨을 동시에 받을 때 응력, $\sigma = \sigma_1 + \sigma_2$

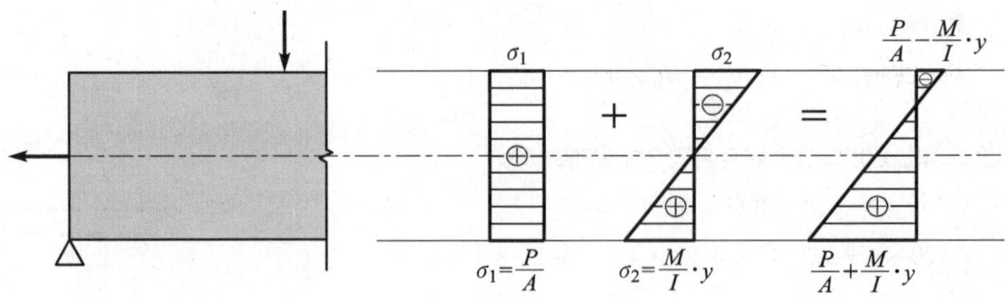

[그림 12-12]

$$\therefore \sigma = \pm \frac{P}{A} \pm \frac{M}{I} \cdot y \tag{12.3}$$

축력과 휨이 동시에 작용할 경우는 중립축과 도심축이 일치하지 않는다([그림 12- 12(c)]). 이때 거리 y_0는 응력이 0이므로 식 (12.3)을 0으로 두면

$$\frac{P}{A} - \frac{M}{I}y = 0$$

$$\therefore y_0 = \frac{P \cdot I}{A \cdot M} \qquad (12.4)$$

예제 4

다음과 같은 단순보에 축방향으로 3,000 kg의 인장력을 받고 동시에 수직하중 100 kg이 작용할 때 응력 분포를 그려라.

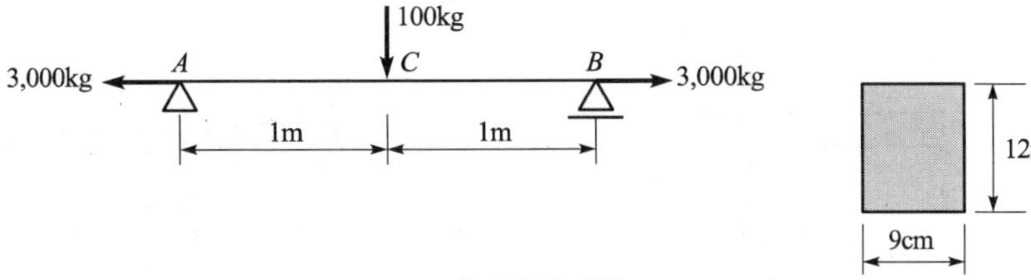

[그림 12-13]

$$\sigma = \pm \frac{P}{A} \pm \frac{M}{I} \cdot y$$

여기서 축방향력은 인장이고 상하단의 응력을 구하면 되므로

$$\sigma = \frac{P}{A} \pm \frac{M}{Z}$$

$$\begin{cases} \dfrac{P}{A} = \dfrac{3000}{9 \times 12} = 27.78\text{kg/cm}^2 \\ M = \dfrac{Pl}{4} = \dfrac{100 \times 200}{4} = 5{,}000\text{kg}\cdot\text{cm} \\ Z = \dfrac{bh^2}{6} = \dfrac{9 \times 12^2}{6} = 216\text{cm}^3 \end{cases}$$

상부응력 $\sigma = 27.78 - \dfrac{5000}{216} = 27.78 - 23.15 = 4.63\text{kg/cm}^2$

하부응력 $\sigma = 27.78 + 23.15 = 50.92\text{kg/cm}^2$

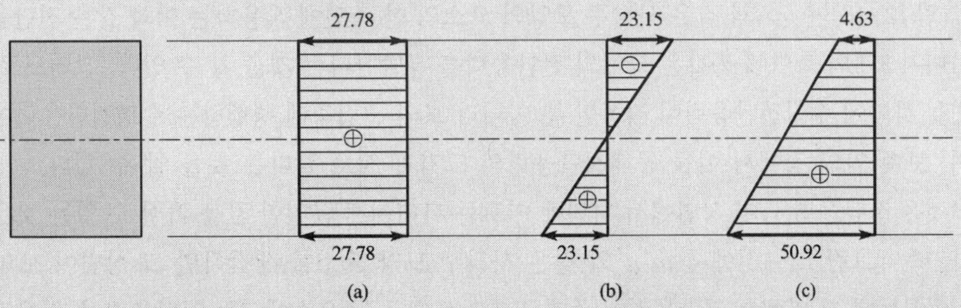

[그림 12-14]

12.2 전단응력(shearing stress), τ(tau)

보에 외력이 작용하면 휨모멘트(M)와 동시에 전단력(S)이 작용한다. 이 전단력에 의하여 생기는 응력을 전단응력이라 하며, [그림 12-15(a)]와 같이 보를 수직으로 전단하려고 하는 힘인 수직전단응력(vertical shearing stress)과 [그림 12-15(b)]와 같이 휨에 대한 수평전단응력(horizontal shearing stress)이 생긴다.

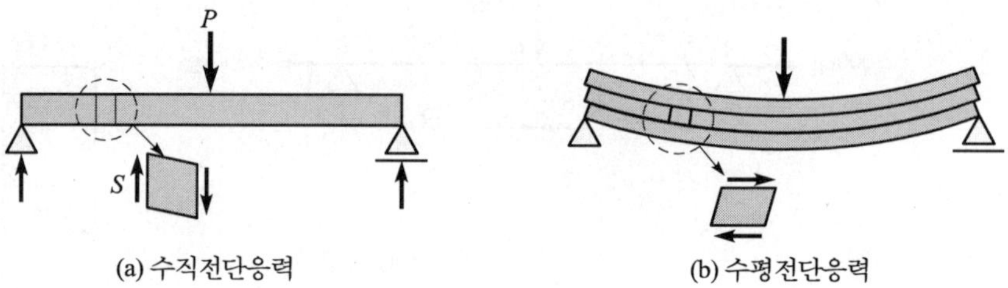

[그림 12-15]

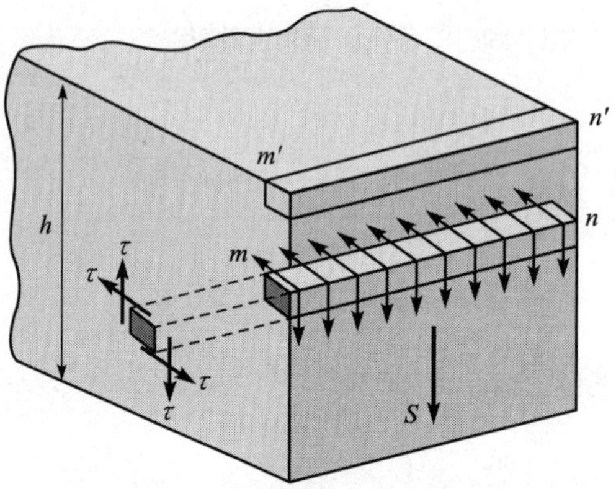

[그림 12-16]

[그림 12-16]에 mn과 같은 사각주 모양의 요소의 한 측면에 작용하는 이와 같은 전단응력(τ)은 나머지 3개의 측면에 똑같은 크기의 전단응력을 유발한다는 것을 알 수 있다. 그러므로 보의 단면들 사이에 수직전단응력이 작용할 뿐 아니라 보의 중립축에 평행하는 수평전단응력이 존재하며, 보속 임의 점에서 이들 공액전단응력의 크기가 서로 같다는 것을 알 수 있다.

이것은 전단응력(τ)이 상면에서 하면에 이르는 사이에서 균일한 값을 가질 수 없는 것을 의미한다. 즉, [그림 12-16]에서 $m'n'$와 같은 사각주 모양 요소를 생각하면 그 상면이 보의 상면과 일치하는데 그 면에는 전단응력이 존재하지 않으므로 이 요소에서는 전단응력이 "0"으로 되어야 한다. 마찬가지로 하면과 일치하는 요소에서도 $\tau = 0$이다.

즉, 균형상태에 있는 탄성체 내의 한 점에 어떤 방향의 전단응력이 작용할 때에는 반드시 이것과 직교하는 방향에 전단응력이 존재하고 그들의 크기는 같다. 따라서 보의 내부에 어떤 한 점에서 전단응력(일반적으로 수직전단응력)이 구해지면 그것과 같은 크기의 전단응력이 직각인 방향에 반드시 존재하고, 그 역도 성립한다.

다음 [그림 12-17]과 같은 보에서 $(A-B)$면에서 dx 떨어진 $(C-D)$단면을 생각하면, $(A-B)$단면의 모멘트(M)과 $(C-D)$단면의 모멘트 $(M+dM)$의 차이로 $(A-B)$단면과 $(C-D)$단면에 직교하는 방향으로 작용하는 휨응력에 차이가 생긴다.

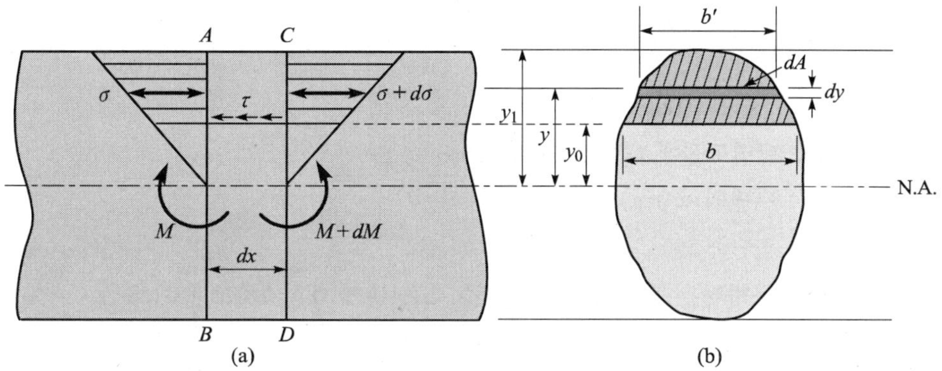

[그림 12-17]

지금 중립축에서 y_0 떨어진 곳에서 일어나는 수평전단응력을 τ라 하면 τ가 일어나는 면의 넓이는 $b \cdot dx$이고, 또 $\tau = \dfrac{S}{A}$에서 전단력은 (전단응력 × 면적)이므로 $\tau \cdot b \cdot dx$이다.

이 힘$(\tau \cdot b \cdot dx)$은 $(C-D)$단면의 휨에 의한 힘과 $(A-B)$단면의 휨에 의한 힘의 차와 같아야 평형이 성립된다.

즉, $\Sigma H = 0$

$$\int_{y_0}^{y_1} (\sigma + d\sigma) b' dy - \tau \cdot b \cdot dx - \int_{y_0}^{y_1} \sigma \cdot b' \cdot dy = 0$$

이고, $\sigma = \dfrac{M}{I} \cdot y$이므로

$$\tau \cdot b \cdot dx = \int_{y_0}^{y_1} \frac{M+dM}{I} \cdot y \cdot b' \cdot dy - \int_{y_0}^{y_1} \frac{M}{I} \cdot y \cdot b' \cdot dy$$

$$= \int_{y_0}^{y_1} \frac{dM}{I} \cdot y \cdot b' dy$$

$$\tau = \int_{y_0}^{y_1} \frac{dM}{dx} \cdot \frac{1}{Ib} \cdot y \cdot b' \cdot dy$$

여기서 $\dfrac{dM}{dx}$는 $(A-B)$면의 전단력 S이다.

$$\tau = \frac{S}{I \cdot b} \int_{y_0}^{y_1} \cdot y \cdot b' \cdot dy \tag{12.5}$$

여기서 $\displaystyle\int_{y_0}^{y_1} \cdot y \cdot b' \cdot dy$는 [그림 12-17(b)]의 빗금 친 부분, 즉 τ가 생기는 윗부분의 단면적이 도심 축에 대한 단면 1차모멘트 G_x이다.

$$\therefore \tau = \frac{S}{I \cdot b} \cdot G_x \tag{12.6}$$

여기서 τ : 전단응력(kg/cm^2)
I : 단면도심에 대한 2차모멘트(cm^4)
b : 단면의 폭(cm)
S : 전단력(kg)
G_x : 구하려는 단면 상단의 면적이 도심축에 대한 1차모멘트(cm^3)

위 식에서 보는 바와 같이 전단응력 분포는 포물선(y에 대한 2차식) 분포가 되며 상, 하단의 전단응력은 0이 되며($G_x = 0$이므로), 일반적으로 중앙에서 그 값이 최대임을 알 수 있다. 또 단면의 형태에 따라 그 값이 달라진다.

(1) 사각형단면의 전단응력

[그림 12-18]과 같은 사각형단면에 전단력 S가 작용하면 식 (12.6)으로부터

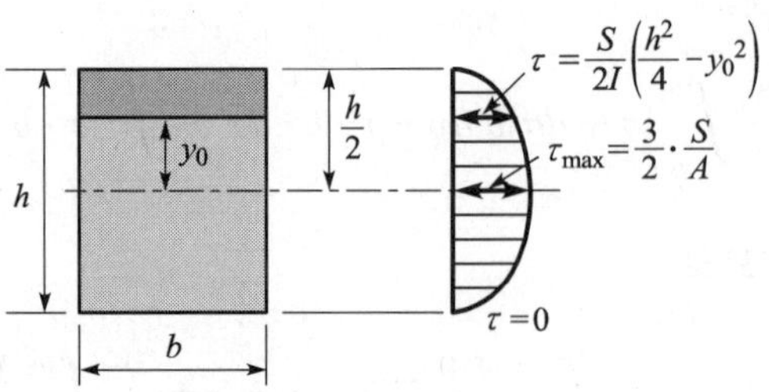

[그림 12-18]

$$\tau = \frac{S}{I \cdot b} G_x$$

$$\text{여기서} \begin{cases} G_x = \int_{y_0}^{y_1} \cdot y \cdot b' \cdot dy \\ y_1 = \dfrac{h}{2} \\ b' = b \end{cases}$$

$$= \frac{S}{I \cdot b}\int_{y_0}^{\frac{h}{2}} \cdot y \cdot b \cdot dy = \frac{S}{I}\int_{y_0}^{y_1} \cdot y \cdot dy = \frac{S}{I}\left[\frac{y^2}{2}\right]_{y_0}^{\frac{h}{2}}$$

$\tau = \dfrac{S}{2l}\left(\dfrac{h^2}{4} - y_0^2\right)$: y_0에 관한 2차식으로 나타남.

$y_0 = \dfrac{h}{2}$ 에서(상, 하단) $\tau = 0$

$y_0 = 0$ 에서(중앙점) $\tau = \dfrac{S}{2 \cdot \dfrac{bh^3}{12}} \cdot \dfrac{h^2}{4} = \dfrac{3}{2} \cdot \dfrac{S}{bh}$

$$\therefore \tau_{max} = \frac{3}{2} \cdot \frac{S}{A}$$

여기서 $\dfrac{S}{A}$를 평균전단응력($\tau_{average}$)이라 하며, 사각형인 경우 최대 전단응력은 평균전단응력의 1.5배임을 알 수 있다.

(2) 삼각형 단면의 전단응력

좌표를 꼭짓점에서 아래로 생각한다.

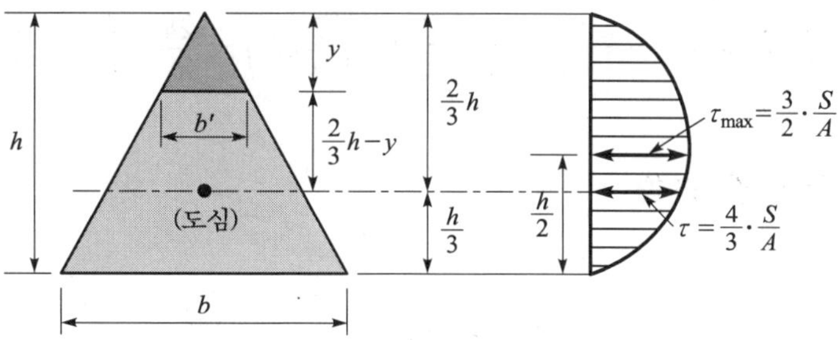

[그림 12-19]

$$\tau = \frac{S}{I \cdot b} \cdot G_x$$

$$
\text{여기서}\begin{cases} I=\dfrac{bh^3}{36} \\ b'=b\cdot\dfrac{y}{h} \\ G_x=\displaystyle\int_0^h b'\left(\frac{2}{3}h-y\right)dy=\frac{b}{h}\int_0^h\left(\frac{2}{3}-y\right)\cdot y\cdot dy \end{cases}
$$

$$
=\frac{b}{h}\int_0^h\left(\frac{2}{3}hy-y^2\right)dy=\frac{b}{h}\left[\frac{h}{3}y^2-\frac{y^3}{3}\right]_0^h
$$

$\tau=\dfrac{12\cdot S}{bh^3}(hy-y^2)$: y에 관한 2차식

τ값이 최대가 되려면 $\dfrac{\partial\tau}{\partial y}=0$인 곳에서 τ의 값이다.

$$
\frac{\partial\tau}{\partial y}=\frac{12\cdot S}{bh^3}(h-2y)=0
$$

$y=\dfrac{h}{2}$ (즉, 중앙점에서 τ_{max}이 생긴다)

$y=\dfrac{h}{2}$ 일 때 $\tau_{max}=\dfrac{12\cdot S}{bh^3}\left(h\cdot\dfrac{h}{2}-\left(\dfrac{h}{2}\right)^2\right)=\dfrac{12\cdot S}{4bh}=3\cdot\dfrac{S}{bh}$

삼각형의 면적 $A=\dfrac{bh}{2}$ 이므로 $bh=2A$

$\therefore\ \tau_{max}=\dfrac{3}{2}\cdot\dfrac{S}{A}$ (평균전단응력의 1.5배이다)

$y=0$ 일 때 (상단) $\tau=0$

$y=h$ 일 때 (하단) $\tau=0$

$y=\dfrac{2}{3}$ 일 때 (도심) $\tau=\dfrac{12\cdot S}{bh^3}\left(h\cdot\dfrac{2}{3}h-\left(\dfrac{2}{3}h\right)^2\right)=\dfrac{24}{9}\cdot\dfrac{S}{bh}=\dfrac{4}{3}\cdot\dfrac{S}{A}$

(3) 원형단면의 전단응력

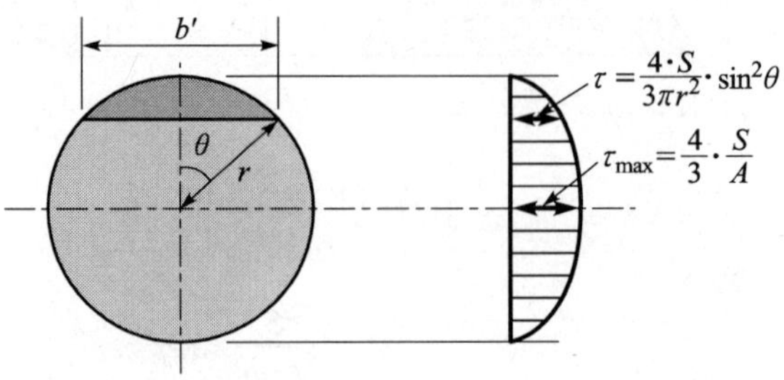

[그림 12-20]

$$\tau = \frac{S}{I \cdot b} \cdot G_x$$

여기서 $\begin{cases} I = \dfrac{\pi r^4}{4}(\text{단면 2차 모멘트에서 유도}) \\ b = 2r\sin\theta \\ G_x = \dfrac{2}{3}r^3\sin^3\theta(\text{단면 1차 모멘트에서 유도}) \end{cases}$

$$\tau = \frac{S}{\dfrac{\pi r^4}{4} \cdot 2r\sin\theta} \cdot \frac{2}{3}r^3 \cdot \sin^3\theta$$

$$= \frac{4 \cdot S}{3\pi r^2} \cdot \sin^2\theta$$

$\theta = 0°$ 일 때 (상, 하단), $\tau = 0$

$\theta = 90°$ 일 때, $\tau_{max} = \dfrac{4}{3} \cdot \dfrac{S}{\pi r^4} = \dfrac{4}{3} \cdot \dfrac{S}{A}$

∴ 원형단면일 경우 $\tau_{max} = \dfrac{4}{3} \cdot \dfrac{S}{A}$ 이며 평균의 $\dfrac{4}{3}$ 배이다.

(4) I 형단면의 전단응력

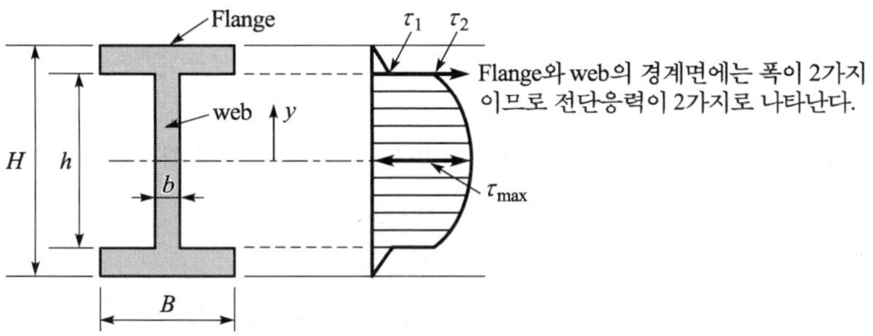

[그림 12-21]

$$\tau = \frac{S}{I \cdot b} \cdot G_x$$

여기서 $\begin{cases} I = \dfrac{1}{12}[BH^3 - (B-b)h^3] \\ G_x = \dfrac{B \cdot H}{2} \cdot \dfrac{H}{4} - \dfrac{(B-b) \cdot h}{2} \cdot \dfrac{h}{4} \end{cases}$

$$= \frac{BH^2}{8} - \frac{Bh^2}{8} + \frac{bh^2}{8} = \frac{1}{8}(BH^2 - Bh^2 + bh^2)$$

$$\tau_{max} = \frac{S}{\frac{1}{12}[BH^3 - Bh^3 + bh^3] \cdot b} \cdot \frac{1}{8}(BH^2 - Bh^2 + bh^2)$$

$$= \frac{(BH^2 - Bh^2 + bh^2)}{(BH^3 - Bh^3 + bh^3) \cdot b} \cdot \frac{3}{2} \cdot S$$

이와 같은 방법으로 유도해보면 전단응력 분포는 [그림 12-22]와 같다.

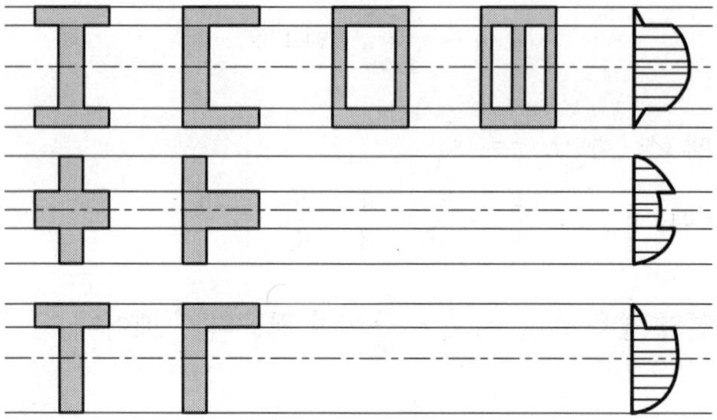

[그림 12-22] **전단응력 분포**

예제 5

다음 [그림 12-23]과 같은 보에서 A점의 중립축에서 전단응력과 중립축에서 상단 15 cm 단면의 전단응력을 구하라.

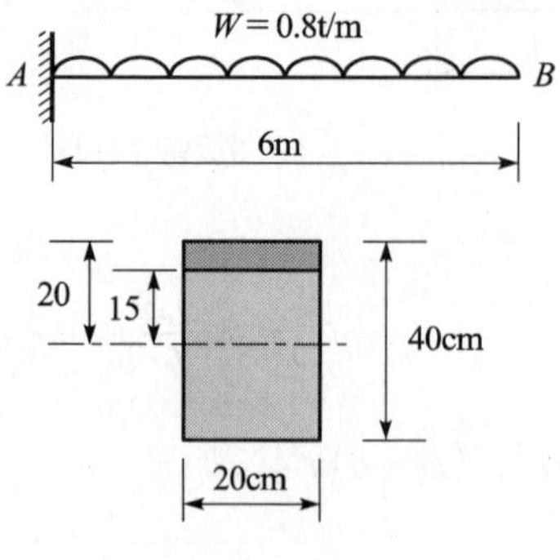

[그림 12-23]

A점에서 전단력, S_A

$$S_A = 0.8 \times 6 = 4.8\text{t}$$

$$\tau = \frac{S}{I \cdot b} \cdot G_x$$

$$\begin{cases} I = \dfrac{20 \times 40^3}{12} = 106{,}667\text{cm}^4 \\ G_x = 20 \times 20 \times 10 = 4{,}000\text{cm}^3 \\ G_{15} = 20 \times 5 \times 17.5 = 1{,}750\text{cm}^3 \end{cases}$$

$$\tau_{max} = \frac{4.8 \times 10^3}{106{,}667 \times 20} \times 4{,}000 = 9.0\text{kg/cm}^2$$

$$\tau_{15} = \frac{4.8 \times 10^3}{106{,}667 \times 20} \times 1{,}750 = 3.94\text{kg/cm}^2$$

예제 6

[그림 12-24]와 같은 단순보에서 전단응력에 충분히 안전하도록 하기 위하여 지간(l)을 결정하라 (단, 허용전단응력 $\tau = 7\text{kg/cm}^2$이다).

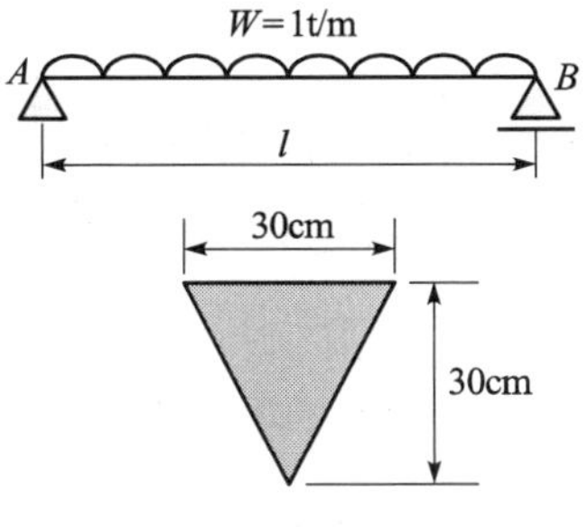

[그림 12-24]

삼각형 단면의 최대전단응력은 중앙에서 생기며 그 값은

$$\tau = \frac{3}{2} \cdot \frac{S}{A}$$

여기서 $S = \dfrac{wl}{2}(1\text{t/m} = 10\text{kg/cm})$

$$= \frac{10}{2} l = 5l$$

$$A = \frac{1}{2}(30 \times 30) = 450\text{cm}^2$$

$$\tau = 1.5 \frac{5l}{450} \leq 7\text{kg/cm}^2$$

$$l \leq 420\text{cm}$$

예제 7

단면적이 같은 정사각형단면과 원형단면에서 최대전단응력의 비는?

원형단면의 최대전단응력 $\tau_{\max} = \frac{4}{3} \cdot \frac{S}{A}$

정사각형단면의 최대전단응력 $\tau_{\max} = \frac{3}{2} \cdot \frac{S}{A}$

정사각형 : 원형 $= \frac{3}{2} : \frac{4}{3} = 9 : 8$

예제 8

다음 I형 단면의 전단응력분포를 그려라(전단력 $S = 10\text{t}$으로 한다).

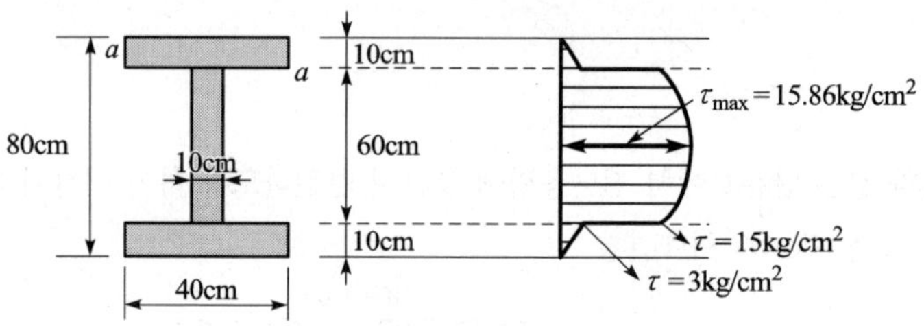

[그림 12-25]

$$\tau = \frac{S}{I \cdot b} \cdot G_x$$

$$I = \frac{1}{12}(40 \times 80^3 - 30 \times 60^3) = 1,166,667\text{cm}^4$$

$(a-a)$ 단면(flange와 web의 경계면) 상부면적의 도심에 대한 단면 1차모멘트는

$$G = 40 \times 10 \times 35 = 14,000\text{cm}^3$$

flange 하단에서 전단응력(τ_{a1})(폭을 40cm로 한다)

$$\therefore \tau_{a1} = \frac{10,000}{1,166,667 \times 40} \times 14,000 = 3.0\text{kg/cm}^2$$

web 상단에서 전단응력(τ_{a2})(폭을 10cm로 한다)

$$\therefore \tau_{a2} = \frac{10,000}{1,166,667 \times 10} \times 14,000 = 12.0\text{kg/cm}^2$$

중립축 상단면적이 중립축에 대한 단면 1차모멘트는

$$G = 40 \times 40 \times 20 - 30 \times 30 \times 15 = 18,500\text{cm}^3$$

$$\tau_{\max} = \frac{10,000}{1,166,667 \times 10} \times 18,500 = 15.86\text{kg/cm}^2$$

예제 9

길이 $l=2\text{m}$ 의 단순보가 전 길이에 균등포하중 $w=2\text{t/m}$ 를 받고 있을 때 [그림 12-26]과 같은 T형단면일 경우 최대전단응력을 구하라.

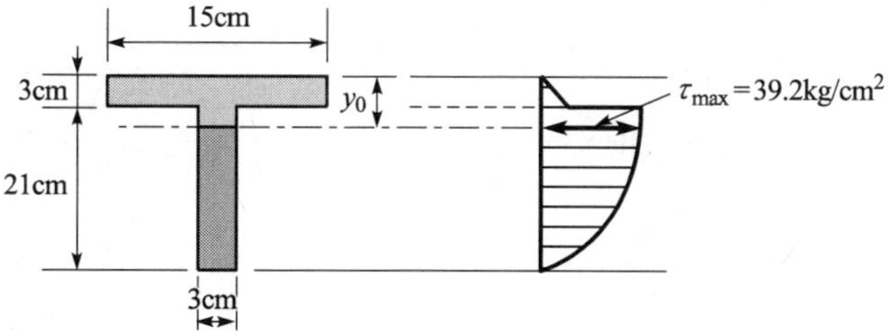

[그림 12-26]

최대전단력은 반력과 같으므로

$$S=\frac{wl}{2}=\frac{2\times2}{2}=2\text{t}$$

$$\text{도심 } y_0=\frac{15\times3\times1.5+3\times21\times13.5}{15\times3+3\times21}=8.5\text{cm}$$

$$\text{도심에 대한 } I=\frac{15\times3^3}{12}+(15\times3)\times(8.5-1.5)^2+\frac{3\times21^3}{12}$$
$$+(3\times21)\times(24-10.5-8.5)^2=6219\text{cm}^2$$

[그림 12-26]에서 빗금 친 부분의 단면 1차모멘트, G_x

$$G_x=(24-8.5)\times3\times\frac{(24-8.5)}{2}=360.4\text{cm}^3$$

$$\tau_{max}=\frac{S}{I\cdot b}G_x=\frac{2000}{6219\times3}\times360.4=39.2\text{kg/cm}^2$$

12.3 보속의 주응력(principal stress in beams)

임의 단면에 휨모멘트(M)와 전단력(S)이 작용하면

$$\text{수직응력}:\ \sigma=\frac{M}{I}\cdot y,\ \sigma_{max}=\frac{M}{Z}$$

$$\text{전단응력}:\ \tau_{xy}=\frac{S}{Ib}G_x$$

로서 수직응력 σ와 전단응력 τ_{xy}를 구할 수 있으며, σ의 최댓값은 자유표면상에서 나타나며 전단응력의 최대치는 중립축에서 나타남을 알 수 있다([그림 12-27(a)]).

이번에는 최대 주응력 σ_1이 보의 표면에 작용하는 $\sigma_{\max} = \dfrac{M}{Z}$보다 크게 나타날 때 최대 주응력의 검토를 필히 해야 한다([그림 12-27(b)]).

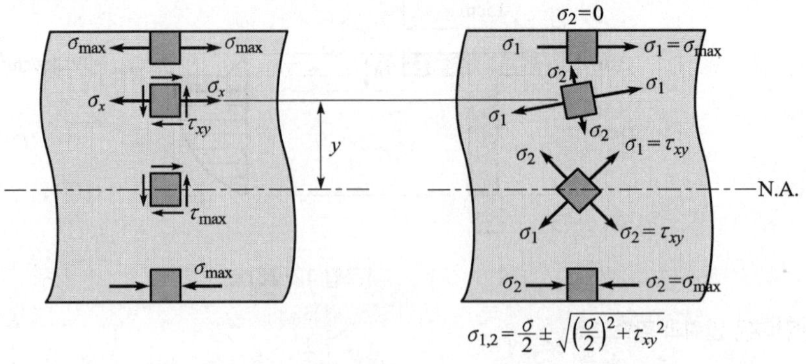

(a) 수직응력과 전단응력 (b) 주응력

[그림 12-27]

예를 들어 길이가 2m인 캔틸레버 보에 자중을 포함한 등분포하중이 15t/m 작용할 때 [그림 12-28]과 같은 I형 단면의 응력을 검토하면 설계전단력과 모멘트는 지점 A에서 생기며

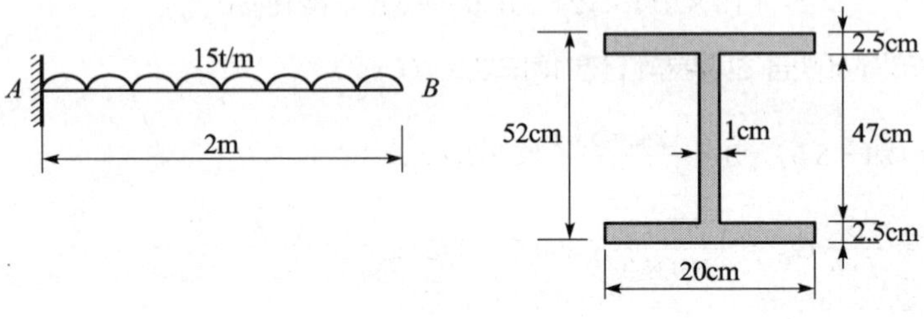

[그림 12-28]

$$M_A = 15 \times 2 \times 1 = 30\,\mathrm{t \cdot m}$$
$$S_A = 15 \times 2 = 30\mathrm{t}$$

도심에 대한 단면 1차모멘트와 단면 2차모멘트를 구하면

$$I_x = \frac{1}{12}(BH^3 - bh^3) = \frac{1}{12}(20 \times 52^3 - 19 \times 47^3) = 70{,}000\mathrm{cm}^4$$

$$G_x = 20 \times 26 \times 13 - 19 \times 23.5 \times \frac{23.5}{2} = 6760 - 5246.4 = 1513.6\mathrm{cm}^3$$

최대전단응력($\tau_{\max}$)은 도심에서 생기며 최대휨응력($\sigma_{\max}$)은 상·하단에 생기며 그 값은 다음과 같다.

$$\tau_{\max} = \frac{S}{I \cdot b} \cdot G_x = \frac{30{,}000 \times 1513.6}{70{,}000 \times 1.0} = 648.7\text{kg/cm}^2$$

$$\sigma_{\max} = \frac{M}{I} \cdot y = \frac{30 \times 10^5}{70{,}000} \times 26 = 1{,}115\text{kg/cm}^2$$

지금부터 플랜지와 웨브사이의 주응력을 구해보자(즉, $a-a$단면).

$$\sigma = \frac{M}{I} \cdot y = \frac{30 \times 10^5}{70{,}000} \times 23.5 = 1{,}008\text{kg/cm}^2$$

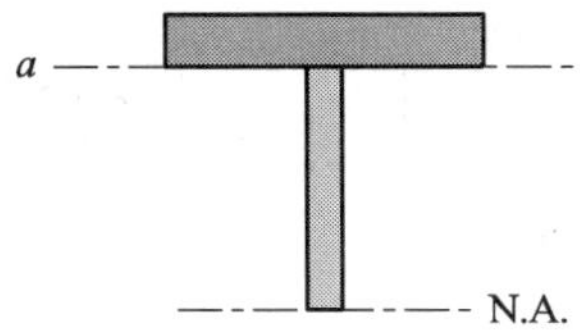

[그림 12-29]

$a-a$단면 상부([그림 12-29]의 빗금 친 부분)의 도심에 대한 단면 1차모멘트

$$G_x = 20 \times 2.5\left(23.5 + \frac{2.5}{2}\right) = 1237.5\text{cm}^3$$

$$\tau = \frac{S}{I \cdot b} G_x = \frac{30 \times 10^3}{70{,}000 \times 1.0} \times 1237.5 = 530.7\text{kg/cm}^2$$

주응력은 다음과 같다.

$$\sigma_{1,2} = \frac{\sigma}{2} \pm \sqrt{(\frac{\sigma}{2})^2 + \tau^2} = \frac{1237.5}{2} \pm \sqrt{(\frac{1237.5}{2})^2 + 530.7^2} = 504 \pm 732$$

$$\therefore \text{ 최대주응력} \begin{cases} \sigma_1 = 504 + 732 = 1236\text{kg/cm}^2 \\ \sigma_2 = 504 + 732 = -228\text{kg/cm}^2 \end{cases}$$

또 $\sigma_1 + \sigma_2 = \sigma$임을 알 수 있다.

$$\sigma_1 + \sigma_2 = 1236 - 228 = 1008\text{kg/cm}^2$$

상단의 주응력을 구하면 $\sigma = 1115$이고, $\tau = 0$이므로

$$\sigma_1 = 1115\text{kg/cm}^2,\ \sigma_2 = 0$$

중립축에서 주응력을 구하면 $\sigma = 0$이고, $\tau = 648.7$이므로

$$\sigma_1 = 648.7\text{kg/cm}^2,\ \sigma_2 = -648.7\text{kg/cm}^2$$

최대 주응력면은 다음과 같이 계산된다.

$$\tan 2\theta = \frac{2\tau}{\sigma} = \frac{2 \times 530.7}{1008} = 1.053$$

$$2\theta = 46°30'$$

$$\therefore \theta = 23°15'$$

이상을 [그림 12-30]으로 나타내면 아래와 같다.

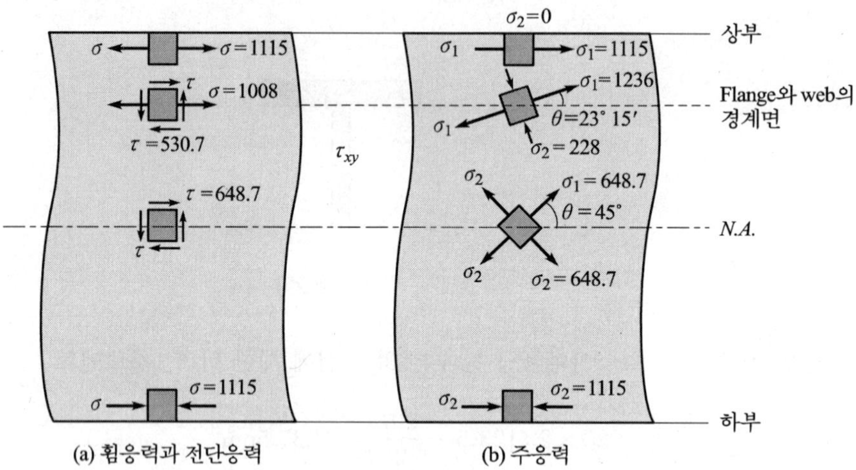

[그림 12-30]

즉, 플랜지와 웨브의 경계면에서 최대수직응력(주응력)은 이 보의 최대휨응력보다 크게 나타남을 알 수 있다. 이와 같은 경우 주응력이 설계기준이 되어야 한다.

또 모아의 응력원으로 나타내면 아래 [그림 12-31]과 같다.

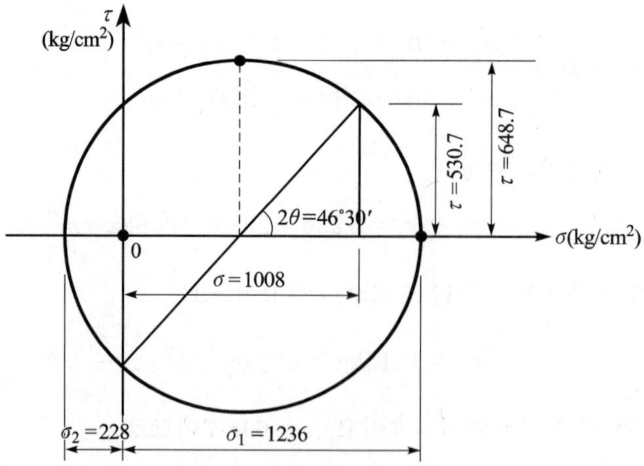

[그림 12-31]

보에서 임의 단면의 각 점마다 주응력이 다르다. 각 단면에서 주응력이 같은 점들을 연결한 선을 **등응력선(等應力線, stress contour)**이라 한다. 일반적으로 주응력의 방향을 나타내는 주응력 **궤적(stress trajectory)**을 많이 이용한다.

등분포하중을 받는 단순보에서 단면이 사각형일 경우 주응력 궤적을 살펴보면 다음 [그림 12-32]와 같으며 여기서 실선은 그 점에서 최대 인장응력의 방향을 나타내며 점선은 그 점에서 최대 압축응력의 방향을 나타낸다.

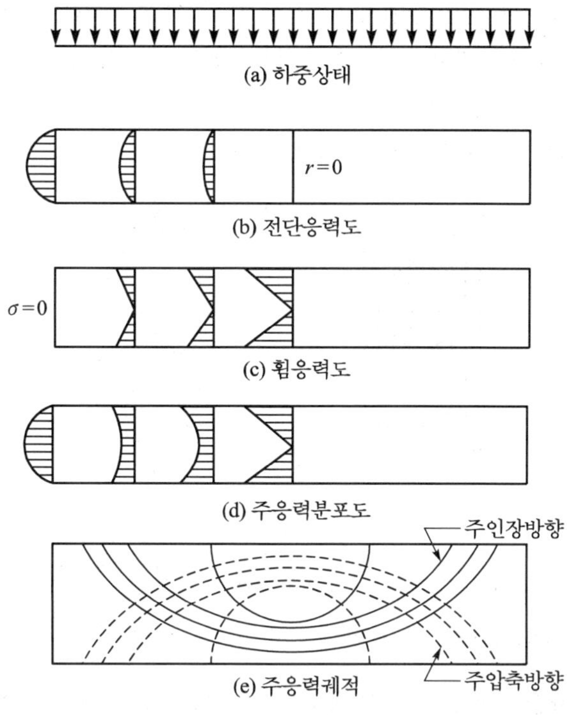

[그림 12-32] **단순보**

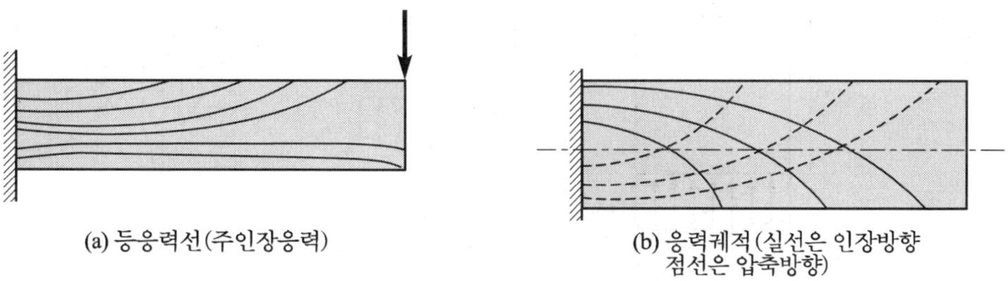

[그림 12-33] **캔틸레버**

12.4 응력집중

보의 지지점이나 하중을 받는 점 가까이에서나 형상이 갑작스런 변화가 있는 점 가까이에는 일반적인 보의 공식으로 예측할 수 없는 높은 응력을 발생시키는 국부적인 효과가 존재한다. 이 같은 현상을 응력집중(應力集中, stress concentrations)이라 한다.

(1) Saint-Venant 원리

어떤 구조물에 하중이 가해지더라도 하중의 작용점 가까운 근처를 제외하고 응력의 분포는 하중의 실제형태와 무관하다. 즉, 하중작용점에서는 일반 응력공식이 잘 맞지 않으며 작용점에서 어느 정도 떨어진 부분에서 응력공식이 적용된다. 이 원리를 세인트 브이넌트(Saint-Venant, 생브낭, 1797~1886, 프랑스 수학자) 원리라 한다.

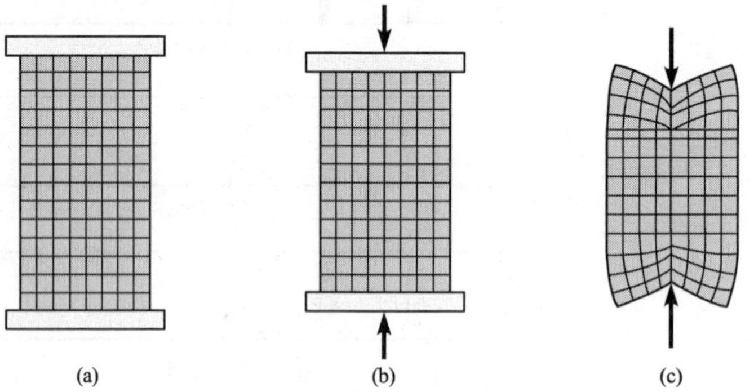

[그림 12-34] **응력집중**

[그림 12-34(a)]와 같은 물체에 축방향 압축력을 가할 경우 $\sigma_c = \dfrac{P}{A}$ ([그림 12-34(b)]).

그러나 하중 작용점에는 그 공식이 적용되지 않는다([그림 12-34(c)]).

실험에 의하면 다음과 같은 결과를 알 수 있다. 여기서 $\sigma_{\rm ave} = \dfrac{P}{A}$ 이다.

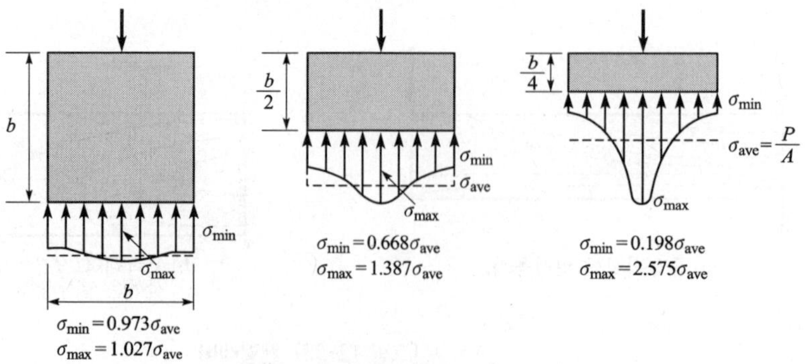

[그림 12-35]

(2) 응력집중(stress concentrations)

응력집중 현상에서 보듯이 [그림 12-35] 하중작용점의 응력은 부재응력의 평균값보다 훨씬 크다. 또 구조물의 단면이 변하는 곳(구멍 또는 fillet 등)에서도 국부적인 높은 응력이 나타난다.

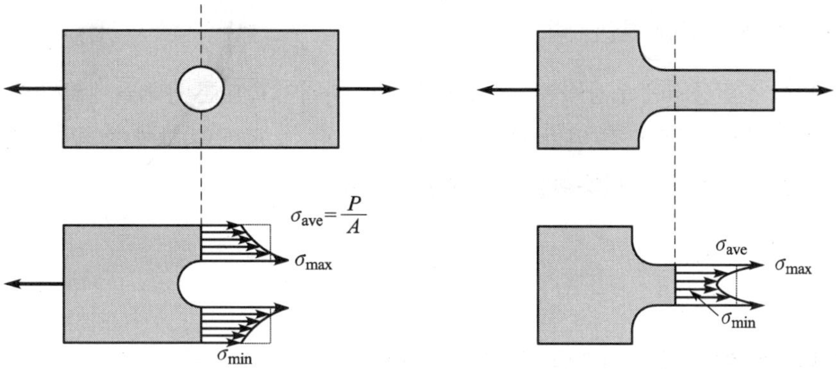

(a) 구멍이 있는 단면 (b) 필렛(fillet)

[그림 12-36] **응력분포**

[그림 12-36]의 응력분포는 실험적으로 얻어지며, 원형구멍일 경우는 단면의 폭과 구멍의 직경, 필렛일 경우는 원 단면의 폭과 필렛의 폭의 비가 최대응력 값에 상당한 영향을 미칠 것이다.

여기서 평균응력(σ_{ave})과 최대응력(σ_{max})의 비를 다음과 같이 정의하고

$$K = \frac{\sigma_{\mathrm{max}}}{\sigma_{\mathrm{ave}}}$$

K의 값을 응력집중계수(coefficient of stress concentration)라 한다.

12.5 휨과 비틀림에 의한 조합응력

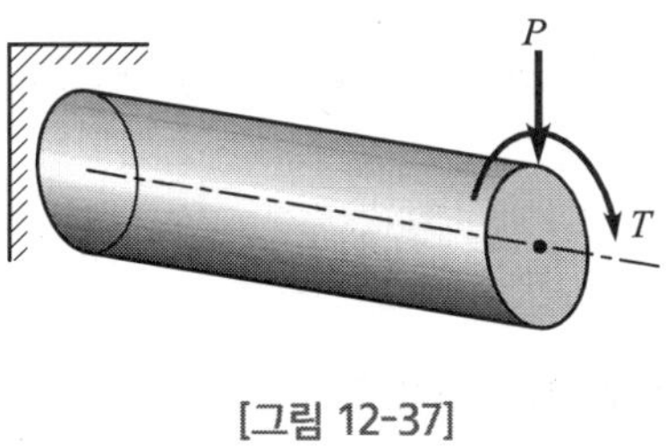

[그림 12-37]

보가 경우에 따라 휨과 비틀림을 동시에 받는 경우가 있다. 이와 같은 경우 발생하는 최대응력을 산출하기 위하여 다음 3가지를 고려해야 한다.

① 비틀림모멘트 T로 인한 전단응력
② 굽힘모멘트 M에 대한 휨응력
③ 전단력 S로 인한 전단응력

③에 의한 전단응력은 휨응력이 0인 중립축에서 최대이고 다른 응력들에 비하여 회전축에 미치는 영향은 극히 작으므로 일반적으로 무시하고, ①, ②항에 대하여 생각한다.
비틀림에 의한 최대 전단응력은 비틀림응력에서

$$\tau_{max} = \frac{16T}{\pi d^3} \tag{a}$$

휨모멘트에 의한 최대 휨모멘트는 휨응력에서

$$\sigma_{max} = \frac{M}{Z} = \frac{32}{\pi d^3} \tag{b}$$

(a), (b) 두 응력의 조합응력은 주응력에서

$$\begin{aligned}\sigma_{1,2} &= \frac{\sigma}{2} \pm \sqrt{\left(\frac{\sigma}{2}\right)^2 + \tau^2} \\ &= \frac{16M}{\pi d^3} \pm \sqrt{\left(\frac{16M}{\pi d^3}\right)^2 + \left(\frac{16T}{\pi d^3}\right)^2} \\ &= \frac{16}{\pi d^3}\left(M \pm \sqrt{M^2 + T^2}\right) = \frac{1}{2Z}\left(M \pm \sqrt{M^2 + T^2}\right)\end{aligned}$$

$$\sigma_{max} = \frac{1}{2Z}\left(M + \sqrt{M^2 + T^2}\right) \tag{12.7}$$

$$\sigma_{min} = \frac{1}{2Z}\left(M - \sqrt{M^2 + T^2}\right)$$

이 σ_{max}와 똑같은 크기의 최대휨응력을 발생시킬 수 있는 순수 휨모멘트를 **상당휨모멘트** (equivalent bending moment) M_{eq}라 하며 $\sigma = M/Z$에서

$$M_{eq} = \frac{1}{2}\left(M + \sqrt{M^2 + T^2}\right)$$

(a), (b) 두 응력에 의한 최대 전단응력은

$$\tau_{\max} = \sqrt{\left(\frac{\sigma}{2}\right)^2 + \tau^2} = \sqrt{\left(\frac{16\,T}{\pi d^3}\right)^2 + \left(\frac{16\,T}{\pi d^3}\right)^2} = \frac{16}{\pi d^3}\sqrt{M^2 + T^2}$$

$$\therefore \tau_{\max} = \frac{16}{\pi d^3}\sqrt{M^2 + T^2} \qquad (12.8)$$

이 $\tau_{\max}$과 똑같은 크기의 비틀림 전단응력을 발생시킬 수 있는 순수 비틀림 모멘트를 **상당비틀림 모멘트**(**相當**, equivalent twisting moment) T_{eq}라 하며 $\tau = \frac{T}{I_P} \cdot r$에서

$$T_{eq} = \sqrt{M^2 + T^2}$$

예제 10

길이 80 cm, 직경이 10 cm 인 축에 24,000 kg·cm 의 휨모멘트와 20,000 kg·cm 의 비틀림모멘트가 동시에 작용할 때 최대 수직응력과 전단응력을 구하라.

$$M_{eq} = \frac{1}{2}\left(M + \sqrt{M^2 + T^2}\right)$$

$$= \frac{1}{2}\left(24{,}000 + \sqrt{24{,}000^2 + 20{,}000^2}\right) = 27{,}620\text{kg}\cdot\text{cm}$$

$$T_{eq} = \sqrt{M^2 + T^2}$$

$$= \sqrt{24{,}000^2 + 20{,}000^2} = 31{,}240\text{kg}\cdot\text{cm}$$

$$\sigma = \frac{M}{Z} = \frac{27{,}620}{\frac{\pi d^3}{32}} = 280\text{kg/cm}^2$$

$$\tau = \frac{16}{\pi d^3}\sqrt{M^2 + T^2} = \frac{16}{\pi \times 10^3} \times 31{,}240 = 160\text{kg/cm}^2$$

12.6 보의 설계(design of beams)

보의 설계란 휨모멘트($M_{\max}$) 또는 전단력($S_{\max}$)에 대하여 안전하고 경제적인 단면을 결정하는 것이다.

휨모멘트에 의하여 생기는 휨응력(sigma)이 사용재료의 허용응력(σ_a)보다 작아야 되고, 전단력에 의하여 생기는 전단응력(τ)이 허용전단응력(τ_a)보다 작아야 되며 이들 응력이 허용응력에 근접할수록 경제적인 단면이 된다.

$$\text{즉, } \sigma < \sigma_a \qquad (12.9)$$
$$\tau < \tau_a$$

설계는 다음과 같은 방법에 의한다.

① 설계하중에 의한 설계전단력 및 설계 휨모멘트(이동하중일 경우는 절대최대전단력 및 절대최대 휨모멘트)를 구한다(S_L, M_L).

② 최대 휨모멘트를 받을 수 있는 적절한 단면을 가정하고 (또는 선정) 이 단면의 자중에 의한 전단력과 모멘트를 구한다(S_D, M_D).

③ $M(=M_L+M_D)$에 대해 안전한 단면 계수를 결정한다.

$$Z \geq \frac{M}{\sigma_a} \rightarrow \sigma_a > \frac{M}{Z}$$

④ I 형 단면 또는 캔틸레버와 같이 휨응력과 전단응력이 같은 단면에서 최대일 경우는 주응력에 대하여 검토하여야 한다.

예제 11

다음 [그림 12-38]과 같은 보가 중앙점에 집중하중 P가 작용하고 있다. 이 재료의 허용휨응력 $G_a=80\text{kg/cm}^2$, 허용전단응력 $\tau_a=8\text{kg/cm}^2$이라면 이 보가 받을 수 있는 최대 하중은 얼마인가? (단, 자중은 무시한다)

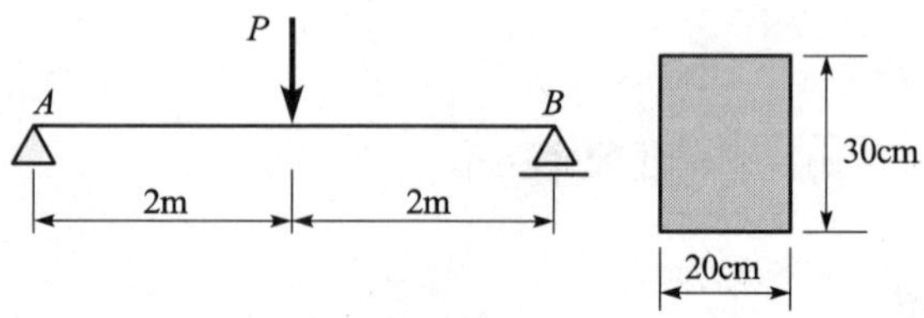

[그림 12-38]

$$M_{max}=\frac{Pl}{4},\ S_{max}=\frac{P}{2}$$

① 허용휨응력에 의하여 받을 수 있는 힘은 $\sigma=\dfrac{M}{Z}$에서

$$M=\sigma_a \cdot Z$$

$$\frac{P\times 100}{4}=80\times\frac{20\times 30^2}{6},\ \therefore P=2400\text{kg}$$

② 허용전단응력에 의하여 받을 수 있는 힘은 $\tau=\dfrac{3}{2}\cdot\dfrac{S}{A}$

$$S=\frac{2}{3}\cdot\tau_a\cdot A$$

$$\frac{P}{2}=\frac{2}{3}\times 8\times 20\times 30,\ \therefore P=3200\text{kg}$$

둘 중 작은 값이 최대하중이 되므로 $P=2400\text{kg}$이다.

예제 12

길이 1m 이고 자유단에 수직으로 110kg의 집중하중이 작용할 때 이 캔틸레버보에서 자중과 외력에 견딜 수 있는 사각형단면을 설계하라. (단, 재료의 단위중량을 0.75t/m^3, $\sigma_a = 100\text{kg/cm}^2$, $\tau_a = 5\text{kg/cm}^2$이고, 보의 폭은 높이의 $\frac{1}{2}$로 한다)

자중을 고려치 않고 $M_{\max} = 110 \times 100 = 11{,}000\text{kg}\cdot\text{cm}$

$$\sigma = \frac{M}{Z} = \frac{6M}{bh^2}$$

여기서 $h = 2b$이므로

$$b^3 = \frac{6M}{\sigma_a \cdot 4} = \frac{6 \times 11{,}000}{100 \times 4} = 165\text{cm}^3$$

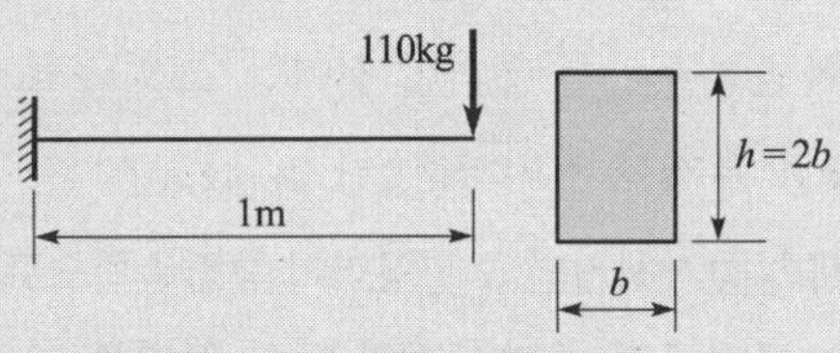

[그림 12-39]

$b = 5.48\text{cm}$ 이므로 자중을 고려하여 $b = 6\text{cm}$, $h = 12\text{cm}$로 가정한다.

자중 $w = 0.06 \times 0.12 \times 750 = 5.4\text{kg/m} \Rightarrow 0.054\text{kg/cm}$

설계 $M = 11{,}000 + \dfrac{0.054 \times 100^2}{2} = 11{,}270\text{kg}\cdot\text{cm}$

$$\sigma = \frac{M}{Z} = \frac{6 \cdot M}{bh^2} = \frac{6 \times 11{,}270}{6 \times 12} = 78.3\text{kg/cm}^2 < 100\text{kg/cm}^2 - \text{O.K}$$

$$\tau = \frac{3}{2} \cdot \frac{S}{A} = \frac{3}{2} \cdot \frac{(110 + 5.4)}{6 \times 12} = 2.4\text{kg/cm}^2 < 5\text{kg/cm}^2 - \text{O.K}$$

12.7 소성설계(plastic design)

재료가 Hooke의 법칙을 따르지 않을 때 보의 휨을 비탄성휨이라 하며, 이것은 보의 응력이 비례한도를 넘어서 하중을 가하면 발생한다.

(1) 소성휨(plastic bending)

비탄성 휨의 가장 대표적인 경우는 보가 탄성재료일 때 발생하는 **소성휨**(plastic bending)이라 한다.

탄성한도에서 $\sigma = \frac{M}{I} \cdot y$는 연단의 응력이 항복응력($\sigma_y$)에 도달할 때까지 성립한다. 즉, σ_y에 달하였을 때 작용된 모멘트를 **항복모멘트**(yield moment) M_y라 한다.

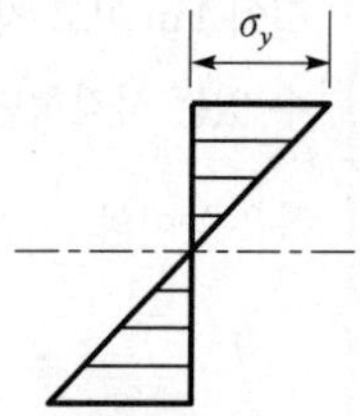

[그림 12-40]

$$M_y = \sigma_y \cdot Z$$

여기서 Z는 단면계수로서 사각형인 경우 $\frac{bh^2}{6}$이다.

만약 보에 항복 모멘트 M_y보다 큰 휨모멘트가 작용한다면 단면의 변형률은 계속 증가하여 최대 변형률은 항복변형률 ε_y를 초과할 것이다. 그러나 소성항복의 성질 때문에 최대응력은 일정한 σ_y를 그대로 유지할 것이다([그림 12-41(a)]).

여기서 모멘트를 계속 증가시키면 소성영역이 중립축쪽으로 확장되어 [그림 12-41(c)]와 같은 상태가 된다. 계속 모멘트를 증가시키면 탄성 영역은 거의 나타나지 않는다. 이렇게 하여 보는 극한저항모멘트(ultimate moment resisting capacity)에 이르게 되고, 이때 응력분포는 [그림 12-41(d)]와 같이 이상화 시킬 수 있다.

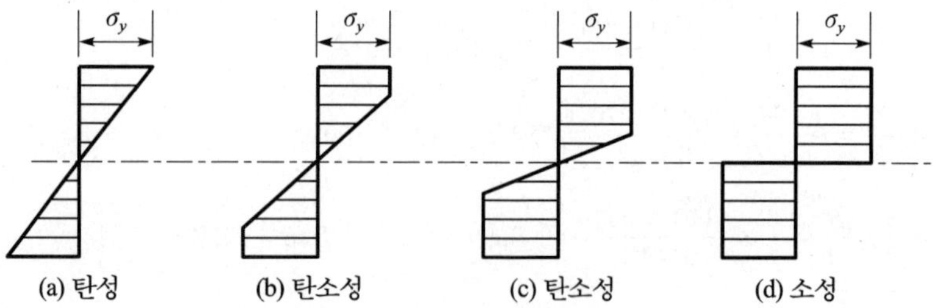

[그림 12-41]

이 이상화된 응력분포에 해당하는 휨모멘트를 **소성모멘트**(plastic moment) M_P라 한다. 이 소성모멘트가 보의 한계모멘트 또는 최대모멘트가 된다.

(2) 소성단면계수(plastic modulus), Z_P

소성모멘트 M_P를 구하기 위하여 단면의 중립축 위치를 결정해야 한다.

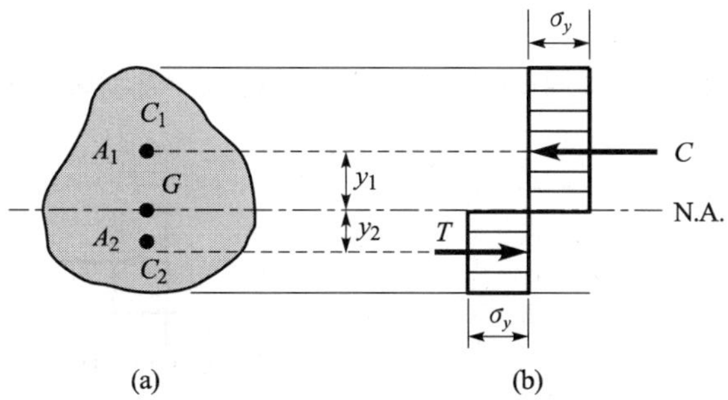

[그림 12-42]

중립축 상부는 압축력 C를 받고 하부는 인장력 T를 받는다.

$$C = \sigma_y \cdot A_1$$

$$T = \sigma_y \cdot A_2$$

$\Sigma H = 0$에서 이들의 합이 0이 되어야 하므로 $C = T$ 또는 $A_1 = A_2$가 된다. 여기서 $A_1 + A_2 = A$이므로

$$T = C = \sigma_y \cdot \frac{A}{2}$$

소성모멘트 $M_{\rm P}$는 중립축 둘레의 모멘트를 취하면 된다.

$$M_{\rm P} = C \cdot y_1 + T \cdot y_2$$

$$= \sigma_y \cdot \frac{A}{2}(y_1 + y_2)$$

$$M_{\rm P} = \sigma_y \cdot Z_{\rm P} \tag{12.10}$$

$$Z_{\rm P} = \frac{A}{2}(y_1 + y_2)$$

여기서 $Z_{\rm P}$를 **소성단면계수(plastic modulus)**라 하고, 항복모멘트 M_y와 소성모멘트 $M_{\rm P}$의 비는 단면계수만의 함수로 나타나고 이것을 **형상계수(shape factor)** f라 한다.

$$\therefore \text{ 형상계수}(f) = \frac{Z_{\rm P}}{Z}$$

사각형 (□) $f = 1.5$ 원형(○) $f = 1.7$ I형(I) $f = 1.1 \sim 1.2 (f \fallingdotseq 1.15)$ 마름모형(◇) $f = 2.0$	다음 〈예제 13~16〉에서 유도

예제 13

폭 b, 높이 h인 사각형단면 보의 소성모멘트 M_P와 형상계수를 유도하라.

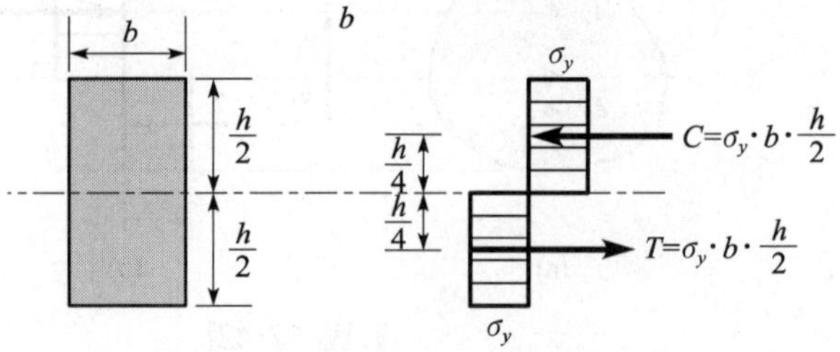

[그림 12-43]

$$M_P = C \cdot y_1 + T \cdot y_2 = C(y_1 + y_2)$$

$$\therefore M_P = \sigma_y \cdot \frac{bh^2}{4}$$

$\therefore$ 소성단면계수 $Z_P = \dfrac{bh^2}{4}$

탄성설계에서 단면계수는 다음과 같다.

$$M_y = C \cdot \frac{2}{3h} = \sigma_y \cdot \frac{bh}{4} \cdot \frac{2}{3}h = \sigma_y \cdot \frac{bh^2}{6}$$

여기서 $Z = \dfrac{bh^2}{6}$이다. 형상계수 $f = \dfrac{Z_P}{Z}$이므로

$$\therefore f = \frac{\frac{bh^2}{4}}{\frac{bh^2}{6}} = 1.5$$

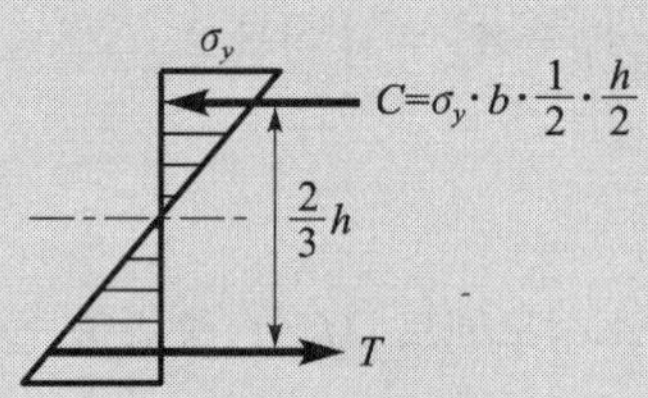

[그림 12-44]

예제 14

직경 D인 원형단면의 형상계수를 구하라.

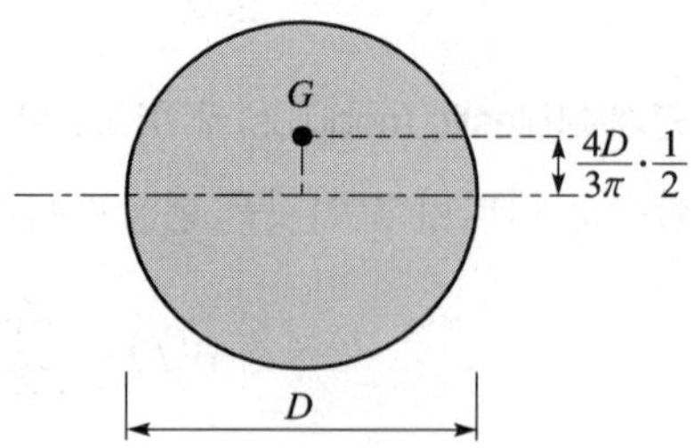

[그림 12-45]

$$f = \frac{Z_P}{Z}$$

$$Z=\frac{\pi D^3}{32}\text{(단면의 성질에서 유도)}$$

$$Z_P=\frac{A}{2}(y_1+y_2)=\frac{\pi D^2}{8}\left(\frac{4D}{6\pi}+\frac{4D}{6\pi}\right)=\frac{D^3}{6}$$

$$f=\frac{\frac{D^3}{6}}{\frac{\pi D^3}{32}}=1.69765 ≒ 1.7$$

예제 15

[그림 12-46]과 같은 I형 단면의 형상계수를 구하라.

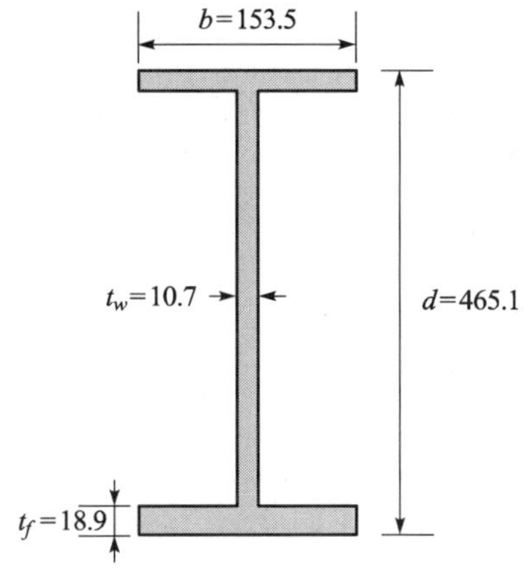

[그림 12-46]

i) 단면계수, Z

$$I=\frac{1}{12}(153.5\times 465.1^3-142.8\times 427.3^3)=358.3\times 10^6$$

$$Z=\frac{I}{y}=\frac{358.3\times 10^6}{232.55}=1.54074\times 10^6\text{mm}^3$$

ii) 소성단면계수, Z_P

$$Z_P=Z_P=\frac{A}{2}(y_1+y_2)=b\cdot t_f(d-t_f)+\frac{t_w}{2}(d-2t_y)\frac{(d-2t_f)}{2}$$

$$=153.5\times 18.9(465.1-18.9)+\frac{10.7}{4}(465.1-2\times 18.9)^2$$

$$=1.7829\times 10^6\text{mm}^3$$

$$f=\frac{Z_P}{Z}=\frac{1.7829}{1.5407}=1.1572$$

*I형 단면의 형상계수는 단면의 형상에 따라 다르나 1.1～1.2정도이며 일반적으로 1.15를 사용한다.

예제 16

다음 마름모형 단면의 형상계수를 구하라.

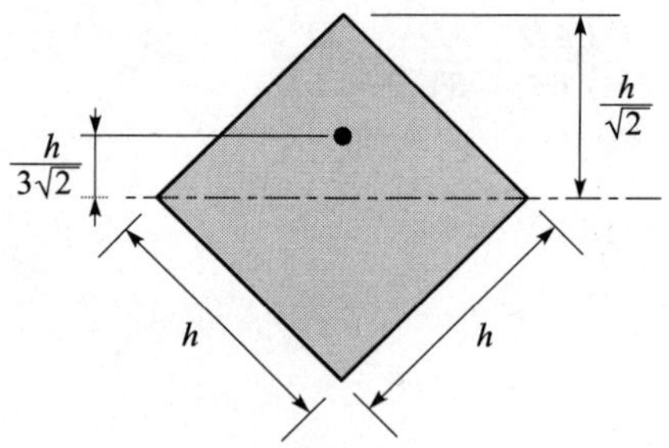

[그림 12-47]

i) 단면계수, Z

삼각형 밑면에 대한 단면 2차모멘트 $I=\dfrac{bh^3}{12}$ 이므로

$$I=2\cdot\frac{1}{12}\cdot\sqrt{2}\cdot h\times(\frac{h}{\sqrt{2}})^3=\frac{h^4}{12}$$

$$Z=\frac{I}{y}=\frac{h^4\cdot\sqrt{2}}{12\cdot h}=\frac{h^3}{6\sqrt{2}}$$

ii) 소성단면계수, Z_P

$$Z_P=\frac{A}{2}(y_1+y_2)=\frac{h^4}{2}\left(=\frac{h}{3\sqrt{2}}+\frac{h}{3\sqrt{2}}\right)=\frac{h^3}{3\sqrt{2}}$$

$$f=\frac{\dfrac{h^3}{3\sqrt{2}}}{\dfrac{h^3}{6\sqrt{2}}}=2.0$$

(3) 소성흐름(plastic flow)

M_y(항복모멘트)보다 작은 M의 경우 곡률 k는 M/EI 이므로 항복곡률을 ky로 표시하면 $M=M_y$ 일 때 곡률은

$$ky=\frac{M_y}{EI}$$

선형탄성영역에서 다음과 같은 관계가 성립된다.

$$\frac{M}{M_y}=\frac{k}{k_y}(0\le M\le M_y)$$

이 식은 아래 [그림 12-48]에서 직선부분을 나타내며, 모멘트가 M_y보다 크게 될 경우 소성으로 되며 [그림 12-48]과 같이 비선형으로 될 것이다.

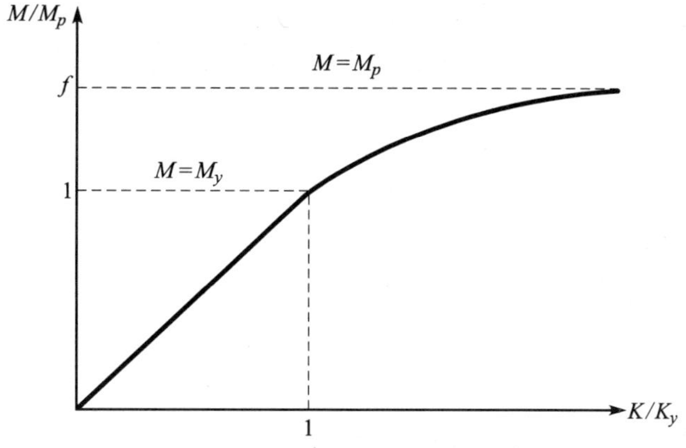

[그림 12-48] **모멘트-곡률 상관도**

보의 소성영역이 확장되면 곡선부분의 경사가 점점 완만해져서 수평선에 접근되며 이 점근선이 소성모멘트(M_P)를 나타내고, 종거가 형상계수 f가 된다. 그러므로 곡선 방정식은 단면의 형상에 따라 다르다.

지금 [그림 12-49]와 같은 사각형단면을 보면, 중립축에서 탄성영역까지의 거리를 e라 두면 이 응력분포에 해당하는 모멘트는 다음과 같다.

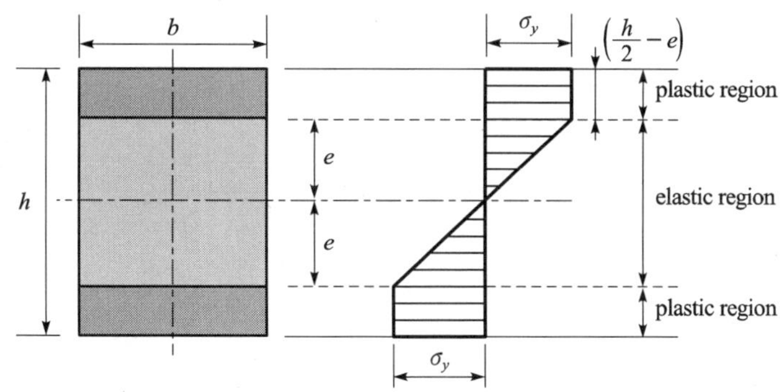

[그림 12-49]

$$M = 2\left(\sigma_y \cdot b \cdot \left(\frac{h}{2} - e\right) \cdot \left\{\frac{\left(\frac{h}{2} - e\right)}{2} + e\right\} + \frac{\sigma_y \cdot b}{2} \cdot e \cdot \frac{2}{3}e\right)$$

$$= \sigma_y \cdot b \left(\left(\frac{h}{2} - e \right) \cdot \left\{ \frac{h}{2} - e + 2e \right\} + \frac{2}{3} e^2 \right) \tag{a}$$

$$= \sigma_y \cdot b \left(\left(\frac{h}{2} - e \right) \left(\frac{h}{2} + e \right) + \frac{2}{3} e^2 \right)$$

$$= \sigma_y \cdot b \left(\frac{h^2}{4} - e^2 + \frac{2}{3} e^2 \right) = \sigma_y \cdot b \left(\frac{h^2}{4} - \frac{e^2}{3} \right)$$

$$= \frac{\sigma_y \cdot b \cdot h^2}{6} \left(\frac{3}{2} - \frac{2e^2}{h^2} \right)$$

여기서 $e = \dfrac{h}{2}$ 일 때 $M = \dfrac{\sigma_y \cdot b \cdot h^2}{6}$ 이므로 $M = M_y$로 되고, 〈예제 13〉 $e = 0$일 때 $M = \dfrac{3}{2} M_y$로 되어 소성모멘트, M_P와 동일하게 된다.

휨응력에서 곡률반경 R, 변형 ε, 중립축 거리 y의 관계는 다음과 같으므로

$$\varepsilon = \frac{y}{R}$$

곡률 $k = \dfrac{\varepsilon}{y}$ 으로 나타난다.

탄성영역 끝단에서 $y = e$ 이고, $\varepsilon = \dfrac{\sigma_y}{E}$ 이므로 곡률은 다음과 같다.

$$k = \frac{\sigma_y}{E \cdot e}$$

여기서 항복곡률 k_y를 관련시켜 정리하면 다음과 같다.

$$\begin{cases} \sigma_y = \dfrac{M_y}{I} e \\ M_y = \dfrac{\sigma_y \cdot b \cdot h^2}{6} \\ I = \dfrac{b h^3}{12} \end{cases}$$

$$k_y = \frac{M_y}{EI} = \frac{2\sigma_y}{Eh}$$

k, k_y를 결합하면

$$\frac{k}{k_y} = \frac{h}{2 \cdot e}$$

이고 식 (a)에 대입하면 다음과 같은 무차원 형태의 모멘트-곡률 상관식이 된다.

$$\frac{M}{M_y} = \frac{3}{2} - \frac{k_y^2}{2k^2}, \ (M_y \le M \le M_P), \ (k_y \le k)$$

이와 같은 방법으로 다른 형상도 유도하여 모멘트-곡률상관식을 도시하면 [그림 12-50]과 같다.

[그림 12-50]에서 탄성영역에서는 직선이고, 부분소성이나 완전소성영역에서는 곡선이 된다.

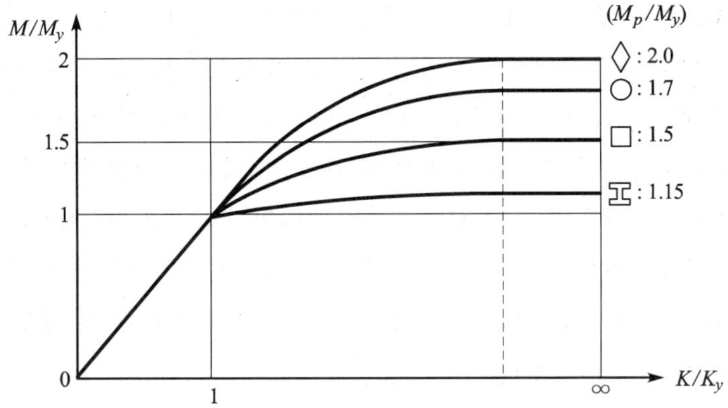

[그림 12-50] 모멘트-곡률 상관도

① [그림 12-50]의 우측부분에서는 응력이 증가하지 않아도 보의 소성영역에서 항복이 계속된다. 반면에 중앙 탄성 영역에서는 응력의 증가와 동시에 변형이 증가한다. 그러므로 보의 변형은 탄성 영역에 의하여 제약을 받게 되며, 이와 같은 형태의 거동을 **제약소성흐름**(contained plastic flow)이라 한다.

② 곡률이 상당히 크게 되면 곡선은 수평에 가깝게 된다([그림 12-50]의 우측). 이런 단계에서는 모멘트를 증가시키지 않아도 계속해서 변형이 생길 것이다.
이와 같은 거동을 **비제약 소성 흐름**(unrestricted plastic flow)이라 하며, 그때 대응 휨모멘트가 소성모멘트 M_P이다.

(4) 소성힌지(plastic hinges)

다음 [그림 12-51]과 같이 중앙에 집중하중을 받는 탄소성단순보를 생각하면 휨모멘트도는 [그림 12-51(b)]와 같이 최대 모멘트 $M_{max} = \frac{Pl}{4}$인 3각형으로 된다.

만약 최대모멘트가 항복모멘트 M_y보다 크고 소성모멘트 M_P보다 작을 때 ($M_y \le M_{max} \le M_P$)는 제약소성흐름(변형은 탄성 영역에 의하여 제약을 받음) 영역은 [그림 12-51(c)]와 같이 보의 중앙부분에 있게 될 것이며 완전소성 영역은 빗금 친 부분이다. 소성힌지의 깊이는 휨모멘트가 기지의 값이므로 용이하게 구할 수 있다.

[그림 12-51(d)]는 곡률도이며 곡률이 항복곡률 k_y가 되어 지점에서 소성영역 끝단까지 직선적으로 증가한다. 소성영역에서 곡률은 급속도로 증가하여 보의 중앙점에서 $k_{\max}$에 이르며 탄성영역이 존재하는 한 $k_{\max}$도 유한 값을 갖는다.

하중이 증가되고 휨모멘트가 소성모멘트 M_{P}의 값에 근사한 값을 갖게 될 때는 소성영역이 보의 중앙에서는 중립축쪽으로 점점 더 확장해 갈 것이다.

결국 $M_{\max}=M_{\mathrm{P}}$가 되면 보의 중앙점 단면은 [그림 12-51(e)]와 같이 완전소성이 된다.

이때 보의 중앙점의 곡률은 상당히 커지고 비제약소성 흐름이 발생한다.

최대 모멘트는 더 이상 증가하지 않고 이때 보위의 하중이 최대치가 된다.

그러므로 보는 양쪽 부분은 비교적 강하다 할지라도 소성힌지의 과대회전에 의하여 보가 파괴된다. 그러므로 보는 두 강체의 봉이 소성힌지로 연결되어 작용하고, 이 소성힌지는 일정한 모멘트 M_{P}의 작용 하에서 서로 상대적인 회전이 가능하게 된다.

[그림 12-51(e)]에서 소성결점 주위의 소성영역의 길이 l_{P}는 이 영역 끝의 모멘트를 M_{P}와 같게 놓으면 구할 수 있다.

[그림 12-51(f)]에서

$$M_y=\frac{P}{2}\left(\frac{l}{2}-\frac{l_{\mathrm{P}}}{2}\right)=\frac{P}{4}(l-l_{\mathrm{P}})\;\rightarrow\;P=\frac{4M_y}{(l-l_{\mathrm{P}})}$$

이며, 최대모멘트 $M_{\max}=\dfrac{Pl}{4}$은 M_{P}와 같으므로

$$P=\frac{4M_{\mathrm{P}}}{l}$$

가 된다. 두 식을 정리하여 l_{P}를 구하면 다음과 같다.

$$\frac{4M_{\mathrm{P}}}{l}=\frac{4M_y}{(l-l_{\mathrm{P}})}$$

$$(l-l_{\mathrm{P}})=l\cdot\frac{M_y}{M_{\mathrm{P}}}\;\rightarrow\;l_{\mathrm{P}}=l-l\,\frac{M_y}{M_{\mathrm{P}}}$$

$$\therefore\;l_{\mathrm{P}}=l\left(l-\frac{1}{f}\right)$$

사각형보에서 소성영역 $l_{\mathrm{P}}=\dfrac{l}{3}$이고 I형 보에서 $I_{\mathrm{P}}=0.09l\sim0.17l$로서 소성영역이 다소간 보위에 확장된다 하더라도 곡률은 힌지단면에 집중되므로 힌지의 크기는 없는 것으로 생각한다.

소성힌지의 존재는 힌지단면에서 회전하고 휨모멘트는 일정치 M_P 와 같다는 것을 의미하며, 소성힌지는 항상 최대 휨모멘트가 생기는 단면에서 형성된다.

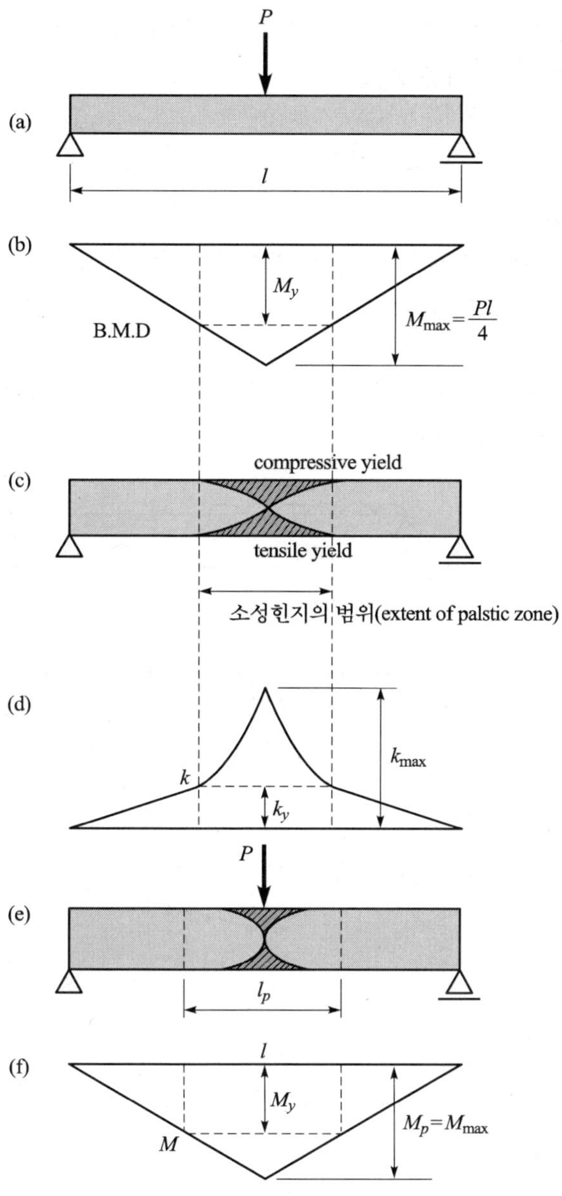

[그림 12-51] **소성 힌지**

(5) 소성해석(plastic analysis)

탄소성보가 견딜 수 있는 최대하중을 소성힌지의 개념으로 결정할 수 있다. 정정구조물인 경우 소성힌지 한 개만 있어도 보는 충분히 파괴되며 힌지를 일으키는데 필요한 하중의 크기(극한하중, ultimate load, P_u)는 정역학적으로 해결될 수도 있다. 단순보 중앙에 집중하중이 작용할 경우 극한하중 P_u는

$$M_P = \frac{Pl}{4} \rightarrow P_u = \frac{4M_P}{l}$$

임을 알 수 있다.

탄소성보에서 극한하중(P_u, w_u)을 계산하고 소성힌지의 위치를 구하는 것을 소성해석(plastic analysis)이라 한다.

[그림 12-52]와 같은 단순보가 있다. 휨모멘트는 $M_{\max} = \dfrac{9}{128}wl^2$이며 [그림 12-52(b)]와 같은 $B.\ M.\ D.$를 갖는다.

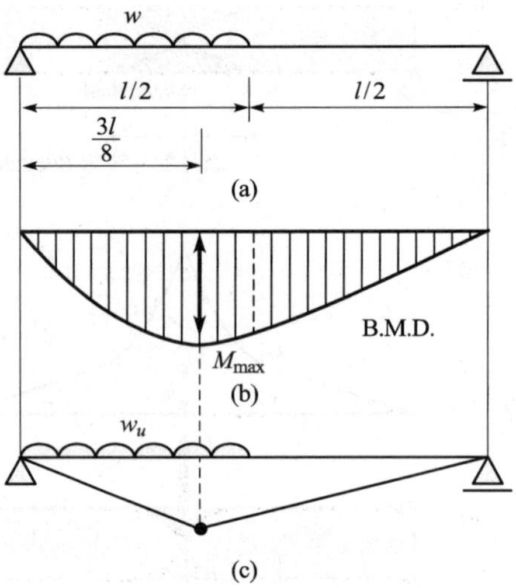

[그림 12-52]

하중 w가 증가되어 최대모멘트가 M_y(항복모멘트)와 같게 될 경우 초기항복이 일어난다. 이때 하중을 항복하중(yield load) w_y라 하며 다음과 같다.

$$w_y = \frac{128M_y}{9l^2}$$

하중이 더 증가하면 최대휨모멘트 발생단면에서 소성힌지가 형성될 것이다([그림 12- 52(c)]). 이때 극한하중 w_u는 다음과 같다.

$$w_u = \frac{128 M_{\mathrm{P}}}{9 l^2}$$

힌지가 형성되고 나면 보는 2개의 봉이 힌지로 연결된 것처럼 보인다. 이런 조건하에 있는 보는 극한하중(P_u, w_u)에서 계속 변형을 일으키는 메커니즘(mechanism)을 일으킨다. 이런 조건을 **파괴메커니즘**(failure mechanism) 또는 **붕괴메커니즘**(collapse mechanism)이라 한다.

정정보에서 극한하중과 항복하중과의 비는 단면의 형상계수 $f = \dfrac{M_{\mathrm{P}}}{M_y}$와 같다. 그러나 부정정보에서는 이 비가 보의 형태와 작용하중에 따라 달라진다.

다름 [그림 12-53]과 같은 일단 고정 타단한지인 보 중앙에 집중하중이 작용한다. 최대 휨 모멘트는 A단에서 생기고 크기는 $\dfrac{3}{16}Pl$이므로 항복하중 P_y는 다음과 같다.

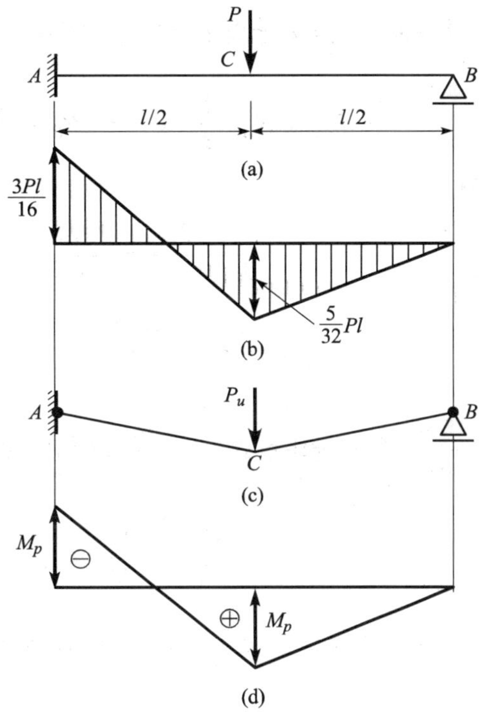

[그림 12-53]

$$P_y = \frac{16 M_y}{3 l}$$

P가 P_y를 넘도록 증가되면 A점에서는 부가적인 항복이 늘어날 것이며, C점에서도 항복이 일어나기 시작할 것이다.

하중을 계속 증가시키면 A점에서 소성힌지가 형성되나, 이 한 개의 소성힌지 때문에 보가 완전히 파괴하지는 않을 것이다. 그러나 이 보는 A점에서 M_{P}인 모멘트가 작용하고 C점에서 P가 작용하는 정정보처럼 거동할 것이다.

이 단계에서 A, C의 2점에서 힌지가 생기며 [그림 12-53(c)]와 같은 메커니즘을 형성한다. 이제는 제약받지 않는 처짐이 생길 수 있고 하중이 더 이상 증가하지 않게 되므로 하중은 극한하중 P_u에 이르게 된다.

소성힌지에서 휨모멘트는 M_{P}이므로 파괴조건하에서 완전한 $B.M.D$는 [그림 12- 53(d)]와 같이 된다. 그러므로 하중 P_u는 평면조건을 고려하여 다음과 같이 구한다.

$$\Sigma M_{\mathrm{atA}} = 0 \ ; \ M_{\mathrm{P}} - P_u \cdot \frac{l}{2} + R_{\mathrm{B}} \cdot l = 0 \ \rightarrow \ R_{\mathrm{B}} = \frac{2M_{\mathrm{P}}}{l}$$

또 CB부분의 자유물체도에서 C점의 모멘트를 취하면

$$-M_{\mathrm{P}} + R_{\mathrm{B}} \cdot \frac{l}{2} = 0 \ \rightarrow \ R_{\mathrm{B}} = \frac{2M_{\mathrm{P}}}{l}$$

두 식을 정리하면

$$\frac{P_u}{2} - \frac{M_{\mathrm{P}}}{l} = \frac{2M_{\mathrm{P}}}{l}$$

$$\therefore \ P_u = \frac{6M_{\mathrm{P}}}{l}$$

항복하중 $P_y = \dfrac{16M_y}{3l}$과 극한하중 $P_u = \dfrac{6M_{\mathrm{P}}}{l}$의 비를 구하면 다음과 같다.

$$\frac{P_u}{P_y} = \frac{9M_{\mathrm{P}}}{8M_y}$$

이 비의 값은 정정구조보다 크다($B.\ M.\ D$의 형상은 정정보의 경우와 동일하지만 부정정보에서는 모멘트가 다시 분포되기 때문).

앞 [그림 12-53]에서 초기 $B.M.D$는 [그림 12-53(b)]와 같이 A점에서 최대가 된다. [그림 12-53(d)]와 같은 조건이 될 때까지는 모멘트가 계속 증가하더라도 그 단면에서 일단 힌지가 형성되고 나면 휨모멘트는 변하지 않을 것이다. 한 단면이 파괴를 일으키자마자 곧 다른 부분이 추가하중을 지탱하기 시작하므로 이러한 모멘트 재분배는 부정정 구조물의 극한하중을 증가시키는 경향이 있다.

소성해석의 편리한 성질중 하나는 극한하중이 정역학만으로 계산될 수 있다는 점이다. 더욱이 소성해석의 결과는 경계조건이 불완전하여도 별지장이 없다. 반면에 구조물의 탄성거동에서는 이런 종류의 불완전성이 상당한 영향을 미친다.

극한 하중을 정역학으로 계산할 때는 **가상변위의 원리**(principle of virtual displacement ; 한 강체의 구조가 외력을 받아서 평형상태에 있다면 이 구조가 작은 변위를 일으키고 있는 동안에 외력에 의하여 행하여진 일은 "0"이다)를 이용하면 편리하다.

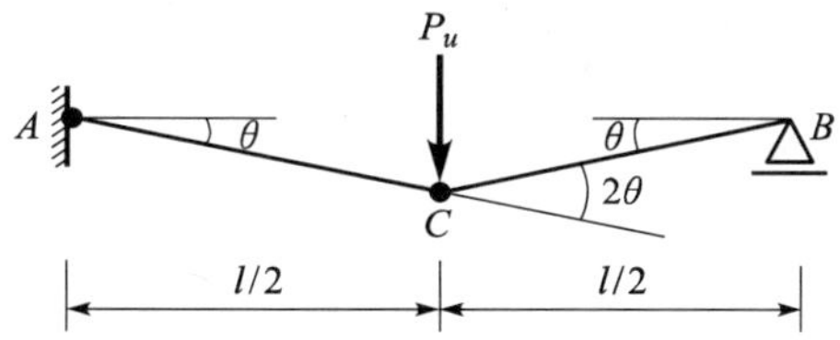

[그림 12-54]

지금 A, C 에 소성힌지를 갖는 봉 AC, CB 의 파괴 메커니즘을 생각하자. 봉 AC가 작은 각 θ만큼 회전할 것이며 C점은 $(\theta \cdot \frac{l}{2})$만큼 아래로 이동할 것이다.

이때 힘 P_u에 의하여 행해진 정(正)의 일은

$$P_u \cdot \frac{\theta l}{2}$$

이고, 소성모멘트 M_P에 의해 진행된 부의 일은

A 단면에서 ; $-M_P \cdot \theta$

B 단면에서 ; $-M_P \cdot 2\theta$

이다. 그러므로 이 보의 가상일이 방정식은 다음과 같다.

$$P_u \cdot \frac{\theta \cdot l}{2} - M_P \cdot \theta - M_P \cdot 2\theta = 0$$

이 식을 P_u에 관하여 정리하면 다음과 같으며 앞의 결과와 같다.

$$\therefore P_u = \frac{6M_P}{l}$$

지금까지의 경우는 한 가지의 메커니즘만 고려하면 되나, 여러 종류의 메커니즘을 만들 수 있는 경우가 있다. 그런 경우 각 메커니즘을 검토하여 대응하중을 결정하고 그 중 가장 작은 값이 발생하는 메커니즘이 정확한 파괴 메커니즘이다. [그림 12-55]와 같은 보에서 (b), (c), (d)의 세 경우의 파괴 메커니즘이 나타난다.

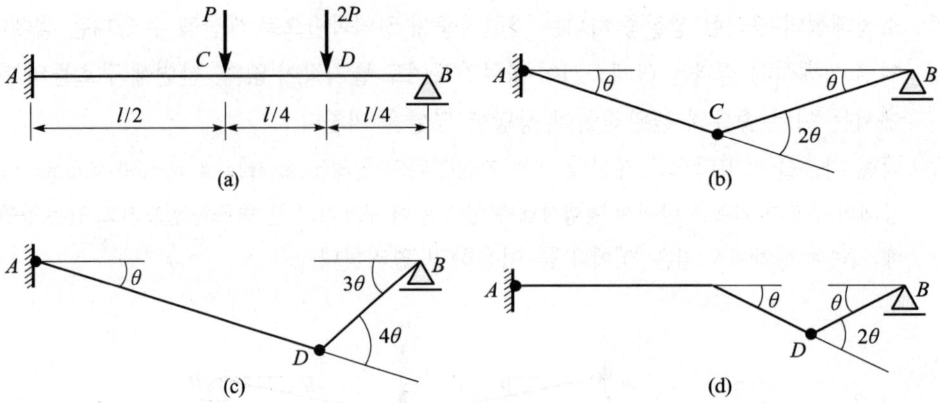

[그림 12-55]

[그림 12-55(b)]의 경우 힘 P에 의하여 행한 일

$$P\cdot\left(\theta\cdot\frac{l}{2}\right)+2P\cdot\left(\theta\cdot\frac{l}{4}\right)$$

소성모멘트 $M_{\rm P}$에 의하여 진행된 일은

A 단면에서 ; $-M_{\rm P}\cdot\theta$

C 단면에서 ; $-M_{\rm P}\cdot 2\theta$

이므로 가상일의 방정식은 다음과 같다.

$$P\frac{\theta l}{2}+2P\frac{\theta l}{4}-M_{\rm P}\cdot\theta-M_{\rm P}\cdot 2\theta=0$$

$$\therefore\ P=\frac{3M_{\rm P}}{l}$$

[그림 12-55(c)]의 경우 힘 P에 의하여 행한 일

$$P\cdot\left(\theta\cdot\frac{l}{2}\right)+2P\cdot\left(\theta\cdot\frac{3}{4}l\right)$$

소성모멘트 $M_{\rm P}$에 의하여 진행된 일은

A 단면 ; $-M_{\rm P}\cdot\theta$

D 단면 ; $-M_{\rm P}\cdot 4\theta$

이므로 가상일의 방정식은 다음과 같다.

$$P\frac{\theta l}{2}+2P\cdot\frac{3\theta l}{4}-M_{\rm P}\theta-M_{\rm P}4\theta=0$$

$$\therefore\ P = \frac{5M_P}{2l}$$

[그림 12-55(d)]의 경우 힘 P에 의하여 행한 일

$$P\cdot 0 + 2P\left(\theta\cdot\frac{l}{4}\right)$$

소성모멘트 M_P에 의하여 행하여진 일은

C 단면 ; $-M_P\cdot\theta$

D 단면 ; $-M_P\cdot 2\theta$

이므로 가상일의 방정식은 다음과 같다.

$$2P\cdot\frac{\theta l}{4} - M_P\cdot\theta - M_P 2\theta = 0$$

$$\therefore\ P = \frac{6M_P}{l}$$

이 세 결과로 보면 보(a)의 극한 하중 $P_u = \dfrac{5M_P}{2l}$ 이고 붕괴메커니즘은 A, D단면에 소성힌지를 갖는 구조가 된다([그림 12-55(c)]).

소성해석의 또 다른 예로서 다음 [그림 12-56]과 같은 보를 생각하면 최대 부모멘트는 A단에, 정모멘트는 중앙점 가까이에서 일어나므로 [그림 12-56(b)]와 같은 붕괴 메커니즘을 형성할 것이다.

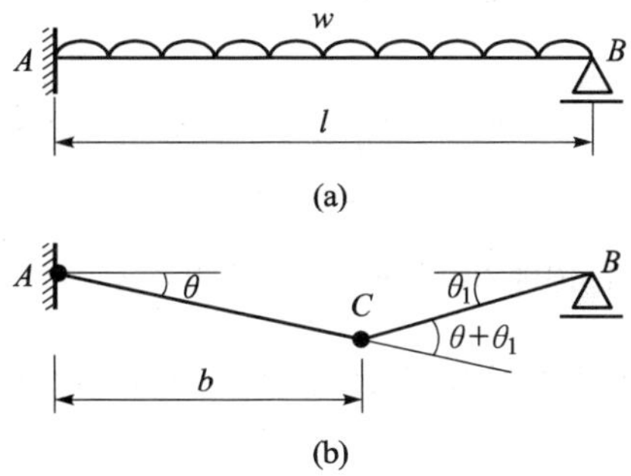

[그림 12-56]

힌지 C의 수직변위 ; $b\cdot\theta$

CB 부분 회전각 ; $\theta_1 = \theta\cdot\dfrac{b}{l-b}$

그러므로 힌지(A, C점)에서 소성모멘트 M_P에 의하여 행해진 일은

$$- M_P \cdot \theta - M_P(\theta + \theta_1)$$

이고, 분포하중 w에 의한 일은 wdx의 하중에 그것이 움직인 가상변위를 곱한 후 보 전장에 대하여 적분하면 얻어진다. w는 일정하므로 w에다 [그림 12-56(b)]의 변위도의 면적을 곱한 것과 같다.

그러므로 하중 w에 의하여 행한 일은

$$w\left(\frac{l}{2} \cdot l \cdot b\theta\right)$$

이고, 가상일의 방정식은 다음과 같다.

$$\frac{w \cdot l \cdot b\theta}{2} - M_P\theta\left(1 + \frac{b}{l-b}\right) = 0$$

$$\frac{w \cdot l \cdot b}{2} - M_P\left(2 + \frac{b}{l-b}\right) = 0$$

$$\therefore\ w_u = \frac{2M_P}{l \cdot b}\left(\frac{2l-b}{l-b}\right)$$

이 식은 미지량 b의 함수로 표시된 극한 하중식이다. 여러 개의 가능한 파괴 메커니즘을 고려할 때 가장 작은 극한하중을 주는 메커니즘이 정확한 메커니즘이다. w_u가 최소가 되도록 b를 결정하기 위하여 편미분을 취하면

$$\frac{\partial w_u}{\partial b} = 0$$

에서 $b = l(2 - \sqrt{2}) = 0.586l$이다. 이 b의 값을 극한 하중 w_u에 대입하면

$$w_u = \frac{2M_P}{l^2}(3 + 2\sqrt{2}) = \frac{11.66}{l^2}M_P$$

가 되며, 정정보의 1.46배가 된다(정정보일 경우 $w_u = \frac{8M_P}{l^2}$).

양단고정보는 3개의 소성힌지(지점에 1개씩과 지간 사이에 1개)가 형성될 때 메커니즘을 이룰 것이다.

연속보인 경우 어떤 한 지간에서 생기면 붕괴해 버리므로 3개의 소성힌지(지간의 단부에 1개씩과 지간 사이에 1개)가 형성된다.

연습문제

01 길이 l인 단순보에 등분포하중 w가 만재되었을 때 최대휨응력이 σ이면 하중강도 w를 구하는 식을 유도하라(단, 단면은 폭 b, 높이 h인 사각형이다).

답 $w = \dfrac{4\sigma b h^2}{3l^2}$

02 길이 10cm이고, 폭 4cm, 높이 6cm의 정사각형 단면을 가진 단순보의 허용휨응력 400kg/cm^{2}이라면 이 단순보 중앙에 작용시킬 수 있는 최대 집중하중의 크기를 구하라.

답 $P = 384\text{kg}$

03 다음 그림과 같은 T 형 단면을 가진 단순보가 있다. 지점 A에서 1m 떨어진 곳에 $P = 450\text{kg}$이 작용할 때 이 보에 생기는 최대 전단응력은 얼마인가?

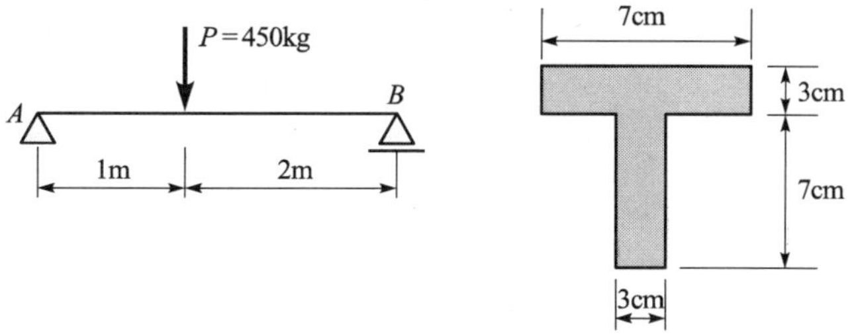

답 $\tau = 14.83\text{kg/cm}^2$

04 그림과 같은 보의 C점에서 단면의 중립축에서 4cm 아래 위치에서 주응력 σ_1, σ_2를 구하고 주평면이 수평축과 이루는 각을 구하라.

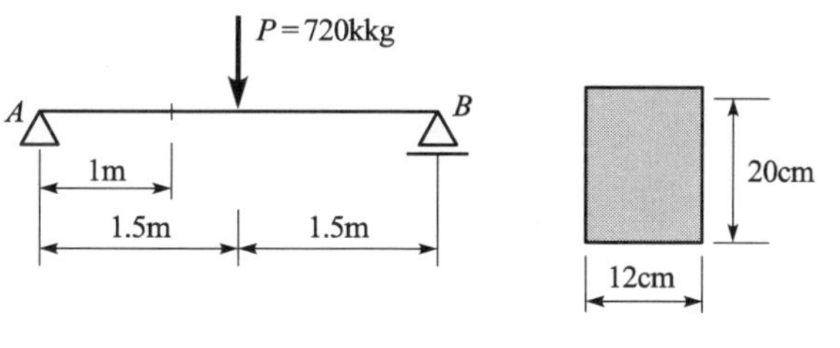

답 $\sigma_1 = 18.2$, $\sigma_2 = 0.2\text{kg/cm}^2$, $\theta = 84°$

05 직경 8cm의 축에 휨모멘트 M과 비틀리모멘트 T의 비가 1:2의 비율로 작용하고 있을 때 최대전단응력 $\tau_{\max} = 600\text{kg/cm}^2$이면 비틀림 모멘트 T를 구하라.

답 $T = 53{,}900\text{kg}\cdot\text{cm}$

CHAPTER 13

트러스(Truss)

13.1 트러스 일반

(1) 정의

2개 이상 직선부재를 마찰력이 전혀 없는 활절(hinge)로서 단부를 연결하여 삼각형 형상으로 만든 구조물을 트러스라 한다.

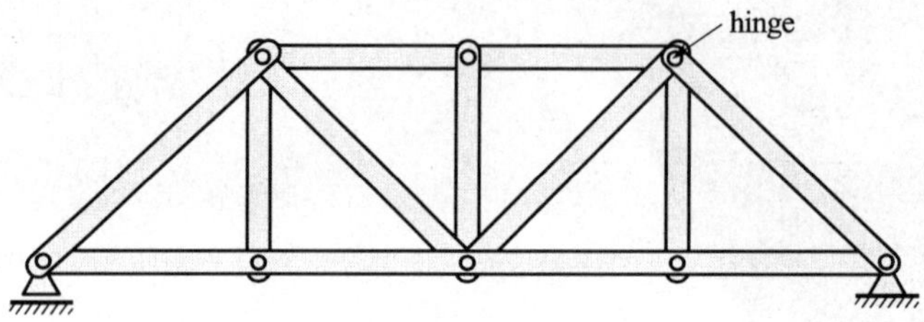

[그림 13-1] 트러스

트러스의 역학적 특성은 외력에 대하여 각 부재가 축방향력(인장력, 압축력)만으로 저항하는 구조이다.

트러스를 사용면에서 생각하면 교량트러스, 바닥트러스, 지붕트러스, 지주트러스 등이 있으며 실제 트러스는 입체트러스(truss in a space)이나 해석상 이것을 평면으로 분해하여 해석한다.

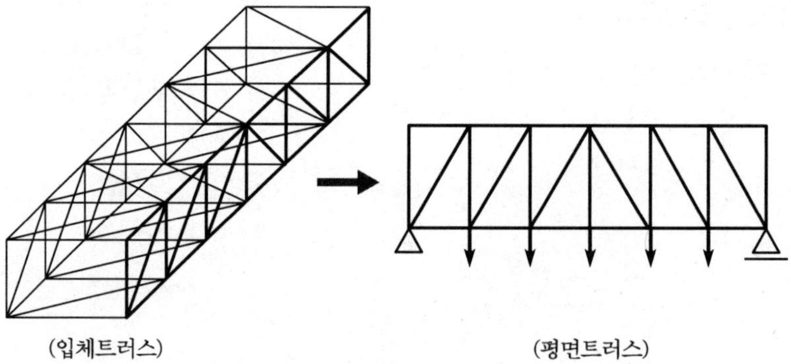

[그림 13-2]

(2) 부재의 명칭

트러스 위, 아래 부분을 구성하는 부재를 현재(chord member)라 하며 위의 부재를 **상현재**, 아래 부재를 **하현재**라 한다.

상현재와 하현재를 잇는 부재를 **복재**(web member)라 하며 수직인 복재를 **수직재**(vertical member), 경사진 복재를 **사재**(diagonal member)라 한다.
부재간의 결합점을 절점 또는 **격점**(panel point)이라 하고 이 격점 간의 간격을 **격간장**(panel length)이라 한다.

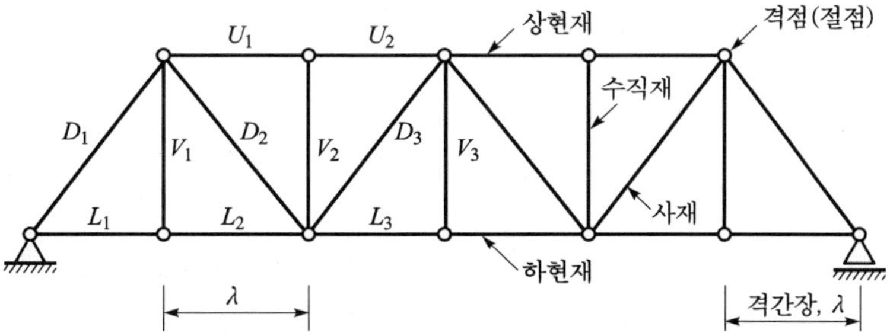

[그림 13-3] **트러스 명칭**

현 재 ┌ 상현재(upper chord member), U_1, U_2
　　　└ 하현재(lower chord member), L_1, L_2, L_3

복 재 ┌ 수직재(vertical member), V_1, V_2, V_3
　　　└ 사 재(diagonal member), D_1, D_2, D_3

격간장(panel length), λ

(3) 트러스의 종류

① 외력작용 위치에 따른 구분

(a) 상현재하트러스 : 하중이 상현에 작용하는 트러스

(b) 하현재하트러스 : 하중이 하현에 작용하는 트러스

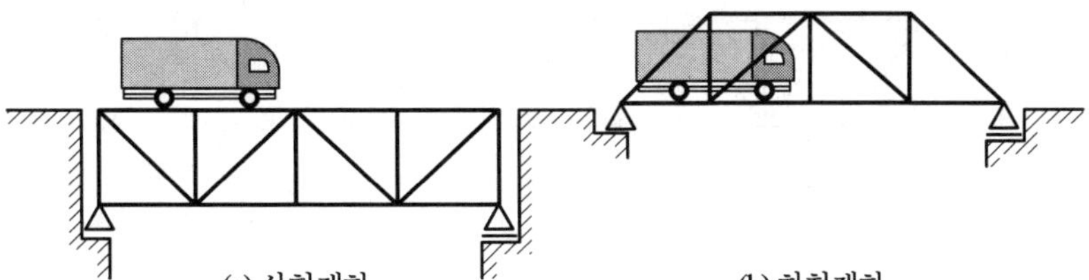

[그림 13-4] **트러스**

② 현재의 형상에 따른 구분

(a) 직현트러스(parallel-chord truss)

상하 현재가 평행한 트러스

(b) 곡현트러스(曲弦, curbed-chord truss)

현재가 평행하지 않는 트러스

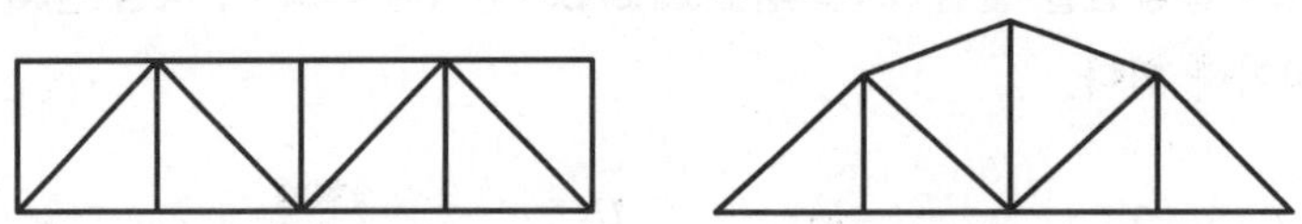

(a) 직현트러스 (b) 곡현트러스

[그림 13-5] **트러스**

③ 복재의 배치에 따른 구분

(a) 프랫 트러스(Pratt turss) : 상현재는 압축, 하현재는 인장에 저항하며, 사재는 주로 인장, 수직재는 압축에 저항하는 트러스로 강교에 널리 사용된다.

(b) 하우 트러스(Howe truss) : 상현재는 압축, 하현재는 인장에 저항하며, 사재는 주로 압축, 수직재는 인장에 저항하는 트러스로 목조에 많이 사용

(c) 와렌 트러스(Warren truss) : 수직재가 없는 경우, 타트러스에 비하여 부재수가 적고 구조가 간단하며 연속교량트러스에 많이 사용되나, 현재의 길이가 과대하여 강성을 감소시킨다. 이것을 보완하기 위하여 수직재를 사용하기도 한다.

이 밖에 아래 [그림 13-6]과 같은 트러스들이 있다.

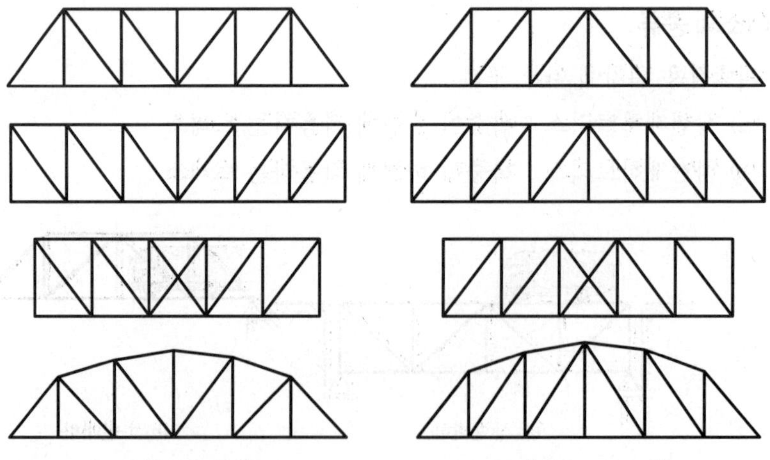

(a) 프랫(Pratt) 트러스 (b) 하우(Howe)트러스

[그림 13-6(a)] **트러스의 종류**

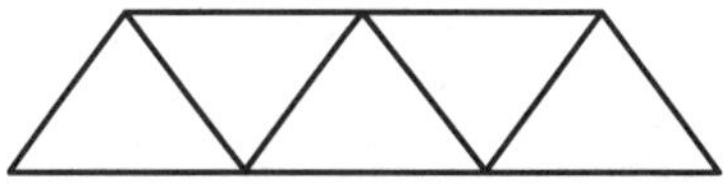

(c) 와렌(Warren)트러스

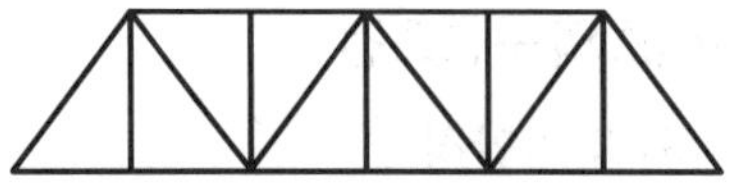

(d) 수직재가 있는 와렌트러스

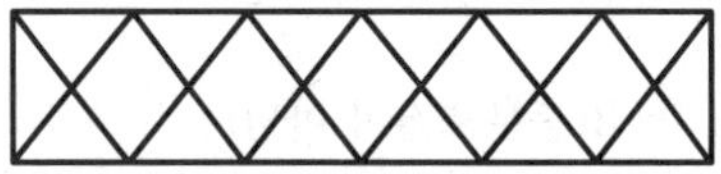

(e) 복 와렌(Double Warren)트러스

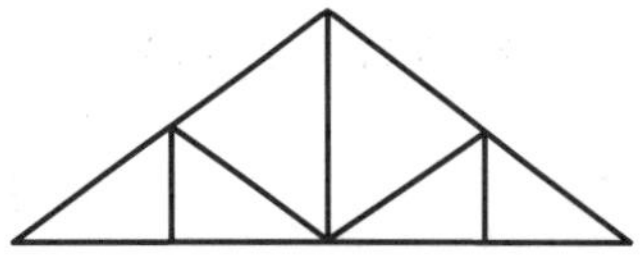

(f) 지붕트러스(king-post truss)

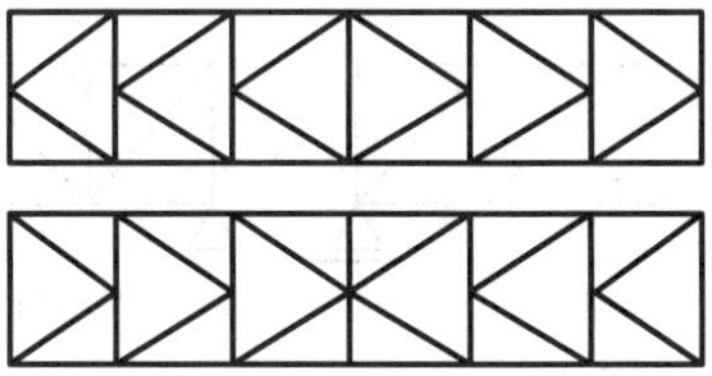

(g) K-truss

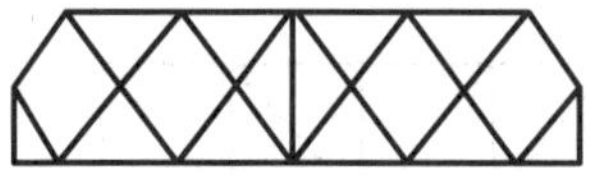

(h) 롬빅(Rhombic)트러스

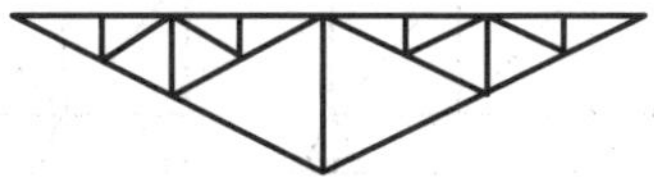

(i) 핑크(Fink) 트러스

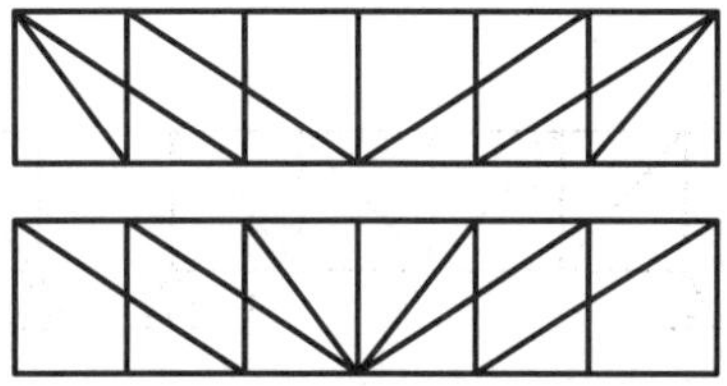

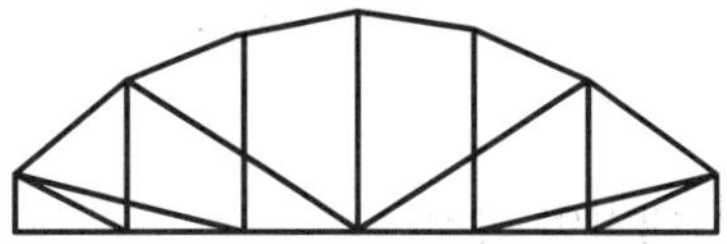

(k) 위플(Whipple)트러스

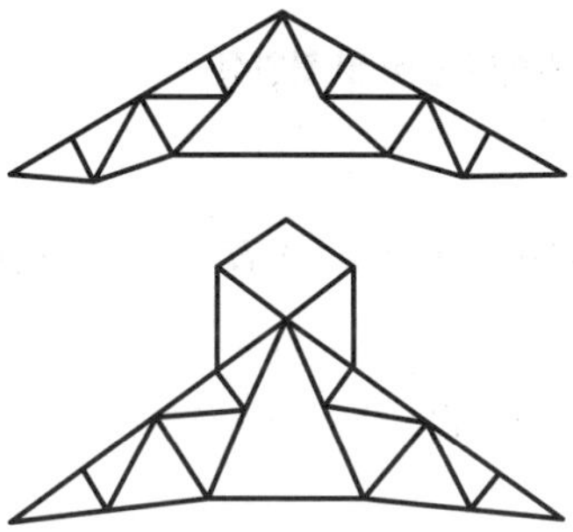

(k) 포롱소(Polonceau) 트러스

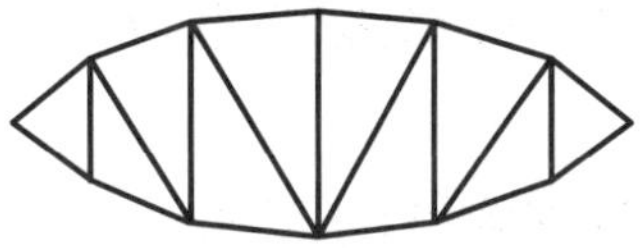

(l) 어형(Lenticular)트러스

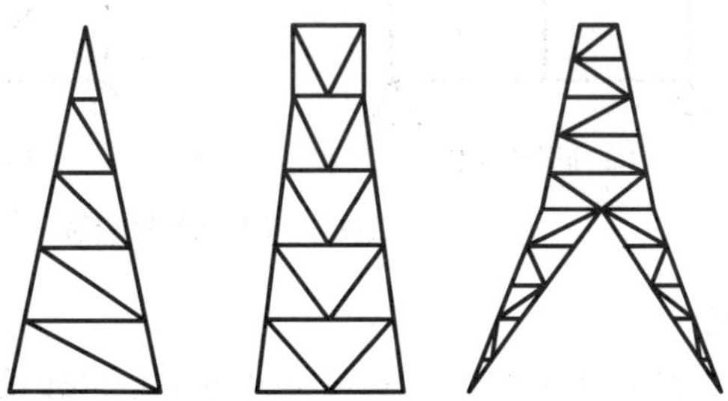

(m) 지주 트러스

[그림 13-6(b)] 트러스의 종류

(4) 트러스의 구성조건

① 외적인 안정

트러스가 외력을 받더라도 $\Sigma V=0$, $\Sigma H=0$, $\Sigma M=0$(평형조건)이 성립되어야 한다. 즉, 위치변화가 없어야 된다. 그러므로 외적안정이 되려면

$$R(\text{반력 수}) \geqq 3(\text{충분조건이 아님})$$

이 되어야 한다.

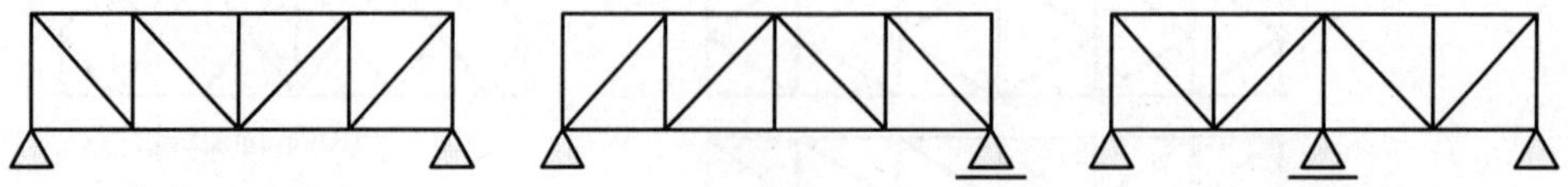

외적 1차 부정정　　정정　　외적 1차 부정정

(a) 외적안정

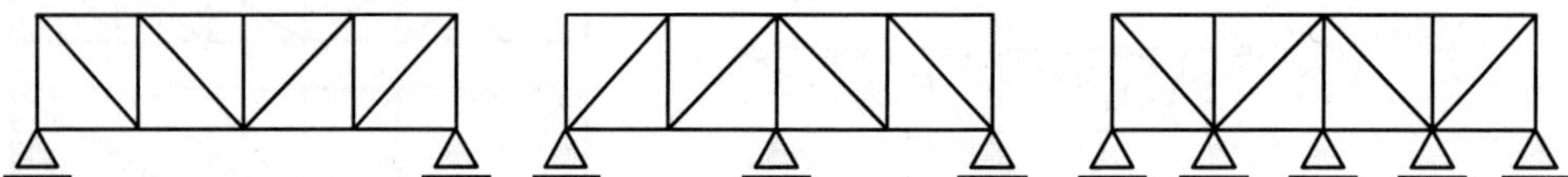

(b) 외적불안정

[그림 13-7] **외적인 안정 및 불안정**

② 내적인 안정

트러스의 각 절점에서 내력과 외력에 대한 $\Sigma V=0$, $\Sigma H=0$가 성립되어야 한다. 그러므로 내적안정이 되려면

$$m \geqq 2P-3$$

이 성립되어야 한다.

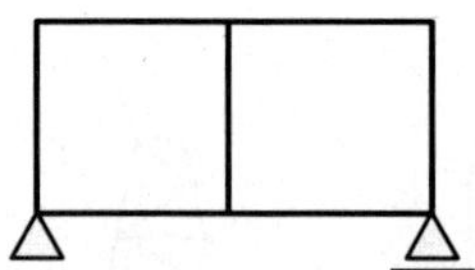

(a) 내적불안정

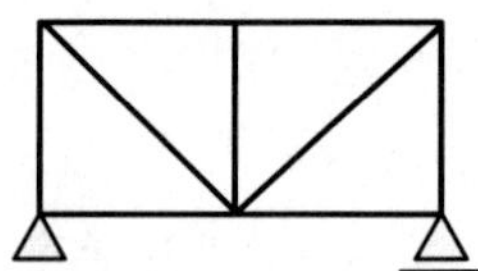

(b) 내적안정

[그림 13-8] **내적인 안정**

③ 트러스의 안정

트러스 전체가 안정되려면 내적, 외적 모두 안정되어야 한다. 그러므로 트러스가 안정되려면 다음 조건을 만족하여야 한다.

$$m+R>2P$$

이 식은 트러스가 안정하기 위한 필요조건이고 충분조건은 아니다.

(5) 트러스의 가정

평면 트러스의 부재력은 다음과 같은 가정 하에서 유도된다.

① 각 부재가 만나는 격점은 마찰이 없는 활절(hinge)로 연결되어 있다.
핀트러스(Pin truss)는 실제와 같으나, 리벳트(rivet), 용접 트러스에서는 실제와 같지 않다. 완전 hinge일 때 생기는 부재응력을 **1차응력(primary stress)**, 회전이 되지 않으므로 생기는 응력을 **2차응력(secondary stress)**이라 하며, rivet 또는 용접된 트러스라도 실용상 1차응력만 생긴다.

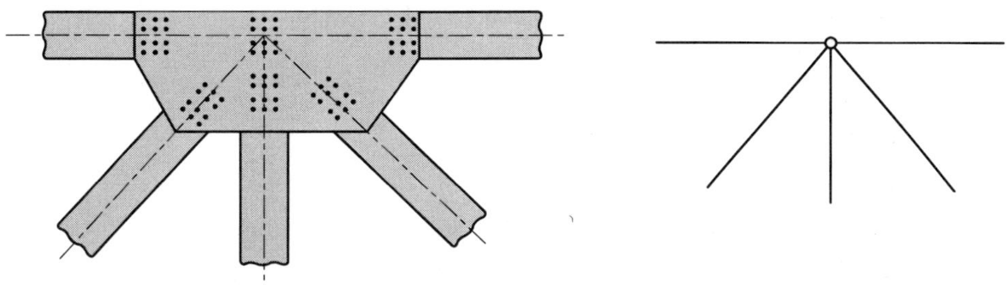

(a) 실제트러스　　　　(b) 이론트러스

[그림 13-9] **트러스 격점**

② 각 부재는 직선재이다.
만약 부재가 곡선이면 트러스가 아니고 아치(arch)이다.

③ 각 부재의 중심축은 절점에서 만난다([그림 13-9(a)]).

④ 모든 하중은 격점에 집중하여 작용한다([그림 13-2] 참조).

⑤ 트러스의 변형은 무시한다.
변형은 미소하여 무시하므로 하중이 작용한 후에도 격점의 위치는 변화가 없다고 가정한다.

(6) 부재력

트러스의 부재력은 인장력, 압축력만 생기며 편의상 인장력을 (+), 압축력을 (−)로 생각한다.

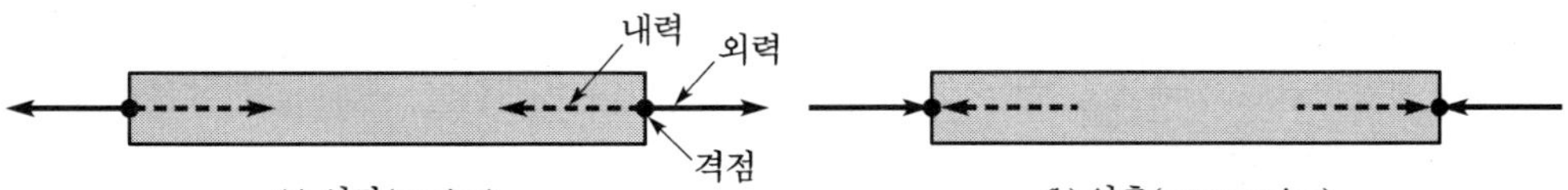

(a) 인장(tension)　　　　(b) 압축(compression)

[그림 13-10] **부재력**

트러스 해석에서 인장, 압축은 다음과 같이 생각하면 편리하다.

인장 : 힘이 격점에서 밖으로 향하는 방향

압축 : 힘이 밖에서 격점 쪽으로 향하는 방향

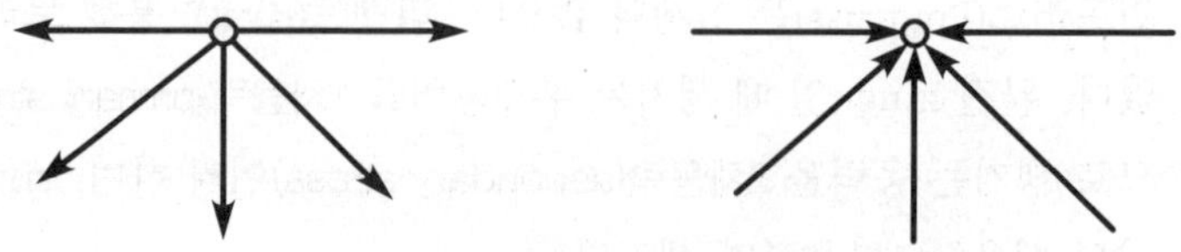

[그림 13-11] 인장, 압축

(7) 트러스의 해법

① 격점법(panel point method)

② 단면법(dissection method)

- 쿨만법(Karl Culmann method) : 평행트러스
- 릿터법(A. Ritter method) : 곡현트러스

③ 응력계수법(coefficient of stress method)

④ 도해법(Cremona, Culmann method)

⑤ 영향선법(influence line method)

(8) 트러스의 지점반력

트러스의 지점 반력은 단순보나 라멘과 마찬가지로 평행조건($\Sigma V=0$, $\Sigma H=0$, $\Sigma M=0$)으로 해석한다.

13.2 격점법, 절점법(panel method)

격점법은 트러스 각 격점마다 그 점에 작용하는 외력과 그 점에 연결되어 있는 부재의 부재내력이 평형이 되어야 되는 조건으로 부재력을 구하는 방법, 즉 지점반력을 먼저 계산하고, 각 절점에서 평형조건($\Sigma V=0$, $\Sigma H=0$)을 생각하여 미지의 부재력을 구하나 한 절점에서 2개의 미지수만 구할 수 있다.

다음과 같은 트러스의 부재력을 구해보면

i) 지점반력

반력의 방향을 [그림 13-12]와 같이 가정하고

$\Sigma M_{\text{atB}} = 0$; $V_A \cdot 8 - 8 \times 4 = 0$, $V_A = 4\text{t}$

$\Sigma V = 0$; $V_A + R_B = 8\text{t}$, $R_B = 4\text{t}$

$\Sigma H = 0$; $H_A = 0$

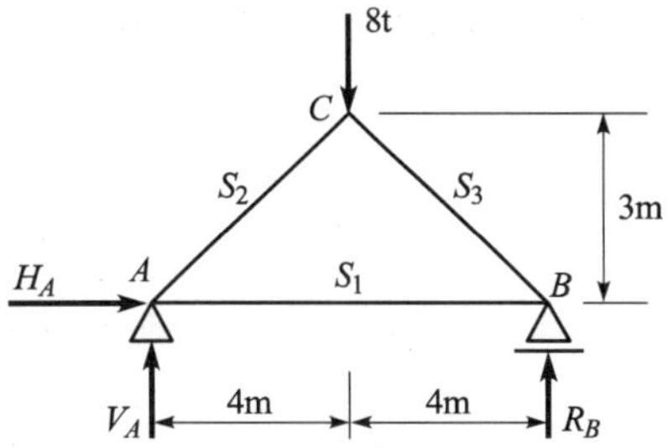

[그림 13-12]

ii) 부재력

각 절점에서 $\Sigma V = 0$, $\Sigma H = 0$가 성립되어야 한다.

① 절점(A)

미지 부재력을 절점에서 끊은 단면 쪽으로 가정하여 방향이 맞으면(답이 +로 나오면) 이장재이고 반대이면 압축재이다.

또 θ의 값을 구하면 삼각함수에서

$\sin\theta = \dfrac{3}{5}$, $\cos\theta = \dfrac{4}{5}$

$\Sigma V = 0$; $V_A + S_2 \cdot \sin\theta = 0$

$4 + 0.6 \cdot S_2 = 0$ $\therefore S_2 = -6.67\text{t}$ (압축)

$\Sigma H = 0$; $S_2 \cdot \cos\theta + S_1 = 0$

$-6.67 \times \dfrac{4}{5} + S = 0$ $\therefore S_1 = 5.33\text{t}$(인장)

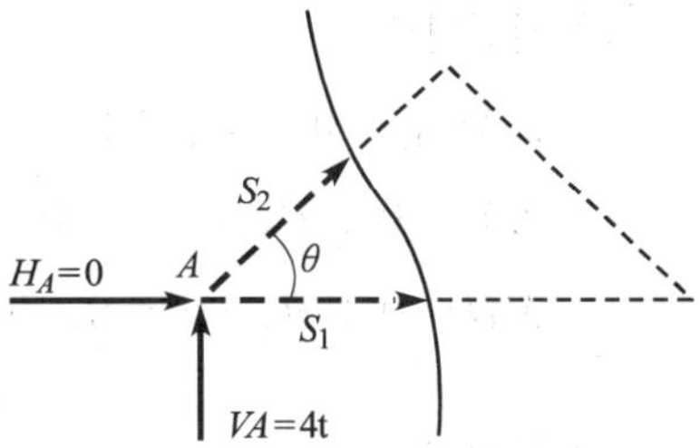

[그림 13-12(a)]

② 절점(C)

$\Sigma H = 0$에서 $S_3 = -6.67\text{t}$ (압축)

또, $\Sigma V = 0$; $8 - 6.67 \times \dfrac{3}{5} + S_3 \times \dfrac{3}{5} = 0$

$\therefore S_3 = -6.67\text{t}$ (압축)

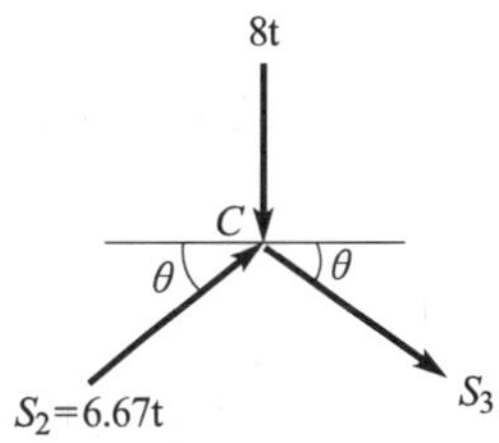

[그림 13-12(b)]

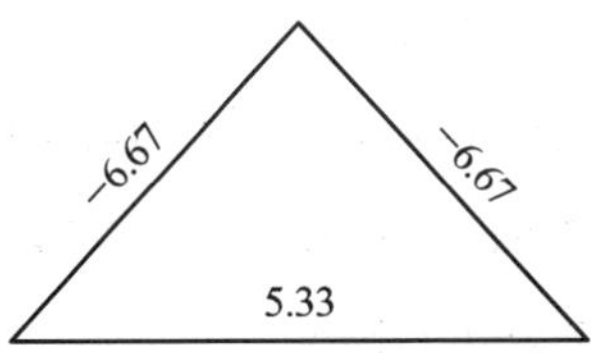

[그림 13-13] 트러스 부재력

또 다음과 같은 수평하중이 동시에 작용하는 트러스의 부재력을 생각하면

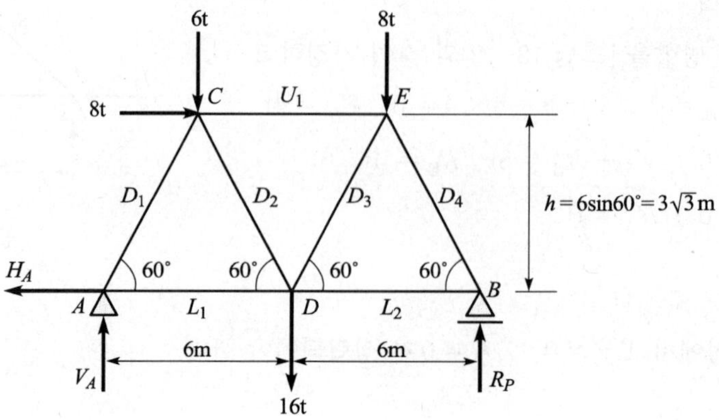

[그림 13-14]

i) 지점반력

$\Sigma M_{\mathrm{atB}}=0$; $V_{\mathrm{A}} \cdot 12-6\times 9-16\times 6-8\times 3+8\times 3\sqrt{3}=0$, $V_{\mathrm{A}}=11.036\mathrm{t}$

$\Sigma V=0$; $V_{\mathrm{A}}+R_{\mathrm{B}}-6-16-8=0$, $R_{\mathrm{B}}=18.964\mathrm{t}$

$\Sigma H=0$; $H_{\mathrm{A}}-8=0$, $H_{\mathrm{A}}=8\mathrm{t}$

ii) 부재력

① 절점(A)

$\Sigma V=0$; $D_1 \cdot \sin 60°+11.036=0$,

$D_1=-12.744\mathrm{t}$ (압축)

$\Sigma H=0$; $D_1 \cdot \cos 60°+L_1-8=0$

$-12.744\times \cos 60°+L_1-8=0$,

$L_1=14.372\mathrm{t}$ (인장)

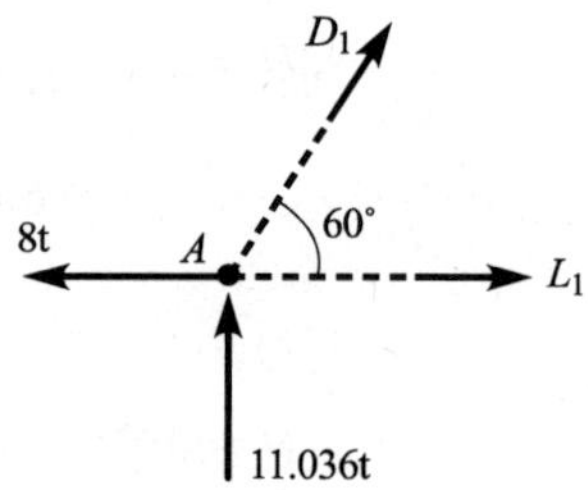

[그림 13-14(a)]

② 절점(C)

$\Sigma V=0$; $-6+12.744 \cdot \sin 60°-D_2 \cdot \sin 60°=0$

$D_2=5.816\mathrm{t}$ (인장)

$\Sigma H=0$; $8+U_1+D_2 \cdot \cos 60°+12.744\cos 60°=0$

$8+U_1+5.816 \cdot \cos 60°+12.744\cos 60°=0$

$U_1=-17.280\mathrm{t}$ (압축)

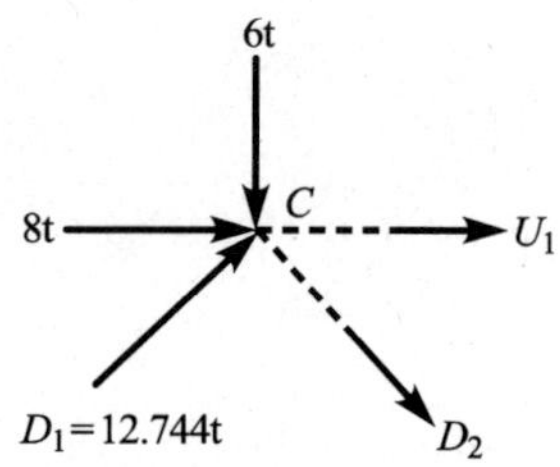

[그림 13-14(b)]

③ 절점(D)

$\Sigma V=0$; $D_2 \cdot \sin 60° + D_3 \cdot \sin 60° - 16 = 0$

$5.816 \cdot \sin 60° + D_3 \cdot \sin 60° - 16 = 0$,

$D_3 = 12.66\text{t}$ (인장)

$\Sigma M=0$; $5.816 \cdot \cos 60° + 14.372$

$- 12.67 \cdot \cos 60° + 14.372$

$- 12.67 \cdot \cos 60° - L_2 = 0$,

$L_2 = 10.95\text{t}$ (인장)

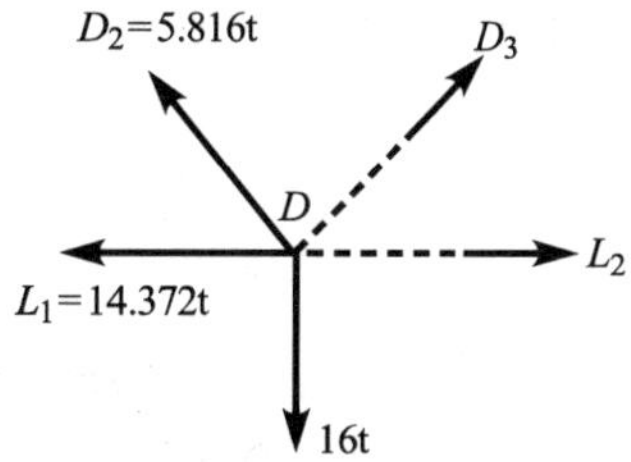

[그림 13-14(c)]

④ 절점(E)

$\Sigma V=0$; $8 + 12.66 \cdot \sin 60° + D_4 \cdot \sin 60 = 0$,

$D_4 = -21.90\text{t}$ (압축)

$\Sigma H=0$; $17.28 - 12.66 \cdot \cos 60° + D_4 \cdot \cos 60° = 0$,

$D_4 = -21.90\text{t}$

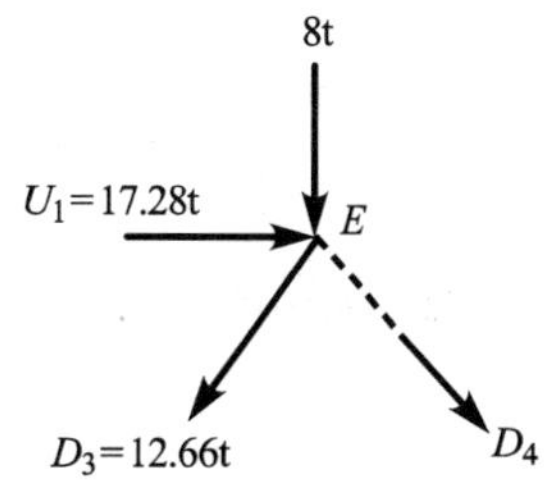

[그림 13-14(d)]

⑤ 절점(B) ; 부재력은 모두 계산되었으나 검산을 해보면

$\Sigma V=0$; $18.964 + D_4 \cdot \sin 60° = 0$,

$D_4 = -21.90\text{t}$ (압축)

$\Sigma H=0$; $D_4 \cdot \cos 60° + L_2 = 0$

$- 21.9 \cdot \cos 60° + L_2 = 0$,

$L_2 = 10.95\text{t}$ (인장)

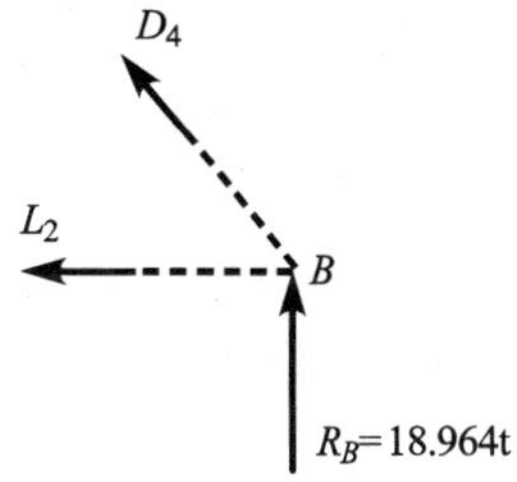

[그림 13-14(e)]

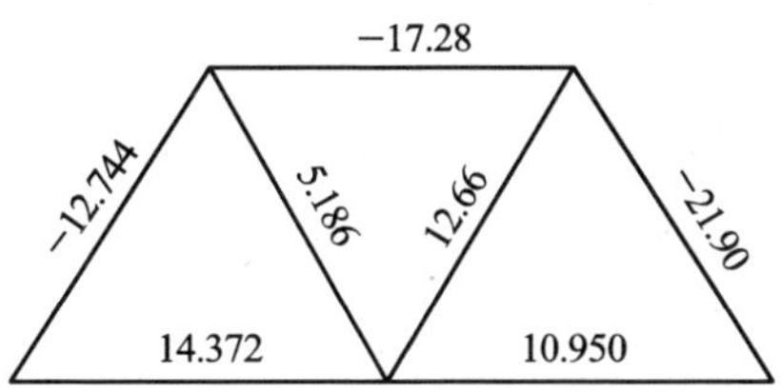

[그림 13-15]

예제 1

다음 트러스의 부재력을 구하라.

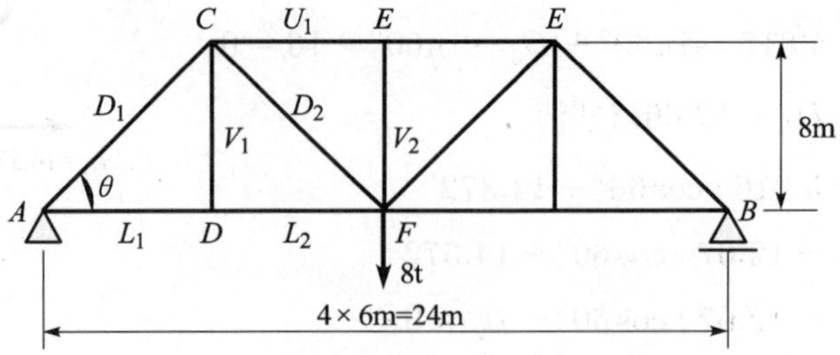

[그림 13-16]

$\sin\theta = \frac{4}{5}$, $\cos\theta = \frac{3}{5}$

$R_A = R_B = 4t$

좌우대칭이므로 부재력 반만 구하면 된다.

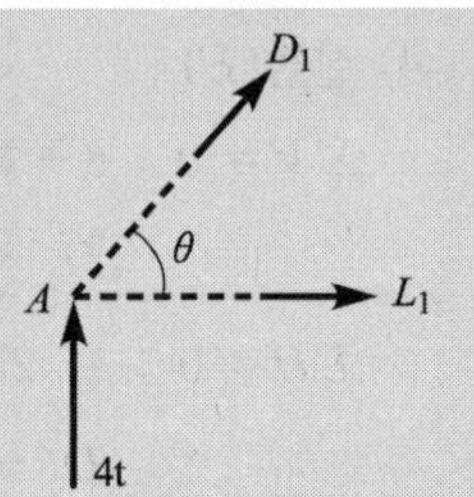

[그림 13-16(a)]

① 절점(A)

$\Sigma V = 0$에서 $D_1 \cdot \sin\theta + 4 = 0$, $D_1 = -5.0t$ (압축)

$\Sigma H = 0$; $D_1 \cdot \cos\theta + L_1 = 0$

$-5 \times \frac{3}{5} + L_1 = 0$, $L_1 = 3.0t$ (인장)

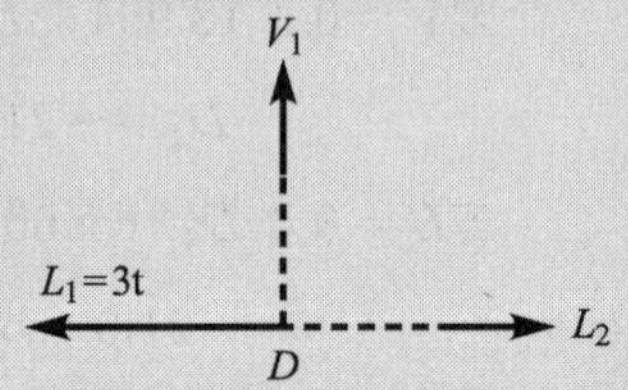

[그림 13-16(b)]

② 절점(D)

$\Sigma V = 0$; $V_1 = 0$(부재력이 없음)

$\Sigma H = 0$; $L_1 - L_2 = 0$, $L_2 = 3.0t$(인장)

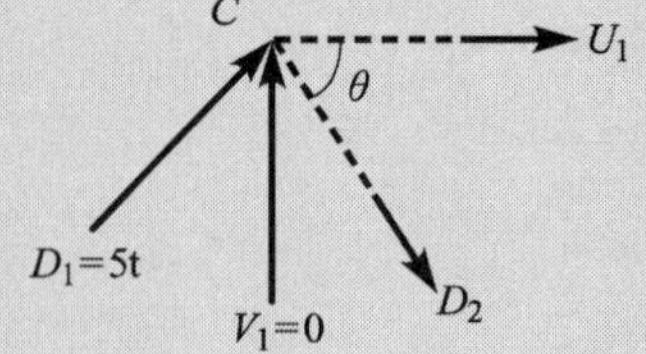

[그림 13-16(c)]

③ 절점(C)

$\Sigma V = 0$; $D_1 \cdot \sin\theta° - D_2 \cdot \sin\theta° = 0$

$D_2 = 5.0t$ (인장)

$\Sigma H = 0$; $D_1 \cdot \cos\theta° + D_2 \cdot \cos\theta° + U_1 = 0$

$2 \times 5 \times \frac{3}{5} + U_1 = 0$, $U_1 = -6.0t$ (압축)

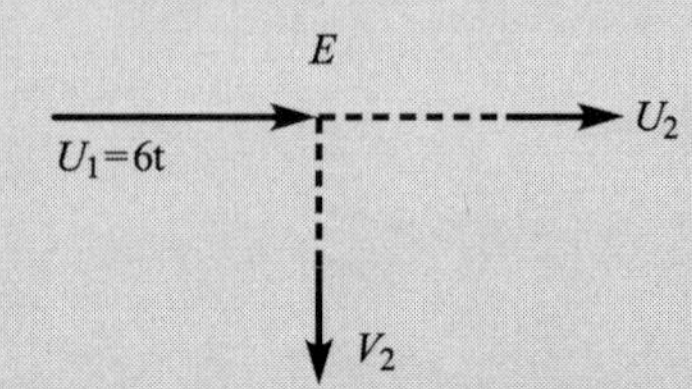

[그림 13-16(d)]

④ 절점(E)

$\Sigma V = 0$; $V_2 = 0$

$\Sigma H = 0$; $U_2 = -6.0t$ (압축)

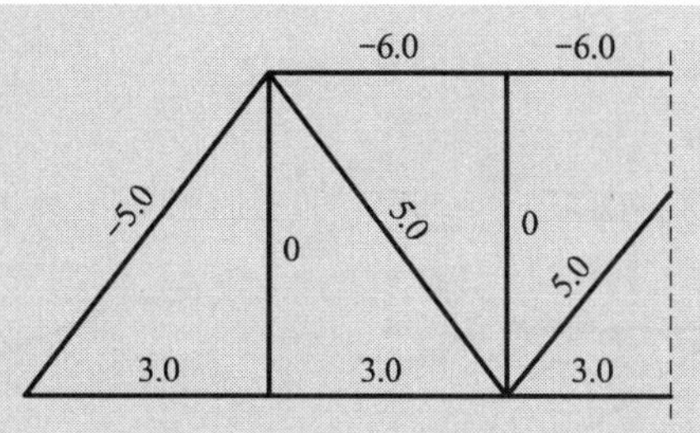

[그림 13-17]

예제 2

다음과 같은 캔틸레버형 트러스에서 부재력을 구하라.

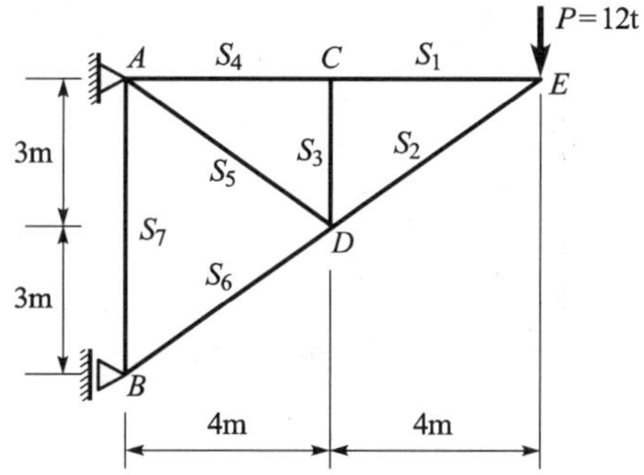

[그림 13-18]

$\sin\theta = 0.6$, $\cos\theta = 0.8$

① 절점(E)

$\Sigma V = 0$; $12 + S_2 \cdot \sin\theta = 0$

$12 + 0.6 \cdot S_2 = 0$, $S_2 = -20\text{t}$ (압축)

$\Sigma H = 0$; $S_2 \cdot \cos\theta + S_1 = 0$

$-20 \times 0.8 + S_1 = 0$, $S_1 = 16\text{t}$ (인장)

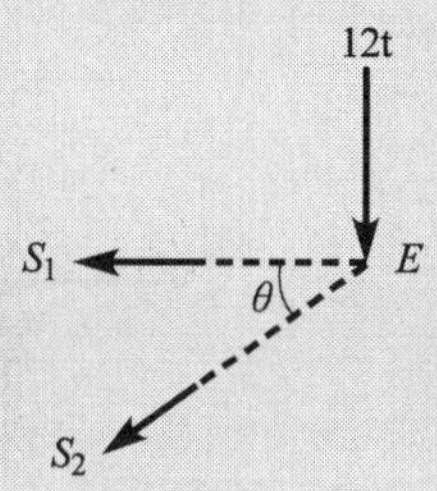

[그림 13-18(a)]

② 절점(C)

$\Sigma V = 0$; $S_3 = 0$

$\Sigma H = 0$; $S_4 = 16\text{t}$ (인장)

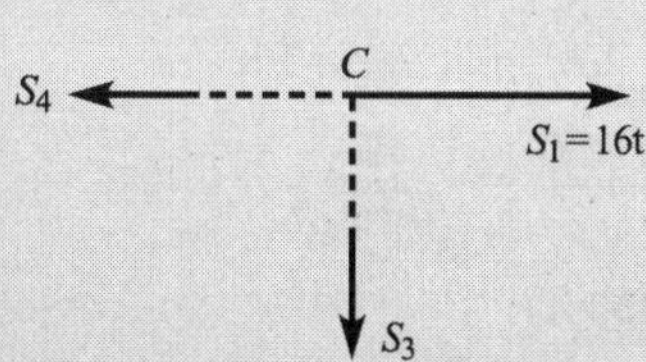

[그림 13-18(b)]

③ 절점(A)

$\Sigma H = 0$; $S_5 = 0$

$\Sigma V = 0$; $12 - S_7 - S_5 \sin\theta = 0$

$S_7 = 12\text{t}$ (인장)

④ 절점(D)

$\Sigma V = 0$; $S_6 = -20\text{t}$ (압축)

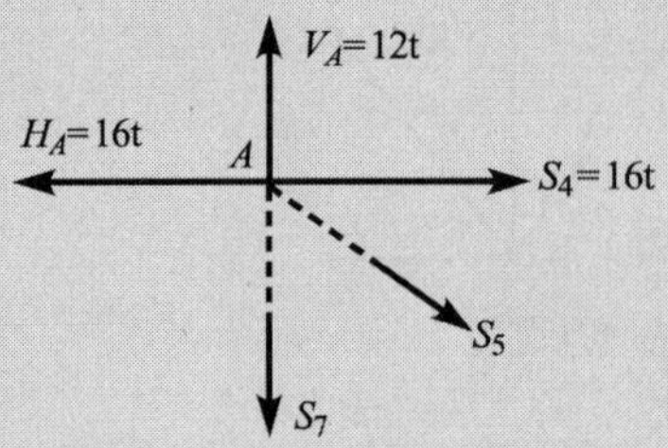

[그림 13-18(c)]

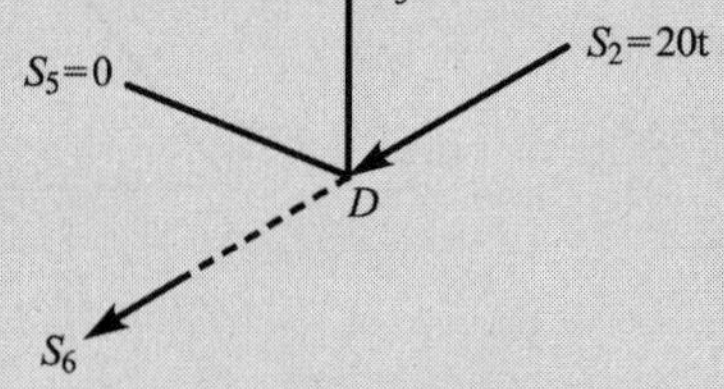

[그림 13-18(d)]

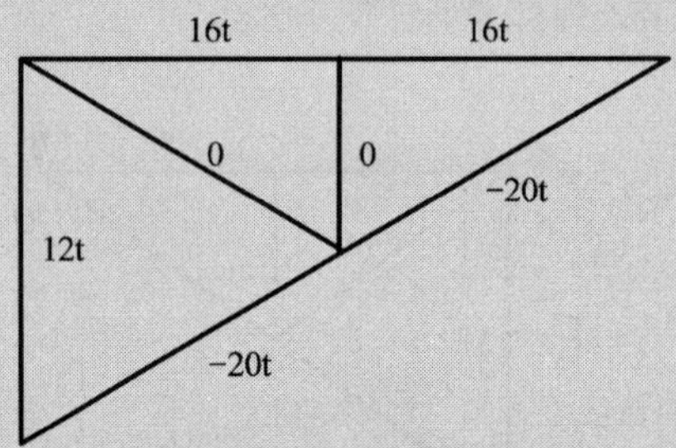

[그림 13-19]

예제 3

다음 트러스에서 D부재의 부재력은 얼마인가?

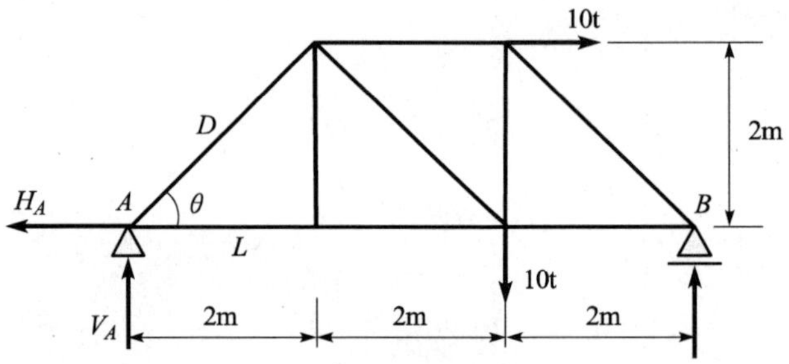

[그림 13-20]

$\Sigma M_{\text{atB}} = 0$; $V_A \cdot 6 - 10 \times 2 + 10 \times 2 = 0, \ V_{\text{A}} = 0$

$\Sigma H = 0$; $H_{\text{A}} = 10\text{t}$

$$\cos\theta = \frac{2}{\sqrt{2^2 + 2^2}} = 0.707$$

절점(A)

$\Sigma V = 0$; $V_{\text{A}} + D\sin\theta = 0$

$\therefore D = 0$

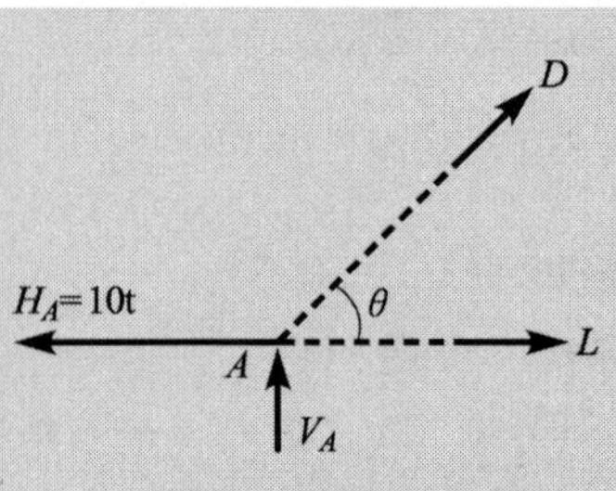

[그림 13-20(a)]

13.3 단면법, 절단법(dissection method)

격점법으로 트러스의 부재력을 계산할 수 있으나 다음과 같은 단점이 발견됨을 알 수 있다.
① 임의 부재의 부재력을 바로 구할 수 없다.
② 한 부재의 계산 잘못이 다른 부대에 영향을 미친다.

그러나 단면법은 임의 부재 부재력을 바로 구할 수 있고 계산 잘못이 타 부재에 전달되지 않는다. 단면법은 구하고자 하는 임의 부재를 절단하였을 때 어느 한쪽에 작용하는 모든 외력은 절단된 부재의 내력과 평행이 되어야 된다는 평형조건식으로 부재력을 구하는 방법으로 다음 2가지 방법이 있다.

① 쿨만법(Karl Culmann method), 전단력법
$\Sigma V=0$, $\Sigma H=0$, $\Sigma M=0$
② 릿터법(A. Ritter method), 모멘트법
$\Sigma M=0$(곡현 트러스의 해)

이 두 방법 모두 다 부재를 절단할 때 $\Sigma V=0$, $\Sigma H=0$, $\Sigma M=0$을 만족하여야 하므로 3개 이하의 부재가 동시에 잘라야 한다.

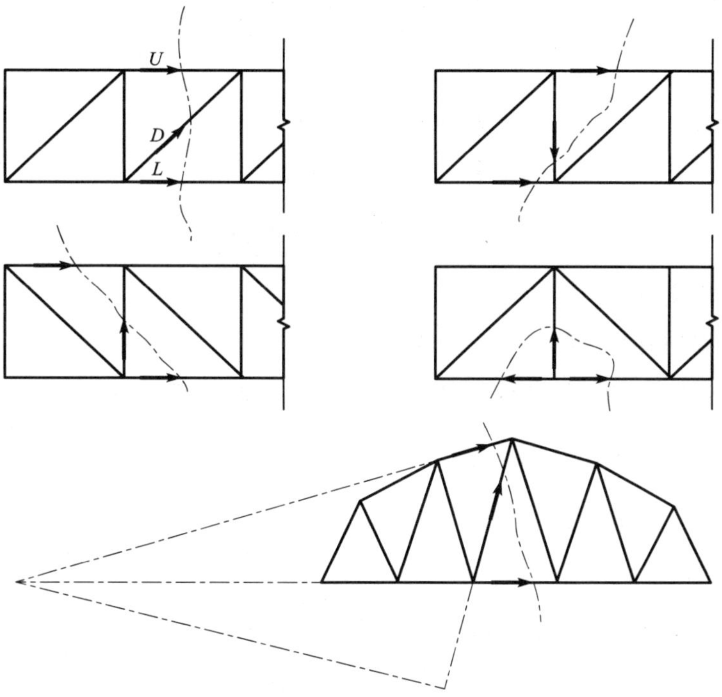

[그림 13-21] 트러스 절단법

(1) 쿨만법(Culmann method, 전단력법)

임의 부재를 절단하여, 절단된 단면 좌측(또는 우측)의 모든 외력과 절단된 부재내력이 평형을 이루어야 한다. 즉, $\Sigma V=0$, $\Sigma H=0$, 임의 점에 대한 $\Sigma M=0$이 성립되어야 하며, 절단된 모든 부재는 격점에서 절단된 방향으로 부재력을 가정하고 방향이 맞으면(즉, 답이 +이면) 인장력이며 방향이 반대이면 압축력이다.

다음 [그림 13-22]와 같은 프랫트러스에서 U, D, L 및 V의 부재력을 생각하면

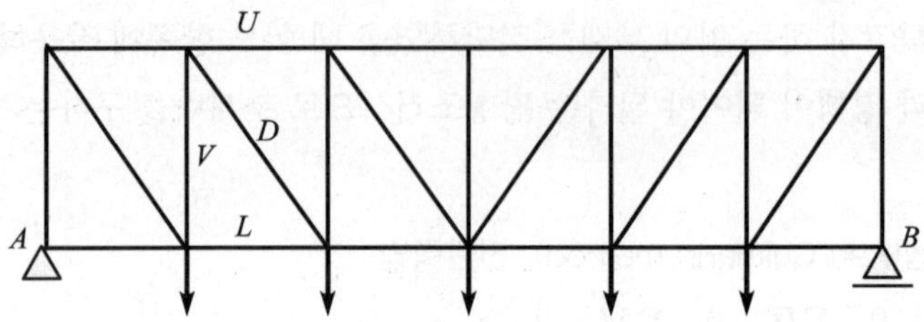

[그림 13-22]

우선 U, D, L의 부재력을 구하기 위하여 단면을 아래 [그림 13-23]과 같이 절단한다.

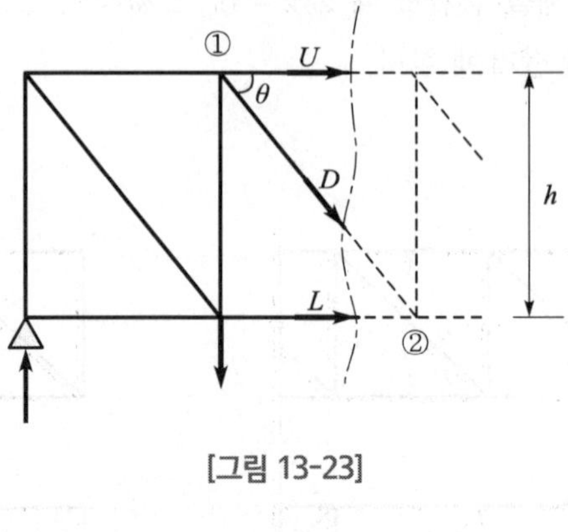

[그림 13-23]

i) 부재력, U

미지 부재력이 3개이나 ②점에서 모멘트를 취하면 미지수는 U만 남는다.

(즉, 구하려는 미지수 외 남은 2개의 힘이 만나는 점에서 모멘트를 취하면 된다)

$$\Sigma M_{at②}=0\ ;\ U\cdot h+M_{②}=0,\ \therefore U=-\frac{M_{②}}{h}$$

$M_{②}$: ②점에 외력으로 인한 모멘트

ii) 부재력, L

①점에서 모멘트를 취하면 미지수 L만 남는다.

$$\Sigma M_{at①}=0\ ;\ M_{①}-L\cdot h=0\ \therefore L=\frac{M_{①}}{h}$$

$M_{①}$: ①점에 외력으로 인한 모멘트

iii) 부재력, D

평행트러스이므로 U, L 부재력은 수직력이 없으므로 ①단면에서 수직력을 취하면

$$\Sigma V_{at①} = 0 \ ; \ V_{①} - D \cdot \sin\theta = 0 \ \therefore D = \frac{V_{①}}{\sin\theta}$$

$V_{①}$: ①단면에서 전단력

수직재에 대하여 생각하면, 수직재는 다음과 같이 절단하여야 한다.

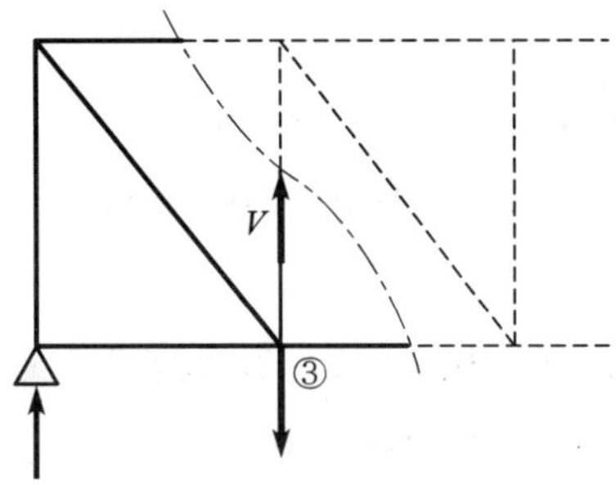

[그림 13-24]

iv) 수직재, V

③점에서 $\Sigma V = 0$이 성립되어야 한다.

$$\Sigma V_{at③} = 0 \ ; \ V_{③} + V = 0 \ \therefore = - V_{③}$$

$V_{③}$; ③단면에서 전단력

다음 [그림 13-25]와 같은 와렌트러스의 부재력 U, D, L, V를 구해보면

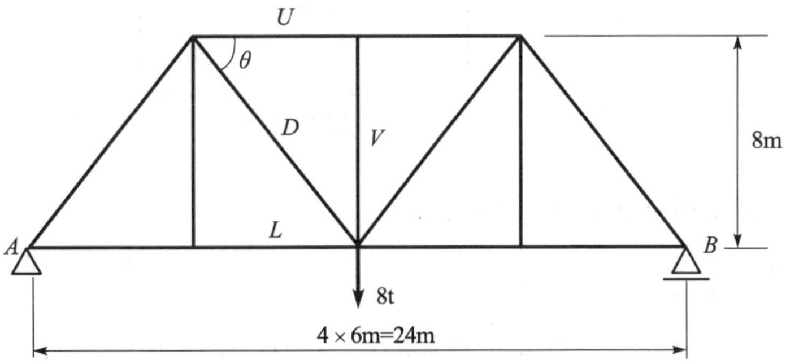

[그림 13-25]

$$R_A = 4\text{t}, \ \sin\theta = \frac{4}{5}$$

단면을 아래와 같이 절단하면(U, L, D부재력 계산)

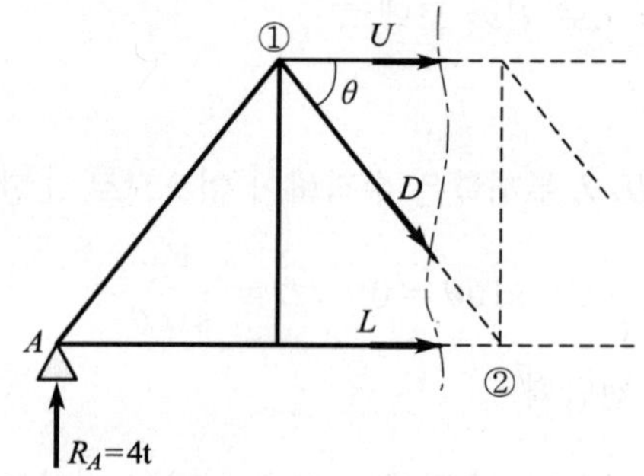

[그림 13-26]

U ; $\Sigma M_{\text{at②}} = 0$, $R_{\text{A}} \cdot 12 + U \cdot 8 = 0$

$48 - U \cdot 8 = 0$, $\therefore U = -6.0\text{t}$ (압축)

L ; $\Sigma M_{\text{at①}} = 0$

$4 \times 6 - L \cdot 8 = 0$, $\therefore L = 3.0\text{t}$ (인장)

D ; $\Sigma V_{\text{at①}} = 0$, $4 - D \cdot \sin\theta = 0$

$4 - D \cdot \dfrac{4}{5} = 0$, $\therefore D = 5.0\text{t}$ (인장)

수직재는 다음과 같이 절단하여야 한다.

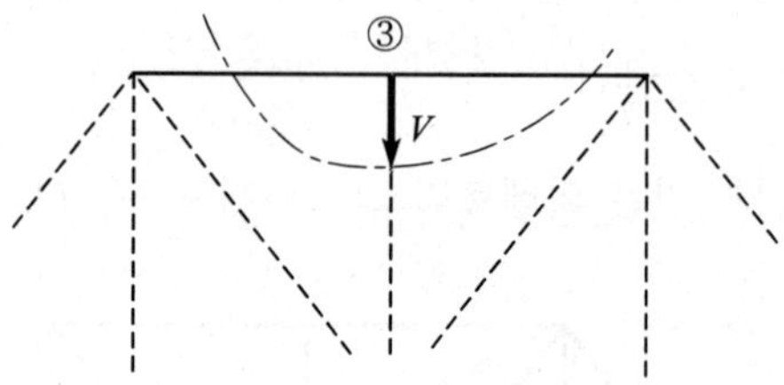

[그림 13-27]

V ; 절점 ③에서 $\Sigma V = 0$이어야 한다.

$\therefore V = 0$

다음과 같은 하우 트러스에서 부재력 U, L, D, V_2, V_3를 구해보면

$\Sigma M_{\text{atB}} = 0$; $R_{\text{A}} \cdot 48 - 10 \times 40 - 10 \times 32 - 20 \times 24 - 10 \times 16 - 10 \times 8 = 0$,

$R_{\text{A}} = 30\text{t}$

$h = 8 \times \tan 60° = 13.86\text{m}$

$\sin 60° = 0.866$

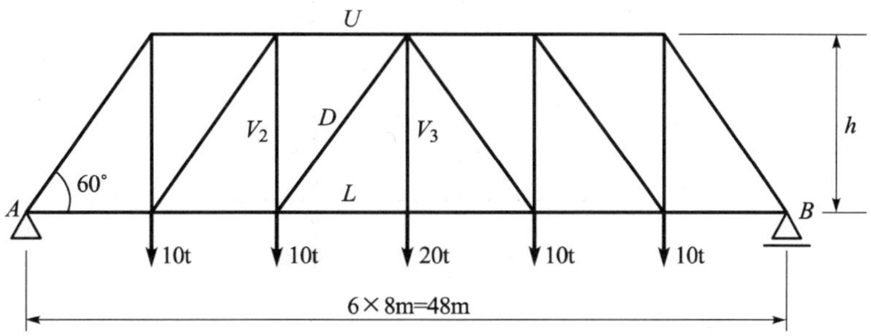

[그림 13-28]

단면을 절단하면

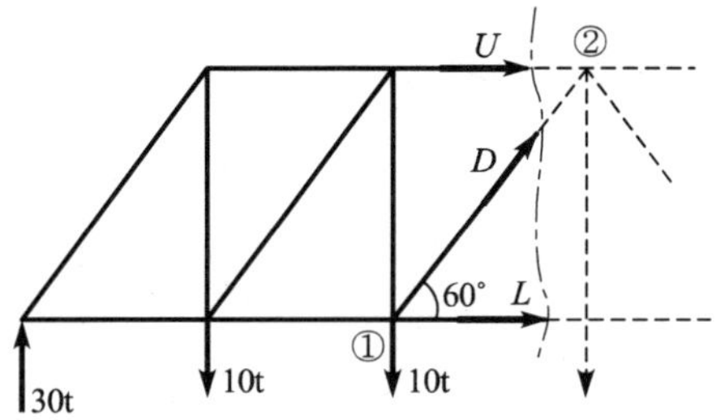

[그림 13-29]

U ; $\Sigma M_{\text{at}①} = 0$

$$30 \times 16 - 10 \times 8 + U \times 13.86 = 0, \ \therefore U = -28.86\text{t}$$ (압축)

L ; $\Sigma M_{\text{at}②} = 0$

$$30 \times 24 - 10 \times 16 - 10 \times 8 - L \times 13.86 = 0, \ \therefore L = 34.63\text{t}$$ (인장)

D ; $\Sigma V_{\text{at}①} = 0$

$$30 - 10 - 10 + D \cdot \sin 60° = 0, \ \therefore D = -11.55\text{t}$$ (압축)

V_2 단면은 다음과 같이 절단된다.

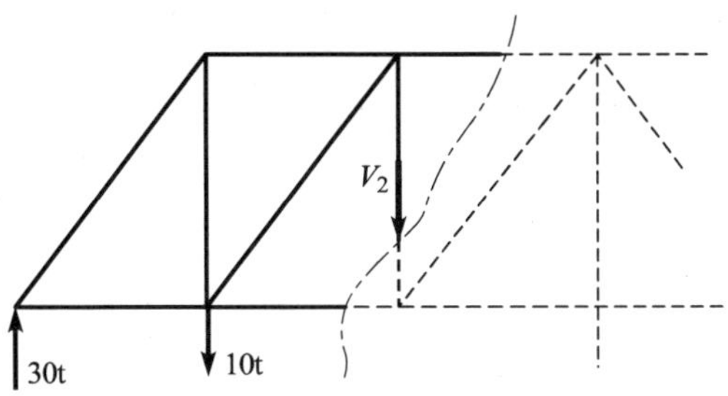

[그림 13-30]

$\Sigma V = 0$에서 $30 - 10 - V_2 = 0, \ \therefore V_2 = 20\text{t}$ (인장)

V_3 단면은 다음과 같이 절단된다.

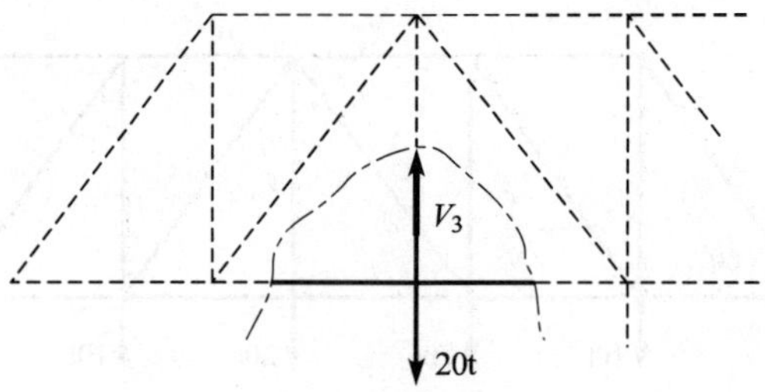

[그림 13-31]

$$\Sigma V = 0\ ;\ V_3 - 20 = 0,\ \therefore V_3 = 20\text{t}\ (\text{인장})$$

예제 4

다음과 같은 캔틸레버형 트러스에서 U의 부재력은 얼마인가?

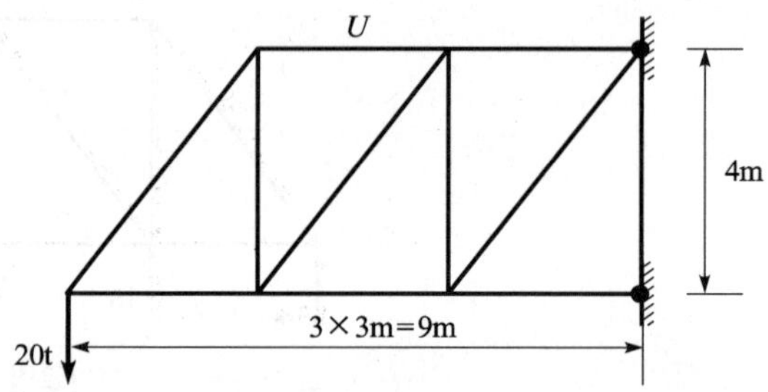

[그림 13-32]

U 부재력을 구하기 위하여 단면을 다음과 같이 절단하면

$\Sigma M_{at①} = 0\ ;\ 20 \times 3 - U \times 4 = 0$

$\therefore U = 15\text{t}$ (인장)

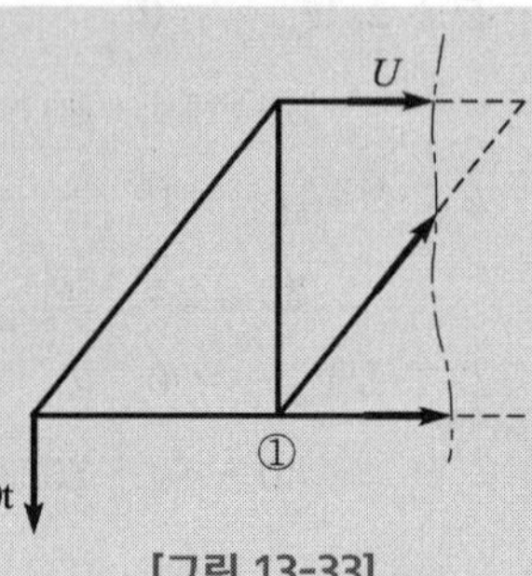

[그림 13-33]

예제 5

다음과 같은 트러스에서 L 의 부재력을 구하라.

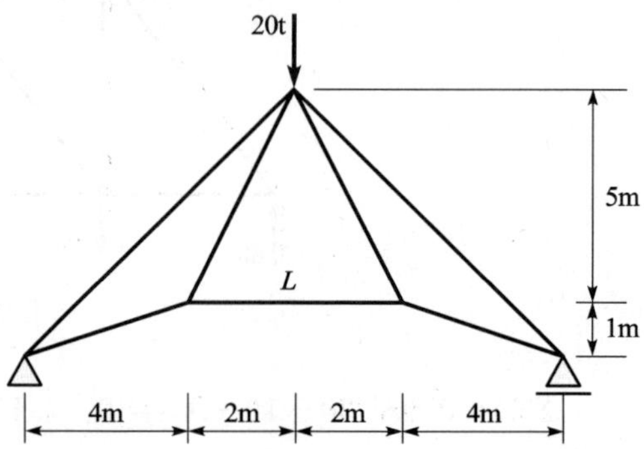

[그림 13-34]

단면을 다음과 같이 절단하면

$R_A = 10t$

$\Sigma M_{at①} = 0$; $10 \times 6 - L \cdot 5 = 0$

$\therefore L = 12t$ (인장)

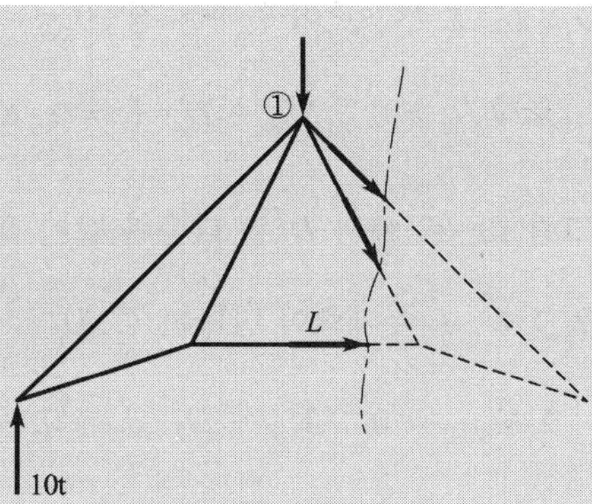

[그림 13-35]

(2) 릿터법(A. Ritter method), 모멘트법

쿨만법에서는 상, 하 현재가 평행하므로 전단력이 생기지 않으므로 수직재와 사재의 부재력은 전단력으로 해석이 되나 곡현트러스에서는 상, 하 현재가 평행하지 않으므로 현재에도 수직분력이 생긴다. 상현재와 하현재가 평행하지 않을 경우 그 연장선은 만나게 되며, 그 점에서 $\Sigma M = 0$로서 미지의 부재력을 구하는 방법을 릿터법이라 한다.

다음과 같은 곡현트러스에 부재력을 생각하면

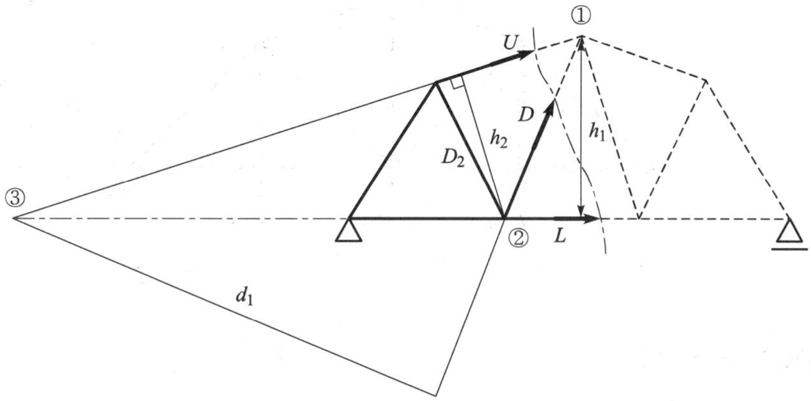

[그림 13-36]

U ; D, L 부재력이 만나는 점 ②

$$\Sigma M_{at②} = 0\ ;\ M_② + U \cdot h_2 = 0,\ U = -\frac{M_②}{h_2}$$

L ; U, D 부재력이 만나는 점 ①

$$\Sigma M_{at①} = 0\ ;\ M_① + L \cdot h_1 = 0,\ L = -\frac{M_①}{h_1}$$

D ; U, L 부재력이 만나는 점 ③

$$\Sigma M_{\mathrm{at}③} = 0 \ ; \ M_{③} + D \cdot d_1 = 0, \ D = -\frac{M_{③}}{d_1}$$

[그림 13-37]에서 D_2는 다음과 같이 생각한다.

D_2 ; U, L 부재력이 만나는 점 ④

$$\Sigma M_{\mathrm{at}④} = 0 \ ; \ M_{④} + D_2 \cdot d_2 = 0, \ D_2 = -\frac{M_{④}}{d_2}$$

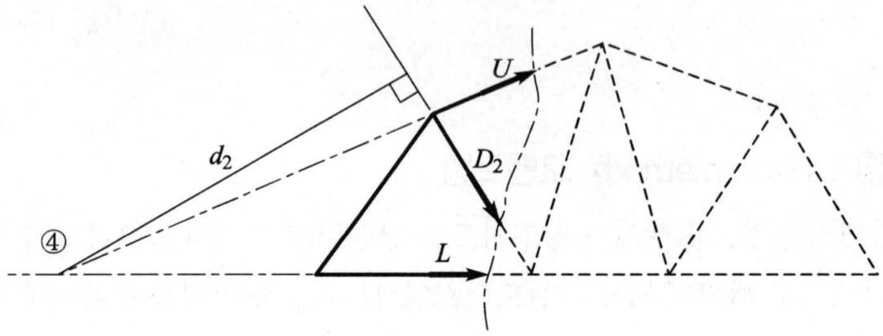

[그림 13-37]

다음과 같은 곡현 트러스의 부재력 U, L, D 및 V를 구해보면

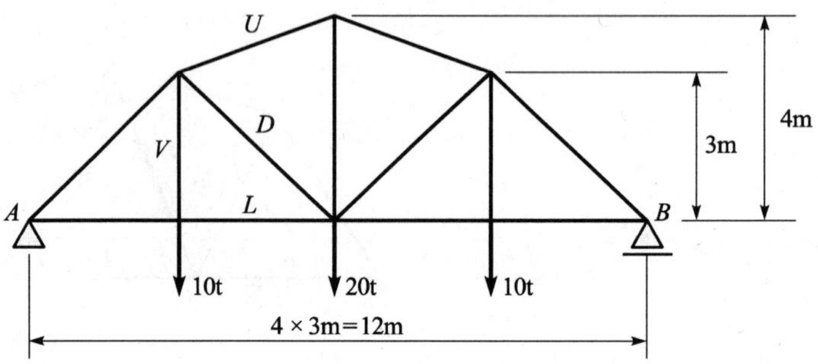

[그림 13-38]

단면을 절단하면

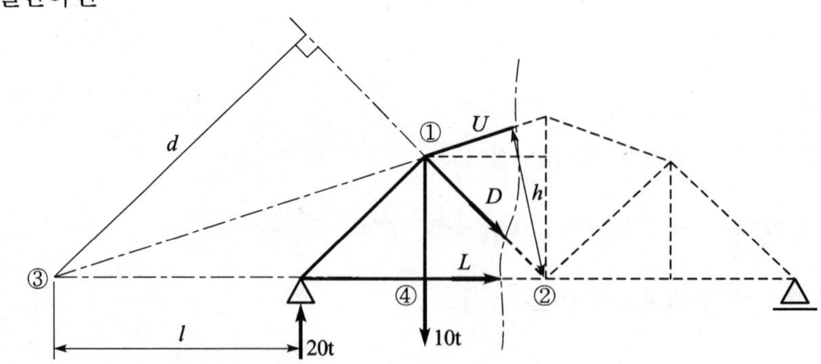

[그림 13-39]

• 반력 ; $R_A = R_B = 20\text{t}$

• h 계산 ; 삼각형 비례로서

$$\sqrt{10} : 3 = 4 : h$$

$$h = 3.795\text{m}$$

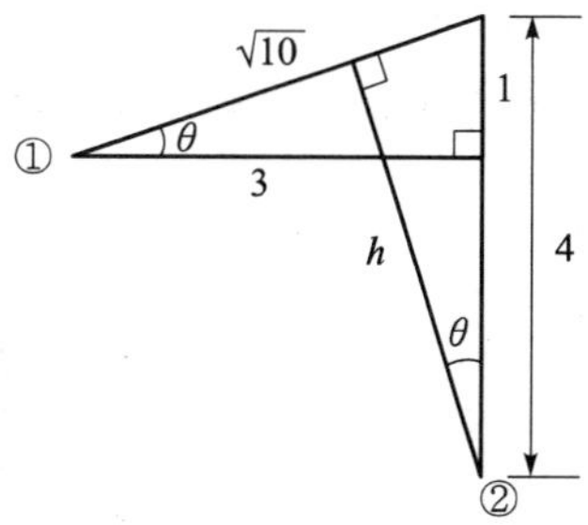

[그림 13-39(a)]

• l 계산 ; 삼각형비례

$$1 : 3 = 4 : (l + 6)$$

$$l = 6\text{m}$$

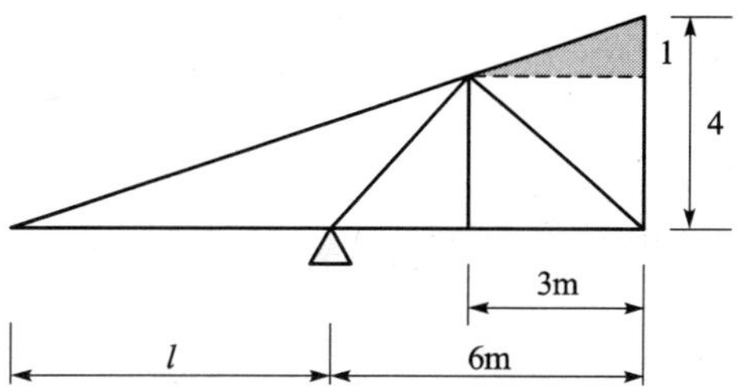

[그림 13-39(b)]

• d 계산 ; 삼각형비례

$$\sqrt{18} : 3 = 12 : d$$

$$d = 8.485\text{m}$$

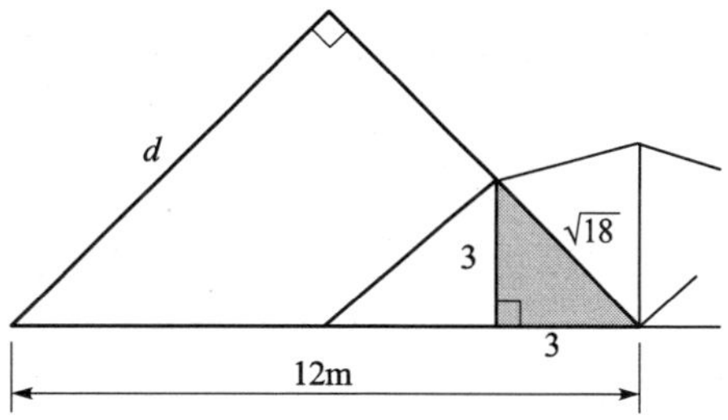

[그림 13-39(c)]

U ; $\Sigma_{\text{at②}} = 0$

$$U \cdot h + 20 \times 6 - 10 \times 3 = 0,$$

$$U = -\frac{90}{3.795} = -23.715\text{t} \text{ (압축)}$$

L ; $\Sigma M_{\text{at①}} = 0$

$$L \cdot 3 - 20 \times 3 = 0,\ L = 20\text{t} \text{ (인장)}$$

D ; $\Sigma M_{\text{at③}} = 0,\ D \cdot d - 20 \times l + 10 \times (l + 3) = 0$

$$D \cdot 8.485 - 20 \times 6 + 10 \times 9 = 0,\ D = \frac{30}{8.485} = 3.535\text{t} \text{ (인장)}$$

V 부재력은 다음과 같이 절단하여야 한다.

$$\Sigma V = 0 \ ;\ V = 10\text{t} \text{ (인장)}$$

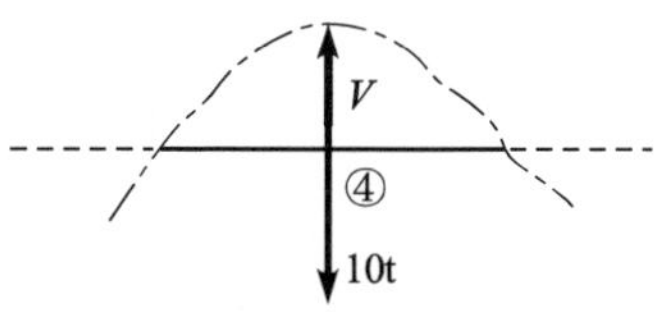

[그림 13-39(d)]

예제 6

다음과 같은 곡형 Howe 트러스의 U, D, L 및 V 부재력을 구하라.

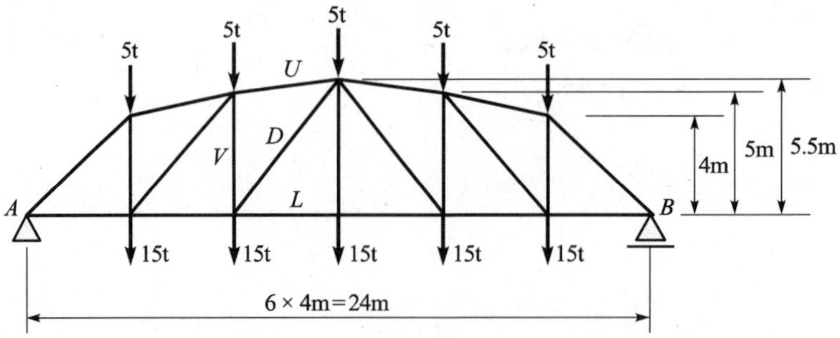

[그림 13-40]

$R_A = R_B = 50t$

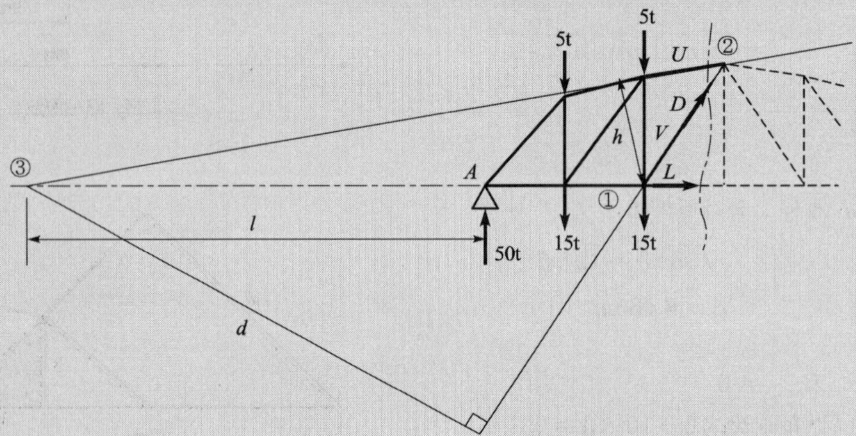

[그림 13-40(a)]

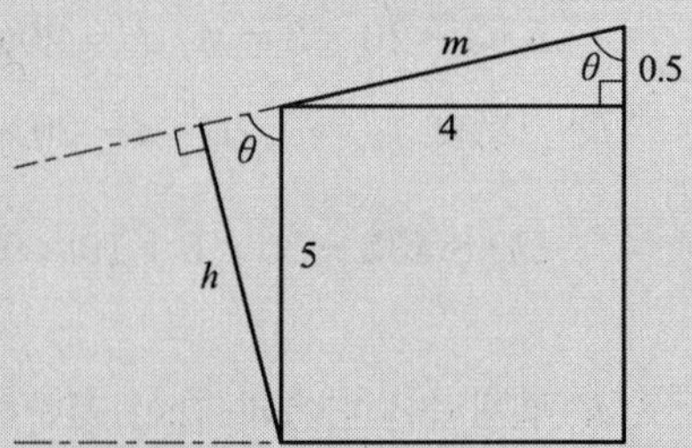

[그림 13-40(b)]

• h 계산

$m = \sqrt{4^2 + 0.5^2} = 4.031$

$4.031 : 4 = 5 : h$

$h = 4.961\text{m}$

• l 계산

$0.5:4=5.5:(l+12)$

$l=32\text{m}$

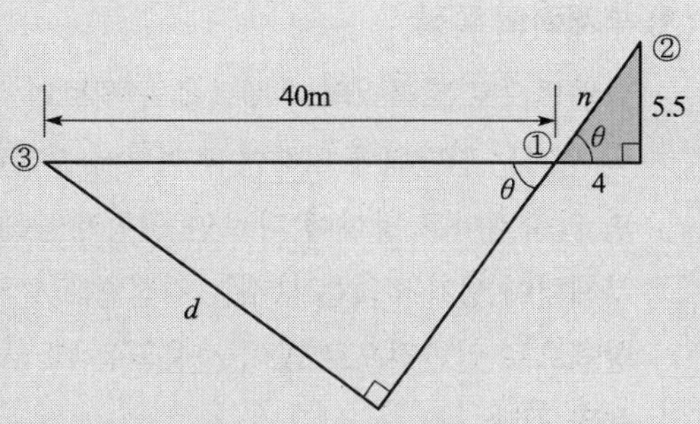

[그림 13-40(c)]

• d 계산

$n=\sqrt{5.5^2+4^2}=6.8\text{m}$

$6.8:5.5=40:d$

$d=32.353\text{m}$

$U\ ;\ \Sigma M_{\text{at①}}=0$

$$U\cdot h+50\times 8-(15+5)\times 4=0,\ U=-\frac{320}{4.961}=-64.5\text{t}\ (\text{압축})$$

$L\ ;\ \Sigma M_{\text{at②}}=0$

$$L\times 5.5-50\times 12+(15+5)\times 8+(15+5)\times 4=0,\ L=\frac{360}{5.5}=65.45\text{t}\ (\text{인장})$$

$D\ ;\ \Sigma M_{\text{at③}}=0$

$$D\cdot d+50\times 32-20\times 36-20\times 40=0,\ D=-\frac{80}{32.353}=-2.473\text{t}\ (\text{압축})$$

V 부재력은 단면을 다음과 같이 절단하여야 한다.

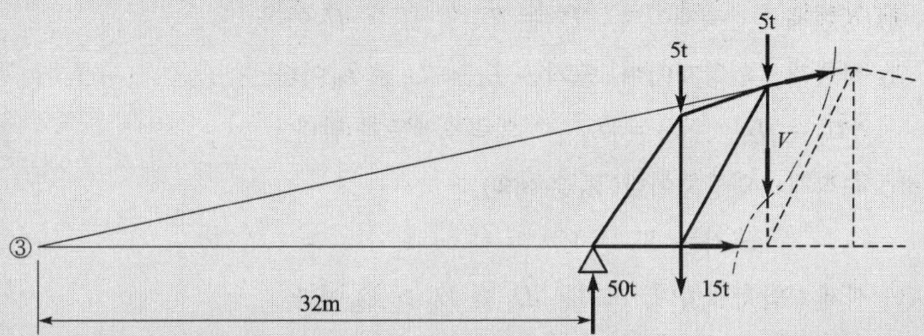

[그림 13-40(d)]

$\Sigma M_{\text{at③}}=0$

$$V\cdot 40-50\times 32+20\times 36+5\times 40=0,\ V=\frac{680}{40}=17\text{t}\ (\text{인장})$$

(3) 부재력의 특성

단면법으로 트러스의 부재력을 구해보면 상, 하 현재는 모멘트에 의하여 결정되며, 수직재 및 사재는 전단력에 의하여 부재력이 결정됨을 알 수 있다. 또 부재력이 외력과 방향이 같으면 압축재이고 방향이 다르면 인장재임을 알 수 있다.

부재력이 생기지 않는 부재는 격점법($\Sigma V=0$, $\Sigma H=0$)으로 쉽게 찾을 수 있다. 이와 같은 방법으로 일반적으로 많이 사용되는 Howe, Pratt, Warren 트러스의 특성을 살펴보면 다음과 같다.

① 하우트러스

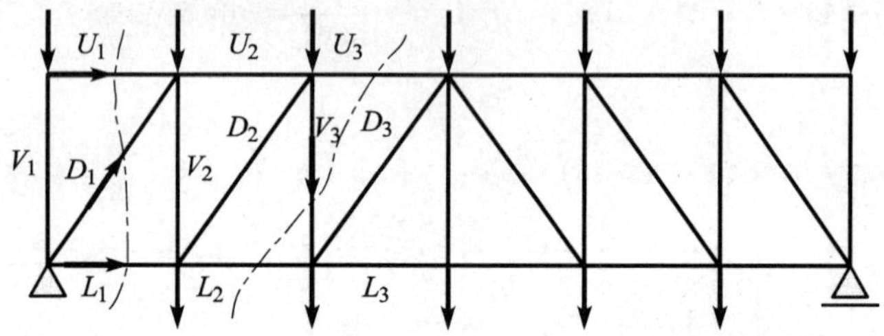

[그림 13-41]

i) 상현재 : 압축재이며, 크기는 $U_1 < U_2 < U_3$이다.

ii) 하현재 : 인장재이며, 크기는 $L_1 < L_2 < L_3$이다.

$*\ U_2 = |L_1|$, $U_3 = |L_2|$: 외력모멘트가 같다.

iii) 수직재 : 인장재이다(V_1은 예외).

크기는 $V_2 > V_3$

iv) 사재 : 압축재이며, 크기는 $D_1 > D_2 > D_3$이다.

② 프랫트러스

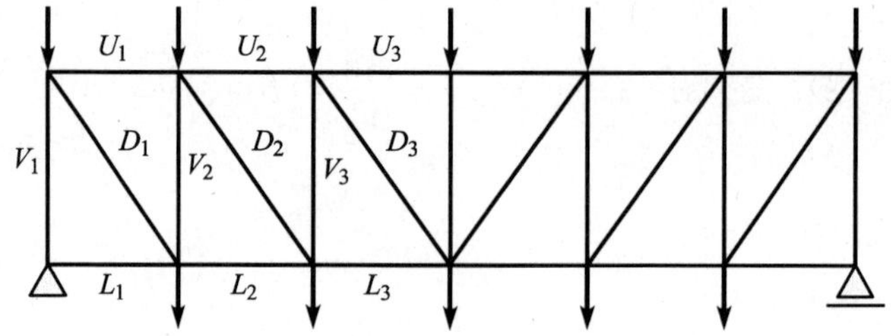

[그림 13-42]

i) 상, 하현재 : 하우트러스와 동일

$*U_1 = |L_2|$, $U_2 = |L_3|$

ii) 수직재 : 압축재이며, 크기는 $V_1 > V_2 > V_3$이다.

iii) 사재 : 인장재이며, 크기는 $D_1 > D_2 > D_3$이다.

③ 와렌트러스

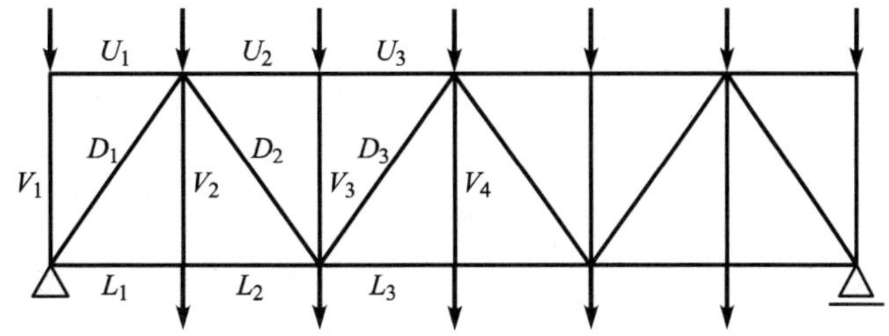

[그림 13-43]

i) 상현재 : 압축재 $U_1 < U_2 = U_3$

ii) 하현재 : 인장재 $L_1 = L_2 < L_3$

iii) 수직재 : V_1, V_3 ; 압축재

V_2, V_4 ; 인장재

iv) 사재 : D_1, D_3 ; 압축재

D_2 ; 인장재

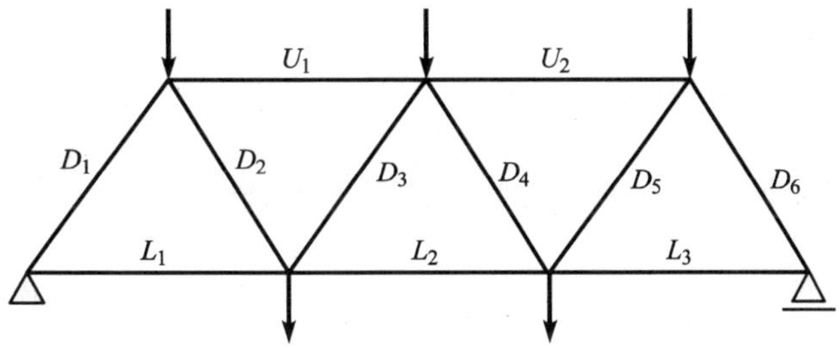

[그림 13-44]

i) 상현재 : 압축재

ii) 하현재 : 인장재

iii) 사재 : D_1, D_3, D_4, D_6 ; 압축재

D_2, D_5 ; 인장재

13.4 응력계수법(coefficient of stress method)

한 격점에서 수직, 수평력의 합이 0이 되어야 된다는 평형조건으로 해석하는 방법으로 격점법과 비슷하다.

$$\Sigma H = 0 \text{에서 } H + S_1 \cdot \frac{x_1}{l_1} + S_2 \cdot \frac{x_2}{l_2} = 0$$

$$\Sigma V = 0 \text{에서 } V + S_1 \cdot \frac{y_1}{l_1} + S_2 \cdot \frac{y_2}{l_2} = 0$$

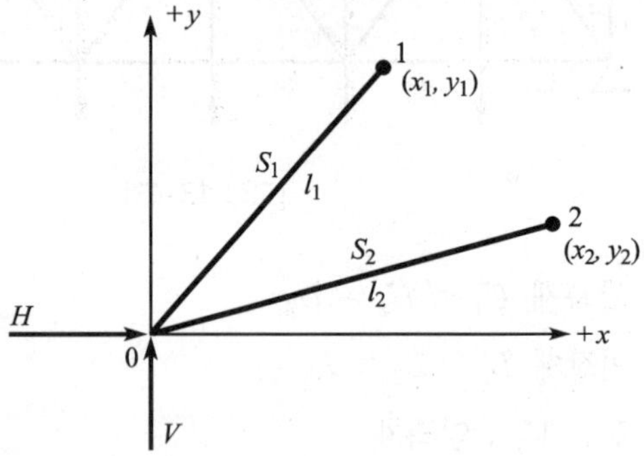

[그림 13-45]

여기서 $t_1 = \dfrac{S_1}{l_1}$, $t_2 = \dfrac{S_2}{l_2}$ 라 두면

$$\Sigma H = 0 \ ; \ t_1 x_1 + t_2 x_2 = -H$$

$$\Sigma V = 0 \ ; \ t_1 x_1 + t_2 y_2 = -V$$

이 두 식을 연락하여 t_1, t_2를 구하면 미지의 부재력은 다음과 같이 나타난다.

$$\therefore \begin{cases} S_1 = t_1 \cdot l_1 \\ S_2 = t_2 \cdot l_2 \end{cases}$$

여기서 t_1, t_2, …, t_i를 응력계수(coefficient of stress)라 한다.

다음과 같은 트러스를 응력계수법으로 미지의 부재력을 구해보면

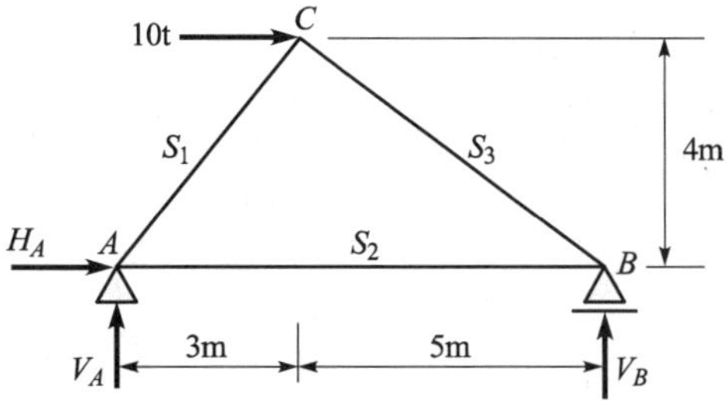

[그림 13-46]

반력의 영향을 [그림 13-46]과 같이 가정하면

$\Sigma M_{\mathrm{atB}} = 0$; $V_{\mathrm{A}} ... 8 + 10 \times 4 = 0$, $V_{\mathrm{A}} = -5\mathrm{t}(\downarrow)$

$\Sigma V = 0$; $V_{\mathrm{A}} + V_{\mathrm{B}} = 0$, $V_{\mathrm{B}} = 5\mathrm{t}(\uparrow)$

$\Sigma H = 0$; $V_{\mathrm{A}} + 10 = 0$ $H_{\mathrm{A}} = -10\mathrm{t}(\leftarrow)$

i) 격점(A)

$\Sigma H = 0$; $8t_2 + 3t_1 = 10$

$\Sigma V = 0$; $4t_1 = 5$

연립하면, $t_1 = \dfrac{5}{4}$, $t_2 = \dfrac{25}{32}$

ii) 격점(C)

$\Sigma H = 0$; $-3t_1 + 5t_3 = -10$

$\Sigma V = 0$; $-4t_1 - 4t_3 = 0$

iii) 격점(B)

$\Sigma H = 0$; $-8t_2 - 5t_3 = 0$

$\Sigma V = 0$; $4t_3 = -5$

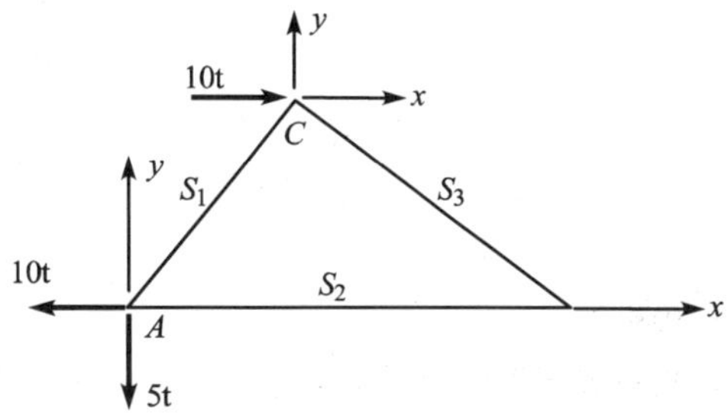

[그림 13-47]

이 식에서 $t_3 = -t_1 = -\dfrac{5}{4}$

$l_1 = \sqrt{3^2 + 4^2} = 5\mathrm{m}$, $l_2 = 8\mathrm{m}$, $l_3 = \sqrt{5^2 + 4^2} = 6.403\mathrm{m}$

$$\therefore \begin{cases} S_1 = t_1 l_1 = \dfrac{5}{4} \times 5 = 6.25\ \mathrm{t}\ (\text{인장}) \\[2ex] S_2 = t_2 l_2 = \dfrac{25}{32} \times 8 = 6.25\ \mathrm{t}\ (\text{인장}) \\[2ex] S_3 = t_3 l_3 = -\dfrac{5}{4} \times 6.403 = -8.0\ \mathrm{t}\ (\text{압축}) \end{cases}$$

이상을 표로 나타내면 다음과 같다.

격점		t_1	t_2	t_3	우변(외력항)
A	$\Sigma H=0$	3	8		10
	$\Sigma V=0$		−8		5
B	$\Sigma H=0$	4		−5	0
	$\Sigma V=0$			4	−5
C	$\Sigma H=0$	−3		5	−10
	$\Sigma V=0$	−4		−4	0

미지의 응력계수를 구한 다음 표로서 부재력을 구한다.

부재	응력계수	부재길이	부재력(t)
S_1	$\frac{5}{4}$	5.0	6.25(인장)
S_2	$\frac{25}{32}$	8.0	6.25(인장)
S_3	$-\frac{5}{4}$	6.403	−8.0(압축)

예제 7

다음 트러스의 부재력을 응력계수법으로 구하라.

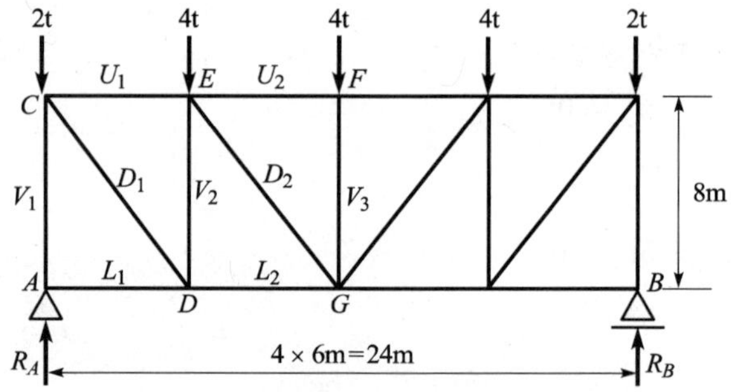

[그림 13-48]

반력 ; 좌우대칭으로 $R_A = R_B = 8t$

ⅰ) 격점 (A)

격점(A)	v_1	l_1	우변(외력)
$\Sigma H=0$		6	0
$\Sigma V=0$	8		−8

연립하면 $l_1 = 0$, $v_1 = -1$

ii) 격점 (C)

격점(C)	u_1	d_1	v_1	우변(외력)
$\Sigma H=0$	6	6		0
$\Sigma V=0$		−8	−8	2

연립하면 $-8d_1-8v_1=2$, $8d_1+8(-1)=-2$, $d_1=\dfrac{3}{4}$

$6u_1+6d_1=0$, $u_1=-\dfrac{3}{4}$

iii) 격점 (D)

격점(D)	l_1	d_1	v_2	l_2	우변(외력)
$\Sigma H=0$	−6	−6		6	0
$\Sigma V=0$		8	8		0

연립하면 $l_2=\dfrac{3}{4}$, $v_2=-\dfrac{3}{4}$

iv) 격점 (E)

격점(E)	u_1	v_2	d_2	u_2	우변(외력)
$\Sigma H=0$	−6		6	6	0
$\Sigma V=0$		−8	−8		4

연립하면 $d_2=\dfrac{1}{4}$, $u_2=-1$

v) 격점 (F)

격점(F)	u_2	v_3	u_3	우변(외력)
$\Sigma H=0$	−6		6	0
$\Sigma V=0$		−8		4

$V_3=-\dfrac{1}{2}$

부재력은 다음과 같다.

부재력	응력계수	부재길이	부재력(t)
D_1	$d_1=\dfrac{3}{4}$	10	7.5
D_2	$d_2=\dfrac{1}{4}$	10	2.5
V_1	$v_1=-1$	8	−8.0
V_2	$v_2=-\dfrac{3}{4}$	8	−6.0

부재력	응력계수	부재길이	부재력 (t)
V_3	$v_3=-\frac{1}{2}$	8	−4.0
U_1	$u_1=-\frac{3}{4}$	6	−4.5
U_2	$u_2=-1$	6	−6.0
L_1	$l_1=0$	6	0
L_2	$l_2=-1$	6	4.5

예제 8

다음 곡현트러스를 응력계수법으로 부재력을 구하라.

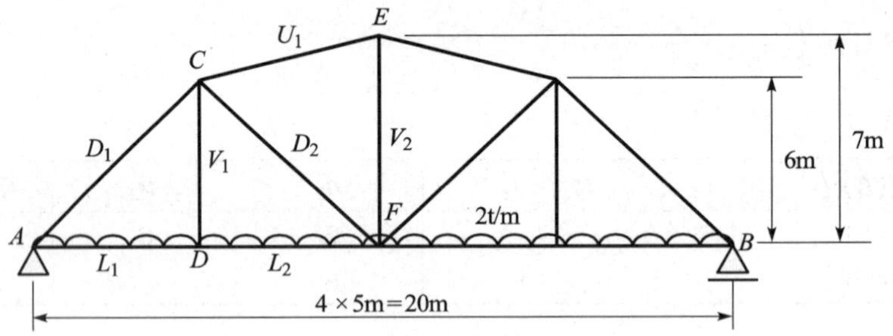

[그림 13-49]

트러스의 외력은 격점에만 작용하므로 다음과 같은 하중상태가 된다.

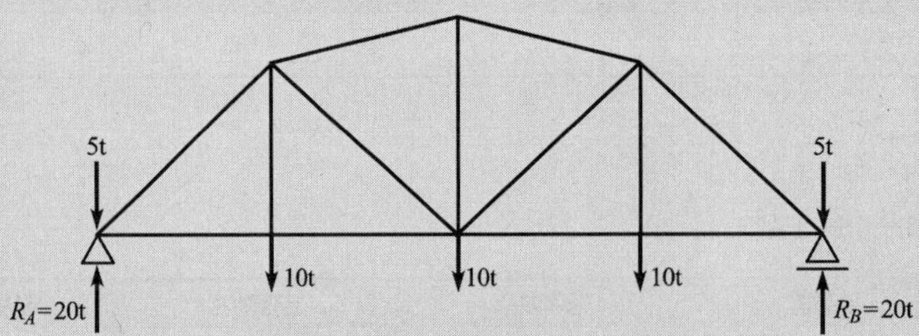

[그림 13-49(a)]

i) 격점 (A)

격점 (A)	d_1	l_1	우변 (외력)
$\Sigma H=0$		5	0
$\Sigma V=0$	6		−15

연립하면 $d_1 = -\frac{5}{2}$, $l_1 = \frac{5}{2}$

ii) 격점 (D)

격점 (D)	l_1	v_1	l_2	우변(외력)
$\Sigma H=0$	-5		5	0
$\Sigma V=0$		6		10

iii) 격점 (C)

격점 (C)	d_1	v_1	d_2	u_1	우변(외력)
$\Sigma H=0$	-5		5	5	0
$\Sigma V=0$	-6	-6	-6	1	0

$d_1 = -\frac{5}{2}$, $v_1 = \frac{5}{3}$를 대입하여 연립하면

$d_2 = \frac{5}{14}$, $u_1 = -\frac{20}{7}$

iv) 격점 (E)

격점 (E)	u_1	v_2	u_2	우변(외력)
$\Sigma H=0$	-5		5	0
$\Sigma V=0$	-1	-7	-1	0

$u_1 = u_2 = -\frac{20}{7}$ 이므로 $v_2 = \frac{40}{49}$

v) 부재력

부재력	응력계수	부재길이	부재력(t)
D_1	$-\frac{5}{2}$	7.81	−19.02
D_2	$\frac{5}{14}$	7.81	2.79
V_1	$\frac{5}{3}$	6.0	10.0
V_2	$\frac{40}{49}$	7.0	5.71
L_1	$\frac{5}{2}$	5.0	12.5
L_2	$\frac{5}{2}$	5.0	12.5
U_1	$-\frac{20}{7}$	5.099	−14.57

13.5 도해법

(1) 크레모나 도해법(Cremona method)

트러스 각 격점이 집중되는 곳에서 외력과 부재력은 비김을 이루고 있으므로 도해적으로 힘의 다각형은 폐합되어야 한다.

즉, 격점에서 외력과 내력이 평형이 되므로 시력도가 폐합되어야 하는 원리를 이용하여 부재력을 구하는 도식방법으로 **멕스웰도**(Maxwell's diagram)라 하기도 한다.

다음과 같은 격점에서 평형이 되므로 부재력은 다음과 같다.

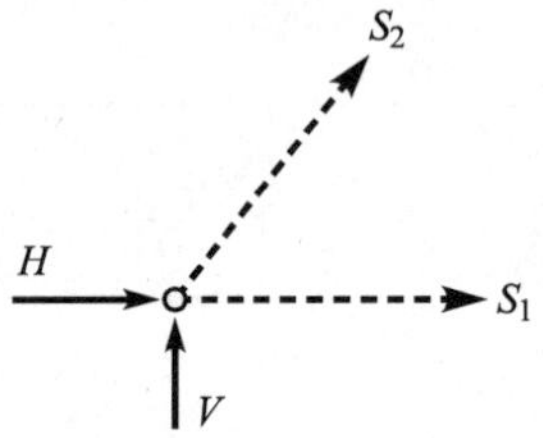

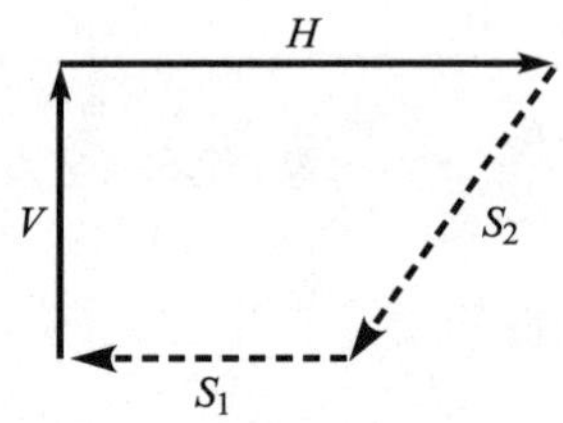

[그림 13-50]

크레모나 도해법에서 부재력을 구하는데 **보우기호법**(Bow's notation)을 사용함이 편리하다. 부재내력, 외력, 지점반력 등을 A, B, C, D, $\cdots$ 로서 영역을 구분하고 부재, 외력 및 반력은 그 양단에 있는 문자를 연기하여 표시한다.

즉, 외력 P_1은 ab, P_3는 df, 내력 ①, ② 부재력은 bc 등으로 표시된다.

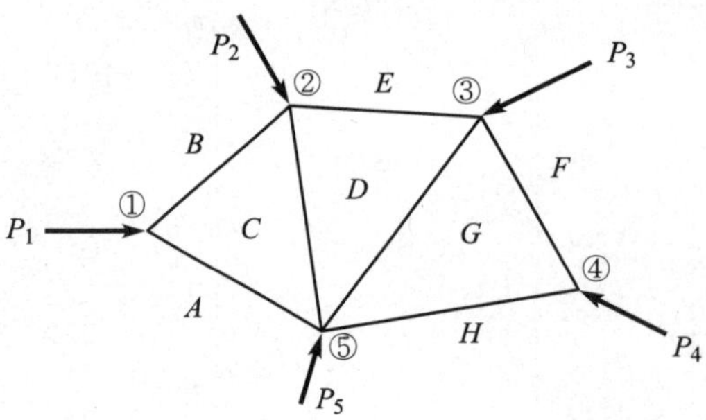

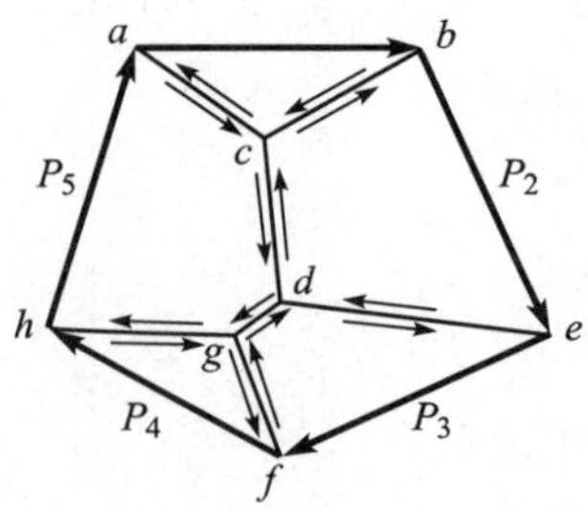

[그림 13-51]

예제 9

다음과 같은 와렌트러스에서 부재력을 도해법에 의하여 구하라.

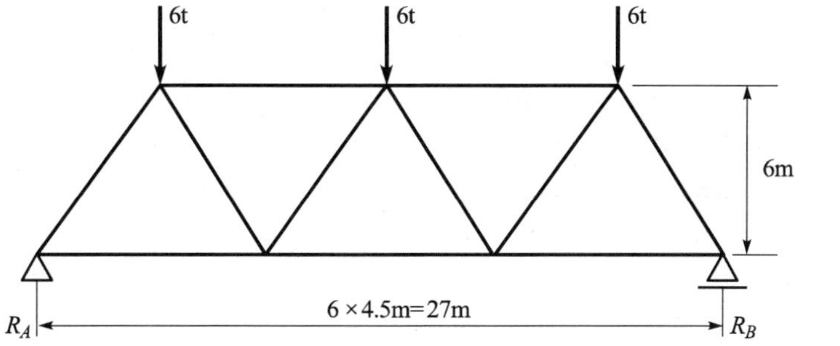

[그림 13-52]

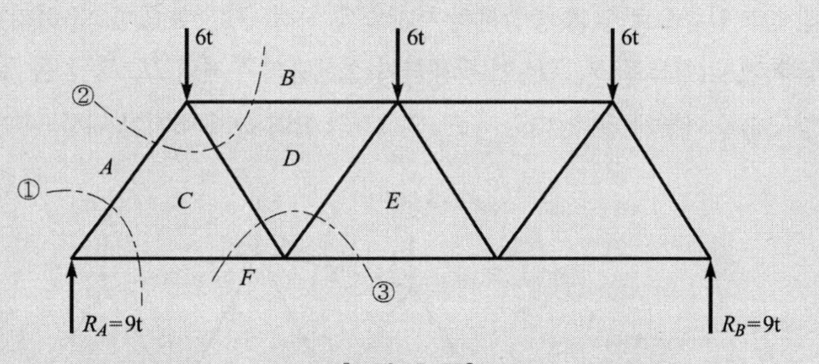

[그림 13-53]

i) 단면 ①

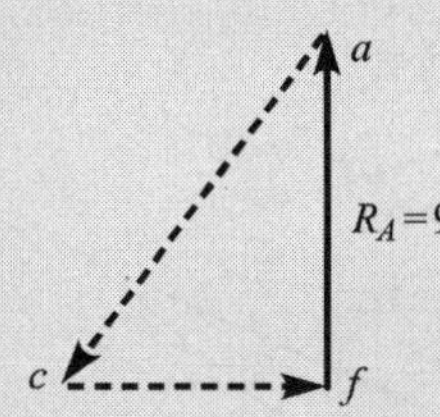

[그림 13-53(a)]

$ac = -11.25\text{t}$

$fc = 6.75\text{t}$

ii) 단면 ②

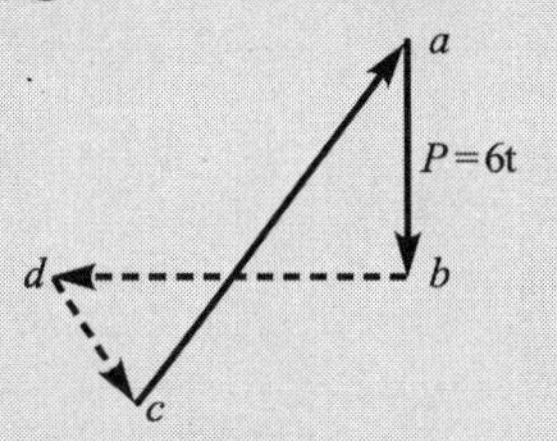

[그림 13-53(b)]

$bd = -9.0\text{t}$

$dc = 3.75\text{t}$

iii) 단면 ③

$de = -3.75\text{t}$

$ef = 11.25\text{t}$

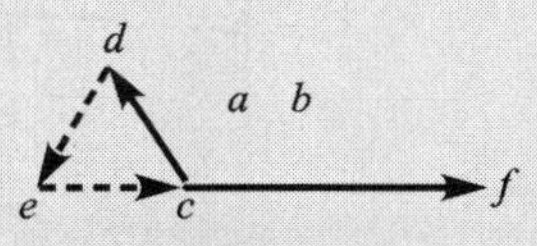

[그림 13-53(c)]

이상을 종합하면 다음 [그림 13–54]와 같다.

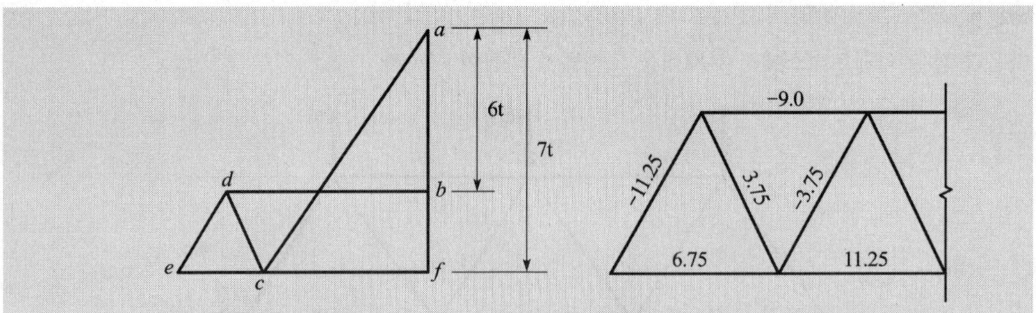

[그림 13-54]

(2) 쿨만도해법(Culmann method)

단면법의 일종으로 임의 중앙부의 부재력을 직접 구할 수 있다. 구하려는 단면 좌측부분을 절단하여, 외력으로 R_A, P_1이 작용하여 절단면의 부재력 U, D, L을 유발시켜 전체적으로 평형상태를 이루게 된다. 따라서 R_A와 P_1의 합력 Q가 비기기 위한 3부재력을 구해야 한다.

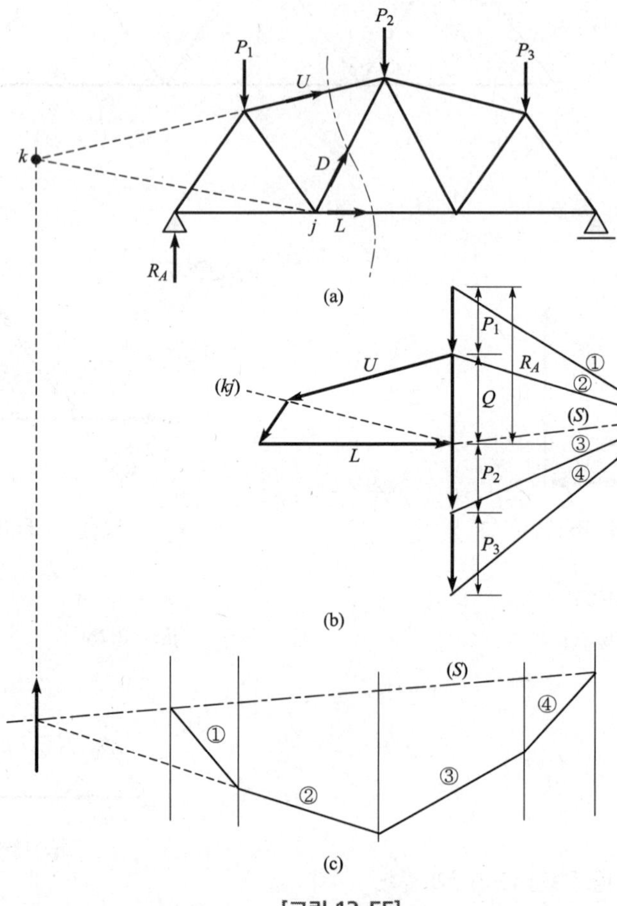

[그림 13-55]

i) [그림 13-55(b)]의 연력도로서 합력 Q의 작용선을 구한다.

$$Q = R_A - P_1$$

ii) Q 작용선과 U 연장선의 교점을 k라 한다. 또 D와 L의 교점을 j라고 한다.

iii) kj와 나란한 선을 [그림 13-55(b)]에 옮긴다.

iv) P_1점에서 U, D, L을 나란하게 옮기면 각 부재력을 구할 수 있다. 여기서 Q, U, D, L 4개의 힘으로 이루어진 사변형을 쿨만의 4변형이라 한다.

13.6 영향선(influence line of truss)

일반적인 교량트러스에는 정하중보다 이동하중이 작용하는 경우가 많다. 이동하중을 받는 트러스의 반력 및 부재력은 영향선에 의하여 구하면 편리하다.

트러스 영향선도 단순보와 같이 단위하중이 임의 점에 있을 때 부재력을 절점법 및 단면법 등으로 계산하여 종거로 나타낸 것이다. 특히 복재(수직재, 사재)는 하중의 위치에 따라 인장, 압축이 달라지고, 트러스의 하중은 거의 간접하중으로 절점에 재하되므로 같은 트러스라도 상현재하, 하현재하에 따라 영향선이 달라진다.

또 영향선에 의한 부재력 계산은 단순보와 동일하다.

$$\text{즉, 부재력} = \Sigma P \cdot y + \Sigma w \cdot A$$

(1) 직현트러스(평행트러스)

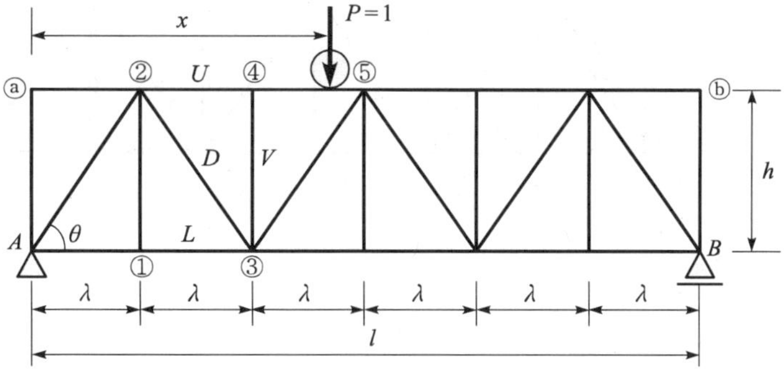

[그림 13-56]

① 지점반력 영향선

반력영향선은 단순보와 동일하다.

② 상현재(upper chord), U

i) 하중 P가 (ⓐ~④) 사이에 있을 때($0 \leqq x \leqq 2\lambda$)

$$R_B = \frac{x}{l}$$

$$\Sigma M_{③} = 0 \ ; \ R_B \cdot 4\lambda + U \cdot h = 0$$

$$U = -R_B \cdot \frac{4\lambda}{h} = -\frac{x}{l} \cdot \frac{4\lambda}{h}$$

P가 ⓐ점에 있을 때 $x = 0$이므로 $U = 0$

P가 ⓑ점에 있을 때 $x = l$이므로 $U = -\dfrac{4\lambda}{h}$

그러나 이 식은 (ⓐ~④)구간에만 유효하므로 다음 [그림 13-57]과 같다

ii) 하중 P가 (④~ⓑ)구간에 있을 때($2\lambda \leqq x \leqq l$)

$$R_A = \frac{(l-x)}{l}$$

$$\Sigma M_{at③} = 0 \ ; \ R_A \cdot 2\lambda + U \cdot h = 0$$

$$U = -R_A \cdot \frac{2\lambda}{h} = -\frac{(l-x)}{l} \cdot \frac{2\lambda}{h}$$

P가 ⓐ점에 있을 때 $x = 0$이므로 $U = -\dfrac{2\lambda}{h}$

P가 ⓑ점에 있을 때 $x = l$이므로 $U = 0$

그러나 이 식은 (④~ⓑ)구간에만 유효하므로 영향선은 다음 [그림 13-57]과 같다.

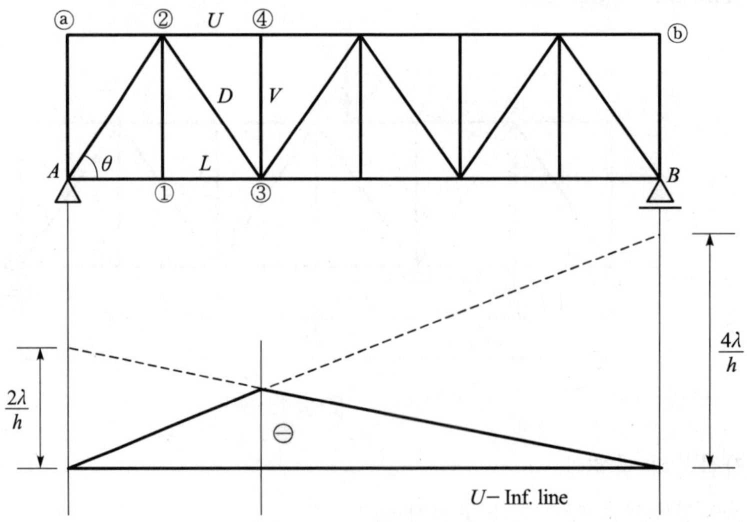

[그림 13-57]

③ 하현재(lower chord), L

하현재 L의 부재력은 $\Sigma M_{\text{at②}}=0$으로서 상현재와 같은 방법으로 유도하면 다음 [그림 13-58]과 같은 영향선이 나타난다.

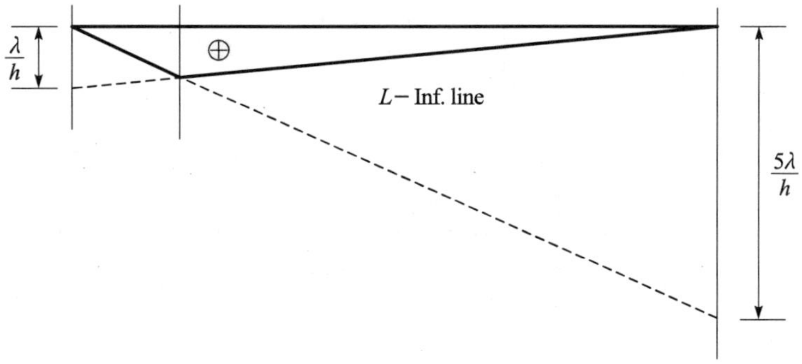

[그림 13-58]

④ 사재(diagonal member), D

i) 하중 P가 (ⓐ~②)구간에 있을 때($0 \leqq x \leqq \lambda$)

$$R_A=\frac{l-x}{l}$$

$$\Sigma S_{②}=0\ ;\ R_A-P-D\cdot\sin\theta=0,\ \frac{l-x}{l}-1-D\cdot\sin\theta=0$$

$$D=-\frac{x}{l}\cdot\frac{1}{\sin\theta}$$

$$\begin{cases} P\text{가 ⓐ점에 있을 때 } x=0\text{이므로 } D=0 \\ P\text{가 ⓑ점에 있을 때 } x=l\text{ 이므로 } D=-\dfrac{1}{\sin\theta} \end{cases}$$

그러나 이 식은 (ⓐ~②)구간에만 유효하다.

ii) 하중 P가 (④~ⓑ)구간에 작용할 때($\lambda \leqq x \leqq l$)

$$\Sigma S_{②}=0\ ;\ R_A-D\cdot\sin\theta=0$$

$$D=\left(\frac{l-x}{l}\right)\cdot\frac{1}{\sin\theta}$$

$$\begin{cases} P\text{가 ⓐ점에 있을 때 } x=0\text{이므로 } D=\dfrac{1}{\sin\theta} \\ P\text{가 ⓑ점에 있을 때 } x=l\text{ 이므로 } D=0 \end{cases}$$

그러나 이 식은 (④~ⓑ)구간에만 유효하다.

iii) 하중 P가 (②~④)구간에 작용할 경우($\lambda \leqq x \leqq 2\lambda$)

②점과 ④점 사이에 하중이 작용할 경우는 간접하중이 되므로(하중은 격점에만 작용) 하중상태는 다음과 같다.

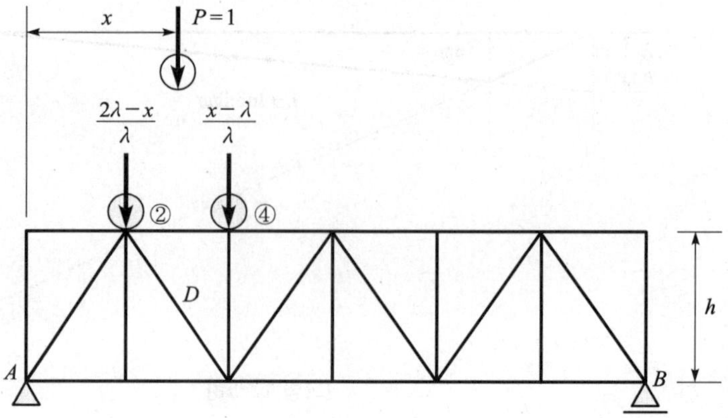

[그림 13-59]

$$\Sigma S_{②} = 0 \ ; \ R_A - \frac{2\lambda - x}{\lambda} - D \cdot \sin\theta = 0$$

$$D = \left(1 - \frac{x}{l} - 2 + \frac{x}{\lambda}\right)\frac{1}{\sin\theta} \ (x\text{에 관한 1차식})$$

$$\begin{cases} P\text{가 ②점에 있을 때 } x = \lambda\text{이므로 } D = -\frac{\lambda}{l}\cdot\frac{1}{\sin\theta} = -\frac{1}{6}\cdot\frac{1}{\sin\theta} \\ P\text{가 ④점에 있을 때 } x = 2\lambda\text{이므로 } D = \left(1 - \frac{2\lambda}{l}\right)\cdot\frac{1}{\sin\theta} = \frac{2}{3}\cdot\frac{1}{\sin\theta} \end{cases}$$

이상 i), ii), iii)을 종합하여 그림으로 나타내면 다음과 같다.

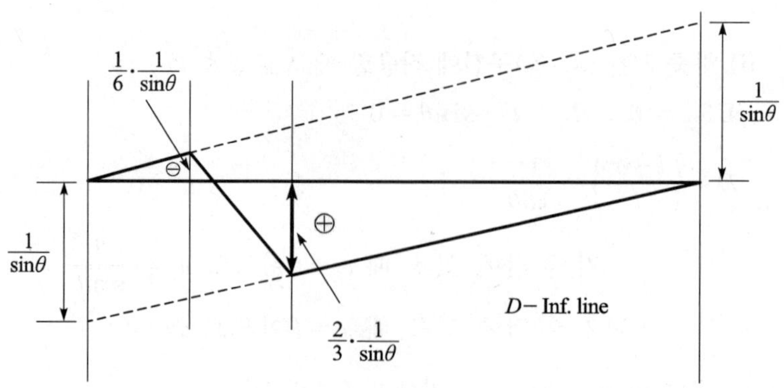

[그림 13-60]

⑤ 수직재(vertical member), V

수직재는 사재의 방향과 같이 단면을 절단하여야 하므로 다음과 같이 절단하면 하중이 (②~⑤)구간에만 작용할 때 수직재에 부재력이 생긴다.

i) 하중이 (②~④)구간에 작용할 때

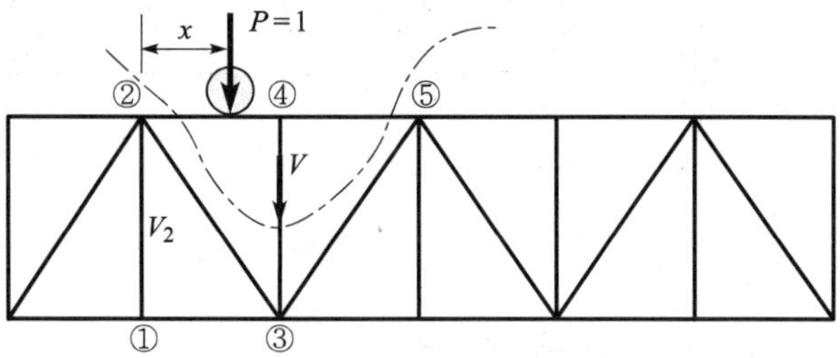

[그림 13-61]

④점에 작용되는 하중의 크기는 $\dfrac{x}{\lambda}$이므로

$$\Sigma V = 0 \;;\; \frac{x}{\lambda} + V = 0$$

$$V = -\frac{x}{\lambda} \begin{cases} P\text{가 ②점에 있을 때 } x=0\text{이므로 } V=0 \\ P\text{가 ④점에 있을 때 } s=\lambda\text{이므로 } V=-1 \end{cases}$$

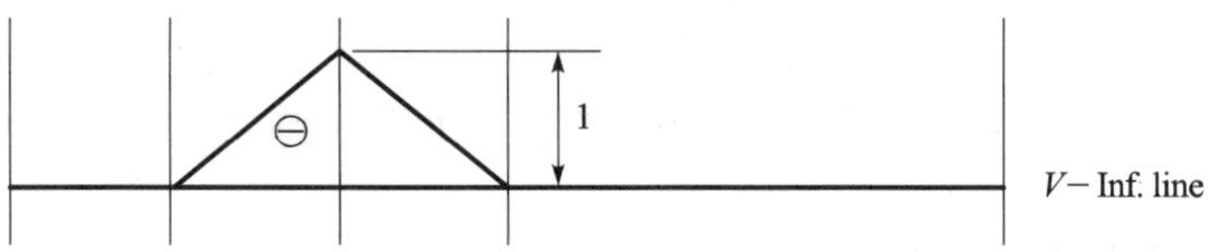

상현재하 : 하중이 하현에 작용할 때는 V의 부재력이 생기지 않는다.
즉, 상현에 하중이 작용할 경우만 부재력이 나타난다.

[그림 13-62]

ii) V_2의 영향선은 다음과 같이 나타난다.

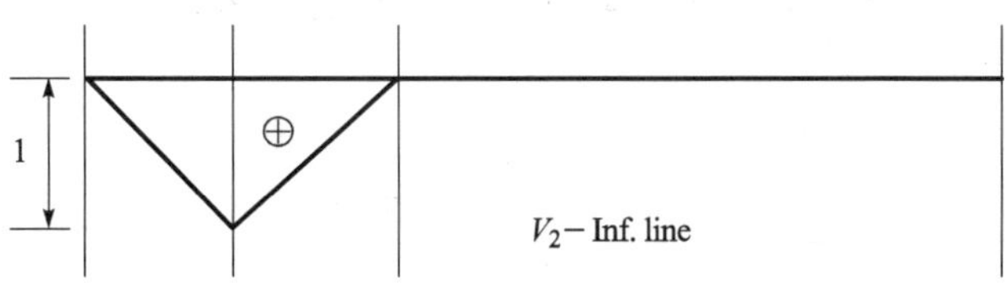

하현재하 : 하현에 하중이 작용할 경우만 부재력이 나타난다.

[그림 13-63]

iii) 사재의 방향이 [그림 13-64]와 같이 되어있을 경우 영향선을 생각하면(상현재하)

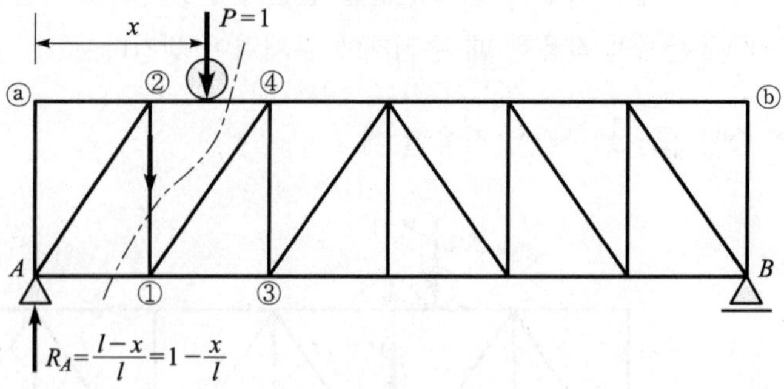

[그림 13-64]

a) 하중이 (ⓐ~2)구간에 작용할 경우

$\Sigma V=0$; $R_A-1=0$

$V=-\frac{x}{l}$, $x=0$일 때 $V=0$ (ⓐ~②)구간에만 유효

$x=l$일 때 $V=-1$

b) 하중이 (④~ⓑ)구간에 작용할 경우

$\Sigma V=0$; $R_A-V=0$

$V=1-\frac{x}{l}$, $x=0$, $V=1$(④~ⓑ)구간에만 유효

$x=l$, $V=0$

하중이 (②~④)구간에 작용할 경우는 간접하중이 된다.

iv) 하현재하인 경우

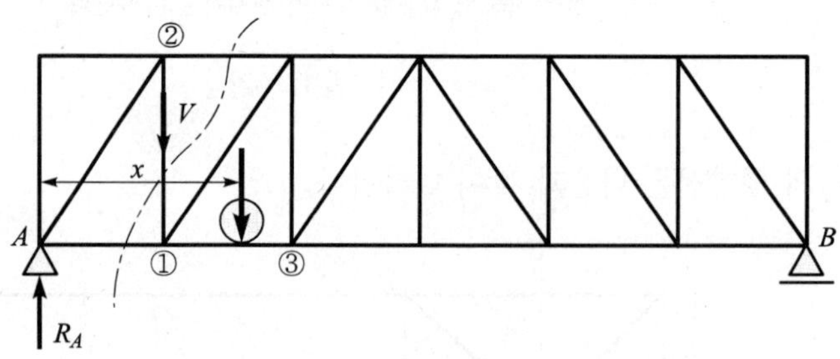

[그림 13-65]

a) 하중이 (Ⓐ~1)구간에 작용할 때

$\Sigma V=0$; $R_A-\frac{\lambda-x}{\lambda}-V=0$, $V=1-\frac{x}{l}-1+\frac{x}{\lambda}=\frac{x}{\lambda}-\frac{x}{l}$

$x=0$일 때 $V=0$

$x=\lambda$일 때 $V=1-\dfrac{\lambda}{l}=\dfrac{5}{6}$ (Ⓐ~1)구간에만 유효

b) 하중이 (①~ⓑ) 구간에 작용할 경우

$\Sigma V=0$; $R_A - V=0$

$V=1-\dfrac{x}{l}$, $x=0$, $V=1$ (①~ⓑ)구간에만 유효

$x=l$, $V=0$

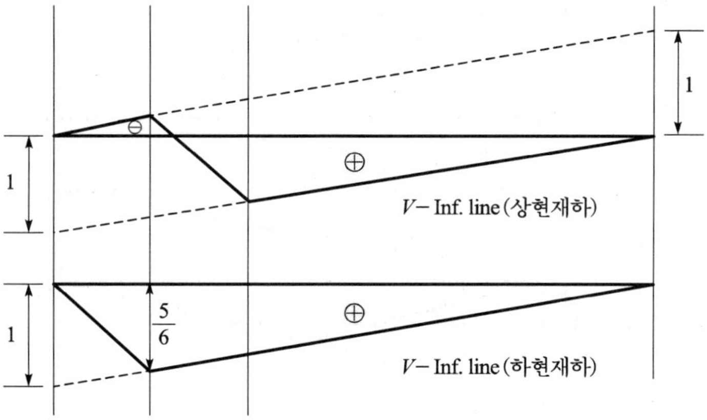

[그림 13-66]

이상의 영향선 유도로서 다음과 같은 결과를 알 수 있다.

① 현재 : 보의 모멘트를 보의 높이로 나눈 값이다.

② 사재 : 보의 전단력을 그 사재의 경사각의 $\sin\theta$로 나눈 값이다.

③ 수직재 : 보의 전단력 영향선 그대로이다.

(2) 하우트러스(howe truss)

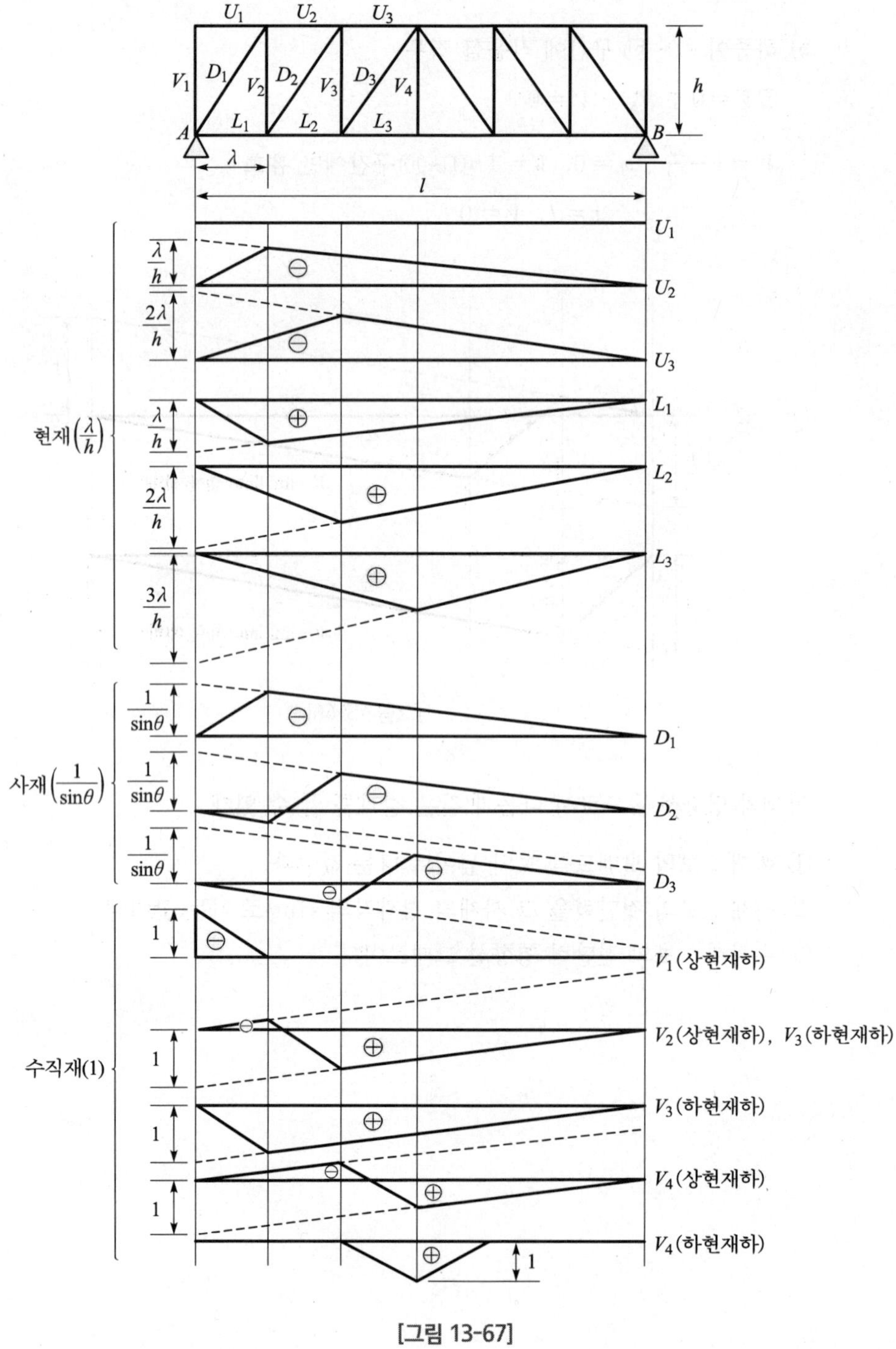

[그림 13-67]

(3) 프랫트러스(Pratt truss)

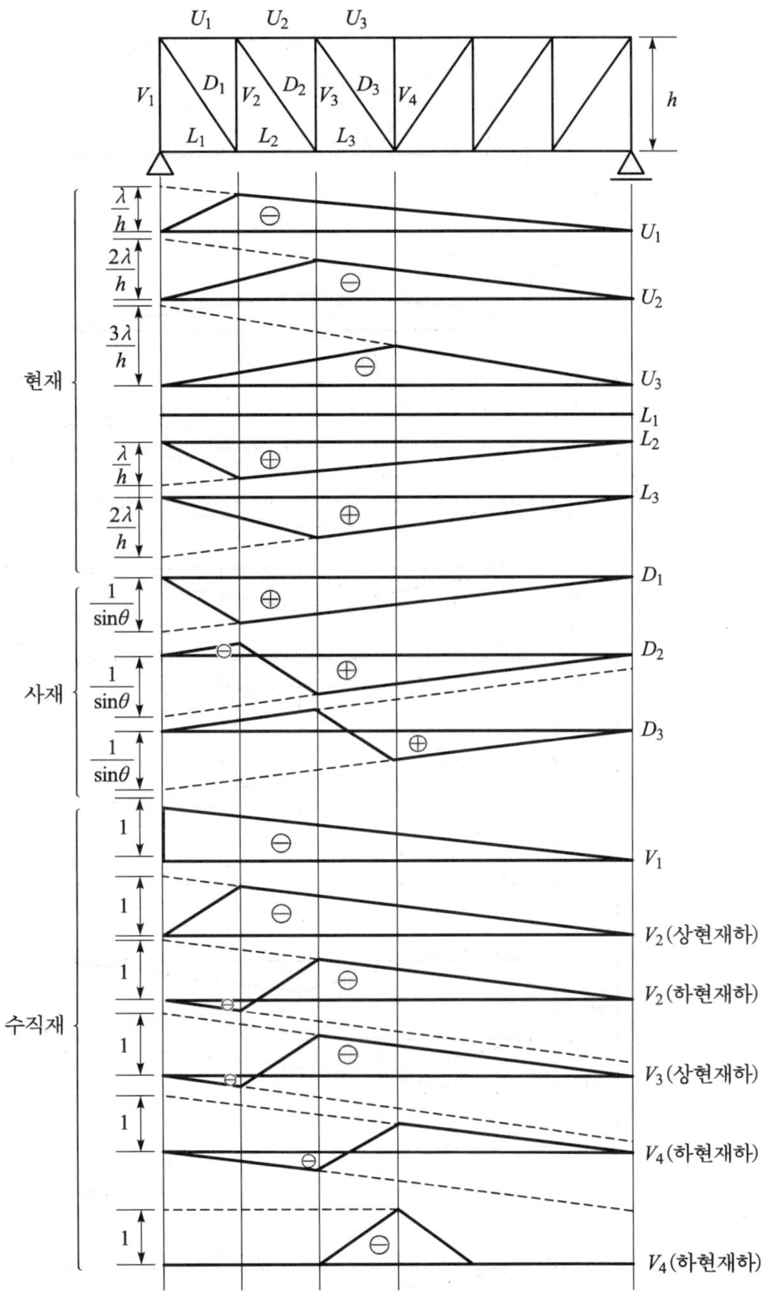

[그림 13-68]

(4) 와렌트러스(Warren truss)

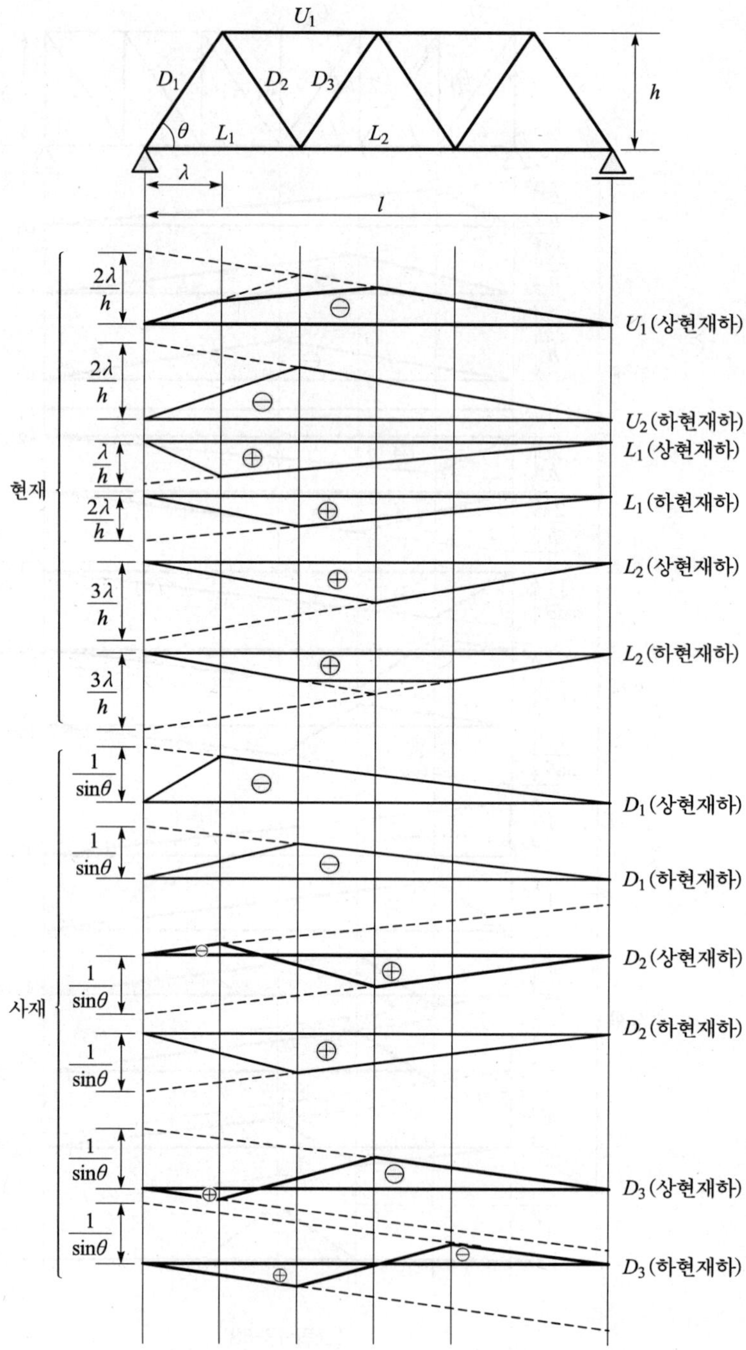

[그림 13-69]

(5) 수직재가 있는 Warren truss

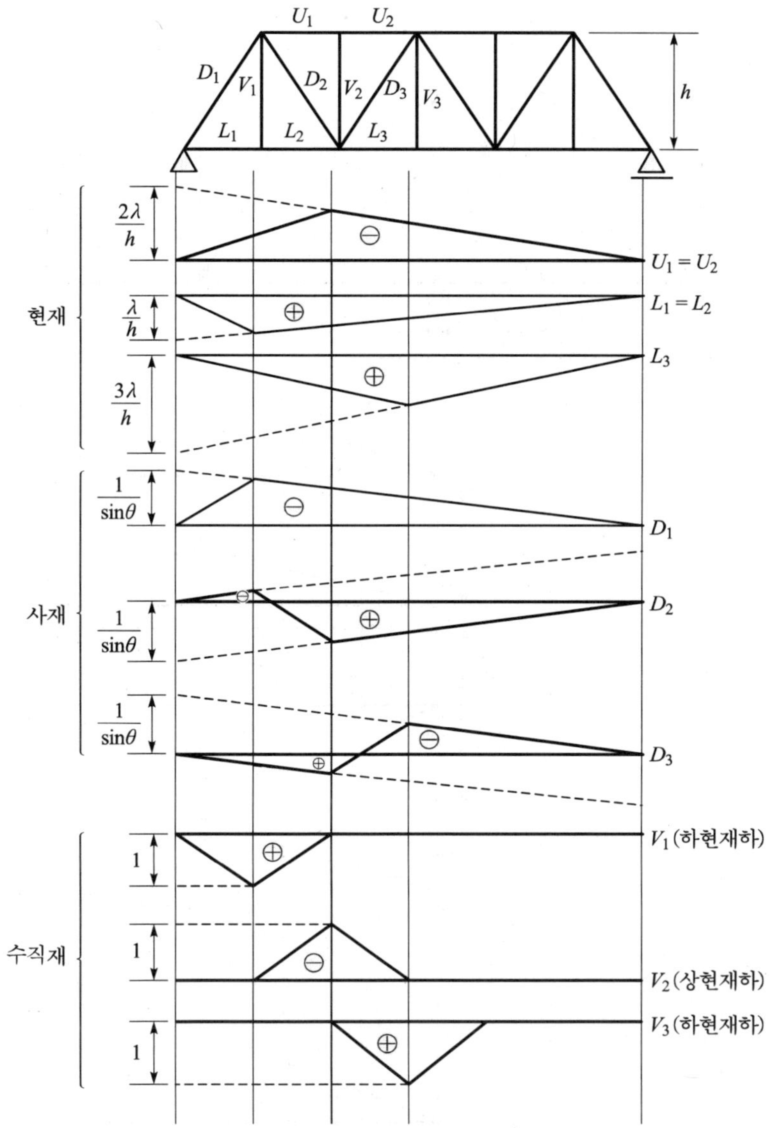

[그림 13-70]

(6) 곡현트러스

① Pratt truss

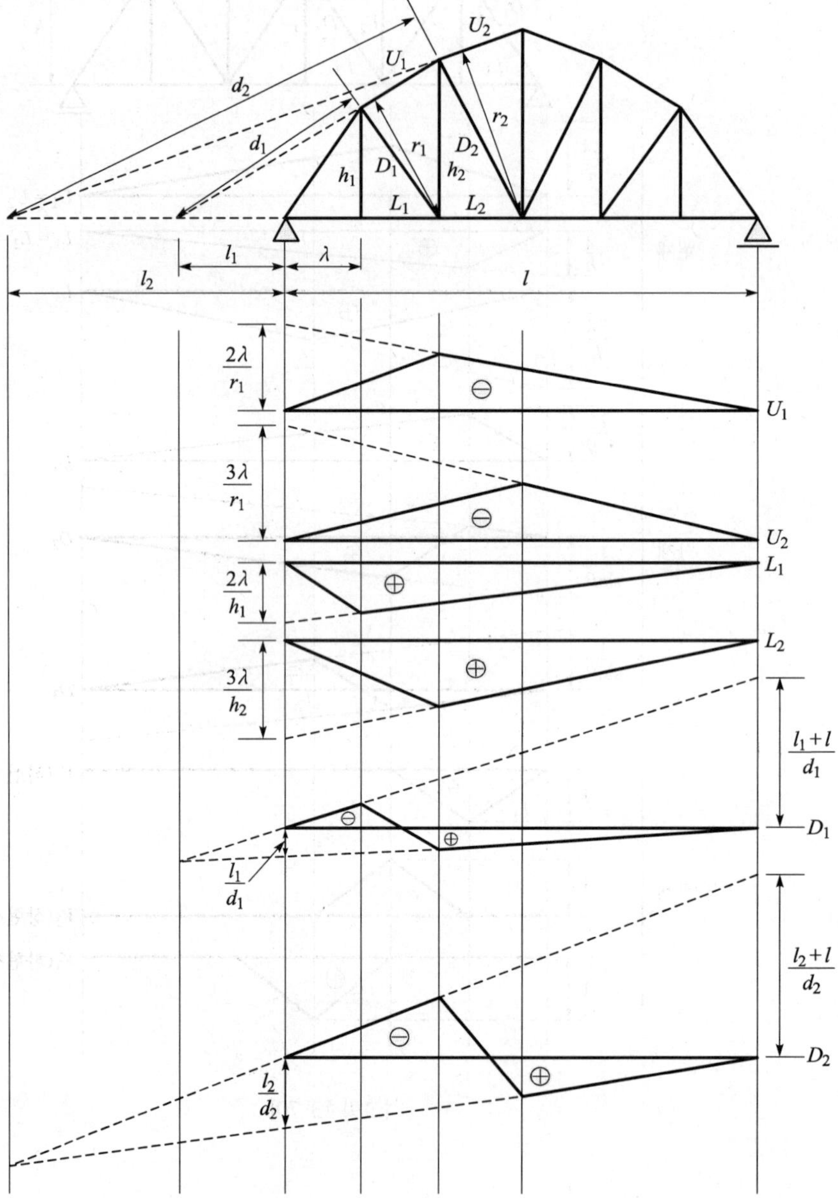

[그림 13-71]

② Howe truss

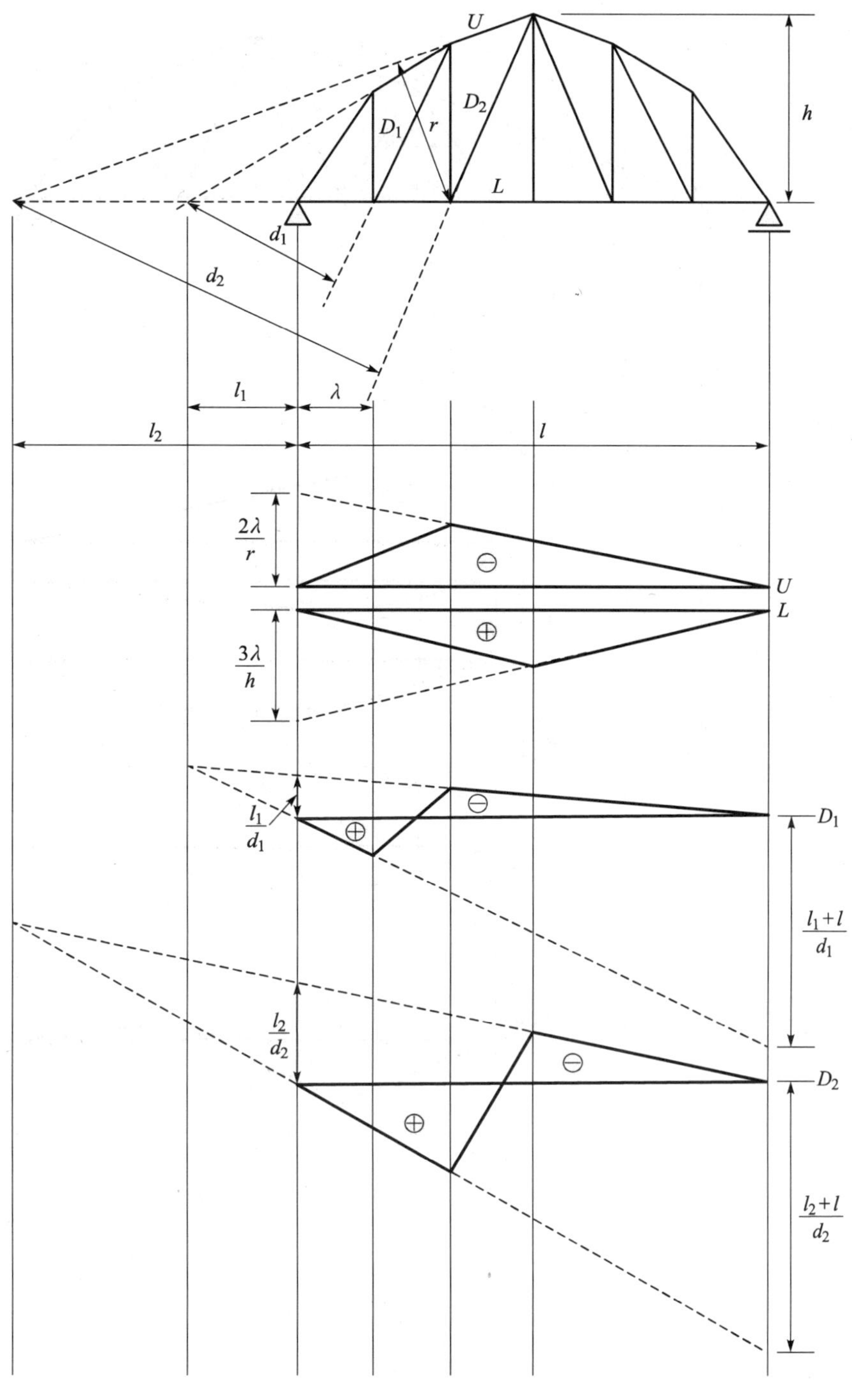

[그림 13-72]

③ Warren truss

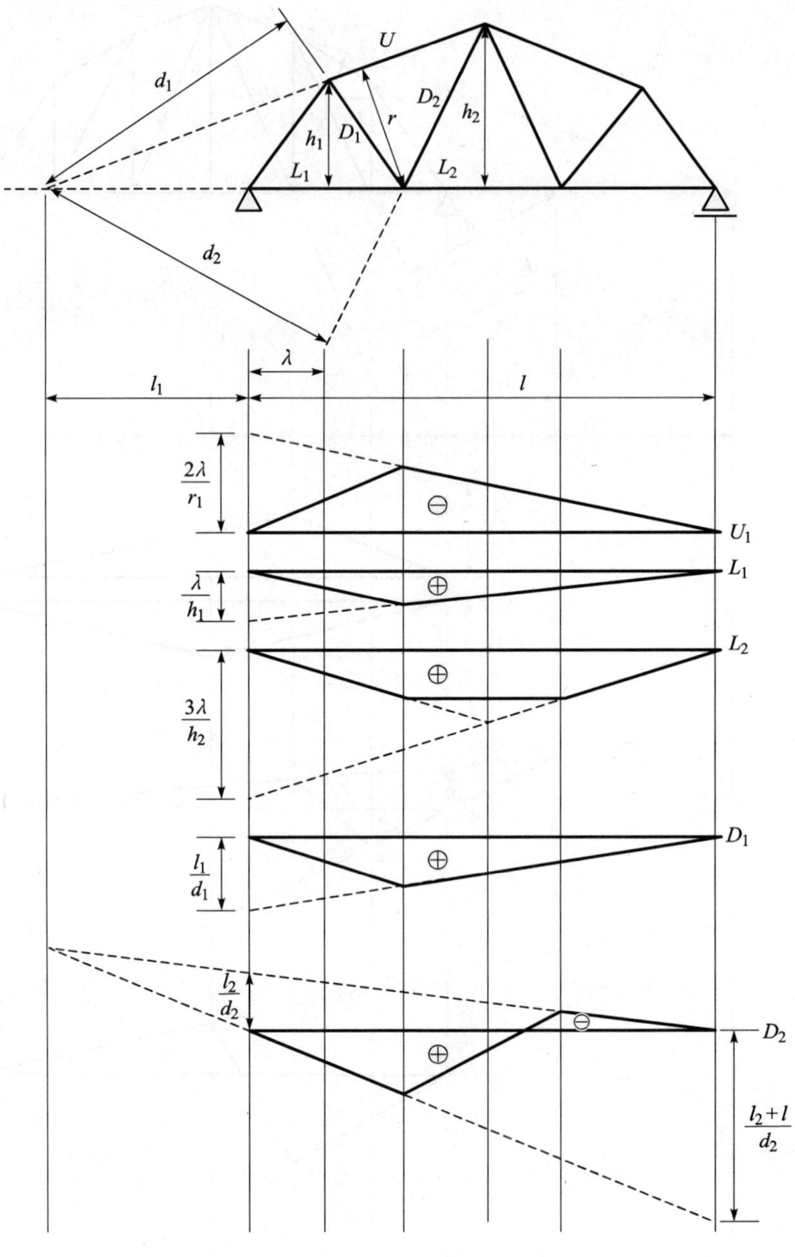

[그림 13-73]

예제 10

[그림 13-74]와 같은 와렌트러스에 $P=10\text{t}$의 이동하중이 작용할 때 L, U 및 D의 최대 부재력을 구하라.

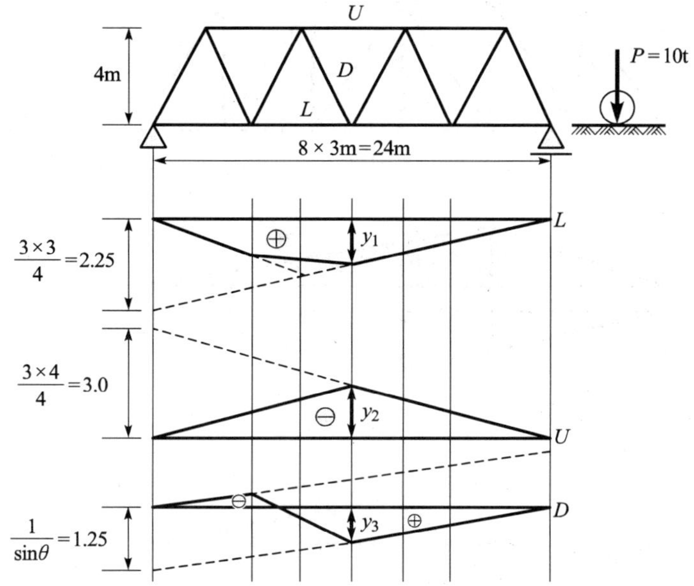

[그림 13-74]

영향선에 의한 부재력은 $P \cdot y$이므로 부재력이 최대가 되려면 y가 최대라야 한다.

$$24 : 2.25 = 12 : y_1,\ \ y_2 = 1.125$$

$$24 : 3 = 12 : y_2,\ \ y_2 = 1.5$$

$$24 : 1.25 = 12 : y_3,\ \ y_3 = 0.625$$

$L = 10 \times 1.125 = 11.25\text{t}$ (인장)

$U = 10 \times (-1.5) = -15.0\text{t}$ (압축)

$D = 10 \times 0.625 = 6.25\text{t}$ (인장)

예제 11

다음과 같은 트러스에 등분포 이동활하중이 작용할 때 U, L, D, V의 최대부재력을 구하라.

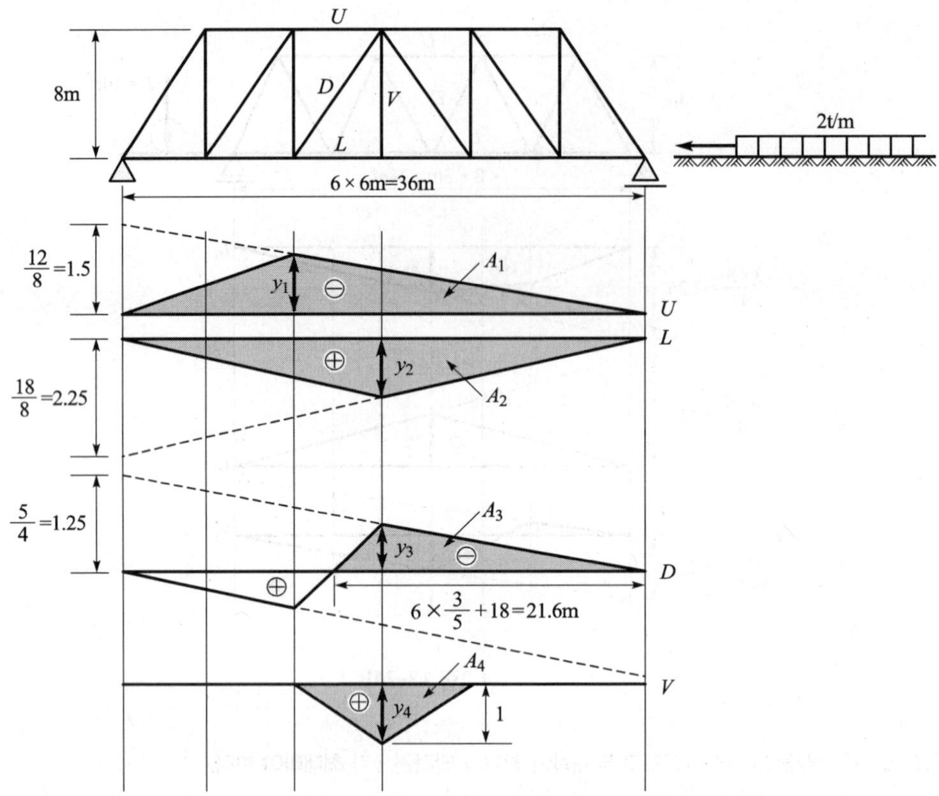

[그림 13-75]

$y_1 = 1.5 \times \dfrac{4}{6} = 1.0,\qquad y_2 = 2.25 \times \dfrac{1}{2} = 1.125$

$y_3 = 1.25 \times \dfrac{1}{2} = 0.625,\qquad y_4 = 1$

$U = -2 \times \left(1.0 \times 36 \times \dfrac{1}{2}\right) = -36\text{t}$ (압축)

$L = 2 \times \left(1.125 \times 36 \times \dfrac{1}{2}\right) = 40.5\text{t}$(인장)

$D = -2 \times \left(0.625 \times 21.6 \times \dfrac{1}{2}\right) = -13.5\text{t}$ (압축)

$U = 2 \times \left(1 \times 12 \times \dfrac{1}{2}\right) = 12\text{t}$ (인장)

예제 12

다음과 같은 곡현트러스에 연행하중이 지나갈 때 U, L 및 D의 최대 부재력을 구하라.

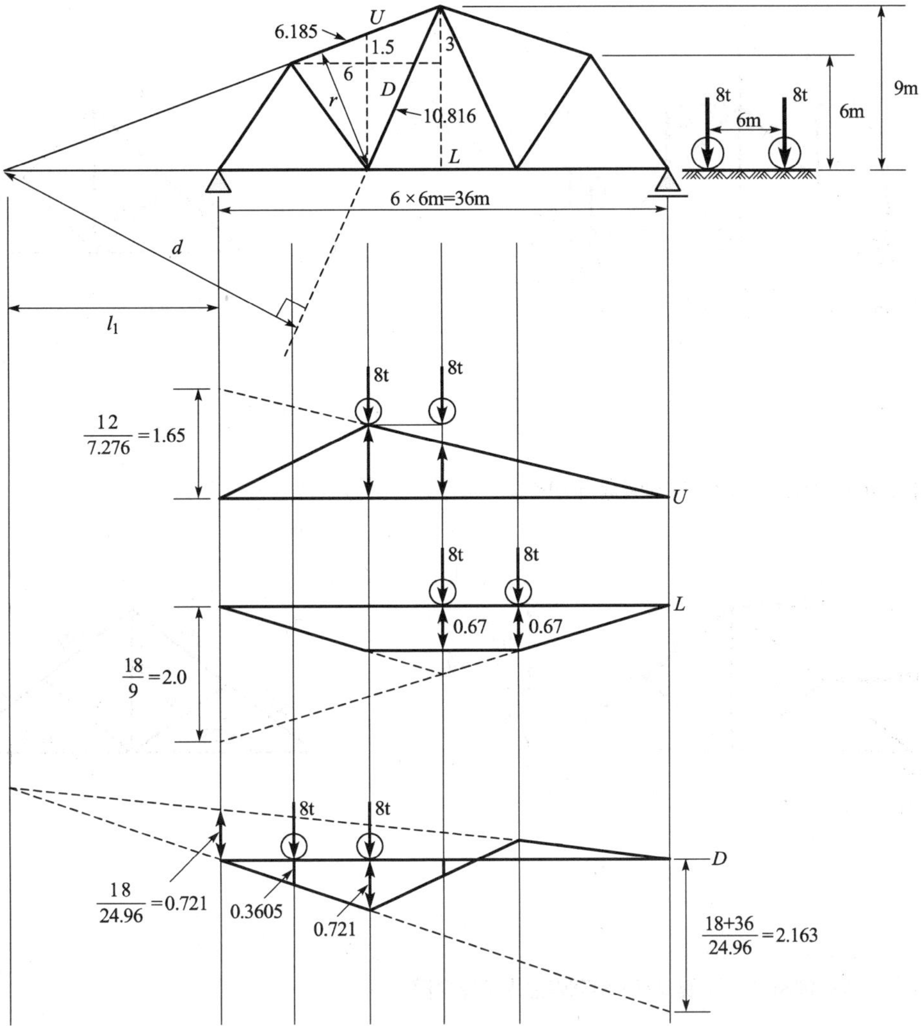

[그림 13-76]

거리계산

$6.185 : 6 = 7.5 : r$ $\qquad r = 7.276$

$3 : 12 = 9 : (l_1 + 18)$ $\qquad l_1 = 18$

$10.816 : 9 = 30 : d$ $\qquad d = 24.96$

$U = -8(1.1 + 0.825) = -15.4\text{t}$ (압축)

$L = 8(0.67 \times 2) = 10.67\text{t}$ (인장)

$D = 8(0.3605 + 0.721) = 8.653\text{t}$ (인장)

01 다음 king-post truss의 부재력을 구하라.

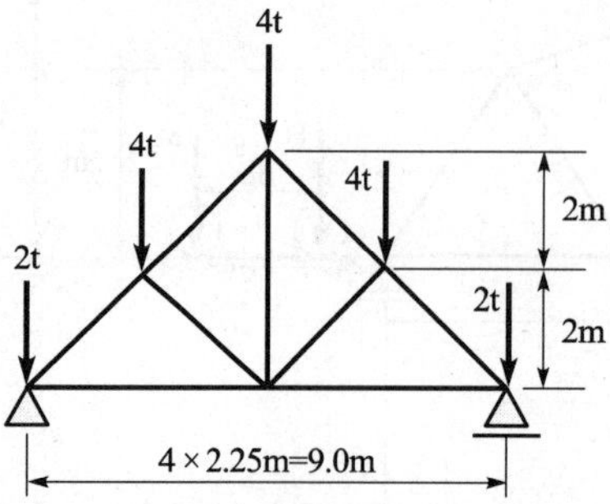

답

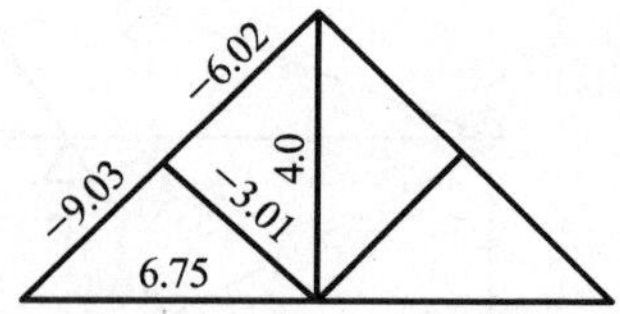

02 다음 king-post truss의 부재력을 구하라.

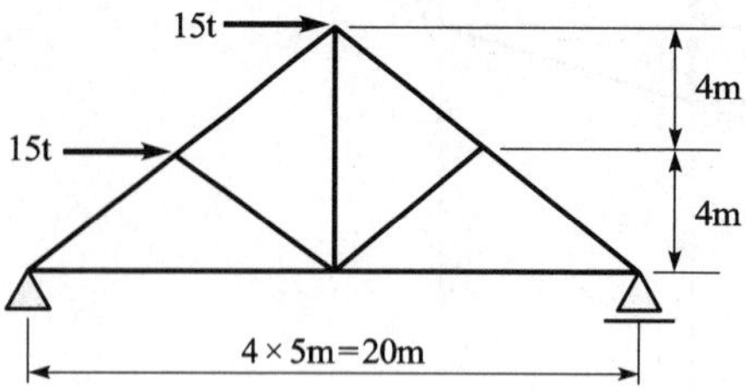

답

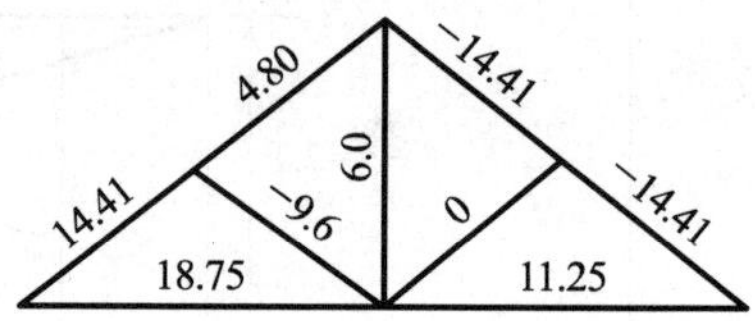

03 다음 트러스에서 U, L 및 D의 부재력은 얼마인가?

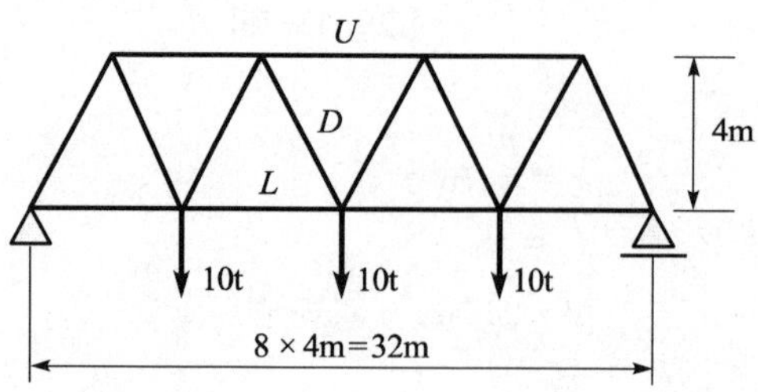

답 $U=-26.27$, $L=23.33\text{t}$, $D=6.01\text{t}$

04 그림과 같은 워플트러스에서 U의 부재력은 얼마인가?

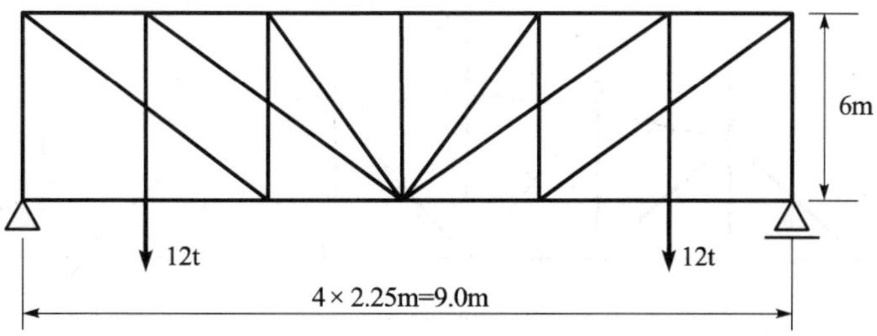

답 $U=-12\text{t}$

05 그림과 같은 트러스에서 T 부재에 작용되는 부재력은 얼마인가?

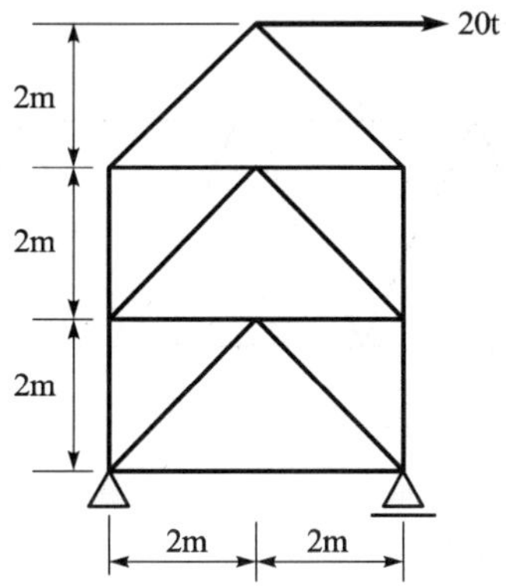

답 $T=20\text{t}$

06 다음 트러스를 크레모나 도해법으로 해석하라.

답

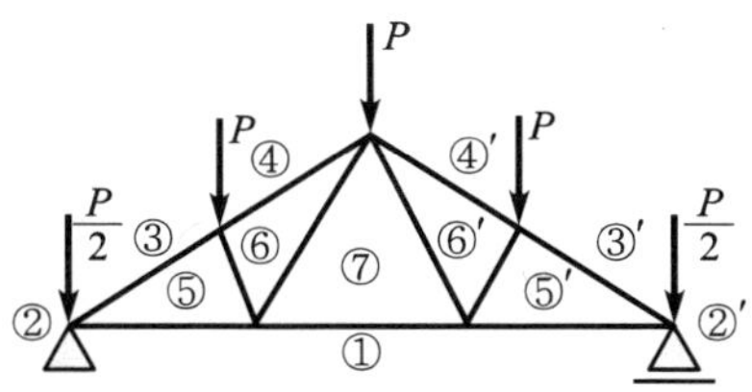

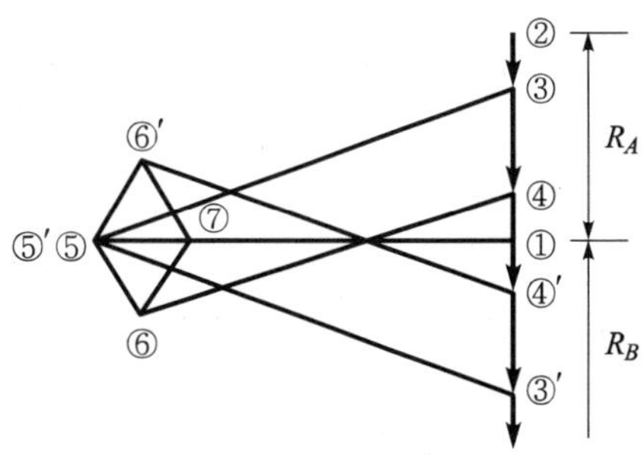

07 다음 트러스에서 U, L, D 및 V의 부재력을 구하라.

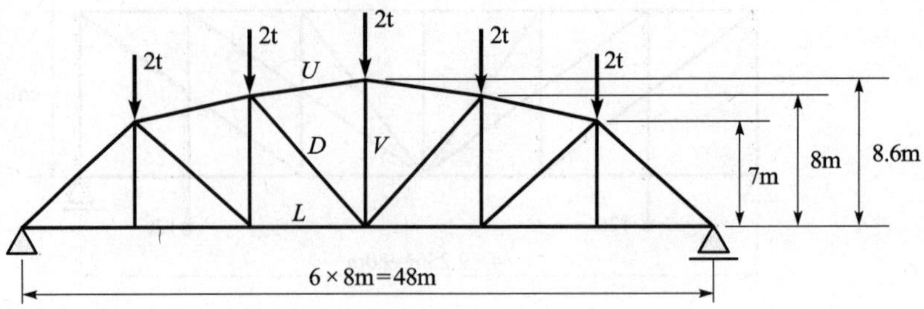

답 $U = -8.40\text{t}$, $L = 8.0\text{t}$, $D = 0.53\text{t}$, $V = -0.74\text{t}$

08 다음과 같은 이동연행하중이 지나갈 때 U, L, D의 최대 부재력을 구하라.

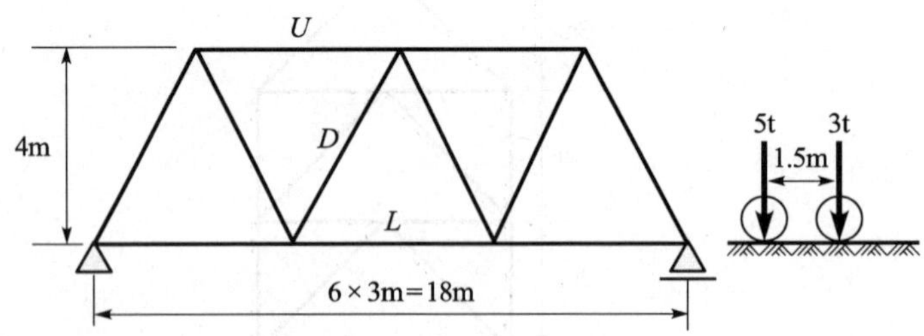

답 $U = -7.625\text{t}$, $L = 6.0\text{t}$, $D = \pm 3.021\text{t}$

CHAPTER **14**

기둥(Column)

14.1 기둥일반

기둥은 축방향 압축력을 받을 수 있도록 만들어진 구조물로서 교대, 교각, 옹벽, 댐, 라멘구조, 건물의 기둥 및 트러스의 압축부재 등을 예로 들 수 있다.
기둥에서 하중에 중심축에 작용할 경우를 중심압축기둥이라 하고, 축방향과 압축력과 동시에 모멘트가 작용하는 기둥을 편심압축기둥이라 한다([그림 14-1]).
또 기둥이 파괴되는 형상에서 압축응력이 한계에 도달하여 파괴되는 기둥을 단주라 하고 압축응력이 한계에 도달하기 전에 부재가 휘어서 파괴되는 기둥을 장주라 한다([그림14-2]).

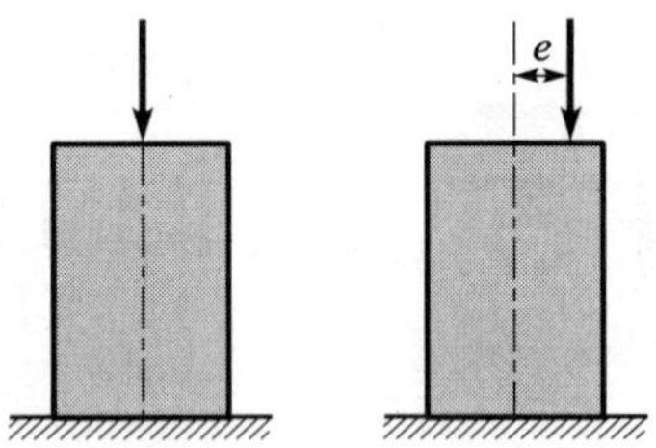

(a) 중심압축기둥 (b) 편심압축기둥

[그림 14-1] **압축기둥**

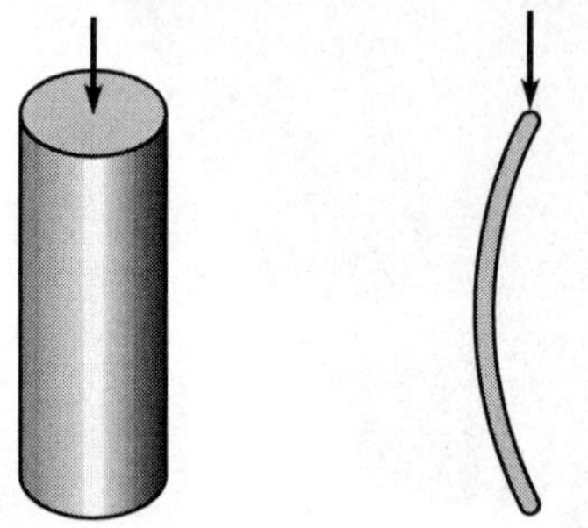

(a) 단 주 (b) 장 주

[그림 14-2] **단주, 장주**

(1) 단주(短柱, short column), 짧은 기둥

기둥에 작용하는 압축력이 증가하여 기둥 단면 내부에 생기는 응력이 증가하여 파괴응력에 도달하여 파괴되는 기둥을 단주라 하며, 축응력을 계산한다.

(2) 장주(長柱, long column), 긴 기둥

기둥 단면에 비하여 기둥의 길이가 상당히 클 때(트러스의 압축부재 등) 기둥축에 하중이 작용하면 등분포압축응력이 생기지 않고 기둥이 휘어져서 파괴(좌굴, buckling)되는 기둥을 장주라 하며, 기둥이 휘어지기 직전까지 견딜 수 있는 하중(좌굴하중)을 계산한다.

(3) 세장비(細長比, slenderness ratio), λ

세장비는 기둥 부재단면과 기둥의 길이와의 관계로서 장주의 강도는 이 값에 의하여 좌우된다. 기둥단면의 최소회전반경(r)과 기둥길이(l)의 비로서 다음과 같이 나타난다.

$$\lambda = \frac{l}{r} = \frac{l}{\sqrt{\frac{I}{A}}}$$

① 사각형단면

사각형단면에서 세장비의 계산은 최소단면 2차모멘트를 사용해야 한다. 그 이유는 장주의 양단 상태가 어떤 방향으로나 좌굴이 허용된다면 가장 약한 방향으로 좌굴될 것이다. 즉, 단면 2차모멘트가 최소되는 축과 직교하는 방향(즉, 최대주축과 같은 방향)으로 좌굴된다.

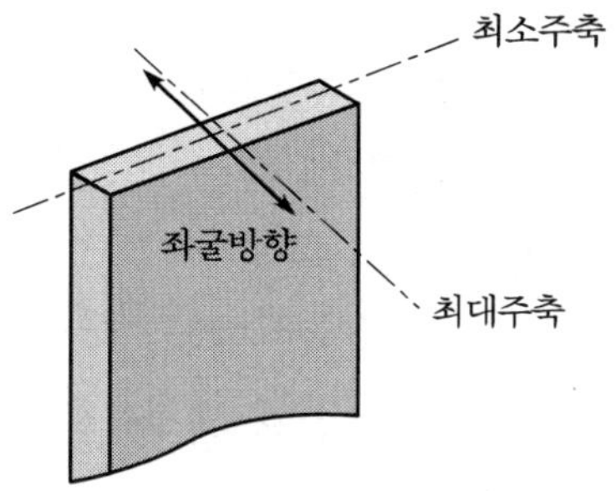

[그림 14-3]

$$\lambda = \frac{l}{r} = \frac{l}{\sqrt{\frac{I}{A}}} = \frac{l}{\sqrt{\frac{bh^3/12}{bh}}}$$

$$\therefore \lambda = \frac{\sqrt{12}}{h} \cdot l$$

여기서 h는 두변 중 작은 값을 말한다.

예제 1

단면이 10×12cm이고 길이가 3m인 기둥의 세장비는?

$$\lambda = \frac{\sqrt{12}}{h} \cdot l = \frac{\sqrt{12}}{10} \times 300 = 103.92$$

② 원형단면

$$\lambda = \frac{l}{\sqrt{\frac{\pi d^4/64}{\pi d^2/4}}}$$

예제 2

길이 4m의 원형단면 기둥에서 세장비가 100이 되도록 직경 d를 결정하라.

$\lambda = \dfrac{4}{d} \cdot l$이므로

$$d = \frac{4}{\lambda} \cdot l = \frac{4}{100} \times 400 = 16\text{cm}$$

(4) 단주와 장주의 구분

압축응력이 한계에 달하여 파괴되는 기둥을 단주, 좌굴에 의하여 파괴되는 기둥을 장주라 하며 일반적으로 다음과 같이 구분된다.

$$\lambda < 60 \ : \text{단주}$$
$$\lambda \geq 60 \ : \text{장주}$$

그러나 역학에서는 단주, 장주의 구분은 일반적으로 정해진다.

14.2 단주(short column)

압축력이 극한응력에 도달하여 파괴되는 기둥으로서 부호는 압축을 (−), 인장을 (+)로 생각한다. 참고로 각 교재마다 기둥의 부호에서 인장, 압축의 부호를 바꾸어 사용하는 경우가 많으므로 (+), (−)보다 인장, 압축으로 생각하면 편리하다.

(1) 중심축기둥

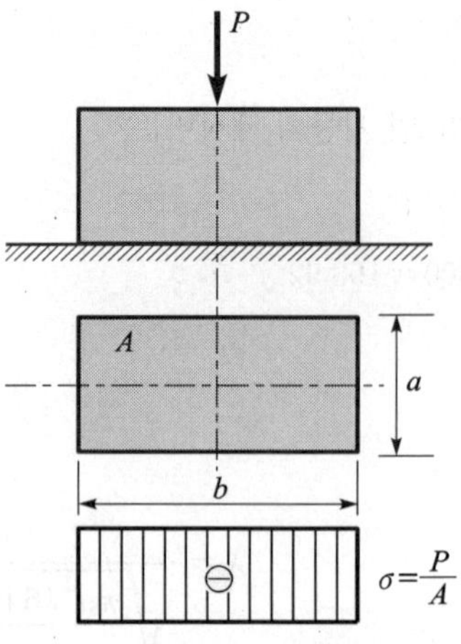

[그림 14-4] **중심축기둥**

단주의 중심축에 하중이 작용하면 전부재에 균일한 압축응력이 생긴다. 즉, [그림 14-4]와 같은 $a\times b$ 단면을 가진 단주에 중심축하중 P가 작용하면 단주의 응력 σ는

$$\sigma=-\frac{P}{A}=-\frac{P}{a\times b}\ (\mathrm{kg/cm^2})$$

또 기둥의 파괴는 압축응력이 극한 값에 도달하였을 때 일어나므로 다음 조건을 만족하여야 한다.

$$\sigma=\frac{P}{A}<\sigma_a$$

예제 3

정사각형 단면을 가진 단주의 중앙에 100t의 집중하중이 작용할 때 이 재료의 허용압축응력을 200kg/cm^{2}이라 하면 한 변의 길이를 얼마로 하면 되는가?

$\sigma=\dfrac{P}{A}$ 이므로 $A=a^2=\dfrac{P}{\sigma}=\dfrac{100{,}000}{200}=500\mathrm{cm^2}$

$\therefore a=22.4\mathrm{cm}$

(2) 편심축기둥(일방향편심)

하중이 중심축에 작용치 않고 어느 한쪽에 편심되어 작용하면 축방향응력을 받는 동시에 편심모멘트에 의한 휨응력도 같이 받는다.

즉, 응력=축응력±휨응력

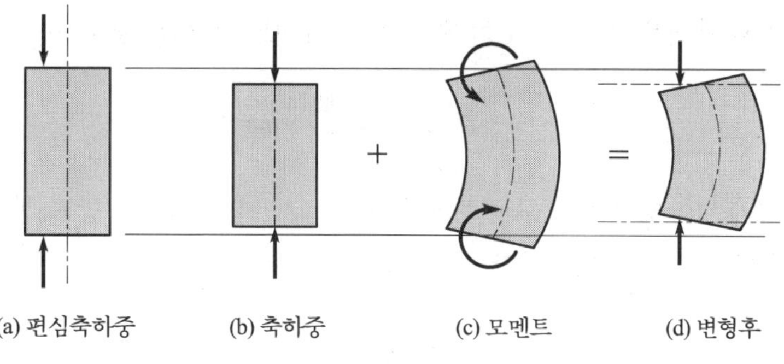

[그림 14-5] **편심축기둥**

[그림 14-6]과 같은 사각형단면 단주에 하중 P가 중심축에서 e만큼 편심되어 작용할 때 단주에 생기는 응력을 생각하면

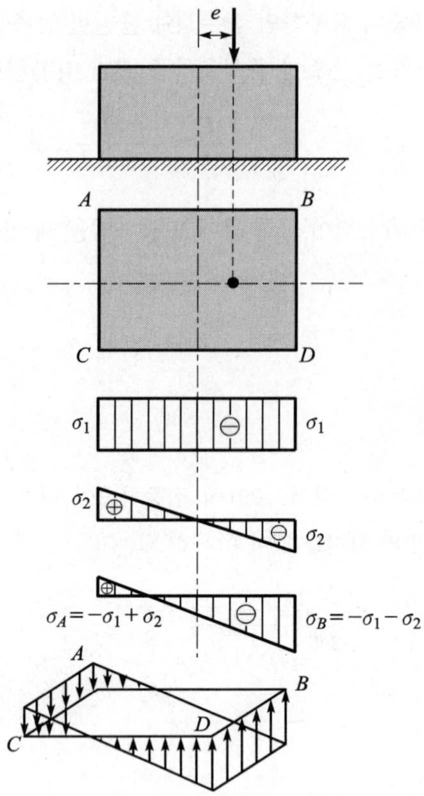

[그림 14-6] **일방향편심 기둥**

압축응력에 의한 응력, σ_1

$$\sigma_1 = -\frac{P}{A}$$

편심으로 인하여 $M = P \cdot e$가 생긴다. 이 모멘트에 의한 응력, σ_2

$$\sigma_2 = \pm \frac{M}{I} \cdot y = \pm \frac{M}{Z}$$

압축력에 의한 응력 σ_1으로 전부재(A, B, C, D단면)가 압축을 받고, 모멘트에 의한 응력 σ_2로 인하여 A, C 단면은 인장, B, D 단면은 압축을 받는다.

즉,
$$\sigma_A = \sigma_C = -\frac{P}{A} + \frac{M}{Z}$$

$$\sigma_B = \sigma_D = -\frac{P}{A} - \frac{M}{Z}$$

$$\therefore \sigma = -\frac{P}{A} \pm \frac{M}{Z}$$

여기서 Z는 단면계수로서 사각형단면 단주에서 높이는 하중이 작용하는 축이 높이가 된다.

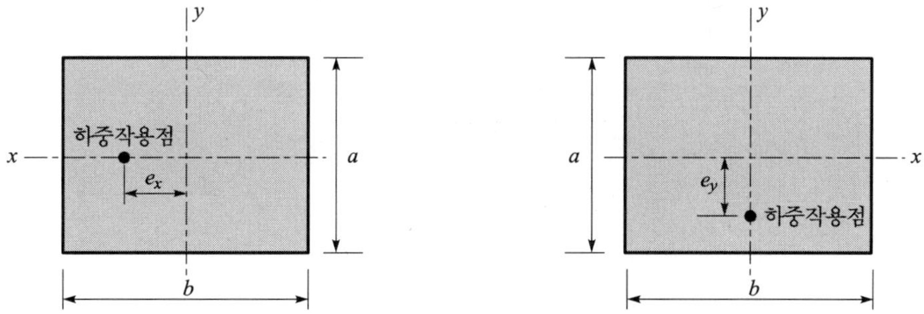

$$Z = Z_y = \frac{a \cdot b^2}{6} \qquad Z = Z_x = \frac{b \cdot a^2}{6}$$

$$\frac{M}{Z} = \frac{P \cdot e_x}{\frac{a \cdot b^2}{6}} \qquad \frac{M}{Z} = \frac{P \cdot e_y}{\frac{b \cdot a^2}{6}}$$

[그림 14-7] 단주의 단면계수

예제 4

다음 [그림 14-8]과 같은 일방향 편심을 받고 있는 단주에서 압축응력 분포도를 그려라.

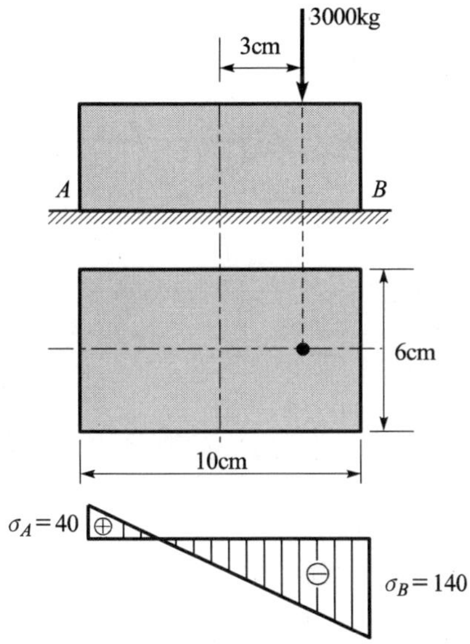

[그림 14-8]

$$\sigma = -\frac{P}{A} \pm \frac{M}{Z}$$

$$\begin{cases} M = 3{,}000 \times 3 = 9{,}000\,\text{kg}\cdot\text{cm} \\ Z = \dfrac{bh^2}{6} = \dfrac{6 \times 10^2}{6} = 100\text{cm}^3 \end{cases}$$

$$\sigma = -\frac{3000}{60} \pm \frac{9{,}000}{100} = -50 \pm 90$$

$$\sigma_A = -50 + 90 = 40\text{kg/cm}^2 \text{(인장)}$$

$$\sigma_B = -50 - 90 = -140\text{kg/cm}^2 \text{(압축)}$$

예제 5

지름이 80 cm 의 원형단면기둥의 중심으로부터 10 cm 떨어진 곳에 5t의 집중하중이 작용할 경우 최대, 최소 응력을 구하라.

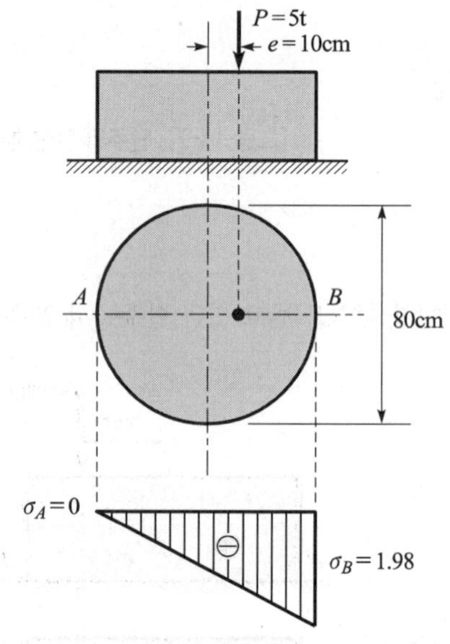

[그림 14-9]

$$\sigma = -\frac{P}{A} \pm \frac{M}{Z}$$

$$\begin{cases} M = 5{,}000 \times 10 = 50{,}000\text{kg}\cdot\text{cm} \\ Z = \dfrac{\pi d^3}{32} = \dfrac{\pi \cdot 80^3}{32} = 50{,}265.5\text{cm}^3 \end{cases}$$

$$\sigma = -\frac{5{,}000}{\dfrac{\pi \cdot 80^2}{4}} \pm \frac{50{,}000}{50{,}265.5} = -0.99 \pm 0.99$$

$$\sigma_A = -0.99 + 0.99 = 0$$

$$\sigma_B = -0.99 - 0.99 = -1.98\text{kg/cm}^2 \text{(압축)}$$

예제 6

[그림 14−10]과 같은 단주에 $P=8.4\text{t}$, $M=168\text{kg}\cdot\text{m}$가 작용할 때 기둥의 최대 최소 압축응력을 구하라.

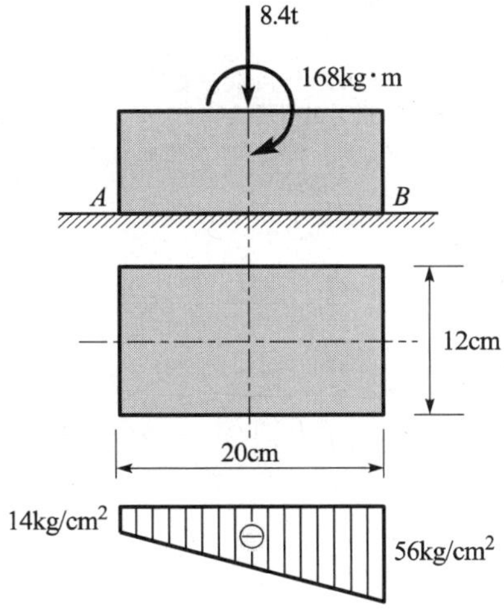

[그림 14-10]

$$\sigma = -\frac{P}{A} \pm \frac{M}{Z} = -\frac{8,400}{240} \pm \frac{16,800}{\frac{12\times 20^2}{6}} = -35 \pm 21$$

$$\sigma_A = -35+21 = -14\text{kg/cm}^2$$

$$\sigma_B = -35-21 = -56\text{kg/cm}^2$$

예제 7

[그림 14−11]과 같은 캔틸레버 보의 하단에 편심인장하중 P가 작용할 때 단면의 중립축 위치는 도심축에서 얼마 떨어진 곳인가?

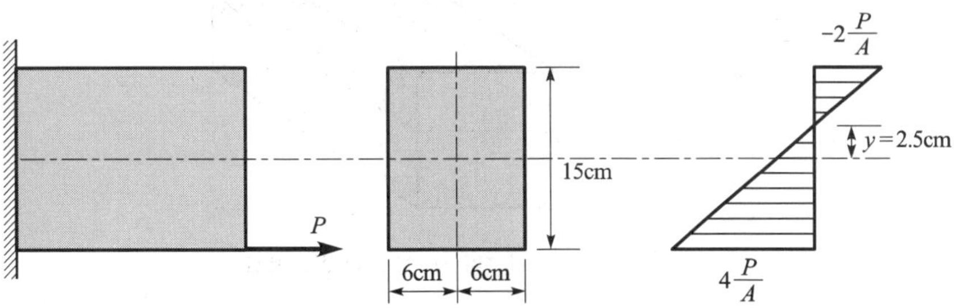

[그림 14-11]

$\sigma = -\frac{P}{A} \pm \frac{M}{I}\cdot y$, 여기서 $M=\frac{h}{2}\cdot P$이므로

$$\sigma=\frac{P}{bh}-\frac{\frac{h}{2}\cdot P}{\frac{bh^3}{12}}\cdot y=\frac{P}{bh}\left(1-\frac{6}{h}\cdot y\right)$$

이 값이 0이 되려면 $1-\frac{6}{h}\cdot y=0$이 되어야 되므로

$$\therefore y=\frac{h}{6}=\frac{15}{6}=2.5\text{m}$$

참고로 응력분포도를 살펴보면

$y=\frac{h}{2}$일 때 $\sigma=\frac{P}{A}(1\pm 3)$

$$\sigma_{(상)}=-2\frac{P}{A}$$

$$\sigma_{(하)}=4\frac{P}{A}$$

(3) 이방향 편심축기둥

단주에 [그림 14-12]와 같이 하중이 두 방향으로 편심되어 작용할 경우는 A, B, C, D응력은 각각 모두 달라진다.

즉, 압축에 의한 응력, x축에서 편심되므로 생기는 응력, y축에서 편심되므로 생기는 응력이 합성되어 나타난다.

① 압축에 의한 응력, σ_1

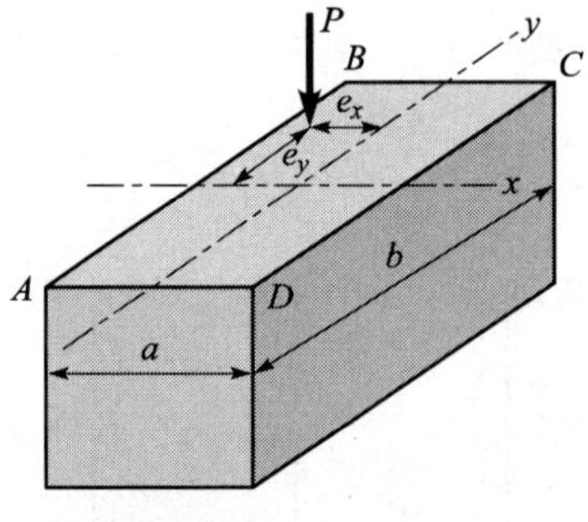

[그림 14-12] 이방향 편심

$$\sigma_1=-\frac{P}{A}$$

전부재가 균일하게 압축응력을 받음.

② x축에서 편심하므로 생기는 응력, σ_x

$$M_x = P \cdot e_y$$

[그림 14-13]과 같은 하중조건에서 폭은 (a), 높이는 (b)가 된다.

$$Z_x = \frac{ab^2}{6}$$

$$\sigma_x = \frac{M_x}{Z_x} = \frac{6 \cdot P \cdot e_y}{ab^2}$$

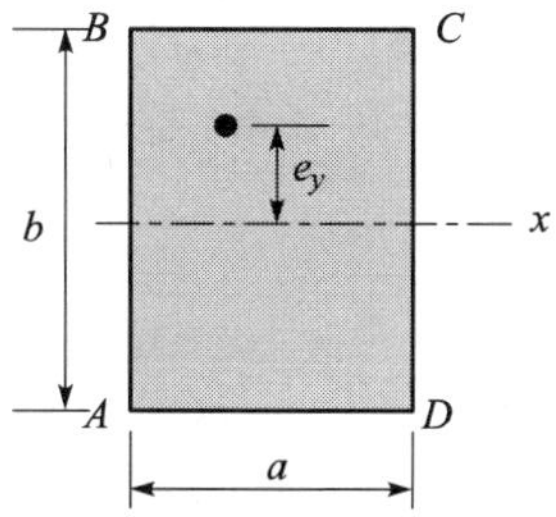

[그림 14-13]

즉, A, D점은 인장을 받고, B, C점은 압축을 받는다.

③ y축에서 편심하므로 생기는 응력, σ_y

$$M_y = P \cdot e_x$$

[그림 14-14]와 같은 하중조건에서 폭은 (b), 높이는 (a)가 된다.

$$Z_y = \frac{ba^2}{6}$$

$$\sigma_y = \frac{M_y}{Z_y} = \frac{6 \cdot P \cdot e_x}{ba^2}$$

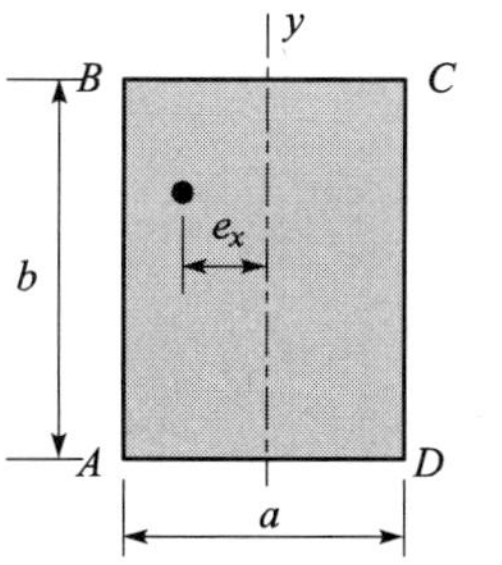

[그림 14-14]

즉, C, D점은 인장을 받고, AB점은 압축을 받는다.

각 단면의 응력은 다음 식으로 나타난다.

$$\sigma = \sigma_1 \pm \sigma_x \pm \sigma_y = -\frac{P}{A} \pm \frac{6 \cdot P \cdot e_y}{ab^2} \pm \frac{6 \cdot P \cdot e_x}{ba^2}$$

$$\sigma_A = -\sigma_1 + \sigma_x - \sigma_y$$

$$\sigma_B = -\sigma_1 - \sigma_x - \sigma_y$$

$$\sigma_C = -\sigma_1 - \sigma_x + \sigma_y$$

$$\sigma_D = -\sigma_1 + \sigma_x + \sigma_y$$

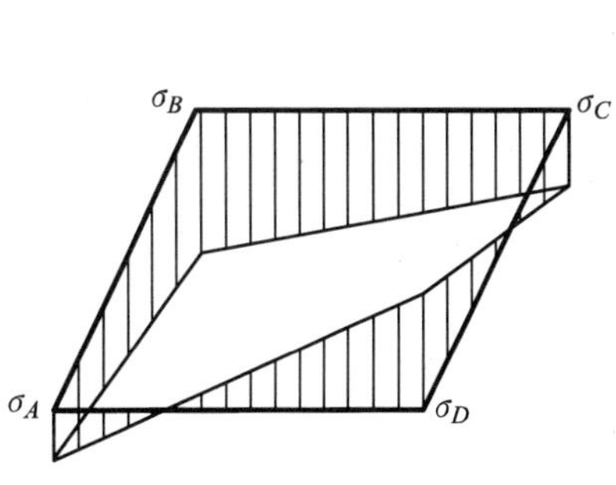

[그림 14-15]

예제 8

[그림 14-16]과 같은 단주에 압축력 P가 E점에 작용할 때 A, B, C, D점의 응력을 구하라.

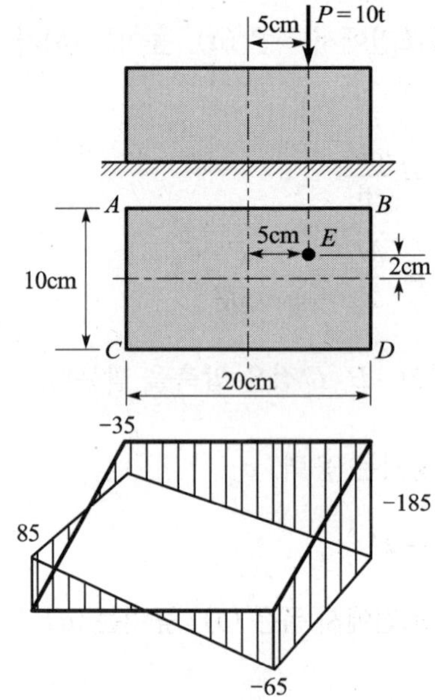

[그림 14-16]

$$\sigma = -\frac{P}{A} \pm \frac{P \cdot e_y}{Z_x} \pm \frac{P \cdot e_x}{Z_y}$$

$$Z_x = \frac{20 \times 10^2}{6},\ Z_y = \frac{10 \times 20^2}{6}$$

$$\sigma = -\frac{10,000}{200} \pm \frac{6 \times 10,000 \times 2}{20 \times 10^2} \pm \frac{6 \times 10,000 \times 5}{10 \times 20^2} = -50 \pm 60 \pm 75$$

$$\sigma_A = -50 - 60 + 75 = -35 \mathrm{kg/cm^2}$$

$$\sigma_B = -50 - 60 - 75 = -185 \mathrm{kg/cm^2}$$

$$\sigma_C = -50 + 60 + 75 = 85 \mathrm{kg/cm^2}$$

$$\sigma_D = -50 + 60 - 75 = -65 \mathrm{kg/cm^2}$$

예제 9

[그림 14-17]과 같은 직사각형 단주 위의 점 K에 16t의 하중이 작용할 경우 F점의 응력을 구하라.

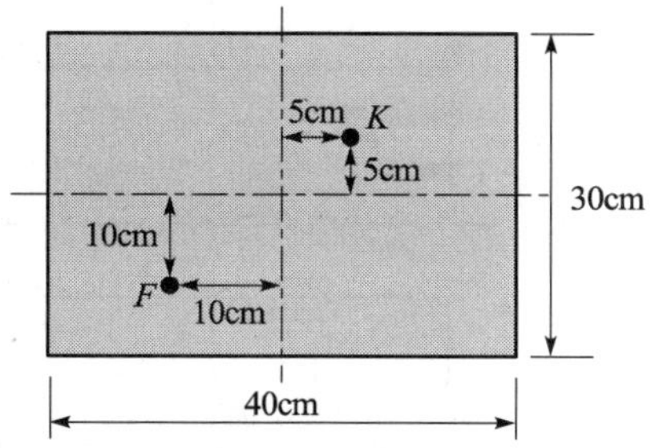

[그림 14-17]

$$\sigma = -\frac{P}{A} + \frac{M_x}{I_x} \cdot y + \frac{M_x}{I_y} \cdot x$$

$$= -\frac{16{,}000}{1{,}200} + \frac{16{,}000 \times 5}{\frac{40 \times 30^3}{12}} \times 10 + \frac{16{,}000 \times 5}{\frac{30 \times 40^3}{12}} \times 10$$

$$= -13.33 + 8.89 + 5 = 0.56\text{kg/cm}^2$$

14.3 단주의 핵(core)

단주에서 하중의 작용위치에 따라 응력상태가 달라진다. [그림 14-18]과 같은 단주에서 하중 P가 O점에 작용할 때 R의 응력, σ_R

$$\sigma_R = -\frac{P}{A}$$

로 나타난다([그림 14-18(a)]).

하중 P가 Q점에 작용할 때 응력분포를 생각하면

$$\sigma = -\frac{P}{A} \pm \frac{M}{Z} = -\frac{P}{A} \pm \frac{P \cdot \frac{b}{2}}{\frac{ab^2}{6}}$$

$$= -\frac{P}{A} \pm 3\frac{P}{A} = -\frac{P}{A}(1 \pm 3)$$

$$\sigma_R = 2 \cdot \frac{P}{A}, \ \sigma_Q = -4 \cdot \frac{P}{A}$$

로 나타난다[그림 14-18(b)].

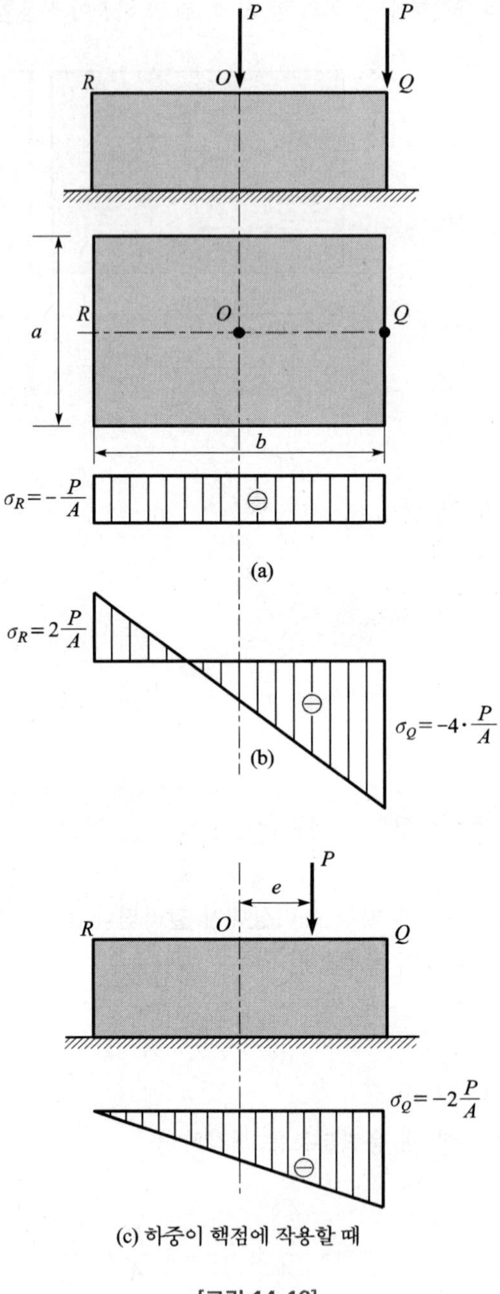

(c) 하중이 핵점에 작용할 때

[그림 14-18]

그러므로 하중 P가 $O \sim Q$ 구간 어떤 점에 작용할 때 R점의 응력이 생기지 않는 곳이 있다. 이 점들의 내면적을 핵(core)이라 한다.

즉, 핵점에 하중이 작용할 때 그 반대편 단부의 응력이 0으로 되며 핵 내부에 하중이 작용할 때는 단면의 어느 곳에도 인장이 생기지 않는다는 뜻이다.

단주의 핵은 다음과 같이 유도된다. 하중 P가 O점에서 임의 거리 e 떨어진 곳에 작용할 때 R점의 응력이 0이 되도록 e를 결정하면 도심으로부터 핵거리가 구해진다.

$$\sigma_{\mathrm{R}} = -\frac{P}{A} + \frac{M}{Z} = -\frac{P}{A} + \frac{P \cdot e}{I} \cdot y = -\frac{P}{A}\left(1 - \frac{e}{\frac{I}{A}} \cdot y\right) = -\frac{P}{A}\left(1 - \frac{e}{r^2} \cdot y\right)$$

σ_{R}이 0이 되기 위하여 위식이 0이 되어야 되므로

$$\therefore e = \frac{r^2}{y}$$

로 나타난다.

(1) 사각형단면인 경우

사각형단면 x, y축에 대하여 각각 생각하면 x축에 대하여

$$I_x = \frac{b\,a^3}{12},\ A = b \cdot a,\ y = \frac{a}{2}$$

이므로

$$r_{x^2} = \frac{I_x}{A} = \frac{a^2}{12}$$

$$\therefore e_y = \frac{rx^2}{y} = \frac{\frac{a^2}{12}}{\frac{a}{2}} = \frac{a}{6}$$

즉, 도심에서 $\frac{a}{6}$ 떨어진 곳이 핵점이다.

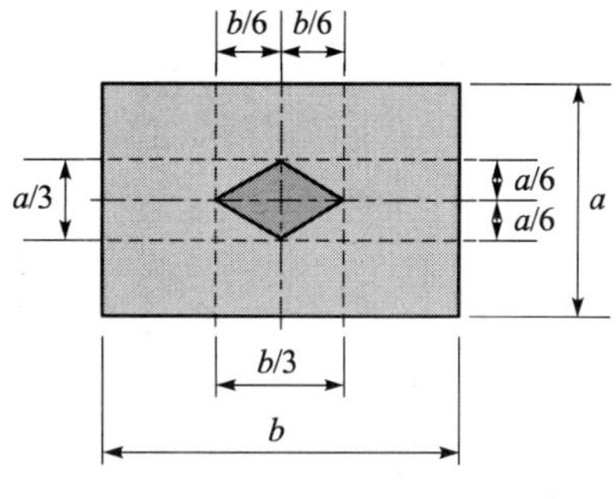

[그림 14-19]

y축에 대하여

$$I_y = \frac{ab^3}{12},\ x = \frac{b}{2}$$

$$r_y^2 = \frac{I_y}{A} = \frac{b^2}{12}$$

$$\therefore e_x = \frac{r_y^2}{x} = \frac{\frac{b^2}{12}}{\frac{b}{12}} = \frac{b}{6}$$

이와 같이 직사각형 단면의 핵 내부에 하중이 작용하면 기둥의 어느 부분에도 인장응력이 생기지 않으며 대칭축에서 $2 \times \frac{1}{6} = \frac{1}{3}$ 부분을 중앙 3분권(middle third)이라 한다([그림 14-19]).

(2) 원형인 경우

직경 d인 원형단면에 대하여 생각하면

$$I=\frac{\pi d^4}{64},\ A=\frac{\pi d^2}{4},\ y=\frac{d}{2}$$

이므로

$$r^2=\frac{I}{A}=\frac{d^2}{16}$$

$$\therefore e=\frac{r^2}{y}=\frac{\frac{d^2}{16}}{\frac{d}{2}}=\frac{d}{8}$$

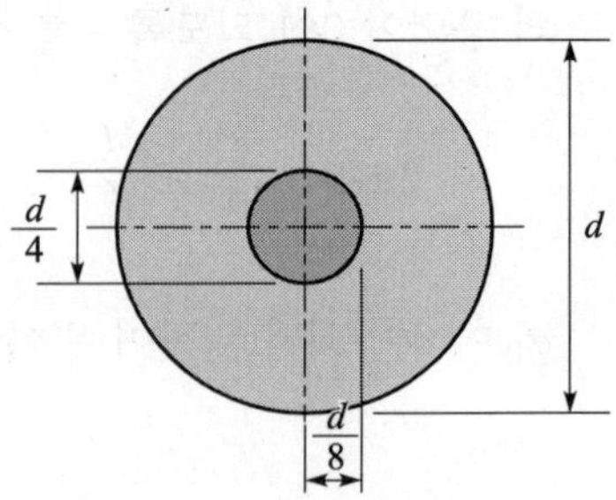

[그림 14-20]

(3) 삼각형 단면

삼각형도심의 x, y축에 대하여 생각하면

x축에 대하여 생각하면

$$I_x=\frac{ba^3}{36},\ A=\frac{ba}{2},$$

$$y_1=\frac{2}{3}a,\ y_2=\frac{a}{3}$$

이므로

$$r_x^2=\frac{I_x}{A}=\frac{a^2}{18}$$

$$\therefore \begin{cases} e_{y_1}=\dfrac{\frac{a^2}{18}}{\frac{2a}{3}}=\dfrac{a}{12} \\ e_{y_2}=\dfrac{\frac{a^2}{18}}{\frac{a}{3}}=\dfrac{a}{6} \end{cases}$$

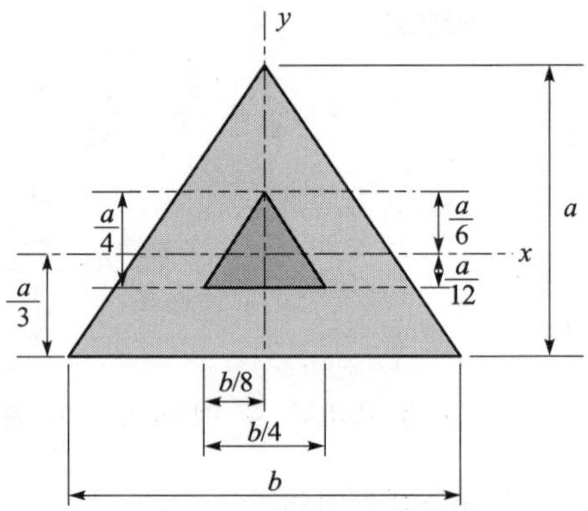

[그림 14-21]

y축에 대하여 생각하면, 단면 2차모멘트는 삼각형 밑면에 대한 단면 2차모멘트의 2배이므로

$$I_y=\frac{a\left(\frac{b}{2}\right)^3}{12}\times 2=\frac{ab^3}{48},\ x=\frac{b}{2}\cdot\frac{2}{3}=\frac{b}{3}$$

이므로

$$r_y^2 = \frac{I_y}{A} = \frac{b^2}{24}$$

$$\therefore e_x = \frac{r_y^2}{x} = \frac{\frac{b^2}{24}}{\frac{b}{3}} = \frac{b}{8}$$

예제 10

다음 [그림 14-22]와 같은 $I(300 \times 150)$ 형 단면 단주의 핵을 구하라
(단, $r_x = 12.42\text{cm}$, $r_y = 3.13\text{cm}$ 이다).

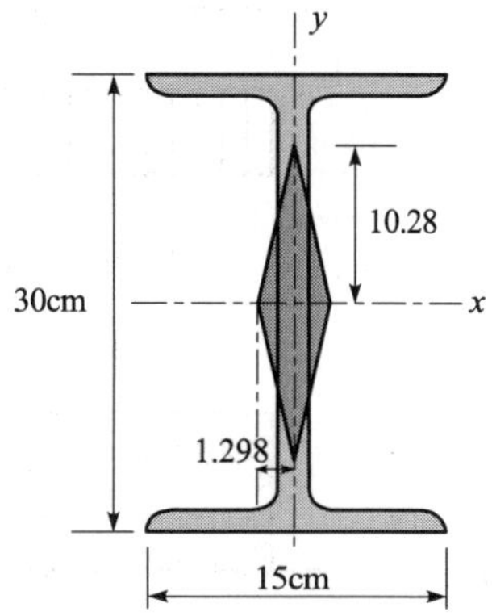

[그림 14-22]

$e_y = \dfrac{r_x^2}{x}$ 이므로

$$e_y = \frac{3.12^2}{7.5} = 1.298\text{cm}$$

$$e_x = \frac{r_x^2}{y} = \frac{12.42^2}{15} = 10.28\text{cm}$$

예제 11

[그림 14-23]과 같은 단주의 K점에 하중 $P = 2\text{t}$이 작용할 경우 인장응력이 생기지 않기 위한 e의 한계는 얼마인가?

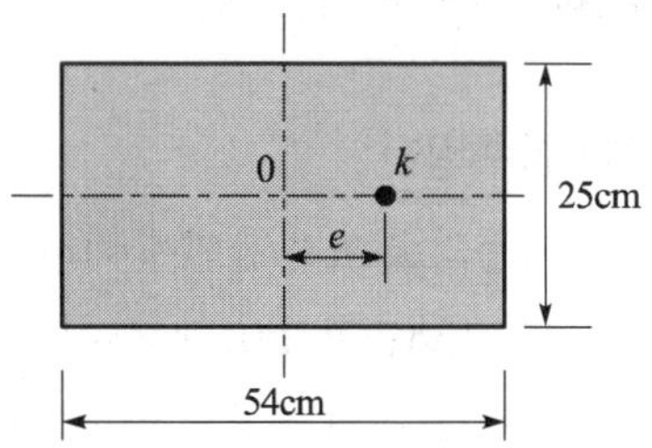

[그림 14-23]

사각형단면의 핵은 도심에서 $\dfrac{1}{6}$ 되는 지점이므로

$$e = \frac{54}{6} = 9\text{cm}$$

(4) 단주의 응력분포

단주의 응력분포도는 하중의 크기에 관계없이 핵의 위치만 알면 그 분포도의 형태를 알 수 있다. 그 중심이 O이고 $P \sim Q$ 사이가 핵인 단주를 생각하면 응력분포는 다음과 같다.

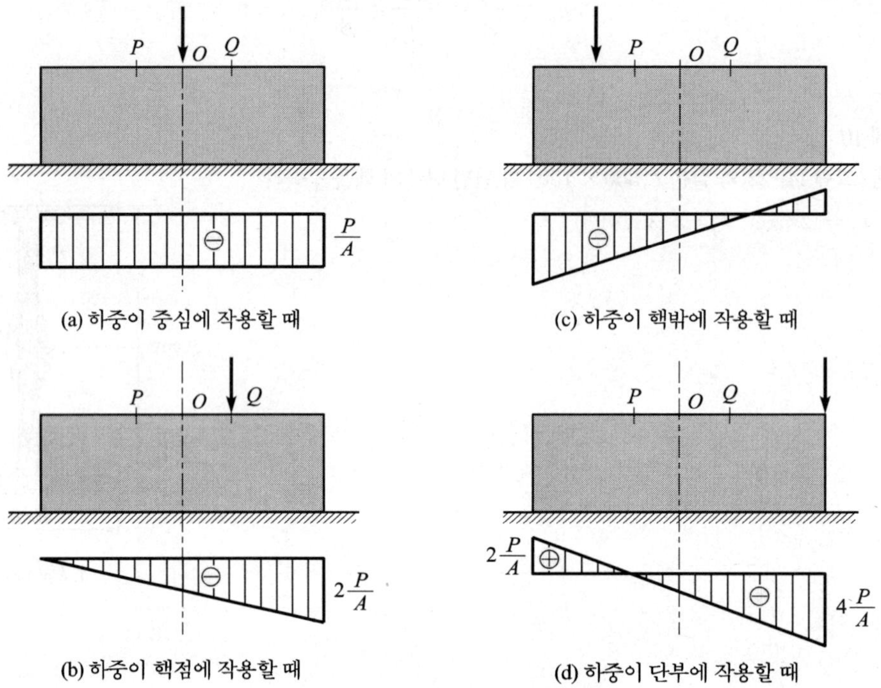

[그림 14-24] **단주의 응력분포**

14.4 장주(long column)

(1) 장주일반

기둥의 길이가 단면에 비하여 상당히 커서 압축응력에 의하여 지배받는 기둥이 아니라 기둥의 좌굴(만곡, buckling)에 의하여 지배받는 기둥이다.

기둥 단면의 최소회전반경에 비하여 압축재의 길이가 상당히 클 때(세장비가 클 때) 기둥 축에 단순한 하중이 작용하여도 그 단면에 등분포 압축응력이 생기지 않고 일종의 휨모멘트가 생겨 압축응력이 허용응력에 도달하기 훨씬 전에 휘어져서 파괴되는 현상을 좌굴이라 한다. 그러므로 장주의 해석은 좌굴이 생기기 직전까지 작용할 수 있는 하중, 즉 좌굴하중(P_b)을 구하고 그때의 좌굴응력(σ_b)을 구하는 것이다.

또 장주를 해석하는 공식은 일반적으로 정확한 해가 없고 여러 가지 실험식이 있으나 일반적으로 잘 사용되지 않으며 주로 오일러의 이론식(Euler's formula)에 의하여 해석된다.

(2) 장주의 종류

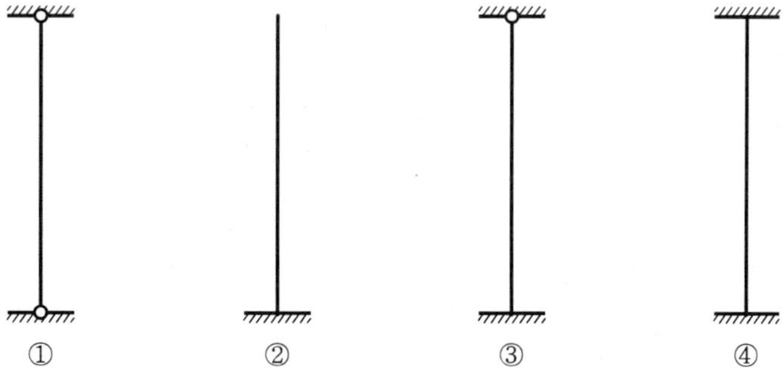

[그림 14-25]

장주는 양단지지 조건에 따라 다음과 같은 4가지로 대별할 수 있다.

① 양단힌지인 장주

② 일단자유, 타단고정인 장주

③ 일단힌지, 타단고정인 장주

④ 양단고정인 장주

14.5 오일러 공식(Euler's formula)

오일러(Leonard Euler : 1707~1783, 스위스 수학자)에 의하여 축이 직선이고 균일한 재료로 된 장주에 압축력이 작용할 때 다음과 같은 이론식이 유도된다.

(1) 양단힌지인 경우

양단힌지의 장주 AB가 외력 P_{b}를 받아서 좌굴할 때, 기둥단에서 x, y축을 취하여 A점으로부터 임의 거리 떨어진 x점에서의 처짐을 y라 두면 다음과 같은 미분방정식이 유도된다.

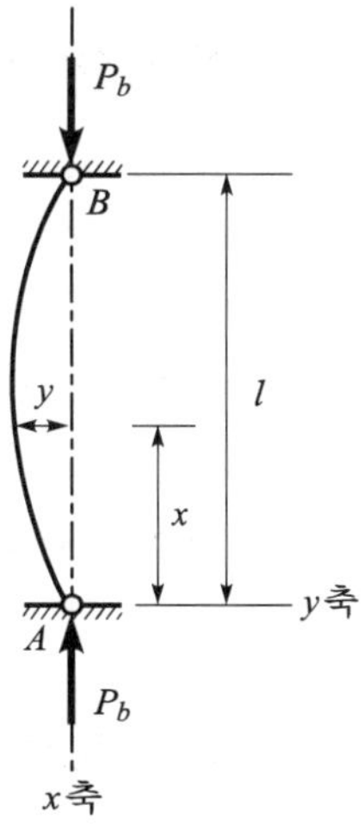

[그림 14-26]

보의 응력(휨응력)에서 곡률은 다음과 같이 나타난다.

$$\frac{1}{R}=\frac{M}{EI} \tag{a}$$

또 미분학에서 곡률은 다음과 같다.

$$\frac{1}{R}=\frac{\left|\frac{d^2y}{dx^2}\right|}{\left\{1+\left(\frac{dy}{dx}\right)^2\right\}^{3/2}}$$

여기서 $\frac{dy}{dx}$는 미소하므로 $\left(\frac{dy}{dx}\right)^2 \fallingdotseq 0$이다.

$$\frac{1}{R}=\left|\frac{d^2y}{dx^2}\right| \tag{b}$$

(a) = (b)에서

$$\frac{d^2y}{dx^2}=-\frac{M}{EI}$$

여기서 $M=P_{\rm b}\cdot y$이므로

$$\frac{d^2y}{dx^2}=-\frac{P_{\rm b}\cdot y}{EI}$$

또 $\frac{P_{\rm b}}{EI}=a^2$이라 두면

$$\frac{d^2y}{dx^2}=-a^2y$$

이 미분방정식의 특성방정식은 다음과 같은 2계제차 미분방정식이 된다.

$$\lambda^2y+a^2y=0$$

$$y(\lambda^2+a^2)=0$$

$\lambda^2+a^2=0$이 되어야 하므로

$$\lambda=+ai,\ \lambda=-ai$$

중첩의 원리에서

$$y=C_1e^{axi}+C_2e^{-axi}$$

오일러공식 $e^{ix}=\cos x+i\sin x,\ e^{-ix}=\cos x-i\sin x$를 대입하면

$$y = C_1(\cos ax + i\sin ax) + C_2(\cos ax - i\sin ax)$$
$$= (C_1 + C_2)\cos ax + (iC_1 - i_2)\sin ax$$

여기서 $C_1 + C_2 = C_3$, $i(C_1 - C_2) = C_4$라 두면

$$y = C_3\cos ax + C_4\sin ax \tag{c}$$

경계조건을 이용하여 적분상수를 구하면

i) $x = 0$일 때 $y = 0$이므로 식 (c)에 대입하면

$$0 = C_3\cos a \cdot (0) + C_4\sin a(0)$$

여기서 $\sin 0 = 0$이므로 $C_3\cos 0 = 0$가 되어야 한다.

$$\therefore C_3 = 0$$

ii) $x = l$일 때 $y = 0$ 이므로 식 (c)에 대입하면

$$0 = C_3\cos al + C_4\sin al$$

여기서 $C_3 = 0$이므로 $C_4\sin al = 0$가 되어야 한다.

C_4가 0인 것은 아무 뜻이 없으므로 $\sin al = 0$이 되어야 한다.

sin 함수는 π의 배수일 때 (0°, 180°, 360°, ⋯) 0이 되므로

$$al = n\pi(n = 0, 1, 2, \cdots)$$

$$a = \frac{n\pi}{l}$$

양변을 제곱하면

$$a^2 = \frac{n^2\pi^2}{l^2}$$

또 $a^2 = \dfrac{P_b}{EI}$이므로

$$\frac{P_b}{EI} = \frac{n^2\pi^2}{l^2}$$

$$\therefore P_b = \frac{n^2\pi^2 EI}{l^2}$$

이 식에서 n의 값은 장주의 좌굴 형식을 표시한 것으로 실질적인 장주에서는 $n=1$에서 파괴되므로 n이 2 이상일 때는 필요가 없다([그림 14-27]).

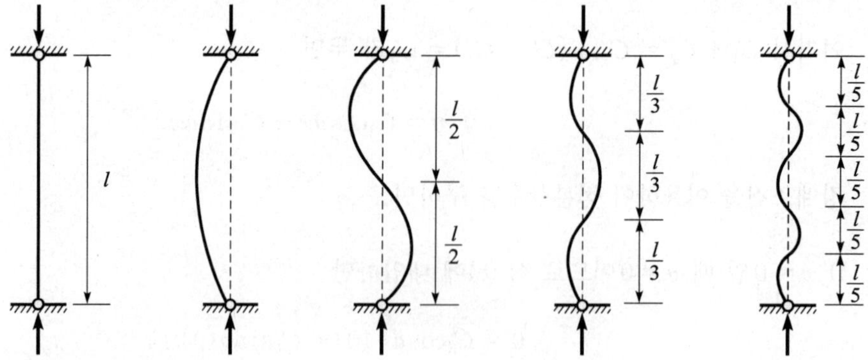

[그림 14-27]

즉, 기둥이 한번 휘어지면 그 방향으로 파괴가 생긴다. 그러므로 좌굴하중은 다음과 같다.

$$\therefore P_b = \frac{\pi^2 EI}{l^2} \tag{14.1}$$

P_b : 양단힌지일 경우 좌굴하중(kg)

π : 원주율 $\pi^2 = 9.8696$

E : 탄성계수(kg/cm^2)

I : 단면2차모멘트(cm^4)

l : 기둥길이(cm)

식 (14.1)을 오일러 장주 공식이라 하며 기둥에 작용하는 하중 P가 $P < P_b$일 때는 좌굴이 일어나지 않으며, $P > P_b$일 때 좌굴현상이 일어나며, $P = P_b$일 때 경계값을 갖는다. 좌굴하중으로 **좌굴응력**(critical stress, σ_b)을 구해보면 다음과 같다.

$\sigma = \dfrac{P}{A}$ 에서

$$\sigma_b = \frac{P_b}{A} = \frac{\pi^2 EI}{l^2 A}$$

여기서 $r^2 = \dfrac{I}{A}$ 이므로

$$\sigma_b = \frac{\pi^2 E}{l^2} \cdot r^2 = \frac{\pi^2 E}{\left(\dfrac{l}{r}\right)^2}$$

$$\therefore \sigma_b = \frac{\pi^2 E}{\lambda^2} \tag{14.1-1}$$

여기서 σ_b : 좌굴응력(kg/cm^2)

λ : 세장비

(2) 일단자유, 타단고정인 경우

[그림 14-28]과 같이 장주 AB가 외력 P_b를 받아 좌굴하여 AB'로 변경하였을 때 탄성곡선식에서

$$\frac{d^2y}{dx^2} = -\frac{M}{EI}$$

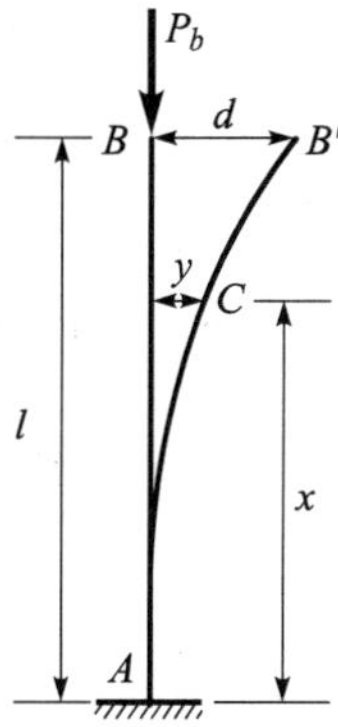

[그림 14-28]

여기서 M은 C점상의 모멘트이므로

$$M = P_b(d-y)$$

$$\frac{d^2y}{dx^2} = \frac{p_b}{EI}(d-y)$$

또 $\dfrac{P_b}{EI} = a^2$이라 두면

$$\frac{d^2y}{dx^2} + a^2y = a^2d$$

이 방정식은 2계제차 미분방정식이고 일반해는 다음과 같이 나타난다.

$$y = C_1 \sin ax + C_2 \cos ax + d \tag{a}$$

경계조건을 이용하여 적분상수를 구하면

i) $x=0$일 때 $y=0$이므로

$$0 = C_1 \sin a \cdot 0 + C_2 \cos a \cdot 0 + d$$

$$\therefore C_2 = -d$$

ii) A단이 고정단이므로 $x=0$일 때 $\dfrac{dy}{dx} = 0$이므로

$$\frac{dy}{dx} = C_1 \cdot a\cos ax - C_2 a\sin ax$$

$$0 = C_1 a\cos a \cdot 0 - C_2 \cdot a\sin a \cdot 0$$

$$\therefore C_1 = 0$$

C_1, C_2를 식 (a)에 대입하면

$$y = -d\cos ax + d = d(1-\cos ax)$$

또 B'에서 경계조건을 적용하면 $x=1$일 때 $y=d$이므로

$$d = d(1-\cos al)$$

이므로 다음식이 성립되어야 한다.

$$\cos al = 0$$

이 식을 만족하는 al은 90°, 270°, 450°, ⋯ 등이다.

$$\therefore al = \frac{\pi}{2},\ \frac{3\pi}{2},\ \frac{5\pi}{2}$$

여기서 좌굴형태를 살펴보면 다음과 같다.

그러나 실제적인 경우 $al = \frac{\pi}{2}$ 상태에서 파괴가 되므로

$$a = \frac{\pi}{2l},\ a^2 = \frac{\pi^2}{4l^2}$$

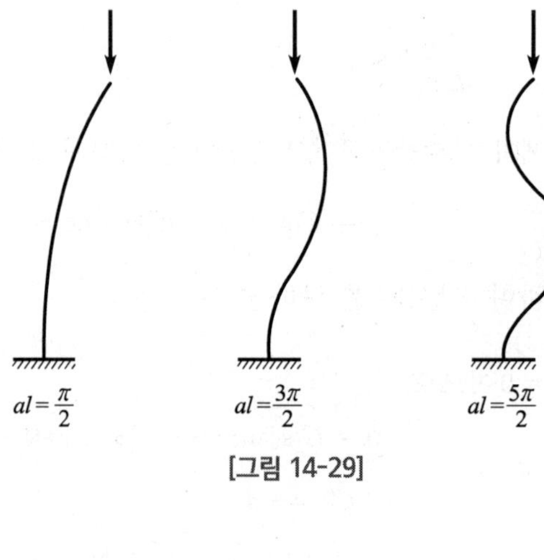

[그림 14-29]

$\frac{P_b}{EI} = a^2$이므로

$$\therefore \begin{cases} P_b = \dfrac{\pi^2 EI}{4l^2} \\ \sigma_b = \dfrac{\pi^2 E}{4\lambda^2} \end{cases} \tag{14.2}$$

또, 기본형(양단힌지인 장주)의 좌굴형태에서 기둥의 $\frac{l}{2}$ 점을 고정단으로 대치할 경우 한

단자유 타단고정인 기둥의 좌굴형태와 같이 된다.

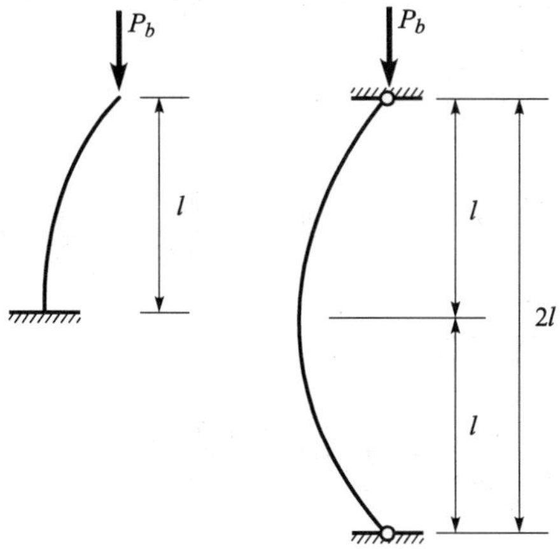

[그림 14-30]

즉, 식 (14.1)의 l 대신에 $2l$을 대입하면

$$P_{\mathrm{b}} = \frac{\pi^2 EI}{(2\,l^2)} = \frac{1}{4} \cdot \frac{\pi^2 EI}{l^2}$$

$$\sigma_{\mathrm{b}} = \frac{1}{4} \cdot \frac{\pi^2 E}{\lambda^2}$$

같은 조건으로 양단힌지 기둥세기의 $\dfrac{1}{4}$ 임을 알 수 있다.

(3) 일단힌지, 타단고정인 기둥

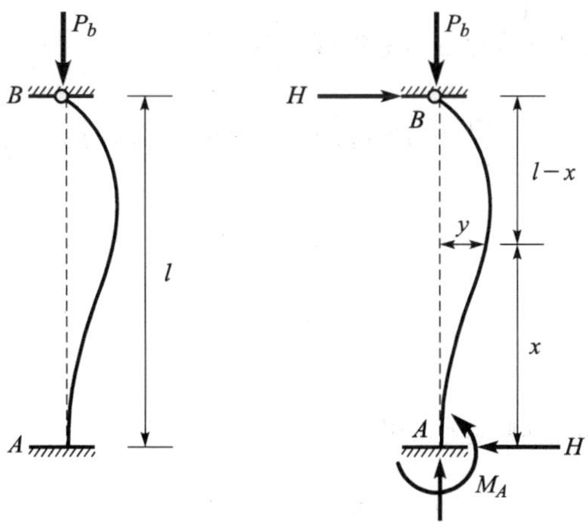

[그림 14-31]

[그림 14-31]과 같이 A단이 고정, B단이 힌지인 기둥에 외력 P_b가 작용하면 고정단에만 모멘트가 작용하므로 양단에 크기가 같고 방향이 반대인 수평력 H가 각각 생긴다.

$$M_x = P_b \cdot y - H(l-x)$$

탄성곡선식에서

$$\frac{d^2y}{dx^2} = -\frac{M_x}{EI} = -\frac{1}{EI}[P_b \cdot y - H(l-x)]$$

여기서 $\frac{P_b}{EI} = a^2$이라 두면

$$\frac{d^2y}{dx^2} = -a^2y + a^2\frac{H(l-x)}{p_b}$$

$$\frac{d^2y}{dx^2} + a^2y = \frac{H(l-x)}{P_b} \cdot a^2$$

이 방정식은 2계제차 미분방정식이고 일반해는 다음과 같다.

$$y = C_1 \cdot \sin ax + C_2 \cdot \sin ax + \frac{H(l-x)}{P_b} \qquad \text{(a)}$$

경계조건을 이용하여 적분상수를 구하면

i) $x = 0$ 일 때 $y = 0$이므로

$$0 = C_1 \sin a \cdot 0 + C_2 \cos a \cdot 0 + \frac{H(l-x)}{P_b}$$

$$\therefore C_2 = \frac{H}{P_b}$$

ii) A단이 고정단이므로 $x = 0$일 때 $\frac{dy}{dx} = 0$

$$\frac{dy}{dx} = C_1 \cdot a\cos ax - C_2 \cdot a\sin ax - \frac{H}{P_b}$$

$$0 = C_1 \cdot a\cos a \cdot 0 - C_2 \cdot a\sin a \cdot 0 - \frac{H}{P_b}$$

$$\therefore C_1 = \frac{1}{a} \cdot \frac{H}{P_b}$$

C_1, C_2를 식 (a)에 대입하면

$$y = \frac{1}{a} \cdot \frac{H}{P_b} \cdot \cos ax \frac{H \cdot l}{P_b} \cos ax + \frac{H(l-x)}{P_b}$$

또 B점에서 경계조건을 적용하면, $x=1$일 때 $y=0$이므로

$$0=\frac{H}{a\cdot P_b}\sin al-\frac{H\cdot l}{P_b}\cos al$$

$$\frac{\sin al}{\cos al}=\frac{a\cdot P_b}{H}\cdot\frac{H\cdot l}{P_b}$$

$$\therefore\ \tan al=a\cdot l$$

이 식을 만족하는 al의 값은 무수히 많으나 최초의 상태에서 기둥이 파괴되므로 최초의 해를 구하면

$$\tan 4.4934\left(\frac{180}{\pi}\right)=\tan 257.45°=4.4934$$

$$\therefore\ al=4.4934$$

$$a=\frac{4.4934}{l},\ a^2=\frac{20.19}{l^2}$$

$\dfrac{P_b}{EI}=a^2$이므로 $P_b=\dfrac{20.19EI}{l^2}=2.04\dfrac{\pi^2EI}{l^2}$

$$\therefore\ \begin{cases} P_b=2\cdot\dfrac{\pi^2EI}{l^2} \\ \sigma_b=2\cdot\dfrac{\pi^2E}{\lambda^2}\end{cases} \tag{14.3}$$

또, 기본형의 좌굴형태와 회전절점에서 $0.7l$까지 좌굴형태가 같으므로, 즉 식 (14.1)의 l 대신에 $0.7l$을 대입하면

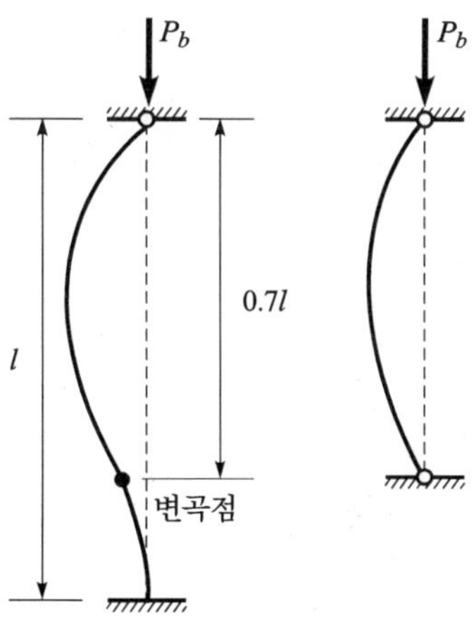

[그림 14-32]

$$P_{\rm b}=\frac{\pi^2 EI}{(0.7l)^2}=2\cdot\frac{\pi^2 EI}{l^2}$$

$$\sigma_{\rm b}=2\cdot\frac{\pi^2 E}{\lambda^2}$$

같은 조건에서 양단 힌지 기둥에서의 2배임을 알 수 있다.

(4) 양단고정인 기둥

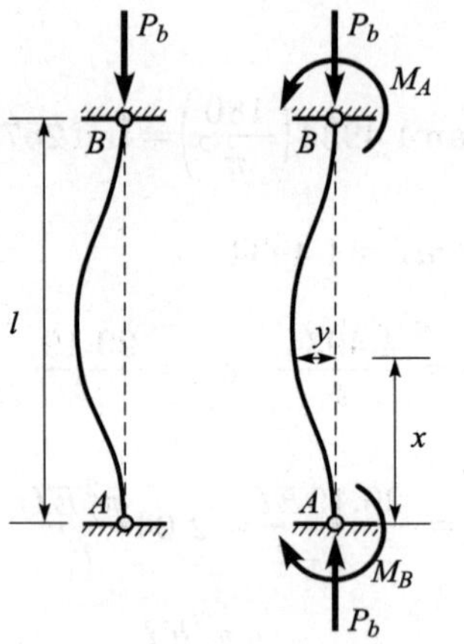

[그림 14-33]

[그림 14-33]과 같이 양단이 고정되어 있는 기둥에 외력 $P_{\rm b}$가 작용하면 재단모멘트 $M_{\rm A}$, $M_{\rm B}$가 생긴다.

$$M_x=M_{\rm A}-P_{\rm b}\cdot y$$

탄성곡선식에서

$$\frac{d^2y}{dx^2}=-\frac{M_{\rm x}}{EI}=-\frac{1}{EI}(M_{\rm A}-P_{\rm b}\cdot y)$$

여기서 $\frac{P_{\rm b}}{EI}=a^2$이라 두면

$$\frac{d^2y}{dx^2}=-a^2\left(y-\frac{M_{\rm A}}{P_{\rm b}}\right)$$

$$\frac{d^2y}{dx^2}+a^2y=\frac{M_{\rm A}}{P_{\rm b}}\cdot a^2$$

이 미분방정식의 일반해는 다음과 같이 나타난다.

$$y = C_1 \cdot \sin ax + C_2 \cdot \cos ax + \frac{M_A}{P_b} \qquad (a)$$

경계조건을 이용하여 적분상수를 구하면

i) $x = 0$ 일 때 $y = 0$

$$0 = C_1 \sin a \cdot 0 + C_2 \cos a \cdot 0 + \frac{M_A}{P_b}$$

$$\therefore C_2 = -\frac{M_A}{P_b}$$

ii) A단이 고정단이므로 $x = 0$일 때 $\frac{dy}{dx} = 0$이다.

$$\frac{dy}{dx} = C_1 \cdot a\cos ax - C_2 \cdot a\sin ax$$

$$0 = C_1 \cdot a\cos a \cdot 0 - C_2 \cdot a\sin a \cdot 0$$

$$\therefore C_1 = 0$$

C_1, C_2를 식 (a)에 대입하면

$$y = -\frac{M_A}{P_b} \cdot \cos ax + \frac{M_A}{P_b}$$

iii) $x = l$일 때 $y = 0$을 만족해야 한다.

$$0 = -\frac{M_A}{P_b} \cdot \cos al + \frac{M_A}{P_b}$$

$$\therefore \cos al = 1 \qquad (b)$$

iv) $x = l$일 때 $\frac{dy}{dx} = 0$을 만족해야 한다.

$$\frac{dy}{dx} = \frac{M_A}{P_b} \cdot a \cdot \sin ax$$

$$0 = \frac{M_A}{P_b} \cdot a \cdot \sin al$$

$$\therefore \sin al = 0 \qquad (c)$$

(b), (c)를 동시에 만족시키는 al은 360°, 720°, ⋯ 등이다.

$$al = 2\pi,\ 4\pi,\ 6\pi,\ \cdots$$

그러나 최초의 상태에서 기둥이 파괴되므로

$$al = 2\pi,\ a^2 = \frac{4\pi^2}{l^2}$$

$\frac{P_b}{EI} = a^2$ 이므로

$$\therefore \begin{cases} P_b = \frac{4\pi^2 EI}{l^2} \\ \sigma_b = 4 \cdot \frac{\pi^2 E}{\lambda^2} \end{cases} \tag{14.4}$$

또, 기본형의 좌굴형태와 양단고정 기둥의 $0.5l$([그림 14-34] 참조) 부분의 좌굴형태가 같으므로, 즉 식 (14.1)의 l 대신에 $0.5l$을 대입하면

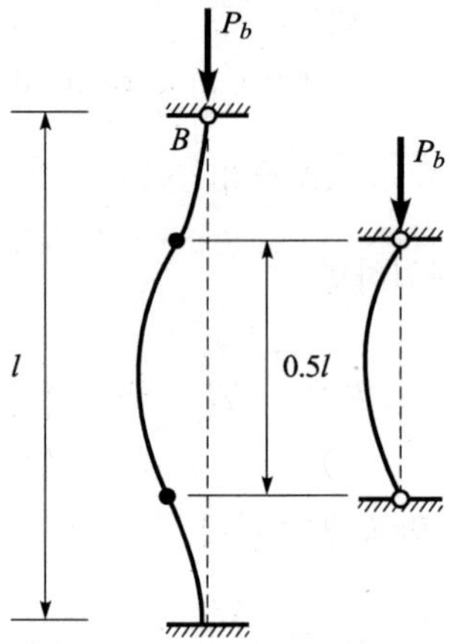

[그림 14-34]

$$\begin{cases} P_b = \frac{\pi^2 EI}{(0.5\,l)^2} = 4 \cdot \frac{\pi^2 EI}{l^2} \\ \sigma_b = 4 \cdot \frac{\pi^2 E}{\lambda^2} \end{cases}$$

같은 조건에서 양단 힌지 기둥세기의 4배임을 알 수 있다.

(5) 오일러 일반식

이상의 4가지 조건을 유도하여 보면 좌굴하중은 좌굴길이(l_k)(변곡점 사이의 길이)의 제곱에 반비례함을 알 수 있고, 정리하면 다음 표와 같다.

구분	양단힌지	한단자유, 타단고정	한단힌지, 타단고정	양단고정
양단지지상태	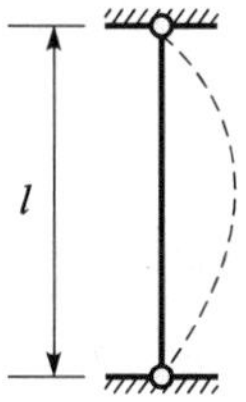	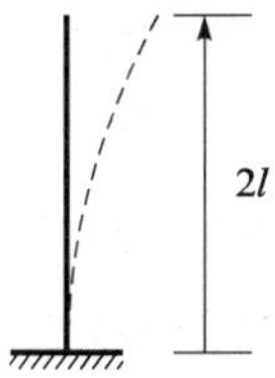	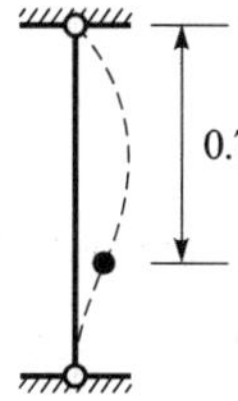	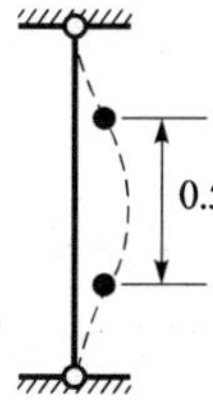
좌굴길이(l_k)	l	$2l$	$0.7l$	$0.5l$
좌굴하중(P_b)	$\dfrac{\pi^2 EI}{l^2}$	$\dfrac{\pi^2 EI}{(2l)^2}=\dfrac{1}{4}\dfrac{\pi^2 EI}{l^2}$	$\dfrac{\pi^2 EI}{(0.7l)^2}=2\dfrac{\pi^2 EI}{l^2}$	$\dfrac{\pi^2 EI}{(0.5l)^2}=4\dfrac{\pi^2 EI}{l^2}$
강도(n)	1	$\dfrac{1}{4}$	2	4

또 오일러좌굴 하중(P_b), 좌굴응력(σ_b)의 일반식은 다음과 같이 쓸 수 있다.

$$\begin{cases} P_b = \dfrac{n\pi^2 EI}{l^2} \\ \\ \sigma_b = \dfrac{n\pi^2 E}{\lambda^2} \end{cases} \qquad (14.5)$$

여기서 n은 지지조건에 따른 강도($n = 1,\ \dfrac{1}{4},\ 2,\ 4$)이다.

(6) 오일러식의 적용범위

오일러공식에서 좌굴하중(P_b)은 이 하중을 초과하게 되면 장주에서 좌굴현상이 일어난다. 그러므로 오일러공식이 적용되려면 좌굴응력(σ_b)이 재료의 탄성한도 내에 있어야 하므로, σ_b의 최댓값은 비례한도 응력(σ_p)을 초과해서는 안 된다.

$$\text{즉, } \sigma_b \leqq \sigma_p$$

식 (14.5)에서

$$\sigma_b = \frac{n\pi^2 E}{\lambda^2} \leqq \sigma_p \text{이므로}$$

$$\therefore \lambda \geqq \pi \cdot \sqrt{\frac{n \cdot E}{\sigma_p}}$$

의 관계가 성립한다. 즉, 이 식을 만족하여야 오일러 공식이 적용된다는 뜻이다.

지금 가장 일반적으로 사용되는 강기둥(트러스 압축재 등)에 이 조건을 적용하면

$(n=1,\ E=2.1\times 10^6\text{kg/cm}^2,\ \sigma_p=2{,}000\text{kg/cm}^2)$

$$\lambda \geqq 3.14\times \frac{2.1\times 10^6}{2000}=101.79$$

즉, 지금과 같은 조건에서 $\lambda > 100$의 범위에서 오일러공식을 적용할 수 있으며 λ가 작은 범위에서는 단주의 계산($\sigma = P/A$)으로 파괴응력을 알 수 있다. 그러나 세장비가 어느 값 이상이 되면 (양단힌지인 강기둥에서 $\lambda > 40$) 단주에서 계산된 응력이 실제와 같지 않음을 알 수 있다. 이와 같은 경우($40 \leqq \lambda \leqq 100$)를 중간주라 한다.

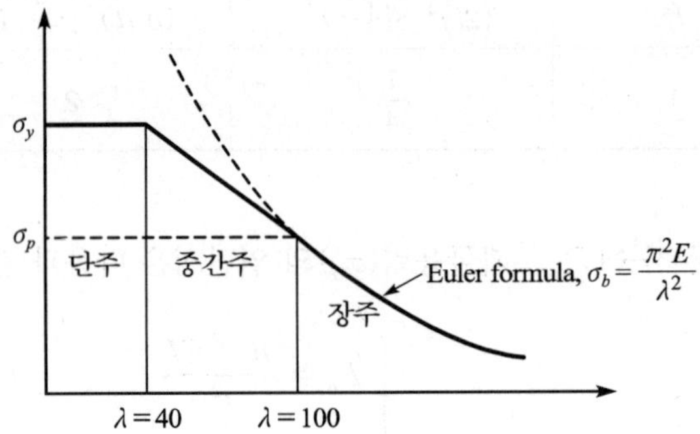

[그림 14-35]

[그림 14-35]에서 보는 바와 같이 $\lambda < 100$인 경우 오일러 이론 공식을 적용할 수 없으므로 여러 가지 실험식들이 제안되어 있다.

예제 12

정사각형단면(한 변의 길이 $a=10$cm)을 갖는 길이 4m인 장주의 좌굴하중을 구하라.(단, $E=2.1\times 10^6$ kg/cm^2)

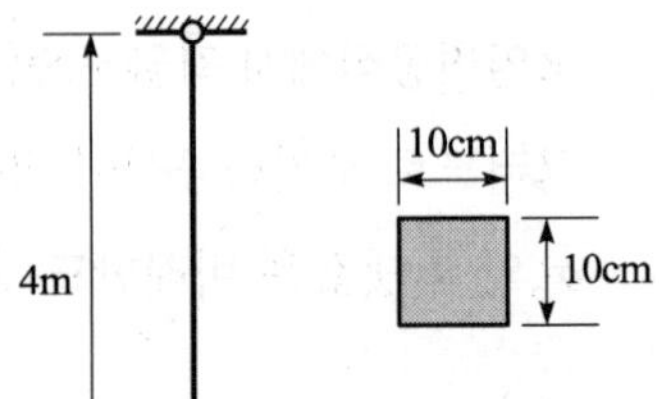

[그림 14-36]

$$P_b = n\cdot\frac{\pi^2 EI}{l^2}$$

여기서 $n=1$이므로

$$P_b=\frac{\pi^2\times 2.1\times 10^6}{400^2}\times\frac{10^4}{12}=107{,}900\text{kg}$$

$\therefore P_b = 107.9$t

예제 13

[그림 14-37]과 같은 일단힌지 타단 고정인 장주에서 좌굴응력을 구하라. (단, $E = 2.1 \times 10^6\,\text{kg/cm}^2$)

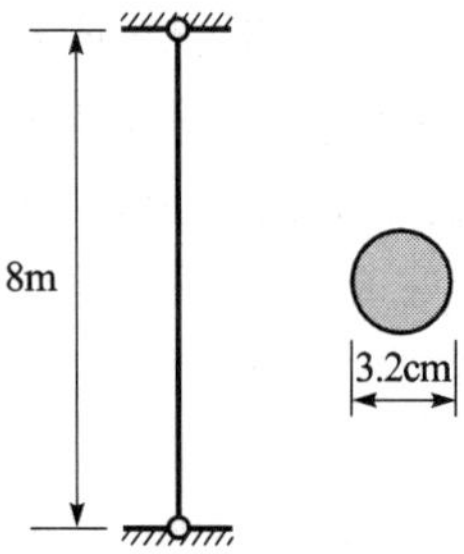

[그림 14-37]

$$\sigma_b = n \cdot \frac{\pi^2 E}{\lambda^2}$$

여기서 $\begin{cases} n = 2 \\ \lambda = \dfrac{4 \cdot l}{d} = \dfrac{4 \times 800}{3.2} = 1{,}000 \end{cases}$

$$\sigma_b = 2 \cdot \frac{\pi^2 \times 2.1 \times 10^6}{(1{,}000)^2} = 41.45\,\text{kg/cm}^2$$

예제 14

[그림 14-38]과 같은 I형 단면을 갖는 한단자유 타단 고정인 기둥이 좌굴하중을 구하라.
(단, $E = 2.1 \times 10^6\,\text{kg/cm}^2$)

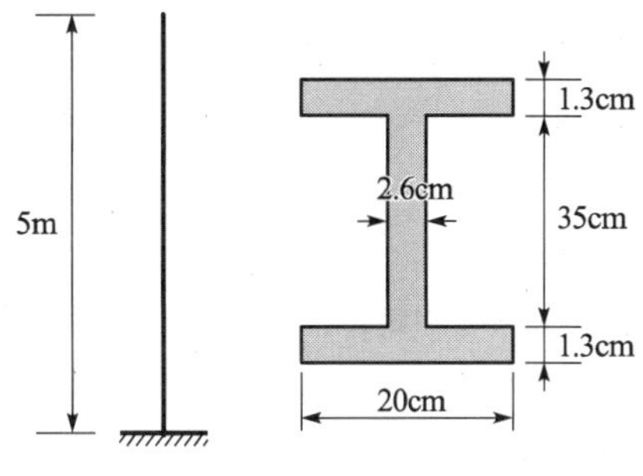

[그림 14-38]

$$P_b = \frac{n\pi^2 EI}{l^2}$$

여기서 $n = \dfrac{1}{4}$, I는 최소단면 2차모멘트이므로

$$I = 2 \times \frac{1.3 \times 20^3}{12} + \frac{35 \times 2.6^3}{12} = 1{,}784.6\text{cm}^4$$

$$P_b = \frac{1}{4}\,\frac{\pi^2 \times 2.1 \times 10^6 \times 1784.6}{500^2} = 36975\text{kg}$$

$$\therefore P_b = 36.98\text{t}$$

예제 15

[그림 14-39]와 같은 내경 18cm, 외경 20cm 인 중공단면 장주의 허용좌굴하중을 구하라(단, 기둥길이 $l=7.5\text{m}$, 안전율 $F.S=3$, $E=2.1\times10^6\,\text{kg/cm}^2$ 양단고정인 장주이다).

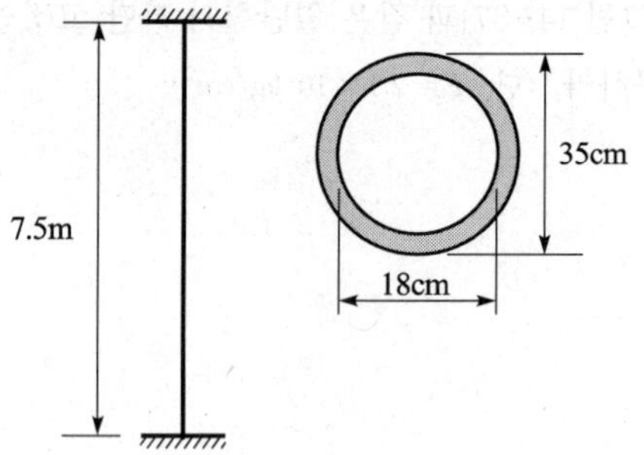

[그림 14-39]

좌굴하중 $P_b = n\dfrac{\pi^2 EI}{l^2}$

여기서 $n=4$

$$I = \frac{\pi}{64}(20^4 - 18^4) = 2700\text{cm}^4$$

$$P_b = 4\cdot\frac{\pi^2\times2.1\times10^6\times2700}{750^2} = 398{,}000\text{kg}$$

허용좌굴하중, P_s

$$\therefore\ P_s = \frac{P_s}{F.S} = \frac{398\text{t}}{3} = 132.6\text{t}$$

예제 16

양단고정이고 기둥길이 $l=2.5\text{m}$ 인 장주가 [그림 14-40]과 같은 단면을 갖고 있다. $F.S=5$ 인 경우 허용좌굴 하중을 구하라(단, $E=2.1\times10^6\,\text{kg/cm}^2$ 이다).

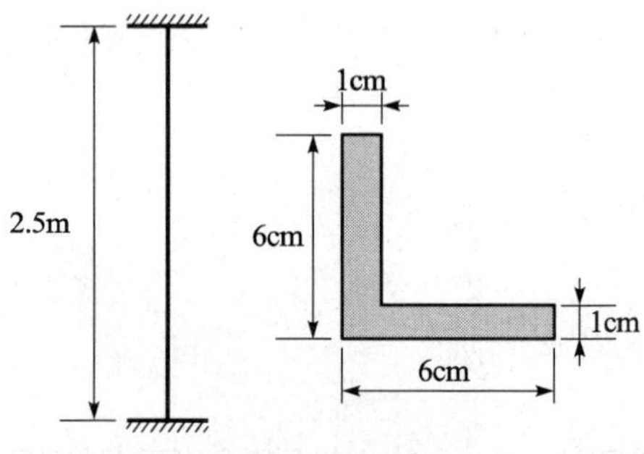

[그림 14-40]

$$P_b = n\frac{\pi^2 EI}{l^2}$$

여기서 I의 값은 이 단면에서 생길 수 있는 최소단면 2차모멘트를 구해야 한다.
즉, 주단면 최소 2차모멘트 $I_{\min}$을 구해야 한다.

$$I_{\substack{max \\ min}} = \frac{I_x + I_y}{2} \pm \frac{1}{2}\sqrt{(I_x - I_y)^2 + 4I_{xy}^2}$$

주축의 위치, $\tan 2\theta = -\dfrac{2I_{xy}}{I_x - I_y}$

i) 도심계산

전체를 단면 (1), 중공부분을 단면 (2)라 두면

$$x_0 = y_0 = \frac{\Sigma A \cdot y}{\Sigma A} = \frac{36 \times 3 - 25(1 + 2.5)}{36 - 25} = 1.864\text{cm}$$

ii) I_x, I_y 계산

$$I_{x1} = \frac{6 \times 6^3}{12} + 36(3 - 1.864)^2 = 154.46\text{cm}^4$$

$$I_{x2} = \frac{5 \times 5^3}{12} + 25(3.5 - 1.864)^2 = 119.0\text{cm}^4$$

$$I_x = I_y = I_{x1} - I_{x2} = 154.46 - 119 = 35.46\text{cm}^4$$

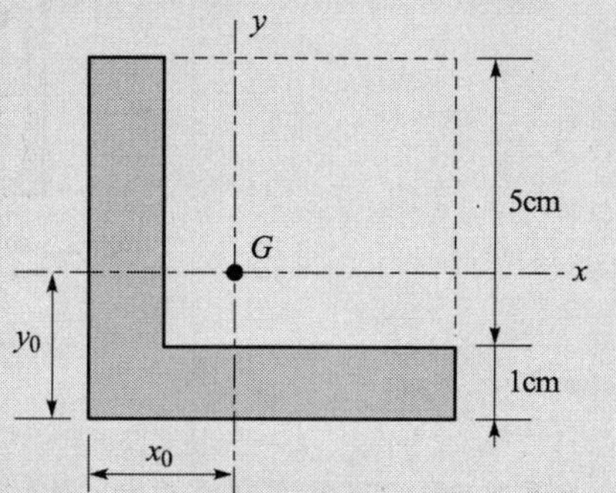

[그림 14-41]

iii) I_{xy} 계산

$$I_{xy(1)} = A_1 \cdot x_1 \cdot y_1 = 36(3 - 1.864)^2 = 46.46\text{cm}^4$$

$$I_{xy(2)} = 25(3.5 - 1.864)^2 = 66.92\text{cm}^4$$

$$I_{xy} = I_{xy(1)} - I_{xy(2)} = 46.46 - 66.92 = -20.46\text{cm}^4$$

iv) 최대, 최소 주축 계산

$$\tan 2\theta = -\frac{2I_{xy}}{I_x - I_y} = -\frac{2(-20.46)}{35.46 - 35.46} = \infty$$

여기서 $2\theta = 90°$이므로 $\theta = 45°$

최대주축은 $\theta = 45°$이고

최소주축은 $\theta = 45° + \dfrac{\pi}{2} = 135°$

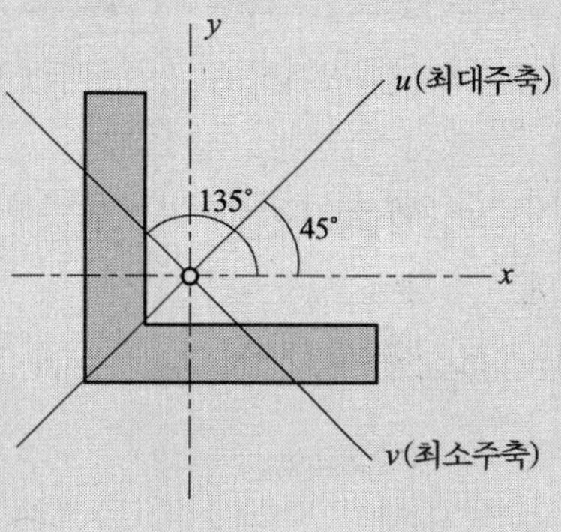

[그림 14-42]

v) 최소 주단면 2차모멘트

$$I_{min} = I_v = \frac{I_x + I_y}{2} - \frac{1}{2}\sqrt{(I_x - I_y)^2 + 4I_{xy}^2} = 35.46 - 20.46 = 15.0\text{cm}^4$$

vi) 허용 좌굴하중, P_s

좌굴하중, $P_b = n\dfrac{\pi^2 \times 2.1 \times 10^6 \times 15}{250^2} = 19897\text{kg}$

$$\therefore P_s = \frac{P_b}{F.S} = \frac{19.9}{5} = 3.98\text{t}$$

예제 17

ㄷ- 300×90×10인 형강 2개를 [그림 14-43]과 같이 조합하여 기둥을 만드는데 좌굴에 대하여 등강도가 되려면 e를 얼마로 하면 되는가? (단, ㄷ형강의 $A = 55.7\text{cm}^2$, $I_x = 7400\text{cm}^4$, $I_y = 373\text{cm}^4$, $x_0 = 2.3\text{cm}$ 이다)

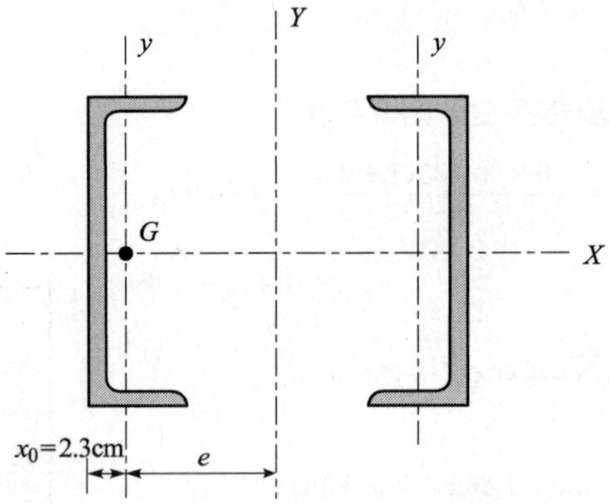

[그림 14-43]

X축에 대한 단면 2차모멘트 I_X는 e값에 관계없이 항상 일정하다.

Y축에 대한 단면 2차모멘트 I_Y는 e의 크기에 따라 값이 달라진다.

좌굴에 의하여 등강도가 되려면 $I_X = I_Y$가 되어야 하므로

$$I_x = 2I_x = 2\times 7400 = 14{,}800\text{cm}^4$$

$$I_y = 2[I_y + A\cdot e^2]$$

$$= 2\times 373 + 2\times 55.7\times e^2$$

$$= 746 + 111.4\times e^2$$

$I_X = I_Y$ 에서

$$e^2 = \frac{14800 - 746}{111.4} = 126.16\text{cm}^2$$

$$\therefore e = 11.23\text{cm}$$

14.6 편심축하중을 받는 장주(secant 공식)

양단이 단순지지된 장주에 도심으로부터 e만큼 편심된 곳에 축하중 P가 작용할 경우 좌굴응력을 시컨트 공식(secant formula)으로 구하면

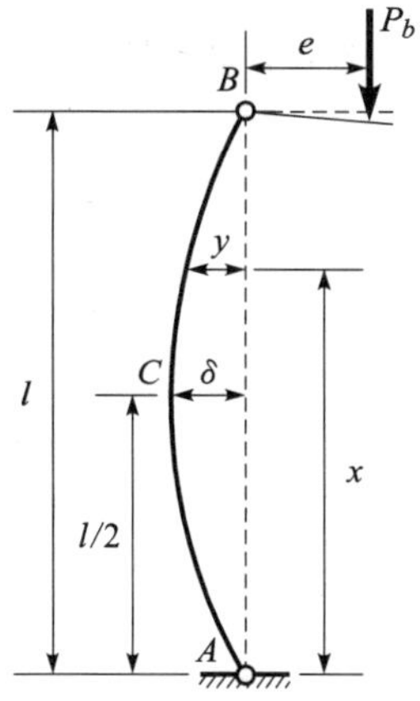

[그림 14-44]

$$\text{탄성곡선식에서 } \frac{d^2y}{dx^2} = -\frac{M_x}{EI}$$

여기서 $M_x = P_b(e+y)$이므로

$$\frac{d^2y}{dx^2} = -\frac{P_b}{EI}(e+y)$$

또 $\frac{P_b}{EI} = a^2$이라 두면

$$\frac{d^2y}{dx^2} + a^2y = a^2 \cdot e$$

이 미분방정식의 일반해는 다음과 같다.

$$y = C_1 \cdot \sin ax + C_2 \cdot \cos ax - e \qquad \text{(a)}$$

i) $x = 0$일 때 $y = 0$이므로

$$0 = C_1 \cdot \sin a \cdot 0 + C_2 \cdot \cos a \cdot 0 - e$$

$$\therefore\ C_2 = e$$

ii) $x = l$일 때 $y = 0$이므로

$$0 = C_1 \cdot \sin al + e \cdot \cos al - e$$

$$C_1 = \frac{e(1-\cos al)}{\sin al}$$

반각의 정리에서 $\tan\frac{\alpha}{2} = \frac{\sin\alpha}{1+\cos\alpha} = \frac{1-\cos\alpha}{\sin\alpha}$이므로

$$\therefore\ C_1 = e \cdot \tan\frac{al}{2}$$

C_1, C_2를 식 (a)에 대입하면

$$y = e\tan\frac{al}{2} \cdot \sin ax + e \cdot \cos ax - e$$

$$= e\left(\tan\frac{al}{2} \cdot \sin ax + \cos ax - 1\right)$$

$x=\dfrac{l}{2}$ 인 기둥중앙에서 처짐 $y=\delta$이므로

$$\delta=e\left(\tan\frac{al}{2}\cdot\sin\frac{al}{2}+\cos\frac{al}{2}-1\right)$$

삼각함수에서 $\tan\alpha\cdot\sin\alpha=\dfrac{\sin^2\alpha}{\cos\alpha}$ 이므로

$$\delta=e\left(\frac{\sin^2\frac{al}{2}}{\cos\frac{al}{2}}+\cos\frac{al}{2}-1\right)$$

$$=e\left(\frac{\sin^2\frac{al}{2}+\cos^2\frac{al}{2}}{\cos\frac{al}{2}}-1\right)=e\left(\frac{1}{\cos\frac{al}{2}}-1\right)$$

$$\delta=e\left(\sec\frac{al}{2}-1\right)$$

모멘트 최대치 $M_{\max}=P_{\mathrm{b}}(\delta+e)$이므로

$$M_{\max}=P_{\mathrm{b}}\cdot e\cdot\sec\frac{al}{2}$$

축방향력과 모멘트하중이 동시에 작용할 때 최대응력은 다음과 같으므로

$$\sigma=\frac{P_{\mathrm{b}}}{A}+\frac{M_{\max}}{I}\cdot y$$

$$=\frac{P_{\mathrm{b}}}{A}+\frac{y}{I}\left(P_{\mathrm{b}}\cdot e\cdot\sec\frac{al}{2}\right)$$

여기서, $I=A\cdot r^2$, $a=\sqrt{\dfrac{P_{\mathrm{b}}}{EI}}=\dfrac{1}{r}\sqrt{\dfrac{P_{\mathrm{b}}}{EA}}$ 를 대입하여 정리하면

$$\sigma_{\mathrm{b}}=\frac{P}{A}+\frac{y}{A\cdot r^2}\left(P_{\mathrm{b}}\cdot e\cdot\sec\frac{l}{2r}\sqrt{\frac{P_{\mathrm{b}}}{EA}}\right)$$

$$\therefore\ \sigma_{\mathrm{b}}=\frac{P}{A}\left[1+\frac{e\cdot y}{r^2}\sec\cdot\left(\frac{l}{2r}\sqrt{\frac{P_{\mathrm{b}}}{EA}}\right)\right] \qquad (14.6)$$

만약 여기서 $\dfrac{l}{r}$이 “0”에 접근하면 $\sec\left(\dfrac{l}{2r}\sqrt{\dfrac{P}{EA}}\right)=1$이 되므로

$$\sigma_b = \frac{P}{A}\left(1 + \frac{e \cdot y}{r^2}\right)$$

가 되어 단주의 최대응력과 같이 된다.

식 (14.6)에서 σ_b를 항복응력 σ_y로 하면 P는 P_y가 되어야 하므로 다음과 같이 나타난다.

$$\frac{P_y}{A} = \frac{\sigma_y}{\left[1 + \frac{e \cdot y}{r^2}\sec\left(\frac{l}{2r}\sqrt{\frac{P_y}{EA}}\right)\right]} \tag{14.7}$$

이 시컨트 공식은 단주, 중간주, 장주의 모든 영역을 표시하는 합리적인 식이나 초월함수로 되어 있어 실용적이 되지 않는다.

14.7 장주의 실험식

오일러 공식은 세장비가 클 경우($\lambda \geq 100$)는 실험치와 잘 일치하나 세장비가 그 이하인 경우는 일치하지 않으므로 다음과 같은 실험식들이 이용된다.

(1) 테트마이어(Tetmaier) 공식

양단힌지인 많은 기둥을 파괴시험한 결과 다음과 같은 직선식(1차식)을 제안하였다.

$$\sigma_b = \sigma_y - a \cdot \lambda \tag{14.8}$$

σ_b : 장주의 응력(kg/cm^2)

σ_y : 재료의 항복점 응력(kg/cm^2)

a : 지지상태에 따른 상수(표)

λ : 세장비

Tetmaier 공식의 상수(양단힌지인 경우)

재료	σ_y(kg/cm^2)	a	$\lambda(l/r)$
목재	510	1.94	1.8 ~ 110
연철	3030	12.9	10 ~ 112
연강	3100	11.4	10 ~ 105
경강	3350	6.2	89 이하

일반적으로 테트마이어 공식은 $100 \geq \lambda \geq 10$인 경우에 잘 적용되며 우리나라에서 나무기둥 및 철근콘크리트 기둥 설계에 응용된다.

(2) 골든랭킨(Gordon-Rankine) 공식

실험과 이론에 기초를 두고 정한 공식으로 다음과 같다.

$$\begin{cases} \sigma_b = \dfrac{\sigma_y}{1+a\cdot\lambda^2} \text{ (양단힌지)} \\ \sigma_b = \dfrac{\sigma_y}{1+4\cdot a\cdot\lambda^2} \text{ (한단자유, 타단고정)} \\ \sigma_b = \dfrac{\sigma_y}{1+\dfrac{1}{2}a\cdot\lambda^2} \text{ (한단힌지, 타단고정)} \\ \sigma_b = \dfrac{\sigma_y}{1+\dfrac{1}{4}a\cdot\lambda^2} \text{ (양단고정)} \end{cases} \tag{14.9}$$

여기서 σ_y : 재료의 항복점 응력(실험치)

a : 재료의 성질에 따른 상수

Gordon-Rankine 공식의 상수

재료	$\sigma_y(kg/cm^2)$	a	비고
목재	510	1/750	$\lambda = 20 - 250$에 적용
연철	2500	1/9000	
연강	3400	1/7500	
경강	5000	1/5000	

(3) 존슨(Johnson) 공식

존슨은 실험을 통하여 다음과 같은 포물선 식을 제안하였다.

$$\sigma_b = \sigma_y - a\lambda^2 \tag{14.10}$$

Johnson 공식의 상수

재료	$\sigma_y(kg/cm^2)$	a	
		양단힌지	양단고정
연철	2390	0.05	0.03
연강	2950	0.07	0.04
경강	4220	0.44	0.16

이상의 실험식과 오일러 이론식을 비교하면 다음 [그림 14-45]와 같다.

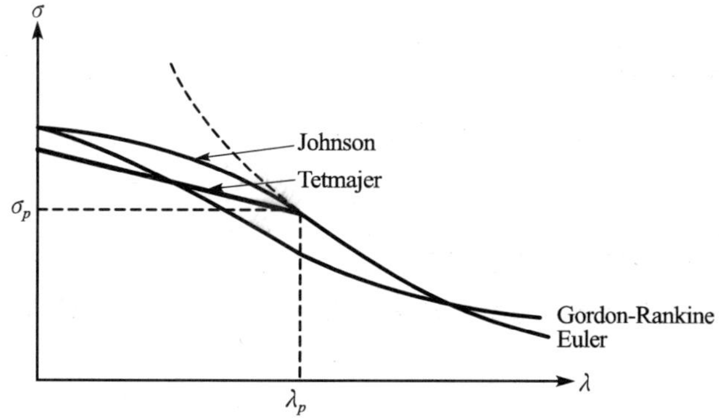

[그림 14-45]

14.8 시방서의 응력

우리나라 표준시방서에는 허용응력을 다음과 같이 규정짓고 있다.

(1) 목재기둥

① $\lambda \leqq 100$일 때

침엽수 : $\sigma_{\mathrm{b}} = 70 - 0.48\lambda\,(\mathrm{kg/cm^2})$

활엽수 : $\sigma_{\mathrm{b}} = 80 - 0.58\lambda\,(\mathrm{kg/cm^2})$

② $\lambda > 100$일 때

목재의 종류에 관계없이 다음과 같다.

$$\sigma_{\mathrm{b}} = \frac{220{,}000}{\lambda^2}\,(\mathrm{kg/cm^2})$$

(2) 강재기둥

① 철도교

i) $0 < \lambda \leqq 100$일 때

$$\sigma_{\mathrm{b}} = 1{,}200 - 0.05\lambda^2\,(\mathrm{kg/cm^2})$$

ii) $\lambda \geqq 100$ 일 때

$$\sigma_{\mathrm{b}} = \frac{7{,}200{,}000}{\lambda^2}\,(\mathrm{kg/cm^2})$$

② 도로교

$\lambda \leqq 140$일 때

$$\sigma_{\mathrm{b}} = 1,050 - 0.02\lambda^2 \, (\mathrm{kg/cm^2})$$

(3) 압축플랜지(compressive flange)

압축플랜지(주로 트러스 압축재)의 횡방향 좌굴에 따른 허용응력은 다음과 같이 규정되어 있다.

① 철도교

$$\sigma_{\mathrm{b}} = 1,200 - 0.5\left(\frac{l}{b}\right)^2 (\mathrm{kg/cm^2})$$

② 도로교

$$\sigma_{\mathrm{b}} = 1,200 - 0.4\left(\frac{l}{b}\right)^2 (\mathrm{kg/cm^2})$$

여기서 b : 플랜지의 폭

l : 고정점간의 길이

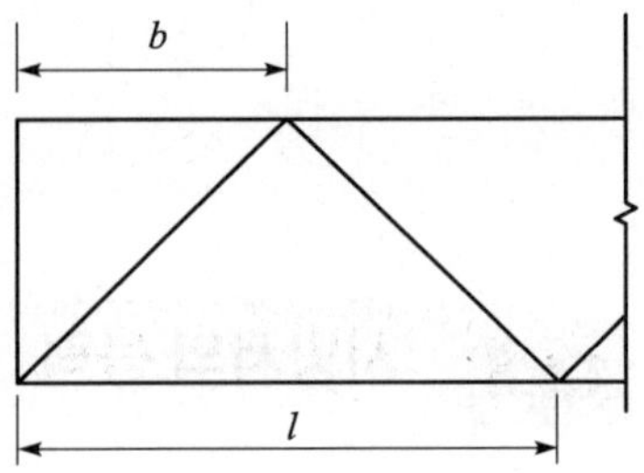

[그림 14-46]

14.9 장주의 설계

장주의 설계는 다음 2가지로 구분할 수 있다.

(1) 단면결정

기둥의 재료, 길이, 하중이 설계조건으로 주어지고 단면을 결정하는 문제로서 좌굴이 일어나지 않도록 설계되어야 한다.

좌굴이 생기지 않으려면 단면 2차모멘트가 커지도록 해야 하며, 또 단면의 어느 방향축에 대해서도 단면 2차모멘트가 비슷하게 설계하는 것이 경제적이다. 그 이유는 기둥의 좌굴은 최소 단면 2차모멘트가 생기는 축에 대하여 직교하는 방향(즉, 최대 주축방향)으로 일어나기 때문이다.

따라서 강재를 사용할 경우 여러 가지 형강을 적절히 배치하여 조합단면으로 사용할 수 있으며, 이와 같은 기둥을 조합주(built-up column)라 한다.

예제 18

원형단면인 장주에 최대 압축력 8t이 작용하며 기둥의 길이가 1.5m 이고 양단힌지로 되어있는 기둥 단면을 결정하라

(단, $E=2.1\times10^6\,\text{kg/cm}^2$, 안전율 $F.S=5$이다).

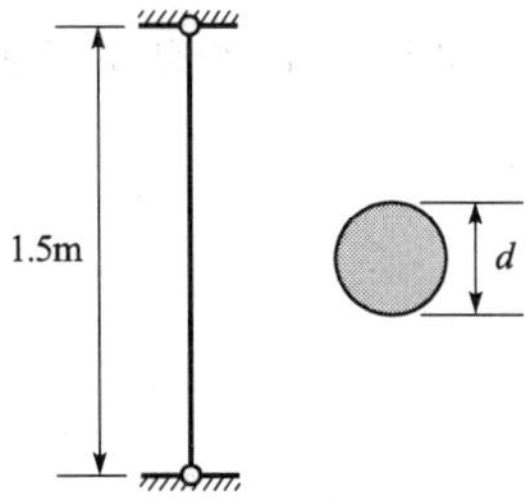

[그림 14-47]

$P_b=n\dfrac{\pi^2EI}{l^2}$ 이므로

$$\begin{cases}P_b=8{,}000\times5=40{,}000\text{kg}\\ n=1\end{cases}$$

$$40{,}000=\frac{\pi^2\times2.1\times10^6}{(150)^2}\cdot\frac{\pi d^4}{64}$$

$$d=\sqrt[4]{\frac{40{,}000\times150^2\times64}{2.1\times10^6\times\pi^3}}=\sqrt[4]{884.6}$$

$$\therefore d=545\text{cm}$$

(2) 하중결정

기둥단면, 길이, 재료가 설계조건으로 주어질 때 지지할 수 있는 하중을 구한다.

예제 19

[그림 14-48]과 같은 단면의 안전하중을 구하라

(단, 안전율 $F.S=3$, $E=2.1\times10^6\,\text{kg/cm}^2$).

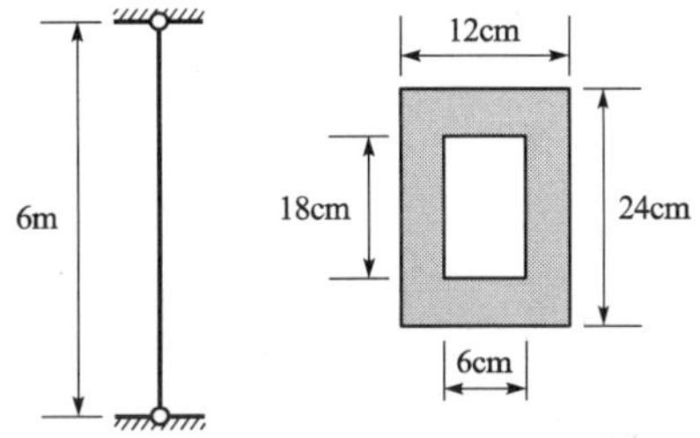

[그림 14-48]

$$P_b=n\frac{\pi^2EI}{l^2}$$

$$n=1$$

$$I=\frac{1}{12}(24\times12^3-18\times6^3)=3132\text{cm}^4$$

$$P_b=\frac{\pi^2\times2.1\times10^6\times3132}{600^2}=180{,}318\text{kg}=180.32\text{t}$$

안전하중 $P_s=\dfrac{P_b}{3}=\dfrac{180.32}{3}=60.1\text{t}$

01 그림과 같은 일방향 편심하중을 받는 원형단면 기둥에서 A, B점의 응력을 구하라.

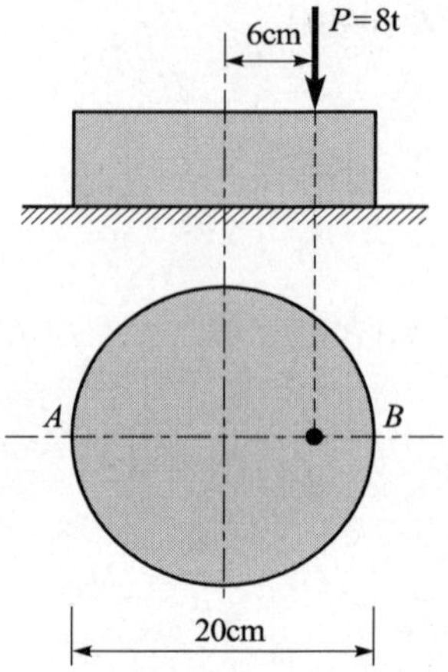

답 $\sigma_A = 35.6kg/cm^2$, $\sigma_b = -86.6kg/cm^2$

02 사각형단면을 가진 단주의 Q점에 $P = 6t$의 하중이 작용할 때 R점의 응력을 구하라.

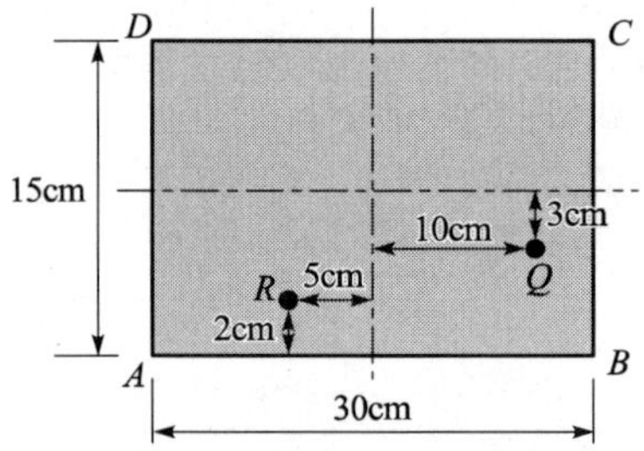

답 $\sigma_R = -16.17kg/cm^2$

03 문제(2)에서 A, B, C, D점의 응력을 구하라.

답 $\sigma_A = -2.67$, $\sigma_B = 56.0$, $\sigma_C = -24.0$, $\sigma_D = 29.33kg/cm^2$

04 그림과 같은 T형 단면에서 핵거리 e_1, e_2를 구하라.

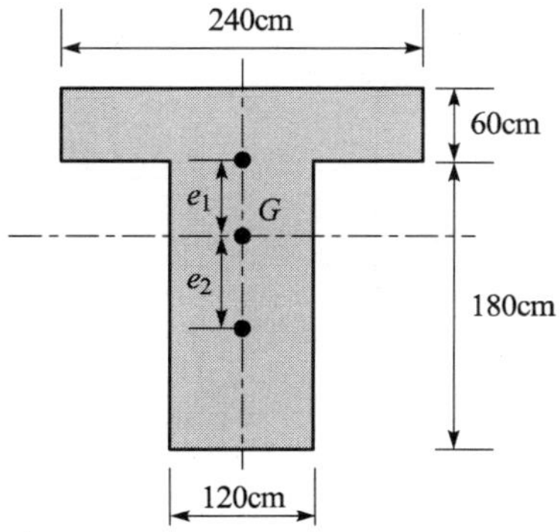

답 $e_1 = 37.6\text{cm}$, $e_2 = 51\text{cm}$

05 길이 1.5m, 직경 30cm의 원형단면을 갖는 1단 고정, 타단자유인 기둥의 좌굴하중(P_b)을 구하라.

답 $P_b = 914.26\text{kg}$

06 그림과 같이 단면이 똑같은 기둥이 있다. 이 기둥들의 강도를 비교하라.

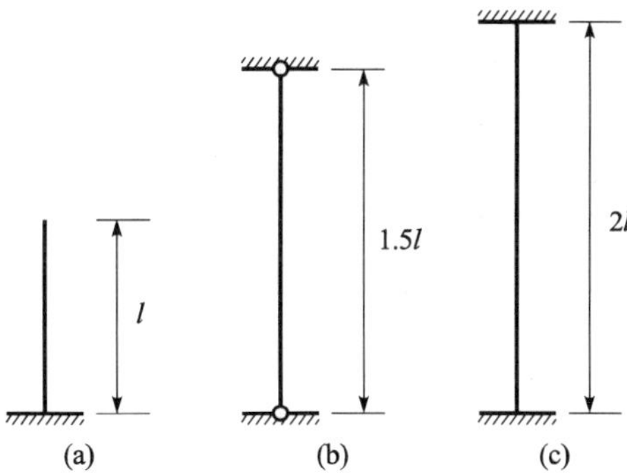

답 $a < b < c$

07 그림과 같은 양단힌지로 되어 있는 ㄷ-형강의 좌굴하중을 구하라.(단, $E=2.1\times10^6\text{kg/cm}^2$, $A=12\text{cm}^2$, $I_x=190\text{cm}^4$, $I_y=27\text{cm}^4$)

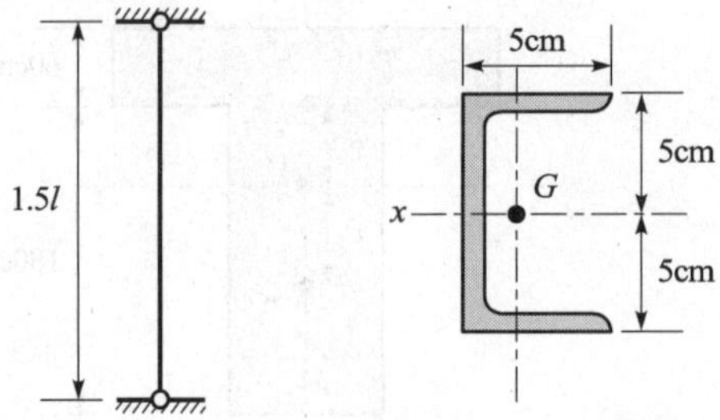

답 $P_b=5.47\text{t}$

CHAPTER 15

부정정구조
(statically indeterminate structures)

정역학적 평형조건만으로 해석이 불가능한 구조를 여러 가지 방법으로 정정화하여 해석한다.

15.1 처짐(Deflection)

(1) 처짐일반

보가 하중을 받으면 원래 직선이었던 축이 변형하여 곡선이 된다. 즉, 그림에서 처음 ACB 었던 직선축이 하중을 받은 후 $AC'B$ 인 곡선으로 되며 이 변형된 곡선을 **탄성곡선**(elastic curve)이라 한다.

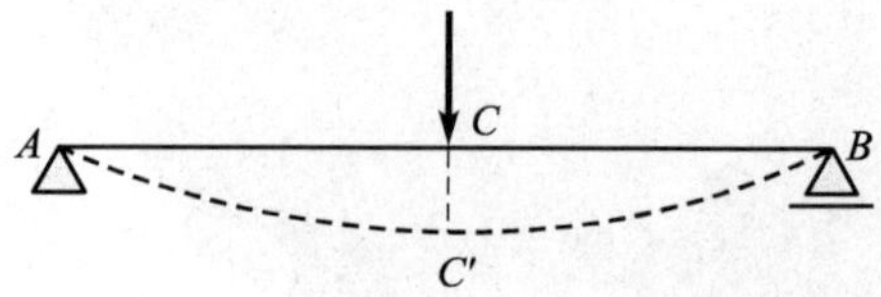

[그림 15-1]

① 처짐 및 처짐각

변형 전 축위의 1점이 변형 후 연직방향(하중작용방향)으로 이동한 거리를 **처짐**(deflection)이라 하며, 처짐곡선 위의 1점에서 그은 접선이 보의 축과 만드는 각을 **처짐각**(slope, deflection angle, 요각)이라 한다.

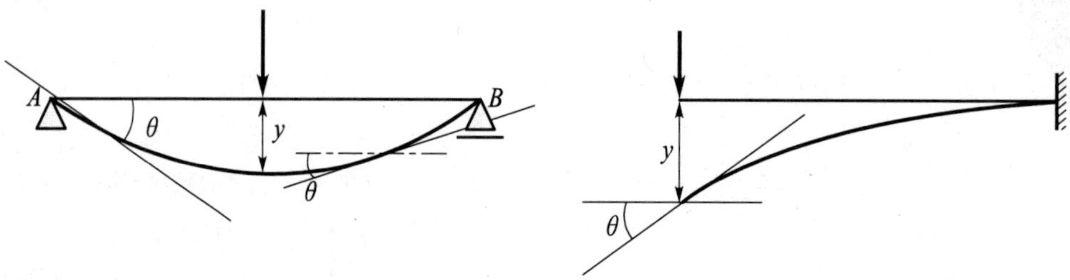

[그림 15-2]

여기서 y : 처짐으로 길이의 단위를 나타낸다.(cm, m)

θ : 처짐각으로 radian으로 나타나며 dy/dx 이다.

② 처짐의 부호

처짐은 위에서 아래로 변위하는 것을 (+), 아래에서 위로 변위하는 것을 (−)로 약속하며, 처짐각은 기준 축에서 접선이 시계방향으로 회전할 때, (+)로 하며 그 반대를 (−)로 한다.

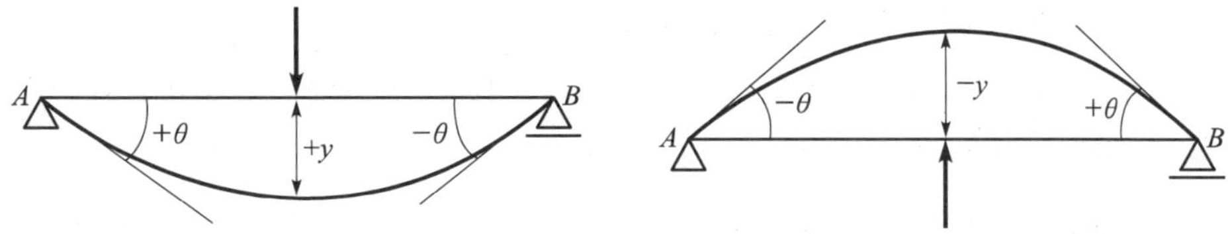

[그림 15-3]

(2) 처짐에 대한 모아의 정리

하중 w, 전단력 S, 휨모멘트 M의 관계는 다음과 같다.

$$\frac{dS}{dx} = -w, \ \frac{dM}{dx} = S, \ \frac{d^2M}{dx^2} = -w \tag{a}$$

또 탄성곡선식에서

$$\frac{d^2y}{dx^2} = -\frac{M}{EI}, \ \frac{dy}{dx} = \theta, \ \frac{d\theta}{dx} = -\frac{M}{EI} \tag{b}$$

(a), (b)의 관계에서 다음과 같은 관계가 성립된다.

$$S = -\int w dx + C_1, \ M = -\iint w dx dx + C_1 x + C_2$$

$$\theta = \frac{dy}{dx} = -\int \frac{M}{EI} dx + C_3, \ y = -\iint \frac{M}{EI} dx dx + C_3 x + C_4$$

이 식을 그림으로 나타내면 다음과 같다.

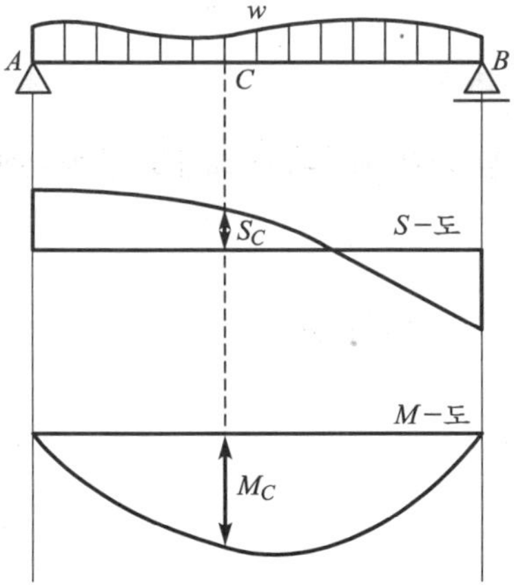

(a) 단순보의 단면력도

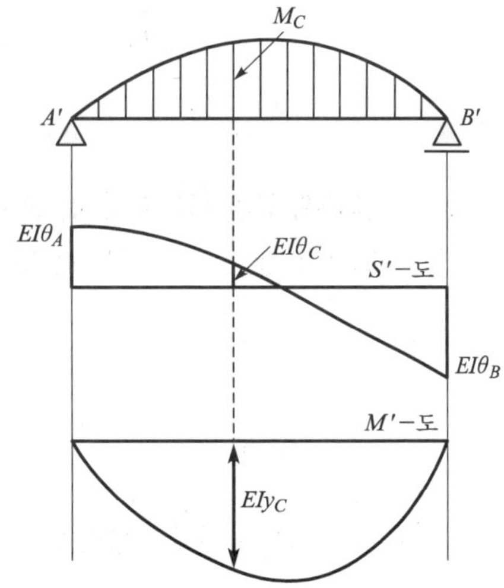

(b) 모멘트도를 하중으로 생각할 때 단면력도

[그림 15-4]

① 모아의 제1정리(처짐각에 대한 정리)

단순보 임의 점에서 접선각(처짐각)은 휨모멘트도를 하중으로 생각할 때 그 점의 전단력을 EI로 나눈 값이다.

② 모아의 제2정리(처짐에 대한 정리)

단순보 임의점에서 처짐은 휨모멘트도를 하중으로 생각할 대 그 점의 휨모멘트를 EI로 나눈 값이다.

(3) 공액보에 의한 처짐

모멘트도($B.\ M.\ D.$)를 하중으로 생각한 보를 공액보(Conjugate beam)라 한다.

1) 단순보

① 집중하중이 작용할 때

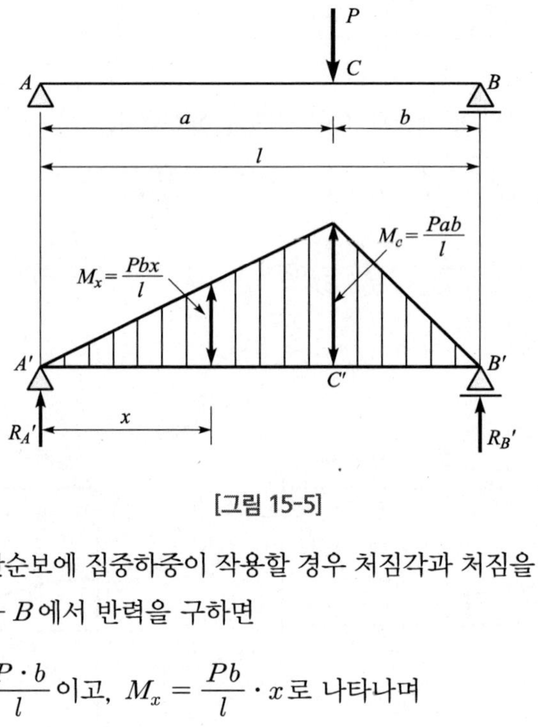

[그림 15-5]

그림과 같은 단순보에 집중하중이 작용할 경우 처짐각과 처짐을 공액보에 의하여 유도하면 보 $A-B$에서 반력을 구하면

$$R_A{}' = \frac{P \cdot b}{l} \text{ 이고, } M_x = \frac{Pb}{l} \cdot x \text{ 로 나타나며}$$

$x = a$일 때

$$M_C = \frac{Pab}{l} \text{ 이므로}$$

공액보는 그림의 보 $A'-B'$ 상태로 나타난다.

공액보에서 반력을 구하면

$$\Sigma M_{\text{at}} B' = 0$$

$$R_{\text{A}}' \cdot l - \frac{Pab}{l} \cdot a \cdot \frac{1}{2}\left(b + \frac{a}{3}\right) + \frac{Pab}{l} \cdot b \cdot \frac{1}{2} \cdot \frac{2}{3} b = 0$$

$$R_{\text{A}}' = \frac{Pab}{6l^2} \frac{Pa^2b}{2l}\left(b + \frac{a}{3}\right) + \frac{Pab^3}{3l} = \frac{Pab}{6l^2}(3ab + a^2 + 2b^2)$$

$$= \frac{Pab}{6l^2}(a+b)(a+2b) = \frac{Pab}{6l}(a+2b)$$

$$\therefore \theta_{\text{A}} = \frac{R_{\text{A}}'}{EI} = \frac{Pab}{6EIl}(a+2b) \qquad (15.1)$$

같은 방법으로, θ_{B}는

$$\therefore \theta_{\text{B}} = \frac{S_{\text{B}}'}{EI} = -\frac{Pab}{6EI} 2(a+b) \qquad (15.2)$$

공액보에서 C'점의 모멘트를 구하면

$$M_{\text{C}'} = R_{\text{A}}' \cdot a - \frac{Pab}{l} \cdot a \cdot \frac{1}{2} \cdot \frac{a}{3}$$

$$= \frac{Pa^2b}{6l}(a+2b) - \frac{Pa^3b}{6l} = \frac{Pa^2b}{6l}(a+2b-a) = \frac{Pa^2b^2}{3l}$$

$$\therefore y_{\text{C}} = \frac{M_{\text{C}}'}{EI} = \frac{Pa^2b^2}{3EIl} \qquad (15.3)$$

예제 1

단순보 중앙에서 집중하중이 작용할 경우 처짐 및 처짐각을 구하라. 앞의 (15.1), (15.3) 식에 $a = b = \frac{l}{2}$을 대입하면 바로 구할 수 있으니 공액보로 유도하여 보자.

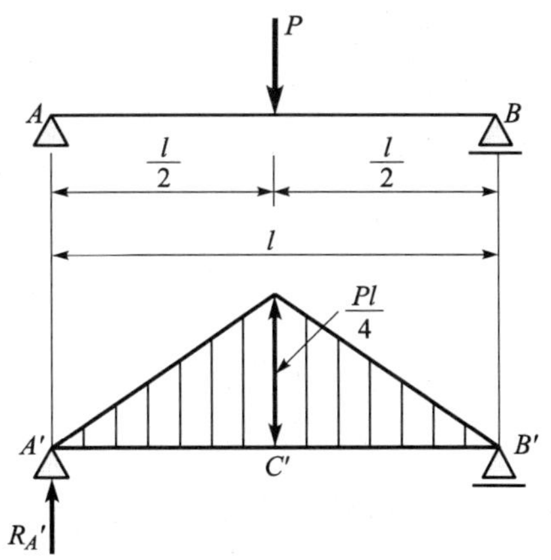

[그림 15-6]

공액보에서

$$\Sigma M_{\text{atB}}{}' = 0 \ ; \ R_{\text{A}}{}' \cdot l - \frac{Pl}{4} \cdot l \cdot \frac{1}{2} \cdot \frac{l}{2} = 0$$

$$R_{\text{A}}{}' = \frac{Pl^2}{16}$$

$$\therefore \theta_{\text{A}} = \frac{S_A{}'}{EI} = \frac{Pl^2}{16EI}, \ \theta_{\text{B}} = -\frac{Pl^2}{16EI} \qquad (15.4)$$

$$M_{\text{C}}{}' = R_{\text{A}}{}' \cdot \frac{l}{2} - \frac{Pl}{4} \cdot \frac{l}{2} \cdot \frac{1}{2} \cdot \frac{l}{6} = \frac{Pl^3}{32} - \frac{Pl^3}{96} = \frac{Pl^3}{48}$$

$$\therefore y_{\text{C}} = \frac{M_{\text{C}}{}'}{EI} = \frac{Pl^3}{48EI} \qquad (15.5)$$

예제 2

그림과 같이 AB, CD 두 보가 직교하고 교점에 하중 P가 작용할 때 재료와 단면이 서로 같다면 AB 보와 CD보가 받는 최대 휨모멘트의 비를 구하라.

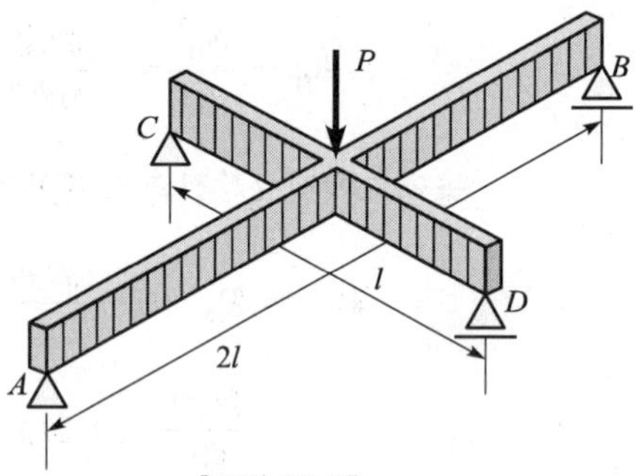

[그림 15-7]

중앙점에서 두 보의 처짐은 같으며, 처짐량의 일반식은 $\frac{Pl^3}{48EI}$이므로

$$\frac{P_{\text{AB}}(2l)^3}{48EI} = \frac{P_{\text{CD}} \cdot l^3}{48EI}$$

EI가 같으므로

$$8P_{\text{AB}} = P_{\text{CD}}$$

또 $P_{\text{AB}} + P_{\text{CD}} = P$

$$P_{\text{AB}} = \frac{P}{9}, \ P_{\text{CD}} = \frac{8}{9}P$$

$(A-B)$보에서 $M_{\text{AB}} = \frac{P_{AB}(2l)}{4} = \frac{\frac{P}{9} \cdot 2l}{4} = \frac{Pl}{18}$

$(C-D)$보에서 $M_{\text{CD}} = \frac{P_{\text{CD}}(2l)}{4} = \frac{\frac{8}{9} \cdot l}{4} = \frac{2}{9}P \cdot l$

$$\therefore M_{\text{AB}} : M_{\text{CD}} = \frac{Pl}{18} : \frac{2}{9}Pl = 1 : 4$$

② 등분포 하중이 작용할 때

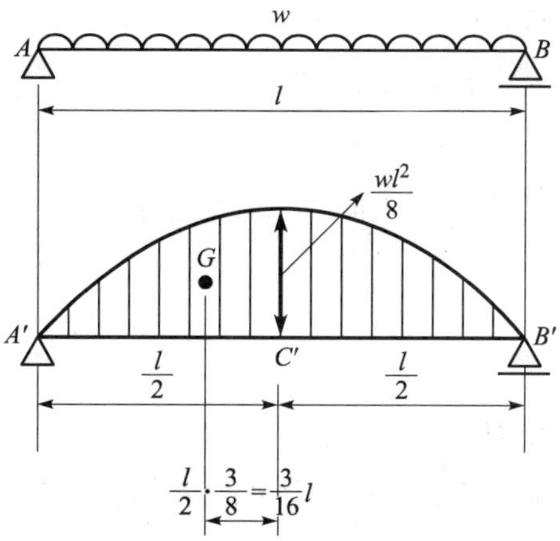

[그림 15-8]

단순보에 등분포하중이 만재될 경우 $M_{\max} = \dfrac{wl^2}{8}$ 으로 그림과 같은 공액보가 된다.

좌우대칭이므로

$$R_A{}' = \left(\frac{wl^2}{8}\cdot l\cdot\frac{2}{3}\right)\frac{1}{2} = \frac{wl^3}{24}$$

$$\therefore \theta_A = \frac{wl^3}{24EI} \tag{15.6}$$

$$M_C{}' = R_A{}'\cdot\frac{l}{2} - \left(\frac{wl^2}{8}\cdot l\cdot\frac{2}{3}\cdot\frac{1}{2}\right)\cdot\frac{3}{16}l$$

$$= \frac{wl^3}{24}\left(\frac{l}{2} - \frac{3}{16}l\right) = \frac{wl^3}{24}\cdot\frac{5}{16}l = \frac{5wl^4}{384}$$

$$\therefore y_C = \frac{M_c{}'}{EI} = \frac{5wl^4}{384EI} \tag{15.7}$$

예제 3

다음과 같은 단순보에 등분포하중(w)이 작용하여 중앙점의 최대처짐이 3cm 이었다. 이때 작용한 하중의 크기는? (단, $I = 1.5\times10^5\,\text{cm}^4$, $E = 1.0\times10^6\,\text{kg/cm}^2$ 이다.)

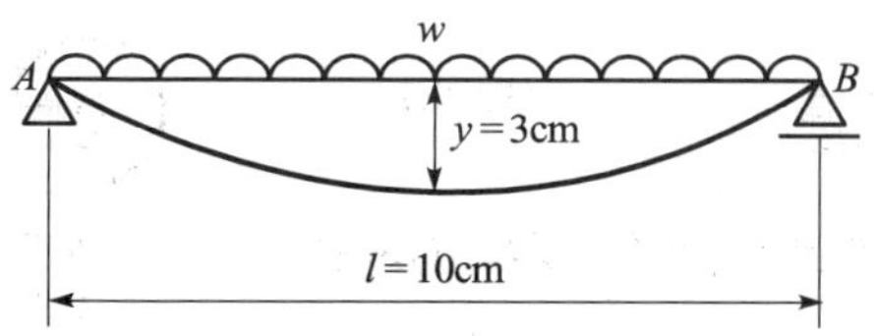

[그림 15-9]

(15.7) 식에서 $y_{\max} = \dfrac{5wl^4}{384EI}$

$$\begin{cases} EI = 1\times 10^6 \times 1.5\times 10^5 = 10\times 10^{10}\,\text{kg}\cdot\text{cm}^2 \\ l = 1000\,\text{cm} \end{cases}$$

$$w = \frac{384EI\cdot y}{5l^4} = \frac{384\times 15\times 10^{10}\times 3}{5\times (1000)^4} = 34.56\text{kg/cm}$$

$\therefore w = 3.456\text{t/m}$

③ 모멘트 하중이 작용할 때

모멘트 하중이 단부에 작용할 경우 공액보는 다음과 같다.

$\Sigma M_{\text{atB}}{}' = 0$;

$$R_{\text{A}}{}'\cdot l - M_{\text{A}}\cdot l\cdot\frac{1}{2}\cdot\frac{2}{3}l - M_{\text{B}}\cdot l\cdot\frac{1}{2}\cdot\frac{l}{3} = 0$$

$$R_{\text{A}}{}' = \frac{l}{6}(2M_{\text{A}} + M_{\text{B}})$$

$$\theta_{\text{A}} = \frac{l}{6EI}(2M_{\text{A}} + M_3) \qquad (15.8)$$

같은 방법으로

$$\theta_{\text{B}} = -\frac{l}{6EI}(2M_{\text{B}} + M_{\text{A}}) \qquad (15.9)$$

i) $M_{\text{A}} = 0$일 때

(15.8), (15.9) 식에서 $M_{\text{A}} = 0$을 대입하면

$$\theta_{\text{A}} = \frac{M_o l}{6EI} \qquad (15.10)$$

$$\theta_{\text{B}} = -\frac{M_{\text{B}}l}{3EI} \qquad (15.11)$$

이때 최대처짐은 $x = \dfrac{l}{3}$에서 생기며

$$y_{\max} = \frac{M_{\text{B}}\,l^2}{9\sqrt{3}\,EI} \qquad (15.12)$$

ii) M_{B}가 (−)방향으로 작용할 경우 (15.8), (15.9) 식에서 $M_{\text{B}} = -M_{\text{B}}$를 대입하면

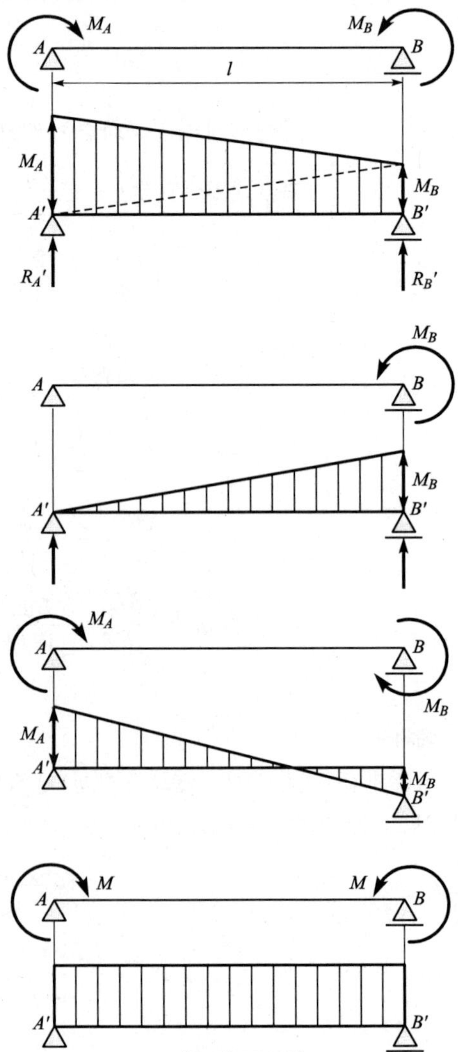

[그림 15-10]

$$\begin{cases} \theta_A = \dfrac{l}{6EI}(2M_A - M_B) \\ \theta_B = -\dfrac{l}{6EI}(-2M_B + M_A) \end{cases} \qquad (15.13)$$

iii) $M_A = M_B = M$인 경우

(15.8), (15.9) 식에서 $M_A = M_B = M$을 대입하면

$$\theta_A = -\theta_B = \frac{Ml}{2EI} \qquad (15.14)$$

최대 처짐은 중앙점에서 생기며(등분포하중이 작용하는 단순보)

$$y = \frac{Ml^2}{8EI} \qquad (15.15)$$

2) 캔틸레버

캔틸레버의 공액보는 자유단이 고정단으로, 고정단이 자유단으로 된다.

① 집중하중이 작용하는 캔틸레버

캔틸레버 자유단에 집중하중이 작용할 경우 처짐곡선은 그림 (b)와 같으며

$$M_B = P \cdot l$$

이므로 공액보는 그림 (c)와 같이 나타난다.

공액보에서 A점의 처짐 및 처짐각은

$$\theta_A = \frac{R_A'}{EI},\ y_A = \frac{M_A'}{EI}$$

$$R_A' = P \cdot l \cdot l \cdot \frac{1}{2} = \frac{Pl^2}{2}$$

$$\therefore \theta_A = \frac{Pl^2}{2EI} \qquad (15.16)$$

$$M_A' = \frac{Pl^2}{2} \cdot \frac{2}{3}l = \frac{Pl^3}{3}$$

$$\therefore y_A = \frac{Pl^3}{3EI} \qquad (15.17)$$

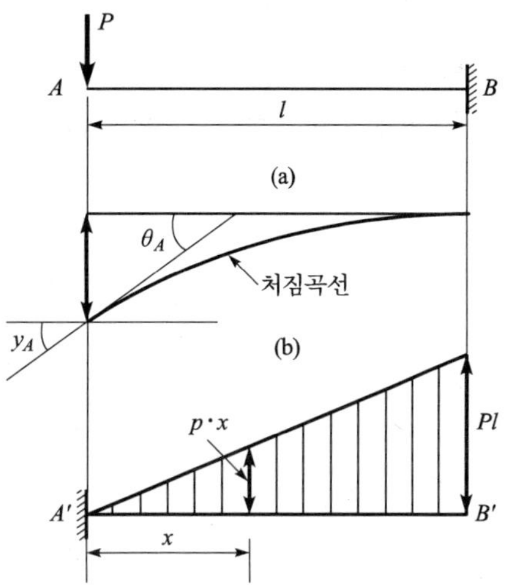

[그림 15-11]

또 A에서 임의 거리 떨어진 곳의 처짐각과 처짐을 보면 다음과 같다.

$$\theta_x = \frac{Px^2}{2EI},\ y_x = \frac{Px^3}{3EI} \qquad (15.18)$$

캔틸레버 임의 점에 하중이 작용할 때 자유단의 처짐각과 처짐을 유도하여 보면 θ_C와 y_C는 (15.18) 식에 의하여

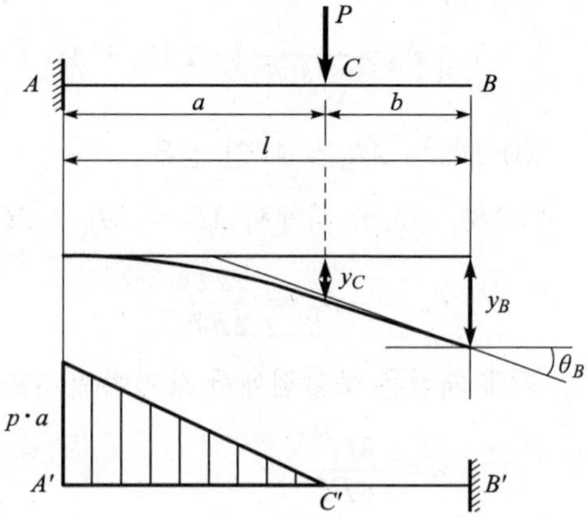

[그림 15-12]

$$\theta_C = \frac{Pa^2}{2EI},\ y_C = \frac{Pa^3}{3EI}$$

공액보에서 $M_B{}'$

$$M_B{}' = P \cdot a \cdot a \cdot \frac{1}{2}\left(b + \frac{2}{3}a\right)$$

$$= \frac{Pa^2}{6}(2a + 3b)$$

$$= \frac{Pa^2}{6}(3l - a)$$

$$\therefore y_b = \frac{Pa^2}{6EI}(3l - a) \quad (15.19)$$

또 공액보에서 C'와 B'점의 전단력은 같으므로 C점과 B점의 처짐각은 같음을 알 수 있다.

즉, $C-B$ 구간의 처짐곡선은 직선으로 나타난다.

예제 4

집중하중이 캔틸레버 중앙에 작용할 대 자유단의 처짐각과 처짐을 유도하라.

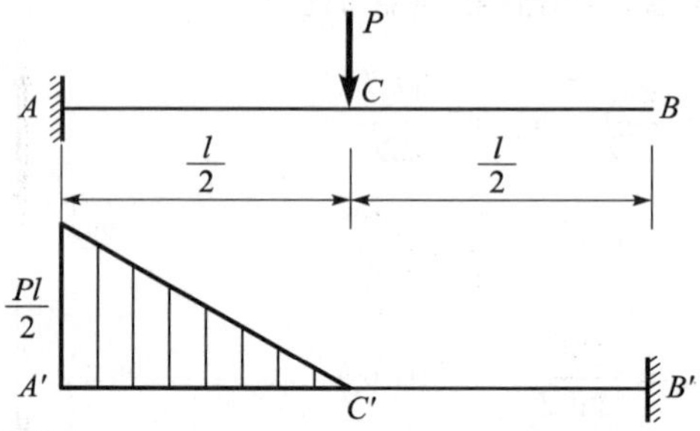

[그림 15-13]

공액보에서

$$S_C{}' = S_B{}' = \frac{Pl}{2} \cdot \frac{l}{2} \cdot \frac{1}{2} = \frac{Pl^2}{8}$$

$$\therefore \theta_B = \theta_C = \frac{Pl^2}{8EI} \quad (15.5)$$

$$M_C{}' = \frac{Pl^2}{8}\left(\frac{l}{2} \cdot \frac{2}{3}\right) = \frac{Pl^3}{24}$$

$$y_C = \frac{Pl^3}{24EI} \quad (15.20)$$

자유단의 처짐 y_B는 $\dfrac{M_B'}{EI}$ 이므로

$$M_B' = \frac{Pl^2}{8} \cdot \left(\frac{l}{2} + \frac{l}{2} \cdot \frac{2}{3}\right) = \frac{5Pl^3}{48}$$

$$\therefore\ y_B = \frac{5Pl^3}{48EI} \qquad (15.21)$$

예제 5

다음과 같은 캔틸레버에서 자유단의 처짐을 구하라.

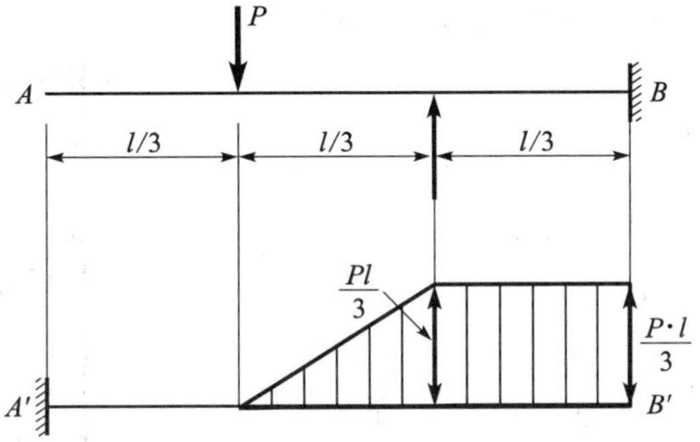

[그림 15-14]

공액보에서

$$M_A' = \frac{Pl}{3} \cdot \frac{l}{3} \cdot \frac{1}{2} \cdot \left(\frac{l}{3} + \frac{l}{3} \cdot \frac{2}{3}\right) + \frac{Pl}{3} \cdot \frac{l}{3}\left(\frac{2}{3}l + \frac{l}{3} \cdot \frac{1}{2}\right)$$

$$= \frac{Pl^3}{18 \times 18}(6+4+24+6)$$

$$= \frac{40Pl^3}{18 \times 18} = \frac{10Pl^3}{81}$$

$$\therefore\ y_A = \frac{10Pl^3}{81EI}$$

식 (15.19)에 의하여 다음과 같이 구할 수도 있다.(중첩의 원리)

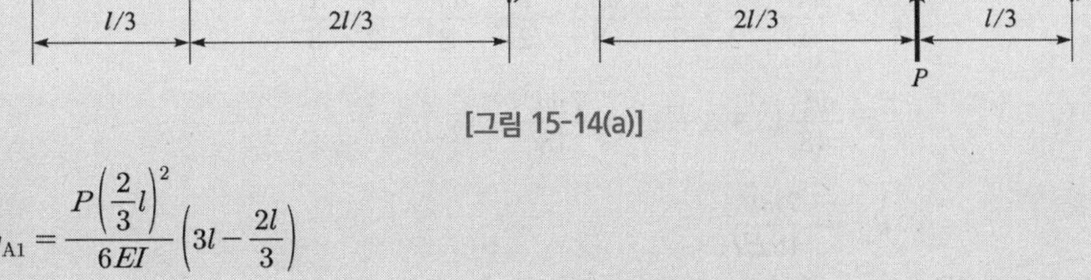

[그림 15-14(a)]

$$y_{A1} = \frac{P\left(\frac{2}{3}l\right)^2}{6EI}\left(3l - \frac{2l}{3}\right)$$

$$y_{A2} = -\frac{P\left(\frac{l}{3}\right)^2}{6EI}\left(3l - \frac{l}{3}\right)$$

$$y = y_{\mathrm{A1}} + y_{\mathrm{A2}} = \frac{Pl^3}{6\times P\times 3EI}(36 - 8 - P + 1) = \frac{Pl^3}{162}\cdot 20 = \frac{10Pl^3}{81}$$

$$\therefore\ y_{\mathrm{A}} = \frac{10\,Pl^3}{81IE}$$

② 등분포하중이 작용하는 캔틸레버

캔틸레버에 등분포하중이 작용할 경우

$$M_{\mathrm{B}} = \frac{wl^2}{2}$$

이므로 공액보는 그림과 같다.

공액보에서

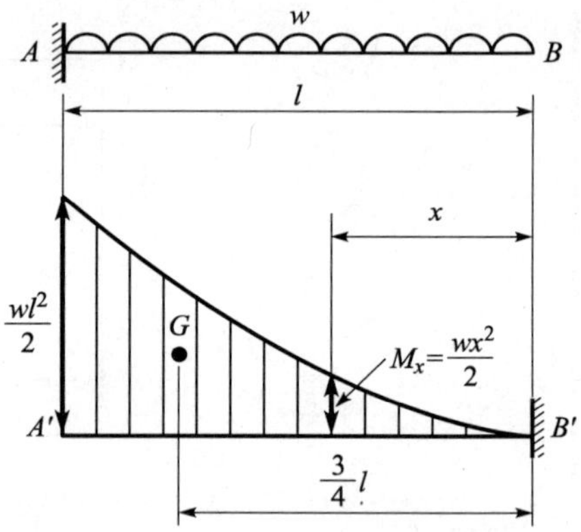

[그림 15-15]

$$R_{\mathrm{B}}' = \frac{wl^2}{2}\cdot l\cdot\frac{1}{3} = \frac{wl^3}{6}$$

$$\therefore\ \theta_{\mathrm{B}} = \frac{wl^3}{6EI} \qquad (15.22)$$

$$M_{\mathrm{B}}' = \frac{wl^3}{6}\cdot\frac{3}{4}l = \frac{wl^4}{8}$$

$$\therefore\ y_{\mathrm{B}} = \frac{wl^4}{8EI} \qquad (15.23)$$

l 대신 x를 대입하면 다음과 같은 일반식을 얻을 수 있다.

$$\theta_x = \frac{wx^3}{6EI},\ y_x = \frac{wx^4}{8EI} \qquad (15.24)$$

만약 등분포하중이 그림과 같이 보에 반만 작용할 경우 자유단의 처짐과 처짐각을 유도하여 보면 공액보에서 R_{B}'과 M_{B}'를 구하기 위하여 3가지 형태로 구분하면 그림과 같다.

$$R_{\mathrm{B}}' = \frac{wl^2}{4}\cdot\frac{l}{2}\cdot\frac{1}{2} + \frac{wl^2}{8}\cdot\frac{l}{2} + \frac{wl^2}{8}\cdot\frac{l}{2}\cdot\frac{1}{3}$$

$$= \frac{wl^3}{48}(3 + 3 + 1) = \frac{7wl^3}{48}$$

$$\therefore\ \theta_{\mathrm{B}} = \frac{7wl^3}{48EI} \qquad (15.25)$$

$$M_B' = \frac{wl^3}{48}\left(3\times\frac{5}{6}l + 3\times\frac{3}{4}l + \frac{3}{8}l\right)$$

$$= \frac{wl^4}{384(20+18+3)} = \frac{41wl^4}{384}$$

$$\therefore y_B = \frac{41wl^4}{384EI} \quad (15.26)$$

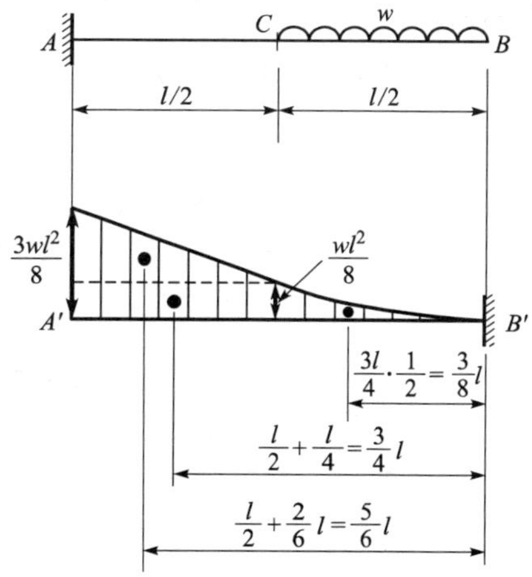

[그림 15-16]

③ 등변분포하중이 작용할 때

캘틸레버에 등변분포하중이 작용할 경우

$$M_A = \frac{wl^2}{6}$$

이므로 공액보는 다음과 같은 3차포물선이 된다. 이 보의 면적과 도심은 [그림 15-17]에 나타나 있다.

$$R_B' = \frac{wl^2}{6}\cdot l\cdot\frac{1}{4} = \frac{wl^3}{24}$$

$$\theta_B = \frac{wl^3}{24EI} \quad (15.27)$$

$$M_B' = \frac{wl^3}{24}\cdot\frac{4}{5}\cdot l = \frac{wl^4}{30}$$

$$y_B = \frac{wl^4}{30EI} \quad (15.28)$$

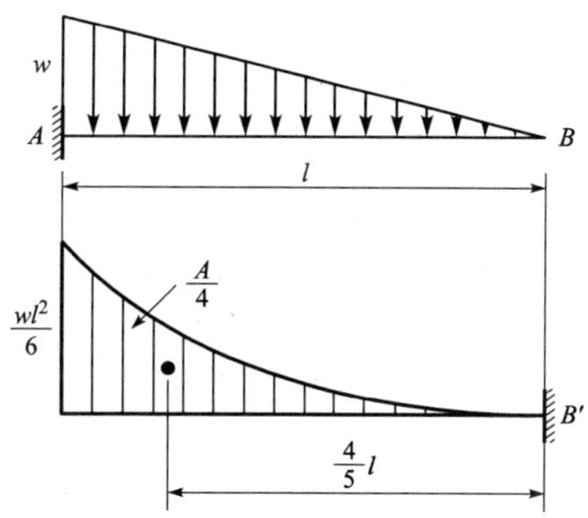

[그림 15-17]

④ 모멘트 하중이 작용할 경우

그림과 같은 캔틸레버 단부에 모멘트 하중이 작용할 경우 처짐각과 처짐을 보면 공액보를 보면 등분포하중이 작용하는 캔틸레버가 된다(하중강도가 M이다).

$$R_A' = M\cdot l$$

$$\therefore \theta_A = \frac{Ml}{EI} \quad (15.29)$$

$$M_A' = M\cdot l\cdot\frac{l}{2} = \frac{Ml^2}{2}$$

$$\therefore y_A = \frac{Ml^2}{2EI} \quad (15.30)$$

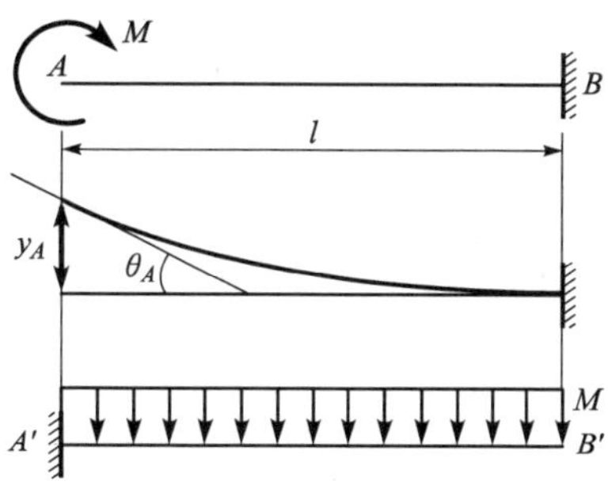

[그림 15-18]

예제 6

다음과 같은 캔틸레버 임의점에 모멘트 하중이 작용할 경우 자유단의 처짐을 구하라.

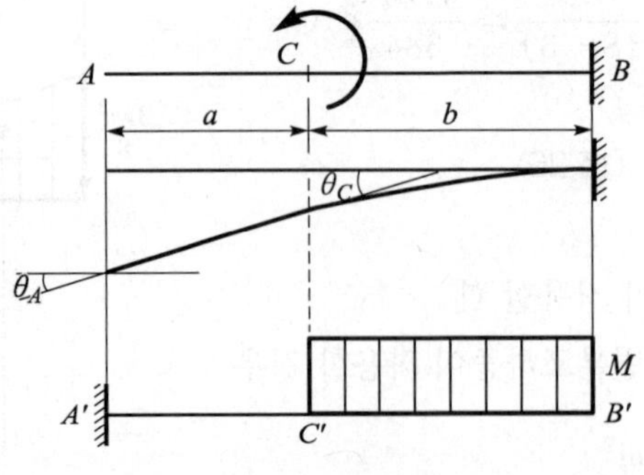

[그림 15-19]

$$S_A{}' = S_C{}' = M \cdot b$$

$$\therefore \theta_A = \theta_C = \frac{M \cdot b}{EI} \qquad (15.31)$$

$$M_A{}' = M \cdot b\left(a + \frac{b}{2}\right) = \frac{M \cdot b}{2}(l + a)$$

$$\therefore\ y_A = \frac{M \cdot b}{2EI}(l + a) \qquad (15.32)$$

3) 처짐표

① 단순보

하중조건	처짐각, θ(rad)	처짐, y(cm)
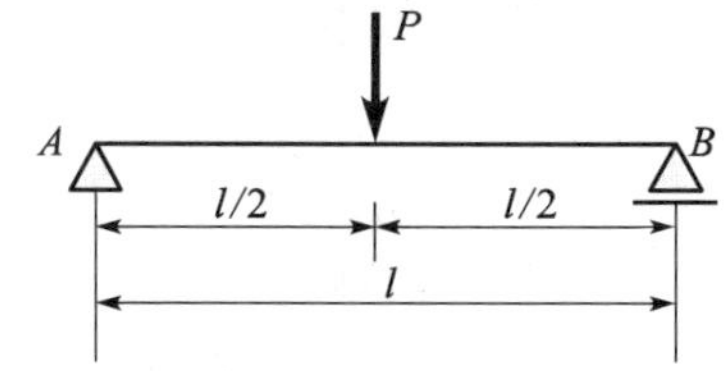	$\theta_A = -\theta_B = \dfrac{Pl^2}{16EI}$	$y_{\max} = y_c = \dfrac{Pl^3}{48EI}$
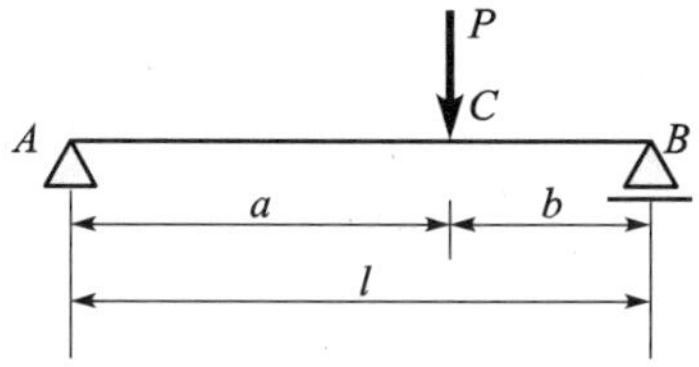	$\theta_A = \dfrac{Pab}{6EIl}(a+2b)$ $\theta_B = -\dfrac{Pab}{6EIl}(2a+b)$	$y_c = \dfrac{Pa^2b^2}{3EIl}$ $y_{\max} = \dfrac{P \cdot b}{9\sqrt{3}\,EIl}\sqrt{(l^2-b^2)^3}$
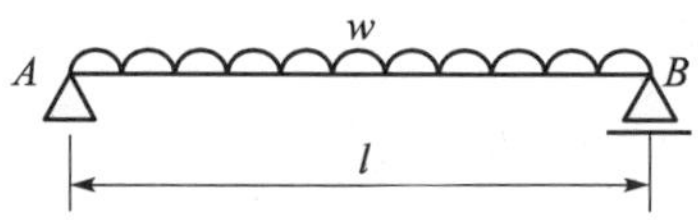	$\theta_A = -\theta_B = \dfrac{wl^3}{24EI}$	$y_{\max} = \dfrac{5wl^4}{384EI}$
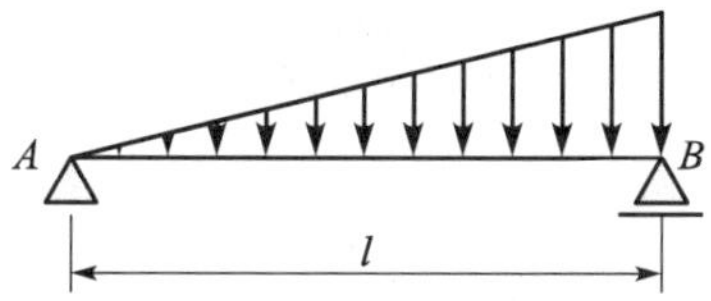	$\theta_A = \dfrac{7wl^3}{360EI}$ $\theta_B = -\dfrac{8wl^3}{360EI}$	$y_{\max} = \dfrac{wl^4}{153EI}$
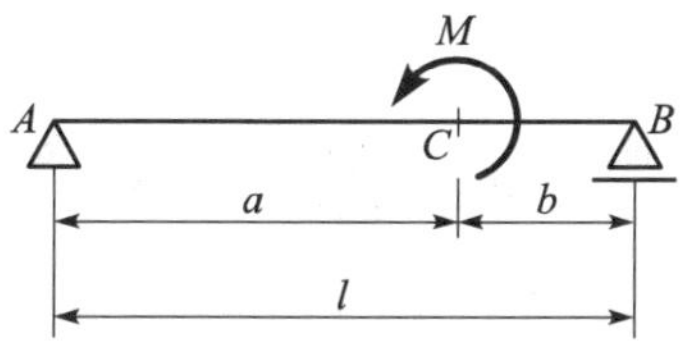	$\theta_A = \dfrac{M}{6EIl^2}(a^3+3a^2b-2b^3)$ $\theta_B = \dfrac{M}{6EIl^2}(b^3+3ab^2-2a^3)$	$y_C = \dfrac{M}{3EIl}(3al-l^2-2a^2)$
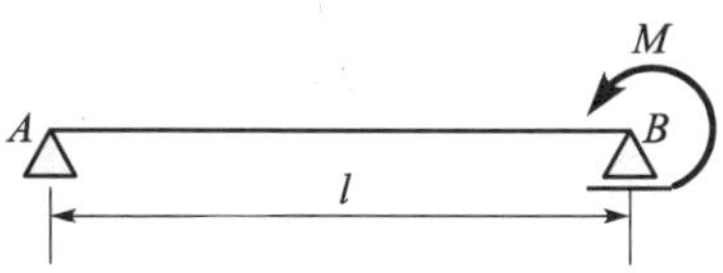	$\theta_A = \dfrac{M \cdot l}{6EI}$ $\theta_B = -\dfrac{M \cdot l}{3EI}$	$y_{\max} = \dfrac{Ml^2}{9\sqrt{3}\,EI}$
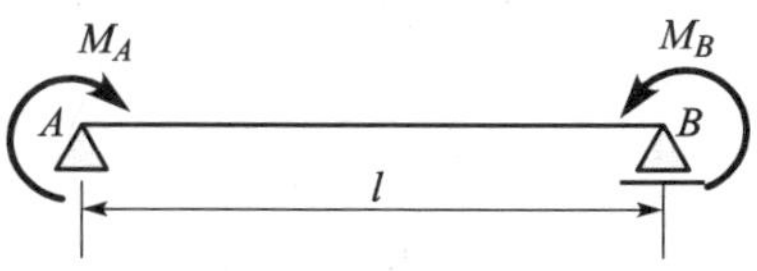	$\theta_A = \dfrac{l}{6EI}(2M_A+M_B)$ $\theta_B = -\dfrac{l}{6EI}(2M_B+M_A)$	$M_A = M_B = M$ 일 때 $y_{\max} = \dfrac{Ml^2}{8EI}$

* 이 표에 없는 경우는 중첩의 원리로서 구할 수 있다.

② 캔틸레버

하중조건	처짐각, θ (rad)	처짐, y (cm)
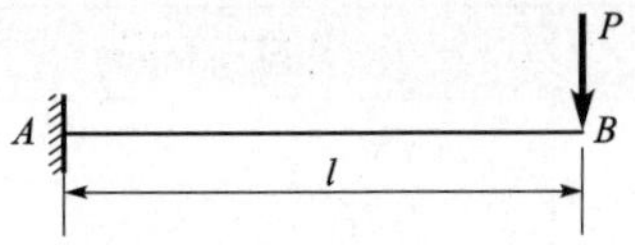	$\theta_B = \dfrac{Pl^2}{2EI}$	$y_B = \dfrac{Pl^3}{3EI}$
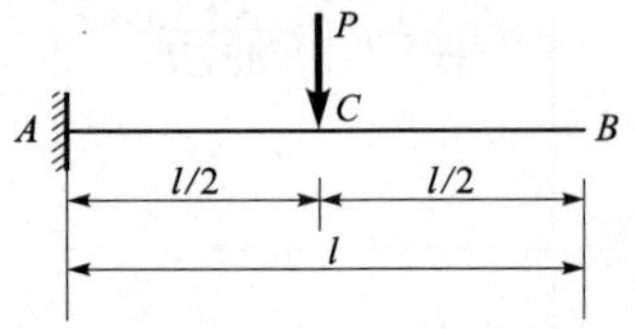	$\theta_c = \dfrac{Pl^2}{8EI}$ $\theta_B = \dfrac{Pl^2}{8EI}$	$y_c = \dfrac{Pl^3}{24EI}$ $y_B = \dfrac{5Pl^3}{48EI}$
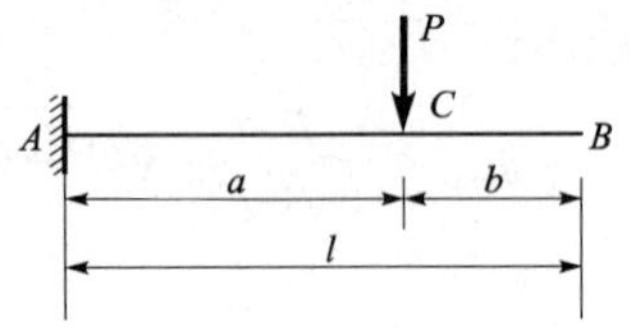	$\theta_C = \dfrac{Pa^2}{2EI}$ $\theta_B = \dfrac{Pa^2}{2EI}$	$y = \dfrac{Pa^3}{3EI}$ $y_B = \dfrac{Pa^2}{6EI}(3l-a)$
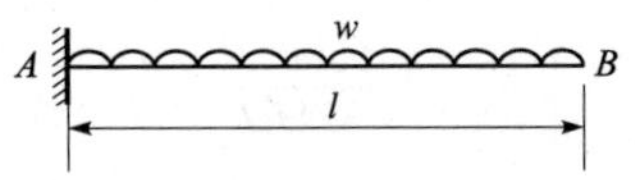	$\theta_B = \dfrac{wl^3}{6EI}$	$y_B = \dfrac{wl^4}{8EI}$
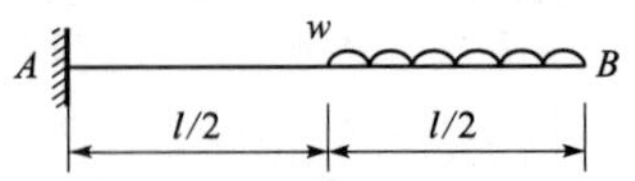	$\theta_B = \dfrac{7wl^3}{48EI}$	$y_B = \dfrac{41wl^4}{384EI}$
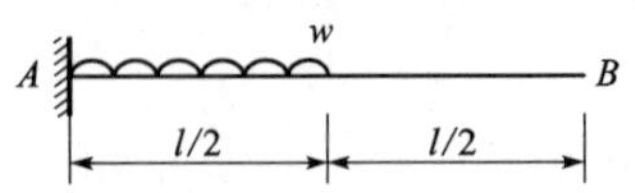	$\theta_B = \dfrac{wl^3}{48EI}$	$y_B = \dfrac{7wl^4}{384EI}$
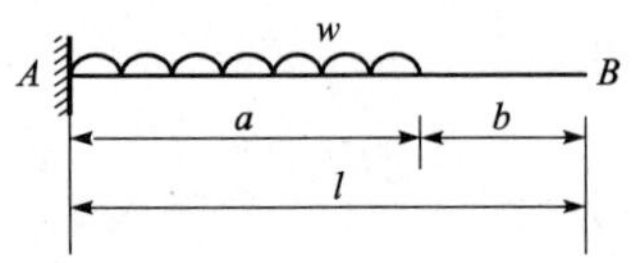	$\theta_B = \dfrac{wa^3}{6EI}$	$y_B = \dfrac{wa^3}{24EI}(3a+4b)$
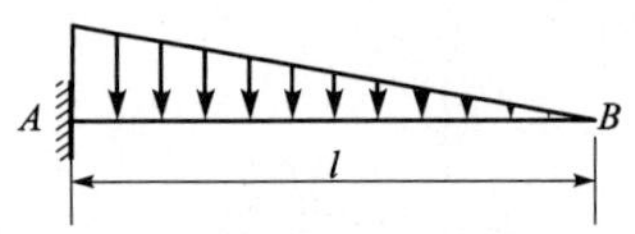	$\theta_B = \dfrac{wl^3}{24EI}$	$y_B = \dfrac{wl^4}{30EI}$
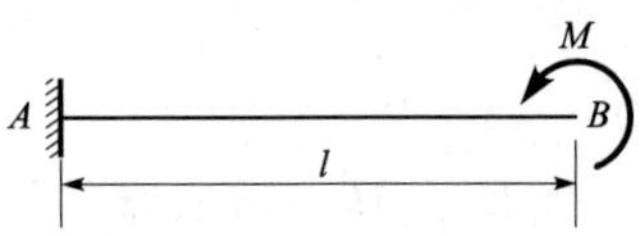	$\theta_B = \dfrac{Ml}{EI}$	$y_B = \dfrac{Ml^2}{2EI}$
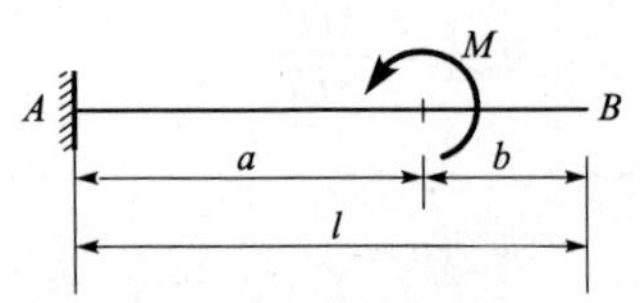	$\theta_B = \dfrac{M \cdot a}{EI}$	$y_B = \dfrac{Ma}{2EI}(l+b)$

15.2 변형일치법(method of consistant displacement)

(1) 일반

변형 일치법의 기본원리는 회전지점은 상하로 움직이지 않으므로 처짐이 없고 고정지점은 처짐 및 처짐각이 모두 없다는 경계조건을 이용하여 간단한 부정정구조를 해석하는 방법.

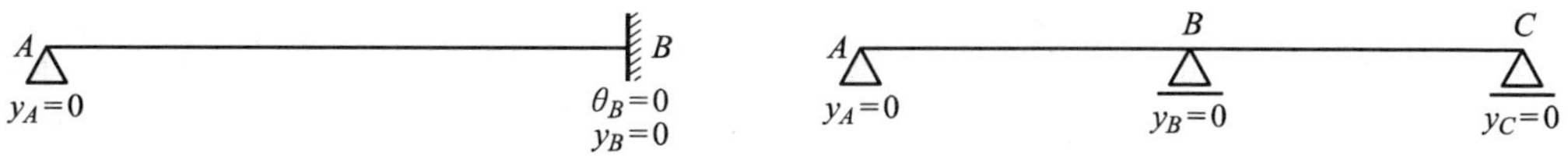

[그림 15-20] **경계조건(boundary condition), *B. C.***

(2) 처짐을 이용하는 방법

① 한단고정, 타단힌지인 경우

그림 (a)와 같은 구조에서는 A 점의 처짐은 없다. 만약 지점 A가 없다면 그림 (b)와 같이 처짐 y_1이 생긴다.

그러나 실제 A 점에 처짐이 생기지 않는 것은 A 점에서 미지의 반력 R_A 가 상향으로 작용하기 때문이다. 이때 상향의 처짐을 y_2라 하면(그림 c) 결국 A 점의 처짐은 없으므로

$$y_1 + y_2 = 0$$

이고 여기서 y_1과 y_2의 부호가 상반되므로

$$\therefore y_1 = y_2$$

가 되며 이 식에서 미지의 반력 R_A 를 알면 그림 (d)와 같은 정정보를 해석해야 한다.

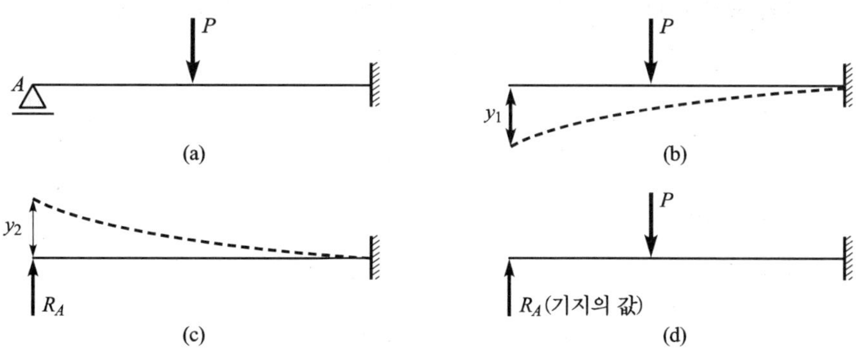

[그림 15-21]

② 2경간 연속보

그림과 같은 2경간 연속보에서는 B점의 처짐이 없는 것을 이용하여 부정정여력을 구한다(그림 a). 만약 지점 B가 없다면 B점의 처짐 y_1이 생긴다(그림 b).

그러나 실제 B점에 처짐이 생기지 않는 것은 B점에서 미지의 반력 R_B가 작용하기 때문이다. 이때 상향의 처짐을 y_2라 하면(그림 c) 결국 변형일치에서

$$y_1 = y_2$$

이므로 이 식에서 미지의 반력 R_B가 계산되며 그림 (d)와 같은 정정구조가 된다.

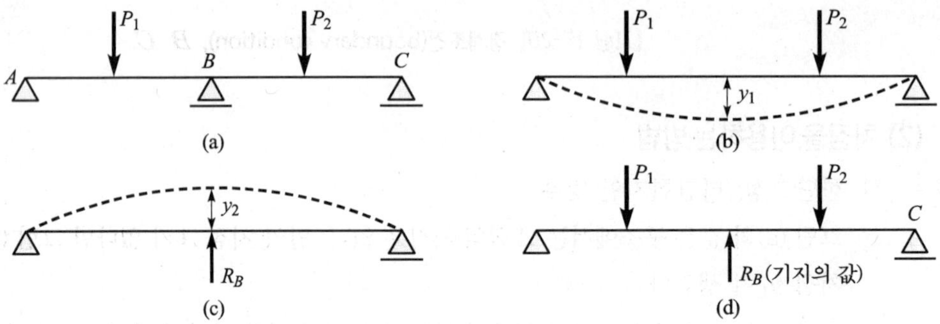

[그림 15-22]

(3) 처짐각을 이용하는 방법

① 한단고정, 타단힌지인 경우

그림과 같은 구조에서 A단이 고정단이므로 처짐각은 나타나지 않는다(그림 a). 만약 지점 A가 회전지점이라면 A점에서 처짐각 θ_{A1}이 생길 것이다(그림 b).

그러나 실제 A지점은 고정단이므로 처짐각이 생기지 않는다. 그러므로 지점 A에는 미지의 모멘트 M_A가 그림 (c)처럼 작용하여 θ_{A1}과 반대방향의 처짐각 θ_{A2}가 생길 것이다(그림 c).

결국 A점에 처짐각이 없으므로

$$\theta_{A1} = \theta_{A2}$$

가 성립되며, 이 식으로 미지의 모멘트 M_A를 계산할 수 있으며 그림 (d)와 같은 단순보가 된다.

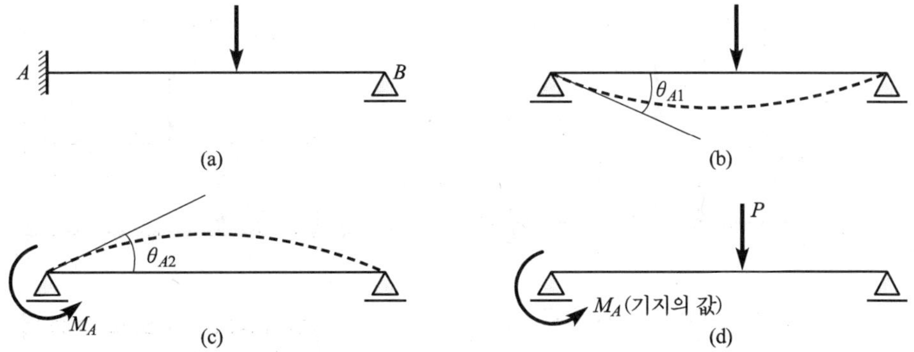

[그림 15-23]

② 양단고정인 경우

그림과 같이 양단고정인 경우는 A, B 두 지점 모두 다 처짐각이 없다.

만약 지점 A, B가 회전지점이라면 처짐각 θ_{A1}, θ_{B1}이 생긴다(그림 b). 그러나 실제 A, B점은 고정단이므로 처짐각이 생길 수 없다. 그러므로 지점 A, B에 미지의 모멘트 M_A, M_B를 작용시키면 처짐각 θ_{A2}, θ_{B2}가 생길 것이다(그림 c).

결국 A, B점에는 처짐각이 없으므로

$$\theta_{A1} = \theta_{A2}$$

$$\theta_{B1} = \theta_{B2}$$

가 성립되며 이 두식을 연립하여 미지의 모멘트 M_A, M_B를 구할 수 있으며 그림 (d)와 같은 정정보가 된다.

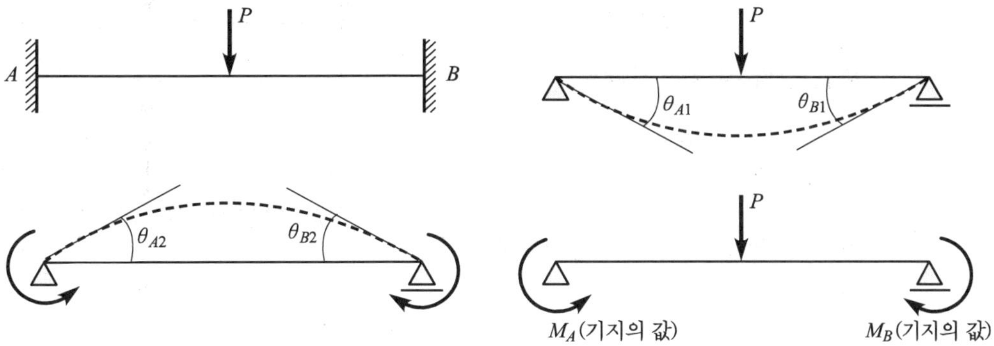

[그림 15-24]

이상의 원리로서 다음과 같은 간단한 부정정 구조를 변형일치방법으로 유도한다.

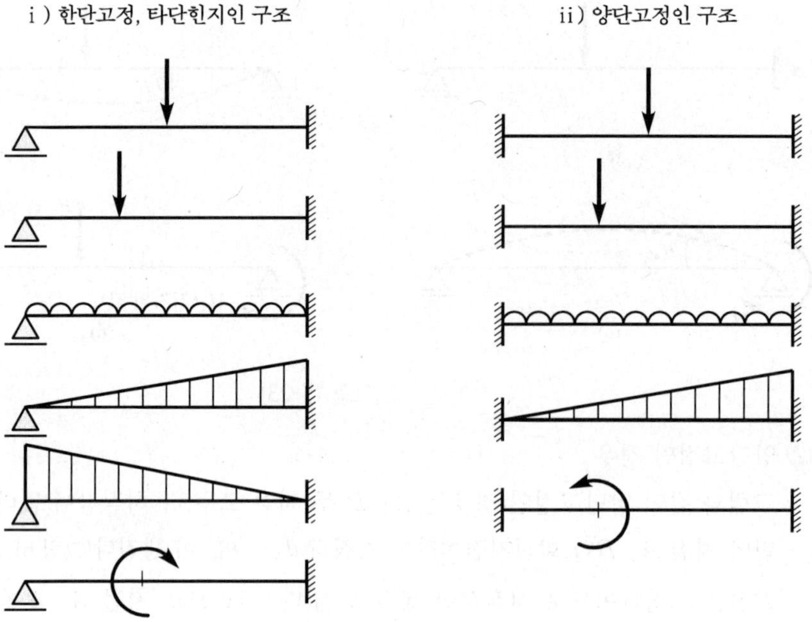

[그림 15-25]

(4) 한단고정, 타단힌지인 경우

1) 집중하중이 작용하는 경우

다음과 같은 부정정보 중앙에 집중하중 P가 작용할 경우 보를 해석해 보자.
B점에 지점이 없다면 그림 (b)에서 자유단의 처짐은

$$y_1 = \frac{5Pl^3}{48EI}$$

이고, 그림(c)에서 처짐은

$$y_2 = \frac{R_B \cdot l^3}{3EI}$$

이나, 지점 B의 처짐은 없으므로 결국

$y_1 = y_2$이다.

$$\frac{5Pl^3}{48EI} = \frac{R_B \cdot l^3}{3EI}$$

$$\therefore R_B = \frac{5}{16}P$$

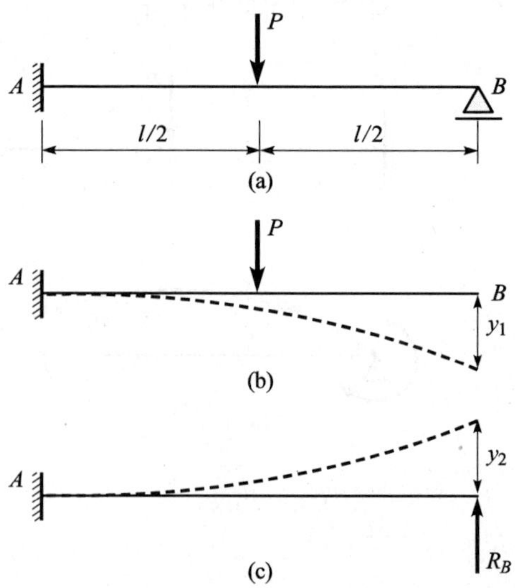

[그림 15-26]

그러므로 그림 (d)와 같은 단순보가 된다.

$(C-B)$구간 ; $S=-\dfrac{5}{16}P$

$(A-B)$구간 ;

$S=-\dfrac{5}{16}P+P=\dfrac{11}{16}P$

$M_C=\dfrac{5}{16}P\cdot\dfrac{l}{2}=\dfrac{5}{32}Pl$

$M_A=\dfrac{5}{16}P\cdot l-P\cdot\dfrac{l}{2}=-\dfrac{3}{16}Pl$

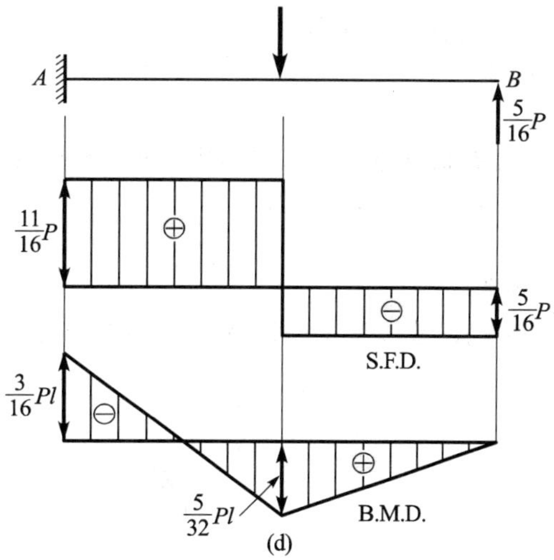

[그림 15-27]

예제 1

변형일치법으로 A점의 모멘트를 구하라.

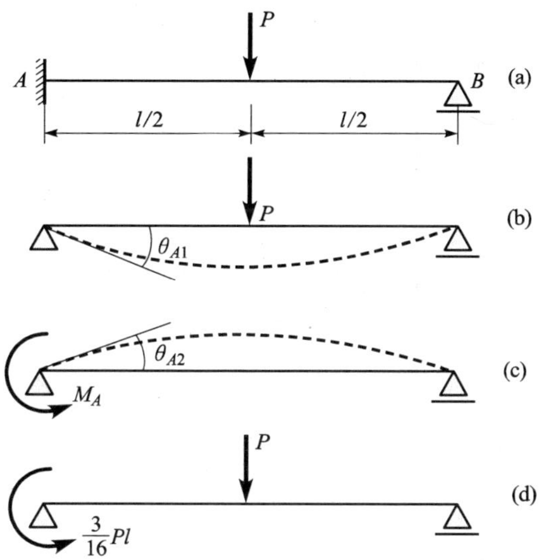

[그림 15-28]

A점의 처짐각은 없다.

그림 (b)에서 $\theta_{A1}=\dfrac{Pl^2}{16EI}$

그림 (c)에서 $\theta_{A2}=\dfrac{M_A\cdot l}{3EI}$

결국 $\theta_{A1}=\theta_{A2}$이므로

$$\frac{Pl^2}{16EI} = \frac{M_A \cdot l}{3EI}$$

$$\therefore M_A = \frac{3}{16}Pl$$

그림 (d)와 같은 단순보가 되며 단면력은 [그림 15-27]과 같다.

예제 2

변형일치법으로 A점의 반력을 구하라. 지점 A의 처짐은 없으므로 $y_1 = y_2$가 되어야 한다.

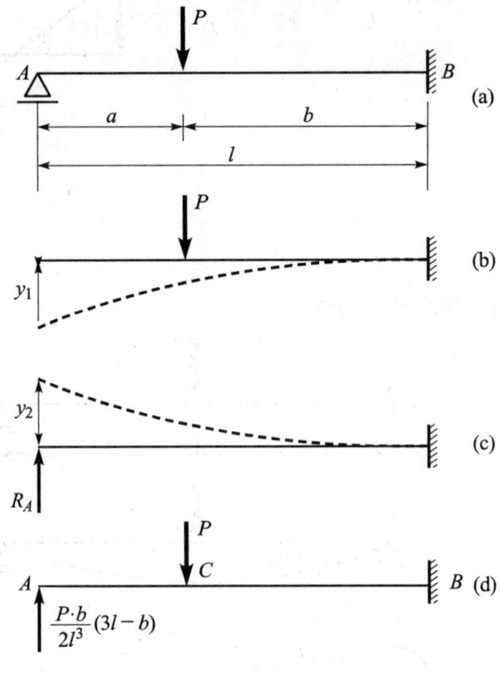

[그림 15-29]

$$y_1 = \frac{Pb^2}{6EI}(3l - b)$$

$$y_2 = \frac{R_A \cdot l^3}{3EI}$$

$$\frac{R_A \cdot l^3}{3EI} = \frac{Pb^2}{6EI}(3l - b)$$

$$\therefore R_A = \frac{Pb^2}{2l^3}(3l - b)$$

이므로 그림 (d)와 같은 정정캔틸레버가 되며 단면력도는 앞과 같다.

예제 3

다음과 같은 부정정 구조를 해석하고 단면력도를 그려라.

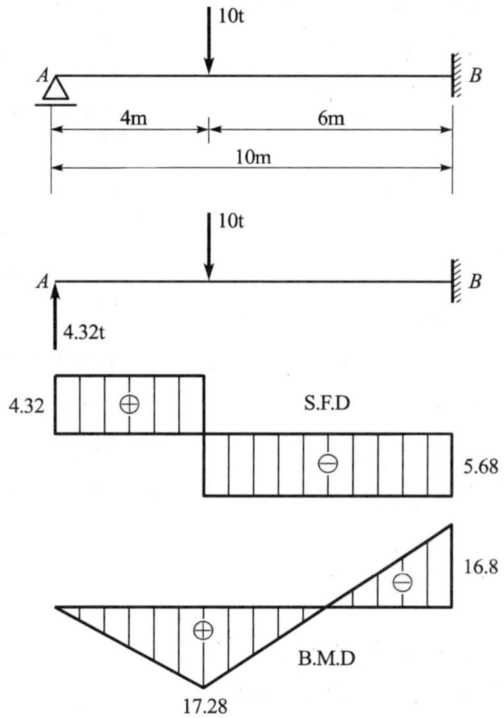

[그림 15-30]

$$R_A = \frac{Pb^2}{2l^3}(3l-b) = \frac{10\times 6^2}{2\times 10^3}(30-6) = 4.32\text{t}$$

이므로 그림과 같은 단순보가 된다.

i) 전단력

$(A-C)$, $S_x = 4.32\text{t}$

$(C-B)$, $S_x = 4.32 - 10 = -5.68\text{t}$

ii) 휨모멘트

$M_A = 0$

$M_C = 4.32\times 4 = 17.28\,\text{t}\cdot\text{m}$

$M_B = 4.32\times 10 - 10\times 6 = -16.8\,\text{t}\cdot\text{m}$

2) 등분포 하중이 작용하는 경우

다음과 같은 부정정보에 등분포 하중이 만재되어 작용할 경우 B점이 고정단이므로 처짐각이 없다.

그림 (b)에서 B점의 처짐각은

$$\theta_{B1} = \frac{wl^3}{24EI}$$

그림 (c)에서

$$\theta_{B2} = \frac{M_B \cdot l}{3EI}$$

$\theta_{B1} = \theta_{B2}$ 이므로

$$\frac{M_B \cdot l}{3EI} = \frac{wl^3}{24EI}$$

$$\therefore M_B = \frac{wl^2}{8}$$

이므로 그림 (d)와 같은 단순보가 된다. 단순보를 해석하면, 그림 (d)에서

$$\Sigma M_{atB} = 0 \ ;$$

$$R_A \cdot l = \frac{w}{2}l^2 + \frac{wl^2}{8} = 0$$

$$R_A = \frac{3}{8}wl$$

$$\Sigma V = 0 \ ;$$

$$R_A + R_B = wl$$

$$R_B = \frac{5}{8}wl$$

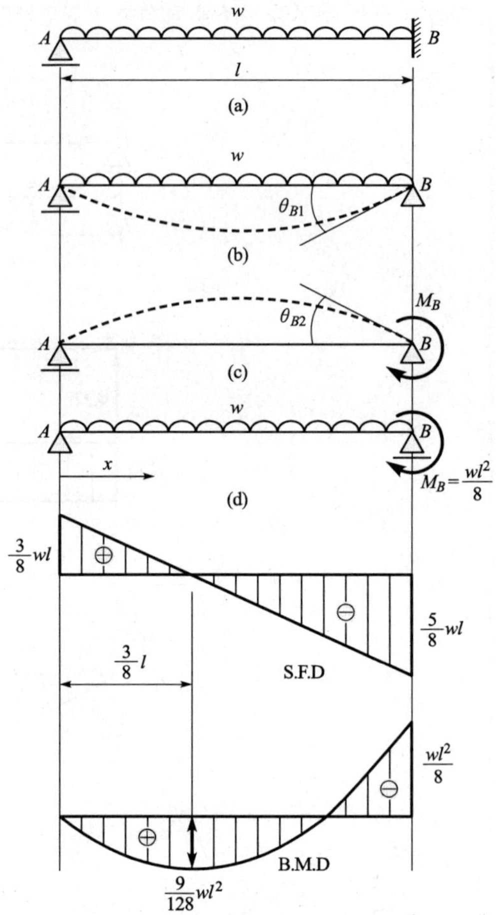

[그림 15-31]

i) 전단력

$$S_x = R_A - wx = \frac{3}{8}wl - wx \,(1\text{차식}) \begin{cases} x = 0, \ S_A = \frac{3}{8}wl \\ x = l, \ S_B = -\frac{5}{8}wl \end{cases}$$

전단력이 0되는 곳

$$S_x = \frac{3}{8}wl - wx = 0,\ x = \frac{3}{8}l$$

ii) 휨모멘트

$$M_x = R_A \cdot x - \frac{wx^2}{2} = \frac{3}{8}wl \cdot x - \frac{wx^2}{2}\ (2차식)$$

$$\begin{cases} x = 0,\ M_A = 0 \\ x = l,\ M_B = \frac{3}{8}wl^2 - \frac{wl^2}{2} = -\frac{wl^2}{8} \\ x = \frac{3}{8}l,\ M_{max} = \frac{3}{8}wl\left(\frac{3}{8}l\right) - \frac{w}{2}\left(\frac{3}{8}l\right)^2 = \frac{9}{64}wl^2 - \frac{9}{128}wl^2 = \frac{9}{128}wl^2 \end{cases}$$

예제 4

다음과 같은 부정정 구조에서 B점의 반력을 구하고 단면력도를 그려라.

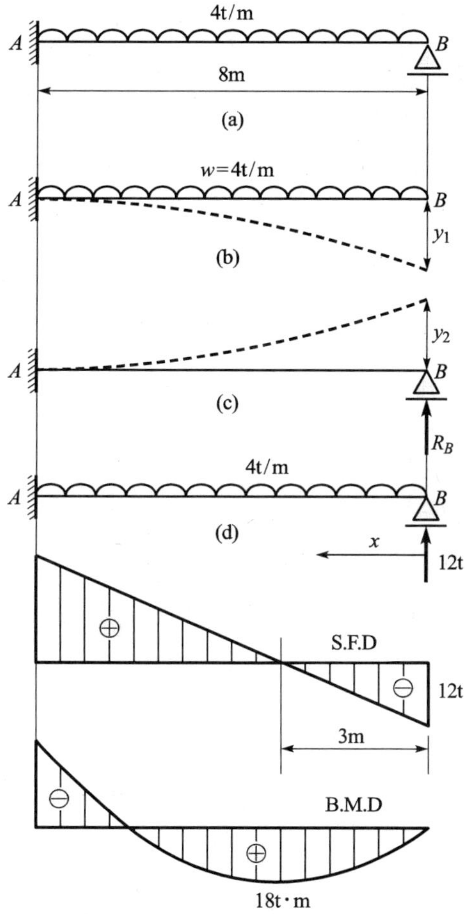

[그림 15-32]

B점이 회전지점이므로 처짐이 있다.

그림 (b)에서

$$y_1 = \frac{wl^4}{8EI}$$

그림 (c)에서

$$y_2 = \frac{R_B \cdot l^3}{3EI}$$

결국 $y_1 = y_2$이므로

$$\frac{R_B \cdot l^3}{3EI} = \frac{wl^4}{8EI}$$

$$\therefore R_B = \frac{3}{8}wl = \frac{3}{8} \cdot 4 \cdot 8 = 12\text{t}$$

이므로 그림 (d)와 같은 캔틸레버가 된다.

ⅰ) 전단력

$$S_x = -12 + 4x$$

$$\begin{cases} x = 0,\ S_B = -12\ \text{t} \\ x = 8,\ S_A = 20\ \text{t} \end{cases}$$

$S_x = 0$이 되는 곳

$$-12 + 4x = 0,\ x = 3\text{m}$$

ⅱ) 휨모멘트

$$M_x = 12x - 2x^2$$

$$\begin{cases} x = 0,\ M_B = 0 \\ x = 8,\ M_A = 96 - 128 = -32\ \text{t·m} \\ x = 3,\ M_{max} = 36 - 18 = 18\ \text{t·m} \end{cases}$$

3) 등변분포하중이 작용하는 경우

부정정보에 다음과 같은 등변분포하중이 작용할 경우 구조해석을 하면 지점 A의 처짐이 없으므로

그림 (b)에서

$$y_1 = \frac{wl^4}{30EI}$$

그림 (c)에서

$$y_2 = \frac{R_A \cdot l^3}{3EI}$$

결국 $y_1 = y_2$ 이므로

$$\frac{R_A \cdot l^3}{3EI} = \frac{wl^4}{30EI}$$

$$\therefore R_A = \frac{wl}{10}$$

이므로 결국 (d)와 같은 정정보가 된다.

$$q_x = w \cdot \frac{x}{l}$$

i) 전단력

$$S_x = \frac{wl}{10} - \frac{q_x}{2} \cdot x \,(2차식)$$

$$= \frac{wl}{10} - \frac{wx^2}{2l}$$

$$\begin{cases} x = 0, \ \ S_A = \dfrac{wl}{10} \\ x = l, \ \ S_B = -\dfrac{2}{5}wl \end{cases}$$

전단력이 0이 되는 곳

$$S_x = \frac{w}{10}\left(l - 5\frac{x^2}{l}\right) = 0$$

$$x = \frac{l}{\sqrt{5}} = 0.447l$$

ii) 휨모멘트

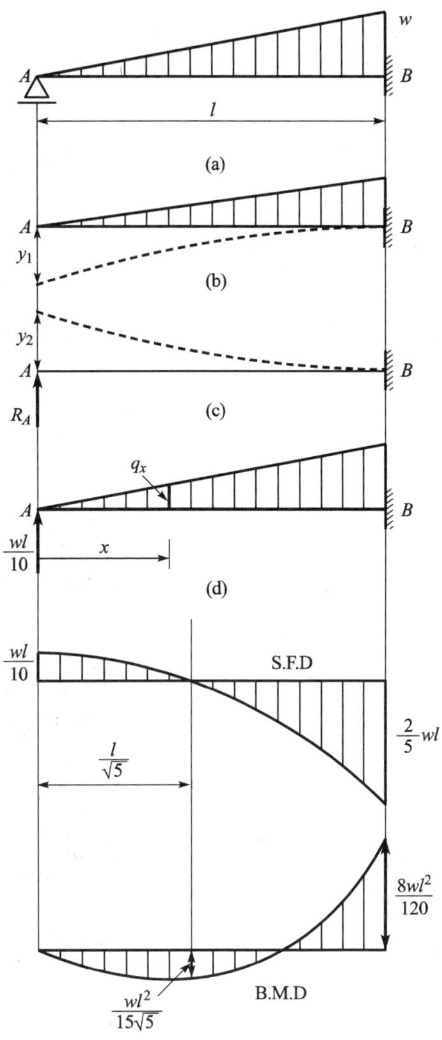

[그림 15-33]

$$M_x = \frac{wl}{10} \cdot x - \frac{wl^2}{2l} \cdot \frac{x}{3} = \frac{wl}{10}x - \frac{wx^3}{6l} \,(3차식)$$

$$\begin{cases} x = 0, \ \ M_A = 0 \\ x = \dfrac{1}{\sqrt{5}}, \ \ M_{max} = \dfrac{wl^2}{10\sqrt{5}} - \dfrac{wl^2}{30\sqrt{5}} = \dfrac{wl^2}{15\sqrt{5}} \\ x = 1, \ \ M_B = \dfrac{wl^2}{10} - \dfrac{wl^2}{6} = -\dfrac{wl^2}{15} = -\dfrac{8wl^2}{120} \end{cases}$$

여기서 $M_B = \dfrac{wl^2}{15}$ 이나 다음 예제와 같은 분모로 두기 위하여 일반적으로 $M_B = \dfrac{8wl^2}{120}$ 으로 사용한다.

예제 5

다음과 같은 보에서 A점의 모멘트를 구하라.

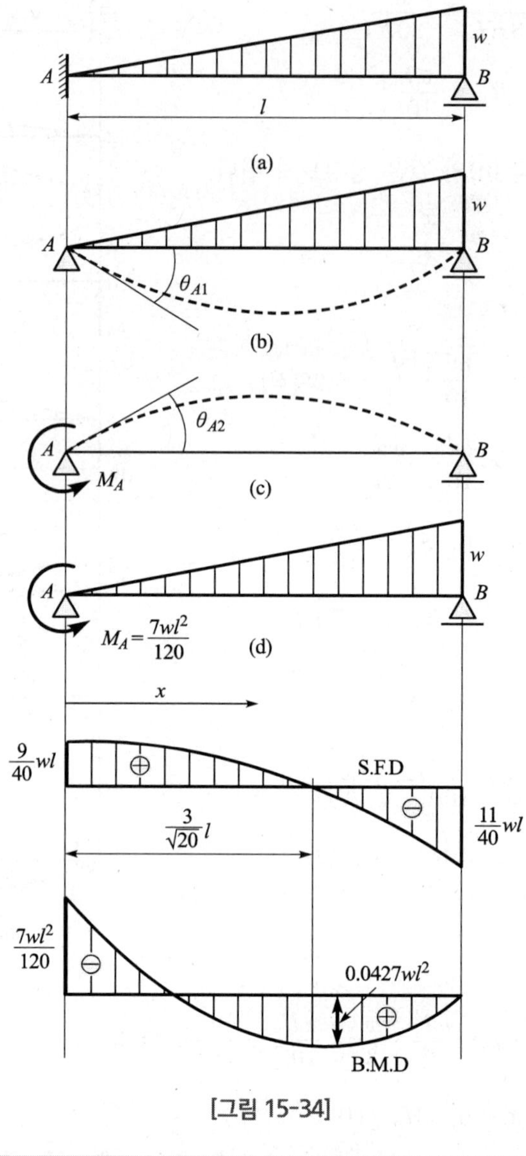

[그림 15-34]

A점은 고정단이므로 처짐각이 없다.

그림 (b)에서

$$\theta_{A1} = \frac{7wl^3}{360EI}$$

그림 (c)에서

$$\theta_{A2} = \frac{M_A \cdot l}{3EI}$$

결국 $\theta_{A1} = \theta_{A2}$이므로

$$\frac{M_A \cdot l}{3EI} = \frac{7wl^3}{360EI}, \quad \therefore M_A = \frac{7wl}{120}$$

이므로 그림 (d)와 같은 단순보가 된다.

i) 반력

$\Sigma M_{atB} = 0$;

$$R_A \cdot l - \frac{wl}{2} \cdot \frac{l}{3} - \frac{7wl^2}{120} = 0$$

$$R_A = \frac{9}{40} wl$$

ii) 전단력

$$S_x = \frac{9}{40} wl - \frac{wx^2}{2l} \begin{cases} S_A = \frac{9}{40} wl \\ S_B = \frac{11}{40} wl \end{cases}$$

$S_x = 0$이 되는 곳

$$x = \frac{3}{\sqrt{20}} l = 0.671l$$

iii) 휨모멘트

$$M_{max} = \frac{9}{40} wl \cdot \frac{3}{\sqrt{20}} l \cdot \frac{w}{6l} \left(\frac{3l}{\sqrt{20}} \right)^3 - \frac{7wl^2}{120} = 0.0427wl^2$$

4) 모멘트 하중이 작용하는 경우

다음과 같은 부정정보에서 모멘트 하중이 작용할 경우를 생각하자(지점에 모멘트하중이 작용할 경우는 모멘트 분배법에서 다루기로 한다).

A 점에 처짐각은 없다.

그림 (b)에서

$$\theta_{A1} = \frac{M}{6EIl^2}(a^3 + 3a^2b - 2b^3)$$

그림 (c)에서

$$\theta_{A2} = \frac{M_A \cdot l}{3EI}$$

$\theta_{A1} = \theta_{A2}$이므로

$$\therefore M_A = \frac{M}{2l^3}(a^3 + 3a^2b - 2b^3)$$

그림 (d)와 같은 단순보가 된다.

i) 반력

$\Sigma M_{\mathrm{atB}} = 0$;

$$R_{\mathrm{A}} \cdot l - M_{\mathrm{A}} - M = 0$$

$$R_{\mathrm{A}} = \frac{1}{l}(M_{\mathrm{A}} + M)$$

$\Sigma V = 0$;

$$R_{\mathrm{A}} + R_{\mathrm{B}} = 0$$

$$R_{\mathrm{B}} = -\frac{1}{l}(M_{\mathrm{A}} + M_{\mathrm{B}})$$

ii) 전단력

$S_x = R_{\mathrm{A}}$

iii) 휨모멘트

$(A-C)$ $M_x = R_{\mathrm{A}} \cdot x - M_{\mathrm{A}}$

$$\begin{cases} x = 0, \ M_{\mathrm{A}} = -M_{\mathrm{A}} \\ x = a, \ M_{\mathrm{C}} = R_{\mathrm{A}} \cdot a - M_{\mathrm{A}} \end{cases}$$

$(C-B)$ $M_x = R_{\mathrm{A}} \cdot x - M_{\mathrm{A}} - M$

$$\begin{cases} x = a, \ M_{\mathrm{C}} = R_{\mathrm{A}} \cdot a - M_{\mathrm{A}} - M \\ x = l, \ M_{\mathrm{B}} = 0 \end{cases}$$

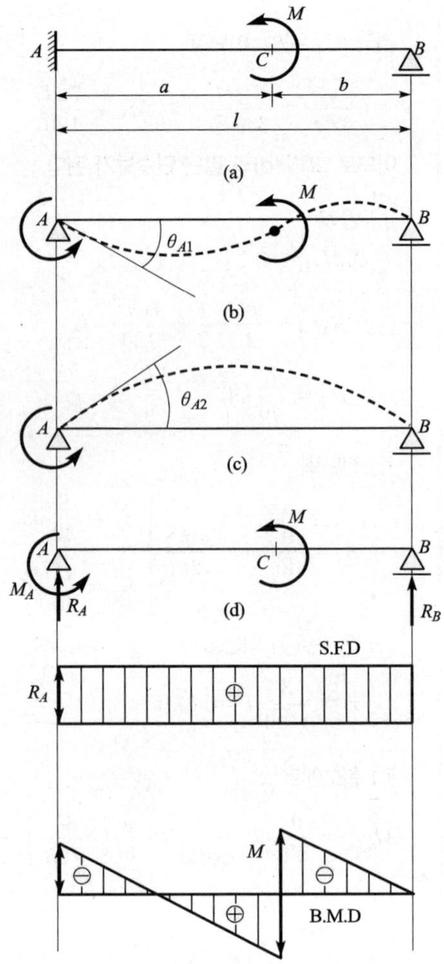

[그림 15-35]

(5) 양단고정인 구조(고정보)

1) 집중하중이 작용하는 경우

그림과 같은 양단 고정보의 중앙에 집중하중 P가 작용할 경우 보를 해석하면, A, B점이 고정단이므로 처짐각이 없다.

그림 (b)에서

$$\theta_{\mathrm{A1}} = \frac{pl^2}{16EI}, \ \theta_{\mathrm{B1}} = \frac{pl^2}{16EI}$$

그림 (c)에서

$$\theta_{\mathrm{A2}} = \frac{l}{6EI}(2M_{\mathrm{A}} + M_{\mathrm{B}})$$

$$\theta_{B2} = \frac{l}{6EI}(2M_B + M_A)$$

$\theta_{A1} = \theta_{A2}$에서

$$\frac{Pl^2}{16} = \frac{l}{6}(2M_A + M_B)$$

$$2M_A + M_B = \frac{3}{8}Pl \qquad (15.33)$$

$$\theta_{B1} = \theta_{B2}$$

$$2M_B + M_A = \frac{3}{8}Pl \qquad (15.34)$$

(15.33), (15.34) 식을 연립하여 M_A, M_B를 구하면

(15.33) × 2 − (15.34)

$$4M_A + 2M_B = \frac{6}{8}Pl$$

$$-)\ M_A + 2M_B = \frac{3}{8}Pl$$

$$3M_A = \frac{3}{8}Pl$$

$$\therefore M_A = \frac{Pl}{8},\ M_B = \frac{Pl}{8}$$

결국 $M_A = M_B$(좌우대칭)임을 알 수 있고, 그림 (d)와 같은 단순보가 된다.

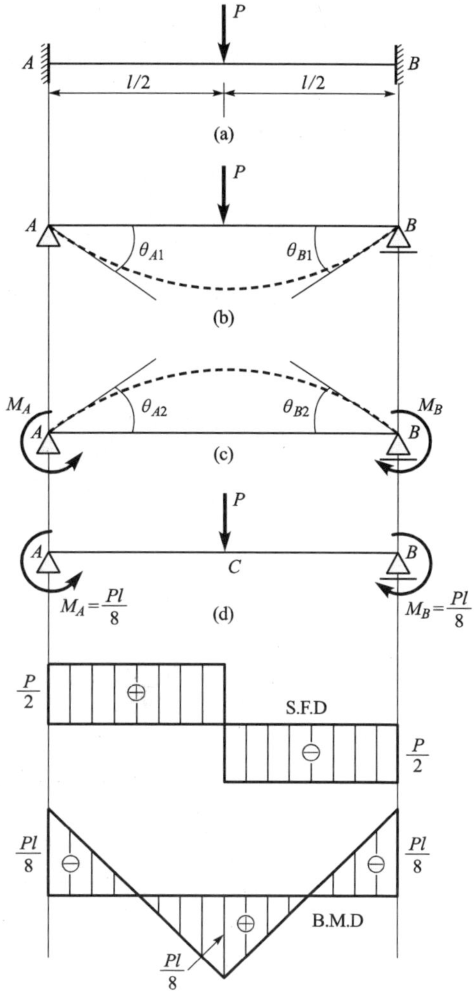

[그림 15-36]

$$\Sigma M_{atB} = 0\ ;\ R_A \cdot l - P \cdot \frac{l}{2} - \frac{Pl}{8} + \frac{Pl}{8} = 0,\ R_A = \frac{P}{2}$$

$$\Sigma V = 0\ ;\ R_B = \frac{P}{2}$$

$$M_C = \frac{P}{2} \cdot \frac{l}{2} - \frac{Pl}{8} = \frac{Pl}{8}$$

예제 6

그림과 같은 고정보에 집중하중이 작용할 경우 재단모멘트를 유도하라.

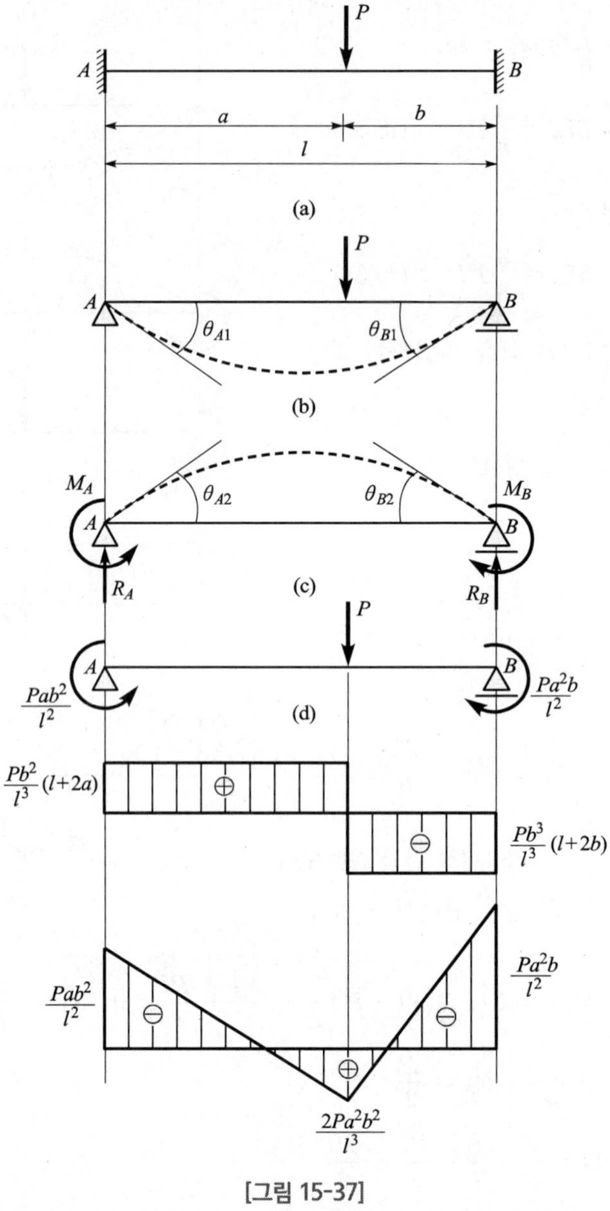

[그림 15-37]

그림 (b)에서

$$\theta_{A1} = \frac{Pab}{6EIl}(a+2b)$$

$$\theta_{B1} = \frac{Pab}{6EIl}(2a+b)$$

그림 (c)에서

$$\theta_{A2} = \frac{l}{6EI}(2M_A + M_B)$$

$$\theta_{B2} = \frac{l}{6EI}(2M_B + M_A)$$

$\theta_{A1} = \theta_{A2}$이므로

$$\frac{Pab}{6l}(a+2b) = \frac{l}{6}(2M_A + M_B)$$

$$2M_A + M_B = \frac{Pab}{l^2}(a+2b) \tag{15.35}$$

$\theta_{B1} = \theta_{B2}$이므로

$$2M_B + M_A = \frac{Pab}{l^2}(2a+b) \tag{15.36}$$

(15.35), (15.36) 식을 연립하여 M_A, M_B를 구하면

(15.35) × 2 − (15.36)

$$4M_A + 2M_B = \frac{Pab}{l^2}(2a+4b)$$

$$M_A + 2M_B = \frac{Pab}{l^2}(2a+b)$$

$$3M_A = \frac{Pab}{l^2} \cdot 3b$$

$$\therefore M_A = \frac{Pab^2}{l^2},\ M_B = \frac{Pa^2b}{l^2}$$

이므로 그림 (d)와 같은 단순보가 된다.

$\Sigma M_{atB} = 0$;

$$R_A \cdot l - P \cdot b - \frac{Pab^2}{l^2} + \frac{Pa^2b}{l^2} = 0$$

$$R_A = \frac{1}{l^3}[Pbl^2 + Pab^2 - Pa^2b] = \frac{Pb}{l^3}(l^2 + ab - a^2)$$

$$= \frac{Pb}{l^3}(a^2 + 2ab + b^2 + ab - a^2) = \frac{Pb}{l^3}[b(2a+b+a)] = \frac{Pb^2}{l^3}(l+2a)$$

$$\therefore R_A = \frac{Pb^2}{l^3}(l+2a),\ R_B = \frac{Pa^3}{l^3}(l+2b)$$

하중작용점의 모멘트, M_C

$$M_C = R_A \cdot a - M_A - \frac{Pb^2}{l^3}(l+2a) \cdot a - \frac{Pab^2}{l^2}$$

$$= \frac{Pab^2}{l^3}(l+2a-l) = \frac{2Pa^2b^2}{l^3}$$

예제 7

다음과 같은 양단고정보에 집중하중 P가 임의 점에 작용할 때 고정단 A점의 모멘트가 최대로 되기 위한 하중 P의 위치는?

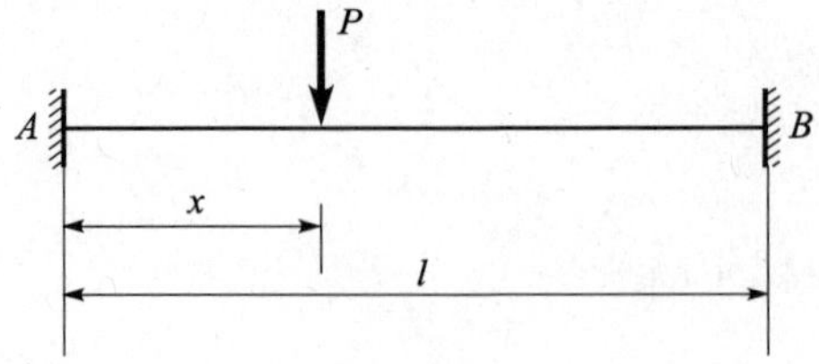

[그림 15-38]

(예제 6)에서 하중 P가 a, b의 거리를 갖고 작용할 때 A점의 모멘트

$$M_{\mathrm{A}} = \frac{Pab^2}{l^2}$$

이고, 여기서 $a = x$, $b = l - x$이므로

$$M_{\mathrm{A}} = \frac{Px}{l^2}(l-x)^2 = \frac{p}{l^2}(xl^2 - 2x^2 l + x^3)$$

M_{A}가 최대가 되는 곳은 $\frac{\partial M_{\mathrm{A}}}{\partial x} = 0$일 때 x의 위치에서 생기므로

$$\frac{\partial M_{\mathrm{A}}}{\partial x} = \frac{P}{l^2}(l^2 - 4xl + 3x^2)$$

$$= \frac{p}{l^2}(l-3x)(l-x) = 0$$

이므로 이 식의 근 $x = \frac{l}{3}$, l이나 $x = l$은 무의미한 것이므로

$$\therefore x = \frac{l}{3}$$

2) 등분포 하중이 작용할 경우

그림과 같은 양단고정보에 등분포 하중이 만재될 경우 보를 해석하면 A, B점이 고정단이므로 처짐각이 없다.

그림 (b)에서

$$\theta_{A1} = \theta_{B1} = \frac{wl^3}{24EI}$$

그림 (c)에서

$$\theta_{A2} = \frac{l}{\partial EI}(2M_A + M_B)$$

여기서 좌우대칭이므로 $M_A = M_B$ 이다.

$$\theta_{A2} = \frac{M_A \cdot l}{2EI}$$

결국 $\theta_{A1} = \theta_{B1}$ 이므로

$$\frac{M_A \cdot l}{2EI} = \frac{wl^3}{24EI}$$

$$\therefore M_A = M_B = \frac{wl^2}{12}$$

그림 (d)와 같은 단순보가 된다.

$$R_A = \frac{wl}{2}$$

$x = \frac{l}{2}$ 일 때 모멘트를 구해보면

$$M_C = -\frac{wl^2}{12} + \frac{wl}{2}\left(\frac{l}{2}\right) - \frac{w}{2}\left(\frac{l}{2}\right)^2$$

$$= -\frac{wl^2}{12} + \frac{3wl^2}{12} - \frac{wl^2}{8}$$

$$= \frac{wl^2}{24}$$

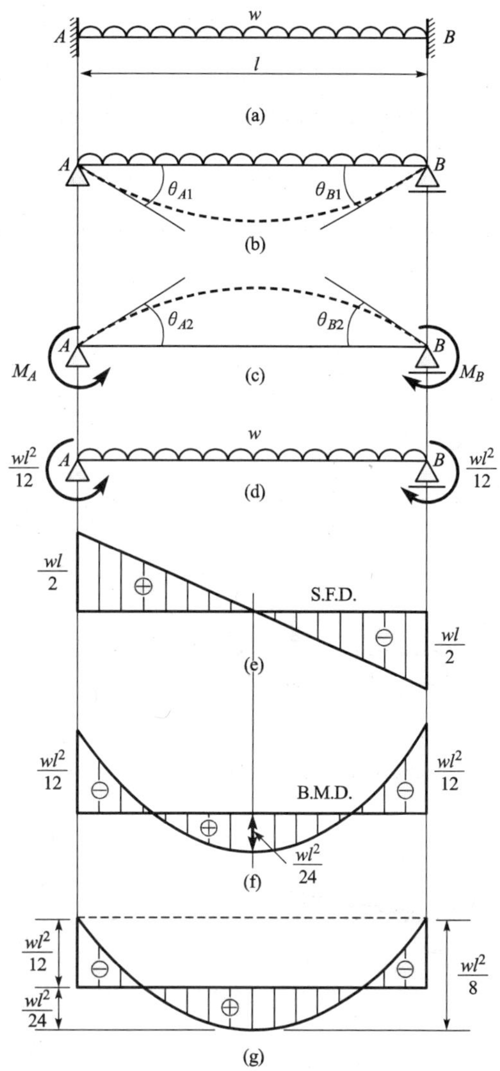

[그림 15-39]

또, 단순지지된 보에서 등분포하중이 만재되었을 경우 중앙점의 모멘트가 $\frac{wl^2}{8}$ 이므로 기하학적으로 그림 (g)와 같이 나타난다.

(6) 하중항

다음표의 재단모멘트의 값은 (−)값이며 뒷부분에 나오는 처짐각법 및 모멘트분배법에 이용되는 하중항이다.

여기서 한단고정 타단힌지인 경우 고정단에 생기는 모멘트를 H로 표시하며, 양단고정인 경우 모멘트를 C로 표시한다. 또 부정정 구조해석을 위하여 모멘트에 첨자(index)를 2개 사용하여 다음과 같이 표기한다.

M_{AB} : AB부재에서 A단에 생기는 모멘트

M_{ij} : ij부재에서 i단에 생기는 모멘트

하중상태	 	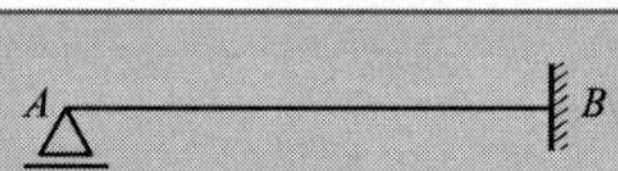
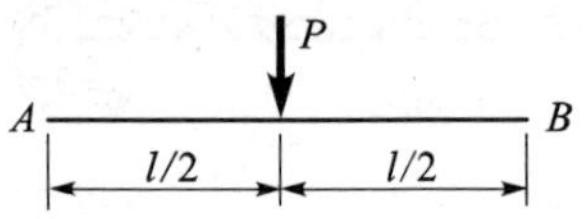 	$H_{\mathrm{AB}} = \frac{3}{16}Pl$	$H_{\mathrm{BA}} = \frac{3}{16}Pl$
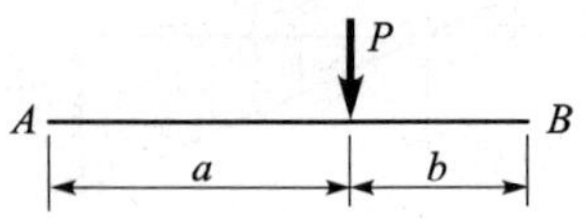 	$H_{\mathrm{AB}} = \frac{Pab}{2l^2}(l+b)$	$H_{\mathrm{BA}} = \frac{Pab}{2l^2}(l+a)$
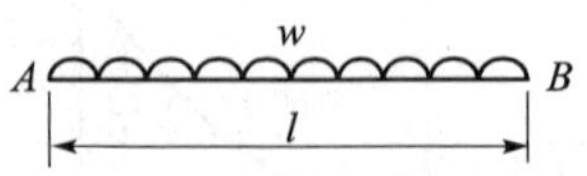 	$H_{\mathrm{AB}} = \frac{wl^2}{8}$	$H_{\mathrm{BA}} = \frac{wl^2}{8}$
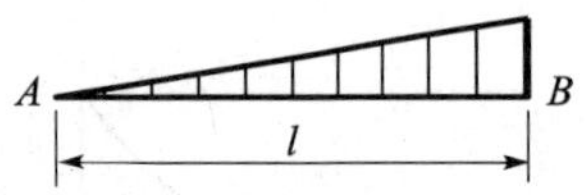 	$H_{\mathrm{AB}} = \frac{7wl^2}{120}$	$H_{\mathrm{BA}} = \frac{8wl^2}{120}$
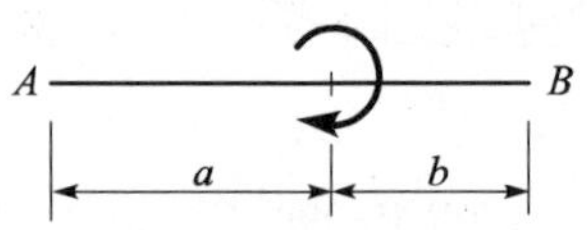 	$H_{\mathrm{AB}} = \frac{M}{2l^3}(2b^3-3a^2b-a^3)$	$H_{\mathrm{BA}} = \frac{M}{2l^3}(2a^3-3ab^2-b^3)$

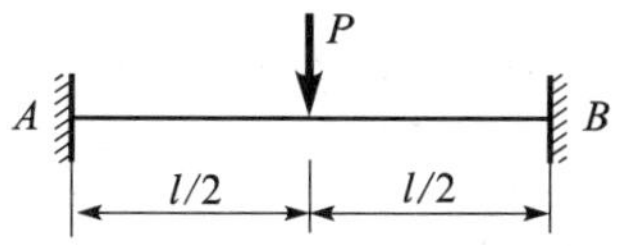	$C_{AB}=\dfrac{Pl}{8}$	$C_{BA}=\dfrac{Pl}{8}$
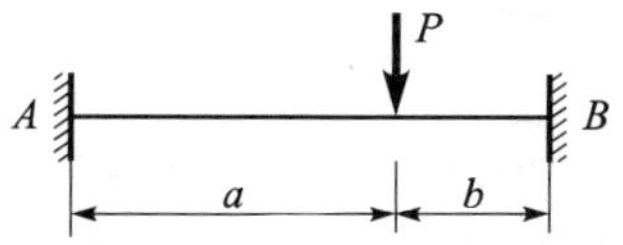	$C_{AB}=\dfrac{Pab^2}{l^2}$	$C_{BA}=\dfrac{Pa^2b}{l^2}$
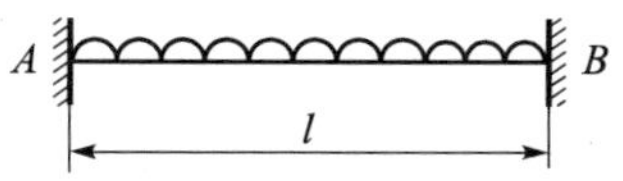	$C_{AB}=\dfrac{wl^2}{12}$	$C_{BA}=\dfrac{wl^2}{12}$
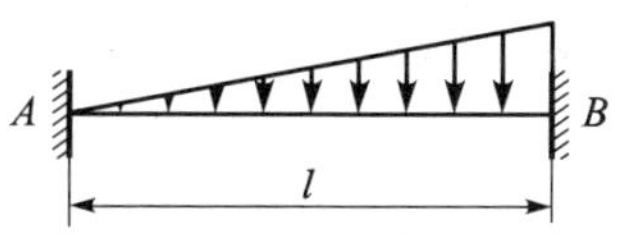	$C_{AB}=\dfrac{wl^2}{30}$	$C_{BA}=\dfrac{wl^2}{20}$
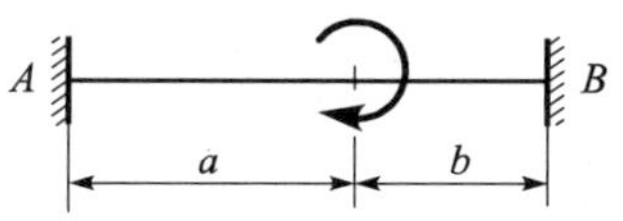	$C_{AB}=\dfrac{M\cdot b}{l^2}(b-2a)$	$C_{BA}=\dfrac{M\cdot a}{l^2}(a-2b)$

15.3 3연모멘트 정리(three-moment theorem)

(1) 일반

부정정 연속보에서 지점의 모멘트만 알 수 있으면 모든 단면력은 정역학으로 해석된다. 이 3연모멘트정리(3연모멘트 정리)는 임의의 연속된 3개 지점에서 방정식을 유도하여 부정정여력(지점모멘트)을 구하는 방법으로 크라빼이롱(Clapeyron, 프랑스, 1857)이 고안한 식으로 **크라빼이롱의 3연모멘트 정리(Clapeyron's theorem of 3-moments)**라 한다.

3연모멘트 정리는 아래와 같은 연속보에서 지점모멘트를 부정정 여력(M_B, M_C, M_D)으로 취하면 부정정여력 수만큼 식을 세울 수 있다.

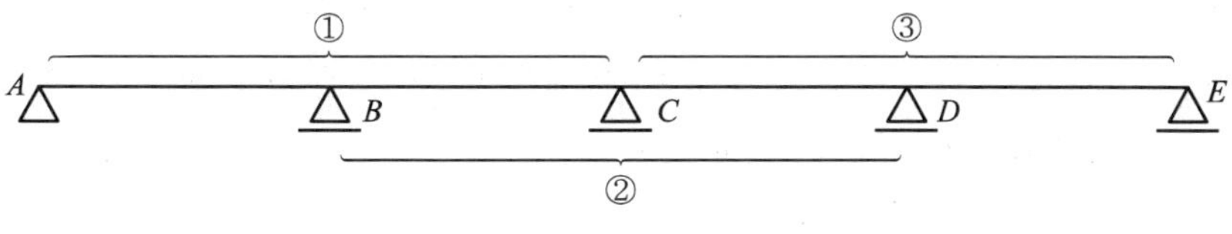

[그림 15-40]

보$(A-B-C)$, 보$(B-C-D)$, 보$(C-D-E)$에서 3개의 방정식을 세울 수 있고 이것을 연립하면 3개의 미지수(M_B, M_C, M_D)를 구할 수 있으며 다음과 같은 정정보가 된다.

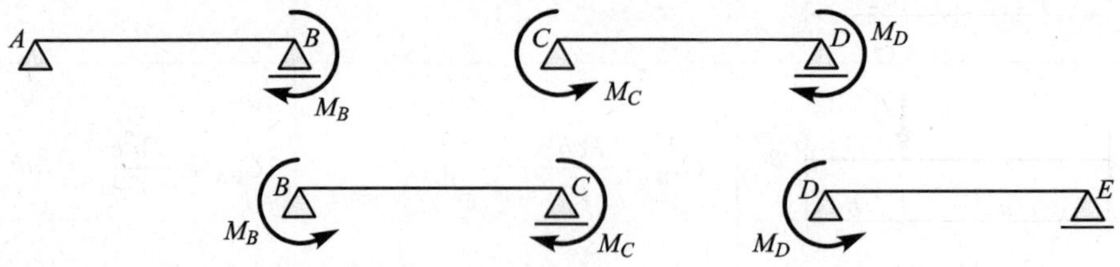

[그림 15-41]

(2) 3연모멘트 방정식 유도

다음 그림은 연속된 여러 지점을 가진 부정정 연속보의 임의의 3지점을 생각한다.

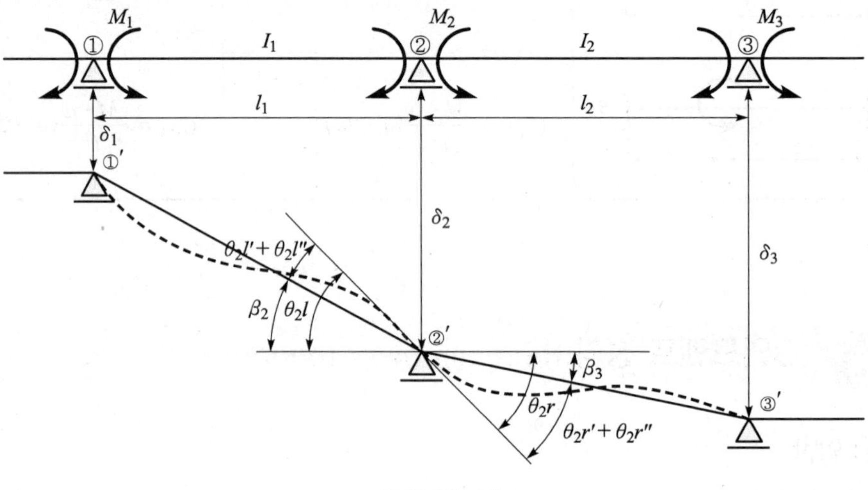

[그림 15-42]

지점 ①, ②, ③의 외력 및 지점침하(부등침하)를 받아 그림과 같이 변형하였다고 생각하면 지점 ②에서 접선각은 같아야 하므로

$$\theta_2 l = \theta_2 r \qquad \text{(a)}$$

가 되며

$\theta_2 l'$: ①, ②보를 단순보로 생각할 때 하중에 의한 처짐각

$\theta_2 l''$: ①, ②보를 단순보로 생각할 때 미지의 지점모멘트에 의한 처짐각

β_2 : 지점침하로 인한 부재 회전각

이라 하면 (a) 식은 다음과 같이 쓸 수 있다.

$$\begin{cases} \theta_2 l = \theta_2 l' + \theta_2 l'' + \beta_2 \\ \theta_2 r = \theta_2 r' + \theta_2 r'' + \beta_3 \end{cases} \tag{b}$$

또 부재회전각 $\beta_2,\ \beta_3$는

$$\begin{cases} \beta_2 = \dfrac{\delta_2 - \delta_1}{l_1} \\ \beta_3 = \dfrac{\delta_3 - \delta_2}{l_2} \end{cases} \tag{c}$$

이며, 모멘트하중 (M_1, M_2, M_3)이 작용할 때 처짐각 $\theta_2 l''$, $\theta_2 r''$는

$$\begin{cases} \theta_2 l'' = -\dfrac{l_1}{6EI_1}(2M_2 + M_1) \\ \theta_2 r'' = \dfrac{l_2}{6EI_2}(2M_2 + M_3) \end{cases} \tag{d}$$

(b), (c), (d)를 (a)식에 대입하여 정리하면

$$\theta_2 l = \theta_2 r$$

$$\theta_2 l' + \theta_2 l'' + \beta_2 = \theta_2 r' + \theta_2 r'' + \beta_3$$

$$\theta_2 l' - \frac{l_1}{6EI_1}(2M_2 + M_1) + \beta = \theta_2 r' + \frac{l_2}{6EI_2}(2M_2 + M_3) + \beta_3$$

$$\frac{l_1}{6EI_1}(2M_2 + M_1) + \frac{l_2}{6EI_2}(2M_2 + M_3) = \theta_2 l' - \theta_2 r' + \beta_2 - \beta_3$$

$$\frac{l_1}{I_1}2M_2 + \frac{l_1}{I_1}M_1 + \frac{l_2}{I_2}2M_2 + \frac{l_2}{I_2}M_3 = 6E(\theta_2 l' - \theta_2 r') + 6E(\beta_2 - \beta_3)$$

$$\therefore\ \frac{l_1}{I_1}M_1 + 2\left(\frac{l_1}{I_2} + \frac{l_2}{I_2}\right)M_2 + \frac{l_2}{I_2}M_3 = 6E(\theta_2 l' - \theta_2 r') + 6E(\beta_2 - \beta_3) \tag{15.37}$$

여기서

M_1, M_2, M_3 : 미지의 지점모멘트(t·m, kg·cm)

I_1, I_2 : 부재의 단면 2차모멘트(cm^4, m^4)

l_1, l_2 : 부재의 길이(cm, m)

E : 탄성계수(kg/cm^2, t/m^2)

$\theta_2 l'$: ①, ②보를 단순보로 생각할 때 ②점의 처짐각(left)

$\theta_2 r'$: ②, ③보를 단순보로 생각할 때 ②점의 처짐각(right)

β_2 : ①, ②보의 부재 회전각이며 지점침하가 없으면 0이다.

β_3 : ②, ③보의 부재 회전각

즉, $\beta_2 = \dfrac{\delta_2 - \delta_1}{l_1}$, $\beta_3 = \dfrac{\delta_3 - \delta_2}{l_2}$

이 (15.37)식이 3연모멘트 방정식이며 첨자 1, 2, 3은 지점을 따라 연속적으로 달라진다. 즉, 지점침하가 없는 다음과 같은 연속보에 3연모멘트 방정식을 적용하여 보면

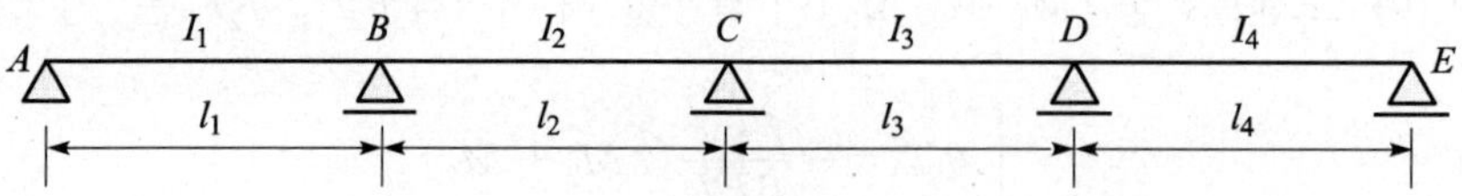

[그림 15-43]

여기서 $M_A = M_E = 0$이므로 3개의 미지수(M_B, M_C, M_D)를 구해야 하므로 방정식 3개가 필요하다.

보$(A-B-C)$에서

$$2\left(\frac{l_1}{I_1} + \frac{l_2}{I_2}\right)M_B + \frac{l_2}{I_2}M_C = 6E(\theta_B l' - \theta_B r') + 6E(\beta_1 - \beta_2)$$

보$(B-C-D)$에서

$$\frac{l_2}{I_2}M_B + 2\left(\frac{l_2}{I_2} + \frac{l_3}{I_3}\right)M_C + \frac{l_3}{I_3}M_D = 6E(\theta_c l' - \theta_c r') + 6E(\beta_2 - \beta_3)$$

보$(C-D-E)$에서

$$\frac{l_3}{I_3}M_c + 2\left(\frac{l_3}{I_3} + \frac{l_4}{I_4}\right)M_D = 6E(\theta_D l' - \theta_D r') + 6E(\beta_3 - \beta_4)$$

예제 1

그림과 같은 2경간 연속보에 등분포 하중이 만재될 때 이 보의 단면력도를 구하라(EI는 동일).

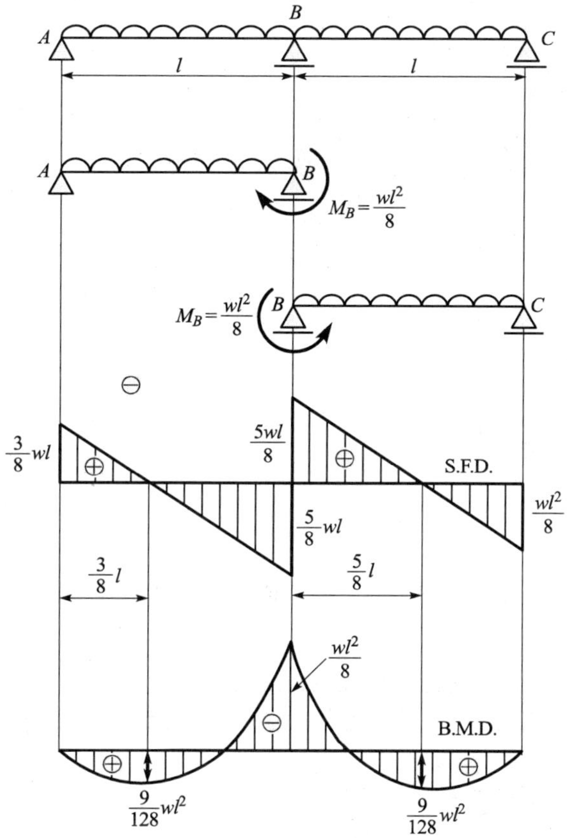

[그림 15-44]

보$(A-B-C)$에 3연모멘트 정리를 적용하면

$$4 \cdot \frac{l}{I} M_B = 6E(\theta_B l' - \theta_B l' - \theta_B r') + 6E(\beta_2 - \beta_3)$$

여기서 $\beta_2 = \beta_3 = 0$(지점침하가 없음) 이고

$$\theta_B l' = \frac{wl^3}{24EI}$$

$$\theta_B r' = \frac{wl^3}{24EI}$$

이므로

$$4 \cdot \frac{l}{I} M_B = -6E\left(\frac{wl^3}{12EI}\right)$$

$$\therefore M_B = -\frac{wl^2}{8}$$

보$(A-B)$에서

$$\Sigma M_{atB} = 0 \ ;$$

$$R_A \cdot l - wl \cdot \frac{l}{2} + \frac{wl^2}{8} = 0$$

$$R_A = \frac{3}{8}wl$$

$S_x = \frac{3}{8}wl - wx$이므로

$S_x = 0$이 되는 곳 $x = \frac{3}{8}l$

$$M_x = \frac{3}{8}wl \cdot x - \frac{wx^2}{2}$$

$$\begin{cases} x = 0, \ M_A = 0 \\ x = l, \ M_B = -\frac{wl^2}{8} \\ x = \frac{3}{8}l, \ M = \frac{9}{128}wl^2 \end{cases}$$

예제 2

그림과 같이 3경간 연속보에 등분포 하중이 만재될 때 보의 지점침하가 없을 경우 단면력도를 구하라.

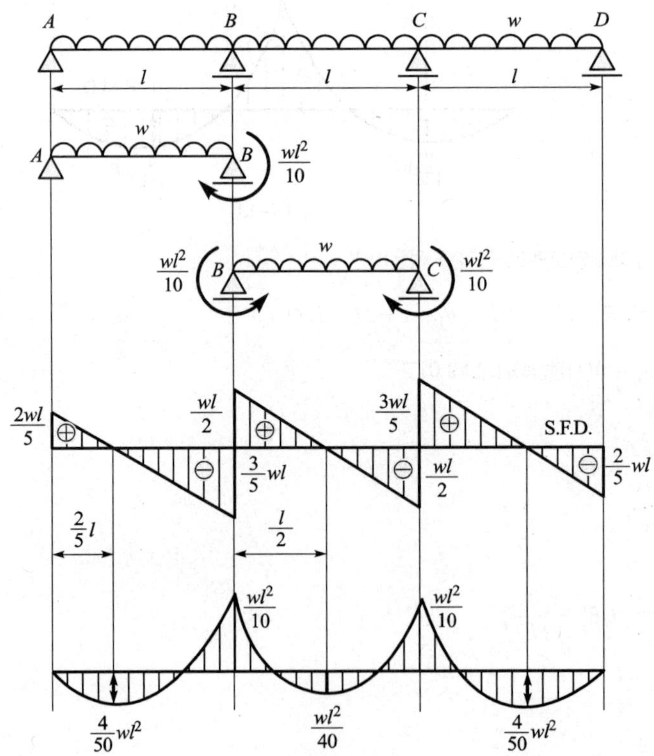

[그림 15-45]

보$(A-B-C)$에 3연 모멘트 정리를 적용하면

$$4\cdot\frac{l}{I}M_{\mathrm{B}}+\frac{l}{I}M_{\mathrm{C}}=-\frac{wl^3}{2I}$$

이고, 여기서 $M_{\mathrm{B}}=M_{\mathrm{C}}$이므로

$$5\cdot\frac{l}{I}M_{\mathrm{B}}=-\frac{wl^3}{2I}$$

$$\therefore\ M_{\mathrm{B}}=M_{\mathrm{C}}=-\frac{wl^2}{10}$$

보$(A-B)$에서

$$\Sigma M_{\mathrm{atB}}=0$$

$$R_{\mathrm{A}}\cdot l-\frac{wl^2}{2}+\frac{wl^2}{10}=0,\ R_{\mathrm{A}}=\frac{2}{5}wl$$

$$S_x=\frac{2}{5}wl-wx$$

$S_x=0$이 되는 곳 $x=\frac{2}{5}l$

$$M_x=\frac{2}{5}wl\cdot x-\frac{wx^2}{2}$$

$x=\frac{2}{5}l$일 때 $M=\frac{4}{50}wl^2$

보$(B-C)$에서 좌우대칭이므로, $R_{\mathrm{B}}=\frac{wl}{2}$

$$S_x=\frac{wl}{2}-wx$$

$S_x=0$이 되는 곳 $x=\frac{l}{2}$

$$M_x=\frac{wl}{2}x-\frac{wx^2}{2}-\frac{wl^2}{10}$$

$x=\frac{l}{2}$일 때 $M=\frac{wl^2}{40}$

또는 단순보 중앙의 최대모멘트가 $\frac{wl^2}{8}$임을 이용하면 중첩의 원리에서

$$M=\frac{wl^2}{8}-\frac{wl^2}{10}=\frac{wl^2}{40}$$

예제 3

그림과 같은 4경간 연속보에 등분포 하중이 만재되고 지점침하가 없는 경우 단면력도를 구하라.

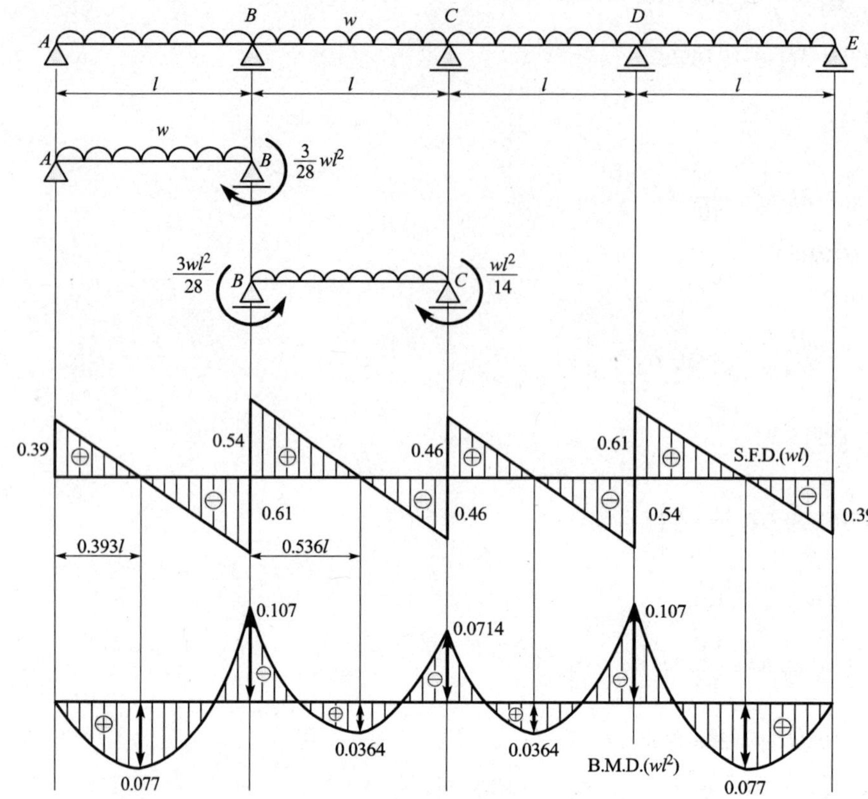

[그림 15-46]

보$(A-B-C)$에서

$$4\frac{l}{I}M_B+\frac{l}{I}M_C=\frac{wl^3}{2I}$$

$$4M_B+M_C=-\frac{wl^2}{2} \qquad \text{(a)}$$

보$(B-C-D)$에서

$$\frac{l}{I}M_B+4\frac{l}{I}M_C+\frac{l}{I}M_D=-\frac{wl^3}{2I}$$

여기서 $M_B=M_D$이므로

$$2M_B+4M_C=-\frac{wl^2}{2} \qquad \text{(b)}$$

(a), (b)를 연립하면

$$(a)-(b)\times 2$$

$$4M_B + M_C = \frac{wl^2}{2}$$

$$-)\ 4M_B + 8M_C = -wl^2$$

$$-7M_C = +\frac{wl^2}{2}$$

$$\therefore \begin{cases} M_C = \dfrac{wl^2}{14} \\ M_B = M_D = -\dfrac{3}{28}wl^2 \end{cases}$$

보$(A-B)$

$$\Sigma M_{atB} = 0\ ;\ R_A \cdot l - \frac{wl^2}{2} + \frac{3}{28}wl^2 = 0,\quad R_A = \frac{11}{28}wl$$

전단력이 0이되는 곳 $x = \dfrac{11}{28}l \fallingdotseq 0.393l$

$x = \dfrac{11}{28}l$일 때 $M = \dfrac{11}{28}wl\left(\dfrac{11}{28}l\right) - \dfrac{w}{2}\left(\dfrac{11}{28}l\right)^2 = 0.077wl^2 \fallingdotseq \dfrac{wl^2}{13}$

보$(B-C)$

$$\Sigma M_{atC} = 0\ ;\ R_B \cdot l - \frac{wl^2}{2} - \frac{3}{28}wl^2 + \frac{wl^2}{14} = 0,\ R_A = \frac{15}{28}wl$$

전단력이 0이 되는 곳 $x = \dfrac{15}{28}l \fallingdotseq 0.536l$

$x = \dfrac{15}{28}l$일 때 $M = \dfrac{15}{28}wl\left(\dfrac{15}{28}l\right) - \dfrac{w}{2}\left(\dfrac{15}{28}l\right)^2 - \dfrac{3}{28}wl^2 = 0.03635wl^2$

예제 4

다음과 같은 연속보를 해석하라. (단, EI는 일정하다)

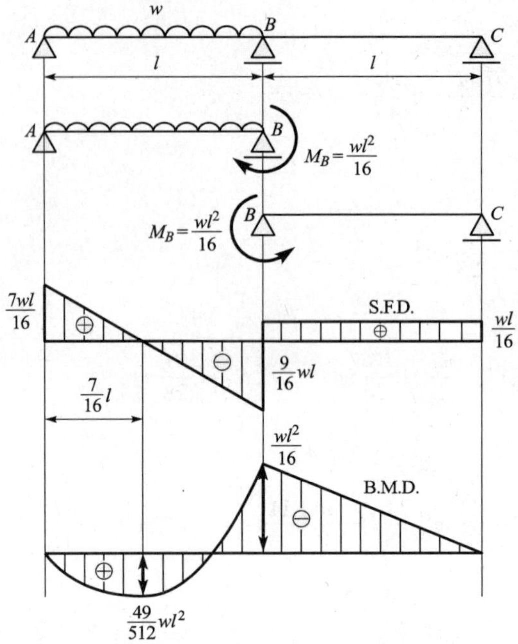

[그림 15-47]

$$4 \cdot \frac{l}{I} M_{\rm B} = 6E\left(-\frac{wl^3}{24EI} - 0\right)$$

$$\therefore M_{\rm B} = -\frac{wl^2}{16}$$

이므로 그림과 같은 단순보가 된다.

(보 $A-B$)에서

$$\Sigma M_{\rm atB} = 0\ ;\ R_{\rm A} \cdot l - wl \cdot \frac{l}{2} + \frac{wl^2}{16} = 0$$

$$R_{\rm A} = \frac{7wl}{16}$$

$$S_x = \frac{7wl}{16} - wx$$

$S_x = 0$이 되는 곳 $x = \frac{7}{16}l$

$$M_x = \frac{7}{16}wl \cdot x - \frac{wx^2}{2}$$

$$\begin{cases} x = 0,\ M_{\rm A} = 0 \\ x = l,\ M_{\rm B} = -\frac{wl^2}{16} \\ x = \frac{7}{16}l,\ M = \frac{49}{512}wl^2 \end{cases}$$

예제 5

다음과 같은 보에서 지점 B가 아래로 1cm 침하할 경우 B점의 모멘트를 구하라.

(단, $EI = 2\times 10^{12}\,\text{kg}\cdot\text{cm}^2$이다)

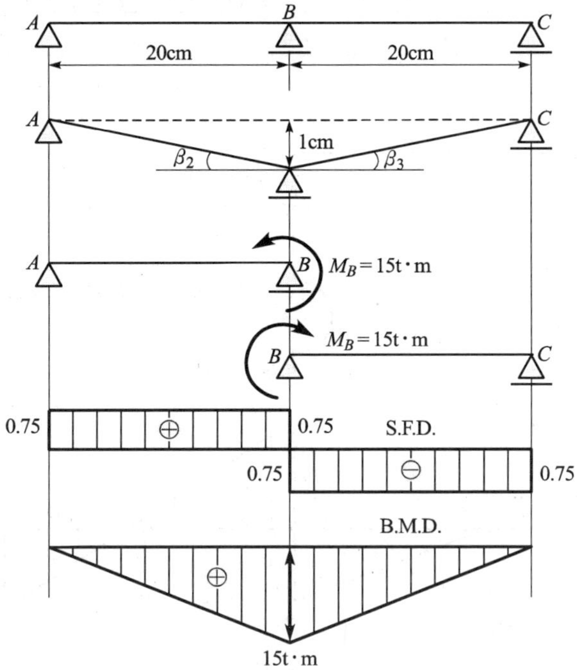

[그림 15-48]

$\beta_2 = \dfrac{1}{2000}$, $\beta_3 = -\dfrac{1}{2000}$이므로

$$4\cdot\frac{l}{I}M_B = 6E\left(\frac{1}{2000}+\frac{1}{2000}\right)$$

$$4\cdot 2000\cdot M_B = 6\times EI\times\frac{1}{1000}$$

$$\therefore\ M_B = 1{,}500{,}000\,\text{kg}\cdot\text{cm} = 15\,\text{t}\cdot\text{m}$$

보$(A-B)$에서

$\Sigma M_{atB} = 0$;

$R_A\cdot 20 - 15 = 0$, $R_A = 0.75\text{t}$

$M_x = 0.75x$

$$\begin{cases} x=0, & M_A = 0 \\ x=20, & M_B = 15\,\text{t}\cdot\text{m} \end{cases}$$

예제 6

그림과 같은 2경간 연속보를 3연모멘트에 의하여 해석하라.(단, EI는 일정하다)

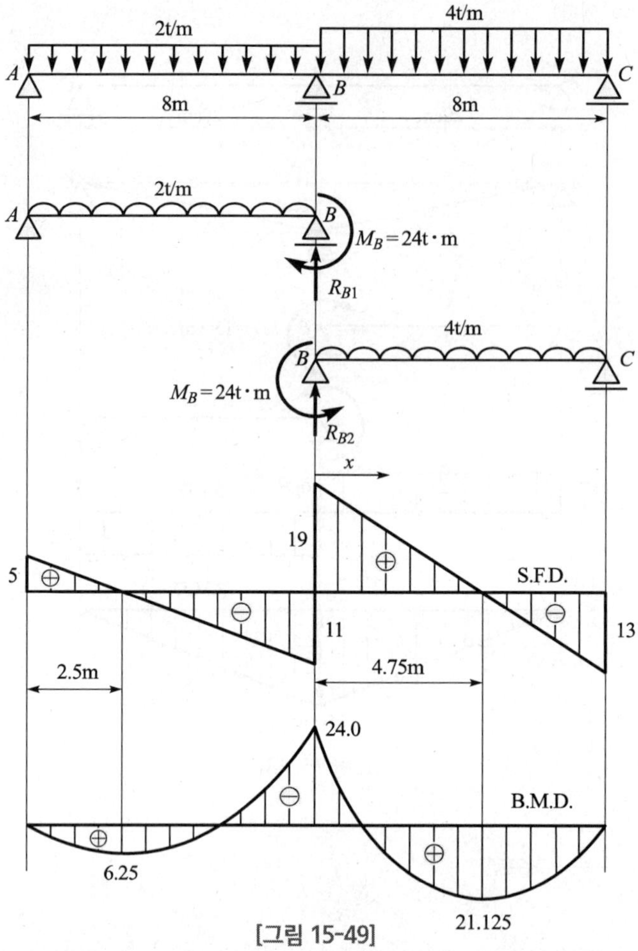

[그림 15-49]

부정정여력(B점의 모멘트)을 구하면 그림과 같은 2개의 단순보가 되므로

보($A-B-C$)에 3연모멘트 방정식을 적용하면

$$\frac{l_1}{I_1}M_A+2\left(\frac{l_1}{I_1}+\frac{l_2}{I_2}\right)M_B+\frac{l_2}{I_2}M_C=6E(\theta_B l'-\theta_B r')+6E(\beta_2-\beta_3)$$

여기서

$$\begin{cases} l_1=l_2=8\text{m} \\ I_1=I_2=I \\ M_A=M_C=0 \\ \theta_B l'=-\dfrac{wl^3}{24EI}=-\dfrac{2\times 8^3}{24EI} \\ \theta_B r'=\dfrac{wl^3}{24EI}=\dfrac{4\times 8^3}{24EI} \end{cases}$$

$\beta_2 = \beta_3 = 0$(지점침하가 없다)

$$4 \cdot \frac{8}{I} \cdot M_B = -6E\left(\frac{2\times 8^3}{24EI} + \frac{4\times 8^3}{24EI}\right)$$

$\therefore\ M_B = -24\,\text{t}\cdot\text{m}$

이므로 그림과 같은 정정보가 된다.

보($A-B$)에서

$\Sigma M_{atB} = 0$; $R_A \cdot 8 - 2\times 8\times 4 + 24 = 0$, $R_A = 5\text{t}$

$S_x = 5 - 2x$, $S_x = 0$이 되는 곳 $x = 2.5\text{m}$

$$M_x = 5x - x^2 \begin{cases} x = 0, & M_A = 0 \\ x = 8, & M_B = -24\,\text{t}\cdot\text{m} \\ x = 2.5, & M = 6.25\,\text{t}\cdot\text{m} \end{cases}$$

보($B-C$)에서

$\Sigma M_{atC} = 0$; $R_{B2} \cdot 8 - 4\times 8\times 4 - 24 = 0$, $R_{B2} = 19\text{t}$

$S_x = 19 - 4x$, $S_x = 0$이 되는 곳 $x = 4.75\text{m}$

$$M_x = 19x - 2x^2 - 24 \begin{cases} x = 0, & M_B = -24\,\text{t}\cdot\text{m} \\ x = 8, & M_C = \text{D} \\ x = 4.75, & M = 21.125\,\text{t}\cdot\text{m} \end{cases}$$

예제 7

다음과 같은 보의 $B.M.D.$를 구하라.

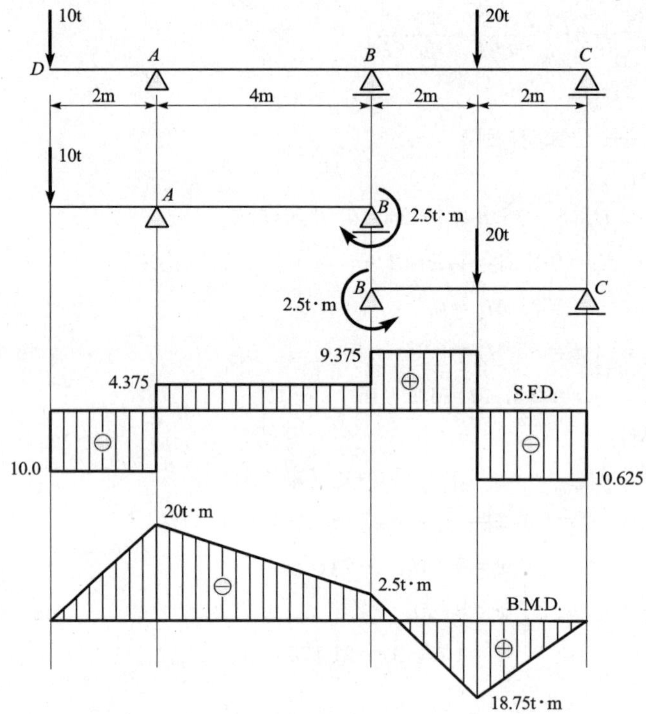

[그림 15-50]

보$(A-B-C)$에 3연모멘트 정리를 적용하면

$$\frac{l}{I}M_A+2\left(\frac{l}{I}+\frac{l}{I}\right)M_B+\frac{l}{I}M_C=6E(\theta_B l'-\theta_B r')$$

여기서 $M_A=-20\,\text{t}\cdot\text{m}$

$M_C=0$

$\theta_B k'=0$

$\theta_B r'=\dfrac{Pl^2}{16EI}$

이므로 $M_A+4M_B=-\dfrac{6EI}{l}\left(\dfrac{Pl^2}{16EI}\right)=-\dfrac{3Pl}{8}=-30\,\text{t}\cdot\text{m}$

$4M_B=-30+20=-10\,\text{t}\cdot\text{m}$

$\therefore M_B=-2.5\,\text{t}\cdot\text{m}$

보$(A-B)$에서, $\Sigma M_{atB}=0$; $R_A\cdot 4-10\times 6+2.5=0$, $R_A=14.375\text{t}$

$M_B=-10\times 6+14.375\times 4=-2.5\,\text{t}\cdot\text{m}$

보$(B-C)$에서, $\Sigma M_{atC}=0$; $R_C\cdot 4-20\times 2+2.5=0$, $R_C=9.375\text{t}$

$M=9.375\times 2=18.75\,\text{t}\cdot\text{m}$

예제 8

다음과 같은 연속보에서 지점 B가 아래로 4cm, 지점 D가 아래로 6cm 부등침하 하였을 경우 B, M, D를 구하라. (단, $E=3\times10^5\,\text{kg/cm}^2$이다) 하중이 없으므로 $\theta_B l' = \theta_B r' = \theta_C l' = \theta_C r' = 0$이며, 미지의 모멘트 M_B, M_C를 구하면 된다.

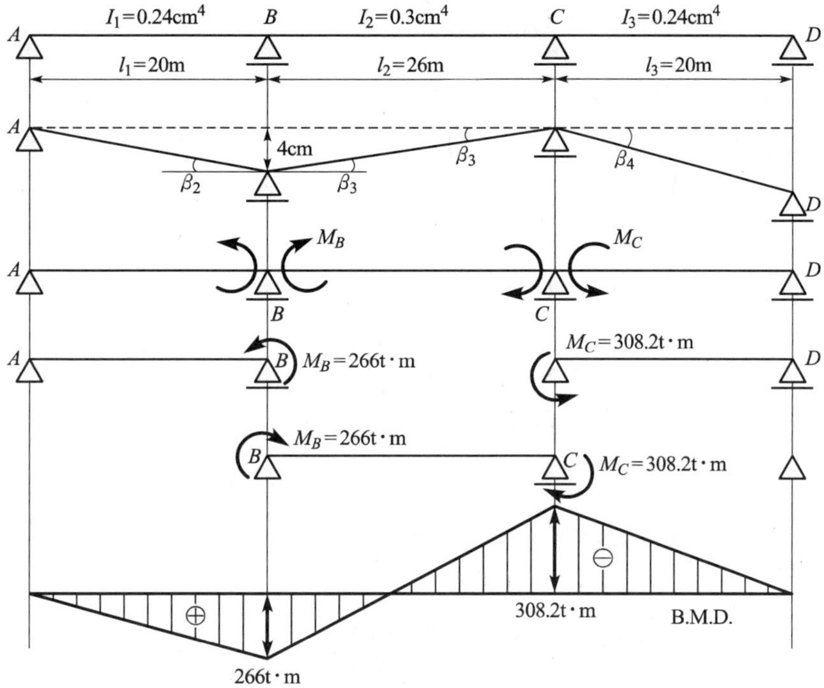

[그림 15-51]

i) 보$(A-B-C)$에서

$$2\left(\frac{l_1}{I_1}+\frac{l_2}{I_2}\right)M_B+\frac{l_2}{I_2}M_C=6E(\beta_2-\beta_3)$$

$$2\left(\frac{2000}{24\times10^6}+\frac{2600}{30\times10^6}\right)M_B+\frac{2600}{30\times10^6}M_C=6\times3\times10^5\left(\frac{4}{2000}+\frac{4}{2600}\right)$$

$$3.398\times10^{-4}\cdot M_B+0.866\times10^{-4}\cdot M_C=6369.12 \qquad \text{(a)}$$

ii) 보$(B-C-D)$에서

$$\frac{2600}{30\times10^6}M_B+2\left(\frac{2600}{30\times10^6}+\frac{2000}{24\times10^6}\right)M_C=6\times3\times10^5\left(-\frac{4}{2600}+\frac{6}{2000}\right)$$

$$0.866\times10^{-4}\cdot M_B+3.398\times10^{-4}\cdot M_C=-8169.24$$

(a), (b)식을 연립하면

$$(a)\times\frac{0.866}{3.398}-(b),$$

$$0.866M_B + 0.2207M_C = 1623.207 \times 10^4$$

$$-)\ 0.866M_B + 3.398M_C = -8169.24 \times 10^4$$

$$-3.1773M_C = 9792.4 \times 10^4$$

$$\therefore \begin{cases} M_C = -30{,}820{,}000\,\text{kg}\cdot\text{cm} = -308.2\,\text{t}\cdot\text{m} \\ M_B = 26{,}598{,}000\,\text{kg}\cdot\text{cm} = 266\text{t}\cdot\text{m} \end{cases}$$

그림과 같은 단순보가 되며 $B.\ M.\ D$ 는 그림과 같다.

예제 9

다음 부정정보를 3연모멘트 정리로서 풀어라.

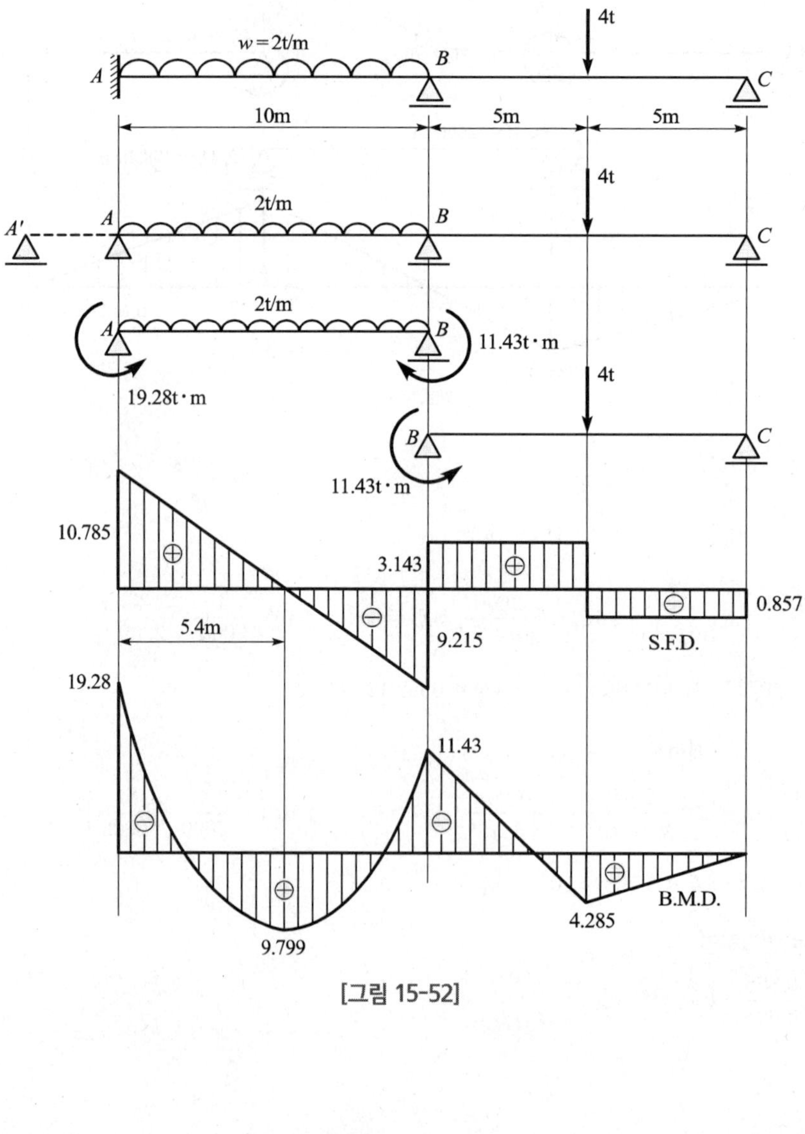

[그림 15-52]

보$(A'-A-B)$에서

$$2\cdot\frac{l}{I}M_A+\frac{l}{I}M_B=-6E\cdot\theta_A r'$$

여기서, $\theta_A r'=\dfrac{wl^3}{24EI}$이므로

$$2\cdot M_A+M_B=-\frac{wl^2}{4}$$

$$2M_A+M_B=-50 \qquad \text{(a)}$$

보$(A-B-C)$에서

$$\frac{l}{I}M_A+2\left(\frac{l}{I}+\frac{l}{I}\right)M_B=6E(\theta_B l'-\theta_B r')$$

여기서 $\begin{cases}\theta_B l'=-\dfrac{wl^3}{24EI}\\ \theta_B r'=\dfrac{Pl^2}{16EI}\end{cases}$

이므로

$$M_A+4M_B=-6\left(\frac{wl^2}{24}+\frac{Pl}{16}\right)$$

$$M_A+4M_B=-65 \qquad \text{(b)}$$

(a), (b)식을 연립하면

(a) − (b) × 2

$$\begin{array}{rl} & 2M_A+M_B=\ -50\\ -) & 2M_A+8M_B=-130\\ \hline & -7M_B=-80\end{array}$$

$\therefore M_B=-11.43\,\text{t}\cdot\text{m},\ M_A=-19.28\,\text{t}\cdot\text{m}$

보$(A-B)$에서, $\Sigma M_{atB}=0$; $R_A\cdot 10-20\times 5-19.28+11.43=0$, $R_A=10.785\text{t}$

$S_x=10.785-2x$, $S_x=0$이 되는 곳 $x\fallingdotseq 5.4\text{m}$

$M=10.785\times 5.4-(5.4)^2-19.28=9.799\,\text{t}\cdot\text{m}$

보$(B-C)$에서, $\Sigma M_{atC}=0$; $R_{rB1}\cdot 10-4\times 5-11.43=0$, $R_{B1}=3.143\text{t}$

$M=3.143\times 5-11.43=4.285\,\text{t}\cdot\text{m}$

15.4 처짐각법(slope-deflection method)

(1) 처짐각법 일반

1) 일반

처짐각법은 연속보, 고차부정정 구조 및 라멘의 해석에 편리하게 적용되며 한부재의 고정단모멘트(fixed end moment, *F. E. M*)는 그 부재양단의 회전각, 양단을 잇는 현의 회전각 및 그 부재에 작용하는 하중에 의한 모멘트로 구성되어 있으며, 단면의 균일, 비균일을 막론하고 어떠한 연속보나 부정정구조물의 해석에 편리하게 적용되며, 요각법 또는 요각요도법이라고 하기도 한다.

처짐각법은 부정정구조물 해석에 가장 널리 사용되며, 과거에는 미지수 해석(연립방정식)에 상당한 어려움이 있었으나 최근에는 컴퓨터의 실용화로 고차의 부정정구조물도 별 어려움 없이 해석할 수 있다.

2) 용어, 기호

① 재단모멘트, 단모멘트(end-moment)

재단모멘트는 첨자 2개를 사용하여 2개 첨자는 부재를 표시하고 제1첨자는 작용점을 표시한다. 즉, 다음 그림에서 B점의 모멘트를 생각하면

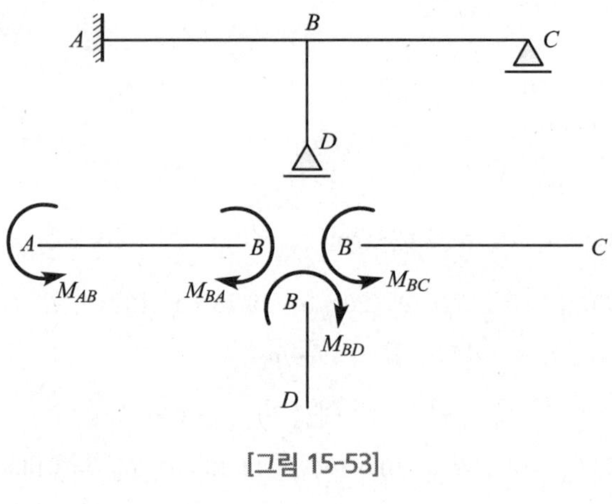

[그림 15-53]

M_{BA}: AB부재에서 B단에 생기는 모멘트

M_{BC}: BC부재에서 B단에 생기는 모멘트

M_{BD}: BD부재에서 B단에 생기는 모멘트

M_{AB}: AB부재에서 A단에 생기는 모멘트

② 접선각, 부재각, 처짐각

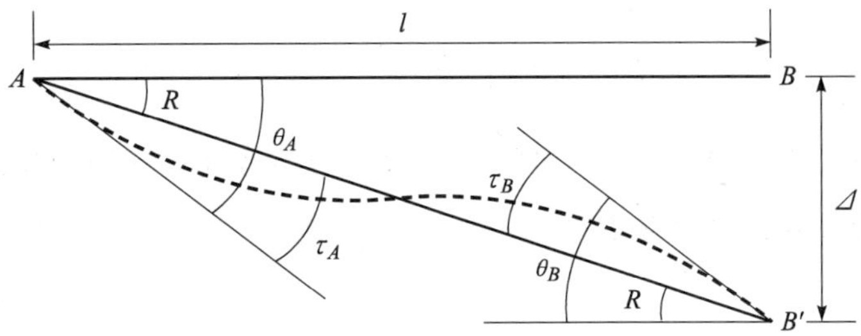

[그림 15-54]

i) 접선각(rotation of end–tangent)

재단모멘트에 의하여 생기는 접선회전각으로 그림에서 τ_{A}, τ_{B}가 접선각이고, 시계방향에 접선각을 (+)로 가정한다.

ii) 부재각(deflection angle)

지점(또는 절점)의 변위로 인하여 생기는 회전각으로 그림에서 R이다.

$$R = \frac{\Delta}{l}$$

iii) 처짐각(slope)

접선각과 부재각의 합이며 그림에서 θ_{A}, θ_{B}이다.

$$\theta_{\mathrm{A}} = \tau_{\mathrm{A}} + R$$

$$\theta_{\mathrm{B}} = \tau_{\mathrm{B}} + R$$

③ 휨모멘트 부호

모멘트의 부호는 앞의 정정구조와 같으며 다음 그림과 같다.

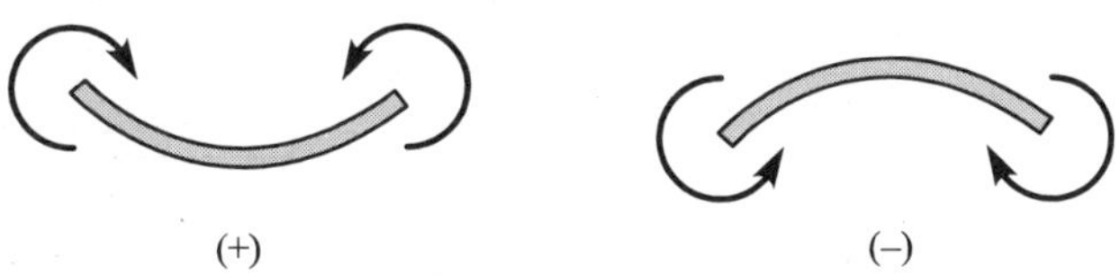

[그림 15-55]

(2) 처짐각법 일반식

1) 기본공식

처짐에서 단순보 양단에 모멘트 하중이 작용할 때 처짐각 일반식은 다음과 같이 유도되었다.

$$\theta_{\mathrm{A}}=\frac{l}{6EI}(2M_{\mathrm{AB}}+M_{\mathrm{BA}})$$

$$\theta_{\mathrm{B}}=-\frac{l}{6EI}(2M_{\mathrm{BA}}+M_{\mathrm{AB}})$$

다음 그림과 같이 A단에 M_{AB}인 모멘트가 작용하고 B단에 M_{BA}인 모멘트가 작용할 때 접선각은 다음과 같다.

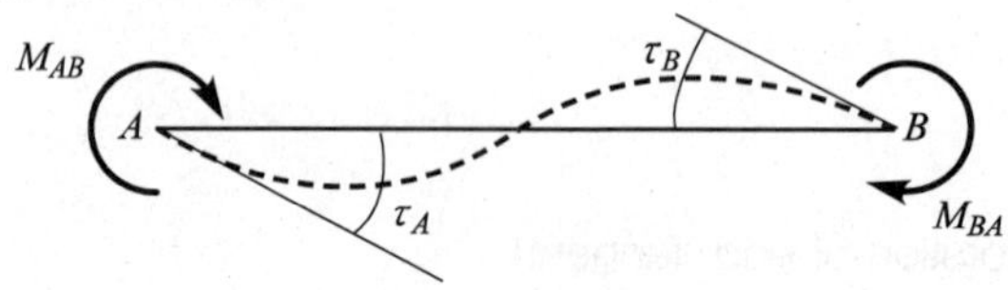

[그림 15-56]

$$\begin{cases}\tau_{\mathrm{A}}=\frac{l}{6EI}(2M_{\mathrm{AB}}-M_{\mathrm{BA}})\\ \tau_{\mathrm{B}}=\frac{l}{6EI}(2M_{\mathrm{BA}}-M_{\mathrm{AB}})\end{cases} \qquad \text{(a)}$$

절점이 변위하면 부재각이 생기므로 (a)식에 부재각을 추가하여야 한다.

$$\begin{cases}\theta_{\mathrm{A}}=\frac{l}{6EI}(2M_{\mathrm{AB}}-M_{\mathrm{BA}})+R\\ \theta_{\mathrm{B}}=\frac{l}{6EI}(2M_{\mathrm{BA}}-M_{\mathrm{AB}})+R\end{cases} \qquad \text{(b)}$$

(b)식은 부재에 하중이 작용치 않을 때이므로 하중이 작용하면 하중에 의한 처짐각이 생긴다. 부재 AB에 그림과 같은 하중이 작용할 때 처짐각을 τ_{A0}, τ_{B0}라 하면

$$\tau_{\mathrm{A0}}=\frac{R_{\mathrm{A}}'}{EI}$$

$$\tau_{\mathrm{B0}}=\frac{R_{\mathrm{B}}'}{EI}$$

공액보에서 하중의 크기를 Z라 하고 도심까지 거리를 a_0, b_0라 하면

$$R_{\mathrm{A}}'=Z\cdot\frac{b_0}{l}$$

$$R_{\mathrm{B}}'=Z\cdot\frac{a_0}{l}$$

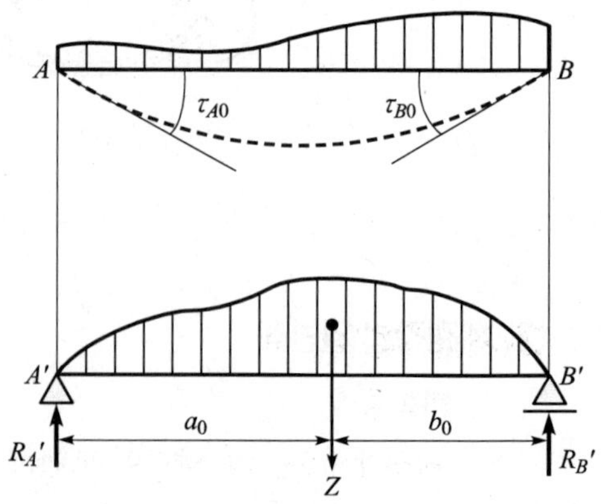

[그림 15-57]

이므로

$$\tau_{A0} = \frac{Z \cdot b_0}{EI \cdot l}$$

$$\tau_{B0} = -\frac{Z \cdot a_0}{EI \cdot l}$$

하중에 의한 처짐각을 (b)식에 추가하면

$$\begin{cases} \theta_A = \dfrac{l}{6EI}(2M_{AB} - M_{BA}) + R + \dfrac{Z \cdot b_0}{EIl} \\ \theta_B = \dfrac{l}{6EI}(2M_{BA} - M_{AB}) + R - \dfrac{Z \cdot a_0}{EIl} \end{cases} \tag{c}$$

여기서 (c)식을 연립하여 M_{AB}, M_{BA} 에 관하여 풀면

$$\theta_A \times 2 + \theta_B$$

$$2\theta_A = \frac{l}{6EI}(4M_{AB}) - \frac{l}{6EI}(2M_{BA}) + 2R + \frac{2 \cdot Z \cdot b_0}{EIl}$$

$$+)\ \theta_B = -\frac{l}{6EI}(M_{AB}) + \frac{l}{6EI}(2M_{BA}) + R - \frac{Z \cdot a_0}{EIl}$$

$$2\theta_A + \theta_B = \frac{l}{6EI}(3M_{AB}) + 3R + \frac{Z}{EIl}(2b_0 - a_0)$$

$$M_{AB} = \frac{6EI}{3l}\left[(2\theta_A + \theta_B) - 3R - \frac{Z}{EIl}2b_0 - (l - b_0)\right]$$

$$= \frac{2EI}{l}(2\theta_A + \theta_B - 3R) - \frac{2Z}{l^2}(3b_0 - l)$$

$$\therefore \begin{cases} M_{AB} = \dfrac{2EI}{l}(2\theta_A + \theta_B - 3R) - \dfrac{2Z}{l^2}(3b_0 - l) \\ M_{BA} = \dfrac{2EI}{l}(2\theta_B + \theta_A - 3R) - \dfrac{2Z}{l^2}(3a_0 - l) \end{cases} \tag{d}$$

$K_{AB} = \dfrac{I}{l}$; 부재강도

$C_{AB} = \dfrac{2Z}{l^2}(3b_0 - l)$; 하중에 의한 A단의 모멘트

$C_{BA} = \dfrac{2Z}{l^2}(3a_0 - b)$; 하중에 의한 B단의 모멘트

라 하고 (d)식에 대입하면

$$\begin{cases} M_{AB} = 2EK_{AB}(2\theta_A + \theta_B) - 6EK_{AB} \cdot R - C_{AB} \\ M_{BA} = 2EK_{AB}(2\theta_B + \theta_A) - 6EK_{AB} \cdot R + C_{BA} \end{cases} \tag{e}$$

∴ 재단모멘트＝접선각에 의한 모멘트＋부재각에 의한 모멘트＋하중에 의한 모멘트

2) 실용공식

(e)식을 사용하려면 처짐각을 계산하고 부재각을 구해야 하므로 상당히 불편하다. 그러므로 다음과 같은 기호로 대치하여 미지수를 해석한다.

① 강비, k

강도 $k = \dfrac{I}{l}$ 중에서 기준강도 k_0를 선정하여 각 부재간의 강비로 표시한다.

$$k_{AB} = \frac{K_{AB}}{k_0}$$

k_{AB} : 부재 AB의 강비(무차원), 부재 간의 강도의 비

K_{AB} : 부재 AB의 강도(cm^3)

k_0 : 기준강도(cm^3), 임의 부재에서 선정

② 접선각에 의한 모멘트, ψ_A, ψ_B("프시"로 읽는다)

(e)식에서 $\begin{cases} 2Ek_0\theta_A = \psi_A \\ 2Ek_0\theta_A = \psi_B \end{cases}$

로 하면 ψ_A는 A단의 접선각에 모멘트가 되며

$$\theta_A = \frac{\psi_A}{2Ek_0}$$

$$\theta_B = \frac{\psi_B}{2Ek_0}$$

로 나타난다. 또 접선각에 의한 모멘트 ψ는 회전지점과 고정지점에서는 0가 되며, 절점에서만 미지수로 나타난다.

즉, 회전절점에는 모멘트가 0이므로 ψ가 0이고, 고정지점에서는 접선각이 없으므로 ψ가 0이다.

③ 부재각에 의한 모멘트, ϕ_{AB}("피"로 읽는다)

(e)식에서 $-6Ek_0 \cdot R = \phi_{AB}$

로 하면 ϕ_{AB}는 부재각에 의한 모멘트가 되며

$$R = -\frac{\phi_{AB}}{6Ek_0}$$

로 나타난다. 또 부재각에 의한 모멘트 ϕ는 지점침하나 절절이동이 있는 경우에만 존재한다.

이상을 요약하면

$$k = \frac{k}{k_0}$$

$$\psi = 2Ek_0\theta$$

$$\phi = -6Ek_0R$$

이며 이것을 (e)식에 대입하면

$$\begin{aligned} M_{AB} &= 2Ek_{AB}(2\theta_A + \theta_B) - 6Ek_{AB} \cdot R - C_{AB} \\ &= 2Ek_{AB}\left(2 \cdot \frac{\psi_A}{2Ek_0} + \frac{\psi_B}{2Ek_0}\right) - 6Ek_{AB}\left(-\frac{\phi_{AB}}{6Ek_0}\right) - C_{AB} \\ &= \frac{k_{AB}}{k_0}(2\psi_A + \psi_B + \phi_{AB}) - C_{AB} \end{aligned}$$

$$\therefore \begin{cases} M_{AB} = k_{AB}(2\psi_A + \psi_B + \phi_{AB}) - C_{AB} \\ M_{AB} = k_{AB}(2\psi_B + \psi_A + \phi_{AB}) + C_{AB} \end{cases} \qquad (15.38)$$

여기서

M_{AB} : AB부재에서 A단에 생기는 재단모멘트(t·m, kg·cm)

M_{AB} : AB부재에서 B단에 생기는 재단모멘트(t·m, kg·cm)

k_{AB} : 부재간의 강비(무차원)

ψ : 접선각에 의한 모멘트로서 미지의 값이다.(t·m, kg·cm)
ψ는 고정지점과 회전지점에서는 0이다.

ϕ : 부재각에 의한 모멘트로서 미지의 값이다.(t·m, kg·cm)
ϕ는 절점이나 지점의 이동이 없는 경우는 0이다.

C_{AB} : 하중에 의한 모멘트(t·m, kg·cm), (744쪽 하중항 참고)

3) 한단이 회전절점인 경우

(15.38)식은 양단이 구속되어 있을 때 재단모멘트를 구하는 식으로 한단구속 타단회전일 경우는 사용할 수 없다.

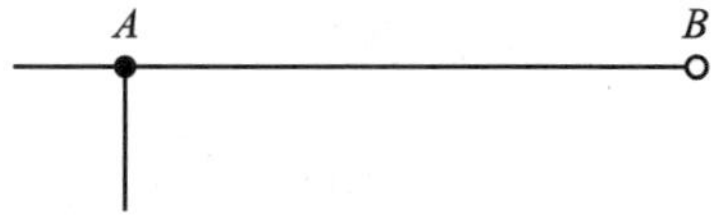

[그림 15-58]

그림과 같이 A단이 강결이고, B단이 회전절점인 경우 M_{AB}는 존재하나 $M_{AB}=0$이다.

그러므로 (15.38)식에서 $M_{BA}=0$를 대입하여 ψ_B를 소거하면

$$M_{AB}=k_{AB}(2\psi_A+\psi_B+\phi_{AB})-C_{AB} \quad \text{(a)}$$

$$M_{AB}=k_{AB}(2\psi_A+\psi_B+\phi_{AB})-C_{AB} \quad \text{(b)}$$

$(a)\times 2-(b)$

$$\begin{array}{rl} & 2M_{AB}=k_{AB}(4\psi_A+2\psi_B+2\phi_{AB})-2C_{AB} \\ -) & 0=k_{AB}(\psi_A+2\psi_B+\phi_{AB})+C_{BA} \\ \hline & 2M_{AB}=k_{AB}(3\psi_A+\phi_{AB})-(2C_{AB}+C_{BA}) \end{array}$$

$$M_{AB}=\frac{k_{AB}}{2}(3\psi_A+\phi_{AB})-\frac{1}{2}(2C_{AB}+C_{BA})$$

여기서 하중으로 인한 모멘트 $\frac{1}{2}(2C_{AB}+C_{BA})$는 한단힌지 타단고정일 경우 모멘트이다.

$$\therefore \begin{cases} M_{AB}=\dfrac{k_{AB}}{2}(3\psi_A+\phi_{AB})-H_{AB} \\ M_{BA}=\dfrac{k_{AB}}{2}(3\psi_B+\phi_{AB})+H_{BA} \end{cases} \quad (15.39)$$

여기서

M_{AB} ; A단 구속 B단 회전인 구조에서 A단의 모멘트(kg·cm, t·m)

M_{BA} ; B단 구속 A단 회전인 구조에서 B단의 모멘트(kg·cm, t·m)

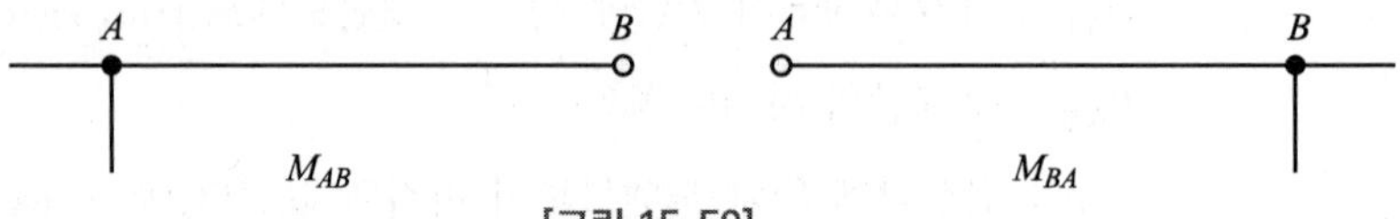

[그림 15-59]

H_{AB}, H_{BA} ; 한단고정 한단회전인 경우 재단모멘트(kg·cm, t·m)

(3) 평형조건식(equilibrium equation)

다음과 같은 3차 부정정라멘을 처짐각법으로 해석하려면 (15.1)식에 의하여 재단모멘트 식을 세워야 한다. 편의상 강비가 모두 같으면 ($k_{AB}=k_{BC}=k_{CD}=1$) 재단모멘트 식은 다음과 같다.

$$\begin{cases} M_{AB}=2\psi_A+\psi_B+\phi_{AB}-C_{AB} \\ M_{BA}=2\psi_B+\psi_A+\phi_{AB}+C_{BA} \end{cases}$$

$$\begin{cases} M_{BC} = 2\psi_B + \psi_C + \phi_{BC} - C_{BC} \\ M_{CB} = 2\psi_C + \psi_B + \phi_{BC} + C_{CB} \\ M_{CD} = 2\psi_C + \psi_D + \phi_{CD} - C_{CD} \\ M_{DC} = 2\psi_D + \psi_C + \phi_{CD} + C_{DC} \end{cases}$$

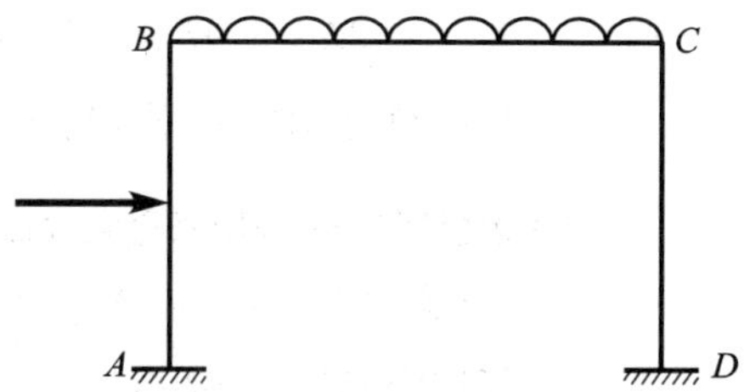

[그림 15-60]

여기서 $\psi_A = \psi_D = 0$(고정지점에는 접선각이 없으므로 접선각에 의한 모멘트는 0이다)이고, 하중에 의한 모멘트 C의 값은 하중항으로부터 알 수 있다.
부재각에 대하여 생각하면 다음과 같은 변위가 생긴다.
여기서 AB부재의 부재각은 R이며, BC부재 부재각은 0이며, CD부재에 하중이 없는 것을 고려하면 $C_{CD} = C_{DC} = 0$이다.

$$\begin{cases} M_{AB} = \psi_B + \phi_{AB} - C_{AB} \\ M_{BA} = 2\psi_B + \phi_{AB} + C_{BA} \\ M_{BC} = 2\psi_B + \psi_C - C_{BC} \\ M_{CB} = 2\psi_C + \psi_B + C_{CB} \\ M_{CD} = 2\psi_C + \phi_{AB} \\ M_{DC} = \psi_C + \phi_{AB} \end{cases}$$

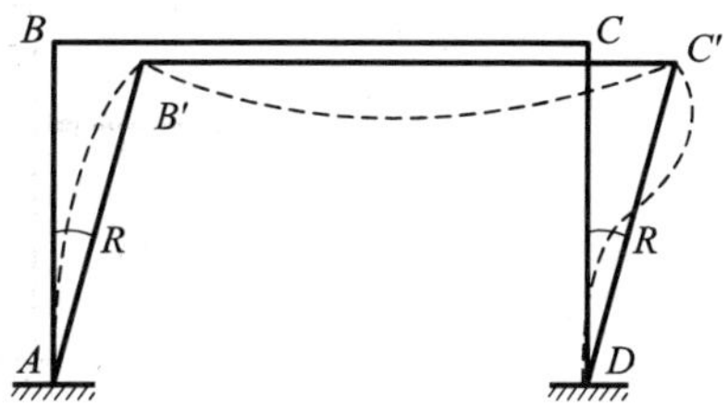

[그림 15-61]

이상 재단모멘트식들에서 ψ_B, ψ_C, ϕ_{AB}만 알 수 있으며 재단모멘트를 구할 수 있다. 즉, ψ_B, ψ_C, ϕ_{AB}가 미지수로 나타난다.
이와 같은 미지수를 해석하기 위하여 절점방정식과 층방정식을 세우고 이들을 연립하여 미지수를 구하고 재단모멘트를 계산한다.
이 절점방정식과 층방정식을 평형조건식(평형방정식)이라 한다.

1) 절점방정식(모멘트 평형조건식, joint equilibrium equation)

절점방정식은 임의 한 절점에서 모멘트의 총합은 0이 되어야 한다. 즉, 아래 그림에서 n점의 모멘트는 0이다.

$$\Sigma M_{atn} = 0$$

$$M_{nA} + M_{nB} + M_{nC} + M_{nD} = 0 \qquad (15.40)$$

만약 다음 그림과 같이 절점 n에 외력모멘트 M이 작용하면

$$M_{nA}+M_{nB}+M_{nC}-M=0$$

이며, 한 절점에서 절점방정식 1개가 성립한다.

2) 층방정식(전단력 평형조건식, shear equilibrium equation)

부정정라멘이 하중이 작용할 때 어떤 절점들은 미지의 거리만큼 변위하는 경우가 생긴다. 이와 같은 수평변위를 일반적으로 가로흔들이(sidesway)라 하며, 이로 인하여 부재각에 의한 모멘트가 생긴다.

이 미지의 모멘트를 구하기 위하여 층방정식, 즉 전단력 평형조건식을 생각하여야 한다.

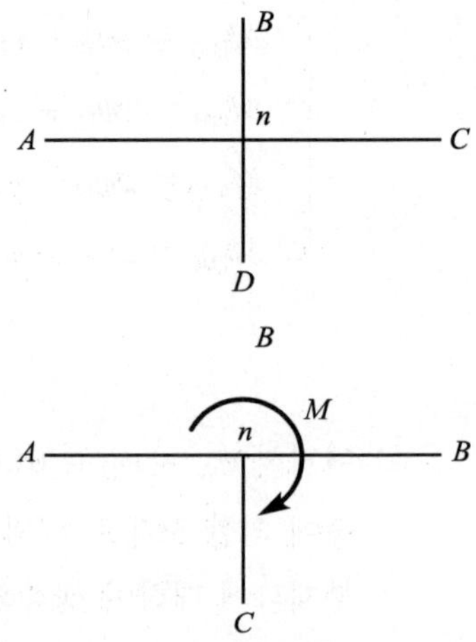

[그림 15-62]

① 기둥높이가 같을 때

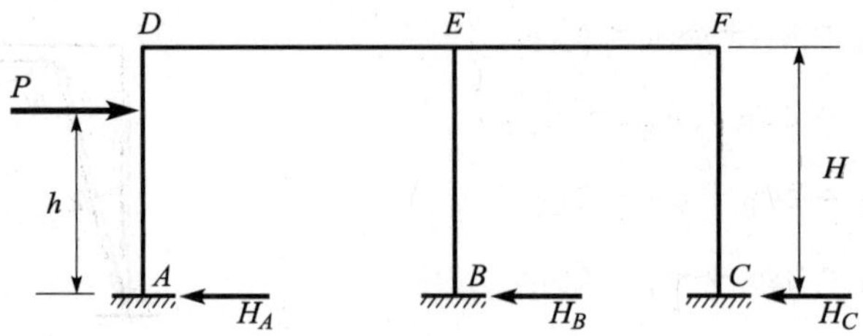

[그림 15-63]

그림에서 보는 바와 같이 절점 A, B, C는 고정되어 있어 변위가 없으나 절점 D, E, F는 수평으로 변위가 생길 것이다.

전단력 평형조건에서 $\Sigma H=0$이므로

$$P-H_A-H_B-H_C=0 \tag{a}$$

가 되며 AD, BE, CF의 자유물체도에 정역학조건을 적용하면

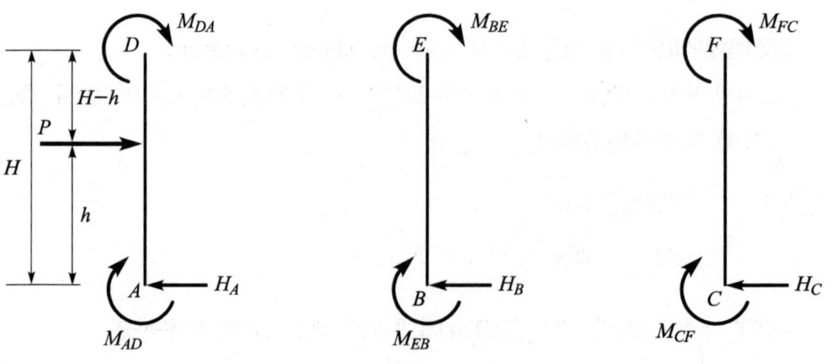

[그림 15-64]

기둥(AD)에서

$$\Sigma M_{atD}\ ;\ H_{\rm A}\cdot H + M_{\rm AD} + M_{\rm DA} - P(H-h) = 0$$

$$-H_{\rm A} = \frac{1}{H}[M_{\rm AD} + M_{\rm DA} - P(H-h)] \qquad \text{(b)}$$

기둥(BE)에서

$$\Sigma M_{\rm atE} = 0\ ;\ H_{\rm B}\cdot H + M_{\rm BE} + M_{\rm EB} = 0$$

$$-H_{\rm B} = \frac{1}{H}(M_{\rm BE} + M_{\rm EB}) \qquad \text{(c)}$$

기둥(CF)에서

$$\Sigma M_{\rm atF} = 0\ ;\ H_{\rm C}\cdot H + M_{\rm CF} + M_{\rm FC} = 0$$

$$-H_{\rm C} = \frac{1}{H}(M_{\rm CF} + M_{\rm FC}) \qquad \text{(d)}$$

(b), (c), (d)를 (a)식에 대입하면

$$P + \frac{1}{H}[M_{\rm AD} + M_{\rm DA} - P(H-h)] + \frac{1}{H}(M_{\rm BE} + M_{\rm EB}) + \frac{1}{H}(M_{\rm CF} + M_{\rm FC}) = 0 \qquad \text{(e)}$$

양변에 H를 곱하여 정리하면

$$M_{\rm AD} + M_{\rm DA} + M_{\rm BE} + M_{\rm EB} + M_{\rm CF} + M_{\rm FC} + Ph = 0$$

만약 그 위층에 수평하중이 작용하면 아래 그림에서

i) 3층에 대한 층방정식

$$M_{\rm CD} + M_{\rm DC} + M_{\rm EF} + M_{\rm FE} + P_3\cdot h_2 = 0$$

ii) 2층에 대한 층방정식

$$M_{\rm BC} + M_{\rm CB} + M_{\rm FG} + M_{\rm GF} + P_2 h_2\cdot P_3\cdot H_2 = 0$$

iii) 1층에 대한 층방정식

$$M_{\rm AB} + M_{\rm BA} + M_{\rm HG} + M_{\rm GH} + P_1\cdot h_1 + (P_2 + P_3)\cdot H_1 = 0$$

이므로 층방정식은 다음과 같이 나타난다.

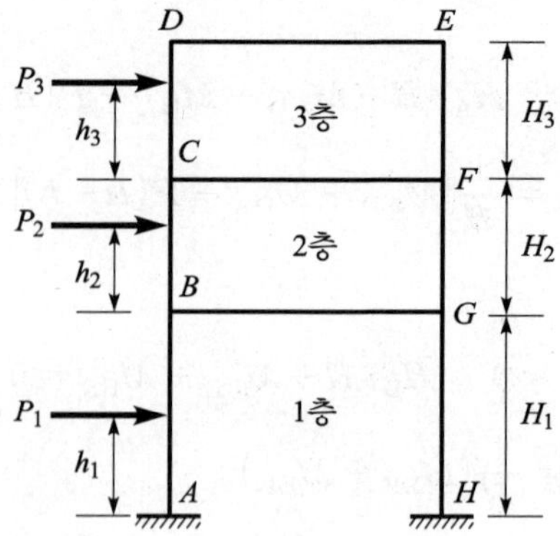

[그림 15-65]

임의 한 층의 기둥 상·하단에 나타나는 모멘트의 총합을 $\Sigma(M_{상} + M_{하})$라 두면

$$\Sigma(M_{상} + M_{하}) + (\text{그 층의 수평력}) \times (\text{거리}) + (\text{그 층 위의 수평령}) \times (\text{기둥높이}) = 0 \quad (15.41)$$

② 기둥높이가 다를 때

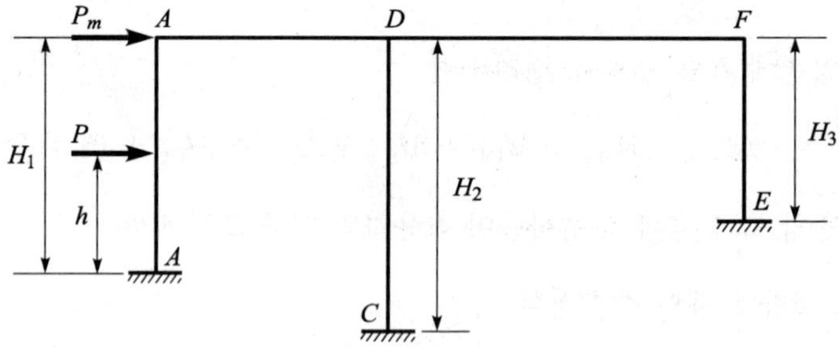

[그림 15-66]

(e)식에 의하여

$$M_{AB} + M_{BA} + \frac{H_1}{H_2}(M_{CD} + M_{DC}) + \frac{H_1}{H_3}(M_{EF} + M_{FE}) + P_m \cdot H_1 + P \cdot h = 0$$

3) 처짐각법 계산방법

처짐각법으로 부정정구조를 해석할 경우 일반적으로 다음 순서에 의하여 계산하면 편리하게 해석할 수 있다.

① 강비 k를 정한다.

각 부재의 강도($k = I / l$)을 구하여 그에 적절한 비를 정한다.

② 하중항을 계산한다.

C(양단구속인 경우)와 H(한단구속, 한단회전인 경우)를 구분하여 하중항(하중에 의한 단모멘트)을 계산한다(하중항표 참조).

③ 재단모멘트 식을 구한다.

실용공식에 의하여

i) 양단 구속일 경우
$$\begin{cases} M_{\mathrm{AB}} = k_{\mathrm{AB}}(2\psi_{\mathrm{A}} + \psi_{\mathrm{B}} + \phi_{\mathrm{AB}}) - C_{\mathrm{AB}} \\ M_{\mathrm{BA}} = k_{\mathrm{AB}}(2\psi_{\mathrm{B}} + \psi_{\mathrm{A}} + \phi_{\mathrm{AB}}) + C_{\mathrm{BA}} \end{cases} \tag{15.42}$$

ii) 한단구속, 한단회전
$$\begin{cases} M_{\mathrm{AB}} = \dfrac{k_{\mathrm{AB}}}{2}(3\psi_{\mathrm{A}} + \phi_{\mathrm{AB}}) - H_{\mathrm{AB}} \\ M_{\mathrm{BA}} = \dfrac{k_{\mathrm{AB}}}{2}(3\psi_{\mathrm{B}} + \phi_{\mathrm{AB}}) + H_{\mathrm{BA}} \end{cases} \tag{15.43}$$

④ 절점방정식으로 미지수 계산

한 절점에서 $\Sigma M = 0$인 조건으로 접선각에 의한 모멘트 ψ_i를 계산한다. 이때 고정지점과 회전지점에서 $\psi_i = 0$이다.

⑤ sidesway가 있는 경우 층방정식을 세운다.

수평하중에 의하여 수평변위(sidesway)가 생기거나 지점변위로 인하여 수평변위가 생길 경우 층방정식을 적용하여 부재각에 의한 모멘트 ϕ_{ij}를 계산한다.

⑥ 연립방정식 해석

절점방정식 및 층방정식을 연립하여 미지의 모멘트 ψ_i, ϕ_{ij}를 계산한다.

⑦ 재단모멘트 계산

계산된 ψ_i 및 ϕ_{ij}를 재단모멘트 식에 대입하여 미지의 재단모멘트를 구하면 부정정 해석은 끝난다.

⑧ 정정보 해석

계산된 재단모멘트로서 보의 자유도를 구하여 정정보 해석을 한다.

예제 1

다음과 같은 보의 단면력도를 처짐각법에 의하여 구하라.

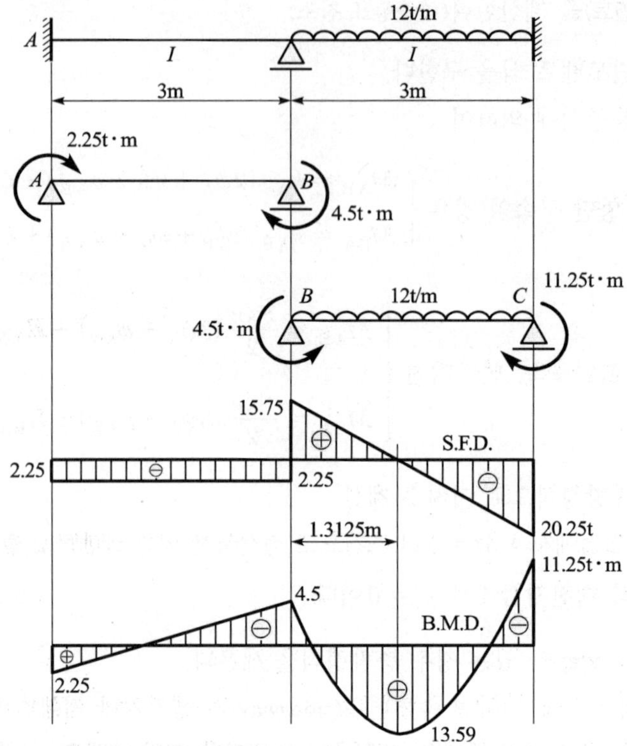

[그림 15-67]

i) 강비계산

$k_{AB} = \dfrac{I}{3}$, $k_{BC} = \dfrac{I}{3}$ 이므로

$k_{AB} = k_{BC} = 1$로 본다.

ii) 하중항

$C_{AB} = C_{BA} = 0$(AB부재에 하중이 없으므로)

$$C_{BC} = C_{CB} = \frac{wl^2}{12} = \frac{12 \times 3^2}{12} = 9\,\mathrm{t \cdot m}$$

iii) 재단모멘트식

양단 모두 구속이므로 재단모멘트는 다음과 같다.

$$M_{AB} = k_{AB}(2\psi_A + \psi_B + \phi_{AB}) - C_{AB}$$

$$M_{BA} = k_{AB}(2\psi_B \psi_A + \phi_{AB}) + C_{BA}$$

$$M_{BC} = k_{BC}(2\psi_B + \psi_C + \phi_{BC}) - C_{BC}$$

$$M_{CB} = k_{CB}(2\psi_C + \psi_A + \phi_{CB}) + C_{CB}$$

이 식에서

$k_{AB} = k_{BC} = 1$

$\phi_{AB} = \phi_{BC} = 0$ (변위가 없음)

$\psi_A = \psi_C = 0$(고정단이므로)

과 C의 값을 대입하여 정리하면

$$\begin{cases} M_{AB} = \psi_B \\ M_{BA} = 2\psi_B \\ M_{BC} = 2\psi_B - 9 \\ M_{CB} = \psi_B + 9 \end{cases} \qquad (a)$$

인 재단모멘트식이 생긴다. 이 식에서 ψ_B의 값만 알면 재단모멘트 값을 구할 수 있다.

iv) 절점 방정식

위 부재의 절점 B에서 $\Sigma M = 0$이어야 한다.

$M_{BA} + M_{BC} = 0$이어야 하므로

$2\psi_B + 2\psi_B - 9 = 0$

$\therefore \psi_B = 2.25\,\mathrm{t \cdot m}$

v) 재단모멘트

계산된 $\psi_B = 2.25\,\mathrm{t \cdot m}$를 (a)식에 대입하면

$M_{AB} = 2.25\,\mathrm{t \cdot m}$

$M_{BA} = 4.5\,\mathrm{t \cdot m} \rightarrow -4.5\,\mathrm{t \cdot m}$

$M_{BC} = -4.5\,\mathrm{t \cdot m}$

반대방향으로 계산된 재단모멘트는 실제의 모멘트 값의 반대 부호가 나타난다.

즉, M_{BA}, M_{CB}의 값은 부호를 반대로 바꾸어야 한다.

vi) 단순보 해석

보$(A-B)$에서,

$\Sigma M_{atB} = 0$; $R_A \cdot 3 = 2.25 + 4.5 = 0$, $R_A = -2.25\mathrm{t}$

$\Sigma V = 0$, $R_{B1} = 2.25\mathrm{t}$

보$(B-C)$에서,

$\Sigma M_{atC} = 0$, $R_{B2} \cdot 3 - 12 \times 3 \times \dfrac{3}{2} - 4.5 + 11.25 = 0$, $R_{B2} = 15.75\mathrm{t}$

$\Sigma V = 0$; $R_C = 36 - 15.75 = 20.25\mathrm{t}$

$S_x = 0$이 되는 곳 $x = 1.3125\mathrm{m}$

$M = 15.75 \times 1.3125 - 6.0\left(\dfrac{1.3125}{2}\right)^2 - 4.5 = 13.59\,\mathrm{t \cdot m}$

예제 2

다음과 같은 3경간 연속보의 재단모멘트를 처짐각법으로 구하라.

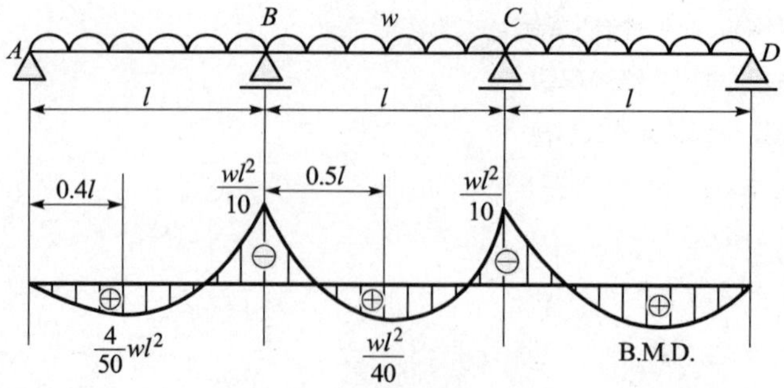

[그림 15-68]

강비 $k_{AB} = k_{BC} = k_{CD} = 0$

하중항 $\begin{cases} H_{BA} = H_{CD} = \dfrac{wl^2}{8} \text{(한단이 회전절점)} \\ C_{BC} = C_{CB} = \dfrac{wl^2}{12} \end{cases}$

$A-B$부재와 $C-D$부재는 한단구속 한단회전이므로 (15.2) 식을 사용해야 하며, $B-C$부재는 양단구속이므로 (15.1) 식을 사용해야 한다. 또 ψ_A와 ψ_D는 회전절점이므로 0이고 $\phi=0$이다.

i) 재단모멘트식

$M_{AB} = 0$

$M_{BA} = \dfrac{k_{AB}}{2}(3\psi_B + \psi_A) + H_{BA} = 1.5\psi_B + \dfrac{wl^2}{8}$

$M_{BC} = k_{BC}(2\psi_B + \psi_C) - C_{BC} = 2\psi_B + \psi_C - \dfrac{wl^2}{12}$

$M_{CB} = k_{BC}(2\psi_C + \psi_B) + C_{CB} = 2\psi_C + \psi_B + \dfrac{wl^2}{12}$

$M_{CD} = \dfrac{k_{CD}}{2}(3\psi_C + \psi_D) - H_{CD} = 1.5\psi_C - \dfrac{wl^2}{8}$

$M_{DC} = 0$

ii) 절점 방정식

절점 B에서 ; $M_{BA} + M_{BC} = D$; $1.5\psi_B + \dfrac{wl^2}{8} + 2\psi_B + \psi_C - \dfrac{wl^2}{12} = 0$

$3.5\psi_B + \psi_C + \dfrac{wl^2}{24} = 0$ (a)

절점 C에서 ; $M_{CB} + M_{CD} = 0$; $2\psi_C + \psi_B + \dfrac{wl^2}{12} + 1.5\psi_C - \dfrac{wl^2}{8} = 0$

$$3.5\psi_C+\psi_B-\frac{wl^2}{24}=0$$

(a), (b)를 연립하면

$(a)\times 3.5-(b)$

$$12.25\psi_B+3.5\psi_C+\frac{3.5wl^2}{24}=0$$

$$-)\quad \psi_B+3.5\psi_C-\frac{wl^2}{24}=0$$

$$11.25\,\psi_B+\frac{4.5wl^2}{24}=0$$

$$\therefore\ \psi_B=-\frac{4.5wl^2}{270}=-\frac{wl^2}{60}$$

$\psi_B=-\dfrac{wl^2}{60}$을 (a)식에 대입하면 $-\dfrac{3.5}{60}wl^2+\psi_C+\dfrac{wl^2}{24}=0$, $\therefore\ \psi_C=\dfrac{wl^2}{60}$

*좌우대칭일 경우 $\psi_B=-\psi_C$임을 알 수 있다. ψ_B, ψ_C를 재단모멘트식에 대입하면

$$M_{BA}=\frac{wl^2}{10}\ \rightarrow\ -\frac{wl^2}{10},\ M_{BC}=-\frac{wl^2}{10},\ M_{CB}=\frac{wl^2}{10}\ \rightarrow\ -\frac{wl^2}{10},\ M_{CD}=-\frac{wl^2}{10}$$

예제 3

다음 부정정라멘을 해석하라.

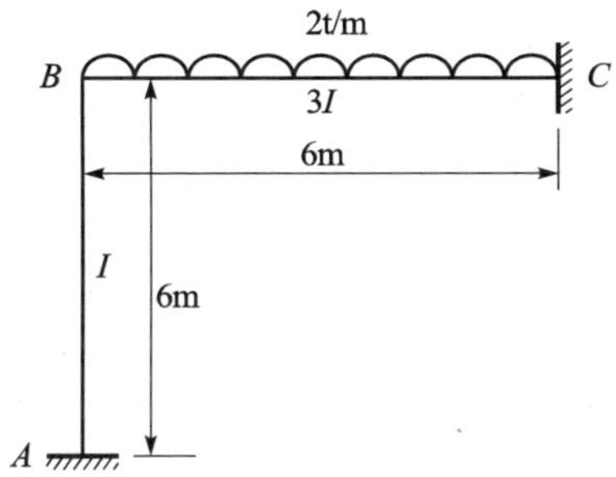

[그림 15-69]

i) 강비, 하중항

$$k_{AB}=\frac{I}{6}\ \rightarrow\ k_{AB}=1$$

$$k_{BC}=\frac{3I}{6}\ \rightarrow\ k_{BC}=3$$

$$C_{AB}=C_{BA}=0,\ C_{BC}=C_{CB}=\frac{wl^2}{12}=6\,\text{t·m}$$

ii) 재단모멘트 식

$M_{AB} = k_{AB}(2\psi_A + \psi_B + \phi_{AB}) - C_{AB} = \psi_B$

$M_{BA} = 2\psi_B$

$M_{BC} = 6\psi_B - 6$

$M_{CB} = 3\psi_B + 6$

iii) 절점방정식

절점 B에서, $M_{BA} + M_{BC} = 0$

$8\psi_B - 6 = 0$

$\therefore \psi_B = 0.75\,\text{t}\cdot\text{m}$

iv) 재단모멘트

$M_{AB} = 0.75\,\text{t}\cdot\text{m}$

$M_{BA} = 1.5\,\text{t}\cdot\text{m} \rightarrow -1.5\,\text{t}\cdot\text{m}$

$M_{BC} = -1.5\,\text{t}\cdot\text{m}$

$M_{CB} = 8.25\,\text{t}\cdot\text{m} \rightarrow -8.5\,\text{t}\cdot\text{m}$

v) 단순보 해석

보$(B-C)$에서

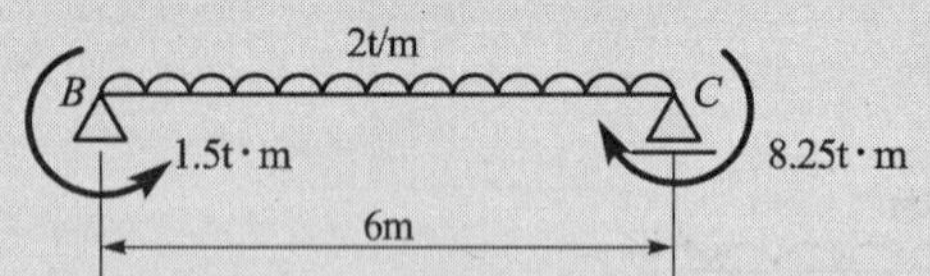

[그림 15-70]

$\Sigma M_{atC} = 0$;

$R_B \cdot 6 - 2 \times 6 \times 3 - 1.5 + 8.25 = 0.$

$R_B = 4.875\text{t}$

$S_x = 0$이 되는 곳

$4.875 - 2x = 0,\ x = 2.44\text{m}$

$M = 4.875 \times 2.44 - (2.44)^2 - 1.5 = 4.426\,\text{t}\cdot\text{m}$

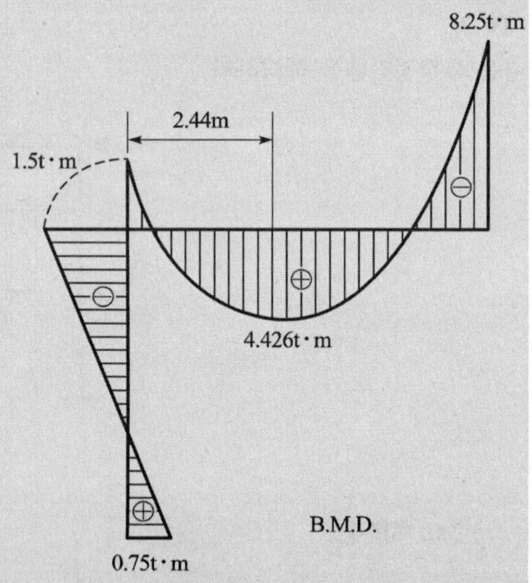

[그림 15-71]

예제 4

다음 부정정라멘을 해석하라.

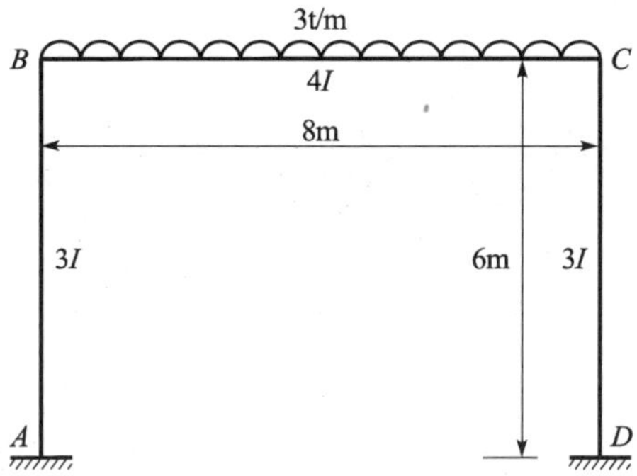

[그림 15-72]

i) 강비, 하중항

$$k_{AB} = k_{CD} = \frac{3I}{6} = \frac{I}{2} \rightarrow k_{AB} = k_{CD} = 1$$

$$k_{BC} = \frac{4I}{8} = \frac{I}{2} \rightarrow k_{BC} = 1$$

$$C_{AB} = C_{CD} = 0$$

$$C_{BC} = \frac{wl^2}{12} = \frac{3 \times 8^2}{12} = 16\,\mathrm{t \cdot m}$$

$\psi_A = \psi_0 = 0$(고정단이므로, $\theta = 0$)

$\phi = 0$(절점변위가 없으므로)

ii) 재단모멘트식

$$\begin{cases} M_{AB} = k_{AB}(2\psi_A + \psi_B + \phi_{AB}) - C_{AB} = \psi_B \\ M_{BA} = 2\psi_B \\ M_{BC} = 2\psi_B + \psi_C - 16 \\ M_{CB} = 2\psi_C + \psi_B + 16 \\ M_{CD} = 2\psi_C \\ M_{DC} = \psi_C \end{cases}$$

iii) 절점 방정식

절점 B에서, $M_{BA} + M_{BC} = 0$, $4\psi_B + \psi_C - 16 = 0$

좌우대칭이므로 $\psi_B = -\psi_C$이다.

$$3\psi_B - 16 = 0$$

$$\therefore \psi_B = \frac{16}{3}\,\mathrm{t \cdot m},\ \psi_C = -\frac{16}{3}\,\mathrm{t \cdot m}$$

iv) 재단모멘트

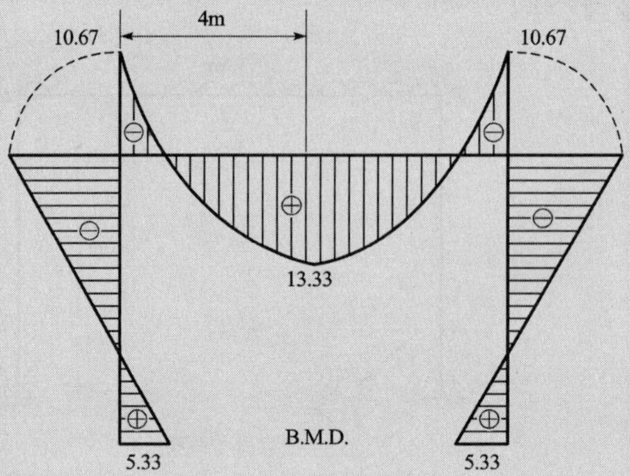

[그림 15-73]

$$\begin{cases} M_{AB} = 5.33\,\text{t}\cdot\text{m} \\ M_{BA} = 10.67\,\text{t}\cdot\text{m} \rightarrow -10.67\,\text{t}\cdot\text{m} \\ M_{BC} = -10.67\,\text{t}\cdot\text{m} \\ M_{CB} = 10.67\,\text{t}\cdot\text{m} \rightarrow -10.67\,\text{t}\cdot\text{m} \\ M_{CD} = -10.67\,\text{t}\cdot\text{m} \\ M_{DC} = -5.33\,\text{t}\cdot\text{m} \rightarrow 5.33\,\text{t}\cdot\text{m} \end{cases}$$

$$M = \frac{wl^2}{8} - 10.67 = 24 - 10.67 = 13.33\,\text{t}\cdot\text{m}$$

예제 5

다음 부정정라멘을 풀어라.

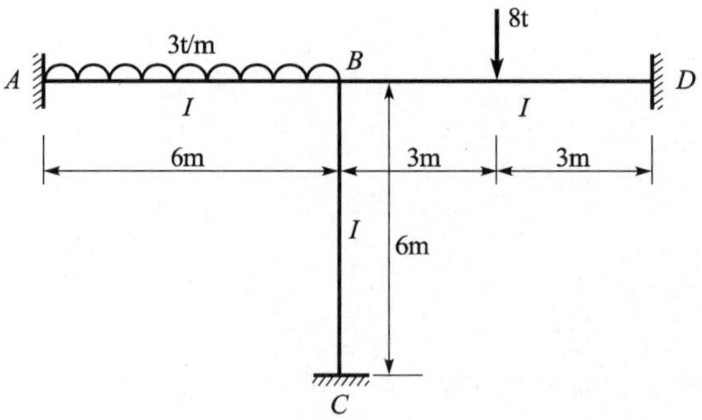

[그림 15-74]

i) 강비, 하중항

$k_{AB} = k_{BC} = k_{BD} = 1$

$C_{AB} = C_{BA} = \dfrac{wl^2}{12} = 9\,\mathrm{t \cdot m}$

$C_{BD} = C_{DB} = \dfrac{Pl}{8} = 6\,\mathrm{t \cdot m}$

$C_{BC} = C_{CB} = 0$

ii) 재단모멘트식

$M_{AB} = \psi_B - 9$

$M_{BA} = 2\psi_B + 9$

$M_{BC} = 2\psi_B$

$M_{CB} = \psi_B$

$M_{BD} = 2\psi_B - 6$

$M_{DB} = \psi_B + 6$

iii) 절점방정식

절점 B에서, $M_{BA} + M_{BC} + M_{BD} = 0$, $6\psi_B + 3 = 0$, $\therefore \psi_B = -0.5\,\mathrm{t \cdot m}$

iv) 재단모멘트

$M_{AB} = -9.5\,\mathrm{t \cdot m}$, $M_{BA} = 8.0\,\mathrm{t \cdot m} \rightarrow -8\,\mathrm{t \cdot m}$

$M_{BC} = -1.0\,\mathrm{t \cdot m}$, $M_{CB} = -0.5\,\mathrm{t \cdot m} \rightarrow 0.5\,\mathrm{t \cdot m}$

$M_{BD} = -7.0\,\mathrm{t \cdot m}$, $M_{DB} = 5.5\,\mathrm{t \cdot m} \rightarrow -5.5\,\mathrm{t \cdot m}$

v) 단순보 해석

보$(A-B)$;

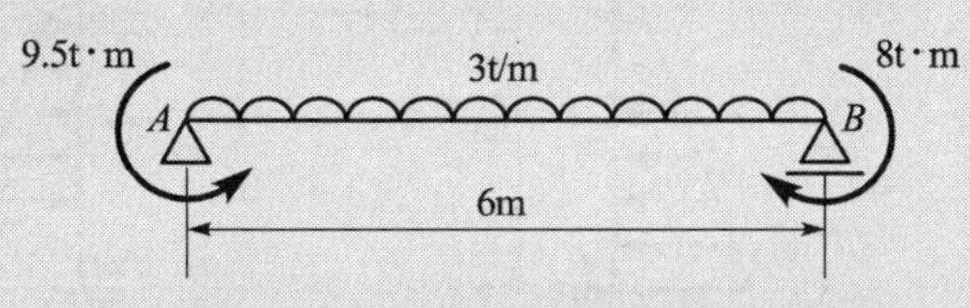

[그림 15-75(a)]

$\Sigma M_{atB} = 0$; $R_A \cdot 6 - 3 \times 6 \times 3 - 9.5 + 8 = 0$

$R_A = 9.25\mathrm{t}$

$S_x = 0$이 되는 곳 $x = 3.083\mathrm{m}$

$M = 9.25 \times 3.083 - 1.5(3.083)^2 - 9.5 = 4.76\,\mathrm{t \cdot m}$

보$(B-D)$;

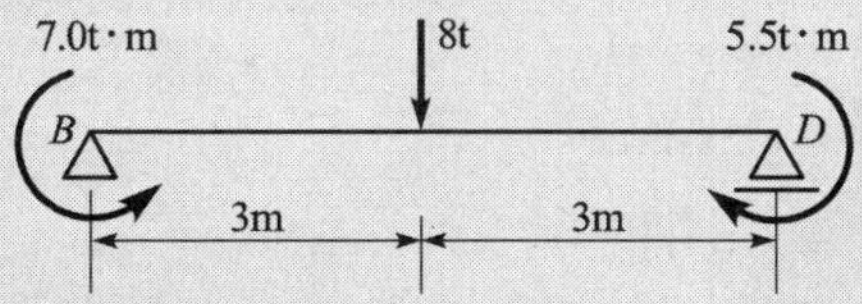

[그림 15-75(b)]

$\Sigma M_{\text{atB}} = 0$; $R_{\text{B}} \cdot 6 - 8 \times 3 - 7 + 5.5 = 0$

$R_{\text{B}} = 3.75\text{t}$

$M = 3.75 \times 3 - 7 = 4.25\,\text{t} \cdot \text{m}$

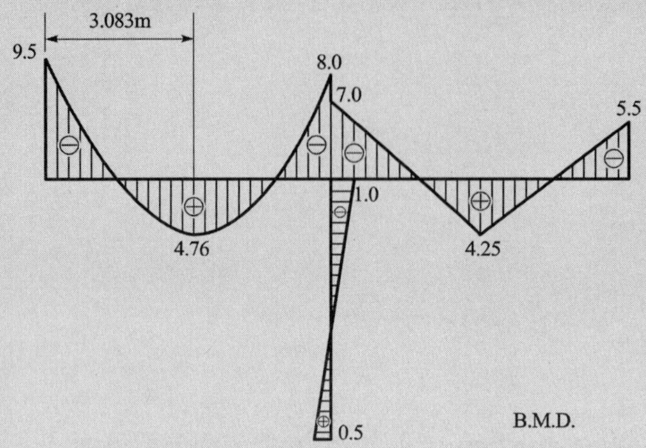

[그림 15-76]

예제 6

다음 라멘을 처짐각법으로 해석하라.

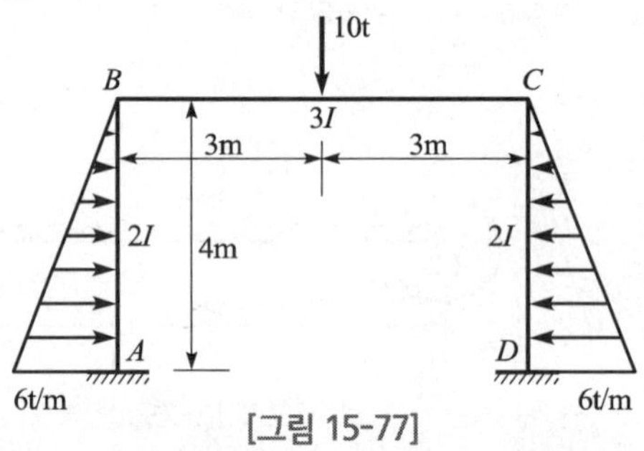

[그림 15-77]

i) 강비, 하중장

$$k_{\text{AB}} = k_{\text{CD}} = \frac{2I}{4} \rightarrow k_{\text{AB}} = k_{\text{CD}} = 1$$

$$k_{\text{BC}} = \frac{3I}{6} \rightarrow k_{\text{BC}} = 1$$

$$C_{\text{AB}} = \frac{wl^2}{20} = \frac{6 \times 4^2}{20} = 4.8\,\text{t} \cdot \text{m}$$

$$C_{\text{BA}} = \frac{wl^2}{30} = \frac{6 \times 4^2}{30} = 3.2\,\text{t} \cdot \text{m}$$

$$C_{\text{CD}} = 3.2\,\text{t} \cdot \text{m},\ C_{\text{DC}} = 4.8\,\text{t} \cdot \text{m}$$

$$C_{\text{BC}} = C_{\text{CB}} = \frac{Pl}{8} = \frac{10 \times 6}{8} = 7.5\,\text{t} \cdot \text{m}$$

ⅱ) 재단모멘트식

$$\begin{cases} M_{AB} = k_{AB}(2\psi_A + \psi_B + \phi_{AB}) - C_{AB} = \psi_B - 4.8 \\ M_{BA} = 2\psi_B + 3.2 \\ M_{BC} = 2\psi_B + \psi_C - 7.5 \\ M_{CB} = 2\psi_C + \psi_B + 7.5 \\ M_{CD} = 2\psi_C - 3.2 \\ M_{DC} = \psi_C + 4.8 \end{cases}$$

ⅲ) 절점 방정식

절점 B에서, $M_{BA} + M_{BC} = 0$, $4\psi_B + \psi_C - 4.3 = 0$

좌우 대칭이므로 $\psi_B = -\psi_C$이다. 따라서 $3\psi_B - 4.3 = 0$, $\therefore \psi_B = 1.433\text{t}\cdot\text{m}$

ⅳ) 재단모멘트

$$\begin{cases} M_{AB} = -3.367\text{t}\cdot\text{m}, \quad M_{BA} = 6.066 \rightarrow -6.066\text{t}\cdot\text{m} \\ M_{BC} = -6.066\text{t}\cdot\text{m}, \quad M_{CB} = 6.066 \rightarrow -6.066\text{t}\cdot\text{m} \\ M_{CD} = -6.066\text{t}\cdot\text{m}, \quad M_{DC} = 3.367 \rightarrow -3.367\text{t}\cdot\text{m} \end{cases}$$

ⅴ) 단순보해석

보$(A-B)$;

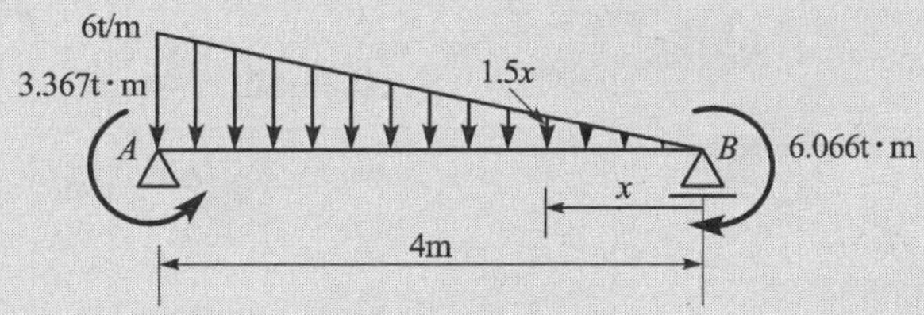

[그림 15-78]

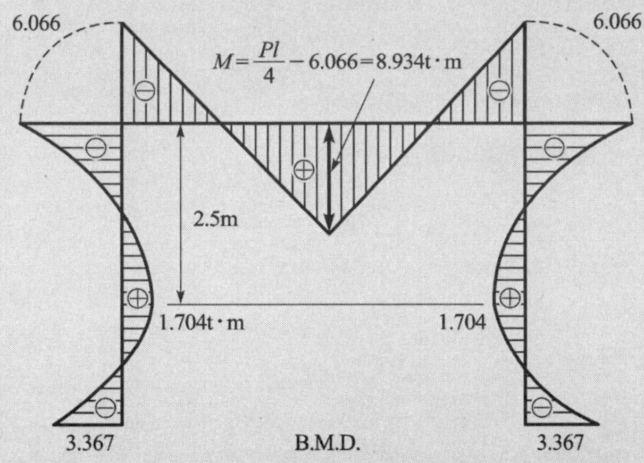

[그림 15-79]

$$\Sigma M_{atA}=0\ ;\ R_B\cdot 4-6\times 4\times \frac{1}{2}\times\left(4\times\frac{1}{3}\right)-6.066+3.367=0$$

$$R_B=4.675t$$

$$S_x=4.675-\frac{1.5}{2}x^2$$

$S_x=0$이 되는 곳, $x=2.5\text{m}$

$$M=4.675\times 2.5-\frac{1.5}{6}(2.5)^3-6.066=1.704\,\text{t}\cdot\text{m}$$

예제 7

다음과 같은 수평하중이 작용할 때 라멘을 해석하라.

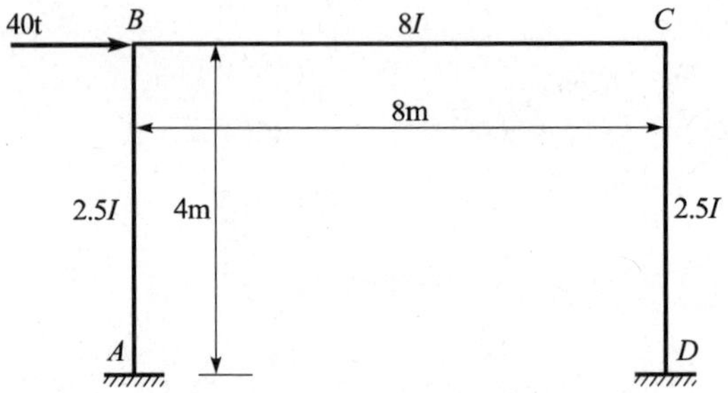

[그림 15-80]

i) 강비, 하중항

$$k_{AB}=k_{CD}=\frac{2.5I}{5}=\frac{I}{2}\ \rightarrow\ k_{AB}=k_{CD}=1$$

$$k_{BC}=\frac{8I}{8}=I\ \rightarrow\ k_{BC}=2$$

$$C_{AB}=C_{BC}=C_{CD}=0$$

ii) 미지수

$\psi_A=\psi_D=0$ (고정지점이므로)

$\phi_{AB}=\phi_{CD}=\phi$ (부재각이 같으므로), $\phi_{BC}=0$

iii) 재단모멘트

$$\begin{cases} M_{AB}=k_{AB}(2\psi_A+\psi_B+\phi_{AB})-C_{AB}=\psi_B+\phi \\ M_{BA}=2\psi_B+\phi \\ M_{BC}=4\psi_B+2\psi_C \\ M_{CB}=4\psi_C+2\psi_B \\ M_{CD}=2\psi_C+\phi \\ M_{DC}=\psi_C+\phi \end{cases}$$

iv) 절점방정식

절점 B에서 ; $M_{BA}+M_{BC}=0$

$$6\psi_B+2\psi_C+\phi=0 \quad \text{(a)}$$

절점 C 에서 ; $M_{CB}+M_{CD}=0$

$$6\psi_C+2\psi_B+\phi=0 \quad \text{(b)}$$

v) 층방정식

$$M_{AB}+M_{BA}+M_{CD}+M_{DC}+40\times 5=0$$

$$3\psi_B+3\psi_c+4\phi+200=0 \quad \text{(c)}$$

(a), (b), (c)를 연립하면

$(a)\times 3-(b)$

$$\begin{array}{rl} & 18\psi_B+6\psi_C+3\phi=0 \\ -) & 2\psi_B+6\psi_C+\phi=0 \\ \hline & 16\psi_B+2\phi=0 \end{array} \quad \text{(d)}$$

$(b)-(c)\times 2$

$$\begin{array}{rl} & 6\psi_C+2\psi_B+\phi=0 \\ -) & 6\psi_C+6\psi_B+8\phi+400=0 \\ \hline & -4\psi_B-7\phi-400=0 \end{array} \quad \text{(e)}$$

$(d)+(e)\times 4$

$$\begin{array}{rl} & 16\psi_B+2\phi=0 \\ -) & -16\psi_B-28\phi-1600=0 \\ \hline & -26\phi-1600=0 \end{array}$$

$$\therefore \begin{cases} \phi=-61.5\,\text{t}\cdot\text{m} \\ \psi_B=7.69\,\text{t}\cdot\text{m} \\ \psi_C=7.69\,\text{t}\cdot\text{m} \end{cases}$$

이와 같이 역대칭인 경우 $\psi_B=\psi_C$임을 알 수 있다.

vi) 재단모멘트

$$\begin{cases} M_{AB}=-53.83\,\text{t}\cdot\text{m} \\ M_{BA}=-46.14\,\text{t}\cdot\text{m} \ \rightarrow\ 46.14\,\text{t}\cdot\text{m} \\ M_{BC}=46.14\,\text{t}\cdot\text{m} \\ M_{CB}=46.14\,\text{t}\cdot\text{m} \ \rightarrow\ -46.14\,\text{t}\cdot\text{m} \\ M_{CD}=-46.14\,\text{t}\cdot\text{m} \\ M_{DC}=-53.83\,\text{t}\cdot\text{m} \ \rightarrow\ 53.83\,\text{t}\cdot\text{m} \end{cases}$$

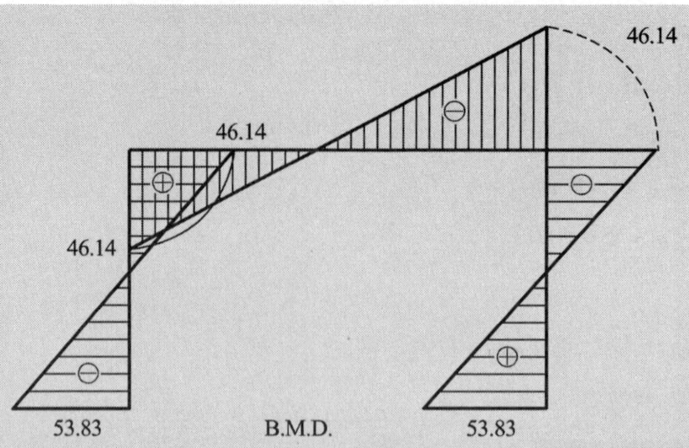

[그림 15-81]

예제 8

그림과 같은 수직 수평 하중이 작용할 경우 라멘을 해석하라(단, 강비는 모두 동일하다).

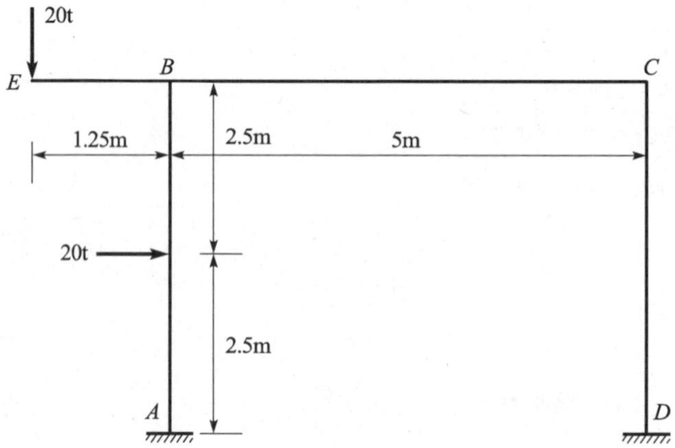

[그림 15-82]

i) 하중항

$$C_{AB} = C_{BA} = \frac{Pl}{8} = \frac{20 \times 5}{8} = 12.5\,\mathrm{t \cdot m}$$

기지의 모멘트 ; $M_{BE} = -20 \times 1.25 = -25\,\mathrm{t \cdot m}$ 이나, M_{BE}가 반대방향이므로

$M_{BE} = 25\,\mathrm{t \cdot m}$

ii) 미지수

$\psi_A = \psi_D = 0$, $\phi_{BC} = 0$

$\phi_{AB} = \phi_{CD} = \phi$

iii) 재단모멘트식

$M_{AB} = \psi_B + \phi - 12.5$

$M_{BA} = 2\psi_B + \phi + 12.5$

$M_{BC} = 2\psi_B + \psi_C$

$M_{CB} = 2\psi_C + \psi_B$

$M_{CD} = 2\psi_C + \phi$

$M_{DC} = \psi_C + \phi$

$M_{BE} = 25$

iv) 절점방정식

절점 B에서, $M_{BA} + M_{BC} + M_{BE} = 0$

$2\psi_B + \phi + 12.5 + 2\psi_B + \psi_C + 25 = 0$

$4\psi_B + \psi_C + \phi + 37.5 = 0$ (a)

절점 C에서, $M_{CB} + M_{CD} = 0$

$4\psi_C + \psi_B + \phi = 0$ (b)

v) 층방정식

$M_{AB} + M_{BA} + M_{CD} + M_{DC} + 20 \times 2.5 = 0$

$3\psi_B + 3\psi_C + 4\phi + 50 = 0$ (c)

vi) 연립방정식 해석

$(a) - (b)$; $3\psi_B - 3\psi_C + 37.5$ (d)

$(b) \times 4 - (c)$; $13\psi_C + \psi_B - 50 = 0$ (e)

$(e) \times 3 - (d)$; $42\psi_C - 187.5 = 0$

$$\therefore \begin{cases} \psi_C = 4.464\,\mathrm{t \cdot m} \\ \psi_B = -8.036\,\mathrm{t \cdot m} \\ \phi = -9.82\,\mathrm{t \cdot m} \end{cases}$$

vii) 재단모멘트

$M_{AB} = -30.356\,\mathrm{t \cdot m}$, $M_{BA} = -13.392\,\mathrm{t \cdot m} \rightarrow 13.392\,\mathrm{t \cdot m}$

$M_{BC} = -11.608\,\mathrm{t \cdot m}$, $M_{CB} = 0.892\,\mathrm{t \cdot m} \rightarrow -0.892\,\mathrm{t \cdot m}$

$M_{CD} = -0.892\,\mathrm{t \cdot m}$, $M_{DC} = -5.356\,\mathrm{t \cdot m} \rightarrow 5.356\,\mathrm{t \cdot m}$

viii) 단순보 해석

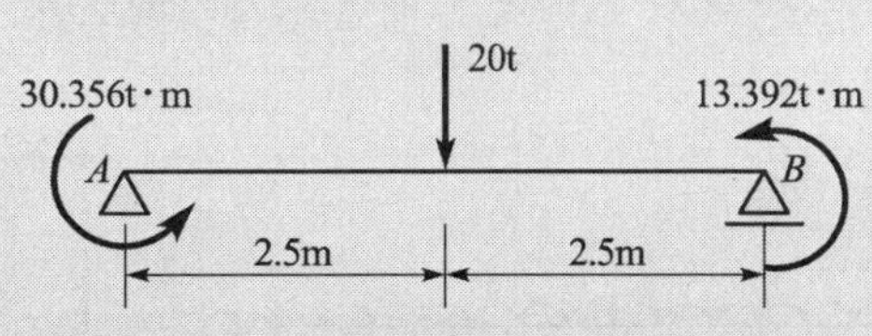

[그림 15-83]

보$(A-B)$에서

$\Sigma M_{atB}=0$;

$R_A \cdot 5-20\times 2.5-30.356-13.392=0$

$R_A=18.75t$

$M=18.75\times 2.5-30.356=16.518\,t\cdot m$

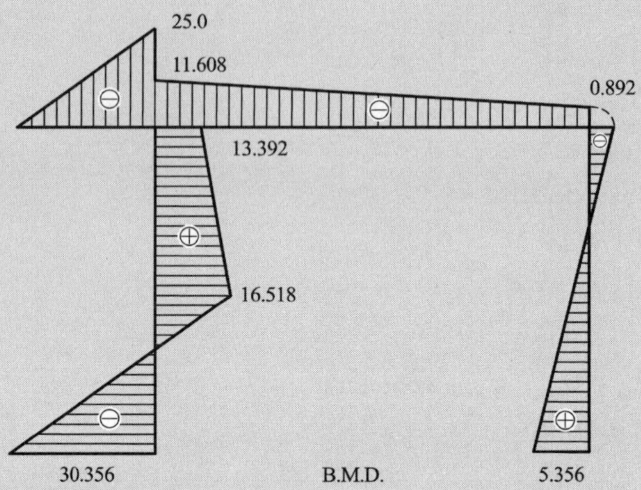

[그림 15-84]

15.5 모멘트 분배법(moment distributed method)

(1) 분배법의 원리

모멘트 분배법의 원리는 한 절점에서 모멘트 합이 0이 되어야 된다는 조건으로 부재를 해석하는 방법이다(처짐각법의 절점방정식과 같은 뜻이다).

1) 절점이 1개인 경우

그림과 같은 구조물에서 모멘트 분배법을 생각해보면

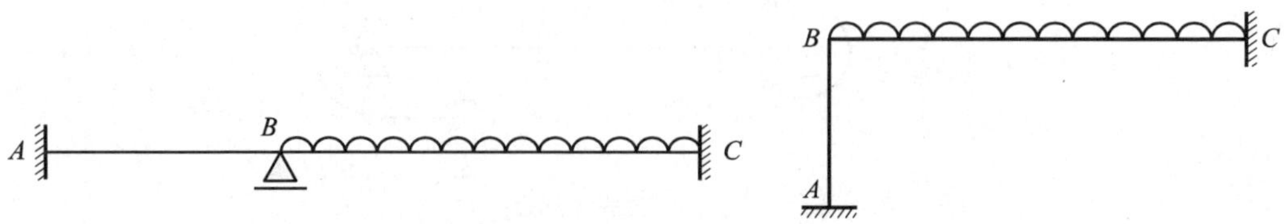

[그림 15-85]

보 AB만 생각할 경우 하중에 의한 모멘트 $M_{AB}=M_{BA}=0$이다.
그러나 보 BC를 생각하면 M_{BC} 및 M_{CB}는 어떤 값을 가지고 있다. 평형조건에서 절점 B의 모멘트 합이 0이 되어야 되는데 $M_{BA}+M_{BC}\neq 0$가 되어 어떤 값을 갖게 되며 이 값을 불균형모멘트라 한다.
이 불균형모멘트를 각 부재의 강비에 따라 분배하여 평형조건을 만족시킨다. 또 다음과 같이 한 절점에서 모멘트 합이 0이 될 경우 그 값이 바로 해가 된다.

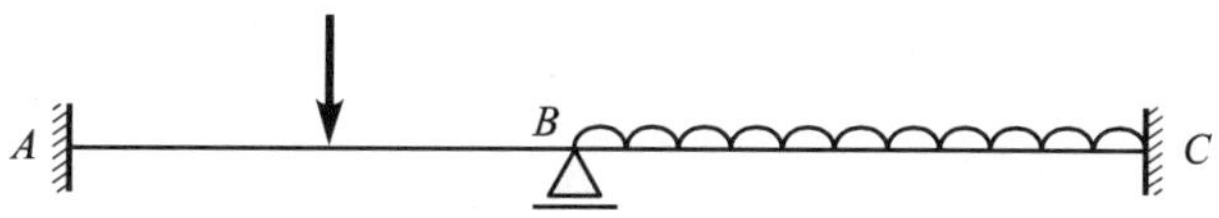

[그림 15-86]

AB보만 생각할 경우 B점의 모멘트 M_{BA}와 BC보만 생각할 때, B점의 모멘트 M_{BC}가 같을 경우, 즉 $M_{BA}+M_{BC}=0$일 경우 이 M_{BA}, M_{BC}의 값이 최종 모멘트 값이 된다.

2) 절점이 여러 개인 경우

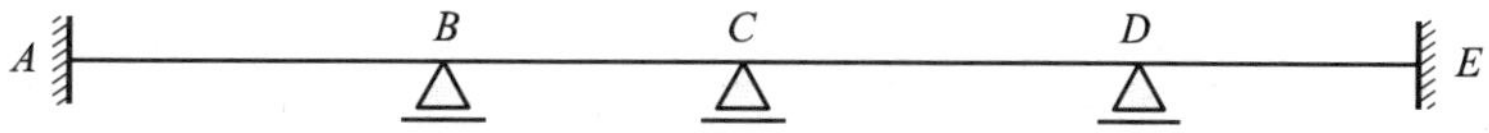

[그림 15-87]

그림과 같이 절점이 2개 이상일 경우 각 절점에서 평형방정식에 의하여 모멘트를 분배한다. 그러나 분배된 모멘트는 타단에 그 값의 $\frac{1}{2}$이 전달되어 그 균형이 깨어지므로 다시 분배하여 평형을 이룬다. 그러나 또 옆의 절점의 균형이 깨어지므로 다시 분배한다. 이와 같은 방법으로 계속 계산하면 재단모멘트의 근사치를 구할 수 있다.
분배법에서 사용되는 용어는 다음과 같다.

① 고정단모멘트(fixed−end moment, F.E.M.)
절점과 절점을 고정단으로 생각할 때, 재단모멘트(즉, 하중항을 말한다.)

② 불균형모멘트(unbalanced moment, U.B.M.)
한 절점에서 모멘트의 합이 0이 아닌 경우의 모멘트

③ 분배율(distributed factor, D)
절점에서 각 부재로 분배되는 율

④ 전달률(carry−over factor, C)

⑤ 분배 모멘트(distributed moment, D.M.)

⑥ 전달 모멘트(carry–over moment, C.M.)

⑦ 변량 모멘트(change in moment, C.I.M.)

평형이 되기 위해 변한 모멘트의 합(분배된 모멘트 및 전달된 모멘트)

⑧ 최종 모멘트(final moment, F.M.)

고정단 모멘트와 변량 모멘트의 합

⑨ 유효강비(도)(effective stiffness)

(2) 분배율(D)과 전달률(C)

1) 분배율 및 분배 모멘트

그림과 같은 부재의 임의 m 절점에 모인 부재의 타단이 모두 고정단이고 부재각이 없을 경우 m 점에 가한 모멘트 M이 각 부재 m단에 어떻게 분배되는가를 살펴보면

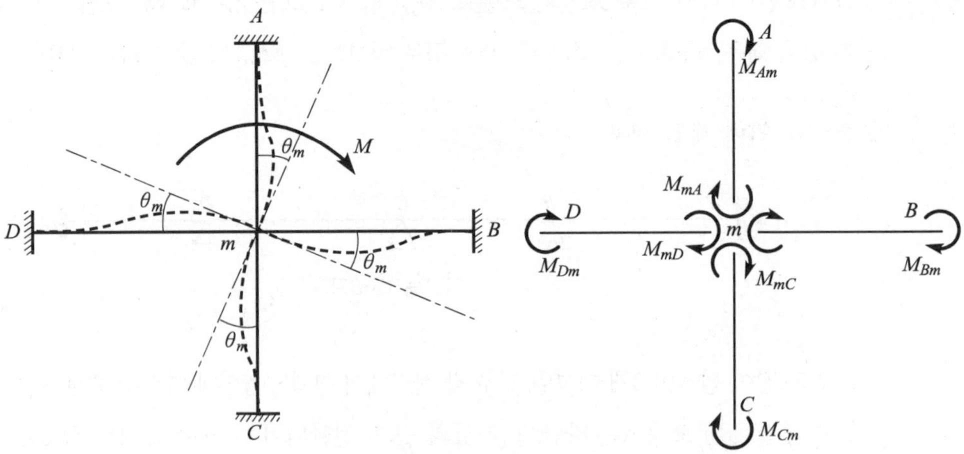

[그림 15-88]

처짐각법 실용공식에서 $M_{AB} = k_{AB}(2\psi_A + \psi_B + \phi) - C_{AB}$이고, 여기서는 ψ_A, ψ_B, ψ_C, ψ_D, ϕ, C 모두 0이고, ψ_m 만 존재한다.

절점 m에서 각 부재의 재단모멘트 식을 세워보면

$\psi_i = 2EK_0 \cdot \theta_i$이고, $K_0 \cdot k_{ij} = K_{ij}$이므로

$$\begin{pmatrix} M_{mA} = 2EK_{mA}(2\theta_m) \\ M_{mB} = 2EK_{mB}(2\theta_m) \\ M_{mC} = 2EK_{mC}(2\theta_m) \\ M_{mD} = 2EK_{mD}(2\theta_m) \end{pmatrix} \qquad \text{(a)}$$

m 점의 모멘트를 모두 합하면

$$M_{mA}+M_{mB}+M_{mC}+M_{mD}=2E(2\theta m)(K_{mA}+K_{mB}+K_{mC}+K_{mD}) \tag{b}$$

가 되며, 절점 m 에서 $\Sigma M=0$ 이 되어야 하므로

$$M=M_{mA}+M_{mB}+M_{mC}+M_{mD}$$

가 되며, (b)식을 대입하면

$$M=2E(2\theta m)[K_{mA}+K_{mB}+K_{mC}+K_{mD}] \tag{c}$$

(a)식에서

$$2E(2\theta m)=\frac{M_{mA}}{K_{mA}}=\frac{M_{mB}}{K_{mB}}=\frac{M_{mC}}{K_{mC}}=\frac{M_{mD}}{K_{mD}}$$

이고, 이 식을 각각 (c)식에 대입하면 다음과 같다.

$$M=\frac{M_{mA}}{K_{mA}}[K_{mA}+K_{mB}+M_{mC}+M_{mD}]$$

$$\left\{\begin{aligned}
\frac{M_{mA}}{M}&=\frac{K_{mA}}{[K_{mA}+K_{mB}+K_{mC}+K_{mD}]}=\frac{K_{mA}}{\Sigma K_{mi}}=\frac{k_{mA}}{\Sigma k_{mi}}\\
\frac{M_{mB}}{M}&=\frac{K_{mB}}{[K_{mA}+K_{mB}+K_{mC}+K_{mD}]}=\frac{K_{mB}}{\Sigma K_{mi}}=\frac{k_{mB}}{\Sigma k_{mi}}\\
\frac{M_{mC}}{M}&=\frac{K_{mC}}{[K_{mA}+K_{mB}+K_{mC}+K_{mD}]}=\frac{K_{mA}}{\Sigma K_{mi}}=\frac{k_{mA}}{\Sigma k_{mi}}\\
\frac{M_{mD}}{M}&=\frac{K_{mD}}{[K_{mA}+K_{mB}+K_{mC}+K_{mD}]}=\frac{K_{mD}}{\Sigma K_{mi}}=\frac{k_{mD}}{\Sigma k_{mi}}
\end{aligned}\right.$$

여기서 $\dfrac{K_{mA}}{\Sigma K_{mi}}=D_{mA}$ 라 두면

$$\left(\begin{aligned}
M_{mA}&=D_{mA}\cdot M\\
M_{mB}&=D_{mB}\cdot M\\
M_{mC}&=D_{mC}\cdot M\\
M_{mD}&=D_{mD}\cdot M
\end{aligned}\right) \tag{15.44}$$

(15.1) 식의 M_{mi}가 분배모멘트(D.M.)이고, D_{mi}가 분배율이다.

즉, 분배모멘트 = 분배율 × 모멘트 = $D_{mi}\times M$

$$\text{분배율}(D_{mi}) = \frac{\text{구하고자 하는 부재의 강도(비)}}{\text{한 절점에서 만나는 부재들의 강도(비)의 합}} = \frac{K}{\Sigma K} = \frac{k}{\Sigma k}$$

예제 1

다음과 같은 구조물에서 M_{OA}, M_{OB}, M_{OC}를 구하라.

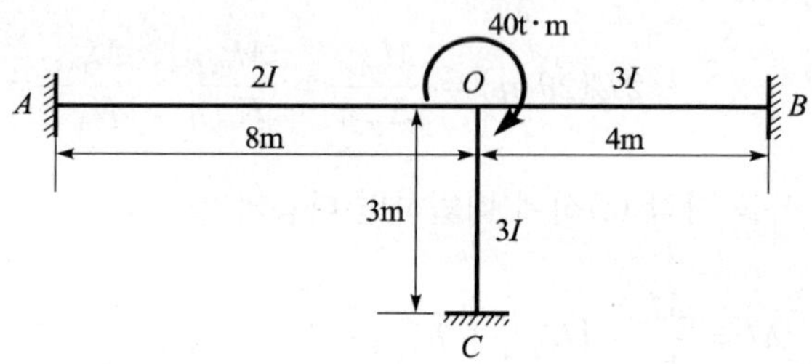

[그림 15-89]

i) 각 부재의 강도

$$K_{OA} = \frac{2I}{8} = \frac{I}{4},\ K_{OB} = \frac{3I}{4},\ K_{OC} = \frac{3I}{3} = I$$

ii) 강비

$k_{OA} = 1,\ k_{OB} = 3,\ k_{OC} = 4$로 생각한다.

iii) 분배율 (D_{oi})

$$D_{OA} = \frac{k_{OA}}{\Sigma k} = \frac{1}{1+3+4} = \frac{1}{8}$$

$$D_{OB} = \frac{k_{OB}}{\Sigma k} = \frac{3}{1+3+4} = \frac{3}{8}$$

$$D_{OC} = \frac{k_{OC}}{\Sigma k} = \frac{4}{1+3+4} = \frac{1}{2}$$

합이 1이 되어야 된다.

iv) 분배모멘트 (D.M.)

$$D_{OA} = \frac{1}{8} \times 40 = 5\,\text{t·m} \ \rightarrow\ -5\,\text{t·m}$$

$$D_{OB} = \frac{3}{8} \times 40 = 15\,\text{t·m}$$

$$D_{OC} = \frac{1}{2} \times 40 = 20\,\text{t·m}$$

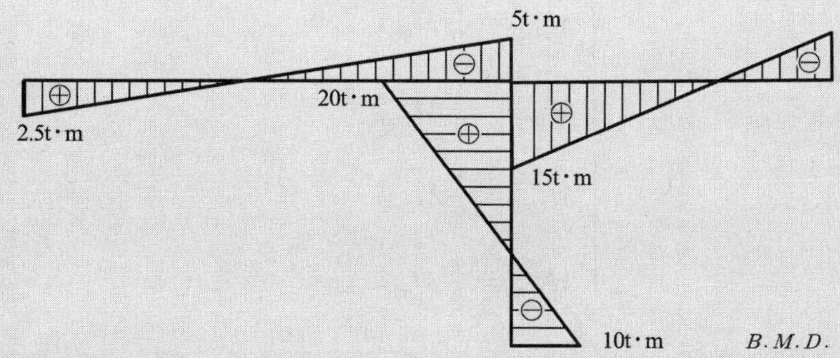

[그림 15-90]

2) 고정단에 전달되는 모멘트

다음 그림과 같이 부재 AB에서 A단이 강결이고 B단이 고정지점으로 되어있을 경우 재단 모멘트는 처짐각법의 실용공식에서

$$M_{AB}=k_{AB}(2\psi_A+\psi_B+\phi)-C_{AB}$$

$$M_{BA}=k_{AB}(2\psi_B+\psi_A+\phi)-C_{BA}$$

이므로

$$M_{AB}=k_{AB}(2\psi_A)$$

$$M_{BA}=k_{AB}(\psi_A)$$

$$\therefore\ M_{BA}\frac{1}{2}M_{AB} \qquad (15.44)$$

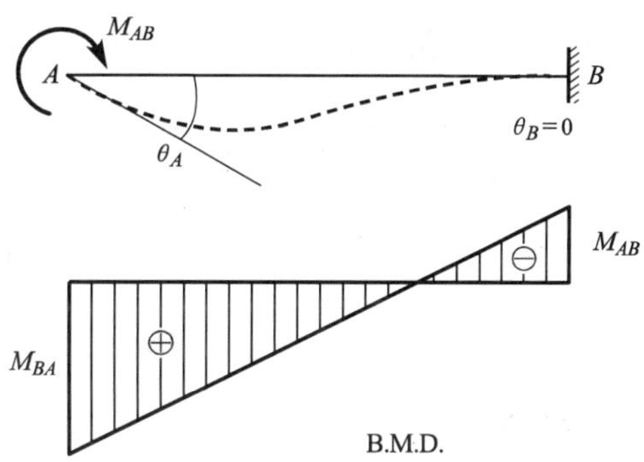

[그림 15-91]

즉, A단에 생긴 모멘트의 $\frac{1}{2}$이 B단에 같은 방향으로 전달된다.

또, M_{BA}를 전달모멘트라 하며 실제는 (−)값이며 (반대방향 해석) $B.\ M.\ D.$는 그림과 같다.

3) 전달률 및 전달모멘트

(15.44) 식에서 보는 바와 같이 분배된 모멘트의 절반이 같은 방향으로 고정단에 전달됨을 알 수 있다.

그러므로 (15.43) 식의 분배모멘트가 각 부재 고정단에 전달되는 전달모멘트 양을 생각하면

$$\begin{cases} M_{Am} = \dfrac{1}{2} M_{mA} \\ M_{Bm} = \dfrac{1}{2} M_{mB} \\ M_{Cm} = \dfrac{1}{2} M_{mC} \\ M_{Dm} = \dfrac{1}{2} M_{mD} \end{cases}$$

즉, 전달모멘트 = $\dfrac{1}{2}$(분배모멘트)

로 나타나며 전달률을 C라 두면 다음과 같다.

$$\begin{pmatrix} M_{Am} = C_{mA} \cdot M \\ M_{Bm} = C_{mB} \cdot M \\ M_{Cm} = C_{mC} \cdot M \\ M_{Dm} = C_{mD} \cdot M \end{pmatrix} \tag{15.45}$$

(15.45) 식의 M_{im} 이 전달모멘트(C.M.)이고, C_{mi}가 전달률이다.

즉, 전달모멘트 = 전달률×모멘트 = $\dfrac{1}{2}$×분배모멘트

$$전달률(C_{mi}) = 분배율 \times \frac{1}{2} = \frac{K_{mi}}{2\Sigma K} = \frac{k_{mi}}{2\Sigma k}$$

예제 2

다음 그림과 같은 부재의 모멘트도를 그려라.

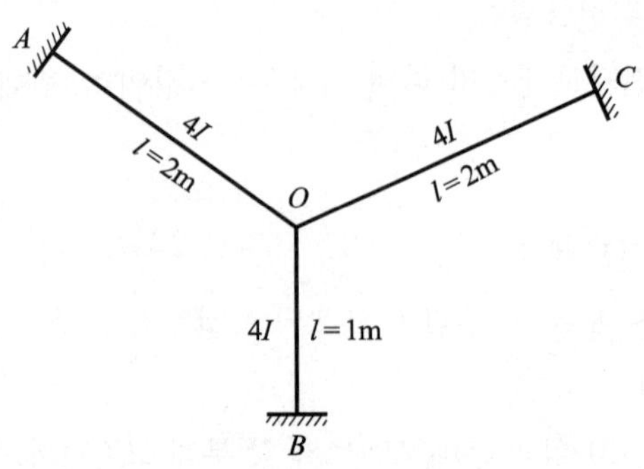

[그림 15-92]

i) 강도

$$K_{OA}=\frac{4I}{2},\ K_{OB}=\frac{4I}{2},\ K_{OC}=4I$$

ii) 강비

$$k_{OA}=1,\ k_{OB}=1,\ k_{OC}=2$$

iii) 분배율

$$\begin{cases} D_{OA}=\dfrac{1}{1+1+2}=\dfrac{1}{4} \\ D_{OB}=\dfrac{1}{1+1+2}=\dfrac{1}{4} \\ D_{OC}=\dfrac{2}{1+1+2}=\dfrac{1}{2} \end{cases}$$

iv) 분배모멘트

$$\left(\begin{array}{l} M_{OA}=D_{OA}\cdot M=\dfrac{1}{4}\times 36=9\,\text{t}\cdot\text{m} \\ M_{OB}=D_{OB}\cdot M=\dfrac{1}{4}\times 36=9\,\text{t}\cdot\text{m} \\ M_{OC}=D_{OC}\cdot M=\dfrac{1}{2}\times 36=18\,\text{t}\cdot\text{m} \end{array}\right) \rightarrow 36\,\text{t}\cdot\text{m}$$

v) 전달모멘트

$$\left(\begin{array}{l} M_{OA}=9\times\dfrac{1}{2}=4.5 \ \rightarrow\ -4.5\,\text{t}\cdot\text{m} \\ M_{OB}=9\times\dfrac{1}{2}=4.5 \ \rightarrow\ -4.5\,\text{t}\cdot\text{m} \\ M_{OC}=18\times\dfrac{1}{2}=9 \ \rightarrow\ -9\,\text{t}\cdot\text{m} \end{array}\right) \rightarrow 18\,\text{t}\cdot\text{m}$$

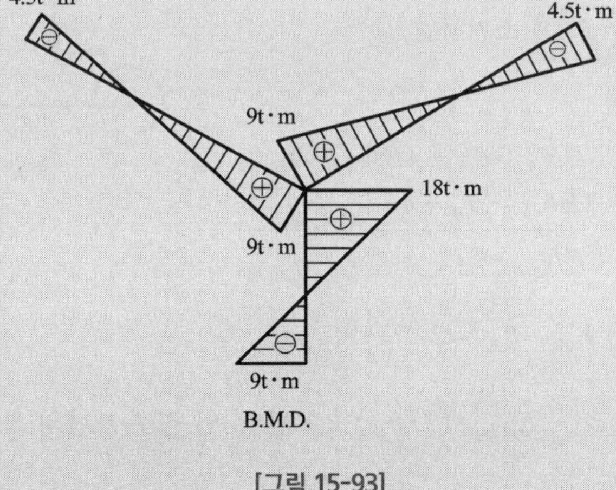

[그림 15-93]

(3) 특수 경우의 분배율(유효강비, 유효강도)

다음 그림과 같이 동일조건에서 단지 지점 C만 다를 경우 (그림 a는 고정지점, 그림 b는 회전지점) 강도를 생각해 보면,

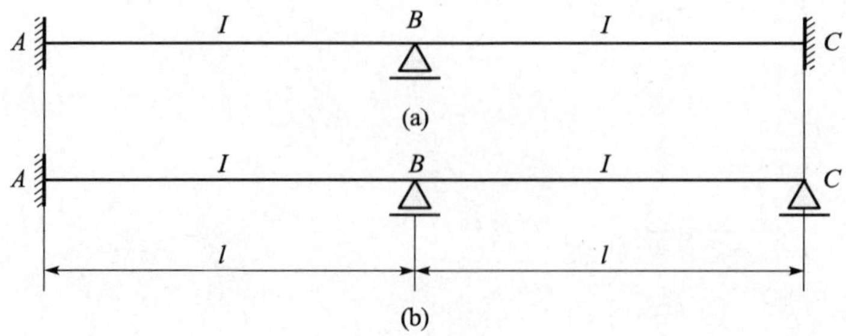

[그림 15-94]

그림 (a)와 같은 경우는 좌우 대칭이므로 분배율이 $D_{BA} = \frac{1}{2}$, $D_{BC} = \frac{1}{2}$ 임을 알 수 있으나, 그림 (b)의 경우는 조건이 다르므로(지점 C의 지지조건이 다름) $\frac{1}{2}$ 분배가 되지 않는다. 모든 조건이 동일하나 고정절점이 회전절점으로 되면 강도가 저하된다(모멘트를 받을 수 없기 때문에). 이와 같이 저하된 강도를 유효강도라 하며 다음과 같다.

그림과 같이 A단구속, B단회전인 부재에서 $M_{BA} = 0$이다.

그림 (a)에 처짐각법 기본 식을 적용하면

$$M_{AB} = 2EK_{AB}(2\theta_A + \theta_B) \qquad \text{(a)}$$

$$M_{BA} = 2EK_{AB}(\theta_A + 2\theta_B) = 0 \qquad \text{(b)}$$

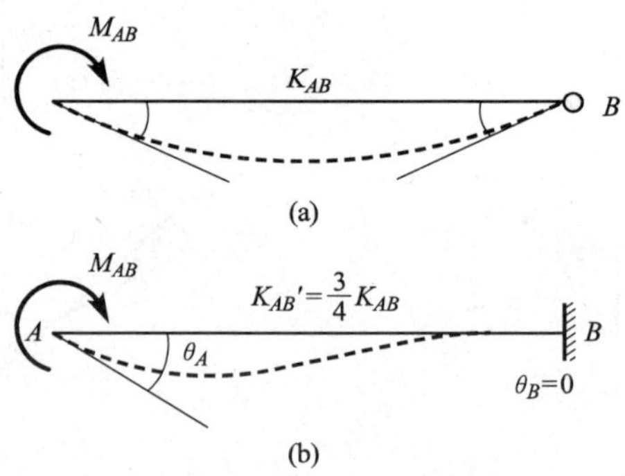

[그림 15-95]

이 두 식에서 θ_B를 소거하면

(a) × 2 − (b)

$$\begin{array}{rl} & 2M_{AB} = 8EK_{AB} \cdot \theta_A + 4EK_{AB} \cdot \theta_B \\ -) & M_{BA} = 2EK_{AB} \cdot \theta_A + 4EK_{AB} \cdot \theta_B \\ \hline & 2M_{AB} = 6EK_{AB} \cdot \theta_A \end{array}$$

$$M_{AB} = 3E \cdot K_{AB} \cdot \theta_A = 2E \cdot \frac{3}{2} K_{AB} \cdot \theta_A$$

$$\therefore M_{AB} = 2E\left(\frac{3}{4}K_{AB}\right) \cdot (2 \cdot \theta_A) \text{ ; 그림 (a)인 경우 } A\text{단의 모멘트} \qquad \text{(c)}$$

또, 그림 (b)에서 A단의 모멘트

$$M_{AB} = 2E \cdot (K_{AB}{}') \cdot (2\theta_A) \tag{d}$$

이므로, $\frac{3}{4}K_{AB} = K_{AB}{}'$가 되며

(c) 식에서

$$M_{AB} = 2E \cdot (K_{AB}{}') \cdot (2\theta_A) \tag{15.46}$$

(15.46) 식은 강도 $K_{AB}{}'$인 부재가 AB 구속일 경우 A단의 모멘트를 나타내는 식이다. 즉, 한단이 회전절점(지점)일 때, 부재강도의 $\frac{3}{4}$을 취하면 양단구속이 된 경우와 같은 결과이다.

$$\begin{cases} \text{한단이 회전절점일 경우 유효강도} : \frac{3}{4}K_{ij} \\ \text{한단이 회전절점일 경우 유효강비} : \frac{3}{4}k_{ij} \end{cases}$$

예제 3

다음 그림에서 OA부재의 분배율은 얼마인가?

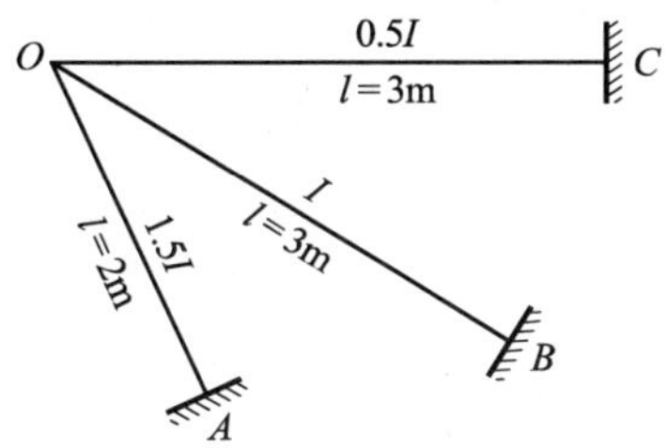

[그림 15-96]

i) 각 부재의 강도

$$\begin{cases} K_{OA} = \frac{1.5I}{2} = \frac{4.5I}{6} \\ K_{OB} = \frac{I}{3} = \frac{2I}{6} \\ K_{OC} = \frac{0.5I}{3} = \frac{I}{6} \end{cases}$$

ii) 각 부재의 강비

$k_{OA} = 4.5$, $k_{OB} = 2.0$, $k_{OC} = 1.0$

iii) OA부재의 분배율

$$D_{OA} = \frac{k_{OA}}{\Sigma k} = \frac{4.5}{4.5+2.0+1.0} = \frac{4.5}{7.5} = \frac{3}{5}$$

(4) 전달모멘트의 응용

분배된 모멘트의 $\frac{1}{2}$이 고정단에 전달되는 원리를 이용하여 간단한 부정정들을 다음과 같이 해석할 수 있다.

예제 4

그림과 같은 보 A단에 M_{AB}인 모멘트를 가하였을 때, A단의 처짐각을 구하라.(단, EI는 일정하다.)

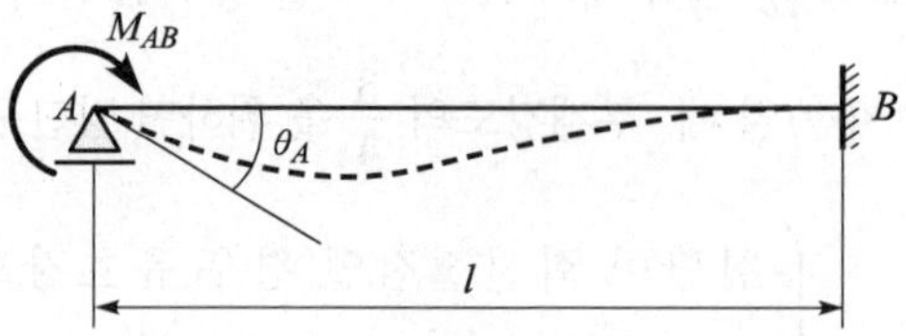

[그림 15-97]

A점에 가해진 모멘트 $\frac{1}{2}$이 같은 방향으로 고정단에 전달되므로 다음과 같은 단순보가 된다. 처짐각에서

$$\theta_A = \frac{l}{6EI}(2M_A + M_B)$$

여기서 $M_A = M_{AB}$

$$M_B = -\frac{1}{2}M_{AB}$$

이므로

$$\theta_A = \frac{l}{6EI}\left(2M_{AB} - \frac{1}{2}M_{AB}\right) = \frac{l}{6EI}\cdot\frac{3}{2}M_{AB}$$

$$\therefore \theta_A = \frac{M_{AB}\cdot l}{4EI}$$

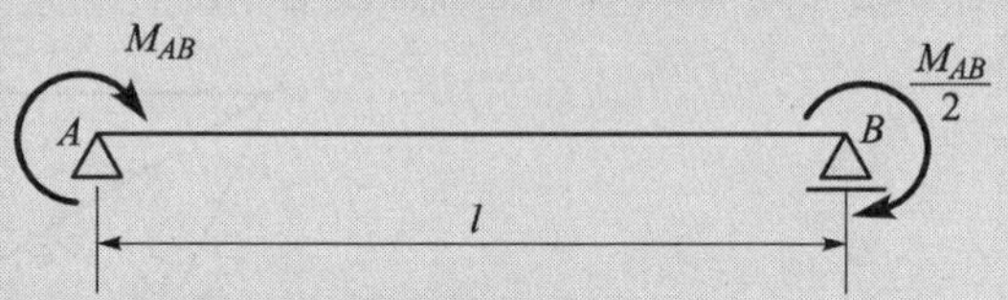

[그림 15-98]

예제 5

그림과 같은 양단 고정보에서 지점 B를 반시계방향으로 1만큼 회전시켰을 때, B점에 발생되는 모멘트를 구하라. (단, $EI = 1.2 \times 10^9 \text{kg} \cdot \text{cm}^2$이다)

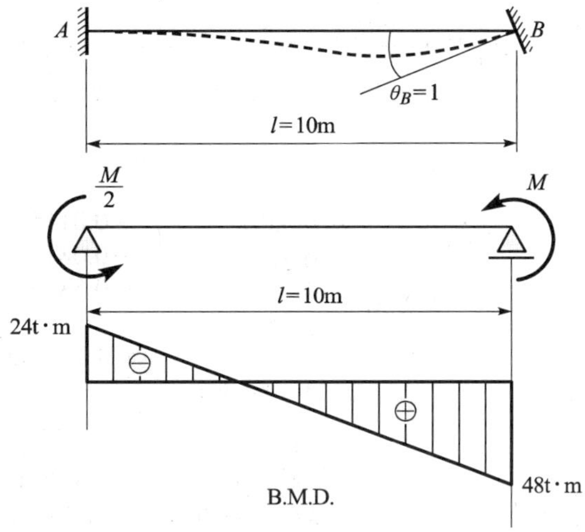

[그림 15-99]

B단에 M이 작용하면 A단에 같은 방향으로 $\dfrac{M}{2}$이 전달되어 그림과 같은 단순보가 된다.

처짐각에서

$$\theta_B = \frac{l}{6EI}\left(2M - \frac{M}{2}\right)$$

$$\theta_B = \frac{Ml}{4EI}$$

여기서 $\theta_B = 1$이므로

$$M = \frac{4EI}{l} = \frac{4 \times 1.2 \times 10^9}{1000} = 48 \times 10^5$$

$$\therefore M = 48 \text{t} \cdot \text{m}$$

(5) 분배법 계산방법

모멘트 분배법에 의한 계산은 다음과 같이 하는 것이 편리하다.

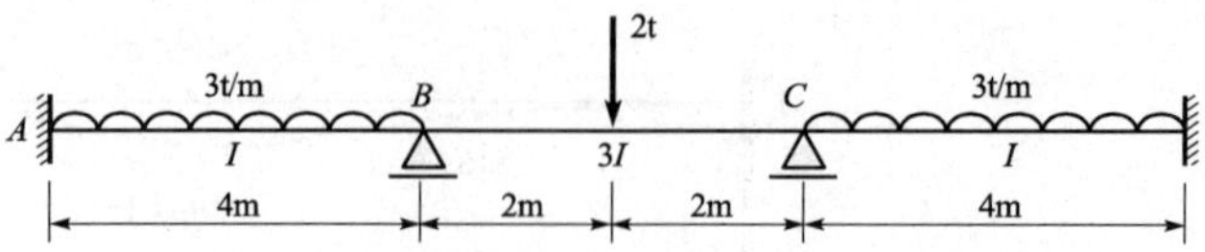

[그림 15-100]

U.B.M			0.0307	−0.0115			
			0.218	−0.0818			
				−0.5813			
			1.55				9)
				−4.125t·m			6)
			4−1=3t·m				3)
		$\frac{1}{4}$	$\frac{3}{4}$	$\frac{3}{4}$	$\frac{1}{4}$		2)
F.E.M	−4.0	4.0	−1.0	1.0	−4.0	4.0	1)
변량모멘트(C·I·M) 1st (절점B)		−0.75	−2.25				4)
	−0.375			−1.125			5)
2nd (절점C)				3.1	1.025		7)
			1.55			0.5125	8)
3rd (절점B)		−0.3875	−1.1625				
	−0.1938			−0.5813			
4th (절점C)				0.436	0.1453		
			0.218			0.0727	
5th (절점B)		−0.0545	−0.1635				
	−0.0273			−0.0818			
6th (절점C)				0.0614	0.0205		
			0.0307			0.0102	
7th (절점B)		−0.0077	−0.023				
	−0.0038			−0.0115			
8th (절점C)				0.0086	0.0029		
			0.0043			0.0014	
최종모멘트 (F.M.)	−4.6	2.8	−2.796	2.8064	−2.8063	4.6	10)

[그림 15-101]

1) 하중항 계산

양단 구속조건에 따라 하중으로 인한 고정단 모멘트(F.E.M)를 계산한다.

$$C_{AB}=\frac{wl^2}{12}=\frac{3\times4^2}{12}=4\,\mathrm{t\cdot m}\ (\text{실지는 } -4\,\mathrm{t\cdot m}\text{이다})$$

$$C_{BA}=4\,\mathrm{t\cdot m}\ (\text{실지는 } -4\mathrm{t\cdot m}\text{이나, 반대로 해석되기 때문 } +4\mathrm{t\cdot m}\text{로 기재})$$

$$C_{BC}=\frac{Pl}{8}=\frac{2\times4}{8}=1\,\mathrm{t\cdot m},\ C_{CB}=1\,\mathrm{t\cdot m}$$

$$C_{CD}=C_{DC}=\frac{wl^2}{12}=\frac{3\times4^2}{12}=4\,\mathrm{t\cdot m}$$

만약 하중항에 의하여 계산된 값들이 한 절점에서 $\Sigma M=0$가 되면 그 값이 바로 해가 된다.

2) 분배율 계산

한 절점에서 불균형모멘트를 분배하기 위하여 각 부재에 분배되는 율을 계산한다.

① 각 부재 강도 및 강비(K_{ij}, k_{ij})

$$K_{AB}=\frac{I}{4},\ K_{BC}=\frac{3I}{4},\ K_{CD}=\frac{I}{4}$$

강비 : $k_{AB}=1,\ k_{BC}=3,\ k_{BD}=1$

② 분배율(D_{ij})

$$\left.\begin{aligned}D_{BA}&=\frac{k_{AB}}{k_{AB}+k_{BC}}=\frac{1}{1+3}=\frac{1}{4}(\text{절점 }B\text{에서 }A\text{로 분배되는 율})\\ D_{BC}&=\frac{k_{BC}}{k_{AB}+k_{BC}}=\frac{1}{1+3}=\frac{3}{4}(\text{절점 }B\text{에서 }C\text{로 분배되는 율})\end{aligned}\right\}\rightarrow\ \frac{1}{4}+\frac{3}{4}=1$$

$$\left.\begin{aligned}D_{CB}&=\frac{k_{BC}}{k_{BC}+k_{CD}}=\frac{3}{1+3}=\frac{3}{4}(\text{절점 }C\text{에서 }B\text{로 분배되는 율})\\ D_{CD}&=\frac{k_{CD}}{k_{BC}+k_{CD}}=\frac{1}{1+3}=\frac{1}{4}(\text{절점 }C\text{에서 }D\text{로 분배되는 율})\end{aligned}\right\}\rightarrow\ \frac{3}{4}+\frac{1}{4}=1$$

한 절점에서 분배율의 합은 항상 1이 되어야 한다.

3) 불균형모멘트(unbalanced moment, $U.B.M.$) ; 절점 B

평형조건식에서 한 절점에 모멘트 합은 0이 되어야 한다. 그러나 절점에서 모멘트 합이 0이 되지 않고 어떤 값을 가지고 있다. 이 값을 $U.B.M.$이라 한다.

절점 B에서 ;

$$M_{BA} + M_{BC} = 4 - 1 = 3\,\mathrm{t \cdot m}$$

즉, 절점 B에서 불균형된 모멘트를 분배하여 균형을 이룬다.

$$\left.\begin{array}{l} B\text{에서 } A\text{로 분배되는 모멘트, } M_{BA} = -3 \times \dfrac{1}{4} = -0.75\,\mathrm{t \cdot m} \\ B\text{에서 } C\text{로 분배되는 모멘트, } M_{CB} = -3 \times \dfrac{3}{4} = -2.25\,\mathrm{t \cdot m} \end{array}\right\} -3\,\mathrm{t \cdot m}$$

이와 같이 분배하면 절점 B에서는 균형이 이루어진다.

$$\left\{\begin{array}{l} M_{BA} = 4 - 0.75 = 3.25\,\mathrm{t \cdot m} \\ M_{BC} = -1 - 2.25 = -3.25\,\mathrm{t \cdot m} \end{array}\right.$$

그러나 절점 B에서 분배된 모멘트의 $\frac{1}{2}$이 고정단에 전달되고, 절점 C에서 분배된 모멘트가 절점 B로 다시 전달되므로 균형이 깨어진다.

5) 전달모멘트 ; 절점 B

분배된 모멘트의 $\frac{1}{2}$이 고정단에 전달된다. (이때 회전절점에는 전달은 되나 모멘트를 받을 수 없으므로 0이다.)

$$\left\{\begin{array}{l} M_{AB} = -0.75 \times \dfrac{1}{2} = -0.375\,\mathrm{t \cdot m} \\ M_{BC} = -2.25 \times \dfrac{1}{2} = -1.125\,\mathrm{t \cdot m} \end{array}\right.$$

6) 불균형모멘트 : 절점 C

절점 C에서 모멘트 합이 0이 되어야 하므로, 절점 C에서 ;

$$1 - 1.125 - 4 = -4.125\,\mathrm{t \cdot m}$$

즉, 절점 C에서 4.125t·m가 부족하므로 4.125t·m를 더하여야 한다.

7) 분배모멘트 ; 절점 C

$$\left.\begin{array}{l} C\text{에서 } B\text{로 분배되는 모멘트, } M_{CB} = 4.125 \times \dfrac{3}{4} = 3.1\,\mathrm{t \cdot m} \\ C\text{에서 } D\text{로 분배되는 모멘트, } M_{CD} = 4.125 \times \dfrac{1}{4} = 1.025\,\mathrm{t \cdot m} \end{array}\right\}$$

이와 같이 분배하면 절점 C에서는 균형이 이루어진다.

$$\begin{cases} M_{BC} = 1 - 1.125 + 3.1 = 2.975\,\mathrm{t\cdot m} \\ M_{CD} = -4 + 1.025 = -2.975\,\mathrm{t\cdot m} \end{cases}$$

8) 전달모멘트 ; 절점 C

분배된 모멘트의 $\frac{1}{2}$이 고정단에 전달된다.

$$M_{BC} = 3.1 \times \frac{1}{2} = 1.55\,\mathrm{t\cdot m}$$

$$M_{DC} = 1.025 \times \frac{1}{2} = 0.5125\,\mathrm{t\cdot m}$$

9) 불균형모멘트 ; 절점 B

앞에서 [3), 4)] 불균형모멘트를 분배하여 균형을 이루었으나, 절점 C에서 전달된 모멘트로 인하여 다시 불균형모멘트가 생긴다.

그러므로 다시 4), 5)와 같은 계산을 반복한다.

절점 B에서 불균형모멘트가 1.55 t·m 이므로 -1.55를 해야 한다.

이와 같이 반복 계산을 계속하면 불균형 모멘트가 계속 작아진다. 이 불균형모멘트의 값이 허용돼 오차한도에 가까워질 때까지 계속 반복계산을 한다.

10) 최종모멘트(F.M.)

한 절점 또는 지점에서 최종모멘트는 최초의 고정단모멘트(F.E.M.)와 변량모멘트(분배모멘트+전달모멘트)의 합으로 나타난다.

$$\begin{cases} M_{AB} = -4.0 - 0.375 - 0.1938 - 0.0273 - 0.0038 = -4.599\,\mathrm{t\cdot m} \fallingdotseq -4.6\,\mathrm{t\cdot m} \\ M_{BA} = 4.0 - 0.75 - 0.3875 - 0.0545 - 0.0077 = 2.8 \ \rightarrow \ -2.8\,\mathrm{t\cdot m} \\ M_{BC} = -1.0 - 2.25 + 1.55 - 1.1625 + 0.218 - 0.1635 + 0.0307 - 0.023 + 0.0043 \\ \qquad = -2.796\,\mathrm{t\cdot m} \\ M_{CB} = 1.0 - 1.125 + 3.1 - 0.5813 + 0.436 - 0.0818 + 0.0614 - 0.0115 + 0.086 \\ \qquad = 2.8064 \ \rightarrow \ -2.8\,\mathrm{t\cdot m} \\ M_{CD} = -4.0 + 1.025 + 0.1453 + 0.0205 + 0.0029 = -2.8063\,\mathrm{t\cdot m} \\ M_{DC} = 4.0 + 0.5125 + 0.0727 + 0.0102 + 0.0014 = 4.597 \ \rightarrow \ -4.6\,\mathrm{t\cdot m} \end{cases}$$

11) 단순보계산

보 $(A-B)$, $(B-C)$, $(C-D)$를 구분하여 해석하면 다음과 같다.

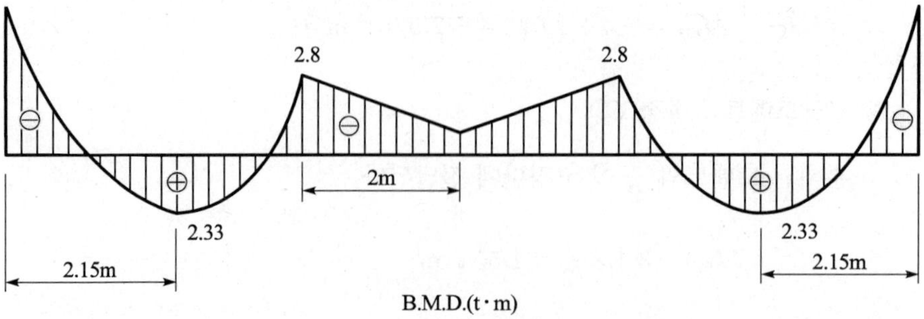

[그림 15-102]

예제 6

다음과 같은 연속보를 분배법으로 해석하라.(EI는 동일)

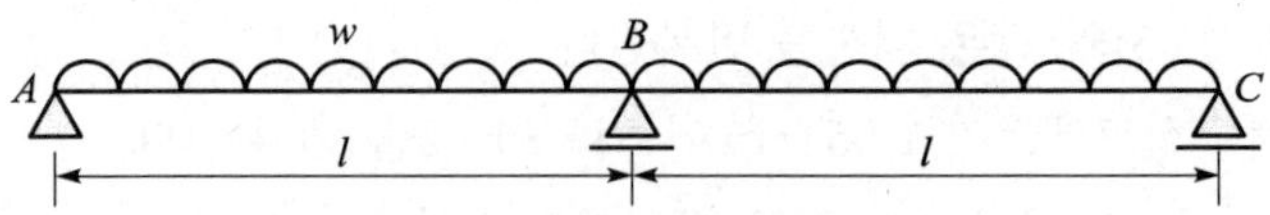

[그림 15-103]

i) 하중항

$$H_{BA} = H_{BC} = \frac{wl^2}{8}$$

ii) 강비

AB, BC 부재조건이 같으므로 강비가 같다. 그러므로 $\frac{1}{2}$씩 분배된다.

$\frac{wl^2}{8} - \frac{wl^2}{8} = 0$; $U.B.M.$이 0이므로 분배할 것이 없고 $F.E.M.$가 $F.M.$이 된다.

		$\frac{1}{2}$	$\frac{1}{2}$	
$F.E.M.$	0	$\frac{wl^2}{8}$	$-\frac{wl^2}{8}$	0
$C.I.M.$	0 ⟵	0	0	⟶ 0
$F.M.$		$\frac{wl^2}{8}$	$-\frac{wl^2}{8}$	

예제 7

예제 6과 같은 보에 등분포 하중이 $(A-B)$구간에만 작용할 때, 해석하라.

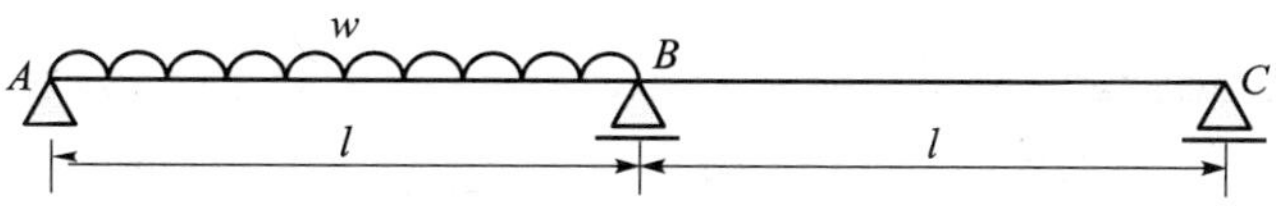

[그림 15-104]

$$\frac{wl^2}{8}-0=\frac{wl^2}{8} : U.B.M.$$

	A	B	B	C
D.F.		$\frac{1}{2}$	$\frac{1}{2}$	
$F.E.M.$	0	$\frac{wl^2}{8}$	0	0
$C.I.M.$	0 ←	$-\frac{wl^2}{16}$	$-\frac{wl^2}{16}$	→ 0
$F.M.$		$\frac{wl^2}{16}$	$-\frac{wl^2}{16}$	

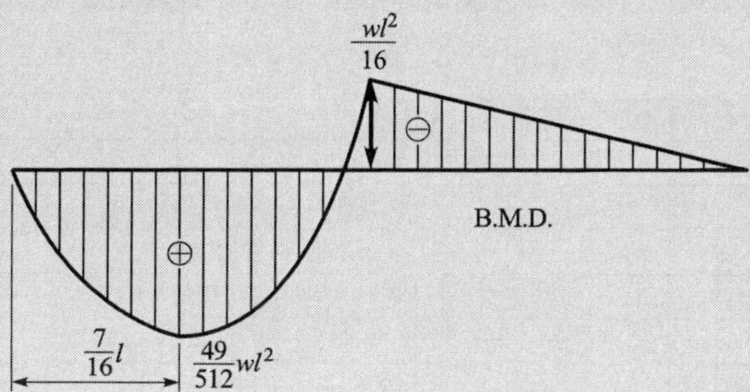

[그림 15-105]

예제 8

다음과 같은 3경간 연속보를 해석하라.(EI는 동일)

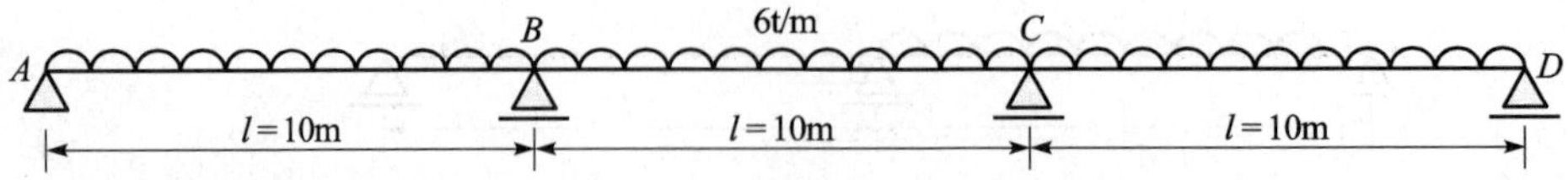

[그림 15-106]

i) 하중항

$$H_{BA}=H_{CD}=\frac{wl^2}{8}=\frac{6\times10^2}{8}=75\,\text{t}\cdot\text{m}$$

$$C_{BC}=C_{CB}=\frac{wl^2}{12}=\frac{6\times10^2}{12}=50\,\text{t}\cdot\text{m}$$

ii) 분배율 $K_{AB}=\frac{I}{10}\times\frac{3}{4}\ \rightarrow\ k_{AB}=3,\ \ K_{BC}=\frac{I}{10}\ \rightarrow\ k_{AB}=4$

$$D_{BA}=\frac{3}{7},\ \ D_{BC}=\frac{4}{7}$$

U.B.M
- 0.06   −0.017
- 0.75   −0.21
- 9.18   −2.62
- 75−50=25   50−75−7.14= −32.14

			$\frac{3}{7}$	$\frac{4}{7}$	$\frac{4}{7}$	$\frac{3}{7}$	
F.E.M		0	75	−50	50	−75	0
C.I.M	1 (B)	0 ←	−10.71	−14.29 →	−7.14		
	2 (C)			9.18 ←	18.37	13.77 →	0
	3 (B)	0 ←	−3.93	−5.25 →	−2.62		
	4 (C)			0.75 ←	1.50	1.12 →	0
	5 (B)	0 ←	−0.32	−0.43 →	−0.21		
	6 (C)			0.06 ←	0.12	0.09 →	0
	7 (B)	0 ←	−0.026	−0.034 →	−0.017		
	8 (C)			0.005 ←	0.009	0.008 →	0
F.M.		0	60.014	−60.009	60.012	−60.012	0

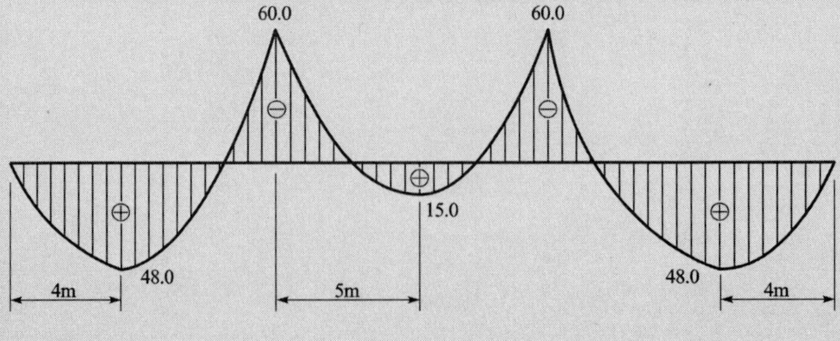

B.M.D.(t·m)

[그림 15-107]

예제 9

다음 라멘을 해석하라.

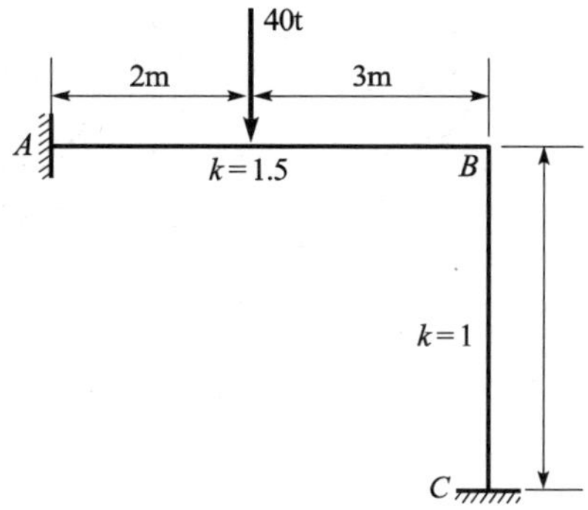

[그림 15-108]

i) 하중항

$$C_{AB} = \frac{Pab^2}{l^2} = \frac{40 \times 2 \times 3^2}{5} = 28.8\,\text{t}\cdot\text{m}$$

$$C_{BA} = \frac{40 \times 2^2 \times 3}{5^2} = 19.2\,\text{t}\cdot\text{m}$$

(절점 B, $U.B.M.=19.2$)

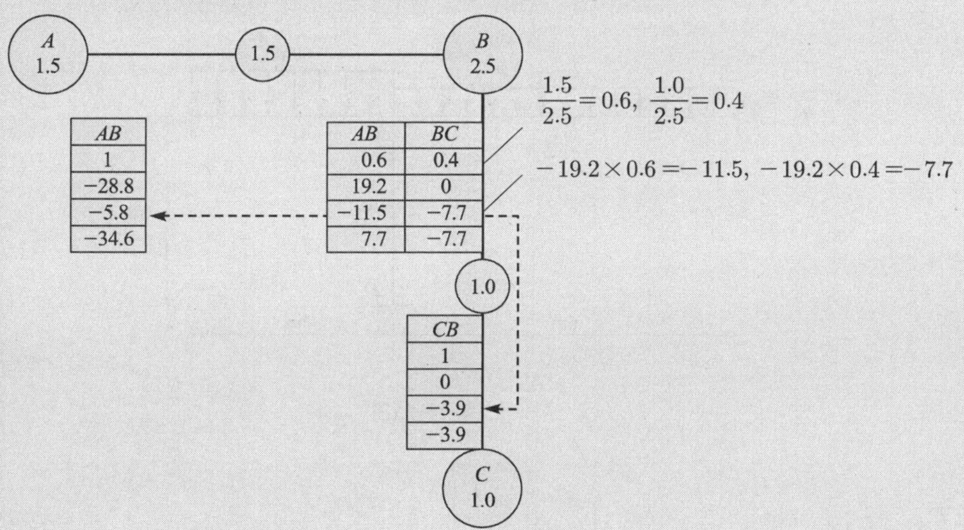

[그림 15-109]

$$\therefore \begin{cases} M_{AB} = -34.6\,\text{t}\cdot\text{m} \\ M_{BA} = 7.7 \;\rightarrow\; -7.7\,\text{t}\cdot\text{m} \\ M_{BC} = -7.7\,\text{t}\cdot\text{m} \\ M_{CB} = -3.9 = 3.9\,\text{t}\cdot\text{m} \end{cases}$$

ii) 단순보$(A-B)$

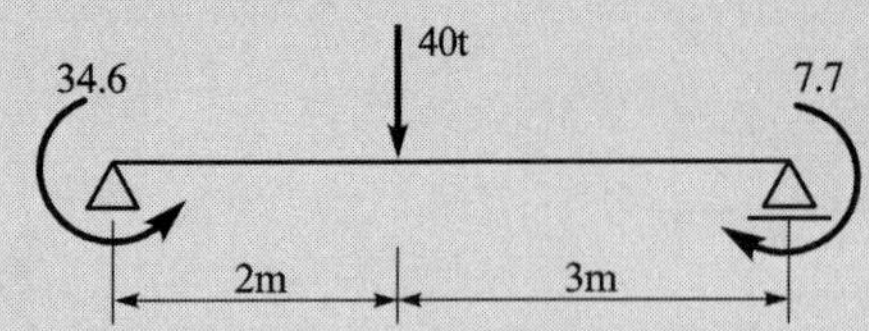

[그림 15-110]

$\Sigma M_{atB}=0;$

$R_A \cdot 5 - 40\times 3 - 34.6 + 7.7 = 0$

$R_A = 29.38$

$M = 29.38 \times 2 - 34.6$

$= 24.16\,\text{t}\cdot\text{m}$

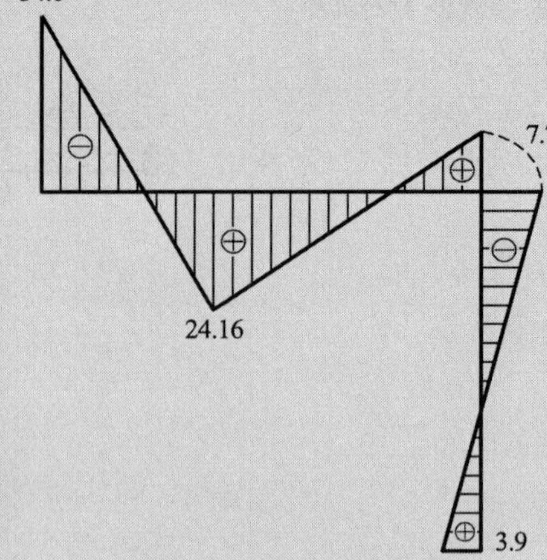

[그림 15-111]

예제 10

다음 라멘을 해석하라. (단, 괄호 안은 강비이다.)

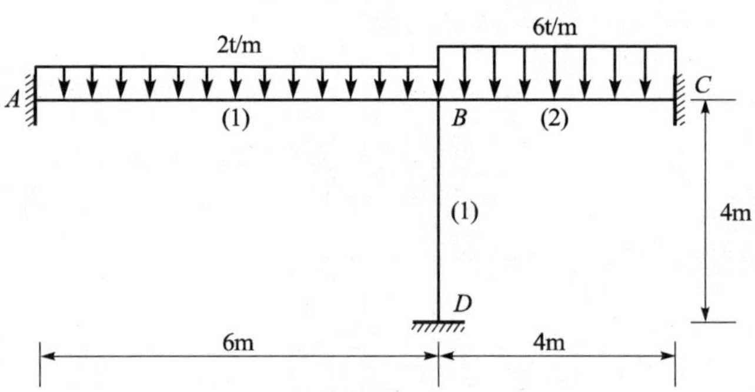

[그림 15-112]

$C_{AB} = \dfrac{2\times 6^2}{12} = 6\text{t}\cdot\text{m}$

$C_{BC} = \dfrac{6\times 4^2}{12} = 8\text{t}\cdot\text{m}$

$C_{BD} = 0$

(절점 B, $U.B.M.=6-8=-2$)

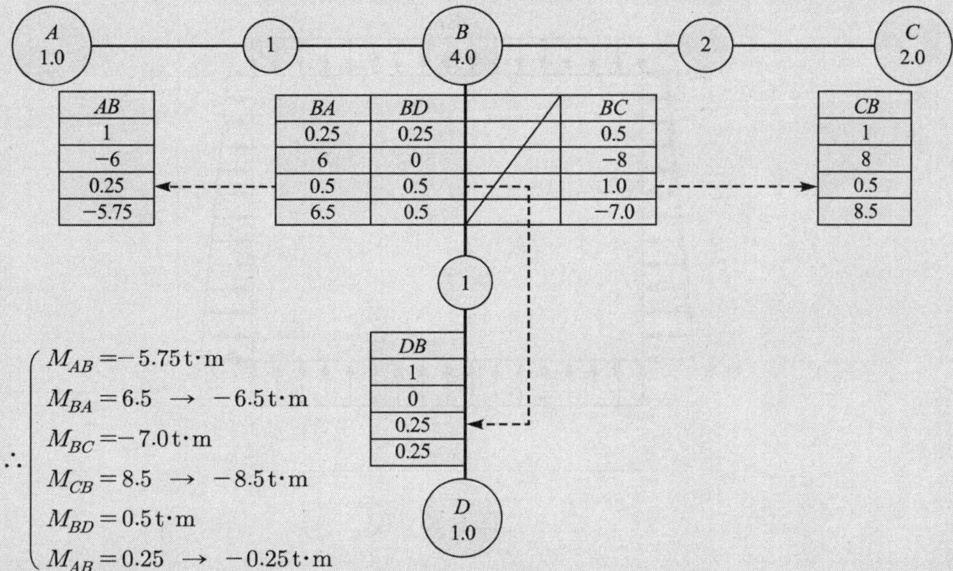

$$\therefore \begin{cases} M_{AB}=-5.75\,\mathrm{t\cdot m} \\ M_{BA}=6.5 \;\rightarrow\; -6.5\,\mathrm{t\cdot m} \\ M_{BC}=-7.0\,\mathrm{t\cdot m} \\ M_{CB}=8.5 \;\rightarrow\; -8.5\,\mathrm{t\cdot m} \\ M_{BD}=0.5\,\mathrm{t\cdot m} \\ M_{AB}=0.25 \;\rightarrow\; -0.25\,\mathrm{t\cdot m} \end{cases}$$

[그림 15-113]

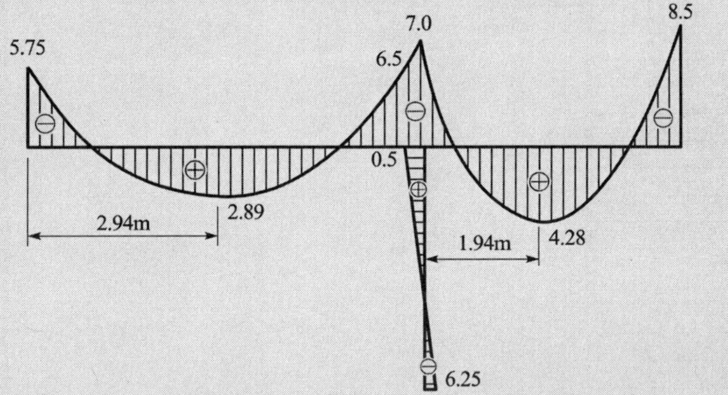

[그림 15-114]

$\Sigma M_{atB}=0;\; R_A\cdot 6-2\times 6\times 3-5.75+6.5=0$

$R_A=5.875,\; x=2.94\mathrm{m},\; M=2.89\,\mathrm{t\cdot m}$

$\Sigma M_{atC}=0;\; R_B\cdot 4-6\times 4\times 2-7+8.5=0$

$R_B=11.625,\; x=1.94\mathrm{m},\; M=4.28\,\mathrm{t\cdot m}$

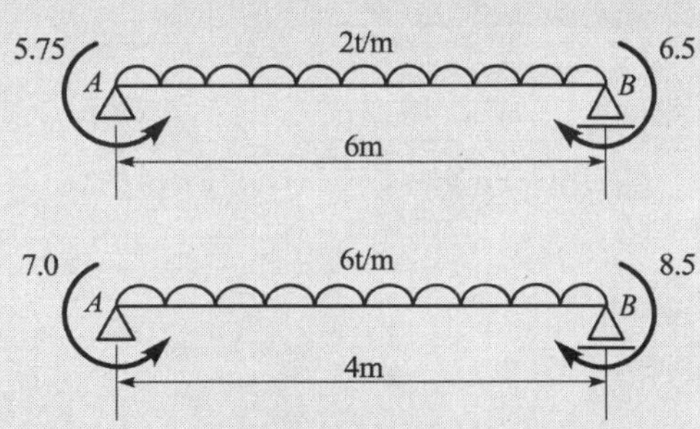

[그림 15-115]

예제 11

다음 BOX형 라멘을 해석하라(단, 강비는 동일하다).

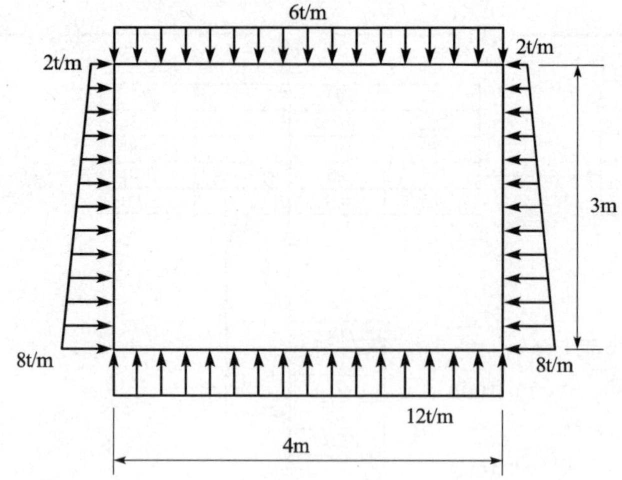

[그림 15-116]

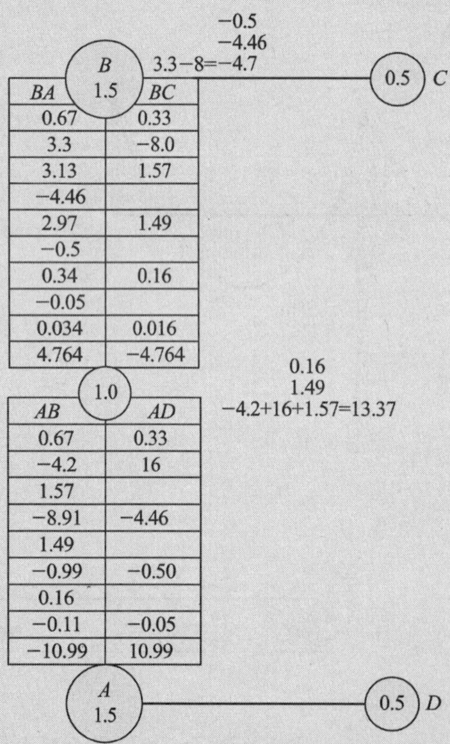

$$\begin{cases} M_{AB} = -10.99\,\text{t}\cdot\text{m} \\ M_{BA} = 4.76 \rightarrow -4.76\,\text{t}\cdot\text{m} \end{cases}$$

[그림 15-117]

좌우 대칭이므로 유효강비$\left(\frac{1}{2}\right)$를 취하여 반만 해석한다.

$$C_{AD}=\frac{12\times4^2}{12}=16\,\mathrm{t\cdot m}$$

$$C_{BC}=\frac{6\times4^2}{12}=8\,\mathrm{t\cdot m}$$

$$C_{AB}=\frac{2\times3^2}{12}+\frac{6\times3^2}{20}=4.2\,\mathrm{t\cdot m}$$

$$C_{BA}=\frac{2\times3^2}{12}+\frac{6\times3^2}{30}=3.3\,\mathrm{t\cdot m}$$

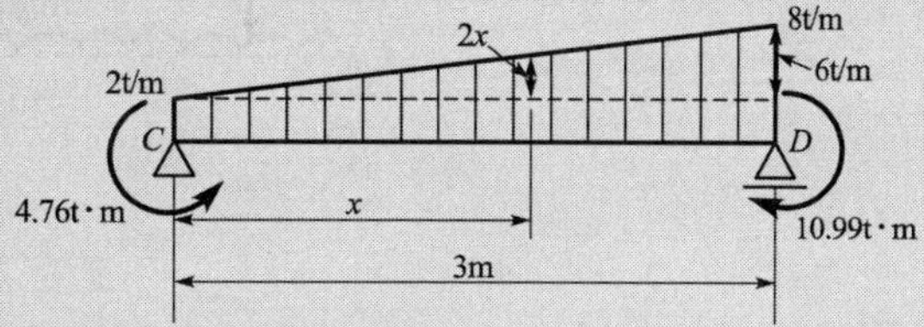

[그림 15-118]

$\Sigma M_{At}D=0$

$$R_C\cdot3-2\times3\times1.5-6\times3\frac{1}{2}\times1-4.76+10.99=0$$

$R_C=3.92\mathrm{t}$

$$S_r=3.92-2\cdot x-2x\cdot x\cdot\frac{1}{2}$$

$3.92-2x-x^2$

$S_x=0$ 되는 곳, $S_x=x^2+2x-3.92$

$$x=\frac{-2+\sqrt{2^2+4\times3.92}}{2}=1.219\mathrm{m}$$

$$M=3.92\times1.219-(1.219)^2-\frac{1}{3}(1.219)^3-4.76=4.782-1.49-0.6-4.76$$

$=-2.068\,\mathrm{t\cdot m}$

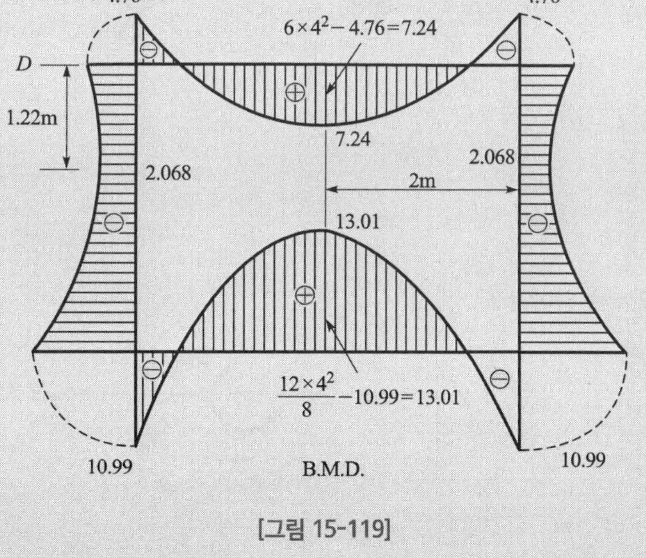

[그림 15-119]

연 습 문 제

01 다음과 같은 단순보의 중앙점에서 곡률반경을 구하라.(단, E=10,000kg/cm^2)

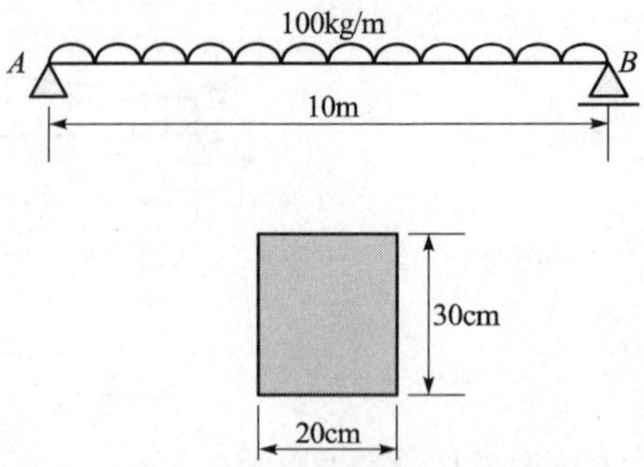

답 36.0m

02 그림에서 지간이 같은 2개의 단순보가 중앙에 직각으로 교차하고 여기에 집중하중 P가 작용할 때, 각보에 부담하는 하중을 구하라. (단, E는 같고 단면 2차모멘트는 I, I_2 이다)

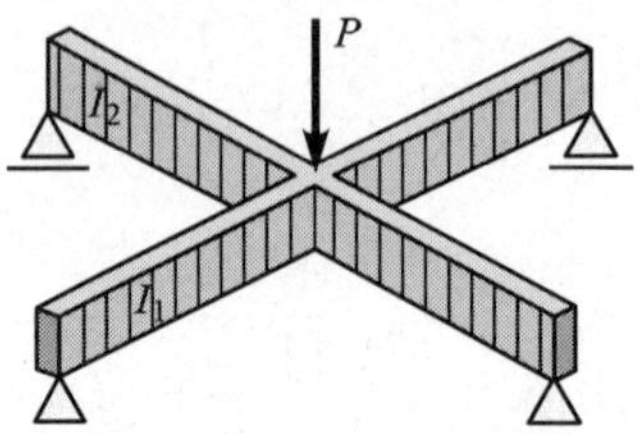

답 $P_1=\dfrac{I_1}{I_1+I_2}P,\ \ P_2=\dfrac{I_2}{I_1+I_2}P$

03 A점의 모멘트는 얼마인가?

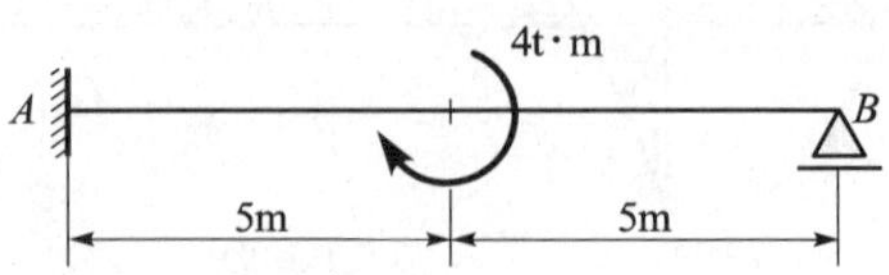

답 $M_A=0.5\text{t}\cdot\text{m}$

04 지점 B의 반력은?

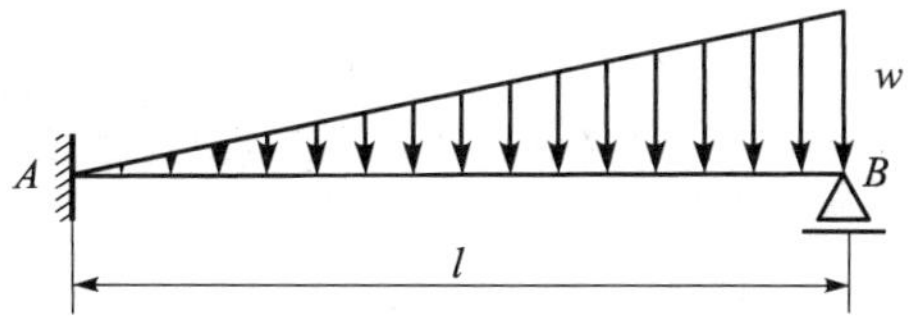

답 $R_B = \dfrac{11wl}{40}$

05 그림과 같은 보에서 지점 B가 아래로 1.25cm 변위하였을 경우 단면력도를 구하라.

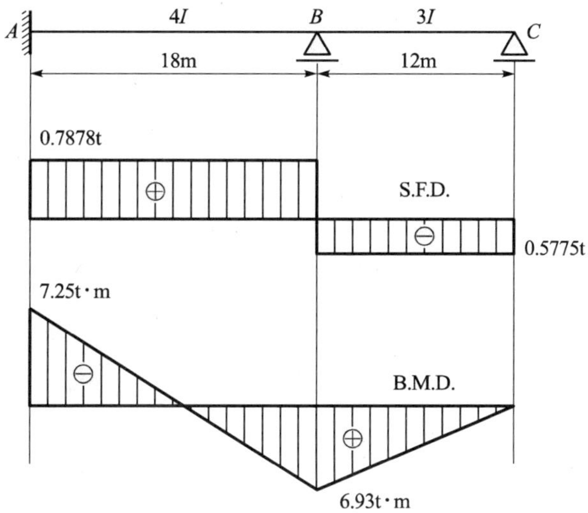

답 $E = 2.1 \times 10^6 \text{kg/cm}^2$, $\text{I} = 39{,}000\text{cm}^4$

06 다음과 같은 3경간 연속보에서 B, C점의 모멘트를 구하라. (EI는 일정)

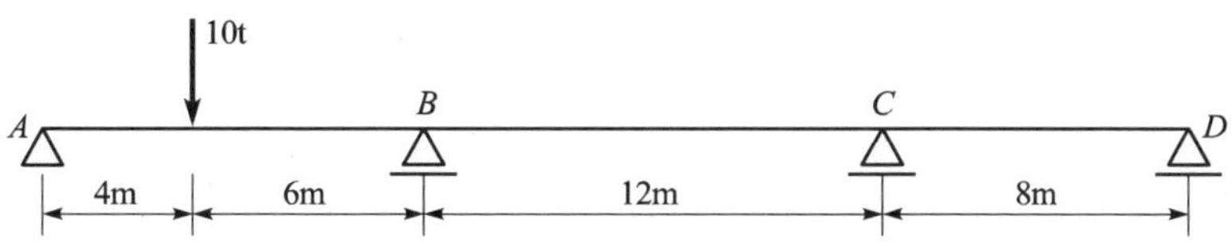

답 $M_B = -8.32\text{t·m}$, $M_C = 2.5\text{t·m}$

07 다음과 같은 1연 암거를 풀어라.

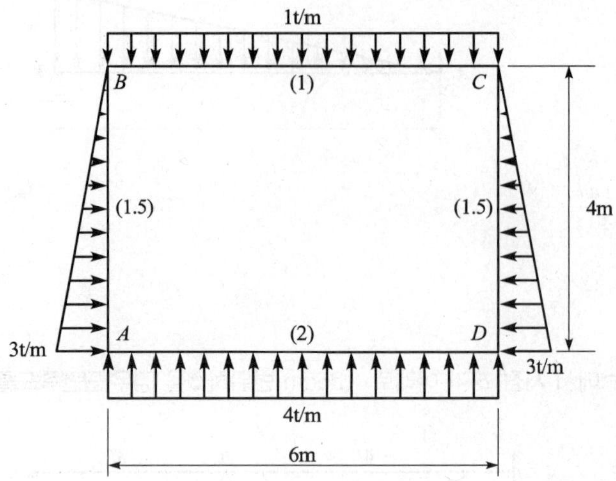

08 다음 부정정보를 해석하라.

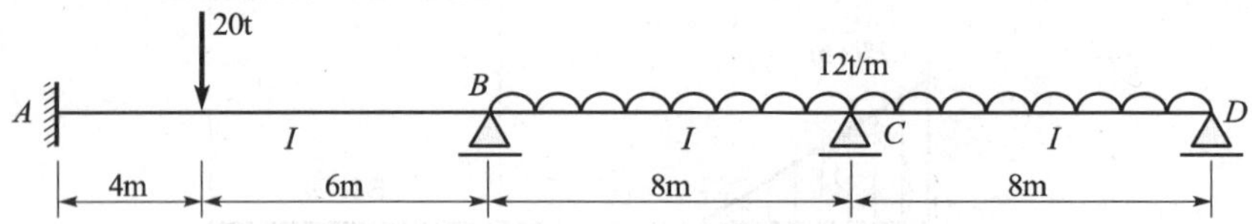

09 다음 부정정라멘을 해석하라.

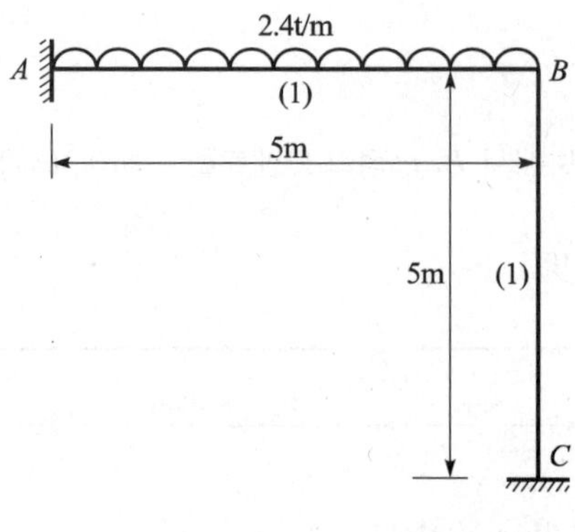

찾아보기

INDEX

ㅁ

ㅂ

ㅅ

ㅎ

제2판 응용역학 정가 29,000원

저자 : 이희목

발행인 : 임해진
발행처 : 도서출판 구미서관

발행 : 1999년 8월 20일 초 판
2017년 2월 20일 제2판

등록 : 1979년 6월 29일 No.9-6호
주소 : 서울시 마포구 신촌로 2길 5-15 구미빌딩
전화 : 02-333-1101
팩스 : 02-335-2201
http://www.goomibook.com

ISBN 978-89-8225-170-2 (93530)
